B I B L I O T H E C A
SCRIPTORVM GRAECORVM ET ROMANORVM
T E V B N E R I A N A

2006

CLAVDIVS AELIANVS

DE NATVRA ANIMALIVM

EDIDERVNT

MANUELA GARCÍA VALDÉS
LUIS ALFONSO LLERA FUEYO
LUCÍA RODRÍGUEZ-NORIEGA GUILLÉN

BEROLINI ET NOVI EBORACI
DE GRUYTER MMIX

∞ Gedruckt auf säurefreiem Papier,
das die US-ANSI-Norm über Haltbarkeit erfüllt.

ISBN 978-3-11-022005-6

Bibliografische Information der Deutschen Nationalbibliothek

Die Deutsche Nationalbibliothek verzeichnet diese Publikation in
der Deutschen Nationalbibliografie; detaillierte bibliografische Daten
sind im Internet über http://dnb.d-nb.de abrufbar.

Printed in Germany
Druck und Bindung: Hubert & Co. GmbH & Co. KG, Göttingen

HOC VOLVMINE CONTINENTVR

De natura animalium

Appendix

Indices

PRAEFATIO

I. DE CODICIBVS

Aeliani opus quod inscribitur *De Natura Animalium* (*NA*) viginti et uno libris manuscriptis quantum scimus integrum continetur, quorum familias primus E. L. De Stefani[1] saeculo XX ineunte bene distinxit.

Philologi qui ante eum Aeliani opus edendum curaverunt paucos tantum libros manuscriptos adhibuerant: ille vero undeviginti ex illis codicibus qui ei innotuerant inspexit[2]. Ad classes codicum recensendas vir ille doctissimus primum capitulum uniuscuiusque libri ex illis undeviginti quos prae oculis habebat contulit et, variis lectionibus necnon lacunis prout res postulabat perpensis, stemma codicum instituit quod indagationes nostrae accuratum esse in universum probaverunt.

Ad stemma supplendum De Stefani paulo post "rudem indigestamque molem"[3] eorum codicum examinavit, qui tantum *excerpta* vel summaria continent.

Stemma codicum a De Stefani constitutum hoc est:

1 E. L. De Stefani, "I manoscritti della *Historia Animalium* di Eliano", *SIFC* 10, 1902, 175–222.

2 Duos tantum codices, quorum notitiam ex bibliothecarum catalogis vel alicunde habuerat, De Stefani non contulit. Unus est Escorialensis T I 1, saec. XVI, qui continet *NA* una cum Eunapii *Vitis Philosophorum et Sophistarum*, id quod demonstrat hunc codicem cum **L**, cum **R** (qui ex **L** fluxit) et cum **N** (qui ex **R** descriptus est) connexum esse (soli enim ex omnibus codicibus Escorialensis, **L** et **N** *NA* una cum Eunapii *Vitis* continent). Alter est Upsaliensis 27 (saec. XV–XVI), qui cum codicibus classis **P** facit, nempe manavit ex **P** non recta via sed intercedente **Q**. Itaque Escorialensem et Upsaliensem utpote codices descriptos eliminavimus.

3 Sunt verba ipsius De Stefani, "Gli excerpta della *Historia Animalium*", *SIFC* 12, 1904, 145–180, praesertim p. 145.

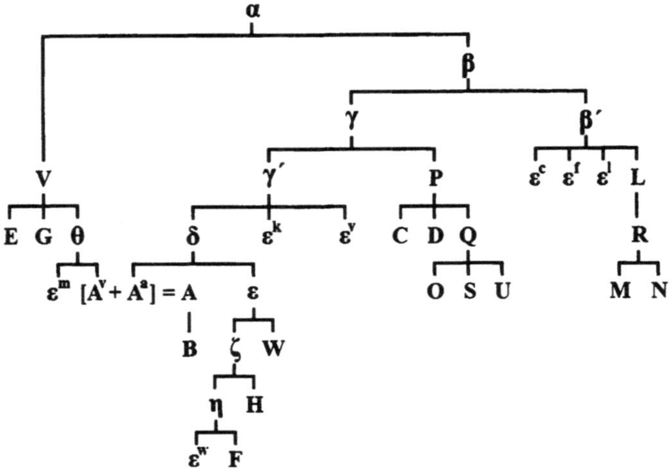

Codices qui Aeliani opus integrum continent nunc enumerabimus, secundum sigla in litterarum ordine redacta:

A = Monacens. August. 564 (saec. XIV–XV)
B = Berolinens. Phillipps. 1522 (saec. XVI)
C = Paris. 1695 (saec. XVI)
D = Vatic. Palat. 65 (saec. XVI)
E = Paris. 1694 (saec. XVI)
F = Laur. 86, 8 (saec. XV)
G = Barberin. II 92 (saec. XVI)
H = Vatic. Palat. 260 (saec. XIV)
L = Laur. 86, 7 (saec. XII)
M = Monacens. 80 (saec. XVI)
N = Neapolit. III D 8 (saec. XV)
O = Neapolit. III D 9 (saec. XV)
P = Paris. 1756 (saec. XIV)
Q = Vatic. Palat. 267 (saec. XV)
R = Marcian. 518 (saec. XV)
S = Vindobonens. med. 7 (saec. XV)
U = Upsaliens. 27 (saec. XV–XVI)
V = Paris. suppl. 352 (saec. XIII)
W = Vindobonens. med. 51 (saec. XIV)

Excerpta his siglis denotantur:

ε^c = pars *Excerptorum Constantini*, quae recta via e codice desumpta est, qui opus integrum continebat. Hunc codicem nunc deperditum scriba πλάτος appellat.

ε^k = pars *Excerptorum Constantini* ex quadam epitoma desumpta. *Excerpta Constantini*, quae codex saec. X nunc deperditus continebat, asservantur in codice unico saec. XIII–XIV in monte Athone exarato.

ε^f = *Excerpta Florentina* quae continentur in cod. Laur. 822, saec. XIV.

ε^l = *Excerpta Laurentiana*, quae haud minus quam tredecim codices saec. XIII–XIV continent.

ε^m = *Excerpta Macarii*, quae in cod. Marciano 452, saec. XIV, inveniuntur.

ε^v = *Excerpta Vaticana*, quorum duae recensiones exstant: ampliorem duo codices saec. XIII–XIV continent, breviorem haud minus quam septem codices saec. XV–XVI conservant, quorum unum (is est Vratislaviensis Rehdigerianus 22, saec. XV = Rehd.) M. Apostolius adhibuit.

ε^w = *Excerpta Vindobonensia* (quorum duae recensiones ad nos pervenerunt: ampliorem duo codices saec. XVI continent, brevior in codice saec. XV–XVI est exarata).

Ut stemma quod supra depinximus ostendit, omnes codices qui *NA* continent ex archetypo medii aevi **α** fluxerunt. Eorum turba in duos rivulos divisa est: unus est **V**, saec. XIII, qui recta via ex **α** originem ducit; alter (**β**) codices **LPAWHF** comprehendit. Quod ad **L** et **P** attinet, alteruter ex suo proprio fonte ex **β** oriundo manavit. Ut paucis dicamus, classis **β** in duos rivulos divisa est: unus est **β'**, ex quo fluxit codex **L**, saec. XII, in rebus orthographicis summopere accuratus, alter est γ, ex quo codices **PAWHF** manaverunt. Duo isti rivuli (**V**β) per quos traditio fluit necessarii sunt ad textum constituendum. Tres tantum codices, **VLP**, qui ad dictos rivulos pertinent, ab aliis libris non pendent.

Ex his omnibus colligendum est codices **L** et **V** omnium optimos esse, ut De Stefani iam indicavit, et parilis ponderis ad textum genuinum instituendum.

Praeterea animadvertendum est, codicem **P** tale damnum esse passum ut *Prooemio* et decem (novem in editione nostra) primis capitulis libri I orbaretur. Hanc lacunam auxilio codicum ab eo derivatorum explere non possumus, quia ex eo iam orbato descripti sunt a scribis, qui ad lacunam explendam aliis codicibus eiusdem classis usi sunt. Nonnullae paginae codicis **A** ex loco suo, quem quaeque in volumine obtinebat, exciderunt: harum textum scribae e codice ex **V** descripto et nunc deperdito (θ) quem nunc siglo $\mathbf{A}^{\mathbf{V}}$ designamus recuperaverunt. In codice **V** capitulum 22 libri V scriba omisit et capitulum 12 libri XIV post capitulum 14 eiusdem libri transposuit.

Archetypi textus restitui potest ex **V** cum **LP** vel ex **V** cum alterutro eorum consentiente: praeterea quandocumque codices **VAH** consentiunt, codice **L** vel **P** decedente, lectio codicum **VAH** pro lectione archetypi est habenda.

Cum traditio in duas partes divisa sit, quarum una in solo codice **V** consistit, altera in compluribus codicibus (β), lectiones utriusque partis proprias summa cum diligentia perpendere oportet.

Quandocumque **V** lectionem exhibet diversam ab illa, quam classis β exhibet, consensus omnium codicum classis β non efficit, ut eorum lectio potior illa sit quam **V** praebet – nam codices classis β ex uno eodemque exemplari sunt deducti –, sed fieri potest, ut lectio classis β potior sit, cum codex **V** erroribus omnis generis scateat. Quid est ergo hoc evidentius? Electio saepius non facilis est. Praeterea fieri potest, ut codices classis β inter se non consentiant, cum unus ex illis vitiosam lectionem praebeat: quae cum ita sint, haud raro reliqui codices huius classis genuinam lectionem continent, discrepante codice **V**.

Excerpta, ut De Stefani (quicum consentimus) demonstravit, ad textum constituendum operis *NA* magni momenti non sunt. Illis tamen De Stefani usus est ut stemma, quod initio solis codicibus perpensis instituerat, accuratius depingere posset et gradus traditionis nunc deperditos qui inter archetypum et codices recentiores exstiterunt in lucem promeret. Usui sunt nobis *excerpta*, praecipue ε^{c}, ε^{m} et Rehd. (ex ε^{v}) ad aliquot lectiones earumque aetatem deliquandas.

Notandum praterea est quod in *excerpta* ε^{c}, quae praecipue ex **β'** derivata sunt, traditio quaedam fluxit quae cum traditione codicis **V** congruit, sed de hoc codice manavisse non potest, quandoquidem *Excerpta Constantini* saeculo X scripta sunt, codex autem **V** saeculo XIII exaratus est: itaque congruentia inter ε^{c} et **V** reliquorum codicum lectionibus discrepantibus lectionem archetypi indicare videtur. Haec omnia magni ponderis sunt ad aetatem archetypi reperiendam et ad *terminum ante quem* ut dicunt archetypi statuendum: *excerpta* enim demonstrant archetypum ducentis fere annis ante quam antiquissimum codicem (**L**, saec. XII) scriptum esse.

II. EDITIONES ANTE NOSTRAM PROLATAE

Editionem principem, quae praecipue codice **A** nititur, C. Gesnerus[4] Tiguri anno 1556 excudendam curavit; adiuncta est interpretatio latina partim a P. Gillio primum scripta et postea ab ipso Gesnero emendata et ad finem perducta. Libri tantum *De Natura Animalium* ex recensione Gesneriana una cum interpretatione Gillii Genevae anno 1611 denuo publici iuris facti sunt.

Multis post annis A. Gronovius[5] editionem suam emisit Londinii anno 1744. Manuscriptum **L** pro fundamento eius habuit, et saepius *excerptis* usus est, praecipue illis quae ad Laurentianam classem (ε^{l}) pertinent (nescimus quem codicem *excerptorum* re vera adhibuerit):

4 C. Gesnerus, Αἰλιανοῦ τὰ εὑρισκόμενα ἅπαντα. *Claudii Aeliani ... opera quae extant omnia*, Tiguri, 1556.

5 A. Gronovius, Αἰλιανοῦ Περὶ ζῴων ἰδιότητος βιβλία ΙΖ. *Aeliani de natura animalium libri XVII. Cum animadversionibus Conradi Gesneri et Danielis Wilhelmi Trilleri, curante Abrahamo Gronovio, qui et suas adnotationes adiecit*, Londinii, 1744.

haec *excerpta* nimis magni fecit, quod hodie in aperto est. Paulo post J. G. Schneiderus[6] editionem suam Lipsiae anno 1784 imprimendam curavit. Eum novae editioni operam dantem mors rapuit anno 1822 et infecto negotio de vita decessit. Anno 1832 F. Jacobsius[7] editionem Aeliani Jenae protulit, quae praelongam praefationem et optimum commentarium continet, una cum notis Schneideri post illius mortem primum editis. Decem tantum codices *NA* continentes Jacobsius notos habebat, quorum aliquot ipse non contulerat: septem tantum satis bene investigaverat, ut eorum familias distinguere posset. Tres familias descripsit, unam (I), ad quam solus codex **A** pertinebat, alteram (II) quae ex codicibus **LR** et codice **M** de **R** derivato consistebat, tertiam (III) quae codicem **V** et codicem qui ex eo manavit **E** comprehendebat. Codicem **C** inter familias I et II locum obtinere putavit. Hoc est notandum, quod de codice **P** rationem non reddidit – verisimile est eum hoc fecisse, quia codex nonnullis paginis orbatus erat. Pariter codicem **C** (ex **P** oriundum) neglexit, cuius textum scribae alia quadam fonte usi compleverunt. Praterea Jacobsius comperire non curavit, quibus modis familiae illae tres inter se cohaererent, et perperam contendit codices **L** et **R** ex uno eodemque apographo fluxisse, quia ex eorum imperfecta collatione, quam ex Italia acceperat, non apparebat – id quod hodie manifestum est – **R** ex **L** manavisse. Haud magni fecit codicem **V** – quamquam ut videtur eum magni momenti esse suspicatus est – propterea quod illo tempore non satis exploratus esset[8]: nam Jacobsius codicis collationem adhibere potuit quam Le Bas initium faciens a libro VIII ad fidem editionis a Schneidero paratae fecerat.

Fere semper in sua editione Jacobsius lectiones codicis **L** (est magni ponderis quippe vetustissimus) elegit: e ceteris libris recensis (initium faciens ab **A**) textum optatum ascivit quotiescumque **L** eiusque familia lectionem falsam vel manifesto deteriorem praebebant. Animadvertendum est, Jacobsium codicem **L** coram breviter tantum intueri potuisse, cuius lectiones maxima ex parte e collatione

6 J. G. Schneiderus, *Aeliani de natura animalium libri XVII,* Lipsiae, 1784.

7 F. Jacobsius, *Aeliani de natura animalium libri XVII,* I–II, Jenae, 1832.

8 Vide editionem Jacobsii quam memoravimus, pp. XIV–XV.

a lectore parum diligente facta cognovisset: nam iste neque verba quae scriba omiserat indicavit, neque correctiones alterius et tertiae manus significavit[9]. Praeterea, Jacobsius rationem habuit aliquot *excerptorum*, praesertim eorum, quae ad classem Laurentianorum et Vaticanorum (ε^{l} et ε^{v}) pertinent.

Duas novissimas editiones ad normam philologicae scientiae conscriptas[10] R. Hercherus publici iuris fecit: primam Parisiis anno 1858 apud bibliopolam Didotum, alteram Lipsiae in serie Teubneriana anno 1864[11]. Editio Parisiensis longam praefationem et notas criticas continet, Lipsiensis contra notis caret et apparatu critico vitioso instructa est, in quo Hercherus multas varias lectiones et codices quibus occasione oblata usus est non memorat[12].

Notae editionis Parisiensis aliquando ad eiusmodi incommoda sananda valent[13], sed hoc remedium non semper adhiberi potest, quia ambae editiones textu saepius non concinunt; huc accedit quod notae in editione Parisiensi typis excusae perpetuitate carent. Her-

9 In codice **L** tres manus distinguuntur. Prima totum textum scripsit una cum titulo, subscriptione et indicibus librorum, in quos opus divisum est: idem scriba aliquot scholia in margine scripsit et nonnullas correctiones addidit. Altera manus, quae ex atramento praeter solitum nigro agnoscitur, textum hic illic emendavit et scholia (ad quasdam lectiones deliquandas utilia) addidit. Tertia manus (recentioris aetatis) atramento suffusco usa textum per occasionem correxit, nonnunquam in rasura, et aliquot scholia exegetica vel critica ascripsit.

10 Ad suam editionem parandam, quae in serie appellata "Loeb Classical Library" anno 1958 prolata est, A. F. Scholfield codices non inspexit, et textum editionis Hercherianae hic illic ex sententia immutavit. Haud aliter rem egerunt qui recentioribus temporibus textum Hercheri arbitrio suo aliquot locis novatum et in linguas quae hodie sunt in usu versum ediderunt.

11 R. Hercherus, *Aeliani de natura animalium, varia historia, epistolae et Fragmenta. Porphyrii philosophi de abstinentia et de antro nympharum, Philonis Byzantii de septem orbis spectaculis,* Parisiis 1858, et id., *Claudii Aeliani de natura animalium libri XVII, varia historia, epistolae, fragmenta,* Lipsiae 1864 (= 1971).

12 Vide in Appendice errata quae in hac Hercheriana editione invenimus.

13 Hercherus rationem aliquot locorum quos in sua editione imprimendos curaverat reddidit in commentatione quae inscribitur "Zu Aelians Thiergeschichte", *Philologus* 9, 1854, 748–52.

cherus stemmate a Jacobsio constituto nisus est: suas editiones aliquot codicis **V** lectionibus locupletavit, quem ipse contulit; reliquas autem lectiones quas codex **V** praebet neque in textu neque in apparatu critico memorare curavit et lectiones codicis **L** saepius recepit.

Profecto multae codicum lectiones, quae in Hercheri apparatu non exstant, magni ponderis sunt, quippe quae, ut hodie compertum habemus, ex archetypo fluxerint. Id etiam monendum est, Hercherum aliquando in errorem inductum testimonia *excerptorum* pluris fecisse quam sanas lectiones eorum codicum, qui Aeliani opus integrum continent. Gravius mendum editionis Hercherianae ex eo constat, quod ille multos textus locos iniuria commutavit, ut sermonem Aeliani ad id quod arbitrio suo exspectandum esset redigeret[14].

Hos omnes editores in apparatu critico editionis nostrae ex occasione memoravimus, sed editionibus Gesneri, Jacobsii, et Hercheri in serie Teubneriana praecipue usi sumus.

14 Cf. M. García Valdés, "Estudio crítico-textual del libro III de *NA* de Claudio Eliano: Normativismo y cuestiones de método para la edición de la obra", *Emerita* 75, fasc. 2°, 2007, 199–224, et "Editar a Eliano: problemas que plantea", pp. 227–266 in libro a M. Sanz Morales et M. Librán Moreno anno 2009 in lucem edito, qui inscribitur *Verae Lectiones. Estudios de Crítica Textual y Edición de Textos Griegos* (*ExClass*, Anejo I), et auspicio Universitatis Onubensis / Universitatis Extremadurae typis excusus est; L. Rodríguez-Noriega Guillén, "Aportaciones críticas al libro I del *De Natura Animalium* de C. Eliano (I)", *ExClass* 11, 2007, 113–132. Cf. etiam. L. Rodríguez-Noriega Guillén, "Aelian and Atticism. Critical notes on the text of *De Natura Animalium*", *CQ* 55, 2005, 455–62, et "La lengua del *De Natura Animalium* de Claudio Eliano: apuntes críticos", pp. 269–282 in libro a A. Sánchez-Ostiz, J. Torres Guerra et R. Martínez anno 2007 in lucem edito, qui inscribitur *De Grecia a Roma y de Roma a Grecia: un camino de ida y vuelta*, et auspicio Universitatis Studiorum Navarrensis typis excusus est.

III. DE EDITIONE NOSTRA

Ex stemmate supra depicto, unde apparet quod suum quisque codex pondus habeat, cognoscitur septem esse libros, siglis **V L P A(A^{V}) H F W** notatos, quibus ad textum nostrae editionis constituendum uti debuimus. Codex autem **W** paene omnino primis sex libris et extrema parte libri decimi septimi orbatus est. Codicem **W**, cum non solum sit graviter mutilus, sed etiam pertineat ad familiam **β**, quae multos codices magni ponderis complectitur (**LPAHF**: notandum est quod **H** et **F** cum **W** arte cohaerent) praetermittendum existimavimus.

In codice **F**, qui primum totus a viro docto M. González Suárez nuperrime collatus est[15], scriba capitula aliter disposuit quam ceteri scribae fecerunt: nam quod Aelianus scripserat secundum argumenta ordinavit, descriptiones uniuscuiusque animalis quae in Aeliani opere dispersae sunt in unum locum congerens. Scriba codicis **F** verba Aeliani nonnusquam immutavit et saepius transiluit. His rebus perpensis codicem **F** praetermittere statuimus, praesertim quod codex integer **H** nobis auxilio est. Itaque codices quibus potissimum usi sumus ad editionem nostram parandam sunt **V L P A(A^{V}) H**[16].

Codicis **H** permultas lectiones peculiares in apparatu non rettulimus, quia ad textum constituendum non multum valent, id quod ex

15 Codices **F** et **H** diligenter contulit M. González Suárez. Dissertationem ab eo scriptam (moderatrix fuit M. García Valdés) ad gradum Doctoris Philologiae in Universitate Ovetensi capessendum, quae inscribitur "Los manuscritos H (*Vaticanus Palatinus* gr. 260) y F (*Laurentianus* 86,8) en la *Historia de los animales* de Claudio Eliano", Ordo Philologorum in Universitate congregatus approbavit die VI mensis Julii anni 2007. Sane gaudemus quod M. González Suárez propter eximiam qualitatem dissertationis suae gradum Doctoris "summa cum laude" ut aiunt capessivit.

16 Codices hac ratione collati sunt: **A(A^{V})** contulit V. Muñoz Llamosas, **HF** M. González Suárez, **L** M. García Valdés, **P** L. A. Llera Fueyo, **V** L. Rodríguez-Noriega Guillén.

collatione perpetua nuper confecta apparet[17]. Lectiones codicis **H** tantum ostendimus si quando reliqui codices inter se dissentiunt, et ubicumque codex lectiones praebet quae argutae coniecturae hominis cuiusdam docti saeculo XIV viventis esse videntur et cum emendationibus a viris doctis aetatis nostrae prolatis congruunt.

In editione nostra conficienda textum receptum servare conati sumus, dummodo intellegi posset: ad coniecturas decucurrimus si quando lectiones codicum manifeste falsae erant: prudentem, non fanaticum cursum tenuimus. Quotiescumque codices inter se concordant, eorum lectionem plerumque servavimus et coniecturas a viris doctis prolatas praetermisimus, nisi oportuit alia ratione negotium gerere. Codicibus inter se discrepantibus lectionem archetypi, dummodo intellegi posset, servavimus; si contra intellegi non potest, loco diligenter examinato, lectionem nostra quidem sententia aptissimam, elegimus.

In aliquot commentationibus, quae in ephemeridum paginis vel in Actis Academiarum[18] editae sunt, ostendimus qua ratione usi simus ad lectiones eligendas: pro fundamento habuimus usum auctoris a recentioribus criticis exploratum necnon proprietates κοινῆς comptae saec. II–III p. Chr. n. et Atticismi quem viri docti vocant. Hoc fundamento freti nonnumquam optimam lectionum in uno codice ab aliis discrepante servatam eligere et rectum usum modorum occasione oblata agnoscere nisi sumus.

IV. DE NOSTRO APPARATV CRITICO

Nobis editionem proprie vereque criticam Aeliani parantibus consentaneum esse visum est ut in apparatu critico omitteremus complures lectiones nullius momenti quas in codicibus a nobis

17 Si quaeris omnes lectiones codicis **H**, quem M. González Suárez ad dissertationem suam conficiendam contulit, ut supra diximus, eas per machinam via aeria verba scripta transmittentem inspicere potes, usus signo vocatus http://www.tesisenred.net

18 Vide commentationes a M. García Valdés et a L. Rodríguez-Noriega Guillén scriptas, quas supra memoravimus.

collatis invenimus (de lectionibus codicis **H** iam supra disputavimus). Itaque accentus et spiritus praeter regulam a scribis positos praetermisimus (e.g.: ῥῖνας **VLA**, ῥίνας **PH**; φῦλον cett., φύλον **A**; νᾶμα cett., νάμα **V**; ἰχθῦς **VL**, ἰχθύς **PAH**; καρκίνοι **VAH**, καρκῖνοι **LP**; φρῦνοι **LH**, φρύνοι **VPA**; ἱμᾶσι **VL**, ἱμάσι **PAH**; μύες **VL**, μῦες **PAH**; ὀστᾶ **LPAH**, ὀστά **V**; ἀτταγᾶς **VP**, ἀτταγάς **LAH**; σιττάκην **LPA**, σιττακήν **VH**; ψᾶρα **LA**, ψάρα **VPH**; ἰθῦναι **VL**, ἰθύναι **PAH**; Ἶσις edd., ἴσις codd.; Ἶβις edd., ἴβις codd.; Ἶρις edd., ἴρις codd.; Ἆπις edd., ἄπις codd.; ἕδρας cett., ἔδρας **P**; ἐλιγμούς **VA**, ἑλιγμούς **LPH**; ἀλοῦντας cett., ἁλοῦντας **A**; ἀλᾶσθαι **PA**, ἁλᾶσθαι **VLH**; ἁλῶσιν cett., ἀλῶσιν **P**; ἁλιπορφύρους cett., ἀλιπορφύρους **A**; ἡνιόχοιο cett., ἠνιόχοιο **V**; ἠπίου **LP**, ἡπίου **VAH**; ἀρμενίοις **LPA**, ἁρμενίοις **VH**; etc. Si quis codex verba ab ἀλ- incipientia spiritu quem dicunt asperum semper instructa exhibet, eiusmodi errorem praetemittendum existimavimus (scriba codicis **V** semper verbum ἀλώπηξ spiritu quem dicunt asperum ornavit, et nonnulla verba ab ἀλ- incipientia spiritu aspero perperam instruxit – fortasse ei per falsam etymologiam vocabulum ἅλς in mentem venit –, id quod silendum esse censuimus).

Errores orthographicos qui nullius ponderis sunt ad textum constituendum, sive ex itacismo sive ex litterarum falsa geminatione exortos, silentio transire statuimus (e.g.: ῥοκκαίας cett., ῥοκκέας **P**; παράσειρος cett., παράσυρος **P**; φλοιῷ cett., φλυῷ **L**; παραλλάττει cett., παραλάττει **PH**; μεταλλείας cett., μεταλλίας **P**; ἐρωμένης cett., ἐρρωμένης **V**; μελῳδοῦντες cett., μελλῳδοῦντες **L**; etc.). Iota subscriptum codices **VPA** numquam exhibent, id quod in apparatu silentio, exceptis aliquot locis, praetereundum esse censuimus.

De verbis perperam repetitis vel propter oculorum errorem ex similitudine litterarum exortum in singulis codicibus omissis mentionem in apparatu non facimus nisi si magni ponderis esse videntur. Itidem de verbis levis momenti in quovis codice praetermissis (exceptione facta de vocabulis non exstantibus in **V**, qui suae classis testis unicus est) et de glossis in margine codicis **L** scriptis, quas plerumque tertia manus addidit et ad textum constituendum non valent, in apparatu silere voluimus.

In apparatu neque crasin neque elisiones (e.g.: δ' / δέ; ἄλλ' / ἀλλά, etc.) typis indicavimus, nisi si Aelianus versus poetarum adduceret.

Animadvertendum est quod orthographicas discrepantias nullius momenti quae ad disiunctionem vel iunctionem verborum attinent (e.g.: ὡς ἡμέραι, ὡσημέραι; μεθ' ἡμέραν, μεθημέραν; ἐπὶ ὅρκον, ἐπίορκον; ἐφ' ὑδρείαν, ἐφυδρείαν; ὑφ' ἡλίῳ; ὑφηλίῳ; κατ' ὀλίγον, κατολίγον; κατὰ κράτος, κατακράτος; ἀνὰ κράτος, ἀνακράτος; ἀπ' ἀλλήλων, ἀπαλλήλων; πρὸς ἄλληλα, προσάλληλα; κατ' ἴχνια, κατίχνια; καθ' ἕκαστον, καθέκαστον; πρὶν ἤ, πρινὴ; ἐπιπολῆς, ἐπὶ πολῆς; ἐξέτι, ἐξ ἔτι; ἐς αὖθις, ἐσαῦθις, etc.) necnon singulorum scribarum lapsus in scribendo monstruosos (e.g.: δυσλόφους cett., δυσφουσλό **A**; ἀνθρωπόνουν cett., ἀνθρωποπόνουν **P**; ἐληξάτην cett., ἐαλιξάτην **V**; μεμισηκότες cett., μενισηκότας **V**; σκολοπενδρῶν cett., χολοπένδρων **A**, etc.) in apparatu praetermisimus.

Silendas etiam esse in apparatu censuimus lectiones quae aperte falsae sunt (e.g.: κρατῶν cett., κατῶν **V**; ἡμερώτατον cett., ἡμέτερον **V**; χυμούς cett., μυχούς **A**; βάρβαρος cett., βάρος **P**; μικρότερος cett., λυκρότερος **L**; σκώληκα cett., σκύλακα **V**, etc.) necnon emendationes quas scribae suum quisque codicem corrigentes scripserunt, ut eius textus cum reliquis codicibus congrueret (e.g.: σύννομος cett., corr. ex σύνομος **P**; φυλάττειν cett., corr. ex φυλάττει **P**; σμήνεσι cett., corr. ex μήνεσι **A**$^{\mathbf{V}}$; θυροκοπεῖ cett., corr. ex θηροκοπεῖ **VA**$^{\mathbf{V}}$; χρόνῳ cett., corr. ex κρόνῳ **LA**; περιρρήγνυται cett., corr. ex περιρήγνυται **L**; ἐκείνοις cett., corr. ex ἐκείναις **L**; πώεα cett., corr. ex πόεα **L**, etc.).

Lectiones quae in codice **A**$^{\mathbf{V}}$ inveniuntur silentio praeterire optavimus, si quando **V** textum exhiberet qui in suspicionem non veniret et cum ceteris codicibus faceret, nisi si **A**$^{\mathbf{V}}$ cum editione principe cohaeret. Lectiones codicis **A** itidem in apparatu memoravimus si in Gesneri editionis textu inveniuntur.

Quantum ad litteram quae *ν* ἐφελκυστικόν dicitur, in eius usu neque codices inter se congruunt, neque singuli scribae in suo quisque codice exarando sibi constant, quapropter eam secundum usum translaticium typis excudendam curavimus, codicum lectionibus neglectis praeter illas quae in versibus poetarum ab Aeliano allatis exstant. Litteram -*ν* ab Herchero saepius invito archetypo adhibitam in apparatu nostro non notavimus (e.g.: ὑπέστρεψε **VPAH**, ὑπέστρεψεν **L**, Her.; ἔοικεν codd., ἔοικε edd., etc.).

Numeralia in textu totidem litteris perscripta edidimus, in apparatu autem constituendo secundum codicum scriptionem litterarum notis numerum sicut erat mos antiquorum significantibus usi sumus. Omnia genera discrepantiarum inter codices ad numeralia pertinentium, quantum ad dialecti usum et in universum ad dictionem, in apparatu nostro sane notavimus (e.g.: τέτταρας in textu invenies, in apparatu autem δ').

Cum altera editio Hercheri apud viros doctos adhuc summam auctoritatem habeat, plerumque indicavimus quibus locis a textu quem edidimus discreparet. Quandoque eiusmodi discrepantias praetermisimus, ne apparatus extra modum excederet. Nam codices ostendunt, variationem Aeliano in deliciis fuisse, id quod non mirum est. Hercherus autem, ut Aeliani sermonem aequabilem redderet secundum normas Atticismi quas ipse ex sui animi sententia unice rectas esse putabat, in textu suae editionis ex arbitrio semper – vel fere – praebet formas verborum -ττ-, non -σσ-, continentes (e.g.: θάλαττα pro θάλασσα; μέλιττα pro μέλισσα, etc.); formas verborum -ρρ-, non -ρσ-, continentes (e.g.: θαρρεῖ pro θαρσεῖ; πυρρός pro πυρσός etc.); praepositionem ἐς pro εἰς (etiam ἔσω pro εἴσω; ἐσέρπουσι pro εἰσέρπουσι; ἐσαγάγοι pro εἰσαγάγοι, etc.); verborum formas sicut ἀετός pro αἰετός; οὐδὲ ἕν pro οὐδέν; μηδὲ ἕν pro μηδέν; κάω pro καίω; πήχεων pro πηχῶν; χειλέων pro χειλῶν; ὀστοῦν pro ὀστέον; πῶμα pro πόμα; ἄρωμα pro ἄρομα; γλαῦξ pro γλαύξ; ταῶς pro ταώς; ἐμπῖπτον pro ἐμπίπτον; optativi formas in -σειας exeuntes pro optativi formis in -σαις exeuntibus (e.g.: ἀκούσειας pro ἀκούσαις, etc.), etc. Has formas ad arbitrium et invitis codicibus ab Herchero in textum suae editionis insertas in apparatu nostro non memoravimus, et in earum loco codicum lectiones edidimus, quarum Hercherus mentionem non fecit; harum sane lectionum discrepantias morphologicas quas codices praebent in apparatu notavimus.

Aliquot verborum formas semper iota subscripto instruximus, freti testimonio codicis **L** (qui plerumque, at non semper, eisumodi formas diligenter iota subscripto exornavit) necnon codicis **H** (e.g.: εἰκῇ pro εἰκῆ; πάντῃ pro πάντη; πῇ pro πῆ; πῃ pro πη; ἡσυχῇ pro ἡσυχῆ; κομιδῇ pro κομιδῆ; οὐδαμῇ pro οὐδαμῆ; πανταχῇ pro πανταχῆ).

Una cum Herchero aliquot verborum formas sicut υἱεῖς pro υἱέες; οἶς pro ὄϊς; οἰῶν pro ὀΐων; ὃ μὲν, ἣ μὲν, ὃ δὲ, ἣ δὲ, etc., saepe invitis codicibus scripsimus.

V. DE CAPITVLORVM ORDINE[19]

In omnibus codicibus – praeter **F**, de cuius singulari structura supra disputavimus – Aeliani opus, quod neque *Prooemio* neque *Epilogo* caret, est divisum in XVII libros. Capitula, quorum numerus in omnibus libris non idem est, Aelianus non perpetuis praeceptis ordinavit: ex nonnullis indiciis colligere licet, unumquodque capitulum non ut partem universi operis sed separatim ab Aeliano ex industria scriptum esse. Verisimile autem est, Aelianum ipsum non opus suum in XVII libros divisisse: haec operis conformatio eo tempore exorta est, quo textus in papyraceis voluminibus exaratus (quae probabiliter XVII numero erant) in codices membraneos transcriptus est, id quod putamus propediem evenisse (nam in aevo Aeliani codices membranei in usum venerunt, et eius opus simul ac publici iuris factum est multi studiose lectitaverunt).

Codices inter se discrepantias plerumque parvi ponderis aliquando exhibent quantum ad numerum et ordinem capitulorum: numerus enim variat quia haud semper manifestum est, utrum quaedam portiones textus pro capitulis sui iuris habendae sint necne. Aliquando unus idemque codex discrepantias exhibet inter indices singulis libris praepositos et textum qui insequitur.

Structura libri XVII in codice **A** singularis est: nam **A** a principio capituli 34 Hercherianae editionis ordinem capitulorum praebet qui cum codicum **VLPH** multimodis non congruit. In codice enim **A** tria capitula praeposita et alia insuper quinque omissa sunt: nempe textus capitulorum 35–37 editionis Hercherianae eundem

19 De argumentis, structura et ratione Aeliani operis quantum attinet ad editionem criticam instruendam tractavit M. García Valdés in commentatione supra memorata.

locum obtinet ac in codice **A**, sed in codicibus **VLPH** ante *Epilogum* exaratus est (in editione nostra est textus capitulorum 45–47). Praeterea scriba codicis **A** post extremum capitulum 37 editionis Hercherianae signum addidit ut finem Aeliani operis indicaret, sed post hoc signum unum folium, vel plus quam unum[20], vacuum reliquit: cur vacuum spatium postea non impleverit ignoramus. Deinde altera manus (**A**^{V}) alia quattuor insuper capitula exscripsit (sunt capitula 38–41 editionis Hercherianae): alia quinque capitula (sunt capitula 42–46 in editione Hercheriana), quae insuper exscribenda erant, in codice non exstant (incertum est, utrum haec pars textus a scriba sit praetermissa an de codice exciderit). Praeterea scriba dimidiam fere partem *Epilogi* (ab initio usque ad verbum πλουσίων, hoc verbo adnumerato: cf. p. 435, linea 2 in editione Hercheriana) exarare neglexit. Initium faciens a verbis χρήματά τε scriba textum *Epilogi* usque ad finem exaravit, et commentationem addidit de Phalaride eiusque tauro aeneo, quae in reliquis codicibus non exstat, et revera ab Aristotele (cf. fr. 143,1.38 (69) Gig.) composita est.

Editio princeps a Gesnero in lucem prodita codice **A** nititur: capitulorum ordinem qui in hoc codice invenitur et aperte falsus est iam a Gesnero ascitum in omnibus editionibus ante nostram typis excusis pariter invenies. Nos autem auctoritatem archetypi observavimus, quod ad ordinem numerumque capitulorum in singulis libris (praecipue in codicibus **VLP**) exstantium et in universum ad textum restituendum attinet.

Quae cum ita sint, noli admirari, lector benevole, discrepantias inter editionem quam tibi nunc praebemus et reliquas omnes, praesertim quantum ad librum XVII[21].

Dabamus Oveti, die I mensis Aprilis anni 2009 p. Ch. n.

20 Cf. De Stefani, "I manoscritti ...", p. 192, n. 1.

21 Vide tabulam comparationis in Appendice.

CONSPECTVS SIGLORVM

I. SIGLA

mss.
A (**A**^{V}) = Monacensis Augustanus 564 (saec. XIV–XV)
H = Vaticanus Palatinus gr. 260 (saec. XIV)
L = Laurentianus 86,7 (saec. XII)
P = Parisiensis gr. 1756 (saec. XIV)
V = Parisiensis suppl. gr. 352 (saec. XIII)
β = **LPAH**

excerpta
ε^{c} = *Excerpta Constantini*, saec. X
ε^{m} = *Excerpta Macarii* (exstant in cod. Marciano 452, saec. XIV)
Rehd. = ms. Vratislaviensis Rehdigerianus 22, *excerpta* (ex ε^{v}) continens, saec. XV

II. COMPENDIA NOMINVM

a)
Abr. = Abreschius
Apost. = Apostolius
Arist. = Aristoteles
Bae. = Baehrens
Bar. = Barnesius
Bent. = Bentleius
Ber. = Bernardus
Berg. = Bergkius
Bernh. = Bernhardy
Boch. = Bochartus
Borth. = Borthwick
Bru. = Brunckius
Bun. = Bunsen
Cam. = Camperus
Cas. = Casaubonus

Cob. = Cobetus
Ctes. = Ctesias
De Stef. = De Stefani
Din. = G. Dindorfius
Din. (L.) = L. Dindorfius
Diod. = Diodorus
Fio. = Fiorillo
Frei. = Freinsheim
Ges. = Gesner (1556)
Gill. = Gillius (1611)
Gro. = Gronovius (1744)
Hau. = M. Hauptius
Hem. = T. Hemsterhusius
Her.[1] = Hercher (1858)
Her. = Hercher (1864); vide Conspectum Librorum II
Herm. = G. Hermannus
Hoff. = Hoffmanus
Hol. = Holstenius
Iahn. = O. Iahnius
Jac. = Jacobsius (1832)
Kay. = Kayserus
Kuh. = Kuhnius
Lac. = Lacroix
Ll.-J. – Pars. = Lloyd-Jones – Parsons
Lob. = Lobeckius
Lor. = Lorenzius
Mei. = Meinekius
Meu. = Meursius
Oud. = Oudendorpius
Pau. = Pauwius
Pear. = Pearson
Pie. = Piersonus
Plin. = Plinius
Rad. = Radermacher
Ratt. = Rattenbury
Rei. = Reiske
Rein. = Reinesius
Ros. = Rosius
Sal. = Salmasius
Schn. = J. G. Schneider (1784)

Schn. (O.) = O. Schneider
Scholf. = Scholfield (1958)
Sho. = Shorey
Sit. = Sitzler
Spa. = Spanhemius
Steph. = H. Stephanus
Stob. = Stobaeus
Suid. = Suidas
Syl. = Sylburgius
Thes. = *Thesaurus Graecae Linguae*
Toup. = Toupius
Trill. = Trillerus
Ung. = Ungerus
Valck. = Valckenarius
Vale. = Valesius
Voss. = Vossius
Warm. = Warmington
Wei. = Weigelius
Well. = Wellmann
Wess. = Wesselingius
Wytt. = Wyttenbachius

b)
Adr. = Adrados
App. Anth. = *Appendix Anthologiae Graecae*
Coll. Alex. = *Collectanea Alexandrina*
CPG = *Corpus Paroemiographorum Graecorum*
D.-K. = Diels-Kranz
Deg. = Degani
FGrH = *Die Fragmente griechischer Historiker*
GGM = *Geographi Graeci Minores*
Giann. = Giannini
Gig. = Gigon
G.-S. = Gow-Scholfield
K.-A. = Kassel-Austin
Koe. = Koerte
Lass. = Lasserre
Lenf . = Lenfant
Müll. = Müller
N. = Nauck

PCG = *Poetae Comici Graeci*
Pf. = Pfeiffer
PMG = *Poetae Melici Graeci*
R. = Radt
R.-N. = Rodríguez-Noriega
Sn. = Snell
S.-M. = Snell-Maehler
Suppl. Hell. = *Supplementum Hellenisticum*
TGF = *Tragicorum Graecorum Fragmenta*
Thalh. = Thalheim
Thesl. = Thesleff
van Gron. = van Groningen
Wachs. = Wachsmuth
Wehr. = Wehrli
Well. = Wellmann
Wimm. = Wimmer

III. NOTAE

add. = addidit
adscr. = adscripsit
al. m. = alia manus
ante corr. = ante correctionem
cap. = capitulum
cens. = censuit
cett. = ceteri
cf. = confer
cod. = codex
codd.= codices [**VLPA(A^{V})H**]
coll. = collato
coni.= coniecit
corr. = correxit; correctio; correctum
corrupt. = corruptus; corruptum
del. = delevit; delere
dex. = dextero
dist. = distinxit
distinct. = distinctione
dub. = dubitans, dubitanter, dubium

edd. = editores (Ges., Jac., Her.)
e.g. = exempli gratia
Epil. = Epilogus
eras. = erasit
etc. = et caetera
ex corr. = ex correctione
exc. = excidit
fort. = fortasse
fr. = fragmentum
gloss. = glossa; glossema
ibid. = ibidem
id. = idem
i.e. = id est
ign. = ignotus
in app. = in apparatu critico
in com. = in commentario
in Emend. = in Emendationibus (Gesneri)
in mg. = in margine
inf. = inferiore
iter. = iteravit
lac. = lacuna
leg. = legitur
lin. = linea
loc. = locus
ms. = manu scriptus
mss. = manu scripti
om. = omisit, omittere
p., pp. = pagina, paginae
pr. m. = prima manus
rec. m. = recentior manus
rel. = relicta
reliq. = reliqua
s., ss. = sequens, sequentes
sc. = scilicet
schol. = scholium
scr. = scripsit
sec. m. = secunda manus
sin. = sinistro
sscr. = superscripsit; superscriptum
stat. = statuit

subduct. = subducta
susp. = suspectum; suspicatur, suspicatus est
s.v. = sub voce
tert. m. = tertia manus
test. = testimonium
tit. = titulus
transp. = transposuit; transponere; transpositum
ut vid. = ut videtur
vac. = vacat
vid. = videtur; videntur
v.l. = varia lectio (in codicibus vel in coniecturis)
voc. = vocabulum

CONSPECTVS LIBRORVM

I. EDITIONES

1556 Gesner, C., Αἰλιανοῦ τὰ εὑρισκόμενα ἅπαντα. *Claudii Aeliani ... opera quae extant omnia,* Tiguri. Editio princeps.

1611 Gesner, C. – Gillius, P., *Aeliani de animalium natura libri XVII,* Genevae

1744 Gronovius, A., Αἰλιανοῦ Περὶ ζῴων ἰδιότητος βιβλία ΙΖ. *Aeliani de natura animalium libri XVII. Cum animadversionibus Conradi Gesneri et Danielis Wilhelmi Trilleri, curante Abrahamo Gronovio, qui et suas adnotationes adiecit,* Londinii

1784 Schneider, J. G., *Aeliani de natura animalium libri XVII,* Lipsiae

1832 Jacobs, F., *Aeliani de natura animalium libri XVII,* I–II, Jenae

1858 Hercher, R., *Aeliani de natura animalium, varia historia, epistolae, fragmenta, Porphyrii Philosophi de abstinentia et de antro nympharum, Philonis Byzantii de septem orbis spectaculis,* Parisiis

1864 Hercher, R., *Claudii Aeliani de natura animalium libri XVII, varia historia, epistolae, fragmenta,* vol. I, Lipsiae

1958–59 A. F. Scholfield, *Aelian. On the characteristics of animals,* 3 vols., London – Cambridge. Massachusetts

II. COMMENTATIONES CRITICAE AD AELIANI DE NATVRA ANIMALIVM LIBROS PERTINENTES

Bärens, W. A., "Vermischte Bemerkungen zur griechischen und lateinischen Sprache", *Glotta* 9, 1918, 171

Borthwick, E. K., "Bees and drones in Aristophanes, Aelian and Euripides", *BICS* 37, 1990, 57–62

Cobet, C. G., *Novae lectiones*, Leyden, 1858, 780

—, *Variae lectiones*, ed. 2, Leyden, 1873, 131, 209, 341

—, "Aeliani locus correctus", *Mnemosyne* 7, 1858, 340

—, "De locis nonnullis apud Aelianum ΠΕΡΙ ΖΩΙΩΝ. De natura animalium", *Mnemosyne* 12 n.s., 1884, 433–442

De Stefani, E. L., "Scholia codicis Laurentiani LXXXVI, 7 in Aeliani Hist. Animal.", *SIFC* 7, 1899, 414

—, "I manoscritti della 'Historia Animalium' di Eliano", *SIFC* 10, 1902, 175–222

—, "Gli excerpta della 'Historia Animalium' di Eliano", *SIFC* 12, 1904, 421–45

García Valdés, M., "Ciencia y Moral: Eliano desde Aristóteles y a la luz del estoicismo y la "zoofilia" moderna", *Emerita* 71, fasc. 1°, 2003, 1–50.

—, "Estudio crítico-textual del libro III de *NA* de Claudio Eliano: normativismo y cuestiones de método para la edición de la obra", *Emerita* 75, fasc. 2°, 2007, 199–224

—, "Editar a Eliano: problemas que plantea", M. Sanz Morales – M. Librán Moreno (eds.), *Verae Lectiones. Estudios de Crítica Textual y Edición de Textos Griegos* (*ExClass*, Anejo I), Universidad de Huelva – Universidad de Extremadura, 2009, 227-266

Grasberger, L., "Zur Kritik des Aelianos", *JKPh* 95, 1867, 185–193

Haupt, M., "Coniectanea", *Hermes* 5, 1871, 321

Hercher, R., "Zu Aelians Thiergeschichte", *Philologus* 9, 1854, 748–752

Hercher, R., "Zu Aelians Thiergeschichte", *JKPh* 71, 1855, 450

—, "Aelian., Galen., Achmet.", *Philologus* 10, 1855, 344

—, "Interpolationen bei Aelian", *JKPh* 73, 1856, 177

—, "Zu griechischen Prosaikern.", *Hermes* 11, 1876, 223–224

Kaibel, G., "Sententiarum liber sextus", *Hermes* 28, 1893, 54

Klein, J., "Zu Aelian", *RhM* 22 n.s., 1867, 308

Lacroix, L., "Note critique à Élien, *De natura animalium*, II, 22", *Mélanges de linguistique, de philologie et de méthodologie de l' enseignement des langues anciennes offerts á René Fohalle*, Gembloux, 1969, 219–22

Meineke, A., "Zu griechischen Schriftstellern", *Hermes* 3, 1869, 162

Radermacher, L., "Varia", *RhM* 51, 1896, 463

Rattenbury, R. M., "On Aelian, *N. A.* XIII 9", *PCPhS* 178, 1941–1945, 1

Roehl, H., "Zu Aelian", *JKPh* 121, 1880, 378

Ruzicka, V., "Zu Aelian, Hist. an. XIII 7", *WS* 39, 1917, 171–73

Rodríguez-Noriega Guillén, L., "Aelian and Atticism. Critical notes on the text of *De Natura Animalium*" *CQ* 55, 2005, 455–462

—, "La lengua del *De Natura Animalium* de Claudio Eliano: apuntes críticos", A. Sánchez-Ostiz, J. B. Torres Guerra, R. Martínez (eds.), *De Grecia a Roma y de Roma a Grecia, un camino de ida y vuelta*, Pamplona, 2007, 269–282

—, "Aportaciones críticas al libro I del *De Natura animalium* de C. Eliano (I)", *ExClass* 11, 2007, 113–131

Schmid, W., *Der Atticismus in seinem Hauptvertretern*, Band 3, Stuttgart, 1893

Shorey, P., "An emendation of Aelian Περὶ Ζῴων VIII. 1. 5", *CPh* 3, 1908, 101

Vara Donado, J., "Aportación al conocimiento del texto de la *Historia de los animales* de Eliano y asuntos conexos", *Emerita* 55, 1987, 97–105

Wellmann, M. "Sostratos, ein Beitrag z. Quellenanalyse des Aelian's", *Hermes* 2, 1891, 321-349

—, "Alexander von Myndos", *Hermes* 2, 1891, 481-566

PROOEMIVM

Ἄνθρωπον μὲν εἶναι σοφὸν καὶ δίκαιον καὶ τῶν οἰκείων παίδων προμηθέστατον, καὶ τῶν γειναμένων ποιεῖσθαι τὴν προσήκουσαν φροντίδα, καὶ τροφὴν ἑαυτῷ μαστεύειν καὶ ἐπιβουλὰς φυλάττεσθαι καὶ τὰ λοιπὰ ὅσα αὐτῷ σύνεστι δῶρα φύσεως, παράδοξον ἴσως οὐδέν· καὶ γὰρ λόγου μετείληχεν ἄνθρωπος τοῦ πάντων τιμιωτάτου, καὶ λογισμοῦ ἠξίωται, ὅσπερ οὖν ἐστι πολυαρκέστατός τε καὶ πολυωφελέστατος· ἀλλὰ καὶ θεοὺς αἰδεῖσθαι οἶδε καὶ σέβειν. τὸ δὲ καὶ τοῖς ἀλόγοις μετεῖναί τινος ἀρετῆς κατὰ φύσιν, καὶ εἰ μὴ κατὰ τὴν οἰκείαν κρίσιν, καὶ πολλὰ τῶν ἀνθρωπίνων πλεονεκτημάτων καὶ θαυμαστὰ ἔχειν συγκεκληρωμένα, τοῦτο ἤδη μέγα. καὶ εἰδέναι γε μὴ ῥᾳθύμως τὰ προσόντα αὐτῶν ἰδίᾳ ἑκάστῳ, καὶ ὅπως ἐσπουδάσθη οὐ μεῖον τῶν ἀνθρώπων καὶ τῶν ἄλλων ζῴων, εἴη ἂν τινος πεπαιδευμένης φρενὸς καὶ μαθούσης πολλά. ὡς μὲν οὖν καὶ ἑτέροις ὑπὲρ τούτων ἐσπούδασται, καλῶς οἶδα· ἐγὼ δὲ ἐμαυτῷ ταῦτα ὅσα οἷόν τε ἦν ἀθροίσας καὶ περιβαλὼν αὐτοῖς τὴν συνήθη λέξιν, κειμήλιον οὐκ ἀσπούδαστον ἐκπονῆσαι πεπίστευκα. εἰ δέ τῳ καὶ ἄλλῳ φανεῖται ταῦτα λυσιτελῆ, χρήσθω αὐτοῖς· ὅτῳ δὲ οὐ φανεῖται, ἐάτω τῷ πατρὶ θάλπειν τε καὶ περιέπειν· οὐ γὰρ πάντα πᾶσι καλά, οὐδὲ ἄξια δοκεῖ σπουδάσαι πᾶσι πάντα. εἰ δὲ ἐπὶ πολλοῖς τοῖς πρώτοις καὶ σοφοῖς γεγόναμεν, μὴ ἔστω ζημίωμα εἰς ἔπαινον ἡ τοῦ χρόνου λῆξις, εἴ τι καὶ αὐτοὶ σπουδῆς ἄξιον μάθημα παρεχοίμεθα καὶ τῇ εὑρέσει τῇ περιττοτέρᾳ καὶ τῇ φωνῇ.

LIBER I

1.1. Καλεῖταί τις Διομήδεια νῆσος, καὶ ἐρωδιοὺς ἔχει πολλούς. οὗτοι, φασί, τοὺς βαρβάρους οὔτε ἀδικοῦσιν οὔτε αὐτοῖς προ-

1 PROOEMIVM] Prooemio et cap. 1–9 (usque ad τῶν μελιττῶν) vac. **P** 6 μετείληχεν] μετείληφεν **LH** ‖ 10 καὶ[1] — κρίσιν] del. Her. ‖ 13 τῶν[2]] τὰ τῶν Jac. in app., Her.‖ 16 ἐμαυτῷ] spurium vid., Her. in app.‖ 20 ἄξια] τὰ δεξιὰ **VA**[V]

σίασιν· ἐὰν δὲ Ἕλλην κατάρῃ ξένος, οἱ δὲ θείᾳ τινὶ δωρεᾷ προσίασι πτέρυγας ἁπλώσαντες οἱονεὶ χεῖράς τινας εἰς δεξίωσίν τε καὶ περιπλοκάς. καὶ ἁπτομένων τῶν Ἑλλήνων οὐχ ὑποφεύγουσιν, ἀλλ' ἀτρεμοῦσι καὶ ἀνέχονται, καὶ καθημένων εἰς τοὺς κόλπους καταπέτονται, ὥσπερ οὖν ἐπὶ ξενίᾳ κληθέντες. λέγονται δ' οὖν οὗτοι Διομήδους ἑταῖροι εἶναι οἱ σὺν αὐτῷ τῶν ὅπλων τῶν ἐπὶ τὴν Ἴλιον μετεσχηκότες, τὴν προτέραν φύσιν εἰς τὸ τῶν ὀρνίθων μεταβαλόντες εἶδος, ὅμως ἔτι καὶ νῦν διαφυλάττειν τὸ εἶναι Ἕλληνές τε καὶ Φιλέλληνες.

1.2. Ὁ σκάρος πόας μὲν θαλαττίας σιτεῖται καὶ βρύα· λαγνίστατος δὲ ἄρα ἰχθύων ἁπάντων ἦν, καὶ ἥ γε πρὸς τὸ θῆλυ ἀκόρεστος ἐπιθυμία αὐτῷ ἁλώσεως αἰτία γίνεται. ταῦτα οὖν αὐτῷ συνεγνωκότες οἱ σοφοὶ τῶν ἁλιέων, ἐπιτίθενταί οἱ τὸν τρόπον τοῦτον. ὅταν θῆλυν συλλάβωσιν, ἔδησαν ὁρμιᾷ σπάρτου πεποιημένῃ λεπτῇ τοῦ στόματος ἄκρου, καὶ ἐπισύρουσι διὰ τῆς θαλάττης τὸν ἰχθῦν ζῶντα· ἴσασι δὲ εὐνάς τε αὐτῶν καὶ διατριβὰς καὶ ὅπου συναγελάζονται. μόλιβδος δὲ αὐτοῖς πεποίηται βαρὺς τὴν ὁλκήν, περιφερὴς τὸ σχῆμα, καὶ ἔχει μῆκος τριῶν δακτύλων, καὶ διείληπται ἐξ ἄκρων σχοίνῳ, καὶ ἐπισύρεται τὸν τεθηραμένον. καὶ κύρτον τις τῶν ἐν τῇ πορθμίδι παραρτήσας ἐπάγεται εὐρὺν τὸ στόμα, καὶ ἐς τὸν ἑαλωκότα τέτραπται σκάρον ὁ κύρτος· βαρεῖται δὲ ἡσυχῇ οὗτος λίθῳ μεμετρημένῳ. οὐκοῦν οἱ ἄρρενες, ὥσπερ οὖν νύμφην ἐρωτικὴν νεανίαι θεασάμενοι, οἰστροῦνταί τε καὶ μεταθέουσι, καὶ ἐπείγονται φθάσαι ἄλλος ἄλλον καὶ γενέσθαι πλησίον καὶ παραψαῦσαι, ὥσπερ οὖν δυσέρωτες ἄνθρωποι φίλημα ἢ κνίσμα θηρώμενοι ἤ τι ἄλλο κλέμμα ἐρωτικόν. ὁ τοίνυν ἄγων τὸν θῆλυν ἡσυχῇ καὶ πεφεισμένως, λοχῶν τε καὶ ἐπιβουλεύων εὐθὺ τοῦ κύρτου σὺν τῇ ἐρωμένῃ, φαίης ἄν, τοὺς ἐραστὰς ἄγει. γενομένων δὲ ὁμοῦ τῷ κύρτῳ, τὸν μὲν μόλιβδον μεθῆκεν ὁ

1 ξένος] ξεῖνος **VA**$^{\mathbf{V}}$ ‖ 5 ξενίᾳ] ξένια Gro., Her. | δ' οὖν] οὖν **L**, Her. : δέ **H**, De Stef. ‖ 6 οἱ] καὶ Her. ‖ 7 μετεσχηκότες] μετεσχηκέναι Her. | τὴν[2]] εἶτα τὴν Her. 8 μεταβαλόντες] μεταβάλλονται **L** | διαφυλάττειν] φυλάττειν **VA**$^{\mathbf{V}}$ ‖ 14 θῆλυν] θῆλυ **VA**$^{\mathbf{V}}$**H** | ἔδησαν] ἐνέδησαν Her. ‖ 16 εὐνάς—καὶ] αὐτῶν εὐνάς τε καὶ **VA**$^{\mathbf{V}}$ 17 μόλιβδος] μόλυβδος **L**, Her. ‖ 19 ἐπισύρεται] ἐπισύρει Her. ‖ 22 ἡσυχῇ οὗτος] οὗτ. ἡσυ. **VA**$^{\mathbf{V}}$ ‖ 23 οὖν] om. ***β*** | ἐρωτικὴν] ἐρωτικοὶ Jac. in app. : ὡρικὴν Jac. in com., Her.‖ 27 τὸν] τὴν **A**$^{\mathbf{V}}$**H**‖ 29 μόλιβδον] μόλυβδον **L**, Her.

θηρατὴς εἰς τὸ εἴσω· ὃ δὲ ἄρα ἐμπίπτων σὺν τῇ ὁρμιᾷ κατασπᾷ καὶ τὸν θῆλυν. οὐκοῦν συνεισρεύσαντες ἑαλώκασι, καὶ διδόασι δίκην ὁρμῆς ἀφροδισίου ταύτην οἱ σκάροι.

1.3. Ὁ ἰχθῦς ὁ κέφαλος τῶν ἐν τοῖς ἕλεσι βιούντων ἐστί, καὶ πεπίστευται τῆς γαστρὸς κρατεῖν καὶ διαιτᾶσθαι πάνυ σωφρόνως. ζῴῳ μὲν γὰρ οὐκ ἐπιτίθεται, ἀλλὰ πρὸς πάντας τοὺς ἰχθῦς ἔνσπονδος εἶναι πέφυκεν· ὅτῳ δ' ἂν ἐντύχῃ κειμένῳ, τοῦτό οἱ δεῖπνόν ἐστιν. οὐ πρότερον δὲ αὐτοῦ προσάπτεται, πρὶν ἢ τῆς οὐρᾶς κινῆσαι. καὶ ἀτρεμοῦντος μὲν ἔχει τὴν ἄγραν, κινηθέντος δὲ ἀνεχώρησεν.

1.4. Τιμωροῦσιν ἀλλήλοις ὡς ἄνθρωποι πιστοὶ καὶ συστρατιῶται δίκαιοι οἱ ἰχθύες, οὕσπερ οὖν ἀνθίας οἱ τῆς θήρας ἐπιστήμονες τῆς θαλαττίας φιλοῦσιν ὀνομάζειν, ὄντας τὰ ἤθη πελαγίους. τούτων γοῦν ἕκαστοι, ὅταν νοήσωσι τεθηρᾶσθαι τὸν σύννομον, προσνέουσιν ὤκιστα, εἶτα ἐς αὐτὸν τὰ νῶτα ἀπερείδουσι, καὶ ἐμπίπτοντες καὶ ὠθούμενοι τῇ δυνάμει κωλύουσιν ἕλκεσθαι.

Καὶ οἱ σκάροι δὲ εἰς τὴν οἰκείαν ἀγέλην εἰσὶν ἀγαθοὶ τιμωροί. προΐασι γοῦν, καὶ τὴν ὁρμιὰν ἀποτραγεῖν σπεύδουσιν, ἵνα σώσωσι τὸν ᾑρημένον· καὶ πολλάκις μὲν ἀποκόψαντες ἔσωσαν καὶ ἀφῆκαν ἐλεύθερον, καὶ οὐκ αἰτοῦσι ζωάγρια· πολλάκις δὲ οὐκ ἔτυχον, ἀλλ' ἥμαρτον μέν, τὸ δ' οὖν ἑαυτῶν πεποιήκασιν εὖ μάλα προθύμως. ἤδη δὲ καὶ εἰς τὸν κύρτον τὸν σκάρον ἐμπεσεῖν φασι καὶ τὸ οὐραῖον μέρος ἐκβαλεῖν, τοὺς δὲ ἀθηράτους καὶ περινέοντας ἐνδακεῖν καὶ ἐς τὸ ἔξω τὸν ἑταῖρον προαγαγεῖν. εἰ δὲ καὶ ἐξίοι κατὰ τὸ στόμα αὐτῶν τις, ὁ ἔξω τὴν οὐρὰν παρώρεξεν, ὃ δὲ περιχανὼν ἠκολούθησεν. οὗτοι μὲν δὴ ταῦτα δρῶσιν, ὡς ἄνθρωποι, φιλεῖν οὐ μαθόντες, ἀλλὰ πεφυκότες.

1.5. Ὁ ἰχθῦς ὁ τρώκτης, τούτου μὲν κατηγορεῖ τὴν φύσιν καὶ τὸ ὄνομα, ἤδη δὲ καὶ τὸ στόμα· ὀδόντες δὲ αὐτῷ συνεχεῖς τε ἐμπεφύκασι καὶ πολλοί, καὶ πᾶν τὸ ἐμπεσὸν διατεμεῖν εὖ μάλα καρτεροί. οὐκοῦν ἁλοὺς ἀγκίστρῳ μόνος ἰχθύων εἰς τὸ ἔμπαλιν

1 ὁρμιᾷ] ὁρμῇ **LA**^{V} ‖ **6** ζῴῳ] ζωῷ Cob. (1884), Scholf. ‖ **8** προσάπτεται] ἅπτεται **VA**^{V} | τῆς οὐρᾶς] τῇ οὐρᾷ Her. ‖ **19** προΐασι] προιᾶσι **VA**^{V} : προσίασι Her. ‖ **25** εἰ—**26** ὁ] εἰ δὲ ἐξείη τὸ στόμα, τῶν τίς οἱ Her. | καὶ²] om. **LH** ‖ **27** ὡς] ὡς οἱ **VA**^{V} : ὢ Jac. in com., Her. ‖ **31** πᾶν—ἐμπεσὸν] τὸ ἐμπ. πᾶν **A**^{V} ‖ **32** εἰς] ἐς **LH**

ἑαυτὸν οὐκ ἐπανάγει, ἀλλὰ ὠθεῖται τὴν ὁρμιὰν ἀποθερίσαι διψῶν. οἱ δὲ ἁλιεῖς σοφίζονται τἀναντία· τὰς γάρ τοι τῶν ἀγκίστρων λαβὰς χαλκεύονται μακράς. ὁ δὲ (καὶ γάρ πως ἐστὶ καὶ ἁλτικός) καὶ ὑπὲρ ταύτας ἀνέθορε πολλάκις καὶ τὴν τρίχα τὴν ἄγουσαν τεμὼν εἰς ἤθη τὰ τῶν ἰχθύων αὖθις ἀπονήχεται. οὗτός τοι καὶ τὴν ἀγέλην τὴν σύννομον παραλαβὼν σὺν αὐτοῖς ἐκείνοις χωρεῖ καὶ τοῖς δελφῖσιν ὁμόσε· καὶ ἕνα ἀποκριθέντα πως περιελθόντες εἶτα ἐπιτίθενται τῷ θηρίῳ καρτερῶς· ἴσασι γὰρ ὅτι τῶν ἐξ αὐτῶν δηγμάτων οὐ ῥᾳθύμως ἐπαΐει. οἳ μὲν γὰρ ἔχονται αὐτοῦ καὶ μάλα ἐγκρατῶς, ὁ δὲ ἀναπηδᾷ καὶ κυβιστῶν δῆλός ἐστι, καὶ ὡς ὑπὸ τῆς ὀδύνης στρεβλοῦται διελέγχεται· ἀπρὶξ γὰρ ἐμφύντες συνεξαίρονται πηδῶντος. καὶ ὃ μὲν ἀποσείσασθαι καὶ ἀποκροῦσαι σπεύδει αὐτούς, οἳ δὲ οὐκ ἀνιᾶσιν, ἀλλὰ ἐσθίουσι ζῶντα. εἶτα μέντοι τοῦτο ὅ τι ἂν ἕκαστος μέρος ἐκτράγῃ, ἔχων ἀπαλλάττεται· καὶ ὁ δελφὶς ἀσμένως ἀπονήχεται, δαιτυμόνας, ὡς ἂν εἴποις, ἀκλήτους ἑστιάσας σὺν τῇ ἑαυτοῦ ὀδύνῃ ἐκείνους.

1.6. Γλαύκης ἀκούω τῆς κιθαρῳδοῦ ἐρασθῆναι κύνα· οἳ δὲ οὐ κύνα, ἀλλὰ κριόν· ἄλλοι δὲ χῆνα. καὶ ἐν Σόλοις δὲ τοῖς Κιλικίοις παιδός, ᾧ ὄνομα ἦν Ξενοφῶν, κύων ἠράσθη καὶ ἄλλου δὲ ὡραίου μειρακίου ἐν Σπάρτῃ κολοιὸς ἐπὶ τῷ εἴδει ἐνόσησεν.

1.7. Λέγουσι τὸν θῶα τὸ ζῷον φιλανθρωπότατον εἶναι. καὶ ὅταν μέν που περιτύχῃ ἀνθρώπῳ, ἐκτρέπεται αὐτόν, οἷον αἰδούμενος· ὅταν δὲ ἀδικούμενον θεάσηται ὑπ' ἄλλου θηρίου, τὸ τηνικαῦτα ἐπαμύνει αὐτῷ.

Νικίας δέ τις τῶν κυνηγετούντων ἀπροόπτως φερόμενος εἰς ἀνθρακευτῶν κάμινον κατηνέχθη, οἱ δὲ κύνες οἱ σὺν αὐτῷ τοῦτο ἰδόντες οὐκ ἀπέστησαν, ἀλλὰ τὰ μὲν πρῶτα κνυζώμενοι περὶ τὴν κάμινον καὶ ὠρυόμενοι διέτριβον, τὰ δὲ τελευταῖα μονονουχὶ τοὺς παριόντας ἠρέμα καὶ πεφεισμένως κατὰ τῶν ἱματίων δάκνοντες εἶτα ἕλκοντες ἐπὶ τὸ πάθος, οἷον ἐπικούρους τῷ δεσπότῃ παρα-

1 ἀλλὰ ὠθεῖται] ἀλλ' ἀνωθεῖται Cob. (1884) | ἀποθερίσαι] ἀποθρίσαι Her. **8** ὅτι] om. **VA**[v] ‖ **9** ἐπαΐει] ἐπαΐειν **VA**[v] | αὐτοῦ] οὗτοι **VA**[v] ‖ **10** καὶ[2]—ἐστι] καὶ κυβιστᾷ Her. ‖ **14** τοῦτο] ante ἔχων transp. Jac. in com., Her. (rectius delebis, Her. in app.) ‖ **18** τοῖς Κιλικίοις] τῆς Κιλικίας **H**, Her. ‖ **19** καὶ] del. Her. ‖ **25** δέ] del. Her. | κυνηγετούντων] συγκυνηγετούντων Her. | φερόμενος] παραφερόμενος Her. ‖ **29** παριόντας] παρόντας **L** ‖ **30** ἕλκοντες] εἷλκον Apost., Her.

καλοῦντες τοὺς ἀνθρώπους οἱ κύνες. καὶ γοῦν εἷς ὁρῶν τὸ γενόμενον ὑπώπτευσε τὸ συμβάν, καὶ ἠκολούθησε καὶ εὗρε τὸν Νικίαν ἐν τῇ καμίνῳ καταφλεχθέντα, ἐκ τῶν λειψάνων συμβάλλων τὸ γενόμενον.

1.8. Ὁ κηφὴν ὁ ἐν μελίτταις γενόμενος μεθ' ἡμέραν μὲν ἐν τοῖς ἀνθρηνίοις κατακέκρυπται, νύκτωρ δέ, ἡνίκα ἂν παραφυλάξῃ καθευδούσας τὰς μελίττας, ἐπιφοιτᾷ τοῖς ἔργοις αὐτῶν καὶ λυμαίνεται τοῖς σίμβλοις. τοῦτο ἐκεῖναι καταμαθοῦσαι, αἱ μὲν πλεῖσται τῶν μελισσῶν καθεύδουσιν ἅτε πεπονηκυῖαι, ὀλίγαι δὲ αὐτῶν ἐλλοχῶσιν. εἶτα ὅταν ἕλωσι τὸν φῶρα, παίουσιν αὐτὸν πεφεισμένως καὶ ἐξωθοῦσι τοῖς πτεροῖς καὶ ἐκβάλλουσι φυγάδα εἶναι. ὃ δὲ οὐδ' οὕτω πεπαίδευται· πέφυκε γὰρ καὶ ἀργὸς καὶ λίχνος, δύω κακώ. ἔξω τοίνυν τῶν κηρίων ἑαυτὸν ἀποκρύπτει, εἶτα ὅταν ἐπὶ τὰς νομὰς ἐξορμήσωσιν αἱ μέλιτται, ὃ δὲ ὠσάμενος ἔσω τὸ ἑαυτοῦ δρᾷ, ἐμφορούμενος καὶ κεραΐζων ἐκεῖνος τὸν θησαυρὸν τῶν μελιττῶν τὸν γλυκύν. καὶ ἐκεῖναι ἐκ τῆς νομῆς ὑποστρέψασαι, ὅταν αὐτῷ περιτύχωσιν, ἐνταῦθα μὲν οὐκέτι πεφεισμένως αὐτὸν παίουσιν, οὐδ' ὅσον εἰς φυγὴν τρέψαι, ἀλλὰ εὖ μάλα τοῖς κέντροις βιαίως ἐμπεσοῦσαι διαλοῶσι τὸν λῃστήν· καὶ οὐ μεμπτὴν ὑπομείνας τὴν τιμωρίαν, ὑπὲρ τῆς γαστριμαργίας καὶ ἀδδηφαγίας τὴν ψυχὴν ἔτισεν. μελισσουργοὶ λέγουσι ταῦτα, καὶ ἐμὲ πείθουσιν.

1.9. Εἰσὶ δέ τινες καὶ ἐν ταῖς μελίτταις ἀργαὶ μέλιτται, οὐ μὴν κηφηνώδεις τὸν τρόπον· οὐ γὰρ λυμαίνονται τοῖς κηρίοις οὐδ' ἐπιβουλεύουσι τῷ μέλιτι αὗται, ἀλλὰ τρέφονται μὲν ἐκ τῶν ἀνθέων καὶ αὗται πετόμεναι καὶ σύννομοι ταῖς ἄλλαις οὖσαι. εἰ δὲ καί εἰσιν ἄτεχνοι περὶ τὴν ἐργασίαν καὶ τὴν κομιδὴν τὴν τοῦ μέλιτος, ἀλλὰ γοῦν οὐκ εἰσὶν ἄπρακτοι πάντῃ. αἳ μὲν γὰρ αὐτῶν ὕδωρ τῷ βασιλεῖ κομίζουσι καὶ ταῖς πρεσβυτέραις δέ, αἵπερ οὖν

1 γενόμενον] γινόμενον **A**[V], Ges., Her. ‖ **3** ἐκ τῶν] καὶ τῶν **VA**[V] | συμβάλλων] συμβαλὼν **LH**, Her. | γενόμενον] γινόμενον **VA**[V] ‖ **5** γενόμενος] γεννώμενος **H**, Jac., Her. : γινόμενος **A**[V] ‖ **6** ἀνθρηνίοις] θριγκίοις **VPA**[V]**H** ‖ **8** τοῖς σίμβλοις] τοὺς σίμβλους **A**[V] ‖ **10** ἕλωσι] ἴδωσι **LH** ‖ **11** τοῖς πτεροῖς] del. Her. ‖ **13** δύω] δύο **H**, Jac. in com., Her. ‖ **18** ὅσον] ὡς **A**[V] | εἰς] ἐς **VA**[V] ‖ **19** τοῖς κέντροις] del. Her. | διαλοῶσι] ἀλοῶσι Cob. (1884) ‖ **21** ἀδδηφαγίας] ἀδηφ. **L**, Her. | τὴν ψυχὴν] τῇ ψυχῇ Her. ‖ **23** ἀργαὶ] ἀργοὶ **L**, Her. ‖ **25** μὲν] del. Her.

αἱ πρεσβύτεραι καὶ αὗται τῷ βασιλεῖ παραμένουσι καὶ ἐς τὴν δορυφορίαν ἀπεκρίθησαν τὴν αὐτοῦ· ἕτεραι δὲ αὐτῶν τῶν ἀτέχνων ἔχουσιν ἐκεῖνο ἔργον, τὰς ἀποθνησκούσας τῶν μελιττῶν ἔξω φέρουσι· δεῖ γὰρ αὐταῖς καθαρὰ εἶναι τὰ κηρία, καὶ οὐκ ἀνέχονται νεκρὰν εἴσω μέλιτταν· ἄλλαι καὶ νύκτωρ φρουροῦσιν, ὥσπερ οὖν πόλιν μικρὰν φυλάττουσαι τὴν τῶν κηρίων οἰκοδομίαν ἐκεῖναί γε.

1.10. Μελιττῶν δὲ ἡλικίαν διαγνοίη τις ἂν τὸν τρόπον τοῦτον. αἱ μὲν αὐτοετεῖς στιλπναί τέ εἰσι καὶ ἐοίκασιν ἐλαίῳ τὴν χροιάν· αἱ δὲ πρεσβύτεραι τραχεῖαι καὶ ἰδεῖν καὶ ἅψασθαι γίνονται, ῥυσαὶ δὲ ὁρῶνται διὰ τὸ γῆρας· ἐμπειρότεραι δέ εἰσιν αὗται καὶ τεχνικώτεραι, παιδεύσαντος αὐτὰς τὴν ἐπὶ τῷ μέλιτι σοφίαν τοῦ χρόνου. ἔχουσι δὲ καὶ μαντικῶς, ὥστε ὑετῶν καὶ κρύους ἐπιδημίαν προμαθεῖν· καὶ ὅταν τούτων τὸ ἕτερον ἢ καὶ ἀμφότερα ἔσεσθαι συμβάλωσιν, οὐκ ἐπὶ μήκιστον ἐκτείνουσι τὴν πτῆσιν ἐκ τῆς νομῆς, ἀλλὰ περιποτῶνται τοῖς σμήνεσι, καὶ οἱονεὶ περιθυροῦσιν. ἐκ δὴ τούτων οἱ μελιττουργοὶ οἰωνισάμενοι προλέγουσι τοῖς γεωργοῖς τὴν μέλλουσαν ἐπιδημίαν τοῦ χειμῶνος. δεδοίκασι δὲ ἄρα οὐ τοσοῦτον τὸ κρύος αἱ μέλιτται, ὅσον τὸν ὄμβρον τὸν πολὺν καὶ τὸν νιφετόν. ἐναντίαι δὲ πολλάκις τοῦ πνεύματος πέτονται, καὶ βραχεῖαν λίθον ἐν τοῖς ποσὶ κομίζουσι καὶ τοσαύτην ὅσην εὔφορον αὐταῖς πετομέναις εἶναι, καὶ τρόπον τινὰ τοῦτο ἕρμα ἑαυταῖς ἐπιτεχνῶνται πρὸς τὸν ἐμπίπτοντα ἄνεμον τά τε ἄλλα καὶ ἵνα μὴ παρατρέψῃ τῆς ὁδοῦ ἡ αὔρα αὐτάς.

1.11. Ἔρωτος δὲ ἰσχὺν καὶ ἰχθύων γένη πολλὰ ἔγνω, τοῦ τοσούτου θεοῦ μηδὲ τοὺς ἐν τῷ βυθῷ καὶ κάτω τῆς θαλάσσης ὑπεριδόντος καὶ ἀτιμάσαντος. λατρεύει γοῦν τῷδε τῷ δαιμονίῳ καὶ κέφαλος, ἀλλ᾽ οὐ πᾶς, ἐκεῖνος δὲ ὅνπερ οὖν ἀπὸ τοῦ ὀξέος προσώπου καλοῦσιν οἱ γένη τε καὶ διαφορὰς ἰχθύων κατεγνωκότες. ἁλίσκονται δέ, ὡς ἀκούω, περὶ τὸν κόλπον τὸν Ἀχαϊκὸν

1 αἱ—αὗται] del. Her. ‖ 2 τῶν ἀτέχνων] del. Her. ‖ 5 ἄλλαι] ἀλλὰ **LPA^{V}H** | καὶ] δὲ Gill., Her. ‖ 9 χροιάν] χρόαν Her. ‖ 10 ἅψασθαι] προσψαῦσαι Gro., Her. 13 ὥστε] ὥστε καὶ **A^{V}**, edd. ‖ 15 συμβάλωσιν] συμβάλλωσιν **LH** | ἐκ—16 νομῆς] del. Her. ‖ 16 περιποτῶνται] περιπετῶνται **P** ‖ 20 πολλάκις—πνεύματος] τοῦ πνε. πολλ. **PH** ‖ 21 βραχεῖαν] τραχεῖαν **VA^{V}** ‖ 22 ὅσην] ὅσον **PH** ‖ 26 ἐν—κάτω] κάτω καὶ ἐν τῷ βυθῷ Her. ‖ 27 δαιμονίῳ] δαίμονι Her.

πολλοί. καὶ τῆς μὲν κατ᾽ αὐτοὺς ἁλώσεως διαφορότης ἐστί· μάλιστα δὲ αὐτῶν τὸ λυττῶδες τὸ εἰς τὰ ἀφροδίσια κατηγορεῖ ἥδε ἡ ἄγρα. θηράσας ἀνὴρ ἁλιεὺς θῆλυν ἐκ τῶνδε κέφαλον, καὶ ἐκδήσας καλάμῳ μακρῷ ἢ σπάρτῳ καὶ τούτῳ μακρῷ, κατὰ τῆς ᾐόνος ἡσυχῇ βαδίζων παρανηχόμενον τὸν ἰχθῦν καὶ ἀσπαίροντα ἐπισύρει· κατ᾽ ἴχνια δὲ αὐτοῦ τις ἕπεται φέρων δίκτυον, καὶ τὸ μέλλον ὅπῃ τε καὶ ὅπως ἀπαντήσεται φυλάττει φιλοπόνως ὁ δικτυεὺς οὗτος. οὐκοῦν ὃ μὲν ἄγεται, ὁπόσοι δὲ ἂν ἴδωσι τῶν ἀρρένων, οἷα δήπου νεανίαι ἀκόλαστοι μείρακος παραθεούσης εὖ μάλα ὡρικῆς ἐποφθαλμίσαντες, ἵενται κατὰ μίξιν οἰστρούμενοι. ὁ τοίνυν τὸ δίκτυον ἔχων ῥίπτει τὸν βόλον, καὶ πολλάκις ἰχθύων εὐερμίᾳ περιτυγχάνει τῇ τῆς ἐπιθυμίας ὁρμῇ προσερχομένων. δεῖ δὲ τῷ πρώτῳ θηρατῇ τὴν αἱρεθεῖσαν ὡραίαν τε εἶναι καὶ εὖ ἥκουσαν σαρκῶν, ἵνα καὶ πλείους ἐπ᾽ αὐτὴν ὁρμήσωσιν, τὸ τῆς ὥρας ἐφολκὸν δέλεαρ λαβόντες. εἰ δὲ ἄσαρκος εἴη, οἱ πολλοὶ ὑπερφρονήσαντες ᾤχοντο ἀπιόντες· ὅστις δὲ αὐτῶν ἐστι δύσερως, οὐκ ἀπαλλάττεται, οὐ τῇ ὥρᾳ, μὰ Δία, ἀλλὰ τῷ τῆς μίξεως πόθῳ δεδουλωμένος.

1.12. Ἦσαν δὲ ἄρα καὶ σωφρονεῖν ἰχθύες ἀγαθοί. ὁ γοῦν αἰτναῖος οὕτω λεγόμενος, ἐπὰν τῇ ἑαυτοῦ συννόμῳ οἱονεὶ γαμετῇ τινι συνδυασθεὶς κληρώσηται τὸ λέχος, ἄλλης οὐχ ἅπτεται, καὶ οὐ δεῖται συμβολαίων εἰς πίστιν, οὐ προικός, οὐδὲ μὴν δέδοικε κακώσεως δίκην ὁ αἰτναῖος, οὐδὲ αἰδεῖται Σόλωνα. ὦ νόμοι γενναῖοι καὶ πόλεις σεμναί, οἷς ἀκόλαστοι ἄνθρωποι οὐκ αἰδοῦνται μὴ πείθεσθαι.

1.13. Κοσσύφῳ δὲ θαλαττίῳ ἤθη τε καὶ διατριβαὶ αἱ πέτραι καὶ αἱ σηραγγώδεις ὑποδρομαί. γαμοῦσι δὲ οὗτοι ἕκαστος πολλάς, καὶ τῶν ὀπῶν οἱονεὶ θαλάμων νύμφαις ἀφίστανται. καὶ τοῦτο μὲν τὸ τοῦ γάμου θρυπτικὸν καὶ τὸ εἰς πολλὰς ἔχειν τὴν

2 εἰς] ἐς **LPH** ‖ **3** ἐκ—κέφαλον] del. Her. | ἐκδήσας] ἐνδήσας Rei., Her. **5** ἀσπαίροντα] σπαίροντα **LPH** ‖ **8** ὃ] ἣ **L** (dub. **P**), Her. ‖ **9** παραθεούσης] περιθεούσης **PH** ‖ **10** ὡρικῆς] ὡρικῶς **P** | ἐποφθαλμίσαντες] ἐποφθαλμιάσαντες (ἐποφθαλμιᾶν in mg. **L**) **LP**, edd. | μίξιν] Her. : νῆξιν **VA^{V}H** : τὴν μῆξιν **L** : τὴν νῆξιν **P** ‖ **21** κληρώσηται] κληρώσεται **VL** ‖ **24** πόλεις σεμναί] πολύσεμνοι Mei., Jac. in app., Her. ‖ **26** θαλαττίῳ] τῷ θαλ. edd. ‖ **27** γαμοῦσι] συνοικοῦσι **PH** **28** νύμφαις] ταῖς νύμ. Her.|ἀφίστανται] οὐκ ἀφί. **A^{V}**

ὁρμὴν νενεμημένην φαίην ἂν εἶναι τρυφώντων εἰς εὐνὴν βαρβάρων καί, ὡς ἂν εἴποις σὺν παιδιᾷ σπουδάσας, βίον Μηδικόν τε καὶ Περσικόν. ἔστι δὲ ἰχθύων ζηλοτυπώτατος καὶ τηνάλλως μὲν οὖν, οὐχ ἥκιστα δὲ ὅταν αἱ νύμφαι τίκτωσιν αὐτῷ. εἰ δὲ λαμυρώτερον ταῦτα τῇ κράσει τῶν ὀνομάτων εἴρηται, δίδωσιν ἡμῖν τὰ ἐκ τῆς φύσεως πραττόμενα τὴν τῶν τοιούτων ἐξουσίαν. αἳ μὲν γὰρ ὠδίνων ἤδη πειρώμεναι ἠρεμοῦσί τε καὶ ἔνδον μένουσιν, ὁ δὲ ἄρρην, οἷα δήπου γαμέτης, περιθυρῶν τὰς ἐπιβουλὰς φυλάττει τὰς ἔξωθεν φόβῳ τῶν βρεφῶν. ἔοικε γὰρ καὶ τὰ μήπω γενόμενα φιλεῖν καὶ δέει πατρικῷ ἁλισκόμενος ἐντεῦθεν ὀρρωδεῖν ἤδη, καὶ διημερεύει μὲν ἐπὶ τῇ φρουρᾷ πάντων ἄγευστος, καὶ ἡ φροντὶς αὐτὸν τρέφει· δείλης δὲ ὀψίας γενομένης ἀφεῖται τῆς ἀνάγκης τῆσδε, καὶ μαστεύει τροφήν, καὶ οὐκ ἀτυχεῖ αὐτῆς. καὶ ἑκάστη δὲ ἄρα εὑρίσκει τῶν ἔνδον, εἴτε ἐπ' ὠδῖσιν εἴη εἴτε ἤδη λεχώ, φυκία πολλὰ τῶν ἐν ταῖς ὀπαῖς καὶ περὶ τὰς πέτρας, ἃ δεῖπνόν ἐστιν.

1.14. Ἐπιβουλεύων θήρᾳ κοσσύφου δεινὸς ἁλιεὺς ἐφαρμόσας ἀγκίστρῳ μόλιβδον βαρὺν καὶ ἐνείρας τῷ ἀγκίστρῳ καρίδα μεγάλην καθίησι τὸ δέλεαρ. καὶ ὃ μὲν ὑποκινεῖ τὴν ὁρμιὰν ἐγείρων τε καὶ θήγων ἐς τὴν τροφὴν τὸ θήραμα, ἡ καρὶς δὲ κινουμένη εἶτα μέντοι δόξαν τινὰ ἀποστέλλει μελλούσης εἰς τὰς ὀπὰς τὰς τοῦ κοσσύφου παριέναι. τῷ δὲ ἄρα τοῦτο ἔχθιστον· καὶ διὰ ταῦτα αἰσθανόμενος, ὡς ἔχει τοῦ θυμοῦ, ἵεται νομίζων ἐχθράν (οὐ γάρ οἱ μέλει τῆς γαστρὸς τηνικαῦτα), καὶ συνθλάσας αὐτὴν ἀπαλλάττεται, προτιμότερον τροφῆς καὶ πρεσβύτερον τὸ μὴ κατακοιμίσαι τὴν φυλακὴν πεπιστευκὼς εἶναι. τῶν δὲ ἄλλων ὅταν τι μέλλῃ τῶν προσπιπτόντων ἐσθίειν, ὑποθλάσας εἶτα εἴασε κεῖσθαι· καὶ ἰδὼν

1 ὁρμὴν] εὐνήν **VA**^{V} | φαίην] φαίης Her. ‖ **2** σὺν] ἐν **A**^{V} ‖ **3** τηνάλλως] τηνάλως **P** : ἄλλως **L** : τὴν ἄλλως Her. | οὖν] om. **A**^{V} : del. Her. ‖ **4** ὅταν] ὅτε **PH** | τίκτωσιν] τίκτουσι **VPA**^{V}**H** ‖ **5** κράσει] καταχρήσει Kay., Her. ‖ **9** γενόμενα] γεννώμενα **PH**, Her. ‖ **14** ἄρα] ἄλλα **LPH** | λεχώ] λεχώς **LP** : λεχῶσα **H** ‖ **15** ἃ δεῖπνόν] ἅ οἱ δεῖπ. edd. ‖ **16** Ἐπιβουλεύων—κοσσύφου] Ἐπι. κοσ. θήρ. **LPH** : Ἐπιβουλεύειν κοσσύφῳ Her. ‖ **17** μόλιβδον] μόλυβον **P** : μόλυβδον Her. ‖ **19** ἐς] εἰς **PA**^{V}**H** **20** τὰς^{2}] om. **VA**^{V} ‖ **21** ἄρα τοῦτο] τοῦτο ἄρα **A**^{V} ‖ **22** τοῦ] del. Her. | νομίζων ἐχθράν] ἀφανίζειν τὴν ἐχθίστην Her. ‖ **23** μέλει] μέλλει **VPA**^{V} ‖ **25** τῶν^{1}—ἄλλων] τὴν δὲ ἄλλως **P**

τεθνηκός, ὅτε μὴ σπαίρει, ἐξ αὐτῶν τρώγει ἤδη. οἱ δὲ θήλεις κόσσυφοι, ἕως μὲν ἄρρενα ὁρῶσι προασπίζοντα, ὡς ἂν εἴποις, μένουσιν ἔνδον καὶ τὸ τῆς οἰκουρίας φυλάττουσι σχῆμα· ὅταν δὲ ἀφανισθῇ, ἀλύουσιν αἵδε, προάγει τε αὐτὰς καὶ ἐξάγει ἡ ἀθυμία καὶ ἐνταῦθα ἑαλώκασι. τί πρὸς ταῦτα οἱ ποιηταὶ λέγουσι τήν τε Εὐάδνην ἡμῖν τὴν Ἴφιδος καὶ τὴν Ἄλκηστιν τὴν Πελίου παῖδα ἐνδόξως θρηνοῦντες;

1.15. Πατὴρ δὲ ἐν ἰχθύσιν ὁ γλαῦκος οἷός ἐστι. τὰ γεννώμενα ἐκ τῆς συννόμου παραφυλάττεται ἰσχυρῶς, ἵνα ἀνεπιβούλευτά τε καὶ ἀσινῆ ᾖ. καὶ ἕως μὲν φαιδρὰ καὶ ἔξω δέους διανήχεται, ὃ δὲ τὴν φρουρὰν οὐκ ἀπολιμπάνει, ἀλλὰ πῇ μὲν οὐραγεῖ, πῇ δὲ οὔ, ταύτην δὲ παρανήχεται τὴν πλευρὰν ἢ ἐκείνην· ἐὰν δέ τι δείσῃ τῶν νηπίων, ὃ δὲ χανὼν εἰσεδέξατο τὸ βρέφος· καὶ συνεῖδε τὴν αἰτίαν· εἶτα τοῦ φόβου παραδραμόντος τὸν καταφυγόντα ἀνεμεῖ οἷον ἐδέξατο, καὶ ἐκεῖνος πάλιν νήχεται.

1.16. Κύων δὲ θαλαττία τεκοῦσα ἔχει συννέοντα τὰ σκυλάκια ἤδη καὶ οὐκ εἰς ἀναβολάς. ἐὰν δὲ δείσῃ τι τούτων, εἰς τὴν μητέρα εἰσέδυ αὖθις κατὰ τὸ ἄρθρον· εἶτα τοῦ δέους παραδραμόντος τὸ δὲ πρόεισιν, ὥσπερ οὖν ἀνατικτόμενον αὖθις.

1.17. Θαυμάζουσιν ἄνθρωποι τὰς γυναῖκας ὡς ἄγαν φιλοτέκνους· ὁρῶ δὲ ὅτι καὶ τεθνεώτων υἱῶν ἢ θυγατέρων ἔζησαν μητέρες, καὶ τῷ χρόνῳ τοῦ πάθους εἰλήφασι λήθην τῆς λύπης μεμαρασμένης. δελφὶς δὲ ἄρα θῆλυς φιλοτεκνότατος ἐς τὰ ἔσχατα ζῴων ἐστί. τίκτει μὲν γὰρ δύο· ὅταν δὲ ἁλιεὺς ἢ τρώσῃ τὸν παῖδα αὐτῆς τῇ τριαίνῃ ἢ τῇ ἀκίδι βάλῃ, ἡ μὲν ἀκὶς τὰ ἄνω τέτρηται, καὶ ἐνῆπται σχοῖνος μακρὰ αὐτῇ, οἱ δὲ ὄγκοι εἰσδύντες ἔχονται τοῦ θηρός. καὶ ἕως μὲν ἀλγῶν ἔτι ῥώμης ὁ δελφὶς ὁ τραυματίας μετείληχε, χαλᾷ ὁ θηρατὴς τὴν σχοῖνον, ἵνα μή ποτε ἄρα ὑπὸ τῆς βίας ἀπορρήξῃ αὐτήν, καὶ γένηταί οἱ δύο κακώ, ἔχων τε ἀπέλθῃ

1 τεθνηκός] τεχνικός **VA**^{V}|ὅτε—σπαίρει] ὅταν μὴ σπαίρῃ **A**^{V} : del. Her.|αὐτῶν] αὐτω (sic) **VA**^{V} : αὐτοῦ **H**, Ges., Her. | τρώγει] edd. : τράγει codd. ‖ **5** λέγουσι] λέγουσιν οἱ Jac. in app., Her. ‖ **6** παῖδα] πάλαι **LPH** ‖ **7** θρηνοῦντες] θρηνοῦσι **L** : θρυλοῦντες Hau., Her.‖ **9** παραφυλάττεται] παραφυλάττει Her.‖ **12** τι—**13** τῶν] δεί. τῶν τι Her.‖ **13** καὶ—**14** αἰτίαν] del. Her.|συνεῖδε] συνίειδε **P** : σύνοιδε **VA**^{V} ‖ **24** δύο] post voc. lac. stat. Her. ‖ **25** βάλῃ] post voc. lac. stat. Her. **27** ἀλγῶν] del. Her. ‖ **28** θηρατὴς] θηρατὴρ **P** ‖ **29** δύο] δύω **A**^{V} | ἀπέλθῃ] ante corr. **A**^{V} : ἀπέλθοι **V** (ex corr. **A**^{V})

τὴν ἀκίδα ὁ δελφὶς καὶ ἀθηρίᾳ περιπέσῃ αὐτός· ὅταν δὲ αἴσθηται καμόντα καί πως παρειμένον ἐκ τοῦ τραύματος, ἡσυχῇ παρ' αὐτὴν ἄγει τὴν ναῦν, καὶ ἔχει τὴν ἄγραν. ἡ δὲ μήτηρ οὐκ ὀρρωδεῖ τὸ πραχθέν, οὐδὲ ἀναστέλλεται δείσασα, ἀλλ' ἀπορρήτῳ φύσει τῷ πόθῳ τοῦ παιδὸς ἕπεται· καὶ δείματα ὁπόσα ἐθέλεις εἰ ἐπάγοις, ἣ δὲ οὐκ ἐκπλήττεται, τὸν παῖδα οὐχ ὑπομένουσα ἀπολιπεῖν ἐν τοῖς φονοῖς ὄντα, ἀλλὰ καὶ ἐκ χειρὸς αὐτὴν πατάξαι πάρεστιν· οὕτως ὁμόσε χωρεῖ τοῖς βάλλουσιν, ὥσπερ οὖν ἀμυνομένη. καὶ ἐκ τούτων συναλίσκεται τῷ παιδί, σωθῆναι παρὸν καὶ ἀπελθεῖν αὐτήν. εἰ δὲ ἄμφω τὰ ἔκγονα αὐτῇ παρείη, καὶ νοήσειε τετρῶσθαι τὸν ἕτερον καὶ ἄγεσθαι, ὡς προεῖπον, διώκει τὸν ὁλόκληρον καὶ ἀπελαύνει τῇ τε οὐρᾷ ἐπισείουσα καὶ δάκνουσα τῷ στόματι, καὶ φυσᾷ φυσήματι ἀσήμῳ μέν, ᾗ δύναται, σύνθημα δὲ τῆς φυγῆς ἐνδιδοῦσα σωτήριον. καὶ ὃ μὲν ἀπαλλάττεται, μένει δὲ αὕτη ἔστ' ἂν αἱρεθῇ, καὶ συναποθνήσκει τῷ ἑαλωκότι.

1.18. Ὁ βοῦς ὁ θαλάττιος ἐν πηλῷ τίκτεται, καὶ ἔστιν ἐξ ὠδίνων βραχύτατος, γίνεται δὲ ἐκ τοῦ βραχίστου μέγιστος. καὶ τὰ μὲν ὑπὸ τὴν νηδὺν λευκός ἐστι, τὰ νῶτα δὲ καὶ τὸ πρόσωπον καὶ τὰς πλευρὰς μέλας δεινῶς καὶ ἄναλκίς ἐστι· στόμα δὲ αὐτῷ ἐμπέφυκε σμικρόν, οἱ δὲ ὀδόντες, μεμυκότες οὐκ ἂν αὐτοὺς ἴδοις· ἔστι δὲ καὶ μήκιστος καὶ πλατύτατος. σιτεῖται μὲν οὖν καὶ τῶν ἰχθύων πολλούς, μάλιστα δὲ σαρκῶν ἀνθρωπείων ἐσθίων ὑπερήδεται. σύνοιδε δὲ αὐτῷ ὅτι ῥώμην ἥκιστός ἐστι, μόνῳ δὲ ἐπιθαρρεῖ τῷ μεγέθει. καὶ διὰ τοῦτο ὅταν ἴδῃ τινὰ ἢ νηχόμενον ἢ πονούμενον ἐν ταῖς ὑδροθηρίαις, μετεωρίσας ἑαυτὸν καὶ ἐπικυρτώσας ἐπινήχεταί οἱ καὶ ἐλλοχᾷ βαρὺς ἄνω ἐγκείμενός τε καὶ πιέζων καὶ

1 περιπέσῃ] περιπέσοι **VA**^{V}‖ 4 φύσει] φύσεως **LPH**‖ 7 τοῖς φονοῖς] ταῖς φοναῖς Jac. in com., Her., fort. recte ‖ 8 οὕτως—χωρεῖ] οὕτως ὅπως ἐγχωρεῖ **LPH** ἀμυνομένη] ante corr. **L** : ἀμυνομένην **P** : ἀμυνουμένη ex corr. **L**, Her. 10 ἔκγονα] ἔγγονα **LP** | νοήσειε τετρῶσθαι] νοήσει ἐντετρῶσθαι **VA**^{V} 12 τῇ—οὐρᾷ] τήν τε οὐρὰν Her. | ἐπισείουσα] παίουσα **P** | δάκνουσα] ἐπιδάκνουσα **A**^{V} ‖ 13 φυσήματι ἀσήμῳ] φύσημά τι ἄσημον Rei., Her. | ᾗ] ἢ **VA**^{V} ‖ 14 ἐνδιδοῦσα] ἐνδίδωσι **PH** : ἐπιδοῦσα **A**^{V} ‖ 15 αὕτη] αὐτὴ **H**, Schn., Her. ‖ 17 βραχύτατος] βράχιστος Her. | τοῦ] del. Her. ‖ 19 καὶ^{2}—ἐστι] del. Her. ‖ 20 μεμυκότες] μεμυκότος Jac. in app., Her. ‖ 21 καὶ^{1}] om. **PA**^{V} : del. Her. 23 αὐτῷ] αὑτῷ **L**, edd.‖ 24 πονούμενον] ὑποδυόμενον Scholf.‖ 26 καὶ ἐλλοχᾷ] del. Her.

σπαρτώδει μιμήματι, ὑπερπετάσας τὸ πᾶν σῶμα τῷ δειλαίῳ ὡς στέγην, ἀναδῦναί τε καὶ ἀναπνεῦσαι κωλύων αὐτόν. οὐκοῦν ἐπισχεθέντος οἱ τοῦ πνεύματος, ὃ μέν, οἷα εἰκός, ἀποθνήσκει, ὃ δὲ ἐμπεσὼν ἔχει τῆς παραμονῆς μισθὸν ὃ μάλιστα ἀνιχνεύει δεῖπνον.

1.19. Τὰ μὲν ἄλλα τῶν Ἰνδικῶν ὀρνέων εὐστομεῖ καὶ τῇ γλώττῃ φθέγγεται δίκην ἀνθρώπου· οἱ δὲ τέττιγες κατὰ τὴν ἰξύν εἰσι λαλίστατοι. καὶ σιτοῦνται μὲν τῆς δρόσου, τὰ δὲ ἐξ ἕω εἰς πλήθουσαν ἀγορὰν σιωπῶσιν, ἡλίου δὲ ὑπαρχομένου τῆς ἀκμῆς, τὸν ἐξ ἑαυτῶν μεθιᾶσι κέλαδον, φιλόπονοί τινες ὡς ἂν εἴποις χορευταί, ὑπὲρ κεφαλῆς καὶ τῶν παρανεμόντων καὶ τῶν ὁδῷ χρωμένων καὶ τῶν ἀμώντων κατᾴδοντες καὶ τοῦτο μὲν τὸ φιλόμουσον ἔδωκε τοῖς ἄρρεσιν ἡ φύσις· τέττιξ δὲ θήλεια ἄφωνός ἐστι, καὶ ἔοικε σιωπᾶν δίκην νύμφης αἰδουμένης.

1.20. Ὑφαντικὴν καὶ ταλασίαν τὴν θεὸν τὴν Ἐργάνην ἐπινοῆσαί φασιν ἄνθρωποι· τὴν δὲ ἀράχνην ἡ φύσις σοφὴν εἰς ἱστουργίαν ἐδημιούργησε. καὶ φιλοτεχνεῖ οὐ κατὰ νῆμα, οὐδὲ ἔξωθεν λαμβάνει νῆμα, ἀλλ' ἐκ τῆς οἰκείας νηδύος τοὺς μίτους ἐξάγουσα εἶτα μέντοι τοῖς κούφοις τῶν πτηνῶν θήρατρα ἀποφαίνει, ὡς δίκτυα ἐκπεταννῦσα. καὶ δι' ὧν ἐξυφαίνει παρὰ τῆς γαστρὸς ἕλκουσα, διὰ τῶνδε ἐκείνην ἐκτρέφει πάνυ φιλεργοῦσα, ὡς καὶ τῶν γυναικῶν τὰς μάλιστα εὐχειρας καὶ νῆμα ἀσκητὸν ἐκπονῆσαι δεινὰς μὴ ἀντιπαραβάλλεσθαι· νενίκηκε γὰρ τῇ λεπτότητι καὶ τὴν τρίχα.

1.21. Βαβυλωνίους τε καὶ Χαλδαίους σοφοὺς τὰ οὐράνια ᾄδουσιν οἱ συγγραφεῖς· μύρμηκες δὲ οὔτε εἰς οὐρανὸν ἀναβλέποντες οὐδὲ τὰς τοῦ μηνὸς ἡμέρας ἐπὶ δακτύλων ἀριθμεῖν ἔχοντες ὅμως δῶρον ἐκ φύσεως εἰλήχασι παράδοξον· τῇ γὰρ ἡμέρᾳ τοῦ μηνὸς τῇ νέᾳ εἴσω τῆς ἑαυτῶν στέγης οἰκουροῦσι, τὴν ὀπὴν οὐχ ὑπερβαίνοντες ἀλλὰ ἀτρεμοῦντες.

1 σπαρτώδει μιμήματι] sana mihi non vid. : ἐπαρτῶν δείματι **P** : ἐπ' ἀρρήτω δείγματι **H** : ἐπαρτῶν δεῖμά τι Jac., Her., fort. recte ‖ **2** στέγην] ἔστιν **P**
4 ἀνιχνεύει] λιχνεύει Rei., Her.‖ **5** Ἰνδικῶν] ᾠδικῶν Boch., Jac., Her.‖ **9** ἑαυτῶν] αὐτῶν **VA**[V] ‖ **16** νῆμα] λῆμμα **H** : μίμημα Rei., Her. ‖ **17** νῆμα] τὸ νῆμα Her.
20 ἕλκουσα] λαβοῦσα Rei., Her.‖ **26** οὐδὲ] οὔτε Her.

1.22. Οἰκία τῷ σαργῷ τῷ ἰχθύϊ πέτρα τε καὶ σήραγγες, ἔχουσαι μέντοι διασφάγας μικρὰς καὶ διεστώσας, ὡς αὐγὴν ἡλίου κατιέναι καὶ φωτὸς ὑποπιμπλάναι τὰς διαστάσεις τάσδε· χαίρουσι γὰρ οἱ σαργοὶ φωτὶ μὲν παντί, τῆς δὲ ἀκτῖνος τοῦ ἡλίου καὶ μᾶλλον διψῶσιν. οἰκοῦσι δὲ ἐν ταὐτῷ πολλοί· δίαιται δὲ αὐτοῖς καὶ ἕλη, τὰ τῆς θαλάσσης βράχη, καὶ τῇ γῇ γειτνιῶσι μάλα ἀσμένως. φιλοῦσι δὲ τῶν ἀλόγων αἶγας ἰσχυρῶς. ἐὰν γοῦν πλησίον τῆς ᾐόνος νεμομένων ἡ σκιὰ μιᾶς ἢ δευτέρας ἐν τῇ θαλάττῃ φανῇ, οἱ δὲ ἀσμένως προσνέουσι καὶ ἀναπηδῶσιν, ὡς ἡδόμενοι, καὶ προσάψασθαι τῶν αἰγῶν ποθοῦσιν ἐξαλλόμενοι, καίτοι οὐ πάνυ τι ὄντες ἁλτικοὶ τηνάλλως· νηχόμενοι δὲ καὶ ὑπὸ τοῖς κύμασιν ὅμως τῆς τῶν αἰγῶν ὀσμῆς ἔχουσιν αἴσθησιν, καὶ ὑφ' ἡδονῆς προσελθεῖν ἐπ' αὐτὰς σπεύδουσιν. ἐπεὶ τοίνυν εἰς τὰ προειρημένα δυσέρωτές εἰσιν, ἐξ ὧν ποθοῦσιν ἐκ τούτων ἁλίσκονται. ἁλιεὺς γὰρ ἀνὴρ αἰγὸς δορὰν ἑαυτὸν περιαμπέχει, σὺν αὐτοῖς τοῖς κέρασι δαρείσης αὐτῆς· λαμβάνει δὲ ἄρα τὸν ἥλιον κατὰ νώτου ἐπιβουλεύων ὁ θηρατὴς τῇ ἄγρᾳ, εἶτα καταπάττει τῆς θαλάσσης, ὑφ' ἣν οἰκοῦσιν οἱ προειρημένοι, ἄλφιτα αἰγείῳ ζωμῷ διαβραχέντα. ἑλκόμενοι δὲ οἱ σαργοὶ ὡς ὑπό τινος ἴυγγος τῆς ὀσμῆς τῆς προειρημένης προσίασι, καὶ σιτοῦνται μὲν τῶν ἀλφίτων, κηλοῦνται δὲ ὑπὸ τῆς δορᾶς βλεπομένης ὡς αἰγός. αἱρεῖται δὲ αὐτῶν πολλοὺς ἀγκίστρῳ σκληρῷ καὶ ὁρμιᾷ λίνου λευκοῦ· ἐξῆπται δὲ οὐχὶ καλάμου, ἀλλὰ ῥάβδου κρανείας· δεῖ γὰρ τὸν ἐμπεσόντα ἀνασπάσαι ῥᾷστα, ἵνα μὴ τοὺς ἄλλους ἐκταράξῃ. θηρῶνται δὲ καὶ ἀπὸ χειρός, ἐάν τις τὰς ἀκάνθας, ἃς ἐγείρουσιν εἰς τὸ ἑαυτοῖς ἀμύνειν, εἰς τὸ κάτω μέρος ἀπό γε τῆς κεφαλῆς ἡσυχῇ κατάγων εἶτα κλίνῃ καὶ πιέσας τῶν πετρῶν ἐκσπάσῃ, εἰς ἃς ἑαυτοὺς ὑπὲρ τοῦ λαθεῖν ὠθοῦσιν.

1 πέτρα] πέτραι Ges., Her. ‖ 2 μικρὰς—διεστώσας] διεστώσας μικρὰς **V** : μικρὰς καὶ διαστάσεις **L** : μικρὰς Her. | ἡλίου] ἡλί. τε **L** ‖ 6 ἕλη] ἤθη Her. ‖ 7 τῶν ἀλόγων] πως ἀλόγως **LP** : πως Her. | γοῦν] δὲ **P** ‖ 9 θαλάττῃ] θαλάσσῃ **VA**[V] προσνέουσι] πρὸς καὶ νέουσι **VA**[V] ‖ 11 τηνάλλως] τηνάλως **A**[V]**H** : τὴν ἄλλως Her. ‖ 13 προσελθεῖν] προελθεῖν Abr., Her. | εἰς—14 προειρημένα] del. Her. 15 δορὰν] δορᾷ Her. ‖ 16 δαρείσης αὐτῆς] δαρεῖσαν αὐτὴν **P** ‖ 18 θαλάσσης] θαλάττης **L** | αἰγείῳ] αἰγῶν **P** ‖ 21 κηλοῦνται] κυκλοῦνται **VA**[V] βλεπομένης—αἰγός] del. Her. ‖ 22 αἱρεῖται] αἱρεῖ Her. ‖ 23 ἐξῆπται] ἐξήρτηται **P**

1.23. Ὁ ἔχις περιπλακεὶς τῇ θηλείᾳ μίγνυται· ἣ δὲ ἀνέχεται τοῦ νυμφίου καὶ λυπεῖ οὐδὲ ἕν. ὅταν δὲ πρὸς τῷ τέλει τῶν ἀφροδισίων ὦσι, πονηρὰν ὑπὲρ τῆς ὁμιλίας τὴν φιλοφροσύνην ἐκτίνει ἡ νύμφη τῷ γαμέτῃ· ἐμφῦσα γὰρ αὐτοῦ τῷ τραχήλῳ, διακόπτει αὐτὸν αὐτῇ τῇ κεφαλῇ· καὶ ὃ μὲν τέθνηκεν, ἣ δὲ ἔγκαρπον ἔχει τὴν μίξιν καὶ κύει. τίκτει δὲ οὐκ ᾠά, ἀλλὰ βρέφη, καὶ ἔστιν ἐνεργὰ ἤδη τὴν αὐτῶν φύσιν τὴν κακίστην. διεσθίει γοῦν τὴν μητρῴαν νηδύν, καὶ πρόεισι κατ' αὐτὰ τιμωροῦντα τῷ πατρί. τί οὖν οἱ Ὀρέσται καὶ οἱ Ἀλκμαίωνες πρὸς ταῦτα, ὦ τραγῳδοὶ φίλοι;

1.24. Τὴν ὕαιναν τῆτες μὲν ἄρρενα εἰ θεάσαιο, τὴν αὐτὴν εἰς νέωτα ὄψει θῆλυν· εἰ δὲ θῆλυν νῦν, μετὰ ταῦτα ἄρρενα· κοινωνοῦσί τε ἀφροδίτης ἑκατέρας, καὶ γαμοῦσί τε καὶ γαμοῦνται, ἀνὰ ἔτος πᾶν ἀμείβουσαι τὸ γένος. οὐκοῦν τὸν Καινέα καὶ τὸν Τειρεσίαν ἀρχαίους ἀπέδειξε τὸ ζῷον τοῦτο οὐ κόμποις ἀλλὰ ἔργοις αὐτοῖς.

1.25. Μάχονται μὲν ὑπὲρ τῶν θηλειῶν ὡς ὑπὲρ ὡραίων γυναικῶν καὶ οἱ τράγοι πρὸς τράγους καὶ οἱ ταῦροι πρὸς ταύρους καὶ ὑπὲρ οἰῶν οἱ κριοὶ πρὸς τοὺς ἀντερῶντας· ὀργῶσι δὲ ἐπὶ τὰς θηλείας καὶ οἱ θαλάττιοι κάνθαροι. γίνονται δὲ ἐν τοῖς καλουμένοις ἄσπροις χωρίοις, καὶ εἰσὶ ζηλότυποι, καὶ ἴδοις ἂν μάχην ὑπὲρ τῶν θηλειῶν καρτεράν· καὶ ἔστιν ὁ ἀγὼν οὐχ ὑπὲρ πολλῶν, ὡς τοῖς σαργοῖς ὁ πόλεμος, ἀλλ' ὑπὲρ τῆς ἰδίας συννόμου, ὡς ὑπὲρ γαμετῆς τῷ Μενέλεῳ πρὸς τὸν Πάριν.

1.26. Ἑστιᾶται μὲν καὶ ἄλλαις τροφαῖς ὁ πολύπους· ἔστι γὰρ καὶ φαγεῖν δεινὸς καὶ ἐπιβουλεῦσαι σφόδρα πανοῦργος· τὸ δὲ αἴτιον, παμβορώτατος θηρίων θαλαττίων ἐστί. καὶ ἀπόδειξις, εἴ τις αὐτῷ γένοιτο ἀθηρία, τῶν ἑαυτοῦ πλοκάμων παρέτραγε, καὶ τὴν γαστέρα κορέσας τὴν σπάνιν τῆς ἄγρας ἠκέσατο· εἶτα ἀναφύει τὸ ἐλλεῖπον, ὥσπερ οὖν τῆς φύσεως καὶ τοῦτό οἱ ἐν τῷ λιμῷ παρασκευαζούσης ἕτοιμον τὸ δεῖπνον.

3 ἐκτίνει] ἐκτείνει VA^{V} ‖ 5 τῇ] del. Her. ‖ 6 τὴν αὐτῶν] κατὰ τὴν αὐτῶν Her. 7 κακίστην] κακὴν LPH ‖ 8 κατ' αὐτὰ] παραυτὰ Her. ‖ 9 Ἀλκμαίωνες] corr. in ἀλκμέωνες L ‖ 10 εἰς] ἐς VH ‖ 15 ἔργοις] τοῖς ἔργ. LP, Her. ‖ 18 ταύρους] τοὺς ταύ. PH|τοὺς] τὰς P‖ 20 ἄσπροις] λεπροῖς Jac. in app., Her.‖ 22 ὁ πόλεμος] del. Rei., Her. ‖ 24 καὶ ἄλλαις] ἄλλαις καὶ ἄλλαις Her. ‖ 26 θαλαττίων] θαλασσίων V|ἀπόδειξις] ἡ ἀπόδ. Her.‖ 27 γένοιτο] γένηται VA^{V}H‖ 29 καὶ] del. Her.

1.27. Ἵππος ἐρριμμένος σφηκῶν γένεσίς ἐστιν. ὃ μὲν γὰρ ὑποσήπεται, ἐκ δὲ τοῦ μυελοῦ ἐκπέτονται οἱ θῆρες οὗτοι, ὠκίστου ζῴου πτηνὰ ἔκγονα, τοῦ ἵππου οἱ σφῆκες.

1.28. Αἱμύλον ζῷον καὶ ἐοικὸς ταῖς φαρμακίσιν ἡ γλαύξ. καὶ πρώτους μὲν αἱρεῖ τοὺς ὀρνιθοθήρας ᾑρημένη. περιάγουσι γοῦν αὐτὴν ὡς παιδικὰ ἢ καὶ νὴ Δία περίαπτα ἐπὶ τῶν ὤμων. καὶ νύκτωρ μὲν αὐτοῖς ἀγρυπνεῖ καὶ τῇ φωνῇ οἱονεί τινι ἐπαοιδῇ γοητείας ὑπεσπαρμένης αἱμύλου τε καὶ θελκτικῆς τοὺς ὄρνιθας ἕλκει καὶ καθίζει πλησίον ἑαυτῆς· ἤδη δὲ καὶ ἐν ἡμέρᾳ θήρατρα ἕτερα τοῖς ὄρνισι προσείει μωκωμένη καὶ ἄλλοτε ἄλλην ἰδέαν προσώπου στρέφουσα, ὑφ' ὧν αἱροῦνται καὶ παραμένουσιν οἱ νέοι πάντες ὄρνιθες, ᾑρημένοι δέει καὶ μάλα γε ἰσχυρῷ ἐξ ὧν ἐκείνη μορφάζει.

1.29. Ὁ λάβραξ καρίδος ἥττηται, καὶ εἴη ἄν, εἰ καὶ πταίσας ἐρῶ, ἰχθύων ὀψοφάγιστος. οὐκοῦν ἕλειοι ὄντες τὰς ἑλείους λοχῶσιν. εἰσὶ γὰρ τῷ γένει τριτταί· καὶ αἳ μὲν αὐτῶν οἵας προεῖπον, αἳ δὲ ἐκ φυκίων, πετραῖαί γε μὴν αἱ τρίται. ἀμύνεσθαι δὲ αὐτοὺς ἀδυνατοῦσαι αἱροῦνται συναποθνήσκειν. καὶ τό γε σόφισμα εἰπεῖν οὐκ ὀκνήσω αὐτῶν. ὅταν γοῦν αἴσθωνται λαμβανόμεναι, τὸ ἐξέχον τῆς κεφαλῆς (ἔοικε δὲ τριήρους ἐμβόλῳ καὶ μάλα γε ὀξεῖ, καὶ ἄλλως ἐντομὰς ἔχει δίκην πριόνος) τοῦτο τοίνυν αἱ γενναῖαι σοφῶς ἐπιστρέψασαι πηδῶσί τε καὶ ἀναθόρνυνται κοῦφα καὶ ἁλτικά. κέχηνε δὲ ὁ λάβραξ καὶ μέγα, καὶ ἔστιν οἱ τὰ τῆς δέρης ἁπαλά. οὐκοῦν ὃ μὲν συλλαβὼν τὴν καρίδα καμοῦσαν οἴεται δεῖπνον ἕξειν, ἣ δὲ ἐν ἐξουσίᾳ τε καὶ εὐρυχωρίᾳ σκιρτᾷ τῆς φάρυγγος ὡς ἂν εἴποις καταχορεύουσα· εἶτα ἐμπήγνυται τῷ δειλαίῳ θηρατῇ τὰ κέντρα, καὶ ἑλκοῦταί οἱ τὰ ἔνδον καὶ ἀνοιδήσαντα αἷμα ἐκβάλλει πολὺ καὶ ἀποπνίγει, καὶ καινότατα δήπου ἀποκτείνασα ἀνῄρηται.

1 ἐρριμμένος] edd. : ἐρριμένος **LPH** : ἐριμμένος **VA^{V}** ‖ 3 ἔκγονα] ἔγγονα **LP** 5 γοῦν] οὖν **VA^{V}** ‖ 6 καὶ^{1}] om. **VA^{V}** ‖ 8 θελκτικῆς] καθελκτικῆς **VA^{V}** 10 προσείει] προσσείει **VLP** ‖ 11 αἱροῦνται] κηλοῦνται Her. | οἱ νέοι] ἐνεοὶ Hem., Her. ‖ 14 εἰ—15 ἐρῶ] ἵνα τι καὶ παίσας εἴπω Her. | πταίσας] παίσας Wytt., Cob. (1858 et 1884), Her. ‖ 15 ὀψοφάγιστος] ὀψοφαγίστατος Ges., Her. ‖ 16 λοχῶσιν] ἐλλοχῶσιν **L**, edd. ‖ 18 αὐτοὺς] αὐτὰς **A^{V}** ‖ 21 πριόνος] πριόνων **VA^{V}** ‖ 23 καὶ^{2}] del. Her. | μέγα] μέσα **VA^{V}** ‖ 29 ἀποκτείνασα] ἀποκτείνουσα **L**

1.30. Ὀνύχων ἀκμαῖς καὶ ὀδόντων διατομαῖς θαρροῦσι καὶ ἄρκτοι καὶ λύκοι καὶ πάρδοι καὶ λέοντες· τὴν δὲ ὕστριχα ἀκούω ταῦτα μὲν οὐκ ἔχειν, οὐ μὴν ὅπλων ὑπὸ τῆς φύσεως ἀμυντηρίων ἀπολελεῖφθαι ἐρήμην. τοῖς γοῦν ἐπιοῦσιν ἐπὶ λύμῃ τὰς ἄνωθεν τρίχας οἱονεὶ βέλη ἐκπέμπει, καὶ εὐστόχως βάλλει πολλάκις, τὰ νῶτα φρίξασα· καὶ ἐκεῖναί γε πηδῶσιν, ὥσπερ οὖν ἔκ τινος ἀφειμέναι νευρᾶς.

1.31. Ἦ δεινὸν κακὸν καὶ νόσημα ἄγριον ἔχθρα καὶ μῖσος συμφυές, εἴπερ οὖν καὶ τοῖς ἀλόγοις ἐντέτηκε καὶ αὐτοῖς ἐστι δυσέκνιπτα. μύραινα γοῦν πολύποδα μισεῖ, καὶ πολύπους καράβῳ πολέμιος, καὶ μυραίνῃ κάραβος ἔχθιστός ἐστι. μύραινα μὲν γὰρ ταῖς ἀκμαῖς τῶν ὀδόντων τὰς πλεκτάνας τῷ πολύποδι διακόπτει, εἶτα μέντοι καὶ ἐς τὴν γαστέρα εἰσδῦσα αὐτῷ τὰ αὐτὰ δρᾷ, καὶ εἰκότως· ἣ μὲν γὰρ νηκτική, ὃ δὲ ἔοικεν ἕρποντι· εἰ δὲ καὶ τρέποιτο τὴν χρόαν κατὰ τὰς πέτρας, ἔοικεν αὐτῷ τὸ σόφισμα αἱρεῖν οὐδὲν τοῦτο· ἔστι γὰρ συνιδεῖν ἐκείνῃ δεινὴ τοῦ ζῴου τὸ παλάμημα. τούς γε μὴν καράβους αὐτοὶ συλλαβόντες ἐς πνῖγμα, ὅταν νεκροὺς ἐργάσωνται, τὰ κρέα ἐκμυζῶσιν αὐτῶν. κέρατα δὲ τὰ ἑαυτοῦ ὁ κάραβος ἀνεγείρας καὶ θυμωθεὶς εἰς αὐτά, προκαλεῖται μύραιναν, †καὶ ὡς εἶναι κατὰ γυναῖκα ὠργισμένην†. οὐκοῦν ἣ μὲν τοῦ ἀντιπάλου τὰ κέντρα, ὅσα οἱ προβέβληται, ταῦτα οὐκ ἐννοοῦσα καταδάκνει· ὃ δὲ τὰς χηλὰς οἱονεὶ χεῖρας προτείνας, τῆς δέρης παρ' ἑκάτερα ἐγκρατῶς ἐχόμενος οὐ μεθίησιν· ἣ δὲ ἀσχάλλει καὶ ἑαυτὴν ἑλίττει καὶ περιβάλλει τῶν ὀστράκων ταῖς ἀκμαῖς, ὧνπερ οὖν εἰς αὐτὴν πηγνυμένων μαλακιεῖ τε καὶ ἀπαγορεύει, καὶ τελευτῶσα παρειμένη κεῖται· ὃ δὲ τὴν ἀντίπαλον ποιεῖται δεῖπνον.

2 ἄρκτοι] ἄρκοι **VA^V^H**‖ 5 εὐστόχως] Apost., Ges. in mg., Her. : στοχῶς **VA^V^H** : στοχῷ **L** : στοχῆν **P**‖ 8 Ἦ] om. **PH**‖ 9 εἴπερ] ἅπερ **PH**‖ 11 κάραβος] καράβῳ **A^V^** ‖ 14 ὃ] ὃς (-ς fort. eras. pr. m. V) **LA^V^H** ‖ 16 αἱρεῖν] αἱρεῖσθαι **P** : λαθεῖν **H** : συμφέρειν Trill., Her. ‖ 17 αὐτοὶ] voc. corrupt., Her. in app. 20 καὶ—ὠργισμένην] verba corrupta vel lacunosa; post καὶ exc. fort. ἐξορμᾶται vel tale quid, Jac. in com. : del. Her.|καὶ—εἶναι] ὡς θῦναι Jac. in app.‖ 24 καὶ[2]] τε καὶ **LPH**‖ 25 ἀκμαῖς] ἀκωκαῖς ex corr. **V**|μαλακιεῖ] μαλκίει Her.

1.32. Τὴν σφύραιναν τὸν ἰχθῦν τρέφει τὰ πελάγη. ὅταν δὲ αὐτὴν τὸ δίκτυον περιβάλῃ, διανήχεται καὶ ζητεῖ ἢ βρόχον ἀραιὸν ἢ ῥῆγμα τοῦ δικτύου πάνυ σοφῶς· καὶ ἐντυχοῦσα τούτων τινὶ καὶ διεκδῦσα ἐλευθέρα νήχεται αὖθις· εἰ δὲ τύχοι μία τῆσδε τῆς εὐερμίας, καὶ αἱ λοιπαὶ ὅσαι τοῦ αὐτοῦ γένους συνεαλώκασι κατὰ τὴν ἐκείνης φυγὴν ἐξίασιν, ὡς ὁδόν τινα λαβοῦσαι παρ' ἡγεμόνος.

1.33. Τὴν σηπίαν ὅταν μέλλωσιν αἱρεῖν καὶ λαμβάνειν οἱ τούτων ἀγαθοὶ θηραταί, συνεῖσα ἐκείνη παρῆκε τὸ ἐξ αὑτῆς ἀπόσφαγμα, καὶ καταχεῖταί τε ἑαυτῆς, καὶ περιλαμβάνει καὶ ἀφανίζει πᾶσαν, καὶ κλέπτεται τὴν ὄψιν ὁ ἁλιεύς· καὶ ἣ μὲν ἐν ὀφθαλμοῖς ἐστιν, ὃ δὲ οὐχ ὁρᾷ. τοιοῦτόν τι καὶ τῷ Αἰνείᾳ νέφος περιβαλὼν ἠπάτησε τὸν Ἀχιλλέα ὁ Ποσειδῶν, ὡς Ὅμηρος λέγει [*Il.* 20.321 ss.].

1.34. Βασκάνων ὀφθαλμοὺς καὶ γοήτων φυλάττεται καὶ τῶν ζῴων τὰ ἄλογα φύσει τινὶ ἀπορρήτῳ καὶ θαυμαστῇ. ἀκούω οὖν βασκανίας ἀμυντήριον τὰς φάττας δάφνης κλωνία ἀποτραγούσας λεπτὰ εἶτα μέντοι ταῖς ἑαυτῶν καλιαῖς ἐντιθέναι τῶν νεοττίων φειδοῖ· ἰκτῖνοι δὲ ῥάμνον, κίρκοι δὲ πικρίδα, αἵ γε μὴν τρυγόνες τὸν τῆς ἴρεως καρπόν, ἄγνον δὲ κόρακες, οἱ δὲ ἔποπες τὸ ἀδίαντον, ὅπερ οὖν καὶ καλλίτριχον καλοῦσί τινες, ἀριστερεῶνα δὲ κορώνη, καὶ κιττὸν ἅρπη, καρκίνον δὲ ἐρωδιός, πέρδιξ δὲ καλάμου κόμην, θαλλὸν δὲ αἱ κίχλαι μυρρίνης. προβάλλεται δὲ καὶ κόρυδος ἄγρωστιν, αἰετοὶ τὸν λίθον, ὅσπερ οὖν ἐξ αὐτῶν ἀετίτης κέκληται. λέγεται δὲ οὗτος ὁ λίθος καὶ γυναιξὶ κυούσαις ἀγαθὸν εἶναι, ταῖς ἀμβλώσεσι πολέμιος ὤν.

1.35. Ὁ ἰχθῦς ἡ νάρκη ὅτου ἂν καὶ προσάψηται τὸ ἐξ αὑτῆς ὄνομα ἔδωκέ τε καὶ ναρκᾶν ἐποίησεν. ἡ δὲ ἐχενηῒς ἐπέχει τὰς ναῦς, καὶ ἐξ οὗ ποιεῖ καλοῦμεν αὐτήν. κυούσης δὲ ἀλκυόνος ἵσταται μὲν τὰ πελάγη, εἰρήνην δὲ καὶ φιλίαν ἄγουσιν ἄνεμοι. κύει δὲ ἄρα

1 σφύραιναν] μύραιναν Ges. in mg., Her. ‖ 2 περιβάλῃ] περιβάλλῃ **PA**[V] : παραβάλῃ **H** : περιβ λ (sic) **L** : περιλάβῃ Her. ‖ 6 ἐξίασιν] ἐξιᾶσιν **V** ‖ 7 καὶ λαμβάνειν] del. Rei., Her. ‖ 8 αὑτῆς] ἑαυτῆς **L**, Her. : αὐτῆς **PA**[V]**H** 9 ἀπόσφαγμα] ὑπόσφ. Her. | καταχεῖταί] καταχεῖ **L** | τε] γε **P** : del. Jac., Her., fort. recte ‖ 15 οὖν] γοῦν Her. ‖ 20 ἀριστερεῶνα] Jac. in com., Her. : ἀριστεῶνα codd. : fort. περιστερεῶνα Ges. in mg. ‖ 22 κόμην] φόβην Her. ‖ 23 αἰετοὶ] post voc. add. δὲ Jac. in app., Her. ‖ 26 ὅτου ἂν] ὅταν ἂν **V** ‖ 28 ἀλκυόνος] ἁλκ. Her. 29 ἄγουσιν] ἔχουσιν **LPH**

χειμῶνος μεσοῦντος, καὶ ὅμως ἡ τοῦ ἀέρος γαλήνη δίδωσι σωτηρίαν· ἀλκυονείας τηνικάδε τῆς ὥρας ἄγομεν ἡμέρας. ἴχνος δὲ λύκου πατεῖ κατὰ τύχην ἵππος, καὶ νάρκη περιείληφεν αὐτόν. εἰ δὲ ὑπορρίψαις ἀστράγαλον λύκου καὶ τετρώρῳ θέοντι, τὸ δὲ ὡς πεπηγὸς ἑστήξεται, τῶν ἵππων τὸν ἀστράγαλον πατησάντων. λέων δὲ φύλλοις πρίνου τὸ ἴχνος ἐπιβάλλει, καὶ ναρκᾷ· πατῶν δὲ καὶ ὁ λύκος, εἰ καὶ μόνον προσπελάσειε πετήλοις σκίλλης. ταῦτά τοι καὶ αἱ ἀλώπεκες εἰς τὰς εὐνὰς τῶν λύκων ἐμβάλλουσι, καὶ εἰκότως· διὰ γὰρ τὴν ἐξ αὐτῶν ἐπιβουλὴν νοοῦσιν ἔχθιστα αὐτοῖς.

1.36. Οἱ πελαργοὶ λυμαινομένας αὐτῶν τὰ ᾠὰ τὰς νυκτερίδας ἀμύνονται πάνυ σοφῶς· αἳ μὲν γὰρ προσαψάμεναι μόνον ἀνεμιαῖα ἐργάζονται καὶ ἄγονα αὐτά. οὐκοῦν τὸ ἐπὶ τούτοις φάρμακον ἐκεῖνό ἐστι. πλατάνου φύλλα ἐπιφέρουσι ταῖς καλιαῖς· αἱ δὲ νυκτερίδες ὅταν αὐτοῖς γειτνιάσωσι, ναρκῶσι καὶ γίνονται λυπεῖν ἀδύνατοι. δῶρον δὲ ἄρα ἡ φύσις καὶ ταῖς χελιδόσιν ἔδωκεν οἷον. αἱ σίλφαι καὶ τούτων τὰ ᾠὰ ἀδικοῦσιν. οὐκοῦν αἱ μητέρες σελίνου κόμην προβάλλονται τῶν βρεφῶν, καὶ ἐκείναις τὸ ἐντεῦθεν ἄβατά ἐστι. πολύποσι δὲ εἴ τις ἐπιβάλοι πήγανον, ἀκίνητοι μένουσιν, ὡς λέγει τις λόγος. ὄφεως δὲ εἰ καθίκοιο καλάμῳ, μετὰ τὴν πρώτην πληγὴν ἀτρεμεῖ καὶ τῇ νάρκῃ πεδηθεὶς ἡσυχάζει· εἰ δὲ ἐπάγοις δευτέραν ἢ τρίτην, ἀνέρρωσας αὐτόν. καὶ μύραινα δὲ πληγεῖσα νάρθηκι εἰσάπαξ ἡσυχάζει· εἰ δὲ πλεονάκις, εἰς θυμὸν ἐξάπτεται. λέγουσι δὲ ἁλιεῖς καὶ πολύποδας εἰς τὴν γῆν προϊέναι, ἐλαίας θαλλοῦ ἐπὶ τῆς ᾐόνος κειμένου. θηρίων δὲ ἀλεξιφάρμακον ἦν ἄρα πάντων πιμελὴ ἐλέφαντος, ἣν εἴ τις ἐπιχρίσαιτο, καὶ εἰ γυμνὸς ὁμόσε χωροίη τοῖς ἀγριωτάτοις, ἀσινὴς ἀπαλλάττεται.

1.37. Ὀρρωδεῖ ὁ ἐλέφας κεράστην κριὸν καὶ χοίρου βοήν. οὕτω τοι, φασί, καὶ Ῥωμαῖοι τοὺς σὺν Πύρρῳ τῷ Ἠπειρώτῃ ἐτρέψαντο ἐλέφαντας, καὶ ἡ νίκη σὺν τοῖς Ῥωμαίοις λαμπρῶς ἐγένετο. γυναικὸς ὡραίας τόδε τὸ ζῷον ἡττᾶται· καὶ παραλύεται δὲ τοῦ

2 σωτηρίαν] εὐημερίαν, καὶ Her. | ἀλκυονείας] ἀλκυονίας **LP** : ἀλκυονείας Her. : ἀλκιονίδας Cob. (1884) | ἄγομεν] ἄγειν **LPH** ‖ **4** καὶ] del. Jac. in app., Her. **6** πατῶν] ταὐτὸν **H** : del. et ante δὲ lac. stat. Her. ‖ **10** τὰς] om. **LP** **18** ἐπιβάλοι] ἐπιβάλλοι **A**^{V} : ἐπιβάλλῃ **P** : ἐπιβάλλει **LH** ‖ **20** τῇ] del. Her. ἐπάγοις] ἐπαγάγοις Her. ‖ **22** εἰσάπαξ] εἰς ἅπαξ **LA**^{V} : ἐς ἅπαξ Her. ‖ **24** ἄρα πάντων] πάντ. ἄρα **L**‖ **28** τοι] τοίνουν **VA**^{V}‖ **30** γυναικὸς] γυν. δὲ Her.|δὲ] del. Her.

θυμοῦ ἐκκωφωθεὶς εἰς τὸ κάλλος. καὶ ἀντήρα φασὶν ἐν τῇ Αἰγυπτίᾳ Ἀλεξάνδρου πόλει γυναικὸς στεφάνους πλεκούσης Ἀριστοφάνει τῷ Βυζαντίῳ ὁ ἐλέφας. ἀγαπᾷ δὲ ὁ αὐτὸς καὶ εὐωδίαν πᾶσαν, καὶ μύρων καὶ ἀνθέων κηλούμενος τῇ ὀσμῇ.

1.38. Ὅστις βούλεται κλὼψ ἢ ληστὴς κύνας ἄγαν ἀγριωτάτους κατασιγάσαι καὶ θεῖναι φυγάδας, ἐκ πυρᾶς ἀνθρώπου δαλὸν λαβὼν ὁμόσε αὐτοῖς χωρεῖ, φασίν· οἱ δὲ ὀρρωδοῦσιν. ἀκήκοα δὲ καὶ ἐκεῖνον τὸν λόγον. λυκοσπάδα οἶν πέξας καὶ ἐριουργήσας καὶ χιτῶνα ἐργασάμενος λυπεῖ τὸν ἠσθημένον· ὀδαξησμὸν γὰρ ἐργάζεται, ὡς λόγος. ἔριν δὲ εἴ τις καὶ στάσιν ἐθέλοι ἐν τῷ συνδείπνῳ ἐργάσασθαι, δηχθέντα ὑπὸ κυνὸς λίθον ἐμβαλὼν τῷ οἴνῳ λυπεῖ τοὺς συμπότας ἐκμαίνων. κανθάροις δὲ κακόσμοις θηρίοις εἴ τις ἐπιρράναι μύρου, οἱ δὲ τὴν εὐωδίαν οὐ φέρουσιν, ἀλλ᾽ ἀποθνήσκουσιν. οὕτω τοί φασι καὶ τοὺς βυρσοδέψας συντραφέντας ἀέρι κακῷ βδελύττεσθαι μύρον. λέγουσι δὲ Αἰγύπτιοι καὶ τοὺς ὄφεις πάντας ἴβεων πτερὰ δεδιέναι.

1.39. Θηρῶσι τὰς τρυγόνας οἱ καὶ τούτων ἀκριβοῦντες τὰ θήρατρα, καὶ μάλιστα τῆς πείρας οὐ διαμαρτάνουσι τὸν τρόπον τοῦτον. ἑστήκασιν ὀρχούμενοι καὶ ᾄδοντες εὖ μάλα μουσικῶς· αἱ δὲ καὶ τῇ ἀκοῇ θέλγονται καὶ τῇ ὄψει τῆς ὀρχήσεως κηλοῦνται καὶ προσίασιν ἐγγυτέρω. οἱ δὲ ὑπαναχωροῦσιν ἡσυχῇ καὶ βάδην, ἔνθα δήπου καὶ ὁ δόλος ταῖς δειλαίαις πρόκειται, δίκτυα ἐκπεπετασμένα· εἶτα ἐμπίπτουσιν εἰς αὐτὰ καὶ ἁλίσκονται, ὀρχήσει καὶ ᾠδῇ ᾑρημέναι πρῶτον.

1.40. Ὄρκυνος ὄνομα κητώδης ἰχθῦς οὐκ ἄσοφος ἐς τὰ αὑτοῦ λυσιτελέστατα, δῶρον λαχὼν φύσει τοῦτο, οὐ τέχνῃ. ὅταν γοῦν περιπαρῇ τῷ ἀγκίστρῳ, καταδύει αὑτὸν εἰς βυθὸν καὶ ὠθεῖ καὶ προσαράττει τῷ δαπέδῳ, καὶ κρούει τὸ στόμα, ἐκβαλεῖν τὸ ἄγκιστρον ἐθέλων· εἰ δὲ ἀδύνατον τοῦτο εἴη, εὐρύνει οὖν τὸ τραῦμα, καὶ ἐκπτύεται τὸ λυποῦν αὐτὸν καὶ ἐξάλλεται. πολλάκις

1 ἐκκωφωθεὶς] ἐκκωφωθὲν **P**, Rei., Her. ‖ **3** ὁ[1]] del. Her. ‖ **8** πέξας] πέξας τις Her. ‖ **9** γὰρ] δὲ **L** ‖ **10** λόγος—τις] ὅλον δὲ εἴ τις ἔριν **L** ‖ **13** ἐπιρράναι] ἐπιρράνει **A** : ἐπιράνῃ **H** ‖ **17** καὶ] del. Her. ‖ **18** πείρας] θήρας **V** ‖ **22** δίκτυα] ἢ δίκ. **VH** | ἐκπεπετασμένα] ἐκπεπταμένα Her. ‖ **25** αὑτοῦ] αὐτοῦ **VPAH** **27** αὑτὸν] ἑαυτὸν **H** : αὐτὸν **VPA** ‖ **29** εἴη] Schn., Her. : ᾖ codd. | οὖν] om. **AH** : del. Her.

δὲ οὐκ ἔτυχε τῆς πείρας, καὶ ὁ θηρατὴς ἄκοντα ἀνασπάσας ἔχει τὴν ἄγραν.

1.41. Δειλότατος ἰχθύων ὁ μελάνουρος, καὶ ἔχει τῆς δειλίας μάρτυρας τοὺς ἁλιεῖς. οὔτε οὖν κύρτῳ λαμβάνονται οὗτοι, οὔτε προσίασιν αὐτῷ· σαγήνη δὲ εἴ ποτε αὐτοὺς περιβάλοι, οἱ δὲ ἀγνοοῦντες ἑαλώκασι. καὶ ὅταν μὲν ᾖ ὑπεύδια καὶ λεία ἡ θάλαττα, οἱ δὲ ἄρα κάτω που πρὸς ταῖς πέτραις ἢ τοῖς φυκίοις ἡσυχάζουσι, καὶ προβάλλονται πᾶν ὅ τι δύνανται, τὸ σῶμα ἀφανίζοντες. ἐὰν δὲ ᾖ χειμέρια, τοὺς ἄλλους ὁρῶντες καταδύντας ἐκ τῆς τῶν κυμάτων προσβολῆς εἰς τὸν βυθόν, οἱ δὲ ἀναθαρσοῦσι, καὶ τῇ γῇ προσπελάζουσι, καὶ ταῖς πέτραις προσνέουσι, καὶ ἡγοῦνταί σφισι πρόβλημα ἱκανὸν εἶναι τὸν ὑπερνηχόμενον ἀφρὸν καλύπτοντά τε αὐτοὺς καὶ ἐπηλυγάζοντα. συνιᾶσι δὲ εὖ μάλα ἀπορρήτως ὅτε τοῖς ἁλιεῦσιν ἐν ἡμέρᾳ τοίᾳ ἢ νυκτὶ ἐς τὴν θάλαττάν ἐστιν ἄβατα, ἀγριαινούσης τῆς θαλάττης τῶν κυμάτων αἱρομένων μετεώρων τε καὶ φοβερῶν. ἔχουσι δὲ καὶ τροφὴν ἐν χειμῶνι τοῦ κλύδωνος· τὰ μὲν ἀποσπῶντες ἐκ τῶν πετρῶν, τὰ δὲ ἐπισύροντες ἐκ τῆς γῆς· σιτοῦνται δὲ μελάνουροι τὰ ῥυπαρώτερα καὶ ὅσα οὐκ ἂν ῥᾳδίως ἰχθῦς ἄλλος ἂν πάσαιτο, εἰ μὴ πάνυ λιμῷ πιέζοιτο. ἐν γαλήνῃ δὲ ἐπὶ τῆς ἄμμου μόνης ἁλιεύουσι, καὶ ἐκεῖθεν βόσκονται. ὅπως δὲ ἁλίσκονται, ἐρεῖ ἄλλος.

1.42. Αἰετὸς δὲ ὀρνίθων ὀξυωπέστατος. καὶ Ὅμηρος αὐτῷ σύνοιδε καὶ τοῦτο, καὶ μαρτυρεῖ ἐν τῇ Πατροκλείᾳ [*Il.* 17.674 ss.], εἰκάζων τὸν Μενέλεων τῷ ὄρνιθι, ὅτε ἀνεζήτει Ἀντίλοχον, ἵνα ἄγγελον ἀποστείλῃ τῷ Ἀχιλλεῖ, πικρὸν μέν, ἀναγκαῖον δέ, ὑπὲρ τοῦ πάθους τοῦ κατὰ τὸν ἑταῖρον αὐτοῦ, ὃν ἐξέπεμψε μέν, οὐχ ὑπεδέξατο δέ, καίτοι ποθῶν ἐκεῖνος τοῦτο. λέγεται δὲ μὴ ἑαυτῷ μόνῳ χρήσιμος, ἀλλὰ καὶ ἀνθρώπων ὀφθαλμοῖς ὁ ἀετὸς ἀγαθὸν

4 οὖν] γοῦν **A**, Her. ‖ 5 περιβάλοι] περιβάλλει **A** : παραβάλλοι **H** : περιλάβοι Her. | περιβάλοι—7 φυκίοις] περιβάλοι οἱ δὲ ἄρα κάτω που πρὸς ταῖς πέτραις ᾖ ὑπεύδια καὶ λεία ἡ θαλάττα ἢ τοῖς φυκίοις **P** ‖ 6 θάλαττα] θάλασσα **V** 8 δύνανται] δύναται **V** ‖ 10 εἰς] ἐς **A** ‖ 13 συνιᾶσι] edd. : συνίασι **LPA**^{V}**H** : συνιῶσι **V** | ὅτε] ὅτε καὶ **L** : ὅτι καὶ **PAH** : ὅτι Her. ‖ 15 θαλάττης] θαλάσσης **V** τῶν] καὶ τῶν Rei., Her. ‖ 17 ἀποσπῶντες] ἀποσπῶντος Jac., Her. ἐπισύροντες] ἐπισύροντος Jac., Her. ‖ 18 ῥυπαρώτερα] ῥυπώτερα **P** 20 ἁλιεύουσι] σαλεύουσι Jac. in app., Her. ‖ 22 ὀξυωπέστατος] ὀξυωπέστερος **A**^{V}‖ 23 καὶ^{1}] om. **PH**‖ 28 χρήσιμος] χρήσιμον **V**|ἀγαθὸν] ἀγαθὸς Schn., Her.

εἶναι. εἰ οὖν μέλιτί τις Ἀττικῷ τὴν χολὴν αὐτοῦ διαλαβὼν ὑπαλείφοιτο ἀμβλυνόμενος, ὄψεται καὶ ὀξυτάτους γοῦν ἰδεῖν ἕξει τοὺς ὀφθαλμούς.

1.43. Ἀηδὼν ὀρνίθων λιγυρωτάτη τε καὶ εὐνουστάτη, καὶ κατᾴδει τῶν ἐρημαίων χωρίων εὐστομώτατα ὀρνίθων καὶ τορώτατα. λέγουσι δὲ καὶ τὰ κρέα αὐτῆς εἰς ἀγρυπνίαν λυσιτελεῖν. πονηροὶ μὲν οὖν οἱ τοιαύτης τροφῆς δαιτυμόνες καὶ ἀμαθεῖς δεινῶς· πονηρὸν δὲ τὸ ἐκ τῆς τροφῆς δῶρον, φυγὴ ὕπνου, τοῦ καὶ θεῶν καὶ ἀνθρώπων βασιλέως, ὡς Ὅμηρος λέγει [*Il.* 14.233].

1.44. Τῶν γεράνων αἱ κλαγγαὶ καλοῦσιν ὄμβρους, ὥς φασιν· ὁ δὲ ἐγκέφαλος γυναικῶν εἰς χάριν ἀφροδισίαν ἔχει τινὰς ἴυγγας· ἱκανοὶ τεκμηριῶσαι οἱ πρῶτοι φυλάξαντες αὐτά.

1.45. Γυπῶν πτερὰ εἰ θυμιάσαι τις, ὡς ἀκούω, καὶ ἐκ φωλεῶν καὶ ἐξ εἰλυῶν τοὺς ὄφεις προάξει ῥᾷστα.

Ζῷον δὲ ὁ δρυοκολάπτης ἐξ οὗ δρᾷ καὶ κέκληται, ἔχει μὲν γὰρ ῥάμφος ἐπίκυρτον, κολάπτει δὲ ἄρα τούτῳ τὰς δρῦς, καὶ ἐνταυθοῖ κοιλάνας τὸν τόπον ὡς εἰς καλιὰν τοὺς νεοττοὺς ἐντίθησιν, οὐ δεηθεὶς καρφῶν καὶ τῆς ἐξ αὐτῶν πλοκῆς καὶ οἰκοδομίας οὐδέν. οὐκοῦν εἴ τις λίθον ἐνθεὶς ἐπιφράξειε τῷ ὀρνέῳ τῷ προειρημένῳ τὴν εἴσδυσιν, ὃ δὲ συμβαλὼν τὴν ἐπιβουλὴν τὴν κατ᾽ αὐτοῦ κομίζει πόαν ἐχθρὰν τῷ λίθῳ καὶ κατ᾽ αὐτοῦ τίθησιν· ὃ δὲ οἷα βαρούμενος καὶ μὴ φέρων ἐξάλλεται, καὶ ἀνέῳγεν αὖθις τῷ προειρημένῳ ἡ φίλη ὑποδρομή.

1.46. Οἱ συνόδοντες οὐκ εἰσὶ μονίαι, οὐδὲ τὴν ἀπ᾽ ἀλλήλων ἐρημίαν τε καὶ διαίρεσιν ἀνέχονται. φιλοῦσι δὲ συναγελάζεσθαι καθ᾽ ἡλικίαν. καὶ οἱ μὲν νεώτεροι κατὰ ἴλας νήχονται, οἱ δὲ ἐντελέστεροι πάλιν κοινῇ· καὶ τὸ τοῦ λόγου τοῦτο ἧλιξ ἥλικα καὶ ἐκεῖνοι τέρπουσι, παρόντες παροῦσιν ὡς ἑταίροις καὶ φίλοις ἐκ τῶν αὐτῶν ἐπιτηδευμάτων τε καὶ διατριβῶν. τεχνάζονται δὲ πρὸς

1 οὖν] γοῦν **P**, Her. | διαλαβὼν] ἀναλαβὼν malit Her. in app. ‖ 2 ὑπαλείφοιτο] ὑπαλείψαιτο Her. ‖ 4 εὐνουστάτη] εὐμουσοτάτη Her. ‖ 11 εἰς] ἐς **L** | χάριν] χρείαν **P** | ἀφροδισίαν] ἀφροδίσιον Her. | ἴυγγας ἱκανοὶ] ἴυγγας εἴ που **P** : ἴυγγας εἴπερ **H** : ἴυγγας, εἴ τῳ Her. ‖ 12 αὐτά] ταῦτα Her. ‖ 13 θυμιάσαι] θυμιάσει **PH** | ὡς] om. **L** ‖ 14 εἰλυῶν] ἰλεῶν (corr. ex εἰλεῶν **L**) **PA** : εἶλε (sic) **H** 15 Ζῷον] Τὸ ζῷον Her. | δὲ ὁ] ὁ **H**, Her. | δρᾷ] Jac., Her. : ἄρα codd. | γὰρ] om. **PH** ‖ 17 κοιλάνας—τόπον] del. Her. ‖ 19 ἐπιφράξειε] ἐπιφράξει **VA** ‖ 20 τὴν²] om. **LPH**|τὴν³—αὐτοῦ] del. Her.

τοὺς θηρατὰς ὁποῖα. ὅταν ἁλιεὺς ἀνὴρ τὸ εἰς αὐτοὺς δέλεαρ καθῇ, περιελθόντες πάντες καὶ κυκλόσε γενόμενοι εἰς ἀλλήλους ὁρῶσιν, οἱονεὶ σύνθημα ἕκαστος ἑκάστῳ διδόντες μήτε πλησιάσαι μήτε ἅψασθαι τοῦ καθειμένου δελεάσματος. καὶ οἱ μὲν παρατεταγμένοι εἰς τοῦτο ἀτρεμοῦσιν· ἐκ δὲ τῆς ἀλλοτρίας ἀγέλης συνόδων ἀφίκετο, καὶ καταπίνει τὸ ἄγκιστρον, ἐρημίας λαβὼν μισθὸν τὴν ἅλωσιν. καὶ ὃ μὲν ἀνασπᾶται, οἱ δὲ ἤδη θαρροῦσιν ὡς οὐχ ἁλωσόμενοι, καὶ καταφρονήσαντες οὕτω θηρῶνται.

1.47. Φρύγεται διὰ τοῦ θέρους ὁ κόραξ τῷ δίψει κολαζόμενος, καὶ βοᾷ τὴν τιμωρίαν μαρτυρόμενος, ὥς φασι. καὶ τὴν αἰτίαν λέγουσιν ἐκείνην. ὁ Ἀπόλλων αὐτὸν θεράποντα ὄντα ὑδρευσόμενον ἀποπέμπει· ὃ δὲ ἐντυγχάνει ληΐῳ βαθεῖ μέν, ἔτι δὲ χλωρῷ, καὶ μένει ἔστ' ἂν αὖον γένηται, τῶν πυρῶν παραχναῦσαι βουλόμενος, καὶ τοῦ προστάγματος ὠλιγώρησε. καὶ ὑπὲρ τούτων ἐν τῇ μάλιστα αὐχμηροτάτῃ ὥρᾳ διψῶν δίκας ἐκτίνει. τοῦτο ἔοικε μύθῳ μέν, εἰρήσθω δ' οὖν τῇ τοῦ θεοῦ αἰδοῖ.

1.48. Ὁ κόραξ, ὄρνιν αὐτόν φασιν ἱερόν, καὶ Ἀπόλλωνος ἀκόλουθον εἶναι λέγουσι. ταῦτά τοι καὶ μαντικοῖς συμβόλοις ἀγαθὸν ὁμολογοῦσι τὸν αὐτόν, καὶ ὀττεύονταί γε πρὸς τὴν ἐκείνου βοὴν οἱ συνιέντες ὀρνίθων καὶ ἕδρας καὶ κλαγγὰς καὶ πτήσεις αὐτῶν ἢ κατὰ λαιὰν χεῖρα ἢ κατὰ δεξιάν.

Προσακούω δὲ καὶ ᾠὰ κόρακος μελαίνειν τρίχας. καὶ χρὴ τὸν δολοῦντα τὴν ἑαυτοῦ κόμην ἔλαιον ἐν τῷ στόματι ἔχειν συμμύσαντα· εἰ δὲ μή, καὶ οἱ ὀδόντες αὐτῷ σὺν τῇ τριχὶ μελαίνονται δυσέκπλυτοί τε καὶ δυσέκνιπτοι.

1.49. Ὁ μέροψ τὸ ὄρνεον ἔμπαλίν φασι τοῖς ἄλλοις ἅπασι πέταται· τὰ μὲν γὰρ εἰς τοὔμπροσθεν ἵεται καὶ κατ' ὀφθαλμούς, τὸ δὲ εἰς τοὐπίσω. καὶ ἔπεισί μοι θαυμάζειν τὴν φύσιν τῆς ἐπισήμου καὶ παραδόξου καὶ ἀήθους φορᾶς, ἣν ἐκεῖνο ἄγει τὸ ζῷον.

1.50. Ἡ μύραινα ὅταν ὁρμῆς ἀφροδισίου ὑποπλησθῇ, πρόεισιν εἰς τὴν γῆν, καὶ ὁμιλίαν ποθεῖ νυμφίου καὶ μάλα πονηροῦ· πάρεισι

2 πάντες] om. LP|κυκλόσε] κύκλος VA^V‖ 5 ἐκ—τῆς] εἷς δέ τις Jac. in app. : ἐκ δὲ Her.‖ 6 καταπίνει] κατατείνει VA^V|λαβὼν] λαχὼν L‖ 7 θαρροῦσιν] θαρσοῦσι VA^V ‖ 9 διὰ] δὲ διὰ VA^V : δὲ H ‖ 12 ἀποπέμπει] ἀνέπεμψεν VA^V ‖ 17 αὐτόν] αὑτόν L‖ 26 φασι] φησι VA^V‖ 27 πέταται] πέτεται ex corr. L, edd.|τὸ δὲ] τὰ δὲ P : ὃ δὲ Her.‖ 29 ἄγει] ᾄττει Her.

γὰρ εἰς ἔχεως φωλεόν, καὶ ἄμφω συμπλέκονται. ἤδη δέ φασι καὶ ὁ ἔχις οἰστρήσας καὶ ἐκεῖνος εἰς μίξιν ἀφικνεῖται πρὸς τὴν θάλατταν, καὶ οἷον εἰ κωμαστὴς σὺν τῷ αὐλῷ θυροκοπεῖ, οὕτω τοι καὶ ἐκεῖνος συρίσας τὴν ἐρωμένην παρακαλεῖ, καὶ αὐτὴ πρόσεισι, τῆς φύσεως τὰ ἀλλήλων διῳκισμένα συναγούσης εἰς ἐπιθυμίαν τὴν ὁμοίαν καὶ κοῖτον τὸν αὐτόν.

1.51. Ῥάχεις ἀνθρώπου νεκροῦ φασιν ὑποσηπόμενον τὸν μυελὸν ἤδη τρέπειν εἰς ὄφιν· καὶ ἐκπίπτει τὸ θηρίον, καὶ ἕρπει ζῷον τὸ ἀγριώτατον ἐκ τοῦ ἡμερωτάτου· καὶ τῶν μὲν καλῶν καὶ ἀγαθῶν τὰ λείψανα ἀναπαύεται, καὶ ἔχει ἆθλον ἡσυχίαν, ὥσπερ οὖν καὶ ἡ ψυχὴ τῶν τοιούτων τὰ ᾀδόμενά τε καὶ ὑμνούμενα ἐκ τῶν σοφῶν· πονηρῶν δὲ ἀνθρώπων ῥάχεις τοιαῦτα τίκτουσι καὶ μετὰ τὸν βίον. ἢ τοίνυν τὸ πᾶν μῦθός ἐστιν, ἤ, εἰ ταῦτα οὑτωσὶ πεπίστευται, πονηροῦ νεκρός, ὡς κρίνειν ἐμέ, ὄφεως γενέσθαι πατὴρ τοῦ τρόπου μισθὸν ἠνέγκατο.

1.52. Χελιδὼν δὲ ἄρα τῆς ὥρας τῆς ἀρίστης ὑποσημαίνει τὴν ἐπιδημίαν. καὶ ἔστι φιλάνθρωπος, καὶ χαίρει τῷδε τῷ ζῴῳ ὁμωρόφιος οὖσα, καὶ ἄκλητος ἀφικνεῖται, καὶ ὅτε οἱ φίλον καὶ ἔχει καλῶς, ἀπαλλάττεται. καὶ οἵ γε ἄνθρωποι ὑποδέχονται αὐτὴν κατὰ τὸν τῆς Ὁμηρικῆς ξενίας θεσμόν [*Od.* 15.72–74], ὃς κελεύει καὶ φιλεῖν τὸν παρόντα καὶ ἰέναι βουλόμενον ἀποπέμπειν.

1.53. Ἔχει τι πλεονέκτημα ἡ αἲξ τὴν τοῦ πνεύματος εἰσροήν, ὡς οἱ νομευτικοὶ λόγοι καὶ ποιμενικοί φασιν. ἀναπνεῖ γὰρ καὶ διὰ τῶν ὤτων καὶ διὰ τῶν μυκτήρων, καὶ αἰσθητικώτατον τῶν διχήλων ἐστί. καὶ τὴν μὲν αἰτίαν εἰπεῖν οὐκ οἶδα, ὃ δὲ οἶδα τοῦτο εἶπον. εἰ δὲ ποίημα Προμηθέως καὶ αἴξ, τί βουλόμενος τοῦτο εἰργάσατο, εἰδέναι καταλιμπάνω αὐτόν.

1.54. Καὶ ἔχεως δῆγμα καὶ ὄφεως ἄλλου φασὶν ἀντιπάλων μὴ διαμαρτάνειν φαρμάκων. καὶ τὰ μὲν αὐτῶν ἀκούω πόματα εἶναι, τὰ δὲ χρίσματα· καὶ ἐπαοιδαὶ δὲ ἐπραΰνάν τινων ἐγχρισθέντα ἰόν. ἀσπίδος δὲ ἀκούω μόνον δῆγμα ἀνίατον εἶναι καὶ ἐπικουρίας

4 αὐτὴ] αὔτη **PH** | πρόσεισι] πρόεισι Ges., Her. ‖ **7** Ῥάχεις] Ῥάχις **LP**, Her. **8** τρέπειν] τρέπει (ex corr. **L**) **H**, Her. ‖ **9** ζῷον] del. Her. ‖ **13** τὸν] add. al. m. **A**[v] | ἢ] εἰ **VA**[v] | ταῦτα οὑτωσὶ] ταῦτ' ἀψευδῶς Her. ‖ **21** τὸν] τὸν ξένον Her. (1876)‖ **22** τὴν] εἰς τὴν **PH**‖ **23** καὶ ποιμενικοί] del. Her.‖ **30** χρίσματα] χρίματα Her.|τινων] τὸν Her.‖ **31** μόνον] μόνης Her.

κρεῖττον. καὶ μισεῖν ἄξιον τὸ ζῷον τῆς εὐκληρίας τῆς εἰς τὸ κακόν. ἀλλὰ καὶ τούτου θηρίον μιαρώτερον καὶ ἀφυλακτότερον γυνὴ φαρμακίς, οἵαν ἀκούομεν καὶ τὴν Μήδειαν καὶ τὴν Κίρκην· τὰ μὲν γὰρ τῶν ἀσπίδων φάρμακα καὶ δήγματος ἔργα ἐστί, τὰ δὲ ἐκείνων ἀναιρεῖν καὶ ἐκ μόνης τῆς ἁφῆς, φασίν.

1.55. Κυνῶν θαλαττίων τρία γένη. καὶ οἳ μὲν αὐτῶν εἰσι μεγέθει μέγιστοι, καὶ κητῶν ἐν τοῖς ἀλκιμωτάτοις ἀριθμοῖντο ἄν· γένη δὲ δύο τὰ λοιπά, πηλαῖοι μὲν τὴν φύσιν, προήκουσι δὲ καὶ εἰς πῆχυν τὸ μέγεθος. καὶ τὸν μὲν αὐτοῖν γαλεὸν τὸν δὲ κεντρίτην φιλοῦσιν ὀνομάζειν· καὶ τούτων οἱ μὲν κατεστιγμένοι καλοῖντο ἂν γαλεοί, κεντρίτας δὲ ὀνομάζων τοὺς λοιποὺς οὐκ ἂν διαμάρτοις. οἱ μὲν οὖν ποικίλοι καὶ τὴν δοράν εἰσι μαλακώτεροι καὶ τὴν κεφαλὴν πλατύτεροι· οἱ δὲ ἕτεροι, μικροί τε καὶ σκληροί, δορὰν μέντοι καὶ τὴν κεφαλὴν δὲ ἀνήκουσαν εἰς ὀξὺ καὶ τὴν χρόαν εἰς τὸ λευκὸν ἀποκρίνονται. κέντρα δὲ ἄρα αὐτοῖς συμπέφυκε τὸ μὲν τῆς κεφαλῆς κατὰ τὴν λοφιάν, ὡς ἂν εἴποις, τὸ δὲ κατὰ τὴν οὐράν· σκληρὰ δὲ ἄρα τὰ κέντρα καὶ ἀπειθῆ ἐστι, καὶ ἰοῦ τι προσβάλλει. ἁλίσκεται δὲ τῶν κυνῶν τῶν σμικρῶν τῶνδε ἑκάτερον ἐκ τῆς ἰλύος καὶ τοῦ πηλοῦ, καὶ ἡ ἄγρα, εἰπεῖν αὐτὴν οὐ χεῖρόν ἐστι. δέλεαρ αὐτῶν καθιᾶσιν ἰχθῦν λευκὸν ἐκτετμημένον τὴν ῥάχιν. ὅταν τοίνυν εἷς ἁλῷ καὶ τῷ ἀγκίστρῳ περιπέσῃ, πάντες οἱ θεασάμενοι συμπηδῶσιν αὐτῷ καί τοι κάτωθεν ἑλκομένῳ ἕπονταί τε καὶ μέχρι τῆς νεὼς οὐκ ἀναστελλόμενοι, ὡς εἰκάσαι ζηλοτυπίᾳ δρᾶν ταῦτα αὐτούς, οἷα ἐκείνου τι τῶν εἰς τροφὴν ἑαυτῷ μόνῳ ποθὲν ἀποσυλήσαντος· καὶ εἰς τὴν ναῦν γε αὐτὴν εἰσεπήδησάν τινες πολλάκις, καὶ ἑκόντες ἑάλωσαν.

4 καὶ] del. Schn., Her. ‖ **5** ἀναιρεῖν] ante corr. **P** : ἀναιρεῖ ex corr. **P**, Her. | ἁφῆς] ἀφῆς **VH** ‖ **7** ἀριθμοῖντο] ἀριθμοῦνται **PA** ‖ **8** πηλαῖοι] παλαιοὶ **VP** | καὶ] del. Her. ‖ **9** καὶ—10 ὀνομάζειν] del. Her. | αὐτοῖν] αὐτῶν **PH** | κεντρίτην] κεντρίνην Ges. in mg., Her. in app. ‖ **11** κεντρίτας] κεντρίνας Her. | διαμάρτοις] διαμαρτάνοις **LP**, Her. : δὲ ἁμάρτοις **H** : ἁμαρτάνοις vel ἁμάρτοις Cob. (1884) ‖ **13** μικροί—καὶ[1]] del. Her. | δορὰν—καὶ[2]] τὴν δορὰν μέντοι καὶ **LP** : τὴν δορὰν ὄντες Ges., Her. ‖ **14** ὀξὺ] ὀξὺ ἔχοντες edd. | καὶ] del. Her. ‖ **15** ἄρα] om. **V** τῆς κεφαλῆς] del. Her. ‖ **18** σμικρῶν] μικρῶν **V** | ἑκάτερον] ἑκάτερθ' ἓν **L** : ἕτερον κέντρον **H** : ἑκάτερον τὸ (τὸ add. Her.) φῦλον Rei., Her. ‖ **21** συμπηδῶσιν] ἐμπηδ. Her. ‖ **22** τοι] del. Her. | τε] del. Her. ‖ **23** ζηλοτυπίᾳ] ζηλότυπα **LA** : ζηλοτυπίαν **P** ‖ **25** εἰς] ἐς **A**

1.56. Τῆς τρυγόνος τῆς θαλαττίας τὸ κέντρον ἐστὶν ἀπρόσμαχον. ἐκέντησε γὰρ καὶ ἀπέκτεινε παραχρῆμα, καὶ πεφρίκασιν αὐτῆς τόδε τὸ ὅπλον καὶ οἱ τῶν ἁλιέων δεινοὶ τὰ θαλάττια· οὔτε γὰρ ἄλλος ἰάσεται τὸ τραῦμα οὔτε ἡ τρώσασα· μόνῃ γάρ, ὡς τὸ εἰκός, τῇ Πηλιώτιδι βολῇ τοῦτο ἐδέδοτο.

1.57. Λευκὸν θηρίον ὁ κεράστης. ἔστι δὲ ὄφις, καὶ ὑπὲρ τοῦ μετώπου κέρατα ἔχει δύο, καὶ ἔοικε τοῖς τοῦ κοχλίου τὰ κέρατα, οὐ μήν ἐστιν ὡς ἐκείνων ἁπαλά. οὐκοῦν τοῖς μὲν ἄλλοις τῶν Λιβύων εἰσὶ πολέμιοι· ἔστι δὲ αὐτοῖς πρὸς τοὺς καλουμένους Ψύλλους ἔνσπονδα, οἵπερ οὖν οὔτε αὐτοὶ δακόντων ἐπαΐουσι τῶν δηγμάτων, καὶ τοὺς τῷ τοιούτῳ κακῷ περιπεσόντας ἰῶνται ῥᾷστα. καὶ ὁ τρόπος, ἐὰν πρὶν ἢ πρησθῆναι τὸ πᾶν σῶμα ἀφίκηταί τις τῶν ἐκεῖθεν κλητὸς ἢ κατὰ τύχην, εἶτα τὸ μὲν στόμα ὕδατι ἐπικλύσηται, ἀπονίψῃ δὲ τὰς χεῖρας ἑτέρῳ, καὶ πιεῖν τῷ δηχθέντι δῷ ἑκάτερον, ἀνερρώσθη τε ἐκεῖνος καὶ κακοῦ παντὸς ἐξάντης τὸ ἐντεῦθέν ἐστι. διαρρεῖ δὲ καὶ λόγος Λιβυκὸς ὁ λέγων, Ψύλλον ἄνδρα τὴν ἑαυτοῦ γαμετὴν ὑφορᾶσθαι καὶ μισεῖν ὡς μεμοιχευμένην καὶ μέντοι καὶ τὸ ἐξ αὐτῆς βρέφος ὑποπτεύειν τε ὡς νόθον τε καὶ τῷ σφετέρῳ γένει κίβδηλον. πεῖραν οὖν καθεῖναι καὶ μάλα ἐλεγκτικήν φασιν αὐτόν· λάρνακα πληρῶσαι κεραστῶν. καὶ ἐμβάλλει τὸ βρέφος, οἱονεὶ πυρὶ τὸν χρυσὸν τεχνίτης τὸ παιδίον ἐξελέγχων ἐκεῖνος τῇ ἀποθέσει. καὶ οἳ μὲν παραχρῆμα ἐπανίσταντο καὶ ἠγρίαινον καὶ τὴν συμφυῆ κακίαν ἠπείλουν· ἐπεὶ δὲ τὸ παιδίον αὐτῶν προσέψαυσεν, οἳ δὲ ἐμαράνθησαν, καὶ ἐντεῦθεν ὁ Λίβυς ἔγνω οὐ νόθου ἀλλὰ γόνου γνησίου πατὴρ ὤν. λέγονται δὲ καὶ τῶν ἑτέρων δακέτων καὶ φαλαγγίων δὲ ἀντίπαλοι τόδε τὸ

1 τὸ κέντρον] om. **V** ‖ 4 ὡς] εἰς **PH** ‖ 5 Πηλιώτιδι] πηλείτιδι **L** : πηλειώτιδι **H** : πηλότιδι **A** | βολῇ] dub. L, Ges., Jac. : μόνῃ **VPA** : om. **H** : μελίῃ Rei., Her. 6 Λευκὸν] Λεπτὸν Her. ‖ 10 οἵπερ] ὅνπερ **V** | ἐπαΐουσι] ἐπαΐσουσι **V** | τῶν δηγμάτων] τῶν διδαγμάτων **A** : del. Her. ‖ 14 ἐπικλύσηται] ἐπικλήσηται **A** : ἐκλύσηται **H** : ἐκκλύσηται Her. ‖ 17 ὑφορᾶσθαι] εὐφορ. **V** ‖ 18 τε] del. Ges., Her. ‖ 19 τε] om. **LH** | οὖν] τε **P** ‖ 20 πληρῶσαι] πληρώσας Ges., Her. | καὶ] del. Ges., Her. ‖ 21 ἐμβάλλει] ἐμβάλει **A** : ἐμβαλεῖν **L** ‖ 22 ἐπανίσταντο] ἐπανίστανται **P** ‖ 23 συμφυῆ] συμφυὴν **V** ‖ 26 δακέτων] δακετῶν **LH**, Her. in app.

γένος εἶναι. καὶ ταῦτά γε εἰ ἐτερατεύσαντο Λίβυες, οὐκ ἐμέ, ἀλλ' αὑτοὺς ἀπατῶντες ἴστωσαν.

1.58. Μελισσῶν δὲ ἐπίβουλοι καὶ ἐχθροὶ εἶεν ἂν ἐκεῖνοι, οἵ τε αἰγίθαλλοι καλούμενοι καὶ τὰ τούτων νεόττια καὶ οἱ σφῆκες καὶ αἱ χελιδόνες καὶ οἱ ὄφεις καὶ αἱ φάλαγγες καὶ αἱ λύγγαι. καὶ αἳ μὲν δεδίασι ταῦτα, οἱ δ' οὖν σμηνουργοὶ ἐλαύνουσιν αὐτὰ ἀπ' αὐτῶν ἢ κόνυζαν ἐπιθυμιάσαντες ἢ χλωρὰν ἔτι μήκωνα πρὸ τῶν σίμβλων καταστήσαντες ἢ καταστρώσαντες. καὶ ταῦτα μὲν τοῖς ἄλλοις ἐχθρά ἐστι τοῖς προειρημένοις, σφηκῶν δὲ ἁλώσεις ἐκεῖνα ἂν εἴη. κύρτον ἀπαρτῆσαι χρὴ πρὸ τῆς σφηκιᾶς καὶ ἐνθεῖναι αὐτῷ λεπτὴν μεμβράδα ἢ μαινίδα ὀλίγην καὶ σὺν τούτοις ἴωπα ἢ χαλκίδα· οἱ δὲ σφῆκες ὑπὸ τῆς ἐμφύτου γαστριμαργίας ἑλκόμενοι, καλοῦντος αὐτοὺς δελεάσματος, εἰσπίπτουσιν ἀθρόον, καὶ περιλαβόντος αὐτοὺς τοῦ κύρτου οὐκ ἔστιν αὐτοῖς τὴν ὀπίσω οὐκέτι ἐκπτῆναι καὶ ὕδωρ δ' ἂν αὐτῶν κατασκεδάσας, ῥᾷον διέφθειρας ἂν αὐτοὺς καὶ πῦρ ἐξάψας κατέπρησας. καὶ οἱ σαῦροι δὲ ἐπιβουλεύουσι ταῖς μελίτταις καὶ οἱ κροκόδειλοι οἱ χερσαῖοι· ὄλεθρος δὲ καὶ τούτοις ἐπιτετέχνηται ἐκεῖνος. ἄλφιτα γὰρ ἐλλεβόρῳ δεύσαντες ἢ τιθυμάλλου ὀπῷ ὑποχέοντες ἢ μαλάχης χυλῷ διασπείρουσι πρὸ τῶν σίμβλων τὰ ἄλφιτα· ὅπερ οὖν ὄλεθρον φέρει τοῖς προειρημένοις ἀπογευσαμένοις αὐτῶν. ἐμβαλὼν δὲ εἰς τὴν λίμνην φλόμου φύλλα ἢ κάρυα ἀπώλεσε τοὺς γυρίνους ὁ τῶν μελιττῶν δεσπότης ῥᾷστα. αἱ δὲ φάλαγγες ἀπόλλυνται νύκτωρ, ἐναυγάζοντος λύχνου τεθέντος πρὸ τῶν σμηνῶν καὶ ἀγγείων ἐλαίου πεπληρωμένων τῷ λύχνῳ ὑποκειμένων· αἳ δὲ πρὸς τὴν αὐγὴν πετόμεναι ἐμπίπτουσιν εἰς τὸ ἔλαιον καὶ ἀπολώλασιν· ἑτέρως δὲ οὐκ ἂν αἱρεθεῖεν ῥᾷστα. οἱ δὲ αἰγίθαλλοι ἀλφίτων οἴνῳ

1 ἐτερατεύσαντο] τερατεύονται *β*, edd. ‖ **2** αὑτοὺς] ἑαυτοὺς **PH** : αὐτοὺς **VA** **4** αἰγίθαλλοι] ex corr. **P** : αἰγίθαλοι (ante corr. **P**) **H**, edd. ‖ **6** σμηνουργοὶ] in mg. **A** : μελιττουργοὶ *β*, edd. ‖ **9** ἁλώσεις ἐκεῖνα] ἅλωσις ἐκείνη Schn., Her. **13** αὐτοὺς] αὐτοῖς **P**|δελεάσματος] τοῦ δελ. Jac. in app., Her.|ἀθρόον] ἀθρόοι **P**, Her. ‖ **14** αὐτοὺς] αὐτοῦ **VA^V^** ‖ **15** καὶ—16 κατέπρησας] del. Her. κατασκεδάσας] κατασκευάσας **P**‖ **16** κατέπρησας] καταπρήσαις **LPH**, Her. in app.‖ **18** ἐπιτετέχνηται] ἐπιτέχνηται **P**|ἐλλεβόρῳ] ἐλεβόρῳ **VPA^V^H**‖ **19** ὀπῷ] ὀπὸν **A^V^** | ὑποχέοντες] ὑποχέαντες Her. ‖ **22** φλόμου φύλλα] **H**, edd. : φλωμοῦ (φλώμοῦ (sic) **L**) φύλλα **LP** : φλυμόφυλλα **VA^V^** ‖ **24** ἐναυγάζοντος] ἐνακμάζοντος Her.‖ **27** αἰγίθαλλοι] αἰγίθαλοι **H**, edd.

διαβραχέντων ἀπογευσάμενοι καρηβαροῦσιν, εἶτα πίπτουσι, καὶ κείμενοι σπαίρουσι, καὶ εἰσὶν αἱρεθῆναι γελοῖοι, ἀναπτῆναι μὲν σπεύδοντες, ἀρχὴν δὲ ἀναστῆναι μὴ δυνάμενοι. οἳ δὲ τὴν χελιδόνα αἰδοῖ τῆς μουσικῆς οὐκ ἀποκτείνουσι, καίτοι ῥᾳδίως ἂν αὐτῇ τοῦτο δράσαντες· ἀπόχρη δὲ αὐτοῖς κωλύειν τὴν χελιδόνα πλησίον τῶν σίμβλων καλιὰν ὑποπῆξαι.

Ἀπεχθάνονται δὲ ἄρα αἱ μέλιτται κακοσμίᾳ πάσῃ καὶ μύρῳ ὁμοίως, οὔτε τὸ δυσῶδες ὑπομένουσαι οὐδὲ ἀσπαζόμεναι τῆς εὐωδίας τὸ τεθρυμμένον, οἷα δήπου κόραι ἀστεῖαί τε καὶ σώφρονες τὸ μὲν βδελυττόμεναι τῆς δὲ ὑπερφρονοῦσαι.

1.59. Κῦρος μέν, ὥς φασιν, ὁ πρεσβύτερος μέγα ἐφρόνει ἐπὶ τοῖς βασιλείοις τοῖς ἐν Περσεπόλει, οἵσπερ οὖν αὐτὸς ᾠκοδομήσατο, Δαρεῖος δὲ ἐπὶ τῇ κατασκευῇ τῇ τῶν οἰκοδομημάτων τῶν Σούσων· καὶ γὰρ καὶ ἐκεῖνος ἐν Σούσοις τὰ ᾀδόμενα ἐκεῖνα εἰργάσατο. Κῦρος δὲ ὁ δεύτερος ἐν Λυδίᾳ παράδεισον αὐτὸς κατεφύτευσε ταῖς χερσὶ ταῖς βασιλικαῖς σὺν τοῖς ἁβροῖς ἐκείνοις χιτῶσι καὶ τοῖς τερπνοῖς ἐκείνοις καὶ μέγα τιμίοις λίθοις, καὶ ἐπὶ τούτοις γε ἐκαλλύνετο καὶ πρὸς ἄλλους μὲν τῶν Ἑλλήνων, ἀτὰρ οὖν καὶ πρὸς Λύσανδρον τὸν Λακεδαιμόνιον, ὅτε ἦλθε πρὸς τὸν Κῦρον ὁ Λύσανδρος εἰς τὴν Λυδίαν. καὶ ὑπὲρ μὲν τούτων ᾄδουσιν οἱ συγγραφεῖς, τὰς δὲ τῶν μελιττῶν οἰκοδομὰς σοφωτέρας οὔσας κατὰ πολὺ καὶ τεχνηεστέρας, ἀλλὰ ὑπὲρ τούτων οὐδὲ ὀλίγην ἔθεντο ὥραν· ἐκεῖνοι μὲν γὰρ πολὺ καὶ πολλοὺς λυπήσαντες εἰργάσαντο ὅσα εἰργάσαντο· οὐδὲν δὲ ἄρα ἦν μελιττῶν εὐχαριτώτερον, ἐπεὶ μηδὲ σοφώτερον ἦν. πρώτους μὲν γὰρ ἐργάζονται τοὺς θαλάμους τοὺς τῶν βασιλέων, καὶ εὐρυχωρίαν ἔχουσιν οὗτοι, καὶ εἰσὶν ἀνώτεροι· καὶ ἕρκος δὲ περιβάλλουσι τούτοις, οἱονεὶ τεῖχος εἶναι καὶ περίβολον, ἀποσεμνύνουσαι καὶ ἐκ τούτων τὴν

1 πίπτουσι] ἐμπίπτουσιν **L** ‖ **2** γελοῖοι] ἑτοῖμοι Gow : γε οἷοι Jac. : ῥᾴδιοι Lor. ἀναπτῆναι] ἐναπτῆναι **VA**^{V} ‖ **4** οὐκ ἀποκτείνουσι] ἀποκτένουσι **P** | αὐτῇ] αὐτὴν Oud., Her. (delendum malit Her. in app.) ‖ **8** οὔτε] δὴ οὔτε **L** : δὲ καὶ **P** : δὲ οὐδὲ **H** | οὐδὲ] οὔτε **L**, Her. ‖ **12** Περσεπόλει] περσαιπόλει **VLA**^{V} ‖ **13** τῇ^{2}] om. **VA**^{V}**H** ‖ **14** Σούσων] Σουσείων Rei., Her. | καὶ^{2}] om. **LP** : del. Her. in app. **16** σὺν] ἐν Her. ‖ **18** τούτοις] τούτῳ Her. | ἀτὰρ] αὐτὰρ **P** ‖ **20** εἰς] πρὸς **VA**^{V} **21** τὰς—22 τεχνηεστέρας] αἱ δὲ τῶν μελιττῶν οἰκοδομαὶ σοφώτεραι οὖσαι κατὰ πολὺ καὶ τεχνηέστεραι Pau., Her. ‖ **22** ὑπὲρ τούτων] τούτων γε Her. **23** πολὺ καὶ] πολλοὶ καὶ **LH** : del. Her.‖ **28** τούτων] τούτου **LH**, Her.

οἴκησιν τὴν βασίλειον. διαιροῦσι δὲ ἑαυτὰς εἰς τρία καὶ οὖν καὶ τὰς οἰκήσεις τὰς ἑαυτῶν εἰς τοσαῦτα. αἱ μὲν γὰρ πρεσβύταται καὶ αἱ παλαιόταται γειτνιῶσι τῇ τῶν βασιλέων αὐλῇ, οἱονεὶ δορυφόροι καὶ φρουροὶ οὖσαι, αἱ δὲ νεώταται καὶ αἱ αὐτοετεῖς μετὰ ταύτας οἰκοῦσιν, αἱ δὲ ἐν ἥβῃ καὶ ἀκμῇ οὖσαι ἐξωτέρω ἐκείνων, ὡς εἶναι τὰς μὲν πρεσβυτάτας φρουροὺς τῶν βασιλέων, τὰς δὲ νεάνιδας ἕρκος τῶν νεωτάτων.

1.60. Λέγει μέν τις λόγος ἀκέντρους εἶναι τοὺς τούτων βασιλέας· λέγει δὲ καὶ ἕτερος καὶ πάνυ ἐρρωμένα τὰ κέντρα συμπεφυκέναι αὐτοῖς καὶ τεθηγμένα ἀνδρειότατα· οὔτε δὲ ἐπ' ἀνδρί ποτε χρῆσθαι αὐτοῖς οὔτε ἐπὶ ταῖς μελίτταις, ἀλλὰ ὑποπεπλάσθαι φόβον ἄλλως· μὴ γὰρ θέμις εἶναι τὸν ἄρχοντα καὶ τῶν τοσούτων ἔφορον κακὸν ἐργάσασθαι. καὶ τὰς μελίττας δὲ τὰς λοιπὰς ὁμολογοῦσιν οἱ τούτων ἐπιστήμονες ἐν ὄψει τῶν ἀρχόντων τῶν σφετέρων ὑποκλίνειν τὰ κέντρα, οἱονεὶ τῆς ἐξουσίας ἀφισταμένας καὶ παραχωρούσας. ἑκάτερον δ' ἄν τις ἐκπλαγείη τὸ τῶν βασιλέων ἐκείνων· εἴτε γὰρ μὴ ἔχουσι πόθεν ἀδικήσουσι, μέγα τοῦτο· εἴτε καὶ παρὸν ἀδικῆσαι μὴ ἀδικοῦσιν, ἀλλὰ τοῦτό γε μακρῷ κρεῖττόν ἐστιν.

1 ἑαυτὰς] αὑτὰς **VA**^{V} : αὐτὰς edd. ‖ **2** καὶ—**3** παλαιόταται] del. Her. | αἱ[2]] om. **PA**^{V} ‖ **3** βασιλέων] βασιλείων **VA**^{V} | οἱονεὶ—**4** οὖσαι] del. Her. ‖ **4** οὖσαι] οὗτοι **L** | καὶ[2]—αὐτοετεῖς] del. Her. | αἱ[2]] om. **LPH** | ταύτας] Her. : ταῦτα codd. ‖ **8** μέν] μὲν γὰρ **LPH** ‖ **10** αὐτοῖς] αὐτῶν **P** ‖ **11** ἀλλὰ] ἀλλὰ καὶ **A**^{V} ‖ **12** ὑποπεπλάσθαι] συμπεπλάσθαι **LPH**, Her. | θέμις] θέμιν **A**^{V} ‖ **13** τῶν] τὸν **LPH**

LIBER II

2.1. Ὅταν τὰ ἤθη τὰ τῶν Θρᾳκῶν καὶ τοὺς κρυμοὺς ἀπολείπωσι τοὺς Θρᾳκίους αἱ γέρανοι, ἀθροίζονται μὲν ἐς τὸν Ἕβρον, λίθον δ' ἑκάστη καταπιοῦσα, ὡς ἔχειν καὶ δεῖπνον καὶ πρὸς τὰς ἐμβολὰς τῶν ἀνέμων ἕρμα, πειρῶνται τοῦ μετοικισμοῦ καὶ τῆς ἐπὶ τὸν Νεῖλον ὁρμῆς, ἀλέας τε καὶ τῆς χειμερίου συντροφίας πόθῳ τῆς ἐκεῖθι. μελλουσῶν δὲ αὐτῶν αἴρεσθαι καὶ τοῦ πρόσω ἔχεσθαι, ὁ παλαίτατος γέρανος περιελθὼν τὴν πᾶσαν ἀγέλην καὶ εἰς τρίς, εἶτα μέντοι πεσὼν ἀφίησι τὴν ψυχήν. ἐντεῦθεν οὖν οἱ λοιποὶ θάπτουσι μὲν τὸν νεκρόν, φεύγονται δὲ εὐθὺ τῆς Αἰγύπτου, τὰ μήκιστα πελάγη περαιούμεναι τῷ ταρσῷ τῶν πτερῶν, καὶ οὔτε ὁρμίζονταί που οὔτε ἀναπαύονται. σπείροντας δὲ τοὺς Αἰγυπτίους καταλαμβάνουσι, καὶ τράπεζαν ὡς ἂν εἴποις ἄφθονον τὴν ἐν ταῖς ἀρούραις εὑρόντες εἶτα ἄκλητοι ξενίων μεταλαγχάνουσιν.

2.2. Τίκτεσθαι μὲν ἐν ὄρεσι ζῷα καὶ ἐν ἀέρι καὶ ἐν θαλάττῃ, θαῦμα οὔπω μέγα· ὕλη γὰρ καὶ τροφὴ καὶ φύσις ἡ τούτων αἰτία· ἔκγονα δὲ πυρὸς πτηνὰ εἶναι τοὺς καλουμένους πυριγόνους, καὶ ἐν αὐτῷ βιοῦν καὶ τεθηλέναι, καὶ δεῦρο καὶ ἐκεῖσε περιποτᾶσθαι, τοῦτο ἐκπληκτικόν. καὶ τὸ ἔτι θαῦμα, ὅταν ἔξω τοῦ πυρὸς τοῦ συντρόφου ἐκνεύσωσι καὶ ἀέρος ψυχροῦ μεταλάβωσιν, ἐνταῦθα δὴ τεθνήκασι. καὶ ἥτις ἡ αἰτία τίκτεσθαι μὲν πυρί, ἀέρι δὲ ἀπόλλυσθαι, λεγέτωσαν ἄλλοι.

2.3. Οἱ μὲν ὄρνιθες οἱ ἕτεροι ἀναβαίνονται, ὡς λόγος, αἱ δὲ χελιδόνες οὔ, ἀλλὰ τούτων γε ἐναντία ἡ μίξις ἐστί. καὶ τὸ αἴτιον οἶδεν ἡ φύσις. λέγει δὲ ὁ πλείων λόγος ὅτι πεφρίκασι τὸν Τηρέα καὶ δεδοίκασι μή ποτε ἄρα προσερπύσας λάθρᾳ εἶτα ἐργάσηται τραγῳδίαν καὶ νῦν. ἦν δὲ ἄρα καὶ τοῦτο χελιδόνι δῶρον ἐκ τῆς

2 τῶν] om. **PH** ‖ **3** ἀπολείπωσι] ἀπολείπουσαι **H** : ἀπολιποῦσαι **P** | Θρᾳκίους] θρακώους **P** ‖ **4** δ'] om. **LH** ‖ **5** τῶν] τὰς ἐκ τῶν **LP** : τὰς τῶν **H** ‖ **6** τῆς^{2}] del. Her. ‖ **7** τῆς] τῷ **VLA^{V}** : τῶν **H** ‖ **9** καὶ] del. Her. | ἐντεῦθεν] ἐνταῦθα Her. **10** φεύγονται] φέρονται **LPH**, Her. ‖ **11** περαιούμεναι] περαιούμενοι **P**, Her. **16** ἐν^{3}] om. **VA^{V}** ‖ **18** ἔκγονα] ἔγγονα **LP** : ἄγονα **H** ‖ **21** μεταλάβωσιν] μεταλάχωσιν Her. ‖ **23** ἀπόλλυσθαι] ἀπόλλυσθαι πρᾴως **LP** ‖ **24** ἕτεροι] ἄλλοι **P** ‖ **26** Τηρέα] τηρήα **V** ‖ **28** καὶ νῦν] καινήν Schn., Jac., Her., fort. recte

φύσεως, ὥς γε ἐμὲ κρίνειν, τὸ τιμιώτατον· πηρωθεῖσα τὴν ὄψιν περόναις ἐὰν τύχῃ, ὁρᾷ αὖθις. τί οὖν ἔτι τὸν Τειρεσίαν ᾄδομεν, καίτοι μὴ ἐνταυθοῖ, ἀλλὰ καὶ ἐν Ἅιδου σοφώτατον ψυχῶν, ὡς Ὅμηρος λέγει [*Il.* 10.492];

2.4. Ζῷα ἐφήμερα οὕτω κέκληται, λαβόντα τὸ ὄνομα ἐκ τοῦ μέτρου τοῦ κατὰ τὸν βίον· τίκτεται μὲν γὰρ ἐν τῷ οἴνῳ, καὶ ἀνοιχθέντος τοῦ σκεύους τὰ δὲ ἐξέπτη καὶ εἶδε τὸ φῶς καὶ τέθνηκεν. οὐκοῦν παρελθεῖν μὲν αὐτοῖς ἡ φύσις ἔδωκεν εἰς τὸν βίον, τῶν δὲ ἐν αὐτῷ κακῶν ἐρρύσατο τὴν ταχίστην, μήτε τι τῶν ἰδίων συμφορῶν ᾐσθημένοις μήτε μήν τινος τῶν ἀλλοτρίων μάρτυσι γεγενημένοις.

2.5. Ἤδη μέντοι τις καὶ ἀσπίδος ἐν μακρῷ τῷ χρόνῳ πληγὴν ἰάσατο ἢ τομὴν παραλαβὼν ἢ πῦρ ὑπομείνας εὖ μάλα τλημόνως ἢ ἀναγκαίοις φαρμάκοις τὸ κακόν, ἵνα μὴ προσερπύσῃ, στήσας ὁ δείλαιος· σπιθαμὴ δὲ βασιλίσκου τὸ μῆκός ἐστι, καὶ μέντοι καὶ θεασάμενος ὁ τῶν ὄφεων μήκιστος αὐτὸν οὐκ εἰς ἀναβολὰς ἀλλὰ ἤδη ἐκ τῆς τοῦ φυσήματος προσβολῆς αὗός ἐστιν. εἰ δὲ ἄνθρωπος κατέχοι ῥάβδον, εἶτα ταύτην ἐκεῖνος δάκοι, τέθνηκεν ὁ κύριος τῆς λύγου.

2.6. Τὴν τῶν δελφίνων φιλομουσίαν καὶ τὸ τῶν αὐτῶν ἐρωτικόν, τὸ μὲν ᾄδουσι Αἰγύπτιοι, καὶ ὁμολογοῦσιν αὐτοῖς Λέσβιοι, τὸ δὲ Τηῖται· τὰ μὲν Ἀρίωνος τοῦ Μηθυμναίου ἐκεῖνοι, τά γε μὴν ἐν Τηΐῳ ὑπὲρ τοῦ παιδὸς τοῦ καλοῦ καὶ τῆς νήξεως αὐτοῦ καὶ τοῦ δελφῖνος οἱ ἕτεροι. λέγει δὲ καὶ Βυζάντιος ἀνήρ, Λεωνίδας ὄνομα, ἰδεῖν αὐτὸς παρὰ τὴν Αἰολίδα πλέων ἐν τῇ καλουμένῃ Ποροσελήνῃ πόλει δελφῖνα ἠθάδα καὶ ἐν λιμένι τῷ ἐκείνων οἰκοῦντα καὶ ὥσπερ οὖν ἰδιοξένοις χρώμενον τοῖς ἐκεῖθι. καὶ ἐπί γε

3 ἐνταυθοῖ] ἐνταυθὶ μόνον Her. | ψυχῶν] del. Her. ‖ **5** κέκληται] κέκληνται **L** λαβόντα] λαχόντα **P** ‖ **6** μὲν] del. Her. ‖ **8** αὐτοῖς—βίον] ἐς τὸν βίον ἔδωκεν ἡ φύσις Her.|εἰς] ἐς **LP**‖ **9** τι] τινι **VA^V**‖ **13** ἢ[3]] om. **VA^V**‖ **14** προσερπύσῃ] πρόσω ἑρπύσῃ Jac. in app., Her. ‖ **15** δὲ] om. **VA^V** | καὶ[1]—καὶ[2]] καὶ **VPA^V** ‖ **16** εἰς] ἐς **L** **18** δάκοι] δάκῃ **VA^V** : ἐνδάκοι Her. ‖ **21** Αἰγύπτιοι] Κορίνθιοι Gro., Rein., Her. ‖ **22** Τηῖται] τηίται **V** : τη ῖ ται valde dub. ex corr. **L** : Ἰῆται Vale., Her. Ἀρίωνος] Ἀρίονος Her. ‖ **23** Τηΐῳ] τήῳ **V** : supra τη, scr. ωί **A** : τῇ Ἴῳ (sine τῇ Vale.), Her. | νήξεως] μίξεως **PA** ‖ **24** Λεωνίδας] λεώνδας **V** : Λεωνίδης **P**, Her. **25** παρὰ] περὶ **VH** ‖ **26** Ποροσελήνῃ] edd. : πωροσελήνῃ corr. ex πληροσελήνῃ **L** : πληροσελήνῳ **VPAH**

τούτοις αὐτὸς λέγει καὶ πρεσβῦτίν τινα καὶ γέροντα δὲ συνοικοῦντα αὐτῇ ἐκθρέψαι τόνδε τὸν τρόφιμον δέλεάρ τέ οἱ προτείνοντας καὶ ἄλλα γε ἐφολκά. καὶ μέντοι καὶ ὁμότροφός οἱ ἦν ὁ τῶν πρεσβυτῶν υἱός, καὶ ἐτιθηνοῦντο ἄμφω τὸν δελφῖνα καὶ τὸν παῖδα τὸν σφέτερον, καί πως ἐκ τῆς συντροφίας ἐλαθέτην εἰς ἔρωτα ἀλλήλων ὑπελθόντε ὅ τε ἄνθρωπος καὶ τὸ ζῷον, καί, τοῦτο δὴ τὸ ᾀδόμενον, καὶ μάλα ὑπέρσεμνος ἀντέρως ἐτιμᾶτο ἐν τοῖς προειρημένοις. ὁ τοίνυν δελφὶν ὡς μὲν πατρίδα ἐφίλει τὴν προειρημένην, ὡς δὲ ἴδιον οἶκον ἠγάπα τὸν λιμένα, καὶ δὴ καὶ τὰ τροφεῖα τοῖς θρεψαμένοις ἀπεδίδου. καὶ τούτων γε ἐκεῖνος ἦν ὁ τρόπος. τέλειος ὢν τῆς ἀπὸ χειρὸς τροφῆς ἐδεῖτο ἥκιστα, ἤδη γε μὴν καὶ περαιτέρω προνέων καὶ περινηχόμενος καὶ σκοπῶν ἄγρας ἐναλίους τὰ μὲν ἑαυτῷ δεῖπνον εἶχε, τὰ δὲ τοῖς οἰκείοις ἀπέφερεν· οἳ δὲ ᾔδεσαν τοῦτο καὶ μέντοι καὶ ἀνέμενον τὸν ἐξ αὐτοῦ φόρον ἀσμένως. καὶ μία μὲν ἦν ἥδε ἡ πρόσοδος ἤδη, ἐκείνη δὲ ἄλλη. ὄνομα δὲ καὶ τῷ δελφῖνι ὡς τῷ παιδὶ οἱ θρεψάμενοι ἔθεντο· καὶ ὁ παῖς τῇ συντροφίᾳ θαρρῶν, τοῦτο αὐτὸν ἐπί τινος προβλῆτος στὰς τόπου ἐκάλει, καὶ ἅμα τῇ κλήσει καὶ ἐκολάκευεν· ὃ δέ, εἴτε πρὸς εἰρεσίαν ἡμιλλᾶτό τινα, εἴτ᾽ ἐκυβίστα τῶν ἄλλων ὅσαι περὶ τὸν χῶρον ἐπλανῶντο ἀγέλαι κατασκιρτῶν, εἴτ᾽ ἐθήρα καὶ μάλα γε ἐπειγούσης τῆς γαστρὸς αὐτόν, ἐπανῄει καὶ μάλα γε ὤκιστα δίκην ἐλαυνομένης νεὼς πολλῷ τῷ ῥοθίῳ, καὶ πλησίον τῶν παιδικῶν γενόμενος συμπαίστης τε ἦν καὶ συνεσκίρτα, καὶ πῇ μὲν τῷ παιδὶ παρενήχετο, πῇ δὲ ὁ δελφὶς οἷα προκαλούμενος εἶτα μέντοι εἰς τὴν ἅμιλλαν τὴν εἰς αὐτὸν τὰ παιδικὰ ὑπῆγε. καὶ τὸ ἔτι θαῦμα, ἀπέστη καὶ τῆς πρώτης ποτὲ καὶ δὴ καὶ ὑπενήξατο αὐτῷ,

1 τούτοις] τούτων ***β*** : τούτῳ edd. | αὐτὸς] ὁ αὐτ. edd. | καὶ[1]] del. Her. ‖ **2** δέλεάρ τέ] δελέατά Her. ‖ **3** ἄλλα] πολλά **H** : μάλα Her. ‖ **6** ὑπελθόντε] ὑπελθόντες **A** **7** δὴ] om. **A** | καὶ μάλα] μὲν καὶ μάλα **A** : del. Her. | ὑπέρσεμνος] ὑπέρσεμνον **LPH** ‖ **8** δελφὶν] δελφὶς **H**, Her. ‖ **9** προειρημένην] εἰρημένην **H** : Ποροσελήνην Her. | καὶ[2]] om. **A** ‖ **12** προνέων] προσνέων **LAH** : πρὸς **P** ‖ **14** ᾔδεσαν] ᾔδεισαν **P** ‖ **15** ἤδη] in mg. sec. m. **L** : om. **V** : del. Her. ‖ **16** δὲ καὶ] del. Her. | τῷ[1] — παιδὶ] τῷ δελφῖνι malit Her. in app. ‖ **17** τοῦτο] Schn., Jac. in app., Her. : τοῦτον codd. ‖ **19** ὅσαι] ὅσοι ***β***, edd. ‖ **20** ἀγέλαι] ἀγελαῖοι ***β***, edd. | εἴτ᾽ ἐθήρα] εἴτε ἐς θήραν **L** | καὶ — 21 γε[1]] καὶ μάλα **A** : del. Her. ‖ **24** δελφὶς] δελφὶν **A** **25** τὴν[2] — αὐτὸν] τὴν αὐτὴν **AH** : τὴν πρὸς αὐτὸν Her.

οἷα νικώμενος ἡδέως δήπου. ταῦτα τοίνυν κεκήρυκτο, καὶ τοῖς πλέουσιν ὅραμα ἐδόκει σὺν καὶ τοῖς ἄλλοις ὅσα ἡ πόλις ἀγαθὰ εἶχε, καὶ τοῖς πρεσβύταις καὶ τῷ μειρακίῳ πρόσοδος ἦν.

2.7. Ἐν Λιβύῃ ἡμιόνους τινὰς ἢ τετρωμένους Ἀρχέλαος λέγει [fr. 6 Giann.] ἢ ἀπειπόντας ὑπὸ δίψους ἐρρῖφθαι νεκροὺς πολλούς. πολλάκις δὲ ὄφεων ἐπιρρεῦσαν φῦλον πάμπολυ τῶν κρεῶν ἐσθίειν· ἐπὰν δὲ βασιλίσκου συρίγματος ἀκούσῃ, τὰ μὲν ὑπὸ ταῖς ἰλύσι καὶ τῇ ψάμμῳ ἀφανίζεσθαι τὴν ταχίστην καὶ ἑαυτὰ ἀποκρύπτεσθαι, τὸν δὲ προσελθόντα κατὰ πολλὴν τὴν εἰρήνην δειπνεῖν, εἶτα αὖθις ὑποσυρίζειν καὶ ἀπαλλάττεσθαι, τὰς δὲ ἡμιόνους καὶ τὸ δεῖπνον τὸ ἐξ αὐτῶν σημαίνεσθαι τὸ ἐντεῦθεν, τὸ τοῦ λόγου τοῦτο, ἄστροις.

2.8. Λόγοι φασὶν Εὐβοέων δεῦρο φοιτῶντες, τοὺς ἁλιέας τοὺς ἐκεῖσε τοῖς δελφῖσι τοῖς ἐκεῖθι ἰσομοιρίαν τῆς θήρας ἀπονέμειν· καὶ ἀκούω τὴν ἄγραν τοιαύτην. γαλήνην εἶναι χρή, καὶ εἰ ταῦθ' οὕτως ἔχει, τῆς πρῴρας τῶν ἀκατίων κοίλας τινὰς ἐξαρτῶσιν ἐσχαρίδας πυρὸς ἐνακμάζοντος· καὶ εἰσὶ διαφανεῖς, ὡς στέγειν καὶ τὸ πῦρ καὶ μὴ κρύπτειν τὸ φῶς. ἰπνοὺς καλοῦσιν αὐτάς. οἱ τοίνυν ἰχθῦς δεδίασι τὴν αὐγὴν καὶ τὴν λαμπηδόνα δυσωποῦνται· καὶ οἳ μὲν οὐκ εἰδότες ὅ τι βούλεται τὸ ὁρώμενον, πλησιάζουσι, μαθεῖν βουλόμενοι τοῦ φοβοῦντος σφᾶς τὴν αἰτίαν· εἶτα ἐκπλαγέντες ἢ πρός τινι τρύπᾳ ἡσυχάζουσιν ἀθρόοι παλλόμενοι τῷ δέει ἢ εἰς τὴν ᾐόνα ἐκπίπτουσιν ὠθούμενοι, καὶ ἐοίκασι τοῖς ἐμβεβροντημένοις. οὕτω γε μὴν διακειμένους ῥᾷστόν ἐστιν ἤδη καὶ τριαίνῃ πατάξαι. ἐπειδὰν οὖν θεάσωνται οἱ δελφῖνες τοὺς ἁλιέας τὸ πῦρ ἐξάψαντας, ἑαυτοὺς εὐτρεπίζουσι. καὶ οἳ μὲν ἠρέμα ὑπερέττουσιν, οἱ δὲ δελφῖνες τοὺς ἐξωτέρω τῶν ἰχθύων φοβοῦντες ὠθοῦσι καὶ τοῦ διαδιδράσκειν ἀναστέλλουσιν. οὐκοῦν ἐκεῖνοι πιεζόμενοι πανταχόθεν καὶ τρόπον τινὰ κεκυκλωμένοι ἔκ τε τῆς τούτων εἰρεσίας

1 κεκήρυκτο] ἐκεκήρυκτο **H**, edd.‖ 4 τινὰς] del. Her.‖ 5 ἢ] εἴτε **A**|ἐρρῖφθαι] Her. : ἐρρίφθαι codd. ‖ 6 ἐπιρρεῦσαν] ἐπιρρευσάντων **PA** | κρεῶν] νεκρῶν **L** ‖ 7 ταῖς ἰλύσι] τοῖς ἰλεοῖς **LA** (fort. corr. ex τοῖς ἰλοίς **A**) : τοῖς εἰλιοῖς **H** : τοῖς φωλεοῖς **P** : τοῖς εἰλυοῖς Her. ‖ 8 ἑαυτὰ] del. Her. ‖ 9 προσελθόντα] ἐλθόντα ***β***| τὴν] om. **V** 10 ὑποσυρίζειν] ἐπισυρ. **A** | τὰς] ex corr. **L** : τοὺς ante corr. **L**, edd. 13 φοιτῶντες] φοιτῶντας **AH** ‖ 15 ταῦθ'] ταῦτα ***β*** ‖ 16 ἔχει] ἔχοι **PAH** 17 στέγειν καὶ] καὶ στέ. Rei., Her. ‖ 18 ἰχθῦς] ἰχθύες **A** ‖ 20 βούλεται] ἐστὶ **A** 22 τρύπᾳ] πέτρᾳ ***β***, edd.‖ 24 γε] τε **VL**‖ 25 ἁλιέας] ἁλιευτὰς **A**

καὶ τῆς νήξεως τῆς ἐκείνων συνιᾶσιν ἄφυκτα εἶναι σφίσι, καὶ παραμένουσι καὶ ἁλίσκονται πάμπολύ τι χρῆμα. καὶ οἱ δελφῖνες προΐασιν ὡς ἀπαιτοῦντες τοῦ κοινοῦ πόνου τὴν ἐπικαρπίαν τὴν ὀφειλομένην σφίσιν ἐκ τῆς νομῆς, καὶ οἵ γε ἁλιεῖς πιστῶς καὶ εὐγνωμόνως ἀφίστανται τοῖς συνθήροις τοῦ δικαίου μέρους, εἰ βούλονται καὶ πάλιν σφίσι συμμάχους ἀκλήτους παρεῖναι καὶ ἀπροφασίστους. πιστεύουσι γὰρ οἱ ἐκεῖ θαλαττουργοὶ ὅτι παραβάντες ἕξουσιν ἐχθροὺς οὓς εἶχον πρότερον φίλους.

2.9. Ἔλαφος ὄφιν νικᾷ, κατά τινα φύσεως δωρεὰν θαυμαστήν· καὶ οὐκ ἂν αὐτὸν διαλάθοι ἐν τῷ φωλεῷ ὢν ὁ ἔχθιστος, ἀλλὰ προσερείσας τῇ καταδρομῇ τοῦ δόμου τοὺς ἑαυτοῦ μυκτῆρας βιαιότατα εἰσπνεῖ, καὶ ἕλκει ὡς ἴυγγι τῷ πνεύματι, καὶ ἄκοντα προάγει, καὶ προκύπτοντα αὐτὸν ἐσθίειν ἄρχεται· καὶ μάλιστά γε διὰ χειμῶνος δρᾷ τοῦτο. ἤδη μέντοι καὶ κέρας ἐλάφου τις ξέσας, εἶτα τὸ ξέσμα εἰς πῦρ ἐνέβαλε, καὶ ὁ καπνὸς ἀνιὼν διώκει τοὺς ὄφεις πανταχόθεν, μηδὲ τὴν ὀσμὴν ὑπομένοντας.

2.10. Ἔστι μὲν καὶ ἐκ τῶν ἄλλων ὁ ἵππος γαῦρον· καὶ γὰρ καὶ τὸ μέγεθος καὶ τὸ τάχος αὐτὸν καὶ τοῦ αὐχένος τὸ ὑψηλὸν καὶ ἡ τῶν σκελῶν ὑγρότης καὶ ἡ τῶν ὁπλῶν κροῦσις, πάντα εἰς φρύαγμα καὶ τῦφον ἀνάγει· μάλιστα δὲ καὶ κομῶσα ἵππος ἁβρότατόν τέ ἐστι καὶ θρυπτικώτατον. ἀτιμάζει γοῦν ἀναβῆναι τοὺς ὄνους αὐτήν, ἵππῳ δὲ γαμουμένη ἥδεται, καὶ ἑαυτὴν ἀξιοῖ τῶν μεγίστων. ὅπερ οὖν συνειδότες οἱ βουλόμενοι ἡμιόνους σφίσι γενέσθαι, ἀποθρίσαντες τῆς ἵππου τὴν χαίτην εἰκῇ καὶ ὡς ἔτυχεν, εἶτα μέντοι τοὺς ὄνους ἐπάγουσιν· ἡ δὲ ὑπομένει τὸν ἄδοξον ἤδη γαμέτην, πρῶτον αἰδουμένη. καὶ Σοφοκλῆς [fr. 659 R.] δὲ ἔοικε μεμνῆσθαι τοῦ πάθους.

2.11. Περὶ μὲν τῆς τῶν ἐλεφάντων σοφίας εἶπον ἀλλαχόθι [7.6], καὶ μέντοι καὶ περὶ τῆς θήρας αὐτῶν καὶ ταῦτα εἶπον ὀλίγα ἐκ

1 συνιᾶσιν] συνίασιν **A** ‖ 3 προΐασιν] προιᾶσιν **V** : προσίασιν Schn., Her., fort. recte ‖ 9 τινα] ex corr. **L** : τινος **V** (ante corr. **L**) **PA** ‖ 10 ὁ] om. **A** ‖ 11 δόμου] δρόμου **LPH** : δακέτου Her. (δακετοῦ Her. in app.) ‖ 13 προάγει] προσάγει **VA**^{V}**H** ‖ 14 τις] ante καὶ κέρας transp. Her. ‖ 15 εἰς] ἐς **VA**^{V} ‖ 17 καὶ[1]—ἄλλων] τὴν ἄλλως Her. | γαῦρον] γαῦρος **P** ‖ 19 πάντα] del. Her. ‖ 20 τῦφον] τύφον **VPA**^{V}**H**|καὶ[2]] om. **LPH** : del. edd.‖ 22 αὐτήν] αὑτῆς **A**^{V}‖ 25 τὸν] τὸ **L**‖ 28 τῶν] om. **LP**‖ 29 θήρας] πείρας **LPH**|ταῦτα] ταύτης Her.

πολλῶν ὧν ἔφασαν ἄλλοι. τὸ δὲ νῦν ἔχον ἔθηκα ἐρεῖν περί τε εὐμουσίας αὐτῶν καὶ εὐπειθείας καὶ τῆς ἐς τὰ μαθήματα εὐκολίας, χαλεπὰ ὅμως ὄντα καὶ ἀνθρώπῳ τυχεῖν αὐτῶν, μή τι γοῦν τοσούτῳ θηρίῳ καὶ οὕτω τέως ἀγριωτάτῳ συγγενέσθαι. χορείαν γὰρ καὶ ὀρχηστικὴν καὶ βαίνειν πρὸς ῥυθμὸν καὶ αὐλουμένους ἀκούειν καὶ συνιέναι ἤχων διαφοράς, ἢ βραδύνειν ἐνδιδόντων ἢ ταχύνειν παρορμώντων, μαθὼν οἶδεν ἐλέφας, καὶ ἀκριβοῖ καὶ οὐ σφάλλεται. οὕτως ἄρα ἡ φύσις μεγέθει μὲν αὐτὸν μέγιστον εἰργάσατο, μαθήσει δὲ πραότατον ἀπέφηνε καὶ εὐάγωγον. εἰ μὲν οὖν ἔμελλον τὴν ἐν Ἰνδοῖς αὐτῶν εὐπείθειαν καὶ εὐμάθειαν ἢ τὴν ἐν Αἰθιοπίᾳ ἢ τὴν ἐν Λιβύῃ γράφειν, ἴσως ἄν τῳ καὶ μῦθον ἐδόκουν τινὰ συμπλάσας κομπάζειν, εἶτα ἐπὶ φήμῃ τοῦ θηρίου τῆς φύσεως καταψεύδεσθαι· ὅπερ ἐχρῆν δρᾶν φιλοσοφοῦντα ἄνδρα ἥκιστα καὶ ἀληθείας ἐραστὴν διάπυρον. ἃ δὲ αὐτὸς εἶδον καὶ ἅτινα πρότερον ἐν τῇ Ῥώμῃ πραχθέντα ἀνέγραψαν ἄλλοι προειλόμην εἰπεῖν, ἐπιδραμὼν ὀλίγα ἐκ πολλῶν, οὐχ ἥκιστα καὶ ἐντεῦθεν ἀποδεικνὺς τὴν τῶν ζῴων ἰδιότητα. ἡμερωθὲν ἐλέφας πραότατόν ἐστι, καὶ ἄγεται ῥᾷστα εἰς ὅ τις θέλει. καὶ τά γε πρεσβύτατα τιμῶν τὸν χρόνον ἐρῶ· πρῶτος θέας ἐπετέλει Ῥωμαίοις ὁ Γερμανικὸς ὁ Καῖσαρ· εἴη δ᾽ ἂν ἀδελφιδοῦς Τιβερίου οὗτος. οὐκοῦν ἐγένοντο μὲν καὶ ἄρρενες ἐν τῇ Ῥώμῃ τέλειοι πλείους καὶ θήλειαι, εἶτα ἐξ αὐτῶν ἐτέχθησαν αὐθιγενεῖς. καὶ ὅτε τὰ κῶλα ὑπήρξαντο πήγνυσθαι, σοφὸς ἀνὴρ ὁμιλεῖν τοιούτοις θηρίοις ἐπώλευσεν αὐτούς, δαιμονίᾳ τινὶ καὶ ἐκπληκτικῇ διδασκαλίᾳ μεταχειρισάμενος. προσῆγε δὲ αὐτοὺς ἄρα ἡσυχῇ τήν γε πρώτην καὶ πράως τοῖς διδάγμασι δελέατα ἄττα ἐπάγων καὶ τροφὰς ἡδίστας καὶ πεποικιλμένας εἰς τὸ ἀγωγόν τε καὶ ἐφολκόν, ὡς εἴ τι μὲν ἦν ἀγριότητος, τοῦτο

1 ἔθηκα] ἔοικα Schn., Jac., Her., fort. recte ‖ 3 αὐτῶν] del. Her. ‖ 5 καὶ[1]] om. **VA**^{V} | αὐλουμένους] αὐλοῦ μὲν **P** : αὐλοῦ ἀσμένως Her. : susp. fuisse scriptum αὐλοῦ μέλους vel saltem αὐλούμενος Jac. in com. ‖ 6 συνιέναι] (in mg. **A**^{V}) **H**, edd. : συνεῖναι **VLPA**^{V} ‖ 9 μαθήσει] μάθησις Schn., Her. ‖ 11 ἐδόκουν] ἐδόκει **V** 12 κομπάζειν] καβάζειν **VA**^{V} (κομπάζει in mg. **A**^{V}) ‖ 17 τῶν ζῴων] τοῦ ζῴου Her. | ἡμερωθὲν] ἡμερωθεὶς **H**, Schn., Her. ‖ 18 ὅ] ὅ τί Her. ‖ 19 ἐρῶ πρῶτος] ἐρῶ· πρω (sic) **P** : ἐρῶ πρῶτον. edd. ‖ 20 εἴη—ἂν] ὃ ἦν sscr. **P** | μὲν] del. Her. 24 μεταχειρισάμενος] χρησάμενος **L** ‖ 26 δελέατα] δελέατι **VA**^{V} ‖ 27 ἀγωγόν] ante corr. **L** : ἐπαγωγόν fort. ex corr. **L**, Her.

ἐκβαλεῖν, ἐπαυτομολῆσαι δὲ πρὸς τὸ ἥμερον καὶ ἀμωσγέπως ἀνθρώπειον. καὶ ἦν γε τὰ μαθήματα καὶ αὐλῶν ἀκούοντας μὴ ἐκμαίνεσθαι, καὶ τυμπάνων ἀράβου κροτοῦντος μὴ ταράττεσθαι, καὶ κηλεῖσθαι σύριγγι, φέρειν δὲ καὶ ἤχους ἐμμελεῖς καὶ ποδῶν ἐμβαινόντων ψόφον καὶ ᾠδὴν συμμιγῆ· ἐξεπονήθησαν δὲ καὶ ἀνθρώπων πλῆθος μὴ δεδιέναι. ἦν δὲ καὶ ἐκεῖνα διδάγματα ἀνδρικά, πρὸς τὴν τῆς πληγῆς καταφορὰν μὴ θυμοῦσθαι, μηδὲ μὴν ἀναγκαζομένους λυγίζειν τι τῶν μελῶν καὶ κάμπτειν ὀρχηστικῶς τε καὶ χορικῶς εἶτα εἰς θυμὸν ἐξάπτεσθαι, καὶ ταῦτα ῥώμης τε καὶ ἀλκῆς εὖ ἥκοντας. φύσει μὲν οὖν τοῦτο πλεονέκτημα ἤδη καὶ μάλα γεννικόν, μὴ ἔχειν ἀτάκτως μηδὲ ἀπειθῶς πρὸς παιδεύματα ἀνθρωπικά· ἐπεὶ δὲ ἀπέφηνεν αὐτοὺς ὁ ὀρχηστοδιδάσκαλος καὶ μάλα γε σοφούς, καὶ ἠκρίβουν τὰ ἐκ τῆς παιδεύσεως, οὐκ ἐψεύσαντο τῆς διδασκαλίας τὸν πόνον, φασίν, ἔνθα ἐπιδείξασθαι τὰ παιδεύματα καὶ αὐτοὺς ἡ χρεία σὺν τῷ καιρῷ παρεκάλει. δώδεκα μὲν γὰρ τὸν ἀριθμὸν οἵδε ὁ χορὸς ἦσαν· παρῆλθόν γε μὴν ἐντεῦθεν τοῦ θεάτρου, καὶ ἐκεῖθεν νεμηθέντες καὶ ἐσῄεσαν ἁβρὰ μὲν βαίνοντες, θρυπτικῶς δὲ τὸ σῶμα πᾶν διαχέοντες, καὶ ἠμπείχοντο χορευτικὰς στολὰς καὶ ἀνθινάς. καὶ τοῦ γε χορολέκτου τῇ φωνῇ μόνον ὑποσημήναντος οἳ δὲ ἐπὶ στοῖχον ᾔεσαν, φασίν, εἰ τοῦτο ἐκέλευσεν ὁ διδάξας· εἶτα αὖ πάλιν περιήρχοντο εἰς κύκλον, ὑποσημήναντος ἰέναι ταύτῃ· καὶ εἰ ἐξελίττειν ἔδει, ἔπραττον αὐτό, καὶ ἄνθη μέντοι ῥιπτοῦντες ἐκόσμουν τὸ δάπεδον οἵδε, μέτρῳ καὶ φειδοῖ δρῶντες, αὐτίκα δ' ἐπεκτύπουν τοῖς ποσί, χόρειόν τι καὶ συμμελὲς ὁμορροθοῦντες οἱ αὐτοί. Δάμωνα μὲν οὖν καὶ Σπίνθαρον καὶ Ἀριστόξενον καὶ Ξενόφιλον καὶ Φιλόξενον καὶ ἄλλους ἐπαΐειν

1 ἐπαυτομολῆσαι] ἀπαυτομο. Her. | ἀμωσγέπως] ἄλλως γέπως **LPA**^{V} : ἀμω. Her. ‖ **2** καὶ[2]] del. Her. ‖ **4** ἐμμελεῖς] εὐμελεῖς **P** : ἐκμελεῖς Jac. in app., Her., fort. recte ‖ **10** πλεονέκτημα] πλεονεκτεῖται **VA**^{V} ‖ **11** γεννικόν] γενικόν **P** : γενίοις **H** ‖ **13** σοφούς] σοφῶς **LPH** ‖ **14** φασίν] φησίν **VA**^{V} ‖ **15** καὶ] om. **LPH** : del. edd. ‖ **16** παρῆλθόν] παρῆλθε **VA**^{V} ‖ **17** ἐσῄεσαν] εἰσῄεσαν **P** | ἁβρὰ] ἡ αὔρα **H** : παῦρα **VPA**^{V} ‖ **18** ἠμπείχοντο] ἠμπίσχοντο **P** : ἠμπίσχοντες **H** ‖ **19** ἀνθινάς] ἀνθεινάς **L** ‖ **21** ἐκέλευσεν] ἐκέλευεν **VA**^{V} ‖ **22** ὑποσημήναντος] **H**, Ges., Her. : ὑποσημήναντες **VA**^{V} : ὑποσημαίνοντος **LP** | ἔπραττον] καὶ ἔπρ. **LPH** **23** μέτρῳ] μέτρον **A** ‖ **24** αὐτίκα δ'] καί τι καὶ Her. | τι] τε Her. ‖ **25** Δάμωνα] δαίμονα **V** ‖ **26** καὶ Ξενόφιλον] del. Jac. in com., Her., fort. recte | καὶ Φιλόξενον] om. **VLPH**

μουσικῆς κάλλιστα καὶ ἐν ὀλίγοις ἐξετάζεσθαι τήνδε τὴν σοφίαν θαυμαστὸν μέν, ἄπιστον δὲ καὶ παράλογον οὐδαμῶς· τὸ δὲ αἴτιον, ἄνθρωπος ζῷόν ἐστι λογικὸν καὶ νοῦ καὶ λογισμοῦ χωρητικόν· ζῷον δὲ ἄναρθρον συνιέναι καὶ ῥυθμοῦ καὶ μέλους καὶ φυλάττειν σχῆμα καὶ ἐμμέλειαν μὴ παρατρέπειν καὶ ἀποπληροῦν τῶν διδαχθέντων τὴν ἀπαίτησιν, φύσεως δῶρα ταῦτα ἅμα καὶ ἰδιότης καθ' ἕκαστον ἐκπληκτική. τὰ δὲ ἐπὶ τούτοις καὶ ἐκμᾶναι τὸν θεατὴν ἱκανά· χαμαιζήλων κλινῶν ὡς στιβάδες ἐν τῇ ψάμμῳ τοῦ θεάτρου τεθεῖσαι, εἶτα ἐδέξαντο τύλια καὶ ἐπὶ τούτοις στρωμνὴν ποικίλην καὶ οἰκίας μέγα εὐδαίμονος καὶ παλαιοπλούτου σαφῶς μαρτύρια· καὶ κυλίκια ἦν πολυτελῆ παρακείμενα καὶ κρατῆρες χρυσοῖ καὶ ἀργύρεοι, καὶ ἐν αὐτοῖς ὕδωρ πάμπολυ, τράπεζαί τε παρέκειντο θύου τε καὶ ἐλέφαντος εὖ μάλα σοβαραί, καὶ ἦν ἐπ' αὐτῶν κρέα καὶ ἄρτοι, παμβορωτάτων ἐμπλῆσαι ζῴων γαστέρας ἱκανὰ ταῦτα. ἐπεὶ δὲ τὰ τῆς παρασκευῆς ἔκπλεά τε καὶ ἀμφιλαφῆ ἦν, παρῆλθον οἱ δαιτυμόνες, ἓξ μὲν ἄρρενες, ἰσάριθμοι δὲ αἱ θήλειαι αὐτοῖς· καὶ οἳ μὲν ἐλέφαντες ἀρρενωπὸν στολὴν εἶχον, αἳ δὲ θῆλυν, καὶ κατεκλίθησαν σὺν κόσμῳ συνδυασθέντες ἄρρεν τε καὶ θῆλυ. καὶ ὑποσημήναντος τὰς προβοσκίδας ὡς χεῖρας κεκολασμένως προύτεινον, καὶ ἐσιτοῦντο εὖ μάλα σωφρόνως· καὶ οὔτε τις αὐτῶν ἔδοξεν ἀδηφάγος οὔτε μὴν προτένθης τις ἢ τῆς μοίρας τῆς μείζονος ἁρπακτικός, ὡς ὁ Πέρσης ὁ παρὰ τῷ Ξενοφῶντι τῷ χρυσῷ [cf. *An.* 7.3.23]. ἐπεὶ δὲ πίνειν ἔδει, ἑκάστῳ κρατὴρ παρετέθη, καὶ ἀρυτόμενοι ταῖς προβοσκίσι τὸ ποτὸν ἔπινον κεκοσμημένως, εἶτα ἀπέρραινον σὺν παιδιᾷ καὶ οὐχ ὕβρει. πολλὰ δὲ καὶ ἄλλα ἀπέγραψαν τοιαῦτα τῆς ἰδιότητος τῶνδε τῶν ζῴων σοφὰ καὶ ἐκπληκτικά. ἐγὼ δὲ εἶδον καὶ γράμματα γράφοντας ἐπὶ πίνακος Ῥωμαῖα ἀστραβῶς τῇ προβοσκίδι καὶ ἀτρέπτως· πλὴν ἐπέκειτο

7 ἐκμᾶναι] ἐκμῆναι Her. ‖ **8** ὡς] del. Wytt., Her. ‖ **9** τύλια] τυλεῖα Her. **10** ποικίλην] ποικίλος **V** | καὶ[1]] del. Her. | παλαιοπλούτου] παλαιοῦ πλούτου **V** σαφῶς] σαφοῦς **LP** : σαφῆ Her. ‖ **12** ἀργύρεοι] ἀργύριοι **V** : ἀργυροῖ Her. τράπεζαί] καὶ τρά. **A** ‖ **17** ἐλέφαντες] del. Her. ‖ **18** κατεκλίθησαν] κατεκλίνησαν Her. ‖ **19** ὑποσημήναντος] ὑποσημήναντες **P** | κεκολασμένως] κεκλασμένως **P** : κεκολαμένας **A** ‖ **21** τις] deleverit Her. in app. ‖ **23** ἑκάστῳ] ἑκάστῃ **P** ‖ **24** ἀρυτόμενοι] ἀρυττόμενοι **LPA** : ἀρυσόμενοι **H** ‖ **26** ἀπέγραψαν] ἀπέγραψα **V** : ἀπεγράψαντο **LH** : ἀνέγραψαν Schn., Her. ‖ **27** γράφοντας] γράφοντα edd. ‖ **28** ἐπέκειτο] **H**, edd. : ἀπέκειτο **LPA** : ' κειτο (sic) **V**

χεὶρ τοῦ διδάξαντος ἐς τὴν τῶν γραμμάτων παιδαγωγοῦσα περιγραφήν, ἔστε ἀπογράψαι τὸ ζῷον· τὸ δὲ ἀτενὲς ἑώρα κάτω. πεπαιδευμένους εἶναι τοὺς ὀφθαλμοὺς τῷ ζῴῳ καὶ γραμματικοὺς εἶπες ἄν.

2.12. Ἔχει μέντοι καὶ ὁ λαγωὸς συμφυεῖς ἰδιότητας. ἐκπεπταμένοις μὲν γὰρ τοῖς βλεφάροις καθεύδει, κατηγορεῖ δὲ αὐτοῦ τὰ ἔτη τρώγλας τινὰς ὑποφαίνων. φέρει δὲ καὶ ἐν τῇ νηδύϊ τὰ μὲν ἡμιτελῆ, τὰ δὲ ὠδίνει, τὰ δὲ ἤδη οἱ τέτεκται.

2.13. Τὰ κήτη τὰ μεγάλα ὀλίγου πάντα ἄνευ κυνῶν δεῖται τοῦ ἡγεμόνος, καὶ τοῖς ὀφθαλμοῖς ἐκείνου ἄγεται. ἔστι δὲ ἰχθῦς μακρὸς καὶ λευκός, τὴν κεφαλὴν προμήκης· στενὸν αὐτῷ τὸ οὐραῖον συμπέφυκεν, ὡς οἱ τούτων λέγουσι σοφοί. εἴτε δὲ αὐτὸν ἐκεῖνον παρέδωκε τῷ κήτει ἡ φύσις ἑκάστῳ, εἴτε φιλίᾳ αὐτῶν ἑκὼν πρόεισιν, οὐκ οἶδα· φύσεως δὲ ἀνάγκην εἶναι τὸ πραττόμενον μᾶλλον πεπίστευκα. νήχεται γὰρ ὅδε ὁ ἰχθῦς οὐδεπώποτε αὐτῷ, πρόεισι δὲ τῆς τοῦ κήτους κεφαλῆς, καὶ ἡγεμών ἐστιν αὐτοῦ, καὶ ὡς εἰπεῖν οἴαξ. προορᾷ γοῦν ἐκείνῳ τὰ πάντα καὶ προαισθάνεται τῷ αὐτῷ, καὶ προδιδάσκει ἕκαστα τῆς οὐρᾶς τῷ ἄκρῳ, καὶ παρέψαυσε τούτῳ, καὶ ἔδωκε σύνθημα, καὶ τῶν μὲν φοβερῶν ἀνέστειλεν, ἐπί γε μὴν τὰ θρέψοντα προάγει, καὶ τὴν ἐκ τῶν θηρατῶν ἐπιβουλὴν διδάσκει σημείῳ τινὶ ἀτεκμάρτῳ, καὶ τῶν τόπων ὧν οὐ χρὴ τοσοῦτον θηρίον ἐπιβῆναι προμηνύει, ἵνα μή ποτε ἄρδην εἰς ἕρμα περισχεθὲν ἀπόληται, ἡ τοίνυν τοῦ βίου ὑπόθεσις τῷ μεγίστῳ τὸ βράχιστόν ἐστιν. ἔοικε δὲ καταπιανθὲν τὸ ζῷον μήτε ὁρᾶν ἔτι μήτε ἀκούειν, εἶναι δὲ πρόβλημα καὶ τῆς ὄψεως καὶ τῆς ἀκοῆς τῶν σαρκῶν τὸν ὄγκον. ὁρᾶται δὲ τοῦ κήτους ἔρημος. ἀλλὰ ἀνάγκη, τοῦ πάντων αὐτῷ τῶν προειρημένων αἰτίου προαπολωλότος, καὶ ἐκεῖνο ἀπολέσθαι.

1 χεὶρ] ἡ χεὶρ Schn., Jac. in app., Her. | ἐς] εἰς **A** ‖ 2 ἔστε] ἐστ' ἂν **AH** : ἔσται **P** 3 τῷ ζῴῳ] τῶν ζῴων ***β***‖ 4 εἶπες] εἶποις **A**‖ 5 λαγωὸς] λαγὼς Her.|ἐκπεπταμένοις] ἐκπεπετασμένοις **V** ‖ 6 αὐτοῦ] αὑτοῦ edd. ‖ 9 ὀλίγου] del. Her. 10 μακρὸς] μικρὸς Ges. in mg., Her. ‖ 11 λευκός] λεπτός Her. | στενὸν] στε. δὲ Her.‖ 13 αὐτῶν] eras. **L** : αὐτῷ Rei., Her.‖ 14 πρόεισιν] πρόσεισιν Jac. in com., Her. | ἀνάγκην] ἀνάγκῃ **LP** ‖ 15 αὐτῷ] αὑτῷ **LP** : ἑαυτῷ Abr., Her. 16 κήτους] κήτου **V**‖ 20 θρέψοντα] θρέψαντα **P**‖ 21 καὶ] ᾧ καὶ **LPA**‖ 22 ὧν οὐ] οὗ **PH** ‖ 26 ὁρᾶται] οὐχ ὁρᾶται edd. ‖ 28 προαπολωλότος] πρὸς **P** : πρότερον **H** : om. **VA**[V]

2.14. Χαμαιλέων τὸ ζῷον εἰς ἰδίαν μίαν χρόαν οὐ πέφυκεν οὔτε ὁρᾶσθαι οὔτε γνωρίζεσθαι, κλέπτει δὲ ἑαυτὸν πλανῶν τε ἅμα καὶ παρατρέπων τὴν τῶν ὁρώντων ὄψιν. εἰ γὰρ περιτύχοις μέλανι τὸ εἶδος, ὃ δὲ ἐξέτρεψε τὸ μόρφωμα εἰς χλωρότητα, ὥσπερ οὖν μεταμφιασάμενος· εἶτα μέντοι ἀλλοῖος ἐφάνη λευκότητα ὑποδύς, καθάπερ προσωπεῖον ἕτερον ἢ στολὴν ὑποκριτὴς ἄλλην. ἐπεὶ τοίνυν ταῦθ᾽ οὕτως ἔχει, φαίη τις ἂν καὶ τὴν φύσιν μὴ καθέψουσαν μηδὲ ἐπιχρίουσαν φαρμάκοις, ὥσπερ οὖν ἢ Μήδειάν τινα ἢ Κίρκην, καὶ μέντοι καὶ ἐκείνην φαρμακίδα εἶναι.

2.15. Πόμφυλον πελάγιον καὶ βυθῷ φιληδοῦντα εἰδέναι χρὴ μάλιστα ἰχθύων ὧν ἴσμεν ἀκοῇ· μισεῖ δὲ ἢ αὐτὸς τὴν γῆν ἢ τὸν ἰχθῦν ἐκείνη. τεμνούσας δὲ ἄρα μέσον τὸν πόρον τὰς ναῦς οἵδε οἱ πόμφυλοι ὥσπερ οὖν ἐρωμένας προσνέοντες δορυφοροῦσι, καὶ ἐκεῖθι περιέρχονται χορεύοντες καὶ δεῦρο ἅμα καὶ πηδῶντες. οἱ μὲν οὖν περίνεῳ πάντες, †ὁπόταν ἀφεστάναι† τῆς γῆς, οὐ δέον γάρ, αὐτοῖς εἰδέναι πάρεστι δήπου· οἱ δὲ ναῦται, καὶ πταίεσθαι μέντοι καὶ αὐτοῖς τὸ ἀληθὲς εἴωθεν. ἀλλ᾽ οἵ γε μὴν πόμφυλοι μακρόθεν ᾔσθοντο δίκην εὐρίνου κυνὸς τὸ θήραμα ἑλούσης τάχιστα, καὶ οὐκέτι τοσοῦτος αὐτοὺς ἔρως νεὼς καταλαμβάνει ὡς παραμένειν, ἀλλὰ οἷα ὑπὸ συνθήματι ἀθρόοι γένοιντο πάντες ἀπιόντες. καὶ ἴσασιν ἐντεῦθεν οἱ τῆς νεὼς ἄρχοντες ὅτι ἄρα χρὴ περιβλέπειν γῆν οὐ πυρσοῖς τεκμαιρομένους ἀλλὰ τοῖς προειρημένοις πεπαιδευμένους.

2.16. Ἐρυθήματα εἴ ποτε ἐπανατέλλει καὶ ὠχρίασις, καὶ γενέσθαι πελιδνόν, καὶ ἀνθρώπῳ ταῦτα καὶ θηρίοις, ἀλλὰ ἐπὶ

1 ἰδίαν] del. Her.‖ 3 ὁρώντων] ὁρωμένων **VA**[V]‖ 5 μεταμφιασάμενος] μεταμφιεσ. Her. | λευκότητα] γλαυκότητα Pau., Her., fort. recte ‖ 9 μέντοι καὶ] del. Her. 10 Πόμφυλον] Πομπίλον Schn., Her. | φιληδοῦντα] φιληδονοῦντα **VA**[V] : φίλον **PH** ‖ 13 πόμφυλοι] πομπίλοι Schn., Her. | ἐρωμένας] ἐρρωμένας **VA**[V] | καὶ—14 δεῦρο] καὶ δεῦρο καὶ ἐκεῖσε περιέρχονται χορεύοντες Her. ‖ 15 πάντες] del. Her. | ὁπόταν ἀφεστάναι] ὁπόσον ἀφίστανται Jac. in app. : ὁπόσον ἀφεστᾶσι Her. | οὐ—16 γάρ] οὐ δέον **VH** : οὐδὲ ἓν Her. (οὐδὲν Ges. in mg.) : οἴωνται· οὐ γὰρ Schn.‖ 16 καὶ] del. Her.|πταίεσθαι] κλέπτεσθαι Jac. in app., Her.‖ 17 ἀλλ᾽] del. Her. | πόμφυλοι] πομπίλοι Schn., Her. ‖ 20 γένοιντο] γενόμενοι Rei., Her. πάντες] ᾤχοντο Her.‖ 24 Ἐρυθήματα] Ἐρύθημα Her.|καὶ[2]—25 ἀλλὰ] del. Her.

ψιλῆς τῆς δορᾶς καὶ τριχῶν γυμνῆς· τάρανδος τὸ ζῷον, ἀλλὰ οὗτός γε θριξὶν αὐταῖς τρέπει ἑαυτόν, καὶ πολύχροιαν ἐργάζεται μυρίαν, ὡς ἐκπλήττειν τὴν ὄψιν. ἔστι δὲ Σκύθης, καὶ τὰ νῶτα παραπλήσιος ταύρῳ καὶ τὸ μέγεθος. τούτου τοι καὶ τὴν δορὰν ἀγαθὴν ἀντίπαλον αἰχμῇ ταῖς αὑτῶν ἀσπίσι περιτείναντες νοοῦσι καὶ οἱ Σκύθαι.

2.17. Πελάγιος ἰχθῦς τὴν νῆξιν, τὴν ὄψιν μέλας, τὸ μῆκος κατὰ τὴν μεμετρημένην ἔγχελυν, λαχὼν ἐξ ὧν δρᾷ τὸ ὄνομα, θεούσῃ νηῒ καὶ μάλα γε ἐξ οὐρίας καὶ τῶν ἱστίων κεκολπωμένων προσφθαρεὶς καὶ τῆς πρύμνης τὸ ἄκρον δακών, ὥσπερ οὖν ἵππον στομίῳ ἀπειθῆ καὶ τραχὺν χαλινῷ σκληρῷ βιαιότατα ἀνακρούσας, ἀναστέλλει τῆς ὁρμῆς καὶ πεδήσας ἔχει· καὶ μάτην μὲν τὰ ἱστία μέσα πέπρησται, εἰς οὐδὲν δὲ φυσῶσιν οἱ ἄνεμοι, ἄχος δ' ἔχει τοὺς πλέοντας. συνιᾶσι δὲ οἱ ναῦται, καὶ τῆς νεὼς γνωρίζουσι τὸ πάθος. καὶ ἐντεῦθεν ἐκτήσατο τὸ ὄνομα· ἐχενηΐδα γὰρ καλοῦσιν οἱ πεπειραμένοι.

2.18. Ἀναβαίνει μὲν καὶ ἡ τέχνη εἰς τριγένειαν διδασκαλίας παρὰ τῷ Ὁμήρῳ [*Il.* 11.831] ἡ περὶ τῶν τετρωμένων τε καὶ φαρμάκου δεομένων. παιδεύεται μὲν γὰρ ὁ Μενοιτίου Πάτροκλος ὑπ' Ἀχιλλέως ἰατρικήν, Ἀχιλλεὺς δὲ ὁ Πηλέως ὑπὸ Χείρωνος τοῦ Κρόνου. καὶ ἐν ἥρωσί τε καὶ θεῶν παισὶν ἦν τὰ μαθήματα ὁποῖα; φύσιν εἰδέναι ῥιζῶν καὶ πόας διαφόρου χρῆσιν καὶ φαρμάκων κρᾶσιν καὶ ἐπαοιδὰς εἴς τε φλεγμονὴν ἀντιπάλους, καὶ ἀναστεῖλαι αἷμα, καὶ ὅσα ἄλλα ἐκεῖνοί τε ᾔδεσαν καὶ μέντοι καὶ οἱ τοῦ χρόνου

1 γυμνῆς] γυμνῆς, θαυμαστὸν οὐδέν Ges., Her. | τάρανδος] τάρανδος δὲ **L**, edd. ‖ **2** ἑαυτόν] αὑτὸν **V** ‖ **3** ἐκπλήττειν] ἐκπλῆττον **V** : ἐκπλήττων **A**[V] | νῶτα] voc. corrupt., Her. in app. ‖ **5** αὑτῶν] αὐτῶν Her. ‖ **6** καὶ] del. Her. ‖ **7** νῆξιν] λῆξιν Rei., Her. ‖ **8** τὴν] del. Her. | λαχὼν] λαβὼν Her. ‖ **9** καὶ[2]—κεκολπωμένων] del. Her. ‖ **10** δακών] ἐνδακών Her. ‖ **13** μέσα] πάντα **VA**[V] ‖ **14** συνιᾶσι] συνίασι **P** ‖ **15** ἐκτήσατο] ἐκτήσαντο **P** ‖ **17** καὶ] post τέχνη transp. **LP**, Her. : om. **H** τριγένειαν] ex corr. **V** : τριγόνιαν (ante corr. **V**) **LA**[V], edd. ‖ **18** παρὰ τῷ] παρ' Her. ‖ **19** φαρμάκου] φαρμάκων **VA**[V] ‖ **21** ὁποῖα] post voc. dist. Her.[1] : del. Her. ‖ **23** κρᾶσιν] κράσιν **VP** | ἀντιπάλους] ἀντιπάλλει **V** : ἀντίπαλοι **A**[V] **24** αἷμα] ἅμα **VPA**[V]**H** | τε] γε **L**, Her. : om. **A**

κάτω ἀνίχνευσαν. ἀλλὰ τούτων γε τῶν σοφισμάτων ἡ φύσις οὐδὲν ἐδεῖτο· καὶ κατηγορεῖ ὁ ἐλέφας. ὅταν γοῦν εἰς αὐτὸν ἔλθῃ δόρατα καὶ βέλη πολλά, ἐλαίας πάσας ἄνθος ἢ ἔλαιον αὐτό, εἶτα πᾶν τὸ ἐμπεσὸν ἀπεσείσατο, καὶ ἔστιν αὖθις ὁλόκληρος.

2.19. Καὶ τόδε τὸ θαῦμα τοῦδε τοῦ ζῴου ἴδιον. τεκεῖν βρέφος οὐκ οἶδεν ἄρκτος, οὐδὲ ὁμολογήσει τις ἐξ ὠδίνων ἰδὼν τὸ ἔκγονον ζῳογόνον εἶναι αὐτήν, ἀλλὰ ἣ μὲν ἐλοχεύθη, τὸ δὲ εἰκῇ κρέας καὶ ἄσημόν τε καὶ ἀτύπωτον καὶ ἄμορφον. ἣ δὲ ἤδη φιλεῖ καὶ γνωρίζει τέκνον, καὶ ὑπὸ τοῖς μηροῖς θάλπει, καὶ λεαίνει τῇ γλώττῃ, καὶ ἐκτυποῖ εἰς ἄρθρα, καὶ μέντοι καὶ κατὰ μικρὰ ἐκμορφοῖ, καὶ ἰδὼν ἐρεῖς τοῦτο ἄρκτου σκυλάκιον.

2.20. Κέρατα ἀκλινῆ καὶ ὀρθὰ ἕστηκε ταύροις ἅπασι, καὶ διὰ ταῦτα ὡς εἰς ὅπλον ὁ ἄνθρωπος, οὕτω τοι καὶ εἰς κέρας ὁ ταῦρος τεθύμωται. βόες δὲ Ἐρυθραῖοι κινοῦσι καὶ κέρατα ὡς ὦτα.

2.21. Ἡ γῆ μὲν Αἰθιοπὶς (γείτων δὲ καὶ μάλα ἀγαθὸς καὶ ἀξιόζηλος τὸ τῶν θεῶν λουτρόν, ὃ Ὅμηρος [*Il.* 1.423] ἡμῖν Ὠκεανὸν ᾄδει) οὐκοῦν ἥδε ἡ γῆ δρακόντων μήτηρ ἐστὶ μεγέθει μεγίστων· καὶ γάρ τοι καὶ εἰς τριάκοντα ὀργυιὰς προήκουσι, καὶ τὸ ὄνομα μὲν τὸ ἀπὸ γενεᾶς οὐ καλοῦνται, φονέας δὲ ἐλεφάντων φασὶν αὐτούς, καὶ ἁμιλλῶνται πρὸς γῆρας τὸ μήκιστον οἵδε οἱ δράκοντες. καὶ λόγοι μὲν Αἰθίοπες ἐνταῦθά μοι ἵστανται. λέγουσι δὲ Φρύγιοι λόγοι καὶ ἐν Φρυγίᾳ γενέσθαι δράκοντας, καὶ προήκειν αὐτοὺς εἰς δέκα ὀργυιάς, καὶ μεσοῦντος θέρους ὁσημέραι μετὰ πλήθουσαν ἀγορὰν ἐξέρπειν τῶν φωλεῶν. καὶ παρὰ τῷ ποταμῷ τῷ καλουμένῳ Ῥυνδακῷ τὸ μέν τι τῆς σπείρας ἀπήρεισαν εἰς τὴν γῆν, τὸ λοιπὸν δὲ σῶμα ἀναστήσαντες πᾶν, καὶ ἀτρέπτως καὶ ἡσυχῇ τὴν φάρυγγα ἀνατείναντες καὶ μέντοι καὶ τὸ στόμα ἀνοίξαντες, εἶτα τὰ πτηνὰ ἕλκουσιν οἱονεὶ ἴυγγι τῷ ἄσθματι. τὰ

1 κάτω] post voc. καὶ (καὶ om. **VA**[V]) ἐν ἥρωσί τε καὶ θεῶν iter. (cf. supra), et τῷ (τό **H**) post θεῶν add. codd. (del. Jac., Her.) | ἀνίχνευσαν] ἀνιχνεύσαντι ex corr. (τι supra -αν) **L** : ἀνίχνευσάν τι Jac. : ἀνίχνευσάν τινα Her. ‖ **3** πάσας] πάσσων **LPH** : πασάμενος Her. ‖ **6** τὸ ἔκγονον] τὸ ἔγγονον **LP** : τὰ ἔγγονα **H** **8** ἀτύπωτον] ἄτυπον **LP** ‖ **9** τέκνον] τὸ τέκ. Schn., Her. ‖ **14** τεθύμωται] θυμοῦται Her. in app.|καὶ] τὰ Jac. in com., Her.‖ **15** Ἡ] om. **P** : del. Her. (ἡ γῆ ἡ Αἰθιοπίς malit Her. in app.)‖ **17** μεγέθει] μεγέθους **VA**[V]‖ **21** γενέσθαι] γίνεσθαι Schn., Her. ‖ **24** Ῥυνδακῷ] Ῥυνδάκῳ Her. ‖ **25** τὸ—δὲ] τὸ δὲ λοι. **A**[V] | καὶ ἀτρέπτως] ἀτρέπτως **A**[V] : ἀτρέμα edd.

δὲ εἰς τὰς ἐκείνων εἰσπίπτει γαστέρας ὑπὸ τῆς παρ' αὐτῶν εἰσπνοῆς συρόμενα αὐτοῖς πτεροῖς. καὶ ταῦτα μὲν ἰδίᾳ ἐκείνοις δρᾶται εἰς ἡλίου δυσμάς· εἶτα ἑαυτοὺς οἱ δράκοντες ὑποκρύψαντες ἐλλοχῶσι τὰς ποίμνας καὶ ἐκ τῆς νομῆς ἐπὶ τὰ αὔλια ἰούσας αἵρουσι, καὶ πολὺν φθόρον ἐργασάμενοι καὶ νομέας συνδιέφθειραν πολλάκις, καὶ ἔχουσι δεῖπνον ἄφθονόν τε καὶ ἀμφιλαφές.

2.22. Ταῖς ἀφύαις ὁ πηλὸς γένεσίς ἐστι· δι' ἀλλήλων δὲ οὐ τίκτουσιν οὐδὲ ἐπιγίνονται, πηλὸς δὲ ἐν τῇ θαλάττῃ καὶ πάνυ ἰλυώδης ὅταν συστῇ καὶ γένηται μέλας, ἀλεαίνεταί τε ὑφ' ἡδονῆς ἑαυτοῦ φύσει τινὶ ἀπορρήτῳ τε καὶ ζῳογόνῳ καὶ μεταβάλλεται καὶ εἰς ζῷα τρέπεται πάμπολλα. καὶ αἵ γε ἀφύαι ταῦτά ἐστι, σκωλήκων δίκην ἐν τῷ βορβόρῳ καὶ τοῖς μυσαροῖς τικτομένων ἐκείνων. γενόμεναι δὲ αἱ ἀφύαι νηκτικώτατον χρῆμά ἐστι, καὶ δρῶσιν ὃ πεφύκασιν, εἶτα ἄγονταί τινι αἰτίᾳ θαυμαστῇ ἐς τὰ σωτήρια, ἔνθα ἕξουσι σκέπην καὶ πρόβλημα, ᾗ μέλλει βιώσιμα αὐταῖς ἔσεσθαι. εἴη δ' ἂν ἡ καταφυγὴ ἢ πέτρα ἀνεστῶσα ἐπὶ μέγα καὶ ὑψηλόν, ἢ οἱ καλούμενοι κρίβανοι ὑπὸ τῶν ἁλιέων· εἶεν δ' ἂν αἱ κολπώδεις πέτραι βρίθουσαί τε ὑπὸ τῶν κυμάτων τῷ χρόνῳ καὶ κοῖλαι γεγενημέναι. ταῦτα δὲ ἄρα αὐταῖς ἡ φύσις ἔδειξε κρησφύγετα, ὥστε ὑπὸ τοῦ σάλου μὴ παίεσθαι μηδὲ ἀφανίζεσθαι· ἀσθενεῖς γάρ εἰσι καὶ ἥκιστα πρὸς τὰς ἐκείνων ἐμπτώσεις ἀντίτυποι. τροφῆς δὲ δέονται οὐδέν, ἀπόχρη γε μὴν ἀλλήλας περιλιχμήσασθαι. ἄγρα δὲ αὐτῶν νήματα ἄγαν λεπτὰ καὶ ἐρραφέντα τούτοις ἀραιῶν στημονίων τὰ ἱμάτια. καὶ τέχνημα μὲν εἴη ταυταῖς τοῦτο καὶ μάλα γε ἀρκοῦν μηχάνημα εἰς αἵρεσίν τε καὶ ἅλωσιν αὐτῶν, εἰς δὲ ἄλλων ἰχθύων θήραν ἥκιστα.

1 εἰσπνοῆς] ἐκπνοῆς **LP**, Her. : πνοῆς **H** ‖ **2** ἰδίᾳ] ἴδια **P**, fort. Her. in app. **3** ὑποκρύψαντες] ἀποκρύψ. Her. ‖ **4** αἵρουσι] αἱροῦσι Wytt., Her. ‖ **5** φθόρον] φόνον Her. | νομέας] τοὺς νομ. Her. ‖ **6** ἀμφιλαφές] ἀμφιλαφῆ **VA**^{V} ‖ **8** θαλάττῃ] θαλάσσῃ **VA**^{V} ‖ **9** ὑφ'—**10** ἑαυτοῦ] del. Her. ‖ **13** ἐστι] εἰσι Her. ‖ **15** ᾗ μέλλει] ἢ (iter. **A**^{V}) μόλις **VA**^{V} ‖ **16** ἡ] ἢ **P** | ἢ] om. **VA**^{V} ‖ **17** καὶ ὑψηλόν] glossatoris esse vid., Her. in app. | ἢ] ex corr. **L** : om. **V** (ante corr. **L**) **PA**^{V} | ὑπὸ—ἁλιέων] del. Her. | αἱ] del. Her. (αὗται malit Her. in app.) ‖ **18** βρίθουσαί] βρυάζουσαι (in mg. sec. m. **L**) **H** : βρωθεῖσαί Rei., Her. ‖ **22** οὐδέν] οὐδὲ ἕν **L** | ἀπόχρη γε] ἀπέχρησε **VA**^{V} ‖ **23** νήματα] εἵματα **P** ‖ **24** ἀραιῶν—ἱμάτια] ἀραιὰ στημόνια τῶν ἱματίων Gow, Scholf. | τὰ ἱμάτια] corrupt., Her. in app. : πληγμάτια Lac. ‖ **25** ταυταῖς] ἂν Her. | καὶ^{1}] om. **VA**^{V} | μηχάνημα] del. Her. ‖ **26** ἥκιστα] ἥκιστον **LPH**

2.23. Τὸν σαῦρον εἰ παίσας κατὰ τοῦ βρέγματος εἴτε ἑκὼν εἴτε καὶ κατὰ τύχην ῥάβδῳ μέσον διατέμοις, οὐθέτερον αὐτῷ τῶν μερῶν ἀποτέθνηκεν, ἀλλὰ χωρὶς καὶ καθ' ἑαυτὸ πρόεισί τε καὶ ζῇ δύο ποσὶν ἐπισυρόμενον τὸ ἡμίτομον τῶν ζῴων καὶ ἐκεῖνο καὶ τοῦτο. εἶτα ὅταν συνέλθῃ (σύνεισι γὰρ πρὸς τὸ λεῖπον τὸ ἕτερον πολλάκις), συνδυασθέντε συνηλθέτην ἐκ τῆς διαιρέσεως· καὶ ἑνωθεὶς ὁ σαῦρος, τοῦ μὲν πάθους τὸ ἴχνος αὐτῷ κατηγορεῖ ἡ οὐλή, περιθέων δὲ καὶ τὴν ἀρχαίαν βιοτὴν ἔχων ἔοικε τῶν προειρημένων μὴ πεπειραμένῳ.

2.24. Ἰὸς μὲν ὁ τῶν ἑρπετῶν δεινός ἐστι, καὶ ὅ γε τῆς ἀσπίδος ἔτι μᾶλλον. καὶ ἐπὶ τούτων ἀντίπαλα καὶ ἀμυντήρια ῥᾳδίως οὐκ ἂν εὕροι τις, εἰ καὶ σοφώτατος εἴη κηλεῖν τε ὀδύνας καὶ ἀφανίζειν.

Ἦν δὲ ἄρα καὶ ἐν ἀνθρώπῳ τις ἰὸς ἀπόρρητος, καὶ πεφώραται τὸν τρόπον ἐκεῖνον. ἔχιν εἰ λάβοις, καὶ πάνυ εὐλαβῶς τε καὶ ἐγκρατῶς τοῦ τραχήλου κατάσχοις, καὶ διαστήσας τὸ στόμα εἶτα ἐπ' αὐτῷ προσπτύσειας, εἰς τὴν νηδὺν κατολισθάνει τὸ πτύαλον, καὶ γίνεταί οἱ τοσοῦτον κακὸν ὡς σήπειν τὸν ἔχιν. ὅθεν τοι καὶ ἀνθρώπῳ δῆγμα ἀνθρώπου μιαρόν ἐστι καὶ κινδυνῶδες οὐδενὸς θηρίου μεῖον.

2.25. Ἐν ὥρᾳ θερείῳ, περὶ τὰς ἅλως ἀμητοῦ κατειληφότος καὶ τῶν σταχύων τριβομένων ἐν τῷ δίνῳ, κατὰ ἴλας συνίασιν οἱ μύρμηκες, καθ' ἕνα ἰόντες καὶ κατὰ δύο δέ, ἀλλὰ καὶ εἰς τὸ τρίτον στοιχεῖον ἔρχονται, τοὺς ἑαυτῶν οἴκους καὶ τὰς συνήθεις στέγας ἀπολείποντες· εἶτα ἐκλέγουσι τῶν πυρῶν καὶ τῶν κριθῶν, καὶ τὴν αὐτὴν χωροῦσιν ἀτραπόν. καὶ οἳ μὲν ἀπίασιν ἐπὶ τὴν τῶν προειρημένων συλλογήν, οἳ δὲ κομίζουσι τὸν φόρτον, καὶ πάνυ αἰδεσίμως καὶ πεφεισμένως ἀλλήλοις ὑπαφίστανται τῆς ὁδοῦ, καὶ μᾶλλον τοῖς ἀχθοφόροις οἱ κοῦφοι· κατελθόντες δὲ εἰς τὰ οἰκεῖα τὰ σφέτερα οἱ γενναῖοι καὶ πληρώσαντες τοὺς ἐν τῷ μυχῷ σφίσι

1 παίσας] παίσαις P (dub. H) | κατὰ—βρέγματος] κατὰ τὸ μέσον VA^{V} : del. Her. ‖ 2 οὐθέτερον] οὐδέτερον Her. ‖ 4 τῶν ζῴων] del. Her. ‖ 6 συνδυασθέντε] συνδυασθέντες VA^{V} ‖ 11 ἐπὶ τούτων] τούτου Her. in app. ‖ 12 ἀφανίζειν] ἀφα. πικρὰς ὀδύνας LPH ‖ 15 κατάσχοις] κατάσχῃς VA^{V} ‖ 16 ἐπ' αὐτῷ] ἐπ' αὐτὸ L : αὐτῷ Her. ‖ 17 ὅθεν] ἔνθεν Her. ‖ 20 περὶ—ἅλως] del. Her. ‖ 22 τὸ—23 στοιχεῖον] τὸν τρί. στοῖχον Her. ‖ 24 ἀπολείποντες] ἀπολιπόντες PH 25 ἀπίασιν] ἀπιᾶσιν VA^{V} ‖ 27 ὑπαφίστανται] ἀφίστ. Her. ‖ 29 οἱ γενναῖοι] del. Her.|τῷ] αὐτῷ L

σιρούς πυρῶν τε καὶ κριθῶν, ἑκάστου σπέρματος διατρήσαντες τὸ μέσον, τὸ μὲν ἐκπεσὸν δεῖπνον γίνεται τῷ μύρμηκι ἐν τῷ τέως, τὸ δὲ λοιπὸν ἄγονόν ἐστι. παλαμῶνται δὲ ἄρα οἱ γενναῖοι οἰκονόμοι καὶ φρουροὶ τοῦτο, ἵνα μὴ τῶν ὄμβρων περιρρευσάντων, εἶτα ἔκφυσιν ὁλόκληρα ἐκεῖνα ὄντα λάβῃ τινὰ καὶ ἀναθήλῃ, καὶ τούτων γενομένων ἀτροφίᾳ καὶ λιμῷ διὰ χειμῶνος περιπέσωσι, καὶ αὐτοῖς ἐξαμβλώσῃ ἡ σπουδή. φύσεως μὲν δὴ καὶ μύρμηκες λαβεῖν δῶρα εὐτύχησαν καὶ ταῦτα ὡς ἄλλα.

2.26. Οὐδέποτε αἰετὸς οὔτε πηγῆς δεῖται οὔτε γλίχεται κονίστρας, ἀλλὰ καὶ δίψους ἀμείνων ἐστί, καὶ καμάτου φάρμακον οὐκ ἀναμένει πορισθὲν ἔξωθεν, ὑπερφρονῶν δὲ καὶ τῶν ὑδάτων καὶ τῆς ἀναπαύσεως τὸν ἀέρα τέμνει πολύ, καὶ ὀξύτατα ὁρᾷ ἐκ πολλοῦ τοῦ αἰθέρος καὶ ὑψηλοῦ. καὶ τόν γε τῶν πτερῶν αὐτοῦ ῥοῖζον καὶ τὸ τῶν θηρίων ἀτρεπτότατον, ὁ δράκων, ἀκούσας μόνον καὶ παραχρῆμα κατέδυ καὶ ἀσμένως ἠφανίσθη. βάσανος δέ οἱ τῶν νεοττῶν τῶν γνησίων ἐκείνη ἐστίν. ἀντίους τῇ αὐγῇ τοῦ ἡλίου ἵστησιν αὐτοὺς ἀργοὺς ἔτι καὶ ἀπτῆνας· καὶ ἐὰν μὲν σκαρδαμύξῃ τις τὴν ἀκμὴν τῆς ἀκτῖνος δυσωπούμενος, ἐξεώσθη τῆς καλιᾶς, καὶ ἀπεκρίθη τῆσδε τῆς ἑστίας· ἐὰν δὲ ἀντιβλέψῃ καὶ μάλα ἀτρέπτως, ἀμείνων ἐστὶν ὑπονοίας καὶ τοῖς γνησίοις ἐγγέγραπται, ἐπεὶ αὐτῷ πῦρ τὸ οὐράνιον ἡ τοῦ γένους ἀδέκαστός τε καὶ ἄγραπτος ἀληθῶς ἐγγραφή ἐστιν.

2.27. Ἡ στρουθὸς ἡ μεγάλη λασίοις μὲν τοῖς πτεροῖς ἐπτέρωται, ἀρθῆναι δὲ καὶ εἰς βαθὺν ἀέρα μετεωρισθῆναι φύσιν οὐκ ἔχει. θεῖ δὲ ὤκιστα, καὶ τὰς παρὰ τὴν πλευρὰν ἑκατέραν πτέρυγας ἁπλοῖ, καὶ ἐμπίπτον τὸ πνεῦμα κολποῖ δίκην ἱστίων αὐτάς· πτῆσιν δὲ οὐκ οἶδε.

2.28. Τὴν ὠτίδα ὀρνίθων ζῷον εἶναι φιλιππότατον ἀκούω. καὶ τούτου μαρτύριον, τῶν μὲν ἄλλων ζῴων καὶ ἐν λειμῶσι καὶ ἐν

1 πυρῶν—κριθῶν] del. Jac. in com., Her. ‖ **2** τῷ[1]] om. **LP** ‖ **8** εὐτύχησαν] ἐτύχησαν **P** ‖ **9** οὔτε[1]] οὐδὲ **VPA[V]H** ‖ **12** ἀέρα] αἰθέριον Her. | πολύ] πολύν **A[V]H** : πόλον Her. ‖ **13** καὶ ὑψηλοῦ] om. **LP** | τῶν πτερῶν] corr. in τὸν πτερὸν **V** **14** ἀτρεπτότατον] ἀτρ. ὅμως κατέπτηξεν ***β*** ‖ **15** καὶ[1]] del. Her. ‖ **16** τῶν[1]] om. **V** ‖ **17** ἀργοὺς] ὑγροὺς Jac. in com., Her. ‖ **21** αὐτῷ] αὐτὸ **P** | γένους] στέγους **V** ‖ **22** ἄγραπτος] ἄπρακτος **A** : ἄπρατος Pau., Her. | ἐγγραφή ἐστιν] ἐστιν ἐγγ. **L**, Her. ‖ **25** ὤκιστα] ἥκιστα **V** ‖ **27** πτῆσιν—οἶδε] del. Her. ‖ **28** ὀρνίθων ζῷον] ὀρνίθων ζῴων **P** : τὸ ζῷον ὀρνίθων Her. ‖ **29** τούτου] τὸ Her.

αὐλῶσι νεμομένων καταφρονεῖ· ἵππον δὲ ὅταν θεάσηται, ἥδιστα προσπέταται καὶ πλησιάζει κατὰ τοὺς τῶν ἀνθρώπων ἱππεραστάς.

2.29. Μυῖα ἐμπεσοῦσα εἰς ὕδωρ, καὶ γὰρ εἰ ζῴων ἐστὶ θρασυτάτη, ἀλλὰ γοῦν οὔτε ἀντέχει, οὔτε νηκτική ἐστι, καὶ διὰ ταῦτα ἀποπνίγεται. εἰ δὲ αὐτῆς ἐξέλοις τὸν νεκρόν, καὶ τέφραν ἐμπάσαις καὶ καταθήσεις ἐν ἡλίου αὐγῇ, ἀναβιώσῃ τὴν μυῖαν.

2.30. Ἀλεκτρυόνα εἴτε πριάμενος εἴτε δῶρον λαβὼν εἰς τὴν ἀγέλην τὴν σεαυτοῦ καὶ τοὺς ὄρνιθας τοὺς ἠθάδας ἐθέλοις ἀριθμεῖν καὶ ἔχειν, οὐκ ἀπολύσεις οὐδὲ ἀφήσεις εἰκῇ καὶ ὡς ἔτυχεν αὐτόν· εἰ δὲ μή, φυγὰς παραχρῆμα οἰχήσεται εἰς τοὺς οἰκείους καὶ τοὺς συννόμους, εἰ καὶ πάνυ πόρρωθεν εἴη οὗτος. δεῖ δὲ ἄρα αὐτῷ φρουρὰν περιβαλεῖν καὶ δεσμὰ ἀφανῆ ὑπὲρ τὰ Ἡφαίστου τὰ Ὁμήρεια [*Od.* 8.274]. καὶ ὅ γε λέγω τοιοῦτόν ἐστι. τράπεζαν ἐφ' ἧς ἐσθίεις εἰς μέσον καταθεὶς καὶ τὸν ὄρνιθα λαβὼν καὶ τρὶς αὐτὸν τὴν προειρημένην σκηνὴν περιαγαγών, μέθες τὸ ἐντεῦθεν ἄφετον ἀλᾶσθαι σὺν τοῖς ὄρνισι τοῖς οἰκέταις· ὃ δὲ οὐκ ἀπαλλάττεται, ὥσπερ οὖν πεπεδημένος.

2.31. Ἡ σαλαμάνδρα τὸ ζῷον οὐκ ἔστι μὲν τῶν πυρὸς ἐκγόνων οὐδὲ ἐξ αὐτοῦ τίκτεται, ὥσπερ οὖν οἱ καλούμενοι πυρίγονοι, θαρρεῖ δὲ αὐτὸ καὶ χωρεῖ τῇ φλογὶ ὁμόσε, καὶ ὡς ἀντίπαλόν τινα σπεύδει καταγωνίσασθαι. καὶ τούτου τὰ μαρτύρια, παρὰ τοὺς βαναύσους καλινδεῖται καὶ τοὺς χειρώνακτας τοὺς ἐμπύρους. εἰς ὅσον μὲν οὖν ἐνακμάζει τὸ πῦρ αὐτοῖς, καὶ συνεργὸν τῇ τέχνῃ ἔχουσιν αὐτὸ καὶ κοινωνὸν τῆς σοφίας, ὑπὲρ τοῦδε τοῦ ζῴου οὐδὲν φροντίζουσιν· ὅταν δὲ τὸ μὲν ἀποσβεσθῇ καὶ μαρανθῇ, μάτην δὲ αἱ φῦσαι καταπνέωσιν, ἐνταῦθα ἤδη τὸ ζῷον τὸ εἰρημέ-

1 αὐλῶσι] τοῖς αὐλ. *β* ‖ 2 προσπέταται] προσπέτεται **LAH**, edd. | τῶν] om. **LPH** ‖ 4 καὶ—εἰ] εἰ καὶ Her. ‖ 5 οὔτε ἀντέχει] οὔτ' ἐπιτρέχει Her. ‖ 7 ἐμπάσαις] corr. in ἐμπάσσαις **P** | καταθήσεις] καταθήσαις **A** : καταθείης Her. | ἀναβιώσῃ] ἀναβιώσει (fort. ante corr. **L**) **A** : ἀναβιώσεις (ex corr. **L**) **H** ‖ 8 δῶρον] δῶρα **P** εἰς] ἐς **A** ‖ 9 ἐθέλοις] εἰ θέλοις **P** : ἐθέλεις **A** ‖ 10 καὶ ἔχειν] del. Her. ‖ 11 εἰς] ὡς *β* 12 ἄρα αὐτῷ] αὐτῷ ἄρα **LP** : αὐτὸν ἄρα **H** ‖ 15 εἰς] ἐς **V** ‖ 17 οἰκέταις] οἰκείοις **L** ‖ 19 ἐκγόνων] ἐγγόνων *β* ‖ 20 οὐδὲ—τίκτεται] del. Her. ‖ 21 αὐτὸ] αὐτῷ **PA** χωρεῖ] ἐγχωρεῖ *β* | τῇ φλογὶ] τῷ πυρὶ **V** ‖ 22 τούτου—μαρτύρια] τὸ μαρτύριον Her. | παρὰ] περὶ **H**, Her. ‖ 24 αὐτοῖς] om. **A** | συνεργὸν] συνεργὸν αὐτοῖς **L** 26 οὐδὲν] οὐδὲ ἓν **LPA**

νον ἀντιπρᾶττόν σφισιν ἴσασι καλῶς. ἀνιχνεύσαντες οὖν τὸ θηρίον καὶ τιμωρησάμενοι, τὸ πῦρ ἐντεῦθεν αὐτοῖς ἐξάπτεται, καὶ ἔστιν εὔπειθές, καὶ οὐ σβέννυται τῇ συνηθείᾳ τρεφόμενον.

2.32. Κύκνος δέ, ὅνπερ οὖν καὶ θεράποντα Ἀπόλλωνι ἔδοσαν ποιηταὶ καὶ λόγοι μέτρων ἀφειμένοι πολλοί, τὰ μὲν ἄλλα ὅπως μούσης τε καὶ ᾠδῆς ἔχει εἰπεῖν οὐκ οἶδα· πεπίστευται δὲ ὑπὸ τῶν ἄνω τοῦ χρόνου ὅτι τὸ κύκνειον οὕτω καλούμενον ᾄσας εἶτα ἀποθνήσκει. τιμᾷ δὲ ἄρα αὐτὸν ἡ φύσις καὶ τῶν καλῶν καὶ ἀγαθῶν ἀνθρώπων μᾶλλον, καὶ εἰκότως· εἴ γε τούτους μὲν καὶ ἐπαινοῦσι καὶ θρηνοῦσιν ἄλλοι, ἐκεῖνοι δὲ εἴτε τοῦτο ἐθέλοις εἴτε ἐκεῖνο, ἑαυτοῖς νέμουσιν.

2.33. Κροκόδειλος μὲν ὅπως ἔχει μεγέθους καὶ ὁ τέλειος καὶ ὁ ἐκγλυφεὶς πρῶτον, καὶ μέντοι καὶ γλώττης, ὅπως καὶ ἐπικινεῖ τὴν γένυν, καὶ ποτέραν τῇ ἑτέρᾳ προσάγει, πολλοὶ λέγουσι. κατέγνωσαν δὲ ἄρα τοῦ ζῴου τοῦδε ἤδη τινὲς ὅτι τίκτει μὲν τοσαῦτα ᾠὰ ὅσαις ἂν καὶ ἡμέραις ἐπῳάζουσα ὄρνις, εἶτα ἐκγλύψῃ τὰ νεόττια· ἤδη δὲ ἔγωγε ἤκουσα, ὁ κροκόδειλος ὁπόταν ἀποθάνῃ, σκορπίον ἐξ αὐτοῦ τίκτεσθαι, κέντρον δὲ ἄρα οὐραῖον αὐτὸν ἔχειν λέγουσιν ἰοῦ πεπληρωμένον.

2.34. Εἰ σαφῆ ταῦτα καὶ μὴ ἀμφίλογα, Ἰνδῶν λόγοι πειθέτωσαν· ἃ δὲ νῦν ἐρῶ, τῆς ἐκεῖθεν φήμης διακομιζούσης, ταῦτά ἐστιν. ὁμώνυμον τῷ φυτῷ κιννάμωμον ὄρνιν ἔγωγε τοῦ παιδὸς τοῦ Νικομάχου λέγοντος ἤκουσα [Arist., fr. 210.1 Gig.]. καὶ τὸν μὲν ὄρνιν κομίζειν ἐκεῖθεν τὸ φερώνυμον τοῦτο δὴ τὸ φυτὸν εἰς Ἰνδούς, εἰδέναι δὲ ἄρα τοὺς ἀνθρώπους ὅπου γε καὶ ὅπως φύεται οὐδέν.

1 ἀντιπρᾶττόν] Jac. (monente Lor.), Her. in app. : ἀντιπράττον codd. 2 ἐξάπτεται] ἐξάπτουσι **A** ‖ 4 Ἀπόλλωνι] ἀπόλλωνος **A** | ἔδοσαν] ἔφησαν **A** : om. **V** ‖ 9 τούτους] τούτοις **V** ‖ 10 ἄλλοι ἐκεῖνοι] Ges. in mg., Her. : ἐκεῖνοι, ἄλλοι codd. | ἐθέλοις] ἐθέλεις **A** ‖ 12 μὲν] om. **A** ‖ 13 γλώττης—ἐπικινεῖ] γλώ. ὅπως, καὶ εἰ κινεῖ Rei., Her. ‖ 15 ἤδη] del. Her. | μὲν] del. Her. ‖ 16 καὶ] del. Her. ἐπῳάζουσα] ἐπῳάζουσιν **AH** : ἐπῳάζον Her. | ὄρνις] ὄρνεις **A** : del. Her. | εἶτα] εἶτα ὅταν ***β*** | ἐκγλύψῃ] γλύψῃ corr. ex γλύψει (in mg. ἐκλήψει) **A** : ἐκλέψῃ **V** 17 δὲ] δὴ **A** | ὁ κροκόδειλος] ἡ κρο. **A** : κρο. **V** : om. **P** | ὁπόταν] Schn. : ὅπως ἂν ***β*** : ὅπως **V** : ὅταν Jac. in com., Her. ‖ 18 ἀποθάνῃ] ἀποθάνοι **VP** ‖ 20 Εἰ] Ὡς ut vid. **P** ‖ 24 ἐκεῖθεν] οἰκόθεν Jac. in app. : del. Bernh., Her. | τὸ²] del. Her. ‖ 25 γε] τε Rei., Her.

2.35. Αἰγύπτιοι κλύσματα καὶ κάθαρσιν γαστρὸς οὐκ ἔκ τινος ἐπινοίας ἀνθρωπίνης λέγουσι μαθεῖν, διδάσκαλον δέ σφισι τοῦ ἰάματος τοῦδε τὴν ἶβιν ᾄδουσι. καὶ ὅπως ἐξεπαίδευσε τοὺς πρώτους εἰδότας, ἐρεῖ ἄλλος· σελήνης δὲ αὔξησιν καὶ μείωσιν ὅτι οἶδε, καὶ τοῦτο ἤκουσα. καὶ ὅτι τὴν τροφὴν ἑαυτῇ ὑφαιρεῖ καὶ προστίθησι κατὰ τὴν τῆς θεοῦ καὶ λῆξιν καὶ πρόσθεσιν, πυθέσθαι ποθὲν οὐκ εἰμὶ ἔξαρνος.

2.36. Κέντρον πικρότατον καὶ κίνδυνον φέρον ἁπάντων μᾶλλον ἡ τρυγὼν ἡ ἐκ τῆς θαλάσσης ἔχει. καὶ τὸ μαρτύριον, εἰ μὲν εἰς δένδρον τεθηλὸς καὶ εὖ μάλα ἀναθέον ἐμπήξαις αὐτό, οὔτε εἰς ἀναβολὰς οὔτε χρόνῳ ὕστερον ἀλλ' αὖον ἤδη τὸ δένδρον· εἰ δέ τι τῶν ζῴων ἀμύξαις, ἀπέκτεινας.

2.37. Ἡ μυγαλῆ, καὶ γὰρ τοῦτο ποίημα ὕλης, εἰς ὅσον μὲν τηνάλλως πρόεισι, ζῆν ἔχει, καὶ ἐσπείσατο αὐτῇ ἡ φύσις, ἐὰν μὴ ἄλλῃ τινὶ τύχῃ καταληφθῇ καὶ ἀπόληται· ἐπὰν δὲ εἰς ἁρματοτροχιὰν ἐμπέσῃ, οἱονεὶ πέδῃ κατείληπται καὶ μάλα ἀφανεῖ, καὶ τέθνηκε. δηχθέντι δὲ ὑπὸ μυγαλῆς φάρμακον ἐκεῖνο. ἐκ τῆς τῶν τροχῶν διαδρομῆς ἡ ψάμμος ἀρθεῖσα ἐπεπάσθη τῷ δήγματι, καὶ ἔσωσε παραχρῆμα.

2.38. Καὶ ταῦτα δὲ ὑπὲρ τῆς Αἰγυπτίας ἴβεως προσακήκοα. ἱερὰ τῆς σελήνης ἡ ὄρνις ἐστί. τοσούτων οὖν ἡμερῶν τὰ ᾠὰ ἐκγλύφει, ὅσων ἡ θεὸς αὔξει τε καὶ λήγει. τῆς δὲ Αἰγύπτου οὔποτε ἀποδημεῖ. τὸ δὲ αἴτιον, νοτιωτάτη χωρῶν ἁπασῶν Αἴγυπτός ἐστι, καὶ ἡ σελήνη δὲ νοτιωτάτη τῶν πλανωμένων ἄστρων πεπίστευται. ἑκοῦσα μὲν οὖν οὐκ ἂν ἀποδημήσαι ἡ ἶβις· εἰ δέ τις ἐπιθέμενος αὐτῇ κατὰ τὸ καρτερὸν ἐξαγάγοι, ἣ δὲ ἀμύνεται τὸν ἐπιβουλεύσαντα, εἰς οὐδὲν αὐτῷ τὴν σπουδὴν προαγαγοῦσα· ἑαυτὴν γὰρ ἀποκτείνει λιμῷ, καὶ ἀνόνητον τὴν προθυμίαν ἀποφαίνει τῷ προειρημένῳ. βαδίζει δὲ ἡσυχῇ καὶ κορικῶς, καὶ οὐκ ἂν αὐτὴν θᾶττον ἢ βάδην προϊοῦσαν ἴδοι τις. καὶ τούτων αἱ

1 οὐκ] οὐκ ἔχουσιν **L** ‖ 4 εἰδότας] ἰδόντας **A**, edd. ‖ 9 θαλάσσης] θαλάττης **AH** ‖ 11 αὖον ἤδη] ἤδη αὖον Her. ‖ 13 καὶ—ὕλης] del. Her. ‖ 14 τηνάλλως] **H**, Ges., Jac. : τηνάλως **VPA** : τὴν ἄλλως **L**, Her. | ζῆν ἔχει] πέπλασται ζῆν ἔχειν *β* ἐὰν] ἐάν γε Her. ‖ 15 καταληφθῇ] καταλειφθῇ **VLA** : ἀποληφθῇ **H** | ἐπὰν] ἐὰν *β* ‖ 21 ἱερὰ] edd. : ἱέρεια **VLPH** : ἱερεῖα **A** | οὖν] γοῦν Rei., Her. ‖ 22 ὅσων] ὅσον **L** ‖ 26 κατὰ] om. **VA**[v] | ἐξαγάγοι] ἐξάγοι **P** ‖ 27 προαγαγοῦσα] προάγουσα Her. ‖ 28 ἀποκτείνει] ἀποκτέννει **P** ‖ 30 ἴδοι] θεάσαιτό **LPH**, Her.

μέλαιναι τοὺς πτερωτοὺς ὄφεις ἐξ Ἀραβίας εἰς Αἴγυπτον παρελθεῖν οὐκ ἐπιτρέπουσι, τῆς γῆς τῆς φίλης προπολεμοῦσαι· αἱ δὲ ἕτεραι τοὺς ἐξ Αἰθιοπίας κατὰ τὴν τοῦ Νείλου ἐπίκλυσιν ἀφικνουμένους ἀπαντῶσαι διαφθείρουσιν. ἢ τί ἂν ἐκώλυσε διὰ τῆς ἐκείνων ἐπιδημίας τοὺς Αἰγυπτίους ἀπολωλέναι;

2.39. Ἀκούω δέ τι καὶ γένος αἰετῶν, καὶ ὄνομα αὐτῷ χρυσαίετον ἔθεντο, ἄλλοι δὲ ἀστερίαν τὸν αὐτὸν καλοῦσιν· ὁρᾶται δὲ οὐ πολλάκις. λέγει δὲ Ἀριστοτέλης [*HA* 618b18 ss.; fr. 270.2 Gig.] αὐτὸν θηρᾶν καὶ νεβροὺς καὶ λαγὼς καὶ γεράνους καὶ χῆνας ἐξ αὐλῆς. μέγιστος δὲ αἰετῶν εἶναι πεπίστευται, καὶ λέγουσί γε καὶ εἰς τοὺς Κρῆτας καὶ ταύροις ἐπιτίθεσθαι αὐτὸν κατὰ τὸ καρτερόν, καὶ περιηγοῦνται τὸ ἔργον τὸν τρόπον τοῦτον. ὃ μὲν κεκυφὼς κάτω νέμεται ὁ ταῦρος· ὁ δὲ αἰετὸς ἐπὶ τῷ τένοντι τοῦ ζῴου καθίσας ἑαυτὸν παίει τῷ στόματι συνεχέσι τε καὶ καρτεραῖς ταῖς πληγαῖς· ὃ δὲ ὥσπερ οἰστρηθεὶς ἐξάπτεται, καὶ ᾗ ποδῶν ἔχει φυγῆς ἄρχεται. καὶ ἕως μέν ἐστιν εὐήλατα, ὁ αἰετὸς ἥσυχός ἐστι καὶ ἐπιποτᾶται παραφυλάττων· ὅταν δὲ τὸν ταῦρον θεάσηται πλησίον κρημνοῦ γεγενημένον, κυκλώσας τὰ πτερὰ καὶ ὑπερτείνας αὐτοῦ τῶν ὀφθαλμῶν, ἐποίησε τὰ ἐν ποσὶ μὴ προειδόμενον κατενεχθῆναι βιαιότατα. εἶτα ἐμπεσὼν καὶ ἀναρρήξας τὴν γαστέρα, ῥᾳδίως χρῆται τῇ ἄγρᾳ, εἰς ὅσον ἐθέλει. θήρας δὲ ἀλλοτρίας οὐχ ἅπτεται κειμένης, ἀλλὰ χαίρει τοῖς ἑαυτοῦ πόνοις, κοινωνίαν τε τὴν πρὸς ἄλλον ἥκιστα ἐνδέχεται. κορεσθεὶς δὲ εἶτα τοῦ λοιποῦ πονηρὸν ἆσθμα καὶ δυσωδέστατον καταπνεύσας, ἄβρωτα τοῖς ἄλλοις τὰ λείψανα ἐᾷ. καὶ μέντοι καὶ ἀλλήλων ἀπῳκισμένας οἰκοῦσι καλιὰς ὑπὲρ τοῦ μὴ διαφέρεσθαι ὑπὲρ θήρας καὶ λυπουμένους λυπεῖν πολλάκις.

2.40. Ἦν ἄρα γένος αἰετῶν καὶ πρὸς τοὺς τρέφοντας φιλόστοργον, ὥσπερ οὖν καὶ ὁ τοῦ Πύρρου. τοῦτόν τοί φασι καὶ

2 οὐκ] καὶ οὐκ **VA^V** ‖ **3** ἀφικνουμένους] ἀφικομ. **P** ‖ **6** τι καὶ] τι malit Her. in app. | αὐτῷ] αὐτῶν **A^V** ‖ **7** χρυσαίετον] χρυσάετον **PH**, Her. ‖ **9** λαγὼς] λαγωοὺς **L** ‖ **10** καὶ²] om. **LPH** | καὶ²—11 Κρῆτας] del. Her. ‖ **11** ταύροις] τοῖς ταύ. **LPH** ‖ **16** ἄρχεται] ἅπτεται **VA^V** | αἰετὸς] αὐτὸς **VA^V** ‖ **17** ἐπιποτᾶται] ἐπιπολᾶται **A^V** ‖ **19** προειδόμενον] προϊδόμενον Hoff., Her. ‖ **21** εἰς] ἐς **VA^V** **23** τε] δὲ **L** ‖ **26** διαφέρεσθαι] διαφθείρεσθαι **L** | ὑπὲρ²] ὑπὸ **L** : περὶ **PH** **27** καὶ—πολλάκις] delenda vid., Her. in app.‖ **28** Ἦν] Ἦν δὲ Her.

ἐπαποθανεῖν τῷ δεσπότῃ τροφῆς ἀποστάντα. ἤδη δὲ καὶ ἀνδρὸς ἰδιώτου αἰετὸς τρόφιμος, καιομένου τοῦ δεσπότου, ἑαυτὸν εἰς τὴν πυρὰν ἐνέβαλεν· οἱ δὲ οὐκ ἀνδρός, ἀλλὰ γυναικὸς τὸ θρέμμα εἶναί φασι. καὶ ζηλοτυπώτατον δὲ ἦν ζῷον αἰετὸς πρὸς τὰ νεόττια. ἐὰν γοῦν θεάσηταί τινα προσιόντα, ἀπελθεῖν ἀτιμώρητον οὐκ ἐπιτρέπει· παίει γὰρ τοῖς πτεροῖς αὐτὸν καὶ τοῖς ὄνυξι λυμαίνεται, καὶ ἐπιτίθησίν οἱ πεφεισμένως τὴν δίκην· οὐ γὰρ χρῆται τῷ στόματι.

2.41. Ἔστι δὲ θαλαττίων ζῴων τρίγλη λιχνότατον, καὶ εἰς τὸ ἀπογεύσασθαι παντὸς τοῦ παρατυχόντος ἀναμφιλόγως ἀφειδέστατον. καί τινες καλοῦνται λεπρώδεις αὐτῶν, σπάσασαι τὸ ὄνομα ἐκ τῶν χωρίων, ἅπερ οὖν πέτρας ἔχει λεπτάς τε καὶ ἀραιάς, καὶ φυκία μέσα τούτων δασέα, καί που καὶ ὑποκάθηται πηλὸς ἢ ψάμμος. φάγοι δ' ἂν τρίγλη καὶ ἀνθρώπου νεκροῦ καὶ ἰχθύος· φιληδοῦσι δὲ μᾶλλον τοῖς μεμιασμένοις καὶ κακόσμοις.

2.42. Θηρᾶσαι καὶ μάλα γε ἱκανοὶ καὶ οὐδέν τι μεῖον τῶν αἰετῶν ἱέρακές εἰσιν, ἡμερώτατοι δὲ ὀρνίθων πεφύκασι καὶ φιλανθρωπότατοι, τὸ μέγεθος αἰετῶν οὐκ ὄντες ὀλιγώτεροι. ἀκούω δὲ ὅτι ἐν τῇ Θρᾴκῃ καὶ ἀνθρώποις εἰσὶ σύνθηροι ἐν ταῖς ἑλείοις ἄγραις. καὶ ὁ τρόπος, οἱ μὲν ἄνθρωποι τὰ δίκτυα ἁπλώσαντες ἡσυχάζουσιν, οἱ δὲ ἱέρακες ὑπερπετόμενοι καὶ φοβοῦσι τοὺς ὄρνις καὶ συνωθοῦσιν εἰς τὰς τῶν δικτύων περιβολάς. τῶν οὖν ᾑρημένων οἱ Θρᾷκες μέρος ἀποκρίνουσι καὶ ἐκείνοις, καὶ ἔχουσιν καὶ αὐτοὺς πιστούς· μὴ δράσαντες δὲ τοῦτο ἑαυτοὺς τῶν συμμάχων ἐστέρησαν. μάχεται δὲ ὁ τέλειος ἱέραξ καὶ πρὸς ἀλώπεκα καὶ πρὸς αἰετόν, καὶ γυπὶ μάχεται πολλάκις. καρδίαν δὲ οὐκ ἂν φάγοι ποτὲ ἱέραξ, τελεστικὸν δήπου δρῶν καὶ μυστικὸν ἐκεῖνος τοῦτο. νεκρὸν δὲ ἄνθρωπον ἰδὼν ἱέραξ, ὡς λόγος, πάντως ἐπιβάλλει γῆς τῷ ἀτάφῳ (καὶ τοῦτο μὲν αὐτῷ οὐ κελεύει

1 ἐπαποθανεῖν] Jac. in app., Her. : ἐναποθ. codd.‖ **2** ἑαυτὸν] post πυρὰν transp. Her.‖ **3** τὸ] expungat Her. in app.‖ **4** καὶ] del. Her.|δὲ] δὲ ἄρα Her.|ζῷον] ζῴων **LP** ‖ **9** θαλαττίων] θαλασσίων **VA**[v] ‖ **12** λεπτάς] λεπράς Ges. in mg., Her. **13** καί—ὑποκάθηται] καὶ ὑποκαθήται που **VA**[v] ‖ **18** ὀλιγώτεροι] ὀλιγωρότεροι **VA**[v] ‖ **19** ὅτι] ὅτι καὶ **LPH** ‖ **20** ἑλείοις] ἑλείαις **VA**[v]**H** ‖ **21** καὶ] eras. ut vid. **P** : del. Her.‖ **22** ὄρνις] ex corr. **L** : ὄρνεις ante corr. **L**, Her.‖ **24** καὶ[2]] om. **LPH** : del. Her. | αὐτοὺς] φίλους Her. ‖ **28** ἰδὼν ἱέραξ] ἱέρ. ἰδὼν **LP** **29** κελεύει] κελεύοι **L**

Σόλων, ὡς Ἀθηναίους ἐπαίδευσε δρᾶν). εἰ δὲ σώματος ἅψεται, μένει ἄγευστος, καὶ ποτοῦ, ἐὰν εἰς αὔλακα ἐποχετεύῃ εἷς ἄνθρωπος· πεπίστευκε γὰρ αὐτὸν πονούμενον ζημιοῦν ὑφαιρούμενος ἐκ τῆς ἐκείνου χρείας ὕδωρ· εἰ δὲ πλείους ἐπάρδοιεν, ἀφθονίαν τοῦ ῥεύματος ὁρῶν, ὡς φιλοτησίας τινὸς ἐξ αὐτῶν μεταλαμβάνει, καὶ πίνει ἡδέως.

2.43. Ἔστι φῦλον ἱεράκων, καὶ καλεῖται κεγχρηΐς, καὶ ποτοῦ δέεται οὐδέν. ὀρείτης δὲ γένος ἄλλο αὐτῶν· καὶ ἕκαστός ἐστι δεινῶς φιλόθηλυς, καὶ ἕπεται κατὰ τοὺς δυσέρωτας, οὐδὲ ἀπολείπεται. εἰ δὲ ἡ γυνὴ ἀπέλθοι που παραλαθοῦσα, ὃ δὲ ὑπεραλγεῖ καὶ βοᾷ, καὶ ἔοικε λυπουμένῳ ἐρωτικῶς εὖ μάλα. καμόντες δὲ τὴν ὄψιν ἱέρακες, εὐθὺ τῶν αἱμασιῶν ἴασι, καὶ τὴν ἀγρίαν θριδακίνην ἀνασπῶσι, καὶ τὸν ὀπὸν αὐτῆς πικρὸν ὄντα καὶ δριμὺν ὑπὲρ τῶν ὀφθαλμῶν αἰωροῦσι τῶν σφετέρων, καὶ λειβόμενον δέχονται, καὶ τοῦτο αὐτοῖς ὑγίειαν ἐργάζεται. λέγουσι δὲ καὶ τοὺς ἰατρικοὺς χρῆσθαι τῷδε τῷ φαρμάκῳ ἐς τὴν χρείαν τῶν καμνόντων τὴν αὐγήν, καὶ ἐκ τῶν ὀρνίθων ἡ ἴασις κέκληται· καὶ οὐκ ἀρνοῦνται μαθηταὶ ἀκούοντες ὀρνίθων οἱ ἄνθρωποι, ἀλλὰ ὁμολογοῦσι. λέγεται δὲ καὶ θεοσύλην ἐν Δελφοῖς ἐλέγξαι ποτὲ ἱέραξ, ἐμπίπτων τε αὐτῷ καὶ παίων τὴν κεφαλήν. πιστεύονται δὲ εἶναι ἱέρακες καὶ νόθοι, ἀνακριθέντες πρὸς τὰς τῶν αἰετῶν φυλάς. ἦρος δὲ ἀρχομένου οἱ ἐν Αἰγύπτῳ τῶν ἁπάντων δύο προαιροῦνται, καὶ ἀποστέλλουσι κατασκεψομένους νήσους τινὰς ἐρήμους, ὅσαιπερ οὖν τῆς Λιβύης πρόκεινται. εἶτα ὑποστρέφουσιν οὗτοι, καὶ ἡγοῦνται τῆς πτήσεως τοῖς ἄλλοις. οἱ δὲ ἕκοντες ἑορτὴν ὑπὲρ τῆς ἀποδημίας τῆς ἐν τῇ Λιβύῃ παρέχουσι· σίνονται γὰρ οὐδέν. παρελθόντες δὲ ἐς τὰς νήσους, ἃς οἱ πρῶτοι θεασάμενοι τῶν ἄλλων ἐπιτηδειοτέρας σφίσιν ἔκριναν, ἐνταῦθα κατὰ πολλὴν τὴν

1 ὡς—δρᾶν] del. Her. | ἐπαίδευσε] sscr. **H** : ἐκέλευσε **VA**^{V}**H** | εἰ δὲ] οὐδὲ Jac., Her. | ἅψεται] post voc. dist. Jac., Her. ‖ 2 μένει] μένει δὲ Ges. in mg., Her. | καὶ] om. **VA**^{V} ‖ 3 ὑφαιρούμενος—4 ὕδωρ] om. **VA**^{V} ‖ 8 δέεται] δεῖται Her. | ἄλλο] ἄλλος **V** | ἕκαστός] ἑκάτερός Schn., Her. ‖ 12 ἴασι] ἰᾶσι **VA**^{V} ‖ 14 δριμὺν] om. **VA**^{V} ‖ 16 ἰατρικοὺς] ἰατροὺς **VA**^{V} | χρῆσθαι] χρῆσθαι καὶ **LH** ‖ 21 ἀνακριθέντες] ἀντικριθέντες Her. ‖ 24 ὅσαιπερ] αἵπερ Her. ‖ 25 ἕκοντες] ἥκοντες Jac. in app., Her. ‖ 26 ἀποδημίας] ἐπιδημίας Jac. in app., Her. | τῆς^{2}] ante corr. **P** : τοῖς (ex corr. **P**) **A**^{V}, Jac. in app., Her. | τῇ] om. **A**^{V} ‖ 28 ἐπιτηδειοτέρας] ἐπιτηδειοτάτας **VA**^{V}

γαλήνην τε καὶ τὴν ἡσυχίαν ἀποτίκτουσι καὶ ἐκγλύφουσι, καὶ θηρῶνται στρουθοὺς καὶ πελειάδας, καὶ τοὺς νεοττοὺς ἐν ἀφθόνοις ἐκτρέφουσιν· εἶτα ἤδη παγέντας καὶ ἐκπετησίμους γεγενημένους παραλαβόντες εἰς τὴν Αἴγυπτον ἀπάγουσιν, ὥσπερ οὖν ἐς οἰκεῖα πατρῷα τὰς ἐν τοῖς συντρόφοις χωρίοις διατριβάς.

2.44. Αἱ ἰουλίδες ἰχθῦς εἰσι πέτραις ἔντροφοι, καὶ ἔχουσιν ἰοῦ τὸ στόμα ἔμπλεων καὶ ὅτου ἂν ἰχθύος ἀπογεύσωνται, ἄβρωτον ἀπέφηναν αὐτόν. ἤδη δὲ καὶ οἱ ἁλιεῖς ἡμιβρώτῳ καρίδι περιτυχόντες, καὶ ἑαυτῶν ὑπὸ πενίας ἀξιώσαντες τὸ θήραμα ἄπρατον ὄν, εἰ ἀπογεύσαιντο αὐτοῦ, κλονοῦνται τὴν γαστέρα καὶ στρέφονται. λυποῦσι δὲ καὶ τοὺς ἐν ταῖς ὑδροθηρίαις ὑποδυομένους τε καὶ νηχομένους, πολλαὶ καὶ δηκτικαὶ προσπίπτουσαι, ὡς αὐτόχρημα ἐπὶ τῆς γῆς αἱ μυῖαι· καὶ δεῖ σοβεῖν αὐτὰς ἢ κολάζεσθαι ἐσθιόμενον· σοβοῦντι δὲ ἐκ τῆς ἀσχολίας ἀπόλωλε τὸ ἔργον.

2.45. Λαγὼς δὲ θαλάττιος βρωθεὶς καὶ θάνατον ἤνεγκε πολλάκις, πάντως δὲ τὴν γαστέρα ὠδύνησεν. τίκτεται γὰρ ἐν πηλῷ, καὶ οὐκ ὀλιγάκις δὲ ταῖς ἀφύαις συναλίσκεται· εἴη δ' ἂν κατὰ τὸν κοχλίαν τὸν γυμνὸν τὸ εἶδος.

2.46. Γὺψ νεκρῷ πολέμιος. ἐσθίει γοῦν ἐμπεσὼν ὡς ἐχθρὸν καὶ φυλάσσει τεθνηξόμενον. καὶ μέντοι καὶ ταῖς ἐκδήμοις στρατιαῖς ἕπονται γῦπες, καὶ μάλα μαντικῶς ὅτι γε εἰς πόλεμον χωροῦσιν εἰδότες, καὶ ὅτι μάχη πᾶσα ἐργάζεται νεκρούς, καὶ τοῦτο ἐγνωκότες. γῦπα δὲ ἄρρενα οὔ φασι γενέσθαι ποτέ, ἀλλὰ θηλείας ἁπάσας· ὅπερ ἐπιστάμενα τὰ ζῷα καὶ ἐρημίαν τέκνων δεδιότα εἰς ἐπιγονὴν τέκνων τοιαῦτα δρᾷ. ἀντίπρῳροι τῷ νότῳ πέτονται· εἰ δὲ μὴ ᾖ νότος, τῷ εὔρῳ κεχήνασι, καὶ τὸ πνεῦμα εἰσρέον πληροῖ

1 τὴν] del. Her. ‖ 3 ἐκπετησίμους] ἐκπτησίμους in mg. tert. m. **L** ‖ 4 εἰς] ἐς **LPH** οἰκεῖα] τὰ οἰκεῖα **L**, Her. ‖ 5 πατρῷα] τὰ πατ. Her. ‖ 6 τὸ] om. **A**[V] ‖ 7 ἔμπλεων] καὶ ἔμπ. **VA**[V] | ἀπογεύσωνται] ἀπογεύωνται **LP** ‖ 9 ἑαυτῶν] del. Her. | ὑπὸ πενίας] post ἀπογεύσαιντο αὐτοῦ transp. Her. (ἑαυτῶν ὑπὸ πενίας omnino expungenda erant, Her. in app.) ‖ 11 ὑδροθηρίαις] ὑδροχυσίαις **VA**[V] 17 ὠδύνησεν] ὠδίνησεν **VPA**[V] | γὰρ] δὲ ἄρα Her. ‖ 18 καὶ—δὲ] οὐκ ὀλι. δὲ Her. (καὶ οὐκ ὀλι. malit Her. in app.) | συναλίσκεται] συναλίσκηται **V** ‖ 19 τὸν[1]] τὴν **P** ‖ 21 φυλάσσει] φυλάξει **P** ‖ 22 γε] post μάλα transp. Her. ‖ 24 γενέσθαι] γίνεσθαί Her. ‖ 26 τέκνων] del. Jac. in com., Her., fort. recte | εἰ] ἣν sscr. **L** ‖ 27 ᾖ] εἴη Schn., Her.

αὐτάς, καὶ κύουσι τριῶν ἐτῶν. λέγουσι δὲ νεοττιὰν μὴ ὑποπλέκειν γῦπα. τοὺς δὲ αἰγυπιούς, ἐν μεθορίῳ γυπῶν ὄντας καὶ αἰετῶν, εἶναι καὶ ἄρρενας καὶ τὴν χρόαν πεφυκέναι μέλανας. καὶ τούτων μὲν ἀκούω καὶ νεοττιὰς δείκνυσθαι· γῦπας δὲ μὴ ᾠὰ τίκτειν πέπυσμαι, νεοττοὺς δὲ ὠδίνειν. καὶ ὡς ἀπὸ γενεᾶς κατάπτεροί εἰσι, καὶ τοῦτο ἤκουσα.

2.47. Ἰκτῖνος εἰς ἁρπαγὴν ἀφειδέστατος. οἶδε δὲ, εἰ δέοι, τῶν μὲν ἐξ ἀγορᾶς ἐμποληθέντων κρεαδίων ἐὰν γένωνται κρείττους, ἥρπασαν προσπεσόντες, τῶν δὲ ἐκ τῆς τοῦ Διὸς ἱερουργίας οὐκ ἂν προσάψαιντο.

Ἡ δὲ ὄρειος ἅρπη τῶν ὀρνίθων προσπεσοῦσα τοὺς ὀφθαλμοὺς ἀφαρπάζει.

2.48. Κόρακες Αἰγύπτιοι, ὅσοι τῷ Νείλῳ προσδιαιροῦνται, τῶν πλεόντων τὰ πρῶτα ἐοίκασιν ἱκέται εἶναι, λαβεῖν τι αἰτοῦντες· καὶ λαβόντες μὲν ἡσυχάζουσιν, ἀτυχήσαντες δὲ ὧν ᾔτουν συμπέτονται, καὶ ἑαυτοὺς καθίσαντες ἐπὶ τὸ κέρας τῆς νεὼς τῶν σχοίνων ἐσθίουσί τε καὶ διατέμνουσι τὰ ἅμματα. Λίβυες δὲ κόρακες, ὅταν οἱ ἄνθρωποι φόβῳ δίψους ὑδρευσάμενοι πληρώσωσι ἀγγεῖα ὕδατος, καὶ κατὰ τῶν τεγῶν θέντες ἐάσωσι τῷ ἀέρι τὸ ὕδωρ φυλάττειν ἄσηπτον, ἐνταῦθα εἰς ὅσον μὲν αὐτοῖς τὰ ῥάμφη κάτεισιν ἐγκύπτοντες, χρῶνται τῷ ποτῷ· ὅταν δὲ ὑπολήξῃ, ψήφους κομίζουσι καὶ τῷ στόματι καὶ τοῖς ὄνυξι, καὶ ἐμβάλλουσιν εἰς τὸν κέραμον· καὶ αἳ μὲν ἐκ τοῦ βάρους ὠθοῦνται καὶ ὑφιζάνουσι, τό δέ γε μὴν ὕδωρ θλιβόμενον ἀναπλεῖ. καὶ πίνουσιν εὖ μάλα εὐμηχάνως οἱ κόρακες, εἰδότες φύσει τινὶ ἀπορρήτῳ δύο σώματα μίαν χώραν μὴ δέχεσθαι.

2.49. Λέγει Ἀριστοτέλης [cf. *HA* 618b9–17; fr. 270.2 Gig.] εἰδέναι τοὺς κόρακας διαφορὰν γῆς εὐδαίμονός τε καὶ λυπρᾶς, καὶ ἐν μὲν τῇ παμφόρῳ τε καὶ πολυφόρῳ κατά τε ἀγέλας καὶ πλήθη φέρεσθαι, ἐν δὲ τῇ ἀγόνῳ καὶ στερίφῃ κατὰ δύο. τούς γε μὴν

1 νεοττιὰν] νεοττείαν **L** : νεοττίαν **P** ‖ **2** αἰγυπιούς] γυπιούς **VA**[V] ‖ **4** νεοττιὰς] νεοττείας **L** : νεοττίας **P** ‖ **5** πέπυσμαι] πέπεισμαι **VA**[V]**H** ‖ **7** δὲ—δέοι] del. Her. ‖ **13** προσδιαιροῦνται] παραδιαιτῶνται Her. ‖ **14** ἱκέται] οἰκέται **V** **17** ἅμματα] ἄσματα **V** ‖ **19** ἀγγεῖα] τὰ ἀγγ. **L**, edd. | τεγῶν] στεγῶν **L** ‖ **22** τῷ] τοῖς **V** ‖ **24** δέ] om. ***β*** : del. edd. ‖ **28** λυπρᾶς] λυπηράς **P**

νεοττοὺς τοὺς ἐκτραφέντας διώκουσι, καὶ τῆς ἑαυτῶν ἕκαστος καλιᾶς φυγάδας ἀποφαίνουσιν· ὑπὲρ ὅτου τροφὴν μαστεύουσι, καὶ τοὺς γειναμένους σφᾶς μὴ ἐκτρύχουσιν.

2.50. Ὑπονύξαντες ἰὸν ἀφιᾶσιν ἰχθύων κωβιὸς καὶ δράκων καὶ χελιδών, οὐ μὴν εἰς θάνατον· ἡ τρυγὼν δὲ ἀποκτείνει παραχρῆμα τῷ κέντρῳ. καὶ λέγει γε Λεωνίδας ὁ Βυζάντιος ἰχθύων φύσεώς τε καὶ κρίσεως ἄπειρον ἄνθρωπον ἁρπάσαντα ἐκ δικτύου τρυγόνα (ᾤετο δὲ ἄρα ὁ δυστυχὴς ψῆτταν εἶναι) φέροντα ὡς εἶχεν ἐπικόλπιον ἐμβαλεῖν καὶ βαδίζειν, ἵνα λάθῃ, ὥς τι ἀγαθὸν εὑρόντα, καὶ εἰς ἐμπολὴν κερδαλέον ἑαυτῷ ἔχειν ἅρπαγμα. ἣ δὲ ἄρα ἤλγησε πιεζομένη, καὶ παίει τῷ κέντρῳ διείρασα, καὶ ἐξέχεε τοῦ δυστυχοῦς κλέπτου τὰ σπλάγχνα. καὶ ἔκειτο παρὰ τῇ τρυγόνι νεκρὸς ὁ φώρ, ἐναργὴς ἔλεγχος ὧν οὐκ εἰδὼς ἔδρασεν.

2.51. Ὁ κόραξ, οὐκ ἂν αὐτὸν εἰς τόλμαν ἀθυμότερον εἴποις τῶν αἰετῶν. ὁμόσε γὰρ καὶ αὐτὸς τοῖς ζῴοις χωρεῖ, οὐ μέντοι τοῖς βραχυτάτοις, ἀλλ' ὄνῳ τε καὶ ταύρῳ· κάθηταί τε γὰρ κατὰ τῶν τενόντων καὶ κόπτει αὐτούς, πολλῶν δὲ καὶ ὀφθαλμοὺς ἐξέκοψεν ὁ κόραξ. μάχεται δὲ καὶ ὄρνιθι ἰσχυρῷ, τῷ καλουμένῳ αἰσάλωνι· καὶ ὅταν θεάσηται ἀλώπεκι μαχόμενον, τιμωρεῖται· πρὸς γὰρ ἐκείνην ἔχει τινὰ φιλίαν. ἦν δὲ ἄρα ὀρνίθων πολυκλαγγότατός τε καὶ πολυφωνότατος· μαθὼν γὰρ καὶ ἀνθρωπίνην προΐησι φωνήν. φθέγμα δὲ αὐτοῦ παίζοντος μὲν ἄλλο, σπουδάζοντος δὲ ἕτερον· εἰ δὲ ὑποκρίνοιτο τὰ ἐκ τῶν θεῶν, ἱερὸν ἐνταῦθα καὶ μαντικὸν φθέγγεται. ἴσασι δὲ διὰ τοῦ θέρους ἐνοχλούμενοι ῥύσει γαστρός, καὶ διὰ ταῦτα ἑαυτοὺς ὑγρᾶς τροφῆς ἀγεύστους φυλάττουσιν.

2.52. Λέγει δὲ Ἀριστοτέλης [*HA* 489b1; fr. 270.4 Gig.] τῶν ζῴων τὰ μὲν ζῳοτόκα εἶναι, τὰ δὲ ᾠὰ τίκτειν, τὰ δὲ σκώληκας· καὶ

1 διώκουσι καὶ] del. Her. ‖ **2** ὅτου] post voc. lac. stat. Her. : ὅτου αὐτοὶ ἑαυτοῖς Schn., Scholf. ‖ **3** ἐκτρύχουσιν] ἐκτρέφουσιν (ex corr. sec. m. **L**) **PAH** : ἐκτρέφωσιν ante corr. **L** : τρέφουσιν Her. ‖ **5** ἀποκτείνει] ἀποκτέννει corr. ex ἀποκτένει **P** : ἀποκτενεῖ **H** ‖ **6** γε] om. **A** | Λεωνίδας] Λεωνίδης ***β***, edd. ‖ **7** ἐκ] καὶ ἐκ **V** ‖ **8** ὡς εἶχεν] ante φέροντα transp. **AH** : del. Her. ‖ **9** ἐπικόλπιον] ἐς τὸν κόλπον? Her. in app. | ἵνα λάθῃ] ἵνα λήθῃ **A** : del. Her. | εὑρόντα] εὑρών· εἶτα ***β*** **10** ἔχειν] del. Her. ‖ **11** διείρασα] πείρασα Her. ‖ **13** ὧν] ἣ **A** ‖ **16** τε[2]] om. **LP** **17** ὀφθαλμοὺς] τοὺς ὀφθ. Her. ‖ **20** ὀρνίθων—τε] πολυκλαγγώτατος τε ὀρν. **A** ‖ **21** προΐησι] πρόεισι **VLP** : προσίησι **H** ‖ **23** ὑποκρίνοιτο] ἀποκρί. **A** **24** ῥύσει] ῥύσιν **LPA** : ῥύσειν **H**

ζῷα μὲν ἀνθρώπους γεννᾶν καὶ τὰ λοιπὰ ὅσα τριχῶν ἐστιν ἐπήβολα, καὶ τὰ κητώδη τῶν ἐνύδρων· τούτων δὲ τὰ μὲν αὐλόν, βράγχια δὲ οὐκ ἔχειν, οἷον δελφῖνα καὶ φάλλαιναν.

2.53. Μυσοῖς ἄγουσιν ἄχθη βόες, καὶ κεράτων ἄμοιροί εἰσι. λέγονται δὲ τὴν ἀγέλην ἄκερων ὁρᾶν, οὐκέτι διὰ κρύος, ἀλλὰ τῶν βοῶν τῶνδε ἰδία φύσις, καὶ τὸ μαρτύριον κατὰ πόδας· γίνονται γὰρ καὶ κεράτων ἐν Σκύθαις, οὐκ ἀγέραστοι βόες. ἐγὼ δὲ ἀκούω λέγοντός τινος ἐν συγγραφῇ καὶ μελίττας Σκυθίδας εἶναι, ἐπαΐειν τε τοῦ κρύους οὐδέν, καὶ μέντοι καὶ πιπράσκειν εἰς Μυσοὺς κομίζοντας Σκύθας οὐκ ὀθνεῖον σφίσιν ἀλλὰ αὐθιγενὲς μέλι καὶ κηρία ἐπιχώρια. εἰ δὲ ἐναντία Ἡροδότῳ [5.10] λέγω, μή μοι ἀχθέσθω· ὁ γὰρ τοιαῦτα εἰπὼν ἱστορίαν ἀποδείκνυσθαι ἀλλ' οὐκ ἀκοὴν ᾄδειν ἔφατο ἡμῖν ἀβασάνιστον.

2.54. Τῶν θαλαττίων πυνθάνομαι μόνον τὸν σκάρον τὴν τροφὴν ἀναπλέουσαν ἐπεσθίειν, ὥσπερ οὖν καὶ τὰ βληχητά, ἃ δὴ καὶ μαρυκᾶσθαι λέγουσιν.

2.55. Ὁ γαλεὸς ὠδίνει διὰ τοῦ στόματος ἐν τῇ θαλάττῃ, πάλιν τε εἰσδέχεται τὰ βρέφη, καὶ ἀνεμεῖ ταῖς αὐταῖς ὁδοῖς ζῶντα καὶ ἀπαθῆ.

2.56. Μυὸς ἧπαρ καὶ μάλα ἐκπληκτικῶς τε καὶ παραδόξως τῆς μὲν σελήνης αὐξανομένης λοβὸν ἑαυτῷ τινα ἐπιτίκτει ὁσημέραι μέχρι διχομήνου· εἶτα αὖ πάλιν ὑπολήγει μειουμένου τοῦ μηνὸς τὸν ἴσον λοβὸν ὑπαφανίζον, ἔστ' ἂν εἰς ἓν σῶμα κατολίσθῃ ἀνείδεον. ἀκούω δὲ ἐν τῇ Θηβαΐδι χαλάζης πεσούσης ἐπὶ τῆς γῆς ὁρᾶσθαι μῦς, ὧν τὸ μὲν πηλός ἐστιν ἔτι, τὸ δὲ σὰρξ ἤδη. ἐγὼ δὲ αὐτὸς ἐκ τῆς Ἰταλικῆς Νέας πόλεως ἐλαύνων εἰς Δικαιαρχίαν ὕσθην βατράχοις, καὶ τὸ μὲν μέρος αὐτῶν τὸ πρὸς τῇ κεφαλῇ

3 βράγχια δὲ] τὰ δὲ βράγχια **AH** | φάλλαιναν] ex corr. **P** : φάλαιναν (ante corr. **P**) **H**, edd. ‖ **5** λέγονται] λέγω Her. | ὁρᾶν] ὁρᾶσθαι Her. | οὐκέτι διὰ] ex corr. ut vid. **L** : οὐκ (οὔ οὐκ **V**) ἐστι φασί **VAH** : οὐκέτι φασί (valde dub. ante corr. **L**) **P** ‖ **6** ἰδία φύσις] ἰδίᾳ φύσει Rei., Her. | κατὰ] παρὰ **AH**, edd. ‖ **7** γὰρ] δὲ **V** κεράτων] post Σκύθαις transp. Rei., Her. ‖ **8** συγγραφῇ] τῇ συγγ. **V** **12** τοιαῦτα] ταῦτα Schn., Her. | εἰπὼν] ποιῶν **A** ‖ **17** θαλάττῃ] θαλάσσῃ **V** **18** αὐταῖς] αὐτῶν **VL** ‖ **23** λοβὸν] λόγον Rei., Her. | ὑπαφανίζον] ὑπαφανίζων **VLH** : del. Her. | ἓν] del. Her. | κατολίσθῃ] Her. : κατολισθῇ codd. ‖ **25** μῦς] μύας **PAH**, Her. ‖ **26** Δικαιαρχίαν] δικαιάρχειαν **P**

εἷρπε, καὶ δύο πόδες ἦγον αὐτό, τὸ δὲ ἐπεσύρετο ἔτι ἄπλαστον, καὶ ἐῴκει ἔκ τινος ὕλης ὑγρᾶς συνεστῶτι.

2.57. Τὸ τῶν βοῶν ἄρα πάγχρηστον ἦν γένος, καὶ ἀνθρώποις ζῷον λυσιτελέστατον, καὶ εἰς γεωργίας κοινωνίαν καὶ εἰς ἀγωγὴν φόρτου διαφόρου. καὶ γάλακτος ἐμπλῆσαι βοῦς ἀγαθός ἐστι, καὶ βωμοὺς κοσμεῖ, καὶ ἀγάλλει πανηγύρεις, καὶ πανθοινίαν παρέχει. καὶ ἀποθανὼν δὲ βοῦς γενναῖόν τι χρῆμα καὶ ἀξιέπαινον. μέλιτται γοῦν ἐκ τῶν ἐκείνου λειψάνων ἐκφύονται, ζῷον φιλεργότατον· καὶ τῶν καρπῶν τὸν ἄριστόν τε καὶ γλύκιστον ἐν ἀνθρώποις παρασκευάζει, τὸ μέλι.

2 ἐῴκει] ἐδόκει **A** | ὕλης] ἰλύος *β* ‖ 3 ἄρα πάγχρηστον] πάγχρηστον **LH** : παράπαν χρηστὸν **V**|καὶ — 4 λυσιτελέστατον] del. Her.‖ 5 γάλακτος] γαυλοὺς Rei., Her.‖ 6 πανθοινίαν] πανθοινίας **V**‖ 9 τῶν καρπῶν] τὸν καρπὸν **P**|ἐν] om. **PH**|παρασκευάζει] παρασκευάζον Her.

LIBER III

3.1. Μαυρουσίῳ δὲ ἀνδρὶ ὁ λέων καὶ ὁδοῦ κοινωνεῖ καὶ πίνει τῆς αὐτῆς πηγῆς ὕδωρ. ἀκούω δὲ ὅτι καὶ ἐς τὰς οἰκίας τῶν Μαυρουσίων οἱ λέοντες φοιτῶσιν, ὅταν αὐτοῖς ἀπαντήσῃ ἀθηρία καὶ λιμὸς αὐτοὺς ἰσχυρὸς περιλάβῃ. καὶ ἐὰν μὲν παρῇ ἀνήρ, ἀνείργει λέοντα καὶ ἀναστέλλει διώκων ἀνὰ κράτος· ἐὰν δὲ ὃ μὲν ἀπῇ, μόνη δὲ ἡ γυνὴ καταλειφθῇ, λόγοις αὐτὸν ἐντρεπτικοῖς ἴσχει τοῦ πρόσω καὶ ῥυθμίζει, σωφρονίζουσα ἑαυτοῦ κρατεῖν καὶ μὴ φλεγμαίνειν ὑπὸ τοῦ λιμοῦ. ἐπαΐει δὲ ἄρα λέων φωνῆς Μαυρουσίας, καὶ ὁ νοῦς τῆς ἐπιπλήξεως τῇ γυναικὶ τῆς πρὸς τὸ θηρίον τοιόσδε ἐστίν, ὡς ἐκεῖνοι λέγουσι· ‘σὺ δὲ οὐκ αἰδῇ λέων ὢν ὁ τῶν ζῴων βασιλεὺς ἐπὶ τὴν ἐμὴν καλύβην ἰών, καὶ γυναικὸς δεόμενος ἵνα τραφῇς, καὶ δίκην ἀνθρώπου λελωβημένου τὸ σῶμα εἰς χεῖρας γυναικείας ἀποβλέπεις, ἵνα οἴκτῳ καὶ ἐλέῳ τύχῃς ὧν δέῃ; ὃν δέον εἰς ὀρείους ὁρμῆσαι διατριβὰς ἐπί τε ἐλάφους καὶ βουβαλίδας καὶ τὰ λοιπὰ ὅσα λεόντων δεῖπνον ἔνδοξον. κυνιδίου δὲ ἀθλίου φύσει προσεοικὼς ἀγαπᾷς παρατραφῆναι’. καὶ ἣ μὲν ἐπᾴδει τοιαῦτα, ὃ δὲ ὥσπερ οὖν πληγεὶς τὴν ψυχὴν καὶ ὑποπλησθεὶς αἰδοῦς ἡσυχῇ καὶ κάτω βλέπων ἀπαλλάττεται, ἡττηθεὶς τῶν δικαίων. εἰ δὲ ἵπποι καὶ κύνες διὰ τὴν συντροφίαν ἀπειλούντων ἀνθρώπων συνιᾶσι καὶ καταπτήσσουσι, καὶ Μαυρουσίους οὐκ ἂν θαυμάσαιμι λεόντων ὄντας συντρόφους καὶ ὁμοτρόφους αὐτοῖς ὑπ' αὐτῶν ἐκείνων ἀκούεσθαι. τοῖς γάρ τοι βρέφεσι τοῖς ἑαυτῶν μαρτυροῦσιν ὅτι τοὺς σκύμνους τῶν λεόντων τῆς ἴσης τε καὶ ὁμοίας διαίτης ἀξιοῦσι καὶ κοίτης μιᾶς καὶ στέγης· καὶ ἐκ τούτων καὶ φωνῆς τῆς προειρημένης ἀκούειν τοὺς θῆρας, οὐδὲν οὔτε ἄπιστον οὔτε παράδοξον.

3.2. Ἵππου δὲ τῆς Λιβύσσης πέρι Λιβύων λεγόντων ἀκούω τοιαῦτα. ὤκιστοι μέν εἰσιν ἵππων, καμάτου δὲ δή τι αἴσθονται

2 ὁ] καὶ ὁ **VA**^V^ | καὶ¹ – κοινωνεῖ] κοιν. καὶ ὁδοῦ **V** ‖ **5** ἀνήρ] ὁ ἀνήρ (malit Schn.), Her. ‖ **6** λέοντα] τὸν λέο. **L**, edd. ‖ **10** τῆς²] om. **L** ‖ **14** ἀποβλέπεις] ἀποβλέπῃς **L** | ἐλέῳ] ἐλέει **VA**^V^ ‖ **17** προσεοικὼς] del. Her. ‖ **21** Μαυρουσίους] μαυ. δὲ **V** **22** λεόντων] λέοντας **VA**^V^ ‖ **24** τοὺς σκύμνους] τοῖς σκύμνοις **P** ‖ **29** δή] ἤ Rei., Her.|αἴσθονται] αἰσθάνονται Schn., Her.

οὐδέν. λεπτοὶ δὲ καὶ οὐκ εὔσαρκοι, ἐπιτήδειοί γε μὴν καὶ φέρειν ὀλιγωρίαν δεσπότου εἰσίν. οὔτε γοῦν αὐτοῖς κομιδὴν προσφέρουσιν οἱ δεσπόται, οὐ καταψῶντες καμόντας, οὐ καλινδήθραν ἐργασάμενοι, οὐχ ὁπλὰς ἐκκαθαίροντες, οὐ κόμας κτενίζοντες, οὐ χαίτας ὑποπλέκοντες, οὐ λούοντες καμόντας, ἀλλὰ ἅμα τε διήνυσαν τὸν προκείμενον δρόμον, καὶ ἀποβάντες νέμεσθαι ἰᾶσι. καὶ λεπτοὶ μὲν καὶ αὐχμώδεις οἱ Λίβυες, ἐπὶ τοιούτων δὲ καὶ ἵππων ὀχοῦνται. σοβαροὶ δὲ Μῆδοι καὶ ἁβροί, καὶ μέντοι καὶ οἱ ἐκείνων τοιοῦτοι ἵπποι. φαίης ἂν αὐτοὺς τρυφᾶν σὺν τοῖς δεσπόταις καὶ τῷ μεγέθει τοῦ σώματος καὶ τῷ κάλλει, ἤδη δὲ καὶ τῇ χλιδῇ καὶ τῇ θεραπείᾳ τῇ ἔξωθεν, καὶ τῇ θρύψει ἐοίκασιν αἰσθανομένοις μεγέθους τε τοῦ σφετέρου καὶ κάλλους, καὶ ὅτι χλιδῶσι τῷ κόσμῳ. ταῦτά τοι καὶ περὶ τῶν κυνῶν ἔπεισι νοεῖν μοι. κύων Κρῆσσα κούφη καὶ ἁλτικὴ καὶ ὀρειβασίαις σύντροφος· καὶ μέντοι καὶ αὐτοὶ Κρῆτες τοιούτους αὐτοὺς παραδεικνῦσι, καὶ ᾄδει ἡ φήμη. θυμικώτατος δὲ κυνῶν Μολοσσός, ἐπεὶ θυμωδέστατοι καὶ οἱ ἄνδρες. ἀνὴρ δὲ Καρμάνιος καὶ κύων ἀμφότεροι ἀγριώτατα καὶ μειλιχθῆναι ἄτεγκτα, φασίν.

3.3. Ἴδια δὲ ἄρα φύσεως ζῴων καὶ ταῦτα ἦν. ὗν οὔτε ἄγριον οὔτε ἥμερον ἐν Ἰνδοῖς γενέσθαι λέγει Κτησίας [fr. 45iα Lenf.], πρόβατα δὲ τὰ ἐκείνων οὐρὰς πήχεως ἔχειν τὸ πλάτος πού φησιν [fr. 45kβ Lenf.].

3.4. Οἱ μύρμηκες οἱ Ἰνδοὶ τὸν χρυσὸν φυλάττοντες οὐκ ἂν διέλθοιεν τὸν καλούμενον Καμπύλινον ποταμόν. Ἰσσηδόνες δὲ τούτοις συνοικοῦντές γε τοῖς μύρμηξι καλοῦνταί τε καί εἰσιν.

1 οὐδέν] ἢ οὐδὲ ἓν Rei., Her. | μὴν] om. **VA^V** ‖ **2** γοῦν] οὖν **VA^V** | κομιδὴν] κομιδῇ **VA^V** ‖ **3** καμόντας] del. Her. ‖ **7** ἰᾶσι] ἴᾱσι **V** ‖ **8** δὲ^2] καὶ **VA^V** ‖ **9** τοιοῦτοι] del. Her. ‖ **11** καὶ^3—13 κόσμῳ] del. Her. ‖ **16** παραδεικνῦσι] Ges. : παραδείκνυσι **V** : περιδείκνυσι **LPA^{V}H** : παραδεικνύασι Her. ‖ **18** Καρμάνιος] καρμανός **VA^V** ἀμφότεροι] ἀμφότερα **LPH** | ἀγριώτατα] ἀγριώτατοι **VA^V** : ἀγριωτάτω Schn., Her. ‖ **19** ἄτεγκτα] ἀτέγκτω **P**, Her. | φασίν] φύσιν **L** ‖ **21** γενέσθαι] γίνεσθαι Schn., Her. ‖ **22** πήχεως] πήχεων **P** ‖ **24** οἱ Ἰνδοὶ] οἱ Ἰνδοὶ οἱ Jac. in app. : οἱ Ἰνδικοὶ οἱ Her. ‖ **25** Ἰσσηδόνες] εἰς σιδῶνας **L** : εἰς σιδόνες (corr. ex εἰς σιδόνεας) **P** ‖ **26** γε] τε **LP** : om. **H** : del. Her. | καλοῦνταί] ante voc. lac. stat. Jac. in com., Her., fort. recte

3.5. Φαγοῦσα ὄφεως χελώνη καὶ ἐπιτραγοῦσα ὀριγάνου ἐξάντης γίνεται τοῦ κακοῦ, ὃ πάντως αὐτὴν ἐκ τῆς τροφῆς ἀνελεῖν ἔμελλεν.

Περιστερὰν δὲ ὀρνίθων σωφρονεστάτην καὶ κεκολασμένην εἰς ἀφροδίτην μάλιστα ἀκούω λεγόντων· οὐ γάρ ποτε ἀλλήλων διασπῶνται, οὔτε ἡ θήλεια, ἐὰν μὴ ἀφαιρεθῇ τύχῃ τινὶ τοῦ συννόμου, οὔτε ὁ ἄρρην, ἢν μὴ χῆρος γένηται.

Πέρδικες δὲ ἀκρατορές εἰσιν ἀφροδίτης· οὐκοῦν τὰ ᾠὰ τὰ γεννώμενα ἀφανίζουσιν, ἵνα μὴ ἄγωσιν αἱ θήλειαι παιδοτροφοῦσαι τῆς πρὸς αὐτοὺς ὁμιλίας ἀσχολίαν.

3.6. Λύκοι ποταμὸν διανέοντες, ὑπὲρ τοῦ μὴ πρὸς βίαν ἐκ τῆς τοῦ ῥεύματος ἐμβολῆς ἀνατρέπεσθαι ἕρμα ἴδιον αὐτοῖς ἡ φύσις συμπλάσασα ἐδιδάξατο σωτηρίαν ἐξ ἀπόρων καὶ μάλα εὔπορον. τὰς οὐρὰς τὰς ἀλλήλων δακόντες, εἶτα ἀντιπίπτουσι τῷ ῥεύματι, καὶ ἀλύπως γε διενήξαντο καὶ ἀσφαλῶς.

3.7. Ὄνοις θηλείαις βρώμησιν ἡ φύσις οὐκ ἔνειμε, φασί. κύνας δὲ ἀφώνους ἀποφαίνειν τὰς ὑαίνας, ὅταν αὐταῖς τὴν σκιὰν ἐπιβάλῃ, ἡ αὐτὴ παρέσχεν. εὐωδία δὲ καὶ μύρον γυψὶν αἴτια θανάτου. κύκνων δὲ κώνειον ὄλεθρος. κάμηλον δὲ ὡς δέδοικεν ἵππος ἔγνω Κῦρός τε καὶ Κροῖσος, ὥς φασιν.

3.8. Τὰ βρέφη τὰ τῶν ἵππων ὅταν αἱ μητέρες καταλίπωσι πρὸ τῆς ἐκείνων ἐκθρέψεως οἷον ὀρφανά, ἐκτρέφουσι μετὰ τῶν οἰκείων παιδίων οἰκτείρουσαι αἱ ἄλλαι αὐτά.

3.9. Κορῶναι ἀλλήλαις εἰσὶ πιστόταται, καὶ ὅταν εἰς κοινωνίαν συνέλθωσι, πάνυ σφόδρα ἀγαπῶσι σφᾶς, καὶ οὐκ ἂν ἴδοι τις μιγνύμενα ταῦτα τὰ ζῷα ἀνέδην καὶ ὡς ἔτυχε. λέγουσι δὲ οἱ τὰ ὑπὲρ τούτων ἀκριβοῦντες ὅτι κἂν ἀποθάνῃ τὸ ἕτερον, τὸ λοιπὸν χηρεύει. ἀκούω δὲ τοὺς πάλαι καὶ ἐν τοῖς γάμοις μετὰ τὸν ὑμέναιον τὴν κορώνην καλεῖν, σύνθημα ὁμονοίας τοῦτο τοῖς συνιοῦσιν ἐπὶ τῇ παιδοποιΐᾳ διδόντας. οἵ τε ἕδρας ὀρνίθων καὶ

2 ἐκ—τροφῆς] del. Her. ‖ **7** ἢν] εἰ **VA^{V}** : ἐὰν Her. ‖ **12** ἀνατρέπεσθαι] ἀνατράπεσθαι **VA^{V}** ‖ **14** δακόντες] ἐνδακόντες Jac. in app., Her. ‖ **15** γε] del. Her. | καὶ[2]] om. **VA^{V}** ‖ **16** θηλείαις] θηλείοις **VA^{V}** | βρώμησιν] edd. : βρῶσιν codd. ‖ **17** τὰς ὑαίνας] τῇ ὑαίνῃ Schn. : ταῖς ὑαίναις Her. | ὅταν—ἐπιβάλῃ] del. Her. ‖ **21** καταλίπωσι] καταλείπωσι **VA^{V}H** ‖ **24** ἀλλήλαις] ἀλλήλων **L** ‖ **25** ἴδοι] ἴδῃ **P** ‖ **27** κἂν] ἂν Her. ‖ **29** καλεῖν] ᾄδειν Her. ‖ **30** τῇ] om. **VA^{V}** : del. Her. | τε] δὲ Her.

πτήσεις παραφυλάττοντες οὐκ εὐσύμβολον εἰς μαντείαν ὀττεύουσιν εἶναί φασιν εἰ ὑπακούσαιτο κορώνη μία. ἐπεὶ δὲ ἡ γλαύξ ἐστιν αὐτῇ πολέμιον, καὶ νύκτωρ ἐπιβουλεύει τοῖς ᾠοῖς τῆς κορώνης, ἣ δὲ μεθ' ἡμέραν ἐκείνην ταὐτὸ δρᾷ τοῦτο, εἰδυῖα ἔχειν τὴν ὄψιν τηνικαῦτα τὴν γλαῦκα ἀσθενῆ.

3.10. Ἐχῖνον τὸν χερσαῖον οὐκ ἄσοφον οὐδ' ἀμαθῆ ταμιείας τῆς ἐς τὴν χρείαν ἡ φύσις ἐποίησεν. ἐπεὶ γὰρ δεῖται τροφῆς διετησίου, τὰ δὲ ὡραῖα οὐ πᾶσα ὥρα δίδωσιν, ἑαυτὸν ἐν ταῖς τρασιαῖς κυλίειν φασί· καὶ τῶν ἰσχάδων τὰς περιπαρείσας, αἳ πολλαὶ πήγνυνται ταῖς ἀκάνθαις, ἡσυχῇ κομίζει καὶ ἀποθησαυρίσας φυλάττει, καὶ ἔχει λαβεῖν ἐκ τοῦ φωλεοῦ, ὅτε πορίσαι οὐχ οἷόν τε ἔξωθέν ἐστιν.

3.11. Ἤδη μὲν καὶ τῶν ζῴων τὰ ἀγριώτατα πρὸς τὰ ὀνῆσαι δυνάμενα εἰρηναῖα καὶ ἔνσπονδά ἐστι, τῆς συμφυοῦς κακίας εἰς τὴν χρείαν παραλυθέντα. ὁ γοῦν κροκόδειλος νήχεταί τε ἅμα καὶ κέχηνεν. ἐμπίπτουσιν οὖν αἱ βδέλλαι ἐς αὐτὸν καὶ λυποῦσιν. ὅπερ εἰδὼς ἰατροῦ δεῖται τοῦ τροχίλου· πλήρης γὰρ αὐτῶν γενόμενος, ἐπὶ τὴν ὄχθην προελθὼν κατὰ τῆς ἀκτῖνος κέχηνεν. ὁ τοίνυν τροχίλος ἐμβαλὼν τὸ ῥάμφος ἐξάγει τὰς προειρημένας, καρτερεῖ δὲ ὠφελούμενος ὁ κροκόδειλος καὶ ἀτρεμεῖ. καὶ ὃ μὲν ἔχει δεῖπνον τὰς βδέλλας, ὃ δὲ ὀνίναται, καὶ τὸ μηδὲν ἀδικῆσαι τὸν τροχίλον λογίζεταί οἱ μισθόν.

3.12. Κολοιοὺς δὲ εὐεργέτας νομίζουσι καὶ Θετταλοὶ καὶ Ἰλλυριοὶ καὶ Λήμνιοι, καὶ δημοσίας γε αὐτοῖς τροφὰς ἐψηφίσαντο αἵδε αἱ πόλεις, ἐπεὶ τῶν ἀκρίδων, αἳ ἐλυμαίνοντο τοὺς καρποὺς τοῖς προειρημένοις, τὰ ᾠὰ ἀφανίζουσί τε οἱ κολοιοὶ καὶ διαφθείρουσι τὴν ἐπιγονὴν αὐτοῖς. μειοῦται δὴ κατὰ πολὺ τὰ τῶν ἀκρίδων νέφη, καὶ τοῖς προειρημένοις μένει τὰ ὡραῖα ἀσινῆ.

3.13. Αἱ γέρανοι γίνονται μὲν ἐν Θρᾴκῃ, ἣ δὲ χειμεριώτατον χωρίων ἐστὶ καὶ κρυμωδέστατον ὧν ἀκούω. οὐκοῦν φιλοῦσι τὴν

1 εἰς μαντείαν] del. Her. | ὀττεύουσιν] ὀπτεύουσιν **A** : ὀπυίουσιν Pie. ‖ **2** εἰ] om. **P** : del. Her. | ὑπακούσαιτο] ὑπακούσαι **LH** : ὑπακούσετο **A**^{V} : ὑπακοῦσαι **P**, Her. ‖ **3** πολέμιον] πολέμιος Kay. ‖ **4** ταὐτὸ] ταῦτα **V** ‖ **5** τηνικαῦτα—γλαῦκα] τὴν γλαῦ. τηνι. **VA**^{V} ‖ **7** ἐς] εἰς **H** : ἐπὶ **VA**^{V} | ἐπεὶ] ἐπειδὴ **A**^{V} ‖ **8** πᾶσα] πᾶσιν **VA**^{V} ‖ **9** κυλίειν] κυλίει Rei., Her. ‖ **10** πήγνυνται] ἐμπήγνυνται Her. ‖ **13** μὲν] μέντοι Her. ‖ **15** τε] om. **VA**^{V} ‖ **25** αἵδε—πόλεις] del. Her. | ἐλυμαίνοντο] λυμαίνονται Rei., Her. ‖ **27** πολὺ] πολλὰ **VA**^{V}

χώραν ἐν ᾗ γεγόνασι, φιλοῦσι δὲ καὶ ἑαυτάς, καὶ νέμουσι τὸ μέν τι τοῖς ἤθεσι τοῖς πατρῴοις, τὸ δέ τι τῇ σφῶν αὐτῶν σωτηρίᾳ. τοῦ μὲν γὰρ θέρους κατὰ χώραν μένουσι, φθινοπώρου δὲ ἤδη μεσοῦντος εἰς Αἴγυπτόν τε καὶ Λιβύην ἀπαίρουσι καὶ Αἰθιοπίαν, ὥσπερ γὰρ οὖν γῆς περίοδον εἰδυῖαι καὶ φύσεις ἀέρων καὶ ὡρῶν διαφοράς, στέλλονται αἱ πᾶσαι καὶ χειμῶνα ἠρινὸν διαγαγοῦσαι, πάλιν ὅταν ὑπεύδια ἄρξηται καὶ εἰρηναῖα τὰ τοῦ ἀέρος, ὑποστρέφουσιν ὀπίσω. ποιοῦνται δὲ ἡγεμόνας τῆς πτήσεως τὰς ἤδη τῆς ὁδοῦ πεπειραμένας· εἶεν δ' ἂν ὡς τὸ εἰκὸς αἱ πρεσβύτεραι. καὶ οὐραγεῖν δὲ τὰς τηλικαύτας ἀποκρίνουσι· μέσαι δὲ αὐτῶν αἱ νέαι τετάχαται. φυλάξασαι δὲ ἄνεμον οὖρον καὶ φίλον σφίσι καὶ κατόπιν ῥέοντα, χρώμεναί οἱ πομπῷ καὶ ἐπωθοῦντι ἐς τὸ πρόσω, εἶτα μέντοι τρίγωνον ὀξυγώνιον τὸ σχῆμα τῆς πτήσεως ἀποφήνασαι, ἵνα ἐμπίπτουσαι τῷ ἀέρι διακόπτωσιν αὐτὸν ῥᾷστα, τῆς πορείας ἔχονται. οὕτω μὲν δὴ θερίζουσί τε καὶ χειμάζουσι γέρανοι· σοφίαν δὲ ἥγηνται ἄνθρωποι θαυμαστὴν τοῦ Περσῶν βασιλέως εἰς ἐπιστήμην ἀέρων χρήσεως, Σοῦσα καὶ Ἐκβάτανα ᾄδοντες καὶ τὰς δεῦρο καὶ ἐκεῖσε τοῦ Πέρσου τεθρυλημένας μεταβάσεις. ὅταν δὲ προσφερόμενον αἰετὸν αἱ γέρανοι θεάσωνται, γενόμεναι κύκλος καὶ κολπωσάμεναι, μηνοειδὲς τὸ μέσον ἀποφήνασαι, ἀπειλοῦσιν ὡς ἀντιταξόμεναι· ὃ δὲ ἀναχωρεῖ καὶ κρούεται τὸ πτερόν. ἀλλήλων δὲ τοῖς πυγαίοις ἐπερείδουσαι τὰ ῥάμφη, εἶτα μέντοι τρόπον τινὰ τὴν πτῆσιν συνδέουσι, καὶ τὸν κάματον σφίσιν εὐκάματον ἀποφαίνουσι, πεφεισμένως ἀναπαυόμεναι εἰς ἀλλήλας αἱ αὐταί. ἐν δὲ γῇ μηκίστῃ πηγῆς ὅταν τύχωσιν, ἀναπαύονται νύκτωρ αἱ λοιπαὶ καὶ καθεύδουσι, αἱ τρεῖς δὲ ἢ τέσσαρες προφυλάττουσι τῶν λοιπῶν καὶ ὑπὲρ τοῦ μὴ κατακοιμίσαι τὴν φυλακὴν ἑστᾶσι μὲν ἀσκωλιάζουσαι, τῷ γε μὴν μετεώρῳ ποδὶ λίθον κατέχουσι τοῖς ὄνυξι μάλα ἐγκρατῶς τε καὶ εὐλαβῶς, ἵνα ἐάν ποτε λάθωσιν

5 γὰρ] del. Her. ‖ **6** στέλλονται—πᾶσαι] del. Her. ‖ **7** ὅταν] ὅτε **VPAH** **13** ὀξυγώνιον] ὀξύγωνον **VA**[V] ‖ **14** ῥᾷστα] ῥᾷστα δὲ **VA**[V] ‖ **17** χρήσεως] κράσεως Her. ‖ **18** τεθρυλημένας] τεθρυλλημένας **VA**[V] ‖ **19** κύκλος] κυκλόσε Lob., Her. ‖ **20** μηνοειδὲς—ἀποφήνασαι] del. Her. ‖ **21** ἀναχωρεῖ καὶ] del. Her. **23** εὐκάματον] οὐ κάματον **VA**[V] ‖ **24** πεφεισμένως] πεπεισμένως **PH** | ἐν—25 πηγῆς] ἐν δὲ τῇ μηκίστῃ πτήσει γῆς Jac. in app.‖ **25** πηγῆς] voc. fort. corrupt. : σιγῆς **LP**, Jac. : ante voc. lac. stat. Jac., Her. | ὅταν] ὅτι ἂν **LP** | αἱ λοιπαὶ] del. Her.‖ **26** αἱ] om. **PH** : del. Her.|προφυλάττουσι] προφυλάττουσαι **VA**[V]

ἑαυτὰς εἰς ὕπνον ὑπολισθάνουσαι, πεσὼν καὶ ὑποκτυπήσας ὁ λίθος ἀποδαρθάνειν καταναγκάσῃ. γέρανος δὲ λίθον ὅνπερ οὖν καταπίνει πετομένη ὑπὲρ τοῦ ἔχειν ἕρμα, χρυσοῦ βάσανός ἐστιν, ὅταν οἷον ὁρμισαμένη καὶ καταχθεῖσα ἔνθα ἥκει, εἶτα μέντοι ἀνεμέσῃ αὐτόν.

3.14. Κυβερνήτης ἰδὼν ἐν πελάγει μέσῳ γεράνους ὑποστρεφούσας καὶ τὴν ἔμπαλιν πετομένας, συνεῖδεν ἐναντίου προσβολῇ πνεύματος ἐκείνας ἀποστῆναι τοῦ πρόσω· καὶ τῶν ὀρνέων ὡς ἂν εἴποις μαθητὴς γενόμενος παλίμπλους ἦλθε, καὶ τὴν ναῦν περιέσωσε. καὶ τοῦτο πρῶτον γενόμενον μάθημά τε ὁμοῦ καὶ παίδευμα τῶνδε ὀρνίθων τὸ κυβερνητικὸν καὶ τοῖς ἀνθρώποις παρεδόθη.

3.15. Περιστεραὶ δὲ ἐν μὲν ταῖς πόλεσι τοῖς ἀνθρώποις συναγελάζονται, καί εἰσι πραόταται, καὶ εἰλοῦνται περὶ τοῖς ποσίν, ἐν δὲ τοῖς ἐρήμοις χωρίοις ἀποδιδράσκουσι, καὶ τοὺς ἀνθρώπους οὐχ ὑπομένουσι. θαρροῦσι μὲν γὰρ τοῖς πλήθεσι, καὶ ὅτι μηδὲν πείσονται δυσχερὲς ἴσασι κάλλιστα. ὅπου δὲ ὀρνιθοθῆραι καὶ δίκτυα καὶ ἐπιβουλαὶ κατ᾽ αὐτῶν, ἄτρεστα οἰκοῦσιν οὐκέτι, ἵνα εἴπω τὸ ἐπ᾽ αὐτῶν ἐκείνων λεχθὲν Εὐριπίδῃ [*Io.* 1198].

3.16. Ὅταν μέλλωσι πέρδικες πρὸς τῷ τίκτειν εἶναι, παρασκευάζουσιν ἑαυτοῖς ἔκ τινων καρφῶν τὴν καλουμένην ἅλω. πλέγμα δέ ἐστι κοῖλον καὶ ἐγκαθίσαι μάλα ἐπιτήδειον. καὶ κόνιν ἐκχέαντες, καὶ μαλακήν τινα οἱονεὶ κοίτην ἐργασάμενοι, καὶ ἐνδύντες, εἶτα ἐπηλυγάσαντες ἑαυτοὺς ἄνωθεν κάρφεσιν ὑπὲρ τοῦ καὶ τοὺς ὄρνιθας λαθεῖν τοὺς ἁρπακτικοὺς καὶ τῶν ἀνθρώπων τοὺς θηρευτάς, κατὰ πολλὴν τὴν εἰρήνην κατακλίνουσιν· εἶτα τὰ ᾠὰ οὐ πιστεύουσι τῇ χώρᾳ τῇ αὐτῇ, ἀλλ᾽ ἑτέρᾳ οἱονεὶ μετοικιζόμενοι, ἐκεῖνά τε ἐπάγονται· δεδοίκασι γὰρ ἐν ταὐτῷ διατρίβοντες μή ποτε ἄρα φωραθῶσιν. νεοττεύοντες δὲ ἐν χώροις ἑτέροις

3 πετομένη] κοιμωμένη **VA**[V] : del. Her. ‖ **4** ὁρμισαμένη] ὁρμησαμένη **V** | ἔνθα ἥκει] del. Her. ‖ **7** προσβολῇ] προσβολὴν **LP** ‖ **11** τῶνδε] τῶνδε τῶν Rei. : ὑπὸ τῶνδε τῶν Her. | τὸ—καὶ] del. Her. ‖ **13** δὲ] om. **LH** | ἐν μὲν] μὲν ἐν **LAH** **15** ἀποδιδράσκουσι] ἀποδιδράσκουσαι **V** ‖ **17** δυσχερὲς] δυσχερῶς **L** ὀρνιθοθῆραι] ὀρνιθοθῆρες **P** ‖ **21** καλουμένην] λεγομένην **V** ‖ **23** ἐκχέαντες] ex corr. **LP** : ἐγχέαντες ante corr. **LP**, Her. ‖ **26** κατακλίνουσιν] ἀποτίκτουσιν Rei., Her. ‖ **28** ἐκεῖνά—ἐπάγονται] del. Her. | ἐν—διατρίβοντες] del. Her. ‖ **29** ποτε] τε **A** | ἐν—60,1 αὖ] del. Her.

ἀπαίροντές τε αὖ τοὺς νεοττοὺς ὄντας ἁπαλοὺς ὑποθάλπουσι καὶ τοῖς ἑαυτῶν πτεροῖς ἀλεαίνουσιν, οἱονεὶ σπαργάνοις τοῖς πτίλοις περιαμπέχοντες· οὐ λούουσι δὲ αὐτούς, ἀλλὰ κονίοντες ἐργάζονται φαιδροτέρους. ἐὰν δὲ πέρδιξ ἴδῃ τινὰ προσιόντα καὶ ἐπιβουλεύοντα καὶ αὐτῷ καὶ τοῖς βρέφεσιν, ἐνταῦθα αὐτὸς μὲν ἑαυτὸν πρὸ τῶν ποδῶν κυλίει τῶν τοῦ θηρατοῦ, καὶ ἐνδίδωσιν ἐλπίδα τοῦ δύνασθαι συλλαβεῖν εἰλούμενον. καὶ ὃ μὲν ἐπικύπτει εἰς τὴν ἄγραν, ὃ δὲ ἐξελίττει ἑαυτόν· καὶ διαδιδράσκει καὶ γίνεται πρὸ ὁδοῦ τὰ βρέφη. ὅπερ οὖν συννοήσας ὁ πέρδιξ, θαρρῶν ἤδη τῆς ἀσχολίας τῆς ματαίας ἀπαλλάττει τὸν ὀρνιθοθήραν ἀναπτάς, καὶ τοὺς νεοττοὺς καταλαβὼν καὶ ἐάσας τὸν ἄνδρα κεχηνότα. εἶτα ἐν ἀδείᾳ ἡ μήτηρ γενομένη καὶ ἐν καλῷ στᾶσα τὰ βρέφη καλεῖ. οἳ δὲ αὐτῇ προσπέτονται γνωρίσαντες τὸ φώνημα. πέρδιξ δὲ ὠδῖνα ἀπολύειν μέλλων πειρᾶται λαθεῖν τὸν σύννομον, ἵνα μὴ τὰ ᾠὰ συντρίψῃ· λάγνος γὰρ ὢν οὐκ ἐᾷ τῇ παιδοτροφίᾳ σχολάζειν τὴν μητέρα. οὕτω δέ εἰσιν ἀκόλαστον τὸ τῶν περδίκων γένος. ὅταν αὐτοὺς ἀπολιποῦσαι εἶτα ἐπῳάζωσιν αἱ θήλειαι, οἳ δὲ ἐπίτηδες εἰς ὀργὴν ἀλλήλους ἐξάπτουσι, καὶ παίουσί τε καὶ παίονται πικρότατα· καὶ ὅ γε ἡττηθεὶς ὀχεύεται ὡς ὄρνις, καὶ δρᾷ τοῦτο ἀνέδην, ἔστ᾽ ἂν ὑφ᾽ ἑτέρου καὶ αὐτὸς ἡττηθεὶς εἶτα ἐς τὰς ὁμοίας λαβὰς ἐμπέσῃ.

3.17. Λέγει μὲν οὖν Εὐριπίδης [fr. 403 N.] δυσώνυμον ὄντα τὸν φθόνον· οὗτος δὲ ἄρα ἐνοικεῖ καὶ τῶν ζῴων ἔστιν οἷς. ὁ γοῦν γαλεώτης, ὥς φησι Θεόφραστος [fr. 175 Wimm.], ὅταν ἀποδύσηται τὸ γῆρας, ἐπιστραφεὶς εἶτα μέντοι καταπιὼν ἀφανίζει αὐτό· δοκεῖ δὲ ἐπιλήψεων εἶναι τὸ γῆρας τὸ τοῦδε τοῦ ζῴου ἀντίπαλον. οἶδε δὲ καὶ ἔλαφος τὸ δεξιὸν κέρας ἔχων εἰς πολλὰ ἀγαθόν, καὶ μέντοι κατορύττει τε αὐτὸ καὶ ἀποκρύπτει

1 ἀπαίροντές] ἀσπαίροντές **V** ‖ 2 πτίλοις] πτηνοῖς **LAH** ‖ 3 αὐτούς] ἑαυτούς **A** | κονίοντες] κονιῶντες ***β*** ‖ 4 προσιόντα] προιόντα ***β*** ‖ 9 τὰ βρέφη] Her. : τὰ (lac. post voc.) **V** : om. ***β*** ‖ 10 ἀπαλλάττει] ἀπαλλάττεται **V** | καὶ—11 καταλαβὼν] del. Her. ‖ 11 ἐάσας] ἐᾷ Her. ‖ 13 ὠδῖνα] ὠδίνας **V** ‖ 14 ἀπολύειν] ἀπολλύειν **V** ‖ 15 συντρίψῃ] corr. ex συντρίψει **P** ‖ 16 εἰσιν] ἐστιν Jac., Her. ὅταν] ὥσθ᾽ ὅταν **PAH** ‖ 17 ἐπῳάζωσιν] ex corr. **L** : ἐπῳάζουσιν codd. (ante corr. **L**) ‖ 18 ἀλλήλους] πρὸς ἀλλήλους ***β*** ‖ 20 ἀνέδην] ἀνέδην ὁ κρατήσας Jac. in app., Her. | ἐς] εἰς **P** ‖ 22 ὄντα] del. Her. ‖ 23 τῶν] τοῖς **PA** ‖ 26 ἐπιλήψεων] ἐπιλήψεως Her. ‖ 28 μέντοι] μέντοι καὶ Her.

φθόνῳ τοῦ τοσοῦτον τινα ἀπολαῦσαι. ἴυγγας δὲ ἐρωτικὰς τῷ πώλῳ συντίκτουσα ἵππος οἶδε· ταῦτά τοι καὶ ἅμα τῷ τεχθῆναι τὸ βρέφος ἣ δὲ τὸ ἐπὶ τῷ μετώπῳ σαρκίον ἀπέτραγεν. ἱππόμανες ἄνθρωποι καλοῦσιν αὐτό. καὶ οἱ γόητες τὰ τοιαῦτά φασιν ὁρμάς τινας ἑλκτικὰς εἰς μίξιν ἀκατάσχετον καὶ οἶστρον ἀφροδίσιον παρέχειν καὶ ἐξάπτειν. οὔκουν τὴν ἵππον ἐθέλειν ἀνθρώπους μεταλαγχάνειν τοῦ γοητεύματος τοῦδε, ὥσπερ οὖν ἀγαθοῦ μεγίστου φθονοῦσαν. οὐ γάρ;

3.18. Ἐν τῇ Ἐρυθρᾷ θαλάττῃ, κόλπῳ δὲ τῷ Ἀραβίῳ, ἰχθῦν Λεωνίδης ὁ Βυζάντιος γενέσθαι φησί, κωβιοῦ τοῦ τελείου μείονα οὐδὲ ἕν· ἔχειν δὲ οὐδὲ ὀφθαλμοὺς αὐτὸν οὔτε στόμα ἐν νόμῳ τῷ τῶν ἰχθύων. προσπέφυκε δέ οἱ βράγχια καὶ σχῆμα κεφαλῆς, ὡς εἰκάσαι, οὐ μὴν ἐκμεμόρφωται εἶδος· κάτω δὲ ἄρα ὑπὸ τῇ γαστρὶ αὐτῷ ἐντέθλασται τύπος κολπώδης ἡσυχῇ, καὶ ἐκπέμπει σμαράγδου χρόαν. τοῦτον οὖν εἶναι καὶ ὀφθαλμόν οἵ φησι καὶ στόμα. ὅστις δὲ αὐτοῦ γεύσεται, σὺν τῷ κακῷ τῷ ἑαυτοῦ ἐθήρασεν αὐτόν. καὶ τῆς διαφθορᾶς ὁ τρόπος, ὁ γευσάμενος ᾤδησεν, εἶτα ἡ γαστὴρ κατέρραξε, καὶ ὁ ἄνθρωπος ἀπόλωλε. δίδωσι δὲ καὶ αὐτὸς ἁλοὺς δίκας. πρῶτον μὲν ἔξω τοῦ κύματος γενόμενος οἰδαίνει, καὶ εἴ τις αὐτοῦ ψαύσοι, ὃ δὲ ἔτι καὶ μᾶλλον πίμπραται. καὶ εἴ τις ἐπιμείνῃ ψαλάττων, γίνεται πᾶς ὑπὸ σήψεως διαυγέστατος, ὡς ὑδεριῶν· εἶτα τελευτῶν διερράγη. εἰ δὲ αὐτὸν ἐθέλοι τις ἔτι ζῶντα εἰς τὴν θάλατταν μεθεῖναι, ὃ δὲ ἐπινήχεται δίκην κύστεως ἀρθείσης πνεύματι. καί φησιν ὅτι ἐκ τοῦ πάθους φύσαλον ἐκάλουν αὐτόν.

3.19. Φώκη δέ, ὡς ἀκούω, τὴν πυτίαν τὴν ἑαυτῆς ἐκροφεῖ, ἵνα μὴ τοῖς ἐπιλήπτοις ᾖ ἰᾶσθαι. βάσκανον δὴ τὸ ζῷον ἡ φώκη, ναὶ μὰ τόν.

1 τοσοῦτον] τοσούτου **H** : τοσούτων Jac. in app., Her. ‖ 9 κόλπῳ—Ἀραβίῳ] del. Her. ‖ 10 Λεωνίδης] λεωνίδην **V** | γενέσθαι] γίνεσθαί Schn., Her. | μείονα] μείζονα **A** ‖ 11 οὐδὲ ἕν] οὐδέν **VH** | οὐδὲ[2]] οὔτε Her. | οὔτε] οὐδὲ **V** ‖ 15 οὖν] δὲ **VA** | καὶ[1]] om. **A** ‖ 16 γεύσεται] γεύεται Her. | ἑαυτοῦ] αὐτοῦ ***β*** ‖ 20 οἰδαίνει] οἰδάνει Her. | ψαύσοι] ψαύσοιτο **H** : ψαύσει **V** : ψαύσειεν Her. | δὲ] γε **PAH** 21 ἐπιμείνῃ] ἐπιμείνει **L** : ἐπιμείνειε Jac., Her. ‖ 23 ἐθέλοι] ἐθέλῃ **H** : ἐθέλει **A** θάλατταν] θάλασσαν **V** ‖ 26 πυτίαν] πυετίαν **V**, Her. | ἐκροφεῖ] ἐξεμεῖ Ges., Her. : ἐκφοφεῖ Trill. ‖ 27 ἐπιλήπτοις] ἐπιλήπτοισιν ***β*** | δὴ] δὲ ***β***

3.20. Οἱ πελεκᾶνες ἐν τοῖς ποταμοῖς κόγχας περιχαίνοντες εἶτα καταπίνουσιν, ἔνδον δὲ καὶ ἐν μυχῷ τῆς γαστρὸς ὑποθάλψαντες ἀνεμοῦσι, καὶ τὰ μὲν ὀστράκια ἐκ τῆς ἀλέας διέστη, ὥσπερ οὖν τῶν ἑφθῶν, οἳ δὲ ἐξορύττουσι τὰ κρέα, καὶ ἔχουσι δεῖπνον. καὶ μέντοι καὶ οἱ λάροι, ὡς Εὔδημός φησι [fr. 126 Wehr.], τοὺς κοχλίας μετεωρίζοντες καὶ ὑψοῦ αἴροντες ταῖς πέτραις βιαιότατα προσαράττουσιν.

3.21. Λέγει Εὔδημος [fr. 127 Wehr.], ἐν Παγγαίῳ τῷ Θρᾳκίῳ κοίτῃ λέοντος ἐρήμῳ φυλακῆς ἐπιστᾶσαν ἄρκτον σκύμνους τοῦ λέοντος διαφθεῖραι διὰ τὸ μικρούς τε εἶναι ἔτι καὶ ἀμῦναι σφίσιν ἀδυνάτους. ἐπεὶ δὲ ἀφίκετο ἔκ τινος ἄγρας ὅ τε πατὴρ καὶ ἡ μήτηρ, καὶ εἶδον τοὺς παῖδας ἐν ταῖς φοναῖς, οἷα εἰκὸς ἤλγουν, καὶ ἐπὶ τὴν ἄρκτον ἵεντο· ἣ δὲ δείσασα εἴς τι δένδρον ᾗ ποδῶν εἶχεν ἀνέθει, καὶ καθῆστο τὴν ἐπιβουλὴν τὴν ἐξ ἐκείνων ἐκκλῖναι πειρωμένη. ὡς δὲ ἐδόκουν τοῦ τιμωρήσασθαι τὴν λυμεῶνα ἥκειν δεῦρο, ἐνταῦθα ἡ μὲν λέαινα οὐ λείπει τὴν φυλακήν, ἀλλ' ὑπὸ τῷ πρέμνῳ καθῆστο ἐλλοχῶσα καὶ ὕφαιμον ἄνω βλέπουσα, ὁ δὲ λέων, οἷα ἀδημονῶν καὶ ἀλύων ὑπὸ τοῦ ἄχους ὡς ἄνθρωπος, εἶτα ἐν τοῖς ὄρεσιν ἠλᾶτο, καὶ ἀνδρὶ ὑλουργῷ περιτυγχάνει· ὃ δὲ ἔδεισε καὶ ἀφίησι τὸν πέλεκυν, τὸ δὲ θηρίον ὁ λέων ἔσαινέ τε καὶ ἑαυτὸν ἀνατείνας ἠσπάζετο, ὡς οἷός τε ἦν, καὶ τῇ γλώττῃ τὸ πρόσωπον ἐφαίδρυνεν αὐτῷ. καὶ ἐκεῖνος ὑπεθάρσησεν, ὅ τε λέων περιβαλὼν οἱ τὴν οὐρὰν ἦγεν αὐτόν, καὶ ἀφιέντα τὸν πέλεκυν οὐκ εἴα, ἀλλὰ ἐσήμαινε τῷ ποδὶ ἀνελέσθαι. ὡς δὲ οὐ συνίει, ὃ δὲ τῷ στόματι ἐλάβετο, καὶ ὤρεξέν οἱ, καὶ εἵπετο ἐκεῖνος, ἄγει τε αὐτὸν ἐπὶ τὸ αὔλιον. καὶ ἡ λέαινα εἶδε, καὶ αὐτὴ προσελθοῦσα ὑπεσήμαινε, καὶ ἑώρα οἰκτρόν, καὶ ἀνέβλεπε εἰς τὴν ἄρκτον. συνιδὼν οὖν ὁ ἄνθρωπος καὶ συμβαλὼν ἠδικῆσθαί τι τούτους ἐξ ἐκείνης, ὡς εἶχε ῥώμης τε καὶ χειρῶν, ἐξέκοπτε τὸ δένδρον. καὶ τὸ μὲν ἀνετράπη, ἣ

1 ἐν] οἱ ἐν Her. | κόγχας] τὰς κόγχας Her. ‖ 2 μυχῷ] τῷ μυχῷ Her. ‖ 4 τῶν] τὰ τῶν Her. ‖ 9 σκύμνους] τοὺς σκύ. Her. ‖ 11 ἀφίκετο] ἀφίκοντο Her. ‖ 12 ταῖς φοναῖς] τοῖς φόνοις **P** ‖ 13 ἵεντο] ἵενται **V** ‖ 15 τὴν] τὸν **A**, Her. ‖ 18 ὡς—εἶτα] del. Her. ‖ 21 ὡς—ἦν] om. **V** ‖ 22 ὑπεθάρσησεν] ὑπεθάρρησεν **L** ‖ 23 ἀφιέντα] ἀφέντα Her. ‖ 25 ἐλάβετο] ἐπελάβετο **V** ‖ 26 αὔλιον] δένδρον Rei. | εἶδε] ὡς εἶδε Her. | ὑπεσήμαινε] ὑπέσαινε Rei., Her. ‖ 27 εἰς] πρὸς **L**, Her. ‖ 29 ἐξέκοπτε] ἐξέκοψε **A**, Her.

δὲ κατηνέχθη· καὶ διεσπάσαντό τε οἱ θῆρες αὐτήν. τόν τε ἄνθρωπον ὁ λέων ἀπαθῆ τε καὶ ἀσινῆ πάλιν ἐπανήγαγεν εἰς τὸν χῶρον, οὗ πρότερον ἐνέτυχεν αὐτῷ, καὶ ἀπέδωκε τῇ ἐξ ἀρχῆς ὑλοτομίᾳ.

3.22. Αἰγυπτίων μάχη θηρίων ἀσπίδος καὶ ἰχνεύμονος. καὶ ὁ μὲν ἰχνεύμων οὐκ ἀβούλως οὐδὲ ἐκπλήκτως ἐπὶ τὸν ἀγῶνα ἀφικνεῖται τὸν πρὸς τὸν ἀντίπαλον, ἀλλ᾽ ὡς ἀνὴρ πανοπλίᾳ φραξάμενος, οὕτως ἐκεῖνος τῷ πηλῷ κυλίσας ἑαυτὸν καὶ ἀναπλήσας τοῦ περιπαγέντος ἔοικεν ἔχειν ἀρκοῦν πρόβλημα καὶ στεγανόν. εἰ δὲ ἀπορία εἴη πηλοῦ, λούσας ἑαυτὸν ὕδατι καὶ εἰς ἄμμον βαθεῖαν ὑγρὸν ἔτι ἐμβαλών, ἐκ τῆσδε τῆς ἐπινοίας τὸ ἀμυντήριον ἐξ ἀπόρων σπάσας, ἐπὶ τὴν μάχην ἔρχεται. τῆς τε ῥινὸς τὸ ἄκρον, ἁπαλὸν ὄν, ἐγχρίσει τῇ τῆς ἀσπίδος τρόπον τινὰ ἐκκείμενον, φρουρεῖ τὴν οὐρὰν ὑποκάμψας μᾶλλον· οὕτως γὰρ ποιεῖν εἴωθεν, ἀνακλάσας καὶ ἀποφράξας δι᾽ αὐτῆς αὐτό. καὶ ἐὰν μὲν ἡ ἀσπὶς τούτου τύχῃ, τὸν ἀνταγωνιστὴν καθεῖλεν· εἰ δὲ μή, μάτην τοὺς ὀδόντας τῷ πηλῷ πονεῖται, πάλιν τε ὁ ἰχνεύμων προσερπύσας ἀδοκήτως καὶ τοῦ τραχήλου λαβόμενος ἀπέπνιξε τὴν ἀσπίδα. νικᾷ δὲ ὁ πρῶτος φθάσας.

3.23. Τρέφειν μὲν τοὺς πατέρας πελαργοὶ γεγηρακότας καὶ ἐθέλουσι καὶ ἐμελέτησαν· κελεύει δὲ αὐτοὺς νόμος ἀνθρωπικὸς οὐδὲ εἷς τοῦτο, ἀλλὰ αἰτία τούτων φύσις ἀγαθή. οἱ αὐτοὶ δὲ καὶ τὰ ἑαυτῶν ἔκγονα φιλοῦσι· καὶ τούτου μαρτύριον, ὅταν ὁ τέλειος ἐνδεὴς ᾖ τροφῆς ἀπτῆσιν ἔτι καὶ ἁπαλοῖς τοῖς νεοττοῖς ἐν τῇ καλιᾷ παραθεῖναι, γενομένης αὐτῷ κατὰ τύχην ἀπορίας, ὃ δὲ τὴν ἑαυτοῦ χθιζὴν ἀνεμέσας ἐκείνους τρέφει. καὶ τοὺς ἐρωδιοὺς ἀκούω ποιεῖν ταὐτόν, καὶ τοὺς πελεκᾶνας μέντοι. προσακούω δὲ τοὺς πελαργοὺς καὶ αὐταῖς συμφεύγειν ταῖς γεράνοις καὶ συναποδι-

1 διεσπάσαντό τε] διεσπάσαντο **L** : διέσπασαν τότε **VA** : διεσπάσαντό γε Her. | τε[2]] δὲ Her. ‖ **6** ἐκπλήκτως] ἐμπλήκτως **H**, malit Her. in app. ‖ **8** κυλίσας] ἐγκυλίσας Her. ‖ **11** ὑγρὸν] ὑγρὰν **PAH** ‖ **13** ἁπαλὸν ὄν] ἁπαλὸν ὂν καὶ **PA** : del. Her. | ἐγχρίσει] ex corr. **P**, edd. : ἐνχρίσει **A** : ἐνχρήσει **V** (ante corr. **P**) : ἐν χρήσει ut vid. **LH** ‖ **14** ὑποκάμψας] ἐπικάμψας **L** | ὑποκάμψας—15 εἴωθεν] del. Her. ‖ **20** γεγηρακότας] γεγηρακότες **V** ‖ **21** αὐτοὺς] αὐτοῖς **L** ‖ **22** φύσις] φύσει **V** | ἀγαθή] del. Her. ‖ **23** ἔκγονα] ἔγγονα **A** | τούτου] τὸ Her. | ὅταν] ὅτε **V** **24** ἐνδεὴς ᾖ] ἐνδεήσῃ **V** ‖ **25** γενομένης] γινομένης **A** ‖ **28** αὐταῖς] αὐτοὺς Her. γεράνοις] γεράναις **V**

δράσκειν τὸν χειμῶνα· τῆς ὥρας δὲ τῆς κρυμώδους διελθούσης, ὅταν ὑποστρέφωσιν εἰς τὰ ἴδια καὶ οἵδε καὶ αἵδε, τὴν ἑαυτῶν ἕκαστος καλιὰν ἀναγνωρίζουσιν, ὡς τὴν οἰκίαν ἄνθρωποι. Ἀλέξανδρος δὲ ὁ Μύνδιός φησι [fr. 1 Well.], τῶν πελαργῶν τοὺς ἅμα βιώσαντας, ὅταν εἰς γῆρας ἀφίκωνται, περιελθόντας αὐτοὺς ὡς τὰς Ὠκεανίτιδας νήσους ἀμείβειν τὰ εἴδη εἰς ἀνθρώπου μορφήν, καὶ εὐσεβείας γε τῆς εἰς τοὺς γειναμένους ἆθλον τοῦτο ἴσχειν, ἄλλως τε ἐγὼ νοῶ, καὶ ὑποθέσθαι τῶν θεῶν βουλομένων τοῦτο γοῦν τῶν ἀνθρώπων τῶν ἐκεῖθι τὸ γένος εὐσεβὲς καὶ ὅσιον, ἐπεὶ οἷόν τε ἦν ἐν τῇ ἄλλῃ τῇ ὑφ' ἡλίῳ τοιοῦτον διαβιοῦν. καὶ οὔ μοι δοκεῖ μῦθος εἶναι. ἢ τί καὶ βουλόμενος ὁ Ἀλέξανδρος τοῦτο ἂν ἐτερατεύσατο κερδαίνων μηδέν; ἄλλως τε οὐδ' ἂν ἔπρεπεν ἀνδρὶ συνετῷ πρὸ τῆς ἀληθείας ποιήσασθαι τὸ ψεῦδος, οὐδὲ ἐπὶ κέρδει τῷ μεγίστῳ, μή τι γοῦν εἰς λαβὰς ἐμπεσουμένῳ τὰς ὑπὲρ τῶν τοιούτων ἀκερδεστάτας.

3.24. Ἡ χελιδὼν ὅταν εὐποροίη πηλοῦ, τοῖς ὄνυξι φέρει καὶ συμπλάττει τὴν καλιάν· εἰ δὲ ἀπορία εἴη, ὡς Ἀριστοτέλης λέγει [*HA* 612b21 ss.; fr. 270.5 Gig.], ἑαυτὴν βρέχει, καὶ εἰς κόνιν φύρει τὰ πτερὰ ἐμπεσοῦσα, καὶ τοῦ πηλοῦ περιπαγέντος, ἐντεῦθεν ὑπαποψήχουσα τῷ ῥάμφει τὴν προκειμένην οἰκοδομίαν χειρουργεῖ. ἁπαλά τε ὄντα τὰ νεόττια καὶ τῶν πτίλων γυμνὰ οἶδε καλῶς ἐπὶ ψιλῶν καρφῶν εἰ ἀναπαύοιτο ὅτι κολασθήσεται ἀλγοῦντα. οὐκοῦν ἐπὶ τὰ νῶτα τῶν προβάτων ἱζάνει, καὶ ἀποσπᾷ τοῦ μαλλοῦ, καὶ ἐντεῦθεν τοῖς ἑαυτῆς βρέφεσι τὸ λέχος μαλακὸν ἔστρωσεν.

3.25. Δικαίους ἡ μήτηρ ἡ χελιδὼν τοὺς ἑαυτῆς νεοττοὺς ἐργάζεται, τὸ ἰσότιμον αὐτοῖς διὰ τῆς τροφῆς τῆς ἴσης φυλάττουσα· μίαν δὲ ἄρα οὐ κομίζει πᾶσιν, ἐπεὶ μηδὲ δύναται· ἀλλὰ μικρὰ μὲν καὶ ὀλίγα ἐστὶν ὅσα ἄγει, τὸν πρῶτον δὲ τεχθέντα πρῶτον τρέφει, δεύτερον δὲ τὸν ἐπ' ἐκείνῳ, καὶ τρίτον σιτίζει τὸν τῆς τρίτης ὠδῖνος, καὶ μέχρι τοῦ πέμπτου πρόεισι τὸν τρόπον

2 ὑποστρέφωσιν] ὑποστρέψωσιν Her. ‖ **3** ἕκαστος] om. L ‖ **4** Μύνδιός] μακεδὼν **V** | τῶν — 5 βιώσαντας] del. Her. ‖ **5** περιελθόντας] παρελθόντας Her. **6** ὡς] ἐς Her. ‖ **8** τε] τε, εἴ τι Her. ‖ **9** τῶν^{2}] om. ***β*** ‖ **10** οἷόν] οὐχ οἷόν Ges. in mg., Jac., Her., fort. recte ‖ **16** ὅταν] ὅτε Ges., Her. ‖ **18** φύρει — 19 ἐμπεσοῦσα] ἐμπ. φύρ. τὰ πτε. Her. ‖ **23** τῶν προβάτων] τοῦ προβάτου **V** ‖ **29** ἐστὶν] om. **A**

τοῦτον· οὔτε γὰρ κύει χελιδὼν πλείονας οὔτε τίκτει. αὐτὴ δὲ τοσοῦτον κατασπᾷ τῆς τροφῆς, ὅσον ἂν ἐν τῇ καλιᾷ κερδᾶναι δυνηθῇ παραρρεῦσαν αὐτῇ. βραδέως δὲ ἐκβλέπει καὶ τὰ ταύτης βρέφη, ὡς καὶ τὰ τῶν κυνῶν σκυλάκια· πόαν δὲ κομίζει καὶ προσάγει, τὰ δὲ ὑπαναβλέπει, εἶτα ἀτρεμήσαντα ὀλίγον ἐκπετήσιμα ὄντα πρόεισι τῆς καλιᾶς ἐπὶ τῆς νομῆς. ταύτης τῆς πόας ἄνθρωποι γενέσθαι ἐγκρατεῖς διψῶσι, καὶ οὐδέπω νῦν τῆς σπουδῆς κατέτυχον.

3.26. Οἱ ἔποπές εἰσιν ὀρνίθων ἀπηνέστατοι, καί μοι δοκοῦσι τῶν προτέρων τῶν ἀνθρωπικῶν ἐν μνήμῃ καὶ μέντοι καὶ μίσει τοῦ γένους τοῦ τῶν γυναικῶν ὑποπλέκειν τὰς καλιὰς ἐν ταῖς ἐρήμοις καὶ τοῖς πλαγίοις τοῖς ὑψηλοῖς· καὶ ὑπὲρ τοῦ μὴ προσιέναι τοὺς ἀνθρώπους αὐτῶν τοῖς βρέφεσιν οἳ δὲ ἀντὶ τοῦ πηλοῦ χρίουσι τὰς καλιάς, ἀποπάτημα ἀνθρώπου περιβαλόντες, τῇ δυσωδίᾳ τε καὶ κακοσμίᾳ ἀνείργοντες καὶ ἀναστέλλοντες τὸ ζῷον τὸ ἑαυτοῖς πολέμιον. ἔτυχε δὲ καὶ ἐν τῷ τοῦ τείχους ἐρημοτέρῳ ὅδε ὁ ὄρνις παιδοποιησάμενος ἔν τινι ῥήγματι λίθου ὑπὸ τοῦ χρόνου διαστάντι. οὐκοῦν ὁ τοῦ τείχους μελεδωνὸς ἰδὼν ἔνδον τὰ βρέφη κατήλειψε τὸν χηραμὸν τῷ πηλῷ. καὶ ὑποστρέψας ὁ ἔποψ, ὡς εἶδεν αὐτὸν ἀποκλεισθέντα, πόαν ἐκόμισε, καὶ προσήνεγκε τῷ πηλῷ· ὃ δὲ κατερρύη, καὶ προσῆλθε πρὸς τὰ αὐτοῦ ἐκεῖνος τέκνα, εἶτα ἐπὶ νομὴν ᾖξεν. αὖθις οὖν ὁ αὐτὸς ἐπήλειψεν ἄνθρωπος, καὶ ἡ ὄρνις τῇ αὐτῇ πόᾳ ἀνέῳξε τὸν χηραμόν· καὶ τὸ τρίτον ἐπράχθη τὰ αὐτά. ὁ τοίνυν τοῦ τείχους φύλαξ συνιδὼν τὸ πραττόμενον, συντεθείσης τῆς πόας ἀνελόμενος ἐχρῆτο οὐκ εἰς τὰ αὐτά, ἀλλ' ἀνοίγων μηδέν οἱ προσήκοντας θησαυρούς.

3.27. Ἡ Πελοπόννησος λεόντων ἄγονός ἐστι· καὶ ὅσα γε εἰκὸς Ὅμηρος πεπαιδευμένῃ φρενὶ συνιδὼν τοῦτο τὴν Ἄρτεμιν ἐκεῖθι

1 οὔτε²] οὐδὲ **A** | αὐτὴ] αὕτη **LH** ‖ 2 καλιᾷ] ex corr. **H**, edd. : κοιλίᾳ codd. (ante corr. **H**) ‖ 3 καὶ] del. Her. ‖ 4 τῶν κυνῶν] τοῦ κυνὸς **V** ‖ 6 τῆς νομῆς] ante corr. **P** : τὴν νομήν (ex corr. **P**) **H**, Her. ‖ 7 νῦν] del. Her. ‖ 12 πλαγίοις] πάγοις edd. 15 τὸ ζῷον] post ἀνείργοντες transp. **V** ‖ 16 τοῦ] om. **AH** : del. Jac., Her. 20 αὐτὸν] αὑτὸν edd. ‖ 21 αὐτοῦ] αὑτοῦ Her. ‖ 22 νομὴν] τὴν νομ. Her. | ᾖξεν] ἦξεν **VAH**, Her. | ἡ] ὁ Her. ‖ 23 αὐτῇ] αὐτοῦ **V** ‖ 24 συνιδὼν] ἰδὼν Her. 25 συντεθείσης—πόας] τὴν πόαν Her. ‖ 26 ἀνοίγων] ἀνέῳγεν Her. ‖ 27 ὅσα] οἷα Her. | γε] post εἰκὸς transp. **AH** : om. **V** : del. Her.

θηρῶσαν ᾄδων εἶπεν ὅτι ἄρα ἔπεισι τόν τε Ταΰγετον καὶ τὸν Ἐρύμανθον [*Od.* 4.104]·

τερπομένη κάπροισι καὶ ὠκείῃς ἐλάφοισιν·

ἐπειδὴ ἔρημα λεόντων τάδε τὰ ὄρη, καὶ μάλα γε εἰκότως οὐκ ἐμνήσθη αὐτῶν.

3.28. Γίνεται δὲ ἐν τῇ Ἐρυθρᾷ θαλάσσῃ ἰχθῦς, καὶ ὅσα γε εἰδέναι καὶ ἐμέ, ἔθεντο Περσέα ἐπιχώριοι ὄνομα αὐτῷ. καὶ οἱ μὲν Ἕλληνες αὐτὸν οὕτω, καλοῦσι δὲ καὶ Ἄραβες ὁμοίως τοῖς Ἕλλησι· Διὸς γὰρ υἱὸν καὶ ἐκεῖνοι ᾄδουσι τὸν Περσέα, καὶ ἀπ' αὐτοῦ γε τὸν ἰχθῦν ὑμνοῦσι λέγεσθαι. μέγεθος μὲν οὖν ἐστι κατὰ τὸν ἀνθίαν τὸν μέγιστον, ἰδεῖν δὲ ὅμοιος λάβρακι· γρυπός γε μὴν ἡσυχῇ οὕτω, καὶ ζώναις πεποίκιλται χρυσῷ προσεικασμέναις· ἄρχονται δὲ ἀπὸ τῆς κεφαλῆς ἐπικάρσιοι αἱ ζῶναι, καὶ εἰς τὴν γαστέρα καταλήγουσι. πέφρακται δὲ ὀδοῦσι μεγάλοις καὶ πυκνοῖς. λέγεται δὲ ἰχθύων περιεῖναι ῥώμῃ τε σώματος καὶ βίᾳ· ἀλλὰ οὐδὲ τόλμης οἱ ἐνδεῖ. θήραν δὲ αὐτοῦ καὶ ἄγραν εἶπον ἀλλαχόθι [loc. ign.].

3.29. Ἡ πίννη θαλάττιον ζῷον, καὶ ἔστι τῶν ὀστρείων. κέχηνε δὲ τῇ διαστάσει τῶν περικειμένων ὀστράκων, καὶ προτείνει σαρκίον ἐξ ἑαυτῆς οἱονεὶ δέλεαρ τοῖς παρανηχομένοις τῶν ἰχθύων. καρκίνος δὲ αὐτῇ παραμένει σύντροφός τε καὶ σύννομος. οὐκοῦν ὅταν τι τῶν ἰχθύων προσνέῃ, ὃ δὲ ἐπένυξεν ἡσυχῇ αὐτήν· καὶ ἡ πίννη μᾶλλον ἀνέῳξεν ἑαυτήν, καὶ ἐδέξατο ἔσω τοῦ ἐπιόντος ἰχθύος τὴν κεφαλήν (καθίησι γὰρ ὡς ἐπὶ τροφῇ) καὶ ἐσθίει αὐτήν.

3.30. Ἦν δὲ ἄρα οἰκεῖα τῷ πεπαιδευμένῳ καὶ ταῦτα εἰδέναι. σοφώτατος ὁ κόκκυξ καὶ πλέκειν εὐπόρους ἐξ ἀπόρων μηχανὰς δεινότατος. ἑαυτῷ μὲν γὰρ συνεπίσταται ἐπῳάζειν οὐ δυναμένῳ καὶ ἐκλέπειν διὰ ψυχρότητα τῆς ἐν τῷ σώματι συγκράσεως, ὥς φασιν. οὐκοῦν ὅταν τίκτῃ, οὔτε αὐτὸς νεοττιὰν ὑποπλέκει οὔτε τιθηνεῖται τὰ βρέφη, φυλάττει δὲ ἄρα τοὺς τῶν νεοττιῶν δεσπότας ἀφεστῶτας καὶ πλανωμένους, καὶ παρελθὼν εἰς καταγωγὴν

4 ἐπειδὴ] ἐπεὶ δὲ Her. ‖ 7 καὶ[1]] del. Her. | ἐπιχώριοι] οἱ ἐπιχ. Schn., Her. ‖ 11 γε μὴν] μέν γε μὴν **VPA** ‖ 17 πίννη] πίννα **V** | θαλάττιον] θαλάσσιον **A** 20 σύντροφός—σύννομος] σύνν. τε καὶ σύντ. **V** ‖ 21 τι] τις ex corr. **A**, Her. ἐπένυξεν] ὑπένυξεν Her. ‖ 23 αὐτήν] αὐτόν sscr. **P**, Ges. ‖ 29 νεοττιῶν] Jac., Her. : νεοττῶν codd. ‖ 30 καταγωγὴν] ex corr. **P** : καταγώγιον (ante corr. **P**) **AH**

ὀθνείαν ἐντίκτει. οὐ πάντων δὲ ὀρνίθων καλιαῖς ἐπιπηδᾷ οὗτός γε, ἀλλὰ κορύδου καὶ φάττης καὶ χλωρίδος καὶ πάππου· τούτοις γὰρ συνεπίσταται ὅμοια αὐτῷ ᾠὰ τίκτουσι. καὶ κενῶν μὲν αὐτῶν οὐσῶν, οὐκ ἂν παρέλθοι· ᾠῶν δὲ ἔνδον ὄντων εἶτα μέντοι τὰ ἑαυτοῦ παρενέμιξεν. ἐὰν δὲ ᾖ πολλὰ τὰ ἐκείνων, τὰ μὲν ἐκκυλίσας ἠφάνισε, τὰ δὲ ἑαυτοῦ κατέλιπε, διαγνωσθῆναί τε καὶ φωραθῆναι δι' ὁμοιότητα μὴ δυνάμενα. καὶ οἱ μὲν ὄρνιθες οἱ προειρημένοι τὰ μηδὲν σφίσι προσήκοντα ἐκγλύφουσιν, ὑποπηγνύμενα δὲ ἐκεῖνα ἑαυτοῖς συνεγνωκότα τὴν νοθείαν ἐκπέταταί τε καὶ παρὰ τὸν γεινάμενον στέλλεται· τῶν γὰρ πτερῶν αὐτοῖς περιχυθέντων γνωρίζεται ἀλλότρια ὄντα, καὶ αἰκίζεται πικρότατα. καὶ ὁρᾶται δὲ μίαν ὥραν τοῦ ἔτους τὴν ἀρίστην ὁ κόκκυξ· ἦρος γὰρ ὑπαρχομένου καὶ αὐτὸς ἐμφανής ἐστιν εἰς ἀνατολὰς Σειρίου, εἶτα τῆς τῶν πολλῶν ὄψεως ἀνεχώρησεν.

3.31. Ἀλεκτρυόνα φοβεῖται λέων. καὶ βασιλίσκος δὲ τὸν αὐτὸν ὄρνιν, ὥς φασιν, ὀρρωδεῖ, καὶ κατιδὼν τρέμει, καὶ ἀκούων ᾄδοντος σπᾶταί τε καὶ ἀποθνήσκει. ταῦτα ἄρα καὶ οἱ τὴν Λιβύην ὁδοιποροῦντες τὴν τῶν τοιούτων τροφὸν δέει τοῦ προειρημένου βασιλίσκου εἶτα μέντοι συνέμπορον καὶ κοινωνὸν τῆς ὁδοῦ τὸν ἀλεκτρυόνα ἐπάγονται, ὅσπερ οὖν τὸ τηλικοῦτον κακὸν ἀπαλλάξει αὐτοῖς.

3.32. Ἡ Κρήτη καὶ τοῖς λύκοις καὶ τοῖς ἑρπετοῖς θηρίοις ἐχθίστη ἐστίν. ἀκούω Θεοφράστου λέγοντος [cf. Plin., *NH* 8. 222; 227] καὶ ἐν τῷ Μακεδονικῷ Ὀλύμπῳ τοῖς λύκοις ἄβατα εἶναι. αἶγες δὲ ἄρα αἱ Κεφαλληνίδες οὐ πίνουσι μηνῶν ἕξ. οἷς δὲ Ἀβυδηνὰς οὐκ ὄψει λευκάς, ὥς φασι, μελαίνας δὲ πάσας. διαφορότης δὲ ἄρα τῶν ζῴων καὶ ἰδιότης εἴη ἂν καὶ ταύτῃ· τὰ μὲν γὰρ αὐτῶν ἐστι δάκετα καὶ ἐνίησιν ἀπὸ τοῦ ὀδόντος φάρμακον, βλητὰ δὲ ὅσα παίσαντα εἶτα μέντοι καὶ ἐκεῖνά τι τοιοῦτον κακὸν ἐνίησιν.

1 ὀθνείαν] ὀρνέων **PAH** ‖ 2 φάττης] ex corr. **A**, edd. : φάβης **LP** (ante corr. **A**) : φαβὸς **V** : φλοβῆς **H** | γὰρ] om. **A** ‖ 4 δὲ] om. **V** ‖ 8 ἐκγλύφουσιν] ex corr. **P** : γλύφουσιν (ante corr. **P**) **AH** ‖ 9 ἐκπέταταί] ἐκπέτεταί **LAH** 10 περιχυθέντων] edd. : περιλυθέντων codd. ‖ 11 καὶ[2]] om. **H** : del. Her. | δὲ μίαν] μηδεμίαν **LP** ‖ 12 τοῦ ἔτους] om. **LP** ‖ 21 αὐτοῖς] αὐτοὺς **L** ‖ 23 ἀκούω] ἀκούω δὲ Her. ‖ 25 αἱ] om. **A** | Ἀβυδηνὰς] Βουδινὰς Her. : βουδιανάς conieci (coll. 16.33)‖ 28 βλητὰ] βλητικὰ Schn., Her.‖ 29 τι] τὸ Her.

3.33. Ἡ Λίβυσσα δ' ἀσπίς, ἀκούω, τὸν πρὸς τὸ φύσημα αὐτῆς ἀντιβλέψαντα, ὅταν πρησθῇ τὸν τράχηλον, τυφλοῖ τὴν ὄψιν· ἡ δὲ ἄλλη οὐ τυφλοῖ μέν, ἀποκτείνει δὲ ῥᾷστα.

Λέγονται δὲ βόες Ἠπειρωτικαὶ πλεῖστον ὅσον ἀμέλγεσθαι καὶ αἶγες αἱ Σκύριαι γάλα ἀφθονώτατον παρέχειν, ὅσον οὐκ ἄλλαι αἶγες. αἱ δὲ Αἰγύπτιαι, ἑκάστη πέντε ἀποτίκτει, καὶ αἱ πλεῖσται δίδυμα. λέγεται δὲ αἴτιος ὁ Νεῖλος εἶναι, εὐτεκνότατον παρέχων ὕδωρ. ἔνθεν τοι καὶ τῶν νομέων τοὺς ἄγαν φιλοκάλους καὶ τῆς ποίμνης τῆς σφετέρας ἔχοντας πεφροντισμένως ὕδωρ ἐκ τοῦ Νείλου ταῖς ἑαυτῶν ἀγέλαις ἄγειν μηχανῇ ὅσον δυνατόν ἐστι, καὶ ταῖς στερίφαις γε ἔτι καὶ μᾶλλον.

3.34. Πτολεμαίῳ τῷ δευτέρῳ, φασίν, ἐξ Ἰνδῶν κέρας ἐκομίσθη, καὶ τρεῖς ἀμφορέας ἐχώρησεν. οἷος ἄρα βοῦς ἦν, ὡς ἐκπεφυκέναι οἱ τηλικοῦτον κέρας.

3.35. Περδίκων φθέγμα ἓν οὐδέποτε ἀκούσαις ἁπάντων, ἀλλὰ ἔστι διάφορα. καὶ Ἀθήνησί γε οἱ ἐπέκεινα τοῦ Κορυδαλλέων δήμου ἄλλο γε ἠχοῦσι, καὶ οἱ ἐπίταδε ἄλλο. τίνα δέ ἐστι τοῖς φθέγμασι τὰ ὀνόματα, ἐρεῖ Θεόφραστος [fr. 181 Wimm.]. ἐν δὲ τῇ Βοιωτίᾳ καὶ τῇ ἀντιπέρας Εὐβοίᾳ ὁμόφωνοί τέ εἰσι καὶ ὡς ἂν εἴποι τις ὁμόγλωττοι. ἄφωνα δέ ἐστι τὸ παράπαν ἐν Κυρήνῃ μὲν οἱ βάτραχοι, ἐν Μακεδονίᾳ δὲ ὗς. καὶ τεττίγων τι γένος, ἄφωνοι καὶ οὗτοι.

3.36. Γένος φαλαγγίου φασὶν εἶναι, καλοῦσι δὲ ῥᾶγα τὸ φαλάγγιον, εἴτε ὅτι μέλαν ἐστὶ καὶ τῷ ὄντι προσέοικε σταφυλῆς ῥαγὶ καί πως ὁρᾶται καὶ περιφερές, εἴτε δι' αἰτίαν ἑτέραν, καταγνῶναι ῥᾷον τοῦτο οὐκ ἔστι. γίνεται δὲ ἐν τῇ Λιβύῃ, καὶ ἔχει πόδας μακρούς· στόμα δὲ εἴληχεν ἐν μέσῃ τῇ γαστρί, καὶ ἔστιν ἀποκτεῖναι τάχιστον.

1 τὸ] om. **VL** ‖ 2 ὅταν—τράχηλον] del. Her. | πρησθῇ] προσθῇ **LP** : προθῇ **A** : πρινθῇ **H** ‖ 6 ἑκάστη] ἔστιν αἳ Her. | ἀποτίκτει] ἀποτίκτουσι Her. 7 εὐτεκνότατον] εὐτεκνώτατον **V** ‖ 10 ἑαυτῶν] ἑαυτοῦ **L** ‖ 11 στερίφαις γε] γε στερ. Her. ‖ 13 οἷος] οὗτος **VLH** | βοῦς] ὁ βοῦς Her. ‖ 15 οὐδέποτε] οὐδέποτ' ἂν Her. ‖ 16 διάφορα] διάφορον ***β*** | Κορυδαλλέων] Κορυδαλεῶν **LH** ‖ 17 γε] del. Her. | ἐπίταδε] Jac., Her. : ἔπειτα δὲ codd. ‖ 20 ἄφωνα] ἄφωνοι **AH** | μὲν οἱ] μόνοι ***β*** ‖ 25 περιφερές] περιφερής **V** : περιφανές **A** | αἰτίαν ἑτέραν] ἑτέ. αἰτ. **L** 26 καταγνῶναι—ἔστι] del. Her. ‖ 27 μακρούς] μικρούς Ges., Her.

3.37. Ἐν Σερίφῳ βάτραχοι, τὸ παράπαν οὐκ ἂν αὐτῶν ἀκούσαις φθεγγομένων· εἰ δὲ αὐτοὺς κομίσαις ἀλλαχόθι, διάτορόν τε καὶ τραχύτατον ἠχοῦσιν. ἐν Πιέρῳ δὲ τῆς Θετταλίας λίμνη, ἥ ἐστιν οὐκ ἀέναος, ἀλλὰ χειμῶνος ἐκ τῶν συρρεόντων εἰς αὐτὴν ὑδάτων τίκτεται. οὐκοῦν ἐὰν ἐμβάλῃ τις βατράχους εἰς αὐτήν, σιωπῶσιν, ἀλλαχοῦ φθεγγόμενοι. ὑπὲρ δὲ τῶν Σεριφίων βατράχων κομπάζουσι Σερίφιοι ἐλθεῖν ἐκ τοῦ κατὰ τὴν Γοργόνα ἄθλου τὸν Περσέα πολλὴν περιελθόντα γῆν, καὶ οἷα εἰκὸς καμόντα ἀναπαύσασθαι τῆς λίμνης πλησίον καὶ κατακλινῆναι ὕπνου δεόμενον. τοὺς δὲ βατράχους βοᾶν καὶ ἐρεσχελεῖν τὸν ἥρωα καὶ τὸν ὕπνον αὐτῷ διακόπτειν, καὶ λυπεῖν δηλονότι· τὸν Περσέα δὲ εὔξασθαι τῷ πατρὶ τοὺς βατράχους κατασιγάσαι. τὸν δὲ ὑπακοῦσαι καὶ χαριζόμενον τῷ υἱεῖ τῶν ἐκεῖθι βατράχων αἰώνιον σιγὴν καταψηφίσασθαι. λέγει δὲ Θεόφραστος [fr. 186 Wimm.] ἐκβαλὼν τὸν μῦθον καὶ Σεριφίους τῆς ἀλαζονείας παραλύων τὴν τοῦ ὕδατος ψυχρότητα αἰτίαν εἶναι τῆς ἀφωνίας τῶν προειρημένων.

3.38. Ἐν τοῖς ὑγροῖς χωρίοις καὶ ἔνθα νοτιώτερος ὁ ἀὴρ ὑπεράγαν, οἱ ἀλεκτρυόνες οὐκ ᾄδουσι, φησὶ Θεόφραστος [fr. 187 Wimm.]. ἡ δὲ ἐν Φενεῷ λίμνη ἰχθύων ἄγονός ἐστι. ψυχροὶ δὲ ἄρα ὄντες τὴν σύγκρασιν οἱ τέττιγες εἶτα μέντοι πυρουμένου τοῦ ἡλίου ᾄδουσιν, ἐκεῖνος λέγει.

3.39. Τολμηρότερος ἄρα ζῴων ὁ αἰγιθήλας ἦν· τῶν μὲν γὰρ ὀρνίθων ὑπερφρονεῖ τῶν μικρῶν, ἐπιτίθεται δὲ ταῖς αἰξὶ κατὰ τὸ καρτερόν, καὶ μέντοι τοῖς οὔθασιν αὐτῶν προσπετόμενος εἶτα ἐκμυζᾷ ἐκ τοῦ γάλακτος, καὶ τὴν τιμωρίαν τὴν ἐκ τοῦ αἰπόλου οὐ δέδοικε, καίτοι πονηρότατον αὐταῖς μισθὸν ὑπὲρ τῆς πλησμονῆς

2 ἀλλαχόθι] ἀλλαχόθεν **VH** ‖ **4** λίμνη] λίμνης *β* | ἥ] del. (distinct. post ἐστίν) Her. ἀέναος] ἀέναος **L**, Her. ‖ **7** τὴν Γοργόνα] τῆς Γοργόνος Her. **11** καὶ[2]—δηλονότι] del. Her. ‖ **15** ἐκβαλὼν] ἐκβάλλων **L**, Her. ‖ **18** νοτιώτερος] νοτιώτατος Her. | ὁ] om. **V** ‖ **19** ὑπεράγαν] ὑπεράγῃ **V** | φησὶ] φασὶ **V** ‖ **20** ἡ] om. **A** | δὲ ἐν] ἐν δὲ **A** ‖ **21** πυρουμένου—**22** ἡλίου] πυρούμενοι τῷ ἡλίῳ Her. **23** Τολμηρότερος] Τολμηρότερον **LP** : Τολμηρότατον (δὲ **H**) **AH** : Τολμηρότατος δὲ Her. ‖ **25** μέντοι] μέντοι καὶ Her. ‖ **26** ἐκ[1]—γάλακτος] τοῦ γάλακτος Rei., Her.[1] : τὸ γάλα Her.

ἀποδιδούς· τυφλοῖ γὰρ τὸν μαστὸν ὅταν σπάσῃ, καὶ ἀποσβέννυσι τὴν ἐκεῖθεν ἐπιρροήν.

3.40. Μητροδίδακτον μὲν τὸν τῆς Ἀρίστης υἱόν, τὸν τῆς ἀδελφῆς τῆς Ἀριστίππου, ὑμνοῦσιν οἱ πολλοί· λέγει δὲ Ἀριστοτέλης [*HA* 536b17; fr. 270.6 Gig.] ἰδεῖν αὐτὸς τὰ νεόττια τῆς ἀηδόνος ὑπὸ τῆς μητρὸς διδασκόμενα ᾄδειν. ἦν δὲ ἄρα ὀρνίθων ἡ ἀηδὼν ἐλευθερίας ἐράστρια ἰσχυρῶς, καὶ διὰ ταῦτα ἡ ἐντελὴς τὴν ἡλικίαν ὅταν θηραθῇ καὶ καθειργμένη ᾖ, ἐν τῷ οἰκίσκῳ φυλάττεται, καὶ τροφῆς καὶ ᾠδῆς ἀπέχεται, καὶ ἀμύνεται τὸν ὀρνιθοθήραν ὑπὲρ τῆς δουλείας τῇ σιωπῇ. οὗπερ οὖν οἱ ἄνθρωποι πεπειραμένοι, τὰς μὲν ἤδη πρεσβυτέρας καὶ ἁλούσας μεθιᾶσι, σπουδάζουσι δὲ θηρᾶν τὰ νεόττια.

3.41. Ἵππους μονόκερως γῆ Ἰνδικὴ τίκτει, φασί, καὶ ὄνους μονόκερως ἡ αὐτὴ τρέφει, καὶ γίνεταί γε ἐκ τῶν κεράτων τῶνδε ἐκπώματα. καὶ εἴ τις ἐς αὐτὰ ἐμβάλοι φάρμακον θανατηφόρον, ὁ πιών, οὐδὲν ἡ ἐπιβουλὴ λυπήσει αὐτόν· ἔοικε γὰρ ἀμυντήριον τοῦ κακοῦ τὸ κέρας καὶ τὸ τοῦ ἵππου καὶ τὸ τοῦ ὄνου εἶναι.

3.42. Ὁ πορφυρίων ὡραιότατός τε ἅμα καὶ φερωνυμώτατός ἐστι ζῴων, καὶ χαίρει κονιώμενος, ἤδη δὲ καὶ λούεται τὸ τῶν περιστερῶν λουτρόν· οὐ πρότερον δὲ ἑαυτὸν ἐπιδίδωσι ταῖς κονίστραις καὶ τοῖς λουτροῖς, πρὶν ἂν βαδίσαι τινὰ ἀριθμὸν βαδίσεως ἀρκοῦντά οἱ. σιτούμενος δὲ ἐπὶ μαρτύρων ἄχθεται, καὶ διὰ ταῦτα ἀναχωρεῖ, καὶ ὑπολανθάνων ἐσθίει. ζηλότυπος δέ ἐστιν ἰσχυρῶς, καὶ τὰς ἀνάνδρους τῶν γυναικῶν παραφυλάττει, καὶ ἐὰν

1 μαστὸν] μασθὸν **LPA** | ὅταν σπάσῃ] del. Her. ‖ **3** τὸν[1]] Cas., Jac., Her. : τὸ codd. | Ἀρίστης] Ἀρήτης Cas., Her., fort. recte | υἱὸν τὸν] Cas., Her. : οἷον τὸ codd. ‖ **7** ἡ[1]] om. **V** ‖ **8** τῷ] del. Her. ‖ **9** φυλάττεται] del. Her. | καὶ[1] — ᾠδῆς] καὶ ᾠδῆς καὶ τροφῆς **V** : ᾠδῆς Her. ‖ **10** τῇ σιωπῇ] τῆς σιωπῆς **V** | οὗπερ] ὅπερ **VPH** : ὅσπερ **A** ‖ **11** πρεσβυτέρας] πρεσβυτάτας **V** | καὶ ἁλούσας] del. Her. **14** γε] καί γε **A** ‖ **15** ἐμβάλοι] ἐμβάλῃ **LAH** : ἐμβάλει **P** ‖ **16** ἡ] del. Her. ἀμυντήριον — **17** κέρας] τὸ κέρ. ἀμυ. τοῦ κακ. **AH** ‖ **17** τὸ[2]] om. **L** : del. Her. τὸ[3]] om. **L** : del. Her. ‖ **18** τε ἅμα] ἅμα **V** | φερωνυμώτατός] φερωνυμώτατόν **L** **19** ζῴων] ζῷον **AH** | κονιώμενος] κονιούμενος **V** : κονιόμενος **A**, Her. | δὲ] om. **L** λούεται] λοῦται Her. ‖ **20** λουτρόν] λουτήριον **V** ‖ **21** βαδίσαι] βαδίσῃ Her. **22** βαδίσεως] βαδίσεων Her., fort. recte | σιτούμενος] καὶ σιτ. **PA** | ἐπὶ] οἱ ἐπὶ **V** μαρτύρων] μάρτυρες **V** ‖ **23** ζηλότυπος] καὶ ζηλ. **P** ‖ **24** ἀνάνδρους] ὑπάνδρους Her.

καταγνῷ μοιχεύεσθαι τῆς οἰκίας τὴν δέσποιναν, ἀπάγχει ἑαυτόν. οὐ πέτεται δὲ ὑψηλός. χαίρουσί γε μὴν οἱ ἄνθρωποι αὐτῷ, καὶ τρέφουσι πεφεισμένως καὶ προμηθῶς αὐτόν. καὶ ἔοικεν ἢ σοβαρᾶς οἰκίας καὶ μέγα πλουσίας ἄθυρμα εἶναι, ἢ ὑποδέχεται νεὼς αὐτόν, καὶ ἄφετος ἀλᾶται, καὶ ἱερὸς περίεισιν εἴσω περιβόλου. τὸν ταὼν μὲν οὖν ὡραῖον ὄντα καὶ καταθύουσι καὶ σιτοῦνται οἱ ἄσωτοι· τοῦ γὰρ ὄρνιθος τὰ μὲν πτερὰ κόσμος ἐστί, τὸ δὲ σῶμα ἦν τι οὐδέν. πορφυρίωνα δὲ οὐκ οἶδα καταθύσαντα οὐδένα ἐπὶ δείπνῳ, οὐ Καλλίαν οὐ Κτήσιππον τοὺς Ἀθηναίους, οὐ Λεύκολλον οὐχ Ὁρτήσιον τοὺς Ῥωμαίους· εἶπον δὲ ὀλίγους ἐκ πολλῶν ἀσώτους καὶ ἀκρατεστάτους τῇ τε ἄλλῃ καὶ μέντοι καὶ περὶ γαστέρα.

3.43. Ὁ κόραξ ὁ ἤδη γέρων ὅταν μὴ δύνηται τρέφειν τοὺς νεοττούς, ἑαυτὸν αὐτοῖς προτείνει τροφήν· οἳ δὲ ἐσθίουσι τὸν πατέρα. καὶ τὴν παροιμίαν ἐντεῦθέν φασι τὴν γένεσιν λαβεῖν τὴν λέγουσαν 'κακοῦ κόρακος κακὸν ᾠόν' [*CPG* II, p. 466.20].

3.44. Σωφρονέσταται ὀρνίθων αἱ φάτται ᾄδονται. ὁ γοῦν ἄρρην καὶ ὁ θηλυκὸς συνδυασθέντες καὶ οἱονεὶ συμπνεύσαντες εἰς γάμον ἀλλήλων ἔχονται καὶ σωφρονοῦσι, καὶ οὐκ ἂν ὀθνείου λέχους οὐθέτερος ἅψαιτο τῶν ὀρνίθων τῶνδε. ἐὰν δὲ ἐποφθαλμιάσωσιν ἑτέροις, περιέρχονται αὐτοὺς οἱ λοιποί, καὶ τὸν μὲν ἄρρενα οἱ ὁμογενεῖς διασπῶσιν, αἱ θήλειαι δὲ τὸν θῆλυν. οὗτος ἄρα ὁ τῆς σωφροσύνης νόμος καὶ ἐς τὰς τρυγόνας ἀφικνεῖται καὶ ἄτρεπτος μένει καὶ ἐς τὰς περιστερὰς τὰς λευκάς, πλὴν τοῦ θανατοῦσθαι ἑκάτερον τὸν ὄρνιν· ἐπεὶ τὸν μὲν ἄρρενα ἀναιροῦσι, τὸν δὲ θῆλυν ᾤκτειραν καὶ εἴασαν ἀπαθῆ, καὶ περίεισι χῆρος.

3.45. Ἀριστοτέλης λέγει [*HA* 613a14; fr. 270.7 Gig.] τῶν περιστερῶν καὶ τοὺς ἄρρενας ταῖς θηλείαις ταῖς τικτούσαις συνωδίνειν καὶ ἀλωμέναις τῆς καλιᾶς ἔξω συνωθεῖν τε καὶ

1 ἑαυτόν] αὐτόν **V** ‖ **3** ἢ] εἰς **PAH** ‖ **5** καὶ[2]—περίεισιν] del. Her. | περιβόλου] περιβόλων **V** ‖ **7** ἦν τι] ἤ τι ἢ Jac., Her. ‖ **9** οὐ Λεύκολλον] Jac., Her. : οὐκ εὔκολον **VA** : om. **LPH** ‖ **10** Ὁρτήσιον] ὁρτήσσιον **LP** ‖ **17** καὶ[1]] τε καὶ **P** θηλυκὸς] θῆλυς Her. ‖ **18** ἔχονται] ἔρχονται **V** ‖ **19** οὐθέτερος] οὐ θάτερος **V** : ἑκάτερος **P** : οὐδέτερος Her. | ἅψαιτο] ἅψεται **PA** : ἅψαται **V** ἐποφθαλμιάσωσιν] ἐποφθαλμίσωσι **V** ‖ **20** περιέρχονται] περιέχονται **A** **23** καὶ—λευκάς] del. Her. | τοῦ] τοῦ μὴ Her. ‖ **26** λέγει] post συνωδίνειν transp. **A** ‖ **27** καὶ] del. Her. ‖ **28** ἀλωμέναις] ἀλωμένας Her. | συνωθεῖν] συνθεῖν **LPH**

συνελαύνειν, καὶ ὅταν τέκωσιν, ἐπῳάζειν ἐκβιάζεσθαι. θάλπειν τε καὶ τοὺς ἄρρενας τὰ νεόττια καὶ συνδιατρέφειν ταῖς θηλείαις ὁ αὐτός φησι, καὶ ὑπὲρ τοῦ μὴ κακοσίτους εἶναι τοὺς νεοττοὺς πρώτην τροφὴν ἐνδιδόναι τοῖς βρέφεσι τοὺς γειναμένους ἁλμυρίδα γῆν, ἥσπερ οὖν γευσάμενα εἶτα μέντοι καὶ τῶν λοιπῶν ἑτοίμως σιτεῖσθαι τὸ ἐντεῦθεν αὐτά. δοκεῖ δέ πως ταῖς περιστεραῖς τὸ ἐντεῦθεν πρὸς μὲν τοὺς ἄλλους ὄρνιθας τοὺς ἁρπακτικοὺς ἔνσπονδα εἶναι, τοὺς μέντοι ἁλιαέτους καὶ τοὺς κίρκους ὡς πεφρίκασί φησι. πρὸς δὲ τοὺς ἱέρακας οἷα παλαμῶνται ἀκοῦσαι ἄξιον. ὅταν μὲν αὐτὰς διώκῃ ὁ μετάρσιός τε καὶ εἰς ὕψος πεφυκὼς πέτεσθαι, αἳ δὲ ὑπολισθάνουσι τὴν πτῆσιν καὶ κατωτέρω ἑαυτὰς καθέλκουσι καὶ τὸ πτερὸν δὲ πειρῶνται πιέζειν· ὅταν δὲ ὁ κατωτέρω λαχὼν ἐκ τῆς φύσεως τὴν πτῆσιν, αἳ δὲ αἴρονταί τε καὶ μετεωροποροῦσι, καὶ ὑπὲρ αὐτοῦ πετόμεναι θαρροῦσιν, ἀνωτέρω ἀῗξαι μὴ δυναμένου.

3.46. Ἐλέφαντος πωλίῳ περιτυγχάνει λευκῷ πωλευτὴς ἐλέφαντος Ἰνδός, καὶ παραλαβὼν ἔτρεφεν ἔτι νεαρόν, καὶ κατὰ μικρὰ ἀπέφηνε χειροήθη, καὶ ἐπωχεῖτο αὐτῷ, καὶ ἤρα τοῦ κτήματος καὶ ἀντηρᾶτο, ἀνθ' ὧν ἔθρεψε τὴν ἀμοιβὴν κομιζόμενος ἐκεῖνος. ὁ τοίνυν βασιλεὺς τῶν Ἰνδῶν πυθόμενος ᾔτει λαβεῖν τὸν ἐλέφαντα. ὃ δὲ ὡς ἐρώμενος ζηλοτυπῶν καὶ μέντοι περιαλγῶν εἰ ἔμελλε δεσπόσειν αὐτοῦ ἄλλος, οὐκ ἔφατο δώσειν, καὶ ᾤχετο ἀπιὼν ἐς τὴν ἔρημον, ἀναβὰς τὸν ἐλέφαντα. ἀγανακτεῖ ὁ βασιλεύς, καὶ πέμπει κατ' αὐτοῦ τοὺς ἀφαιρησομένους καὶ ἅμα καὶ τὸν Ἰνδὸν ἐπὶ τὴν δίκην ἄξοντας. ἐπεὶ δὲ ἧκον, ἐπειρῶντο πεῖραν προσφέρειν. οὐκοῦν καὶ ὁ ἄνθρωπος ἔβαλλεν αὐτοὺς ἄνωθεν, καὶ τὸ θηρίον ὡς ἀδικούμενον συνημύνετο. καὶ τὰ πρῶτα ἦν τοιαῦτα· ἐπεὶ δὲ βληθεὶς ὁ Ἰνδὸς κατώλισθε, περιβαίνει μὲν τὸν τροφέα ὁ

1 τε] γὰρ **A** : δὲ **H**, Her. ‖ **2** συνδιατρέφειν] συνεκτρέφειν Her. ‖ **4** ἐνδιδόναι] διδόναι Her. ‖ **5** ἑτοίμως σιτεῖσθαι] σιτ. ἑτο. **L**, Her. ‖ **6** τὸ ἐντεῦθεν[2]] del. Jac. in com., Her., fort. recte ‖ **7** τοὺς[1]] om. ***β*** ‖ **8** μέντοι] μὲν **V** : μὲν οὖν **PAH** ‖ **9** φησι] φασι Her. ‖ **11** τὴν πτῆσιν] del. Her. ‖ **12** δὲ[1]] del. Rei., Her. ‖ **13** ἐκ—πτῆσιν] ἐκ τῆς πτήσεως τὴν φύσιν **L** ‖ **14** αὐτοῦ] αὐτὸν **LH** : αὐτῶν **VA** ‖ **15** ἀῗξαι] ἆξαι Her. | δυναμένου] δυνάμενον **V** ‖ **16** περιτυγχάνει] περιτυγχάνων **V** **17** ἐλέφαντος] del. Her. ‖ **21** μέντοι] μέντοι καὶ Her. ‖ **23** ἐς] εἰς **AH** ‖ **24** αὐτοῦ] αὐτὸν Cob. (1884) | καὶ[3]] om. **PA** ‖ **25** ἐπειρῶντο] ἐπειρῶτο Her. | πεῖραν] βίαν Ges., Jac. in com., Her. ‖ **26** ἔβαλλεν] ἔμελλεν **V** ‖ **27** τὰ] τὰ μὲν Schn., Her.

ἐλέφας κατὰ τοὺς ὑπερασπίζοντας ἐν τοῖς ὅπλοις, καὶ τῶν ἐπιόντων πολλοὺς ἀπέκτεινε, τοὺς δὲ ἄλλους ἐτρέψατο· περιβαλὼν δὲ τῷ τροφεῖ τὴν προβοσκίδα, αἴρει τε αὐτὸν καὶ ἐπὶ τὰ αὔλια κομίζει, καὶ παρέμεινεν ὡς φίλῳ φίλος πιστός, καὶ τὴν εὔνοιαν ἐπεδείκνυτο. ὦ ἄνθρωποι πονηροὶ καὶ περὶ τράπεζαν μὲν καὶ ταγήνου ψόφον ἀεί, ἐπ᾽ ἄριστά τε χορεύοντες, ἐν δὲ τοῖς κινδύνοις προδόται, καὶ μάτην καὶ εἰς οὐδὲν τὸ τῆς φιλίας ὄνομα χραίνοντες.

3.47. Δότε μοι τοὺς τραγῳδοὺς πρὸς τοῦ πατρῴου Διὸς καὶ πρό γε ἐκείνων τοὺς μυθοποιοὺς ἐρέσθαι τί βουλόμενοι τοσαύτην ἄγνοιαν τοῦ παιδὸς τοῦ Λαΐου καταχέουσι καὶ τοῦ Τηλέφου, τοῦ συνελθόντος τῇ μητρὶ τὴν δυστυχῆ σύνοδον, τοῦ μὴ πειραθέντος μὲν τῆς ὁμιλίας, συγκατακλινέντος δὲ τῇ γειναμένῃ καὶ πράξαντος ἂν τὰ αὐτά, εἰ μὴ πολλάκις θείᾳ πομπῇ διεῖρξεν ὁ δράκων· εἴ γε ἡ φύσις τοῖς ἀλόγοις ζῴοις τὴν τοιαύτην μίξιν καὶ ἐκ τοῦ χρωτὸς προσαψαμένοις δίδωσι κατανοῆσαι, καὶ οὐ δεῖται γνωρισμάτων οὐδὲ τοῦ ἐκθέντος εἰς τὸν Κιθαιρῶνα, ὡς ὁ Οἰδίπους ὁ τοῦ Σοφοκλέους. οὐκ ἂν γοῦν ποτε τῇ τεκούσῃ ὁμιλῆσαι κάμηλος. ὁ δέ τοι νομεὺς τῆς ἀγέλης κατακαλύψας τὸν θῆλυν ὡς οἷόν τε ἦν καὶ ἀποκρύψας πάντα πλὴν τῶν ἄρθρων, τὸν παῖδα ἐπάγει τῇ μητρί, καὶ ἐκεῖνος λάθριος ὑπὸ ὁρμῆς τῆς πρὸς μίξιν ἔδρασε τὸ ἔργον καὶ συνῆκε. καὶ τὸν μὲν αἴτιον τῆς ὁμιλίας οἱ τῆς ἐκθέσμου δάκνων καὶ πατῶν καὶ τοῖς γόνασι παίων ἀπέκτεινεν ἀλγεινότατα, ἑαυτὸν δὲ κατεκρήμνισεν. ἀμαθὴς δὲ καὶ κατὰ τοῦτο Οἰδίπους, οὐκ ἀποκτείνας, ἀλλὰ πηρώσας τὴν ὄψιν, καὶ τὴν τῶν κακῶν λύσιν μὴ γνοὺς ἐξὸν ἀπηλλάχθαι καὶ μὴ τῷ οἴκῳ καὶ τῷ γένει καταρώμενον εἶτα μέντοι κακῷ ἀνηκέστῳ ἰᾶσθαι κακὰ τὰ ἤδη παρελθόντα.

1 κατὰ] καὶ **V** ‖ **5** ἐπεδείκνυτο] ἐδείκνυτο **A** ‖ **8** χραίνοντες] χαίνοντες Jac. in com., Her. ‖ **9** Δότε] Τότε **VA** ‖ **11** καὶ—Τηλέφου] post σύνοδον transp. Her. **12** τοῦ] καὶ Ges., Jac. ‖ **14** πολλάκις] del. (malit Jac. in com.) Her. **16** προσαψαμένοις] del. Her. ‖ **17** ἐκθέντος] ἐκτεθέντος **V** | ὡς—**18** Σοφοκλέους] del. Her. ‖ **18** ὁμιλῆσαι] ὁμιλήσῃ **P** ‖ **24** ἀμαθὴς] ἀμαθῶς **LP** ‖ **25** ἀποκτείνας] ἀποκτείνας ἑαυτόν Schn.

LIBER IV

4.1. Ἀκολαστότατοι τῶν ὀρνίθων οἱ πέρδικές εἰσι. ταῦτά τοι καὶ τῶν θηλειῶν ἐρῶσι δριμύτατα, καὶ τῆς λαγνείας ἡττώμενοι συνεχέστατά εἰσιν οἵδε. οὐκοῦν οἱ τρέφοντες τοὺς ἀθλητὰς πέρδικας, ὅταν αὐτοὺς εἰς τὴν μάχην τὴν κατὰ ἀλλήλων ὑποθήγωσι, τὴν θήλειαν παρεστάναι ποιοῦσιν ἑκάστῳ τὴν σύννομον, σόφισμα τοῦτο δειλίας καὶ κάκης τῆς κατὰ τὴν ἀγωνίαν ἀντίπαλον αὐτοῖς εὑρόντες. οὐ γάρ τί που ἡττώμενος φανῆναι ἢ τῇ ἐρωμένῃ ἢ τῇ γαμετῇ ὁ πέρδιξ ὑπομένει· τεθνήξεται δὲ μᾶλλον παιόμενος ἢ ὁμόσε χωροῦντος ἀποστραφεὶς ἰδεῖν τολμήσει ταύτην ἀσχημόνως, παρ' ᾗ βούλεται εὐδοκιμεῖν. τοῦτό τοι καὶ Κρῆτες ὑπὲρ τῶν ἐρωμένων ἐνενόουν. ἀκούω γὰρ Κρῆτα ἐραστὴν ἀγαθὸν τά τε ἄλλα καὶ τὰ πολέμια, ἔχειν μὲν παιδικὰ εὐγενὲς μειράκιον ὥρᾳ διαπρεπὲς καὶ τὴν ψυχὴν ἀνδρεῖον καὶ πρὸς τὰ κάλλιστα τῶν μαθημάτων πεφυκὸς εὖ καὶ καλῶς, καλούμενον δὲ δι' ἡλικίαν εἰς ὅπλα μηδέπω (εἶπόν γε μὴν ἀλλαχόθι [loc. ign.; cf. fr. 69 Her.] καὶ τοῦ ἐραστοῦ καὶ τοῦ καλοῦ τὸ ὄνομα) ἀρετὰς μὲν οὖν ἐν τῇ μάχῃ τὸν νεανίαν ἀποδίδοσθαί φασιν οἱ Κρῆτες, ἀθρόας δὲ εἰς αὐτὸν ὠθουμένης τῆς τῶν ἐχθρῶν φάλαγγος προσπταῖσαι νεκρῷ κειμένῳ, καὶ περιτραπῆναι λέγουσιν αὐτόν. τῶν οὖν τις πολεμίων, ὁ μάλιστα πλησίον, ἀνατεινάμενος παίειν ἔμελλε κατὰ τῶν μεταφρένων τὸν ἄνδρα· ὃ δὲ ἐπιστραφεὶς 'μηδαμῶς' εἶπεν 'αἰσχρὰν καὶ ἄναλκιν πληγὴν ἐπαγάγῃς, ἀλλὰ κατὰ τῶν στέρνων ἀντίαν παῖσον, ἵνα μή μου δειλίαν ὁ ἐρώμενος καταψηφίσηται, καὶ φυλάξηται περιστεῖλαί με νεκρόν, καὶ μάλα γε ἀσχημονοῦντι προσελθεῖν οὐ τολμῶν'. αἰδεσθῆναι μὲν οὖν ἄνθρωπον ὄντα φανῆναι κακὸν οὔπω θαυμαστόν· πέρδικι δὲ μετεῖναι αἰδοῦς ὑπέρσεμνον τοῦτο ἐκ τῆς φύσεως τὸ δῶρον. Ἀριστόδημος δὲ ὁ τρέσας καὶ Κλεώνυμος ὁ ῥίψας τὴν ἀσπίδα καὶ ὁ δειλὸς

2 τῶν] del. Her. ‖ 4 οἵδε] οἵγε **LPA** : οἷδε **V** ‖ 5 ἀλλήλων] ἀλλήλους **V**
13 πολέμια] ἐμπολέμια εἶναι **AH** : ἐμπόλεμα **P** : ἐν πολέμῳ **V** | μὲν] οὖν **PAH**
15 πεφυκὸς] πεφυκότα **PAH** | δι'] εἰς ***β*** ‖ 17 ἀρετὰς] ἐραστὰς **LH** | ἐν] om. **LPH**
18 ἀποδίδοσθαί] ἀποδείξασθαί Schn., Her. | ἀθρόας] ἀθρῶον **V**
21 ἀνατεινάμενος] ἀνατεινόμενος ***β*** ‖ 23 ἄναλκιν] ἀνάλκη **L** : ἀναλκῆ Jac., Her.
28 Ἀριστόδημος] ἀριστώνυμος **V**

Πείσανδρος οὔτε τὰς πατρίδας ᾐδοῦντο οὔτε τὰς γαμετὰς οὔτε τὰ παιδία.

4.2. Ἐν Ἔρυκι τῆς Σικελίας ἑορτή ἐστιν, ἣν καλοῦσιν Ἀναγώγια Ἐρυκῖνοί τε αὐτοὶ καὶ μέντοι καὶ ὅσοι ἐν τῇ Σικελίᾳ πάσῃ. ἡ δὲ αἰτία τοῦ τῆς ἑορτῆς ὀνόματος, τὴν Ἀφροδίτην λέγουσιν ἐντεῦθεν εἰς Λιβύην ἀπαίρειν ἐν ταῖσδε ταῖς ἡμέραις. δοξάζουσι δὲ ἄρα ταῦτα ταύτῃ ἐκεῖθεν τεκμαιρόμενοι. περιστερῶν πλῆθός ἐστιν ἐνταῦθα πάμπλειστον. οὐκοῦν αἳ μὲν οὐχ ὁρῶνται, λέγουσι δὲ Ἐρυκῖνοι τὴν θεὸν δορυφορούσας ἀπελθεῖν· ἀθύρματα γὰρ Ἀφροδίτης περιστερὰς εἶναι ᾄδουσί τε ἐκεῖνοι καὶ πεπιστεύκασι πάντες ἄνθρωποι. διελθουσῶν δὲ ἡμερῶν ἐννέα μίαν μὲν διαπρεπῆ τὴν ὥραν ἔκ γε τοῦ πελάγους τοῦ κομίζοντος ἐκ τῆς Λιβύης ὁρᾶσθαι εἰσπετομένην, οὐχ οἵαν κατὰ τὰς ἀγελαίας πελειάδας τὰς λοιπὰς εἶναι, πορφυρᾶν δέ, ὥσπερ οὖν τὴν Ἀφροδίτην ὁ Τήϊος ἡμῖν Ἀνακρέων ᾄδει [*PMG*, fr. 357.3], πορφυρῆν που λέγων. καὶ χρυσῷ δὲ εἰκασμένη φανείη ἄν, καὶ τοῦτό γε κατὰ τὴν Ὁμήρου θεὸν τὴν αὐτήν, ἣν ἐκεῖνος ἀναμέλπει χρυσῆν. ἕπεται δὲ αὐτῇ τῶν περιστερῶν τὰ νέφη τῶν λοιπῶν, καὶ ἑορτὴ πάλιν Ἐρυκίνοις καὶ τὰ Καταγώγια πανήγυρις, ἐκ τοῦ ἔργου καὶ τοῦτο τὸ ὄνομα.

4.3. Λύκω συννόμω καὶ ἵππω, λέοντέ γε μὴν οὐκέτι· λέαινα γὰρ καὶ λέων οὐ τὴν αὐτὴν ἴασιν οὔτε ἐπὶ θήρας οὔτε πιόμενοι. τὸ δὲ αἴτιον, τῇ τοῦ σώματος ῥώμῃ θαρροῦντε ἄμφω εἶτα οὐ δεῖται θατέρου ὁ ἕτερος, ὥς φασιν οἱ πρεσβύτεροι.

4.4. Οὐ ῥᾳδίως οἱ λύκοι τὴν ὠδῖνα ἀπολύουσιν, ἀλλὰ ἐν ἡμέραις δώδεκα καὶ νυξὶ τοσαύταις, ἐπεὶ τοσούτῳ χρόνῳ τὴν Λητὼ εἰς Δῆλον ἐξ Ὑπερβορέων ἐλθεῖν Δήλιοί φασιν.

4 Ἐρυκῖνοί] ἐρυκηνοί **VLH** | μέντοι] μὲν **V** | ὅσοι] ante corr. **P** : ὅσον **V** (ex corr. **P**) ‖ 5 τοῦ—ὀνόματος] del. Her. ‖ 7 ἐκεῖθεν] del. Her. ‖ 8 πάμπλειστον] πάνυ πάμ. ***β*** ‖ 9 Ἐρυκῖνοι] ἐρυκηνοί **VLH** | θεὸν] θεὰν **V** ‖ 11 πεπιστεύκασι] πεπ. τοῦτο οἱ **LPA** : πεπ. τούτων **H** ‖ 16 πορφυρῆν] πορφυρᾶ **V** : πορφυρέην Her. λέγων] λόγων **V** ‖ 17 ἀναμέλπει] ἀναπέμπει **P** ‖ 19 Ἐρυκίνοις] ἐν ἐρυκίνοις **P** : ἐρυκηνοῖς **VLH** | τὰ—πανήγυρις] καταγ. πανήγ. **P** : πανήγ. τὰ Καταγ. Rei., Her. ‖ 22 οὐ τὴν] οὔτε τὴν ***β*** | θήρας] θήραν Her. ‖ 23 θαρροῦντε] θαρροῦντες **LP** : θαρροῦσι **A** ‖ 26 ἐπεὶ] ἐπὶ **PH**

4.5. Ζῷα ἀλλήλοις πολέμια χελώνη τε καὶ πέρδιξ, καὶ πελαργὸς καὶ κρὲξ πρὸς αἴθυιαν, ἅρπη καὶ ἐρωδιὸς πρὸς λάρον· κορυδαλλὸς δὲ ἀκανθυλλίδι νοεῖ πολέμια, τρυγόνι πρὸς πύρραν διαφορά, ἰκτῖνός γε μὴν καὶ κόραξ ἐχθροί·

4.6. Σειρὴν μελίσσης ὄνομα πρὸς κίρκην, κίρκη δὲ πρὸς κίρκον οὐ τῷ γένει μόνον, ἀλλὰ καὶ τῇ φύσει διαφέροντε πεφώρασθον. Χάννη δὲ ἰχθῦς λαγνίστατος. λευκοὺς δὲ μύρμηκας ἐν Φενεῷ τῆς Λακωνικῆς ἀκούειν πάρεστιν.

4.7. Τοὺς ἵππους ἕλεσί τε καὶ λειμῶσι καὶ τοῖς κατηνέμοις χωρίοις ἥδεσθαι μᾶλλον ἱπποτροφίας τε καὶ πωλοτροφικῆς ἄνθρωποι σοφισταὶ ὁμολογοῦσιν. ἔνθεν τοι καὶ Ὅμηρος ἐμοὶ δοκεῖν δεινὸς ὢν καὶ τὰ τοιαῦτα συνιδεῖν ἔφη που [*Il.* 20.221]·

τῷ τρισχίλιαι ἵπποι ἕλος καταβουκολέοντο.

ἐξηνεμῶσθαι δὲ ἵππους πολλάκις ἱπποφορβοὶ τεκμηριοῦσι καὶ κατὰ τὸν νότον ἢ τὸν βορρᾶν φεύγειν. εἰδότα οὖν τὸν αὐτὸν ποιητὴν εἰπεῖν [*Il.* 20.223]·

τάων καὶ Βορέης ἠράσσατο βοσκομενάων.

καὶ Ἀριστοτέλης [*HA* 571a13–17; fr. 270.8 Gig.] δέ, ὡς ἐμὲ νοεῖν, λαβὼν ἐντεῦθεν εὐθὺ τῶν προειρημένων ἀνέμων οἰστρηθείσας ἀποδιδράσκειν ἔφατο αὐτάς.

4.8. Ἀκούω τὸν Σκυθῶν βασιλέα (τὸ δὲ ὄνομα εἰδὼς ἐῶ· τί γάρ μοι καὶ λυσιτελές ἐστιν;) ἵππον σπουδαίαν ἔχειν πᾶσαν ἀρετήν, ὅσην ἵπποι καὶ ἀπαιτοῦνται καὶ ἀποδείκνυνται, ἔχειν δὲ καὶ υἱὸν αὐτῆς ἐκείνης τῶν ἄλλων ἀρετῇ διαπρέποντα. οὔκουν εὑρίσκοντα οὔτε ἐκείνην ἄλλῳ παραβάλλειν ἀξίῳ, οὔτε ἐκεῖνον ἐπαγαγεῖν τὸ ἐξ αὐτοῦ λαβεῖν σπέρμα ἀγαθῇ, διὰ ταῦτα ἄμφω συναγαγεῖν εἰς τὸ ἔργον· τοὺς δὲ τὰ μὲν ἕτερα ἀσπάζεσθαι σφᾶς καὶ

1 ἀλλήλοις] del. Her. ‖ 2 αἴθυιαν] αἴθυαν **LH** | ἅρπη] καὶ ἅρπη Her. κορυδαλλὸς] κορυδαλὸς **A** ‖ 3 τρυγόνι] τρυ. δὲ Her. | πύρραν] πυραλλίδα Her. ‖ 5 Σειρὴν] σειρ. δὲ Her. | μελίσσης ὄνομα] μελίττης ὄνο. **V** : del. Her. 6 διαφέροντε] διαφέροντα **PAH** | πεφώρασθον] πεφωράσθων **V** ‖ 7 μύρμηκας—8 Λακωνικῆς] κοσσύφους ἐν Φενεῷ τῆς Ἀρκαδίας coni. Ges. ‖ 15 βορρᾶν] βορᾶν **PH** ‖ 20 ἀποδιδράσκειν] διδράσκειν Her. ‖ 21 τὸν] τῶν **P** ‖ 22 ἔχειν πᾶσαν] πᾶσα ἔχειν **V** ‖ 25 παραβάλλειν] παραβαλεῖν **A** | ἐκεῖνον] ἐκεῖνα **V** : ἐκεῖνον ἄλλῃ Her.‖ 26 διὰ] καὶ διὰ ***β***

φιλοφρονεῖσθαι, οὐ μὴν ἐγχρίμπτεσθαι ἀλλήλοις. οὐκοῦν ἐπεὶ τῆς ἐπιβουλῆς τοῦ Σκύθου σοφώτερα ἦν τὰ ζῷα, ἐπηλύγασεν ἱματίοις καὶ τὸν καὶ τήν, καὶ ἐξειργάσατο τὸ ἔκνομόν τε καὶ ἔκδικον ἐκεῖνο ἔργον. ὡς δὲ ἄμφω συνεῖδον τὸ πραχθέν, εἶτα μέντοι τὸ ἀσέβημα διελύσαντο θανάτῳ, πηδήσαντε κατὰ κρημνοῦ.

4.9. Λέγει Εὔδημος [fr. 128 Wehr.] ἵππου νέας καὶ τῶν νεμομένων τῆς ἀρίστης ἐρασθῆναι τὸν ἱπποκόμον, ὥσπερ οὖν καλῆς μείρακος καὶ τῶν ἐν τῷ χωρίῳ ὡρικωτέρας πασῶν· καὶ τὰ μὲν πρῶτα ἐγκαρτερεῖν, τελευτῶντα δὲ ἐπιτολμῆσαι τῷ λέχει τῷ ξένῳ καὶ ὁμιλεῖν αὐτῇ. τῇ δὲ εἶναι πῶλον καὶ τοῦτον καλόν, θεασάμενόν γε μὴν τὸ πραττόμενον ἀλγῆσαι, ὥσπερ οὖν τυραννουμένης τῆς μητρὸς ὑπὸ τοῦ δεσπότου, καὶ ἐμπηδῆσαι καὶ ἀποκτεῖναι τὸν ἄνδρα, εἶτα μέντοι καὶ φυλάξαι ἔνθα ἐτάφη, καὶ φοιτῶντα ἀνορύττειν αὐτόν, καὶ ἐνυβρίζειν τῷ νεκρῷ καὶ λυμαίνεσθαι λύμην ποικίλην, οὐκ αἰσθανομένῳ ἀλγοῦντα αὐτόν.

4.10. Τῶν ἰχθύων διὰ τοῦ ἦρος οἱ πλεῖστοι τὴν ἀφροδίτην πρόθυμοί εἰσι, καὶ ἀποκρίνουσί γε αὐτοὺς εἰς τὸν Πόντον μᾶλλον· ἔχει γάρ πως θαλάμας τε καὶ κοίτας, φύσεως ταῦτα ἰχθύσιν ὁ Πόντος τὰ δῶρα· ἀλλὰ καὶ θηρίων ἐλεύθερός ἐστιν ὅσα βόσκει θάλαττα. δελφῖνες δὲ ἀλῶνται μόνοι, λεπτοί τε καὶ ἀσθενικοί· καὶ μὴν καὶ πολύπου χῆρός ἐστι καὶ παγούρου ἄγονος, καὶ ἀστακὸν οὐ τρέφει· μικρῶν δὲ ἰχθύων οἶδε ὄλεθρός ἐστιν.

4.11. Πυνθάνομαι σελήνης ὑποφαινομένης νέας τοὺς ἐλέφαντας κατά τινα φυσικὴν καὶ ἀπόρρητον ἔννοιαν ἐκ τῆς ὕλης ἐν ᾗ νέμονται νεοδρεπεῖς ἀφελόντας κλάδους εἶτα μέντοι μετεώρους ἀνατείνειν, καὶ πρὸς τὴν θεὸν ἀναβλέπειν, καὶ ἠσυχῇ τοὺς κλάδους ὑποκινεῖν, οἷον ἱκετηρίαν τινὰ ταύτην τῇ θεῷ προτείνοντας ὑπὲρ τοῦ ἵλεών τε καὶ εὐμενῆ τὴν θεόν γε εἶναι αὐτοῖς.

4.12. Μόνας ἀκούω τῶν ζῴων τὰς ἵππους καὶ κυούσας ὑπομένειν τὴν τῶν ἀρρένων μίξιν· εἶναι γὰρ λαγνιστάτας. διὰ

1 ἐγχρίμπτεσθαι] ex corr. **P** : ἐγχρίπτεσθαι (ante corr. **P**) **AH** | ἀλλήλοις] om. ***β*** ἐπεὶ] om. **VLH** ‖ **3** ἐξειργάσατο] ἐξειργάσαντο **A**, Her. ‖ **5** πηδήσαντε] πηδήσαντες **A**‖ **12** τῆς] om. ***β***‖ **15** οὐκ—αὐτόν] del. Her.‖ **16** τὴν] εἰς τὴν Ges. : ἐς Her.‖ **17** αὐτοὺς] αὑτοὺς **V**‖ **18** ταῦτα] ταύτας **LP**|ἰχθύσιν] om. **V**|ὁ Πόντος] del. Jac. in com., Her. ‖ **20** θάλαττα] θάλασσα **V** ‖ **22** μικρῶν] μακρὸν (distinct. post voc.) **V** | δὲ ἰχθύων] ἰχθ. δὲ **VPAH** | οἶδε] ὅδε **LA** | ἐστιν] εἰσιν **H**, Gro., Her. **28** ἵλεών] ἵλεω **P**

ταῦτά τοι καὶ τῶν γυναικῶν τὰς ἀκολάστους ὑπὸ τῶν σεμνοτέρως αὐτὰς εὐθυνόντων καλεῖσθαι ἵππους.

4.13. Οἱ πέρδικες ἐν τοῖς ᾠοῖς οἰκοῦντες ἔτι καὶ κατειλημμένοι τοῖς περιπεφυκόσι σφίσιν ὀστράκοις οὐκ ἀναμένουσι τὴν ἐκ τῶν γειναμένων ἐκγλυφήν, ἀλλ' αὐτοὶ δι' ἑαυτῶν ὥσπερ θυροκοποῦντες ἐκκρούουσι τὰ ᾠά, καὶ ἐκκύψαντες εἶτα σφᾶς αὐτοὺς ἀνωθοῦσι, καὶ τὸ τοῦ ᾠοῦ λέμμα περιρρήξαντες ἤδη θέουσι, καὶ τὸ πρὸς τῷ οὐραίῳ ἡμίτομον, εἰ προσέχοιτο, διασεισάμενοι ἐκβάλλουσιν αὐτό, καὶ τροφὴν μαστεύουσι, καὶ πηδῶσιν ὤκιστα.

4.14. Τῶν περδίκων οἱ τοροί τε καὶ ᾠδικοὶ τῇ σφετέρᾳ θαρροῦσιν εὐγλωττίᾳ· καὶ οἱ μαχητικοὶ δὲ καὶ ἀγωνιστικοὶ καὶ ἐκεῖνοι πεπιστεύκασιν ὅτι μή εἰσιν ἄξιοι παρανάλωμα γενέσθαι τεθηραμένοι· καὶ διὰ ταῦτα ἁλισκόμενοι ἧττον πρὸς τοὺς θηρῶντας διαμάχονται ὑπὲρ τοῦ μὴ ἁλῶναι. ὅτι γὰρ σπουδασθήσονται καὶ οἶδε πιστεύουσι καὶ τῇ μάχῃ καὶ τῇ ᾠδῇ. οἱ δὲ ἄλλοι, καὶ ἔτι μᾶλλον οἱ Κιρραῖοι, συνεγνωκότες ἑαυτοῖς οὔτε ἀλκὴν ἀγαθοῖς οὔτε ᾄδειν, καλῶς δὲ διεγνωκότες ὅτι ἄρα ἁλόντες ἔσονται δεῖπνον τοῖς ᾑρηκόσι, παλαμῶνταί τινι σοφίᾳ φυσικῇ ἑαυτοὺς ἀβρώτους παρασκευάσαι· καὶ τῆς μὲν ἄλλης τροφῆς, ἥτις αὐτοὺς εὐφραίνει τε καὶ πιαίνει, ἀπέχονται, σκόροδα δὲ σιτοῦνται προθυμότατα. οἱ τοίνυν ταῦτα προμαθόντες ἐσπείσαντο πρὸς αὐτοὺς ἑκόντες ἀθηρίαν· ὅστις δὲ τῇ τούτων ἄγρᾳ οὐ προενέτυχε, συλλαβὼν καὶ καθεψήσας ἀπώλεσε καὶ τὸν χρόνον καὶ τὴν ἐπ' αὐτῷ σπουδήν, πονηροῦ κρέως πειραθείς.

4.15. Κακὸν θηρίον ἡ γαλῆ, κακὸν δὲ καὶ ὁ ὄφις. οὐκοῦν ὅταν μέλλῃ γαλῆ ὄφει μάχεσθαι, πήγανον διατραγοῦσα πρότερον εἶτα μέντοι ἐπὶ τὴν μάχην θαρροῦσα ὥσπερ οὖν πεφραγμένη τε καὶ ὡπλισμένη παραγίνεται. τὸ δὲ αἴτιον, τὸ πήγανον πρὸς ὄφιν ἔχθιστόν ἐστιν.

3 κατειλημμένοι] κατειλημένοι Cob. (1884) ‖ **6** αὐτοὺς] ἑαυτοὺς codd. **14** θηρῶντας] θηρατὰς **V** ‖ **15** ὅτι—**16** ᾠδῇ] del. Her. ‖ **17** ἑαυτοῖς] ἑαυτοῦ **V** **18** δὲ διεγνωκότες] Jac., Her. : διεγνωκότες **VLP** : δὲ ἐγνωκότες **AH** ‖ **19** τινι σοφίᾳ] σοφ. τινὶ **AH** ‖ **20** ἥτις αὐτοὺς] ἢ περὶ αὐτοὺς **V** ‖ **21** ἀπέχονται] ἑκόντες ἀπέχ. ***β*** ‖ **23** τούτων] τούτου **V** ‖ **24** αὐτῷ] αὐτοῖς Her. ‖ **28** θαρροῦσα] διαθαρροῦσα post μέντοι transp. ***β*** : del. Her.

4.16. Ὁ λύκος ἐμπλησθεὶς εἰς κόρον οὐδ' ἂν τοῦ βραχίστου τὸ λοιπὸν ἐπιγεύσαιτο· περιτείνεται μὲν γὰρ ἡ γαστὴρ τῷδε, οἰδαίνει δὲ ἡ γλῶττα, καὶ τὸ στόμα ἐμφράγνυται, πραότατος δὲ ἐντυχεῖν ἐστιν ἀμνοῦ δίκην, καὶ οὐκ ἂν ἐπιβουλεῦσαι ἢ ἀνθρώπῳ ἢ θρέμματι, οὐδὲ εἰ τῆς ἀγέλης βαδίζει μέσος. μειοῦται δὲ ἡσυχῇ καὶ κατ' ὀλίγον ἡ γλῶττα αὐτῷ, εἶτα εἰς τὸ ἀρχαῖον σχῆμα ἐπάνεισι, καὶ λύκος γίνεται αὖθις.

4.17. Ἀλεκτρυόνες ἐν ἀγέλῃ τὸν νέηλυν, οὔσης θηλειῶν ἀπορίας, ἀναβαίνουσι πάντες. καὶ οἱ τιθασοὶ δὲ πέρδικες τὸν ἥκοντα πρῶτον καὶ οὔπω πεπραϋσμένον τὰ αὐτὰ δρῶσιν. ἀμειβόμενοι δὲ οἱ πέρδικες τοὺς τρέφοντας καὶ αὐτοὶ παλεύουσι τοὺς ἀφέτους καὶ ἀγρίους, κατὰ τὰς περιστερὰς δρῶντες καὶ οὗτοι τοῦτο. προσάγεται δὲ ἄρα ὁ πέρδιξ καὶ σειρῆνας εἰς τὸ ἐφολκὸν προτείνει τὸ τῶν ἄλλων τὸν τρόπον τοῦτον. ἕστηκεν ᾄδων ὁ πρῶτος, καὶ ἔστιν οἱ τὸ μέλος προκλητικόν, εἰς μάχην ὑποθῆγον τὸν ἄγριον, ἕστηκε δὲ ἐλλοχῶν πρὸς τῇ πάγῃ· ὁ δὴ τῶν ἀγρίων κορυφαῖος ἀντᾴσας πρὸ τῆς ἀγέλης μαχούμενος ἔρχεται. ὁ τοίνυν τιθασὸς ἐπὶ πόδα ἀναχωρεῖ, δεδιέναι σκηπτόμενος· ὁ δὲ ἔπεισι γαῦρος, ὡς οἷα δήπου κρατῶν ἤδη, καὶ ἑάλωκεν ἐνσχεθεὶς τῇ πάγῃ. ἐὰν μὲν οὖν ᾖ ἄρρην ὁ τοῖς θηράτροις παραμένων, πειρῶνται ἐπικουρεῖν οἱ σύννομοι τῷ ἑαλωκότι· ἐὰν δὲ ᾖ θῆλυς, παίουσι τὸν ἐνσχεθέντα ἄλλος ἀλλαχόθεν, ὡς διὰ τὴν λαγνείαν εἰς δουλείαν ἐμπεσόντα. καὶ ἐκεῖνο δὲ οὐ παρήσω, ἐπεὶ καὶ ἄξιον ἀκοῦσαι αὐτό. ἐὰν ᾖ θῆλυς ὁ παλεύων, ἵνα μὴ ἐμπέσῃ ὁ ἄρρην, αἱ ἔξω θήλειαι μέλος ἀντῳδὸν ἠχοῦσι, καὶ ῥύονται τὸν ἐμπεσούμενον εἰς τὴν πάγην ταῖς

1 οὐδ'] οὐκ **A** ‖ 2 ἐπιγεύσαιτο] ἀπογεύσαιτο Her. | περιτείνεται] παρατείνεται Her. ‖ 3 οἰδαίνει] οἰδάνει Her. ‖ 5 θρέμματι] θρέμμασιν ***β*** | βαδίζει] βαδίζοι Her. 6 γλῶττα] γλῶσσα **V** | σχῆμα] σῶμα **V** ‖ 8 οὔσης — 9 ἀπορίας] post ἀγέλῃ transp. **AH** : del. Her. ‖ 10 πεπραϋσμένον] πεπραϋσμένα **V** : πεπραϋσμένως **P** ‖ 11 παλεύουσι] παλαίουσι **VPAH** ‖ 14 τὸ] τε **PAH** ‖ 15 ὁ πρῶτος] del. Her. 16 δὴ] δὲ **H**, Her. ‖ 17 ἀντᾴσας] ἀντιᾴσας **V** | μαχούμενος] ὡς μαχούμενος **H** : ὡς μαχόμενος **A** ‖ 18 πόδα] πόδας **V** ‖ 19 ὡς] del. Rei., Her. ‖ 20 ἐὰν] καὶ ἐὰν **A** | οὖν] om. ***β*** ‖ 21 παραμένων] περιπεσὼν Rei., Her. ‖ 22 ἐνσχεθέντα] ἑαλωκότα **V** 25 παλεύων] παλαίων **VPAH**

συννόμοις καὶ πλείοσιν ἀσμένως συνδραμόντα, ὡς ἂν ἴυγγί τινι ἑλχθέντα ναὶ μὰ Δί' ἐρωτικῇ.

4.18. Ἓν τῶν βασκάνων ζῴων μέντοι καὶ ἐχῖνος ὁ χερσαῖος εἶναι πεπίστευται. ὅταν γοῦν ἁλίσκηται, παραχρῆμα ἐνούρησε τῷ δέρματι, καὶ ἀχρεῖον ἀπέφηνεν αὐτό· δοκεῖ δὲ εἰς πολλὰ ἐπιτήδειον. καὶ ἡ λὺγξ δὲ ἀποκρύπτει τὸ οὖρον· ὅταν γὰρ παγῇ, λίθος γίνεται, καὶ γλυφαῖς ἐπιτήδειός ἐστι, καὶ τοῖς γυναικείοις κόσμοις συμμάχεται, φασί, διὰ τῆς γλυφῆς.

4.19. Λεοντοφόνου φαγὼν ὁ λέων ἀποτέθνηκε. τὰ δὲ ἔντομα φθείρεται, εἰ ἐλαίῳ τις ἐγχρίσειεν αὐτά. γυπῶν γε μὴν τὸ μύρον ὄλεθρός ἐστι. κάνθαρον δὲ ἀπολεῖς, εἰ ἐπιβάλοις τῶν ῥόδων αὐτῷ.

4.20. Κύνες Ἰνδικοί, θηρία καὶ οἵδε εἰσὶ καὶ ἀλκὴν ἄλκιμα καὶ ψυχὴν θυμοειδέστατα καὶ τῶν πανταχόθεν κυνῶν μέγιστοι. καὶ τῶν μὲν ἄλλων ζῴων ὑπερφρονοῦσι, λέοντι δὲ ὁμόσε χωρεῖ κύων Ἰνδικός, καὶ ἐγκείμενον ὑπομένει, καὶ βρυχωμένῳ ἀνθυλακτεῖ, καὶ ἀντιδάκνει δάκνοντα· καὶ πολλὰ αὐτὸν λυπήσας καὶ κατατρώσας, τελευτῶν ἡττᾶται ὁ κύων. εἴη δ' ἂν καὶ λέων ἡττηθεὶς ὑπὸ κυνὸς Ἰνδοῦ καὶ διαφθαρείη δ' ἂν ἐν θήρᾳ. καὶ μέντοι καὶ δακὼν ὁ κύων ἔχεται καὶ μάλα ἐγκρατῶς· κἂν προσελθὼν μαχαίρᾳ τὸ σκέλος ἀποκόπτοις τοῦ κυνός, ὃ δὲ οὐκ ἄγει σχολὴν ἀλγήσας ἀνεῖναι τὸ δῆγμα, ἀλλὰ ἀπεκόπη μὲν πρότερον τὸ σκέλος, νεκρὸς δὲ ἀνῆκε τὸ στόμα, καὶ κεῖται βιασθεὶς ἀποστῆναι τῷ θανάτῳ. ἃ δὲ προσήκουσα ἑτέρως, ἐρῶ ἀλλαχόθι [8.1].

4.21. Ἀνθρώπου μόνου καὶ κυνὸς κορεσθέντων ἡ τροφὴ ἀναπλεῖ. καὶ τοῦ μὲν ἀνθρώπου ἡ καρδία τῷ μαζῷ τῷ λαιῷ προσήρτηται, τοῖς γε μὴν ἄλλοις ζῴοις ἐν μέσῳ τῷ στήθει προσπέπλασται. γαμψώνυχον δὲ ἄρα οὐδὲ ἓν οὔτε πίνει οὔτε οὐρεῖ οὔτε μὴν συναγελάζεται ἑτέροις.

1 συνδραμόντα] συμπαραμένοντα Rei., Her. ‖ 2 ἑλχθέντα] θελχθέντα **V** 4 πεπίστευται] πιστεύεται **VH** | ἐνούρησε] ἐνεούρησε Her. ‖ 8 συμμάχεται] συμβάλλεται **V**|φασί] φησί **V**|διὰ—γλυφῆς] del. Her.‖ 10 γε] τε **LP**‖ 12 ἄλκιμα] ἄλκιμοι ***β*** ‖ 13 θυμοειδέστατα] θυμοειδέστατοι ***β*** | μέγιστοι] μέγιστον **V** 18 καὶ[1]—θήρᾳ] del. Her. ‖ 20 ἀποκόπτοις] ἀποκόπτῃς Her. ‖ 23 ἑτέρως] del. Her. ‖ 24 ἡ—25 ἀναπλεῖ] **ε**[c] (2. 61) : ἡ τροφὴ ἁπλῆ **VLAH** : ἡ τροφὴ ἁπαλὴ **P** : ἀναπλεῖ ἡ τροφή Rehd., Her.‖ 27 οὐδὲ ἓν] οὐδὲν **V**

4.22. Θηρίον Ἰνδικὸν βίαιον τὴν ἀλκήν, μέγεθος κατὰ τὸν λέοντα τὸν μέγιστον, τὴν δὲ χρόαν ἐρυθρόν, ὡς κιννάβαριν εἶναι, δασὺ δὲ ὡς κύνες, φωνῇ τῇ Ἰνδῶν μαρτιχόρας ὠνόμασται. τὸ πρόσωπον δὲ κέκτηται τοιοῦτον, ὡς δοκεῖν οὐ θηρίον τοῦτό γε, ἀλλὰ ἀνθρωπικὸν ὁρᾶν. ὀδόντες μὲν τρίστοιχοι ἐμπεπήγασιν οἱ ἄνω αὐτῷ, τρίστοιχοι δὲ οἱ κάτω, τὴν ἀκμὴν ὀξύτατοι, τῶν κυνείων ἐκεῖνοι μείζους· τὰ δὲ ὦτα ἔοικεν ἀνθρώπῳ καὶ ταῦτα τήν γε ἑαυτῶν πλάσιν, μείζω δὲ καὶ δασέα· τοὺς δὲ ὀφθαλμοὺς γλαῦκός ἐστι, καὶ ἐοίκασιν ἀνθρωπίνοις καὶ οὗτοι. πόδας δέ μοι νόει καὶ ὄνυχας οἵους εἶναι λέοντος. τῇ δὲ οὐρᾷ ἄκρᾳ προσήρτηται σκορπίου κέντρον, καὶ εἴη ἂν ὑπὲρ πῆχυν τοῦτο, καὶ παρ' ἑκάτερα αὐτῷ ἡ οὐρὰ κέντροις διείληπται· τὸ δὲ οὐραῖον τὸ ἄκρον εἰς θάνατον ἐκέντησε τὸν περιτυχόντα, καὶ διέφθειρε παραχρῆμα. ἐὰν δέ τις αὐτὸ διώκῃ, ὃ δὲ ἀφίησι τὰ κέντρα πλάγια ὡς βέλη, καὶ ἔστι τὸ ζῷον ἑκηβόλον. καὶ εἰς τοὔμπροσθεν μὲν ὅταν ἀπολύῃ τὰ κέντρα, ἀνακλᾷ τὴν οὐράν· ἐὰν δὲ εἰς τοὐπίσω κατὰ τοὺς Σάκας, ὃ δὲ ἀποτάδην αὐτὴν ἐξαρτᾷ. ὅτου δ' ἂν τὸ βληθὲν τύχῃ, ἀποκτείνει· ἐλέφαντα δὲ οὐκ ἀναιρεῖ μόνον. τὰ δὲ ἀκοντιζόμενα κέντρα ποδιαῖα τὸ μῆκός ἐστι, σχοίνου δὲ τὸ πάχος. λέγει δὲ ἄρα Κτησίας [fr. 45dβ Lenf.] καί φησιν ὁμολογεῖν αὐτῷ τοὺς Ἰνδούς, ἐν ταῖς χώραις τῶν ἀπολυομένων ἐκείνων κέντρων ὑπαναφύεσθαι ἄλλα, ὡς εἶναι τοῦ κακοῦ τοῦδε ἐπιγονήν. φιληδεῖ δέ, ὡς ὁ αὐτὸς λέγει, μάλιστα ἀνθρώπους ἐσθίων, καὶ ἀναιρεῖ δὲ ἀνθρώπους πολλούς, καὶ οὐ καθ' ἕνα ἐλλοχᾷ, καὶ δύο δ' ἂν ἐπίθοιτο καὶ τρισί, καὶ κρατεῖ τῶν τοσούτων μόνος. καταγωνίζεται δὲ καὶ τῶν ζῴων τὰ λοιπά, λέοντα δὲ οὐκ ἂν καθέλοι ποτέ. ὅτι δὲ κρεῶν ἀνθρωπείων ἐμπιπλάμενον τόδε τὸ ζῷον ὑπερήδεται, κατηγορεῖ καὶ τὸ ὄνομα· νοεῖται γὰρ τῇ Ἑλλήνων φωνῇ ἡ Ἰνδῶν, ἀνθρωποφάγον αὐτὸ εἶναι. ἐκ δὲ τοῦ ἔργου καὶ κέκληται. πέφυκε

1 τὴν ἀλκήν] τὴν ἀκοὴν καὶ ἀλκήν **L** ‖ 2 κιννάβαριν] κιννάβαρι **PA** : κινναβάρινον Her. | εἶναι] εἶναι δοκεῖν **AH**, Her. ‖ 4 οὐ] ὡς **A** | θηρίον] θηρίου Her. ‖ 5 ἀνθρωπικὸν ὁρᾶν] ἀνθρώπου ἔχειν Her. | μὲν τρίστοιχοι] δὲ τρίσ. μὲν **AH** : δὲ τρίσ. Her. ‖ 7 καὶ — 8 πλάσιν] del. Her. ‖ 13 περιτυχόντα] παρατυχόντα **LPH** ‖ 14 αὐτὸ] αὐτὸν **PAH**, Her. ‖ 15 μὲν] om. **LP** ‖ 17 αὐτὴν] αὐτὸν **V** | ὅτου] ὅπου **V** ‖ 22 φιληδεῖ] φιλεῖ **VAH** : φιλεεῖ dub. **P** ‖ 23 δὲ] γε Her. 24 καὶ[2]] del. Her. | ἐπίθοιτο] ἐπιθεῖτο **VL** ‖ 28 νοεῖται] νοεῖ Rei., Her. | ἡ Ἰνδῶν] del. Her.‖ 29 καὶ] om. **PA**

δὲ κατὰ τὴν ἔλαφον ὤκιστος. τὰ βρέφη δὲ τῶνδε τῶν ζῴων Ἰνδοὶ θηρῶσιν ἀκέντρους τὰς οὐρὰς ἔχοντα, καὶ λίθῳ γε ἔτι διαθλῶσιν αὐτάς, ἵνα ἀδυνατῶσι τὰ κέντρα ἀναφύειν. φωνὴν δὲ σάλπιγγος ὡς ὅτι ἐγγυτάτω προΐεται. λέγει δὲ καὶ ἑωρακέναι τόδε τὸ ζῷον ἐν Πέρσαις Κτησίας ἐξ Ἰνδῶν κομισθὲν δῶρον τῷ Περσῶν βασιλεῖ, εἰ δή τῳ ἱκανὸς τεκμηριῶσαι ὑπὲρ τῶν τοιούτων Κτησίας [fr. 45dβ Lenf.]. ἀκούσας γε μὴν τὰ ἴδιά τις τοῦδε τοῦ ζῴου εἶτα μέντοι τῷ συγγραφεῖ τῷ Κνιδίῳ προσεχέτω.

4.23. Σκολόπενδρα θαλαττία διαρρήγνυται, ὥς φασιν, ἀνθρώπου διαπτύσαντος αὐτῆς.

4.24. Καρπὸν δὲ ἰτέας εἴ τις θλιβέντα δοίη πιεῖν τοῖς ἀλόγοις αὐτόν, λυπεῖται ἐκεῖνα οὐδέν, μᾶλλον δὲ καὶ τρέφεται· πιὼν δὲ ἄνθρωπος τὴν σπορὰν τὴν παιδοποιόν τε καὶ ἔγκαρπον ἀπώλεσε. καί μοι δοκεῖ Ὅμηρος καὶ τὰ τῆς φύσεως ἀπόρρητα ἀνιχνεύσας εἶτα μέντοι καὶ ἰτέαι ὠλεσίκαρποι ἐν τοῖς ἑαυτοῦ μέτροις εἰπεῖν [*Od.* 10.510] τοῦτο αἰνιττόμενος. κωνείου δὲ ἄνθρωπος πιὼν κατὰ τὴν τοῦ αἵματος πῆξίν τε καὶ ψῦξιν ἀποθνήσκει, ὗς δὲ κωνείου ἐμπίπλαται καὶ ὑγιαίνει.

4.25. Ἰνδοὶ τέλειον μὲν ἐλέφαντα συλλαβεῖν ῥᾳδίως ἀδυνατοῦσιν· οὔτε γὰρ τοσαῦτα δράσουσιν, οὔτε τοσοίδε παρέσονται· εἰς δὲ τὰ ἕλη φοιτῶντες τὰ γειτνιῶντα τῷ ποταμῷ εἶτα μέντοι λαμβάνουσιν αὐτῶν τὰ βρέφη. ἀσπάζεται γὰρ ὁ ἐλέφας τὰ ἔνδροσα χωρία καὶ μαλακά, καὶ φιλεῖ τὸ ὕδωρ, καὶ ἐν τοῖσδε τοῖς ἤθεσι διαιτᾶσθαι ἐθέλει, καὶ ὡς ἂν εἴποις ἕλειός ἐστι. λαβόντες οὖν ἁπαλὰ καὶ εὐπειθῆ τρέφουσι κολακείᾳ τε τῇ κατὰ γαστέρα καὶ θεραπείᾳ τῇ περὶ τὸ σῶμα καὶ φωνῇ θωπευτικῇ (συνιᾶσι γὰρ ἐλέφαντες καὶ γλώττης ἀνθρωπίνης τῆς ἐπιχωρίου), καὶ συνελόντι εἰπεῖν ὡς παῖδας αὐτοὺς ἐκτρέφουσι, καὶ κομιδὴν προσάγουσιν αὐτοῖς καὶ παιδεύματα ποικίλα. οἳ δὲ πείθονται.

1 Ἰνδοὶ] οἱ ἰνδοὶ **AH** ‖ **2** ἔτι] del. Her. ‖ **4** προΐεται] προσίεται **V** | ἑωρακέναι] ἑορ. Her. ‖ **5** κομισθὲν] κομισθεὶς **V** ‖ **10** διαπτύσαντος αὐτῆς] προσπτύσαντος αὐτῇ Her. ‖ **11** εἴ—δοίη] θλιβέντα εἰ δοίης **AH** ‖ **12** αὐτόν] del. Her. | λυπεῖται] λυπεῖ τε **VLPH** ‖ **16** κωνείου] κονείου **P** hic et infra ‖ **19** Ἰνδοὶ] Οἱ Ἰνδοὶ Jac., Her. ‖ **20** οὔτε[1]—παρέσονται] del. Her. | παρέσονται] παρέσοντα **V** ‖ **24** ἐθέλει] **H**, Her. : θέλει **V** : ἐθέλοι **LPA** ‖ **26** θωπευτικῇ] θεραπευτικῇ ***β*** ‖ **28** κομιδὴν] κομιδῇ **V**

4.26. Ὅταν ἀλοητὸς ᾖ, καὶ στρέφωνται περὶ τὸν δῖνον οἱ βόες, καὶ πεπληρωμένη τῶν δραγμάτων ἡ ἅλως ᾖ, ὑπὲρ τοῦ τοὺς βοῦς μὴ ἀπογεύεσθαι τῶν σταχύων βολίτῳ τὰς ῥῖνας ἐπιχρίουσιν αὐτῶν, σόφισμα ἐπινοήσαντες τοῦτο καὶ μάλα γε ἐπιτήδειον. τοῦτο γὰρ τὸ ζῷον μυσαττόμενον τὴν προειρημένην χρῖσιν οὐκ ἂν τινος ἀπογεύσαιτο, οὐδ' εἰ τῷ βαρυτάτῳ λιμῷ πιέζοιτο.

4.27. Τοὺς λαγὼς καὶ τὰς ἀλώπεκας θηρῶσιν οἱ Ἰνδοὶ τὸν τρόπον τοῦτον. κυνῶν εἰς τὴν ἄγραν οὐ δέονται, ἀλλὰ νεοττοὺς συλλαβόντες ἀετῶν καὶ τῶν κοράκων καὶ ἰκτίνων προσέτι τρέφουσι καὶ ἐκπαιδεύουσι τὴν θήραν. καὶ ἔστι τὸ μάθημα, πράῳ λαγῷ καὶ ἀλώπεκι τιθασῷ κρέας προσαρτῶσι, καὶ μεθιᾶσι θεῖν, καὶ τοὺς ὄρνιθας αὐτοῖς κατὰ πόδας ἐπιπέμψαντες τὸ κρέας ἀφελέσθαι συγχωροῦσιν. οἱ δὲ ἀνὰ κράτος διώκουσι, καὶ ἑλόντες ἢ τὸν ἢ τὴν ἔχουσιν ὑπὲρ τοῦ καταλαβεῖν ἆθλον τὸ κρέας. καὶ τοῦτο μὲν αὐτοῖς δέλεάρ ἐστι καὶ μάλα ἐφολκόν. οὐκοῦν ὅταν ἀκριβώσωσι τὴν σοφίαν τὴν θηρατικήν, ἐπὶ τοὺς ὀρείους λαγὼς μεθιᾶσιν αὐτοὺς καὶ ἐπὶ τὰς ἀλώπεκας τὰς ἀγρίας. οἱ δὲ ἐλπίδι τοῦ δείπνου τοῦ συνήθους, ὅταν τι τούτων φανῇ, μεταθέουσι, καὶ αἱροῦσιν ὤκιστα, καὶ τοῖς δεσπόταις ἀποφέρουσιν, ὡς λέγει Κτησίας [fr. 45g Lenf.]. καὶ ὅτι ὑπὲρ τοῦ τέως προσηρτημένου κρέως αὐτοῖς τὰ σπλάγχνα τῶν ᾑρημένων τὸ δεῖπνόν ἐστιν, ἐκεῖθεν καὶ τοῦτο ἴσμεν.

4.28. Τὸν γρῦπα ἀκούω τὸ ζῷον τὸ Ἰνδικὸν τετράπουν εἶναι κατὰ τοὺς λέοντας, καὶ ἔχειν ὄνυχας καρτεροὺς ὡς ὅτι μάλιστα, καὶ τούτους μέντοι τοῖς τῶν λεόντων παραπλησίους· κατάπτερον δὲ τὰ νῶτα εἶναι, καὶ τούτων τῶν πτερῶν τὴν χρόαν μέλαιναν ᾄδουσι, τὰ δὲ πρόσθια ἐρυθρά φασι, τάς γε μὴν πτέρυγας αὐτὰς οὐκέτι τοιαύτας, ἀλλὰ λευκάς. τὴν δέρην δὲ αὐτῶν κυανοῖς διηνθίσθαι τοῖς πτεροῖς Κτησίας ἱστορεῖ [fr. 45h Lenf.], στόμα δὲ ἔχειν ἀετῶδες καὶ τὴν κεφαλὴν ὁποίαν οἱ χειρουργοῦντες γράφουσί τε καὶ πλάττουσι. φλογώδεις δὲ τοὺς ὀφθαλμούς φησιν

1 στρέφωνται] στρέφονται **PH** ‖ 3 ἀπογεύεσθαι] ἀπογεύσασθαι **L**, Her. βολίτῳ] βολβίτῳ **LH** ‖ 9 τῶν] om. **AH** : del. Her. ‖ 13 ἑλόντες] λαβόντες **A** 14 ἔχουσιν] ἔχοντες **V** ‖ 21 ᾑρημένων] εἰρημένων **VLPH** | τὸ] del. Her. ‖ 25 τοῖς] om. **AH** ‖ 26 τὰ νῶτα] del. Her. | καὶ—μέλαιναν] om. **AH** | τούτων τῶν] τῶν μὲν νωτιαίων Her. ‖ 28 τὴν—29 Κτησίας] om. **V** ‖ 31 τε] om. **V**

αὐτοῦ. νεοττιὰς δὲ ἐπὶ τῶν ὀρῶν ποιεῖται, καὶ τέλειον μὲν λαβεῖν ἀδύνατόν ἐστι, νεοττοὺς δὲ αἱροῦσι. καὶ Βάκτριοι μὲν γειτνιῶντες Ἰνδοῖς λέγουσιν αὐτοὺς φύλακας εἶναι τοῦ χρυσοῦ αὐτόθι, καὶ ὀρύττειν τε αὐτόν φασιν αὐτοὺς καὶ ἐκ τούτου τὰς καλιὰς ὑποπλέκειν, τὸ δὲ ἀπορρέον Ἰνδοὺς λαμβάνειν. Ἰνδοὶ δὲ οὔ φασιν αὐτοὺς φρουροὺς εἶναι τοῦ προειρημένου· μηδὲ γὰρ δεῖσθαι χρυσίου γρῦπας (καὶ ταῦτα εἰ λέγουσι, πιστὰ ἔμοιγε δοκοῦσι λέγειν)· ἀλλὰ αὐτοὺς μὲν ἐπὶ τὴν τοῦ χρυσίου ἄθροισιν ἀφικνεῖσθαι, τοὺς δὲ ὑπέρ τε τῶν σφετέρων βρεφῶν δεδιέναι καὶ τοῖς ἐπιοῦσι μάχεσθαι. καὶ διαγωνίζεσθαι μὲν πρὸς τὰ ἄλλα ζῷα καὶ κρατεῖν ῥᾷστα, λέοντι δὲ μὴ ἀνθίστασθαι μηδὲ ἐλέφαντι. δεδιότες δὲ ἄρα τὴν τῶνδε τῶν θηρίων ἀλκὴν οἱ ἐπιχώριοι, μεθ' ἡμέραν ἐπὶ τὸν χρυσὸν οὐ στέλλονται, νύκτωρ δὲ ἔρχονται· ἐοίκασι δὲ τηνικάδε τοῦ καιροῦ λανθάνειν μᾶλλον. ὁ δὲ χῶρος οὗτος, ἔνθα οἵ τε γρῦπες διαιτῶνται καὶ τὰ χωρία τὰ χρυσεῖά ἐστιν, ἔρημος πέφυκε δεινῶς. ἀφικνοῦνται δὲ οἱ τῆς ὕλης τῆς προειρημένης θηραταὶ κατὰ χιλίους τε καὶ δὶς τοσούτους ὡπλισμένοι, καὶ ἅμας κομίζουσι σάκκους τε, καὶ ὀρύττουσιν ἀσέληνον ἐπιτηροῦντες νύκτα. ἐὰν μὲν οὖν λάθωσι τοὺς γρῦπας, ὤνηνται διπλῆν τὴν ὄνησιν· καὶ γὰρ σώζονται καὶ μέντοι καὶ οἴκαδε τὸν φόρτον κομίζουσι, καὶ ἐκκαθάραντες οἱ μαθόντες χρυσοχοεῖν σοφίᾳ τινὶ σφετέρᾳ πάμπολυν πλοῦτον ὑπὲρ τῶν κινδύνων ἔχουσι τῶν προειρημένων· ἐὰν δὲ κατάφωροι γένωνται, ἀπολώλασιν. ἐπανέρχονται δὲ εἰς τὰ οἰκεῖα ὡς πυνθάνομαι δι' ἔτους τρίτου καὶ τετάρτου.

4.29. Ὁ ἀλεκτρυὼν τῆς σελήνης ἀνισχούσης ἐνθουσιᾷ φασι καὶ σκιρτᾷ. ἥλιος δὲ ἀνίσχων οὐκ ἄν ποτε αὐτὸν διαλάθοι, ᾠδικώτατος δὲ μᾶλλον ἑαυτοῦ ἐστι τηνικάδε. πυνθάνομαι δὲ ἄρα

1 νεοττιὰς] νεοττείας **LP** ‖ **2** αἱροῦσι] αἵρουσι **VAH** | καὶ] om. **A** ‖ **3** αὐτόθι] τοῦ αὐτόθι Rei., Her. ‖ **6** αὐτοὺς φρουροὺς] φρου. αὐτ. **PA** ‖ **12** θηρίων] ζῴων ***β*** ἀλκὴν] ἀκμὴν **P** ‖ **14** δὲ[1]] γὰρ **AH**, Her. ‖ **15** τὰ χωρία] del. Rei., Her. | χρυσεῖά] edd. : χρύσειά **LH** : χρυσία **A** : χρυσᾶ **V** : χρυσίεια **P** ‖ **16** τῆς[1]—**17** προειρημένης] τῆς προειρημένης ὕλης **V** ‖ **18** ἅμας] edd. : ἅμας **P** : ἅμα **VLA** : ἀμίας **H** | τε] om. **V** ‖ **19** ἐπιτηροῦντες νύκτα] νύκ. ἐπιτ. **AH** ‖ **20** ὤνηνται] ὤνηντο ***β*** ‖ **21** ἐκκαθάραντες] ἐκκαθήραντες Her. ‖ **22** χρυσοχοεῖν] edd. : χρυσωρυχεῖν codd. ‖ **28** μᾶλλον ἑαυτοῦ] ἑαυτοῦ μᾶλλον **P** : αὐτοῦ μᾶλλον **V** : ἑαυτοῦ Her. | ἄρα ὅτι] ὅτι ἄρα **AH**, Her.

ὅτι καὶ τῇ Λητοῖ φίλον ἐστὶν ὁ ἀλεκτρυὼν τὸ ὄρνεον. τὸ δὲ αἴτιον, παρέστη φασὶν αὐτῇ τὴν διπλῆν τε καὶ μακαρίαν ὠδῖνα ὠδινούσῃ. ταῦτά τοι καὶ νῦν ταῖς τικτούσαις ἀλεκτρυὼν πάρεστι, καὶ δοκεῖ πως εὐώδινας ἀποφαίνειν. τῆς δὲ ὄρνιθος ἀπολωλυίας, ἐπῳάζει αὐτός, καὶ ἐκλέπει τὰ ἐξ ἑαυτοῦ νεόττια σιωπῶν· οὐ γὰρ ᾄδει τότε θαυμαστῇ τινι καὶ ἀπορρήτῳ αἰτίᾳ, ναὶ μὰ τόν· δοκεῖ γάρ μοι ἑαυτῷ συγγινώσκειν θηλείας ἔργα καὶ οὐκ ἄρρενος δρῶντι τηνικάδε. ἐν μάχῃ ἀλεκτρυὼν καὶ τῇ πρὸς ἄλλον ἡττηθεὶς ἀγωνίᾳ οὐκ ἂν ᾄσαι· τὸ γάρ τοι φρόνημα αὐτῷ κατέσταλται καὶ μεμείωται, καὶ καταδύεταί γε ὑπὸ τῆς αἰδοῦς. κρατήσας δὲ γαῦρός ἐστι, καὶ ὑψαυχενεῖ, καὶ κυδρουμένῳ ἔοικε. θαυμάσαι δὲ τοῦ ζῴου ὑπεράξιον καὶ ἐκεῖνο δήπου· θύραν γὰρ ὑπιὼν καὶ τὴν ἄγαν ὑψηλήν, ὃ δὲ ἐπικύπτει, ἀλαζονέστατα δρῶν ἐκεῖνος τοῦτο· φειδοῖ γὰρ τοῦ λόφου πράττειν ἔοικε τὸ εἰρημένον.

4.30. Χελώνης θαλαττίας ἀποτμηθεῖσα ἡ κεφαλὴ οὔποτε θνήσκει, ἀλλὰ καὶ βλέπει καὶ καταμύει τὴν χεῖρα προσάγοντος· ἤδη δ᾽ ἂν καὶ δάκοι, εἰ περαιτέρω προσάγοις τὴν χεῖρα. καὶ ἐπὶ μακρὸν ἐκλάμποντας ἔχει τοὺς ὀφθαλμούς· αἱ γάρ τοι κόραι λευκόταταί τε καὶ περιφανέσταταί εἰσι, καὶ ἐξαιρεθεῖσαι χρυσίῳ καὶ ὅρμοις ἐντίθενται. ἔνθεν τοι καὶ δοκοῦσι ταῖς γυναιξὶ θαυμασταί. γίνονται δὲ ὡς πυνθάνομαι αἱ χελῶναι αἵδε ἐν τῇ θαλάττῃ, ἣν ᾄδουσιν Ἐρυθράν.

4.31. Οἱ κολοιοὶ δεινῶς φιλοῦσι τὸ ὁμόφυλον. τοῦτό τοι καὶ διαφθείρει αὐτοὺς πολλάκις, καὶ τό γε δρώμενον τοιοῦτόν ἐστιν. ὅτῳ μέλει θηρᾶσαι κολοιούς, τοιαῦτα παλαμᾶται. ἔνθα οἶδεν αὐτῶν νομὰς καὶ τροφὰς καὶ ἀθροιζομένους ὁρᾷ κατ᾽ ἀγέλας, ἐνταῦθα λεκανίδας ἐλαίου μεστὰς διατίθησιν. οὐκοῦν διειδὲς μὲν τὸ ἔλαιον, περίεργον δὲ τὸ ὀρνίθιον, καὶ ἀφικνεῖται καὶ ἐπὶ τὸ χεῖλος τοῦ σκεύους κάθηται, καὶ κύπτει κάτω καὶ ὁρᾷ τὴν ἑαυτοῦ σκιάν,

5 ἑαυτοῦ] αὐτοῦ **LP** ‖ **6** αἰτίᾳ] τῇ αἰτίᾳ ***β*** | τόν] τὸν Δία **H** ‖ **7** ἑαυτῷ συγγινώσκειν] συγ. ἑαυ. **AH**, Her. ‖ **8** ἐν] del. Her. | μάχῃ] μάχῃ δὲ Rei., Her. ἡττηθεὶς ἀγωνίᾳ] ἀγω. ἡττ. **AH** ‖ **9** καὶ μεμείωται] del. Her. ‖ **11** δὲ] δὴ **V** **15** οὔποτε—**16** ἀλλὰ] del. Her. ‖ **16** καὶ[1]] om. **A** : del. Her. ‖ **17** δ᾽ ἂν] γὰρ ***β*** προσάγοις] προσαγάγοις **A**, edd. ‖ **19** τε καὶ] καὶ **A** | περιφανέσταταί] περιφερέσταταί **VH** ‖ **20** ἐντίθενται] ἐπιτίθενται **A** ‖ **23** τοι] om. **V** **26** νομὰς—τροφὰς] τρο. καὶ νομ. **A** | κατ᾽ ἀγέλας] κατ᾽ ἀγέ. εἶναι **LPA** **29** ἑαυτοῦ] αὐτοῦ **VH**

καὶ οἴεται κολοιὸν βλέπειν ἄλλον, καὶ κατελθεῖν πρὸς αὐτὸν σπεύδει. κάτεισί τε οὖν καὶ πτερύσσεται καὶ περιβάλλει τὸ ἔλαιον αὐτὸ ὂν γλίσχρον, καὶ συνδεῖται· τὸ δὲ αἴτιον, ἀναπτερυγίσαι ἥκιστός ἐστι· καὶ χωρὶς δικτύων καὶ πάγης καὶ ἁρπεδόνων τὸ ζῷον μένει ὡς ἂν εἴποις πεπεδημένον.

4.32. Ὁ ἐλέφας, οἳ μὲν αὐτοῦ προκύπτειν χαυλιόδοντάς φασιν, οἳ δὲ κέρατα. ἔχει δὲ καὶ καθ' ἕκαστον πόδα δακτύλους πέντε, ὑποφαίνοντας μὲν τὰς ἐκφύσεις, οὐ μὴν διεστῶτας. ταῦτά τοι καὶ νηκτικός ἐστιν ἥκιστα. σκέλη δὲ τὰ πρόσθια τῶν κατόπιν βραχύτερά ἐστι· μαζοὶ δὲ αὐτῷ πρὸς ταῖς μασχάλαις εἰσί· μυκτῆρα δὲ κέκτηται χειρὸς παγχρηστότερον καὶ γλῶτταν βραχεῖαν· χολὴν δὲ αὐτὸν ἔχειν οὐ κατὰ τὸ ἧπαρ ἀλλὰ πρὸς τῷ στέρνῳ φασί. κύειν δὲ πυνθάνομαι δύο ἐτῶν τὸν ἐλέφαντα. οἳ δὲ οὐ τοσοῦτον χρόνον, ἀλλὰ ὀκτωκαίδεκα μηνῶν ὁμολογοῦσιν. ἀποτίκτει δὲ ἰσήλικα τὸ μέγεθος μόσχῳ ἐνιαυσίῳ, σπᾷ δὲ τῆς θηλῆς τῷ στόματι. ἐνθουσιῶν δὲ εἰς μίξιν οἴστρῳ τε φλεγόμενος ἐμπίπτει τοίχῳ καὶ ἀνατρέπει, καὶ φοίνικας κλίνει, τὸ μέτωπον προσαράττων κατὰ τοὺς κριούς. πίνει δὲ ὕδωρ οὐ διειδὲς οὐδὲ καθαρόν, ἀλλ' ὅταν ὑποθολώσῃ τε καὶ ὑποταράξῃ. καθεύδει γε μὴν ὀρθοστάδην· κατακλινῆναι γὰρ καὶ ἐξαναστῆναι ἐργῶδες αὐτῷ. ἀκμὴ δὲ ἐλέφαντος ἑξηκονταετῆ γεγονέναι. κρυμῷ δὲ ὁμιλεῖν ἥκιστός ἐστι. διατείνει δὲ τὸν βίον καὶ εἰς διπλῆν ἑκατοντάδα.

4.33. Προβατεῖαι δὲ Ἰνδῶν ὁποῖαι μαθεῖν ἄξιον. τὰς αἶγας καὶ τὰς οἶς ὄνων τῶν μεγίστων μείζονας ἀκούω, καὶ ἀποκύειν τέτταρα ἑκάστην· μείω γε μὴν τῶν τριῶν οὔτ' αἲξ Ἰνδικὴ οὔτ' ἂν οἶς ποτε τέκοι. καὶ τοῖς μὲν προβάτοις αἱ οὐραὶ πρὸς τὸν πόδα τέτανται, αἱ

1 βλέπειν ἄλλον] ἄλλ. βλέ. **AH** ‖ 2 πτερύσσεται] Jac. in app., Her. : περιπτύσσεται codd. ‖ 3 αὐτὸ—γλίσχρον] αὐτῷ Her. | συνδεῖται—αἴτιον] del. Her. ‖ 7 πόδα] πόδας **V** ‖ 9 τὰ—κατόπιν] τὰ κατόπιν τῶν προσθίων Ges., Her. ‖ 10 βραχύτερά] βραχύτατά **V** ‖ 11 μυκτῆρα] μυκτῆρας **LPH** ‖ 13 στέρνῳ] ἐντέρῳ Cam., Her. ‖ 15 ἐνιαυσίῳ] ex corr. **A** : ἐνιαυσιαίῳ **V** (ante corr. **A**) 19 ὑποθολώσῃ τε] ὑποθολώσηται **PAH** ‖ 20 κατακλινῆναι] κατακλίναι **VAH** : κατακλίνεται **P** ‖ 21 ἐλέφαντος—γεγονέναι] ἐλέφαντος ἑξήκοντα ἔτη γεγονέναι Jac. : ἐλέφαντι ἑξήκοντα ἔτη Her. | κρυμῷ—22 ἐστι] post ἑκατοντάδα transp. Her. (1876) ‖ 24 καὶ] δὲ καὶ ***β*** ‖ 25 τέτταρα] τέτταρας **AH** ‖ 26 μείω] οὐ μείω **A**

δὲ αἶγες μηκίστας ἔχουσιν, ὥστ' ἐπιψαύειν γῆς ὀλίγου. τῶν μὲν οὖν οἰῶν τῶν τίκτειν ἀγαθῶν ἀποκόπτουσι τὰς οὐρὰς οἱ νομεῖς, ἵνα ἀναβαίνωνται, ἐκ δὲ τῆς πιμελῆς τῆς τούτων καὶ ἔλαιον ἀποθλίβουσι· τῶν δὲ ἀρρένων διατέμνουσι τὰς οὐράς, καὶ ἐξαιροῦσι τὸ στέαρ καὶ ἐπιρράπτουσι, καὶ ἑνοῦται πάλιν ἡ τομή, καὶ ἀφανίζεται τὰ ἴχνη αὐτῆς.

4.34. Ἀλέξανδρος ὁ Μύνδιος [fr. 2 Well.] τὸν χαμαιλέοντα λυπεῖν τοὺς ὄφεις καὶ ἀσιτίᾳ περιβάλλειν τὸν τρόπον τοῦτόν φησι. κάρφος πλατὺ καὶ στερεὸν ἐνδακὼν ἑαυτὸν ἐπιστρέφει, καὶ ἀντιπρόσωπος ὁμόσε χωρεῖ τῷ πολεμίῳ. ὃ δὲ αὐτοῦ λαβέσθαι ἀδυνατεῖ, τοῦ κάρφους τὸ πλάτος οὐκ ἔχων περιχανεῖν. οὐκοῦν ἄδειπνος τό γε ἐπ' ἐκείνῳ μένει ὁ ὄφις· δάκνων γάρ τοι τὰ λοιπὰ τῶν μελῶν αὐτοῦ οὐδὲν ἀνύτει· στερεὰν γὰρ τὴν φορίνην ἔχει, καὶ ἐπαΐει τῶν ἐκείνου ὀδόντων ὁ χαμαιλέων οὐδὲ ἕν.

4.35. Ὁ αὐχὴν ὁ τοῦ λέοντος ἐξ ὀστέων συνέστηκεν, οὐ μὴν ἐκ σφονδύλων πολλῶν. εἰ δέ τις τὰ ὀστᾶ τοῦ λέοντος διακόπτοι, πῦρ αὐτῶν ἐξάλλεται. μυελοὺς δὲ οὐκ ἔχει· οὐδὲ γάρ ἐστι κοῖλα αὐλῶν δίκην. μίξεως δὲ αὐτὸν οὐδεμία ἔτους ἀναστέλλει ὥρα. κύει δὲ ἀνὰ μηνῶν δύο. τίκτει δὲ καὶ πεντάκις, καὶ τῇ μὲν ὠδῖνι τῇ πρώτῃ πέντε, δευτέρᾳ δὲ τέτταρα, τρία τε ἐπὶ ταύτῃ, καὶ δύο ἐπ' ἐκείνῃ, καὶ ἓν ἐπὶ πάσαις. οἱ δὲ σκύμνοι ἀρτιγενεῖς μικροί τέ εἰσι καὶ τυφλοὶ κατὰ τὰ σκυλάκια· βαδίσεως δὲ ὑπάρχονται, ὅταν δύο μῆνας ἀπὸ γενεᾶς διαβιώσῃ τὰ τοῦ λέοντος βρέφη. ὁ λόγος δέ, ὅστις λέγει διαξαίνειν αὐτοὺς τὰς μήτρας, μῦθός ἐστι. λιμώττων μὲν οὖν ὁ λέων ἐντυχεῖν χαλεπός ἐστι, κορεσθεὶς δὲ πραότατος· φασὶ δὲ καὶ φιλοπαίστην εἶναι τηνικάδε αὐτόν. καὶ φύγοι δὲ οὐκ ἂν ποτε τὰ νῶτα τρέψας λέων, ἡσυχῇ δὲ ἐπὶ πόδα ἀναχωρεῖ

1 μηκίστας] μεγίστας **V** ‖ 5 ἐξαιροῦσι] ἐξαίρουσι **VP** ‖ 10 ὁμόσε] del. Her. (1876) ‖ 11 ἀδυνατεῖ] ἀμηχανεῖ **V** | τοῦ—πλάτος] τὸ πλα. τοῦ κάρ. **A** 13 ἀνύτει] ἀνύττει **P** ‖ 14 οὐδὲ ἕν] οὐδέν **V** ‖ 15 ἐξ ὀστέων] ἑνὸς ἐξ ὀστέου Jac. in app. : ἐξ ὀστέου Her. ‖ 16 σφονδύλων] ante corr. **L** : σπονδύλων (ex corr. sec. m. **L**) **H** ‖ 18 ἀνὰ] ἄρα Jac. in com., Her. ‖ 19 καὶ[1]] del. Her. ‖ 20 δευτέρᾳ δὲ] δευτέρᾳ **A** : τῇ δὲ δευτέρᾳ Her. | τε] om. **V** : τε τῇ Her. | ἐπ'] τῇ ἐπ' Her. 23 διαβιώσῃ—βρέφη] διαβιῶσιν Her. ‖ 25 ὁ] om. **L** : del. Her. ‖ 26 καὶ[2]] del. Her.|φύγοι—88,1 ἐπιβραχύ] cf. Arist., *HA* 629b8 ‖ 27 τρέψας] στρέψας **V**

βλέπων ἀντίος καὶ ἐπιβραχύ. τοῦ γήρως δὲ ὑπαρχομένου καὶ ἐπὶ τὰ αὔλια ἔρχεται καὶ ἐπὶ τὰς καλύβας καὶ ἐπὶ τὰς οἰκήσεις τὰς τῶν νομέων τὰς ὑπάντρους, καὶ εἰκότως· ταῖς γὰρ ὀρείοις ἔτι θήραις ἐπιθαρρεῖν ἀδύνατός ἐστι. πῦρ δὲ ὀρρωδεῖ. ὅστις μὲν οὖν ἐστιν αὐτῶν γυρότερος καὶ συνεστραμμένος καὶ τὴν χαίτην λασιώτερος, ἀθυμότερός τε καὶ ἀτολμότερος δοκεῖ μᾶλλον· ὁ δὲ εἰς μῆκος εὖ ἥκων καὶ εὐθυτενὴς τὴν τρίχα ἀνδρειότερος πεπίστευται καὶ θυμοειδέστερος. ἀδηφάγος δὲ ὢν καὶ ὅλα φασὶ μέλη βρύκων ἂν καταπίοι. τούτων οὖν πεπληρωμένος καὶ τριῶν ἡμερῶν οὐκ ἐσθίει πολλάκις, ἔστ' ἂν ὑπαναλωθῇ τὰ πρῶτά οἱ καὶ πεφθῇ. πίνει δὲ ὀλίγα.

4.36. Ὁ βοῦς ὁ πρᾶος τοῦ πλήττοντος καὶ κολάζοντος οὐκ ἄν ποτε λήθην λάβοι, ἀλλ' ὑπομνησθεὶς τιμωρεῖται καὶ διαστήματος ἐγγενομένου. ὢν μὲν γὰρ ὑπὸ ζεύγλην καὶ τρόπον τινὰ καθειργμένος, ἔοικε δεσμώτῃ καὶ ἡσυχάζει· ὅταν δὲ ἀφεθῇ, πολλάκις τῷ σκέλει παίσας συνέτριψε μέρος τι τοῦ βουκόλου, πολλάκις δὲ καὶ θυμωθεὶς εἰς κέρας εἶτα ἐμπεσὼν ἀπέκτεινεν αὐτόν. ἐντεῦθεν πρὸς τοὺς ἄλλους πρᾶός ἐστι, καὶ πάρεισιν εἰς τὸ αὔλιον ἡσυχῇ· οὐ γάρ ἐστιν ἀνήμερος πρὸς οὓς οὐκ ἔχει τοῦ θυμοῦ τὴν ὑπόθεσιν.

4.37. Ἡ τῶν Ἰνδῶν γῆ, φασὶν αὐτὴν οἱ συγγραφεῖς [cf. Ctes., fr. 45l Lenf.] πολυφάρμακόν τε καὶ τῶν βλαστημάτων τῶνδε δεινῶς πολύγονον εἶναι. καὶ τὰ μὲν σώζειν αὐτῶν καὶ ἐκ τῶν κινδύνων ῥύεσθαι τοὺς ὑπὸ τῶν δακέτων ὁμοῦ τῷ θανάτῳ ἰόντας (πολλὰ δὲ ἐκεῖθι τοιαῦτα), τὰ δὲ ἀπολλύναι καὶ διαφθείρειν ὀξύτατα, ὧν ἕν περ καὶ τὸ ἐκ τοῦ ὄφεως γινόμενον εἴη ἄν. ἔστι δὲ ἄρα οὗτος ὁ ὄφις κατὰ σπιθαμὴν τὸ μῆκος ὅσα ἰδεῖν· χρόαν δὲ ἔοικε πορφύρᾳ τῇ βαθυτάτῃ. λευκὴν δὲ κεφαλὴν καὶ οὐκέτι πορφυρᾶν περιηγοῦνται αὐτοῦ, λευκὴν δὲ οὐχ ὡς εἰπεῖν ἔπος, ἀλλὰ καὶ χιόνος ἐπέκεινα

1 καὶ ἐπιβραχύ] καὶ ὑπόβραχυ **LAH** : ὑποβρύχων **P** : del. Her. | ὑπαρχομένου] ὑπαρχόμενος ***β*** | καὶ²] del. Rei., Her. | ἐπὶ] ὑπὸ **A** ‖ **3** καὶ εἰκότως] om. **A** | ὀρείοις] ὀρείαις **V** ‖ **5** τὴν] om. **AH** ‖ **6** ἀτολμότερος] ἀτολμώτερος **V** | εἰς μῆκος] μήκους Her. ‖ **7** ἀνδρειότερος] ἀνδρειότατος **V** ‖ **8** βρύκων] βρύχων **AH** **13** ὑπομνησθεὶς] ἀπομνησθεὶς Her. ‖ **14** ἐγγενομένου] ἐγγινομένου **V** **16** πολλάκις] πολλ. μὲν Her. | μέρος] μέλος Wytt., Her. ‖ **24** ἰόντας] ὄντας **H**, Her. ‖ **25** ὧν—26 περ] ὧν οὖν περ **VP** : ὧνπερ **AH** : ὧνπερ οὖν Her. **26** ὄφεως] ὄφε. τοῦ πορφύρου Jac. in app. : ὄφε. τοῦ πορφυροῦ Her.

καὶ γάλακτος. ὀδόντων δὲ ἄγονός ἐστιν ὁ ὄφις οὗτος· εὑρίσκεται δὲ ἐν τοῖς πυρωδεστάτοις τῆς Ἰνδικῆς χωρίοις. καὶ δάκνειν μὲν ἥκιστός ἐστι, καὶ κατά γε τοῦτο φαίης ἂν τιθασὸν αὐτὸν εἶναι καὶ πρᾶον· οὗ δ' ἂν κατεμέσῃ, ὡς ἀκούω, ἢ ἀνθρώπου τινὸς ἢ θηρίου, τοῦδε τὸ μέλος διασαπῆναι ἀνάγκη πᾶν. οὐκοῦν θηραθέντα αὐτὸν ἐκ τοῦ οὐραίου μέρους ἐξαρτῶσι, καὶ οἷα εἰκὸς κάτω τὴν κεφαλὴν ἔχει, καὶ εἰς γῆν ὁρᾷ· ὑπ' αὐτῷ δὲ τῷ στόματι τοῦ θηρὸς ἀγγεῖόν τι τιθέασι πεποιημένον χαλκοῦ. καὶ αἱ διὰ τοῦ στόματος σταγόνες ἐκεῖναι λείβονται ἐς τοῦτο, καὶ τὸ καταρρεῦσαν συνίσταταί τε καὶ πήγνυται, καὶ ἐρεῖς ἰδὼν ἀμυγδαλῆς δάκρυον εἶναι. καὶ ὃ μὲν ἀποθνήσκει ὁ ὄφις, ὑφαιροῦσι δὲ τὸ σκεῦος, καὶ τιθέασιν ἄλλο, χαλκοῦν ἐστι καὶ ἐκεῖνο· νεκροῦ δὲ ἐκρεῖ πάλιν ὑγρὸς ἰχὼρ οὗτος, καὶ ἔοικεν ὕδατι. τριῶν δὲ ἡμερῶν ἐῶσι, καὶ συνίσταται μέντοι καὶ οὗτος. ἡ δ' ἐπ' ἀμφοῖν διαφορὰ κατὰ τὴν χρόαν· ἣ μὲν γὰρ δεινῶς ἐστι μέλαινα, ἣ δὲ ἠλέκτρῳ εἴκασται. οὐκοῦν τούτου μὲν εἰ δοίης τινὶ ὅσον σησάμου μέγεθος ἀφελὼν καὶ ἐμβαλὼν εἰς οἶνον ἢ εἰς σιτίον, πρῶτον μὲν αὐτὸν σπασμὸς περιλήψεται καὶ μάλα ἰσχυρός, εἶτα διαστρέφονταί οἱ τὼ ὀφθαλμώ, ὁ δὲ ἐγκέφαλος διὰ τῶν ῥινῶν κατολισθαίνει θλιβόμενος, καὶ ἀποθνήσκει, καὶ οἴκτιστα μὲν ἀλλὰ ὤκιστα· ἐὰν δὲ ἔλαττον λάβῃ τοῦ φαρμάκου, ἄφυκτα μὲν αὐτῷ καὶ ἐντεῦθέν ἐστι, χρόνῳ δὲ ἀπόλλυται. ἐὰν δὲ τοῦ μέλανος ὀρέξῃς, ὅπερ οὖν κατέρρευσε τεθνεῶτος, ὡς εἶναι σησάμου καὶ τοῦτο μέγεθος, ὑπόπυος γίνεται, καὶ φθόη καταλαμβάνει τὸν λαβόντα, καὶ ἐνιαυτοῦ ἀναλίσκεται τηκεδόνι· πολλοὶ δὲ καὶ εἰς ἔτη δύο προῆλθον, κατὰ μικρὰ ἀποθνήσκοντες.

1 γάλακτος] γάλ. πλέον λευκήν ***β*** ‖ **2** πυρωδεστάτοις] πυρωδεστέροις **A** | τῆς] τοῖς **VL** | Ἰνδικῆς] ἰνδικοῖς **VLP** ‖ **3** γε] τε **V** ‖ **4** κατεμέσῃ] καταμέσῃ **V** | ἢ[1]] om. **AH** ‖ **7** αὐτῷ—στόματι] αὐτὸ δὲ τὸ στόμα Her. ‖ **8** αἱ] om. **AH** : del. Her. **9** ἐκεῖναι] ἐκείνῳ Her. ‖ **11** δὲ] τε **VAH** ‖ **12** τιθέασιν] προστιθέασιν Her. | ἐστι] del. Her. ‖ **13** οὗτος] del. Her. ‖ **14** ἡ—ἐπ'] ἡ δ' ἀπ' **L** : εἴη δ' ἀπ' **PAH** : εἴη δ' ἂν ἐπ' Jac. in app. : εἴη δ' ἂν Her. ‖ **16** ἀφελὼν καὶ] del. Schn., Her. ‖ **19** δὲ] γὰρ **A** κατολισθαίνει] κατολισθάνει Her. | θλιβόμενος] λειβόμενος Rei., Her. **20** οἴκτιστα—ὤκιστα] μάλα οἴκτιστα Her. ‖ **21** λάβῃ] λάβοι **P** | ἄφυκτα] ἀφύλακτα **AH** | καὶ] τὸ Her. ‖ **23** ὡς εἶναι] ὅσον Her. ‖ **25** πολλοὶ] πολλὰ **V** | καὶ] om. **A** | μικρὰ] μικρὸν **L**

4.38. Ἡ στρουθὸς ἡ μεγάλη ᾠὰ μὲν ἀποτίκτει πολλά, οὐ πάντα δὲ τρέφει, ἀλλὰ ἀποκρίνει τὰ ἄγονα, τοῖς δὲ ἐγκάρποις ἐπῳάζει. καὶ ἐκ μὲν τούτων τοὺς νεοττοὺς ἐξέλεψεν, ἐκεῖνα δὲ τὰ ἐκφαυλισθέντα τούτοις τροφὴν παρατίθησιν. εἰ δὲ αὐτὴν διώκοι τις, ἣ δὲ οὐκ ἐπιτολμᾷ τῇ πτήσει, θεῖ δὲ τὰς πτέρυγας ἁπλώσασα· εἰ δὲ ἁλίσκεσθαι μέλλοι, τοὺς παραπίπτοντας λίθους εἰς τοὐπίσω σφενδονᾷ τοῖς ποσίν.

4.39. Οἱ στρουθοὶ οἱ μικροὶ συνειδότες ἑαυτοῖς ἀσθένειαν διὰ σμικρότητα τοῦ σώματος, ἐπὶ τοῖς ἀκρεμόσι τῶν κλάδων τοῖς φέρειν αὐτοὺς δυναμένοις τὰς νεοττιὰς συμπλάσαντες εἶτα μέντοι τὴν ἐκ τῶν θηρατῶν ἐπιβουλὴν ὡς τὰ πολλὰ διαφεύγουσιν ἐπιβῆναι τῇ κλαδὶ μὴ δυναμένων· οὐ γὰρ αὐτοὺς φέρει διὰ λεπτότητα.

4.40. Αἱ δὲ ἀλώπεκες εἰς ὑπερβολὴν προήκουσαι πανουργίας καὶ τρόπου δολεροῦ ὅταν θεάσωνται σφηκιὰν εὐθηνουμένην, αὗται μὲν ἀποστρέφονται τὸν χηραμὸν ἐκνεύουσαι καὶ τὰς ἐκ τῶν κέντρων τρώσεις φυλαττόμεναι· καθιᾶσι δὲ τὴν οὐρὰν δασυτάτην τε οὖσαν καὶ μηκίστην τὴν αὐτὴν καὶ διασείουσαν τοὺς σφῆκας· οἳ δὲ προσέχονται τῷ τῶν τριχῶν δάσει. ὅταν δὲ ἀναπλασθῶσιν αὐτῷ, προσαράττουσι τὴν οὐρὰν ἢ δένδρῳ ἢ τοίχῳ ἢ αἱμασιᾷ· παιόμενοι δὲ οἱ σφῆκες ἀποθνήσκουσιν. εἶτα ἦλθον ἐπὶ τὸν αὐτὸν τόπον, καὶ τοὺς λοιποὺς προσαναλέξασαι καὶ ἀποκτείνασαι κατὰ τοὺς πρώτους, ὅταν ἐννοήσωσι λοιπὸν εἰρήνην εἶναι καὶ ἀπὸ τῶν κέντρων ἐλευθερίαν, καθῆκαν τὸ στόμα καὶ τὰ σφηκία ἐσθίουσι, μήτε θορυβούμεναι μήτε μὴν τὰ κέντρα ὑφορώμεναι.

4.41. Κυνὸς κρανίον ῥαφὴν οὐκ ἔχει. δραμὼν δὲ ἐπὶ πλέον λάγνης γίνεται, φασί, μᾶλλον. κυνὸς δὲ γηρῶντος ἀμβλεῖς οἱ

2 τρέφει] ἀποκύει **A** : ἐκγλύφει Her. ‖ **3** τοὺς] om. **V** ‖ **6** μέλλοι] μέλλει **LH** **8** μικροὶ] σμικροὶ **A**, Her. ‖ **10** αὐτοὺς] ἑαυτοὺς **VL** | νεοττιὰς] νεοττείας **L** **12** τῇ] τῷ Schn., Her. ‖ **14** Αἱ] Οἱ **V** | εἰς] ἐς **V** | πανουργίας] κακουργίας ***β*** **15** εὐθηνουμένην] εὐθενουμένην Her.‖ **16** αὗται] αὐταὶ Rei., Her.| τὸν χηραμὸν] τῶν χηραμῶν **A** | ἐκ] om. **VAH** ‖ **17** δὲ] τε **LP** ‖ **18** τὴν] om.**V** | διασείουσαν] διασείουσι **A**, Her. ‖ **19** προσέχονται] ex corr. **L**, Her. : προσέρχονται codd. (ante corr. **L**) | ἀναπλασθῶσιν] corr. ex ἀναπλησθῶσιν **P** : ἐμπλασθῶσιν Jac. in app. : ἐμπαλαχθῶσιν Her. ‖ **20** ἢ[1]] om. **AH** | τοίχῳ] τειχίῳ Her. (1876) | ἢ αἱμασιᾷ] om. **AH**‖ **27** λάγνης] λάγνος **LAH**|μᾶλλον] del. Her.

ὀδόντες καὶ μελαίνονται. εὔρινος δέ ἐστιν οὕτως ὡς μήποτ᾽ ἂν ὀπτοῦ κυνείου κρέως μητ᾽ ἂν καρυκείᾳ τῇ ποικιλωτάτῃ καὶ δολερωτάτῃ καταγοητευθέντος γεύσασθαι. τρεῖς δὲ ἄρα νόσοι κυνὶ ἀποκεκλήρωνται καὶ οὐ πλείους, κυνάγχη λύττα ποδάγρα· ἀνθρώποις γε μὴν μυρίαι. πᾶν δὲ ὅ τι ἂν ὑπὸ κυνὸς λυττῶντος δηχθῇ, τοῦτο ἀποθνήσκει. κύων δὲ ποδαγρήσας, σπανίως ἀναρρωσθέντα ὄψει αὐτόν. κυνὶ δὲ βίος ὁ μήκιστος τεσσαρεσκαίδεκα ἔτη. Ἄργος δὲ ὁ Ὀδυσσέως καὶ ἡ περὶ αὐτὸν ἱστορία [cf. *Od.* 17.291 ss.] ἔοικε παιδιὰ Ὁμήρου εἶναι.

4.42. Ἔθνος ὀρνίθων Ἰνδικῶν βραχυτάτων καὶ τοῦτο εἴη ἄν. ἐν δὲ τοῖς πάγοις τοῖς ὑψηλοῖς νεοττεύει καὶ ταῖς πέτραις ταῖς καλουμέναις λισσαῖς, καὶ ἔστι τὸ μέγεθος τὰ ὀρνύφια ὅσονπερ ᾠὸν πέρδικος· σανδαράκην δέ μοι νόει τὴν χρόαν αὐτῶν. καὶ Ἰνδοὶ μὲν αὐτὸ φωνῇ τῇ σφετέρᾳ δίκαιρον φιλοῦσιν ὀνομάζειν, Ἕλληνες δὲ ὡς ἀκούω [cf. Ctes., fr. 45n Lenf.] δίκαιον. τούτου τὸ ἀποπάτημα εἴ τις λάβοι ὅσον κέγχρου μέγεθος λυθὲν ἐν τῷ πόματι, εἶτα εἰς ἑσπέραν ἀπέθανεν. ἔοικε δὲ ὁ θάνατος ὕπνῳ καὶ μάλα γε ἡδεῖ καὶ ἀνωδύνῳ καὶ οἷον οἱ ποιηταὶ τὸν λυσιμελῆ φιλοῦσιν ὀνομάζειν ἢ τὸν ἀβληχρόν· εἴη γὰρ ἂν καὶ οὗτος ἐλεύθερος ὀδύνης καὶ τοῖς δεομένοις διὰ ταῦτα ἥδιστος. σπουδὴν δὲ ἄρα τὴν ἀνωτάτω τίθενται Ἰνδοὶ εἰς τὴν κτῆσιν αὐτοῦ· κακῶν γὰρ αὐτὸ ἐπίληθον [cf. Hom., *Od.* 4.221] ἡγοῦνται τῷ ὄντι· καὶ οὖν καὶ ἐν τοῖς δώροις τοῖς μέγα τιμίοις τῶν Περσῶν τῷ βασιλεῖ ὁ Ἰνδῶν πέμπει καὶ τοῦτο. ὃ δὲ καὶ τῶν ἄλλων ἁπάντων προτιμᾷ λαβὼν καὶ ἀποθησαυρίζει κακῶν ἀνιάτων ἀντίπαλόν τε καὶ ἀμυντήριον, εἰ ἀνάγκη καταλάβοι. οὔκουν οὐδὲ ἔχει τις ἐν Πέρσαις αὐτὸ ἄλλος,

1 οὕτως] οὗτος **VP** | μήποτ᾽] ex corr. **L** : μήτ᾽ codd. (ante corr. **L**) ‖ **2** μητ᾽] μηδ᾽ Jac. in app., Her. ‖ **4** πλείους] πλείω **LPA** ‖ **5** ἀνθρώποις] om. **V** ‖ **6** δηχθῇ] δειχθῇ **V** | σπανίως] οὐ ῥαδίως **V** ‖ **7** αὐτόν] αὑτόν **V** | δὲ] om. **A** τεσσαρεσκαίδεκα] τετταρεσκαίδεκα **A** ‖ **10** Ἔθνος] Γένος Her. ‖ **11** δὲ] del. Her. ‖ **12** λισσαῖς] corr. ex λιτταῖς (σσ supra ττ) sec. m. **L**, Schn. : λιταῖς **VAH** : λιπαῖς **P** : λεπραῖς Her. ‖ **13** σανδαράκην] σαρανδάκην **A** : σανδαρακίνην Her. ‖ **16** εἶτα] ὃ δὲ Her. ‖ **18** τὸν] del. Her. | ἢ] om. **AH** ‖ **19** τὸν] del. Her. **21** κακῶν—αὐτὸ] αὐτὸ γὰρ κακῶν **VLP** ‖ **22** οὖν καὶ] γοῦν καὶ **H** : om. **VLP** **23** τῶν] τῷ **AH**, Her.|τῷ] om. **AH** : del. Her.‖ **26** οὔκουν] οὐκοῦν **PAH**

ὅτι μὴ βασιλεύς τε αὐτὸς καὶ μήτηρ ἡ βασιλέως. καὶ διὰ ταῦτα ἀντικρίνοντες βασανίσωμεν τῶν φαρμάκων τοῦ τε Ἰνδικοῦ καὶ τοῦ Αἰγυπτίου ὁπότερον ἦν προτιμότερον· ἐπεὶ τὸ μὲν ἐφ' ἡμέραν αὐτὴν ἀνεῖχέ τε καὶ ἀνέστελλε τὰ δάκρυα τὸ Αἰγύπτιον, τὸ δὲ λήθην κακῶν παρεῖχεν αἰώνιον τὸ Ἰνδικόν· καὶ τὸ μὲν γυναικὸς δῶρον ἦν, τὸ δὲ ὄρνιθος ἢ ἀπορρήτου φύσεως δεσμῶν τῶν ὄντως βαρυτάτων ἀπολυούσης δι' ὑπηρέτου τοῦ προκειμένου καὶ προειρημένου. καὶ Ἰνδοὺς κτήσασθαι εὐτυχήσαντας αὐτό, ὡς τῆς ἐνταυθοῖ φρουρᾶς ἀπολυθῆναι ὅταν ἐθέλωσιν.

4.43. Ὁ ὄρνις ὁ ἀτταγᾶς (μέμνηται δὲ καὶ Ἀριστοφάνης αὐτοῦ ἐν Ὄρνισι τῷ δράματι [*Av.* 248–49; 297; 761]), οὗτός τοι τὸ ἴδιον ὄνομα ᾗ σθένει φωνῇ φθέγγεται καὶ ἀναμέλπει αὐτό. λέγουσι δὲ καὶ τὰς καλουμένας μελεαγρίδας τὸ αὐτὸ δήπου δρᾶν τοῦτο, καὶ ὅτι Μελεάγρῳ τῷ Οἰνέως προσήκουσι κατὰ γένος μαρτυρεῖσθαι καὶ μάλα εὐστόμως. λέγει δὲ ὁ μῦθος, ὅσαι ἦσαν οἰκεῖαι τῷ Οἰνείδῃ νεανίᾳ, ταύτας εἰς δάκρυά τε ἄσχετα καὶ πένθος ἄτλητον ἐκπεσεῖν καὶ θρηνεῖν, οὐδέν τι τῆς λύπης ἄκος προσιεμένας, οἴκτῳ δὲ ἄρα τῶν θεῶν εἰς ταῦτα τὰ ζῷα ἀμεῖψαι τὸ εἶδος. ταῖς δὲ ἴνδαλμά τε καὶ σπέρμα τοῦ τότε πένθους ἐντακῆναι, καὶ εἰς νῦν ἔτι Μελέαγρόν τε ἀναμέλπειν, καὶ ὡς αὐτῷ προσήκουσιν ᾄδειν καὶ τοῦτο μέντοι. ὅσοι δὲ ἄρα αἰδοῦνται τὸ θεῖον, καὶ εἰ μᾶλλον τὴν Ἄρτεμιν, οὐκ ἄν ποτε τῶνδε τῶν ὀρνίθων ἐπὶ τροφὴν προσάψοιντο. καὶ ἥτις ἡ αἰτία ἴσασί τε οἱ τὴν νῆσον οἰκοῦντες τὴν Λέρον καὶ ἔνεστι μαθεῖν ἀλλαχόθεν.

4.44. Πέπυσμαι δὲ ὑπὲρ τῶν μυρμήκων καὶ ταῦτα. οὕτως ἄρα αὐτοῖς τὸ ἐθελουργὸν καὶ τὸ ἐθελόπονον πάρεστιν ἀπροφασίστως

1 ὅτι μὴ] edd. : ἢ ὅτι μὴ **VLPA** : ἢ ὁ **H**|τε] om. **AH**|βασιλέως] βασίλισσα **V**|διὰ ταῦτα] delendum vid., Her. in app.‖ **4** αὐτὴν] del. Her.|ἀνεῖχέ] ἀνεῖργέ Her.|τὰ δάκρυα] ante ἀνεῖχέ transp. **AH** ‖ **6** ἀπορρήτου φύσεως] ἀπορρήτως φύσ. **LP** : φύσ. ἀπορρήτου **AH** | ὄντως] ὄντων ***β*** ‖ **7** προκειμένου καὶ] om. **AH** : del. Her. ‖ **8** εὐτυχήσαντας αὐτό] αὐτὸ εὐτ. **L**, Her. : αὐτὸ εὐτυχήσαντάς φασιν Warm. ‖ **9** ὅταν] sscr. sec. m. **L** : ὅτε codd. (**L** ante corr.) | ἐθέλωσιν] ἐθέλουσιν **PAH** : θέλουσιν **V**‖ **10** Ὁ] om. ***β***‖ **16** εἰς] ἐς **V** : om. **PAH**‖ **17** ἄκος προσιεμένας] προσιεμένας ἄκος **AH** ‖ **18** ταῖς] ταύταις **V** | δὲ] om. **V** | ἴνδαλμά τε] ἰνδάλματα ***β***‖ **19** πένθους] πάθους **VPA** : πόθου **H**‖ **21** καὶ—Ἄρτεμιν] del. Her.|εἰ] ἔτι Jac. in app. ‖ **22** τῶνδε] om. **V** | τῶν] om. **LP** | τροφὴν] τροφῇ Schn., Her. προσάψοιντο] προσάψοιτο **P** : προσάψαιντο edd.|ἥτις ἡ] εἴ τις ἡ **V** : εἴ τις **LP**

καὶ ἄνευ τινὸς ὑποτιμήσεως ἐθελοκακούσης καὶ σκήψεως, εἰς ἣν ὑποικουρεῖ τὸ ῥᾴθυμον, ὡς κἀν ταῖς πανσελήνοις μηδὲ νύκτωρ βλακεύειν μηδὲ ἐλινύειν, ἀλλ' ἔχεσθαι τῆς σπουδῆς. ὦ ἄνθρωποι, μυρίας προφάσεις τε καὶ σκήψεις ἐς τὸ ῥᾳστωνεύειν ἐπινοοῦντες. καὶ τί δεῖ καταλέγειν τε καὶ ἀπαντλεῖν τὸν τοιοῦτον ὄχλον; κεκήρυκται γὰρ Διονύσια καὶ Λήναια καὶ Χύτροι καὶ Γεφυρισμοί, καὶ μετελθόντων ἐς τὴν Σπάρτην ἄλλα καὶ ἐς Θήβας ἄλλα καὶ κατὰ πόλιν μυρία ἑκάστην τὰ μὲν βάρβαρον τὰ δὲ Ἑλλάδα.

4.45. Μαρτύριον δὲ τῆς τῶν ζῴων φύσεως, ὅτι οὐ πάντῃ δυσμεταχείριστός ἐστιν, ἀλλὰ εὖ παθόντα ἀπομνησθῆναι τῆς εὐεργεσίας ἐστὶν ἀγαθὰ ἀγριώτατα ζῴων, ἐν τῇ Αἰγύπτῳ οἵ τε αἴλουροι καὶ οἱ ἰχνεύμονες καὶ οἱ κροκόδειλοι καὶ τὸ τῶν ἱεράκων ἐστὶ φῦλον. ἁλίσκεται δὲ κολακείᾳ τῇ κατὰ γαστέρα, καὶ ἐντεῦθεν ἡμερωθέντα λοιπὸν πραότατα μένει· καὶ οὐκ ἄν ποτε ἐπίθοιτο τοῖς εὐεργέταις τοῖς ἑαυτῶν, τοῦ θυμοῦ τοῦ συμφυοῦς τε καὶ συγγενοῦς ἅπαξ παραλυθέντα. ἄνθρωπος δὲ καὶ λόγου μετειληχὸς ζῷον καὶ φρονήσεως ἀξιωθὲν καὶ αἰδεῖσθαι λαχὸν καὶ ἐρύθημα πιστευθὲν φίλου γίνεται βαρὺς πολέμιος, καὶ ὅσα ἀπόρρητα ἐπιστεύθη, ταῦτα δι' αἰτίαν βραχυτάτην καὶ τὴν παρατυχοῦσαν εἰς ἐπιβουλὴν ἐξέπτυσε τὴν τοῦ πεπιστευκότος.

4.46. Θαυμάσαι λόγον ἄξιόν φησιν Εὔδημος [fr. 129 Wehr.], καὶ τῷ γε ἀνδρὶ τῷδε ὁ λόγος οὗτός ἐστι. νεανίας θηρατικός, συμβιοῦν τοῖς τῶν ζῴων ἀγριωτάτοις οἷός τε, ἐκ νέων μέντοι καὶ βρεφῶν πεπωλευμένους εἶχε, συντρόφους τε καὶ συσσίτους ἑαυτοῖς γεγενημένους, κύνα καὶ ἄρκτον καὶ λέοντα. καὶ ταῦτα μὲν χρόνου πρὸς ἄλληλα εἰρήνην ἄγειν καὶ φίλα νοεῖν σφισι λέγει ὁ Εὔδημος [fr. 129 Wehr.]· μιᾶς δὲ τυχεῖν ἡμέρας τὸν κύνα

2 κἀν] καὶ **VPAH** ‖ **4** σκήψεις] σκέψεις **V** ‖ **5** ἀπαντλεῖν] ἐπαντλεῖν edd. τὸν—ὄχλον] τῶν τοιούτων ὄχλων **VH** : τὸν τοσοῦτον ὄχλον Her. ‖ **9** πάντῃ] πάνυ τι Her. ‖ **10** δυσμεταχείριστός] δυσμεταχείριστά Her. ‖ **11** ἀγριώτατα ζῴων] ζῴων ἀγρ. **AH** : del. Her. ‖ **13** ἐστὶ] ἔτι Her. (προσέτι? Her. in app.) **15** ἑαυτῶν] ex corr. **L**, edd. : ἑαυτοῦ codd. (ante corr. **L**) | τε] τέως **LAH** : om. **P** ‖ **17** ζῷον] ζωὴν **V** ‖ **18** ἐρύθημα] ἐρυθήματα **LP** ‖ **21** Θαυμάσαι] Θαύματος **L** ‖ **22** τῷδε] om. **L** | θηρατικός] θηρατὴς **V** ‖ **23** τε] om. **PAH** **24** πεπωλευμένους] πεπωλευμένος **VLP** : πεπωλευμένοις Jac., Her. **25** ἑαυτοῖς] ἑαυτῷ **L** ‖ **26** χρόνου] χρόνῳ **VH** | φίλα] φιλίαν **P** | σφισι] om. **AH** λέγει] φησιν **AH**

προσπαίζοντα τὴν ἄρκτον καὶ ὑπαικάλλοντα καὶ ἐρεσχελοῦντα, τὴν δὲ οὐκ εἰωθότως ἐκθηριωθῆναι καὶ ἐμπεσεῖν τῷ κυνί, καὶ λαφύξαι τοῖς ὄνυξι τοῦ δειλαίου τὴν γαστέρα καὶ διασπάσασθαι αὐτόν· ἀγανακτῆσαι δὲ τῷ συμβάντι ὁ αὐτός φησι τὸν λέοντα καὶ οἱονεὶ μισῆσαι τὸ ἄσπονδον τῆς ἄρκτου καὶ ἄφιλον, καὶ τὸν κύνα οἷα ἑταῖρον ποθῆσαι καὶ εἰς δικαίαν προελθεῖν ὀργήν, καὶ ἐπιθεῖναι τῇ ἄρκτῳ τὴν δίκην, καὶ τὰ αὐτὰ δρᾶσαι αὐτήν, ἅπερ οὖν εἰργάσατο τὸν κύνα ἐκείνη. Ὅμηρος μέν φησιν [*Od.* 3.196]·

ὡς ἀγαθὸν καὶ παῖδα καταφθιμένοιο λιπέσθαι·

ἔοικε δὲ ἡ φύσις δεικνύναι ὅτι καὶ φίλον ἑαυτῷ τιμωρὸν καταλιπεῖν, ὦ φίλε Ὅμηρε, κέρδος ἐστίν. οἷόν τι καὶ περὶ Ζήνωνος καὶ Κλεάνθους νοοῦμεν, εἴ τι ἀκούομεν.

4.47. Ἐν Ἰνδοῖς γίνεται θηρία τὸ μέγεθος ὅσον γένοιντο ἂν οἱ κάνθαροι, καὶ ἔστιν ἐρυθρά· κινναβάρει δὲ εἰκάσαις ἄν, εἰ πρῶτον θεάσαιο αὐτά· πόδας ἔχει ταῦτα μηκίστους, καὶ προσάψασθαι μαλακά ἐστι. φύεται δὲ ἄρα ἐπὶ τῶν δένδρων τῶν φερόντων τὸ ἤλεκτρον, καὶ σιτεῖται τὸν τῶν φυτῶν καρπὸν τῶνδε. θηρῶσι δὲ αὐτὰ οἱ Ἰνδοὶ καὶ ἀποθλίβουσι, καὶ ἐξ αὐτῶν βάπτουσι τάς τε φοινικίδας καὶ τοὺς ὑπ᾽ αὐταῖς χιτῶνας καὶ πᾶν ὅ τι ἂν ἐθέλωσιν ἄλλο ἐς τήνδε τὴν χρόαν ἐκτρέψαι τε καὶ χρῶσαι. κομίζεται δὲ ἄρα ἡ τοιάδε ἐσθὴς καὶ τῷ τῶν Περσῶν βασιλεῖ. καὶ τό γε εὐειδὲς τῆς ἐσθῆτος δοκεῖ τοῖς Πέρσαις θαυμαστόν, καὶ ἀντικρινομένη δὲ τοῖς Περσῶν ἐπιχωρίοις κρατεῖ κατὰ πολὺ καὶ ἐκπλήττει, ὥς φησι Κτησίας [fr. 45pγ Lenf.]· ἐπεὶ καὶ τῶν ᾀδομένων τῶν Σαρδιανικῶν ὀξυτέρα τέ ἐστι καὶ τηλαυγεστέρα.

Γίνονται δὲ ἐνταῦθα τῆς Ἰνδικῆς, ἔνθα οἱ κάνθαροι, καὶ οἱ καλούμενοι κυνοκέφαλοι, οἷς τὸ ὄνομα ἔδωκεν ἡ τοῦ σώματος ὄψις τε καὶ φύσις· τὰ δὲ ἄλλα ἀνθρώπων ἔχουσι, καὶ ἠμφιεσμένοι

1 προσπαίζοντα] προσπαίξαντα **LP** : προσπήξαντα **V** ‖ 2 οὐκ] om. (lac. rel.) **P** ‖ 3 διασπάσασθαι] διασπᾶσθαι **P** : διασπάσαι **AH** ‖ 6 οἷα] ἢ **V** ‖ 8 μέν] μὲν οὖν Her. ‖ 12 ἀκούομεν] ἀκούοιμεν **VPAH** ‖ 13 γένοιντο ἂν] ἂν γέν. **A** 14 ἐρυθρά] ἐρυ. καὶ **V** | κινναβάρει] κιναβάρει **P** : καὶ κινναβάρει **V** ‖ 15 πόδας] πόδας δὲ Her. ‖ 16 τὸ] τὸν **L** ‖ 17 τὸν] om. **V** ‖ 20 ἐκτρέψαι] ἐκτρίψαι **VPA** 21 τῷ] om. **PA** | τῶν] om. **LAH** ‖ 22 καὶ] del. Her. | δὲ] γε **AH** | τοῖς²] ταῖς Her. 23 κατὰ πολὺ] παραπολὺ **V** ‖ 24 τῶν²] del. Her. ‖ 25 τέ ἐστι] ἐστί τε **VLP** 27 τὸ—ἔδωκεν] ἔδω. τὸ ὄνο. **AH**

βαδίζουσι δορὰς θηρίων. καί εἰσι δίκαιοι, καὶ ἀνθρώπων λυποῦσιν οὐδένα, καὶ φθέγγονται μὲν οὐδέν, ὠρύονται δέ, τῆς γε μὴν Ἰνδῶν φωνῆς ἐπαΐουσι. τροφὴ δὲ αὐτοῖς τῶν ζῴων τὰ ἄγρια· αἱροῦσι δὲ αὐτὰ ῥᾷστα, καὶ γάρ εἰσιν ὤκιστοι, καὶ ἀποκτείνουσι καταλαβόντες, καὶ ὀπτῶσιν οὐ πυρί, ἀλλὰ πρὸς τὴν εἵλην τὴν τοῦ ἡλίου εἰς μοίρας διαξήναντες. τρέφουσι δὲ καὶ αἶγας καὶ οἶς. καὶ σῖτον μὲν ποιοῦνται τὰ ἄγρια, πίνουσι δὲ τὸ ἐκ τῶν θρεμμάτων γάλα ὧν τρέφουσι. μνήμην δὲ αὐτῶν ἐν τοῖς ἀλόγοις ἐποιησάμην, καὶ εἰκότως· ἔναρθρον γὰρ καὶ εὔσημον καὶ ἀνθρωπίνην φωνὴν οὐκ ἔχουσιν.

4.48. Χλωρὶς ὄνομα ὄρνιθος, ἥπερ οὖν οὐκ ἂν ἀλλαχόθεν ποιήσαιτο τὴν καλιὰν ἢ ἐκ τοῦ λεγομένου συμφύτου· ἔστι δὲ ῥίζα τὸ σύμφυτον εὑρεθῆναί τε καὶ ὀρύξαι χαλεπή. στρωμνὴν δὲ ὑποβάλλεται τρίχας καὶ ἔρια. καὶ ὁ μὲν θῆλυς ὄρνις οὕτω κέκληται, ὁ δὲ ἄρρην, χλωρίωνα καλοῦσιν αὐτόν, καὶ ἔστι τὸν βίον μηχανικός, μαθεῖν τε πᾶν ὅ τι οὖν ἀγαθὸς καὶ τλήμων ὑπομεῖναι τὴν ἐν τῷ μανθάνειν βάσανον, ὅταν ἁλῷ. καὶ διὰ μὲν τοῦ χειμῶνος ἄφετον καὶ ἐλεύθερον οὐκ ἂν ἴδοι τις αὐτόν, ἠριναὶ δὲ ὅταν ὑπάρχωνται τροπαὶ τοῦ ἔτους, τηνικαῦτα ἐπιφαίνοιτο. Ἀρκτούρου τε ἐπιτολαί, ὃ δὲ ἀναχωρεῖ εἰς τὰ οἰκεῖα, ὁπόθεν καὶ δεῦρο ἐστάλη.

4.49. Ὑπὸ θυμοῦ τεθηγμένον ταῦρον καὶ ὑβρίζοντα εἰς κέρας καὶ σὺν ὁρμῇ καὶ ἀκατασχέτως φερόμενον οὐχ ὁ βουκόλος ἐπέχει, οὐ φόβος ἀναστέλλει, οὐκ ἄλλο τοιοῦτον, ἄνθρωπος δὲ ἵστησιν αὐτὸν καὶ παραλύει τῆς ὁρμῆς τὸ δεξιὸν αὐτοῦ γόνυ διασφίγξας ταινίᾳ καὶ ἐντυχὼν αὐτῷ.

4.50. Ἡ πάρδαλις πέντε ἔχει δακτύλους ἐν τοῖς ποσὶ τοῖς προσθίοις, ἐν δὲ τοῖς κατόπιν τέτταρας. ἡ δὲ θήλεια εὐρωστοτέρα τοῦ ἄρρενος. ἐὰν δὲ γεύσηται ἀγνοοῦσα τοῦ καλουμένου παρδαλιάγχου (πόα δέ ἐστιν), ἀποπάτημα ἀνθρώπου ποθὲν ἀνιχνεύσασα διασώζεται.

3 αἱροῦσι] αἰροῦσι **VH** ‖ **16** πᾶν] om. **L** ‖ **18** ἄφετον] ἄφετος **VP** | ἐλεύθερον] ἐλεύθερος **VP** ‖ **19** ὑπάρχωνται] ὑπάρξωνται Her. | τηνικαῦτα] τηνικαῦτ᾽ ἂν Her. | ἐπιφαίνοιτο] ἐπεφαίνετο **V** | Ἀρκτούρου—20 ἐπιτολαί] Ἀρκτοῦρός τε ἐπέτειλεν Her. ‖ **20** εἰς] ἐς **PH** ‖ **23** καὶ ἀκατασχέτως] ἀκατασχέτῳ Her. **28** τέτταρας] τέσσαρας **V**

4.51. Οἱ ἵπποι, τὰς κάτω βλεφαρίδας οὔ φασιν αὐτοὺς ἔχειν. Ἀπελλῆν οὖν τὸν Ἐφέσιον αἰτίαν λέγουσιν ἔχειν, ἐπεί τινα ἵππον γράφων οὐ παρεφύλαξε τὸ ἴδιον τοῦ ζῴου. οἱ δὲ οὐκ Ἀπελλῆν φασι ταύτην τὴν αἰτίαν ἐνέγκασθαι, ἀλλὰ Μίκωνα, ἀγαθὸν μὲν ἄνδρα γράψαι τὸ ζῷον τοῦτο, σφαλέντα δ' οὖν ἐς μόνον τὸ εἰρημένον.

4.52. Τὸν οἶστρόν φασιν ὅμοιον εἶναι μυίᾳ μεγίστῃ καὶ εἶναι στερεὸν καὶ εὐπαγῆ καὶ ἔχειν κέντρον ἰσχυρὸν ἠρτημένον τοῦ στόματος, προΐεσθαι δὲ καὶ ἦχον βομβώδη. τὸν μὲν οὖν μύωπα ὅμοιον φῦναι τῇ καλουμένῃ κυνομυίᾳ, βομβεῖν δὲ τοῦ οἴστρου μᾶλλον, ἔχειν δὲ ἔλαττον τὸ κέντρον.

4.53. Ὄνους ἀγρίους οὐκ ἐλάττονας ἵππων τὰ μεγέθη ἐν Ἰνδοῖς γίνεσθαι πέπυσμαι [cf. Ctes., fr. 45q Lenf.]. καὶ λευκοὺς μὲν τὸ ἄλλο εἶναι σῶμα, τήν γε μὴν κεφαλὴν ἔχειν πορφύρᾳ παραπλησίαν, τοὺς δὲ ὀφθαλμοὺς ἀποστέλλειν κυανοῦ χρόαν. κέρας δὲ ἔχειν ἐπὶ τῷ μετώπῳ ὅσον πήχεως τὸ μέγεθος καὶ ἡμίσεος προσέτι, καὶ τὸ μὲν κάτω μέρος τοῦ κέρατος εἶναι λευκόν, τὸ δὲ ἀνωτέρω φοινικοῦν, τό γε μὴν μέσον μέλαν δεινῶς. ἐκ δὴ τῶνδε τῶν ποικίλων κεράτων πίνειν Ἰνδοὺς ἀκούω, καὶ ταῦτα οὐ πάντας, ἀλλὰ τοὺς τῶν Ἰνδῶν κρατίστους, ἐκ διαστημάτων αὐτοῖς χρυσὸν περιχέοντας, οἱονεὶ ψελλίοις τισὶ κοσμήσαντας βραχίονα ὡραῖον ἀγάλματος. καί φασι νόσων ἀφύκτων ἀμαθῆ καὶ ἄπειρον γενέσθαι τὸν ἀπογευσάμενον ἐκ τοῦδε τοῦ κέρατος· μήτε γὰρ σπασμῷ ληφθῆναι ἂν αὐτὸν μήτε τῇ καλουμένῃ ἱερᾷ νόσῳ, μήτε μὴν διαφθαρῆναι φαρμάκοις. ἐὰν δέ τι καὶ πρότερον ᾖ πεπωκὼς κακόν, ἀνεμεῖν τοῦτο, καὶ ὑγιᾶ γενέσθαι αὐτόν. πεπίστευται δὲ τοὺς ἄλλους τοὺς ἀνὰ πᾶσαν τὴν γῆν ὄνους καὶ ἡμέρους καὶ ἀγρίους καὶ τὰ ἄλλα τὰ μώνυχα θηρία ἀστραγάλους οὐκ ἔχειν, οὐδὲ μὴν ἐπὶ τῷ ἥπατι χολήν, ὄνους δὲ τοὺς Ἰνδοὺς

4 ταύτην—αἰτίαν] τὴν αἰτ. ταύ. **A** | Μίκωνα] Meu., Her. : νίκωνα codd. ‖ **5** οὖν] om. **V** ‖ **7** Τὸν] cap. 52 uncos adiecit Her. ‖ **9** στόματος] σώματος Her. προΐεσθαι] καὶ προΐεσθαι **LPA** | βομβώδη] βορώδη **PAH** ‖ **10** φῦναι] ante corr. **L** : φύεσθαι ex corr. sec. m. **L** : φῆναι **V** ‖ **12** ἐλάττονας] ἐλάττους Her. ‖ **13** μὲν] om. **V** ‖ **16** ἔχειν] **A**, Her. : ἔχει **VLPH** | τῷ μετώπῳ] τοῦ μετώπου **AH** **18** ἀνωτέρω] ἀνώτερον **VH** : ἄνω Her. ‖ **21** περιχέοντας] περιχέαντας Rei., Her. | ψελλίοις] ψελίοις **H**, Her. ‖ **23** γενέσθαι] γίνεσθαι Her. ‖ **26** γενέσθαι] γίνεσθαι Her.‖ **28** τὰ[2]] del. Her.

λέγει Κτησίας [fr. 45q Lenf.] τοὺς ἔχοντας τὸ κέρας ἀστραγάλους φορεῖν, καὶ ἀχόλους μὴ εἶναι· λέγονται δὲ οἱ ἀστράγαλοι μέλανες εἶναι, καὶ εἴ τις αὐτοὺς συντρίψαι, εἶναι τοιοῦτοι καὶ τὰ ἔνδον. εἰσὶ δὲ καὶ ὤκιστοι οἵδε οὐ μόνον τῶν ὄνων, ἀλλὰ καὶ ἵππων καὶ ἐλεφάντων· καὶ ὑπάρχονται μὲν ἡσυχῇ τοῦ δρόμου, κατὰ μικρὰ δὲ ἐπιρρώννυνται, καὶ διώκειν ἐκεῖνον τοῦτο δὴ τὸ ποιητικὸν μεταθεῖν τὰ ἀκίχητά ἐστιν. ὅταν γε μὴν ἡ θῆλυς τέκῃ, καὶ περιάγηται τὰ ἀρτιγενῆ, σύννομοι αὐτοῖς οἱ πατέρες αὐτῶν φυλάττονται τὰ βρέφη. διατριβαὶ δὲ τοῖς ὄνοις τῶν Ἰνδικῶν πεδίων τὰ ἐρημότατα. ἐπιόντων δὲ τῶν Ἰνδῶν ἐπὶ τὴν ἄγραν αὐτῶν, τὰ μὲν ἁπαλὰ καὶ ἔτι νεαρὰ ἑαυτῶν νέμεσθαι κατόπιν ἐῶσιν, αὐτοὶ δὲ ὑπερμαχοῦσι, καὶ ἐπίασι τοῖς ἱππεῦσιν ὁμόσε, καὶ τοῖς κέρασι παίουσι. τοσαύτη δὲ ἄρα ἡ ἰσχὺς ἡ τῶνδέ ἐστιν. οὐδὲν ἀντέχει αὐτοῖς παιόμενον, ἀλλὰ εἴκει καὶ διακόπτεται καὶ ἐὰν τύχῃ κατέθλασται καὶ ἀχρεῖόν ἐστιν. ἤδη δὲ καὶ ἵππων πλευραῖς ἐμπεσόντες διέσχισαν καὶ τὰ σπλάγχνα ἐξέχεαν. ἔνθεν τοι καὶ ὀρρωδοῦσιν αὐτοῖς πλησιάζειν οἱ ἱππεῖς· τὸ γάρ τοι τίμημα τοῦ γενέσθαι πλησίον θάνατός ἐστιν οἴκτιστος αὐτοῖς, καὶ ἀπόλλυνται καὶ αὐτοὶ καὶ οἱ ἵπποι. δεινοὶ δέ εἰσι καὶ λακτίσαι. δήγματα δὲ ἄρα ἐς τοσοῦτον καθικνεῖται αὐτῶν, ὡς ἀποσπᾶν τὸ περιληφθὲν πᾶν. ζῶντα μὲν οὖν τέλειον οὐκ ἂν λάβοις, βάλλονται δὲ ἀκοντίοις καὶ οἰστοῖς, καὶ τὰ κέρατα οὕτω τὰ ἐξ αὐτῶν Ἰνδοὶ νεκρῶν σκυλεύσαντες ὡς εἶπον περιέπουσιν. ὄνων δὲ Ἰνδῶν ἄβρωτόν ἐστι κρέας· τὸ δὲ αἴτιον, πέφυκεν εἶναι πικρότατον.

4.54. Εἶναι δὲ ἄλογα μὲν ζῷα, φυσικὴν δὲ ἔχειν ἀριθμητικὴν μὴ διδαχθέντα Εὔδημός φησι [fr. 130 Wehr.], καὶ ἐπάγει μαρτύριον ἐκεῖνο τῶν ἐν τῇ Λιβύῃ ζῴων. τὸ δὲ ὄνομα οὐ λέγει· ἃ δὲ λέγει,

2 οἱ—**3** εἶναι[1]] μέλ. εἶν. οἱ ἀστ. **A** ‖ **3** συντρίψαι] συντρίψει **VA** | τοιοῦτοι] τοιοῦτον **P** | καὶ[2]] om. **AH** ‖ **4** μόνον] μόνων **P** ‖ **5** ἐλεφάντων] ἐλάφων Jac., Her., fort. recte ‖ **6** ἐπιρρώννυνται] ἐπιρρώνυται **V** | ἐκεῖνον] ἐκεῖνο **V** : ἐκείνους Her. **7** ἡ] ὁ **LAH**, edd. | τέκῃ] τέκοι **A** ‖ **8** αὐτῶν] αὐτῶν γίνονται **A** ‖ **9** φυλάττονται] φυλάττοντες **PA** : φυλάττουσι Her. ‖ **10** ἐρημότατα] ἐρημότατά ἐστιν Her. ἐπιόντων] ἰόντων Her. ‖ **12** ἐπίασι] ex corr. **L** : ἐπιᾶσι **VP** : ἴασι (ante corr. ut vid. **L**), Her. ‖ **15** κατέθλασται] κατατέθλασται **PH**, Her. | πλευραῖς] πλευροῖς **V** ‖ **16** ἐξέχεαν] ex corr. **L** : ἐξέσχεν **V** (ante corr. **L**) **P** ‖ **17** οἱ ἱππεῖς] ὁ ἵππος **V** : ἡ ἵππος **PA** ‖ **19** οἱ] om. **LA** ‖ **22** οὕτω τὰ] οὕτως τὰ **LA** : del. Her. ‖ **24** κρέας] τὸ κρέας Her.

ταῦτά ἐστιν. ὅ τι ἂν θηράσῃ, ποιεῖν μοίρας ἕνδεκα, καὶ τὰς μὲν δέκα σιτεῖσθαι, τὴν δὲ ἑνδεκάτην ἀπολιπεῖν (ὅτῳ δὴ καὶ ἀντὶ τοῦ καὶ ἐννοίᾳ τίνι, σκοπεῖν ἄξιον) ἀπαρχήν γέ τινα ἢ δεκάτην, ὡς ἂν εἴποις. οὐκοῦν ἐκπλαγῆναι δίκαιον τὴν αὐτοδίδακτον σοφίαν· τὴν δέ γε μονάδα καὶ δυάδα καὶ τοὺς ἑξῆς ἀριθμοὺς ζῷον οἶδεν ἄλογον· ἀνθρώπῳ δὲ δεῖ πόσων μὲν τῶν μαθημάτων, πόσων δὲ τῶν πληγῶν, ἵνα ἢ μάθῃ ταῦτα εὖ καὶ καλῶς ἢ πολλάκις μὴ μάθῃ;

4.55. Τὴν οἰνάδα ὄρνεον εἰδέναι χρὴ οὖσαν, οὐ μὴν ὥς τινες ἄμπελον. λέγει δὲ Ἀριστοτέλης [fr. 270.10 Gig.] μεῖζον μὲν αὐτὸ εἶναι φάσσης, περιστερᾶς γε μὴν ἧττον. καλοῦνται δὲ ὡς ἀκούω καὶ ἐν τῇ Σπάρτῃ οἰναδοθῆραί τινες. λέγοιτο δ᾽ ἄν τι καὶ κίρκη, διαλλάττον τοῦ κίρκου ὄρνεον οὐ μόνον τῷ γένει, φασίν, ἀλλὰ καὶ τὴν φύσιν.

4.56. Λέγουσιν Αἰγύπτιοι (καὶ ῥᾳθύμως αὐτῶν οὐκ ἀκούουσιν ἄνδρες φιλόσοφοι) ἔν τινι νομῷ τῶν Αἰγυπτίων, ὅνπερ οὖν ἐξ Ἡρακλέους τοῦ Διὸς ὀνομάζουσι, ὡραῖον παῖδα ὡς ἂν Αἰγύπτιον, χηνῶν ποιμένα, ἐράστριαν ἀσπίδα λαχεῖν, καὶ μέντοι παρ᾽ αὐτῇ εἶναι θαυμαστόν. εἶτα φοιτῶσαν τῷ ἐρωμένῳ ὄναρ προλέγειν τὰς ἐπιβουλὰς τὰς εἰς αὐτὸν πανουργουμένας ἐκ θατέρου θηρίου, ὅπερ ἦν αὐτῇ σύννομον, ὡς ἂν εἴποι τις, ζηλοτυπίᾳ τῇ πρὸς τὸν παῖδα ὑπὲρ τῆς νύμφης τῆς ἀσπίδος ταῦτα πειρωμένου δρᾶν τοῦ ἄρρενος· τὸν δὲ ἐπακούοντα πείθεσθαι καὶ φυλάττεσθαι. Ὅμηρος μὲν οὖν ἔδωκεν ἵππῳ φωνήν [*Il.* 19.404 ss.], ἀσπίδι δὲ ἡ φύσις, ᾗ νόμων οὐδὲν μέλει, φησὶν Εὐριπίδης [fr. 920 N.].

4.57. Καμήλους ἔτη βιοῦν καὶ πεντήκοντα ἀκήκοα, τὰς δὲ ἐκ Βάκτρων πέπυσμαι προϊέναι καὶ εἰς δὶς τοσαῦτα. καὶ οἵ γε ἄρρενες καὶ πολεμικοί, ἐκτέμνουσιν αὐτοὺς οἱ Βάκτριοι, τὴν ὕβριν καὶ τὸ ἀκολασταίνειν ἀφαιροῦντες, τὴν δὲ ῥώμην αὐτοῖς φυλάττοντες. καίονται δὲ αἱ θήλειαι τὰ ἐξάπτοντα εἰς οἶστρον μέρη αὐτάς.

2 ἀπολιπεῖν] ἀπολείπειν Her. | δὴ—ἀντὶ] δὲ καὶ ἀντὶ **L**, Her. : δή. ἀντὶ δὲ **A** : δὴ ἀντὶ **H** ‖ **4** σοφίαν] σοφ. τήνδε Her. | τὴν² — 5 γε] τὴν δή γε **V** : περὶ τήν γε **H** : τὴν γάρ τοι Her. ‖ **11** τῇ] om. **V** | τι] del. Her. ‖ **12** διαλλάττον τοῦ] διαλλάττειν Her. | ὄρνεον] del. Her. | φασίν] del. Her. ‖ **13** τὴν φύσιν] τῇ φύσει Her. **16** ὡραῖον παῖδα] παῖ. ὡρα. **AH**, Her. ‖ **17** μέντοι] μέντοι καὶ Her. | αὐτῇ] αὐτὴν **L** ‖ **18** ὄναρ προλέγειν] προλ. ὄναρ **AH** ‖ **20** εἴποι τις] εἴποις **AH** | ζηλοτυπίᾳ] ζηλ. τινὶ ***β*** ‖ **21** τῆς ἀσπίδος] del. Her. ‖ **22** ἐπακούοντα] ἐπακούσαντα **A** : ὑπακούοντα Her. ‖ **23** ᾗ] ἣν **V** ‖ **27** ἐκτέμνουσιν] καὶ ἐκτ. **AH** ‖ **29** δὲ] δὲ καὶ ***β***

4.58. Φώκην Εὔδημος [fr. 132 Wehr.] λέγει ἐρασθῆναι ἀνδρὸς σπογγιὰς θηρεύειν συνειθισμένου, καὶ προϊοῦσαν τῆς θαλάττης ἔνθα ἦν ὕπαντρος πέτρα ὁμιλεῖν αὐτῷ. τῶν δὲ ὁμοτέχνων ἦν ἄρα οὗτος αἴσχιστος, ἀλλὰ ἐδόκει τῇ φώκῃ ὡραιότατος εἶναι. καὶ θαῦμα ἴσως οὐδέν, ἐπεὶ καὶ ἄνθρωποι πολλάκις τῶν ἧττον καλῶν ἠράσθησαν, ἐς τοὺς ὡραιοτάτους οὐ παθόντες οὐδέν, ἀλλ' ἀμελήσαντες αὐτῶν.

4.59. Ἀριστοτέλης λέγει [fr. 270.9 Gig.] τὸν ὑπὸ ὕδρου πληγέντα παραχρῆμα ὀσμὴν βαρυτάτην ἀπεργάζεσθαι, ὡς μὴ οἷόν τε εἶναι προσπελάσαι αὐτῷ τινα. λήθην τε καταχεῖσθαι τῷ πληγέντι ὁ αὐτὸς λέγει καὶ μέντοι καὶ ἀχλὺν κατὰ τῶν ὀμμάτων πολλήν, καὶ λύτταν ἐπιγίνεσθαι καὶ τρόμον εὐθὺ μάλα ἰσχυρόν, καὶ ἀπόλλυσθαι διὰ τρίτης αὐτόν.

4.60. Κυανὸς ὄνομα, ὄρνις τὴν φύσιν, ἀπάνθρωπος τὸν τρόπον, μισῶν μὲν τὰς ἀστικὰς διατριβὰς καὶ τὰς κατ' οἰκίαν αὐλίσεις, φεύγων δὲ καὶ τὰς ἐν ἀγροῖς διατριβὰς καὶ ὅπου καλύβαι τε καὶ ἀνθρώπων αὔλια, χαίρων δὲ ἐρημίαις καὶ ἡδόμενος ὀρείοις κορυφαῖς καὶ πάγοις ἀποτόμοις. ἀλλ' οὔτε ἠπείροις φιληδεῖ οὔτε νήσοις ἀγαθαῖς, Σκύρῳ δὲ καὶ εἴ τις τοιαύτη ἑτέρα ἄγαν λυπρὰ καὶ ἄγονος καὶ ἀνθρώπων χηρεύουσα ὡς τὰ πολλά.

4.61. Σπίνοι δὲ ἄρα σοφώτεροι καὶ ἀνθρώπων τὸ μέλλον προεγνωκέναι. ἴσασι γοῦν καὶ χειμῶνα μέλλοντα, καὶ χιόνα ἐσομένην προμηθέστατα ἐφυλάξαντο. καὶ τοῦ καταληφθῆναι δέει ἀποδιδράσκουσιν εἰς τὰ ἀλσώδη χωρία καὶ τὰ δασέα, καὶ αὐτοῖς τὰ δάση κρησφύγετα ὡς ἂν εἴποις ἐστίν.

2 θαλάττης] θαλάσσης **V** ‖ 3 ἄρα] om. **A** ‖ 6 ὡραιοτάτους] ὡραιοτέρους **A** 8 Ἀριστοτέλης] Ἀπολλόδωρος Well. (1891) ‖ 10 τῷ πληγέντι] τοῦ πληγέντος Her. ‖ 12 εὐθὺ] εὖ Rei., Her. ‖ 14 Κυανὸς] Κύανος edd. | ὄνομα] τὸ ὄνο. Her. 15 ἀστικὰς] ἀστυκὰς **L** ‖ 18 οὔτε[1]] οὐδὲ Her. | οὔτε[2]] οὐδὲ Her. ‖ 19 Σκύρῳ] edd. : Σύρῳ **LH** : συρῶ **VA** : σύρᾳ **P** ‖ 22 προεγνωκέναι] προεγνώκασιν **V** 24 καὶ[1] — δασέα] del. Her.

LIBER V

5.1. Γῆν τὴν Παριανῶν καὶ τὴν γείτονα Κύζικον ὄρνιθας οἰκεῖν μέλανας ἰδεῖν φασι, τὸ δὲ σχῆμα εἴποις ἱέρακας αὐτοὺς ἄν. ἄγευστοι δέ εἰσι σαρκῶν, καὶ σωφρονοῦσι περὶ τὴν γαστέρα, καὶ αὐτοῖς τὰ σπέρματα εἶναι δεῖπνον ἀπόχρη. ὅταν δὲ ὑπάρξηται τὸ μετόπωρον, εἰς τὴν Ἰλιάδα γῆν ἀγέλη τῶνδε τῶν ὀρνίθων (καλοῦσι δὲ αὐτοὺς μέμνονας) εὐθὺ τοῦ Μεμνονείου τάφου φοιτῶσι. λέγουσι δὲ οἱ τὴν Τρωάδα ἔτι οἰκοῦντες ἠρίον εἶναί τι τῷ τῆς Ἠοῦς Μέμνονι εἰς τιμὴν ἄνετον· καὶ αὐτὸν μὲν τὸν νεκρὸν εἰς τὰ Σοῦσα τὰ οὕτω Μεμνόνεια ὑμνούμενα ὑπὸ τῆς μητρὸς κομισθέντα μετέωρον ἐκ τῶν φόνων τυχεῖν κηδεύσεως τῆς προσηκούσης αὐτῷ, ὀνομάζεσθαι δέ οἱ τὴν στήλην τὴν ἐνταῦθα ἄλλως. οὐκοῦν τοὺς ὄρνιθας τοὺς ἐπωνύμους τοῦ ἥρωος τοῦ προειρημένου ἀφικνεῖσθαι κατὰ πᾶν ἔτος, καὶ διαιρεῖσθαί τε καὶ διασχίζεσθαι εἰς ἔχθραν καὶ διαφοράν, καὶ μάχεσθαι μάχην καρτεράν, καὶ ἐς τοσοῦτον ἔστ' ἂν οἳ μὲν αὐτῶν ἀποθάνωσιν οἱ ἡμίσεις, οἳ δὲ ἀπέλθωσιν οἱ κρατήσαντες ἔνθεν καὶ ἀφίκοντο. ὅπως οὖν ταῦτα δρᾶται καὶ ὁπόθεν, οὔ μοι σχολὴ φιλοσοφεῖν νῦν, οὐδὲ μὴν τὰ τῆς φύσεως ἀπόρρητα ἀνιχνεύειν. εἰρήσεται δὲ ἐκεῖνο· ἐπιτάφιον τῷ παιδὶ τῷ τῆς Ἠοῦς καὶ Τιθωνοῦ τοῦτον ὅσα ἔτη τὸν ἀγῶνα ἀθλοῦσιν οἱ προειρημένοι ὄρνιθες· Πελίαν δὲ ἅπαξ ἐτίμησαν Ἕλληνες ἀγῶνι καὶ Ἀμαρυγκέα καὶ μέντοι καὶ Πάτροκλον καὶ τὸν ἀντίπαλον Μέμνονος τὸν Ἀχιλλέα.

5.2. Ἐν τῇ Κρήτῃ γλαῦκα μὴ γίνεσθαί φασι τὸ παράπαν, ἀλλὰ καὶ εἰσκομισθεῖσαν ἔξωθεν ἀποθνήσκειν. ἔοικε δὲ ὁ Εὐριπίδης [cf. *TGF*, p. 558 ss.] ἀβασανίστως πεποιηκέναι τὸν Πολύειδον ὁρῶντα τήνδε τὴν ὄρνιν καὶ ἐξ αὐτῆς τεκμηράμενον ὅτι εὑρήσει καὶ τὸν

3 μέλανας] μέλαίνας (sic) **L** : μέλαινας **PH** ‖ 4 τὴν] om. ***β*** ‖ 7 δὲ] καὶ **V** Μεμνονείου] μεμνονίου **P** ‖ 8 ἠρίον] ἠρῷον **V** ‖ 9 εἰς τιμὴν] del. Her. | εἰς²] ἐς ***β*** 10 Μεμνόνεια] μεμνόνια **VP** ‖ 11 φόνων] φονῶν Her. ‖ 12 ὀνομάζεσθαι] ἐπονομάζεσθαι Schn., Her. ‖ 15 καὶ³ – 16 τοσοῦτον] del. Her. ‖ 17 ἔνθεν] ἔνθεν τοι Her. | ὅπως] ὅπως μὲν Her. ‖ 18 ὁπόθεν] ὁ πόθος **V** ‖ 20 τοῦτον] τοσοῦτον **V** ‖ 24 φασι] φησὶ **V** ‖ 26 Πολύειδον] πολύϊδον **VAH** ‖ 27 καὶ² – 101,1 υἱόν] τὸν Γλαῦκον Her. (τὸν τεθνεῶτα τῷ Μίνωϊ υἱόν malit Her. in app.)

Γλαῦκον τὸν τεθνεῶτα τῷ Μίνωϊ τὸν υἱόν. πυνθάνομαι δὲ ἔγωγε λόγους Κρῆτας ᾄδειν καὶ διδάσκειν ἐκεῖνα πρὸς τοῖς ἤδη διηνυσμένοις. δῶρον λαβεῖν τὴν γῆν τὴν Κρητικὴν ἐκ Διός, οἷα δήπου τροφὸν καὶ τὴν κρύψιν τὴν ὑμνουμένην ἀποκρύψασαν αὐτόν, ἐλευθέραν εἶναι θηρίου πονηροῦ καὶ ἐπὶ λύμῃ γεννωμένου παντός, καὶ μήτε αὐτὴν τίκτειν μήτε ἔξωθεν κομισθὲν τρέφειν. καὶ τὴν μὲν ἀποδείκνυσθαι τοῦ δώρου τὴν ἰσχύν· τῶν γάρ τοι προειρημένων ἄγονον εἶναι· εἰ δὲ ἐπὶ πείρᾳ τις ἢ ἐλέγχῳ τῆς ἐκ Διὸς χάριτος τῶν ὀθνείων τι εἰσαγάγοι, τὸ δὲ ἐπιψαῦσαν μόνον τῆς γῆς ἀπόλλυσθαι. οὐκοῦν τοὺς θηρῶντας τοὺς ὄφεις ἐν τῇ πλησίον Λιβύῃ τοιαῦτα παλαμᾶσθαι. ἡμερώσαντες ἄγουσιν εἰς θαῦμα οἵδε οἱ γόητες τῶν δακέτων θηρία πολλά, καὶ σὺν αὐτοῖς ἐπάγονται φόρτον γῆς τῆς Λιβύσσης σφίσι τὸ ἀρκοῦν εἰς τὴν χρείαν. προμηθείᾳ δὲ τῶν ὄφεων τοῦτο δρῶσιν, ἵνα μὴ ἀπόλωνται· καὶ διὰ ταῦτα εἰς τὴν νῆσον τὴν προειρημένην ὅταν ἀφίκωνται, οὐ πρότερον κατατίθενται τὰ ζῷα, πρὶν ἢ ὑποσπεῖραι τὴν ξένην γῆν ἣν ἐπάγονται. καὶ ἐπὶ τούτοις ἀθροίζουσι τὰ πλήθη, καὶ μέντοι καὶ τοὺς ἀνοήτους τε καὶ πολλοὺς ἐκπλήττουσιν. ἕως μὲν οὖν ἕκαστον αὐτῶν κατὰ χώραν μένει συνεσπειραμένον τε καὶ ἱδρυμένον, καὶ ἐπανίσταται μέν, οὐ μὴν ὑπερβάλλει τὴν οἰκείαν κόνιν καὶ σύντροφον, ἐς τοσοῦτον ζῇ· ἐὰν δὲ ἐκφοιτήσῃ εἰς τὴν ὀθνείαν καὶ ἑαυτῷ ξένην γῆν τὴν ἐχθραίνουσαν αὐτῷ, ἀποθνήσκει, καὶ εἰκότως. εἰ γὰρ τὸ ἐκ τοῦ Διὸς νεῦμα ἀτελὲς οὔτε πρὸς τὴν Θέτιν ἐγένετο οὔτε πρὸς ἄλλον τινὰ γένοιτο ἄν, σχολῇ δήπου πρὸς τὴν αὐτοῦ τροφὸν ἐκείνου φανεῖται ἄκυρον.

5.3. Ὁ ποταμὸς ὁ Ἰνδὸς ἄθηρός ἐστι, μόνος δὲ ἐν αὐτῷ τίκτεται σκώληξ φασί. καὶ τὸ μὲν εἶδος αὐτῷ ὁποῖον δήπου καὶ τοῖς ἐκ τῶν

1 τὸν[1]] om. **V** | τῷ Μίνωϊ] τοῦ (corr. ex τῷ **P**) μίνω **PA** ‖ 2 ἐκεῖνα] ἐκεῖνα καὶ ***β*** 4 τροφὸν] τροφὴν **V** | τὴν ὑμνουμένην] τὰ ὑμνούμενα **V** ‖ 5 γεννωμένου] γεγενημένου **V** : γεγεννημένου Her. ‖ 9 τῶν—τι] τι τῶν ὀθνείων post εἰσαγάγοι transp. **A** | εἰσαγάγοι] εἰσάγοι **V** ‖ 12 θαῦμα] θαύματα? Her. in app. δακέτων] δακετῶν **L**, Her. in app. | θηρία] θηρίων Her. ‖ 17 ἐπάγονται] ἐπήγοντο **LPA** : ἐπείγοντο **H** ‖ 19 χώραν] dub. ante corr. **L** : χώρας (ex corr. **L**) **P** | μένει] μένῃ **P** ‖ 22 εἰς] ἐς **A** ‖ 23 ἐχθραίνουσαν] **H**, edd. : ἐχθαίρουσαν **VLPA** | τὸ] om. **A** ‖ 24 τὴν] om. **L** ‖ 25 ἄν] om. **A** | ἐκείνου] ἐκεῖνο edd. 27 τίκτεται] τίκτεσθαι **V**

ξύλων γεννωμένοις τε καὶ τρεφομένοις, ἑπτὰ δὲ πηχῶν τὸ μῆκος προήκουσιν οἱ ἐκεῖθι, εὑρεθεῖεν δ' ἂν καὶ μείζους ἔτι καὶ ἐλάττους· τὸ πάχος δὲ αὐτῶν δεκαετὴς παῖς γεγονὼς μόλις ταῖς χερσὶ περιβάλλειν ἀρκέσειε. τούτοις δὴ ἄνω μὲν εἷς ὀδοὺς προσπέφυκε, κάτω δὲ ἄλλος, τετράγωνοι δὲ ἄμφω, πυγόνος δὲ τὸ μῆκος. τοσοῦτον δὲ ἄρα τῶν ὀδόντων αὐτοῖς τὸ κράτος ἐστί· πᾶν ὅ τι ἂν ὑπ' αὐτοῖς λάβωσι συντρίβουσι ῥᾷστα, ἐάν τε λίθος ᾖ ἐάν τε ἥμερον ζῷον ἢ ἄγριον. καὶ μεθ' ἡμέραν μὲν κάτω καὶ ἐν βυθῷ τοῦ ποταμοῦ διατρίβουσι, τῷ πηλῷ καὶ τῇ ἰλύϊ φιληδοῦντες, καὶ ἐντεῦθεν οὐκ εἰσὶν ἔκδηλοι· νύκτωρ δὲ προΐασιν εἰς τὴν γῆν, καὶ ὅτῳ ἂν περιτύχωσιν, ἢ ἵππῳ ἢ βοῒ ἢ ὄνῳ, συντρίβουσιν αὐτόν, εἶτα σύρουσιν εἰς τὰ ἑαυτῶν ἤθη, καὶ ἐσθίουσιν ἐν τῷ ποταμῷ, καὶ πάντα βρύκουσι τὰ μέλη πλὴν τῆς τοῦ ζῴου κοιλίας. εἰ δὲ αὐτοὺς καὶ ἐν ἡμέρᾳ πιέζοι λιμός, εἴτε κάμηλος πίνοι ἐπὶ τῆς ὄχθης εἴτε βοῦς, ὑπανερπύσαντες καὶ λαβόμενοι ἄκρων τῶν χειλέων μάλα εὐλαβῶς, ὁρμῇ βιαιοτάτῃ καὶ ἕλξει ἐγκρατεῖ εἰς τὸ ὕδωρ ἄγουσι, καὶ δεῖπνον ἴσχουσι. δορὰ δὲ ἕκαστον περιαμπέχει τὸ πάχος καὶ δύο δακτύλων. ἄγρα δὲ ἡ κατ' αὐτῶν καὶ θήρα τρόπον τόνδε τετέχνασται. ἄγκιστρον παχὺ καὶ ἰσχυρὸν ἁλύσει σιδηρᾷ προσηρτημένον καθιᾶσι, προσδήσαντες αὐτῷ λευκολίνου πλατέος ὅπλον, ἐρίῳ κατειλήσαντες καὶ τὸ ἄγκιστρον καὶ τὸ ὅπλον, ἵνα μὴ διατράγῃ ὁ σκώληξ αὐτά, ἀναπήξαντες δὲ εἰς τὸ ἄγκιστρον ἄρνα ἢ ἔριφον, εἶτα μέντοι εἰς τὸ τοῦ ποταμοῦ ὕδωρ μεθιᾶσιν. ἔχονται δὲ ἄνθρωποι τοῦ ὅπλου καὶ τριάκοντα, καὶ ἕκαστος ἀκόντιόν τε ἐνηγκύληται καὶ μάχαιραν παρήρτηται. καὶ παράκειται ξύλα εὔτρεπῆ, παίειν εἰ δέοι· κρανείας δέ ἐστι ταῦτα, ἰσχυρὰ

3 δεκαετὴς] corr. ex δεκαετὲς **V** : δεκαέτης **LP** ‖ **4** ἀρκέσειε] ἰσχύσει **V** : ἂν exc. ante ἀρκέσειε Jac. in app. : ἀρκέσει Her.‖ **5** δὲ[3]] om. **A**‖ **6** ἐστί] ἐστίν, ὥστε **L**|ἂν] om. **A** ‖ **7** ἐάν[1]—ᾖ] om. **A** ‖ **8** ἢ] ἐάν τε **V** | ἐν] ἐν τῷ Her. ‖ **10** εἰς] ἐς **AH** **13** βρύκουσι] Schn., Her. : βρυκῶσι ***β*** : κρύπτουσι **V** ‖ **14** πίνοι] πίνει **LH** **16** εἰς] ἐς **A** ‖ **17** δορὰ] δορὰν **V** ‖ **18** ἡ—αὐτῶν] καὶ αὐτῶν **V** : αὐτῶν Her. τρόπον τόνδε] τόνδε τὸν τρό. **V** : τὸν τρό. τόνδε Her. ‖ **20** πλατέος] ταλαντιαῖον Her. ‖ **21** ὅπλον[1]] om. **V** | κατειλήσαντες] καθειλήσαντες **P** καὶ[1]—ὅπλον[2]] καὶ τὸ ἄγκ. καὶ τὸ **LP** : καὶ τὸ ἄγκ. καὶ τὸ λίνον **H** : καὶ τὸ καὶ τό Jac. in com., Her.‖ **22** αὐτά] om. **P**|ἀναπήξαντες] in mg. sec. m. **L**, Jac., Her. : ἀναπλέξαντες codd.|εἰς] ἐς **VAH**‖ **23** εἰς] ἐς **A**‖ **25** παράκειται] παράκεινται **A** **26** εὔτρεπῆ] ex corr. **P** : εὔτρεπὲς **V** : εὔπρεπῆ (ante corr. **P**) **H**

ἄγαν. εἶτα περισχεθέντα τῷ ἀγκίστρῳ καὶ τὸ δέλεαρ καταπιόντα τὸν σκώληκα ἕλκουσι, θηραθέντα δὲ ἀποκτείνουσι, καὶ πρὸς τὴν εἴλην κρεμῶσι τριάκοντα ἡμερῶν. λείβεται δὲ ἐξ αὐτοῦ ἔλαιον παχὺ εἰς ἀγγεῖα κεράμου· ἀφίησι δὲ ἕκαστον ζῷον εἰς κοτύλας δέκα. τοῦτο δὴ τὸ ἔλαιον βασιλεῖ τῶν Ἰνδῶν κομίζουσι, σημεῖα ἐπιβάλλοντες· ἔχειν γὰρ αὐτοῦ ἄλλον οὐδὲ ὅσον ῥανίδα ἐφεῖται. ἀχρεῖον δέ ἐστι τὸ λοιπὸν τοῦ ζῴου σκῆνος. ἔχει δὲ ἄρα τὸ ἔλαιον ἰσχὺν ἐκείνην· ὅντινα ἂν ξύλων σωρὸν καταπρῆσαί τε καὶ εἰς ἀνθρακιὰν στορέσαι θελήσῃς, κοτύλην ἐπιχέας τοῦδε ἐξάψεις, μὴ πρότερον ἐπιχέας πυρὸς σπέρμα· εἰ δὲ καταπρῆσαι ἄνθρωπον ἢ ζῷον, σὺ μὲν ἐπιχεῖς, τὸ δὲ παραχρῆμα ἐνεπρήσθη. τούτῳ τοί φασι τὸν τῶν Ἰνδῶν βασιλέα καὶ τὰς πόλεις αἱρεῖν τὰς εἰς ἔχθραν προελθούσας οἱ, καὶ μήτε κριοὺς μήτε χελώνας μήτε τὰς ἄλλας ἑλεπόλεις ἀναμένειν, ἐπεὶ καταπιμπρὰς ᾕρηκεν· ἀγγεῖα γὰρ κεράμεα ὅσον κοτύλην ἕκαστον χωροῦντα ἐμπλήσας αὐτοῦ καὶ ἀποφράξας ἄνωθεν εἰς τὰς πύλας σφενδονᾷ. ὅταν τε τύχῃ θυρίδων, τὰ μὲν ἀγγεῖα προσαράττεται καὶ ἀπερράγη, καὶ τὸ ἔλαιον κατώλισθε, καὶ τῶν θυρῶν πῦρ κατεχύθη, καὶ ἄσβεστόν ἐστι. καὶ ὅπλα δὲ καίει καὶ ἀνθρώπους μαχομένους, καὶ ἄπληστόν ἐστι τὴν ἰσχύν. κοιμίζεται δὲ καὶ ἀφανίζεται πολλῷ φορυτῷ καταχυθέντι. λέγει ὁ Κνίδιος Κτησίας ταῦτα [fr. 45r Lenf.].

5.4. Ἡ φάλαινα ὅμοιον δελφῖνι ζῷόν ἐστιν, ἔχει δὲ γάλα καὶ αὐτή. χρόαν δὲ οὐκ ἔστι μέλαινα, κυανῷ δὲ εἴκασται τῷ βαθυτάτῳ, ἀναπνεῖ δὲ οὐ βραγχίοις, ἀλλὰ φυσητῆρι· τοῦτο γὰρ καὶ καλοῦσίν οἱ τοῦ πνεύματος τὴν ὁδόν. διατριβὴ δὲ ὁ Πόντος

2 ἕλκουσι] ἀνέλκουσι Her. ‖ **3** κρεμῶσι] κρεμῷ **V** : κρεμνῶσι **P** : κρημνῶσι **A** **5** τοῦτο] τούτων **PAH** | βασιλεῖ] τῷ βασιλεῖ Her. | σημεῖα] σημεῖον **V** **6** ἐπιβάλλοντες] ἐπιβάλοντες **V** : ἐπιβαλόντες Her. | ἐφεῖται] ἐφίεται **VP** **10** ἐπιχέας] ὑποχέας **A**, Her., fort. recte ‖ **11** τοί] om. **VA** ‖ **12** τὸν] om. **PH** | τῶν] om. **LA** | Ἰνδῶν] sscr. al. m. **L**, Jac., Her. : περσῶν codd. | αἱρεῖν] αἷρειν **A** **13** προελθούσας] προσελθούσας **V** ‖ **15** κεράμεα] κεράμεια **P** : κεραμεᾶ **A**, Her. ‖ **16** τε] δὲ Her. ‖ **17** θυρίδων] θηριώδη **V** : τῶν θυρίδων Her. **18** κατεχύθη] κατεχέθη **LPH** ‖ **19** ἄπληστόν] ἄπλητόν Trill., Her. **20** πολλῷ—**21** καταχυθέντι] πολλοῦ φορυτοῦ καταχυθέντος Her. **22** φάλαινα] φάλλαινα **PA** : φώκαινα Schn., Her., fort. recte

αὐτῇ καὶ ἡ ἐκεῖ θάλαττα· πλανᾶται δὲ ἠθῶν ἐκείνων ἐξωτέρω ἡ φάλαινα ἥκιστα.

5.5. Τὸν ἄρρενα ἡ θήλεια νικήσασα ὄρνιν ἐν τῇ μάχῃ, ἁβρύνεταί τε ὑφ' ἡδονῆς ὁ τράχελος αὐτῆς καὶ καθίησι κάλλη, οὐκ ἐς τοσοῦτον μὲν εἰς ὅσον καὶ οἱ ἀλεκτρυόνες, καθίησι δ' οὖν, καὶ φρονήματος ὑποπίμπλαται, καὶ βαίνει μακρότερα.

5.6. Φιλοίκειον ὁ δελφὶς ζῷον πεπίστευται, καὶ τούτου τὸ μαρτύριον· Αἶνός ἐστι πόλις Θρῄσσα. ἔτυχεν οὖν ἁλῶναι δελφῖνα καὶ τρωθῆναι μέν, οὐ μὴν εἰς θάνατον, ἀλλ' ἔτι βιώσιμα εἶναι τῷ ἑαλωκότι. οὐκοῦν ἐρρύη μὲν αἷμα, ᾔσθοντο δὲ οἱ ἀθήρατοι, καὶ ἀφίκοντο εἰς τὸν λιμένα ἀγέλη, καὶ κατεσκίρτων, καὶ ἦσάν τι δρασείοντες οὐκ ἀγαθόν· ἐν ἔθει δὲ ἦν, ὡς τὸ εἰκός, καὶ αὐτοὺς νήχεσθαι καὶ παῖδας αὐτῶν. οἱ τοίνυν Αἴνιοι ἔδεισαν καὶ ἀφῆκαν τὸν ἑαλωκότα. καὶ ἐκεῖνοι κομισάμενοι ὡς ἑταῖρον ἕνα τῶν κηδίστων ἢ γένει προσήκοντα ᾤχοντο ἀπιόντες. σπάνιον δὲ ἄνθρωπος ἢ οἰκείῳ δυστυχήσαντι ἢ οἰκείᾳ κοινωνὸς σπουδῆς καὶ φροντίδος.

5.7. Ἐν Αἰγύπτῳ πίθηκος, ὥς φησιν Εὔδημος [fr. 132 Wehr.], ἐδιώκετο, αἴλουροι δὲ ἦσαν οἱ διώκοντες. ἀνὰ κράτος οὖν ἀποδιδράσκων ὥρμησεν εὐθὺ δένδρου τινός, οἳ δὲ καὶ αὐτοὶ συνέθορον ὤκιστα· ἔχονται γὰρ τῶν φλοιῶν, καὶ ἔστι καὶ τούτοις εἰς δένδρα ἐπιβατόν. ὃ δὲ ὡς ἡλίσκετο εἷς ὤν, καὶ ταῦτα ὑπὸ πολλῶν, ἐκπηδᾷ ἐκ τοῦ πρέμνου, καὶ κλάδου τινὸς ἐπηρτημένου καὶ μετεώρου λαμβάνεται ἄκρου ταῖς χερσί, καὶ ἐγκρατῶς εἴχετο οὐκ ἐπ' ὀλίγον· οἱ δὲ αἴλουροι, ὡς οὐκ ἦν ἐφικτὰ αὐτοῖς ἔτι, ἐπ'

1 θάλαττα] θάλασσα **V** | ἠθῶν] τῶν ἠθῶν Her. ‖ 2 φάλαινα] φάλλαινα **LPA** : φώκαινα Schn., Her., fort. recte ‖ 3 ὄρνιν] ὄρνις Her. | ἐν] καὶ ἐν **V** ‖ 4 ὁ—αὐτῆς] del. Her. | κάλλη] κάλλαια Her. ‖ 5 εἰς] ἐς **A** : om. **H** | δ' οὖν] γοῦν **P** ‖ 7 δελφὶς] δελφὶν **V** | τούτου] τοῦτο **A** : del. Her. ‖ 9 ἔτι] ὡς ἔτι Her. ‖ 11 εἰς] ἐς **LPA** | ἦσάν] δῆλοι ἦσάν Cob. (1884) | τι] om. **VP** ‖ 12 ἐν—13 αὐτῶν] del. Her. ‖ 13 Αἴνιοι] νέοι **VLPH** ‖ 14 ὡς ἑταῖρον] ὡς ἑταίρων **L** : ὡς Her. ‖ 15 κηδίστων] κηδεστῶν **LPH**, edd. : κυδίστων **A** | ἢ—προσήκοντα] ἢ γένει προσηκόντων **L** : del. Her. σπάνιον] σπανίως Her. ‖ 20 καὶ] om. **L** ‖ 21 συνέθορον] ἀνέθορον Her. 22 δένδρα] δένδρον **V** | ἐπιβατόν] ἐπιβατά Her. ‖ 23 ἐκ] om. **V** : del. Her. ἐπηρτημένου] ὑπηρτημένου **VLA** : ὑπερκειμένου **H** ‖ 25 οἱ] αἱ **VL** οὐκ[2]—ἐφικτὰ] ἐφικτὸν οὐκ ἦν **A** | ἐφικτὰ] ἐφικτὸν **AH**

ἄλλην θήραν κατέδραμον. ὃ δὲ κατὰ πολλὴν τὴν σπουδὴν διεσώζετο, ἑαυτῷ ὀφείλων ὡς τὸ εἰκὸς ζωάγρια.

5.8. Ἀριστοτέλης [fr. 270.11 Gig.] ὄφεσιν ἐχθρὰν εἶναι τὴν Ἀστυπαλαιέων γῆν λέγει, καθάπερ καὶ τὴν Ῥήνειαν ταῖς γαλαῖς ὁ αὐτὸς ὁμολογεῖ ἡμῖν. κορώνῃ δὲ εἰς τὴν Ἀθηναίων ἀκρόπολιν οὐκ ἐπιβατόν. ἡμιόνων δὲ Ἦλιν μητέρα οὐκ ἐρεῖς, ἢ τὸ λεχθὲν ψεῦδός ἐστιν.

5.9. Ῥηγίνοις καὶ Λοκροῖς ἐς τὴν γῆν τὴν ἀλλήλων περιϊέναι καὶ γεωργεῖν ἔνσπονδόν ἐστιν. οὐ μὴν ὁμολογοῦσι τούτοις οὐδὲ εἰς μίαν νοοῦσι καὶ τὴν αὐτὴν οἱ τέττιγες οἱ τῶνδε καὶ τῶνδε, ἐπεὶ τὸν μὲν Λοκρὸν ἐν Ῥηγίῳ σιγηλότατον ἕξεις, τὸν δὲ Ῥηγῖνον ἐν τοῖς Λοκροῖς ἀφωνότατον. καὶ τίς ἡ αἰτία τῆς τοιαύτης ἀμοιβηδὸν εἰς τὴν σιωπὴν ἀντιδόσεως ἐγὼ μὲν οὐκ οἶδα οὐδὲ ἄλλος, εἰ μὴ μάτην θρασύνοιτο· οἶδε δέ, ὦ Ῥηγῖνοι καὶ Λοκροί, μόνη ἡ φύσις. ποταμὸς γοῦν τῆς τε Ῥηγίνων καὶ τῆς Λοκρίδος ἐστὶ μέσος, καὶ εἴργονταί γε οὐδὲ πλεθριαίῳ διαστήματι μέσῳ αἱ ὄχθαι, καὶ ὅμως οὐθέτεροι διαπέτονται αὐτόν. καὶ ἐν Κεφαλληνίᾳ ποταμός ἐστιν, ὅσπερ οὖν τῆς τε εὐγονίας τῶν τεττίγων καὶ τῆς ἀγονίας αἴτιος.

5.10. Τὸν βασιλέα αὐτῶν αἱ μέλιτται πρᾶον ὄντα καὶ ἥμερον καὶ ὁμοῦ τι καὶ ἄκεντρον ὅταν αὐτὰς ἀπολίπῃ μεταθέουσί τε καὶ διώκουσι φυγάδα τῆς ἀρχῆς ὄντα. ῥινηλατοῦσι δὲ αὐτὸν ἀπορρήτως, καὶ ἐκ τῆς ὀσμῆς τῆς περὶ αὐτὸν αἱροῦσι, καὶ εἰς τὴν βασιλείαν ἐπανάγουσιν, ἑκοῦσαί τε καὶ βουλόμεναι, τοῦ τρόπου ἀγάμεναι. Πεισίστρατον δὲ ἐξήλασαν Ἀθηναῖοι καὶ Συρακούσιοι Διονύσιον καὶ ἄλλοι ἄλλους, τυράννους τε καὶ παρανόμους ὄντας καὶ τέχνην βασιλικὴν ἀποδείξασθαι μὴ δυναμένους, ἥπερ οὖν φιλανθρωπία τε καὶ τῶν ὑπηκόων ἐστὶ προστασία.

2 ὀφείλων] ὀφεῖλον **V** | ζωάγρια] ζωάγριον **V** ‖ 4 Ἀστυπαλαιέων] ex corr. **L** : ἀστυπαλαίων **VP** : ἀστυπαλέων (ante corr. **L**) **H** ‖ 5 εἰς] ἐς **A** ‖ 6 ἐπιβατόν] ἔστιν ἐπιβατά Her. ‖ 8 περιϊέναι] περιέναι **V** : παριέναι edd. 12 ἀμοιβηδὸν—13 σιωπὴν] del. Her. ‖ 13 μὲν] ex corr. **L** : μὲν οὖν (ante corr. **L**) **A** ‖ 15 γοῦν] οὖν **A** ‖ 16 πλεθριαίῳ] πλεθρίῳ **A** | μέσῳ] μέσον **P** : del. Her. | ὅμως] ὁμοίως **VLPH** | οὐθέτεροι] οὐδέτεροι Her. ‖ 17 αὐτόν] αὐτῶν **PA** | Κεφαλληνίᾳ] κεφαληνίᾳ **VH** ‖ 18 ἀγονίας] ἀγωνίας **AH** ‖ 22 αἱροῦσι] αἰροῦσι **V** : αἵρουσι **H** εἰς] ἐς **A** | τὴν βασιλείαν] τὸν βασιλέα **V** ‖ 23 τοῦ] καὶ τοῦ **A**, Jac., Her. 24 Συρακούσιοι] συρρακούσιοι **AH** : Συρακόσιοι Her. ‖ 26 ἥπερ] ὅπερ **A**

5.11. Μέλει τῷ βασιλεῖ τῶν μελιττῶν κεκοσμῆσθαι τὸ σμῆνος τὸν τρόπον τοῦτον. τὰς μὲν προστάττει ὑδροφορεῖν, τὰς δὲ ἔνδον κηρία διαπλάττειν, τήν γε μὴν τρίτην μοῖραν ἐπὶ τὴν νομὴν προϊέναι· εἶτα μέντοι ἀμείβουσι τὰ ἔργα ἐκ περιόδου· κάλλιστα δέ πως ἀποκριθεῖσαι, φιλοῦσιν οἰκουρεῖν αἱ πρεσβύταται. αὐτὸς δὲ ὁ βασιλεύς, ἀπόχρη οἱ τούτων πεφροντικέναι καὶ νομοθετεῖν ὅσα προεῖπον κατὰ τοὺς μεγάλους ἄρχοντας, οὓς οἱ φιλόσοφοι φιλοῦσιν ὀνομάζειν πολιτικούς τε καὶ βασιλικοὺς τοὺς αὐτούς· τὰ δὲ ἄλλα ἡσυχάζει καὶ τοῦ αὐτουργεῖν ἀφεῖται. ἐὰν δὲ ᾖ λῷον ταῖς μελίτταις μεταστῆναι, τηνικαῦτα καὶ ὁ ἄρχων ἀπαλλάττεται. καὶ ἐὰν μὲν ἔτι νέος ᾖ, ἡγεῖται, αἱ δὲ λοιπαὶ ἄγονται· ἐὰν δὲ πρεσβύτερος, φοράδην ἔρχεται, κομιζουσῶν αὐτὸν μελιττῶν ἄλλων. αἱ μέλιτται δὲ ὑπὸ συνθήματι εἰς ὕπνον τρέπονται. ὅταν δὲ δοκῇ καιρὸς εἶναι καθεύδειν, ὁ μὲν βασιλεὺς μιᾷ προστάττει ὑποσημῆναι καταδαρθάνειν. καὶ ἣ μὲν πεισθεῖσα τοῦτο ἐκήρυξεν, αἳ δὲ εἰς κοῖτον τρέπονται ἐντεῦθεν, τέως βομβοῦσαι. ἕως οὖν περίεστιν ὁ βασιλεύς, εἰρήνῃ εὐθηνεῖται τὸ σμῆνος, καὶ ἀταξία πᾶσα ἠφανίσθη, καὶ οἱ μὲν κηφῆνες ἀγαπητῶς ἐν τοῖς ἑαυτῶν κυττάροις ἡσυχάζουσιν· αἵ τε πρεσβύτεραι διαιτῶνται ἰδίᾳ, καὶ αἱ νέαι ἰδίᾳ, καὶ καθ' ἑαυτὸν ὁ βασιλεύς, καὶ αἱ σχαδόνες ἐφ' ἑαυτῶν εἰσι, καὶ ἡ τροφὴ καὶ αἱ ἄφοδοι χωρίς· ἐπειδὰν δὲ ὁ βασιλεὺς ἀπόληται, ἀταξίας τε καὶ ἀναρχίας μεστὰ πάντα· οἵ τε γὰρ κηφῆνες τοῖς τῶν μελιττῶν κυττάροις ἐντίκτουσι, τά τε λοιπὰ ἐν ἀλλήλοις φυρόμενα εὐθηνεῖσθαι τῷ σμήνει τὸ λοιπὸν οὐκ ἐπιτρέπει· διαφθείρονται δὲ τελευτῶσαι ἐρημίᾳ ἄρχοντος. βίον δὲ καθαρὸν ζῇ μέλιττα, καὶ ζῴου οὐκ ἂν οὐδενὸς πάσαιτό ποτε· καὶ οὐ δεῖται Πυθαγόρου συμβούλου οὐδὲ ἕν, ἀπόχρη δὲ ἄρα σῖτος αὐτῇ εἶναι τὰ ἄνθη. ἔστι δὲ καὶ σωφροσύνην ἀκροτάτη. χλιδὴν γοῦν καὶ θρύψιν μεμίσηκε. καὶ τὸ μαρτύριον, τὸν χρισάμενον μύρῳ διώκει τε καὶ ἐλαύνει ὡς πολέμιον ἀνήκεστα δράσαντα. οἶδε δὲ καὶ

1 Μέλει] Μέλλει **AH** : Θέλει **P** ‖ **4** δέ] del. Her. ‖ **5** φιλοῦσιν—πρεσβύταται] del. Her. ‖ **11** νέος] νήπιος **V** | ἄγονται] ἕπονται Her. ‖ **12** αὐτὸν] αὐτῶν **V** : αὐτὰ **H** ‖ **14** μὲν] del. Her. ‖ **16** ἕως] ἕως μὲν Her. ‖ **17** εἰρήνῃ] del. Her. | εὐθηνεῖται] εὐθενεῖται Her. ‖ **18** ἀγαπητῶς] post ἑαυτῶν transp. **A** ‖ **19** αἵ τε] αἱ δὲ Her. **21** αἱ] οἱ **LH** ‖ **22** τε[1]] om. **V** ‖ **24** εὐθηνεῖσθαι] εὐθενεῖσθαι Her. ‖ **27** συμβούλου] συμβόλου **V** : σαμίου **L** | οὐδὲ ἕν] οὐδέν **V** | σῖτος] σῖτον **L**, Her. ‖ **30** ἀνήκεστα] ἀνηκέστατα **P**

τὸν προσελθόντα ἐξ ἀκολασίας τε καὶ ὁμιλίας τῆς πρός τινα, καὶ διώκει καὶ ἐκεῖνον οἷα δήπου ἔχθιστον. καὶ ἀνδρείας δὲ εὖ ἥκουσι καὶ ἄτρεπτοί εἰσιν. οὐδὲ ἓν γοῦν ζῷον ἀποδιδράσκουσιν, οὐδὲ μὴν κάκῃ εἴκουσι, χωροῦσι δὲ ὁμόσε. καὶ πρὸς μὲν τοὺς μὴ ἐνοχλοῦντας μηδὲ ἄρχοντας ἀδίκων μηδὲ τῷ σμήνει προσιόντας κακούργως καὶ σὺν ἐπιβουλῇ εἰρηναῖα αὐταῖς καὶ ἔνσπονδά ἐστι, πόλεμος δὲ ἀκήρυκτος τὸ ᾀδόμενον τοῦτο ἐπὶ τοὺς λυποῦντας ἐξάπτεται, καὶ ὅστις ἥκει κεραΐσων τὸ μέλι αὐταῖς, ἐς τοὺς ἐχθροὺς ἠρίθμηται οὗτος. παίουσι δὲ καὶ τοὺς σφῆκας κακῶς. λέγει δὲ Ἀριστοτέλης [*HA* 626a21; fr. 270.12 Gig.] ὅτι καὶ ἵππῳ ποτὲ ἐντυχοῦσαι πρὸς τῷ σμήνει ἀπέκτειναν αὐτὸν ἐπιθέμεναι κατὰ τὸ καρτερὸν αἱ μέλιτται τὸν ἵππον. ἤδη μέντοι καὶ πρὸς ἀλλήλας διαφέρονται, καὶ αἱ δυνατώτεραι κρατοῦσι τῶν ἡττόνων. κρατοῦσι δὲ ὡς ἀκούω αὐτῶν οἵ τε φρῦνοι καὶ οἱ ἐκ τῶν τελμάτων βάτραχοι οἵ τε μέροπες καὶ αἱ χελιδόνες, πολλάκις γε μὴν καὶ οἱ σφῆκες. ὅστις δὲ τούτων ἐκράτησε, Καδμείαν ὥς γε εἰπεῖν τὴν νίκην ἐνίκησε [cf. *CPG* II, p. 74.45; p. 470.30]· παιόμενοι γὰρ καὶ κεντούμενοι κακῶς ἀπαλλάττουσιν· εἰσὶ γὰρ οὐ μεῖον τῷ θυμῷ ἢ καὶ τοῖς κέντροις ὡπλισμέναι. οὐκ ἀμοιροῦσι δὲ οὐδὲ τῆς εἰς τὸ προμηθὲς σοφίας, καὶ Ἀριστοτέλης τεκμηριοῖ ὃ λέγω [*HA* 626b12]. ἔστι δὲ τοιοῦτον· ἐλθοῦσαι μέλιτται ἐπί τι σμῆνος οὐκ οἰκεῖον ἀλλὰ ἕτερον, εἶτα τὸ μηδὲν σφίσι προσῆκον ἐκεράϊζον μέλι. αἳ δὲ καίτοι συλώμεναι τὸν σφέτερον πόνον, ὅμως ἐνεκαρτέρουν ἡσυχῇ ἀτρεμοῦσαι, εἶτα μέντοι τὸ μέλλον ἐγκρατῶς ἐκαραδόκουν. ἐπεὶ δὲ ὁ μελιττουργὸς τὰς πολλὰς τῶν ἐχθρῶν ἀπέκτεινεν, αἱ ἔνδον καταγνοῦσαι ὅτι ἄρα δύνανται ἀξιόπιστοι εἶναι πρὸς τὴν μάχην

1 προσελθόντα] ἐλθόντα Her. | ἀκολασίας—ὁμιλίας] ἀκολάστου ὁμιλίας Her. τῆς—τινα] del. Her.‖ **3** ἄτρεπτοί] ἄτρεστοί **P**|οὐδὲ ἓν] οὐδὲν **V**‖ **5** προσιόντας] προιόντας **P** ‖ **10** ἵππῳ] ἱππεῖ Rei., Her. ‖ **11** τὸ] om. **V** ‖ **12** τὸν ἵππον] τῷ ἵππῳ **AH**, Ges. in mg. : αὐτῷ ἵππῳ Ges., (ἵππῳ del. Jac.), Her. ‖ **16** γε] deleat Her. in app.‖ **19** καὶ] om. **L** : del. Her. | ὡπλισμέναι] ὡπλισμένοι **V**‖ **20** ὃ λέγω] λέγων ***β*** ‖ **21** μέλιτται] αἱ μέλ. **L**, Ges., Jac. ‖ **23** καίτοι] καί τι **V** **25** μελιττουργὸς] μελιτουργὸς **P**‖ **26** ἀξιόπιστοι] ἀξιόπιστον **V**

τὴν ἰσοπαλῆ, προελθοῦσαι κᾆτ' ἠμύναντο, καὶ δίκας ἀπῄτησαν ὑπὲρ ὧν ἐσυλήθησαν οὐδαμῶς μεμπτάς.

5.12. Καὶ τοῦτο δὲ τῆς φιλεργίας τῆς μελισσῶν τὸ μαρτύριον· ἐν γοῦν τοῖς χειμεριωτάτοις τῶν χωρίων μετὰ Πλειάδων δυσμὰς εἰς ἰσημερίαν ἠρινὴν διατελοῦσιν οἰκουροῦσαί τε καὶ ἔνδον ἀτρεμοῦσαι ἀλέας πόθῳ καὶ φυγῇ ῥίγους αἱ μέλιτται· τὸν δὲ ἄλλον χρόνον τοῦ ἔτους πάντα ἀργίαν μὲν καὶ ἡσυχίαν μισοῦσι, καὶ καμεῖν εἰσιν ἀγαθαί. καὶ οὐκ ἄν ποτε ἴδοις βλακεύουσαν μέλιτταν τῆς ὥρας ἐκείνης ἔξω ἐν ᾗ μαλακιεῖ τὰ μέλη.

5.13. Γεωμετρίαν δὲ καὶ κάλλη σχημάτων καὶ ὡραίας πλάσεις αὐτῶν ἄνευ τέχνης τε καὶ κανόνων καὶ τοῦ καλουμένου ὑπὸ τῶν σοφῶν διαβήτου, τὸ κάλλιστον σχημάτων, ἑξάγωνόν τε καὶ ἑξάπλευρον καὶ ἰσογώνιον ἀποδείκνυνται αἱ μέλιτται. ὅταν δὲ ἐπιγονὴ ᾖ καὶ εὐθηνῇ ταῖς μελίτταις τὸ σμῆνος, καὶ εἰς ἀποικίαν ἐκπέμπουσιν ὥσπερ οὖν αἱ μέγισταί τε καὶ πολυανδρούμεναι τῶν πόλεων. οἶδε δὲ ἄρα ἡ μέλιττα καὶ ὑετοῦ ἀπειλοῦντος ἐπιδημίαν καὶ σκληρὸν πνεῦμα ἐσόμενον. εἰ δὲ αὐτῇ παρὰ δόξαν γένοιτο τὸ τοῦ πνεύματος, ὄψει φέρουσαν λίθον ἑκάστην ἄκροις τοῖς ποσὶν ἕρμα εἶναι καὶ μὴ ἀνατρέπεσθαι. ὅπερ δὲ ὁ θεῖος Πλάτων περὶ τῶν τεττίγων λέγει [*Phdr.* 230c; 259a] καὶ τῆς ἐκείνων φιλῳδίας τε καὶ φιλομουσίας, τοῦτ' ἂν καὶ περὶ τοῦ τῶν μελιττῶν χοροῦ εἴποι τις. ὅταν γοῦν σκιρτήσωσιν ἢ πλανηθῶσιν, ἐνταῦθα οἱ σμηνουργοὶ κροτοῦσι κρότον τινὰ ἐμμελῆ τε καὶ συμμελῆ· αἳ δὲ ὡς ὑπὸ Σειρῆνος ἕλκονται, καὶ μέντοι καὶ ὑποστρέφουσιν ἐς ἤθη τὰ οἰκεῖα αὖθις.

1 προελθοῦσαι] προσελθοῦσαι **VP**|κᾆτ' ἠμύναντο] κατημύναντο ***β***|ἀπῄτησαν] ἀπέτισαν **V** (corr. ex ἀπάιτησαν **P**) : ἀπήτισαν (vel ἀπαίτ.) corr. ex ἀπέκτισαν **H**‖ **2** ἐσυλήθησαν] ἐσυλώθησαν **VP**‖ **3** τῆς[1]] del. Her.|τῆς[2]] τῶν **VPA** : τῆς τῶν Jac. in app., Her., fort. recte | μελισσῶν] μελιττῶν **A** : μελίττης **H** | τὸ] del. Her. **5** οἰκουροῦσαί] οἰκουροῦς **V**‖ **7** μὲν] τε Her.‖ **8** ἀγαθαί] ἀγαθοί **P**‖ **9** μαλακιεῖ] μαλακίει **H** : μαλκιεῖ Ges. in mg. : μαλκίει Schn., Her. ‖ **11** ὑπὸ—12 σοφῶν] verba susp., Her. in app.‖ **12** τὸ—13 ἰσογώνιον] del. Her.|σχημάτων] σχῆμα τὸ Jac. in app. ‖ **14** εὐθηνῇ] εὐθενῇ **L**, Her. : εὐθηνεῖται **A** | ταῖς] om. **A** καὶ[2]—ἀποικίαν] del. Her. ‖ **17** εἰ] ἐὰν **V** ‖ **19** καὶ] τοῦ Ges. in mg. καὶ—ἀνατρέπεσθαι] del. Her.‖ **24** καὶ[2]] om. **A**

5.14. Ἐν τῇ Γυάρῳ τῇ νήσῳ Ἀριστοτέλης λέγει [cf. *Mir.* 832a22; fr. 270.13 Gig.] μῦς εἶναι καὶ μέντοι καὶ τὴν γῆν σιτεῖσθαι τὴν σιδηρῖτιν. Ἀμύντας [*FGrH* 122, fr. 7] δὲ καὶ τοὺς ἐν Τερηδόνι (γῆ δέ ἐστιν αὕτη τῆς Βαβυλωνίας) τὴν αὐτὴν τροφὴν προσφέρεσθαι λέγει.

Ἐν Λάτμῳ δὲ τῆς Καρίας ἀκούω σκορπίους εἶναι, οἵπερ οὖν τοὺς μὲν πολίτας σφίσι παίουσιν εἰς θάνατον, τοὺς δὲ ξένους ἡσυχῇ καὶ ὅσον παρασχεῖν ὀδαξησμόν· ἐμοὶ δοκεῖ τοῦ Ξενίου Διὸς τοῖς ἀφικνουμένοις τὸ δῶρον τοῦτο ἀποκρίναντος.

5.15. Βασιλεύονται δὲ ἄρα καὶ σφῆκες, ἀλλ' οὐ τυραννοῦνται ὡς ἄνθρωποι. καὶ τὸ μαρτύριον, ἄκεντροι καὶ οἵδε εἰσί. καὶ οἱ μὲν ὑπήκοοι τὰ ἔργα πλάττειν αὐτοὺς νόμον ἔχουσιν, οἱ δὲ ἄρχοντές εἰσι διπλοῖ μὲν τὸ μέγεθος, πρᾶοι δὲ καὶ οἷοι μήτε ἑκόντες λυπεῖν ἔχειν μήτε ἄκοντες. τίς οὖν οὐκ ἂν μισήσαι Διονυσίους τοὺς ἐν Σικελίᾳ καὶ Κλέαρχον τὸν ἐν Ἡρακλείᾳ καὶ Ἀπολλόδωρον τὸν Κασανδρέων λευστῆρα καὶ τὸν Λακεδαιμονίων λυμεῶνα τὸν Νάβιν, εἴγε οἳ μὲν ἐθάρρουν τῷ ξίφει, τῷ δὲ ἀκέντρῳ καὶ τῇ πραότητι οἱ τῶν σφηκῶν βασιλεῖς;

5.16. Λέγονται δὲ οἱ τῶν σφηκῶν κεκεντρωμένοι καὶ ἐκεῖνο δρᾶν. ὅταν θεάσωνται νεκρὰν ἔχιδναν, οἳ δὲ ἐμπίπτουσι καὶ φαρμάττουσι τὸ κέντρον. ὅθεν μοι δοκοῦσι μαθεῖν καὶ οἱ ἄνθρωποι μάθημα, καὶ τοῦτο οὐκ ἀγαθόν. καὶ μέντοι καὶ μαρτυρεῖ ἐν Ὀδυσσείᾳ Ὅμηρος λέγων [*Od.* 1.261–262]·

φάρμακον ἀνδροφόνον διζήμενος, ὄφρα οἱ εἴη
ἰοὺς χρίεσθαι χαλκήρεας,

ἢ καὶ νὴ Δία εἴ τι δεῖ τῷ περὶ Ἡρακλέους λόγῳ προσέχειν, ἐκεῖνος ἔβαψε τῷ τῆς ὕδρας ἰῷ τοὺς οἰστούς· οὕτω τοι καὶ ἐκεῖνοι τῇ βαφῇ τὰ κέντρα ἐπιθήγουσιν.

1 Γυάρῳ] Hol., Her. : πάρῳ codd. ‖ 2 τὴν[1]] om. **A** ‖ 3 σιδηρῖτιν] σιδηρίτιν **A** : σιδηρίτην **VPH** | γῆ] γῆς Hol., Her. ‖ 4 τροφὴν] del. Her. ‖ 8 δοκεῖ] δοκεῖν Schn., Her. ‖ 12 πλάττειν] πράττειν V | αὐτοὺς] αὐτοῖς **A**, Her., fort. recte : αὐτὰ **H** 13 διπλοῖ] διπλάσιοι Her. ‖ 14 ἔχειν] om. **A** | μισήσαι] μισῆσαι **P** : μισήσῃ **A** 15 τὸν[2]] τῶν **V** ‖ 16 Κασανδρέων] Κασσανδρέων Ges. in mg. ‖ 17 Νάβιν] ἄβιν **VLP** | εἴγε] οἵ γε **V** ‖ 19 οἱ] sscr. **A** : om. **LPH** | κεκεντρωμένοι] οἱ κεκ. *β* 22 μαρτυρεῖ] μαρ. γε *β* ‖ 26 προσέχειν] προσχεῖν **V** | ἐκεῖνος] ἐκεῖνος ὡς Jac. in app. : ὡς ἐκεῖνος Her. ‖ 27 τοι] om. **V** ‖ 28 ἐπιθήγουσιν] ὑποθήγ. Her.

5.17. Ἔστω δέ τι καὶ τῇ μυίᾳ παρ' ἡμῶν γέρας· καὶ εἰκότως εἰ μὴ ἀμοιρήσει τῆς μνήμης τῆς ἐνταῦθα· φύσεως γάρ τοι καὶ ἐκείνη πλάσμα ἐστίν. αἱ μυῖαι αἱ Πισάτιδες κατὰ τὴν τῶν Ὀλυμπίων ἑορτὴν ὡς ἂν εἴποις σπένδονται καὶ τοῖς ἀφικνουμένοις καὶ τοῖς ἐπιχωρίοις. ἱερείων γοῦν καταθυομένων τοσούτων καὶ αἵματος ἐκχεομένου καὶ κρεμαμένων κρεῶν αἳ δὲ ἀφανίζονται ἑκοῦσαι, καὶ τοῦ γε Ἀλφειοῦ περαιοῦνται ἐς τὴν ἀντιπέρας ὄχθην. καὶ ἐοίκασι τῶν γυναικῶν τῶν ἐπιχωρίων διαλλάττειν οὐδὲ ὀλίγον, εἰ μὴ ἄρα τι ἐγκρατέστεραι αἱ μυῖαι ἐκεῖναι τῶν γυναικῶν ὁμολογοῦνται τοῖς ἔργοις· τὰς μὲν γὰρ ὁ τῆς ἀγωνίας καὶ τῆς κατ' αὐτὴν σωφροσύνης νόμος ἐλαύνει τὰς γυναῖκας, αἱ μυῖαι δὲ ἑκοῦσαι τοῖς ἱεροῖς ἀφίστανται, καὶ ἐν μὲν ταῖς ἱερουργίαις καὶ παρὰ τὸν τῶν ἄθλων χρόνον τὸν νενομισμένον ἑκοῦσαι ἀπαλλάττονται. λῦτο δ' ἀγών [Hom., *Il.* 24.1], αἳ δὲ ἐπιδημοῦσιν, ὥσπερ οὖν καθόδου τυχοῦσαι ψηφίσματι φυγάδες, εἶτα ἐπιρρέουσιν ἐς τὴν Ἦλιν αἱ μυῖαι αὖθις ὡς αἱ γυναῖκες.

5.18. Ὁ ὀρφὼς θαλάττιον ζῷόν ἐστι, καὶ εἰ ἕλοις καὶ ἀνατέμοις, οὐκ ἂν ἴδοις τεθνεῶτα παραχρῆμα αὐτόν, ἀλλὰ ἐπιλαμβάνει τῆς κινήσεως καὶ οὐκ ἐπ' ὀλίγον. διὰ χειμῶνος δὲ ἐν τοῖς φωλεοῖς οἰκουρῶν χαίρει· διατριβαὶ δὲ ἄρα αἱ πρὸς τῇ γῇ μᾶλλον φίλαι αὐτῷ.

5.19. Λύκος ὁμόσε ταύρῳ χωρεῖν καὶ ἰέναι οἱ κατὰ πρόσωπον ἥκιστός ἐστι, καὶ εἰκότως· δέδοικε δὲ τὰ κέρατα καὶ τὰς ἀκμὰς αὐτῶν ἐκνεύει. καὶ ὡς ἐξ εὐθείας οἱ μαχόμενος ἀπειλεῖ· οὐ μὴν δρᾷ τοῦτο, ἀλλὰ ὥσπερ οὖν ἐπιθησόμενος ὑποφαίνει, εἶτα μέντοι προσπεσόντος ὃ δὲ ἑαυτὸν ἐξελίξας ἐς τὰ νῶτα ἀνέθορε, καὶ ἐγκρατῶς ἔχεται τοῦ θηρὸς ὁ θὴρ ὁ ἀντίπαλος, καὶ κατισχύει αὐτοῦ σοφίᾳ φυσικῇ τὸ ἐνδέον ἀνακούμενος ὁ λύκος.

1 Ἔστω] Ἔστι **V** | τι] del. Her. | καί²—εἰ] del. Her. | εἰ] γε Ges. in mg. 2 ἀμοιρήσει] ἀμοιρήσῃ **P** : ἀμοιρῆσαι Her. | τοι] τι **PA** ‖ 3 Πισάτιδες] πισσάτιδες **P** ‖ 5 γοῦν] οὖν **V** ‖ 7 γε] om. **A** | ἀντιπέρας] ἀντιπέραν (dub. **V**) **H** ‖ 9 τι] πῃ? Her. in app. ‖ 11 τὰς γυναῖκας] del. Cob. (1884) ‖ 13 ἑκοῦσαι] del. Her. λῦτο—14 ἀγών] μετὰ δὲ τὸν ἀγῶνα **V** | δ'] δὲ **PH** ‖ 15 ἐς] εἰς **AH** | Ἦλιν] ἦλιν **V** 16 ὡς—γυναῖκες] ὡς γυναῖκες **PH** : del. Her. ‖ 17 ὀρφώς] ὀρφὸς ***β*** ‖ 19 καὶ] om. ***β*** ‖ 23 καὶ εἰκότως] del. Her. ‖ 24 μαχόμενος] μαχούμενοι **V** : μαχούμενος edd. 26 ἑαυτὸν] αὑτὸν **L** ‖ 28 ἀνακούμενος] ἀνακαλούμενος **PH**

5.20. Ὄνος ὁ θαλάττιος ἐν τῇ γαστρὶ τὴν καρδίαν ἔλαχεν ἔχειν, ὡς οἱ δεινότατοι τὰ τοιαῦτα ὁμολογοῦσιν ἡμῖν καὶ διδάσκουσιν.

5.21. Ὁ ταὼς οἶδεν ὀρνίθων ὡραιότατος ὤν, καὶ ἔνθα οἱ τὸ κάλλος κάθηται, καὶ τοῦτο οἶδε, καὶ ἐπ' αὐτῷ κομᾷ καὶ σοβαρός ἐστι, καὶ θαρρεῖ τοῖς πτεροῖς, ἅπερ οὖν αὐτῷ καὶ κόσμον περιτίθησι, καὶ πρὸς τοὺς ἔξωθεν φόβον ἀποστέλλει, καὶ ἐν ὥρᾳ θερείῳ σκέπην οἴκοθεν καὶ οὐκ ἠτημένην οὐδὲ ὀθνείαν παρέχεται. ἐὰν γοῦν θελήσῃ φοβῆσαί τινα, ἐγείρας τὰ οὐραῖα εἶτα διεσείσατο καὶ ἀπέστειλεν ἦχον, καὶ ἔδεισαν οἱ παρεστῶτες, ὡς ὁπλίτου τὸν ἐκ τῶν ὅπλων πεφοβημένοι δοῦπον. ἀνατείνει δὲ τὴν κεφαλὴν καὶ ἐπινεύει σοβαρώτατα, ὥσπερ οὖν ἐπισείων τριλοφίαν. δεηθείς γε μὴν ψυχάσαι, τὰ πτερὰ ἐγείρει, καὶ εἰς τοὔμπροσθεν ἐπικλίνας συμφυᾶ σκιὰν ἀποδείκνυται τοῦ ἰδίου σώματος τὴν ἀκμὴν τὴν ἐκ τῆς ἀκτῖνος ἀποστέγων. εἰ δὲ εἴη καὶ ἄνεμος κατόπιν, ἡσυχῇ διΐστησι τὰ πτερά· καὶ τὸ πνεῦμα διαρρέον αὔρας οἱ μαλακὰς καὶ ἡδίστας ἐπιπνέον ἀναψύχειν τὸν ὄρνιν δίδωσιν. ἐπαινεθεὶς δὲ αἰσθάνεται, καὶ ὥσπερ οὖν ἢ παῖς καλὸς ἢ γυνὴ ὡραία τὸ μάλιστα πλεονεκτοῦν τοῦ σώματος εἰς ὥραν ἐπιδείκνυσιν, οὕτω τοι καὶ ἐκεῖνος τὰ πτερὰ ἐν κόσμῳ καὶ κατὰ στοῖχον ὀρθοῖ, καὶ ἔοικεν ἀνθηρῷ λειμῶνι ἢ γραφῇ πεποικιλμένῃ πολυχροίᾳ τῇ τῶν φαρμάκων, καὶ ἱδρὼς πρόκειται ζωγράφοις εἰκάσαι τῆς φύσεως τὸ ἴδιον. καὶ ὅπως ἔχει τῆς εἰς τὴν ἐπίδειξιν ἀφθονίας παρίστησιν· ἐᾷ γὰρ ἐμπλησθῆναι τῆς θέας τὸν παρεστῶτα, καὶ ἑαυτὸν περιάγει δεικνὺς φιλοπόνως τὸ τῆς πτερώσεως πολύμορφον, ὑπὲρ τὴν τῶν Μήδων ἐσθῆτα καὶ τὰ Περσῶν ποικίλματα τὴν ἑαυτοῦ στολὴν ἀποδεικνύμενος ἐκεῖνός γε σοβαρώτατα. λέγεται δὲ ἐκ βαρβάρων

2 δεινότατοι—τοιαῦτα] scripsi : δεινότατοι αὐτὰ **VLPA** : δεινότατοι περὶ αὐτὰ **H** : δεινοὶ τὰ τοιαῦτα Jac. in app., Her.‖ **3** ταὼς] ταῶς **PH**‖ **6** περιτίθησι] προστίθησι **V** (dub. **A**) | φόβον] φόβους **V** ‖ **7** οὐδὲ] καὶ **L** ‖ **8** θελήσῃ φοβῆσαί] φοβ. θελ. *β* ‖ **9** ὁπλίτου] ὁπλίτην **V** ‖ **10** πεφοβημένοι] πεφοβημένον **V** ἀνατείνει] ἀνατείνεται **A**‖ **12** εἰς] ἐς **A**‖ **13** συμφυᾶ] συμφυῆ **A**‖ **15** διαρρέον] τὸ διαρρ. Her.‖ **16** ἀναψύχειν] καὶ ἀναψ. **V**‖ **17** γυνὴ ὡραία] ὡρα. γυν. **A**‖ **18** εἰς ὥραν] del. Her. ‖ **19** ὀρθοῖ] ex corr. sec. m. **LP** : ὀρθαῖ (vel ὀρθά **P**) ante corr. **LP** : ὀρθά **VA** : ὀρθὰ ἱστᾷ valde dub. **H** ‖ **23** τὸν παρεστῶτα] τοὺς παρεστῶτας (-τας ex corr. sec. m.) **L**, Her. ‖ **24** δεικνὺς φιλοπόνως] δεικνὺς φιλοσόφως ἢ φιλοπόνως **L** | τῶν] om. **A** ‖ **25** Περσῶν] τῶν Περ. Her. ‖ **26** ἀποδεικνύμενος] ἐπιδεικ. **PA**

εἰς Ἕλληνας κομισθῆναι. καὶ χρόνου πολλοῦ σπάνιος ὢν εἶτα ἐδείκνυτο τῶν ἀνθρώπων τοῖς φιλοκάλοις μισθοῦ, καὶ Ἀθήνησί γε ταῖς νουμηνίαις ἐδέχοντο καὶ ἄνδρας καὶ γυναῖκας ἐπὶ τὴν ἱστορίαν αὐτῶν, καὶ τὴν θέαν πρόσοδον εἶχον. ἐτιμῶντο δὲ τὸν ἄρρενα καὶ τὸν θῆλυν δραχμῶν μυρίων, ὡς Ἀντιφῶν ἐν τῷ πρὸς Ἐρασίστρατον λόγῳ φησί [fr. 57 Thalh.]. δεῖ δὲ καὶ διπλῆς οἰκίας τῇ τροφῇ αὐτῶν, καὶ φρουρῶν τε καὶ μελεδωνῶν. Ὀρτήνσιος δὲ ὁ Ῥωμαῖος καταθύσας ἐπὶ δείπνῳ ταὼν πρῶτος ἐκρίθη. Ἀλέξανδρος δὲ ὁ Μακεδὼν ἐν Ἰνδοῖς ἰδὼν τούσδε τοὺς ὄρνιθας ἐξεπλάγη, καὶ τοῦ κάλλους θαυμάσας ἠπείλησε τῷ καταθύσαντι ταὼν ἀπειλὰς βαρυτάτας.

5.22. Εἰς τοὺς ψυκτῆρας ὅταν οἱ μύες ἐμπέσωσιν, ἀνανεῦσαι καὶ ἀνελθεῖν οὐ δυνάμενοι, τὰς ἀλλήλων οὐρὰς ἐνδακόντες εἶτα ἐφέλκουσι τὸν δεύτερον ὁ πρῶτος καὶ ὁ δεύτερος τὸν τρίτον. οὕτω μὲν δὴ καὶ τούτους ἀλλήλοις συμμαχεῖν καὶ ἐπικουρεῖν ἡ σοφωτάτη φύσις ἐξεπαίδευσεν.

5.23. Ἐλλοχῶσιν οἱ κροκόδειλοι τοὺς ὑδρευομένους ἐκ τοῦ Νείλου τὸν τρόπον τοῦτον. φρύγανα ἑαυτοῖς ἐπιβάλλοντες καὶ δι' αὐτῶν ἐμβλέποντες εἶτα ὑπονέουσι τοῖς φρυγάνοις. οἳ δὲ ἀφικνοῦνται κεράμια ἢ κάλπεις ἢ πρόχους κομίζοντες. εἶτα ἀρυομένους αὐτοὺς ὑπεκδύντες τῶν φρυγάνων καὶ τῇ ὄχθῃ προσαναπηδήσαντες ἁρπαγῇ βιαιοτάτῃ συλλαβόντες ἔχουσι δεῖπνον. κακίας δὴ καὶ πανουργίας κροκοδείλων συμφυοῦς εἴρηταί μοι τὰ νῦν ταῦτα.

5.24. Λαγὼς δέδοικε κύνας καὶ μέντοι καὶ ἀλώπηξ. καί που σῦν ἐγείρουσιν ἐκ τῆς λόχμης αἱ αὐταὶ τῇ ὑλακῇ, καὶ λέοντα ἐπιστρέφουσι, καὶ ἔλαφον διώκουσιν· ὀρνίθων δὲ οὐδὲ εἷς ὤραν ποιεῖται κυνός, ἀλλ' αὐτοῖς παρ' αὐτῶν ἔνσπονδά ἐστι. μόνη δὲ ἡ

7 Ὀρτήνσιος] Jac. : ὀρτήνσιος **LPH** : ὀρτίνσιος **V** : Ὀρτήσιος **A**, Her. ‖ **8** ταὼν] ταῶν **P** : ταῶνα **H** ‖ **9** Μακεδὼν] μακεδόνων **LPH** ‖ **10** τοῦ κάλλους] τοὺς ἄλλους **LPH** | ταὼν] ταῶν **P** : ταῶνα **H** : τὰς **V** ‖ **12** Εἰς] cap. 22 om. **V** **18** ἐπιβάλλοντες] ἐπιβαλλόντες **H** : ἐπιβαλόντες **P**, Her. ‖ **20** κάλπεις] κάλπις **P** ‖ **21** ἀρυομένους] ἀρυτομένους Her. ‖ **22** προσαναπηδήσαντες] ἀναπηδήσαντες **V** ‖ **23** δὴ] δὲ **P** ‖ **25** που] που καὶ Her. | σῦν ἐγείρουσιν] συνεγείρουσιν **VLPH** ‖ **26** αἱ αὐταὶ] ἑαυταὶ **V** ‖ **27** ὤραν] edd. : ὥραν **VLPA** (dub. **H**) ‖ **28** παρ' αὐτῶν] ante corr. **L** : τὰ παρ' αὐτῶν ex corr. **L** : πρὸς αὐτοὺς Her.

ὠτὶς πέφρικε κύνας. τὸ δὲ αἴτιον, βαρεῖαί τέ εἰσι καὶ σαρκῶν ὄγκον περιφέρουσιν. οὔκουν αὐτὰς αἴρει τε καὶ ἐλαφρίζει τὰ πτερὰ ῥᾳδίως, καὶ διὰ τοῦτο ταπειναὶ πέτονται καὶ κάτω περὶ γῆν, βρίθοντος τοῦ ὄγκου αὐτάς. αἱροῦνται δὲ ὑπὸ τῶν κυνῶν πολλάκις. ὅπερ ἑαυταῖς συνειδυῖαι, ὅταν ἀκούσωσιν ὑλακῆς, ἐς τοὺς θάμνους καὶ τὰ ἕλη καταθέουσι, προβαλλόμεναι ἑαυτῶν ταῦτα, καὶ ῥυόμεναι σφᾶς ἐκ τῶν παρόντων καὶ μάλα εὐπόρως.

5.25. Ὀψὲ τοὺς γειναμένους ἄνθρωπος γνωρίζειν ἄρχεται, διδασκόμενος καὶ οἱονεὶ καταδόμενος εἰς πατέρα ὁρᾶν καὶ μητέρα ἀσπάζεσθαι καὶ οἰκείοις προσμειδιᾶν· οἱ δὲ ἄρνες περὶ τὰς μητέρας πηδῶσιν ἀπὸ γενεᾶς, καὶ ἴσασι τό τε ὀθνεῖον καὶ τὸ οἰκεῖον, καὶ παρὰ τῶν νομέων μαθεῖν δέονται οὐδὲ ἕν.

5.26. Μιμηλότατόν ἐστιν ὁ πίθηκος ζῷον, καὶ πᾶν ὅ τι ἂν ἐκδιδάξῃς τῶν διὰ τοῦ σώματος πραττομένων ὃ δὲ εἴσεται καὶ ἀκριβῶς, ἵνα μαθὼν καὶ ἀποδείξηται αὐτό. καὶ ὀρχεῖται γοῦν, ἐὰν μάθῃ, καὶ αὐλεῖ, ἐὰν ἐκδιδάξῃς. ἐγὼ δὲ καὶ ἡνίας κατέχοντα εἶδον καὶ ἐπιβάλλοντα τὴν μάστιγα καὶ ἐλαύνοντα. καὶ ἄλλο δ' ἄν τι μαθὼν καὶ ἄλλο οὐ διαψεύσαιτο τὸν διδάξαντα· οὕτως ἄρα ἡ φύσις ποικίλον τε καὶ εὐτράπελόν ἐστιν.

5.27. Ἴδιαι δὲ καὶ διάφοροι τῶν ζῴων καὶ αἵδε αἱ φύσεις. τοὺς ἐν τοῖς Βισάλταις λαγὼς διπλᾶ ἥπατα ἔχειν Θεόπομπος λέγει [*FGrH* 115, fr. 126a]. τὰς δ' ἐν Λέρῳ μελεαγρίδας ὑπὸ μηδενὸς ἀδικεῖσθαι τῶν γαμψωνύχων ὀρνέων λέγει Ἴστρος [*FGrH* 334, fr. 60]. τοὺς δὲ ἐν Νευροῖς βοῦς Ἀριστοτέλης [fr. 270.14 Gig.] φησὶν ἐπὶ τῶν ὤμων ἔχειν τὰ κέρατα, Ἀγαθαρχίδης [*GGM* 79a] δὲ τὰς ἐν Αἰθιοπίᾳ ὗς κέρατα ἔχειν. Σώστρατος [fr. 8 Well.] δὲ τοὺς ἐν τῇ Κυλλήνῃ κοσσύφους πάντας λέγει λευκούς. Ἀλέξανδρος δὲ ὁ

1 δὲ] om. **PA** : post αἴτιον transp. **H** ‖ 2 οὔκουν] οὐκοῦν **PAH** ‖ 3 καὶ²—γῆν] gloss. redolent, Her. in app. ‖ 6 καταθέουσι] καταθέουσαι **V** ‖ 9 καταδόμενος] καταιδούμενος **H** : καταναγκαζόμενος Rei., Her. ‖ 10 προσμειδιᾶν] ποσομιλεῖν **L** ‖ 12 παρὰ] περὶ **PAH** | οὐδὲ ἕν] οὐδέν **VAH** ‖ 14 καὶ] om. **H** : del. Her. 15 μαθὼν καὶ] del. Her. | ἀποδείξηται] ἐπιδείξηται Her. | καὶ²] del. Her. 17 ἐπιβάλλοντα] ἐπιβαλόντα **P** ‖ 18 διδάξαντα] διδάσκοντα **L** ‖ 19 ποικίλον] ποικίλη **V** | τε] corr. ex τι ut vid. **A** : τι **LPH** | εὐτράπελόν] εὐτράπελος **V** 20 διάφοροι] αἱ διαφοραὶ **A** | αἵδε] τῶνδε? Her. in app. ‖ 21 ἥπατα] τὰ ἥπα. *β* ἔχειν] ἔχει **P** : λέγων ἔχειν **A** ‖ 24 Νευροῖς] νεύροις **VPAH** ‖ 25 τὰς] τοὺς **A** 27 κοσσύφους] κοσύφους **L**

Μύνδιος [fr. 3 Well.; *FGrH* 25, fr. 4] ἐν τῷ Πόντῳ πρόβατα πιαίνεσθαι ὑπὸ τοῦ πικροτάτου φησὶν ἀψινθίου. τὰς δὲ ἐν τῷ Μίμαντι γινομένας αἶγας ἓξ μηνῶν μὴ πίνειν, ὁρᾶν δὲ εἰς τὴν θάλατταν μόνον καὶ κεχηνέναι καὶ τὰς αὔρας τὰς ἐκεῖθεν δέχεσθαι ὁ αὐτὸς λέγει. αἶγας δὲ Ἰλλυρίδας ὁπλὴν ἀκούω ἔχειν, ἀλλ᾽ οὐ χηλήν. Θεόφραστος [fr. 171.2 Wimm.] δὲ δαιμονιώτατα λέγει ἐν τῇ Βαβυλωνίᾳ γῇ τοὺς ἰχθῦς ἀνιόντας ἐκ τοῦ ποταμοῦ εἶτα μέντοι ἐν τῷ ξηρῷ τὰς νομὰς ποιεῖσθαι πολλάκις.

5.28. Ἴδιον δὲ ἄρα πορφυρίων πρὸς τῷ ζηλοτυπώτατος εἶναι ὁ ὄρνις καὶ ἐκεῖνο δήπου κέκτηται· φιλοίκειον αὐτὸν εἶναί φασι καὶ τὴν συντροφίαν τῶν συννόμων ἀγαπᾶν. ἐν οἰκίᾳ γοῦν τρέφεσθαι πορφυρίωνα καὶ ἀλεκτρυόνα ἤκουσα, καὶ σιτεῖσθαι μὲν τὰ αὐτά, βαδίζειν δὲ τὰς ἴσας βαδίσεις καὶ κοινῇ κονίεσθαι. οὐκοῦν ἐκ τούτων φιλίαν τινὰ θαυμαστὴν αὐτοῖς ἐγγενέσθαι. καί ποτε ἑορτῆς ἐπιστάσης ὁ δεσπότης ἀμφοῖν τὸν ἀλεκτρυόνα καταθύσας εἱστιάθη σὺν τοῖς οἰκείοις· ὁ δὲ πορφυρίων τὸν σύννομον οὐκ ἔχων καὶ τὴν ἐρημίαν μὴ φέρων ἑαυτὸν ἀτροφίᾳ διέφθειρεν.

5.29. Ἐν Αἰγίῳ τῆς Ἀχαΐας ὡραίου παιδός, Ὠλενίου τὸ γένος, ὄνομα Ἀμφιλόχου, ἐρᾷ χήν. Θεόφραστος λέγει τοῦτο [fr. 109 Wimm.]. σὺν τοῖς Ὠλενίων δὲ φυγάσιν ἐφρουρεῖτο ἐν Αἰγίῳ ὁ παῖς. οὐκοῦν ὁ χὴν αὐτῷ δῶρα ἔφερε. καὶ ἐν Χίῳ Γλαύκης τῆς κιθαρῳδοῦ ὡραιοτάτης οὔσης εἰ μὲν ἤρων ἄνθρωποι, τοῦτο μέγα οὐδέπω· ἠράσθησαν δὲ καὶ κριὸς καὶ χήν, ὡς ἀκούω, τῆς αὐτῆς.

Οἱ δὲ χῆνες διαμείβοντες τὸν Ταῦρον τὸ ὄρος δεδοίκασι τοὺς ἀετούς, καὶ ἕκαστός γε αὐτῶν λίθον ἐνδακόντες, ἵνα μὴ κλάζωσιν, ὥσπερ οὖν ἐμβαλόντες σφίσι στόμιον, διαπέτονται σιωπῶντες, καὶ τοὺς αἰετοὺς τὰ πολλὰ ταύτῃ διαλανθάνουσι. θερμότατος ἄρα ὢν καὶ διαπυρώτατος τὴν φύσιν ὁ χὴν φιλόλουτρός ἐστι καὶ

1 ἐν] τὰ ἐν Jac. in app., Her. ‖ **2** ἀψινθίου] ἀψίνθου **VH** ‖ **3** εἰς] ἐς **AH** **7** Βαβυλωνίᾳ] βαβυλωνίων **V** | ἰχθῦς] ἰχθύας **A** | ἀνιόντας] ἀνιέντας **A** **8** πολλάκις] πολλάς **V** ‖ **9** πορφυρίων] πορφυρίωνος **AH** : ὁ πορφυρίων Her. τῷ] τὸ **LH**|ζηλοτυπώτατος] ζηλότυπος **VPAH**|ὁ ὄρνις] del. Her.‖ **14** τούτων] τούτου **V** ‖ **18** Αἰγίῳ] ἀιγίῳ ut vid. **A** : αἰγείῳ **LP** : αἰγαίῳ **H** hic et infra | τὸ] om. ***β*** ‖ **19** ἐρᾷ] ἦρα Jac., Her. ‖ **22** τοῦτο] om. **V** : del. Her. ‖ **24** διαμείβοντες] διανείμαντες ut vid. **V** ‖ **25** ἀετούς] αἰετοὺς **L** ‖ **27** αἰετοὺς] ex corr. **A** : ἀετοὺς (ante corr. **A**) **H** | θερμότατος] θερ. δὲ **AH**, Her. | ἄρα ὢν] ὢν ἄρα **L** **28** διαπυρώτατος] διαπυρότατος **PAH**

νήξεσι χαίρει καὶ τροφαῖς μάλιστα ταῖς ὑγροτάταις καὶ πόαις καὶ θριδακίναις καὶ τοῖς λοιποῖς, ὅσα αὐτοῖς ἔνδοθεν ψῦχος ἐργάζεται· εἰ δὲ καὶ ἐξαυαίνοιτο ὑπὸ λιμοῦ, δάφνης φύλλον οὐκ ἂν φάγοι, οὐδ' ἂν πάσαιτο ῥοδοδάφνης οὔτε ἑκὼν οὔτε ἄκων· οἶδε γὰρ ὅτι τεθνήξεται τούτων τινὸς ἐμφαγών. ἄνθρωποι δὲ ὑπὸ σοφίας ἐπιβουλεύονται καὶ εἰς τροφὴν καὶ εἰς ὕπνον. μυρίοι γοῦν καὶ πίνοντές τι κακὸν κατέπιον, ὡς Ἀλέξανδρος, καὶ ἐσθίοντες, ὡς Κλαύδιος ὁ Ῥωμαῖος καὶ Βρεττανικὸς ὁ τούτου παῖς· καὶ κατακοιμηθέντες οὐκ ἐξανέστησαν χρήσει φαρμάκου, οἳ μὲν ἑκόντες τοῦτο σπάσαντες, οἳ δὲ ἐπιβουλευθέντες.

5.30. Ὁ δὲ χηναλώπηξ, πέπλεκταί οἱ τὸ ὄνομα καὶ εἰκότως ἐκ τῶν τοῦ ζῴου ἰδίων τε καὶ συμφυῶν. ἔχει μὲν γὰρ τὸ εἶδος τὸ τοῦ χηνός, πανουργίᾳ δὲ δικαιότατα ἀντικρίνοιτο ἂν τῇ ἀλώπεκι. καὶ ἔστι μὲν χηνὸς βραχύτερος, ἀνδρειότερος δέ, καὶ χωρεῖν ὁμόσε δεινός. ἀμύνεται γοῦν καὶ αἰετὸν καὶ αἴλουρον καὶ τὰ λοιπά, ὅσα αὐτοῦ ἀντίπαλά ἐστιν.

5.31. Ἴδια δὲ ὄφεως καὶ ἐκεῖνά ἐστι. τὴν καρδίαν κεκλήρωται ἐπὶ τῇ φάρυγγι, τὴν δὲ χολὴν ἐν τοῖς ἐντέροις, πρὸς δὲ τῇ οὐρᾷ τοὺς ὄρχεις ἔχει, τὰ δὲ ᾠὰ τίκτει μακρὰ καὶ μαλακά, τὸν δὲ ἰὸν ἐν τοῖς ὀδοῦσι φέρει.

5.32. Ταῷ δὲ τῷ ὄρνιθι τῷ προειρημένῳ καὶ ἐκεῖνα συμφυῆ καὶ ἴδια, ἅπερ ἐστὶ μαθεῖν ἄξια. τρία ἔτη γενόμενος κυήσεως ἄρχεται καὶ ὠδῖνα ἀπολύει καὶ τῆς τῶν πτερῶν πολυχροίας τε καὶ ὥρας τότε ἄρχεται. ἐπῳάζει δὲ οὐ κατὰ τὸ ἑξῆς, ἀλλὰ παραλιπὼν δύο ἡμέρας. ἤδη δ' ἂν τέκοι καὶ ὑπηνέμια ὁ ταώς, ὡς καὶ ὄρνιθες ἕτεροι.

2 ψῦχος] edd. : ψύχος codd. ‖ **3** δὲ] om. **L** | ἐξαυαίνοιτο] ἐξαυαίνοιντο **P** (ante corr. **A**) : ἐξαυαίνονται **L** : ἐξαβαίνοιντο ex corr. **A** | λιμοῦ] τοῦ λιμ. Her. **5** τούτων] τούτου **V** | ὑπὸ σοφίας] ὑπ' ἀσωτίας Pau., Her. ‖ **6** ὕπνον] ποτόν Ges. in mg., Her. ‖ **8** Βρεττανικὸς] βρετανικὸς **H** : βρεταλικὸς (vel βρι. **A**) **VA** : Βριταννικός Ges. ‖ **9** ἐξανέστησαν] ἐξανέστησε **VA** | χρήσει] ante corr. **P** : χρίσει **V** (ex corr. **P**) **A** ‖ **11** καὶ εἰκότως] del. Her. ‖ **12** τοῦ[1]] ἑκατέρου τοῦ Her. | τὸ τοῦ] τοῦτο ex corr. **A** ‖ **13** πανουργίᾳ] πανουργίαν Her. | δικαιότατα] δικαιοτάτῃ **PAH** ‖ **15** αἰετὸν] ἀετὸν **AH** | ὅσα αὐτοῦ] αὐτοῦ ὅσα **V** ‖ **17** κεκλήρωται] κεκλήρωνται **L** ‖ **18** ἐπὶ] ἐν **L** ‖ **21** Ταῷ] Ταῶ **LPA** : Ταῶνι **H** | συμφυῆ] συμφυᾶ **L**, Her. ‖ **24** παραλιπὼν] παραλείπων **A**

5.33. Ἡ νῆττα ὅταν τέκῃ, τίκτει μέντοι ἐν ξηρῷ, πλησίον δὲ ἢ τῆς λίμνης ἢ τοῦ τενάγους ἢ ἄλλου τινὸς ὑδρηλοῦ χώρου καὶ ἐνδρόσου. τὸ δὲ νεόττιον φύσει τινὶ ἰδίᾳ καὶ ἀπορρήτῳ οἶδεν ὅτι μήτε τῆς ἐν ἀέρι μετεώρου φορᾶς οἱ μέτεστι μήτε μὴν τῆς ἐν τῇ χέρσῳ διατριβῆς. καὶ ἐκ τούτων ἐς τὸ ὕδωρ πηδᾷ, καὶ ἐξ ὠδίνων ἐστὶ νηκτική, καὶ μαθεῖν οὐ δεῖται, ἀλλὰ καταδύεται καὶ ἀναδύεται πάνυ σοφῶς καὶ ὡς ἤδη χρόνου πεπαιδευμένη τοῦτο. ἀετὸς δέ, ὃν καλοῦσι νηττοφόνον, ἐπιπηδᾷ τῇ νηχομένῃ ὡς ἁρπασόμενος· ἣ δὲ καταδῦσα ἑαυτὴν ἠφάνισεν, εἶτα ὑπονηξαμένη ἀλλαχόθι ἐκκύπτει. ὃ δὲ καὶ ἐκεῖ πάρεστι, καὶ αὖθις κατέδυ ἐκείνη, καὶ πάλιν ταὐτὸ καὶ πάλιν. καὶ δυοῖν θάτερον· ἢ καταδὺς ἀπεπνίγη, ἢ ὃ μὲν ἀπέστη ἐπ' ἄλλην ἄγραν, ἣ δὲ ἔχουσα τὸ ἀδεὲς ἐπινήχεται αὖθις.

5.34. Πλέον ἔχει τῶν ἀνθρώπων ὁ κύκνος ἐν τοῖς μεγίστοις· οἶδέ τε γὰρ ὁπότε τοῦ βίου τὸ τέρμα ἀφικνεῖται αὐτῷ, καὶ μέντοι καὶ εὐθύμως φέρειν αὐτὸ προσιὸν ὑπὸ τῆς φύσεως λαβὼν ἔχει δῶρον τὸ κάλλιστον· πεπίστευκε γὰρ ὅτι μηδενὸς ἀλγεινοῦ μηδὲ λυπηροῦ μέτεστι θανάτῳ. ἄνθρωποι δὲ ὑπὲρ οὗ οὐκ ἴσασι δεδοίκασι, καὶ ἡγοῦνται μέγιστον εἶναι κακὸν αὐτό. τοσοῦτον δὲ ἄρα τῷ κύκνῳ περίεστιν εὐθυμίας, ὡς καὶ ἐπὶ τῇ καταστροφῇ τοῦ βίου τοῦ σφετέρου ᾄδειν καὶ ἀναγηρύεσθαι οἷον ἐπικήδειόν τι τοῦτο τὸ μέλος. τοιοῦτόν τινα καὶ τὸν Βελλεροφόντην ἡρωϊκῶς καὶ μεγαλοψύχως εἰς θάνατον παρεσκευασμένον ὁ Εὐριπίδης ὑμνεῖ. πεποίηκε γοῦν πρὸς τὴν ἑαυτοῦ ψυχὴν λέγοντα αὐτόν [fr. 311 N.]·

ἦσθ' εἰς θεοὺς μὲν εὐσεβής, ὅτ' ἦσθ', ἀεί,
ξένους τ' ἐπήρκεις, οὐδ' ἔκαμνες εἰς φίλους,

1 νῆττα] νῆττα μέν τοι **A**|μέντοι] μέν τοι ut vid. **H** : om. **A** : μὲν Her.‖ 2 χώρου] χωρίου **LH** ‖ 3 νεόττιον] νήττιον Her. ‖ 4 ἐν ἀέρι] del. Her. | τῇ] τῷ **L** : τῶν ut vid. **P** ‖ 7 χρόνου] χρόνῳ **A** | πεπαιδευμένη] πεπαιδευμένου **V** | ἀετὸς] αἰετὸς **L** 8 ἁρπασόμενος] ἁρπαζόμενος **P** ‖ 10 ταὐτὸ] Her.[1] : ταυτό (sic) **V** : ταύτα (sic) **H** : ταῦτα **LPA**, edd.‖ 11 καὶ] om. **AH** | ἢ[1]] ἢ γὰρ **A**, edd. | καταδὺς] καταδῦσα Pau., Jac., Her. ‖ 15 φέρειν] φέρει **A** | λαβὼν] λαχὼν Her. ‖ 16 δῶρον] δώρων **L** πεπίστευκε] πεπίστευκα **V** : πεπίστευται **A** ‖ 17 θανάτῳ] θανάτου **V** 20 ἀναγηρύεσθαι] ἀνακρούεσθαι **V**, Her.|ἐπικήδειόν] ἐπικήδιόν **AH**‖ 21 τοῦτο τὸ] τοῦτο **VH** : ἑαυτῷ Her. | Βελλεροφόντην] βελε. **VH** ‖ 22 ὁ—23 ὑμνεῖ] ὑμν. ὁ εὐρ. **A**‖ 25 ἦσθ'[1]] οἶσθ' **V**‖ 26 ξένους] ξένοις **LH**, edd.|τ'] om. **V**

καὶ τὰ ἐπὶ τούτοις. οὐκοῦν καὶ ὁ κύκνος μελῳδεῖ τινα ἐπικήδειον αὑτῷ μοῦσαν, ἐφόδια διδοὺς τῆς ἀποδημίας ἢ θεῶν ὕμνους ἢ ἔπαινον οἰκεῖόν τινα. μαρτυρεῖ δὲ αὐτῷ καὶ ὁ Σωκράτης [Pl., *Phd.* 84e] ὅτι μὴ ᾄδει λυπούμενος ἀλλὰ εὐθυμούμενος μᾶλλον· μηδὲ γὰρ ἄγειν σχολήν ποτε ᾠδῇ καὶ μέλει τὸν κατὰ τῆς ψυχῆς ἔχοντά τι πρόσαντες καὶ ἀλγεινόν.

Ἔχει δὲ ἄρα ὁ κύκνος οὐ μόνον πρὸς τὸν θάνατον ἀνδρείως, ἤδη δὲ καὶ πρὸς μάχας. ἀδίκων μὲν οὖν οὐκ ἄρχει, οἷα δήπου σώφρων καὶ πεπαιδευμένος ἀνήρ, τῷ δὲ ἄρχοντι καὶ ἐπιβουλεύοντι οὔτε ἀφίσταται οὔτε εἴκει. οἱ μὲν οὖν ὄρνιθες οἱ λοιποί, εἰρηναῖα αὐτοῖς πρὸς αὐτοὺς καὶ ἔνσπονδά εἰσιν, ὁ δὲ αἰετὸς καὶ ἐπὶ τοῦτον ὥρμησε πολλάκις, ὡς Ἀριστοτέλης φησί [*HA* 610a1; 615b1; fr. 270.15 Gig.], καὶ οὐδεπώποτε ἐκράτησεν, ἡττήθη δὲ ἀεὶ μὴ μόνον σὺν τῇ ῥώμῃ τοῦ κύκνου μαχομένου, ἀλλὰ καὶ σὺν τῇ δίκῃ ἀμυνομένου.

5.35. Ὁ ἐρωδιὸς τὰ ὄστρεα ἐσθίειν δεινός ἐστι, καὶ μεμυκότα αὐτὰ καταπίνει, ὥσπερ οὖν οἱ πελεκᾶνες τὰς κόγχας. καὶ ἐν τῷ καλουμένῳ πρηγορεῶνι ὑποθερμαίνων ὁ ἐρωδιὸς φυλάττει τὰ ὄστρεα· τὰ δὲ ὑπὸ τῆς ἀλέας διΐσταται, καὶ ἐκεῖνος αἰσθανόμενος τὰ μὲν ὄστρακα ἀνεμεῖ, φυλάττει δὲ τὴν σάρκα, καὶ ἔχει τροφὴν ἀναλίσκων τῇ τῆς πέψεως δυνάμει τὸ εἴσω παρελθὸν ὁλόκληρον.

5.36. Ὄνομά ἐστιν ὄρνιθος ἀστερίας, καὶ τιθασεύεταί γε ἐν τῇ Αἰγύπτῳ, καὶ ἀνθρώπου φωνῆς ἐπαίων τοσαῦτα· εἴ τις αὐτὸν ὀνειδίζων δοῦλον εἴποι, ὃ δὲ ὀργίζεται· καὶ εἴ τις ὄκνον καλέσειεν αὐτόν, ὃ δὲ βρενθύεται καὶ ἀγανακτεῖ, ὡς καὶ εἰς τὸ ἀγεννὲς σκωπτόμενος καὶ εἰς ἀργίαν εὐθυνόμενος.

5.37. Εἰ κατέχοι τις ὀπὸν Κυρηναῖον καὶ λάβοιτο τῆς νάρκης, ἐνταῦθα δήπου τὸ ἐξ αὐτῆς πάθος ἐκπέφευγε. δράκοντα δὲ

1 μελῳδεῖ] μελῳδῶν **V** ‖ 2 αὑτῷ] αὐτῷ **PAH** : αὐτὴν **V** : ἑαυτῷ Her. ‖ 4 μὴ ᾄδει] ᾄδει οὐ **A**, Her.‖ 7 Ἔχει] Ἔστιν **LH** (Ἔστι **P**)|δὲ] om. **L**|μόνον—θάνατον] πρὸς μόν. τὸν θάν. **LP** : πρὸς θάν. μόν. **H**|ἀνδρείως] ἀνδρεῖος **LPH**‖ 9 ἄρχοντι] ἄρξαντι Her. | καὶ ἐπιβουλεύοντι] del. Her. ‖ 11 εἰσιν] ἐστιν Jac. in app., Her. 12 τοῦτον] τοῦτο **VA**[V] ‖ 13 οὐδεπώποτε] οὐδὲ πώποτε **PH** : οὐδέποτε **VA**[V] 18 πρηγορεῶνι] προηγο. **L** ‖ 22 τιθασεύεταί] Jac., Her. : τιθασσεύεταί codd., Ges.‖ 23 ἐπαίων] ἐπαίον **V** : ἐπάϊον **A**[V] : ἐπαΐει **H**, Her.|τοσαῦτα] om. **H** : del. Her.|εἴ] εἰ δέ Her.‖ 25 ἀγεννὲς] ἀγενὲς **P**‖ 27 κατέχοι] κατέχει **VPA**[V]

θαλάττιον εἰ ἀνασπάσαι τῇ δεξιᾷ ἐθέλοις, ὃ δὲ οὐχ ἕψεται, ἀλλὰ μάχεται καὶ κατὰ κράτος· εἰ δὲ τῇ ἀριστερᾷ ἄγοις, εἴκει καὶ ἑάλωκεν.

5.38. Χάρμιδος ἀκούω τοῦ Μασσαλιώτου λέγοντος φιλόμουσον μὲν εἶναι τὴν ἀηδόνα, ἤδη δὲ καὶ φιλόδοξον. ἐν γοῦν ταῖς ἐρημίαις ὅταν ᾄδῃ πρὸς ἑαυτήν, ἁπλοῦν τὸ μέλος καὶ ἄνευ κατασκευῆς τὴν ὄρνιν ᾄδειν· ὅταν δὲ ἁλῷ καὶ τῶν ἀκουόντων μὴ διαμαρτάνῃ, ποικίλα τε ἀναμέλπειν καὶ τακερῶς ἑλίττειν τὸ μέλος. καὶ Ὅμηρος δὲ τοῦτό μοι δοκεῖ ὑπαινίττεσθαι λέγων [*Od.* 19.518 ss.]·

ὡς δ᾽ ὅτε Πανδαρέου κούρη χλωρηῒς ἀηδών
καλὸν ἀείδῃσιν ἔαρος νέον ἱσταμένοιο,
δενδρέων ἐν πετάλοισι καθεζομένη πυκινοῖσιν,
ἥ τε θαμὰ τρωπῶσα χέει πολυηχέα φωνήν.

ἤδη μέντοι τινὲς καὶ πολυδευκέα φωνὴν γράφουσι τὴν ποικίλως μεμιμημένην, ὡς τὴν ἀδευκέα τὴν μηδόλως εἰς μίμησιν παρατραπεῖσαν.

5.39. Λέγει Δημόκριτος [68 A, fr. 156.3 D.-K.] τῶν ζῴων μόνον τὸν λέοντα ἐκπεπταμένοις τίκτεσθαι τοῖς ὀφθαλμοῖς, ἤδη τρόπον τινὰ τεθυμωμένον καὶ ἐξ ὠδίνων δρασείοντά τι γεννικόν. ἐφύλαξαν δὲ ἄλλοι καὶ καθεύδων ὅτι κινεῖ τὴν οὐράν, ἐνδεικνύμενος ὡς τὸ εἰκὸς ὅτι μὴ πάντῃ ἀτρεμεῖ, μηδὲ μὴν κυκλωσάμενος αὐτὸν καὶ περιελθὼν ὁ ὕπνος καθεῖλεν, ὥσπερ οὖν καὶ τῶν ζῴων τὰ λοιπά. τοιοῦτόν τι φυλάξαντας Αἰγυπτίους ὑπὲρ αὐτοῦ κομπάζειν φασὶ λέγοντας ὅτι κρείττων ὕπνου λέων ἐστὶν ἀγρυπνῶν ἀεί. ταύτῃ τοι καὶ ἡλίῳ ἀποκρίνειν αὐτὸν αὐτοὺς πέπυσμαι· καὶ γάρ τοι καὶ τὸν ἥλιον θεῶν ὄντα φιλοπονώτατον κατὰ τὸ ἢ ἄνω τῆς γῆς ὁρᾶσθαι ἢ τὴν κάτω πορείαν ἰέναι μὴ ἡσυχάζοντα. Ὅμηρόν τε μάρτυρα Αἰγύπτιοι ἐπάγονται λέγοντα ἠέλιόν τ᾽ ἀκάμαντα [*Il.*

1 ἕψεται] ἅψεται **VA**[V] ‖ **2** μάχεται] μαχεῖται Her. | καὶ[1]] om. **VA**[V] : del. Her. ἄγοις] ἀνάγοις Ges., Her. ‖ **8** διαμαρτάνῃ] διαμαρτάνοι **VA**[V] ‖ **9** δὲ] om. **LH** **13** δενδρέων] δένδρων **L** ‖ **14** τρωπῶσα] τρο. **PH** ‖ **15** πολυδευκέα] πολυδεύκεα **P** ‖ **16** ἀδευκέα] ἀδεύκεα **P** | μηδόλως] μηδ᾽ ὅλως **LH**, edd. **20** γεννικόν] γενικόν **PH** : μανικόν **VA**[V] ‖ **25** ἀεί] αἰεί **LPH** ‖ **26** τοι[2]] om. **VA**[V] **27** κατὰ τὸ] del. Her.‖ **29** λέγοντα] λέγ. ταῦτα **L**

18.239]. ἔστι δὲ πρὸς τῇ ῥώμῃ καὶ συνετὸς ὁ λέων. ταῖς γοῦν βουσὶν ἐπιβουλεύει νύκτωρ φοιτῶν ἐς τὰ αὔλια. Ὅμηρος δὲ ἄρα ᾔδει καὶ τοῦτο λέγων [*Il.* 11.173]·

ὡς δ' ὅτε λέων ἐφόβησε μολὼν ἐν νυκτὸς ἀμολγῷ.

καὶ ἐκπλήττει μὲν ὑπὸ τῆς ἀλκῆς ἁπάσας, μίαν δὲ ἐξαρπάσας ἔδει· ὁ αὐτὸς λέγει ποιητὴς ταῦτα. ὅταν δὲ εἰς κόρον ἐμπλησθῇ, βούλεται μὲν ταμιεύσασθαι καὶ ἐς αὖθις, αἰδὼς δὲ ἴσχει αὐτὸν φρουρεῖν παραμένοντα, ὡς τροφῆς χήτει λιμὸν δεδιότα. οὐκοῦν περιχανὼν ἐμπνεῖ μὲν τοῦ καθ' ἑαυτὸν ἄσθματος, καὶ τούτῳ τὴν φυλακὴν ἐπιτρέπει, ἀπαλλάττεταί γε μὴν αὐτός· τὰ δὲ ἄλλα ζῷα ἥκοντα καὶ αἰσθανόμενα ὅτου λείψανόν ἐστι τὸ κείμενον, οὐ τολμᾷ προσάψασθαι, ἀλλὰ ἀπαλλάττεται δεδιότα δοκεῖν συλᾶν καὶ περικόπτειν τι τοῦ σφετέρου βασιλέως. τῷ δὲ ἄρα εἰ μὲν εὐθηρία γένοιτο ἑτέρου καὶ εὐερμία, λήθην τοῦ πρώτου λαμβάνει καὶ ὡς ἕωλον ἀτιμάσας ἀπαλλάττεται· εἰ δὲ μή, ὡς ἐπ' οἰκεῖον θησαύρισμα παραγίνεται. ὅταν δὲ ὑπερπλησθῇ, κενοῖ ἑαυτὸν ἡσυχίᾳ καὶ ἀσιτίᾳ, ἢ αὖ πάλιν πιθήκῳ περιτυχὼν καὶ τούτου φαγὼν κενοῦται τὴν γαστέρα ταῖς ἐκείνου λαπάξας σαρξίν. ἦν δὲ ἄρα δίκαιος ὁ λέων καὶ οἷος [Hom., *Il.* 24.369; *Od.* 16.72]

ἄνδρ' ἐπαμύνασθαι, ὅτε τις πρότερον χαλεπήνῃ.

τῷ γοῦν ἐπιόντι ἀνθίσταται τὴν ἀλκαίαν ἐπισείων καὶ ἑλίττων κατὰ τῶν πλευρῶν εἶτα ἐγείρει ἑαυτὸν ὥσπερ οὖν ὑποθήγων μύωπι. τόν γε μὴν βαλόντα μέν, οὐ τυχόντα δὲ τῇ ἴσῃ ἀμυνόμενος φοβεῖ μέν, λυπεῖ δὲ οὐδὲ ἕν. ἡμερωθείς γε μὴν ἐξέτι νεαροῦ πραότατός ἐστι καὶ ἐντυχεῖν ἡδύς, καὶ ἔστι φιλοπαίστης, καὶ πᾶν ὅ τι οὖν ὑπομένει πραόνως τῷ τροφεῖ χαριζόμενος. Ἄννων γοῦν λέοντα εἶχε σκευαγωγόν, καὶ Βερενίκῃ λέων πρᾶος συνῆν, τῶν

4 ὡς—ὅτε] βόες ὥς / ἅς τε Her. ‖ **5** ἁπάσας] πάσας Her. ‖ **6** ὁ—ταῦτα] del. Her. | λέγει] λέγων **VA**^{V} ‖ **9** ἑαυτὸν] ἑαυτοῦ **L** : αὐτὸν **H** | τούτῳ] τούτων **VA**^{V} **11** αἰσθανόμενα] αἰσθόμενα **VA**^{V} | ὅτου] ὅπου **VA**^{V} | τολμᾷ] τολμῷ **V** : τολμῶσι **A**^{V} ‖ **13** τῷ] τὸν **VA**^{V} ‖ **14** ἑτέρου] καὶ ἑτέ. **VA**^{V} : del. Her. ‖ **20** ἐπαμύνασθαι] ἐπαμύνεσθαι **VA**^{V}**H** | πρότερον] πρότερος Ges., Her. ‖ **21** τὴν] καὶ τὴν Schn., Her. ‖ **22** ἑαυτὸν] αὐτὸν **VA**^{V} ‖ **23** ἀμυνόμενος] ἀμυνούμενος Her. ‖ **24** οὐδὲ ἕν] οὐδέν **VA**^{V} ‖ **25** πραότατός] πραότατόν **A**^{V} ‖ **26** πραόνως] πρᾶον ὡς **VPA**^{V} : πράως ὡς **H** : πράως? Her. in app.| γοῦν] οὖν **VA**^{V}‖ **27** Βερενίκῃ] βερρε. **LP**

κομμώντων διαφέρων οὐδέν. ἐφαίδρυνε γοῦν τῇ γλώττῃ ἡσυχῇ τὸ πρόσωπον αὐτῆς, καὶ τὰς ῥυτίδας ἐλέαινε, καὶ ἦν ὁμοτράπεζος, πράως τε καὶ εὐτάκτως ἐσθίων καὶ ἀνθρωπικῶς. Ὀνόμαρχος δὲ ὁ Κατάνης τύραννος καὶ ὁ Κλεομένους υἱὸς συσσίτους εἶχον λέοντας.

5.40. Εὐωδίας τινὸς θαυμαστῆς τὴν πάρδαλιν μετειληχέναι φασίν, ἡμῖν μὲν ἀπορρήτου, αὐτὴ δὲ οἶδε τὸ πλεονέκτημα τὸ οἰκεῖον, καὶ μέντοι καὶ τὰ ἄλλα ζῷα συνεπίσταται τοῦτο τῇ παρδάλει καὶ ἁλίσκεται τὸν τρόπον τοῦτον ἐκείνῃ· ἡ πάρδαλις τροφῆς δεομένη ἑαυτὴν ὑπαποκρύπτει ἢ λόχμῃ πολλῇ ἢ φυλλάδι βαθείᾳ, καὶ ἐντυχεῖν ἐστιν ἀφανής, μόνον δὲ ἀναπνεῖ. οὐκοῦν οἱ νεβροὶ καὶ δορκάδες καὶ αἱ αἶγες αἱ ἄγριαι καὶ τὰ τοιαῦτα τῶν ζῴων ὡς ὑπό τινος ἴυγγος τῆς εὐωδίας ἕλκεται, καὶ γίνεται πλησίον· ἡ δὲ ἐκπηδᾷ καὶ ἔχει τὸ θήραμα.

5.41. Πυνθάνομαι τῶν ζῴων τὰ μηρυκάζοντα τρεῖς ἔχειν κοιλίας, καὶ ὀνόματα αὐτῶν ἀκούω κεκρύφαλον ἐχῖνον ἤνυστρον. σηπίαι δὲ καὶ τευθίδες δύο νέμονται προβοσκίσιν· οὐ γάρ τι χεῖρον οὕτως ὀνομάσαι καὶ ἐκ τῆς χρείας καὶ ἐκ τοῦ σχήματος ἐπαρθέντα. καὶ ὅταν ᾖ χειμέρια καὶ κλύδων τεταραγμένος, αἳ δὲ τῶν πετρῶν λαμβάνονται ταῖς αὐταῖς προβολαῖς, καὶ ἔχονται ὡς ἀγκύραις πάνυ ἐγκρατῶς, καὶ ἄσειστοί τε καὶ ἄκλυστοι μένουσιν· εἶτα εἰ γένοιτο ὑπεύδια, ἀπολύουσί τε αὐτὰς καὶ ἐλευθεροῦσι, καὶ νέουσι πάλιν, εἰδυῖαι μάθημα οὐκ εὐκαταφρόνητον, χειμῶνος φυγὴν καὶ ἐκ τῶν κινδύνων σωτηρίαν.

5.42. Εἴ σοι βουλομένῳ μαθεῖν ἐστι μελιττῶν ὀνόματα, οὐκ ἂν βασκήναιμι εἰπεῖν ὅσα πέπυσμαι. ἡγεμόνες καλοῦνταί τινες καὶ

1 κομμώντων] κομώντων **P** : κωμώντων **VA^{V}H** : κομμούντων Jac. in app. : κομμωτῶν Pie., Her. | διαφέρων] διαφέρει **VA^{V}** | ἡσυχῇ] om. **VA^{V}** : del. Her. **3** Ὀνόμαρχος] καὶ Ὀνό. Her. ‖ **6** ἡμῖν] καὶ ἡμῖν **VA^{V}** ‖ **7** συνεπίσταται] συνεπίστανται **P** | τῇ παρδάλει] ἐκείνῃ Her. ‖ **8** ἁλίσκεται] ἁλίσκεταί οἱ Her. ἐκείνῃ] ἐκείνη (distinct. post ἡ πάρδαλις) **L** : del. Her. ‖ **9** ὑπαποκρύπτει] ὑποκρύπτει **H**, Her. ‖ **11** δορκάδες] αἱ δορ. Her. | αἱ^{1}—ἄγριαι] αἶγες αἱ ἄγριαι **VA^{V}** : οἱ αἶγες οἱ ἄγριοι Her. ‖ **14** μηρυκάζοντα] μηρυκίζ. **LPH** ‖ **15** ὀνόματα] ὄνομα μὲν **L** | ἤνυστρον] ante corr. **P** : ἤνιστρον **V** (ex corr. **P**) **A^{V}** ‖ **16** δὲ] τε **VA^{V}** | τι] τοι Her. ‖ **19** προβολαῖς] προσβολαῖς **V** ‖ **20** ἀγκύραις] ἀγκύρας **LPH** τε] γε **VLPH** ‖ **21** αὐτὰς] ἑαυτοὺς **H** : ἑαυτὰς Her. ‖ **24** μελιττῶν] μελισσῶν **V**

ἄλλαι σειρῆνες καὶ ἐργοφόροι τινὲς καὶ ἕτεραι πλάστιδες. Νίκανδρος δὲ εὐφορεῖν τοὺς κηφῆνάς φησι [fr. 93 G.-S.]. περὶ δὲ τὴν τῶν Καππαδοκῶν γῆν ἄνευ κηρίων τὸ μέλι τὰς μελίττας ἐργάζεσθαί φασι, παχὺ δὲ εἶναι τοῦτο κατὰ τὸ ἔλαιον λόγος ἔχει. ἐν Τραπεζοῦντι δὲ τῇ Ποντικῇ ἐκ τῆς πύξου γίνεσθαι μέλι πέπυσμαι, βαρὺ δὲ τὴν ὀσμὴν τοῦτο εἶναι, καὶ ποιεῖν μὲν τοὺς ὑγιαίνοντας ἔκφρονας, τοὺς δὲ ἐπιλήπτους εἰς ὑγίειαν ἐπανάγειν αὖθις. ἐν Μηδίᾳ δὲ ἀποστάζειν τῶν δένδρων ἀκούω μέλι, ὡς ὁ Εὐριπίδης ταῖς Βάκχαις [*Ba.* 711] ἐν τῷ Κιθαιρῶνί φησιν ἐκ τῶν κλάδων γλυκείας σταγόνας ἀπορρεῖν. γίνεσθαι δὲ καὶ ἐν Θρᾴκῃ μέλι ἐκ τῶν φυτῶν ἤκουσα. ἐν δὲ Μυκόνῳ μέλισσα οὐ γίνεται, ἀλλὰ καὶ ἡ κομισθεῖσα ἀποθνήσκει.

5.43. Περὶ τὸν Ὕπανιν ποταμὸν γίνεσθαι τὸ ζῷον τὸ μονήμερον οὕτω καλούμενον Ἀριστοτέλης φησί [*HA* 552b17–23; fr. 270.16 Gig.], τικτόμενον μὲν ἅμα τῷ κνέφᾳ, ἀποθνῇσκον δὲ ἐπὶ δυσμὰς ἡλίου τρεπομένου.

5.44. Ἔχει δὲ δῆγμα ἡ σηπία ἰῶδες καὶ ὀδόντας ἰσχυροὺς ὑπολανθάνοντας. ἦν δὲ ἄρα δηκτικὸν καὶ ὀσμύλος καὶ ὁ πολύπους· καὶ δάκοι μὲν ἂν οὗτος σηπίας βιαιότερον, τοῦ δὲ ἰοῦ μεθίησιν ἧττον.

5.45. Τὸν σῦν τὸν ἄγριόν φασι μὴ πρότερον ἐπί τινα φέρεσθαι πρὶν ἢ τοὺς χαυλιόδοντας ὑποθῆξαι· μαρτυρεῖ δὲ ἄρα καὶ Ὅμηρος τοῦτο λέγων [*Il.* 11.416]·

θήξας λευκὸν ὀδόντα μετὰ γναμπτῇσι γένυσσιν.

1 ἄλλαι—καὶ²] om. **V** | ἐργοφόροι] ὑδροφόροι Her. | πλάστιδες] πλαστίδες ***β*** (-τῖ- **H**) ‖ **2** εὐφορεῖν] ἐργοφορεῖν Ges. in Emend. : fort. εἰσφορεῖν Jac. in app. : ὑδροφορεῖν Rei., Her. : ἀφορεῖν Post (apud Scholf.) : φρουρεῖν Borth. ‖ **3** τῶν] om. **LA** | Καππαδοκῶν] Καππαδόκων **H**, edd. | μελίττας] μελίσσας **V** ‖ **4** φασι] φησι **A**[V]**H** | εἶναι τοῦτο] τοῦτο εἶν. **A** | κατὰ] καὶ κατὰ **V** ‖ **6** ποιεῖν] ποιεῖ **LPH** **7** ὑγίειαν] ex corr. **P** : ὑγείαν **V** (ante corr. **P**) **AH** ‖ **8** Μηδίᾳ] μηδείᾳ **P** : Λυδίᾳ (ex Arist., *Mir.* 831b26) Her. in app. | ἀποστάζειν] ὑποστάζ. **V** | ὁ] del. Her. **9** ταῖς Βάκχαις] del. Her. ‖ **12** ἡ] ἔξωθεν Her. ‖ **15** κνέφᾳ] κνέφει **H**, Her. ἀποθνῇσκον] ἀποθνήσκων **L** ‖ **16** τρεπομένου] τρεπομένας **V** ‖ **17** δὲ] om. ***β*** δῆγμα] τὸ δῆγ. Her. | ὀδόντας] τοὺς ὀδό. **L**, edd. | ἰσχυροὺς] ἰσχυρῶς Her. **18** ὀσμύλος] ὁσμύλος **P** : ὀσμῦλος **H** : ὁ σμύλος **L** : ὁ ὀσμύλος Her. **24** γναμπτῇσι] μ punctis del. **A** : γναπτῆσιν **L** : γναπτοῖσι **H** : γαμπτοῖσι **P** γένυσσιν] γένυσσι (ex corr. **P**) **AH** : γένυσι **V** (ante corr. **P**)

παχύνεσθαι δὲ τὸν σῦν ἀκούω μάλιστα μὴ λουόμενον, ἀλλὰ ἐν τῷ βορβόρῳ διατρίβοντά τε καὶ στρεφόμενον καὶ πίνοντα ὕδωρ τεθολωμένον, καὶ ἡσυχίᾳ καὶ στέγῃ σκοτωδεστέρᾳ χαίροντα καὶ τροφαῖς ὅσαι φυσωδέστεραί τέ εἰσι καὶ ὑποπλῆσαι δύνανται. καὶ Ὅμηρος δὲ ἔοικεν ὑποδηλοῦν ταῦτα. περὶ μὲν οὖν τοῦ καλινδεῖσθαι αὐτὸν καὶ φιληδεῖν τοῖς ῥυπαρωτέροις τέλμασι λέγων [*Od.* 10.243] σύες χαμαιευνάδες· ὅτι δὲ τῷ τεθολωμένῳ ὕδατι πιαίνονται, φησί [*Od.* 13.409–410]·

μέλαν ὕδωρ
πίνουσαι, τά θ' ὕεσσι τρέφει τεθαλυῖαν ἀλοιφήν.

ὅτι δὲ χαίρουσι τῷ σκότῳ διὰ τούτων ἐλέγχει [*Od.* 14.533]·

πέτρῃ ὕπο γλαφυρῇ εὗδον Βορέω ὑπ' ἰωγῇ.

τὸ δὲ φυσῶδες αἰνίττεται τῆς τροφῆς ὅταν λέγῃ [*Od.* 13.409] βάλανον μενοεικέα ἐσθίειν αὐτόν. εἰδὼς δ' ἄρα Ὅμηρος ὡς καὶ ἰσχναίνεται καὶ ἐπιτρίβει τὰ κρέα ὗς ὁρῶν τὸν θῆλυν, πεποίηκε [*Od.* 14.13] τοὺς ἄρρενας ἰδίᾳ καθεύδοντας καὶ τὰς θηλείας ἰδίᾳ. ἐν Σαλαμῖνι δὲ χλωροῦ σίτου καὶ ληΐου κομῶντος ἐὰν σῦς πεσοῦσα ἀποκείρῃ, νόμος ἐστὶ Σαλαμινίων τοὺς ὀδόντας ἐκτρίβειν αὐτῆς. καὶ τοῦτο εἶναι τὸ παρ' Ὁμήρῳ [*Od.* 18.29] συὸς ληϊβοτείρης φασίν. οἳ δὲ ἑτέρως νοοῦσι, καὶ λέγουσι χλωροῦ σίτου τὴν ὗν τὴν γευσαμένην ἀσθενεῖς ἔχειν τοὺς ὀδόντας.

5.46. Ἔδωκε δὲ ἄρα ἡ φύσις ταῖς κυσὶ τραυμάτων ἀντίπαλον πόαν. εἰ δὲ ἕλμινθες αὐτὰς λυποῦσι, τοῦ σίτου τὸ καλούμενον λήϊον ἐσθίουσαι ἐκκρίνουσιν αὐτάς. λέγονται δὲ καὶ ὅταν δέωνται τὴν γαστέρα ἑκατέραν κενῶσαι πόαν τινὰ ἐσθίειν, καὶ τὸ μέν τι

1 τὸν] τὴν **PA** | μάλιστα—λουόμενον] μὴ λουομένην μάλ. **A** | λουόμενον] λούμενον **L**, Her. : λουομένην **PA** ‖ **2** διατρίβοντά] διατρίβουσάν **PA** στρεφόμενον] στρεφομένην **PA** | πίνοντα] πίνουσαν **PA** ‖ **3** χαίροντα] χαίρουσαν **PA** ‖ **6** αὐτὸν] αὐτὴν **PA** : αὐτοὺς Her. | τέλμασι] post voc. lac. stat. Her. ‖ **8** πιαίνονται] post voc. lac. stat. Her. ‖ **10** τά θ'] ταῦθ' ut vid. **P** | ὕεσσι] ὕεσι **VP** ‖ **12** ὕπο] Jac., Her. : ὑπὸ codd. | Βορέω] βορέαο **P** : βορέων **A** : βορέου **H** | ὑπ' ἰωγῇ] ὑπ' ἰωγὴ **H** : ὑπίω γῇ **V** : ὑπιωγῇ **L** ‖ **14** αὐτόν] αὐτήν ***β*** : αὐτάς Ges., Her. | ὡς] ὅτι **A** ‖ **15** τὸν] fort. τὴν **A** ‖ **17** πεσοῦσα] ἐμπεσοῦσα Bar., Jac. in app., Her. ‖ **20** τὴν[2]] om. **A** : del. Her. ‖ **23** ἕλμινθες] **H**, edd. : ἔλμ. **VLPA** λυποῦσι] λυποῖεν Her. ‖ **25** κενῶσαι] om. **V** | μέν τι] μέντοι **VPH**

τῆς τροφῆς τὸ ἐπιπολάζον ἀνεμεῖν, τὰ δὲ περιττὰ κάτωθεν ἐκκρίνεσθαι αὐταῖς φασιν. ἐντεῦθεν καὶ τὸ συρμαΐζειν Αἰγύπτιοι λέγονται μαθεῖν. πέρδικές τε καὶ πελαργοὶ τρωθέντες καὶ φάτται τὴν ὀρίγανον, ὡς λόγος, διατράγουσιν, εἶτα τοῖς τραύμασιν ἐντιθέντες ἀκοῦνται τὸ σῶμα καὶ μέντοι τῆς ἀνθρώπων ἰατρικῆς δέονται οὐδέν.

5.47. Οὐ δεήσομαι ἐνταῦθα μάρτυρος πρεσβυτέρου, ἃ δὲ αὐτὸς ἔγνων λέγω. σαῦρον τῶν χλωρῶν μὲν ὑπεράγαν, ἁδροτέρων δὲ τὴν ἕξιν συλλαβὼν ἀνὴρ καὶ κέντρῳ πεποιημένῳ χαλκοῦ διείρας εἶτα τυφλώσας τὸν σαῦρον καὶ χύτραν κεραμέαν τῶν νεωστὶ εἰργασμένων διατρήσας πάνυ λεπταῖς ὀπαῖς, ὡς μὴ εἴργειν μὲν τὸ πνεῦμα, οὐ μὴν ἐκείνῳ παρασχεῖν ἔκδυσιν, τὸ θηρίον ἐμβαλὼν καὶ γῆν ὑποχέας καὶ μάλα ἔνδροσον καὶ πόαν τινὰ ἧς οὐκ εἶπε τὸ ὄνομα, δακτύλιον σιδηροῦν πεποιημένον καὶ ἔχοντα λίθον γαγάτην, ᾧπερ οὖν ἐνείργαστο γλύμμα σαῦρος, τὴν μὲν χύτραν ἐπηλύγασεν, ἐννέα ἐμπλάσας σημεῖα, ὧν ἀφῄρει σφραγῖδα ἐφ' ἡμέρας ἐννέα. καὶ τὴν ἐπὶ πάσαις τὴν ἐνάτην ἀφανίσας ἀνοίγει τὸ σκεῦος, καὶ ἔγωγε εἶδον τὸν σαῦρον ἐμβλέποντα, καὶ εὐωποτέρους τοὺς ὀφθαλμοὺς τοὺς τέως πεπηρωμένους εἶχε. καὶ τὸ μέν, ἔνθεν ᾑρέθη, ἐνταῦθα ἀπελύσαμεν, δακτύλιον δὲ ἐκεῖνον ὁ ἀνὴρ ὁ ταῦτα δράσας ὀφθαλμοῖς ἀγαθὸν ἔφασκεν εἶναι.

5.48. Ἐμοὶ δὲ αἴσχιστον δοκεῖ, ὦ ἄνθρωποι, φιλίαν μὲν τοῖς ζῴοις πρὸς ἄλληλα εἶναι, μὴ μόνοις τοῖς συννόμοις αὐτῶν μηδὲ μὴν τοῖς ὁμογενέσιν, ἤδη δὲ καὶ τοῖς μηδὲν προσήκουσί σφισι κατὰ τὸ κοινὸν γένος. ταῖς γοῦν αἰξὶν αἱ οἶς φίλιαι, περιστερὰ δὲ πρὸς τρυγόνα φίλη, φίλα δὲ εἰς ἀλλήλους νοοῦσι φάτται τε καὶ πέρδικες,

3 τε] δὲ Her. | τρωθέντες] fort. τραθέντες **V** ‖ **4** διατράγουσιν] διατραγοῦσιν **H** : διατρώγουσιν **A**, edd. ‖ **5** μέντοι] μέντοι καὶ Her. ‖ **7** ἐνταῦθα μάρτυρος] μάρ. ἐντ. **LPA** : μαρτυρεῖν ἐντ. **H** ‖ **8** λέγω] ἐρῶ Her. | σαῦρον] σαύρων **VPAH** | μὲν] om. **V** ‖ **9** διείρας] πείρας Her. ‖ **12** τὸ—**13** ἔνδροσον] καὶ γῆν ἐγχέας καὶ μάλα ἔνδρ., καὶ τὸ θηρ. ἐμβ. Her. ‖ **14** δακτύλιον] δακτυλίδιον **V** : καὶ δακτύλιον Ges. in mg., Jac., Her. | σιδηροῦν] σιδήρου **H**, Ges. in mg., Jac., Her. **16** ἐπηλύγασεν] ἐπιλυγάσαι (vel ἐπηλ.) **A** | σφραγῖδα] σφραγίδα **PH** **17** ἡμέρας] ἡμέραις **A** | τὴν ἐνάτην] τὴν ἐννάτην **PAH** : del. Her. **19** εὐωποτέρους] εὐωποτάτους Her. ‖ **20** τὸ] τὸν Her. | ἀπελύσαμεν] ἀπελαύσαμεν **AH** | ὁ] om. **A** ‖ **25** περιστερὰ] περιστερᾷ Her. | δὲ] om. **A** **26** φίλη] φιλία Her. | εἰς ἀλλήλους] ἀλλήλοις Her.

ἀλκυόνα δὲ καὶ κήρυλον ποθοῦντε ἀλλήλω πάλαι ἴσμεν, κορώνην τε ἐρωδιῷ φίλα νοεῖν καὶ λάρον τῷ καλουμένῳ κολοιῷ καὶ ἰκτίνῳ ἅρπην. πολεμοῦσι δὲ αἰώνιον πόλεμον καὶ ἄσπονδον ὡς εἰπεῖν κορῶναί τε καὶ γλαῦκες· πολέμιοι δὲ ἄρα εἰσὶν ἰκτῖνός τε καὶ κόραξ, καὶ πυραλλὶς πρὸς τρυγόνα, καὶ βρένθος καὶ πάγρος, πάλιν τε ὁ χλωρεὺς πρὸς τρυγόνα, καὶ αἰγυπιοὶ καὶ ἀετοί, καὶ κύκνοι καὶ δράκοντες, καὶ πρὸς βουβαλίδας καὶ ταύρους λέοντες. ἔχθιστον δὲ ἄρα ἐλέφας καὶ δράκων ἦν, καὶ πρὸς ἀσπίδα ὁ ἰχνεύμων, ὁ δὲ αἴγιθος τῷ ὄνῳ· ὃ μὲν γὰρ ὠγκήσατο, ῥήγνυται δὲ τῷ αἰγίθῳ τὰ ᾠά, καὶ οἱ νεοττοὶ ἐκπίπτουσιν ἀτελεῖς· ὃ δὲ τιμωρῶν τοῖς τέκνοις ἐπιπηδᾷ τῶν ὄνων τοῖς ἕλκεσι, καὶ ἐσθίει αὐτά. μισεῖ δὲ ἀλώπηξ κίρκον καὶ ταῦρος κόρακα, καὶ ὁ ἄνθος τὸν ἵππον. χρὴ δὲ εἰδέναι τὸν πεπαιδευμένον καὶ μηδὲν μάτην ἀκούοντα ὅτι καὶ δελφὶς φαλλαίνῃ διάφορος, λάβρακές γε μὴν κεστρεῦσι, μύραινα δὲ γόγγροις, καὶ ἄλλα ἄλλοις.

5.49. Αἱ ἄρκτοι τῶν θηρατῶν τοὺς εἰς στόμα πεσόντας καὶ τὸ πνεῦμα εἰς ἑαυτοὺς ὤσαντας ὀσφρησάμεναι ὡς νεκροὺς παραλιμπάνουσι, καὶ δοκεῖ τοῦτο τὸ ζῷον νεκρὸν βδελύττεσθαι. μισοῦσι δὲ καὶ οἱ μύες τοὺς ἐν ταῖς ἑαυτῶν διαίταις καὶ καταδρομαῖς ἀποθανόντας, καὶ μέντοι χελιδὼν ἐκβάλλει χελιδόνα νεκράν, καὶ μέλιτται· μύρμηκες δέ, καὶ ἐκείνοις ἐκφορᾶς νεκρῶν μέλειν καὶ καθαίρειν τοὺς σφετέρους χηραμοὺς ἡ σοφωτάτη φύσις ἔδωκεν, ἐπεὶ καὶ τοῦτο ἴδιον τῶν ἀλόγων, τὰ ὁμογενῆ τε καὶ ὁμοφυῆ τεθνεῶτα τῶν ὀφθαλμῶν ἀποφέρειν θᾶττον. λέγουσι δὲ Αἰθιόπων λόγοι αἰμυλίας τε καὶ κόμπου Ἑλληνικοῦ ἄγευστοι ὅτι

1 κήρυλον] κηρυλον (sic) **V** : κήρυλλον **PAH** : κηρύλον Jac., Her. | ποθοῦντε] ποθοῦντας **LH** : ποθοῦντα **PA** | ἀλλήλω] ἀλλήλους ex corr. **L** : ἀλλήλων ***β*** (ante corr. **L**) ‖ **4** ἰκτῖνός] ἴκτινός **PA** ‖ **5** πάγρος] πάγριος **H** : λάρος Ges. in mg. ex Arist. (*HA* 609a23), Her., fort. recte ‖ **6** ἀετοί] ante corr. **H** : αἰετοί **A** (ex corr. **H**) ‖ **7** καὶ πρὸς] κάπροις **V** | βουβαλίδας] βουβαλίδες **V** | καὶ ταύρους] καὶ ταύροις **V** : del. Her. (1876) ‖ **8** ἔχθιστον] ἔχθιστα Her. ‖ **9** αἴγιθος] ex corr. **P** : αἰγίθαλος (ante corr. **P**) **A** : αἴγισθος **H** ‖ **10** αἰγίθῳ] αἰγιθάλῳ **PA** : αἰγίσθῳ **H** ἀτελεῖς] ἀτελῶς **V** ‖ **12** ἄνθος] edd. : ἄνθιος **VLPA** : ἀνθίας **H** ‖ **13** ἵππον] ὄνον **V** ‖ **14** φαλλαίνῃ] φαλαίνῃ **AH**, Her. ‖ **15** μύραινα] μύραιναι **L**, edd. ‖ **16** εἰς] ἐπὶ Schn. ‖ **19** ἑαυτῶν] αὐτῶν **A** ‖ **20** μέντοι] μέντοι καὶ Her. ‖ **21** καὶ μέλιτται] del. Her. ‖ **22** μέλειν] μέλλειν **VAH** ‖ **24** ὁμοφυῆ] ὁμοφυᾶ **L**, Her. ‖ **25** Αἰθιόπων] αἰθίοπες **V**

ἄρα ἐλέφαντα θεασάμενος ἐλέφας νεκρὸν οὐκ ἂν παρέλθοι μὴ τῇ προβοσκίδι γῆν ἀρυσάμενος καὶ ἐπιβαλών, ὡς ὁσίαν τινὰ ἀπόρρητον ὑπὲρ τῆς φύσεως τῆς κοινῆς ἐκτελῶν καὶ φεύγων ἄγος· εἶναι γὰρ τὸ μὴ δρᾶσαι τοῦτο ἐναγές. ἀπόχρη δέ οἱ καὶ κλάδον ἐπιβαλεῖν, καὶ ἄπεισι τὸ κοινὸν ἁπάντων τέλος μὴ ἀτιμάσας. ἀφῖκται δὲ λόγος εἰς ἡμᾶς καὶ ἐκεῖνος· ὅταν ἐλέφαντες ἀποθνήσκωσιν ἐκ τραυμάτων, ἢ βληθέντες ἐν πολέμῳ ἢ ἐν θήρᾳ παθόντες τοῦτο, ἢ τῆς πόας τῆς παρατυχούσης ἢ τῆς κόνεως τῆς ἐν ποσὶν ἀνελόμενοι, εἰς τὸν οὐρανὸν ἀναβλέπουσι καὶ βάλλουσί τι τῶν προειρημένων, καὶ φωνῇ τῇ σφετέρᾳ κινύρονταί τε καὶ ποτνιῶνται, ὥσπερ οὖν τοὺς θεοὺς μαρτυρόμενοι ἐφ' οἷς ἐκδίκως τε καὶ ἐκνόμως ὑπομένουσιν.

5.50. Ἴδια δὲ ἄρα τῶν ζῴων καὶ ταῦτα δήπου καταγνῶναι πάρεστι. τοὺς γοῦν ὄρνις τοὺς ἠθάδας καὶ τοὺς ἐν ποσὶ τρεφομένους τε καὶ ἐξεταζομένους ὁρῶμεν ἵππους καὶ ὄνους καὶ βοῦς καὶ καμήλους θαρροῦντας· εἰ δὲ καὶ ἐλέφαντί που πράῳ καὶ ἡμέρῳ συντρέφοιντο, οἳ δὲ οὐκ ὀρρωδοῦσιν, ἀλλὰ καὶ δι' αὐτῶν ἐκείνων ἔρχονται. ἤδη δὲ καὶ ἀλεκτρυόνες καὶ ἐπὶ τὰ νῶτα αὐτῶν ἀναπέτονται· τοσοῦτον αὐτοῖς τοῦ θάρσους περίεστι καὶ τοῦ ἀδεοῦς. πτοίαν δὲ αὐτοῖς ἐντίθησι καὶ δέος ἰσχυρὸν γαλῆ παραδραμοῦσα. καὶ μυκήσεων μὲν καὶ ὀγκήσεων οὐ ποιοῦνται ὤραν, κρίξασαν δὲ ἄρα μόνον πεφρίκασι τὴν προειρημένην. χηνῶν τε καὶ κυνῶν καὶ στρουθῶν τῶν μεγάλων ἤ τι ἢ οὐδὲν φροντίζουσιν, ἱέρακα δὲ βραχύτερον ὄντα ὀρρωδοῦσιν. ὁ δὲ ἀλεκτρυὼν ᾄσας φοβεῖ μὲν λέοντα, ἀναιρεῖ δὲ βασιλίσκον· οὐ φέρει μὴν οὔτε αἰλούρους οὔτε ἰκτίνους. αἱ δὲ περιστεραὶ αἰετῶν μὲν

2 ὡς] om. **A** ‖ **3** τῆς[1]—κοινῆς] τῆς κοι. φύσ. **A** | ἐκτελῶν] ἐκτελεῖν **V** : τελῶν **A** καὶ—ἄγος] del. Her.‖ **5** ἀτιμάσας] ἀτιμάσαι **V**‖ **8** ἢ[1]] om. **A** : del. edd.‖ **9** εἰς] ἐς ***β*** ‖ **10** φωνῇ] βοῇ ***β*** | κινύρονταί] ante corr. **P** : μινύρονταί ex corr. **P** : μιννύρονταί **H** ‖ **11** μαρτυρόμενοι] μαρτυρούμενοι **V** ‖ **13** ταῦτα] ταύτῃ Her. **14** ὄρνις] ὄρνεις Her.‖ **15** ἵππους] ἵπποις **A** | ὄνους] ὄνοις **A**‖ **16** βοῦς] βουσὶ **A** καμήλους] καμήλοις **A** ‖ **18** καὶ[1]] om. **V** : del. Her. ‖ **19** ἀναπέτονται] fort. ἀναπέτανται **V** ‖ **20** γαλῆ] γαλὴ **A** ‖ **22** ὤραν] ὥραν **LPA** | προειρημένην] εἰρημένην **V** ‖ **23** τε] δὲ Her. | κυνῶν] κύκνων Rei., Her., fort. recte **24** βραχύτερον] βραχύτατον Her. ‖ **25** φέρει μὴν] φέρει γε μὴν **H** : μὴν φέρει Her.‖ **26** αἰλούρους] αἴλουρος **A**|ἰκτίνους] ἰκτῖνος **A**|αἰετῶν] ἀετῶν **A**

κλαγγὴν ἢ καὶ γυπῶν θαρροῦσι, κίρκων δὲ καὶ τῶν ἁλιαιέτων οὐκέτι.

Ἡ δὲ ἀμνὴ καὶ ὁ ἔριφος καὶ πώλιον πᾶν ἐπὶ τὰς μητρῴας θηλὰς ἔρχεται γεννηθέντα παραχρῆμα, καὶ μέντοι καὶ τῶν οὐθάτων σπῶντα ἐμπίπλαται· πολυπραγμονεῖ δὲ τὸ τεκὸν οὐδὲ ἕν, ἀλλὰ ἕστηκεν. ὕπτια δὲ παραβάλλει τὰς θηλὰς τοῖς βρέφεσι τὰ σχιζόποδα πάντα, λύκοι καὶ κύνες καὶ λέαιναι καὶ παρδάλεις.

5.51. Πολυφωνότατα δὲ τὰ ζῷα καὶ πολύφθογγα ὡς ἂν εἴποις ἡ φύσις ἀνέφηνεν, ὥσπερ οὖν καὶ τοὺς ἀνθρώπους. ὁ γοῦν Σκύθης ἄλλως φθέγγεται καὶ ὁ Ἰνδὸς ἄλλως, καὶ ὁ Αἰθίοψ ἔχει φωνὴν συμφυῆ καὶ οἱ Σάκαι· φωνὴ δὲ Ἑλλὰς ἄλλη, καὶ Ῥωμαία ἄλλη. οὕτω τοι καὶ τὰ ζῷα ἄλλο ἄλλως προΐεται τὸν συγγενῆ τῆς γλώττης ἦχόν τε καὶ ψόφον· τὸ μὲν γὰρ βρυχᾶται, μυκᾶται δὲ ἄλλο, καὶ χρεμέτισμα ἄλλου καὶ ὄγκησις ἄλλου βληχηθμός τε καὶ μηκασμὸς καὶ διάφορα φθέγματα, καί τισι μὲν ὠρυγμός, τισὶ δὲ ὑλαγμὸς φίλον, καὶ τῷ ἄλλῳ ἀρράζειν· κλαγγαί τε καὶ ῥοῖζοι καὶ κριγμοὶ καὶ ᾠδαὶ καὶ μελῳδίαι καὶ τραυλισμοὶ καὶ μυρία ἕτερα δῶρα τῆς φύσεως ἴδια τῶν ζῴων ἄλλα ἄλλων.

5.52. Ἀνὰ τὴν χώραν τὴν Αἰγυπτίαν ἀσπίδες φωλεύουσι τοῦ Νείλου πλησίον ἐπὶ τῆς ὄχθης ἑκατέρας. καὶ τὸν μὲν ἄλλον χρόνον φιλοχωροῦσι καὶ ἀγαπῶσιν, ὡς τὰς οἰκίας τὰς σφετέρας οἱ ἄνθρωποι· μέλλοντος δὲ τοῦ ποταμοῦ κατὰ τὴν ὥραν τῶν θερείων ἀναπλεῖν, ἀναχθεῖσαι καὶ ὠθούμεναι ὑπό τε πλήθους ὕδατος καὶ τῶν ἐτησίων ἀνέμων, πρὸ τριάκοντά που ἡμερῶν αἱ προειρημέναι ἀσπίδες μετοικίζονται εἰς τὰ ἀπωτέρω τοῦ Νείλου χωρία, καὶ

1 ἢ καὶ] καὶ **AH**, edd.|τῶν] om. **A** : del. edd.|ἁλιαιέτων] ἁλιαιετῶν **L** (ante corr. **P**) : ἁλιαιετῶν ex corr. **P** : ἁλιαετῶν **H** : ἁλιαέτων Her. ‖ **3** ἀμνὴ] dub. scripsi; possis etiam ἀρὴν (coll. 5.3) : λίμνη codd. : ποίμνη Abr., Her. : ἀμνὸς vel μόσχος Ges. in mg. | πώλιον] dub. **V** : πωλίον **LPH** ‖ **5** σπῶντα] σπῶνται **V** ἐμπίπλαται] ἐμπίμπλ. **P** | τὸ τεκὸν] τοκετὸν **A** | οὐδὲ ἕν] οὐδέν **V** ‖ **6** ἕστηκεν] ἔστηκεν **PA** ‖ **9** ἡ] om. **A** | ἀνέφηνεν] ἀπέφηνεν **H**, Her. ‖ **11** συμφυῆ] συμφυᾶ Her.‖ **13** γλώττης] γλώσσης **LPH**|βρυχᾶται] βρύχεται **A**‖ **15** καὶ—φθέγματα] del. Her. ‖ **16** τῷ] om. **A** : del. Her. | ἄλλῳ ἀρράζειν] ἀρρ. ἄλλῳ **A** | τε] δὲ Her. **21** ἀγαπῶσιν] post voc. lac. stat. Her. (deesse vid. ὑποδρομάς, Her. in app.) **22** τῶν θερείων] τὴν θερείαν **A** : τὴν θέρειον Her. post *Thes.* (s.v. θέρειος) **23** ἀναχθεῖσαι—**24** ἀνέμων] del. Her.‖ **25** εἰς] ὡς **V**|ἀπωτέρω] ἀποτέρω **L** (dub. ex corr. **H**)

τοὺς ὄχθους τοὺς ὑπερέχοντας εἰσέρπουσι, καὶ μέντοι καὶ τὰ σφῶν αὐτῶν ἔκγονα ἐπάγονται, δῶρον τοῦτο ἴδιον λαχοῦσαι παρὰ τῆς φύσεως εἰδέναι ποταμοῦ τοσούτου καὶ οὕτως ἐργατικοῦ τὴν ἀνὰ πᾶν ἔτος ἐπιδημίαν, καὶ τὴν ἐξ αὐτοῦ κατάληψίν τε καὶ λύμην φυλάττεσθαι. καὶ αἱ χελῶναι δὲ καὶ οἱ καρκίνοι καὶ οἱ κροκόδειλοι τὰ ᾠὰ κατὰ τὴν ὥραν τὴν αὐτὴν μετακομίζουσιν εἰς τὰ ἄβατα τῷ ποταμῷ καὶ ἀνέφικτα· καὶ ἐντεῦθεν ἤδη λογίζονται οἱ ἐντυγχάνοντες τοῖς τῶν προειρημένων ᾠοῖς ὁ Νεῖλος ἀνελθὼν εἰς πόσον εἶτα ἀρδεύσει σφίσι τὴν γῆν.

5.53. Οἱ ἵπποι οἱ ποτάμιοι τοῦ Νείλου μέν εἰσι τρόφιμοι· ὅταν δὲ τὰ λήϊα ἐνακμάζῃ καὶ ὦσιν οἱ στάχυες ξανθοί, οὐκ ἄρχονται παραχρῆμα αὐτῶν κείρειν καὶ ἐσθίειν, ἀλλὰ παραμείβοντες ἔξωθεν τὸ λήϊον στοχάζονται πόσον αὐτοὺς ἐμπλήσει μέτρον, εἶτα λογισάμενοι τὸ ἀποχρῆσον σφίσιν ἐμπίπτουσι καὶ ἀναχωροῦσιν ἐπὶ πόδα ἐμπιπλάμενοι, τὸ ῥεῦμα τοῦ ποταμοῦ κατὰ νώτου λαβόντες. πεφιλοσόφηται δὲ ἄρα τοῦτο αὐτοῖς, ἵνα εἴ τινες τῶν γεωργῶν ἐπίοιεν ἀμυνόμενοι, οἳ δὲ ἐκ τοῦ ῥᾴστου εἰς τὸ ὕδωρ καταδραμεῖν ἔχοιεν, τοὺς πολεμίους ἀντιπροσώπους, ἀλλὰ οὐκ ὄπισθεν οἱ ἵπποι οὗτοι δοκοῦντες.

5.54. Ἐν τῇ Μαυρουσίᾳ γῇ αἱ παρδάλεις τοῖς πιθήκοις οὐ κατὰ τὸ καρτερὸν οὐδὲ ὅπως ἂν ἔχωσιν ἀλκῆς τε καὶ ῥώμης οὕτως ἐπιτίθενται. τὸ δὲ αἴτιον, οὐ χωροῦσιν ὁμόσε, ἀλλὰ ἀποδιδράσκουσιν αὐτὰς καὶ ἐπὶ τὰ δένδρα ἀναθέουσι καὶ ἐκεῖ κάθηνται, τὴν ἐξ ἐκείνων ἐπιβουλὴν φυλαττόμενοι. ἦν δὲ ἄρα ἡ πάρδαλις καὶ τοῦ πιθήκου δολερώτερον. οἵας γοῦν ἐπ' αὐτοῖς παλαμᾶταί τε καὶ ῥάπτει τὰς πάγας. ὅπου πλῆθος πιθήκων κάθηνται, ἐνταῦθα ἐλθοῦσα ἑαυτὴν ὑπέρριψε τῷ δένδρῳ, καὶ κεῖται κατὰ τοῦ δαπέδου ὑπτία, καὶ τὴν μὲν γαστέρα διώγκωσε, παρῆκε δὲ τὰ σκέλη, τὼ δὲ ὀφθαλμὼ κατέμυσε, πιέζει γε μὴν καὶ

2 ἔκγονα] ἔγγονα *β* ‖ 3 οὕτως] οὕτω **V** ‖ 6 τὰ ᾠὰ] om. **A** ‖ 9 εἰς] ἐς **LPA** | εἶτα ἀρδεύσει] ἐπαρδ. Rei., Her.‖ 10 τρόφιμοι] τρόφιμα **V**‖ 12 αὐτῶν κείρειν] κείρειν αὐτοὺς **A**, Her. ‖ 13 ἐμπλήσει] ἐμπλήσειε **LPA** ‖ 15 ἐμπιπλάμενοι] ἐμπιπλώμενοι **V** : ἐμπιμπλάμενοι **P** ‖ 17 ἀμυνόμενοι] ἀμυνούμενοι Her. | εἰς] ἐς **A** ‖ 19 δοκοῦντες] δοκεύοντες Ges. in mg., Jac., Her. ‖ 20 τοῖς] cum αἷ (dub.) supra οἷ ut vid. **P** : ταῖς **VLH**‖ 22 οὕτως] οὕτω **V** : del. Her.‖ 23 ἐκεῖ] ἐκεῖ βάδην **V** ‖ 25 οἵας] οἷα *β*‖ 27 κάθηνται] κάθηται **AH** | ὑπέρριψε] corr. ex ἀπέρριψε **A** 29 καὶ συνέχει] del. Her.

συνέχει τὸ ἆσθμα, καὶ κεῖται νεκρὰ δή. οἳ δὲ ἄνωθεν τὴν ἐχθίστην ἰδόντες τεθνάναι νομίζουσιν αὐτήν, καὶ ὃ μάλιστα βούλονται, τοῦτο καὶ οἴονται. οὐ μὴν θαρροῦσιν ἤδη, ἀλλὰ πεῖραν καθιᾶσι, καὶ ἔστιν ἡ πεῖρα, ἕνα ἑαυτῶν τὸν δοκοῦντα ἀδεέστερον καταπέμπουσι, βασανίσοντα καὶ κατασκεψόμενον τὸ τῆς παρδάλεως πάθος. ὃ δὲ κάτεισιν οὐ παντελῶς ἀδεής, ἀλλὰ ὀλίγον καταδραμὼν εἶτα ὑπέστρεψε, τοῦ φόβου ἀναστείλαντος αὐτόν· καὶ κατῆλθε πάλιν, καὶ πλησίον γενόμενος ἀνεχώρησε, καὶ ὑπέστρεψεν αὖθις, καὶ τὼ ὀφθαλμὼ κατεσκέψατο, καὶ τὸ πνεῦμά τε καὶ ἆσθμα εἰ μεθίησιν ἐξήτασεν. ἣ δὲ ἀτρεμοῦσα καὶ μάλα ἐγκρατῶς ἐντίθησίν οἱ τὸ κατὰ μικρὰ ἀδεές. προσελθόντος δὲ καὶ παραμένοντος ἀπαθοῦς καὶ οἱ μετέωροι πίθηκοι θαρροῦσιν ἤδη, καὶ καταδραμόντες ἔκ τε ἐκείνου τοῦ δένδρου καὶ τῶν ἄλλων ὅσα πλησίον παραπέφυκεν, ἀθρόοι γενόμενοι περιέρχονταί τε καὶ περιχορεύουσιν αὐτήν. εἶτα ἐμπηδήσαντες αὐτῇ καὶ ἐπιβάντες κατεκυβίστησαν καὶ κατωρχήσαντο κέρτομόν τινα καὶ πιθήκοις πρέπουσαν ὀρχηστικήν, καὶ ποικίλως ἐνυβρίσαντες, ἣν ἔχουσιν ὡς ἐπὶ νεκρᾷ χαρὰν καὶ ἡδονὴν ἐμαρτύραντο. ἣ δὲ ὑπέμεινε πάντα, εἶτα ὅταν ἐννοήσῃ κεκμηκέναι ὑπό τε τῆς χορείας αὐτοὺς καὶ τῆς ὕβρεως, ἀδοκήτως ἀναπηδήσασα καὶ ἐκθοροῦσα τοὺς μὲν τοῖς ὄνυξι διέξηνε, τοὺς δὲ τοῖς ὀδοῦσι διεσπάσατο, καὶ τὴν ἐκ τῶν πολεμίων πανθοινίαν τε καὶ πανδαισίαν ἀφθονώτατα ἔχει. τλημόνως δὲ ἔχει, καὶ γεννικῶς ἡ φύσις κατέχει τὴν πάρδαλιν ὑπὲρ τοῦ τῶν πολεμίων ἐνυβρισάντων περιγίνεσθαι καρτερικώτατα ἐναθλοῦσαν καὶ μὴ δεομένην εἰπεῖν τέτλαθι δὴ κραδίη [Hom., *Od.* 20.18]. ὅ γε μὴν τοῦ Λαέρτου ἑαυτὸν

1 ἆσθμα] ἄσθμα **PH** | δή] om. **A** ‖ **3** οὐ] καὶ **V** ‖ **4** ἀδεέστερον] ἀδεέστατον Her. **9** τὼ ὀφθαλμὼ] τῷ ὀφθαλμῷ **A** ‖ **10** τε—ἆσθμα] del. Her. | ἆσθμα] ex corr. sec. m. **L** : ἄσθμα **P** : ἆσμα (ante corr. ut vid. **L**) **H** ‖ **12** θαρροῦσιν] θαρσοῦσιν **LH** **14** πλησίον παραπέφυκεν] παραπλησίον πεφύκασι **V** ‖ **15** αὐτῇ] ante corr. **LH** : αὐτήν ***β*** (ex corr. **LH**) ‖ **16** κατεκυβίστησαν] corr. ex κατεβυβίστησαν **P** : κατεκυβίσθησαν **V** ‖ **17** ὀρχηστικήν] ὀρχήστιαν **V** : ὄρχησιν Ges., Her. **18** νεκρᾷ] νεκρῷ ***β*** ‖ **20** ἐκθοροῦσα] ἐσθοροῦσα Her. ‖ **23** ἔχει[2]] ἔχει καὶ καρτερῶς (sed καὶ καρτερῶς punctis del.) **L**, Ges., Jac. : ἔχειν καὶ καρτερῶς Her. | κατέχει] κελεύει Her. ‖ **24** περιγίνεσθαι] περιγενέσθαι **VA** (rectius **V** περιγενέσθαι Her. in app.) ‖ **25** καρτερικώτατα] καρτερώτατα (vel καρτεριώτατα) **A**|τέτλαθι] fort. τέτλαθε **V**|δὴ] om. **VPH**

ἐξεκάλυψεν ὀλίγου πρὸ τοῦ καιροῦ, τὴν ἐκ τῶν παιδισκῶν ὕβριν μὴ φέρων.

5.55. Ἐν τοῖς Ἰνδοῖς οἱ ἐλέφαντες, ὅταν τι τῶν δένδρων αὐτόρριζον ἀναγκάζωσιν αὐτοὺς οἱ Ἰνδοὶ ἐκσπάσαι, οὐ πρότερον ἐκπηδῶσιν οὐδὲ ἐπιχειροῦσι τῷ ἔργῳ πρὶν ἢ διασεῖσαι αὐτὸ καὶ διασκέψασθαι εἰ ἄρα γε ἀνατραπῆναι οἷόν τέ ἐστιν ἢ παντελῶς ἀδύνατον.

5.56. Αἱ ἐν Σύροις ἔλαφοι γίνονται μὲν ἐν ὄρεσι μεγίστοις, Ἀμανῷ τε καὶ Λιβάνῳ καὶ Καρμήλῳ· ὅταν δὲ βουληθῶσι περαιώσασθαι τὴν θάλατταν, ἐπὶ τὰς ᾐόνας ἀφικνοῦνται ἡ ἀγέλη, καὶ ἀναμένουσι τοῦ πνεύματος τὴν φύσιν, καὶ ἡνίκα ἂν αἴσθωνται πρᾷον αὐτὸ καὶ ἥσυχον καταπνέον, τηνικαῦτα ἐπιθαρροῦσι τῷ πελάγει. νέουσι δὲ κατὰ στοῖχον, καὶ ἀλλήλων ἔχονται, τὰ γένεια αἱ ἑπόμεναι τῶν προηγουμένων τῇ ὀσφύϊ ἐπερείδουσαι· ἡ τελευταία δὲ γενομένη τῇ πρόσθεν ἐπὶ πάσαις ἑαυτὴν ἐπαναπαύσασα εἶτα οὐραγεῖ. στέλλονται δὲ ἐπὶ τὴν Κύπρον πόθῳ τῆς πόας τῆς ἐκεῖ· λέγονται γὰρ εἶναι βαθεῖαι καὶ νομὰς ἀγαθὰς ἔχειν. καὶ λέγουσί γε Κύπριοι εὔγεων οἰκεῖν χῶρον, καὶ ταῖς Αἰγυπτίων ἀρούραις τολμῶσιν ἀντικρίνειν τὰς σφετέρας. ἔλαφοι δὲ καὶ ἕτεραι τήνδε τὴν νῆξιν ἀποδείκνυνται. αἱ γοῦν Ἠπειρώτιδες εἰς τὴν Κέρκυραν διανήχονται, ἀντίπορθμοι δὲ ἀλλήλαις αἵδε εἰσίν.

4 αὐτόρριζον] αὐτόρι. **LAH** ‖ 5 ἐκπηδῶσιν] ἐμπηδῶσιν Jac. in app., Her. 6 εἰ—γε] εἴ γε ἄρα **L** : ἄρά γε Her. ‖ 8 Αἱ] Οἱ **PA** ‖ 9 Ἀμανῷ] ἀμάνῳ **LPA** 10 τὴν] om. ***β*** | θάλατταν] θάλασσαν **V** ‖ 11 φύσιν] φύσαν Ges. in mg. : φθίσιν Her. ‖ 14 ἡ] post voc. lac. stat. Jac. in app. ‖ 17 λέγονται] λέγεται **V**, Her. βαθεῖαι] βαθεῖα Her.|ἔχειν] παρέχειν Her.‖ 20 γοῦν] οὖν **A**|εἰς] ἐς **VA**

LIBER VI

6.1. Δέονται μὲν οὖν ἄνθρωποι λόγου τοῦ προτρέψοντος καὶ ἀναπείσοντος ἀγαθοὺς εἶναι καὶ τὴν μὲν δειλίαν διώξοντος, τὸ δὲ εὔθαρσὲς παρασκευάσοντος, ἀθληταὶ μὲν ἐς τὰ στάδια, στρατιῶται δὲ ἐς τὰ ὅπλα· τὰ δὲ ζῷα οὐ δεῖται τῆς ἔξωθεν ἐπιρρώσεως, ἑαυτοῖς δὲ παροξύνει τὴν ἀλκήν, καὶ ἑαυτὰ ἀνίστησι καὶ ἐγείρει. ὁ γοῦν σῦς μέλλων εἰς μάχην ἰέναι πρὸς ταῖς λείαις πέτραις τοὺς ὀδόντας ὑποθήγει. τοῦτό τοι καὶ Ὅμηρος τῷ ζῴῳ μαρτυρῶν δῆλός ἐστι [*Il.* 13.471]. καὶ μέντοι καὶ ὁ λέων τῇ ἀλκαίᾳ ἑαυτὸν ἐπεγείρει μαστίζων, καὶ βλακεύειν καὶ ἐλινύειν οὐκ ἐπιτρέπων. καὶ τοῦτο δὲ ὁ ποιητὴς εἰδὼς ᾄδει περὶ τοῦ λέοντος [*Il.* 20.170]. οἱ δὲ ἐλέφαντες τῇ προβοσκίδι ἑαυτοὺς παίουσιν εἰς τὸν ἀγῶνα ἐξάπτοντες, ὅταν τούτου ᾖ καιρός, καὶ οὐ δέονται τοῦ προσᾴσοντος καὶ ἐροῦντος οὐχ ἕδρας ἔργον οὐδ' ἀμβολᾶς [cf. B., fr. 15.1 S.-M.], οὐδὲ μὴν τὰ Τυρταίου μέτρα ἀναμένουσι. ταῦρος δὲ ἡγεμὼν τῆς ἀγέλης ὅταν ἡττηθῇ ἡγεμόνος ἄλλου, ἑαυτὸν ἀποκρίνει εἰς χῶρον ἕτερον, καὶ ἑαυτῷ γίνεται γυμναστής, καὶ ἀθλεῖ πᾶσαν ἄθλησιν κονιώμενος καὶ τοῖς δένδροις τὰ κέρατα προσανατρίβων, καὶ θηλειῶν βοῶν ἀπεχόμενος, καὶ τῇ τε ἄλλῃ ἑαυτὸν εἰς τὴν ἄσκησιν τῆς ἀλκῆς ῥυθμίζων καὶ οὖν καὶ ἀφροδίτης ἀπεχόμενος καὶ σωφρονῶν ὡς Ἴκκος ὁ Ταραντῖνος, ὅνπερ οὖν ὑμνεῖ Πλάτων ὁ τοῦ Ἀρίστωνος [*Lg.* 8.839e] παρὰ τὸν τῆς ἀθλήσεως χρόνον πάντῃ συνουσίας ἀμαθῆ καὶ ἄπειρον διαμεῖναι ἁπάσης. καὶ Ἴκκῳ μὲν ὄντι ἀνθρώπῳ καὶ Ὀλυμπίων ἐρῶντι καὶ Πυθίων καὶ κλέους αἰσθανομένῳ καὶ δόξης γλιχομένῳ οὐδὲν μέγα ἦν κεκολασμένως καθεύδειν καὶ σωφρόνως· τὰ γὰρ ἆθλά οἱ κλεινὰ καὶ ἦν καὶ ἐδόκει, κότινος Ὀλυμπικὸς καὶ Ἰσθμικὴ πίτυς καὶ δάφνη

2 οὖν] om. **VA** : del. Her. ‖ **6** ἑαυτοῖς] αὑτοῖς **P** ‖ **10** ἐπεγείρει] ὑπεγείρει **LPH** ἐλινύειν] ἐλινν. **P** : ἐλλιν. **A** : ἐλλινν. **H** ‖ **11** ἐπιτρέπων] ἐπιτρέπει Her. ‖ **12** εἰς] ἐς **LPH** ‖ **16** τῆς] om. **A** ‖ **17** χῶρον ἕτερον] χώραν ἑτέραν **P** ‖ **18** κονιώμενος] κονιούμενος **V** : κονιόμενος **AH**, Her. ‖ **19** καὶ^{1}—ἀπεχόμενος] del. Rei., Her. **20** εἰς] ἐς **P** ‖ **21** Ἴκκος] Ges. in Emend., Her. : ἰκκὸς codd. ‖ **22** τοῦ] om. ***β*** **23** πάντῃ] πάντης **H** : πάντα Ges. in mg., Her. ‖ **24** Ἴκκῳ] Ges. in Emend., Her. : ἰκκῷ **VLP** (fort. corr. in ἴκκῳ **A**) : λογικῷ **H** ‖ **25** οὐδὲν μέγα] μέγα οὐδ. **LPA** : μεγάλης οὐδ. **H** ‖ **26** κλεινὰ] κοινὰ **A**

Πυθική, καὶ ζῶντα μὲν περιβλέπεσθαι, καὶ ἀποθανόντα δὲ εὐφημεῖσθαι. καὶ μέντοι καὶ τὸν κιθαρῳδὸν Ἀμοιβέα ἀκούω γῆμαι μὲν ὡραιοτάτην γυναῖκα, ἀποσχέσθαι δὲ αὐτῆς παρὰ πάντα τὸν χρόνον, παρ' ὃν ἀγωνιούμενος εἰς τὰ θέατρα ᾔει. Διογένης δὲ ὁ τῆς τραγῳδίας ὑποκριτὴς τὴν ἀκόλαστον κοίτην ἀπείπατο παντελῶς πᾶσαν. Κλειτόμαχος δὲ ὁ παγκρατιαστὴς καὶ κύνας εἴ ποτε εἶδε μιγνυμένους, ἀπεστρέφετο, καὶ ἐν συμποσίῳ δὲ εἰ λόγον ἀκόλαστον ἤκουσε καὶ ἀφροδίσιον, ἐξαναστὰς ἀπηλλάττετο. ἀνθρώπους δὲ ὄντας ποιεῖν ταῦτα ἢ ὑπὲρ τοῦ κερδᾶναι χρήματα ἢ ὑπὲρ τοῦ φήμης καὶ κλέους μεταλαχεῖν, οὐ πάντῃ θαυμαστόν· ταύρῳ δὲ νικῶντι ταῦρον ἀντίπαλον ποῖα μὲν κηρύγματα, ὦ παῖ Ἀρίστωνος, ὑποκηρύττουσι, ποῖα δὲ ἆθλα ἀποκρίνουσιν;

6.2. Τὰ ἄλογα καὶ τῶν συνήθων σφίσι γενομένων ἀπέχεσθαι φιλεῖ καὶ φείδεσθαι πολλάκις. ἀκούω γοῦν τὸν λόγον ἐκεῖνον. πάρδαλιν ἐκ νηπίου θηρατὴς ἀνὴρ ἡμερώσας εἶχεν, οἷα δήπου φίλην ἢ ἐρωμένην ἀγαπῶν καὶ περιέπων ἰσχυρῶς. οὐκοῦν ἔριφον αὐτῇ φέρων ζῶντα ἐδίδου, τροφὴν ἐν ταὐτῷ καὶ ἡδονήν τινα ἐπινοήσας τῷ θηρίῳ ἐν τῷ διασπᾶν τὸν ἔριφον, ἀλλὰ μὴ δοκεῖν ἐσθίειν κενέβριόν τε καὶ θνησείδιον. καὶ δὴ κομισθέντος ἐρίφου ἥδε ἐγκρατῶς ἔσχε, δεομένη ἀπόσιτος εἶναι διὰ πλησμονήν. ἔδρασε δὲ καὶ τῇ δευτέρᾳ τοῦτο· ἐδεῖτο γὰρ ἔτι ὡς φαρμάκου τοῦ λιμοῦ. τῆς δὲ τρίτης ἐπιστάσης ἡμέρας ἐπείνη μὲν καὶ συνήθως ἐπεδείκνυτο τοῦτο τῷ φθέγματι, οὐ μὴν τοῦ ἐρίφου γενομένου δύο ἡμερῶν ἑαυτῇ φίλου ἔτι προσήψατο, ἀλλὰ ἐκεῖνον μὲν εἴασεν, ἄλλον δὲ ἔλαβεν. ἄνθρωποι δὲ καὶ ἀδελφοὺς προύδοσαν καὶ τοὺς γειναμένους καὶ φίλους ἀρχαίους, καὶ πολλοὶ πολλάκις.

6.3. Ἡ ἄρκτος ὅτι τίκτει σάρκα ἄσημον εἶτα τῇ γλώττῃ διαρθροῖ αὐτὴν καὶ οἱονεὶ διαπλάττει, ἄνω που λέλεκται [2.19]. ὃ δὲ οὐκ εἶπον ἤδη, τοῦτο εἰρήσεται νῦν, καὶ μάλα ἐν καλῷ. χειμῶνος μὲν ἀποτίκτει, καὶ φωλεύει τεκοῦσα, καὶ ὑφορωμένη τοὺς

1 καὶ[2]] om. **H** : del. Schn., Her. ‖ 4 εἰς] ἐς ***β*** | ᾔει] εἴη **VH** ‖ 7 μιγνυμένους] μιγνυμένας **V** ‖ 10 πάντῃ] πάνυ τι Her. ‖ 12 ὑποκηρύττουσι] ἀποκη. Rei., Her. ‖ 13 καὶ] deleat Her. in app. ‖ 17 ἐν ταὐτῷ] ἑαυτῷ **P** ‖ 19 κενέβριόν τε] corr. ex καινέβριόν τε **P** : καὶ νεβριόν τε **L** : καὶ νεκριμαῖον τί **A** : κενέβρειόν τε Her. ἐρίφου] τοῦ ἐρί. Her. ‖ 22 ἐπείνη] ἐπεῖνα **AH** : ἐκείνη **V** ‖ 27 ὅτι τίκτει] ὅταν τίκτῃ, ὅτι τίκτει **A** : ὅταν τίκτῃ, τίκτει **H**

κρυμοὺς τὴν ἐπιδημίαν τοῦ ἦρος προσμένει, οὐδ' ἂν πρὶν ἢ πληρωθῆναι τρεῖς μῆνας ἐξαγάγοι ποτὲ τὰ βρέφη. ὅταν δὲ αἴσθηται ἑαυτῆς πεπλησμένης, ὑφορωμένη τοῦτο ὡς νόσον, ζητεῖ φωλεόν. ἐντεῦθέν τοι κέκληται τῇ ἄρκτῳ φωλία τὸ πάθος. εἶτα εἰσέρχεται οὐ βαδίζουσα, ἀλλὰ ὑπτία, ἀφανίζουσα τοῖς θηραταῖς τὰ ἴχνη· ἑαυτὴν γὰρ ἐπισύρει κατὰ νῶτα. καὶ παρεισελθοῦσα ἡσυχάζει, καὶ τρόπον τινὰ τὴν ἕξιν ῥινᾷ, καὶ δρᾷ τετταράκοντα ἡμερῶν αὐτό. καὶ λέγει μὲν Ἀριστοτέλης [*HA* 600b4; fr. 270.17 Gig.] ὅτι ἄρα δὶς ἑπτὰ ἡμερῶν ἀκίνητος μένει καὶ ἀτρεμεῖ, τῶν δὲ ἄλλων στρέφεται μόνον. ἄσιτος δὲ ἄρα διαμένει τῶν τεσσαράκοντα πασῶν καὶ ἄτροφος, ἀπόχρη δὲ αὐτῇ τὴν δεξιὰν περιλιχμᾶσθαι. ἐκ δὲ τῆς συντήξεως τῆς ἄγαν συνέπτυκται τὸ ἔντερον αὐτῇ καὶ συνῆλθεν. ὅπερ εἰδυῖα, ὅταν προέλθῃ, τοῦ καλουμένου ἄρου τοῦ ἀγρίου ἐσθίει· τὸ δὲ ἄρα φυσῶδες ὂν διΐστησιν αὐτῇ τὸ ἔντερον, καὶ εὐρύνει αὐτό, καὶ ἀποφαίνει τροφῆς δεκτικόν. ὅταν δὲ αὖ πάλιν ᾖ πεπληρωμένη, μυρμήκων ἐσθίει, καὶ κενοῦται ῥᾷστα. κενώσεις μὲν δὴ φυσικαὶ τῶν ἄρκτων καὶ πληρώσεις εἰς δέον εἰς τοσοῦτον εἴρηνταί μοι μήτε ἰατρῶν μήτε συγγραμμάτων, ὦ ἄνθρωποι, δεόμεναι.

6.4. Οἱ δράκοντες ὅταν ὀπώρας μέλλωσι γεύεσθαι, τῆς πικρίδος καλουμένης ῥοφοῦσι τὸν ὀπόν· ὀνίνησι δὲ ἄρα αὐτοὺς αὕτη πρὸς τὸ μὴ φύσης τινὸς ὑποπίμπλασθαι. μέλλοντες δέ τινα ἐλλοχᾶν ἢ ἄνθρωπον ἢ θῆρα, τὰς θανατηφόρους ῥίζας ἐσθίουσι καὶ τὰς πόας μέντοι τὰς τοιαύτας. οὐκ ἦν δὲ ἄρα οὐδὲ Ὅμηρος αὐτῶν τῆς τροφῆς ἀμαθής. λέγει γοῦν [*Il.* 22.93] ὅπως ἀναμένει περὶ τὸν φωλεὸν εἰλούμενος, προεμπλησθεὶς σιτίων πολλῶν φαρμακωδῶν καὶ κακῶν.

2 ἐξαγάγοι] ἐξαγάγῃ **V** : ἐξάγοι **H** ‖ **4** ἐντεῦθέν] ἔνθεν **H**, Her. | τοι] τοι καὶ Her. φωλία] φωλιὰ **V** : φωλεᾶ **H** : φωλεία Ges. in mg., Jac., Her. ‖ **6** κατὰ] ante corr. **A** : κατὰ τὰ ex corr. **A**, edd. ‖ **8** ἡμερῶν] ἡμέρας **VH** ‖ **9** ἀκίνητος] ἀκίνητα **V** **11** τεσσαράκοντα] τετταράκοντα **H** | αὐτῇ] τὴν αὐτοῦ **A** ‖ **13** προέλθῃ] προσέλθῃ **PH** ‖ **16** τροφῆς] τροφῶν **V** | πεπληρωμένη] πεπληρωμένον ***β*** ‖ **17** δὴ] om. **A** ‖ **18** εἰς[2]] ἐς ***β*** | εἰς τοσοῦτον] del. Her. ‖ **19** συγγραμμάτων] συγγάμματος ut vid. **V** : συγκραμάτων Wei., Her. ‖ **25** ἀναμένει] ἄνδρα μένει Valck., Jac., Her., fort. recte ‖ **26** εἰλούμενος] εἰλ. **PH**, edd.

6.5. Οἱ ἔλαφοι τὰ κέρατα ἀποβάλλοντες εἰσδύνονται παρελθόντες εἰς τὰς λόχμας, τοὺς ἐπιόντας σφίσι φυλαττόμενοι, καὶ εἰκότως· ἔρημοι γὰρ τῶν ἀμυντηρίων ὄντες ἀφῃρῆσθαι καὶ τὴν ἀλκὴν πεπιστεύκασιν ἐν τῷ τέως. λέγονται δὲ καὶ φυλάττεσθαι μή ποτε ἄρα νεαροῖς οὖσιν αὐτῶν τοῖς ἕλκεσιν εἶτα προσπίπτουσα ἡ ἀκτὶς πρὶν ἢ παγῆναι καὶ τοὺς καλουμένους χόνδρους λαβεῖν ἢ δὲ τὴν σάρκα ὑποσήψῃ.

6.6. Οἱ παριόντες ἐς πόλεμον ἵπποι ὑπόπτως ἔχουσι καὶ τάφρων πηδήσεις καὶ ἅλλεσθαι βόθρον καὶ διαβῆναι σταυροὺς καὶ σκόλοπας καὶ τὰ τοιαῦτα. πάρεστι δὲ καὶ Ὁμήρου λέγοντος ἀκούειν ὑπὲρ τῶν τοιούτων [*Il.* 12.49 ss.]·

ὣς Ἕκτωρ ἀν' ὅμιλον ἰὼν ἐλλίσσεθ' ἑταίρους,
τάφρον ἐποτρύνων διαβήμεναι. οὐδέ οἱ ἵπποι
τόλμων ὠκύποδες, μάλα δὲ χρεμέτιζον ἐπ' ἄκρῳ
χείλεϊ ἑσταότες· ἀπὸ γὰρ δειδίσσετο τάφρος
εὐρεῖ', οὐ γὰρ ὑπερθορέειν σχεδὸν οὔτε περῆσαι
ῥηϊδίη.

6.7. Ἐν τῇ Αἰγύπτῳ περὶ τὴν λίμνην τὴν καλουμένην Μοίριδος, ὅπου Κροκοδείλων πόλις, κορώνης τάφος δείκνυται, καὶ τὴν αἰτίαν ἐκείνην Αἰγύπτιοί φασι. τῷ βασιλεῖ τῷ τῶν Αἰγυπτίων (Μάρης δὲ οὗτος ἐκαλεῖτο) ἦν κορώνης θρέμμα πάνυ ἥμερον, καὶ τῶν ἐπιστολῶν ἃς ἐβούλετό οἱ κομισθῆναί ποι θᾶττον ἐκόμιζεν αὕτη, καὶ ἦν ἀγγέλων ὠκίστη, καὶ ἀκούσασα ᾔδει ἔνθα ἰθῦναι χρὴ τὸ πτερόν, καὶ τίνα χρὴ παραδραμεῖν χῶρον, καὶ ὅπου ἤκουσαν

1 ἀποβάλλοντες] ἀποβαλόντες Rehd., Her. | εἰσδύνονται] εἰσδύονται **A**, Ges., Cob. (1884) : εἰς δύναμιν **H** ‖ 2 τὰς] om. **A** ‖ 5 ἕλκεσιν] στελέχεσιν Rei., Her. 7 ὑποσήψῃ] ὑποσήψει **P** ‖ 8 ἐς] εἰς **AH** | ὑπόπτως] ὑπόπτους Gill., Her. 9 ἅλλεσθαι βόθρον] ad glossatorem referenda vid., Her. in app. ‖ 10 σκόλοπας] σκόλοπα **V** | καὶ[1]—τοιαῦτα] om. **A** ‖ 11 τῶν] om. **LH** ‖ 12 ἐλλίσσεθ'] ἐλλίσσετο **L** : ἐλίσσεθ' **A** : ἐλίσσεται **V** : λίσσετο **H** : εἰλίσσεθ' Jac. ‖ 14 δὲ χρεμέτιζον] δ' ἐχρεμέτιζον **V** ‖ 15 ἑσταότες] ἑσταῶτες **VP** : ἑστῶτες **H** : ἐφεσταότες **A**, Her. 16 εὐρεῖ'] εὐρεῖα **VLPH** | οὐ γὰρ] οὔτ' ἄρ' **PA**, Her. | περῆσαι] πειρῆσαι **VA** 18 Μοίριδος] Her. : μύριδος codd. ‖ 20 τῷ[2]] om. **VLPH** ‖ 21 Μάρης] Rehd., Her. : μάρρης **LPA** : μάρις **VH** hic et infra | δὲ] om. **VL** ‖ 23 χρὴ] δεῖ cum χρὴ sscr. **A** 24 ὅπου] ὅποι? Her. in app.

ἀναπαύσασθαι. ἀνθ' ὧν ἀποθανοῦσαν ὁ Μάρης ἐτίμησεν αὐτὴν καὶ στήλῃ καὶ τάφῳ.

6.8. Ἴδιον δὲ καὶ ὄνομα τῆς κατὰ τροφὴν κομιδῆς ἕκαστα τῶν ζῴων κέκτηται. πωλοδαμνικὴ γοῦν κληθείη τις ἂν καὶ σκυλακοτροφικὴ καὶ ἐλεφαντοκομία καὶ λεοντοτροφία καὶ ὀρνιθοτροφία καὶ τὰ τοιαῦτα.

6.9. Σοφία δὲ ἄρκτου ἦν ἄρα ἐκεῖνα. ἐὰν διώκηται μετὰ τῶν αὐτῆς σκυλακίων, προωθεῖ αὐτὰ εἰς ὅσον δύναται· ὅταν δὲ συνίδῃ ὅτι ἀπεῖπε, τὸ μὲν κατὰ τοῦ νώτου φέρει, τὸ δὲ κατὰ τοῦ στόματος, καὶ δένδρου λαβομένη ἀναπηδᾷ· καὶ τὸ μὲν ἔχεται τοῦ νώτου τοῖς ὄνυξι, τὸ δὲ ἐν τοῖς ὀδοῦσι φέρεται ἀναθεούσης αὐτῆς. ταύρῳ δὲ λιμώττουσα ὅταν ἐντύχῃ, κατὰ μὲν τὸ καρτερὸν καὶ ἐξ εὐθείας οὐ μάχεται, προσπαλαίει δέ, καὶ τοῦ τένοντος λαβομένη κλίνει, καὶ ἅμα ἐσθίει. ὃ δὲ πιέζεται καὶ μέμυκε, καὶ τελευτῶν ἀπεῖπε καὶ κεῖται, καὶ ἐκείνη ἐμπίπλαται.

6.10. Μαθεῖν δὲ ἀγαθὰ ζῷα καὶ ταύτῃ κατέγνωμεν. ἐπὶ τῶν Πτολεμαίων οἱ Αἰγύπτιοι τοὺς κυνοκεφάλους καὶ γράμματα ἐδίδασκον καὶ ὀρχεῖσθαι καὶ αὐλεῖν καὶ ψαλτικήν. καὶ μισθὸν κυνοκέφαλος ἐπράττετο ὑπὲρ τούτων, καὶ τὸ διδόμενον εἰς φασκώλιον ἐμβαλὼν ἐξηρτημένον ἔφερεν, ὡς οἱ τῶν ἀγειρόντων δεινοί. ὅτι δὲ Συβαρῖται καὶ ὄρχησιν ἵππους ἐπαίδευσαν, πάλαι κεκήρυκται. ἐλεφάντων δὲ τὸ εὐπειθὲς εἰς τὰ μαθήματα καὶ τὸ ῥᾴδιον ἀνωτέρω εἶπον [2.11]. κύνες δὲ ἄρα καὶ τὰ οἴκοι ὑπηρετεῖν τοῖς ἐκπαιδεύσασιν αὐτοὺς ἱκανοί, καὶ ἀπόχρη πένητι δοῦλον κύνα ἔχειν. ἦσαν δὲ ἄρα καὶ τῶν τοιούτων ἄδουλοι, ὥσπερ οὖν Ἀράβων μὲν οἱ Τρωγλοδύται, Λιβύων δὲ οἱ Νομάδες, καὶ τῶν Αἰθιόπων ὅσον τὸ λιμνόβιόν ἐστι, πέρα τῆς ἐκ τῶν ἰχθύων τροφῆς μεμαθηκὸς σιτεῖσθαι οὐδὲ ἕν.

Μέμνηται δὲ ὧν πάσχει τὰ ζῷα, καὶ δεῖταί γε τέχνης τῆς ἐς τὴν μνήμην οὐ Σιμωνίδου [cf. *PMG*, fr. 510], οὐχ Ἱππίου, οὐ

4 ἂν] om. **P** ‖ **6** ὀρνιθοτροφία] ὀρνιθοσοφία **VPA** ‖ **7** Σοφία] Σοφίας **PH** : Σοφὰ Her. ‖ **8** αὐτῆς] αὐτῆς Her. | σκυλακίων] σκυλάκων **VAH** ‖ **14** ἅμα ἐσθίει] ἅμμα σφίγγει Her. ‖ **16** ταύτῃ] ταῦτα **VA**[V] : ταυτὶ ut vid. **H** ‖ **19** τὸ] τὸν **LPH** **20** ἐμβαλὼν] ἐμβαλῶν **P** : ἐμβάλλων **LH** ‖ **22** κεκήρυκται] κεκήρυκτο **VA**[V] | εἰς] ἐς **LPH** | καὶ] τε καὶ **PH** ‖ **27** ὅσον] ὅσων **VA**[V] | τὸ] del. Her. ‖ **28** οὐδὲ ἕν] οὐδέν **VA**[V]

Θεοδέκτου, οὐκ ἄλλου τινὸς τῶν ἐς τόδε τὸ ἐπάγγελμα καὶ τήνδε τὴν σοφίαν κεκηρυγμένων. ἔνθα γοῦν ἀφῃρέθη ἡ βοῦς τὸν μόσχον, ἐλθοῦσα ἐνταῦθα ὠδύρατο μυκηθμῷ συντρόφῳ τὸ πάθος. καὶ βόες μέντοι ὑπὸ ζυγὸν ἰέναι μέλλοντες οἳ μὲν μειδιῶσιν, οἳ δὲ ἐπὶ πόδα ἀναχωροῦσιν. ἵππος δὲ ἄρα ὅταν ἀκούσῃ ψαλίων κρότον καὶ χαλινοῦ κτύπον, καὶ προστερνίδιά τε καὶ προμετωπίδια θεάσηται, φριμάττεται ἐνταῦθα, καὶ τὰς ὁπλὰς σκιρτῶν ἐπικροτεῖ καὶ ἐνθουσιᾷ, ἥ τε τῶν ἱπποβοσκῶν βοὴ ἐγείρει αὐτόν, καὶ τὰ ὦτα ὤρθωσεν αὐτὸς καὶ τοὺς μυκτῆρας διέστησε μνήμῃ δρόμου καὶ συνηθείας ἴυγγι ἀμάχῳ.

6.11. Τίκτει δὲ ἔλαφος παρὰ τὰς ὁδούς, καὶ ἔοικέ γε σοφίᾳ τὸ τοιοῦτο δρᾶν· δέδοικε γὰρ τὰ θηρία καὶ τὰς ἐξ αὐτῶν ἐπιβουλάς, τοὺς δὲ ἀνθρώπους θαρρεῖ. καὶ ἐκείνων μὲν πεπίστευκεν ἀσθενεστέρα οὖσα, τούτους δὲ ἀποδρᾶναι δύνασθαι οὐκ ἀμφιβάλλει. καταπιανθεῖσα δὲ οὐκ ἂν ἔτι τέκοι παρὰ τὰς ὁδούς· οἶδε γὰρ ὅτι δραμεῖν ἐστι νωθεστέρα. τίκτει οὖν ἐν τοῖς ἄγκεσι καὶ τοῖς δρυμοῖς καὶ ἐν τοῖς αὐλῶσιν.

6.12. Ἡ χερσαία χελώνη διατραγοῦσα ὀριγάνου παρ' οὐδὲν ποιεῖται τὸν ἔχιν. ἐὰν δὲ ἀπορήσῃ, τοῦ πηγάνου ἐμφαγοῦσα ὥπλισται πρὸς τὸν ἐχθρόν. ἐὰν δὲ ἑκατέρου ἀτυχήσῃ, ἀνῄρηται.

6.13. Ὁ ἔλαφος, ὡς ἀκούω, τὰ παρόντα ἀγαπᾷ, καὶ οὐκ ἐρᾷ πλειόνων, ἀλλὰ σωφρονεῖ περὶ τὴν γαστέρα τῶν ἀνθρώπων μᾶλλον. περὶ γοῦν τὸν Ἑλλήσποντόν ἐστι λόφος, καὶ νέμονται κατὰ τοῦδε ἔλαφοι, καὶ τῶν ὤτων αὐτοῖς τὸ ἕτερον διέσχισται, περαιτέρω δὲ οὐ χωροῦσι τοῦ λόφου, οὐδὲ νομῆς ἐρῶσι ξένης, οὐδὲ λειμῶνας ποθοῦσιν ἑτέρους πόας χρείᾳ περιττοτέρας·

1 τὸ] om. **A^V** ‖ 2 κεκηρυγμένων] κεκηρυγμένην **VA^V** ‖ 3 ἐλθοῦσα ἐνταῦθα] ἐλθ. καὶ ἐντ. **P** : ἐντ. ἐλθ. Her. ‖ 5 ἄρα] om. **L** : del. Jac., Her. | ψαλίων] ψαλλίων **VA^V** ‖ 7 φριμάττεται] schol. in mg. **L** (cf. Pi., fr. 332 S.-M.) ‖ 8 ἥ] μή ut vid. **P** 9 αὐτὸς] fort. αὐτὰ **P** ‖ 11 παρὰ] περὶ **VA^VH** | τὸ τοιοῦτο] τὸ τοιοῦτον **H** : τοῦτο **L**, edd. ‖ 14 ἀσθενεστέρα] ἀσθενέστερος **A^V** | ἀποδρᾶναι] Jac., Her. : ἀποδράναι codd. | οὐκ] καὶ οὐκ **VA^V** ‖ 17 τοῖς[1]] ἐν τοῖς Her. | ἐν] om. **L** | αὐλῶσιν] schol. in mg. **L** (cf. A., fr. 417 R.) ‖ 19 ἀπορήσῃ—πηγάνου] ἀπορ. τούτου, πηγ. Jac. in app. : ἀπορ. αὐτοῦ, πηγ. Her. ‖ 20 ἑκατέρου] ἑκατέρων Ges. 25 περαιτέρω] περαίτερον **A^V**

ἀπόχρη δὲ ἄρα τὰ παρόντα αὐτοῖς δι' ἔτους ὅλου. τί πρὸς ταῦτα, ὦ ἄνθρωποι, ὑμεῖς; οὓς οὐκ ἂν ἐμπλήσαι ποτὲ ἕως θανάτου

οὐδ' ὅσα λάϊνος οὐδὸς ἀφήτορος ἐντὸς ἐέργει [Hom., *Il.* 9.404].

6.14. Ἡ ὕαινα, ὡς Ἀριστοτέλης λέγει [fr. 270.18 Gig.], ἐν τῇ ἀριστερᾷ χειρὶ ἔχει δύναμιν ὑπνοποιόν, καὶ ἐνεργάζεται κάρον μόνον προσθιγοῦσα. πάρεισι γοῦν εἰς τὰ αὔλια πολλάκις, καὶ ὅταν ἐντύχῃ τινὶ καθεύδοντι, προσελθοῦσα ἡσυχάζει καὶ τὴν ὑπνοποιὸν ὡς ἂν εἴποις χεῖρα προσέθηκε τῇ ῥινί, ὃ δὲ ἕλκεταί τε καὶ πιέζεται μᾶλλον, καὶ ἀναισθήτῳ ἔοικε. καὶ ἐκείνη μὲν ὑπορύττει τὴν γῆν τὴν ὑπὸ τῇ κεφαλῇ ἐς τοσοῦτον, ἐς ὅσον ἀνέκλασεν εἰς τὸν βόθρον καὶ τὴν φάρυγγα ὑπτίαν ἀπέφηνε καὶ γυμνήν· ἐνταῦθά τε ἡ ὕαινα ἐνέφυ καὶ ἀπέπνιξε καὶ ἐς τὸν φωλεὸν ἀπάγει. καὶ τοῖς κυσὶ δὲ ἐπιτίθεται ἡ αὐτὴ τὸν τρόπον ἐκεῖνον. ὅταν ᾖ πλήρης ὁ τῆς σελήνης κύκλος, κατόπιν λαμβάνει τὴν αὐγήν, καὶ τὴν αὐτῆς σκιὰν ἐπιβάλλει τοῖς κυσί, καὶ παραχρῆμα αὐτοὺς κατεσίγασε, καὶ καταγοητεύσασα ὡς αἱ φαρμακίδες εἶτα ἀπάγει σιωπῶντας, καὶ κέχρηται ὅ τι καὶ βούλεται τὸ ἐντεῦθεν αὐτοῖς.

6.15. Ἔρωτα δελφῖνος ἐν Ἰασῷ ἐς μειράκιον καλὸν πάλαι ᾀδόμενον ἄμοιρον μνήμης τῆς ἐξ ἐμοῦ ἀπολιπεῖν οὔ μοι δοκεῖ, καὶ διὰ ταῦτα εἰρήσεται ὁ ἔρως. τὸ γυμνάσιον τὸ τῶν Ἰασέων ἐπίκειται τῇ θαλάσσῃ, καὶ οἵ γε ἔφηβοι μετὰ τοὺς δρόμους καὶ τὰς κονίστρας κατιόντες ἐνταῦθα ἀπολούονται κατά τι ἔθος ἀρχαῖον. διανηχομένων οὖν αὐτῶν ἑνὸς τοῦ τὴν ὥραν ἐκπρεποῦς ἐρᾷ δελφὶς ἔρωτα δριμύτατον. καὶ τὰ μὲν πρῶτα πλησίον γενόμενος ἐφόβησέ τε καὶ ἐξέπληξεν αὐτόν, εἶτα μέντοι τῇ συνηθείᾳ φιλίαν τινὰ καὶ

1 αὐτοῖς] αὐτῆς **VA**^{V} ‖ 2 ἐμπλήσαι] ex corr. **P** : ἐμπλῆσαι **V** (ante corr. **P**) **A**^{V}**H** ‖ 3 οὐδ'] corr. ex οὐθ' (sic) **L** : οὔθ' **PH** ‖ 6 προσθιγοῦσα] Jac., Her. : προσθίγουσα codd. | εἰς] ἐς **LH** ‖ 7 ἡσυχάζει] del. Her. | καὶ τὴν] τήν τε **LPH** : τὴν Her.‖ 8 ὃ] ἡ **P**|ἕλκεταί] ἄγχεταί Her.‖ 9 μᾶλλον—ἔοικε] καὶ ἀναισθ. μᾶλλον ἔοικεν **L** : ὁ δὲ μᾶλλον καὶ ἀναισθ. ἔοικε **P** : del. Her. ‖ 11 εἰς] ἐς **LPH** ‖ 12 τε] δὲ **A**^{V}, edd. : om. **H**|ἐνέφυ] ἀνέφυ **VA**^{V}‖ 13 καὶ] del. Her.|τὸν] om. **VA**^{V}‖ 15 αὐτῆς] αὑτῆς **L**, Her. ‖ 17 ὅ τι] ex corr. **L** : ὅτε **V** (ante corr. **L**) **A**^{V} ‖ 19 Ἰασῷ] ἰάσῳ **VA**^{V}**H**‖ 21 ὁ ἔρως] del. Her.‖ 23 ἀπολούονται] ἀπελούοντο **VA**^{V} : ἀπολοῦνται Her.‖ 24 ἐκπρεποῦς] ἐκπρεπεστάτου Her.‖ 25 ἔρωτα] ἔρωτος **VA**^{V}

εὔνοιαν εἰς ἑαυτὸν ἐκ τοῦ παιδὸς ἰσχυρὰν ἐπηγάγετο. ἀθύρειν γοῦν μετ᾽ ἀλλήλων ὑπήρξαντο, καὶ πῇ μὲν ἡμιλλάσθην παρανηχομένω τε καὶ ἐρίζοντε, πῇ δὲ ὁ παῖς ἀναβαίνων ὡς πῶλον ἱππότης, ὑπονηχομένου τοῦ ἐραστοῦ γαῦρος ἐφέζετο. καὶ ἦν τοῖς Ἰασεῦσι καὶ τοῖς ξένοις τὸ πραττόμενον ἀξιόζηλον. προῄει μὲν γὰρ τὰ παιδικὰ ὁ δελφὶν φέρων ἐπὶ πλεῖστον τῆς θαλάσσης καὶ εἰς ὅσον τῷ παιδὶ εἶχεν ὀχουμένῳ καλῶς, εἰς τοσοῦτον· εἶτα ὑπέστρεφε καὶ ἦγε τοῦ αἰγιαλοῦ πλησίον, καὶ ἀλλήλων διαλυόμενοι ὃ μὲν ἐς τὸ πέλαγος, ὃ δὲ εἰς τὰ οἰκεῖα ἐπανῄεσαν. ἀπήντα τε ὁ δελφὶς εἰς τὸν καιρὸν τῆς τῶν γυμνασίων ἀφέσεως, ὅ τε παῖς ἥδετο τῇ προσδοκίᾳ τῇ τοῦ φίλου καὶ τῇ σὺν αὐτῷ παιδιᾷ, καὶ πρὸς τῷ κάλλει τῷ φυσικῷ περίβλεπτος ἦν, οἷα δήπου μὴ μόνοις τοῖς ἀνθρώποις, ἀλλὰ καὶ τοῖς ἀλόγοις δοκῶν ὡραιότατος. οὐ μέντοι μετὰ μακρὸν καὶ οὗτος ὁ ἀντερῶν ἡττήθη τοῦ φθόνου. ἔτυχε γοῦν ὁ παῖς πλείω γυμνασάμενος, καὶ καμὼν ἑαυτὸν τῷ ὀχοῦντι κατὰ τὴν γαστέρα ἐπιβάλλει, καί πως ἔτυχεν ἡ τοῦ ζῴου ἄκανθα ἡ κατὰ τοῦ νώτου ὀρθὴ οὖσα, καὶ τῷ ὡραίῳ τὸν ὀμφαλὸν κεντεῖ. εἶτά τινες φλέβες ὑπορρήγνυνται, καὶ αἵματος ἔπειτα ῥοὴ πολλή, καὶ ὁ παῖς ἐνταῦθα ἀποθνήσκει. ὅπερ οὖν ὁ δελφὶς συναισθόμενος ἐκ τοῦ βάρους (ἐπέκειτο γὰρ οὐ συνήθως κοῦφος, ἅτε μὴ τῷ πνεύματι ἑαυτὸν ἐλαφρίζων) καὶ θεασάμενος πορφυροῦν ἐκ τοῦ αἵματος τὸ πέλαγος, τὸ πραχθὲν συνῆκε καὶ ἐπιβιῶναι τοῖς παιδικοῖς οὐκ ἐτόλμησε. πολλῇ τοίνυν τῇ ῥώμῃ χρησάμενος, ὥσπερ οὖν ῥοθίῳ σκάφος, εἶτα ἑαυτὸν εἰς τοὺς αἰγιαλοὺς ἕλκων ἐξέβρασε, καὶ τὸν νεκρὸν συνεξήνεγκε, καὶ ἔκειντο ἄμφω ὃ μὲν τεθνεώς, ὃ δὲ ψυχορραγῶν. Λάϊος δὲ ἐπὶ Χρυσίππῳ, ὦ καλὲ Εὐριπίδη, τοῦτο οὐκ ἔδρασε, καίτοι τοῦ τῶν ἀρρένων ἔρωτος, ὡς λέγεις αὐτὸς [cf. *TGF*, p. 632] καὶ ἡ φήμη διδάσκει, Ἑλλήνων πρώτιστος ἄρξας. ἀμειβόμενοι δὲ καὶ Ἰασεῖς τὴν φιλίαν

1 ἐκ] καὶ ἐκ **LPH** ‖ 2 ἡμιλλάσθην] ἡμιλλάσθη **V** ‖ 3 τε] ποτὲ **LH** ‖ 4 ἐφέζετο] ex corr. **H** : ἐφέρετο ante corr. **H**, Her. ‖ 6 δελφὶν] δελφὶς ex corr. **L**, Jac., Her. ‖ 7 εἰς τοσοῦτον] ἐς τοσ. **LPH** : del. Schn., Her. ‖ 9 εἰς] ἐς **LPH** ‖ 10 τε] δὲ **A**^{V}, edd. | εἰς] ἐς **LPH** ‖ 13 μόνοις] μόνον **L**, Jac., Her. ‖ 14 μετὰ] corr. ex κατὰ (in mg. iter. μετὰ) **L** | μακρὸν] ex corr. (in mg. iter.) **L** : μικρὸν **V** (ante corr. **L**) **A**^{V} | ἀντερῶν] ἀντέρως Her. ‖ 17 ὡραίῳ] οὐραίῳ ***β*** ‖ 18 κεντεῖ] κεντᾷ **V** ‖ 23 ῥώμῃ] ῥύμῃ Jac. in app., Her. ‖ 24 ῥοθίῳ] **H** : ῥοδίων **VL** (cum punctis supra δ **P**) **A** : ῥόθιον Her. εἰς] ἐς **AH** ‖ 25 ἕλκων] ἑκὼν Her. ‖ 29 καὶ] del. Her.

ἐκείνων τὴν ἰσχυράν, ἀπέφηναν τάφον κοινὸν ὡραίου μειρακίου καὶ δελφῖνος ἐρωτικοῦ, καὶ στήλην ἐπέστησαν. καλὸς παῖς ἱππεύων ἐπὶ δελφῖνος ἦν. καὶ νόμισμα δὲ ἀργύρου καὶ χαλκοῦ εἰργάσαντο, καὶ ἐνέθλασαν σημεῖον τὸ ἀμφοῖν πάθος, καὶ μνήμῃ παρέδοσαν ἔργον τοσούτου θεοῦ τιμῶντες οἱ κεῖθι. πυνθάνομαι δὲ καὶ ἐν τῇ Ἀλεξάνδρου πόλει κατὰ τὸν Πτολεμαῖον τὸν δεύτερον ἐρασθῆναι δελφῖνα ἔρωτα παραπλήσιον καὶ ἐν Δικαιαρχίᾳ τῆς Ἰταλίας. ἅπερ οὖν εἰ Ἡρόδοτος ἔγνω, οὐκ ἂν ἐμοὶ δοκεῖν ἐθαύμασε τῶν ἐπ' Ἀρίωνι τῷ Μηθυμναίῳ ἧττον αὐτά [cf. Hdt. 1.23-24].

6.16. Λιμοῦ μέλλοντος ἐπιδημεῖν αἰσθητικῶς ἔχουσι κύνες καὶ βόες καὶ ὗς καὶ αἶγες καὶ ὄφεις καὶ ζῷα ἄλλα, καὶ λοιμοῦ δὲ ἀφιξομένου συνίησι πρώτιστα καὶ σεισμοῦ. προγινώσκει δὲ καὶ ὑγείαν ἀέρων καὶ εὐφορίαν καρπῶν. καὶ λόγου μὲν οὐ μετείληχε τοῦ καὶ σώζειν καὶ ἀποκτείνειν δυναμένου, τῶν γε μὴν προειρημένων οὐ διαμαρτάνει.

6.17. Ἐν τῇ τῶν καλουμένων Ἰουδαίων γῇ ἢ Ἰδουμαίων ᾖδον οἱ ἐπιχώριοι καθ' Ἡρώδην τὸν βασιλέα ἐρασθῆναι μείρακος ὡρικῆς δράκοντα μεγέθει μέγιστον, ὅσπερ οὖν ἐπιφοιτῶν εἶτα μέντοι τῇ προειρημένῃ συνεκάθευδε σφόδρα ἐρωτικῶς. οὐκοῦν ἡ μεῖραξ τὸν ἐραστὴν οὐκ ἐθάρρει, καίτοι προσέρποντα ὡς ἐνῆν πραότατά τε καὶ ἡμερώτατα. ὑπεξῆλθεν οὖν, καὶ διέτριψε μῆνα, οἷα δήπου λήθην τοῦ δράκοντος ἕξοντος κατὰ τὴν τῆς ἐρωμένης ἀποδημίαν. τῷ δὲ ἄρα ἡ ἐρημία ἐπέτεινε τὸ πάθος, καὶ ἐφοίτα μὲν ὁσημέραι καὶ νύκτωρ· οὐ μὴν ἐντυγχάνων ᾗ ἐβούλετο, ὡς ἐραστὴς ἀτυχῶν ἐν τῷ πόθῳ καὶ ἐκεῖνος ἤλγει. ἐπεὶ δὲ ἡ ἄνθρωπος ὑπέστρεψεν αὖθις, ὃ δὲ ἀφικνεῖται, καὶ περιβαλὼν τῷ λοιπῷ σώματι, τῇ οὐρᾷ τὰς κνήμας πεφεισμένως τῆς ἐρωμένης ἔπαιεν, ὑπεροφθείς τε καὶ μηνιῶν δῆθεν. οὐκοῦν ὁ καὶ τοῦ Διὸς ἄρχων αὐτοῦ καὶ τῶν θεῶν τῶν ἄλλων οὐδὲ τῶν ἀλόγων ὑπερορᾷ, ἀλλ' ὅπως ἔχει πρὸς αὐτὰ καὶ διὰ τούτων καὶ δι' ἄλλων ἀποδείκνυται.

4 ἐνέθλασαν] ἐνέθλασε **V** ‖ 5 τοσούτου] τοῦ τοσ. Her. | οἱ κεῖθι] οἱ κεῖοι **A** : οἰκεῖοι **LP** : οἰκίοι **H** : οἱ ἐκεῖθι Her. ‖ 7 δελφῖνα] δελφῖνος **V** | ἔρωτα] ἔρωτος **V** 9 Ἀρίωνι] Ἀρίονι Her. ‖ 13 ὑγείαν] ὑγίειαν Schn., Her. ‖ 21 οὖν] γοῦν **L** ‖ 23 ἡ ἐρημία] om. **PAH** ‖ 24 ἐβούλετο] ἠβούλετο **A**, edd. | ἀτυχῶν] εὐτυχῶν **V** 26 ἀφικνεῖται] ἀφικνεῖτο **V** ‖ 27 πεφεισμένως—ἐρωμένης] τῆς ἐρω. πεφ. Her. 28 μηνιῶν] μηνίων Her.|οὐκοῦν] οὔκουν Her.‖ 30 δι'] om. **V**

6.18. Οἱ ὄφεις ἑαυτοῖς συνεγνωκότες τὸν στόμαχον λεπτὸν καὶ μακρὸν ἔχουσιν, ὅμως ὄντες ἀδηφάγοι καὶ παμβορώτατοι, ὡς Ἀριστοτέλης λέγει [*HA* 594a15–21; fr. 270.19 Gig.], ἀνίστανται ὀρθοὶ καὶ ἐπ᾽ ἄκρας τὰς οὐρὰς ἑστᾶσι, καὶ ἡ τροφὴ κατολισθάνει αὐτοῖς, καὶ ἐς τὸν ὄγκον τοῦ σώματος ἀποχωρεῖ· ἄποδες δὲ ὄντες εἶτα ἕρπουσιν ὤκιστα. ἤδη δὲ καὶ ἀκοντίων δίκην ἑαυτόν τις μεθίησι καὶ ἐπιφέρεται, καὶ τό γε ὄνομα ἐξ οὗ δρᾷ ἔχει· κέκληται γὰρ ἀκοντίας.

6.19. Τῶν ἐν ᾠδαῖς τε καὶ μούσαις ὀρνίθων οὐδεὶς διαλέληθεν, ἀλλὰ ἴσμεν χελιδόνας καὶ κοσσύφους καὶ τὸ τεττίγων φῦλον, καὶ κίτταν λάλον καὶ βομβοῦσαν ἀκρίδα καὶ πάρνοπα ὑποκρίζοντα καὶ μὴ σιωπῶσαν τρωξαλλίδα, ἀλκυόνας τε ἐπὶ τούτοις καὶ ψιττακούς· τῶν δὲ ἐνύδρων ὀλολυγὼν οὐ σιωπᾷ. φθέγγεται δὲ αὐτῶν τὰ μὲν γοερὰ καὶ θηλύφωνα, τὰ δὲ ὄρθια καὶ διάτορα· καὶ τὰ μὲν ἀπὸ τῶν κλάδων ἐπὶ τοὺς κλάδους μεταθέοντα ᾄδει, ὥσπερ οὖν ἐπὶ τοὺς οἴκους ἐκ τῶν προτέρων οἴκων ἀμείβοντες διὰ τὴν τρυφὴν καὶ τὴν τοῦ βίου θρύψιν, τὰ δὲ ἐν τοῖς λειμῶσι κατᾴδει, οἱονεὶ πανηγυρίζοντα βίον ὡς ἂν εἴποις ἀνθηρὸν καὶ ἁβρὸν διαιτώμενα, τὴν ἦρος ἐπιδημίαν μελῳδίαις ἔγωγ᾽ ἂν φαίην εὐφημεῖ. κύκνων δὲ πέρι καὶ ὅτου θεῶν θεράποντές εἰσιν ἀνωτέρω εἶπον [2.32; 5.34]. ἡ κίττα δ᾽ οὖν καὶ τῶν ἄλλων φωνημάτων μιμηλότατόν ἐστι, τοῦ δὲ ἀνθρωπικοῦ πλέον. ἰδιάζει δὲ ταῖς μιμήσεσι τὰ τοιαῦτα, ὅ τε ἄνθος ὁ καλούμενος καὶ ἡ σάλπιγξ καὶ ἡ ἴυγξ καὶ ὁ κόραξ. καὶ ὁ μὲν ἄνθος ὑποκρίνεται χρεμέτισμα ἵππου, τὴν σάλπιγγα δὲ ἡ ὁμώνυμος, καὶ τὸν πλάγιον ἡ ἴυγξ αὐλόν· βούλεται δὲ τῶν ὄμβρων μιμεῖσθαι τὰς σταγόνας ὁ κόραξ.

6.20. Σκορπίων μὲν ὁ ἄρρην ἐστὶ χαλεπώτατος, ὁ δὲ θῆλυς δοκεῖ πραότερος. ἀκούω δὲ αὐτῶν γένη ἐννέα· λευκὸν εἶναι καὶ αὖ

1 τὸν] ὅτι τὸν **PH** ‖ **2** ἔχουσιν] ἔχοντες **A** | ἀδηφάγοι] ἀδδη. **AH** ‖ **4** τὰς οὐρὰς] τῆς οὐρᾶς Schn., Her., fort. recte | κατολισθάνει] κατολισθαίνει **VAH** ‖ **7** τό] τοῦτο **V** ‖ **10** τὸ] τὸ τῶν Her. ‖ **11** ὑποκρίζοντα] Ges. in mg., Jac., Her. : ὑποκορίζ. codd. ‖ **12** ἀλκυόνας] ἁλκ. Her. ‖ **13** ὀλολυγὼν] ὀλολυγῶν ***β*** **16** ἐπὶ—17 θρύψιν] οἴκους ἐξ οἴκων ἀμείβοντα Her. | προτέρων] fort. πρότερον **V**‖ **17** βίου] σώματος **P**‖ **18** βίον] καὶ βίον Jac., Her.‖ **22** πλέον] καὶ πλέον? Her. in app. ‖ **23** τὰ τοιαῦτα] τι τοιαῦτα ut vid. **H** : ταῦτα ut vid. **V** : τῶν τοιούτων Her. | ὅ τε] ὅθεν **A** | ὁ] del. Her. ‖ **24** ὑποκρίνεται] ὑποτίθεται **A** ‖ **26** μιμεῖσθαι] post κόραξ transp. **A**‖ **27** μὲν] δὲ **LPH**‖ **28** γένη ἐννέα] del. Her.

πάλιν πυρρόν τινα, καπνοειδῆ ἄλλον, μέλανα ἐπὶ τούτοις· πέπυσμαι δὲ καὶ χλωρὸν καὶ γαστρώδη τινὰ καὶ καρκινοειδῆ ἄλλον· τόν γε μὴν χαλεπώτατον φλογοειδῆ καλοῦσι. παρείληφα δὲ ἄρα φήμῃ καὶ πτερωτοὺς καὶ δικέντρους τινάς· καί που ἑπτὰ ἔχων σφονδύλους ὤφθη τις. σκορπίος δὲ οὐκ ᾠὰ ἀλλὰ ζῷα ἀποτίκτει. χρὴ δὲ εἰδέναι ὅτι καί φασί τινες οὐκ ἐκ τῆς πρὸς ἀλλήλους ὁμιλίας γίνεσθαι τὴν ἐπιγονὴν τοῖς ζῴοις τοῖσδε, ἀλλ' εἰς τὰ καύματα ἄγαν τίκτειν σκορπίους. ἐγχρίσας δὲ ἕκαστος αὐτῶν τὸ κέντρον ὁποῖα ἐργάζεται καὶ ἀναιρεῖ τίνα τρόπον ἀλλαχόθεν εἴσεσθε.

6.21. Ἐν Ἰνδοῖς, ὡς ἀκούω, ἐλέφας καὶ δράκων ἐστὶν ἔχθιστα. οὐκοῦν οἱ μὲν ἐλέφαντες ἀποσπῶντες τῶν δένδρων τοὺς κλάδους, ἐκείνους νέμονται. ὅπερ οὖν εἰδότες οἱ δράκοντες ἐπ' αὐτὰ μὲν ἀνέρπουσι, τὸ δὲ ἥμισυ σφῶν αὐτῶν τὸ οὐραῖον τῶν δένδρων περιβάλλουσι τῇ κόμῃ, τὸ δὲ ἐς τὴν κεφαλὴν προϊὸν ἥμισυ μεθῆκαν καλωδίου δίκην ἀπηρτημένον. καὶ ὃ μὲν προσῆλθεν ἀποδρέψασθαι τῶν ἀκρεμόνων ὁ ἐλέφας, ὁ δὲ δράκων ἐμπηδᾷ τοῖς ὀφθαλμοῖς καὶ ἐξορύττει, εἶτα τῷ τραχήλῳ περιερπύσας, τείνων τῷ οὐραίῳ μέρει καὶ σφίγγων θατέρῳ ἀπάγχει τὸ θηρίον ἀήθει βρόχῳ καὶ καινῷ.

6.22. Ἔχθιστα δὲ τῷ μὲν λέοντι πῦρ καὶ ἀλεκτρυών, ὕαινα δὲ τῇ παρδάλει, σκορπίος δὲ σκαλαβώτῃ· νάρκη γοῦν τὸν σκορπίον καταλαμβάνει προσαχθέντος οἱ τοῦ ζῴου τοῦ προειρημένου. δράκοντα δὲ ἐλέφας ὀρρωδεῖ· ὑποζύγιον δὲ πᾶν τὴν μυγαλῆν οὐ θαρρεῖ, ἀστακὸς δὲ πολύποδα. καὶ μέντοι προωθούμενοι ἐκ τῶν τεγῶν οἱ κύνες, οὐκ ἂν αὐτοὺς ῥίψαις· τοῦ γάρ τοι κινδύνου δεδοίκασι τὸ μέγεθος.

6.23. Οἷα δὲ ἄρα σοφίσματα καὶ τοῖς σκορπίοις ἡ φύσις ἔοικε δοῦναι καὶ τοῖσδε ἴδια. οἱ Λίβυες τὸ πλῆθος αὐτῶν ὑφορώμενοι

1 καπνοειδῆ] καὶ καπνώδη Her. | μέλανα] καὶ μέλ. Her. ‖ 2 καρκινοειδῆ] καρκινώδη Her. ‖ 3 φλογοειδῆ] φλογώδη Her. | καλοῦσι] ᾄδουσι Her. 5 σφονδύλους] σπονδύλους **V** ‖ 7 ἀλλ'] om. **A** : post voc. lac. stat. Schn., Jac., Her. ‖ 10 εἴσεσθε] dub. ex corr. **P** : εἴσεσθαι **V** (ante corr. **P**) **H** : μαθήσεσθε **A** 11 ὡς] om. **A** ‖ 14 ἀνέρπουσι] ἕρπουσι ***β*** ‖ 15 περιβάλλουσι] περιβαλλούσῃ **V** : παραβάλλουσι **A** ‖ 18 τείνων] τεῖνον **PA** : κτείνων **V** : voc. corrupt., Her. in app. ‖ 22 σκορπίος] σκορπίῳ Her. | σκαλαβώτῃ] ἀσκαλαβώτῃ **PA** : ἀσκαλαβώτης Rei., Her. ‖ 25 μέντοι] μέντοι καὶ Her.

καὶ πάντα τὰ τεχνάσματα, μηχαναῖς αὐτοὺς μυρίαις ἀντεπινοοῦσι φυλαττόμενοι· κοῖλα ὑποδήματα φοροῦντες καὶ ὑψηλοὶ καὶ μετέωροι καθεύδοντες καὶ τῶν τοίχων ἀναστέλλοντες τὰς κειρίας καὶ τῶν κλινῶν τοὺς πόδας εἰς ὑδρίας ὕδατος πεπληρωμένας ἐντιθέντες, καὶ οἴονται τὸ λοιπὸν ἐν ἀδείᾳ τε καὶ εἰρήνῃ καθεύδειν πολλῇ. οἳ δὲ ὁποῖα παλαμῶνται. σκορπίος εἰ λάβοιτο ὁπόθεν ἑαυτὸν ἐξαρτήσει κατὰ τὸν ὄροφον, ἔχεται τούτου ταῖς χηλαῖς καὶ μάλα ἐγκρατῶς καὶ καθῆκε τὸ κέντρον. οὐκοῦν ὁ δεύτερος κάτεισι μὲν ἐκ τῆς στέγης, καὶ διὰ τοῦ πρώτου ἕρπει, καὶ τοῦ κέντρου τοῦ ἐκείνου ἔχεται καὶ αὐτὸς ταῖς χηλαῖς, καὶ τό γε αὐτοῦ μετέωρον εἴασε κέντρον· καὶ ὁ τρίτος ἐκεῖθεν ἔχεται, καὶ ὁ τέταρτος ἐκ τοῦ τρίτου, καὶ ὁ πέμπτος κατὰ στοῖχον, καὶ οἱ ἐπ' ἐκείνοις διὰ τῶν πρώτων καθέρποντες. εἶτα ὁ τελευταῖος ἔπαισε τὸν καθεύδοντα καὶ διὰ τῶν ἀνωτέρω ἕρπει, καὶ ὁ μετ' ἐκεῖνον καὶ ὁ κάτωθεν τρίτος καὶ οἱ λοιποί, ἔστ' ἂν ἅπαντες ἀλλήλων ἀπελύθησαν οἷα δήπου λύσαντες ἅλυσιν.

6.24. Δολερὸν χρῆμα ἡ ἀλώπηξ. ἐπιβουλεύει γοῦν τοῖς χερσαίοις ἐχίνοις τὸν τρόπον τοῦτον. ὀρθοὺς αὐτοὺς καταγωνίσασθαι ἀδύνατός ἐστι. τὸ δὲ αἴτιον, αἱ ἄκανθαι ἀνείργουσιν αὐτήν. ἣ δὲ ἡσύχως καὶ πεφεισμένως τοῦ ἑαυτῆς στόματος ἀνατρέπει αὐτοὺς καὶ κλίνει ὑπτίους, ἀνασχίσασά τε ἐσθίει ῥᾳδίως τοὺς τέως φοβερούς. τὰς δὲ ὠτίδας ἐν τῷ Πόντῳ θηρεύουσιν οὕτως. ἀποστραφεῖσαι αὐταὶ καὶ εἰς γῆν κύψασαι τὴν κέρκον ἀνατείνουσιν ὥσπερ οὖν τράχηλον ὄρνιθος· αἳ δὲ ἀπατηθεῖσαι προΐασιν ὡς πρὸς ὄρνιν ὁμόφυλον, εἶτα πλησίον γενόμεναι τῆς ἀλώπεκος ἁλίσκονται ῥᾷστα ἐπιστραφείσης τῆς ἀλώπεκος καὶ ἐπιθεμένης κατὰ τὸ καρτερόν. τὰ σμικρὰ δὲ ἰχθύδια θηρῶσι πάνυ σοφῶς. παρὰ τὴν ὄχθην τὴν τοῦ ποταμοῦ ἔρχονται καὶ τὴν οὐρὰν καθιᾶσιν ἐς τὸ ὕδωρ· τὰ δὲ προσνέοντα ἐνίσχεταί

1 πάντα] del. Her. | μηχαναῖς—μυρίαις] μηχανὰς αὐτοῖς μυρίας **H**, in mg. sec. m. **L**, Rei., Her. ‖ 2 φυλαττόμενοι] del. Her. ‖ 3 κειρίας] Jac. in app., Her. : χεῖρας codd. ‖ 5 καὶ[1]] om. **LH** | τὸ] om. **V** : τε **P** ‖ 7 τὸν ὄροφον] τοῦ ὀρόφου Her. 8 κάτεισι μὲν] κάτεισιν Her. ‖ 9 στέγης] τέγης **P** | ἕρπει] καθέρπει Her. 10 αὐτοῦ] ἑαυτοῦ Her. ‖ 14 ἀνωτέρω] ἀνωτέρων **PH** | ἕρπει] ἀνέρπει Her. 15 ἔστ'—ἅπαντες] ἔστ' ἂν οἱ πάντες **A** : ἔστε οἱ πάντες Her. ‖ 20 πεφεισμένως] πεφ. ἔχουσα Her. ‖ 25 προΐασιν] προσίασιν Schn., Her. ‖ 26 ῥᾷστα] ῥᾷστα καὶ **V** | τῆς ἀλώπεκος[2]] del. Her. ‖ 28 ὄχθην] ὄχθαν **V** | τὴν[2]] om. **V** ‖ 29 ἐς] εἰς **PA**

τε καὶ ἐμπαλάσσεται τῷ δάσει τῷ τῶν τριχῶν. αἳ δὲ αἰσθόμεναι τοῦ μὲν ὕδατος ἀναχωροῦσιν, ἐλθοῦσαι δὲ ἐς τὰ ξηρὰ χωρία διασείουσι τὰς οὐράς, καὶ ἐκπίπτει τὰ ἰχθύδια, καὶ ἐκεῖναι δεῖπνον ἁβρότατον ἔχουσιν. οἱ δὲ Θρᾷκες τῆς τῶν ποταμῶν πήξεως τῆς οὐ σφαλερᾶς ποιοῦνται γνώμονα τήνδε τὴν θῆρα. καὶ ἐὰν διαδράμῃ τὸν κρύσταλλον μὴ ἐνδιδόντα μηδὲ εἴκοντα τοῖς ἐκείνης βήμασι, θαρροῦσι καὶ ἕπονται. πεῖραν δὲ αὐτὴ ποιεῖται τοῦ μὴ σφαλεροῦ πόρου τὸν τρόπον τοῦτον. παραβάλλει τὸ οὖς ἐπὶ τῷ κρυστάλλῳ· κἂν μὲν αἴσθηται μὴ ὑπηχοῦν κάτωθεν τὸ ῥεῦμα μηδὲ ὑποψοφοῦν ἡσυχῇ εἰς βάθος, ἢ δὲ ὡς ἑστῶτι τῷ κρυστάλλῳ θαρσεῖ, διαθεῖ τε πρώτη· εἰ δὲ μή, οὐκ ἂν ἐπιβαίη.

6.25. Οἱ ποιηταὶ μὲν τὴν παῖδα τὴν τοῦ Ἴφιδος σέβουσι, καὶ τά γε θέατρα ὑπ᾽ αὐτῶν ἐμπέπλησται ὑμνούντων τὴν ἡρωΐνην ἐκείνην, ἐπεὶ τὰς ἄλλας ὑπερεπήδησε τῇ σωφροσύνῃ, τὸν ἑαυτῆς γαμέτην προτιμήσασα τοῦ βίου· τὰ δὲ ζῷα ὑπερβολὴν φιλοστοργίας οὐ παραλέλοιπεν. ὁ γοῦν Ἠριγόνης κύων ἐπαπέθανε τῇ δεσποίνῃ, καὶ ὁ Σιλανίωνος καὶ ἐκεῖνος ἐπὶ τῷ δεσπότῃ, καὶ οὔτε πρὸς βίαν οὔτε σὺν κολακείᾳ ἀπέστη τοῦ τάφου. Δαρείῳ δὲ τῷ τελευταίῳ βασιλεῖ τῶν Περσῶν ἐν τῇ πρὸς Ἀλέξανδρον μάχῃ βληθέντι ὑπὸ Βήσσου καὶ κειμένῳ, πάντων τὸν νεκρὸν ἀπολιπόντων, ὁ κύων ὁ ὑπ᾽ αὐτοῦ τραφεὶς μόνος παρέμεινε πιστός, τὸν οὐκέτι τροφέα μὴ προδοὺς ὡς ἔτι ζῶντα. τοιοῦτόν τι ὑπὲρ τῶν Κύρου φίλων τοῦ νεωτέρου Ξενοφῶν ὁ τοῦ Γρύλλου νεανιευόμενος δῆλός ἐστι λέγων [*An.* 1.8.27–29], τοὺς ὁμοτραπέζους μόνους οἱ οἴκτῳ συμπαραμεῖναι καὶ συναπολέσθαι, καὶ τὸν εὐνοῦχον, ὃς ἦν οἱ σκηπτοῦχος τὴν τιμήν, ὄνομα δὲ

1 ἐμπαλάσσεται] Her. : ἐμπλάσσεται codd. | τῷ[2]] om. ***β*** ‖ 2 ἐς] εἰς **P** ‖ 4 ἔχουσιν] ἔχουσι (αι supra σι, i.e. ἔχουσαι) **P** ‖ 5 θῆρα] edd. : θήραν codd. ‖ 6 κρύσταλλον] κρύσταλον **PAH** ‖ 7 θαρροῦσι] θαρσοῦσι **PA** | αὐτὴ] αὕτη **VH** ‖ 8 ἐπὶ] del. Schn., Her. ‖ 9 κρυστάλλῳ] κρυστάλῳ **AH** ‖ 10 εἰς] πρὸς **A** | κρυστάλλῳ] κρυστάλῳ **PAH** ‖ 11 θαρσεῖ] θάρσει **L** : θαρρεῖ **A** | πρώτη] πρῶτον **A** : πρῶτα **H** : ἀτρέπτως Her. | εἰ—μή] γε μὴν **A** ‖ 12 σέβουσι] ᾄδουσι **PA** ‖ 17 Σιλανίωνος] σισαλίωνος **L** (corr. in σισαλλίωνος ut vid. **P**) : σισαλίαγγος **H** | ἐπὶ] del. Her. 19 βασιλεῖ—Περσῶν] βασ. περ. **LPH** : περ. βασ. **A** ‖ 21 αὐτοῦ] αὐτῷ Her. μόνος παρέμεινε] παρ. μόν. **A** ‖ 23 τῶν] τῶν τοῦ **A**, edd. | τοῦ[2]] om. **A** ‖ 24 τοὺς ὁμοτραπέζους] post οἱ transp. **A** ‖ 25 οἴκτῳ] ὀκτὼ Gro. : del. Her.

Ἀρταπάτης, ἑαυτὸν ἐπαποκτεῖναι τῷ νεκρῷ, μετ' ἐκεῖνον ἀτιμάσαντα τὸν βίον ἐσόμενόν οἱ ἔρημον Κύρου. καὶ Λυσιμάχῳ δὲ τῷ βασιλεῖ κύων κοινοῦ τοῦ τέλους ἑκὼν μετέλαβε σωθῆναι δυνάμενος.

6.26. Ἡ πιθήκη ὑπό τινων ὀρειβάτης κέκληται, ὑπ' ἄλλων γε μήν, ὡς ἀκούω, ὑπόδρομος, καὶ ἐν τοῖς δένδροις γίνεται καὶ ἔχει τρίχας· κέκληται δὲ ὑπ' ἐνίων καὶ ψύλλα. ἐντέτμηται μὲν οὖν τὴν γαστέρα ἡσυχῇ, ὡς εἰπεῖν ὅτι λίνῳ διακέκοπται. δάκνει δὲ σφαλερώτατα δήγματα, καὶ παρέπεται τρόμος τῷ δηχθέντι, καὶ περὶ τὴν καρδίαν ἄλγημα ἰσχυρὸν ἐπιγίνεται, καὶ τὰ οὖρα ἐμφράττεται, καὶ ὁ ἕτερος πόρος γίνεται καὶ ἐκεῖνος ἄπορος. ἔοικε δὲ τοῖς προειρημένοις ἀντίπαλος ὁ καρκίνος ὁ ποτάμιος εἶναι βρωθείς.

6.27. Αἰλούρων ὁ μὲν ἄρρην ἐστὶ λαγνίστατος, ὁ δὲ θῆλυς φιλότεκνος, φεύγει δὲ τὴν πρὸς τὸν ἄρρενα ὁμιλίαν· ἀφίησι γὰρ τὸν θορὸν θερμότατόν τε καὶ προσεοικότα πυρί, καὶ καίει τῆς θηλείας τὸ ἄρθρον. εἰδὼς οὖν ὁ ἄρρην τοῦτο τὰ κοινὰ βρέφη διαχρῆται, ἡ δὲ παίδων ἑτέρων πόθῳ ἑαυτὴν παρέχει συνελθεῖν γλιχομένῳ. φασὶ δὲ τοὺς αἰλούρους πάντα ὅσα δυσώδη ἐστὶ μισεῖν τε καὶ βδελύττεσθαι. ταύτῃ τοι καὶ τὸ σφέτερον περίττευμα ἀφιέναι πρότερον βόθρον ὀρύξαντας, ἵνα ἀφανίσωσιν αὐτὸ τῆς γῆς ἐπιβαλόντες.

6.28. Ἀκολαστότατον τῶν ἰχθύων τὸν πολύποδα εἶναί φασι καὶ ἐς τοσοῦτον λαγνεύειν, ἐς ὅσον αὐτῷ καὶ ἡ πᾶσα τοῦ σώματος ῥώμη ἐκρυεῖσα ἀσθενῆ ἀπέφηνε καὶ νήξασθαι μὲν ἥκιστον, τροφὴν δὲ μαστεῦσαι ἀδύνατον, καὶ διὰ ταῦτα ἄλλους τρέφειν. τὰ γοῦν σμικρὰ τῶν ἰχθυδίων καὶ τὰς καλουμένας καρκινάδας καὶ τοὺς καρκίνους ἐπιφοιτᾶν τε ἅμα καὶ κατεσθίειν αὐτόν. λέγουσι δὴ ταύτην εἶναι τὴν αἰτίαν τοῦ μὴ δύνασθαι

1 ἐπαποκτεῖναι] ἀποκτεῖναι **V** | μετ' ἐκεῖνον] del. Her. ‖ **5** ὀρειβάτης] ante corr. **L** : ὀρειβάτις (ex corr. **L**) **AH** : ὀροβάτης **V** | γε] τε **V** ‖ **6** ὑπόδρομος] ὑλοδρόμος Her. ‖ **9** σφαλερώτατα δήγματα] σφαλερωτάτῳ δήγματι ***β*** ‖ **10** ἐπιγίνεται] περιγίνεται **V** ‖ **11** ὁ] om. **A** ‖ **15** γὰρ] γάρ φασι **A** ‖ **16** τῆς] τὰς **V** ‖ **17** τὸ ἄρθρον] τὸ πῦρ τὸ ἄρθρον **L** ‖ **18** ἑαυτὴν] ἑαυτὸν **VH** ‖ **19** γλιχομένῳ] γλιχομέναις **V** ‖ **22** ἐπιβαλόντες] dub. (non leg.) **V** : ἐπιβάλλοντες **H** ‖ **24** αὐτῷ] αὐτὸν malit Her. in app. | καὶ[2]] del. Her. ‖ **27** σμικρὰ] μικρὰ **V** ‖ **29** δὴ] δὲ **H**, Her. : διὰ **V**

πολύποδα ἐνιαυτοῦ βιῶναι χρόνον μακρότερον. καὶ θῆλυς δὲ ἄρα πολύπους ἀναλίσκεται ῥᾳδίως τίκτων πολλάκις.

6.29. Φύλαρχος μέμνηται [*FGrH* 81, fr. 61a] παῖδα ἰσχυρῶς φιλόρνιθα αἰετοῦ νεοττὸν λαβεῖν δῶρον καὶ τρέφειν τροφῇ ποικίλῃ καὶ κηδεμονίαν αὐτῷ προσφέρειν πᾶσαν· οὐ γάρ τί που ὡς ἄθυρμα εἰς παιδιὰν ἔτρεφε τὸν ὄρνιν, ἀλλὰ ἐρωμένου δίκην ἢ ἀδελφοῦ νεωτέρου, οὕτως ἄρα ὁ παῖς τοῦ αἰετοῦ προμηθῶς εἶχε. καὶ προϊὼν δὲ χρόνος εἰς φιλίαν αὐτοὺς ἐξῆψεν ἀλλήλων ἰσχυράν. συνηνέχθη δὲ καμεῖν τὸ σῶμα τὸν παῖδα. καὶ τὸν αἰετὸν παραμένειν καὶ νοσηλεύειν τὸν τροφέα, καὶ καθεύδοντος μὲν ἡσυχάζειν, ἐγρηγορότος δὲ παρεστάναι, ἀσιτοῦντος δὲ τροφὴν μὴ προσίεσθαι. ἐπεὶ δὲ καὶ τὸν βίον ὁ παῖς κατέστρεψεν, ἠκολούθησε καὶ ὁ αἰετὸς μέχρι τοῦ μνήματος· καιομένου δέ γε, αὑτὸν εἰς τὴν πυρὰν ἐνέβαλεν.

6.30. Ὁ ἰχθῦς ὁ ὄνος τὰ μὲν ἄλλα ὅσα ἐντὸς προσπέφυκεν οὐ πάντῃ τῶν ἑτέρων διεστῶτα κέκτηται, μονότροπος δέ ἐστι καὶ σὺν ἄλλοις βιοῦν οὐκ ἀνέχεται. ἔχει δὲ ἄρα ἰχθύων μόνος οὗτος ἐν τῇ γαστρὶ τὴν καρδίαν καὶ ἐν τῷ ἐγκεφάλῳ λίθους, οἵπερ οὖν ἐοίκασι μύλαις τὸ σχῆμα. Σειρίου δ' ἐπιτολῇ φωλεύει μόνος, τῶν ἄλλων ἐν ταῖς κρυμωδεστάταις φωλεύειν εἰθισμένων.

6.31. Οἱ θηρῶντες τοὺς παγούρους τὸν τρόπον τοῦτον αἱροῦσιν· ἐπ' αὐτοὺς ἐμηχανήσαντο τὴν μουσικὴν δέλεαρ. φωτιγγίῳ γοῦν (ὄνομα δὲ ὀργάνου τοῦτο) αἱροῦσιν αὐτούς. οἳ μὲν γὰρ ἐν τοῖς φωλεοῖς δεδύκασιν, οἳ δὲ ὑπάρχονται τοῦ μέλους. καὶ ἀκούσαντες οἱ πάγουροι πείθονται ὡς ὑπό τινος ἴυγγος προελθεῖν τῆς θαλάμης, εἶτα ὑπὸ τῆς ἡδονῆς ἑλκόμενοι προΐασι καὶ ἔξω τῆς θαλάττης, οἵ τε αὐλοῦντες ἐπὶ πόδα ἀναχωροῦσι. καὶ ἐκεῖνοι ἕπονται καὶ ἐπὶ τῆς γῆς ἁλίσκονται.

6.32. Οἱ δὲ τῇ Μαρείᾳ λίμνῃ προσοικοῦντες τὰς θρίσσας θηρῶσι τὰς ἐκεῖθι ᾠδῆς μέλει γοερωτάτῳ καὶ κρότῳ ὀστράκων ὁμορροθοῦντι πρὸς τὸ μέλος· αἳ δὲ ὥσπερ ὀρχούμεναι ὑπὸ τῷ

4 φιλόρνιθα] φιλόρνιθον **V** | αἰετοῦ] ἀετοῦ **A** ‖ **7** αἰετοῦ] ἀετοῦ **A** ‖ **8** καὶ] del. Her. | χρόνος] ὁ χρόνος **A**, Her. ‖ **13** αἰετὸς] ἀετὸς **VA** | γε] om. **V** : del. Her. αὐτὸν] ἑαυτὸν edd. ‖ **16** πάντῃ] πάνυ τι Her. ‖ **21** τὸν—**22** αἱροῦσιν] del. Her. **22** αἱροῦσιν] θηρῶσιν **A** ‖ **27** οἵ τε] οἳ δὲ Her. ‖ **29** Μαρείᾳ] μαρίᾳ **LPA** **30** ἐκεῖθι] ἐκεῖθεν ***β*** | γοερωτάτῳ] τορωτάτῳ Jac. in com., Her.

μέλει πηδῶσι, καὶ ἐμπίπτουσι τοῖς θηράτροις, ἅπερ οὖν αὐτοῖς προσπεπέτασται, καὶ λαμβάνουσιν οἱ Αἰγύπτιοι θήραν εὔοψον σὺν χορείᾳ τε καὶ παιδιᾷ.

6.33. Αἰγυπτίους ἐγὼ πυνθάνομαι μαγείᾳ τινὶ ἐπιχωρίῳ τοὺς ὄρνιθας ἐκ τοῦ οὐρανοῦ καταφέρειν· τῶν δὲ φωλεῶν τοὺς ὄφεις ἐπαοιδαῖς τισι καταγοητεύσαντες εἶτα μέντοι προάγουσι ῥᾷστα.

6.34. Ὁ κάστωρ ἀμφίβιόν ἐστι ζῷον, καὶ μεθ' ἡμέραν μὲν ἐν τοῖς ποταμοῖς καταδὺς διαιτᾶται, νύκτωρ δὲ ἐπὶ τῆς γῆς ἀλᾶται, οἷς ἂν περιτύχῃ τούτοις τρεφόμενος. οὐκοῦν ἐπίσταται τὴν αἰτίαν δι' ἣν ἐπ' αὐτὸν οἱ θηραταὶ σὺν προθυμίᾳ τε καὶ ὁρμῇ τῇ πάσῃ χωροῦσι, καὶ ἐπικύψας καὶ δακὼν ἀπέκοψε τοὺς ἑαυτοῦ ὄρχεις, καὶ προσέρριψεν αὐτοῖς, ὡς ἀνὴρ φρόνιμος λῃσταῖς μὲν περιπεσών, καταθεὶς δὲ ὅσα ἐπήγετο ὑπὲρ τῆς ἑαυτοῦ σωτηρίας, λύτρα δήπου ταῦτα ἀλλαττόμενος. ἐὰν δὲ ᾖ πρότερον ἐκτεμὼν καὶ σωθεὶς εἶτα πάλιν διώκηται, ὃ δὲ ἀναστήσας ἑαυτὸν καὶ ἐπιδείξας ὅτι τῆς αὐτῶν σπουδῆς οὐκ ἔχει τὴν ὑπόθεσιν, τοῦ περαιτέρου καμάτου παρέλυσε τοὺς θηρατάς· ἧττον γὰρ ἔτι τῶν κρεῶν ἐκείνοις φροντίς ἐστι. πολλάκις δὲ καὶ ἔνορχοι ὄντες, ὡς ὅτι πορρωτάτω ἑαυτοὺς ἀποσπάσαντες τῷ δρόμῳ, εἶτα ὑποστείλαντες τὸ σπουδαζόμενον μέρος, πάνυ σοφῶς καὶ πανούργως ἐξηπάτησαν, ὡς οὐκ ἔχοντες ἃ κρύψαντες ἔσχον.

6.35. Βούπρηστις ζῷόν ἐστιν, ὅπερ οὖν ἐὰν βοῦς καταπίῃ, πίμπραται καὶ ῥηγνύμενος ἀπόλλυται οὐ μετὰ μακρόν.

6.36. Αἱ κάμπαι ἐπινέμονται τὰ λάχανα, τάχα δὲ καὶ διαφθείρουσιν αὐτά. ἀπόλλυνται δὲ αὗται, γυνὴ τὴν ἐπιμήνιον κάθαρσιν καθαιρομένη εἰ διέλθοι μέση τῶν λαχάνων.

6.37. Εἶεν δ' ἂν βουσὶν ἔχθιστα οἶστρος καὶ μύωψ. καὶ ὁ μὲν οἶστρος κατὰ τὰς μυίας τὰς μεγίστας ἐστί, καὶ ἔχει στερεὸν καὶ μέγα κέντρον, καὶ ἦχον βομβώδη τινὰ ἀφίησι καὶ τραχύν· ὁ δὲ

1 θηράτροις] θηρατηρίοις **V** ‖ 2 προσπεπέτασται] προσπεπέταται **LH** : προσπέταται **P** : προσπέπασται **A** : περιπέπταται Her. ‖ 7 ἐν] om. **A** 10 ἣν—θηραταὶ] ἣν οἱ θηραταὶ πρὸς (ἐπ' **H**) αὐτὸν **VH** ‖ 14 ᾖ] fort. delendum, Her. in app. ‖ 16 αὐτῶν] ἑαυτῶν **LP** ‖ 17 περαιτέρου] περαιτέρω **PA**, Her. παρέλυσε] περιέλυσε **PH** | ἔτι] τοι Her. ‖ 19 πορρωτάτω] πορρωτέρω **V** ἑαυτοὺς] del. Her. ‖ 20 ὑποστείλαντες] ἀποστ. **V** ‖ 21 ἔσχον] εἶχον Her. 26 μέση] μέσον **P** ‖ 29 ἦχον—τινὰ] ἦχόν τινα βομ. **L**, Her.

μύωψ τῇ κυνομυίᾳ προσείκασται, βομβεῖ δὲ τοῦ οἴστρου μᾶλλον, ἔλαττον δὲ ἔχει τὸ κέντρον.

6.38. Τῶν ὑπ' ἀσπίδος δηχθέντων οὐ μνημονεύεται οὐδεὶς ἐξάντης τοῦ κακοῦ γεγονέναι. ἔνθεν τοι καὶ τοὺς βασιλεῖς ἀκούω τῶν Αἰγυπτίων ἐπὶ τῶν διαδημάτων φορεῖν πεποικιλμένας ἀσπίδας, τῆς ἀρχῆς αἰνιττομένους τὸ ἀνίκητον δὴ ἐκ τῆς τοῦ ζῴου μορφῆς τοῦ προειρημένου. γίνονται δὲ καὶ πενταπήχεις ἀσπίδες. καὶ μέλαιναι μὲν αἱ πλεῖσται ἢ τεφραῖαι, ἴδοις δ' ἂν καὶ πυρρὰν ἀσπίδα. οἱ δηχθέντες δὲ ὑπὸ ἀσπίδος οὐ περαιτέρω βιοῦσι τετάρτης ὥρας, πνιγμὸς δὲ αὐτοὺς καὶ σπασμὸς διώκει καὶ λυγμός, ὥς φασιν. ἀκούω δὲ τὸν ἰχνεύμονα τῆς ἀσπίδος τὰ ᾠὰ ἀφανίζειν, οἱονεὶ τοῖς ἑαυτοῦ παισὶν ὑπεξαίροντα τοὺς μέλλοντας ἀντιπάλους. Λίβυσσαν δὲ ἄρα ἀσπίδα καὶ ἀποφαίνειν τυφλοὺς τῷ φυσήματι λέγει τις λόγος.

6.39. Εἶτα οὐ χρὴ θαυμάσαι τὴν φύσιν τῇ τε ἄλλῃ καὶ ἐνταῦθα μέντοι; τῶν ἀρρένων οἱ πατέρες τοὺς πλείστους νεβροὺς ἀναιροῦσιν, ἵνα μὴ πληθύωνται εἶτα μέντοι καὶ τὰς μητέρας ἀναβαίνωσι· μίασμα γὰρ καὶ ἐν τοῖς ἀλόγοις καὶ ἐναγὲς ἔργον δοκεῖ τοῦτο δήπου. Κύρῳ δὲ καὶ Παρυσάτιδι, ὦ Πέρσαι, καὶ καλὰ ταῦτα καὶ ἔνδικα ἐδόκει· καὶ ἐφίλει Κῦρος τὴν μητέρα κακῶς, καὶ ἐφιλεῖτο ὑπὸ τῆς μητρὸς φιλίαν ὁμοίαν. καὶ ταῦτα μέντοι ** σωμένης, οἱ δὲ ἄνθρωποι πάντων μὲν ἐπιθυμοῦντες, μηδενὸς δὲ φειδόμενοι.

6.40. Νῆσος ἐν τῷ Πόντῳ Ἡρακλεῖ ἐπώνυμος ἐκτετίμηται. οὐκοῦν ὅσον μυῶν ἐστιν ἐνταῦθα σέβει τὸν θεόν, καὶ πᾶν ὅσον ἀνεῖται αὐτῷ, τοῦτο πιστεύει τῷ θεῷ κεχαρισμένον ἀφεῖσθαι καὶ οὐκ ἂν προσάψαιτο αὐτοῦ. οὐκοῦν καὶ ἄμπελος τῷ θεῷ κομᾷ, καὶ τετίμηται ὡς ἀνάθημα αὐτῷ μόνῳ, καὶ φυλάττουσιν οἱ θεραπευτῆρες τοῦ δαίμονος ἐς τὰς θυσίας τοὺς βότρυς. ὅταν οὖν εἰς ἀκμὴν αἱ ῥᾶγες ἔρχωνται, οἳ δὲ ἀπολείπουσι τὴν νῆσον οἱ μύες,

6 δὴ] om. **VAH** ‖ **9** ἀσπίδος] ἀσπίδων **LPA** ‖ **10** τετάρτης] τετάρτου **LP** **12** ἑαυτοῦ] αὐτοῦ **V** | ὑπεξαίροντα] ὑπεξαιροῦντα Cob. (1884) ‖ **16** ἀρρένων] post voc. lac. stat. Schn., Jac. in app., Her. ‖ **18** ἀναβαίνωσι] ex corr. **L** : ἀναβαίνουσι (ante corr. **L**) **AH** ‖ **19** δήπου] δὴ **V** | Κύρῳ] παρὰ κύρῳ **V** **20** Κῦρος] κύρος **VA** ‖ **21** μέντοι] post voc. lac. stat. Jac., Her. ‖ **24** Ἡρακλεῖ] ἥρα. μὲν **A** | ἐπώνυμος] ὁμώνυμος **L** ‖ **26** πιστεύει] σέβει **L** | ἀφεῖσθαι] ἀνεῖσθαι Her. **27** αὐτοῦ] αὐτοῦ τίς **V** ‖ **29** βότρυς] βότρυας **V** ‖ **30** εἰς] ἐς ***β*** | οἱ] αἱ **V**

ἵνα μὴ μείναντες ἄκοντες γοῦν προσάψωνται ὧν θιγεῖν οὐκ ἄμεινον· εἶτα τῆς ὥρας διαδραμούσης οἳ δὲ εἰς ἤθη τὰ οἰκεῖα ὑποστρέφουσι. καὶ μυῶν μὲν Ποντικῶν ἀγαθὰ ταῦτα· Ἵππων δὲ καὶ Διαγόρας καὶ Ἡρόστρατος καὶ ὁ λοιπὸς τῶν θεοῖς ἐχθρῶν κατάλογος πῶς ἂν ἐφείσαντο τῶν βοτρύων ἢ ἀναθημάτων ἄλλων οἵ καὶ τὰ τῶν θεῶν ὀνόματα καὶ ἔργα ἀμωσγέπως συλᾶν προῃρημένοι;

6.41. Ἔθος τοῦτο Αἰγύπτιον· ὅταν κατὰ τὴν Αἴγυπτον ὕσῃ (ῥανίσι δὲ ὕει λεπταῖς), μύες παραχρῆμα τίκτονται. οὐκοῦν κατὰ τὰς ἀρούρας πλανώμενοι οὗτοι λυμαίνονται τοῖς ληΐοις ὑποτέμνοντες τοὺς στάχυς καὶ ὑποκείροντες, ἤδη μέντοι καὶ τοὺς σωροὺς τῶν δραγμάτων κεραΐζοντες λυποῦσι τοὺς Αἰγυπτίους· καὶ διὰ ταῦτα πάγας τε αὐτοῖς ἐλλοχῶντες ἱστᾶσι καὶ θριγκοῖς ἀναστέλλοντες καὶ τάφροις ἀνείργοντες καὶ καίοντες ἐν ταύταις πῦρ. οἱ τοίνυν μύες οὔτε τὴν ἀρχὴν πρὸς πάγας προσφοιτῶσιν, ἐῶσι δὲ αὐτὰς ἑστάναι ἄλλως· τοῖς δὲ θριγκοῖς καὶ τοῖς λελειωμένοις ὑπὸ τῆς χρίσεως ἐπαναβαίνουσιν, ἁλτικώτατοί γε ὄντες εἶτα μέντοι ὑπερπηδῶσι τὰς τάφρους. ὅταν οὖν ἀπαγορεύσαντες οἱ Αἰγύπτιοι τὰς μηχανὰς καὶ τὰς ἐπιβουλὰς ὡς ἀχρήστους ἀπολίπωσι καὶ ἐκτραπέντες ἐπί τε δέησιν ἔλθωσι καὶ ἱκετείας τὰς πρὸς τοὺς θεούς, ἐνταῦθα δήπου τὴν ἐκ τῶν θεῶν μῆνιν ὀρρωδοῦσιν οἱ μύες, καὶ εἴς τι ὄρος ἀναχωροῦσι τάξιν πλαισίου φυλάττοντες. οἱ μὲν οὖν νεώτατοι πρῶτα, οὐραγοῦσι δὲ οἱ μέγιστοι, καὶ τοὺς ὑπολειπομένους ἐπιστραφέντες εἶτα μέντοι ἕπεσθαί σφισιν ἐκβιάζονται. ἐὰν δὲ οἱ νεώτατοι κάμνοντες ὑποστῶσι, καὶ τὸ ἑπόμενον ἵσταται πᾶν, ὡς ἐν δυνάμει

1 θιγεῖν] Jac., Her. : θίγειν codd. ‖ 6 ἀμωσγέπως] ἀμω. **AH**, edd. ‖ 9 δὲ ὕει] δὲ δεύει **LPH** : δὲ δεύῃ **A** | λεπταῖς] λεπ. ὁ θεός **A** | παραχρῆμα] παραυτίκα **V** 12 κεραΐζοντες] κεραίσοντες **A** ‖ 13 πάγας—ἐλλοχῶντες] πάγαις τε αὐτοὺς ἐλλοχῶσι Her. | ἱστᾶσι] om. **A** : del. Her. | θριγκοῖς] θριγγοῖς **PAH** 14 ἀναστέλλοντες] ἀναστέλλουσι Her. | τάφροις] τάφρους **V** | ἀνείργοντες] ἀνοίγοντες **V** : ἀνείργουσι Her. | καίοντες] κάουσιν Her. ‖ 15 οὔτε] οὐδὲ Jac. in app., Her. | πρὸς] om. **V** | πάγας] dub. **V** : πάγαις **A** : τὰς πάγας Her. 16 θριγκοῖς] θριγγοῖς **A** | καὶ τοῖς] καὶ **V** : καίτοι Rei., Her. ‖ 17 γε] τε Rei., Her. ‖ 20 ἀπολίπωσι] ἀπολείπ. **LP** : ἐπιλίπ. **V** ‖ 22 εἴς] ἔς **A** ‖ 23 πλαισίου] πλαίσιον **V** : schol. in mg. **L** (cf. Pl. Com., fr. 160 K.-A.) | φυλάττοντες] φυλάσσοντες **V**|πρῶτα] πρῶτοι Ges., Her.

στρατιωτικῇ πέφυκε γίνεσθαι. ὅταν δὲ ὑπάρξηται ἡ ἐκ τῶν πρώτων κίνησις, ἐνταῦθα καὶ οἱ λοιποὶ ἕπονται. λέγουσι δὲ καὶ οἱ τὸν Πόντον οἰκοῦντες τὰ αὐτὰ καὶ ἐκεῖθι τοὺς μῦς δρᾶν. πεπίστευται δὲ καὶ ἐξ οἰκίας ἁπάσης, ἥτις μέλλει πεσεῖσθαι, ᾗ ποδῶν ἔχουσι μετοικίζεσθαι πάντας. ἰδιότης δὲ ἄρα μυῶν καὶ ἐκείνη. ἐπειδὰν ἀκούσωσι γαλῆς τρυζούσης ἢ συρίττοντος ἔχεως, ἐκ τῆς μυωπίας τῆς μιᾶς τὰ ἑαυτῶν βρέφη ἄλλο ἄλλῃ μετοικίζουσιν.

6.42. Λόγον δὲ Ἰταλὸν τῇ Συβαριτῶν πόλει συνακμάσαντος ἔργου μνημονεύοντα καὶ φοιτήσαντα εἰς ἐμὲ εἰπεῖν οὐ χεῖρόν ἐστι. τὴν ἡλικίαν ἀντίπαις, αἰπόλος τὸ ἐπιτήδευμα, ὄνομα Κρᾶθις, εἰς ὁρμὴν ἀφροδίσιον ἐμπεσὼν τῇ τῶν αἰγῶν ἰδεῖν ὡραιοτάτῃ μίγνυται, καὶ τῇ ὁμιλίᾳ ἥσθη, καὶ εἴ ποτε ἐδεῖτο ἀφροδίτης ὡς αὐτὴν ἐφοίτα, καὶ εἶχεν ἐρωμένην αὐτήν· καὶ μέντοι καὶ οἷα λαμβάνειν ἐδύνατο δῶρα, τοιαῦτα ὁ ἐραστὴς αἰπόλος τῇ ἐρωμένῃ τῇ προειρημένῃ προσέφερε, καὶ κυτίσου ποτὲ καὶ σχίνου τοὺς ὡραιοτάτους ἀκρέμονας καὶ μίλακος πολλάκις καὶ σχίνου τραγεῖν παρέσχε, τὸ στόμα ἀποφαίνων αὐτῷ, εἰ δεηθείη φιλῆσαι, εὐῶδες αὐτῆς. ἀλλὰ καὶ στιβάδα ἐγκαθεύδειν ὡς νύμφῃ παρεσκεύαζεν ἁβροτάτην τε καὶ μαλθακήν. οὔκουν ἀμελῶς ταῦτα ἐθεάσατο ὁ τῆς ἀγέλης ἡγεμὼν τράγος, ἀλλὰ αὐτὸν εἴσεισι ζηλοτυπία. καὶ κατέκρυπτε μὲν τέως τὸν θυμόν, καθήμενον δὲ αὐτόν ποτε ἐλλοχᾷ καὶ καθεύδοντα· ἣν δὲ ἄρα ἐμβαλὼν τὸ πρόσωπον εἰς τὸν κόλπον. ὡς οὖν εἶχε δυνάμεως τῇ κεφαλῇ προσέρρηξε, καὶ διέθρυψέν οἱ τὸ βρέγμα. διαρρεῖ τοίνυν εἰς τοὺς ἐπιχωρίους τὰ πραχθέντα, καὶ τῷ μὲν οὐκ ἀφανῆ τάφον ἀνέστησαν, ἐξ αὐτοῦ δὲ τὸν ποταμὸν Κρᾶθιν

3 Πόντον] τόπον **V** | καὶ] om. **PH** ‖ **4** πεπίστευται] πεπίστευκε **V** ‖ **5** πάντας] ante corr. **A** : πάντες **VP** (ex corr. **A**) ‖ **6** τρυζούσης] τριζ. Jac. in com., Her. **11** Κρᾶθις] edd. : κράθις **VPAH** : κράθης **L** ‖ **12** ἐμπεσὼν] ἐμπ. δὲ **V** **15** ἐδύνατο] ἠδύνατο dub. corr. ex ἐδύ. **A**, edd. | αἰπόλος] ὁ αἰπ. **VPAH** **16** καὶ[1]] om. **VA** | κυτίσου] Her. : κυτίσας **V** : κισσοῦ **LPA** : κίσσου **H** | καὶ σχίνου] καὶ σχίνας **V** : del. Her. ‖ **17** ἀκρέμονας] ἀκρεμόνας Her. | μίλακος] σμίλακος **VAH** | σχίνου] σχοίνου Ges., Jac. ‖ **18** αὐτῷ] αὐτῷ edd. | δεηθείη] δεήθη **VH** ‖ **19** νύμφῃ] dub. **H** : νύμφην **A** | παρεσκεύαζεν] παρεσκεύασεν **L**, Her. ‖ **20** ἁβροτάτην] ἁβροτάτη **V** | τε] om. **V** | ὁ] ex corr. **A** : om. **PH** **21** τράγος] ὁ τρά. **PAH** ‖ **24** τῇ κεφαλῇ] τὴν κεφαλὴν Her. | προσέρρηξε] προσήραξε Her.‖ **25** εἰς] ἐς **PH**‖ **26** Κρᾶθιν] edd. : κράθιν codd.

ὠνόμασαν. γίνεται δὲ ἐκ τῆς ὁμιλίας τῆς πρὸς τὴν αἶγα παιδίον, καὶ ἦν αἴξ οἱ τὰ σκέλη, τὸ πρόσωπον ἄνθρωπος. τοῦτον καὶ ἐκθεωθῆναι λόγος ἔχει, καὶ θεὸν ὑλαῖόν τε καὶ ναπαῖον νομισθῆναι τὸν αὐτόν. μετειληχέναι δὴ καὶ ζηλοτυπίας τὰ ζῷα ὁ τράγος διδάσκει.

6.43. Σύριγγας μὲν Αἰγυπτίας ᾄδουσιν οἱ συγγραφεῖς, ᾄδουσι δὲ καὶ λαβυρίνθους τινὰς Κρητικοὺς ἐκεῖνοί τε αὐτοὶ καὶ τὸ τῶν ποιητῶν φῦλον· μυρμήκων δὲ ἐν γεωρυχίᾳ ποικίλους τε ἀτραποὺς καὶ ἑλιγμοὺς καὶ περιόδους οὔπω ἴσασι. σοφίᾳ δὲ ἄρα τὴν ὑπόγειον οἰκοδομίαν τήνδε ὑπεργάζονται σκολιωτάτην, τοῖς ἐπιβουλεύουσί σφισι τῶν θηρίων πάροδον καὶ δύσπορον ἢ καὶ παντελῶς ἄπορον ἀποφαίνοντες. τὴν δὲ γῆν ἣν ἐξορύττουσιν, ἀλλὰ καὶ ταύτην γε ὑπὲρ τοῦ στομίου περιβαλόντες οἱονεὶ τείχη τινὰ καὶ προβλήματα ἐργάζονται, ὡς μὴ τὸ ὕδωρ τὸ ἐξ οὐρανοῦ καταθέον ῥᾳδίως εἶτα αὐτοὺς ἐπικλύσαν ἢ ἀπολέσῃ πάντας ἢ τούς γε πλείστους. αἱμασιὰς δέ τινας μέσας διειργούσας ἀπ' ἀλλήλων τοὺς χηραμοὺς διατειχίζουσι καὶ μάλα ἐντέχνως, εἶεν δ' ἂν οἱ χῶροι τρεῖς, ὡς ἐν οἰκίᾳ σοβαρᾷ. καὶ τὸν μὲν ἀποφαίνουσιν ὅσον ἀνδρῶνα εἶναι, ἐν ᾧ διαιτῶνται οἱ ἄρρενες καὶ ὅσον σὺν αὐτοῖς θῆλυ· τὸν δὲ ἕτερον, ἔνθα ἀποτίκτουσι κύουσαι μύρμηκες, οἱονεὶ γυναικῶνα· τρίτον δ' ἕτερον θησαυρόν τε καὶ σιρὸν ἀποκρίνουσι τοῖς ἠθροισμένοις σπέρμασι. καὶ οὔτε Ἰσχόμαχος ἐνταῦθα οὔτε Σωκράτης ὑπὲρ τῆς ἀξιοζήλου οἰκονομίας σπουδάζοντες διδάσκουσιν αὐτά [cf. Xen., *Oec.* 7]. οἱ δὲ μύρμηκες προϊόντες ὥσπερ οὖν ἐπισιτίσασθαι, τοῖς μεγίστοις ἕπονται· οἳ δὲ ἄγουσι στρατηγῶν δίκην. καὶ ἐς τὰ λήϊα ἐλθόντες οἱ μὲν ἔτι νεαροὶ τὴν καλάμην ὑφεστᾶσιν, οἱ δὲ ἡγεμόνες ἀνέρπουσι, καὶ τοὺς

2 αἴξ οἱ] αἶξ οἷ **H** : αἶξ **L** : αἴξ Her. | τοῦτον] τοῦτο **PA** ‖ **4** δὴ] δὲ **VAH**
6 ᾄδουσιν] ᾄδου. μὲν Her. ‖ **8** ποικίλους] ποικίλας edd. | τε] del. Her.
10 οἰκοδομίαν] οἰκονομίαν Her. | ὑπεργάζονται] ἀπεργάζ. Rei., Her.
11 πάροδον] τὴν πάρ. Rehd., Her. | καὶ[1]] del. Jac., Her. ‖ **13** καὶ] del. Her. ταύτην] αὐτὴν **V** | γε] Jac. in app. : τε **LPA** : om. **VH** : del. Her. | στομίου] στόματος **V** ‖ **15** καταθέον] καταρρέον Cob. (1884) | ῥᾳδίως εἶτα] εἶτ. ῥαδ. Rei., Her. | αὐτοὺς] αὐτὸ **V** : αὐτῶν **LP** | ἀπολέσῃ] ἀπολέσαι **V** : ἀπολέσει **LH**
16 μέσας] om. **V** ‖ **18** τὸν] τὸ **VLH** ‖ **19** ὅσον[1]] del. Her. | ἀνδρῶνα] ἀνδρῶν **L**
20 τὸν] τὸ **L** ‖ **21** οἱονεὶ] οἷον **A** ‖ **26** στρατηγῶν] στρατηγοῦ **V**

καλουμένους οὐραχοὺς τῶν καρπίμων διατραγόντες τῷ δήμῳ τῷ κάτω ῥίπτουσιν· οἳ δὲ περιελθόντες τοὺς μὲν ἀθέρας ἀποκόπτουσιν, ἐκλέπουσι δὲ τὰς τὸν πυρὸν στεγούσας τε καὶ περιαμπεχούσας θυλακίδας. καὶ μήτε ἀλοητοῦ δεόμενοι μήτε ἀνδρῶν λικμῆσαι δυναμένων μήτε μὴν ἐπειγομένων πνευμάτων ἀποκρῖναι καὶ διαστῆσαι τάς τε ἄχνας καὶ τὸν καρπόν, ἀνθρώπων ἀρούντων τε καὶ σπειρόντων τροφὰς ἔχουσι μύρμηκες. σοφὸν δὲ καὶ ἐκεῖνο προσακήκοα, ὅτι ἄρα τοὺς τεθνεῶτας μύρμηκας οἱ προσήκοντες ἐν ταῖς τῶν πυρῶν κηδεύουσι θυλακίσιν, ὡς πατέρας ἢ πᾶν τὸ φίλιον ἐν ταῖς σοροῖς οἱ ἄνθρωποι.

6.44. Ἵππος εἰ τυγχάνει κηδεμονίας, ἀμείβεται τὸν εὐεργέτην εὐνοίᾳ τε καὶ φιλίᾳ. καὶ ὁποῖος μὲν ἦν ὁ Βουκεφάλας εἰς Ἀλέξανδρον διαρρεῖ πανταχόσε ὁ λόγος, καὶ οὔ μοι λέγειν αὐτὸν ἥδιόν ἐστι. καὶ τὸν Ἀντιόχου δὲ ἵππον τὸν τιμωρήσαντα τῷ δεσπότῃ καὶ ἀποκτείναντα τὸν Γαλάτην ὅσπερ οὖν ἀπέσφαξε τὸν Ἀντίοχον ἐν τῇ μάχῃ (ὄνομα δὲ τῷ Γαλάτῃ Κεντοαράτης ἦν) ἐῶ καὶ τοῦτον. Σωκλῆς δὲ ἄρα (οὐ γάρ τί που πολλοὶ τόνδε μοι δοκοῦσιν ἐγνωκέναι) Ἀθηναῖος μὲν ἦν, καλὸς δὲ καὶ ἐδόκει καὶ ἐπεφύκει. οὗτος οὖν ἐπρίατο ἵππον ὡραῖον μὲν καὶ αὐτόν, ἐρωτικὸν δὲ ἰσχυρῶς καὶ οἷον σοφώτερον ἢ κατὰ τοὺς ἄλλους ὁρᾶν ἵππους. οὐκοῦν ἐρᾷ τοῦ δεσπότου δριμύτατα, καὶ προσιόντος ἐφριμάττετο καὶ ἐπικροτοῦντος ἐφρυάττετο, καὶ ἀναβαίνοντος ἑαυτὸν παρεῖχεν εὐπειθῆ, καὶ παρεστῶτος κατὰ πρόσωπον ὃ δὲ ὑγρὸν ἑώρα. καὶ ταῦτα μὲν ἐρωτικὰ ὄντα ἤδη ὅμως τερπνὰ ἐδόκει· ἐπεὶ δὲ ἦν ὥς τι καὶ δρασείων εἰς τὸ μειράκιον προπετέστερος, καὶ διέρρει λόγος ὑπὲρ ἀμφοῖν ἀτοπώτερος, ὁ Σωκλῆς οὐκ ἐνεγκὼν τὸ ἀπόφημον, ὡς ἐραστὴν ἀκόλαστον μισήσας ἀπημπόλησε τὸν ἵππον. ὃ δὲ οὐ φέρων τὴν ἐρημίαν τὴν ἀπὸ τοῦ καλοῦ, ἑαυτὸν τοῦ ζῆν ἀπήλλαξε λιμῷ βιαιοτάτῳ.

1 οὐραχοὺς] οὐραγοὺς **PAH** ‖ **4** ἀλοητοῦ] ἀλοη. (ex corr. sec. m. **P**) **H** : ἀλοα. **A** : ἀλοα. **V** (ante corr. **P**) | δεόμενοι] δεόμεναι **A** ‖ **6** ἀποκρῖναι] ut vid. ex corr. **L**, Jac., Her. : ἀποκρίναι codd. (ante corr. **L**) ‖ **11** τυγχάνει] τυγχάνοι **LA**, Her. **12** Βουκεφάλας] βουκέφαλος **PAH** ‖ **13** ὁ] om. **A** ‖ **17** τοῦτον] τοῦτο **V** | τί] τοι **V** ‖ **18** καὶ[1]] om. **VH** ‖ **21** ὁρᾶν] del. Her. ‖ **26** λόγος] ὁ λόγ. **A** ‖ **27** ἀπόφημον] ἀπόφημα **V** ‖ **28** ἀπημπόλησε] ex corr. **L** : ἀπεμπ. **V** (ante corr. **L**) **A** **29** ἀπήλλαξε] ἀπήλλαχε **L**

6.45. Νοοῦσι δὲ ἄρα ἀτταγᾶς μὲν ἀλεκτρυόνι ἔχθιστα, ἀλεκτρυὼν δὲ αὖ πάλιν ἀτταγᾷ, καὶ κορώνῃ κίρκος καὶ ἐκείνη ἐκείνῳ, καὶ πελαγίῳ ἱέρακι ὁ κόραξ καὶ κόρακι ἐκεῖνος, τρυγόνι τε κόραξ καὶ κίρκος, καὶ μέντοι καὶ ἡ τρυγὼν ἑκατέρῳ. πέπυσμαι δὲ καὶ πελαργὸν νυκτερίδα μισεῖν, καὶ ἐκείνην ἀντιμισεῖν ὡς πολέμιον, πελεκᾶνα δὲ μὴ νοεῖν φίλα ὄρτυγι. καὶ ἀμοιβὴν τοῦ μίσους ἀκούω εἶναι.

6.46. Ἀποκτίννυσι δὲ αἰετὸν μὲν τὸ καλούμενον σύμφυτον, τὴν δὲ ἶβιν ὑαίνης χολή, σκορόδου σπέρμα τὸν ψᾶρα, χαραδριὸν ἄσφαλτος, τὸν δὲ ἐχῖνον ὁ καλούμενος ποταμογείτων. ἐχῖνος δὲ αἰθυίας χολὴν οὐχ ὑπομένει. κίρκος καὶ λάρος καὶ τρυγὼν καὶ κόσσυφος καὶ τὸ γυπῶν ἔθνος ῥοιᾶς σίδην κοπεῖσαν εἰ διατράγοιεν, ἀπολώλασι. κέδρου τὸν καλαμοδύτην ἀπόλλυσι φύλλα, ἄνθος δὲ ἄγνου τὸν μελαγκόρυφον, κόρακα δὲ εὐζώμου σπέρμα. μύρῳ κάνθαρος ἀποθνήσκει, στέατι δορκάδος ὁ ἔποψ. κορώνη δὲ λυκοβρώτου κρέως λειψάνῳ περιτυχοῦσα ἀποθνήσκει. κορυδαλὸς νάπυος σπέρματι, γέρανος ἀμπέλου δάκρυον σπάσασα διεφθάρη.

6.47. Λαγὼ δὲ πέρι καὶ ἐνταῦθα ἔπεισιν εἰπεῖν τοιαῦτά μοι. εἰς τὴν κοίτην τὴν συνήθη οὐ πάρεισιν ὁ λαγὼς πρὶν ἢ ταράξαι τὰ ἴχνη, πῇ μὲν εἰσιὼν πῇ δὲ ἐξιών, ἵνα ἀφανίσῃ τὴν ἐκ τῶν θηρατῶν εἰς αὐτὸν ἐπιβουλήν, σοφίᾳ τινὶ φυσικῇ τὸ θηρίον τοὺς ἀνθρώπους αἱμυλώτατα ἀπατῆσαν.

6.48. Μήτηρ δὲ ἄρα καὶ ἡ θήλεια ἵππος ἀγαθὴ ἦν καὶ τοῦ πώλου τοῦ ἐξ αὐτῆς μεμνῆσθαι δεινή. ὅπερ οὖν κατεγνωκὼς Δαρεῖος ὁ κάτω εἶτα μέντοι ἐπήγετο εἰς τὰς μάχας ἐξ ὠδίνων ἵππους τὰ βρέφη καταλιπούσας οἴκοι. τρέφονται δὲ καὶ ὀρφανοὶ μητέρων οἱ πῶλοι γάλακτι ξένῳ, ὥσπερ οὖν καὶ οἱ ἄνθρωποι. οὐκοῦν ὅτε ἡ τροπὴ τῆς μάχης τῆς κατὰ τὸν Ἰσσὸν τὰ Περσῶν πιέζειν ὑπήρξατο, καὶ ἐνικᾶτο Δαρεῖος, ἵππον ἀνέβη θῆλυν, φυγῆς δεόμενος καὶ σωτηρίας ὠκίστης. ἣ δὲ ἄρα τοῦ καταλειφθέντος

4 δὲ] δε ἄρα **P** ‖ 6 πελεκᾶνα] πελεκάνα **AH** : πελεκάντα **V** ‖ 8 αἰετὸν] ἀετὸν **A** 10 ἐχῖνον] ἔλανον vel ἰκτῖνον Oud. | ἐχῖνος] ἔλανος vel ἰκτῖνος Oud. ‖ 11 κίρκος] κίρ. δὲ **L**, edd. ‖ 12 ῥοιᾶς σίδην] σίδην ῥοιὰς **V** : σίδην Her. ‖ 15 δορκάδος] δορκάδων **A** ‖ 16 κορυδαλὸς] κορυδαλὸν δὲ **V** : κορυδαλλὸς δὲ Her. 17 διεφθάρη] ἀποθνήσκει **V** ‖ 24 αὐτῆς] ἑαυτῆς **PH** ‖ 25 εἰς] ἐς **LPH** ‖ 27 οἱ^{2}] om. **A**

μνήμῃ, ὡς εἶχεν ἐπιθυμίας καὶ ποδῶν, τὸν δεσπότην ὑμνεῖται τῆς ἀκμῆς τῶν ἐπικειμένων κινδύνων ἐξαρπάσαι.

6.49. Ἡμίονος γέρων Ἀθήνησιν ὑπό γε τοῦ δεσπότου τοῦ ἰδίου τῶν ἔργων ἀπολυθείς, ὡς Ἀριστοτέλης λέγει [*HA* 577b30 ss.; fr. 270.20 Gig.], τοῦ μὲν φιλοπόνου καὶ ἐθελουργοῦ καθ' ἡλικίαν ἑαυτὸν οὐκ ἀφῆκεν. ἡνίκα γοῦν Ἀθηναῖοι κατεσκεύαζον τὸν Παρθενῶνα, οὔτε ἐπισύρων οὔτε ἀχθοφορῶν ὅμως τοῖς νέοις ὀρεῦσι προφορουμένοις τὴν ὁδὸν ἄκλητος καὶ ἑκὼν οἱονεὶ παράσειρος ᾔει, δορυφορῶν ὡς ἂν εἴποις καὶ παρορμῶν τὸ ἔργον τῇ βαδίσει τῇ κοινῇ δίκην τεχνίτου παλαιοῦ τοῦ μὲν αὐτουργεῖν ὑπὸ τοῦ γήρως ἀπολυθέντος, ἐμπειρίᾳ δὲ καὶ παλαιᾷ διδασκαλίᾳ ὑποθήγοντός τε ἅμα τοὺς νέους καὶ ἐπαίροντος. ταῦτα οὖν μαθόντες ὁ δῆμος τῷ κήρυκι ἀνειπεῖν προσέταξαν, εἴτε ἀφίκοιτο ἐς τὰ ἄλφιτα, εἴτε εἰς τὰς κριθὰς παραβάλοι, μὴ ἀνείργειν, ἀλλ' ἐᾶν σιτεῖσθαι εἰς κόρον, καὶ τὸν δῆμον ἐκτίνειν ἐν Πρυτανείῳ τὸ ἀργύριον, τρόπον τινὰ ἀθλητῇ σιτήσεως δοθείσης ἤδη γέροντι.

6.50. Κλεάνθην τὸν Ἄσσιον κατηνάγκασε καὶ ἄκοντα εἶξαι καὶ ἀποστῆναι τοῖς ζῴοις τὸ καὶ ἐκεῖνα λογισμοῦ μὴ διαμαρτάνειν ἀντιλέγοντα ἰσχυρῶς καὶ κατὰ κράτος ἱστορία τοιαύτη φασίν. ἔτυχεν ὁ Κλεάνθης καθήμενος καὶ μέντοι καὶ σχολὴν ἄγων μακροτέραν ἄλλως. οὐκοῦν καὶ μύρμηκες παρὰ τοῖς ποσὶν ἦσαν αὐτῷ πολλοί. ὃ δὲ ἄρα ὁρᾷ ἐξ ἀτραποῦ τινος ἑτέρας νεκρὸν μύρμηκα μύρμηκας ἄλλους κομίζοντας εἰς οἶκον ἑτέρων καὶ ἑαυτοῖς οὐ συντρόφων, καὶ ἐπί γε τῷ χείλει τῆς μυρμηκιᾶς ἑστῶτας αὐτῷ νεκρῷ, καὶ ἀνιόντας κάτωθεν ἑτέρους καὶ συνόντας τοῖς ξένοις ὡς ἐπί τινι εἶτα κατιόντας τοὺς αὐτούς, καὶ πλεονάκις τοῦτο. καὶ τελευτῶντας σκώληκα οἱονεὶ λύτρα κομίσαι, τοὺς δὲ ἐκεῖνον μὲν λαβεῖν, προέσθαι δὲ ὅνπερ οὖν ἐπήγοντο νεκρόν. καὶ ἐκείνους ὑποδέξασθαι ἀσμένως ὡς υἱὸν κομιζομένους ἢ ἀδελφόν. τί οὖν

1 ὑμνεῖται] ὑμνεῖτο **V** ‖ **6** ἀφῆκεν] ἀφεῖκεν **L** ‖ **8** προφορουμένοις] προφερουμένοις **L** : προφερομένοις **PAH** : προφερόμενος Ges. ‖ **9** ᾔει] εἴη **VH** **10** μὲν] μὲν οὖν **P** | αὐτουργεῖν] αὐτουργοῦ ***β*** ‖ **11** παλαιᾷ] del. Her. **12** ταῦτα—**13** δῆμος] ὁ δῆμ. οὖν μαθ. ταῦτα **A** ‖ **14** εἰς] ἐς **A** ‖ **15** σιτεῖσθαι] post κόρον transp. **A** | ἐκτίνειν] ἐκτείνειν **V** | ἐν Πρυτανείῳ] post ἀργύριον transp. **A** **18** τὸ] ante corr. **L** : τοῦ ex corr. sec. m. **L**, Ges., Her. ‖ **21** καὶ] del. Her. | παρὰ] περὶ ut vid. **H**, Her. ‖ **24** μυρμηκιᾶς] ex corr. **L** : μυρμηκίας (ante corr. **L**) **AH** **25** συνόντας] συνιόντας Her. ‖ **28** ἐπήγοντο νεκρόν] νεκ. ἐπή. **A**

πρὸς ταῦτα Ἡσίοδος λέγει, λέγων [*Op.* 277–279] ὅτι ἄρα ὁ Ζεὺς τὰς φύσεις ἀπέκρινε, καὶ οὖν καὶ ἰχθύσι μὲν καὶ θηρσὶ καὶ οἰωνοῖς πετεηνοῖς ἔδωκεν ἔσθειν ἀλλήλους, ἐπεὶ οὐ δίκη ἐστὶ μετ' αὐτοῖς, ἀνθρώποισι δ' ἔδωκε δίκην; ἀλλ' οὐκ ἐρεῖ ταῦτα ὁ Πρίαμος, εἴ γε καὶ ἐκεῖνος τὸν Ἕκτορα ἐλύσατο πολλῶν κειμηλίων καὶ θαυμαστῶν παρὰ τοῦ ἀνθρώπου ὁ ἄνθρωπος καὶ τοῦ ἥρωος καὶ τοῦ Διὸς ἐκγόνου καὶ ἐκεῖνος ὢν ἔκγονος τοῦ Διός [cf. Hom., *Il.* 24.469 ss.].

6.51. Κατηγορεῖ τῆς διψάδος τὸ ἔργον αὐτὸ ἡμῖν τὸ ὄνομα. καὶ ἔχεως μέν ἐστιν ὀλιγωτέρα τὸ μέγεθος, ἀποκτεῖναι δὲ ὀξυτέρα· οἱ γάρ τοι τῷ δήγματι προσπεσόντες ἐξάπτονταί τε εἰς δίψος καὶ πιεῖν ἀναφλέγονται καὶ ἀμυστὶ σπῶσι καὶ τάχιστα ῥήγνυνται. καί φησι μὲν Σώστρατος [fr. 5 Well.] λευκὴν εἶναι τὴν διψάδα, ἐπί γε μὴν τῆς οὐρᾶς ἔχειν γραμμὰς μελαίνας δύο. ἀκούω δὲ ὅτι καὶ πρηστῆρας αὐτὰς καλοῦσί τινες, καύσωνας δὲ ἄλλοι. γίνονται δὲ ἄρα ἐν Λιβύῃ τε καὶ Ἀραβίᾳ μᾶλλον. ὄχλον δὲ ἄρα ὀνομάτων ἐπαντλοῦσι τῷδε τῷ θηρίῳ καὶ ἄλλων. κέκληται δὲ καὶ μελάνουρος, ὥς φασι, καὶ ἀμμοάτης ὑπὸ ἄλλων· εἰ δὲ ἀκούσαις καὶ κεντρίδα, τὴν αὐτήν μοι λέγεσθαι νόει. δεῖ δὲ καὶ μῦθον τῷδε τῷ ζῴῳ ἐπᾷσαί με· ὅνπερ οὖν ἀκούσας οἶδα, οὐ σιωπήσομαι τοῦτον, ὡς ἂν μὴ δοκοίην ἀμαθῶς ἔχειν αὐτοῦ. τὸν Προμηθέα κλέψαι τὸ πῦρ ἡ φήμη φησί, καὶ τὸν Δία ἀγανακτῆσαι ὁ μῦθος λέγει καὶ τοῖς καταμηνύσασι τὴν κλοπὴν δοῦναι φάρμακον γήρως ἀμυντήριον. τοῦτο οὖν ἐπί τε ὄνῳ θεῖναι τοὺς λαβόντας πέπυσμαι, καὶ τὸν μὲν προϊέναι τὸ ἄχθος φέροντα, εἶναι δὲ ὥραν θέρειον, καὶ διψῶντα τὸν ὄνον ἐπί τινα κρήνην κατὰ τὴν τοῦ ποτοῦ χρείαν ἐλθεῖν. τὸν οὖν ὄφιν τὸν φυλάττοντα ἀναστέλλειν αὐτὸν καὶ ἀπελαύνειν, καὶ ἐκεῖνον στρεβλούμενον μισθόν οἱ τῆς φιλοτησίας δοῦναι ὅπερ οὖν ἔτυχε φέρων φάρμακον. οὐκοῦν ἀντίδοσις γίνεται, καὶ ὃ μὲν πίνει,

3 πετεηνοῖς] πετηνοῖς **P** : πετεινοῖς **H** | ἐστὶ μετ'] ἐστὶν ἐν **A** ‖ **4** ἀνθρώποισι] ἀνθρώποις **A** | δ'] δὲ **VA** | ἔδωκε] ἔδωκεν **L** ‖ **7** ἐκγόνου] ἐγγ. **A** | ἔκγονος] ἔγγ. **A** **14** μελαίνας δύο] δύο μελ. **A** ‖ **15** καύσωνας] καύσωνα **V** | γίνονται—**16** μᾶλλον] del. Her. ‖ **16** τε] om. **V** | Ἀραβίᾳ] ἀρραβίᾳ **A** ‖ **17** καὶ ἄλλων] καὶ ἄλλως **P** : del. Her. ‖ **18** ἀμμοάτης] ante corr. **L** : ἀμμοβάτης (ex corr. **L**) **PH**, edd. : ἁμμοβάτης **A** | ὑπὸ ἄλλων] del. Her. | ἀκούσαις] ἀκούσεις **V** | καὶ[2]] del. Her. ‖ **20** οἶδα] om. **V** οὐ—τοῦτον] del. Her. | τοῦτον] τοῦτο **V** ‖ **21** κλέψαι] om. **V** ‖ **24** ἐπί τε] ἐπὶ τῷ **AH** : ἐπὶ **V**, Her. ‖ **26** κατὰ] om. **V**

ὃ δὲ τὸ γῆρας ἀποδύεται, προσεπιλαβὼν ὡς λόγος τὸ τοῦ ὄνου δίψος. τί οὖν; ἐγὼ τοῦ μύθου ποιητής; ἀλλ' οὐκ ἂν εἴποιμι, ἐπεὶ καὶ πρὸ ἐμοῦ Σοφοκλῆς ὁ τῆς τραγῳδίας ποιητὴς [fr. 362 R.] καὶ Δεινόλοχος [*PCG* I, fr. 8; cf. test. 7] ὁ ἀνταγωνιστὴς Ἐπιχάρμου [test. 11 R.-N.; cf. *PCG* I, test. 2] καὶ Ἴβυκος ὁ Ῥηγῖνος [*PMG*, fr. 342] καὶ Ἀριστίας [fr. 8 Sn.] καὶ Ἀπολλοφάνης [*PCG* II, fr. 8] ποιηταὶ κωμῳδίας ᾄδουσιν αὐτόν.

6.52. Σοφὸν ἐλέφαντος ἔργον εἰ παραλίποιμι, φήσει μέ τις ἀγνοήσαντα οὐκ εἰπεῖν. ἔστι δὲ ἀκοῆς ἄξιον, καὶ διὰ ταῦτα ἀκούσωμεν αὐτοῦ. ὁ τῆς τούτου κομιδῆς ἐγχειρισθεὶς τὴν φροντίδα τῶν μὲν κριθῶν ὑφῄρει, λίθους δὲ ὑποπάττων ἐκείνῳ μὲν ἄβρωτον τὸ πλεῖστον εἰργάζετο, ἀπέσωζε δὲ τὸν ὄγκον τοῦ μέτρου πρὸς τὸν ἐπισκοποῦντα ἀμφοῖν δεσπότην. καὶ τέως διελάνθανεν. οὐκοῦν ὁ ἐλέφας ἀθάρην ἰδὼν ἕψοντα τὸν ἐπίβουλόν οἱ, τῆς ἄμμου τῆς ἐν ποσὶ τῇ προβοσκίδι χύδην ἀναλαβὼν ἐνέβαλεν εἰς τὴν χύτραν καὶ ἠμύνατο ἀνθ' ὧν ἔπαθε δι' ὧν ἐποίησεν εὐμηχάνως.

6.53. Οἱ μὲν ἄλλοι κύνες καὶ ἑλεῖν καὶ ἀνιχνεῦσαι τὰ θηρία σοφοί, οἱ δὲ Αἰγύπτιοι φυγεῖν δεινότατοι. τὰ γοῦν ἐν τῷ Νείλῳ δεδιότας ἄγει μὲν αὐτοὺς τὸ δίψος πιεῖν, ἡσυχῇ δὲ καὶ εἰς κόρον πιεῖν τὸ δέος οὐ συγχωρεῖ. καὶ διὰ ταῦτα οὐ πίνουσιν ἐπικύψαντες, ὡς ἂν μή τι τῶν κάτωθεν ἀνερπύσαν εἶτα ἐξαρπάσῃ αὐτούς. οὐκοῦν τὴν μὲν ὄχθην παραθέουσι, λάπτουσι δὲ τῇ γλώττῃ, ἁρπάζοντες ὡς ἂν εἴποι τις ἢ καὶ νὴ Δία κλέπτοντες τὸ πόμα.

6.54. Ἐχῖνος, οὐχ ὁ θαλάσσιος, ἀλλ' ὁ χερσαῖος, πολλὰ μὲν καὶ ἄλλα ὥς ἐστι πανοῦργος ἤδη μοι λέλεκται [3.10; 4.18], ὃ δὲ οὐκ εἶπον αὐτοῦ δολερὸν ἔργον, τοῦτο εἰρήσεται τὰ νῦν. μέλλων ἁλίσκεσθαι ἑαυτὸν συνειλήσας ἄληπτον ἐργάζεται, εἶτα μέντοι καὶ πιέζει τὸ πνεῦμα καὶ ἀκίνητος ἀτρεμεῖ καὶ τὸν τεθνεῶτα ὑποκρίνεται.

8 παραλίποιμι] παραλείποιμι **V** ‖ **9** δὲ] δὲ καὶ edd. ‖ **10** ἀκούσωμεν] ἀκούσομαι **V** | αὐτοῦ] αὐτό? Her. in app. ‖ **16** ἐνέβαλεν] ἀνέβαλεν ut vid. **V** ‖ **19** τὰ] τοὺς **V** **22** ἐξαρπάσῃ] ἐξαρπάζοιεν **A** ‖ **27** πανοῦργος] πανουργεῖν **V** ‖ **28** τὰ νῦν] τανῦν **PAH** : νῦν **V**

6.55. Αἱ λεπάδες, οὐκ ἂν αὐτὰς ἀποσπάσαις τῶν πετρῶν, οὐδὲ εἰ λάβοις δακτύλοις τοῦ Μίλωνος, ὅσπερ οὖν ἐγκρατέστατα καὶ εὐλαβέστατα τὴν ῥοιὰν κατεῖχεν, ὡς μὴ αὐτὴν ἀφελέσθαι τῶν ἀντιπάλων τινὰ τῆς δεξιᾶς αὐτοῦ. ὅστις δὲ ἐπιχειρεῖ λεπάδα ἀποσπάσαι τῆς πέτρας, ᾗ προσέχεται, γελᾷ μὲν μογῶν καὶ ἔχει θυμηδίαν. ἀδυνατεῖ γοῦν ἐγκρατὴς οὗ σπεύδει γενέσθαι. ξυομένη δὲ σιδήρῳ σχίζεται ἀπὸ τῆς πέτρας ὀψέ.

6.56. Στρατεύονται δὲ ἄρα οἱ Λίβυες οὐ μόνον ἐπὶ τοὺς γείτονας, ἵνα αὐτῶν πλέον ἔχωσιν, ἀλλὰ καὶ ἐπὶ τοὺς ἐλέφαντας· καὶ ἴσασί γε ἐκεῖνοι τῆς ὁδοῦ τῆς ἐπ᾽ αὐτοὺς τὴν ὑπόθεσιν οὐδὲν ἕτερον εἶναι ἢ τοὺς ὀδόντας. οἱ τοίνυν πηρωθέντες τὸν ἕτερον ἐπὶ μετώπου ἑστᾶσι, τῶν λοιπῶν προβαλλομένων αὐτούς, ἵνα οἳ μὲν ὑποδέχωνται τὴν πρώτην ὁρμήν, οἳ δὲ ἀμύνωσιν ἀκεραίῳ τῇ τῶν ὀδόντων ῥώμῃ καὶ ἰσοπαλεῖ, ἴσως δὲ τῶν Λιβύων καὶ καταφιλοσοφοῦντες καὶ ἐπιδεικνύντες αὐτοῖς ὅτι ἄρα οὐχ ὑπὲρ μεγάλου τοῦ ἄθλου κινδυνεύσοντες ἥκουσι. χρῶνται δὲ ἄρα τῷ μὲν τῶν ὀδόντων ὡς ὅπλῳ, καὶ τεθηγμένον αὐτὸν φυλάττουσι, τῷ δὲ ὡς σμινύῃ· καὶ γὰρ ἐν αὐτῷ ῥίζαν ὀρύττουσι καὶ δένδρα ἐκμοχλεύοντες ὑποκλίνουσιν.

6.57. Οὐ μόνον δὲ ἄρα ἦσαν ὑφαντικαὶ αἱ φάλαγγες καὶ εὔχειρες κατὰ τὴν Ἀθηνᾶν τὴν Ἐργάνην τε καὶ Πηνῖτιν θεάν, πεφύκεσαν δὲ ἄρα καὶ γεωμετρίαν δειναί. τὸ γοῦν κέντρον φυλάττουσι καὶ τὸν ἐξ αὐτοῦ κύκλον καὶ τὴν περιφέρειαν ἀκριβοῦσιν ἰσχυρῶς, καὶ Εὐκλείδου δέονται οὐδέν· κάθηνται γὰρ ἐν τῷ κέντρῳ μέσῳ ἐλλοχῶσαι τὴν ἑαυτῶν ἄγραν. ἦσαν δὲ ὡς ἰδόντι εἰπεῖν καὶ ὑφάντριαι γενναῖαι καὶ ἀκεστικὴν εὐπάλαμοι· καὶ ὅ τι ἂν διαρρήξῃς ἐκείνων τῆς εὐπήνου τε καὶ εὐμίτου σοφίας, αἳ δὲ ἀνακοῦνται, καὶ ἀπαθὲς καὶ ὁλόκληρον αὖθις ἀποδείκνυνται.

2 τοῦ] τοῖς τοῦ Her.‖ **5** γελᾷ μὲν] γελᾷ γε **A** : γελᾷ τε Jac. : γελᾶται Jac. in app., Her. | ἔχει] παρέχει Rei., Her. ‖ **10** καὶ] ὡς **V** ‖ **12** ἑστᾶσι] ἱστᾶσι **V** ‖ **14** Λιβύων] Ges. in mg., Her. : ἰνδῶν codd. ‖ **17** ὡς] om. **VA** | αὐτὸν] αὐτὸ **PA** ‖ **18** ῥίζαν] ῥίζας Her. ‖ **19** ἐκμοχλεύοντες] ἐκμοχλεύσαντες **L**, Her. ‖ **21** Πηνῖτιν] ex corr. **L** : πηνίτιν **V** : πινιτὴν ante corr. **L** : πινύτην (ut vid. ex corr. **P**) **H** : πινυτὴν (in mg. sec. m. **L**, ante corr. **P**) **A** ‖ **22** πεφύκεσαν] πεφύκασι Ges., Her. | ἄρα] del. Her. ‖ **25** ἐλλοχῶσαι] ἐλλοχῶσι **P** | ἦσαν] εἰσὶ Her. ‖ **26** ἰδόντι] del. Her. **27** ἐκείνων τῆς] τῆς ἐκείνων **V** ‖ **28** ἀποδείκνυνται] ἀποδείκνυται **PA**

6.58. Ἄνευ δὲ λογιστικῆς οἱ φοίνικες συμβαλεῖν ἐτῶν πεντακοσίων ἴσασιν ἀριθμόν, μαθηταὶ φύσεως τῆς σοφωτάτης ὄντες, καὶ διὰ ταῦτά τοι μήτε δακτύλων δεδεημένοι ἢ ἄλλου τινὸς εἰς ἐπιστήμην ἀριθμητικῆς. ὑπὲρ ὅτου δὲ ἴσασι τοῦτο καὶ εἰδέναι ἀνάγκη αὐτούς, δημώδης ἐστὶν ὁ λόγος. τὸν δὲ τῶν πεντακοσίων ἐτῶν χρόνον πληρούμενον ἴσασιν Αἰγυπτίων ἤ τις ἢ οὐδείς, ὀλίγοι δὲ κομιδῇ καὶ οὗτοι τῶν ἱερέων. καὶ οὗτοι γοῦν πρὸς ἀλλήλους ὑπὲρ τούτων οὐ ῥᾳδίως συμβῆναι ἔχουσιν, ἀλλὰ οἳ μὲν ἐρεσχελοῦσι σφᾶς αὐτοὺς ἐρίζοντες ἢ ὡς οὐ νῦν ἀλλ' ἐς ὕστερον ὅδε ὁ θεῖος ὄρνις ἀφίξεται ἢ ὡς ἐχρῆν ἥκειν· ὃ δὲ ἄλλως ἐκείνων ἐριζόντων ἀποσημαίνεται δαιμονίως τὸν καιρὸν καὶ πάρεστιν. οἳ δέ, θύειν ἀνάγκη αὐτοὺς καὶ ὁμολογεῖν ὅτι τὸν μὲν ἥλιον ἐν ταῖς λέσχαις καταδύειν ἄγουσι σχολήν, οὐκ ἴσασι δὲ ὅσα ὄρνιθες. ἐκεῖνα δέ, ὣ πρὸς τῶν θεῶν, οὐ σοφά, εἰδέναι ποῦ μὲν Αἴγυπτός ἐστι, ποῦ δὲ καὶ Ἡλιούπολις, ἔνθα αὐτῷ πέπρωται ἥκειν, καὶ ὅποι ποτὲ τὸν πατέρα καταθέσθαι χρὴ καὶ ἐν θήκαις τίσι; ταῦτα δὲ εἰ μὴ δοκεῖ θαυμαστά, ἆρά γε τὰ ἀγοραῖα καὶ τὰ ἐνόπλια καὶ τὰς ἄλλας τὰς τῶν ἀνθρώπων εἰς ἀλλήλους τε καὶ κατ' ἀλλήλων ἐπιβουλὰς ἐροῦμεν σοφά; ἐμοὶ μὲν οὐ δοκεῖ, ὦ Σισύφων καὶ Κερκώπων καὶ Τελχίνων ζηλωταὶ ἄνθρωποι. λέγω δὴ πρὸς τοὺς ἀκριβοῦντας ταῦτα, πρός γε μὴν τοὺς ἀτελέστους τοῖς προειρημένοις κακοῖς οὐ λέγω.

6.59. Τὸ δέ γε ἐνθυμητικὸν καὶ διαλεκτικὸν καὶ τὸ τοῦδε μᾶλλον ἢ τοῦδε αἱρετὸν εἰ καὶ τὰ ζῷα οἶδεν, εἰκότως ἂν εἴποιμεν διδάσκαλον τῶν ὅλων τὴν φύσιν ἄμαχον. ἐμοὶ γοῦν τις γευσάμενος διαλεκτικῆς καὶ κυνηγεσίων ἀμωσγέπως ἐχόμενος

1 λογιστικῆς] σοφιστικῆς **A** | συμβαλεῖν] συμβάλλειν **A** ‖ **3** μήτε] μηδὲ Her. **7** καὶ²] del. Her. ‖ **9** σφᾶς αὐτοὺς] σφᾶς ἑαυτοὺς **VPAH** | ἢ] del. Her. ‖ **10** ἥκειν] ἧκεν **A** ‖ **14** ὣ] ut vid. **V**, Jac., Her. : ὦ ante corr. **P** : ὢ ***β*** (ex corr. **P**) **15** Ἡλιούπολις] Ἡλίου πόλις **H**, edd. | ὅποι] ὁποί **L** : ὅπου Her. **16** τὸν—καταθέσθαι] κατ. τὸν πατ. **A** ‖ **17** ἆρά] ἄρα **VPH** ‖ **18** τὰς] om. **L** : del. Jac., Her. ‖ **19** σοφά] σοφία **H** | καὶ—20 Τελχίνων] καὶ τελ. καὶ κερ. ***β*** ‖ **20** δὴ] δὲ **A**, Her. ‖ **22** προειρημένοις κακοῖς] καλοῖς προειρημένοις **L** (fort. ex corr. **P**) **H** : καλοῖς προηρημένοις ante corr. **P** : καλοῖς προηρημένους **A** ‖ **23** γε] om. **A** : del. Her. | ἐνθυμητικὸν] ἐνθυμηματικὸν Her., fort. recte ‖ **24** αἱρετὸν] αἱρετὸν **L** : αἱρετικὸν Rei., Her. ‖ **25** ἐμοὶ γοῦν] ἔμοι γοῦν **VP** : ἔμοιγ' οὖν **AH** **26** διαλεκτικῆς] διαλεκτικῶς **V** | ἀμωσγέπως] ἀμω. **A**, Her.

τοιαῦτα ἔλεγεν. ἦν θηρατικὴ κύων, ἦ δ' ὅς. οὐκοῦν λαγὼ κατ' ἴχνια ᾔει. καὶ ὃ μὲν οὐχ ἑωρᾶτό πω, μεταθέουσα δὲ ἡ κύων ἐντυγχάνει που τάφρῳ, καὶ διαπορεῖ ἄρά γε ἐπὶ δεξιὰ ἄμεινον ἢ ἐπὶ θάτερα διώκειν· ὡς δ' ἀποχρώντως ἐδόκει σταθμήσασθαι, εἶτα εὐθύωρον ὑπερεπήδησεν. ὁ φάσκων οὖν διαλεκτικός τε εἶναι καὶ θηρατικὸς ταύτῃ πῃ συνάγειν τὴν ὑπὲρ τῶν λεχθέντων ἐπειρᾶτο ἀπόδειξιν. ἐπιστᾶσα ἡ κύων ἐσκοπεῖτο καὶ πρὸς ἑαυτὴν ἔλεγεν 'ἤτοι τῇδε ἢ τῇδε ἢ ἐκείνῃ ὁ λαγὼς ἐτράπετο. οὔτε μὴν τῇδε οὔτε τῇδε· ἐκείνῃ ἄρα.' καὶ οὔ μοι ἐδόκει σοφίζεσθαι· τῶν γὰρ ἰχνῶν μὴ ὁρωμένων ἐπὶ τάδε τῆς τάφρου, κατελείπετο ὑπερπηδῆσαι τὸν λαγὼν αὐτήν. εἰκότως οὖν ἐπήδησε καὶ αὐτὴ κατ' αὐτόν· ἰχνευτικὴ γὰρ καὶ εὔρινος ἐκεῖνος ἢ ἐκείνη γε ἡ κύων ἦν.

6.60. Μασσαγέται μέν, ὡς Ἡρόδοτος λέγει [1.216], τὸν φαρετρεῶνα πρό γε ἑαυτῶν κρεμάσαντες, εἶτα μέντοι ὁμιλεῖ τῇ θηλείᾳ ὁ ἄρρην ἐμφανῶς, εἰ καὶ ὁρῷεν αὐτοὺς οἱ πάντες, πεφροντικότες οὐδὲν ἐκείνων γε. καμήλων δὲ ὁμιλία οὐκ ἄν ποτε ἐμφανὴς γένοιτο, οὐδὲ ὁρώντων οἱονεὶ μαρτύρων· ἀλλὰ εἴτε αἰδῶ φαμεν εἴτε φύσεως δῶρον ἀπόρρητον, ταῦτα Δημοκρίτῳ τε καὶ τοῖς ἄλλοις καταλείπωμεν ἐλέγχειν τε καὶ τὰς αἰτίας οἴεσθαι λέγειν ἱκανοῖς ὑπὲρ τῶν ἀτεκμάρτων τε καὶ οὐ συμβλητῶν. ἤδη δὲ καὶ ὁ νομεὺς ἀπαλλάττεταί ποι, ὅταν αἴσθηται τῆς συμφοιτήσεως αὐτοῖς τῆς πρὸς ἀλλήλους τὴν ὁρμήν, ὥσπερ οὖν ἀφιστάμενος παριοῦσιν εἰς θάλαμον νύμφῃ τε καὶ νυμφίῳ.

6.61. Λυκοῦργος δὲ νομοθετεῖ νόμον φιλανθρωπότατον, ὡς ἐγῷμαι, νόμων, θάκων τε καὶ ὁδῶν ἀφίστασθαι τοῖς πρεσβυτέροις τοὺς νεωτέρους αἰδοῖ χρόνου εἰς ὃν εὔχονται πάντες ἀφικέσθαι, ἐάνπερ οὖν αὐτοῖς πεπρωμένον τοῦτο δήπου ᾖ. ποῦ δὲ ὁ γενναῖος ὁ τοῦ Εὐνόμου δύναιτο ἂν τοῖς τῆς φύσεως νόμοις ἁμιλλᾶσθαί τε καὶ ἀντικρίνεσθαι; ἐπαΐουσι γοῦν τὸ τῶν ἐλεφάντων γένος, ὦ Λυκοῦργοί τε καὶ Σόλωνες καὶ Ζάλευκοι καὶ Χαρῶνδαι, ὧνπερ οὖν

1 θηρατικὴ] θηρατὴς **V** ‖ **3** ἄρά] ἄρά **P** ‖ **11** ἰχνευτικὴ] corr. in ἰχνευτικὸς **P** : ἰχνευτικὸν Ges. ‖ **12** ἐκεῖνος ἢ] ἢ ἐκεῖνος ἢ **H** : del. Rei., Her. | ἦν] om. **VA** **13** Μασσαγέται] Μασαγέται **V** ‖ **15** ὁ—ἐμφανῶς] ἐμφ. ὁ ἄρρ. **A** | ὁρῷεν] ὁρῶσιν **A** ‖ **16** ἐκείνων] ἐκεῖνοί Her. ‖ **19** τοῖς] om. **VA** | καταλείπωμεν] καταλίπωμεν (-πο- **H**) **VAH** | οἴεσθαι] del. Her. ‖ **23** παριοῦσιν] παριᾶσιν **V** ‖ **25** νόμων] om. **V** : del. Her. | τε] δὲ **P** ‖ **26** χρόνου] χρόνων **V** | ὃν] οὓς **V** | ἀφικέσθαι] ἄρ' ἱκέσθαι **V** ‖ **27** ποῦ] πῶς Her.

ὑμεῖς νομοθετεῖτε οὐδὲ τὴν ἀρχήν, καὶ ὅμως δρῶσι τοιαῦτα, καὶ τροφῆς ἀφίστανται τοῖς πρεσβυτέροις οἱ νέοι, καὶ γήρᾳ παρειμένους θεραπεύουσιν αὐτούς, καὶ κινδύνων ῥύονται, καὶ εἰς ὀρύγματα ἐμπεσόντας οἳ δὲ ἀνάγουσι, φρυγάνων τινὰς ἀγκαλίδας καὶ φακέλλους ἐμβαλόντες, οἷσπερ οὖν ὡς ἀναβαθμοῖς χρώμενοι ἐκεῖνοι εἶτα ἀνίασι γήρᾳ βαρεῖς ὄντες. ποῦ δὲ ἠλόησε πληγαῖς πατέρα ἐλέφας; ποῦ δαὶ ἀπεκήρυξεν ὁ πατὴρ ὁ ἐν τούτοις τὸν υἱόν; ὑμῖν δὲ ἴσως, ὦ ἄνθρωποι, δοκῶ λέγειν μύθους τεχνίταις (εἰ τἀληθῆ λέγειν ἐθέλοιμεν) καὶ ποιηταῖς οὖσι τῶν μύθων καὶ τῶν ἀπιστουμένων.

6.62. Φιλοδέσποτον μὲν οὖν ὥς ἐστιν ὁ κύων, τεκμηριοῖ καὶ τὰ ἤδη λεχθέντα [1.7; 6.25], χρὴ δὲ ἄρα τάττειν αὐτοῖς καὶ ἐκεῖνό γε δήπου. Γέλων ὁ Συρακούσιος καθεύδων βαθύτατα ἐδόκει διόβλητος γεγονέναι. καὶ τὸ μὲν φάσμα ὄνειρος ἦν, ἐβόα δὲ καίτοι καθεύδων αὐτός, καὶ μάλα γε ὀξείᾳ καὶ διατόρῳ τῇ φωνῇ. κύων οὖν ὑπ᾽ αὐτῷ τραφεὶς ἀκούσας φίλου καὶ συντρόφου φθέγματος, ὥς τι τοῦ Γέλωνος ἐξ ἐπιβουλῆς παθεῖν κινδυνεύοντος, ὡς εἶχεν ὁρμῆς ἀναθορὼν ἐπὶ τὴν στρωμνὴν καὶ περιβὰς τὸν τροφέα, ὑλάκτει σφοδρότατα, οἷα δὴ ἀμυνόμενος τὸν ἐπιόντα. ἐξήγρετο τοίνυν ὁ Γέλων καὶ ὑπὸ τοῦ δέους καὶ ὑπὸ τῆς ὑλακῆς ἐκβαλὼν τὸν ὕπνον καίτοι βαθύτατον ὄντα.

6.63. Δράκων νήπιος νηπίῳ παιδί, τὸ γένος Ἀρκάδι, κἀκεῖνος ἐπιχώριος γίνεται σύντροφος. οὐκοῦν συνανιόντε τὴν ἡλικίαν καὶ ὁ παῖς ἦν μειράκιον καὶ ὁ σύντροφος ὑπέρμεγας ἤδη ἦν. καὶ ἀλλήλους μὲν ἐφίλουν, οἱ δὲ τῷ μειρακίῳ προσήκοντες ὠρρώδουν τοῦ θηρίου τὸ μέγεθος· τὸ γάρ τοι ζῷον τοῦτο, ὤκιστα μεγέθει

3 κινδύνων] ἐκ κινδ. Cob. (1884) ‖ **4** ὀρύγματα] ὄρυγμα **LPH** | τινὰς] corr. ex τινῶν **A** ‖ **5** φακέλλους] σφακέλλους **H** : φακέλους Her. | ἐμβαλόντες] ἐμβάλλοντες **A** ‖ **6** ἀνίασι] ἀνιᾶσι **VPAH** | δὲ] δαὶ Rei., Her., fort. recte ‖ **7** ποῦ δαὶ] ποῦ δὲ **VA** : πῶς δὲ **PH** ‖ **9** τεχνίταις] Schn., Her. : τεχνίτας **VLPA** : τεχνητοὺς **H** | εἰ τἀληθῆ] εἰ τὰ ἀληθῆ **VA** : εἶτα ἀληθῆ **P** : εἰτ᾽ ἀληθῆ **H** ἐθέλοιμεν] ἐθέλοιμι **V** | καὶ] om. **V** ‖ **10** καὶ] om. **V** : del. Her. ‖ **11** οὖν] del. Her. **12** τάττειν αὐτοῖς] τάττειν ἐπ᾽ αὐτοῖς aut παραττάτειν αὐτοῖς Jac. in app. : τάττειν σὺν αὐτοῖς Her. ‖ **13** Συρακούσιος] συρρακούσιος **VA** : Συρακόσιος **P**, Her. ‖ **14** καίτοι] καί τι **V** ‖ **15** αὐτός] del. Her. ‖ **19** ὑλάκτει] ὑλακτεῖ **A** ἀμυνόμενος] ἀμυνούμενος Her. ‖ **20** ὑπὸ[2]] om. **VH** ‖ **23** συνανιόντε] συνανιόντε τε **V** : συνανιόντες **LH**|καὶ] del. Her.

μὲν μέγιστον ἴδοις ἂν αὐτό, ὄψει δὲ φοβερώτατον. καθεύδοντα οὖν σὺν τῷ παιδὶ ἐπί γε τῆς κλίνης τῆς αὐτῆς ἀράμενοι ὡς ὅτι πορρωτάτω κομίζουσι, καὶ ὃ μὲν ὑπανέστη ὁ παῖς, ὃ δὲ ἔμεινεν ὁ δράκων. ὡς δὲ ὕλης ἐλάβετο καὶ τῶν ἐκεῖ φαρμάκων τῶν συμφυῶν, διέτριβεν ἐνταῦθα ταῖς τῶν δρακόντων τροφαῖς ἡδόμενος καὶ τὴν ἐρημίαν πρὸ τῶν ἀστικῶν διατριβῶν καὶ τῶν ἐν τοῖς δωματίοις προαιρούμενος ἐκεῖνος. διέρπων δὲ ὁ χρόνος τὸν μὲν ἀπέφηνε νεανίαν, τὸν δὲ εἰργάσατο δράκοντα ἤδη τέλειον. καί ποτε δι᾽ ἐρημίας ἰὼν ὁ Ἀρκὰς ὁ τοῦ ζῴου τοῦ προειρημένου ἐραστὴς καὶ ἐρώμενος λῃσταῖς περιτυγχάνει, καὶ παιόμενος ξίφει οἷα εἰκὸς ἐβόα, τὰ μὲν ἀλγῶν, τὰ δὲ καὶ συμμάχους παρακαλῶν. δράκων δὲ ἦν ἄρα ζῴων καὶ ἰδεῖν ὀξυωπέστατος καὶ ὤκιστος ἀκοῇ. οὐκοῦν ἐκεῖνος, ἅτε αὐτῷ συντραφείς, τοῦ φθέγματος ἀκούει, καὶ συρίσας ὀξύ, καὶ οἷον ὠργισμένος, ἐξέπληξε, τρόμος τε ἐκείνους καταλαμβάνει, καὶ πᾶν ὅσον ἦν κακοῦργον διασπείρονται ἄλλος ἄλλῃ, καὶ μέντοι καὶ καταληφθέντας τινὰς οἰκτίστῳ διαφθείρει τῷ θανάτῳ· τοῦ γε μὴν παλαιοῦ τὰ τραύματα καθήρας φίλου καὶ πᾶν ὅσον ἔνθηρον ἦν τοῦτο παραπέμψας, ᾤχετο ἀπιὼν ἔνθα αὐτὸν ἐξέθεσαν, οὔτε μηνίσας ὑπὲρ τῆς ῥίψεως, οὔτε ὡς οἱ κακοὶ τῶν ἀνθρώπων περιϊδὼν ἐν κινδύνῳ ὄντα τὸν τέως φίλτατον.

6.64. Ἡ ἀλώπηξ πονηρὸν ζῷόν ἐστιν, ἔνθεν τοι καὶ κερδαλέην οἱ ποιηταὶ καλεῖν φιλοῦσιν αὐτήν· πονηρὸν δὲ καὶ ὁ χερσαῖος ἐχῖνός ἐστι. καὶ ὃ μὲν ἑαυτὸν συνειλήσας κεῖται, θεασάμενος ἤκουσαν τὴν ἀλώπεκα, ἣ δὲ χανεῖν τε καὶ ἐνδακεῖν οὐ δυναμένη, κατούρησεν αὐτοῦ ἐς τὸ στόμα· ὃ δὲ ἀποπνίγεται, καὶ τοῦ πνεύματος ἔνδον ἐκ τῆς συνειλήσεως κατεσχημένου καὶ ἐπιρρέοντός οἱ τοῦ προειρημένου, καὶ μέντοι καὶ τὸν τρόπον

1 καθεύδοντα] καθεύδοντι **V** ‖ **2** τῆς^{2}] om. ***β*** ‖ **3** πορρωτάτω] πορρωτέρω **V** **4** φαρμάκων] φραγμῶν ut vid. **V** ‖ **6** ἀστικῶν] corr. in ἀστυκῶν **L** ‖ **9** ἐρημίας] ἐρημίαν **V** ‖ **10** περιτυγχάνει] ἐπιτυγχ. **A** ‖ **11** δράκων] ὁ δρά. **A** ‖ **12** ἦν ἄρα] ἄρα ἦν **LPH** | ἀκοῇ] ἀκοήν Her. ‖ **13** ἅτε] ἅτε ὡς **V** : ὁ τέως Jac. in app. ‖ **14** καὶ] del. Her. | ὠργισμένος] ὠργισμένως **L** | ἐξέπληξε] ἐξέπληξέ τε ἐκείνους **A**, edd. ἐκείνους] αὐτοὺς **A**, Her. ‖ **16** καταληφθέντας] ante corr. **P** : καταλειφθέντας **L** (ex corr. **P**) **A** | τῷ] del. Her. ‖ **17** καὶ—**18** παραπέμψας] loc. corrupt., Her. in app. ‖ **18** τοῦτο] καὶ τοῦτο **A** : κατὰ τοῦτο Jac. in app. ‖ **21** Ἡ] om. **V** κερδαλέην] corr. ex κερδάλην sec. m. **L** : κερδαλῆν **V** ‖ **25** κατούρησεν] κᾆτα οὔρησεν ***β***, edd.|καὶ] del. Her.

τοῦτον κακὸν κακὴ περιελθοῦσα τὸν ἐχῖνον ἡ ἀλώπηξ ᾕρηκεν αὐτόν. ἀνωτέρω [6.24] δὲ θήρα λέλεκται ἄλλη.

6.65. Περὶ τὸ Κωνώπιον οὕτω καλούμενον (χῶρος δὲ ἄρα τῆς Μαιώτιδός ἐστι) τοῖς ἀσπαλιευταῖς τε καὶ θαλαττουργοῖς ἀνδράσιν οἱ λύκοι δεινῶς παραμένουσι, καὶ εἰ θεάσαιο, οὐκ ἂν εἴποις αὐτοὺς κυνῶν οἰκουρούντων διαφέρειν. ἐὰν μὲν οὖν ἀπολάχωσι τῆς ἄγρας τῆς θαλαττίου μοίρας οἵδε οἱ λύκοι, εἰρηναῖα αὐτοῖς πρὸς τοὺς ἁλιέας καὶ ἔνσπονδά ἐστιν· εἰ δὲ μή, διαξαίνουσιν αὐτῶν τὰ δίκτυα καὶ ἀφανίζουσι, καὶ ἔδοσαν ὑπὲρ τῆς σφετέρας ἀμοιρίας ζημίαν οἱ λύκοι αὐτοῖς.

1 κακὴ] κακίᾳ ***β*** | ᾕρηκεν] ᾕρηκεν **VL** ‖ 3 Κωνώπιον] κανώπιον **PA** 4 Μαιώτιδός] μαιάτιδος **V** | ἀσπαλιευταῖς] ἁλιευταῖς **A** ‖ 5 δεινῶς] πιστῶς Her.‖ 7 θαλαττίου] θαλαττίας **A**

LIBER VII

7.1. Πέπυσμαι δὲ ἄρα καὶ ἀριθμητικῆς τὰς βοῦς οὐκ ἀμοίρους εἶναι τὰς Σουσίδας. καὶ ὡς οὐκ ἔστιν ἄλλως κόμπος τὸ εἰρημένον, μάρτυς ὁ λόγος ὁ λέγων ἐν Σούσοις τῷ βασιλεῖ βοῦς ἐς τοὺς παραδείσους πολλὰς ἐς τὰ ἧττον ἐπίρρυτα ἀντλεῖν ἑκάστην κάδους ἑκατόν. οὐκοῦν ἢ τὸν ἐπινησθέντα αὐταῖς ἢ τὸν συντραφέντα ἐκ πολλοῦ μόχθον προθυμότατα ἐκτελοῦσι, καὶ οὐκ ἂν βλακεύουσάν τινα θεάσαιο· εἰ δὲ πέρα τῆς προειρημένης ἑκατοντάδος ἕνα γοῦν προσλιπαρήσαις κάδον ἀνιμήσασθαι, οὐ πείσεις οὐδὲ ἀναγκάσεις οὔτε παίων οὔτε κολακεύων, λέγει Κτησίας [fr. 34a Lenf.].

7.2. Ὑπὸ τοῖς ποσὶ τοῦ Ἄτλαντος (ὄρος δὲ ἄρα τοῦτο ὑμνεῖται καὶ ὑπὸ τῶν συγγραφέων καὶ μέντοι καὶ ὑπὸ τῶν ποιητῶν) νομαί τέ εἰσι θαυμασταὶ καὶ ὗλαι βαθύταται, καὶ τό γε δάσος αὐτῶν ἔοικεν ἄλσεσι πάνυ σκιαροῖς καὶ συνηρεφέσιν. ἐνταῦθα δήπου τοὺς ἤδη παλαιοὺς τῶν ἐλεφάντων φασὶν ἀφικνεῖσθαι, γήρᾳ βαρεῖς ὄντας· ἄγει δὲ αὐτοὺς ἄρα ἡ φύσις ὥσπερ οὖν εἰς ἀποικίαν, ἀναπαύουσα ἤδη καὶ οἷον ὅρμον τινὰ καὶ λιμένα ποθητὸν ἀποφήνασα αὐτοῖς, ὅπου τοῦ βίου τοῦ σφετέρου τὸ λοιπὸν καταζῶσιν. ἀνεῖται δὲ αὐτοῖς καὶ πηγὴ ποτίμου τε ὕδατος καὶ καθαροῦ μάλα ἀφθόνως, νομίζονταί τε ἱεροί, καὶ ἀφίενται ἄσυλοι, καὶ παρά γε τῶν βαρβάρων τῶν τῇδε εἰλήφασιν εἰς ἀθηρίαν σπονδάς, καὶ ᾄδονταί τε ὡς ὑλαίοις τισὶ θεοῖς καὶ ναπαίοις τοῦ χώρου δεσπόταις πάνυ μέλονται. διαρρεῖ δὲ ὑπὲρ αὐτῶν καὶ ἐκεῖνος ὁ λόγος· ὡς ἄρα τις τῶν βασιλέων τῶν ἐπιχωρίων ἐπόθησε διά τε κάλλος τῶν ὀδόντων ἢ κεράτων καὶ τὸ μέγεθος ἀποκτεῖναί τινας αὐτῶν, ἵνα οἱ γένηται κτῆμα ἐξαίρετον· εἶναι γὰρ διά τε πολυετίαν καὶ πλῆθος χρόνου μέγιστον μέγιστα ἐκείνων τῶν ζῴων ταῦτα τὰ ὅπλα. ὡς δὲ εἰσῆλθεν ἥδε ἡ ἐπιθυμία αὐτόν, τριακοσίους λογάδας ἐξέπεμψε κατακεντιοῦντας τήνδε τὴν ἱερὰν

2 ἄρα] om. **A** ‖ 7 μόχθον] μόχθου **A** ‖ 14 σκιαροῖς] σκιεροῖς **A**, Her. 17 ἀναπαύουσα] ἀναπαύσασα Her. ‖ 19 καταζῶσιν] καταζώων **V** : καταζήσουσιν Her. ‖ 20 ἀφθόνως] ἄφθονος Her. ‖ 22 καὶ[1]] del. Her. | τε] γε **VA** 24 ὡς] καὶ **V** ‖ 25 τε] τὸ Her. | ἢ κεράτων] del. Her. | καὶ τὸ] τὸ **LP** : om. **A** 27 πλῆθος χρόνου] χρό. πλῆ. **A** ‖ 29 κατακεντιοῦντας] κατακοντιοῦντας Rei., Her.

ἀγέλην. καὶ οἳ μὲν ᾗ ποδῶν εἶχον διανύσαντες τὴν ὁδὸν ὡπλισμένοι καὶ δὴ τῷ χωρίῳ προσεπέλαζον, λοιμὸς δὲ αὐτοὺς ἄφνω συλλαβὼν κατέστρωσε, καὶ πλὴν ἑνὸς οἱ πάντες ἀπολώλασιν, ὅσπερ οὖν ἐπανελθὼν τὸ πάθος διηγήσατο τῷ πέμψαντι καὶ μάλα γε οἴκτιστον. οὕτω μὲν δὴ καὶ θεοφιλεῖς ἐφωράθησαν ὄντες ἐλέφαντες.

7.3. Ζῷον ἔστι Παιονικόν, καὶ κέκληται μόνωψ, καὶ ἔοικε ταύρῳ λασίῳ τὸ μέγεθος. οὗτος οὖν ὃν μόνωπα καλοῦσιν οἱ Παίονες, ὅταν διώκηται, ταραττόμενος ἀφίησι πυρῶδες καὶ δριμὺ ἀποπάτημα, ὡς ἀκούω, ὅπερ οὖν εἰ προσπέσοι τῳ τῶν θηρατῶν ἀπέκτεινεν αὐτόν.

7.4. Ἴδιον δὲ ἦν ἄρα ταύρου καὶ τὸ εὐπειθές, ἡμερωθέντος τε καὶ ἐς τὸ πρᾶον ἐκ τοῦ θηριώδους μεταβαλλομένου. μένουσι γοῦν καὶ ἐπὶ τῶν φερέτρων ἀκίνητοι, εἴτε ὑπτίους αὐτοὺς ἐθέλοις ἀτρεμεῖν εἴτε ἐπὶ στόμα, ὀκλάσαντας τοὺς προσθίους καὶ ἐπὶ τοῦ τένοντος φέροντας ἢ παῖδα ἢ κόρην. ὄψει δὲ ἄρα ταῦρον καὶ ἐπὶ τοῖς νώτοις γυναῖκα ἄγοντα, τὴν Εὐρώπην δή, καὶ μετέωρον ἑστῶτα ἐπὶ τῶν κατόπιν σκελῶν, καὶ τὸ πᾶν σῶμα ἐφ᾽ ὅτου δὴ κούφως ἐρείσαντα. εἶδον δὲ ἐπὶ ταύροις καὶ ὀρχουμένους καὶ ἀκινήτους ἐκείνους καὶ ἀτρέπτους ἑστῶτας.

7.5. Ἡ γῆ ἡ Λίβυσσα πολλῶν καὶ ποικίλων θηρίων γόνιμός ἐστι, καὶ μέντοι καὶ τὸ κατώβλεπον οὕτω καλούμενον καὶ αὐτὸ ἡ αὐτὴ ἔοικε τίκτειν [cf. Alex. Mynd., fr. 6 Well.]. καὶ ταύρῳ μέν ἐστι παραπλήσιον ὅσα ἰδεῖν, τὴν δὲ ὄψιν δοκεῖ βλοσυρώτερον. ὑψηλαὶ μὲν γὰρ αἱ ὀφρύες αὐτῷ καὶ δασεῖαι, οἱ δὲ ὀφθαλμοὶ ὑπόκεινται οὐ μάλα τι κατὰ τοὺς βοῶν μεγάλοι, βραχύτεροι δὲ καὶ ὕφαιμοι· καὶ ὁρῶσιν οὐκ εὐθύωρον, ἀλλὰ ἐς τὴν γῆν, ἔνθεν τοι καὶ κέκληται κατώβλεπον. λόφος δὲ ἄρα ἄνωθεν ἐκ τῆς κορυφῆς ἀρξάμενος αὐτῷ καὶ ἱππείᾳ τριχὶ παραπλήσιος διὰ τοῦ μετώπου κάτεισι, καὶ τὸ πρόσωπόν οἱ καταλαμβάνει, καὶ ἐργάζεται φοβερώτερον

3 κατέστρωσε] κατέτρωσε **LP** ‖ **6** ἐλέφαντες] οἱ ἐλέφαντες **AH** ‖ **8** ὃν—9 Παίονες] del. Her. ‖ **12** ἦν ἄρα] ἄρα ἦν **A** ‖ **13** μεταβαλλομένου] μεταβαλομένου Her. ‖ **14** τῶν φερέτρων] τὸν φέρετρον **A** | ἐθέλοις] ἐθέλεις **V** ‖ **15** προσθίους] πρόσθεν **V** ‖ **17** τὴν—δή] del. Her. ‖ **18** κατόπιν] κάτωθεν **LPH** : κάτω **A** **20** ἐκείνους—ἑστῶτας] ἑστ. καὶ ἀτρ. ἐκείνους **A** ‖ **22** αὐτὸ] αὐτὸ δὲ **LA** **24** παραπλήσιον] παραπλήσιος **LPH** | βλοσυρώτερον] βλοσυρώτερος **LP** **25** γὰρ] γὰρ πρόσω **A** ‖ **26** βοῶν] τῶν βοῶν edd. | δὲ] τε **V**

τῷ ἐντυχόντι. σιτεῖται δὲ ἄρα ῥίζας θανατηφόρους. ἐπειδὰν δὲ ὑποβλέψῃ ταυρηδόν, φρίττει μὲν παραχρῆμα καὶ ἐγείρει τὴν λοφιάν· ὑπανισταμένης δὲ ἄρα ταύτης καὶ ὀρθουμένης καὶ γυμνουμένων τῶν περὶ τὸ στόμα χειλῶν, ἐκπέμπει διὰ τῆς φάρυγγος ὀξειοβαρὲς καὶ βρομῶδες, ὡς καταλαμβάνεσθαι μὲν τὸν ὑπὲρ κεφαλῆς ἀέρα, τῶν δὲ ζῴων τὰ πλησιάζοντα ἀναπνέοντα τοῦτον κακοῦσθαι σφόδρα, καὶ ἀφωνίαις τε καὶ σπασμοῖς θανατώδεσι περιπίπτειν, καὶ ἄνθρωπος εἰ παραπέσοι. συνίησί τε τῆς αὑτοῦ δυνάμεως ὅδε ὁ θήρ· οἶδε δὲ αὐτὸν καὶ τὰ ζῷα, καὶ ὡς ὅτι πορρωτάτω ἀποδιδράσκει.

7.6. Ἐλεφάντων θήρας ἐπιστήμονες ᾄδουσιν ἡμῖν, ὅταν διώκωνται οἵδε οἱ θῆρες, ᾄττειν αὐτοὺς καὶ φέρεσθαι ῥώμῃ ἀμηχάνῳ καὶ ὁρμῇ ἀκατασχέτῳ, καὶ ἀναστέλλεσθαι ὑπὸ μηδενός, καὶ μέντοι καὶ διὰ τῶν μεγίστων ἵεσθαι δένδρων οἷον διὰ ληΐων, ὥσπερ οὖν στάχυς τινὰς κατακλῶντας τὰ δένδρα· καὶ πῇ μὲν τὰ δένδρα αὐτῶν ὑπερέστηκε καὶ τὰς κόμας ὑπερέχει, πῇ δὲ αὐτοὶ τῶν δένδρων εἰσὶν ὑψηλότεροι. θέουσι μὲν οὖν ἀνὰ κράτος, καὶ ὑποτέμνονται ταῖς ὁδοῖς τοὺς διώκοντας, καὶ εἰκότως· εἰσὶ γὰρ τῶν χωρίων ἠθάδες. καὶ ὅταν πολὺ ἀποσπάσωσι, καὶ πόρρω τῆς ἵππου τῆς μετελθούσης αὐτοὺς γένωνται, καὶ ἀναθαρρήσωσιν ὡς ἐν σκέπῃ τοῦ κινδύνου καὶ ἐλευθερίᾳ γενόμενοι, ἑστᾶσί τε καὶ ἀναπαύονται, τὴν ἐκ τοῦ δέους φροντίδα καὶ μάλα ἀσμένως ἐκβάλλοντες. ἐνταῦθά τοι τοῦ χρόνου καὶ μνήμη τροφῆς αὐτοὺς εἰσέρχεται· σιτοῦνται δὲ ἀκούω τήν τε σχῖνον ἀμφιλαφῆ τοῖς δένδροις περιπεφυκυῖαν καὶ κιττὸν ἄγριον τοῖς φυτοῖς ἐφέρποντα καὶ ὑπέρδασυν καὶ φοινίκων μέντοι τὰς ἁπαλάς τε καὶ νεαρὰς κόμας καὶ τῶν ἄλλων φυτῶν τοὺς ὅρπηκας καὶ τοὺς πτόρθους

1 τῷ ἐντυχόντι] τὸν ἐντυχόντα **β** ‖ **3** ὀρθουμένης] ἀνορθουμένης **V** ‖ **4** τὸ] om. **LPH** ‖ **5** ὀξειοβαρὲς] ante voc. lac. stat. Jac., Her. : ἀξιοβαρὲς **VA** : ὀξοβαρὲς Lob. | βρομῶδες] βριμῶδες **P** : βρωμῶδες Jac., Her. ‖ **8** καὶ—παραπέσοι] del. Her. ‖ **9** αὑτοῦ] Jac. : αὐτοῦ codd. : ἑαυτοῦ Her. ‖ **12** ῥώμῃ] ῥύμῃ Jac. in app., Her. ‖ **13** ἀμηχάνῳ] ἀμάχῳ Her. ‖ **14** καὶ[2]] om. **A** | ἵεσθαι] ἴεσθαι **V** **16** αὐτοὶ—17 δένδρων] τῶν δέν. αὐτ. **V** ‖ **19** ἀποσπάσωσι] ἀποσπασθῶσι **β** τῆς ἵππου] om. **β** ‖ **20** ἀναθαρρήσωσιν] ἀναθαρσήσωσιν **A** ‖ **21** ἑστᾶσί] ἕστωσάν **V** : ἕστασάν **A** ‖ **23** ἐκβάλλοντες] ἐκβάλοντες **V** | αὐτοὺς] αὐτοῖς **A** **24** ἀκούω] ὡς ἀκούω **A** | σχῖνον] σχοῖνον **β** ‖ **25** περιπεφυκυῖαν] πεφυκυῖαν **V** **27** τῶν] del. Her.

τοὺς ὑγροτέρους. εἰ δὲ οἱ διώκοντες πάλιν προσπελάζοιεν, οἳ δὲ εἰς φυγὴν ἐκτρέπονται αὖθις, καὶ πολὺ ἀποστάντες ἀναπαύονται. οἵ γε μὴν διώκοντες αὐλίζονται ἑσπέρας καταλαβούσης, καὶ ἐμπρήσαντες τὴν ὕλην εἶτα μέντοι τρόπον τινὰ τὴν ὁδὸν τὴν ὀπίσω διατειχίσαντες αὐτοῖς ἔστησαν. δεδοίκασι δὲ πῦρ οὐ μεῖον τῶν λεόντων οἱ ἐλέφαντες.

7.7. Ἀριστοτέλους ἀκούω λέγοντος [fr. 270.21 Gig.] ὅτι ἄρα γέρανοι ἐκ τοῦ πελάγους εἰς τὴν γῆν πετόμεναι χειμῶνος ἀπειλὴν ἰσχυρὰν ὑποσημαίνουσι τῷ συνιέντι. πετόμεναι δὲ ἄρα ἡσυχῇ αἱ αὐταὶ ὑπισχνοῦνται εὐημερίας τινὰς καὶ εἰρήνην ἀέρος, καὶ σιωπῶσαι δὲ ὅτι ἐστὶν ὑπεύδια τοὺς οὐκ ἀπείρως ἔχοντας τῇ σιωπῇ ὑπομιμνήσκουσιν αἱ αὐταί. ἐὰν δὲ καταπέτωνται καὶ βοῶσι καὶ ταράττωσί τε καὶ ταράττωνται, ἀπειλοῦσι καὶ ἐνταῦθα χειμῶνα ἰσχυρόν. ἐρωδιὸς δὲ κνεφαῖος βοῶν, τὰ αὐτὰ ἔοικεν ὑποδηλοῦν, ὡς αὐτὸς Ἀριστοτέλης φυλάξας λέγει [fr. 270.21 Gig.]· πετόμενος δὲ ἐρωδιὸς τῆς θαλάττης εὐθὺ ὕδωρ ἐξ οὐρανοῦ ῥαγήσεσθαι αἰνίττεται. εἰ δὲ εἴη χειμέρια, ᾄσασα γλαὺξ εὐδίαν μαντεύεται καὶ ἡμέραν φαιδράν· ἐὰν δὲ εὐδία μὲν ᾖ, ἣ δὲ ὑποφθέγγηται, χειμῶνα δεῖ προσδέχεσθαι. κόραξ δὲ ταχέως καὶ ἐπιτρόχως φθεγγόμενος καὶ κρούων τὰς πτέρυγας καὶ κροτῶν αὐτάς, ὅτι χειμὼν ἔσται κατέγνω πρῶτος. κόραξ δὲ αὖ καὶ κορώνη καὶ κολοιὸς δείλης ὀψίας εἰ φθέγγοιντο, χειμῶνος ἔσεσθαί τινα ἐπιδημίαν διδάσκουσι. κολοιοὶ δὲ ἱερακίζοντες, ὡς ἐκεῖνος λέγει [cf. Thphr., *Sign.* 16], καὶ πετόμενοι πῇ μὲν ἀνωτέρω πῇ δὲ κατωτέρω, κρυμὸν καὶ ὑετὸν δηλοῦσι. κορώνη δὲ ἐπὶ δείπνῳ ὑποφθεγγομένη ἡσυχῇ, ἐς τὴν ὑστεραίαν εὐδίαν παρακαλεῖ. φανέντες δὲ ὄρνιθες πολλοὶ μὲν τὸν ἀριθμόν, λευκοὶ δὲ τὴν χρόαν,

1 πάλιν] πάλαι **V** ‖ **2** καὶ—ἀναπαύονται] del. Her. | πολὺ] πάλιν Jac. in app. **4** ἐμπρήσαντες—ὕλην] τὴν ὕλην ἐμπ. **A** ‖ **7** Ἀριστοτέλους—λέγοντος] Ἀριστοτέλην ἀκούω λέγοντα **V** ‖ **8** πετόμεναι] πετόμενοι **PA** ‖ **9** ἰσχυρὰν] ἰσχυροῦ Her. ‖ **10** εὐημερίας τινὰς] εὐημερίαν τινὰ Her. ‖ **11** ἐστὶν] ἔσται Her. τῇ σιωπῇ] τῆς σιωπῆς **A** ‖ **12** καταπέτωνται] κάτω πέτωνται malit Jac. in com. : voc. corrupt., Her. in app. ‖ **13** καὶ ἐνταῦθα] κἀνταῦθα **A**, Her. **15** ὡς—λέγει] del. Her. ‖ **16** θαλάττης] θαλάσσης **VH** ‖ **17** ῥαγήσεσθαι] γενήσεσθαι **V** ‖ **19** δεῖ] δῇ **V** | ταχέως καὶ] τραχέως καὶ **V** : del. Her. ‖ **21** ἔσται] ἐστι **V** ‖ **22** φθέγγοιντο] φθέγγοιτο **A** ‖ **25** δείπνῳ] δείπνου Her. **26** ὑστεραίαν] ὑστέραν ***β***

χειμὼν ὅτι ἔσται πολὺς ἐκδιδάσκουσι. νῆτται δὲ καὶ αἴθυιαι πτερυγίζουσαι πνεῦμα δηλοῦσιν ἰσχυρόν. ὄρνιθες δὲ ἐκ τοῦ πελάγους εἰς τὴν γῆν σὺν ὁρμῇ πετόμενοι μαρτύρονται χειμῶνα. ἐρίθακος δὲ εἰς τὰ αὔλια καὶ τὰ οἰκούμενα περιϊὼν δῆλός ἐστι χειμῶνος ἐπιδημίαν ἀποδιδράσκων. ἀλεκτρυόνες γε μὴν καὶ ὄρνιθες οἱ ἠθάδες πτερυσσόμενοι καὶ φρυαττόμενοι καὶ ὑποτρύζοντες χειμῶνα δηλοῦσιν. ἀπειλοῦσι δὲ καὶ πνεῦμα λουόμεναί γε ὄρνιθες, καὶ ἀνέμων τινὰς ἐμβολὰς ὑποφαίνουσι. χειμῶνος δὲ ὄντος εἰς ἀλλήλους ὄρνιθες πετόμενοι καὶ δι' ἀλλήλων θέοντες σημαίνουσιν εὐδίαν. ὄρνιθες δὲ ἀθροιζόμενοι περί τε λίμνας καὶ ποταμῶν ὄχθας χειμῶνα ἐσόμενον οὐκ ἀγνοοῦσι. πάλιν τε ὄρνιθες οἱ μὲν θαλάττιοι καὶ οἱ λιμναῖοι ἐς τὴν γῆν ἰόντες ὡς ἔσοιτο χειμὼν πολὺς οὐκ ἀγνοοῦσιν, οἱ δὲ χερσαῖοι σπεύδοντες ἐς τὰ νοτερὰ εὐδίας ἄγγελοί εἰσιν, ἐὰν μέντοι σιωπῶσιν.

7.8. Αἰγυπτίων ἀκούω λεγόντων τὸν ὄρυγα συνιέναι τὴν τοῦ Σειρίου ἐπιτολὴν πρῶτον, καὶ τὴν ἐπιτολὴν μαρτύρεσθαι τῷ πταρμῷ αὐτόν. νεανιεύονται δὲ καὶ οἱ Λίβυες ἀνὰ κράτος φάσκοντες καὶ τὰς αἶγας παρ' αὐτοῖς προειδέναι τὸ αὐτὸ δήπου τοῦτο. αὗται μὲν καὶ μέλλοντα ὑετὸν προδηλοῦσιν. ἐπειδὰν γὰρ προέλθωσι τῶν σηκῶν, δρόμῳ καὶ μάλα γε ὤκιστα ὁρμῶσιν ἐπὶ τὸν χιλόν· εἶτα ἐμπλησθεῖσαι αὑτὰς ἐπιστρέφουσιν ἐς τὰ οἰκεῖα, καὶ ὁρῶσαι ἐκεῖσε οὕτω νέμονται, τὸν ποιμένα ἀναμένουσαι, ἵνα τὴν ταχίστην συνελάσῃ αὐτάς. καὶ Ἵππαρχος μὲν ἐπὶ Ἱέρωνος τοῦ τυράννου καθήμενος ἐν θεάτρῳ καὶ φορῶν διφθέραν, ὅτι τὸν μέλλοντα χειμῶνα ἐκ τῆς παρούσης αἰθρίας προηπίστατο ἐξέπληξε· καὶ ἐθαύμαζεν Ἱέρων αὐτόν, καὶ Νικαεῦσι τοῖς Βιθυνοῖς συνήδετο ὅτι Ἱππάρχου πολίτου ἔτυχον· ἐν Ὀλυμπίᾳ δὲ θεώμενον

3 εἰς] ἐς **VH** ‖ 4 εἰς] ἐς ***β*** | περιϊὼν] παριὼν Abr., Her. ‖ 5 γε] τε **PA** 6 φρυαττόμενοι] φρυασσόμενοι **L** ‖ 7 καὶ] del. Her. | λουόμεναί] λουόμενοί **V** : scribendum λούμεναί Her. in app. | γε] τε **PA** ‖ 8 καὶ] om. **V** ‖ 10 εὐδίαν] εὐδίᾳ **V** ‖ 12 θαλάττιοι] θαλάσσιοι **V** | ἰόντες] πεσόντες ex corr. **A** | ἔσοιτο] ἐσεῖται **V** : ἔσται Her. ‖ 16 τὴν ἐπιτολὴν] del. Her. | μαρτύρεσθαι] μαρτυρεῖσθαι (in mg. sec. m. **L**) **A** ‖ 17 αὐτόν] αὐτῶν **PA** : αὐτήν Her. ‖ 19 μὲν] fort. δὲ vel μέντοι Her. in app. ‖ 21 αὑτὰς] αὐτὰς **VPA** | ἐς] εἰς **P** ‖ 22 οὕτω νέμονται] ἀτρεμοῦσι Her. | τὸν] καὶ **V** ‖ 23 ἐπὶ Ἱέρωνος] Vale., dub. Jac. in com., Her. : ἐπὶ Νέρωνος **VPA** (ex corr. **H**), Ges., Jac. : ἐπίρωνος (νέ supra ρω, i.e. ἐπὶ νέρωνος sec. m.) **L** 26 Ἱέρων] Vale., Her. : Νέρων **VLH**, Ges., Jac. : ὁρῶν **PA**

Ἀναξαγόραν ἐν διφθέρᾳ καὶ αὐτὸν τὰ Ὀλύμπια ἐπιρραγέντος ὑετοῦ τὸ Ἑλληνικὸν πᾶν ᾔδεν, καὶ θειότερα νοεῖν ἢ κατὰ τὴν θνητὴν φύσιν ἐκόμπαζεν. ὅτι δὲ βοῦς, ἐὰν μέλλῃ ὕειν ὁ Ζεύς, ἐπὶ τὸ ἰσχίον τὸ δεξιὸν κατακλίνεται, ἐὰν δὲ εὐδία, πάλιν ἐπὶ τὸ λαιόν, θαυμάζει ἤ τις ἢ οὐδείς. καὶ ἐκεῖνα δὲ προσακήκοα ἐκπλῆξαι ἱκανά. βοῦς ἐὰν βοᾷ καὶ ὀσφραίνηται τῆς γῆς, ὕειν ἀνάγκη. ἄδην δὲ βόες καὶ πέρα τοῦ ἔθους ἐσθίοντες δηλοῦσι χειμῶνα. πρόβατα δὲ ὀρύττοντα ταῖς ὁπλαῖς τὴν γῆν ἔοικε σημαίνειν χειμῶνα, ἀναβαινόμενα δὲ τὰ αὐτὰ πώεα χειμῶνα ὁμολογεῖ. κοιμώμεναι δὲ ἀθρόαι αἱ αἶγες τὰ αὐτὰ ὁμολογοῦσιν. ὕες δὲ ἐν τοῖς ἀρόμασι φαινόμεναι ὑετοῦ φυγὴν διδάσκουσιν. ἄρνες δὲ ἄρα καὶ ἔριφοι ἀλλήλοις ἐμπηδῶντές τε καὶ ὑποσκιρτῶντες φαιδρὰν ἡμέραν ὁμολογοῦσι. γαλαῖ δὲ ὑποτρύζουσαι καὶ μύες ἐκείναις δρῶντες τὰ αὐτὰ χειμῶνα ἔσεσθαι συμβάλλονται ἰσχυρόν. λύκοι δὲ φεύγοντες ἐρημίας καὶ εὐθὺ τῶν οἰκουμένων ἰόντες χειμῶνος ἐμβολὴν μέλλοντος ὅτι πεφρίκασι μαρτυροῦσι δι᾽ ὧν δρῶσι. λέοντος δὲ ἐν τοῖς καρπίμοις χωρίοις ἐπιδημία αὐχμὸν δηλοῖ. σκιρτῶντα μὴν τὰ ὑποζύγια καὶ βοῶντα τοῦ ἔθους μᾶλλον νοτερὸν χειμῶνα ἐσόμενον δηλοῖ· εἰ δὲ καὶ ταῖς ὁπλαῖς κόνιν προσαναβάλλοιτο αὐτά, τὰ αὐτὰ δηλοῖ που. λαγῴ δὲ ἐν τοῖς αὐτοῖς χωρίοις ὁρώμενοι πολλοὶ δηλοῦσιν εὐδίαν. πάντων δὲ τούτων ἀπολείπονται οἱ ἄνθρωποι, καὶ ἴσασιν αὐτὰ ὅταν γένωνται.

7.9. Ἱεράκων πέρι καὶ ταῦτα προσακήκοα. οἱ τοῦ Ἀπόλλωνος ἐν τῇ Αἰγύπτῳ θεραπευταὶ λέγουσι καλεῖσθαί τινας οὕτως ἱερακοβοσκούς, οἵπερ οὖν εἰσι τῶν τοῦ θεοῦ ἱεράκων τροφεῖς τε καὶ μελεδωνοὶ μέντοι οἱ αὐτοί. πᾶν μὲν οὖν τὸ τῶν ὀρνίθων φῦλον ἀνεῖται τῷ θεῷ τῷδε, ἤδη δέ τινες ἐκεῖθι καὶ ἱεροὶ τρέφονται τροφῇ πεφροντισμένῃ, καὶ δοκοῦσι τῶν ἀναθημάτων διαφέρειν

2 τὴν] om. **VH** ‖ **3** ὕειν] ὕσειν **PA** ‖ **6** τῆς γῆς] del. Schn., Her. | ἄδην] in mg. ex corr. P : ἄδδην **AH** : ἄδειν ante corr. P ‖ **9** πώεα] πρωὶ πρώιον Schn., Her. χειμῶνα ὁμολογεῖ] χειμῶνος ὁμολογία **V** ‖ **10** ἀθρόαι] ἀθρόως **P** | αἱ] om. **VPAH** | ἀρόμασι] ante corr. **P** : ἀρώμασι (in mg. corr. **P**) **H** ‖ **13** ὑποτρύζουσαι] ὑποτρίζ. **P**, Her. ‖ **14** ἔσεσθαι] ἄγεσθαι ***β*** ‖ **17** μὴν] γε μὴν Her. ‖ **19** δηλοῖ] οἶδεν ***β*** | προσαναβάλλοιτο] προσαναβάλλοι Her. ‖ **20** αὐτά[1]] ταὐτὰ Her. | τὰ αὐτὰ] ταῦτα (in mg. sec. m. **L**) **PA**, Her. | λαγῴ] λαγωοὶ **A** ‖ **22** οἱ] om. **PA** | ὅταν] ex corr. L, Her. : ὅτε codd. (ante corr. **L**) | γένωνται] γίνονται **PAH** : γένηται Her. ‖ **26** τῶν ὀρνίθων] del. Her.

οὐδέν. οἱ τοίνυν τὴν τούτων ἐγκεχειρισμένοι κομιδὴν πρὸς τοὺς ἀγνοοῦντας λέγουσιν ἐν ταῖς νεοττιαῖς ἑκάστους (ἐν ἄλσει γὰρ ἱερῷ τρέφονται) τίκτειν· ὁμολογεῖσθαι δὲ τὴν ἄλλων μέν, ἐκ τούτων δὲ ἔτι καὶ μᾶλλον. τοῖς δὲ ἀρτιγενέσι προβάλλουσιν ὀρνίθων τεθηραμένων ἐξῃρημένους τοὺς ἐγκεφάλους, τροφὴν ἁπαλὴν νεοττοῖς ὑγροῖς· τοῖς γε μὴν τελείοις οὖσι παρατιθέασι σάρκας τε καὶ κρέα καὶ ἶνας, ὅσα ἰσχυρὰν τροφὴν ὄρνισιν ἁρπακτικοῖς ἐργάζεται· τῶν δὲ ἐν μεθορίῳ τῶν ἀρτιγενῶν καὶ τῶν ἤδη τελείων καρδίαι κεῖνται, καὶ τούτων λείψανα ὁρᾶται. καὶ ἥ γε διαφορότης ἡ προειρημένη τῆς τροφῆς ὁμολογεῖ ὅτι τὸ ἁρμόττον ἡλικίᾳ ἑκάστῃ καὶ πρόσφορον ἴσασιν οἱ ἱέρακες καὶ μάλα γε ἀκριβοῦσι τοῦτο, καὶ τῆς παρ' ἡλικίαν τροφῆς οὐκ ἂν ἅψαιντο. καθ' ὥραν δὲ ἄρα καὶ ὀρτύγων αὐτοῖς ἐπιδημίαι γίνονται, καὶ τῶν ἄλλων ὀρνίθων ἐπιφοιτῶσιν ἀγέλαι, καὶ ἔχουσιν οἵ γε ἱεροὶ ἐκεῖνοι καὶ ἐντεῦθεν θοίνην.

7.10. Κυνῶν ἐς τοὺς τρέφοντας αὐτοὺς ἄμαχον εὔνοιαν ὁμολογεῖ καὶ ἐκεῖνο δήπου. ἔν τινι τῶν ἐμφύλων πολέμων ἐν τῇ Ῥώμῃ Κάλβου τοῦ Ῥωμαίου σφαγέντος, οὐδεὶς μέντοι τῶν ἐχθρῶν τοῦ ἀνδρὸς ἠδυνήθη τὴν κεφαλὴν ἀποτεμεῖν, καίτοι μυρίων ἀγώνισμα τιθεμένων σφίσι καὶ καλλώπισμα τοῦτο, πρὶν ἢ τὸν παρεστῶτά οἱ κύνα ἀποκτεῖναι ὑπ' αὐτοῦ τραφέντα καὶ μέντοι καὶ τὴν εὔνοιάν οἱ πιστότατα ἀποσῴζοντα καὶ ὑπερμαχοῦντα τοῦ κειμένου, ὥσπερ οὖν συστρατιώτην τε καὶ σύσκηνον ἀγαθὸν καὶ ἐς τὰ ἔσχατα φίλον. οἷον δ' αὖ καὶ τόδ' ἔρεξεν [Hom., *Od.* 4.242] οὐκ ἀνὴρ μὰ Δία, ἀλλ' ἀγαθὸς κύων καὶ τὴν γνώμην καρτερός, μαθεῖν ἄξιον. ὁ Ἠπειρώτης Πύρρος ὡδοιπόρει, εἶτα μέντοι περιτυγχάνει νεκρῷ πεφονευμένῳ, καὶ κυνὶ παρεστῶτι καὶ

2 νεοττιαῖς] νεοττίαις **A** : νεοττείαις **LH** | ἐν[2]—3 τρέφονται] post διαφέρειν οὐδέν (cf. supra) transp. malit Jac. in app. ‖ **3** τρέφονται] τρέφεται **LP** : τρέφηται **A** | ὁμολογεῖσθαι] ἐπιμελεῖσθαι Jac. in app. | δὲ—4 τούτων] ἄλλων (ante et post ἄλλων vac.) ἐκ τούτων **V** : δὲ τῶν ἄλλων μὲν, τούτων Jac. in app. ‖ **7** κρέα καὶ] del. Trill., Her. ‖ **8** τῶν[1]] τοῖς **H**, Her. ‖ **9** κεῖνται] παράκεινται Her. ‖ **11** γε] om. **PAH** ‖ **12** ἡλικίαν] ἡλικίας **VA** ‖ **14** οἵ γε] γε οἱ Her. ‖ **16** αὐτοὺς] αὐτὸν **A** **17** ἐμφύλων] ἐμφυλίων **H**, Rei. ‖ **18** τῶν ἐχθρῶν] τὸν ἐχθρὸν **V** ‖ **21** ὑπ' αὐτοῦ] παρ' αὐτοῦ **V** : ὑπ' αὐτῷ Her. | καὶ μέντοι] om. **V** ‖ **23** τε] om. **V** ‖ **24** ἐς] εἰς **PA** τόδ'] τόδε **VLPH** | ἔρεξεν] ἔρρεξεν **LA** : ἔρεξα **V** ‖ **27** νεκρῷ πεφονευμένῳ] νεκρῷ **PA** : πεφονευμένῳ Her. | καὶ κυνὶ] om. **PA** | καὶ[2]] καὶ μέντοι καὶ Her.

φρουροῦντι τὸν δεσπότην, ἵνα μὴ πρὸς τῷ φόνῳ καὶ μέντοι καὶ τῷ νεκρῷ λυμήνηταί τις. ἔτυχε δὲ ἄρα τρίτην ἔχων ὁ κύων ἀπόσιτος τὴν ἡμέραν ἐπὶ τῇ φιλοπόνῳ καὶ καρτερικωτάτῃ φρουρᾷ. ὅπερ οὖν διδαχθεὶς ὁ Πύρρος τὸν μὲν ᾤκτειρε καὶ ταφῆς ἠξίωσε, τόν γε μὴν κύνα προσέταξε τυχεῖν κηδεμονίας, καὶ ἐδίδου ὅσα κυνὶ παρόντι ἐκ χειρός, καὶ μάλα γε ἱκανὰ καὶ ἐφολκὰ εἰς τὴν ἑαυτοῦ φιλίαν τε καὶ εὔνοιαν, κατὰ μικρὰ ὑπάγων τὸν κύνα ὁ Πύρρος. καὶ ταῦτα μὲν ἐς τοσοῦτον. εἶτα μέντοι οὐ μετὰ μικρὸν ἐξέτασις ὁπλιτῶν ἦν, καὶ ὁ βασιλεὺς ὃν προεῖπον ἐθεᾶτο, καί οἱ παρῆν ἐκεῖνος ὁ κύων. καὶ τὰ μὲν ἄλλα ἑαυτὸν σιγῇ εἶχε καὶ πραότατος ἦν· ἐπεὶ δὲ ἄρα τοὺς τοῦ δεσπότου φονέας ἐν τῇ τῶν στρατιωτῶν εἶδεν ἐξετάσει, ὃ δὲ οὐκ ἐκαρτέρησεν ἐνταῦθα ἀτρεμεῖν, ἀλλὰ ἐς αὐτοὺς ἐπήδα καὶ ὑλάκτει ἀμύσσων τοῖς ὄνυξι, καὶ ἐς τὸν Πύρρον ἅμα ἐπιστρεφόμενος ὡς οἷός τε ἦν ἐπήγετο μάρτυρα ὅτι ἄρα τοὺς ἀνδροφόνους ἔχει. οὐκοῦν ὑπόνοια εἰσέρχεται καὶ τὸν βασιλέα καὶ τοὺς περιεστῶτας αὐτόν, καὶ ποιοῦνται ἐνθύμιον τὴν τοῦ κυνὸς ὑλακὴν τὴν ἐς τοὺς προειρημένους. καὶ συλληφθέντες στρεβλοῦνται, καὶ κατεῖπον ὅσα ἐτόλμησαν. καὶ δοκεῖ μὲν μῦθος ταῦτα τοῖς ἄλλοις ὅσοι Διὸς ἑταιρείου καὶ φιλίου τοῦ αὐτοῦ θεσμὸν πατήσαντες εἶτα μέντοι ζῶντας προύδοσαν τοὺς φίλους καὶ ἀποθανόντας· ἐγὼ δὲ οὐ πείθομαι τοῖς νοοῦσι κακῶς τὰ τῆς φύσεως καλά, ἥπερ οὖν εἰ τοῖς ἀλόγοις μετέδωκεν εὐνοίας τε καὶ στοργῆς, πάντως που καὶ τῷδε τῷ ζῴῳ τῷ λογικῷ μετέδωκε μᾶλλον. ἀλλὰ οὐ χρῶνται τῷ δώρῳ. καὶ τί δεῖ τὰ λοιπὰ ἐπιλέγειν ὅσα ἄνθρωποι ὑπὲρ τοῦ πονηροῦ κέρδους κακὰ τοὺς ἑαυτῶν φίλους εἰργάσαντο, ἐπιβουλὰς ῥάπτοντες καὶ προδιδόντες; ὡς ἐμέ γε ἀλγεῖν εἴπερ οὖν ἀνθρώπων πιστότερος καὶ εὐνούστερος ἐλήλεγκται καὶ κύων ὤν.

7.11. Πολύποδος εἰς οὓς ἐμὸν καὶ ἐκεῖνο ἧκεν. ἦν πέτρα προήκουσα μέν, οὐ μὴν ἄγαν ὑψηλή. οὐκοῦν πολύπους ποτὲ

1 μέντοι καὶ] om. **PA** : del. Her. ‖ 2 τῷ νεκρῷ] τὸν νεκρὸν **A** ‖ 3 φιλοπόνῳ] φιλοπονίᾳ **V** ‖ 6 παρόντι] παρών τι Jac. in app. : ὀρέγεται Her. ‖ 8 μικρὸν] μακρὸν Jac., Her., fort. recte‖ 10 εἶχε] κατεῖχε Her.‖ 13 ἐς] εἰς **PA**‖ 14 ἅμα] θαμά Jac. in app. : θάμα Her. | οἷός] οἷόν **A** ‖ 17 ἐς] εἰς **P** ‖ 18 κατεῖπον] κατεῖπεν **V** 19 ἄλλοις] del. Her. ‖ 21 καὶ] om. **V** ‖ 25 λοιπὰ] πολλὰ **AH** | ὅσα] ὁπόσα Jac., Her. ‖ 27 ἐπιβουλὰς] ἐπιβουλὴν **V** | ῥάπτοντες] ῥίπτοντες **V** | ἐμέ γε] ἔμεγε Her. οὖν] om. **PA**‖ 28 καὶ[2]] del. Her.|ὤν] del. Rei., Her.

ἀνερπύσας εἶτα ἥπλωσε τὰς πλεκτάνας, καὶ μάλα γε ἀσμένως ὑπεθάλπετο (καὶ γὰρ οὖν καὶ χειμέρια ἐδόκει πως), οὐ μὴν ἑαυτὸν εἰς τὴν χρόαν τῆς πέτρας ἐκτρέψας ἤδη ἦν. πεφύκασι δὲ ἄρα δρᾶν τοῦτο οἱ πολύποδες καὶ τὰς εἰς ἑαυτοὺς ἐπιβουλὰς φυλαττόμενοι καὶ μέντοι καὶ αὐτοὶ τοὺς ἰχθῦς ἐλλοχῶντες. ἰδὼν οὖν ὀξὺ μέν, ἑαυτῷ δὲ οὐκ ἀγαθὸν τὸ θήραμα ἀετός, ὥσπερ οὖν ὁρμῆς τε ἅμα καὶ πτερῶν εἶχεν ἐμπηδᾷ τῷ πολύποδι, καὶ μέντοι καὶ δεῖπνον ἕξειν ἕτοιμον ἑαυτῷ τε καὶ τοῖς παισὶ τοῖς ἑαυτοῦ κατέγραφεν. πλόκαμοι δὲ ἄρα ἰχθύος ἐκείνου περιβάλλουσι τῷ ἀετῷ σφᾶς αὐτούς, καὶ ἀπρὶξ ἐχόμενοι εἶτα ἕλκουσι κάτω τὸν ἔχθιστον, καὶ χανὼν λύκος [*CPG* I, p. 273.20; II, p. 121.15] ὡς ἂν εἴποις εἶτα μέντοι νεκρὸς ἐπενήχετο τῇ θαλάττῃ ὁ ἀετὸς ὑπὲρ τοῦ δείπνου. μυρία μὲν δὴ τοιαῦτα πάσχουσιν ὄρνιθες, πλείω δὲ ἄνθρωποι· ἐν δὲ τοῖς ᾀδομένοις ὑφ' Ἡροδότου [1.214] Μασσαγέταις ὁ Καμβύσου Κῦρος ὁ ἕτερος καὶ μέντοι καὶ Πολυκράτης εἰς Ὀροίτου σπεύσας ὡς τὸν χρυσὸν ἁρπασόμενος καὶ ἄλλος [Call., fr. 2.5 Pf.],

τεύχων ὡς ἑτέρῳ τις ἑῷ κακὸν ἥπατι τεύχει.

καὶ ταῦτα μὲν οὐκ οἶδε τὰ ἄλογα, ἄνθρωποι δὲ οἱ εἰδότες οὐ φυλάττονται. καὶ τί δεῖ γλώττης καὶ λόγων καὶ διδασκάλων καὶ πληγῶν, ὦ Κῦρε καὶ Πολύκρατες; τοὺς δὲ ἄλλους ἐῶ· τί γάρ μοι κωφοῖς καὶ ἀνοήτοις συμβουλεύειν τὰ λυσιτελέστατα;

7.12. Μέγα μὴ νῦν φρονείτωσαν αἱ Παιονίδες γυναῖκες καὶ τὸ φρύαγμα αἱρέτωσαν δρῶσαι τὰ ὑμνούμενα. ἔστι δὲ ταῦτα. τῇ μὲν κεφαλῇ φέρουσιν ὑδρίαν μεστὴν ὕδατος, καὶ τὸν αὐχένα ἀνέστησαν, ὥστε αὐταῖς βαδιζούσαις ἄτρεπτόν τε καὶ ἀκλινῆ διαμένειν τὴν ὑδρίαν· ἐξαρτήσασαι δὲ τοῦ κόλπου θηλάζουσι τὰ βρέφη, καὶ εἰς τὸν βραχίονα τὸν ῥυτῆρα ἐνάψασαι τὸν τοῦ γήμαντος ἵππον εἰς ἀρδείαν ἄγουσι, καὶ ταῖς χερσὶ νῶσι λίνον.

2 ὑπεθάλπετο] ἐπιθάλπεται **V** ‖ **3** εἰς] ἐς *β* ‖ **4** καὶ] del. Her. | εἰς] om. **V** **6** θήραμα] θήραμον **P**|ὥσπερ οὖν] ὡς Her.‖ **7** ἐμπηδᾷ] ἐμπηδᾶν **V**‖ **8** τοῖς[1]] om. **PAH**‖ **9** ἰχθύος] del. Her.‖ **10** αὐτούς] ἑαυτούς **VPAH**‖ **12** θαλάττῃ] θαλάσσῃ **V** ‖ **14** ὑφ'] ἀφ' **V** ‖ **15** εἰς] ἐς **A** ‖ **16** ὡς] καὶ **VA** | ἄλλος] ἄλλως **VP** : ἄλλοις **H** **18** οἶδε] εἶδε **V**|οἱ] del. Her.‖ **21** ἀνοήτοις] ἀνοήτοις τε **V**‖ **22** μὴ νῦν] μὴ **V** : νῦν **PAH** : del. Her. ‖ **23** αἱρέτωσαν] ἐρρέτωσαν **V** | ταῦτα] τοιαῦτα Her. **26** ἐξαρτήσασαι] ἐξαρτύσασαι **V** | θηλάζουσι] φυλάξουσι **V** ‖ **28** εἰς] om. **VH** ἀρδείαν ἄγουσι] ἄρα διάγουσι **V**|νῶσι] νήθουσι (in mg. sec. m. **L**) **AH**

ταῦτά τοι καὶ Δαρεῖος ἐθαύμασεν, ὅτε Παίονες νεανίαι τὴν ἑαυτῶν ἀδελφὴν οὕτω σκευάσαντες, δικάζοντος αὐτοῦ, παρήγαγον αὐτήν, ἵνα εἰς ἔρωτα ἐμπεσὼν τῆς οὕτως ἀθρόας αὐτουργίας ἕλῃ Παίονας. ἀλλὰ ἡ φύσις πόσων Παίονων σοβαρωτέρα. κύων θηράσασα (λαγὼς δὲ ἦν τὸ ἄγρευμα αὐτῇ, καὶ ἐκύει ἡ κύων) ἐπεὶ δὲ τῆς σπουδῆς τῆς προκειμένης τετύχηκε, τῷ μὲν δεσπότῃ τοῦ θηράματος ἀπέστη, ἀναχωρήσασα δὲ ἐννέα φασὶ σκύλακας ἀποκυήσασα εἶτα ἐξέθρεψεν αὐτούς. εἰ δὲ Αἰγυπτίων αἱ γυναῖκες μέγα φρονοῦσιν ὅτι κἀκεῖναι τὴν ὠδῖνα ἀπολύσασαι καὶ ἐξαναστᾶσαι τῶν ἔργων ἔχονται τῶν κατὰ τὴν οἰκίαν, ἀκούσασαι τὸ τῆς κυνὸς ἔργον τῆς προειρημένης τοῦ φυσήματος ἀποστᾶσαι πάντως ἐγκαλύψονται.

7.13. Τὸ μὲν τοῦ ἡμιόνου τοῦ φιλοπόνου, καὶ τῆς δημοσίας αὐτῷ δοθείσης τροφῆς ἐξ Ἀθηναίων ὑπὲρ τοῦ ἐθελουργοῦ καθ' ἡλικίαν, Ἀριστοτέλης εἶπε [*HA* 577b30 ss.; fr. 270.22 Gig.] καὶ ἡμεῖς ἄνω που [6.49] καλῶς δρῶντες, τὸ δὲ τοῦ κυνὸς καὶ τοῦτο ἐν ταῖς Ἀθήναις γενόμενον εἰπεῖν οὐδὲν ἄτοπον. εἰς Ἀσκληπιοῦ παρῆλθε θεοσύλης τό τε μεσαίτατον τῆς νυκτὸς παραφυλάξας καὶ τῶν καθευδόντων τὸν βαρύτατον ὕπνον ἐπιτηρήσας, εἶτα ὑφείλετο τῶν ἀναθημάτων πολλά, καὶ ὥς γε ᾤετο ἐλελήθει. ἦν δὲ ἄρα σκοπὸς ἀγαθὸς ἔνδον κύων καὶ τῶν ζακόρων ἀμείνων εἰς ἀγρυπνίαν, ὅσπερ οὖν εἵπετό οἱ διώκων καὶ ὑλακτῶν, καὶ οὐκ ἀνίει, ἀλλὰ ᾗπερ οὖν ἔσθενε δυνάμει τὸ πραχθὲν μαρτυρόμενος. τὰ μὲν οὖν πρῶτα ἔβαλλεν αὐτὸν λίθοις αὐτός τε καὶ οἱ τῆς κακῆς ἐκείνης πράξεως κοινωνοί, τὰ δὲ τελευταῖα ὑποσείων ἄρτους τε καὶ μάζας· ἐπήγετο δὲ ἄρα καὶ ταῦτα δέλεαρ κυνῶν προμηθῶς, ὥς γε ὑπελάμβανεν. ἐπεὶ δὲ καὶ παρελθόντος εἰς τὴν οἰκίαν οὐ

1 ἑαυτῶν] αὐτῶν **V** ‖ 2 οὕτω] οὕτως **A** ‖ 3 οὕτως] om. **PA** ‖ 4 πόσων Παίονων] πόσῳ Παιονίδων Her. ‖ 5 ἡ] ὁ **V** ‖ 6 δὲ] del. Her. | τετύχηκε] ἐτετυχήκει Her. 8 Αἰγυπτίων] Λιγυστίνων Her. : Λιγυστίων Jac. in app., fort. recte | αἱ] om. **LH** ‖ 9 ὅτι] ὅτε **V** ‖ 13 καὶ—15 ἡλικίαν] del. Her. ‖ 14 ἐθελουργοῦ] ἐθελουργεῖν **A** ‖ 16 καλῶς δρῶντες] del. Her. ‖ 19 βαρύτατον] βαθύτατον Ber., Her. 22 ὅσπερ] ὥσπερ **VH** | καὶ[2]] om. **LA** : del. Her. ‖ 23 ἀλλὰ] ἀλλ' **PA** : del. Her. ἔσθενε] ἔθυνε **V** ‖ 24 ἔβαλλεν] ἔβαλεν **AH** | λίθοις] λίθον **V** ‖ 25 πράξεως] πραῶς **V** | ὑποσείων] ὑπέσειεν **H** : προύσειεν Hem., Her. ‖ 26 καὶ[2]] del. Her. καὶ[2]—κυνῶν] ante ἐπεὶ transp. **V** | ὥς γε] ὅσπερ **A** ‖ 27 ὑπελάμβανεν] ὑπελάμβανεν ἔα **V** | εἰς] ἐς **V**

κατήγετο ὑλάκτει καὶ πάλιν προϊόντος, ἐγνώσθη μὲν ὁ κύων ἔνθεν ἦν, τὰ λείποντα δὲ τῶν ἀναθημάτων ἐπόθουν αἱ γραφαί τε καὶ αἱ χῶραι ἔνθα ἀνέκειντο. συνέβαλον οὖν τοῦτον ἐκεῖνον εἶναι οἱ Ἀθηναῖοι, καὶ στρεβλώσαντες τὸ πᾶν κατέγνωσαν. καὶ ὃ μὲν ἐδικαιώθη τὰ ἐκ τοῦ νόμου, ὁ δὲ κύων ἐτιμήθη δημοσίᾳ τροφῇ καὶ κηδεμονίᾳ, οἷα δήπου φύλαξ πιστὸς καὶ τῶν νεωκόρων οὐδενὸς μείων κατὰ τὴν ἐπιμέλειαν.

7.14. Ἀγαθὴ δὲ ἄρα ἦν αἲξ καὶ τὴν τῶν ὀφθαλμῶν ἀχλὺν ἥνπερ οὖν παῖδες Ἀσκληπιαδῶν ὑπόχυσιν καλοῦσιν ἀκέσασθαι, καὶ λέγονταί γε οἱ ἄνθρωποι παρ' ἐκείνης μαθεῖν τόδε τὸ ἴαμα. τὸ δὲ ἄρα τοιοῦτόν ἐστιν. ὅταν αἲξ νοήσῃ τὸν ὀφθαλμὸν ἐπιθολωθέντα αὐτῇ, πρόσεισι βάτῳ, καὶ παραβάλλει τῇ ἀκάνθῃ τὸ ὄμμα, νύξαι αὐτό. καὶ ἣ μὲν ἐκέντησε, τὸ δὲ ὑγρὸν ἐξεχώρησε, μένει δὲ ἀπαθὴς ἡ κόρη, καὶ ὁρᾷ αὖθις, καὶ δεῖται σοφίας καὶ χειρουργίας ἀνθρωπικῆς οὐδὲ ἕν.

7.15. Ποταμὸν ἐλέφαντες διέρχονται οἱ μὲν ἔτι νέοι διανηχόμενοι· οἱ δὲ ἤδη τέλειοι, καὶ εἰ καλύπτοιντο ὑπὸ τοῦ ῥεύματος, ἀνέχουσι μέντοι τὰς προβοσκίδας ὑπὲρ τὸ ὕδωρ, τὰ δὲ ἀρτιγενῆ πώλια ἐπὶ τῶν ὀδόντων ἢ κεράτων φέρουσιν αἱ μητέρες. τῶν μὲν οὖν κινδύνων καὶ πόνων οἱ νέοι κατάρχονται, ποτοῦ δὲ ἄρα καὶ τροφῆς ἀφίστανται τοῖς πρεσβυτέροις αἰδῶ νέμοντες, καὶ τῶν Λυκούργου τιμῶντες τὸ γῆρας νόμων δέονται οἵδε οὐδέν. γήρᾳ δὲ παρειμένον ἐλέφαντα ἢ νόσῳ κατειλημμένον οὐκ ἄν ποτε οἱ συναγελαζόμενοι καταλίποιεν, ἀλλὰ πιστῶς παραμένουσι, καὶ ἀναρρῶσαι σπεύδουσι τῇ τε ἄλλῃ καὶ ἐὰν διώκωνται, καὶ ὑπὲρ αὐτοῦ μάχονται, καὶ τιτρώσκονται παρόντες, φυγεῖν δυνάμενοι. καὶ τὰ βρέφη δὲ τὰ νεαρὰ οὐκ ἄν ποτε αἱ τεκοῦσαι προδοῖεν, ἀλλὰ καὶ ἐκείνοις ἐκεῖναι πιστῶς παραμένουσι, καίτοι τῶν θηρώντων ἐγκειμένων, καὶ πρότερόν γε τὴν ψυχὴν ἀπολίποιεν ἂν ἢ τὰ

2 τε] om. **PA**‖ 7 κατὰ] καὶ **LP** : om. **V**‖ 8 αἲξ] ἡ αἲξ **VA**‖ 9 ὑπόχυσιν] ἀπόχυσιν **PA**‖ 10 ἴαμα] ὅραμα **PA**‖ 12 πρόσεισι] πρόεισι **P**|νύξαι αὐτό] ἀνοῖξαι αὐτό **PA** : ὡς νύξαι αὐτό **H** : del. Her. ‖ 15 οὐδὲ ἕν] οὐδέν **V** ‖ 19 ἢ κεράτων] del. Her. 22 τιμῶντες—γῆρας] del. Jac. in app., Her., fort. recte ‖ 23 κατειλημμένον] κατειλημένον **L** ‖ 24 καταλίποιεν] καταλείποιεν **PAH** ‖ 26 παρόντες] σπαίροντες **PAH** : παραμένοντες Rei., Her.‖ 28 θηρώντων] θηρίων **PA**‖ 29 γε] om. **PA**|ἀπολίποιεν] ἀπολείποιεν **PAH**

τέκνα. ἐγὼ δὲ ᾔδειν μειράκιον ὢν ἄνθρωπον πρεσβῦτιν Λαινίλλαν ὄνομα, καὶ ἐδείκνυτο ὑπὸ πάντων, καὶ ἐπ᾽ αὐτῇ μῦθος ἐλέγετο, καὶ ὅ γε μῦθος τοιόσδε ἦν. οἱ πρεσβύτεροι πρός με ἔφασκον ἐκείνην τὴν ἄνθρωπον ἐρασθεῖσαν οἰκέτου δριμέως αὐτῷ μὲν συγκαθεύδειν, κηλῖδα δὲ ἄρα παισὶ τοῖς ἑαυτῆς περιάπτειν. οἳ δὲ εὐγενεῖς ἦσαν, καὶ εἰς τὴν βουλὴν τὴν Ῥωμαίων ἐτέλουν ἐκ πατέρων τε καὶ τῶν ἄνω τοῦ γένους ἀρξάμενοι. οἱ τοίνυν αἰδούμενοι τῇ μητρὶ ἤχθοντο τοιαῦτα δρώσῃ, καὶ πράως ὑπενουθέτουν, καὶ τοῦ πραττομένου τὴν αἰσχύνην ἐπέλεγον ἡσυχῇ· ἣ δὲ κυμαίνουσα ἐκ τῆς ἐπιθυμίας, καὶ τὸν ἔρωτα ἐπίπροσθεν τῶν υἱέων ποιησαμένη, καταγορεύει αὐτῶν πρὸς τὸν ἄρχοντα, ὃς ἦν τότε, καὶ λέγει ὡς ἐπιβουλεύοιεν αὐτῷ. ὃ δὲ ἔχων εἰς διαβολὰς τὸ οὖς ῥᾴδιον, καὶ ὑπόπτης ὢν καὶ δειλός (πάθη δὲ ταῦτα ἀγεννοῦς διανοίας) ἐπίστευσε. καὶ οἳ μὲν οὐδὲν ἀδικοῦντες ἀπέθνησκον, ἣ δὲ ἆθλον τοῦ κατειπεῖν ἠνέγκατο δούλῳ συγκαθεύδειν ἀνέδην. ὦ πατρῷοι θεοὶ καὶ Ἄρτεμι λοχεία Εἰλείθυιαί τε θυγατέρες Ἥρας, τί οὖν ἂν ἔτι Μήδειαν εἴποιμεν τὴν Κόλχιν ἢ Πρόκνην τὴν Ἀτθίδα, τῶν ἐναγχός τε καὶ καθ᾽ ἡμᾶς παθῶν μνημονεύσαντες;

7.16. Τὰς χερσαίας χελώνας οἱ ἀετοὶ συλλαβόντες εἶτα ἄνωθεν προσήραξαν ταῖς πέτραις, καὶ τὸ χελώνιον συντρίψαντες οὕτως ἐξαιροῦσι τὴν σάρκα καὶ ἐσθίουσι. ταύτῃ τοι καὶ Αἰσχύλον τὸν Ἐλευσίνιον τὸν τῆς τραγῳδίας ποιητὴν τὸν βίον ἀκούω καταστρέψαι. καὶ ὁ μὲν Αἰσχύλος ἐπί τινος πέτρας καθῆστο, τὰ εἰθισμένα δήπου φιλοσοφῶν καὶ γράφων· ἄθριξ δὲ ἦν τὴν κεφαλὴν καὶ ψιλός. οἰηθεὶς οὖν ὁ ἀετὸς πέτραν εἶναι τὴν κεφαλὴν εἶτα μέντοι κατ᾽ αὐτῆς ἀφῆκεν ἣν κατεῖχε χελώνην, καὶ ἔτυχε τοῦ προειρημένου τὸ βέλος, καὶ ἀπέκτεινε τὸν ἄνδρα.

1 πρεσβῦτιν] πρεσβύτιν **A** : πρεσβύτην **P** | Λαινίλλαν] λαίνιλλαν **LPH** : λαίνιλαν **A** ‖ 6 εἰς] ἐς ***β*** | τὴν²] τὴν τῶν **V** ‖ 7 ἀρξάμενοι] del. Her. | τοίνυν] τοίνυν παῖδες Her. ‖ 8 δρώσῃ] δρῶσαι **V** ‖ 10 δὲ] δὲ καὶ **PA** ‖ 12 ὃς—τότε] del. Her. αὐτῷ] αὐτῇ **A** ‖ 13 διαβολὰς] διαβολὴν **V** ‖ 14 ἀγεννοῦς] ἀγενοῦς **P** ‖ 15 δούλῳ] τῷ (τὸ **A**) δούλῳ **PA** ‖ 16 ἀνέδην] ἀδεῶς ***β*** | ὦ] om. ***β*** ‖ 17 θυγατέρες Ἥρας] ἥρας θυγ. ***β*** | οὖν ἂν] ἂν οὖν **PA** : ἂν Her. | εἴποιμεν] εἴποιμι **V** ‖ 18 Κόλχιν] Ges., Jac. : κόλχην codd. : Κόλχον Her. | τε] om. **V** | ἡμᾶς] ἡμῶν **P** ‖ 22 ἐξαιροῦσι] ἐξαίρουσι **A** ‖ 24 καὶ] om. ***β*** ‖ 26 ὁ] del. Her.

7.17. Κηρύλος δὲ καὶ ἀλκυὼν ὁμόνομα καὶ συμβιοῖ. καὶ γήρᾳ γε παρειμένους αὐτοὺς ἐπιθέμεναι αἱ ἀλκυόνες περιάγουσιν ἐπ' αὐτῶν τῶν καλουμένων μεσοπτερυγίων. ἄνθρωποι δὲ καὶ τῶν ἀνδρῶν ὑπογηρώντων καταφρονοῦσι καὶ πρὸς τὰ μειράκια ἀφορῶσι· καὶ οἱ γήμαντες περὶ τὰς νέας μαίνονται, τῶν ἀφηλικεστέρων γαμετῶν ὤραν μὴ τιθέμενοι, καὶ οὐκ αἰδοῦνται οἱ ἔμφωνοι τῶν ἀλόγων ζῴων βιοῦντες ἀλογώτερον.

7.18. Λέγουσι δὲ οἱ περὶ τὴν καλουμένην Κοπτὸν δύο μόνους ὁρᾶσθαι κόρακας. ἀλλὰ καὶ τῶν Ῥωμαίων οἱ τὴν ὄρειον παραφυλάττοντες διὰ τὸ τῆς σμαράγδου μέταλλον διϊσχυρίζονται καὶ οἵδε τοσούτους ὄρνιθας τοῦ γένους τοῦδε οἰκεῖν καὶ ἐκεῖθι. νεὼς δὲ Ἀπόλλωνι τιμᾶται ἐν τῷ χωρίῳ ἐκείνῳ, οὗπερ οὖν ἱεροὺς εἶναί φασιν αὐτούς.

7.19. Καὶ ταύτῃ δὲ τὰ ἴδια τῶν ζῴων εἰπεῖν οὐ χεῖρόν ἐστι. νωθέστερά πως δοκεῖ πρόβατον καὶ ὄνος, ἄτολμα δὲ νεβροὶ καὶ πρόκες καὶ ζόρκες τε καὶ πύγαργοι καὶ οἱ λαγῴ, οὓς δὴ καὶ πτῶκας οἱ ποιηταὶ καλοῦσιν, ἐκ τοῦ πτώσσειν δηλονότι. καὶ ἄλλα καὶ τῶν πετεινῶν ἐστιν ἄτολμα, ὥσπερ οὖν οἱ στρουθοί, καὶ τῶν ἐνύδρων οἱ κεστρεῖς. ἀκόλαστα δὲ κυνοκέφαλοί τε καὶ τράγοι· οὗτοι μὲν καὶ ὁμιλεῖν γυναιξί φασιν αὐτούς, καὶ ἔοικεν αὐτὸ θαυμάζειν Πίνδαρος [fr. 201 S.-M.]. καὶ κύνες δὲ γυναιξὶν ἐπιτολμᾶν ἐλέχθησαν, καὶ μέντοι καὶ κριθῆναι λέγεται γυνὴ ἐν τῇ Ῥώμῃ μοιχείας ὑπὸ τοῦ γήμαντος, καὶ ὁ μὲν μοιχὸς ἐν τῇ δίκῃ κύων εἶναι ἐλέγετο. ἤκουσα δὲ κυνοκεφάλους καὶ παρθένοις ἐπιμανῆναι καὶ μέντοι καὶ βιάσασθαι ὑπὲρ τὰ μικρὰ μειράκια τὰ τοῦ Μενάνδρου τὰ ἐν ταῖς παννυχίσιν ἀκόλαστα [*PCG* VI 2, test.

1 Κηρύλος] Κήρυλλος **LPH** | ὁμόνομα—συμβιοῖ] ὁμόνομ (sic) καὶ σύμβιος **V** : om. **P** : ὁμόνομοι καὶ σύμβιοι Her. | καὶ[3]] ante voc. lac. stat. Her. ‖ **2** ἐπ'—3 τῶν[1]] ἐπὶ τῶν Her. ‖ **3** μεσοπτερυγίων] μεσοπτερύγων **V** ‖ **4** ἀνδρῶν] ἀνθρώπων **V** **5** μαίνονται] ἠνέμωνται **VA**, Her. ‖ **6** ὤραν] edd. : ὥραν **VLAH** : om. **P** ‖ **8** οἱ] οἱ Αἰγύπτιοι Her. ‖ **11** διϊσχυρίζονται] διϊσχυρίζοντο **V** ‖ **12** καὶ] del. Rei., Her. **13** οὗπερ] οὗσπερ **L** : ὥσπερ **H** ‖ **14** ταύτῃ] ταῦτα **P** | τὰ] om. **P** ‖ **16** τε] δὲ **V** πύγαργοι] Ges., Jac. in com., Her. : πύλαργοι **PA** : πυλαργοὶ **L** : πελαργοὶ **VH** ‖ **17** ἐκ—δηλονότι] del. Her. | καὶ—18 καὶ[1]] καὶ ἄλλα δὲ καὶ **A** : καὶ ἄλλα **VH** : ἀλλὰ καὶ Her. ‖ **18** ἐστιν] εἰσὶν **P** | ὥσπερ οὖν] del. Her. ‖ **20** οὗτοι μὲν] καὶ μέντοι Rei., Her. ‖ **23** ὑπὸ] ὑπό τινος **L** | μὲν] del. Her. ‖ **24** δὲ] δὲ καὶ **V** **25** μικρὰ] om. **PA** ‖ **26** τὰ] om. **L** : del. Her.

124]. λαγνίστατον δὲ καὶ ὁ πέρδιξ καὶ μοιχικόν. λάθρᾳ γοῦν ἐπὶ τὰς θηλείας καί πως ἀψοφητὶ λέγονται φοιτᾶν. τροφῆς δὲ τὴν κοινωνίαν ἥκιστα ἐνδέχονται κύνες. πολλάκις γοῦν καὶ ὑπὲρ ὀστέου ἀλλήλους σπαράττουσιν, ὥσπερ οὖν ὁ Μενέλεως καὶ ὁ Πάρις ὑπὲρ τῆς Ἑλένης. μόνους δὲ ἀκούω τοὺς Μεμφίτας κύνας εἰς μέσον τὰς ἁρπαγὰς κατατίθεσθαι καὶ ἐσθίειν κοινῇ. ἄσπονδον δὲ καὶ ἔκδικον ὁ σῦς. ἀλλήλων γοῦν οὗτοι νεκρῶν ἐσθίουσι. καὶ οἱ ἰχθῦς δὲ οἱ πλεῖστοι δρῶσιν αὐτό. ἀσεβέστατον δὲ ὁ ποτάμιος ἵππος· γεύεται γὰρ καὶ τοῦ πατρός. ἀναιδῆ δὲ καὶ μὴ ῥᾳδίως ὑποστελλόμενα μυῖαι καὶ κύνες.

Ἀγριώτατον δὲ λύκοι. λέγουσι δὲ οἱ Αἰγύπτιοι ὅτι καὶ ἀλλήλους ἐσθίουσι, καὶ τὸν τρόπον γε τῆς ἐπιβουλῆς ἐκεῖνόν φασιν. εἰς κύκλον ἑαυτοὺς περιάγοντες εἶτα μέντοι θέουσιν. ὅταν δέ τις αὐτῶν ὑπὸ τοῦ κατὰ τὸν δρόμον ἰλίγγου σκοτοδινιάσῃ καὶ περιτραπῇ, οἱ λοιποὶ κειμένῳ προσπεσόντες σπαράττουσιν αὐτὸν καὶ ἐσθίουσι. δρῶσι δὲ ἄρα τοῦτο ἐπὰν ἀθηρίᾳ περιπέσωσι. πρὸς γὰρ τὸ μὴ πεινᾶν πάντα λῆρον ἥγηνται ὥσπερ οὖν οἱ τῶν ἀνθρώπων κακοὶ πρὸς τὸ ἀργύριον.

Κακοηθέστατον δὲ ἄρα τῶν ζῴων ὁ πίθηκος ἦν, καὶ ἔτι πλέον ἐν οἷς πειρᾶται μιμεῖσθαι τὸν ἄνθρωπον. αὐτίκα γοῦν ἰδὼν ἐξ ἀπόπτου τροφὸν λούουσαν παιδίον ἐν σκάφῃ, καὶ πρῶτον μὲν ἀπολύουσαν τὰ σπάργανα, εἶτα δὲ ἐκ τοῦ λουτροῦ κατειλοῦσαν αὐτό, παραφυλάξας ἔνθα ἀνέπαυσε τὸ βρέφος, ὡς εἶδεν ἐρημίαν, εἰσέθορε διά τινος ἀνεῳγμένης θυρίδος, ἐξ ἧς οἱ καὶ πάντα σύνοπτα ἦν, καὶ ἄρας ἐκ τῆς εὐνῆς τὸ παιδίον, καὶ γυμνώσας ὡς ἔτυχεν ἰδών, καὶ κομίσας ἐς μέσον τὴν σκάφην, ζέον ὕδωρ (καὶ γὰρ ἦν ἐπί τινων ἀνθράκων θερμαινόμενον) τοῦ δυστυχοῦς παιδίου κατέχεε, καὶ μέντοι καὶ ἀπέκτεινεν αὐτὸ οἴκτιστα.

2 τὴν] om. **PA**‖ **3** γοῦν] οὖν **A**‖ **4** Μενέλεως] μενέλαος **V**‖ **5** Μεμφίτας] μεμφίτου **P** | εἰς] ἐς **VH** ‖ **11** οἱ] om. **PAH** ‖ **12** καὶ] om. **LH** | τὸν] om. **V** | γε] δὲ **LH** : del. Her. ‖ **13** περιάγοντες] περιαγαγόντες Her. ‖ **16** ἄρα] om. **PA** ‖ **17** πεινᾶν] πεινῆν Her. | ἥγηνται] ἡγοῦνται **P**‖ **20** γοῦν] οὖν **A** | ἰδὼν—**21** ἀπόπτου] ἰδὼν **A** ‖ **21** σκάφῃ] σκάφει **V** ‖ **22** ἀπολύουσαν] om. **P** : ὑπολ. Her. | δὲ] del. Her. **23** ἀνέπαυσε τὸ] ἀνεπαύετο τὸ Cob. (1884) ‖ **24** εἰσέθορε] ἀνέθορε **V** | οἱ καὶ] εἰ καὶ **P** : οἱ Her.|πάντα] τὰ πάντα **V**‖ **26** ἐς] εἰς **P**‖ **27** δυστυχοῦς] ἀτυχοῦς **PA**

Κακόηθες δὲ ἄρα καὶ ὕαινα ἦν καὶ ὅν φασι κοροκότταν. ἡ γοῦν ὕαινα πρὸς τὰ αὔλια νύκτωρ φοιτᾷ, καὶ μιμεῖται τοὺς ἐμοῦντας. ἀκούοντες δὲ καὶ οἱ κύνες προσίασιν ὡς ἐπ' ἄνθρωπον· ἣ δὲ αὐτοὺς συλλαμβάνει καὶ ἐσθίει. πανουργίαν δὲ κοροκόττα, ἣν ἤκουσα καὶ αὐτός, ἔοικα λέξειν νῦν. εἰς τοὺς δρυμοὺς ἑαυτὸν ἐγκρύψας εἶτα μέντοι τῶν ὑλουργούντων ἀκούει, καὶ καλούντων ἀλλήλους ἐξ ὀνόματος καὶ μέντοι λαλούντων αὐτά. εἶτα μέντοι μιμεῖται τὰς φωνάς, καὶ φθέγγεται, εἰ καὶ μυθῶδες τὸ εἰρημένον, ἀνθρωπίνῃ γοῦν φωνῇ, καὶ καλεῖ τὸ ὄνομα ὃ ἤκουσε. καὶ ὁ κληθεὶς πρόσεισιν, ὃ δὲ ἀναχωρεῖ καὶ πάλιν καλεῖ· ὃ δὲ καὶ μᾶλλον κατὰ τὴν φωνὴν ἔρχεται. ὅταν δὲ αὐτὸν τῶν συμπονούντων ἀπαγάγῃ καὶ ἔρημον ἀποφήνῃ, συλλαβὼν ἀπέκτεινε καὶ ποιεῖται τροφὴν τὸ ἐντεῦθεν φωνῇ δελεάσας.

7.20. Ἀμύνεσθαι δὲ τὸν προαδικήσαντα ὁ λέων οἶδε, καὶ εἰ μὴ παραχρῆμα αὐτῷ τιμωρήσαι [Hom., *Il.* 1.82–83],

ἀλλά τε καὶ μετόπισθεν ἔχει κότον, ὄφρα τελέσσῃ,
ἐν στήθεσσιν ἑοῖσι.

καὶ τούτου μαρτύριον Ἰόβας ὁ Μαυρούσιος [*FGrH* 275, fr.55] ὁ τοῦ παρὰ Ῥωμαίοις ὁμηρεύσαντος πατήρ. ἤλαυνέ ποτε διὰ τῆς ἐρήμης ἐπί τινα ἔθνη τῶν ἀποστάντων, καί τις αὐτῷ τῶν παραθεόντων μειρακίσκος εὐγενὴς μὲν καὶ ὡραῖος ἤδη δὲ θηρατικὸς λέοντά πως παρὰ τὴν ὁδὸν ἐκφανέντα ἀκοντίῳ βάλλει, καὶ σκοποῦ μὲν ἔτυχε καὶ ἔτρωσεν, οὐ μὴν ἀπέκτεινε. κατὰ σπουδὴν δὲ τῆς ἐλάσεως οὔσης, τὸ μὲν θηρίον ἀνεχώρησε, παρέδραμε δὲ καὶ ὁ τρώσας καὶ οἱ λοιποί. ἐνιαυτοῦ γε μὴν διελθόντος ὁλοκλήρου ὁ μὲν Ἰόβας κατορθώσας ἐφ' ἃ ἐστάλη, τὴν αὐτὴν ὑποστρέφων ἔρχεται κατὰ τὸν τόπον, ἔνθα ἔτυχεν ὁ λέων τρωθείς. καὶ ὄντος πλήθους παμπόλλου πρόσεισι τὸ θηρίον ἐκεῖνο, καὶ τῶν μὲν ἄλλων ἀπέχεται, συλλαμβάνει δὲ τὸν τρώσαντα πρὸ

2 νύκτωρ φοιτᾷ] νῦν φοιτᾷ νύκτωρ **V** | ἐμοῦντας] νεμοῦντας coni. Vara ‖ **3** καὶ] om. **P** : del. Her.|προσίασιν] προσιᾶσιν **VAH**‖ **5** αὐτός] αὐτήν Her.‖ **6** καὶ] del. Her. ‖ 7 μέντοι[1]] μέντοι καὶ Her. | αὐτά] ἅττα Jac. in app., Her., fort. recte **10** καλεῖ] om. **V** ‖ **15** τιμωρήσαι] τιμωρήσας **V** ‖ **16** τε] γε **V** : γα **H** | τελέσσῃ] τελέσῃ **LPH**‖ **17** στήθεσσιν] στήθεσιν **LPH**|ἑοῖσι] ἑοῖσιν **L**, Her.‖ **21** μὲν] τε **A** δὲ] δὲ καὶ Rei., Her.‖ **28** πρόσεισι] πρόεισι **PH**|ἐκεῖνο] om. **PA**

ἐνιαυτοῦ, καὶ τὸν θυμόν, ὅνπερ οὖν παρὰ τὸν χρόνον τὸν προειρημένον ἐφύλαττεν, ἀθρόον ἐκχεῖ καὶ διασπᾷ τὸ μειράκιον γνωρίσας. ἐτιμώρησε δὲ οὐδείς, φοβηθέντες ὀργὴν λέοντος ἰσχυρὰν καὶ δεινῶς ἐκπληκτικήν· ἄλλως τε καὶ ἡ πορεία ἤπειγεν.

7.21. Καρκίνων γένη διάφορα καὶ φῦλα ποικίλα ἀκούω εἶναι. καὶ γὰρ οὖν καὶ πετραῖοί εἰσιν· ἀλλὰ καὶ πηλοὶ τίκτουσι καρκίνους, καὶ φυκία καὶ ψάμμος. ἰδέαι τε αὐτῶν καὶ ἐπωνυμίαι πολλαί. πλανῶνται δὲ δεῦρο καὶ ἐκεῖσε καλούμενοι δρομίαι (ὧδε γὰρ ἐπαινεῖν αὐτοὺς πρεπωδέστατον)· ἀτρεμεῖν γὰρ καὶ ἡσυχάζειν ἐπὶ τῆς αὐτῆς χώρας οὔτε ἐθέλουσιν οὔτε πεφύκασιν, ἀλλὰ περὶ τοὺς αἰγιαλοὺς ἀλῶνται, ὅθενπερ καὶ ἐξέφυσαν· ἤδη δὲ καὶ στέλλονται πορρωτέρω, ὥσπερ οὖν οἱ τῶν ἀνθρώπων φιλαπόδημοι. ἡ δὲ πρόφασις τῆς πλάνης εἰς τὰ πετρώδη χωρία ἐλθεῖν καὶ ἐς τὰ πηλώδη πολλάκις· ὑπόθεσις δὲ αὐτοῖς τῆς τοσαύτης ἄλης τὸ ἐθέλειν πλείονός τινος ἀπολαῦσαι. ἐν δὲ τῷ Θρᾳκίῳ Βοσπόρῳ ἐπειδὰν τὸ ῥεῦμα βίαιον ἐκ τοῦ Πόντου καταφέρηται, βούλονται μὲν οἱ καρκίνοι πρὸς ἐναντίον ὠθούμενοι τὸν ῥοῦν βαδίζειν, ταῖς δὲ ἄκραις ὡς τὸ εἰκὸς βιαιότερον τὸ ῥεῦμα περιρρήγνυται. τοὺς οὖν καρκίνους ὠθήσει τε πάντως καὶ ἀνατρέψει, εἰ μέλλουσιν ἰέναι τῷ ῥῷ ὁμόσε. οἳ δὲ ταῦτα προϊσασι, καὶ ἐπειδὰν ἀφίκωνται τῆς ἄκρας πλησίον, ἕκαστος ἔν τινι κολπώδει χωρίῳ εἶτα ἑαυτὸν ἐπέχει, καὶ τοὺς λοιποὺς ἀναμένει. εἶτα ἀθροισθέντες ἐν ταὐτῷ προσανέρπουσιν εἰς τὴν γῆν, καὶ ἀναρριχῶνται ἐπὶ τοὺς κρημνούς, καὶ τὸ μάλιστα ῥοῶδες καὶ βίαιον τοῦ πελάγους πεζοὶ διέρχονται. εἶτα ἔξω τῆς ἄκρας γενόμενοι καὶ παραμείψαντες αὐτὴν εἰς τὴν θάλατταν κατίασιν αὖθις. φείδονται δὲ αὐτῶν οἱ ἁλιεῖς, ὅτι ἑκόντες ἐπὶ τὴν γῆν προσέρπουσι, σωθῆναι δεόμενοι ὁμοῦ αὐτοῖς. οὔκουν αὐτοῖς ὑπομένουσι τοῦ κλύδωνος ἀγριώτεροι δοκεῖν οἱ ἄνθρωποι.

4 ἐκπληκτικήν] ἐκπλήττονται **V** ‖ **6** καὶ[2]] om. **PA** ‖ **8** καλούμενοι] καλούμεναι **LP** : οἱ καλούμενοι Schn., Her. | ὧδε γὰρ] οὓς **H** : om. **VLP** ‖ **9** ἐπαινεῖν] καλεῖν Her. ‖ **13** ἡ—**14** πολλάκις] del. Her. | εἰς] ἐς **LPA** ‖ **16** ῥεῦμα] πνεῦμα **A** ἐκ—Πόντου] ἐκ πόντου **P** : om. **A** ‖ **17** καταφέρηται] ἐκφέρηται **A** ‖ **18** ταῖς] ἐν **PA** ‖ **20** ἀνατρέψει] ἀποτρέψειε **A** | εἰ] om. **PA** | μέλλουσιν] μέλλοιεν Her. ‖ **22** εἶτα ἑαυτὸν] del. Her. ‖ **23** εἰς] ἐς **LPA** ‖ **26** εἰς] ἐς **LPH** | θάλατταν] θάλασσαν **V** κατίασιν] κατιᾶσιν **VPA** ‖ **27** ὅτι] ὅτε **A** ‖ **28** αὐτοῖς[2]] del. Her.

7.22. Ζηλοτυπίαν ζῴου φρονιμωτάτου καὶ μέντοι καὶ σωφρονεστάτου ἄνω που [3.42; 5.28] οἶδα εἰπών (πορφυρίων δὲ ἄρα τὸ ζῷον ἦν, εἴ τι μέντοι καὶ παρ' ἡμῖν μνήμης ὑγιοῦς ἀγαθόν ἐστιν), ἤδη δὲ καὶ κυνίδιον μοιχοῖς πολέμιον καὶ ἔχθιστον τῷδε τῷ φύλῳ πέπυσμαι Σικελικόν. ὁ μὲν μοιχὸς ἔνδον ὑπεκρύπτετο, τῆς γυναικὸς τῆς μάχλου πυθομένης ἥκειν τὸν ἄνδρα ἐξ ἀποδημίας, καί, ὥς γε ᾤετο, σκέπης ἐν καλῷ εἶναι· οἱ γάρ τοι τῶν οἰκετῶν δεκασθέντες, ὅσοι γοῦν τῇ δεσποίνῃ τὸ κακὸν συναπέκρυπτον (ἦσαν δὲ ἄρα ὅσοι κατόπτρων καὶ μύρων ἐπιστάται, φησὶν Εὐριπίδης [*Or.* 1112]), καὶ οἱ θυρωροὶ δὲ εἶτα μέντοι θαρρεῖν ἐποίουν τὸν τῆς εὐνῆς κλῶπα. οὐ μὴν ἀπήντησε ταύτῃ ταῦτα, ἐπεὶ καὶ πολλοῦ δεῖ· τὸ γάρ τοι κυνίδιον, ἔνθα ὁ μοιχὸς ἦν, ὑλακτεῖ τε ἅμα καὶ μέντοι καὶ ταῖς θύραις τοὺς πόδας προσαράττει, ὡς ἐκπλῆξαι τὸν δεσπότην καὶ συμβαλεῖν ἐκ τοῦ δρωμένου κακὸν εἶναί τι ὑπολανθάνον. καὶ οἷα εἰκὸς δείσας, τὰς θύρας ἐκβαλὼν τὸν μοιχὸν καταλαμβάνει. καὶ εἶχε ξίφος ἐκεῖνος, καὶ νύκτα ἀνέμενεν, ἵνα ἀποκτείνῃ τῆς οἰκίας τὸν δεσπότην καὶ τὴν προειρημένην ὑπογήμῃ γυναῖκα.

7.23. Σοφὰ δὲ αἰγῶν ἐστι καὶ ἐκεῖνα. πτύελον ἀνθρώπου θανατηφόρον εἶναι ζῴῳ ἑτέρῳ καλῶς ἴσασι καὶ φυλάττονται, ὥσπερ οὖν καὶ ἡμεῖς πειρώμεθα ἀποδιδράσκειν ὅσα ἀνθρώπῳ κακόν ἐστιν, εἴπερ οὖν ἀπογεύσαιτο αὐτῶν. ἤδη μέντοι τις καὶ ἄνθρωπος ἀγνοῶν καὶ λαθὼν κατέπιεν, αἱ δὲ αἶγες, οὐκ ἂν αὐτὰς λάθοι τὸ ἤδη προειρημένον. ἀποκτείνειν δὲ καὶ τὰς θαλαττίας σκολοπένδρας τὸ αὐτὸ δήπου πτύελον δεινότατόν ἐστι. μέλλουσα δὲ ἡ αἲξ ἀποσφάττεσθαι σαφῶς οἶδε. καὶ τὸ μαρτύριον, οὐκ ἂν ἔτι τροφῆς προσάψαιτο. οὐκ ἀξιοῖ δὲ προβάτων οὐραγεῖν, ἀλλὰ ἡγεῖσθαι οὖν αὐτὴν δεῖν καὶ ἐκ τῆς βαδίσεως ὁμολογεῖ. προθεῖ

2 δὲ] om. **A** ‖ 3 μέντοι καὶ] del. Her. | ὑγιοῦς] ὑγιές Her. | ἀγαθόν] del. Her. 5 ὑπεκρύπτετο] ὑπεκέκρυπτο Her. ‖ 6 ἐξ] Jac., Her. : ὡς ἐξ codd. ‖ 7 εἶναι] ἦν Her. ‖ 9 ἄρα] om. **V** | κατόπτρων] κατὰ τὸ πατρῷον **LPH** : κατὰ τῶν πρώων **A** | φησὶν] φησὶν εἶναι **LPA** ‖ 12 ἔνθα—ἦν] del. Her. | ἦν] om. **L** | ὑλακτεῖ] ὑλάκτει **LPH** ‖ 13 καὶ[2]] om. **P** ‖ 14 συμβαλεῖν] συλλαβεῖν **A** ‖ 15 δείσας] del. Her. 19 πτύελον] πτύαλον **V** ‖ 23 κατέπιεν] τι κακὸν κατέπιεν Her. ‖ 24 ἤδη] del. Rei., Her. ‖ 25 πτύελον] πτύαλον **V** ‖ 26 σαφῶς] σοφῶς **L** ‖ 28 οὖν] del. Her.

γοῦν ἐκεῖνα, καὶ μέντοι καὶ αὐτὰς τὰς αἶγας ὁ τράγος, τῷ γενείῳ θαρρῶν καὶ κατά τινα φύσιν θαυμαστὴν τοῦ θήλεος προκρίνων τὸ ἄρρεν.

7.24. Εὐπειθέστερα δὲ ἄρα τῶν ζῴων τὰ πρόβατα ἦν καὶ ἄρχεσθαι φύσει πεπαιδευμένα. ὑπακούει γοῦν καὶ τῷ νομεῖ καὶ τοῖς κυσί, καὶ μέντοι καὶ ἕπονται ταῖς αἰξί. φιλεῖ δὲ καὶ ἄλληλα ἰσχυρῶς, καὶ ὑπό γε τῶν λύκων ἐπιβουλεύεται ἧττον· οὐ γὰρ πλανᾶται ἰδίᾳ ἕκαστον, οὐδὲ μὴν ἀπὸ τοῦ συννόμου σχίζεται, ὥσπερ οὖν αἱ αἶγες. λέγουσι δὲ Ἄραβες ὅτι ἄρα τὰ παρ' αὐτοῖς ποίμνια πιαίνεται ὑπὸ μουσικῆς μᾶλλον ἢ ὑπὸ τοῦ χιλοῦ. τῶν δὲ ἁλμυρῶν ἐσθίει ἥδιον· ποιεῖται γὰρ τὴν τοιαύτην τροφὴν ποτοῦ ὄψον. τά γε μὴν πρόβατα καὶ ἐκεῖνο οἶδεν, ὅτι αὐτοῖς ὁ βορρᾶς καὶ ὁ νότος συμμάχονται πρὸς τὸ τίκτειν οὐ μεῖον τῶν κριῶν ἀναβαινόντων αὐτά· οἶδε δὲ καὶ τοῦτο, ὅτι ἄρα ὁ μὲν βορρᾶς ἀρρενοποιός ἐστιν, ὁ δὲ νότος θηλυγόνος εἶναι πέφυκε· καὶ ἐὰν δέηται τοῦδε τοῦ ἐκγόνου ἢ τοῦδε ὀχευομένη ἡ οἶς, πρὸς τὸν ἀπέβλεψεν ἢ πρὸς τόν. Ἀχιλλεὺς μὲν ἵνα ὁ φίλος αὐτῷ κείμενος ἐπὶ τῆς πυρᾶς καυθῇ, καὶ εὐχῆς ἐδεῖτο, καὶ ἡ Ἶρις παρεκάλει τοὺς ἀνέμους αὐτῷ, ὦ καλὲ Ὅμηρε [*Il.* 23.194 ss.], καὶ ὑπισχνεῖται ἥκουσιν ἱερουργίαν οἱονεὶ μισθόν, καὶ ὁ τοῦ Νεοκλέους δὲ Ἀθηναίους ἐδίδασκε θύειν τοῖς πνεύμασιν· αἱ δὲ οἶς ἀπραγμόνως καὶ ἄνευ τινὸς τερατείας τοὺς ἀνέμους εἰς ὠδῖνα τὴν σφετέραν ὑπηρέτας ἑτοίμους καὶ ἀκλήτους ἔχουσι. σκοποὶ δὲ ἄρα τούτων εἰσὶ καὶ οἱ ποιμένες ἀγαθοί. ὅταν γοῦν ὁ νότος πνέῃ, τότε τοὺς κριοὺς ἐπὶ τὰς οἶς ἄγουσιν, ἵνα ἡ ἐπιγονὴ θηλυγόνος ᾖ αὐτοῖς μᾶλλον.

7.25. Ὅτε τὸν Ἰκάριον ἀπέκτειναν οἱ προσήκοντες τοῖς πρῶτον πιοῦσιν οἶνον καὶ εἰς ὕπνον ἐμπεσοῦσιν, οὐκ εἰδότες πω

1 ἐκεῖνα] ante corr. **V** : ἐκείνων ex corr. **V**, Her. | αὐτὰς—αἶγας] αὐτῶν τῶν αἰγῶν Her. ‖ **4** Εὐπειθέστερα] Εὐπειθέστατα **PAH**, Her. ‖ **6** μέντοι καὶ] om. **P** ἕπονται] ἕπεται Her. ‖ **11** ἐσθίει] ἐσθίειν **LH** ‖ **12** καὶ ἐκεῖνο] κἀκεῖνο Her. | ὅτι] ὡς **H** : ὃ **P** | ὁ] καὶ ὁ **P** ‖ **13** συμμάχονται] συμβάλλονται **VAH** | κριῶν—14 αὐτά] ἀναβ. αὐτὰ κριῶν Her. ‖ **15** ἀρρενοποιός] ἀρσενοποιός **P** | θηλυγόνος] θηλύγονος **VPH** ‖ **17** μὲν] δὲ **PAH** : μὲν οὖν Her. ‖ **18** πυρᾶς] ξηρᾶς **V** **19** ὑπισχνεῖται] ὑπισχνεῖτο Her. ‖ **22** καὶ—τερατείας] del. Her. ‖ **25** ἐπιγονὴ] ex corr. **L** : γονὴ ante corr. **L**, Her. ‖ **28** πω] πῶς **V**

μὴ θάνατον εἶναι τὸ πραχθὲν ἀλλὰ οἰνηρὸν κάρον, ἐνόσησαν οἱ κατὰ τὴν Ἀττικήν, ἐμοὶ δοκεῖν τοῦ Διονύσου τιμωροῦντος τῷ πρώτῳ γεωργῷ τῶν ἑαυτοῦ φυτῶν καὶ πρεσβυτάτῳ. ὁ γοῦν Πύθιος ἔχρησεν, εἰ βούλονται τυχεῖν σωτηρίας, Ἰκαρίῳ θύειν καὶ Ἠριγόνῃ τῇ τούτου παιδὶ καὶ τῷ κυνὶ τῷ ᾀδομένῳ, ὅτι ἄρα δι' ὑπερβολὴν εὐνοίας τῆς πρὸς τὴν δέσποιναν βιῶναι μετ' αὐτὴν οὐκ ἔγνω. παίζει δὲ Εὐριπίδης λέγων [*Med.* 54–55]·

χρηστοῖσι δούλοις συμφορὰ τὰ δεσποτῶν
κακῶς πίτνοντα καὶ φρενῶν ἀνθάπτεται.

ποῦ γὰρ ἄνθρωπος ἐπὶ τῷ δεσπότῃ τέθνηκε, κυνὸς δούλου δράσαντος αὐτό;

7.26. Ἴδιον δὲ ἄρα τῆς τῶν κυνῶν εἰς τοὺς τρέφοντας εὐνοίας καὶ ἐκεῖνο μαρτυρεῖ. ὁ Κολοφώνιος ἀνὴρ παραγίνεται εἰς τὴν Τέων συνωνησόμενός τινα, καὶ γὰρ ἦν ἐμπορικός, καὶ τὴν ἐκ τῶν ὠνίων καπηλείαν τε καὶ μεταβολὴν πρόσοδον εἶχεν. ἀργύριον δὲ ἐπήγετο καὶ οἰκέτην καὶ κύνα, ἔφερε δὲ τὸ ἀργύριον ὁ δοῦλος. ἐπεὶ δὲ πρὸ ὁδοῦ ἦσαν, ὁ οἰκέτης ἐξετράπετο· ἤπειγε γάρ τι αὐτὸν τῶν κατὰ φύσιν, ἠκολούθησε δὲ καὶ ὁ κύων. τὸ τοίνυν φασκώλιον ἀνέπαυσεν ὁ νεανίας, καὶ ἀνελέσθαι πάλιν οὐκ ἐνενόησεν, ἀλλὰ ᾤχετο ἀπιών· ὁ δὲ κύων ἑαυτὸν κατακλίνας ἐπὶ τῷ ἀργυρίῳ ἔμενεν ἥσυχος. ἐλθόντες δὲ εἰς τὴν Τέων ὅ τε δεσπότης καὶ ὁ οἰκέτης εἶτα μέντοι ἄπρακτοι ἐπανῆλθον, ὅτου ὠνήσονται οὐκ ἔχοντες· τὴν αὐτήν γε μὴν ἐκτρέπονται πάλιν ἔνθα ὁ οἰκέτης ἀπέλιπε τὸ βαλάντιον, καὶ καταλαμβάνουσι τὸν σφέτερον κύνα ἐπικείμενον αὐτῷ καὶ μόλις ἐμπνέοντα ὑπὸ λιμοῦ. ὃ δὲ ὡς εἶδε τὸν δεσπότην καὶ τὸν ὁμόδουλον, ἑαυτὸν ἀποκλίνας τοῦ φασκωλίου, κατὰ τὸν αὐτὸν χρόνον καὶ τὴν φρουρὰν καὶ τὴν ψυχὴν ἀφῆκεν. οὔκουν οὐδὲ Ἄργος ὁ κύων μυθοποίημα ἦν, ὦ θεῖε Ὅμηρε, σόν

1 μὴ] om. **PAH** | ἐνόσησαν] corr. ex ἐνόσηκαν **A** ‖ **2** κατὰ—Ἀττικήν] ἀττικοὶ **V** δοκεῖν] δοκεῖ **P** ‖ **3** ἑαυτοῦ] αὐτοῦ **A** ‖ **6** τῆς] τὴν **A** ‖ **7** ἔγνω] ἔγνω ἂν ***β*** **8** χρηστοῖσι] χρηστοῖσιν **L** : χρηστοῖς **P** ‖ **9** πίτνοντα] πιτνῶντα **A** ‖ **12** Ἴδιον] Ἰδίαν Her. | τῆς τῶν] del. Her. | εὐνοίας] εὔνοιαν Her. ‖ **13** ὁ] del. Jac. παραγίνεται] παραγίνεταί τις **V** | τὴν] τὸν **V** ‖ **14** τινα] τινας **V** ‖ **16** ἐπήγετο] ἐπηγάγετο **A** ‖ **17** ἐξετράπετο] ut vid. ex corr. **L** : ἐξετρέπετο ***β*** (ante corr. **L**) **19** ἀνελέσθαι] ἑλέσθαι **A** | ἐνενόησεν] ἐνόησε **VP** ‖ **22** ἄπρακτοι] ἄπρακτα **V** ὠνήσονται] ὠνήσωνται Her.‖ **25** μόλις] μὲν **V**|λιμοῦ] τοῦ λιμοῦ Her.

[*Od.* 17.291], οὐδὲ κόμπος ποιητικός, εἴπερ οὖν καὶ τῷ Τηίῳ ταῦτα ἀπήντησεν ὅσα καὶ προεῖπον [4.41].

7.27. Γένος καρκίνων ἔστι, καὶ πετηλίαι ὄνομα αὐτοῖς. τῶν μὲν οὖν ἄλλων ἰδεῖν εἰσι λευκότεροι, τίκτονται δὲ ἐν τῷ πηλῷ. δείσαντες δὲ οὗτοι καὶ πέτονται· ἔχουσι γὰρ πτερύγια μικρά, ἅπερ οὖν αὐτοὺς ἡσυχῇ μετεωρίζει τε καὶ ἐλαφρίζει. βαδίζοντες μὲν οὖν ἥκιστα τούτων δέονται, φοβηθέντες δὲ ἔχουσί τινα ἐπικουρίαν οὐ πάντῃ καρτεράν· ἁλίσκονται γὰρ οὔτε ὑψηλοὶ πετόμενοι, οὔτε μὴν μετεωροπορεῖν οἷοί τε ὄντες. τούτους μέντοι τοὺς καρκίνους ἐσθίουσί τινες· φασὶ δὲ καὶ ἰσχίου πόνῳ ἀγαθὸν εἶναι, εἴ τις φάγοι ἀλγῶν.

7.28. Αἱ δὲ καρκινάδες τίκτονται μὲν γυμναί, τὸ δὲ ὄστρακον ἑαυταῖς αἱροῦνται ὡς οἰκίαν οἰκῆσαι τὴν ἀρίστην. ὑποδύονται δὲ καὶ πορφύρας ὄστρακον κενῷ περιτυχοῦσαι καὶ στρόμβου. καὶ εἰς ὅσον μὲν αὐτὴν στέγει, χαίρει τῇ καταγωγῇ· ἐὰν δὲ αὐξήσῃ τὴν σάρκα, εἰς ἄλλον μετοικίζεται οἶκον. περιτυγχάνει δὲ τοῖς προειρημένοις καὶ πολλοῖς καὶ κενοῖς ὀστράκοις.

Οἱ δὲ στρόμβοι καὶ βασιλέα ἔχουσι, καὶ μάλα γε εὐπειθῶς ἄρχονται. καὶ ὁ μὲν βασιλεὺς οὗτος μεγέθει μέν ἐστι μέγιστος, κάλλιστος δὲ κάλλος. καὶ εἰ μὲν εἴη οἱ καταδῦναι λῷον, ἔδρασε τοῦτο πρώτιστος· εἰ δὲ ἀναδῦναι, καὶ τοῦδε ἄρχει· μετακινουμένῳ δὲ ἕπονται καὶ οἱ λοιποί. ὅστις δ' ἂν ἕλῃ τόνδε τὸν βασιλέα, ὅτι ἄμεινον πράξει καλῶς οἶδε. καὶ μέντοι καὶ εἴ τις ἴδοι θηρώμενον, εὐθυμότερος ἀπῆλθεν, ὥς τι χρηστὸν καὶ ἐκεῖνος ἕξων. ἐν Βυζαντίῳ δὲ καὶ ἆθλον πρόκειται τῷ θηράσαντι τὸν προειρημένον· διδόασι δὲ οἱ συνθηραταὶ δραχμὴν Ἀττικὴν ἕκαστος τῷ ἑλόντι, καὶ τό γε ἆθλον τοῦτό ἐστιν.

2 ταῦτα] om. **A** | καὶ] om. **H** : del. Her. ‖ 3 πετηλίαι] πηλαῖοι Her. ‖ 8 πάντῃ] πάνυ **A** : πάνυ τι Her. | ὑψηλοὶ] ὑψηλὰ **V** ‖ 9 μέντοι] τοι Her. ‖ 10 καὶ] om. **A** 13 ὑποδύονται] ἀποδύονται **V** ‖ 14 στρόμβου] στρόμβον **V** ‖ 15 καταγωγῇ] καταγωγῷ ut vid. **P** ‖ 17 καὶ[1]—ὀστράκοις] πολλοῖς Her. 20 κάλλιστος—κάλλος] κάλλος δὲ κάλλιστος **PA** ‖ 21 τοῦδε] τούτου **AH** | ἄρχει] ἄρχειν **VH** ‖ 22 ἕπονται] ἔρχονται **A** | ἕλῃ τόνδε] ἔχῃ τῶνδε **P** ‖ 23 καλῶς] om. **V** ἴδοι] εἶδε ***β*** ‖ 24 ἕξων] ἔχων **A** ‖ 25 καὶ] om. **P** | πρόκειται] πρόκειτο **V** | τὸν] τὸ **PAH** ‖ 26 δραχμὴν] δραγμὴν **V**

7.29. Τοὺς ἐχίνους ὁ κλύδων κυλίων ἐς τὰ ἔξω καὶ προσαράττων τῷ ξηρῷ τῆς θαλάττης βιαιότατα ἐκβάλλει. τοῦτο τοίνυν ἐκεῖνοι δεδιότες, ὅταν αἴσθωνται φρίττον τὸ κῦμα, καὶ μέλλον πνεῦμα ἁδρότερον ὑπανίστασθαι, ταῖς ἀκάνθαις ἀναιροῦνται λιθίδια, ὅσα εὔκολά ἐστι φέρειν αὐτοῖς, καὶ ἔχουσιν ἕρμα, καὶ οὐ ῥᾳδίως κυλίονται, οὐδὲ πάσχουσιν ὃ δεδοίκασιν.

7.30. Ἡ πορφύρα λίχνον ἐστὶν ἰσχυρῶς, καὶ ἔχει γλῶτταν προμηκεστέραν, καὶ διείρει διὰ παντὸς οὗπερ ἂν καὶ δύνηται, καὶ διὰ ταύτης ἕλκει ὅσα ἐσθίει, καὶ διὰ ταύτης δὲ ἁλίσκεται. καὶ ὁ τρόπος τῆς θήρας ἐκεῖνός ἐστι. διαπλέκεται κυρτὶς μικρὰ μέν, πυκνὴ δέ· καὶ ἐντὸς ἔχει στρόμβον τῇ πορφύρᾳ τὸ δέλεαρ, καὶ διεῖρται οὗτος ἐν τῇ κυρτίδι μέσῃ. ἀγώνισμα οὖν τῇ πορφύρᾳ διατεῖναι τὴν γλῶττάν ἐστι καὶ ἐφικέσθαι αὐτοῦ· καὶ ἀνάγκη πᾶσαν αὐτὴν προβάλλειν, εἰ μέλλοι μὴ ἁμαρτήσεσθαι οὗ γλίχεται λαβεῖν. καὶ ἐμβαλοῦσα τὴν γλῶτταν ἐκμυζᾷ, εἶτα διῴδησεν ἑαυτὴν ἡ γλῶττα ὑπὸ πλησμονῆς, καὶ ἐξελκύσαι ἀδύνατός ἐστιν αὖθις. μένει τοίνυν ἁλοῦσα, καὶ ὁ πορφυρεὺς αἰσθόμενος ἐθήρασε δεύτερος ὑπὸ τῆς λιχνείας τὴν προειρημένην.

7.31. Σκολόπενδρα θαλάττιον θηρίον, καὶ τῷ χερσαίῳ εἰπεῖν ὁμοιότατόν ἐστιν· εἰ δὲ αὐτῆς προσάψεται ἀνθρωπεία σάρξ, ὀδαξᾶταί τε παραχρῆμα καὶ κνηστιᾷ, καὶ πάσχει τοιαῦτα, ὁποῖα καὶ ὑπὸ τῆς βοτάνης, ἣν καλοῦσι κνίδην. ποιοῦσι δὲ καὶ ἀκαλῆφαι κνησμονήν, ἀλλὰ οὔπω τοσοῦτον. εἰσὶ δὲ ἐδώδιμοι μᾶλλον διελθούσης ἰσημερίας αἱ ἀκαλῆφαι.

7.32. Ὅταν ὑπὸ τῶν θηρατῶν ὡς ἐν πολέμῳ στρατιῶται τραπῶσιν οἱ ἐλέφαντες καὶ εἰς φυγὴν ὁρμήσωσιν, οὐ φεύγουσι

1 ἐς] εἰς **L** ‖ 2 προσαράττων] προσαράττει **V** | θαλάττης] θαλάσσης **V** 4 πνεῦμα] πνεύμασιν Jac. in app. : del. Her. | ἁδρότερον] ἀβρότερον **V** : σφοδρότερον **A** ‖ 7 γλῶτταν] γλῶσσαν **V** ‖ 9 ἕλκει] ἑλκύει **V** | ὅσα] ὅσα ἂν καὶ **A** ‖ 11 τῇ—δέλεαρ] del. Her. ‖ 12 διεῖρται] διῆρται **PAH** : fort. διήρτηται Ges. in Emend. : διεῖται? Her. in app. ‖ 13 διατεῖναι] διεῖραι? Cob. (1884) 14 προβάλλειν] προβαλεῖν **V**| μὴ ἁμαρτήσεσθαι] διαμαρτήσεσθαι **P**‖ 15 λαβεῖν] del. Her. | ἐμβαλοῦσα] ἐκβάλλουσα ***β***| γλῶτταν] γλῶσσαν **V** ‖ 16 ἑαυτὴν] αὐτῇ Her. | γλῶττα] γλῶσσα **V** ‖ 18 τὴν] ante ὑπὸ transp. Her. | προειρημένην] προηρημένην Her. ‖ 19 εἰπεῖν] ἰδεῖν Ges. in mg. : ὅσα ἰδεῖν Her. 20 προσάψεται] προσάψαιτο **H**, Her. ‖ 21 κνηστιᾷ] κνησιεῖ **LPA** : κνήσει **H** : κνησείει Ges. in Emend. : κνησιᾷ Rei., Her.

διῃρημένοι οὐδὲ καθ' ἕνα, ἀλλὰ κοινῇ, καὶ πιέζουσιν ἀλλήλους τῶν συννόμων ἐχόμενοι. καὶ κύκλῳ μὲν οἱ νέοι, ὡς εἰπεῖν, τὸ μαχιμώτατον, ἐν μέσῳ δὲ οἱ γεγηρακότες καὶ αἱ μητέρες, ὑπὸ ταύταις δὲ τὰ πώλια, ἑκάστη τὸ ἴδιον ἀποκρύπτουσα· καὶ ὁρῶνταί γε οἵδε οἱ μικροὶ σπανιώτατα. ἀθρόους δὲ αὐτοὺς ἐὰν θεάσωνται καὶ λέοντες, ἢ φεύγουσι προτροπάδην ἢ ἄλλος ἄλλῃ κατέπτηξαν ὡς νεβροί, τοὺς ἐλέφαντας οἱ τέως φοβεροὶ καὶ ἐκπληκτικοὶ καταδείσαντες. οὐκ ἀνθίσταται δὲ τοῖς διώκουσιν ἐλέφας, εἰ μή ποτε ἄρα ὑπὲρ τῶν τέκνων καὶ τῶν νοσούντων. ἐνταῦθα δὲ ἄμαχός ἐστιν.

7.33. Πώρου τοῦ τῶν Ἰνδῶν βασιλέως ὁ ἐλέφας ἐν τῇ πρὸς Ἀλέξανδρον μάχῃ τετρωμένου πολλὰ ἡσυχῇ καὶ μετὰ φειδοῦς τῇ προβοσκίδι ἐξῄρει τὰ ἀκόντια, καὶ μέντοι καὶ αὐτὸς τετρωμένος πολλὰ οὐ πρότερον εἶξε πρὶν ἢ συνεῖναι ὅτι ἄρα ὁ δεσπότης αὐτῷ διὰ τὴν ῥοὴν τοῦ αἵματος τὴν πολλὴν παρεῖται καὶ ἐκθνήσκει. οὐκοῦν ἑαυτὸν ὑπέκλινε, καὶ ὀκλάσας ἔμεινεν, ἵνα μὴ ἄνωθεν πεσὼν ὁ Πῶρος εἶτα μέντοι κακωθῇ τὸ σῶμα ἐπὶ μᾶλλον.

7.34. Ὑρκανοῖς καὶ Μάγνησιν οἱ κύνες συνεστρατεύοντο, καὶ ἦν καὶ τοῦτο συμμαχικὸν ἀγαθὸν αὐτοῖς καὶ ἐπικουρικόν. συστρατιώτην δέ τις Ἀθηναῖος ἐν τῇ μάχῃ τῇ ἐν Μαραθῶνι ἐπήγετο κύνα, καὶ γραφῇ εἴκασται ἐν τῇ Ποικίλῃ ἑκάτερος, μὴ ἀτιμασθέντος τοῦ κυνός, ἀλλὰ ὑπὲρ τοῦ κινδύνου μισθὸν εἰληφότος ὁρᾶσθαι σὺν τοῖς ἀμφὶ τὸν Κυναίγειρον καὶ Ἐπίζηλόν τε καὶ Καλλίμαχον. ἔστι δὲ καὶ οὗτοι καὶ ὁ κύων Μίκωνος γράμμα. οἱ δὲ οὐ τούτου, ἀλλὰ τοῦ Θασίου Πολυγνώτου φασίν.

7.35. Ὅσοι λέγουσι θῆλυν ἔλαφον τὰ κέρατα οὐ φύειν, οὐκ αἰδοῦνται τοὺς τοῦ ἐναντίου μάρτυρας, Σοφοκλέα μὲν εἰπόντα [fr. 89 R.]·

2 τὸ μαχιμώτατον] τῶν μαχιμωτάτων **VH** ‖ 6 θεάσωνται] ἀθρήσωσι **A** 15 ῥοὴν] Jac., Her. : ῥόην **VH** : ῥόαν **LPA** | ἐκθνήσκει] θνήσκει **P** ‖ 21 κύνα] καὶ κύνα **PAH** | γραφῇ] ἐν γραφῇ **PAH** ‖ 23 Κυναίγειρον] ex corr. sec. m. **P** : κυνέγειρον **L** (ante corr. **P**), Jac., Her.‖ 24 ἔστι] εἰσὶ Schn.|Μίκωνος] Meu., Her. : νίκωνος codd.‖ 25 τοῦ] om. **A**|Πολυγνώτου] πολυγνώστου **V**‖ 26 τὰ] del. Her.

νομὰς δέ τις κεροῦσσ' ἀπ' ὀρθίων πάγων
καθεῖρπεν ἔλαφος·

καὶ πάλιν [ibid.]·

ἄρασα ** μύξας καὶ κερασφόρους
στόρθυγγας εἶρφ' ἕκηλος.

καὶ ταῦτα μὲν ὁ τοῦ Σοφίλλου ἐν τοῖς Ἀλεάδαις· ὁ δὲ Εὐριπίδης ἐν τῇ Ἰφιγενείᾳ [fr. 857 N.]·

ἔλαφον δ' Ἀχαιῶν χερσὶν ἐνθήσω φίλαις
κεροῦσσαν, ἣν σφάζοντες αὐχήσουσι σὴν
σφάζειν θυγατέρα.

ἐν δὲ τοῖς Τημενίδαις τὸν Ἡράκλειον ἆθλον ἔλαφον κέρατα ἔχειν ὁ αὐτὸς Εὐριπίδης φησί, τὸν τρόπον τόνδε ᾄδων [fr. 740 N.]·

ἦλθεν δ'
ἐπὶ χρυσόκερων ἔλαφον, μεγάλων
ἄθλων ἕνα δεινὸν ὑποστάς,
κατ' ἔναυλ' ὀρέων ἀβάτους ἐπί τε
λειμῶνας ποίμνιά τ' ἄλση.

ὁ δὲ Θηβαῖος μουσοποιὸς ἔν τινι τῶν ἐπινικίων ὑμνεῖ λέγων [Pi., *O.* 3.28 ss.]·

1 δέ] τέ Her. | κεροῦσσ'] κέρουσσ' ex corr. **P** : κεροῦσ' **V** : κέρουσ' (ante corr. **P**) **A** | ἀπ' ὀρθίων] ἀπὸ ῥοθίων **LP** | πάγων] παγῶν ***β*** ‖ 2 καθεῖρπεν] edd. : καθέρπεν codd. ‖ 4 ἄρασα—μύξας] ἄρας ἀμύξας **VPA** : ante μύξας lac. stat. Jac. (post μύξας Din., Her.) ‖ 5 εἶρφ'] Jac. in app., Her. : ἕρπεν **VLA** : ἕρπε **PH** : εἶρπεν Ges., Jac. ‖ 6 τοῦ Σοφίλλου] τοῦ σοφίλου **PA** : σόφιλος **V** ‖ 8 χερσὶν] χερσὶ **L** | φίλαις] φίλας **P** ‖ 9 κεροῦσσαν] κέρουσσαν ex corr. **P** : κεροῦσαν **V** : κέρουσαν (ante corr. **P**) **A** | σφάζοντες] ante corr. **L** : σφάξαντες ex corr. **L** 11 τὸν] τὸ **A** | ἔλαφον] del. Her. ‖ 13 ἦλθεν] ἦλθε **VPH** ‖ 14 χρυσόκερων] ex corr. **L** : χρυσόκερω (ante corr. **L**) **P** ‖ 16 κατ' ἔναυλ'] κατ' ἐναύλ' (sscr. ων, i.e. κατ' ἐναύλων) **L** : κατέναυλα **VH** : κατεναύλα **PA** | ἀβάτους] ἀβάτων **V** 17 ποίμνιά] ante corr. **L**, Jac., Her. : ποιμένιά codd. (ex corr. **L**) | τ'] Jac., Her. : τε codd.

Εὐρυσθέος ἔντυ' ἀνάγκα πατρόθεν
χρυσόκερων ἔλαφον θήλειαν ἄξονθ'.

καὶ Ἀνακρέων ἐπὶ θηλείας φησίν [*PMG*, fr. 408]·

οἷά τε νεβρὸν νεοθηλέα
γαλαθηνόν, ὅς τ' ἐν ὕλῃ κεροέσσης
ὑπολειφθεὶς ἀπὸ μητρὸς ἐπτοήθη.

πρὸς δὲ τοὺς μοιχῶντας τὸ λεχθὲν καὶ μέντοι καὶ φάσκοντας δεῖν ἐροέσσης γράφειν ἀντιλέγει κατὰ κράτος Ἀριστοφάνης ὁ Βυζάντιος, καὶ μέ γ' αἱρεῖ τῇ ἀντιλογίᾳ.

7.36. Ἴδια δὲ ἄρα κυνῶν καὶ ἐκεῖνα εὐνοίας ὑπερβολὴν πᾶσαν ἐκνενικηκότα. Πώλῳ μὲν τῷ τῆς τραγῳδίας ὑποκριτῇ ὁ κύων ὁ τρόφιμος αὐτοῦ τεθνεῶτι καὶ καιομένῳ ἑαυτὸν συγκατέπρησε τῇ πυρᾷ ἐμπηδήσας. καιομένῳ δὲ καὶ Μέντορι σκύλακες Ἐρετρικαὶ ἑαυτὰς συγκατέπρησαν ἑκοῦσαι κοινωνήσασαι τοῦ τέλους. Θεόδωρον δὲ ἄνδρα ψαλτικὴν ἀγαθόν, τὸν μὲν ἐς τὴν σορὸν ἐνέθεσαν οἱ προσήκοντες, κυνίδιον δὲ Μελιταῖον ἑαυτὸ ἐνέβαλεν εἰς τὴν θήκην τοῦ νεκροῦ καὶ συνετάφη. πέπυσμαι δὲ καὶ Αἰθιόπων εἶναι ἔθνος, ἐν ᾧ βασιλεύει κύων, καὶ τῇ ἐκείνου ὁρμῇ πείθονται, κνυζωμένου τε ἴσασιν ὅτι μὴ θυμοῦται, καὶ ὑλακτοῦντος τὴν ὀργὴν συνιᾶσι. τοῦτο εἴ τῳ ἱκανὸς Ἕρμιππος τεκμηριῶσαι [fr. 104 Wehr.], μάρτυρά οἱ τοῦ λόγου ἐπαγόμενος Ἀριστοκρέωνα πειθέτω [fr. 2 Müll.]· ἐμὲ δὲ μὴ λαθὸν εἶτα ἐν καλῷ τῆς μνήμης ἀφίκετο.

7.37. Λακύδῃ τῷ περιπατητικῷ κτῆμα ἦν χηνός τι χρῆμα θαυμάσιον. ἐφίλει γοῦν τὸν τροφέα ἰσχυρῶς, καὶ βαδίζοντι μὲν συνεβάδιζε, καθημένου δὲ ἀνεπαύετο, οὐκ ἀπελείπετο δὲ αὐτοῦ

1 Εὐρυσθέος] εὐρυσθέως **P**|ἔντυ'] ἔντο **A** : ἔντοι **V**‖ 2 ἄξονθ'] Jac., Her. : ἄξαντα ***β*** : ἄρξαντο **V**‖ 4 οἷά] οἵάν **P**|νεοθηλέα] νεοθῆλυν corr. ex θῆλυν **V**‖ 5 ὅς τ'] Jac., Her. : ὅς τε **LPA** : οἵ τε **V** : ὥστε **H** | κεροέσσης] κροκοέσσης **V** ‖ 6 ὑπολειφθεὶς] ἀπολειφθεὶς Page | ἀπὸ] ὑπὸ Ges. in mg., Her. ‖ 9 μέ—αἱρεῖ] Jac. : μέγ' αἷρει **P** : γε αἱρεῖ **V** : μεγαίρει **LAH**, Ges. : ἔμεγε αἱρεῖ Her. ‖ 11 μὲν] μὲν οὖν **L** 14 ἑαυτὰς] αὐτὰς **P**‖ 15 ψαλτικὴν] ψάλτην **A**‖ 19 κνυζωμένου] κνυζομένου **PH** : κνιζομένου **A** | ὅτι μὴ] ᾧ τινι **V** ‖ 20 συνιᾶσι] συνίασι **PA** ‖ 22 Ἀριστοκρέωνα] **H**, Schn., Her. : ἀριστοκλέωνα **VLA** : ἀριστοκλέων **P** | καλῷ] καλῇ **V** 24 Λακύδῃ] Λυκάδῃ **VLPH**|χηνός] κυνός **V**|χρῆμα] κτῆμα **P**

ἔμβραχυ. ὅνπερ καὶ ἀποθανόντα ὁ Λακύδης ἔθαψε καὶ πάνυ φιλοτίμως, ὥσπερ οὖν ἢ υἱὸν ἢ ἀδελφὸν ἐκεῖνος θάπτων. Πύρρῳ δὲ τῷ Ἠπειρώτῃ ἦν ἐλέφας, ὅσπερ οὖν τὸν ἑαυτοῦ πωλευτὴν οὕτως ἠγάπησεν, ὡς ἀποθανόντος ἐν Ἄργει τοῦ Πύρρου, ἐκπεσόντος δὲ τοῦ ἐλαύνοντος, οὐ πρότερον ὑπέμεινεν ἀτρεμῆσαι καὶ ἡσυχάσαι πρὶν ἢ ἀνασώσασθαι τοῦτον αὐτὸν ἐκ τῶν πολεμίων καὶ ἐς τὸ φίλιον μεταγαγεῖν.

7.38. Κακουργίαν δὲ ὀρέως Θαλῆς ὁ Μιλήσιος ἠμύνατο, καταφωράσας πάνυ ἀπορρήτως. ἅλας ἡμίονος ἦγε φόρτον, καί ποτε διὰ ποταμοῦ ἰὼν κατὰ τύχην κατώλισθε καὶ περιετράπη. βραχέντες οὖν οἱ ἅλες κατετάκησαν, καὶ κοῦφος ὁ ὀρεὺς γενόμενος ἤσθη· καὶ συνιδὼν ὁπόσον τὸ μεταξὺ ἦν τοῦ μόχθου καὶ τῆς ῥᾳστώνης, τοῦ λοιποῦ τὴν τύχην διδάσκαλον ποιησάμενος, ὃ πρότερον ἄκων ἔπαθεν, εἶτα μέντοι τοῦτο εἰργάζετο ἑκών. ἄλλην δὲ τῷ ὀρεωκόμῳ ἐλαύνειν καὶ ἔξω τοῦ ποταμοῦ ἄπορον ἦν. τοῦτό τοι διηγουμένου ὁ Θαλῆς ὡς ἐπύθετο, σοφίᾳ ἀμύνασθαι τῆς κακουργίας τὸν ὀρέα ᾠήθη δεῖν, καὶ προστάττει ὑπὲρ τῶν ἁλῶν σπογγιαῖς καὶ ἐρίοις ἐπισάξαι αὐτόν. ὃ δὲ τὴν ἐπιβουλὴν οὐκ εἰδὼς κατὰ τὸ σύνηθες ὤλισθε, καὶ ἀναπλήσας ὕδατος τὰ ἐπικείμενα τοῦ ἄχθους, ᾔσθετο καὶ ὅπως οἱ τὸ σόφισμα ἐτράπη ἐπὶ κακῷ, καὶ ἐξ ἐκείνου ἡσυχῇ διερχόμενος καὶ κρατῶν τῶν σκελῶν ἀπαθεῖς τοὺς ἅλας διεφύλαττεν.

7.39. Πυνθάνομαι δὲ ἐν τῇ Ἀντιόχου πόλει τῇ Σύρων πρᾶον γενέσθαι ἐλέφαντα, ἰόντα τε αὐτὸν ἐπὶ τὰς νομὰς στεφανόπωλιν γυναῖκα ὁρᾶν ἡδέως, καὶ προσεστάναι αὐτῇ καὶ τῇ προβοσκίδι τὸ πρόσωπον τῆς ἀνθρώπου καθαίρειν. δέλεαρ δὲ ἄρα ἐκείνη καθίει τοῦ φίλτρου αὐτῷ, στέφανον ἀεὶ τῶν ἐκ τῆς τέχνης τὸν καθ' ὥραν πλεκόμενον, καὶ τῷ μὲν ὁσημέραι λαμβάνειν ἔργον ἦν, τῇ δὲ

1 ἔμβραχυ] ἐμβραχύ **A** : κἂν βραχύ in mg. **L** : ἐν βραχεῖ **H** | Λακύδης] λυκάδης **VLPH** ‖ 2 ἐκεῖνος] ἐκεῖνον **V** | Πύρρῳ—3 Ἠπειρώτῃ] πύρρου δὲ τοῦ ἠπειρώτου **LPA** ‖ 4 ὡς] ὥστε Her. | τοῦ] om. **A** ‖ 6 τοῦτον] del. Her. ‖ 7 φίλιον] φίλον **A** 10 κατώλισθε] κατώλισθον **V** ‖ 15 ὀρεωκόμῳ] ὀρεοκόμῳ **VA** ‖ 16 διηγουμένου] edd. : διηγουμένῳ *β* : διηγουμένος **V** ‖ 17 κακουργίας] κακίας **L** 18 σπογγιαῖς] σπογγίοις **V** ‖ 19 κατὰ] om. **LP** : ὑπὸ **A** ‖ 20 τοῦ ἄχθους] del. Her. | καὶ] del. Her. ‖ 21 κακῷ] κακόν Rei., Her. ‖ 23 πρᾶον γενέσθαι] γεν. πρᾶ. *β* ‖ 27 ἀεὶ—τὸν] ἐκ τῶν Her. : ἀεὶ τῶν ἐκ τῆς τέχνης Her.[1] | τῶν] τὸν **PAH** 28 πλεκόμενον] πλεκομένων Jac. in com., Her.[1]

διδόναι. χρόνῳ δὲ ὕστερον ἡ μὲν ἄνθρωπος τὸν βίον κατέστρεψεν, ὁ δὲ ἐλέφας τῆς συνηθείας διαμαρτάνων καὶ οὐχ ὁρῶν ἣν ἐπόθει γυναῖκα, ὥσπερ οὖν ἐραστὴς ἐρωμένης ἀτυχῶν ἐξηγριώθη· καὶ ὁ τέως πραότατος ὢν εἰς θυμὸν ἐξήφθη ὥσπερ οὖν καὶ τῶν ἀνθρώπων οἱ ἄγαν ὑπὸ τῆς λύπης ἐπικλυσθέντες καὶ ἔκφρονες γεγενημένοι.

7.40. Τὸν ἥλιον ἀνίσχοντα προσκυνοῦσιν ἐλέφαντες, τὰς προβοσκίδας εὐθὺ τῆς ἀκτῖνος ὡς χεῖρας ἀνατείνοντες, ἔνθεν τοι καὶ τῷ θεῷ φιλοῦνται. μάρτυς ἀγαθὸς ὁ Φιλοπάτωρ ἡμῖν Πτολεμαῖος ἔστω [*FGrH* 275, fr. 53b]. ἡ μὲν κατὰ Ἀντιόχου νίκη σὺν αὐτῷ ἐγένετο, θύων δὲ ἐπινίκια καὶ ἱλεούμενος τὸν Ἥλιον ὁ Πτολεμαῖος τῇ τε ἄλλῃ μεγαλοπρεπῶς ἔθυσεν καὶ οὖν καὶ τέτταρας ἐλέφαντας μεγέθει μεγάλους παρέστησεν ἱερεῖα, ὥς γε ᾤετο, καὶ ταύτῃ τῇ θυσίᾳ γεραίρων ἐκεῖνος τὸ θεῖον. ἐνύπνιον δὲ αὐτὸν διετάραξεν, ὡς ἀπειλοῦντος τοῦ θεοῦ ἐπὶ τῇ ἀήθει τε καὶ ξένῃ θυσίᾳ· καὶ δείσας ἐκεῖνος χαλκοῦς τέτταρας ποιησάμενος ἀνῆψε τῷ θεῷ ὑπὲρ τῶν ἀνῃρημένων δεόμενός τε καὶ εὐμενιζόμενος αὐτόν. ἐλέφαντες μὲν οὖν θεοὺς προσκυνοῦσιν, οἱ δὲ ἄνθρωποι, εἰ ἄρα γε εἰσὶ θεοὶ καὶ ὄντες εἰ φροντίζουσιν ἡμῶν, διαποροῦσιν.

7.41. Οἱ ἐν τῇ Αἰγύπτῳ ἱερεῖς ἑαυτοὺς περιρραίνουσιν οὐ παντὶ ὕδατι, οὐ μὴν οὐδὲ τῷ παρατυχόντι, ἀλλὰ ἐκείνῳ ἐξ οὗ πεπιστεύκασιν ὅτι ἄρα ἶβις πέπωκεν. ἴσασι γὰρ κάλλιστα ὅτι μήποτε ἂν πίῃ ὕδατος ἐκείνη ῥυπαροῦ καὶ λελυμασμένου ἔκ τινων φαρμάκων· ἔχειν γάρ τι πιστεύουσιν ἐν ἑαυτῷ τὸ ζῷον καὶ μαντικῆς, ἅτε ἱερόν.

Ἐλέφαντας δὲ ἀκούω τῶν τετρωμένων τοὺς ἀτρώτους πεφεισμένως ἐξαιρεῖν καὶ ξυστὰ καὶ ἀκόντια, ὥσπερ οὖν χειρουργίας ἐπιστήμονας καὶ μαθόντας τὴν ἐν τοῖσδε σοφίαν.

3 οὖν ἐραστὴς] συνεραστὴς **L** | ὁ] ὃς **LPA** : ὡς **H** ‖ **4** ὢν] ἦν ***β*** ‖ **5** ἐπικλυσθέντες] ὑποκλυσθέντες **PAH** ‖ **8** ἀνατείνοντες] ἀνατείναντες **PAH** ‖ **13** μεγάλους] μεγάλας **V** : μεγίστους Her. ‖ **14** ταύτῃ] ταῦτα **V** ‖ **15** ἀπειλοῦντος] ἀπειλοῦντα **V** ‖ **17** δεόμενός] ἱλεούμενός Her. ‖ **19** εἰ[1] — γε] ἄρά γε Her. ‖ **21** οὐ] οὐδὲ ***β*** **23** ἄρα] ἄρα καὶ **A** ‖ **24** πίῃ] πίοι Her.

Οὕτω δὲ ἄρα ἦν διὰ σπουδῆς τοῖς ἄνω τοῦ χρόνου καὶ τὰ ἄλογα. ἔχαιρε μὲν ἀκούων Αἰετὸς ὁ Ἠπειρώτης Πύρρος, ὃ δὲ τὸ δὴ λεγόμενον Ἱέραξ ὁ Ἀντίοχος. διάφορα μὲν δὴ ταῦτα καὶ ἀθρόα εἰρήσεται, τῷ συνιέντι μαθεῖν ἄξια.

7.42. Μιθριδάτης ὁ Ποντικὸς τὴν ἑαυτοῦ φρουρὰν καθεύδοντος ἐπίστευεν ἧττον καὶ τοῖς ὅπλοις καὶ τοῖς δορυφόροις, καὶ διὰ τοῦτο ἡμερωθέντας εἶχε φύλακας ταῦρον καὶ ἵππον καὶ ἔλαφον. καθεύδοντα οὖν ἐφρούρουν αὐτὸν οἵδε οἱ θῆρες, εἴ τις προσίοι τάχιστα ἐκ τῆς ἀναπνοῆς αἰσθανόμενοι. καὶ ὃ μὲν τῷ μυκήματι, ὃ δὲ τῷ χρεμετίσματι, ὃ δὲ τῇ μηκῇ διύπνιζον αὐτόν.

7.43. Τῶν ἀγρίων ζῴων τὰ ἔκγονα τὰ νέα διαφόρως ὀνομάζεται, καὶ τά γε πλείω διπλῆν τὴν ἐπωνυμίαν ἔχει. λεόντων γοῦν σκύμνοι καὶ λεοντιδεῖς ὀνομάζονται, ὡς Ἀριστοφάνης ὁ Βυζάντιος [fr. 5 N.] μαρτυρεῖ, παρδάλεων δὲ σκύμνοι τε καὶ ἄρκηλοι· εἰσὶ δὲ οἵ φασι γένος ἕτερον παρδάλεων τοὺς ἀρκήλους εἶναι. θώων δὲ μόνοι σκύμνοι φιλοῦσι καλεῖσθαι, καὶ τίγρεων ὁμοίως, καὶ μυρμήκων δὲ καὶ πανθήρων. ἔοικε δὲ καὶ τὰ τῶν λυγγῶν ἔκγονα ὁμοίως ὀνομάζεσθαι. ἐν γοῦν τοῖς Λάσου λεγομένοις Διθυράμβοις οὕτως εὑρίσκεται [*PMG*, fr. 703]· σκύμνος εἰρημένον τὸ βρέφος τὸ τῆς λυγγός. πιθήκων δὲ ἀκούομεν σκύμνους τε καὶ πιθηκιδεῖς τοὺς αὐτούς, βουβαλίδων δὲ πώλους· εἰ δὲ καὶ ὀρύγων, οὐκ ἂν θαυμάσαιμι, ὁ αὐτὸς Ἀριστοφάνης φησί [fr. 5 N.]. κυνῶν δὲ καὶ λύκων σκύλακες καλοῖντο ἄν, ἢ δ' ὅς· ἤδη δὲ καὶ λυκιδεῖς καλοῦνται οἱ τῶν λύκων, ὁ δὲ τέλειος καὶ μέγιστος καλοῖτο ἂν μονόλυκος. τῶν μὲν δὴ λαγῶν λαγιδεῖς· ὁ δὲ τέλειος, καὶ πτῶκα αὐτὸν φιλοῦσιν ὀνομάζειν οἱ ποιηταί, ταχίναν δὲ Λακεδαιμόνιοι. ἀλωπέκων δὲ τὰ ἔκγονα ἀλωπεκιδεῖς κέκληνται· αὐτὴ δὲ ἡ μήτηρ καὶ κερδὼ καὶ σκαφώρη καὶ σκινδαφός. τῶν δὲ

2 Αἰετὸς] ἀετὸς **P** | ὃ—3 Ἀντίοχος] τὸ δὲ δὴ λεγόμενον Ἱέραξ Ἀντίοχος malit Her. in app. ‖ 3 ὁ] om. **VPAH** ‖ 4 εἰρήσεται] εἴρηται Jac. in app., Her. 5 καθεύδοντος] καθεύδων Her. ‖ 6 ἐπίστευεν] ἐπίστευσεν **V** ‖ 7 τοῦτο] ταῦτα ***β*** ‖ 8 οὖν] γοῦν ***β*** ‖ 10 μηκῇ] Jac., Her. : μήκη **LA** : μικῇ **V** : μήκει **P** : om. **H** 13 λεοντιδεῖς] λεοντίδες ***β*** ‖ 15 παρδάλεων] τῶν παρ. **LAH** ‖ 18 λυγγῶν] λυγκῶν Jac. in app., Her. | Λάσου] λάσσου **LP** ‖ 19 σκύμνος] del. Her. 20 λυγγός] λυγκός Jac. in app., Her. ‖ 25 μὲν δὴ] γε μὴν Her. ‖ 26 καὶ] del. Her. ταχίναν—27 Λακεδαιμόνιοι] λακ. δὲ ταχ. ***β*** ‖ 27 κέκληνται] κέκληται **P** ‖ 28 ἡ] sscr. **L** : om. **V**|σκινδαφός] σκινδακός ***β***

ἀγρίων ὑῶν τὰ τέκνα μολόβρια ὀνομάζουσιν· ἀκούσαις δ' ἂν τοῦ Ἱππώνακτος καὶ αὐτὸν τὸν ὗν μολοβρίτην που λέγοντος [cf. fr. 134 Deg.]. καλοῦνται δὲ καὶ τῶν ὑῶν μονίαι τινές. τάς γε μὴν δορκάδας καὶ ζόρκας καὶ πρόκας εἰώθασιν ὀνομάζειν. τῶν δὲ ὑστρίχων καὶ τῶν τοιούτων ἀγρίων τὰ ἔκγονα ὄβρια καλεῖται· καὶ μέμνηταί γε Εὐριπίδης ἐν Πελιάσι [fr. 616 N.] τοῦ ὀνόματος καὶ Αἰσχύλος ἐν Ἀγαμέμνονι [*A.* 143] καὶ Δικτυουλκοῖς [fr. 48 R.]. τὰ δὲ ἔτι ἐν τῇ γαστρὶ ἔμβρυα καλοῦσι. τὰ δὲ τῶν ὀρνίθων καὶ τὰ τῶν ὄφεων καὶ τὰ τῶν κροκοδείλων ἔνιοι, ἔμβρυα καὶ ψακάλους καλοῦσιν, ὧν εἰσι καὶ Θετταλοί. τὰ δὲ πρόσφατα ὀρνύφια νεοττοὺς καὶ ὀρταλίχους, ἀλεκτρυόνων τε ἀλεκτορίδας λέγουσι, καὶ τόν γε πέρυσιν ὀνομάζουσιν, ὡς καὶ τὸν οἶνον. καὶ αὖ πάλιν χηνιδεῖς καὶ χηναλωπεκιδεῖς καὶ τὰ τούτοις ὅμοια κατὰ τὰ αὐτὰ σχηματίζουσιν. Ἀχαῖος δὲ ὁ τῆς τραγῳδίας ποιητὴς τὸν νεοττὸν τῆς χελιδόνος μόσχον ὠνόμασεν [*TGF*, fr. 47].

7.44. Μνήμην δὲ παρακολουθεῖν καὶ τοῖς ζῴοις, καὶ ἴδιον αὐτῶν καὶ τοῦτο εἶναι χωρὶς τῆς εἰς αὐτὴν τέχνης τε καὶ σοφίας, ἣν τερατευόμενοί τινες ἐπινοῆσαι κομπάζουσι, τεκμηριοῖ καὶ ἐκεῖνα. τὸν δεσπότην ὄντα τῶν ἐκ τῆς Ῥωμαίων βουλῆς ἀπέδρα Ἀνδροκλῆς ὄνομα, οἰκέτης τὴν τύχην, ὅ τι κακουργήσας καὶ ἡλίκον οὐκ οἶδα εἰπεῖν. ἧκε δ' οὖν ἐς τὴν Λιβύην, καὶ τὰς μὲν πόλεις ἀπελίμπανε, καὶ τοῦτο δὴ τὸ λεγόμενον ἄστροις αὐτὰς ἐσημαίνετο, προῄει δὲ ἐς τὴν ἐρήμην. φρυγόμενος δὲ ὑπὸ πολλῆς διαπύρου τῆς ἀκτῖνος, ἀσμένως ὕπαντρόν τινα πέτραν ὑποδραμὼν ἡσύχαζε· λέοντος δὲ ἄρα κοίτη ἧδε ἡ πέτρα ἦν. ἐπάνεισι τοίνυν ἐκ θήρας ὁ λέων, σκόλοπι βιαίῳ περιπαρεὶς καὶ κολαζόμενος, καὶ ἐντυχὼν τῷ νεανίᾳ εἶδεν αὐτὸν πράως, καὶ

2 καὶ αὐτὸν] καὶ αὐτοῦ ante τοῦ Ἱππώνακτος transp. **V** ‖ **3** μὴν] μὲν **V** **5** ὑστρίχων] ὑστρίων **V** | ἀγρίων] del. Her. | ὄβρια] ὀβρίκαλα Valck. ‖ **6** γε] δὲ ***β*** **7** τὰ — **8** καλοῦσι] distinct. post ἔμβρυα ***β*** : del. Her. ‖ **8** τὰ δὲ] δὲ τὰ ***β*** ‖ **9** τὰ] om. ***β*** | ἔνιοι] ἔνιοι δὲ ***β*** | ἔμβρυα] del. Her. ‖ **11** νεοττοὺς] post τε transp. Her. | καὶ] del. Her. | τε] δὲ **A** | ἀλεκτορίδας] ἀλεκτοριδεῖς Valck., Her. ‖ **12** καὶ¹ — οἶνον] del. Her. | πέρυσιν] πέρυσιν περυσινὸν Jac. in app. ‖ **13** χηναλωπεκιδεῖς] χηναλωπεκίδεις **PAH** | κατὰ] καὶ **PAH** ‖ **14** τὸν νεοττὸν] τοὺς νεοττοὺς **L** **16** Μνήμην] Γνώμην **PH** ‖ **19** Ῥωμαίων] ῥωμαίας **LA** : ῥώμης **V** ‖ **20** τύχην] τέχνην **PAH** ‖ **23** πολλῆς] πολλῶν **V** : πολλῆς καὶ Her. ‖ **24** διαπύρου] καὶ διαπύρου Her. ‖ **25** ἧδε] om. **PAH**

σαίνειν ἤρξατο, καὶ προύτεινε τὸν πόδα, καὶ ἐδεῖτο ὡς ἠδύνατο ἐξαιρεθῆναι τὸν σκόλοπα. ὃ δὲ τὰ μὲν πρῶτα, καίτοι θανάτου δεόμενος, κατέπτηξεν· ἐπεὶ δὲ πρᾶον τὸν θῆρα ἐθεάσατο καὶ τὸ κατὰ τὸν πόδα συνεῖδε πάθος, ἐξεῖλε τὸ λυποῦν τοῦ ποδός, καὶ τῆς ὀδύνης ἀπήλλαξεν. ἡσθεὶς οὖν τῇ θεραπείᾳ ὁ λέων ἰατρεῖά οἱ ἐκτίνων ξένον τε ἐνόμιζε καὶ φίλον, καὶ ὧν ἐθήρα ἐκοινώνει. καὶ ὃ μὲν ἐσιτεῖτο ὠμὰ ᾗ λεόντων νόμος, ὃ δὲ ἑαυτῷ ὦπτα· καὶ κοινῆς ἀπέλαυον τραπέζης κατὰ φύσιν τὴν αὑτοῦ ἑκάτερος. καὶ τριῶν μὲν ἐτῶν τὸν τρόπον τοῦτον διεβίωσεν ὁ Ἀνδροκλῆς· εἶτα ὑπεράγαν κουριῶν καὶ ὀδαξησμῷ βιαίῳ κατειλημμένος τὸν λέοντα ἀπολιμπάνει, ἑαυτὸν δὲ μεθίησι τῇ τύχῃ. εἶτα ἁλώμενον αὐτὸν συλλαβόντες καὶ ὅτου εἴη πυθόμενοι ἐς τὴν Ῥώμην τῷ δεσπότῃ δήσαντες ἀποπέμπουσιν. ὃ δὲ ἐφ' οἷς ἠδικήθη εὐθύνει τὸν οἰκέτην, καὶ κατεγνώσθη ἐκεῖνος θηρίοις βορὰ παραδοθῆναι. ἐθηράθη δέ πως καὶ ὁ Λίβυς ἐκεῖνος λέων καὶ ἀφείθη ἐν τῷ θεάτρῳ, καὶ ὁ νεανίας δὲ ὡς ἀπολούμενος ὅ ποτε αὐτῷ ἐκείνῳ τῷ λέοντι σύνοικός τε καὶ σύσκηνος γεγενημένος. καὶ ὁ μὲν ἄνθρωπος οὐκ ἐγνώρισε τὸν θῆρα, ἐκεῖνος δὲ παραχρῆμα ἀνέγνω τὸν ἄνθρωπον, καὶ ἔσαινεν αὐτόν, καὶ ὑποκλίνας τὸ πᾶν σῶμα ἔρριπτό οἱ παρὰ τοῖς ποσίν. ὀψὲ δὲ καὶ ὁ Ἀνδροκλῆς ἐγνώρισε τὸν ἑαυτοῦ ξένον, καὶ περιλαβὼν τὸν λέοντα ὡς ἥκοντα ἑταῖρον ἐξ ἀποδημίας κατησπάζετο. ἐπεὶ δὲ ἐδόκει γόης, ἀφείθη οἱ καὶ πάρδαλις. ὁρμώσης δὲ αὐτῆς ἐπὶ τὸν Ἀνδροκλέα, ὁ λέων ἀμύνων τῷ ποτε ἰασαμένῳ, καὶ κοινῆς τραπέζης μεμνημένος διασπᾷ τὴν πάρδαλιν. οἷα τοίνυν εἰκὸς οἱ θεώμενοι ἐκπλήττονται, καὶ ὁ διδοὺς τὰς θέας καλεῖ τὸν Ἀνδροκλέα, καὶ τὸ πᾶν μανθάνει. καὶ θροῦς εἰς τὸ πλῆθος διαρρεῖ, καὶ τὸ σαφὲς ὁ δῆμος μαθόντες ἐλευθέρους ἐκβοῶσιν ἀφεῖσθαι καὶ τὸν ἄνδρα καὶ τὸν λέοντα. ἴδιον δὴ τῶν ζῴων καὶ ἡ μνήμη· καὶ συνῳδὸν τοῖς προειρημένοις καὶ ἐς τὸ αὐτὸ

2 καίτοι—3 δεόμενος] del. Her. ‖ 4 τὸν] om. **A** | ἐξεῖλε] ἐξεῖλε μὲν **L** ‖ 7 λεόντων] λέοντος **V** ‖ 8 αὑτοῦ] **L**, edd. ‖ 9 ὁ] om. **V** ‖ 10 τὸν] τὸν μὲν **PAH**, Her. 13 ἐφ'—14 οἰκέτην] εὐθ. τὸν οἰκ. ἐφ' οἷς ἠδι. **V** ‖ 15 καὶ[1]] om. **V** | ἀφείθη] ἀφέθη **AH** ‖ 19 οἱ] om. **V** ‖ 20 ὁ] om. **P** ‖ 21 περιλαβὼν] περιβαλὼν **V** ‖ 22 ἀφείθη] ἀφέθη **PH** : ἐφείθη Her. ‖ 27 ἐλευθέρους ἐκβοῶσιν] ἐκβ. ἐλε. **PAH** 29 καὶ[3]—190,2 εἰδέναι] loc. corrupt., Jac. in app. (cf. Plin., *NH* 8.57), Her. in app.

δέ ἐστιν τοῦ λέοντος ἐν τῇ Σάμῳ, ἐπὶ τοῦ κεχηνότος Διονύσου νομίζοιτο ἂν καὶ τὸ φωλιὸν εἰδέναι. καὶ τοῦτο ἀκουέτω Ἐρατοσθένους τε καὶ Εὐφορίωνος καὶ ἄλλων περιηγουμένων αὐτό.

1 ἐστιν—λέοντος] scripsi : ἐστιν εὔδοντος codd., edd. : in voc. εὔδοντος latere λέοντος susp. Trill. : ἐστι νεῦον τὸ Sit. ‖ 2 ἂν—φωλιὸν] οὐκ ἀποφώλιον Jac. in com. (ex Bernh.), fort. recte|φωλιὸν] φώλιον **VPA** : πωλιόν **H**

LIBER VIII

8.1. Ἰνδικοὶ λόγοι διδάσκουσιν ἡμᾶς καὶ ἐκεῖνα. τὰς κύνας ἄγουσιν εἰς τὰ ἔνθηρα χωρία οἱ θηρατικοὶ τὰς εὐγενεῖς τε καὶ ἴχνη καταγνῶναι θηρίων ἀγαθὰς καὶ ὠκίστας ἐς δρόμον, καὶ τοῖς δένδροις προσδήσαντες εἶτα μέντοι ἀπαλλάττονται, τοῦτο δήπου τὸ λεγόμενον ἀτεχνῶς κύβον ἀναρρίψαντες. οἱ δὲ τίγρεις ἐντυχόντες αὐταῖς, ἀθηρίᾳ μὲν καὶ λιμῷ συμπεσόντες διασπῶσιν αὐτάς· ἐὰν δὲ ὀργῶντες ἀφίκωνται καὶ κεκορεσμένοι, συμπλέκονταί τε αὐταῖς καὶ τῆς ἀφροδίτης ἐν πλησμονῇ καὶ ἐκεῖνοι μέμνηνται. ἐκ δὲ τῆς ὁμιλίας ταύτης οὐ κύων φασὶν ἀλλὰ τίγρις τίκτεται. ἐκ δὲ τούτου καὶ κυνὸς θηλείας ἔτι τίγρις τεχθείη ἄν, ὃ δὲ ἐκ τούτου καὶ κυνὸς εἰς τὴν μητέρα ἀποκρίνεται, καὶ κατώλισθεν ἡ σπορὰ πρὸς τὸ χεῖρον, καὶ κύων τίκτεται. πρὸς ταῦτα Ἀριστοτέλης οὐκ ἀντιφήσει [*HA* 607a4; *GA* 746a34; fr. 270.23 Gig.]. οὗτοι δὲ ἄρα οἱ κύνες, οἷς πάρεστι πατέρα αὐχεῖν τὸν τίγριν, ἔλαφον μὲν θηρᾶσαι ἢ συΐ συμπεσεῖν ἀτιμάζουσι, χαίρουσι δὲ ἐπὶ τοὺς λέοντας ᾄττοντες καὶ τοὺς ἄνω τοῦ γένους ἀποδεικνύντες ἐντεῦθεν. Ἀλεξάνδρῳ γοῦν τῷ Φιλίππου πεῖραν ἔδοσαν οἱ Ἰνδοὶ τῆς τῶν κυνῶν τῶνδε ἀλκῆς τὸν τρόπον τοῦτον. ἀφῆκαν ἔλαφον, καὶ ὁ κύων ἡσύχαζεν· εἶτα σῦν, ὃ δὲ ἀτρεμῶν κατέμενεν· καὶ ἄρκτον ἐπὶ τούτοις, καὶ ἔκνιζεν αὐτὸν ἄρκτος οὐδέν· λέοντος δὲ ἀφεθέντος, ὃ δὲ ὡς εἶδεν, ὥς μιν μᾶλλον ἔδυ χόλος [cf. Hom., *Il.* 19.16], καὶ οἷα δήπου θεασάμενος τὸν ὄντως ἀντίπαλον οὔτε ἤμελλεν οὔτε ἠτρέμει, ἀλλ᾽ ἀΐξας ἐπ᾽ αὐτὸν εἶτα μέντοι καρτερᾷ τῇ λαβῇ εἴχετο πιέζων καὶ ἄγχων. ὁ τοίνυν Ἰνδὸς ὁ τὴν θέαν τῷ βασιλεῖ τήνδε παρέχων κάλλιστα εἰδὼς τοῦ κυνὸς τὸ καρτερικόν, προσέταξέν οἱ τὴν οὐρὰν ἀποκοπῆναι. καὶ ἣ μὲν ἀπεκόπτετο, ὃ δὲ οὐκ ἐφρόντιζε. προσέταξεν οὖν ὁ Ἰνδὸς καὶ τῶν σκελῶν ἓν ἀποκόψαι, καὶ ἀπεκόπη· ὃ δὲ ὡς ἐξ ἀρχῆς ἐνέφυ εἴχετο, καὶ οὐκ ἀνίει, ὥσπερ οὖν ἀλλοτρίου κοπτομένου σκέλους καὶ

3 εἰς] ἐς **LPA** | ἴχνη] τὰ ἴχνη **V** ‖ **4** ἐς] εἰς **PAH** ‖ **6** ἀτεχνῶς] om. **V** ‖ **8** καὶ] om. **PAH** ‖ **14** ἀντιφήσει] ἄν τι φησίν ut vid. **P** ‖ **15** τὸν] del. Her. ‖ **20** ἀφῆκαν] ἀφῆκεν **V** | ὁ] ἡ **V** ‖ **21** ἄρκτον—τούτοις] ἐπὶ τούτ. ἄρκ. **AH** | ἄρκτος] ἡ ἄρκ. Her. ‖ **22** λέοντος] λέγεται **V** | εἶδεν] ἴδειν **V** : εἶδ᾽ Her. ‖ **24** ἤμελλεν] ἔμελλεν **A** **28** ἀπεκόπτετο] παρεκόπτετο **V** ‖ **30** καὶ[1]—192,2 εἴχετο] om. **V**

ὀθνείου. καὶ ἄλλο ἀπεκόπτετο, καὶ τὸ δῆγμα ὁ κύων οὐ κατελίμπανε· καὶ τρίτον ἕτερον, ὃ δὲ εἴχετο· καὶ τὸ τέταρτον ἐπ' ἐκείνοις, καὶ ἦν ἐγκρατὴς τοῦ δήγματος ἔτι. καὶ τελευτῶντες τῆς κεφαλῆς τὸ λοιπὸν σῶμα ἀφεῖλον· ὀδόντες δὲ ἐκεῖνοι ἤρτηντο τῆς ἐξ ἀρχῆς ἀντιλαβῆς, καὶ ἡ κεφαλὴ ᾐωρεῖτο μετέωρος ἐκ τοῦ λέοντος, αὐτοῦ μέντοι τοῦ δακόντος ἐξ ἀρχῆς οὐκέτι ὄντος. Ἀλέξανδρος οὖν ἐνταῦθα ἠνιᾶτο, τὸν κύνα ἐκπλαγεὶς ὅτι ἄρα πεῖραν ἑαυτοῦ διδοὺς εἶτα ἀπωλώλει, τὸ ἐναντίον τοῖς δειλοῖς παθών, θάνατον δὲ ὑπὲρ τῆς ἀνδρείας ἠλλάξατο. ἰδὼν οὖν ὁ Ἰνδὸς αὐτὸν ἀνιώμενον, τέτταρας ὁμοίους ἐκείνῳ κύνας ἔδωκέν οἱ. ὃ δὲ ἥσθη λαβὼν καὶ ἀντέδωκεν ὁποῖα ἦν εἰκός, καὶ τῆς γε ἐπὶ τῷ πρώτῳ λύπης ἔλαβε λήθην ὁ τοῦ Φιλίππου παῖς λαβὼν τοὺς τέτταρας.

8.2. Κύων ἀγρευτικὸς ἅπας αὐτὸς μὲν λαβὼν θηρίον ἥδεται, καὶ κέχρηται τῇ ἄγρᾳ ὡς ἄθλῳ, ἐὰν αὐτῷ συγχωρήσῃ ὁ δεσπότης· εἰ δὲ μή, φυλάττει ζῶντα ἔστ' ἂν ὁ θηρατὴς ἀφίκηται καὶ κρίνῃ γε ὑπὲρ τοῦ ληφθέντος ὅ τι καὶ θέλει. νεκρῷ δὲ ἐντυχὼν ἢ λαγῷ τινὶ ἢ συῒ οὐκ ἂν ἅψαιτο, τοῖς ἀλλοτρίοις ἑαυτὸν πόνοις οὐκ ἐπιγράφων, οὐδὲ ἀξιῶν σφετερίσασθαι τὰ προσήκοντά οἱ ἥκιστα. ἔοικε δὲ ἐκ τούτων ἔχειν τι καὶ φιλοτιμίας ἐν ἑαυτῷ φυσικῆς· μὴ γὰρ δεῖσθαι κρεῶν, ἀλλὰ νίκης ἐρᾶν. ἀκοῦσαι δὲ ἄξιον ὅ τι καὶ δρᾷ παρὰ τὸν τῆς θήρας καιρὸν ὁ κύων ὁ θηρατικός. προηγεῖται τοῦ κυνηγέτου ἱμάντι μακρῷ προσημμένος, καὶ ῥινηλατεῖ τῆς φωνῆς ἔχων ἐγκρατῶς καὶ σιωπῶν. καὶ εἰς ὅσον μὲν ἀθηρία ἀπαντᾷ αὐτῷ καὶ οὐδενὶ ἐντυγχάνει, πρόεισιν ὡς ἰδεῖν καὶ τεκμήρασθαι κατηφέστερος, καὶ μέντοι καὶ εἰς τὸ πρόσω ἰὼν ἐπάγεται τὸν θηρατὴν προθύμως τε καὶ καρτερικῶς εὖ μάλα ὁ κύων· εἰ δὲ ἰχνεύσειε τυχὼν καὶ ὀσμῇ τινι προσπέσοι που θηρίου, ἐνταῦθα ἕστηκεν. ὁ δὲ κυνηγέτης ἔρχεται πλησίον, καὶ ὁ κύων

2 ὃ] καὶ ὃ L ‖ 4 ἐκεῖνοι] ἐκείνῃ A : ἐκείνῳ H, Her. ‖ 6 ἐξ ἀρχῆς] del. Her. 8 διδοὺς] δοὺς Her. | ἀπωλώλει] ἀπολώλει P | τοῖς δειλοῖς] τοῦ δειλοῦ V 10 ἐκείνῳ] ex corr. LA : ἐκείνου VP (ante corr. LA) | οἱ] om. LH ‖ 15 αὐτῷ] αὐτὸν A ‖ 17 θέλει] θέλοι A : ἐθέλει Her. ‖ 18 τινὶ] om. H : del. Her. | ἂν ἅψαιτο] ἂν ἅψοιτο P : ἀνάψοιντο A ‖ 19 σφετερίσασθαι] σφετερίζεσθαι A ‖ 20 ἑαυτῷ] αὐτῷ V ‖ 24 καὶ σιωπῶν] καὶ σιωπᾷ V : del. Her. ‖ 25 αὐτῷ] ἑαυτῷ VH πρόεισιν] πρόσεισιν V | ὡς] ὅσα Her. ‖ 26 κατηφέστερος] κατηφέστερον V 28 τυχὼν] ἐντυχὼν in mg. tert. m. L : τυχὸν A : del. Her. | που] del. Her.

περιχαρὴς τῇ εὐερμίᾳ ὢν αἰκάλλει τὸν δεσπότην καὶ φιλεῖ τὼ πόδε, καὶ πάλιν τῆς ἐξ ἀρχῆς ἰχνεύσεως ἔχεται, καὶ πρόσεισι βάδην ἔστ' ἂν ἀφίκηται πρὸς τὴν κοίτην, καὶ περαιτέρω οὐ πρόεισι. συνῆκεν οὖν ὁ θηρατής, καὶ ὑποθωΰξας σημαίνει τοῖς ἀρκυωροῖς· οἳ δὲ περιβάλλουσι τὰς ἄρκυς. καὶ ἐνταῦθα τοῦ καιροῦ ὑλάκτησεν ὁ κύων· νοεῖ δὲ αὐτῷ τηνικαῦτα ἡ βοὴ εἰς ἀνάστασιν τὸν σῦν ὑποθῆξαι, ἵνα ἐμπέσῃ φεύγων καὶ τοῖς δικτύοις καταληφθῇ. ἁλόντος δὲ τοῦ θηρός, ὃ δὲ ἐπινίκιόν τινα οἱονεὶ παιᾶνα ἐκβοᾷ, καὶ γέγηθε καὶ σκιρτᾷ, ὥσπερ οὖν οἱ τοὺς ἐχθροὺς ὁπλῖται νενικηκότες. ταῦτα ἐπὶ συῶν καὶ ἐλάφων δρῶσιν οἱ κύνες.

8.3. Χάριν δὲ ἄρα καὶ δελφῖνες ἀποδοῦναι τῶν ἀνθρώπων ἦσαν δικαιότεροι, καὶ τῷ νόμῳ τῶν Περσῶν ὃν ἐπαινεῖ καὶ Ξενοφῶν [*Cyr.* 1.2.7] οὐκ ἐνέχονται. ὃ δὲ λέγω τοιοῦτόν ἐστι. Κοίρανος ὄνομα, τὸ γένος ἐκ Πάρου, δελφίνων τινῶν ἐν Βυζαντίῳ βόλῳ περιπεσόντων καὶ ἑαλωκότων, δοὺς ἀργύριον οἱονεὶ λύτρα τοῖς ἠγρευκόσιν ἀφῆκεν αὐτοὺς ἐλευθέρους, ἀνθ' ὧν τὴν χάριν ἀπείληφεν. ἔπλει γοῦν πεντηκόντορον ἔχων, ὡς λόγος, Μιλησίους τινὰς ἄγουσαν ἄνδρας, ἐν δὲ τῷ μεταξὺ τῆς Πάρου πορθμῷ τῆς νεὼς ἀνατραπείσης καὶ τῶν ἄλλων διαφθαρέντων, τὸν Κοίρανον ἔσωσαν δελφῖνες, ὑπὲρ ἧς φθάσαντες εἶχον εὐεργεσίας τὴν ἴσην ἀντιδιδόντες. καὶ ἔνθα ἐξενήξαντο ὀχοῦντες αὐτὸν ἄκρα δείκνυται καὶ ὕπαντρος πέτρα, καὶ καλεῖται ὁ χῶρος Κοιράνειος. χρόνῳ δ' ὕστερον τεθνεῶτα τόνδε τὸν Κοίρανον θαλάττης πλησίον ἔκαιον. εἶτα μέντοι αἰσθόμενοί ποθεν οἱ δελφῖνες ἠθροίσθησαν, ὥσπερ οὖν ἐπὶ τὸ κῆδος ἥκοντες, καὶ εἰς ὅσον ἡ πυρὰ ἤκμαζε καιομένη, παρέμειναν ὡς φίλῳ φίλος πιστός· εἶτα μέντοι κατασβεσθείσης οἳ δὲ ἀπενήξαντο. ἄνθρωποί γε μὴν ζῶντάς τε καὶ πλουτοῦντας καὶ εὖ πράττειν δοκοῦντας θεραπεύουσι, νεκροὺς δὲ ἀποστρέφονται ἢ καὶ δυστυχοῦντας, ἵνα μή τινα ἐκτίσωσιν εὖ παθόντες χάριν.

2 πρόσεισι] πρόεισι in mg. L, edd. ‖ 7 ἐμπέσῃ] ἐκπέσῃ Her. ‖ 9 οἱ τοὺς] del. Her. ‖ 11 ἀποδοῦναι – ἀνθρώπων] τῶν ἀνθ. ἀποδ. **A** ‖ 12 τῷ νόμῳ] τῶν νόμων **V** | ὃν] ὧν **V** ‖ 13 ἐνέχονται] ἀνέχονται **V** ‖ 15 ἀργύριον] ἀργύρια **P** ‖ 17 γοῦν] γοῦν ποτε Her. ‖ 18 τῆς[1]] del. Her. | Πάρου] Νάξου καὶ Πάρου Wess., Her., fort. recte ‖ 22 δ' ὕστερον] ὕστ. δὲ **PAH** ‖ 23 θαλάττης] θαλάσσης **V** ‖ 25 ἤκμαζε] ἐνήκμαζε Her.

8.4. Ἦσαν δὲ ἄρα καὶ ἰχθύες πρᾶοί τε ἅμα καὶ χειροήθεις καὶ οἷοι καλούμενοί τε ὑπακούειν καὶ διδόντων τροφὰς ἑτοίμως δέχεσθαι, ὥσπερ οὖν ἡ ἐν Ἀρεθούσῃ ἱερὰ ἔγχελυς. τὴν Κράσσου τε τοῦ Ῥωμαίου μύραιναν ᾄδουσιν, ἥπερ οὖν καὶ ἐνωτίοις καὶ ὁρμίσκοις διαλίθοις κεκόσμητο, οἷα δήπου ὡραία κόρη, καὶ καλοῦντος τοῦ Κράσσου τὸ φώνημα ἐγνώριζε, καὶ ἀνενήχετο, καὶ ὀρέγοντος ὁτιοῦν ἥδε ἤσθιε προθύμως καὶ ἑτοίμως λαμβάνουσα. ταύτην τοι καὶ ἔκλαυσεν ὁ Κράσσος, ὡς ἀκούω, τὸν βίον καταστρέψασαν, καὶ ἔθαψε. καί ποτε Δομετίου πρὸς αὐτὸν εἰπόντος 'ὦ μωρέ, μύραιναν ἔκλαυσας τεθνεῶσαν', ὃ δὲ ὑπολαβών, 'ἐγὼ θηρίον', ἔφατο, 'σὺ δὲ τρεῖς γυναῖκας θάψας οὐκ ἔκλαυσας'.

Αἰγυπτίων δὲ ἀκούω λεγόντων τοὺς ἱεροὺς κροκοδείλους εἶναι πράους, καὶ τῶν γε θεραπευτήρων ἐπιψαυόντων καὶ ἐπαφωμένων ὑπομένειν καὶ κούφως φέρειν, καὶ κεχηνέναι καθιέντων ἐκείνων καὶ τοὺς ὀδόντας σφίσι καθαιρόντων καὶ τὰ εἰσδυόμενα τῶν σαρκίων ἐξαιρούντων. ἤδη μέντοι καὶ μαντικῆς μετειληχέναι τοὺς προτιμοτέρους κροκοδείλους Αἰγύπτιοί φασι, καὶ τὸ μαρτύριον ἐκεῖνο προάγονται. Πτολεμαίου (ὁπόστος δὲ ἦν οὗτος ἐκείνους ἔρεσθε) καλοῦντος τὸν προτιμότερον τῶν κροκοδείλων μὴ ὑπακοῦσαί φασι καὶ τροφὰς ὀρέγοντος μὴ προσίεσθαι· συνιέντας δὲ τοὺς ἱερέας ὅτι τὸ τέλος τῷ Πτολεμαίῳ προσιὸν εἰδὼς ὁ κροκόδειλος εἶτα μέντοι τὴν ἐξ αὐτοῦ τροφὴν ἠτίμασε λαβεῖν.

8.5. Οἰωνοῖς μαντευομένους ἀκούω τινὰς καὶ ἐπ' ὄρνισι καθημένους ἐξετάζειν πτήσεις τε αὐτῶν καὶ ἕδρας. καὶ ᾄδονταί γε ἐπὶ ταύτῃ τῇ σοφίᾳ Τειρεσίαι τε καὶ Πολυδάμαντες καὶ Πολύειδοι καὶ Θεοκλύμενοι καὶ ἄλλοι πολλοί. σπλάγχνων δὲ ἄρα θέσεις καὶ φύσεις καταγνῶναι δεινοὶ ἦσαν καὶ Σιλανοὶ καὶ Μεγιστίαι καὶ Εὐκλεῖδαι καὶ ἐπὶ τούτοις πολὺς κατάλογος. ἀκούω μέντοι τινῶν λεγόντων ὅτι καὶ ἀλφίτοις μαντεύονταί τινες καὶ κοσκίνοις καὶ

2 ἑτοίμως] ὁμοίως **PAH** ‖ **3** τὴν] τοῦ **V** | Κράσσου] **H**, edd. : κράσου **VLPA** hic et infra ‖ **5** κεκόσμητο] κεκόσμηται **V** : ἐκεκόσμητο Her. ‖ **7** ἥδε] ἡ δὲ ***β*** **8** Κράσσος] **H**, edd. : κράσος **VLPA** ‖ **14** ἐκείνων] ἐκείνων τὰς χεῖρας Her. **15** σαρκίων] καρπῶν **V** ‖ **17** προτιμοτέρους] προειρημένους Her. ‖ **19** ἔρεσθε] ex corr. **P** : ἔρεσθαι **V** (ante corr. **P**) **H** : ἔρεθε **A** | καλοῦντος] corr. in καλοῦντα **A** προτιμότερον] πραότατον Her. ‖ **20** συνιέντας] συνιέναι vel συνηκέναι malit Ges. in Emend. : συνεῖναι Her. ‖ **21** τῷ Πτολεμαίῳ] τῶν πτολεμαίων **V** ‖ **25** ἐπὶ ταύτῃ] ἐπ' αὐτῇ **L** ‖ **26** θέσεις—27 φύσεις] φύσ. καὶ θέσ. **A** | καὶ φύσεις] del. Her.

τυρίσκοις. πέπυσμαι δὲ καὶ κώμην τινὰ Λυκιακὴν μεταξὺ Μύρων καὶ Φελλοῦ, Σοῦρα ὄνομα, ἐν ᾗ μαντεύονταί τινες ἐπ' ἰχθύσι καθήμενοι, καὶ ἴσασιν ὅ τι καὶ νοεῖ ἥ τε ἄφιξις αὐτῶν κληθέντων καὶ ἡ ἀναχώρησις, καὶ ὅταν μὴ ὑπακούσωσι τί δηλοῦσι, καὶ ὅταν ἔλθωσι πολλοὶ τί σημαίνουσιν. ἀκούσει δὲ τὰ μαντικὰ τῶν σοφῶν ταῦτα καὶ πηδήσαντος ἰχθύος καὶ ἀναπλεύσαντος νεκροῦ καὶ τροφὴν προσιεμένου καὶ αὖ πάλιν μὴ λαβόντος.

8.6. Ἦν δὲ ἄρα εὐχείρωτα καὶ αἱρεῖν ῥᾷστα οἱ ὄνοι μὲν τοῖς λύκοις, τοῖς μέροψι δὲ αἱ μέλιτται, ταῖς γε μὴν χελιδόσιν οἱ τέττιγες, τοῖς δὲ ἐλάφοις οἱ ὄφεις. ἡ πάρδαλις δὲ αἱρεῖ τῇ ὀσμῇ τὰ πλεῖστα, καὶ ἔτι μᾶλλον τὸν πίθηκον.

8.7. Μεγασθένους ἀκούω λέγοντος [*FGrH* 715, fr. 24] περὶ τὴν τῶν Ἰνδῶν θάλατταν γίνεσθαί τι ἰχθύδιον, καὶ τοῦτο μὲν ὅταν ζῇ ἀθέατον εἶναι, κάτω που νηχόμενον καὶ ἐν μυχῷ, ἀποθανὸν δὲ ἀναπλεῖν. οὗ τὸν ἁψάμενον λειποθυμεῖν καὶ ἐκθνήσκειν τὰ πρῶτα, εἶτα μέντοι καὶ ἀποθνήσκειν. τὸν δὲ χέρσυδρον πατήσας τις καὶ εἰ μὴ δηχθείη, ὡς Ἀπολλόδωρός φησιν ἐν τῷ Θηριακῷ λόγῳ, ἀποθνήσκειν πάντως· ἔχειν γάρ τι σηπτικὸν καὶ τὴν μόνην τοῦ ζῴου ἐπίψαυσιν λέγει. καὶ μέντοι καὶ τὸν πειρώμενον θεραπεύειν καὶ ἐπικουρεῖν ἀμωσγέπως τῷ ἀποθνήσκοντι φλυκταίνας ἴσχειν ἐν ταῖς χερσίν, ἐπεὶ μόνον τοῦ πατήσαντος προσέψαυσεν. Ἀριστόξενος δέ πού φησιν [fr. 133 Wehr.] ἄνδρα ταῖς χερσὶν ὄφιν τινὰ ἀποκτεῖναι καὶ μὴ δηχθέντα ὅμως θιγόντα ἀποθανεῖν· καὶ τὴν ἐσθῆτα δὲ αὐτοῦ, ἣν ἔτυχε φορῶν ὅτε τὸν ὄφιν ἀνῄρει, καὶ ἐκείνην σαπῆναι οὐ μετὰ μακρόν.

Ἀμφισβαίνης δὲ τὴν δορὰν βακτηρίᾳ περικειμένην ἐλαύνειν λέγει Νίκανδρος [*Th.* 373–383] τοὺς ὄφεις πάντας καὶ τὰ ἄλλα ζῷα, ὅσα μὴ δακόντα μὲν παίσαντα δὲ ἀναιρεῖ.

2 Σοῦρα] Schn., Her. : σύρραν codd. ‖ 5 ἀκούσει] ἀκούσῃ **A** : ἀκούει **P** 6 νεκροῦ] ἐκ βυθοῦ Schn., Her. ‖ 7 προσιεμένου] προσεμένου Her. ‖ 8 οἱ] om. **V** : del. Her. ‖ 10 τοῖς] ταῖς **A** | τῇ ὀσμῇ] Jac. in app., Her. : θεωμένη codd. 11 μᾶλλον] καὶ μᾶλλον **LPA** ‖ 13 θάλατταν] θάλασσαν **V** | γίνεσθαί] γίγνεσθαί **L** ‖ 14 μυχῷ] βυθῷ **LA** ‖ 15 λειποθυμεῖν καὶ] del. Her. ‖ 16 χέρσυδρον] χέλυδρον Schn. (O.), Her. ‖ 18 ἀποθνήσκειν] ἀποθνήσκει Ges., Her. | ἔχειν] ἔχει **VH** 20 ἀμωσγέπως] ἁμω. **P**, edd. | τῷ] τὸν **A** ‖ 23 θιγόντα] θίγοντα **VLP** : del. Her. ‖ 25 μακρόν] ex corr. **P** : μικρόν **V** (ante corr. **P**) ‖ 28 ζῷα] om. **V**

8.8. Κύων ὑπὸ πλήθους ὀχλούμενος οἶδε πόαν ἐν ταῖς αἱμασιαῖς φυομένην, ἧσπερ οὖν γευσάμενος ἐμεῖ πᾶν τὸ λυποῦν μετὰ φλέγματος καὶ χολῆς, ὑποχωρεῖ δὲ αὐτῷ καὶ τῶν σκυβάλων πάμπολλα, καὶ πορίζει σωτηρίαν ἑαυτῷ, δεηθεὶς ἰατρῶν συμμάχων οὐδέν. καὶ μελαίνης μέντοι χολῆς ἐκκρίνει πλῆθος, ἥπερ οὖν μείνασα λύτταν ἐργάζεται κυσὶ νόσημα ἀργαλέον. ἑλμίνθων δὲ πεπληρωμένοι τοῦ σίτου τοὺς ἀθέρας ἐσθίουσιν, ὡς Ἀριστοτέλης λέγει [*HA* 612a31; fr. 270.24 Gig.]. τρωθέντες δὲ ἔχουσι τὴν γλῶτταν φάρμακον, ᾗπερ οὖν περιλιχμώμενοι τὸ τρωθὲν μέρος εἰς ὑγίειαν ἐπανάγουσιν, ἐπίδεσμα καὶ σπληνία καὶ κράσεις φαρμάκων μακρὰν χαίρειν ἀπολιπόντες. κύνα δὲ καὶ ἐκεῖνα οὐ διαλέληθεν, ὅτι ἄρα τῆς μελίας ὁ καρπὸς τοὺς μὲν ὗς πιαίνει, αὐτῷ δὲ ἄλγημα ἰσχίου προξενεῖ· καὶ ὁρῶν ἐμφορουμένην τοῦ προειρημένου τὴν ὗν, ἀφίσταται αὐτῇ πάνυ ἐγκρατῶς καὶ τοῦ δοκοῦντος ἡδέος. ἄνθρωποι δὲ τῶν πειθόντων ἄκοντας ἐσθίειν ἡττῶνται πολλάκις πάνυ ἀκρατῶς.

8.9. Οὐκ ἄν ποτε ῥᾳδίως τοὺς ἐλέφαντας ἐνέδρα λάθοι. ὅταν οὖν γένωνται τῆς τάφρου πλησίον, ἣν εἰώθασιν ὑπορύττειν οἱ θηρῶντες αὐτούς, εἴτε ἐννοίᾳ τινὶ φυσικῇ εἴτε μαντικῇ ναὶ μὰ Δία ἀπορρήτῳ τοῦ μὲν περαιτέρω χωρεῖν ἀναστέλλονται, ἑαυτοὺς δὲ ἐπιστρέψαντες εἶτα μέντοι ὡς ἐν πολέμῳ ἀνθίστανται μάλα καρτερῶς, καὶ ἀνατρέψαι πειρῶνται τοὺς θηρατὰς καὶ δι' αὐτῶν ὠσάμενοι φυγῇ πορίσασθαι τὴν σωτηρίαν, κρείττους γενόμενοι τῶν ἀντιπάλων. γίνεται τοίνυν ἐνταῦθα τοῦ καιροῦ μάχη καρτερὰ καὶ φόνος καὶ τῶν καὶ τῶν. ὁ μέντοι τρόπος τῆσδε τῆς μάχης τοιοῦτός ἐστιν. οἱ μὲν ἄνθρωποι δόρατα ἰσχυρὰ λόγχας ἀφιᾶσι στοχαζόμενοι αὐτῶν, οἱ δὲ ἐλέφαντες τὸν παραπεσόντα ἁρπάζουσι, καὶ τῇ γῇ προσαράξαντες πατοῦντές τε καὶ τοῖς κέρασι τιτρώσκοντες οἰκτίστῳ περιβάλλουσι τῷ τέλει καὶ

1 οἶδε] εἶδε **L** ‖ **7** τοὺς] τὰς **V** ‖ **11** μακρὰν] μακρὰ Cob. (1884) | ἀπολιπόντες] εἰπόντες Her. | καὶ] om. **A** ‖ **12** ἐκεῖνα] ἐκεῖνο **LAH**, Her. ‖ **13** αὐτῷ] αὐτῷ **V** ἐμφορουμένην—14 προειρημένου] ἐμφορούμενος τοῦ προειρημένου **V** : τοῦ προειρημένου ἐμφορουμένην **H** ‖ **17** ποτε—ἐνέδρα] ποτε ῥᾳδ. ἐνέδ. ποτὲ τοὺς ἐλέφ. **L** : ῥᾳδ. ἐνέδ. ποτὲ τοὺς ἐλέφ. **PAH** ‖ **18** οὖν] γοῦν Her. ‖ **22** καρτερῶς] κρατερῶς **P** ‖ **24** ἀντιπάλων] ἀντιπολέμων ***β*** | καρτερὰ] καρτερῶν **A** **26** λόγχας] καὶ λόγχας **P**, Ges. in mg. : del. Her. ‖ **27** παραπεσόντα] περιπεσόντα **VH** ‖ **29** τῷ] del. Her.

ἀλγεινοτάτῳ. ἐπίασι δὲ οἱ θῆρες ὑπὸ τοῦ θυμοῦ τὰ ὦτα ἐκπεταννύντες ὡς ἱστία δίκην τῶν στρουθῶν τῶν μεγάλων, αἵπερ οὖν τὰς πτέρυγας ἁπλώσασαι ἢ φεύγουσιν ἢ ἐπίασιν· ἐπισιμώσαντες δὲ καὶ τὴν προβοσκίδα οἱ ἐλέφαντες καὶ ὑπὸ τοῖς κέρασι πτύξαντες ὥσπερ οὖν νεὼς ἔμβολον σὺν πολλῷ τῷ ῥοθίῳ φερομένης ἐμπεσόντες τε ῥύμῃ σφοδροτάτῃ, πολλοὺς ἀνατρέπουσι βοῶντες διάτορόν τε καὶ ὀξὺ δίκην σάλπιγγος. πατουμένων δὲ τῶν ἁλισκομένων καὶ ἀλοωμένων τοῖς γόνασιν ἄραβος πολὺς τῶν ὀστέων συντριβομένων ἀκούεται καὶ πόρρωθεν, τὰ πρόσωπα δὲ ἐκθλιβομένων τῶν ὀφθαλμῶν καὶ τῆς ῥινὸς συνθλωμένης καὶ ῥηγνυμένου τοῦ μετώπου τὸ ἐναργὲς τοῦ εἴδους ἀπόλλυσι, καὶ ἀγνῶτες γίνονται πολλάκις καὶ τοῖς ἐγγυτάτω προσήκουσι. σώζονται δὲ παραδόξως ἄλλοι τὸν τρόπον τοῦτον· συνείληπται μὲν ὁ θηρατής, ὑφ᾽ ὁρμῆς δὲ τὸ θηρίον ὑπερῆλθεν αὐτόν, καὶ τὰ γόνατα εἰς τὴν γῆν ἐπήρεισε, καὶ προσκατέπηξε τὰ κέρατα εἰς θάμνον ἢ εἰς ῥίζαν ἢ ἄλλο τι τοιοῦτο, καὶ ἔχεται, καὶ μόγις ἀνασπᾷ καὶ ἐξαιρεῖ· ἐν δὲ τῷ τέως διεκδὺς ὁ κυνηγέτης ἀπαλλάττεται. οὐκοῦν ἐν τῇ τοιαύτῃ μάχῃ πολλάκις μὲν κρατοῦσιν οἱ ἐλέφαντες, πολλάκις δὲ καὶ ἡττῶνται δείματα ἐξ ἐπιβουλῆς καὶ δέα ποικίλα ἐπαγόντων. καὶ γὰρ σάλπιγγες ᾄδουσι, καὶ δοῦπόν τε καὶ κτύπον ἐργάζονται καὶ πρὸς τὰς ἀσπίδας ἀράττοντες τὰ δόρατα, καὶ πῦρ τὸ μέν τι ἐπὶ τῆς γῆς ἐξάπτοντες, τὸ δὲ ὑψοῦ μετέωρον αἴροντες, καὶ ἄλλο σφενδονῶντες δαλοὺς διαπύρους ἀκοντίζοντες καὶ δᾶδας μακρὰς πυρὸς ἐνακμάζοντος τοῖς θηρίοις κατὰ προσώπου βιαίως ἐπισείοντες. ἅπερ οὖν τὰ θηρία δεδιότα καὶ δυσωπούμενα ὠθεῖται, ἔστιν ὅτε καὶ ἐκνικᾶται ἐκπεσεῖν εἰς τὴν τάφρον, ἣν τέως ἐφυλάττετο.

1 ἐπίασι] ἐπιᾶσι **VPAH** ‖ **3** ἐπίασιν] ἐπιᾶσιν **VPAH** ‖ **5** οὖν] om. **P** ‖ **6** τε] om. **LH** : del. Her. ‖ **8** δὲ] δὲ καὶ **PA** | ἀλοωμένων] ἀλεωμένων **V** ‖ **9** τῶν ὀστέων] ὀστῶν Her. ‖ **13** ἐγγυτάτω] ἐγγυτάτοις **V** ‖ **15** εἰς] ἐς ***β*** | ἐπήρεισε] ἀπήρεισε Her. ‖ **16** προσκατέπηξε] προσκατέπτηξε **V** | τοιοῦτο] τοιοῦτον ***β*** ‖ **17** ἐξαιρεῖ] ἐξαίρει **VPAH** ‖ **21** καὶ^{3}] del. Rei., Her. ‖ **22** δόρατα] δοράτια **LPH** | ἐπὶ] ἀπὸ **A** **23** ἐξάπτοντες] ἐξάπτουσι Her. | ὑψοῦ] del. Her. | αἴροντες] αἴρουσι Her. **24** σφενδονῶντες] σφενδονοῦντες **PAH** : σφενδονῶσι Her. ‖ **26** ἐπισείοντες] ἐπισείοντος **V** ‖ **27** ἔστιν] καὶ ἔστιν Rei., Her. | ἐκπεσεῖν] ἐμπεσεῖν Ges., Her. | εἰς] ἐς **L**

8.10. Ἡγήμων ἐν τοῖς Δαρδανικοῖς μέτροις [*FGrH* 110, fr. 1] περὶ Ἀλεύα τοῦ Θετταλοῦ φησι καὶ ἄλλα μέν, ἐν δὲ τοῖς καὶ ὅτι ἠράσθη δράκων αὐτοῦ. καὶ ὅτι μὲν εἶχε κόμην χρυσῆν ὅδε ὁ Ἀλεύας, λέγων τερατεύεται ὁ Ἡγήμων δηλονότι, ἐμοὶ δὲ ἔστω ξανθή. καὶ βουκολεῖν μὲν αὐτὸν ἐν τῇ Ὄσσῃ φησίν, ὡς ἐν τῇ Ἴδῃ τὸν Ἀγχίσην, παρὰ δὲ τῇ κρήνῃ νέμειν τὰς βοῦς τῇ καλουμένῃ Αἱμονίᾳ. Θετταλὴ δ' ἂν καὶ ἡ κρήνη εἴη. δράκοντα οὖν μεγέθει μέγιστον ἐρασθῆναι τοῦ Ἀλεύα, καὶ ἀνέρπειν ἐς αὐτόν, καὶ τὴν κόμην οἱ καταφιλεῖν καὶ τῇ γλώττῃ περιλιχμώμενον τὸ πρόσωπον τοῦ ἐρωμένου καθαίρειν, καὶ δωροφορεῖν αὐτῷ θηρῶντα πάμπολλα. εἰ δὲ Γλαύκης τῆς κιθαρῳδοῦ κριὸς ἥττητο, καὶ Πτολεμαίῳ γε τῷ Φιλαδέλφῳ ἀντήρα, καὶ ἐν Ἰασῷ δελφὶς ἑτέρου, τί κωλύει καὶ δράκοντα ἐρασθῆναι νομέως ὡραίου, τὸν ὀξυωπέστατον κάλλους διαπρεποῦς ἀγαθὸν κριτὴν γεγενημένον; ἦν δὲ ἄρα ἴδιον ζῴων καὶ ἐρασθῆναι μὴ μόνον τοῦ συννόμου τε ἅμα καὶ συμφυοῦς, ἀλλὰ καὶ τοῦ προσήκοντος ἥκιστα, ὡραίου μέντοι.

8.11. Ὁ παρείας ἢ παρούας (οὕτω γὰρ Ἀπολλόδωρος ἐθέλει) πυρρὸς τὴν χρόαν, εὐωπὸς τὸ ὄμμα, πλατὺς τὸ στόμα, δακεῖν οὐ σφαλερός, ἀλλὰ πρᾶος. ἔνθεν τοι καὶ τῷ φιλανθρωποτάτῳ θεῶν ἱερὸν ἀφῆκαν αὐτόν, καὶ ἐπεφήμισαν Ἀσκληπιοῦ θεράποντα εἶναι οἱ πρῶτοί μου ταῦτα ἀνιχνεύσαντες.

8.12. Ἐν Αἰθιοπίᾳ τοὺς καλουμένους Σίβριτας σκορπίους (οὕτω δὲ αὐτοὺς ὡς εἰκὸς οἱ ἐπιχώριοι φιλοῦσιν ὀνομάζειν) ἀκούω σιτεῖσθαι καὶ σαύρους καὶ ἀσπίδας καὶ σφονδύλας καὶ τίφας καὶ πᾶν ἑρπετόν, τὸν δὲ ἐπιβάντα αὐτῶν τοῖς περιττώμασιν ἑλκοῦσθαι πέπυσμαι. περὶ Κέρκυραν δὲ γίνονται αἱ καλούμεναι ὕδραι, αἵπερ οὖν τοὺς διώκοντας ἐπιστραφεῖσαι καὶ φυσήσασαι

1 μέτροις] om. **PAH**‖ **3** ὁ] om. **A**‖ **4** ὁ—δηλονότι] del. Her.‖ **5** ἐν² —Ἴδῃ] ἔδησεν τῇ ἴδῃ ex corr. **L** : ἔδησε τῇ ἴδῃ **PH** : ἔδεισε τῇ ἴδῃ **A** ‖ **8** ἐς] εἰς **PAH** **10** δωροφορεῖν] δορυφορεῖν **P** ‖ **11** ἥττητο] ἥττηται **V** | καὶ—**12** ἀντήρα] del. Her.‖ **12** ἑτέρου] ἐφήβου Jac. in com., Her., fort. recte (cf. 6.15)‖ **18** ἐθέλει] θέλει **A**‖ **19** εὐωπὸς] εὔωπις **PAH**|πλατὺς] πλατὺ **VH**‖ **20** φιλανθρωποτάτῳ θεῶν] θεῶν φιλ. Her.‖ **21** ἀφῆκαν] ἀνῆκαν Her.|ἐπεφήμισαν] ἐπευφήμησαν **A**‖ **22** μου] μοι **V** : del. Her. ‖ **23** Σίβριτας] σίβρητας **V** : σέμβριτας **A** : Σιβρίτας Her. **24** ὡς εἰκὸς] post ἐπιχώριοι transp. **P** : susp., Her. in app. ‖ **25** σφονδύλας] σφονδύλους **V**

πνεῦμα ἄτοπον εἶτα ἀναστέλλουσι τῆς ὁρμῆς καὶ ἀποστρέφουσι. τὸν τύφλωπα δέ, ὃν καὶ τυφλίνην καλοῦσι, καὶ κωφίαν δὲ προσέτι, κεφαλὴν μὲν παραπλησίαν ἔχειν μυραίνῃ λέγει τις λόγος, ὀφθαλμοὺς δὲ ἄγαν βραχίστους. καὶ θάτερον μὲν τοῖν ὀνομάτοιν ἐντεῦθεν εἴληφε, τὸν μὲν δὴ κωφίαν, ἐπεὶ νωθής ἐστι τὴν ἀκοήν. δορὰν δὲ ἰσχυρὰν ἔχει καὶ διακοπτομένην βραδύτατα. τὸν δὲ ἀκοντίαν χέρσυδρον εἶναί φασι, χρόνου γὰρ ἐν ξηρῷ ποιεῖσθαι τὴν διατριβὴν πολλοῦ καὶ ἐλλοχᾶν ζῷον πᾶν. ἡ δὲ σοφία τῆς ἐπιβουλῆς τῆς ἐξ αὐτοῦ τοιάδε ἐστίν. ἐν ταῖς λεωφόροις που λαθὼν ὑποκρύπτεται, πολλάκις δὲ καὶ ἐπί τι δένδρον ἀνερπύσας εἶτα ἑαυτὸν συνειλήσας καὶ τὴν κεφαλὴν ἐν τῇ σπείρᾳ ὑποκρύψας τοὺς παριόντας ἡσυχῇ καὶ λανθάνων ὑποβλέπει· εἶτα ἑαυτὸν ἀφίησιν εἰς τὸ παριόν, εἴτε ἄλογον εἴη ζῷον εἴτε ἄνθρωπος. ἔστι δὲ ἁλτικὸν θηρίον καὶ διαπηδῆσαι καὶ εἴκοσιν εἰ δέοι πήχεις οἷόν τε· ἀλλόμενόν τε παραχρῆμα ἐνέφυ.

8.13. Λύκοι βοῒ εἰς τέλμα βαθὺ ἐμπεσόντι ἐάν πως περιτύχωσι, ταράττουσι μὲν αὐτὸν ἔξωθεν καὶ φοβοῦσι, διανήξασθαι καὶ ἐπιβῆναι τῆς γῆς οὐκ ἐπιτρέποντες, ἀναγκάζουσι δὲ τῷ χρόνῳ στρεβλούμενον καὶ ἰλυσπώμενον ἀποπνιγῆναι. εἶτα εἷς αὐτῶν ὁ τελεώτατος ἐμπηδήσας τῷ ὕδατι καὶ προσνεύσας ἐλάβετο τῆς οὐρᾶς τοῦ βοὸς καὶ ἕλκει εἰς τὸ ἔξω, καὶ ἕτερος τῆς ἐκείνου λαβόμενος αὐτὸν ἕλκει, καὶ τὸν δεύτερον ὁ τρίτος, καὶ τοῦτον ὁ τέταρτος, καὶ δρᾶται τὸ εἰρημένον μέχρι τοῦ τελευταίου, ὅσπερ οὖν ἔξω τοῦ ὕδατος ἕστηκε. καὶ τὸν τρόπον τοῦτον ἐξαγαγόντες τὸν βοῦν ποιοῦνται δεῖπνον. βοὸς δὲ μόσχον πεπλανημένον ἐλλοχήσαντες εἶτα αὐτῷ προσπηδῶσι, καὶ τοῦ μυκτῆρος λαβόμενοι ἕλκουσιν· ὃ δὲ ἀντισπᾷ ἑαυτόν, καὶ ἅμιλλα ὑπὲρ τούτου πολλή, τῶν μὲν ἐκβιάσασθαι πειρωμένων, τοῦ δὲ μὴ εἶξαι ἀγώνισμα ποιουμένου. ὅταν δὲ αὐτὸν οὕτως θεάσωνται σφόδρα ἀντιτείνοντα, μεθῆκαν· καὶ ἐκεῖνος ὑπὸ τῆς εἰς τοὐπίσω βίας

1 καὶ ἀποστρέφουσι] om. **VH** ‖ **2** δέ] δὴ *β* | δὲ] del. Her. ‖ **4** δὲ] corr. in οὐ **V** **5** εἴληφε] εἴληχε **V** | μὲν δὴ] γε μὴν Her. ‖ **6** βραδύτατα] βαρύτατα **V** ‖ **7** γὰρ] δὲ **PA**, Her. ‖ **9** που] ποι **L** ‖ **12** καὶ λανθάνων] del. Her. ‖ **14** δέοι] δὲ οἱ **V** ‖ **15** τε] δὲ **LAH** ‖ **16** εἰς] ἐς **V** ‖ **19** εἷς αὐτῶν] εἰς αὐτὸν **LPA** ‖ **20** ἐλάβετο] ἐλά. τῷ στόματι *β* ‖ **26** τοῦ μυκτῆρος] τοὺς μυκτῆρας *β* ‖ **27** ἑαυτόν] ἑαυτούς **V** : del. Her. **29** σφόδρα] σφοδρῶς **P**

ἀνατέτραπται, καὶ οἱ λύκοι ἐμπεσόντες ἀνέρρηξαν τὴν νηδὺν καὶ ἐσθίουσιν αὐτόν.

8.14. Ὅταν ὑπερβῆναι τάφρον οἱ ἐλέφαντες μὴ δύνωνται, εἷς ὁ μέγιστος ἑαυτὸν εἰς αὐτὴν ἐμβάλλει, καὶ πλάγιος ἵσταται, καὶ γεφυροῖ τὸ κενόν, καὶ κατ' αὐτοῦ βαίνοντες εἰς τὸ ἀντιπέρας ἴασι καὶ ἀποδιδράσκουσι, πρότερον μέντοι καὶ ἐκεῖνον ἀνασώσαντες. ὁ δὲ τῆς σωτηρίας τρόπος οὗτός ἐστιν. ἄνωθέν τις τὸν πόδα προτείνει, καὶ ἐκείνῳ παρέχει τὴν προβοσκίδα περιπλέξαι· οἱ δὲ ἄλλοι φρύγανα ἐμβάλλουσι καὶ ξύλα ὤκιστα, ὧν ἐπιβαίνων, εἰλημμένος τοῦ ποδὸς μάλα ἐγκρατῶς τε καὶ εὐλαβῶς ἀνασπᾶται ῥᾷστα.

Ἔστι δὲ ἐν τοῖς Ἰνδοῖς ἄρουρα, καὶ κέκληται Φαλάκρα. τὸ δὲ αἴτιον τοῦ ὀνόματος, ὁ γευσάμενος τῆς ἐνταῦθα γενομένης πόας καὶ τὰς τρίχας ἀποβάλλει καὶ τὰ κέρατα. οὐκοῦν οἱ ἐλέφαντες ἑκόντες εἶναι οὐ προσίασι τῇδε τῇ ἀρούρᾳ, ἀλλ' ἀποστρέφονται πλησίον γενόμενοι, πᾶν τὸ βλάπτον φεύγοντες ὡς ἄνθρωποι φρόνιμοι οἱ ἐλέφαντες.

8.15. Τὴν σπογγιὰν ἰθύνει βραχὺ ζῷον, οὐ καρκίνῳ τὴν ἰδέαν παραπλήσιον, ἀλλὰ ἀράχνῃ μᾶλλον. οὐ γὰρ ἄψυχον οὐδὲ αἵματος ἄμοιρον ἡ σπογγιὰ κύημά ἐστι θαλάττης, καὶ πέφυκεν εἶναι ζῷον, καὶ ταῖς πέτραις προσφύεται, ὥσπερ οὖν καὶ ἕτερα, ἔχει δέ τινα κίνησιν ἰδίαν, δεῖται δὲ ὡς ἂν εἴποις τοῦ ὑπομνήσοντος αὐτὴν ὅτι ἔμψυχός ἐστιν. ἀτρεμοῦσα γὰρ ὡς ὑπό τινος συμφυοῦς μανότητος καὶ ἡσυχάζουσα τοῖς τρήμασιν αὐτῆς ὅταν προσπέσῃ τι, ἐνταῦθα ὑπὸ τοῦ ἀραχνώδους ζῴου νύττεται, καὶ συλλαμβάνει τὸ ἐμπεσόν, καὶ τροφὴν ἴσχει. ὅταν δὲ ἄνθρωπος προσίῃ ἐπ' ἐκτομῇ αὐτῆς, ἐκκεντουμένη ὑπὸ τοῦ ζῴου τοῦ συντρόφου φρίττει καὶ ἑαυτὴν συστρέφει, καὶ αἰτία πόνου τε καὶ καμάτου γίνεται τῷ θηρατῇ ναὶ μὰ Δία πολλοῦ.

1 ἐμπεσόντες] προσπεσόντες ***β*** ‖ **4** εἰς αὐτὴν] om. **A** ‖ **5** ἀντιπέρας] ἀντιπέραν **LH** : ἀντίπερα **V** ‖ **10** τοῦ ποδὸς] τοὺς πόδας ***β*** : τε τοῦ ποδὸς Rei., Her. **13** γενομένης] γινομένης Her. ‖ **15** προσίασι] προσιᾶσι **VA** | τῇδε τῇ] τῇ **L** : om. **V** ‖ **20** θαλάττης] θαλάσσης **V** | καὶ—ζῷον] del. Her. ‖ **21** καὶ[1]] ἀλλὰ Her. ‖ **23** ὡς] del. Her. ‖ **24** καὶ ἡσυχάζουσα] om. **V** ‖ **26** ἐκτομῇ] ἐκτομένης **V** **27** ἐκκεντουμένη] κεντουμένη Schn., Her. ‖ **29** ναὶ] καὶ **V**

8.16. Εἴρηται μὲν οὖν ἡμῖν περὶ ἐλεφάντων ἴδια [1.36; 1.37; 2.18; 3.46; 4.11; 5.49; 5.55, etc.], τὰ δὲ καὶ εἰρήσεται οὑτωσί. κρατεῖ μὲν βίου, σωφροσύνης δὲ ὅπως μετειλήχασιν, εἰπεῖν πρεπωδέστατον. οὐ γὰρ ὡς ὑβρίζοντες οὐδὲ ὡς λάγνοι ἐπὶ τὴν ὁμιλίαν τὴν πρὸς τὴν θήλειαν ἔρχονται, ἀλλ' ὥσπερ οὖν οἱ γένους διαδοχῆς δεόμενοι καὶ παιδοσποροῦντες, ἵνα μὴ αὐτοῖς ἐπιλίπῃ ἡ ἐπιγονὴ ἡ ἐξ ἀλλήλων, ἐάσωσι δὲ σπέρμα. ἅπαξ γοῦν ἐν τῷ βίῳ τῷ σφετέρῳ μνημονεύουσιν ἀφροδίτης, ὅταν ἡ θήλεια ὑπομένῃ καὶ αὐτή· εἶτα ἐμπλήσας ἕκαστος τὴν σύννομον τὸ ἐντεῦθεν ἐπὶ τούτοις οὐκ οἶδεν αὐτήν. συμπλέκονται δὲ οὐκ ἀνέδην οὐδὲ ἐν τῇ τῶν ἄλλων ὄψει ἀλλ' ἀναχωρήσαντες· καὶ ἑαυτῶν προβάλλονται ἢ δένδρα δασέα ἢ ὕλην τινὰ συμφυῆ ἢ χῶρον κοῖλον καὶ βαθὺν τοῦ λαθεῖν αὐτοῖς παρέχοντα ἀφθονίαν. ὡς μὲν οὖν εἰσι δίκαιοι ἄνω εἶπον [5.49; 6.52], καὶ τὸ ἀνδρεῖον αὐτῶν καὶ τοῦτο ἤδη λέλεκται [6.1; 7.32]· καὶ τὸ σῶφρον δὲ ἀπολέλεκται τὰ νῦν ταῦτα. ἀλλὰ καὶ τὸ μισοπόνηρον ὅτῳ σχολὴ μανθάνειν, οὗτος ὑπέχων τὰ ὦτα ἀκουέτω. ἐλέφαντι ἡμέρῳ πωλευτὴς ἦν, καὶ εἶχε γυναῖκα ἀφηλικεστέραν μέν, πλουσίαν δέ. οὐκοῦν ἑτέρας ἐρῶν καὶ τὰ τῆς συνοικούσης σπεύδων ἐκείνης γενέσθαι ταύτην μὲν ἀποπνίγει καὶ τῆς τοῦ ἐλέφαντος φάτνης κατορύττει πλησίον ὁ θερμόβουλος ἄνθρωπος, ἄγεται δὲ τὴν ἄλλην. ἐνταῦθα οὖν ὁ ἐλέφας τῇ προβοσκίδι λαβόμενος τὴν νεωστὶ ἀφιγμένην ἄγει τῆς νεκροῦ πλησίον, καὶ τοῖς κέρασιν ἀνορύξας καὶ γυμνώσας τὸ σῶμα, ἃ εἰπεῖν οὐκ ἠδύνατο, ταῦτα ἐπεδείκνυε δι' αὐτῶν τῶν ἔργων, τὴν γυναῖκα τὸν τρόπον τοῦ γήμαντος αὐτὴν ἐκδιδάσκων ὁ μισοπόνηρος ἐλέφας.

8.17. Ἐγγραύλεις, οἱ δὲ ἐγκρασιχόλους καλοῦσιν αὐτάς, προσακήκοά γε μὴν καὶ τρίτον ὄνομα αὐτῶν, εἰσὶ γὰρ οἳ καὶ λυκοστόμους αὐτὰς ὀνομάζουσιν. ἔστι δὲ μικρὰ ἰχθύδια, καὶ

1 ἡμῖν—ἴδια] ἡμῖν ἴδια περὶ ἐλε. **P** : ἡμῖν περὶ ἐλε. ἰδίᾳ **L**, Her. : ἡμῖν ἐλε. περὶ ἰδίᾳ **A** : ἰδίᾳ περὶ ἐλε. ἡμῖν **H** ‖ **2** καὶ] om. **V** | εἰρήσεται] post voc. dist. Her. κρατεῖ] κρατοῦσι Jac., Her. ‖ **3** βίου] βίᾳ Pau. ‖ **6** αὐτοῖς] αὐτοὺς Her. | ἡ[2]] om. **V** ‖ **7** ἐάσωσι] ἐάσουσι **PAH** ‖ **9** ἐπὶ τούτοις] del. Schn., Her. ‖ **12** ἢ] Ges., Jac. ex cod. **E**, Her. : om. codd. ‖ **15** καὶ[1]] del. Her. | ἀπολέλεκται] ἀποδέδεικται Her. **16** ὑπέχων] ἐπέχων **VPH** ‖ **19** ἐκείνης] ἐκείνῃ *β* | γενέσθαι] γίνεσθαι **LAH** **21** δὲ] μὲν **VH** ‖ **22** νεκροῦ] νεκρᾶς Her. ‖ **29** αὐτὰς] αὐτοὺς **V**

πολύγονα φύσει, λευκότατα ἰδεῖν. ἐσθίουσί γε μὴν μάλιστα οἱ ἀγελαῖοι τῶν ἰχθύων αὐτά. δείσαντα μὴν συνθεῖ εἰς ἄλληλα, καὶ ἐχόμενον τοῦ πλησίον ἕκαστον τῇ σφίγξει τὸ ῥᾳδίως ἐπιβουλεύεσθαι διαπέφευγε. τοσαύτη ἄρα αὐτῶν ἡ ἕνωσις γίνεται συνδραμόντων, ὡς καὶ πορθμίδας ἐπιθεούσας μὴ διασχίζειν αὐτά· καὶ μέντοι καὶ κώπην ἢ κοντὸν εἴ τις αὐτῶν διεῖναι θελήσειε, τὰ δὲ οὐ διαξαίνεται, ἀλλὰ ἔχεται ἀλλήλων ὡς συνυφασμένα. καθεὶς δὲ τὴν χεῖρα ὡς ἐκ σωροῦ πυρῶν ἢ κυάμων λάβοι ἂν βιαίως ἀποσπάσας, ὡς καὶ διασπᾶσθαι πολλάκις, καὶ τὰ μὲν ἡμίτομα τῶν ἰχθυδίων λαμβάνεσθαι, τὰ δὲ ἀπολείπεσθαι. καὶ γὰρ ἐν τῷ πλήθει τὸ οὐραῖον καθέξεις, μένει δὲ ἐν τοῖς ἄλλοις ἡ κεφαλή. ἢ κεφαλὴν κομιεῖς οἴκαδε σὺν τοῖς ἄλλοις, μένει δὲ ἐν τῇ θαλάσσῃ τὸ λοιπόν. καλεῖται δὲ αὐτῶν ἡ πυκνή τε καὶ συνεχὴς νῆξις βόλος, καὶ πεντήκοντα ἁλιάδας πολλάκις ἐπλήρωσεν εἷς βόλος, ὥς φησιν ὁ θαλαττουργός.

8.18. Ἡ ὗς γνωρίζει τοῦ συβώτου τὴν φωνήν, καὶ ὑπακούει καλοῦντος, κἂν ᾖ πλανηθεῖσα· πλησίον δὲ τούτου τὸ μαρτύριον. τῇ γῇ τῇ Τυρρηνίδι κακοῦργοι ναῦν λῄστειραν προσέσχον, καὶ προσελθόντες αὐλίῳ περιτυγχάνουσι, καὶ ἦν συβωτῶν τὸ αὔλιον, καὶ εἶχε πολλὰς ὗς. ταύτας οὖν συλλαβόντες εἰς τὴν ναῦν ἐνέβαλον, καὶ ἀπολύσαντες τὰ πείσματα εἴχοντο τοῦ πλοῦ. οἱ τοίνυν συβῶται παρόντων μὲν τῶν λῃστῶν ἡσύχαζον, ἐπεὶ δὲ ἔτυχον τῆς γῆς ἀποσαλεύσαντες, ὅσσον τε γέγωνε βοήσας [cf. Hom., *Od.*

1 λευκότατα] λευκ. δὲ **AH** ‖ 2 ἀγελαῖοι] ἀγελεῖς **V** | μὴν] οὖν Schn., Her. | εἰς] πρὸς Her.‖ 4 τοσαύτη] τοσαύτη δὲ **A**, Her.|ἄρα αὐτῶν] αὐτ. ἄρα **V**‖ 6 διεῖναι] διεῖραι ***β*** ‖ 8 λάβοι] λάβοις Her. ‖ 9 ἰχθυδίων] ἰχθύων **VA** ‖ 10 ἀπολείπεσθαι] ὑπολείπεσθαι Her. | καὶ] ὡς sscr. **L** | ἐν—πλήθει] del. Her. | τὸ] τὸ μὲν **A**, Ges., Her. ‖ 11 ἐν] σὺν Her. | ἡ κεφαλή] Jac., Her. : ἡ κε (sic) **V** : τὸ λοιπόν **A**, Ges. : om. **LPH** | ἢ—12 ἄλλοις] om. **H** | ἢ—12 λοιπόν] om. **V** ‖ 12 σὺν—ἄλλοις] del. Her. | θαλάσσῃ] θαλάττῃ **AH** ‖ 14 πολλάκις ἐπλήρωσεν] ἐπλ. πολλ. **AH** φησιν—15 θαλαττουργός] φασιν οἱ θαλαττουργοί Her. ‖ 16 συβώτου] συβότου **A** ‖ 18 Τυρρηνίδι] τυρηνίδι in mg. ex corr. sec. m. **L** : τυρηννίδι **P** : τυρηναίῳ **H** : τυραννίδι καὶ **V** : πυρρινίδι ante corr. **L** | προσέσχον] προσέσχε **V** ‖ 19 προσελθόντες] προελθόντες Jac. in app. : προσανελθόντες Her. (ἀνελθόντες vel fort. προσσχόντες corr. Her. in app.) | συβωτῶν] συβοτῶν **A** 20 πολλὰς ὗς] ὗς πολλ. **AH** | ἐνέβαλον] ἐνέβαλλον **P** ‖ 21 τοῦ πλοῦ] ex corr. **L** : τοῦ πλοίου **V** (ante corr. **L**) **P** : πλέων **H**‖ 23 ὅσσον] ὅσον **VPAH**

5.400], ἐνταῦθά τοι τὰς σῦς τῇ συνήθει βοῇ ὀπίσω καὶ παρὰ σφᾶς ἀπεκάλουν οἱ συβῶται. αἳ δὲ ὡς ἤκουσαν, ἐπὶ θάτερα τοῦ πλοίου ἑαυτὰς συνώσασαι ἀνέτρεψαν αὐτό. καὶ οἱ μὲν κακοῦργοι παραχρῆμα διεφθάρησαν, αἱ δὲ ὗς παρὰ τοὺς ἑαυτῶν δεσπότας ἀπενήξαντο.

8.19. Ζηλότυπον δὲ εἶναι καὶ πελαργόν φασιν. ἐν γοῦν Κράννωνι τῆς Θετταλίας Ἀλκινόην ὄνομα γυναῖκα ὡραίαν ὁ γήμας ἀπολιπὼν οἴκοι εἴς τινα ἐστείλατο ἀποδημίαν. ἡ τοίνυν Ἀλκινόη ὡμίλει τῶν θεραπόντων τινί. τοῦτο συνιδὼν ὁ πελαργὸς ὁ οἰκέτης οὐχ ὑπέμεινεν, ἀλλὰ ἐτιμώρησε τῷ δεσπότῃ. προσπηδῶν γοῦν ἐπήρωσε τῆς ἀνθρώπου τὴν ὄψιν. ἀνωτάτω [3.43; 5.28; 7.22] μὲν ἐμνήσθην πορφυρίωνος ζηλοτυπίαν εἶτα κυνὸς τοιούτου, νῦν γε μὴν πελαργοῦ τὰ ἴσα ἐκείνοις εἰς νοσοῦντα γάμον.

8.20. Μεταβάλλει δὲ τὰς χρόας τὰ πρόβατα ἐκ τῆς περὶ τὸ πόμα ἀλλαγῆς κατὰ τὴν τῶν ποταμῶν ἰδιότητα· ἡ δὲ ὥρα τοῦ ἔτους, καθ' ἣν ἀπαντᾷ τοῦτο αὐτοῖς, ὁ τῆς μίξεως καιρός ἐστι. γίνεται οὖν καὶ ἐκ λευκῶν μέλανα, καὶ ἔμπαλιν τρέπει τὴν χρόαν. φιλεῖ δέ πως ταῦτα γίνεσθαι περί τε τὸν ἐν Ἀντανδρίᾳ ποταμὸν καὶ τὸν ἐν Θρᾴκῃ, οὗ τὸ ὄνομα ἐροῦσιν οἱ πάροικοι Θρᾷκες. ὁ δὲ ἐν Τροίᾳ Σκάμανδρος ἐπεὶ ξανθὰς ἀποφαίνει πινούσας τὰς οἶς, πρὸς τῷ Σκαμάνδρῳ τῷ ἐξ ἀρχῆς ἄλλο ὄνομα ἡ τῶν προβάτων ἐπίκτητος χρόα ἔθετο αὐτῷ τὸ Ξάνθον.

8.21. Χάριτος δὲ ἀπομνησθῆναι τὰ ζῷα καὶ κατὰ τοῦτο ἀγαθά. ἐν Τάραντι γίνεται γυνὴ τά τε ἄλλα σπουδῆς ἀξία καὶ οὖν καὶ σώφρων πρὸς τὸν ἄνδρα· Ἡρακληῒς ὄνομα αὐτῇ. περιεῖπε μὲν οὖν ζῶντα τὸν γεγαμηκότα εὖ μάλα κηδεμονικῶς· ἐπεὶ δὲ τὸν βίον οὗτος κατέστρεψε, τὰς ἀστικὰς ἡ προειρημένη γυνὴ μισεῖ διατριβὰς καὶ τὴν οἰκίαν, ἐν ᾗ τὸν ἄνδρα νεκρὸν ἐθεάσατο, καὶ ὡς εἶχε λύπης ἐς τοὺς τάφους μετοικίζεται, καὶ τοῖς ἠρίοις τοῦ ποτε

1 καὶ] del. Her. ‖ 3 συνώσασαι] συνώσασθαι **V** ‖ 4 αἱ] οἱ **VA** ‖ 6 πελαργόν] τὸν πελ. **AH**, edd. ‖ 7 Κράννωνι] κράνωνι **V** : κραννῶνι **H**, Her. ‖ 10 γοῦν] οὖν **V** 11 ἀνωτάτω] ἀνωτέρω (malit Jac. in com.), Her. ‖ 12 ζηλοτυπίαν] ζηλοτυπίας Her. (ζηλοτύπου malit Her. in app.) ‖ 17 οὖν] γοῦν **A** | λευκῶν] λευκοῦ **V** 18 Ἀντανδρίᾳ] ἀντάνδρῳ **H** : ἀτάνδρῳ **PA** ‖ 19 οὗ τὸ] ᾧ **V** ‖ 22 Ξάνθον] ξανθοῦ **H** : Ξάνθου Her. ‖ 27 ἀστικὰς] corr. in ἀστυκὰς **L** | ἡ—γυνὴ] ἡ γυνὴ ἡ προειρημένη **H** : ἡ προειρημένη **A** ‖ 29 ἐς] εἰς **LAH**

ἀνδρὸς τλημόνως παρέμεινε, πιστὴν ἑαυτὴν καὶ σώφρονα τῷ κατὰ γῆς ὄντι ἀποφαίνουσα. καί ποτε ἦν ὥρα θέρειος, καὶ πελαργῶν ἔτι νεοττῶν πρόπειραν τῆς ἑαυτῶν πτήσεως λαμβανόντων εἷς ὁ μάλιστα νεαρὸς ἀκρατὴς ὢν ἔτι τῶν ταρσῶν κατώλισθε, καὶ τοῖν σκελοῖν συντρίβει τὸ ἕτερον. ἡ τοίνυν Ἡρακληῒς θεασαμένη τὸ πτῶμα καὶ τοῦ ποδὸς τὸ πάθος καταμαθοῦσα οἰκτείρει τὸν νεοττόν, καὶ ἀναλαβοῦσα σὺν πολλῇ τῇ φειδοῖ κατειλεῖ τὴν πληγήν, καὶ θεραπεύει καταιονήμασι καὶ ἐπιπλάσμασι, καὶ τροφὴν προσέφερε καὶ ποτὸν ὤρεγε, χρόνῳ δὲ τῷ εἰκότι ῥωσθέντα καὶ φύσαντα τὰ ὠκύπτερα ἐλεύθερον εἶναι μεθῆκεν. ὃ δὲ εἰδὼς ἐννοίᾳ τινὶ φυσικῇ καὶ θαυμαστῇ ὀφείλων ζωάγρια ᾤχετο ἀπιών. εἶτα ἐνιαυτοῦ διελθόντος ἣ μὲν ἔτυχεν ἦρος ὑπολάμποντος ἐν ἡλίῳ θερομένη, ὁ δὲ πελαργὸς ὁ ἰαθεὶς ὑπ᾽ αὐτῆς ἰδὼν τὴν εὐεργέτιν ὑφῆκε τῆς τῶν πτερῶν ὁρμῆς, καὶ ἑαυτὸν χθαμαλωτέρᾳ τῇ πτήσει κατάγων πλησίον γίνεται, καὶ χανὼν ἀνεμεῖ λίθον εἰς τὸν τῆς Ἡρακληΐδος κόλπον, καὶ ἀναπετασθεὶς ἐπὶ τοῦ στέγους ἑαυτὸν ἐκάθισεν. ἣ δὲ τὰ πρῶτα ὡς εἰκὸς ἐθαύμασέ τε καὶ ἐκταραχθεῖσα ἠπόρει, τί εἴη τὸ πραχθὲν συμβαλεῖν οὐκ ἔχουσα· τὴν δ᾽ οὖν λίθον ἔνδον ποι κατέθετο, εἶτα νύκτωρ διυπνισθεῖσα ὁρᾷ αὐγήν τινα καὶ αἴγλην ἀφιεῖσαν, καὶ κατελάμπετο ὁ οἶκος ὡς εἰσκομισθείσης δᾳδός· τοσοῦτον ἄρα ἐκ τῆς βώλου τὸ σέλας ἀνῄει τε καὶ ἐτίκτετο καὶ ἦν μέγα τίμιος. συλλαβοῦσα δὲ τὸν πελαργὸν καὶ ἐπαφωμένη κατενόησε τὴν ἐκ τῆς πληγῆς οὐλήν, καὶ ἐγνώρισε τοῦτον ἐκεῖνον εἶναι τὸν ὑπ᾽ αὐτῆς οἴκτου τε καὶ θεραπείας τετυχηκότα.

8.22. Ἀγρεὺς τὸ ὄνομα, τὴν φύσιν πτηνός, τὸ γένος κοσσύφων φράτωρ καὶ συγγενής, μέλας τὴν χρόαν, μουσικὸς τὴν γλῶτταν. κέκληται δὲ ἀγρεύς, καὶ δικαίως· τῷ γάρ τοι μέλει τῶν ἄλλων ὀρνέων αἱρεῖ τὰ ἁπαλὰ προσπετόμενα τῇ τῆς εὐμουσίας θέλξει. εἰδὼς οὖν τὸ συμφυὲς αὐτῷ πλεονέκτημα, ἔοικε χρῆσθαι τῷ παρὰ τῆς φύσεως δώρῳ εἰς ἡδονὴν ἅμα καὶ τροφήν· ἀκούων μὲν γὰρ

1 παρέμεινε] παρέβαλε καὶ παρέμεινε **L** | καὶ σώφρονα] del. Her. ‖ **4** ὢν] post ταρσῶν transp. ***β*** ‖ **5** καὶ—ἕτερον] om. **H** | συντρίβει] συνετρίβη **V** | τὸ] τὸν **LPA** ‖ **17** στέγους] τέγους **LA**, edd. ‖ **19** ποι] που Her. ‖ **22** βώλου] βόλου **V** ἀνῄει] ἀνίει **L** | καὶ^2—τίμιος] del. Her. ‖ **27** καὶ συγγενής] del. Her. ‖ **28** δὲ] δὲ καὶ **V** ‖ **29** τῇ] τῇ τε **V** ‖ **31** δώρῳ] δώρῳ καὶ **V** | ἀκούων] ἀκούω **VAH**

ἑαυτοῦ εὐφραίνεται, θηρῶν δὲ τὰ προσιόντα ἐμπίπλαται. τοῦτον εἴ τίς ποτε ἐθήρασε καὶ ἐν οἰκίσκῳ καθεῖρξεν, οὐδὲν αὐτῷ πλέον τὸ τῆς σπουδῆς· ἔχει γὰρ ἄφωνον ὄρνιν, ὥσπερ οὖν τὸν θηράσαντα ὑπὲρ τῆς δουλείας ἀμυνόμενον τῇ σιωπῇ.

8.23. Ἀστακὸν εἰ λάβοις καὶ πορρωτάτω κομίσαις, σημεῖον καταλιπὼν ἔνθεν αὐτὸν τεθήρακας, εὑρήσεις τὸν αὐτὸν ἐνταῦθα, ὅθεν καὶ συνείληπται. λέγω δέ, εἰ παρὰ τὴν θάλατταν κομίσας εἶτα καταθεῖο αὐτόν που πλησίον, ὡς εἰσερπύσαι δυνηθῆναι ἐς τὴν θάλατταν.

8.24. Ἀνωτέρω [3.11] εἶπον ἣν οἱ τροχίλοι κατατίθενται εἰς τοὺς κροκοδείλους εὐεργεσίαν τὴν ἐκ τῶν βδελλῶν, ὥσπερ ἐν τοῖς Αἰγυπτίοις μέμνηται καὶ Ἡρόδοτος λόγοις [2.68]· ὃ δὲ οὐκ εἶπον εἰδὼς εἰρήσεται νῦν, ἵνα καὶ ἄλλος μάθῃ. ὁ μὲν τροχίλος ὄρνις ἐστὶ τῶν ἑλείων εἷς, καὶ παρὰ τὰς ὄχθας τῶν ποταμῶν ἀλᾶται καὶ ὅ τι ἂν τύχοι παρεκλέγων βόσκεται, τρέφει δὲ αὐτὸν καὶ ὁ κροκόδειλος οἷς εἶπον. καὶ ἐκεῖνος αὐτὸν ἀμείβεται καθεύδοντος προμηθῶς ἔχων καὶ ὑπεραγρυπνῶν αὐτοῦ· κειμένῳ μὲν γὰρ καὶ ὑπερυπνώττοντι ἐπιβουλεύει ὁ ἰχνεύμων, καὶ ἐμφὺς τῇ δέρῃ πολλάκις ἀπέπνιξεν αὐτόν· ἀλλ' ὅ γε τροχίλος βοᾷ, καὶ παίει κατὰ τῆς ῥινὸς αὐτόν, καὶ ἀνίστησι καὶ πρὸς τὸν ἐχθρὸν ὑποθήγει. εἰ μὲν οὖν χρὴ τὸν ὄρνιν ἐπαινεῖν οὕτως ἔχοντα φροντιστικῶς ζῴου παμβόρου καὶ ἀδηφάγου, εἰσόμεθα· τὸ δ' οὖν ἴδιον τῶνδε τῶν ζῴων εἶπον.

8.25. Ἡ τρυγὼν (οὔ φημι νῦν τὴν ὑπαέριον, ἀλλὰ τὴν ἐν τῇ θαλάττῃ) ὅτε βούλεται, νήχεται, καὶ αὖ πάλιν ἀρθεῖσα πέτεται. ἔχει δὲ κέντρον, οὗ καὶ ἀνωτέρω [1.56; 2.36; 2.50] μνήμην ἐποιησάμην, θανατηφόρον. τὸ μὲν οὖν κεντεῖν καὶ ζῷα ἄλογα καὶ ἀνθρώπους καὶ παραχρῆμα ἀπολλύναι, οὔπω παράδοξόν ἐστιν· ὃ

1 ἑαυτοῦ] αὐτοῦ **V** ‖ 2 εἴ] ἄρα εἰ **A** ‖ 6 ἔνθεν] ἔνθα **V** | εὑρήσεις] εὑρήσαις **V** 7 θάλατταν] θάλασσαν **V** | κομίσας] κομίσαις ***β*** ‖ 8 καταθεῖο] ex corr. sec. m. **L**, Jac., Her. : κατάθοιο **AH**, Ges. : κατάθοι **P** | εἰσερπύσαι] ἑρπύσαι **L**, Her. | ἐς] εἰς **AH** ‖ 11 τὴν—βδελλῶν] del. Jac. in com., Her. | ὥσπερ] ἧσπερ Her. ‖ 12 ὃ] τὸ **V** : ἃ **PAH** ‖ 13 εἰρήσεται] δὲ εἴρηται **V** : τοῦτο εἰρήσεται Her. | ἄλλος μάθῃ] ἄλλο μάθῃς **V** ‖ 14 τῶν ποταμῶν] τοῦ ποταμοῦ **V** ‖ 15 τύχοι] ante corr. **L** : τύχῃ ex corr. **L**, edd. ‖ 17 ὑπερυπνώττοντι] ὑπνώττοντι Her. ‖ 22 ἀδηφάγου] ἀδδη. **AH** | εἰσόμεθα] fort. ἄλλοτε εἰσόμεθα vel ἐῶ Her. in app. ‖ 24 θαλάττῃ] θαλάσσῃ **V** ‖ 25 κέντρον] κέντρα **V** ‖ 26 ἄλογα] ἄγρια **P** ‖ 27 ἀπολλύναι] ἀπολλύναι (-λλῦ- **P**) οὕτως ***β***

δὲ ἄξιον ἐκπεπλῆχθαι, τοῦτο εἰρήσεται. δένδρῳ τῷ μεγίστῳ καὶ πάνυ εὐθαλεῖ καὶ εὐερνεῖ καὶ λίαν τεθηλότι τὴν χλόην εἰ προσαγάγοις τὸ κέντρον καὶ νύξεις τὸ δένδρον, οὐ μετὰ μακρὸν ἐκβάλλει τὰ φύλλα· καὶ ἐκείνων καταρρεόντων εἰς τὴν γῆν τὸ πᾶν πρέμνον αὐαίνεται καὶ ἔοικεν ἡλιοβλήτῳ ὑπ' αὐχμοῦ βιαίου ξηρῷ γεγενημένῳ.

8.26. Τίκτεται ἐλέφας κατὰ τὴν κεφαλὴν ἐκπηδῶν, τὸ δὲ μέγεθός ἐστι τοῦ τικτομένου κατὰ δέλφακα τὴν μεγίστην. μιᾷ δὲ μητρὶ πλείω ἐλεφαντίσκια ἕπεται, φασίν. εἰ δὲ βούλοιο τῶν βρεφῶν νεογόνων ὄντων προσάψασθαι, αἱ μητέρες οὐδὲν ἀγανακτοῦσιν ἀλλὰ ἐῶσι· συνιᾶσι γὰρ ὅτι μήτε ἐπὶ λύμῃ τις ἐπιψαύει αὐτῶν μήτε ἐπὶ κολάσει, ἀλλὰ φιλοφρονούμενοι πάντες καὶ κολακεύοντες. ἐπεὶ τίς ἂν τὸ τηλικοῦτον βλάψειεν; ὅταν δὲ θηρώμενοι ἐμπέσωσιν ἐς τὴν τάφρον, καὶ ἴδωσιν ὅτι λοιπὸν ἄφυκτα αὐτοῖς ἐστι, τοῦ μὲν τέως θυμοῦ τοῦ σὺν τῇ ἐλευθερίᾳ λήθην λαμβάνουσι, καὶ ὀρεγόντων σιτία ἑτοίμως προσίενται, καὶ ὕδωρ προτεινόντων πίνουσι, καὶ οἶνον ἐγχεόντων ἐς τὰς προβοσκίδας οἳ δὲ τὴν φιλοτησίαν οὐκ ἀναίνονται.

8.27. Τὸν ἰχθῦν τὸν ἔλλοπα ἱερὸν ἰχθῦν ὑπὸ τοῦ ποιητοῦ κληθῆναι νομίζουσι. λέγει δὲ λόγος τις σπάνιον μὲν αὐτὸν εἶναι, ἐν δὲ τῷ κατὰ Παμφυλίαν πελάγει θηρᾶσθαι, γλίσχρως δὲ καὶ ἐκεῖθι. ἐὰν δὲ ἁλῷ, στεφάνοις μὲν αὐτοὶ σφᾶς αὐτοὺς ὑπὲρ τῆς εὐερμίας ἀγλαΐζουσι, στεφανοῦσι δὲ καὶ τὰς ἁλιάδας, καταίρουσί τε κρότῳ καὶ αὐλοῖς τὸ θήραμα μαρτυρόμενοι. οἳ δὲ οὐ τοῦτον ἀλλὰ τὸν ἀνθίαν νομίζουσιν ἱερόν. τὸ δὲ αἴτιον, ἔνθα ἂν ὅδε φανῇ τῆς θαλάττης, ἀνάγκη δήπου τὸν χῶρον ἄθηρον εἶναι, σπονδὰς δὲ ἰχθύσι καὶ πᾶν ὅσον ὑδροθηρικόν, καὶ αὐτοὶ δὲ οἱ ἰχθύες θαρροῦντες ἀποτίκτουσι. φύσεως δὲ ἀπόρρητα ἐλέγχειν οὐκ ἐμόν, καὶ εἰκότως, ἐπεὶ καὶ ἀλεκτρυόνα δέδοικε λέων καὶ τὸν αὐτὸν

3 νύξεις] νύξῃς **P** : νύξειας Her. | οὐ] om. **L** | μακρὸν] μικρὸν ***β*** ‖ 4 εἰς] ἐς **LP** | πᾶν] om. **AH** ‖ 5 πρέμνον] δένδρον **V** | ὑπ' – 6 γεγενημένῳ] del. Her. ‖ 10 νεογόνων] νεογνῶν **A** ‖ 11 ἐπιψαύει] ἐπιψαύσει? Her. in app. ‖ 13 τηλικοῦτον] τηλικοῦτο **P** ‖ 15 τῇ] om. **VH** ‖ 17 οἶνον] ὕδωρ **V** | ἐγχεόντων] ἐκχεόντων **L** ‖ 20 λόγος τις] τις λόγ. Her. ‖ 21 γλίσχρως] γλίσχρος **V** ‖ 22 αὐτοὶ] αὐτοῖς **A** | αὐτοὺς] ex corr. L, Jac., Her. : ἑαυτοὺς codd. (ante corr. L) ‖ 23 καταίρουσί] καὶ κατ. **LPA** | τε κρότῳ] κρό. τε ***β*** ‖ 25 ὅδε] ὧδε **V** ‖ 26 θαλάττης] θαλάσσης **V** | σπονδὰς] ἔνσπονδα? Her. in app.|δὲ] τε Schn., Her.‖ 27 καὶ[1]] πρὸς Rei., Her.

βασιλίσκος καὶ μέντοι καὶ ὗν ὁ ἐλέφας· τὰς δὲ αἰτίας ὅσοι σχολὴν ἄγουσι πολλὴν ζητοῦντες τοῦ μὲν χρόνου καταφρονήσουσιν, οὐ μὴν εἰς τέλος ἀφίξονται τῆς σπουδῆς.

1 ὁ] del. Her.‖ 2 πολλὴν] om. **AH**

LIBER IX

9.1. Ὁ λέων ἤδη προήκων τὴν ἡλικίαν καὶ γήρᾳ βαρὺς γεγενημένος θηρᾶν μὲν ἥκιστός ἐστιν, ἀσμένως δὲ ἀναπαύεται ἐν ταῖς ὑπάντροις ἢ λοχμώδεσι καταδρομαῖς, καὶ τῶν θηρίων οὐδὲ τοῖς ἀσθενεστάτοις ἐπιθαρρεῖ, τόν τε αὑτοῦ χρόνον ὑφορώμενος καὶ τὸ τοῦ σώματος ἐννοῶν ἀσθενές. οἱ δὲ ἐξ αὐτοῦ γεγενημένοι θαρροῦντες τῇ τῆς ἡλικίας ἀκμῇ καὶ τῇ ῥώμῃ τῇ συμφυεῖ προΐασι μὲν ἐπὶ θήραν, ἐπάγονται δὲ καὶ τὸν ἤδη γέροντα, ὠθοῦντες αὐτόν· εἶτα ἐπὶ μέσης τῆς ὁδοῦ ἧς ἐλθεῖν δεῖ καταλιπόντες, ἔχονται τῆς ἄγρας αὐτοί, καὶ τυχόντες τοσούτων ὅσα ἀποχρήσει καὶ αὐτοῖς καὶ τῷ γεγεννηκότι σφᾶς, βρυχησάμενοι γενναῖόν τε καὶ διάτορον καλοῦσι τὸν πατέρα ὡς δαιτυμόνα ἑστιάτορες ἐπὶ θοίνην οἱ νέοι τὸν γεγηρακότα, τὸν πατέρα οἱ παῖδες. ὃ δὲ ἡσυχῇ καὶ βάδην καὶ οἷον ἕρπων ἔρχεται, καὶ περιβαλὼν τοὺς παῖδας, καὶ τῇ γλώττῃ μικρὰ ὑποσήνας, ὥσπερ οὖν ἐπαινῶν τῆς εὐθηρίας, ἔχεται τοῦ δείπνου, καὶ σὺν τοῖς υἱέσιν ἑστιᾶται. καὶ Σόλων μὲν τοῖς λέουσιν οὐ κελεύει ταῦτα, νομοθετῶν τρέφειν τοὺς πατέρας ἐπάναγκες, διδάσκει δὲ ἡ φύσις, ᾗ νόμων ἀνθρωπικῶν μέλει οὐδέν· γίνεται δὲ ἄτρεπτος αὕτη νόμος [cf. E., fr. 920 N.].

9.2. Τὸν αἰετὸν τὸν τῶν ὀρνίθων βασιλέα οὐ μόνον παρόντα καὶ ζῶντα δέδοικε τὰ ὄρνεα καὶ καταπτήσσει φανέντος, ἀλλὰ καὶ τὰ πτερὰ ἐκείνου ἐάν τις τοῖς τῶν ἄλλων συναναμίξῃ, τὰ μὲν τοῦ ἀετοῦ μένει ὁλόκληρα καὶ ἀνεπιβούλευτα, τὰ δὲ ἕτερα κατασήπεται τὴν πρὸς ἐκεῖνα κοινωνίαν οὐ φέροντα.

9.3. Οἱ μύες εἰσὶ μὲν καὶ ἄλλως πολύγονον ζῷον, καὶ ἀθρόᾳ τῇ ὠδῖνι πολλὰ τίκτουσιν· εἰ δέ πως καὶ ἁλὸς γευσάμενοι τύχοιεν, ἐνταῦθα δήπου καὶ πάμπολλα ἀποκυΐσκουσι καὶ πλείω τῆς

4 ταῖς] τοῖς **V**, De Stef. ‖ 5 τε αὑτοῦ] ex corr. **L**, Her. : τε αὐτοῦ **V** (ante corr. **L**) **P** : ἑαυτοῦ **AH** ‖ 6 ἐννοῶν] εὐνοῶν **V** ‖ 7 προΐασι] προιᾶσι **VA** : προσΐασι **P**
11 γεγεννηκότι] ex corr. **P**, edd. : γεγενηκότι codd. (ante corr. **P**) ‖ 12 διάτορον] διάτονον **V** | τὸν πατέρα] del. Her. ‖ 13 τὸν^2] om. **V** ‖ 15 γλώττῃ] γλώσσῃ **V** ὑποσήνας] ὑποσημήνας **AH** ‖ 16 υἱέσιν] υἱεῦσιν **A** ‖ 17 οὐ—ταῦτα] ταῦτα οὐ κελ. ***β*** | νομοθετῶν—18 ἐπάναγκες] del. Her. ‖ 18 μέλει οὐδέν] οὐδ. μέλ. Her.
20 παρόντα—21 ζῶντα] περιόντα καὶ ζῶντα Her. (rectius scribetur ζῶντα καὶ ἔτι περιόντα Her. in app.)

συνηθείας πολλῷ. οἱ δὲ κροκόδειλοι, ὅταν τέκωσι, τὸ γνήσιον καὶ νόθον τόνδε τὸν τρόπον ἐλέγχουσιν. ἐάν τι παραχρῆμα ἐκγλυφεὶς ἁρπάσῃ, τελεῖ τὸ λοιπὸν εἰς τὸ γένος, καὶ φιλεῖται τοῖς γειναμένοις, καὶ πεπίστευται κροκοδείλων εἷς εἶναι καὶ ἠρίθμηται· ἐὰν δὲ ἐλινύσῃ καὶ βλακεύσῃ καὶ μὴ λάβῃ ποθὲν ἢ μυῖαν ἢ σέρφον ἢ ἔντερον γῆς ἢ σαῦρον τῶν νεαρῶν, διέσπασεν ὁ πατὴρ αὐτὸν ὡς ἀδόκιμόν τε καὶ κίβδηλον καὶ προσήκοντά οἱ οὐδέν. καὶ δοκοῦσιν, ὡς οἶδε οἱ θῆρες, καὶ οἱ ἀετοὶ βασανίζοντες καὶ ἐκεῖνοι τὰ γνήσια τῇ ἀκτῖνι τοῦ ἡλίου κρίσει φιλεῖν τὰ ἔκγονα καὶ οὐ πάθει.

9.4. Ἀκούω δὲ τοὺς ὀδόντας τῆς ἀσπίδος, οὓς ἂν ἰοφόρους τις εἴποι καλῶν ὀρθῶς, ἔχειν οἱονεὶ χιτῶνας περικειμένους ἄγαν λεπτοὺς καὶ ὑμέσι παραπλησίους, ὑφ' ὧν περιαμπέχονται. ὅταν οὖν ἐμφύσῃ τινὶ τὸ στόμα ἡ ἀσπίς, στρέφεσθαι μέν φασι τὰ ὑμένια, ἐκχεῖσθαι δὲ τὸν ἰόν, καὶ πάλιν συντρέχειν ἐκεῖνα καὶ ἑνοῦσθαι. τοῦ γε μὴν σκορπίου τὸ κέντρον ἔχειν τινὰ κολπώδη διπλόην ὑπὸ τῆς ἄγαν λεπτότητος οὐ πάντῃ σύνοπτον. καὶ εἶναι μὲν τὸ φάρμακον καὶ τίκτεσθαι λέγουσιν ἐνταῦθα, ἅμα δὲ τῇ κρούσει προϊέναι διὰ τοῦ κέντρου καὶ ἐκρεῖν. ὀπὴν δὲ εἶναι δι' ἧς ἔξεισιν οὐδὲ ταύτην ὄψει θεωρητήν. ἀνθρώπου δὲ σιάλῳ καταπτύοντος ἀμβλύνεσθαι τὸ κέντρον καὶ μαλκιεῖν καὶ ἐς τὴν πληγὴν ἀδύνατον γίνεσθαι.

9.5. Ἡ κύων εἰ καὶ πολλὰ τίκτει σκυλάκια, ἀλλὰ γοῦν τὸ πρῶτον τῆς μητρὸς προελθὸν καὶ ἐκείνης τῆς ὠδῖνος πρεσβύτατον ὂν κατηγορεῖ τὸν πατέρα· ἐκείνῳ γοῦν ὁμοιότατον τίκτεται πάντως, τὰ δὲ ἄλλα ὡς ἂν τύχοι. ἔοικε δὲ φιλοσοφεῖν ἐν τῷδε ἡ φύσις, προτιμῶσα τοῦ ὑποδεχομένου τὸ σπεῖρον.

9.6. Τῶν ὀστρακονώτων καὶ ὀστρακοδέρμων καὶ τοῦτο ἴδιον. κενώτερά πως ταῦτα καὶ κουφότερα ὑπολη γούσης τῆς σελήνης φιλεῖ γίνεσθαι. καὶ τῶν μὲν ὀστρακονώτων ἐλέγχουσιν ὃ λέγω πορφύραι καὶ κήρυκες καὶ σφόνδυλοι καὶ τὰ τούτοις ὁμοφυῆ· τῶν

1 τέκωσι] τίκτωσι **V** ‖ **2** νόθον] τὸ νόθ. Her. ‖ **5** ἐλινύσῃ] ἐλλιν. **A** | σέρφον] σέριφον **PAH** : schol. in mg. **L** (cf. Ar., schol. *V.* 352 b I.4; *CPG* II, p. 489, 10–16) ‖ **6** ὁ—αὐτὸν] αὐτ. ὁ πατ. *β* ‖ **8** ἀετοὶ] αἰετοὶ **L** ‖ **9** ἔκγονα] ἔγγονα **LP** **13** στρέφεσθαι] διαστέλλεσθαι Her. ‖ **16** πάντῃ] πάνυ τι Her. ‖ **20** μαλκιεῖν] μαλακιεῖν **LP** : μαλκίειν Her. ‖ **22** μητρὸς] μήτρας Rei. | προελθὸν] διελθὸν **L** ἐκείνης] del. Her. ‖ **24** τύχοι] τύχῃ **A**, Her. ‖ **26** Τῶν] Τῶν δὲ **AH** | καὶ[1]] τε καὶ **AH**, Her. ‖ **27** κενώτερά] κενότερά **VPA** ‖ **29** τούτοις] τούτων **VH**

δὲ ἑτέρων πάγουροί τε καὶ κάραβοι καὶ ἀστακοὶ καὶ καρκίνοι καὶ εἴ τι τούτων συγγενές. λέγεται δὲ καὶ τῶν ὑποζυγίων τὰ τικτόμενα ληγούσης τῆς σελήνης ἀδυνατώτερα τῶν ἄλλων εἶναι καὶ ἀσθενέστερα, καὶ μέντοι καὶ συμβουλεύουσιν οἱ τούτων ἐπιστήμονες τὰ ἐν τούτῳ τῷ μέρει τοῦ μηνὸς γεννώμενα μὴ τρέφειν· μὴ γὰρ εἶναι σπουδαῖα αὐτά. κατὰ τὴν νουμηνίαν δὲ τὰ ζῷα, ὡς πυνθάνομαι, ἢ φθέγγεταί τι τῇ συντρόφῳ φωνῇ ἢ πίπτει· λέων δὲ ἄρα μόνος, ὡς Ἀριστοτέλης φησίν [fr. 270.25 Gig.], οὐθέτερον αὐτοῖν δρᾷ.

9.7. Ἀκοὴν ἀγαθὸν καὶ ὀξύτατον τὸν λάβρακα Ἀριστοτέλης [*HA* 534a9; fr. 270.26 Gig.] εἶναί φησι καὶ μέντοι καὶ τὴν χρόμιν καὶ τὴν σάλπην καὶ τὸν κεστρέα. πυνθάνομαί τε τὸν λάβρακα σαφῶς εἰδέναι ὅτι ἐν τῇ κεφαλῇ αὐτοῦ λιθίδιόν ἐστι. καὶ χειμῶνος τοῦτο ψυχρότατον γίνεται, καὶ λυπεῖ αὐτὸν ἰσχυρῶς. ταύτῃ τοι καὶ κατ' ἐκείνην τὴν ὥραν τοῦ ἔτους ἀλεαίνειν αὐτόν, καὶ ἐπινοεῖν τῇ ψύξει τῇ ἐκ τοῦ λίθου φάρμακον τοῦτο καὶ μάλα γε ἀντίπαλον. καὶ χρόμιν δὲ τὸ αὐτὸ ποιεῖν καὶ φάγρον καὶ σκίαιναν πέπυσμαι· ἔχειν γὰρ τὸν ὅμοιον λίθον καὶ ταῦτα.

Παράσιτοι δὲ ἄρα καὶ ἐν ἰχθύων γένει ἦσαν. ὁ γοῦν φθεὶρ οὕτω λεγόμενος παρατρώγει τῶν τοῦ δελφῖνος θηραμάτων· ὃ δὲ ἥδεται αὐτῷ καὶ ἑκὼν μεταδίδωσιν. ἔνθεν τοι καὶ πιότατός ἐστιν, ὥσπερ οὖν ἐκ πλουσίας καὶ ἀμφιλαφοῦς ἑστιάσεως ἐμπιπλάμενος. καὶ ὁ μὲν τοῦ Μενάνδρου Θήρων μέγα φρονεῖ [fr. 698 Koe.], ὅτι ῥινῶν ἀνθρώπους φάτνην αὐτοὺς ἐκείνους εἶχε καὶ ὁ Στρουθίας τοιοῦτος· Κλείσοφος δὲ ὁ Φιλίππου καὶ τὸν ὀφθαλμὸν τὸν ἕτερον δεσμῷ κατελάμβανε, Φιλίππῳ χαριζόμενος ἐν τῇ τῆς Μεθώνης πολιορκίᾳ τὸν ἕτερον ἐκκοπέντι. φιλία δὲ ἐμοὶ δοκεῖν καὶ συντροφία τῷ φθειρὶ πρὸς τὸν δελφῖνά ἐστι· κολακεύειν μὲν γὰρ ὡς καὶ ἄλλα κακὰ ἄνθρωπος οἶδε, τὰ δὲ ἄλογα οὐκ οἶδεν.

1 καρκίνοι] οἱ (om. L) καρκῖνοι **LAH** ‖ **2** τούτων] τούτου **V** : τούτοις Schn., Her. in app. | τῶν ὑποζυγίων] ὑπὸ τῶν ὑποζύγων **V** ‖ **9** οὐθέτερον] οὐδέτερον Her. ‖ **10** ἀγαθὸν καὶ] del. Her. | τὸν] om. **AH** ‖ **11** τὴν] τὸν ***β*** ‖ **12** τε] δὲ Her. **13** ὅτι] ὅτι ἄρα **AH**, Her. ‖ **15** αὐτόν] αὑτόν Her. ‖ **18** τὸν] τοι Her. **21** πιότατός] πιότατόν ***β*** ‖ **23** ῥινῶν] πεινῶν **V** ‖ **24** καὶ—25 τοιοῦτος] del. Her. ‖ **25** Κλείσοφος] Ges. in mg., Jac. in com., Her. : Κλείδημος codd. | ὁ Φιλίππου] del. Her.‖ **28** κολακεύειν] καὶ κολ. **V**

9.8. Ἐλέφαντος δὲ ἄρα ἐς τὰ τέκνα καὶ ἐκεῖνο φίλτρον ἰσχυρόν. οἱ τούτων θηρευταὶ τάφρους ὀρύττουσιν, εἰς ἃς ἐμπίπτουσι τὰ ζῷα ταῦτα, καὶ τὰ μὲν ἁλίσκεται, τὰ δὲ ἀναιρεῖται. καὶ τίς ὁ τρόπος τῆς τοιᾶσδε ταφρεύσεως καὶ τὸ σχῆμα ὁποῖον καὶ ὁποῖον τὸ βάθος καὶ εἴσοδοι ποταπαί, ἀλλαχόθεν εἴσεσθε· ἐκκαλύψων δὲ ἔγωγε καὶ ἐλέγξων τὴν στοργὴν ἔρχομαι. ἡ μήτηρ θεασαμένη τὸ ἑαυτῆς βρέφος εἰς μίαν τῶν τάφρων ἐμπεσόν, οὔτε ἐμέλλησεν οὔτε βλακεύουσα διέτριψεν, ἀλλὰ ὡς εἶχεν ὁρμῆς ἐκθύμως καὶ περιπαθῶς ἐπιδραμοῦσα, κατὰ τοῦ παιδὸς αὐτὴν ἔωσεν εἰς κεφαλήν, καὶ ἄμφω κατὰ ταὐτὸν τοῦ τέλους εἰχέτην· ὃ μὲν γὰρ ἐκ τοῦ μητρῴου βάρους ἐκπιεσθεὶς συνετρίβη, ἣ δὲ τὴν κεφαλὴν ἀΐξασα. γελοῖοι τοίνυν εἰσὶν οἱ διαποροῦντες εἰ φυσικὴ πρὸς τὰ ἔκγονα στοργή ἐστιν.

9.9. Αἱ δὲ φῶκαι τίκτουσι μὲν ἐπὶ τῆς γῆς, καὶ κατὰ μικρὰ δὲ ὑπάγουσιν ἑαυτῶν τὰ σκυλάκια εἰς τὸ νοτερόν, καὶ ἀπογεύουσι τῆς θαλάττης, εἶτα ἐπανάγουσιν εἰς τὸν τῆς ὠδῖνος τόπον τὸν ἐξ ἀρχῆς, καὶ αὖ πάλιν κατάγουσιν εἰς τὴν θάλατταν, καὶ ταχέως ἐξάγουσι· καὶ ὅταν πολλάκις τοῦτο δράσωσι, τελευτῶσαι νηκτικώτατα ἀπέφηναν αὐτά. ῥᾳδίως δὲ εἰς τὸν θαλάττιον βίον ὑπολισθάνει, καὶ τῆς διδασκαλίας μὲν προαγούσης αὐτά, βιαζομένης δὲ τῆς φύσεως τῶν μητρῴων καὶ ἠθῶν καὶ ἐθῶν ἐρᾶν.

9.10. Ἀετὸς ζῷον πλεονεκτικόν, καὶ δι' ἁρπαγῶν ποιοῦνται τροφάς, καὶ σαρκῶν ἐσθίουσι· καὶ γὰρ λαγὼς ἁρπάζουσι καὶ νεβρὸν καὶ χῆνα ἐξ αὐλῆς καὶ ἄλλα. μόνος δὲ ἄρα ἐν αὐτοῖς ὅσπερ

2 θηρευταὶ] θηραταὶ **A**, Her. | ἐμπίπτουσι] ἐμπίπτει Her. ‖ **4** ταφρεύσεως] ταφρώσεως **V** | ὁποῖον[2]] ὁπόσον Schn., Her. ‖ **5** βάθος] Gro., Her. : πάθος codd. ποταπαί] ποδαπαί **V** | εἴσεσθε] εἴσεσθαι **V** ‖ **7** ἐμέλλησεν] ἐμέλησεν **VP** : ἐμελήτεσεν **H** ‖ **9** αὑτὴν] ex corr. **L**, edd. : αὐτὴν codd. (ante corr. **L**) | ἔωσεν] ὦσεν ***β*** ‖ **10** τοῦ τέλους] τὸ τέλος in mg. sec. m. **L**, Jac., Her. | εἰχέτην] ἐρχέτην **V** ‖ **11** ἐκπιεσθεὶς] πιεσθεὶς Rei., Her. | τὴν—12 ἀΐξασα] κατὰ τὴν κεφ. ᾄξασα Her. : τὴν κεφ. κατᾴξασα Cob. (1884) ‖ **13** ἔκγονα] ἔγγονα **LP** | ἐστιν] om. **P** **14** φῶκαι] φῶκες **V** | καὶ κατὰ] καὶ **H** : κατὰ Rei., Her. | μικρὰ] μικρὸν **P** **15** σκυλάκια] σκύτα **V** | τὸ] τὸν **VP** ‖ **17** θάλατταν] θάλασσαν **V** ‖ **19** θαλάττιον] θαλάττης **V** | ὑπολισθάνει] ὑπολισθαίνει **AH** | καὶ] del. Rei., Her. ‖ **22** ποιοῦνται] ποιεῖται **AH** ‖ **23** τροφάς] τὰς τροφάς Her. | καὶ[1]—ἐσθίουσι] expungenda vid., Her. in app. | λαγὼς] λαγὼν malit Her. in app. ‖ **24** ὅσπερ] ὅς **V**

οὖν καὶ Διὸς κέκληται καὶ κρεῶν οὐχ ἅπτεται, ἀλλὰ ἀπόχρη οἱ ἡ πόα· καὶ Πυθαγόρου τοῦ Σαμίου διακούσας οὐδέν [14, fr. 9 D.-K.], ὅμως ἐμψύχων ἀπέχεται.

9.11. Εἰ τοῦ φαλαγγίου καὶ μόνον ἐφάψαιτό τις, ἀπέκτεινεν αὐτὸν μηδὲ ὀδυνηθέντα φασὶν ἰσχυρῶς. ἀλλὰ καὶ τὸ τῆς ἀσπίδος δῆγμα πραότατον εἶναι ἤλεγξε Κλεοπάτρα, ὅτε τοῦ Σεβαστοῦ προϊόντος αἱρεθεῖσα, ἀνώδυνον θάνατον ἐν τοῖς συμποσίοις ἐβασάνιζε, καὶ τὸν μὲν διὰ τοῦ ξίφους εὕρισκεν ἀλγεινόν, τῶν τιτρωσκομένων τοῦτο ὁμολογούντων, τὸν δὲ διὰ τῶν φαρμάκων λυπηρόν· σπασμὸν γάρ τινα ἐμποιεῖν καὶ καρδιώττειν ἀναγκάζειν· τὸν δὲ ἐκ τοῦ δήγματος τῆς ἀσπίδος πρᾶον εἶναι καὶ ἵνα Ὁμήρῳ ἰδίως εἴπω [*Od.* 11.135] ἀβληχρόν. ἔστι δὲ ὅτε καὶ μόνους ἀψαμένους ἀπέκτεινε καὶ προσερυγόντα δέ, ὥσπερ οὖν ὁ κεντρίτης καὶ ἡ φρύνη.

9.12. Σὺ μέν μοι λέγεις πανοῦργον εἶναι ζῷον ἀλώπεκα, ταύτην δὴ τὴν ἐκ τῆς γῆς τρεφομένην· ἄκουε δὲ καὶ τῆς θαλαττίας μηχανάς, καὶ ὁποῖα δρᾷ καὶ ἐκείνη πυνθάνου. ἢ γὰρ οὐ πρόσεισι τῷ ἀγκίστρῳ τὴν ἀρχήν, ἢ καταπιοῦσα παραχρῆμα ἑαυτῆς τὸ ἐντὸς μετεκδῦσα ἔστρεψεν οὕτως ἔξω, ὥσπερ οὖν χιτῶνα τὸ σῶμα ἀνελίξασα, καὶ τοῦτον δήπου τὸν τρόπον ἐξεώσατο τὸ ἄγκιστρον.

9.13. Ἴυγγας ἐρωτικὰς ἄνθρωποί φασιν εἶναί τινας, μίξεως δὲ ἀφροδισίου σύνθημα ὁ βάτραχος ἀφίησι πρὸς τὴν θήλειαν βοήν τινα, ὡς ἐραστὴς ᾠδήν τινα κωμαστικήν, καὶ κέκληται ἥδε ἡ βοὴ

1 οὖν] om. **V** | καί[2]] om. **AH** : del. Her. | οἱ ἡ] ἡ **VLAH** : οἱ Her. ‖ 3 ἀπέχεται] ἀπέχονται **V** ‖ 5 φασὶν] edd. : φησὶν codd. ‖ 6 πραότατον] πρότερον **V** 7 προϊόντος] προσιόντος Schn., Her. | αἱρεθεῖσα] τὴν προαίρεσιν Ges. in Emend. : del. Her. | ἀνώδυνον θάνατον] ἀνωδύνων θανάτων ***β*** | ἐν—συμποσίοις] verba corrupta, Her. in app. ‖ 10 ἐμποιεῖν] ex corr. **L** : ἐμποιεῖ **V** (ante corr. **L**) ἀναγκάζειν] ex corr. **L** : ἀναγκάζει **V** (ante corr. **L**) **P** ‖ 11 εἶναι] deleat Her. in app. ‖ 12 Ὁμήρῳ ἰδίως] ὁμή. ὁμοίως **AH** : ὁμή. ἡδέως **V** : Ὁμηρικῶς Ges. in Emend. : Ὁμηρείως Her. | ὅτε] ἃ Jac. in app., Her. | μόνους] μόνον corr. fort. ex μόνους sec. m. **L**, edd. ‖ 13 δέ] om. **V** ‖ 14 κεντρίτης] κεντρίνης Her. ‖ 15 μοι] om. **V** | λέγεις] λέξεις Her. ‖ 16 ἄκουε] ἀκούω **V** | τῆς[2]] τὰς τῆς Her. ‖ 18 καταπιοῦσα] καταπίνουσα ***β*** ‖ 19 ἔστρεψεν] ἔτρεψεν ***β*** | οὕτως] del. Her. ‖ 20 τὸν] om. **A** 23 σύνθημα] σύνθεμα **PA**

ὀλολυγών, ὥς φασιν. ὅταν δὲ τὴν θήλειαν προσαγάγηται, μένουσιν ἄμφω τὴν νύκτα· ἐν μὲν γὰρ τῷ ὕδατι συνελθεῖν οὐ δύνανται, μεθ᾽ ἡμέραν δὲ ἐπὶ γῆς συμπλακῆναι ὀρρωδοῦσι. νυκτὸς δὲ ἐπιστάσης κατὰ πολλὴν τὴν ἄδειαν προσελθόντες ἀλλήλων ἀπολαύουσιν.

Ὅταν δὲ βάτραχοι γεγωνότερον φθέγγωνται καὶ τῆς συνηθείας λαμπρότερον, ἐπιδημίαν δηλοῦσιν ὑετοῦ.

9.14. Εἴ τις προσάψαιτο τῆς νάρκης ὅτι τὸ ἐκ τοῦ ὀνόματος πάθος τὴν χεῖρα αὐτοῦ καταλαμβάνει, τοῦτο καὶ παιδάριον ὢν ἤκουσα τῆς μητρὸς λεγούσης πολλάκις. σοφῶν δὲ ἀνδρῶν ἐπυθόμην ὅτι καὶ τοῦ δικτύου ἐν ᾧ θηρᾶται εἴ τις προσάψαιτο, ναρκᾷ πάντως. εἰ δέ τις εἰς σκεῦος αὐτὴν ἐμβάλοι ζῶσαν, καὶ ἐπιχέει θαλαττίου ὕδατος, ἐὰν ἐγκύμων ᾖ καὶ οὐ καιρὸς τῆς ὠδῖνος ἀφίκηται, τίκτει καὶ ἐν τῷ σκεύει· τό τε ὕδωρ εἴ τις καταχέει χειρὶ ἀνθρώπου ἢ ποδί, ναρκᾶν τὴν χεῖρα ἢ τὸν πόδα ἀνάγκη.

9.15. Τὰ ζῷα οὔτε ἐν ταῖς πληγαῖς οὔτε ἐν τοῖς δήγμασιν ἀεὶ τὴν αὐτὴν δύναμιν ἴσχει, ἀλλ᾽ ἐπί τινος πολλάκις ἐπιτείνεται αἰτίας. ὁ γοῦν σφὴξ γευσάμενος ὄφεως χαλεπώτερός ἐστι τὴν πληγήν, καὶ ἡ μυῖα τοιούτῳ τινὶ προσελθοῦσα πικροτέρα δακεῖν ἐστι καὶ ὀδύνας ἔδωκε, καὶ μέντοι καὶ τῆς ἀσπίδος τὸ δῆγμα γίνεται παντελῶς ἀνήκεστον, ἐὰν βατράχου φάγῃ. ὁ δὲ κύων ὑγιαίνων μὲν ἐὰν δάκῃ, τραῦμα εἰργάσατο καὶ ἀλγηδόνα ἐξῆψεν· ἐὰν δὲ λυττῶν, διέφθειρεν· ὕδωρ τε δεδιέναι κατηνάγκασε πρῶτον, καὶ ὁ μετριάσαι δοκῶν πάλιν ἐξάπτεται εἰς τὴν ὀδύνην, καὶ ὑλακτήσας ἀπέθανεν. ἀκέστρια δὲ ἀκουμένη χιτώνιον ῥαγὲν ὑπὸ λυττῶντος κυνός, δακοῦσά πως τῷ στόματι τὸ χιτώνιον, ἵνα ἀποτείνῃ αὐτό, ἐλύττησε καὶ ἀπέθανεν. ἀνθρώπου δὲ ἀσίτου

1 ὀλολυγών—φασιν] ὥς φασ. ὀλο. V | προσαγάγηται] προαγάγηται LH 4 προσελθόντες] προελθόντες Schn., Her. ‖ 6 γεγωνότερον] γεγωνότες V 7 δηλοῦσιν] προδηλοῦσιν A ‖ 9 τοῦτο] om. AH ‖ 11 θηρᾶται] τεθήραται Her. εἴ τις] καὶ εἴ τί ἐστιν, εἴ τις β ‖ 12 ἐμβάλοι] ἐμβάλῃ V ‖ 13 ἐπιχέει] corr. in ἐπιχέῃ sec. m. L : ἐπιχέοι Jac., Her. | οὐ] ὁ L, edd., fort. recte ‖ 14 τό] ante ἐν τῷ σκεύει transp. V, Her. | τε] om. V : del. Her. ‖ 15 καταχέει] corr. in καταχέῃ sec. m. L : καταχέοι Lob., Her. | χειρὶ] χειρὸς Her. | ποδί] ποδός Her. ‖ 18 ἐπί—ἐπιτείνεται] ἐπιτείνεται πολλάκις ἔκ τινος AH, Her. ‖ 19 ὄφεως] ἔχεως AH, Her. 24 ὕδωρ—26 ἀπέθανεν] del. Her.

δῆγμα χαλεπὸν καὶ δυσίατον. λέγονται δὲ οἱ Σκύθαι πρὸς τῷ τοξικῷ, ᾧ τοὺς ὀϊστοὺς ἐπιχρίουσι, καὶ ἀνθρώπειον ἰχῶρα ἀναμιγνύναι φαρμάσσοντες, ἐπιπολάζοντά πως αἵματι, ὅνπερ ἴσασιν ἀπόκριμα αὐτοῖς. τεκμηριῶσαι τοῦτο καὶ Θεόφραστος ἱκανός.

9.16. Ὅταν ἀποδύσηται τὸ γῆρας ὁ ὄφις (ὑπαρχομένου δὲ τοῦ ἦρος δρᾷ τοῦτο), ἐνταῦθά τοι καὶ τῶν ὀφθαλμῶν τὴν ἀχλὺν καὶ τὸ ἀμβλὺ τῆς ὄψεως ῥύπτεται καὶ ἐκεῖνο ὡς γῆρας ὀφθαλμῶν, τῷ δὲ μαράθῳ προσυποθήγων τε καὶ παραψήχων τὸ ὄμμα ἑκάτερον, εἶτα ἐξάντης τοῦδε τοῦ πάθους γίνεται. ἀμβλυώττει δὲ ἄρα διὰ τοῦ χειμῶνος φωλεύσας ἐν μυχῷ καὶ σκότῳ. οὐκοῦν μαλκιοῦσαν ἐκ τῶν κρυμῶν τῶν ζῴων τὴν ὄψιν ὑποθερμαῖνον τὸ μάραθον καθαίρει, καὶ ὀξυωπέστερον ἀποφαίνει.

9.17. Ἡ ἀλκυὼν ὅταν αἴσθηται ἑαυτῆς κυούσης, τηνικαῦτα μέντοι εἰς τὴν τῶν νεοττῶν ὑποδοχὴν καλιὰν ἐργάζεται, οὔτε πηλοῦ καὶ ὀρόφου ὡς ἡ χελιδὼν δεομένη καὶ οἴκων, καὶ ἄκλητος εἰσιοῦσα ξένη, καὶ λυποῦσα τὰ ἑωθινὰ ἐν τῷ λάλῳ καὶ μέντοι καὶ διακόπτουσα τῶν ὕπνων τὸν ἥδιστον, οὔτε πάλιν τῷ σώματι, στόματι δὲ μόνῳ ἐν ἐλευθέροις χωρίοις ἔχεται τοῦ προειρημένου, συμπλέκουσα δὲ καὶ ἀθροίζουσα τὰς τῆς βελόνης ἀκάνθας, δεσμῷ τινι ἀπορρήτῳ τῆς εὐθημοσύνης περιλαμβάνει τὸ ποίημα. τὰς μὲν γὰρ εἰς τὸ ἰθὺ κατέδησεν αὐτῶν, τὰς δὲ ἐπικαρσίας (ὑφαντικῆς ἐπιστήμονα γυναῖκα εἴποις ἂν αὐτὴν τῷ στήμονι τὴν κρόκην

2 τοξικῷ] σκυθικῷ **A** | ἐπιχρίουσι] χρίουσι ***β*** ‖ **3** φαρμάσσοντες] φαρμάζοντες **LPH** : φαρμάττοντες Her. | ὅνπερ] ὅπερ Her. | ὅνπερ—**4** αὐτοῖς] verba susp. (cf. Arist., *Mir.* 845a5) : ante voc. ὅπερ lac. stat. Her. : ὃν περισείσασιν ἀπόκριμα αὐτοῖς coni. Post (apud Scholf.) ‖ **4** ἴσασιν] ἴασιν **A** | ἀπόκριμα] ἀποκρῖναι **H**, Jac. in com. | αὐτοῖς] αὐτοῦ Jac. in app. ‖ **8** ἀμβλὺ] om. **V** | ὀφθαλμῶν] ὀφθαλμοῦ **V** ‖ **9** μαράθῳ] μαράθρῳ **PH** | προσυποθήγων] ὑποθήγων Her. | τε] om. **A** παραψήχων] περιψήχων **A** : περιψύχων **V** ‖ **11** μαλκιοῦσαν] μαλακιοῦσαν **L** : μαλκίουσαν Her. ‖ **12** τῶν ζῴων] τοῦ ζῴου Ges. in Emend., Her. | μάραθον] μάραθρον **PAH** ‖ **14** ἀλκυὼν] ἀλκ. Her. ‖ **15** μέντοι] τοι Her. **16** δεομένη—οἴκων] καὶ οἴκ. δεο. **AH** ‖ **17** ἐν] del. Her. ‖ **18** διακόπτουσα] διακόπτουσι **V** ‖ **19** στόματι δὲ] Jac. in app. : om. codd. : post σώματι lac. stat. Jac., Her. : χρωμένη, ἀλλὰ τῷ στόματι post σώματι coni. Schn. ‖ **20** δὲ] τι **A** : τε **LPH** ‖ **21** εὐθημοσύνης] εὐθυμοσύνης **VH** ‖ **22** ἰθὺ] εὐθὺ Her. | κατέδησεν] κατέδησαν **V** ‖ **23** αὐτὴν] del. Her.

ἐπιπλέκειν), στρογγύλον δὲ ἡσυχῇ τὸ ἔργον ἀποφαίνει καί τι καὶ κολπῶδες ὑπόμηκες, οἱονεὶ πλέγμα κύρτου δημιουργοῦσα. καὶ ὅταν ἐξυφήνῃ τὸ εἰρημένον, κομίζει πρὸς τὴν θάλατταν, ἔνθα τοῦ κύματος ἐπιπολάζοντος, ἡσυχῇ τὸ κλύσμα ἐπιὸν ἐλέγχει τῇ ἀλκυόνι τὸ ἔργον· τὸ γάρ τοι μὴ στεγανὸν μέρος τὸ ὕδωρ τὸ ἐμπίπτον ἀκεῖται αὖθις. τὰ δὲ ἡρμοσμένα εὖ καὶ καλῶς συνυφασμένα, καὶ εἴγε παίοις λίθῳ, οὐκ ἂν διατρήσαις αὐτά. εἰ δὲ καὶ διακόψαι σιδήρῳ ἐθέλοις, τὰ δὲ οὐκ ἂν εἶξαι, καλῶς τε καὶ εὖ διυφασμένα, τοῦ θώρακος τοῦ λινοῦ οὐ μεῖον, ὅνπερ οὖν ἀναθεῖναι τῇ Ἀθηνᾷ τῇ Λινδίᾳ Ἄμασιν ᾄδουσι. τὸ στόμα δὲ τοῦ κύρτου τοῦδε ἄλλῳ μὲν οὔτε εἰσβατὸν οὔτε πάντῃ σύνοπτον, δέχεται δὲ ἐκείνην μόνην. οὐκ ἂν δὲ εἰσρεύσαι δι' αὐτοῦ οὐδὲ τῆς θαλάσσης εἴσω οὐδέν· οὕτω τοι στεγανόν ἐστιν. ἐνταῦθά τοι τοὺς νεοττοὺς τρέφει κατὰ τῶν κυμάτων ἡ ἀλκυὼν φερομένη, ὥς φασιν.

9.18. Τοῦ Νείλου πλησίον πόα γίνεται, καὶ καλεῖται λυκοκτόνος, καὶ οὐκ ἔστι ψευδώνυμος, καὶ εἰκότως· ὅταν γὰρ αὐτῆς ἐπιβαίη λύκος, σπώμενος ἀποθνήσκει. ἔνθεν τοι καὶ οἱ σέβοντες Αἰγυπτίων τοῦτο τὸ ζῷον εἰς τὴν ἑαυτῶν χώραν κωλύουσι ταύτην τὴν πόαν κομίζεσθαι.

9.19. Τῶν κατὰ τὴν οἰκίαν ὄρνις ἐὰν εἰς οἶνον ἐμπέσῃ καὶ ἀποπνιγῇ, οὐδὲν λυμαίνεται οὔτε τοῦ οἴνου φασὶν οὔτε τῶν ἔνδον· ἐὰν δὲ εἰς ὕδωρ κατενεχθῇ, δυσῶδες ἀπέφηνε τὸ ὕδωρ, καὶ κακοσμίαν περὶ τὸν ἀέρα ἐργάζεται. γαλεώτης δὲ ἐὰν εἰς οἶνον κατολισθήσας εἶτα ἀποπνιγῇ, ἢ εἰς ὕδωρ, λυπεῖ οὐδέν· ἐὰν δὲ εἰς

1 ἐπιπλέκειν] ἐπιστρέφειν ***β***|καί τι] del. Her.‖ **2** ὑπόμηκες] del. Her.‖ **3** ἐξυφήνῃ] ἐξυφάνῃ **V** | θάλατταν] θάλασσαν **V** ‖ **4** ἐπιπολάζοντος] om. **AH** | ἡσυχῇ] εἶτα ἡσυ. **LP**‖ **5** ἀλκυόνι] ἁλκ. Her.|τὸ³] πρὸς τὸ Jac. in app.‖ **6** ἀκεῖται] ante voc. lac. stat. Her., fort. recte (cf. Plu., *Soll. anim.* 983D) | εὖ καὶ] Jac. in app. : ἐᾷ codd. : καὶ Ges. : del. Her. | καλῶς—7 καὶ] del. Her. ‖ **7** διατρήσαις] ex corr. **L** : διατρίσαις (ante corr. **L**) **P**‖ **8** διακόψαι] διακόψαις **AH**|ἐθέλοις] om. **AH**|εἶξαι] εἶξαι **V** (ex corr. **P**) **AH** ‖ **10** Ἄμασιν] ἄσμασιν **A** : om. **H** ‖ **11** πάντῃ] πάνυ τι Her.‖ **12** εἰσρεύσαι] εἰσρεῦσαι **VPAH**|θαλάσσης] θαλάττης **AH**‖ **13** τοὺς] καὶ τοὺς Her. ‖ **14** ἀλκυὼν] ἁλκ. Her. ‖ **16** καὶ εἰκότως] expungenda vid., Her. in app. ‖ **17** ἐπιβαίῃ] ἐπιβαίνῃ Jac. in app., Her. ‖ **18** ἑαυτῶν] ἑαυτοῦ **V** ‖ **20** Τῶν] Τὸν **PAH** | ὄρνις] ὄρνιν **PAH** ‖ **24** κατολισθήσας] κατολισθὼν Her. | ἢ—ὕδωρ] del. Her.

ἔλαιον ἐμπέσῃ καὶ ἀποθάνῃ, καὶ δυσῶδες τὸ ἔλαιον ἀποφαίνει, καὶ ὁ γευσάμενος αὐτοῦ φθειρσὶν ἐξέζεσεν.

9.20. Τὸ τοῦ ἐλάφου κέρας θυμιώμενον ὅτι τοὺς ὄφεις διώκει δῆλόν ἐστιν. λέγει δὲ ὁ Ἀριστοτέλης [*HA* 481a27; fr. 270.27 Gig.] ὅτι καὶ λίθος ὁ γινόμενος ἐν τῷ Πόντῳ ποταμῷ (ἔστι δὲ οὗτος ἐν τῇ χώρᾳ τῇ 'Ινδικῇ τε καὶ Μαιονικῇ) ἐπιθυμιώμενος διώκει τοὺς αὐτούς, καὶ μέντοι καὶ φύσιν τοῦ λίθου περιηγεῖται τοιάνδε. ὕδατος μὲν εἴ τις αὐτῷ καταχέοι, ἐξάπτεται· καιόμενον δὲ ὑπερεξάψαι ῥιπίδι εἰ θελήσαις, ὃ δὲ κατασβέννυται. θυμιώμενον δὲ αὐτὸν ὀσμὴν ἀφιέναι ἀσφάλτου βαρυτέραν φασί. τούτοις ὁμολογεῖ καὶ Νίκανδρος [*Th.* 45].

9.21. Ἡ Φάρος ἡ νῆσος πάλαι (λέγουσι δὲ Αἰγύπτιοι οἷα μέλλω λέγειν) πεπλήρωτο ὄφεων πολλῶν τε καὶ διαφόρων. ἐπεὶ δὲ ὁ Θῶνις ὁ τῶν Αἰγυπτίων βασιλεὺς λαβὼν παρακαταθήκην τὴν Διὸς Ἑλένην (ἔδωκε δὲ αὐτὴν ἄρα ἄνω καὶ περὶ τὴν Αἴγυπτον καὶ περὶ τὴν Αἰθιοπίαν πλανώμενος ὁ Μενέλεως) εἶτα ἠράσθη αὐτῆς ὁ Θῶνις, βίαν αὐτοῦ προσφέροντος τῇ Ἑλένῃ εἰς ὁμιλίαν ἀφροδίσιόν φησιν ὁ λόγος δείσασαν τὴν Διὸς ταῦτα εἰπεῖν ἕκαστα πρὸς τὴν τοῦ Θώνιδος γαμετήν, Πολυδάμνα ἐκαλεῖτο, τὴν δὲ δείσασαν μή ποτε ἄρα ὑπερβάληται ἡ ξένη τῷ κάλλει αὐτήν, ἅμα τε καὶ οἰκτείρασαν, ὑπεκθέσθαι τὴν Ἑλένην εἰς Φάρον, πόαν δὲ τῶν ὄφεων τῶν ἐκεῖθι ἐχθρὰν δοῦναι, ἧσπερ οὖν αἴσθησιν λαβόντας τοὺς ὄφεις εἶτα καταδῦναι. τὴν δὲ αὐτὴν καταφυτεῦσαι, καὶ χρόνῳ ἀναθῆλαι καὶ ἀφιέναι σπέρμα ἐχθρὸν ὄφεσι, καὶ μέντοι καὶ ἐν τῇ Φάρῳ θηρίον τοιόνδε οὐ γενέσθαι, κληθῆναι δὲ τὴν πόαν ἑλένιον λέγουσιν οἱ ταῦτα εἰδέναι δεινοί.

1 καὶ[2]] om. **AH** : del. Her. ‖ **2** αὐτοῦ] om. **V** ‖ **3** ὅτι] ὅτε **V** ‖ **4** ὁ] om. **AH** : del. Her. ‖ **5** Πόντῳ] ποντικῷ **PAH** ‖ **6** 'Ινδικῇ] Σιντικῇ Schn., Her. | Μαιονικῇ] μαιονιξῇ **V** : παιονικῇ **A** : Μαιδικῇ Schn., Her. ‖ **8** αὐτῷ] αὐτοῦ Her. ‖ **9** εἰ θελήσαις] εἰ θελήσεις **V** | ὃ δὲ] om. **VH** ‖ **10** αὐτὸν] om. **V** ‖ **11** Νίκανδρος] ὁ νίκ. **L** ‖ **13** πεπλήρωτο] ἐπεπλήρωτο Her. | ὁ] om. **L** : del. Her. ‖ **15** ἄνω] post τὴν transp. Rei., Her. ‖ **16** περὶ] om. **LPH** ‖ **17** βίαν] καὶ βίαν **A** ‖ **18** δείσασαν] del. Her. | Διὸς] τοῦ διὸς ***β*** | ταῦτα] αὐτὰ Her. ‖ **19** Πολυδάμνα] Πολύδαμνα Her. **20** ἅμα—21 οἰκτείρασαν] del. Her. | τε] δὲ **V** ‖ **24** ἀναθῆλαι] ἀναθεῖναι **V** | ἀφιέναι] ἀφεῖναι Her. ‖ **25** οὐ] Jac. ex cod. **S** : om. codd. : οὐκέτι Her.

9.22. Θαλάττιον ζῷον οἱ ἀστέρες, καὶ εἰσὶ καὶ οὗτοι μαλακόστρακοι, ἐχθροὶ δὲ τοῖς ὀστρέοις· δειπνοῦσι γὰρ αὐτά. καὶ ὁ τρόπος τῆς ἐπιβουλῆς τῆς κατ' αὐτῶν ἐκεῖνός ἐστι. τὰ μὲν κέχηνε πολλάκις ψύχους δεόμενα καὶ ἄλλως εἴ τί σφισιν ἐμπέσοι τούτῳ τραφησόμενα· οἱ τοίνυν ἀστέρες μέσον τῶν ὀστράκων διείρουσιν ἓν κῶλον τῶν σφετέρων εἰς ἕκαστον, καὶ ἐμπίπλανται τῶν σαρκῶν, διειργομένων συνελθεῖν τῶν ὀστράκων αὖθις. ἴδιον μὲν δὴ καὶ ἄστρων θαλαττίων εἰρήσθω ἡμῖν τοῦτο.

9.23. Τὴν μὲν ὕδραν τὴν Λερναίαν τὸν ἆθλον τὸν Ἡράκλειον ᾀδέτωσαν ποιηταὶ καὶ μύθων ἀρχαίων συνθέται, ὧνπερ οὖν καὶ Ἑκαταῖος ὁ λογοποιός ἐστιν [*FGrH* 1, fr. 24]· ᾀδέτω δὲ καὶ Ὅμηρος [*Il.* 6.181; 16.328] χιμαίρας φύσιν κεφαλὰς ἐχούσης τρεῖς, τέρας τοῦτο Λύκιον Ἀμισωδάρου τοῦ Λυκίων βασιλέως, ἐπὶ λύμῃ πολλῶν θρέμμα ποικίλον τε καὶ ἀπρόσμαχον, ναὶ μὰ Δία. καὶ ταῦτα μὲν ἔοικεν ἐς τοὺς μύθους ἀποκεκρίσθαι· ἡ δὲ ἀμφίσβαινα ὄφις δικέφαλός ἐστι, καὶ τὰ ἄνω καὶ ὅσα ἐς τὸ οὐραῖον· προϊοῦσα δέ, ὅπως ἂν εἰς τὴν ὁρμὴν ἐπαναγάγῃ τῆς προόδου ἡ χρεία αὐτήν, τὴν μὲν ἀπέλιπεν οὐρὰν εἶναι, τὴν δὲ ἀπέφηνε κεφαλήν. καὶ μέντοι καὶ πάλιν εἰ δεηθείη τὴν ὀπίσω ἰέναι, κέχρηται ταῖς κεφαλαῖς εἰς τὸ ἐναντίον ἢ τὸ πρόσθεν ἐχρήσατο.

9.24. Ἦν δὲ ἄρα τι βατράχου γένος, καὶ καλεῖται τοῦτο ἁλιεύς, καὶ καλεῖται τὸ ὄνομα ἐξ ὧν δρᾷ. δελέατα ἐκεῖνα ὑπεράνω τῶν ὀφθαλμῶν ἔχει, προμήκεις τρίχας ὡς ἂν εἴποις τινὰς βλεφαρίδας, εἶτα ἑκάστῃ βραχὺ σφαιρίον προσπέφυκε. σύνοιδεν οὖν ἑαυτῷ τούτοις ἐφοδίοις εἰς τὴν τροφὴν ὑπὸ τῆς φύσεως εἰς τοὺς ἄλλους ἰχθῦς παρεσκευασμένῳ τε καὶ τεθηγμένῳ προσέτι. οὐκοῦν ὑποκρύψας ἑαυτὸν ἐν τοῖς θολερωτέροις τε καὶ ἰλύος μᾶλλον πεπληρωμένοις ἡσυχάζει, προτείνων τὰς τρίχας τὰς προειρημένας. τὰ τοίνυν βράχιστα τῶν ἰχθύων προσνεῖ ταῖσδε ταῖς

1 οὗτοι] αὐτοὶ **AH** ‖ **4** σφισιν] om. **V** | ἐμπέσοι] ex corr. **L**, Her. : ἐμπέσῃ codd. (ante corr. **L**) ‖ **5** μέσον] μέσων **L** ‖ **6** εἰς ἕκαστον] ἕκαστος Her. | ἐμπίπλανται] ἐμπίπλαται **V** ‖ **8** ἄστρων] ἀστέρων **H**, edd. | ἡμῖν] om. **V** ‖ **13** Ἀμισωδάρου] ἀμισοδάρου ***β*** ‖ **15** ἐς] εἰς **AH** ‖ **16** ἐς] εἰς **A** ‖ **17** εἰς] ἐς ***β*** | ἐπαναγάγῃ] ἐπαγάγῃ **PAH**, Her. ‖ **20** εἰς] ἐς ***β*** ‖ **21** καλεῖται] κέκτηται Rei. ‖ **22** ἐκεῖνα] ἐκεῖνος edd. **23** τρίχας] del. Her. | τινὰς] om. **V** ‖ **24** βραχὺ] Jac. in app., Her. : τραχὺ codd. **25** ἐφοδίοις] ἐφόδιον ***β*** : ἐφολκοῖς Her. | εἰς[1]] ἐς ***β*** | εἰς[1]—τροφὴν] del. Her. | εἰς[2]] ἐς ***β*** ‖ **27** τε] om. **V**

βλεφαρίσι, τὰς ἐπ᾽ ἄκρου σφαιροειδεῖς περιφορὰς οἰόμενα δέλεαρ εἶναι, ὃ δὲ ἐλλοχῶν ἀτρεμεῖ, πλησίον δὲ ἐκείνων γεγενημένων, ὑπάγει τὰς τρίχας ἐς ἑαυτόν (αἳ δὲ εἰσάγονται κρυπταῖς τισι ταῖς ὁδοῖς καὶ ἀφανέσι), γειτνιάσαντά τε ὑπὸ λαιμαργίας τὰ ἰχθύδια δεῖπνόν ἐστι βατράχῳ τῷ προειρημένῳ.

9.25. Κάραβος πολύποδι ἐχθρός. τὸ δὲ αἴτιον, ὅταν αὐτῷ τὰς πλεκτάνας περιβάλῃ, τῶν μὲν ἐπὶ τοῦ νώτου ἐκπεφυκότων αὐτῷ κέντρων ποιεῖται οὐδεμίαν ὤραν, ἑαυτὸν δὲ περιχέας αὐτῷ ἐς πνῖγμα ἄγχει. ταῦτα ὁ κάραβος σαφῶς οἶδε, καὶ ἀποδιδράσκει αὐτόν. καράβου δὲ ἡ φύσις· νήξει, ὅταν ἀδεὴς ᾖ, πορεύεται δὲ ὅδε ὁ ἰχθῦς πρόσω, πλαγιάσας δεῦρο καὶ ἐκεῖσε τὰ κέρατα, ἵνα μὴ πρὸς ἐναντίαν τὴν νῆξιν τὸ ὕδωρ ἰὸν εἶτα ἀναστέλληταί οἱ τὰ κέρατα καὶ ἐμποδίζηται πρόσω χωρεῖν· εἰ δὲ φεύγει, τὴν ὀπίσω ἰὼν παρῆκεν αὐτὰ τελέως. τὸ δὲ αἴτιον, ὡς κώπαις ἐρέττων καὶ ὑποκινῶν δίκην πορθμίδος πολὺ ἀποσπᾷ. εἰ δὲ γένοιτο μάχη καράβων εἰς ἀλλήλους, τὰ κέρατα ἐγείροντες εἶτα ὡς κριοὶ ἐμπίπτοντες προσαράττουσι τὰ μέτωπα. ἀγῶνα δὲ μυραίνης καὶ καράβου ἀνωτέρω εἶπον [1.31].

9.26. Ἐλαύνει δὲ ἰσχυρῶς τῇ φυγῇ τοὺς ὄφεις ἡ ἔνδροσός τε καὶ νοτερὰ καλαμίνθη φασὶ καὶ ὁ ἄγνος. τοῦτόν τοι καὶ ἐν Θεσμοφορίοις ἐν ταῖς στιβάσι τὰ γύναια τὰ Ἀττικὰ ὑποστόρνυται. καὶ δοκεῖ μὲν καὶ ἐχθρὸς εἶναι τοῖς δακέτοις ὁ ἄγνος, ἤδη δὲ καὶ ὁρμῆς ἀφροδισίου κώλυμά ἐστι, καὶ ἔοικε τό γε ὄνομα λαβεῖν ἐντεῦθεν. δέδοικε δὲ ἄρα τὰ αὐτὰ δάκετα καὶ τὴν καλουμένην πόαν τὴν λιβανωτίδα.

2 ἐκείνων] τούτων **AH** ‖ 3 ἐς] εἰς **A** | ἑαυτόν] αὑτὸν ex corr. **P** : αὑτὸν **V** (ante corr. **P**) | ταῖς] del. Schn., Her. ‖ 5 βατράχῳ] τῷ βατ. Her. ‖ 7 τοῦ νώτου] τῶν νώτων **V** | ἐκπεφυκότων] edd. : εἰσπεφ. codd. ‖ 8 ἑαυτὸν] ἑαυτὴν **A** ‖ 9 ἄγχει] ἔχει **A** ‖ 10 νήξει] ἐκείνη ἐστίν. Her. | δὲ²] del. Jac., Her., fort. recte 12 ἀναστέλληταί] ἀναστέλλῃ Her. ‖ 13 ἐμποδίζηται] ἐμποδίζῃ Her. | φεύγει] φεύγοι **A**, Her. ‖ 14 ἰὼν] ἰὸν **V** | τελέως] τελείως **V** ‖ 16 εἰς] πρὸς Her. | κριοὶ] κριὸν **V** ‖ 19 τῇ φυγῇ] del. Her. | ὄφεις] ὄφεις καὶ **VPH** ‖ 20 φασὶ] φησὶ **V** : om. **LP** 21 Θεσμοφορίοις] θεσμοφόροις ***β*** ‖ 22 δοκεῖ] ἐδόκει **V** | δακέτοις] **A**, edd. : δακέταις **VLP** : δακετοῖς **H**, Her. in app. ‖ 25 πόαν—λιβανωτίδα] πόαν λιβ. **V** : λιβ. πόαν Her.

9.27. Θεοφράστου δὲ ἔγωγε ἀκούω καὶ ἐκεῖνα [*CP* 9.18.2]. πόαν τινὰ ἱστορεῖ ὅδε ὁ ἀνήρ, καὶ ὄνομα θηλυφόνον καλεῖ αὐτήν, ἥνπερ οὖν εἴ τις σκορπίῳ κατὰ νώτου θεὶς ἐάσαι, ὃ δὲ παραχρῆμα αὗός ἐστιν. ὁ δὲ αὐτὸς λέγει τὸν αὐτὸν ἀναστήσεσθαι, εἴπερ οὖν λευκοῦ ἐλλεβόρου καταπάσαις αὐτοῦ. ἐγὼ δὲ ἐπαινῶ μὲν τὸ θηλυφόνον, τὸν δὲ λευκὸν ἐλλέβορον ἥκιστα. τὸ δὲ αἴτιον, μισῶ μὲν σκορπίους, φιλῶ δὲ ἀνθρώπους. Καλλίμαχος [cf. fr. 659 Pf.] δὲ ἄρα ἐν τῇ γῇ τῇ Τραχινίᾳ ᾄδει δένδρον τι φύεσθαι καὶ καλεῖσθαι σμῖλον, ᾧ τὰ ἑρπετὰ γειτνιάσαντα καὶ παραψαύσαντα ἀρχὴν εἶτα ἀποθνήσκει.

9.28. Τὴν ὗν κρέα ἔχειν τῶν ἄλλων κρεῶν ἡδίω ἐκ πολλοῦ πεπίστευται. καὶ ἐκεῖνο δὲ ἡ πεῖρα διδάξει καὶ μάλα γε ἐναργής. ὅταν ποτὲ σαλαμάνδραν φάγῃ, αὐτὴ μέν ἐστιν ἀπαθής, τούς γε μὴν αὐτῆς γευσαμένους ἀποκτείνει.

9.29. Εὐφράτης, ὅσπερ οὖν Πάρθων καὶ Σύρων ῥεῖ μέσος ποταμός, ὅ τι μέν τι καὶ ἕτερον τῶν ἄλλων ἔχει ποταμῶν περιττὸν ἐρῶ ἄλλοτε [12.27], ὃ δὲ αὐτῷ συνίσασι Πάρθοι τε καὶ Σύροι καὶ ἔστι συμμελὲς τοῖς λόγοις τοῖσδε, τοῦτο εἰρήσεται. πρὸς ταῖς πρώταις ἀνατολαῖς τοῦδε τοῦ ποταμοῦ φύονταί τινες ὄφεις, καὶ μάλα γε ἀνθρώπων ἐχθροί, ἀλλ' οὐ τῶν ἐπιχωρίων καὶ συντρόφων, τῶν δὲ ξένων καὶ προσηκόντων οὐδέν. καὶ τιμῶνταί γε τὴν ἐπιδημίαν θανάτου αὐτοῖς.

9.30. Λέων δὲ ὅταν βαδίζῃ, οὐκ εὐθύωρον πρόεισιν, οὐδὲ ἐᾷ τῶν ἰχνῶν ἑαυτοῦ ἁπλᾶ εἶναι καὶ τὰ ἰνδάλματα, ἀλλὰ πῇ μὲν πρόεισι, πῇ δὲ ἐπάνεισι, καὶ αὖ πάλιν τοῦ πρόσω ἔχεται, καὶ μέντοι καὶ ἵεται τοὔμπαλιν. εἶτα προφορεῖται τὴν ὁδόν, καὶ ἀφανίζει τοῖς θηραταῖς ἰέναι κατὰ στίβον τὸν ἑαυτοῦ καὶ ῥᾳδίως

2 θηλυφόνον] ante corr. L, Jac., Her. : θηλύφονον **V** (ex corr. **L**) **P** : θηλύφωνον **AH** ‖ **3** κατὰ] om. **V** | ἐάσαι] ἐάσει **VH** ‖ **4** ἀναστήσεσθαι] ἀναστήσειν σε ***β*** **5** ἐλλεβόρου] ἐλε. **VA** ‖ **6** θηλυφόνον] Jac., Her. : θηλύφονον **VLP** : θηλύφωνον **AH**|ἐλλέβορον] ἐλέ. **VA**‖ **9** σμῖλον] σμίλον **VA** : μίλιον dub. **H**‖ **10** ἀποθνήσκει] ἀποθνήσκειν **LPA** ‖ **11** κρέα] κρέας **LP** | ἡδίω] ἥδιον **LP** ‖ **12** διδάξει] διδάσκει Schn., Her. | ἐναργής] ἐναργῶς Her. ‖ **13** αὐτὴ] αὕτη ***β***‖ **16** ποταμός] om. **AH** : del. Her. | τι²] τοι **L** : del. Her. ‖ **22** θανάτου αὐτοῖς] αὐτ. θαν. **A** ‖ **23** δὲ] om. **L** : del. Jac., Her. ‖ **24** ἑαυτοῦ] αὐτοῦ **VH** | καὶ] del. Jac. Her. ‖ **26** τοὔμπαλιν] ἐς τοὔμ. Her. | προφορεῖται] προφορεῖ ***β*** ‖ **27** ἀφανίζει] voc. corrupt., Her. in app. τὸν] τὴν **A**

τὴν κοίτην ἔνθα ἀναπαύεται καὶ οἰκεῖ σὺν τοῖς σκύμνοις εὑρίσκειν. καὶ ταῦτα μὲν λεόντων ἐστὶν ἴδια δῶρα φύσεως, ἄνωθεν αὐτοῖς δοθέντα.

9.31. Ποιμένα μοι νόει νομευτικὸν ἀγαθόν. οὐκοῦν ὁ νομεὺς φιλεῖ μὲν τὰς οἶς, φιλεῖ δὲ καὶ τὰς αἶγας, μισεῖ δὲ λύγγα. νόσημα τοῦτο ἀνθρώπῳ πολλάκις ἐμπῖπτον, ἄγει δὲ ἡ πλησμονὴ καὶ τοῖσδε τὴν λύγγα. οὐκοῦν πόαν τινὰ ἐχθρὰν τῷ πάθει τῷδε τοῖς τῶν προειρημένων σηκοῖς οἱ νομεῖς παραφυτεύουσι, καὶ ἥδε ἡ πόα ἀνείργει τὸ κακὸν αὐτοῖς. λέγουσι δὲ οἱ πεπειραμένοι ὅτι ἄρα καὶ ἀνθρώποις ἐς τὸ αὐτὸ πάθος ἐστὶν ἀγαθὸν ἡ πόα αὕτη.

9.32. Ὑοσκύαμον καὶ ὀπὸν ὅσοις ἔργον τρυγᾶν, οὗτοι περισκάπτουσι μὲν γύρους καὶ ὑποκινοῦσι τὰς ῥίζας, οὐ μὴν διὰ χειρῶν τῶν σφετέρων ἔτι ἀνασπῶσιν, ἀλλὰ τῶν ζῴων πτηνὸν ὅ τι οὖν θηράσαντες ἢ πριάμενοι τοῖν ποδοῖν τὸν ἕτερον προσέδησαν τῇ πόᾳ. τὸ δὲ ἰλυσπώμενον εἶτα ἀνασπᾷ αὐτήν. καὶ ἔστι λυσιτελῆ ἑκάτερα εἰς ἃ δέονται ἄνθρωποι. εἰ δὲ μὴ ταύτῃ τις ἀνασπάσει, ἔχει ἄλλως ὅπερ οὖν οἴεται καλῶς καὶ εἰς εἰλεὸν θησαύρισμα εἰληφέναι.

9.33. Τὸ ἀβρότονον ὅσα ἀγαθὰ δρᾷ καὶ ὅπως ὁδοὺς πνεύματι δίδωσι καὶ μέντοι καὶ πνεύμονός ἐστι καθαρτήριον οὐ νῦν λέγειν καιρός· ζῴῳ οὖν πονηρῷ πολέμιόν ἐστι, καὶ ἀναιρεῖ τὴν ἕλμινθα, ἥπερ οὖν ἐπὶ πλέον ἰοῦσα καὶ αὐξανομένη θηρίον γίνεται σπλάγχνοις μὲν ἐντικτόμενον, ἀνθρωπείαις δὲ νόσοις ἐναριθμούμενον, καὶ ταῦτα ταῖς ἄγαν ἀνιάτοις τε καὶ ὑπὸ χειρὸς θνητῆς δυνάμεως εἰς ἄκεσιν ἥκειν ἀδύνατον. τεκμηριῶσαι τοῦτο καὶ Ἵππυς ἱκανός [*FGrH* 554, fr. 2]. ὃ δὲ λέγει ὁ συγγραφεὺς ὁ Ῥηγῖνος, τοιοῦτόν ἐστι. γυνὴ εἶχεν ἕλμινθα, καὶ ἰάσασθαι αὐτὴν ἀπεῖπον οἱ τῶν ἰατρῶν δεινοί. οὐκοῦν εἰς Ἐπίδαυρον ἦλθε, καὶ

2 ἄνωθεν—3 δοθέντα] del. Her. ‖ 4 μοι] om. **LP** | νομευτικὸν] νομευτικὴν Her. 5 λύγγα] λύγγας **V** | νόσημα] νόσ. δὲ Her. ‖ 7 τοῖσδε] ταῖσδε Her. ‖ 9 αὐτοῖς] αὐταῖς Her. ‖ 13 ἔτι] del. Her. ‖ 15 ἰλυσπώμενον] εἰλ. **V** | εἶτα] εἶτα μέντοι **AH**, Her. ‖ 16 ἀνασπάσει] ἀνασπάσῃ **PH** : ἀνασπάσειεν Her. ‖ 17 εἰλεὸν] ἰλεὸν **LA** : ἔλεον **PH** : δέον Kuh., Her. ‖ 19 ὅπως] ὅπερ **V** ‖ 21 οὖν] δ' οὖν Her. | καὶ] καὶ γάρ? Her. in app. | ἕλμινθα] ἕλμινθαν **P** ‖ 22 καὶ αὐξανομένη] del. Her. 25 δυνάμεως] δυναμέναις ***β*** : del. Ges., Her. | ἀδύνατον] ἀδυνάτοις edd. 27 τοιοῦτόν] τοῖόν **LPA**|ἕλμινθα] corr. in ἕλμινθαν **P**

ἐδεῖτο τῶν θεῶν ἐξάντης γενέσθαι τοῦ συνοίκου πάθους. οὐ παρῆν ὁ θεός· οἱ μέντοι ζάκοροι κατακλίνουσι τὴν ἄνθρωπον ἔνθα ἰᾶσθαι ὁ θεὸς εἰώθει τοὺς δεομένους. καὶ ἡ μὲν ἄνθρωπος ἡσύχαζε προσταχθεῖσα, οἵ γε μὴν ὑποδρῶντες τῷ θεῷ τὰ ἐς τὴν ἴασιν αὐτῇ ἐποίουν, καὶ τὴν κεφαλὴν μὲν ἀπὸ τῆς δέρης ἀφαιροῦσι, καθίησι δὲ τὴν χεῖρα ὁ ἕτερος, καὶ ἐξαιρεῖ τὴν ἕλμινθα, θηρίου μέγα τι χρῆμα. συναρμόσαι δὲ καὶ ἀποδοῦναι τὴν κεφαλὴν ἐς τὴν ἀρχαίαν ἁρμονίαν οὐκ ἐδύναντο οὐκέτι. ὁ τοίνυν θεὸς ἀφικνεῖται, καὶ τοῖς μὲν ἐχαλέπηνεν ὅτι ἄρα ἐπέθεντο ἔργῳ δυνατωτέρῳ τῆς ἑαυτῶν σοφίας· αὐτὸς δὲ ἀμάχῳ τινὶ καὶ θείᾳ δυνάμει ἀπέδωκε τῷ σκήνει τὴν κεφαλήν, καὶ τὴν ξένην ἀνέστησε. καὶ οὔ τί πω, ὦ βασιλεῦ καὶ θεῶν φιλανθρωπότατε Ἀσκληπιέ, ἀβρότονον ἔγωγε ἀντικρίνω τῇ σοφίᾳ τῇ σῇ· μὴ μανείην ἐς τοσοῦτον· ἀλλὰ ἐπελθὸν ἐμνήσθην εὐεργεσίας τε σῆς καὶ ἰάσεως ἐκπληκτικῆς. ὡς δὲ καὶ ἥδε ἡ πόα σὸν δῶρόν ἐστιν οὐδὲ ἀμφιβάλλειν χρή.

9.34. Ὁ δὲ ναυτίλος πολύπους μέν ἐστι καὶ αὐτός, καὶ κόγχην μίαν ἔχει. ἀναπλεῖ μὲν οὖν ἐκ τῆς θαλάττης τὴν κόγχην στρέψας περὶ τὰ κάτω, ἵνα μὴ τῆς ἅλμης ἀρύσηται καὶ ὠθήσῃ αὖθις αὐτόν· γενόμενος δὲ ἐπὶ τοῖς κύμασιν, ὅταν μὲν ᾖ γαλήνη καὶ εἰρήνη πνευμάτων, στρέφει τὴν κόγχην ὑπτίαν (ᾗ δὲ ἐπιπλεῖ δίκην πορθμίδος) καὶ παρεὶς δύο πλεκτάνας ἐντεῦθέν τε καὶ ἐκεῖθεν καὶ ὑποκινῶν ἡσυχῇ ἐρέττει δὴ καὶ προωθεῖ τὴν συμφυῆ ναῦν. εἰ δὲ εἴη πνεῦμα, τοὺς ἐρετμοὺς μὲν τοὺς τέως προτείνας μακροτέρους οἴακας ἐργάζεται, ἄλλας δὲ ἀνατείνας πλεκτάνας, ὧν μέσος χιτὼν ἐστι λεπτότατος, τοῦτον διαστήσας ἱστίον αὐτὸν ἀποφαίνει. πλεῖ μὲν δὴ τὸν τρόπον τοῦτον ἀδεὴς ὤν· ἐὰν μέντοι φοβηθῇ τι τῶν ἁδροτέρων, βυθίσας τὴν κόγχην ἐπλήρωσε, καὶ κατώλισθεν ἐκ τοῦ βάρους, καὶ ἑαυτὸν ἀφανίσας τὸν ἐχθρὸν ἀποδρᾷ. εἶτα ἐν εἰρήνῃ γενόμενος ἀνέθορέ τε καὶ πλεῖ πάλιν. καὶ ἐκ τούτων ἔχει τὸ ὄνομα.

1 τῶν θεῶν] τοῦ θεοῦ **H**, Her. ‖ **3** ἡσύχαζε] ἡσυχάζει **L** ‖ **4** ἐς] εἰς **AH** ‖ **5** αὐτῇ] αὐτῆς Her. ‖ **6** ὁ] om. **V** ‖ **7** ἐς] εἰς **AH** ‖ **8** ἐδύναντο] ἠδύναντο **A** : ἐδύνατο **L** **11** πω] που **P**, Her. ‖ **13** ἐπελθὸν] ἐπελθὼν **H**, Ges., Jac. ‖ **16** μέν] del. Her. **17** ἐκ—θαλάττης] ἐκ τῆς θαλάσσης **V** : del. Her. ‖ **18** αὐτόν] αὑτόν edd. **20** πνευμάτων] κυμάτων **V**|ᾗ] ὃ **VH**‖ **21** καὶ[1]] om. **AH**‖ **22** δὴ] sscr. **L** : δὲ codd. : τε Her.‖ **28** ἀποδρᾷ] ἀπέδρα **AH**, edd.

9.35. Εἰς τριακοσίας ὀργυιάς φασιν ἀνθρώποις κάτοπτα εἶναι τὰ ἐν τῇ θαλάττῃ, περαιτέρω γε μὴν οὐκέτι. εἴτε δὲ ὑπονέουσιν ἰχθύες ἔτι εἴτε καὶ θηρία, ἢ εἰ καὶ τούτοις μὲν ἄβατά ἐστι, θεοὶ δὲ θαλάττιοι καὶ ἐνάλιοι δαίμονες εἰλήχασι τὸν χῶρον καὶ μέντοι καὶ ὁ τῆς ὑγρᾶς οὐσίας δεσπότης, οὔτε ἐγὼ πολυπραγμονῶ οὔτε ἄλλος λέγει.

9.36. Ἦν δὲ ἄρα πέτραις ἠθὰς καὶ ἐν ταύταις νεμόμενος γένος κεστρέως ἰχθῦς, καὶ ἰδεῖν ξανθός ἐστι. διαρρεῖ δὲ ἄρα ὑπὲρ αὐτοῦ διπλοῦν ὄνομα· οἳ μὲν γὰρ ἄδωνιν καλοῦσιν, οἳ δὲ ἐξώκοιτον αὐτόν. ὅταν γάρ τοι τὸ κῦμα ἐν τοῖς ὑπευδίοις καὶ γαληνοῖς πραϋνθῇ, τηνικαῦτα ἑαυτὸν ἐξοκέλλει, τοῦ κύματος ἐποχούμενος τῇ ὁρμῇ, καὶ κατὰ τῶν πετρῶν ἁπλοῖ, καὶ καθεύδει βαθὺν καὶ εἰρηναῖον εὖ μάλα τὸν ὕπνον. καὶ ἐκ μὲν τῶν ἄλλων ἁπάντων ἔνσπονδα ὥς ἐστίν οἱ καλῶς οἶδε, πέφρικε δὲ τοὺς ὄρνιθας ὅσοι θαλάττης ἔντροφοι καί εἰσι καὶ νομίζονται. ἐὰν οὖν ἐκείνων ἐπιφανῇ τις, ὃ δὲ ἀναπάλλεται καὶ πηδᾷ χορείᾳ τινὶ φυσικῇ καὶ ὀρχηστικῇ, ὡς ἂν εἴποις, μάλα ἀπορρήτως, ἔστ᾽ ἂν ἀπὸ τῆς πέτρας ἐξαλλόμενος εἶτα ἐμπεσὼν τοῖς κύμασι σωθῇ. Ἄδωνιν δὲ θέλουσι λέγειν αὐτόν, ἐπεὶ καὶ γῆν καὶ θάλατταν ἔχει φίλην, τῶν πρώτων ἐμοὶ δοκεῖν θεμένων τὸ ὄνομα αἰνιξαμένων εἰς τὸν τοῦ Κινύρου παιδὸς βίον τὸν διῃρημένον δύο δαίμοσι, τῆς μὲν ὑπὸ γῆς, τῆς δὲ ἄνω γῆς ἐρώσης αὐτοῦ ἑκατέρας.

9.37. Φυτοῦ ἑτέρου κλάδος ἐπιφύεται πρέμνῳ, προσήκων οἱ μηδὲν πολλάκις. τὸ δὲ αἴτιον Θεόφραστος λέγει [*CP* 2.17.5; 2.17.8], φυσικώτατα ἀνιχνεύσας ὅτι τὰ ὀρνύφια τὴν ἄνθην τῶν δένδρων σιτούμενα εἶτα ἐπὶ τοῖς φυτοῖς καθήμενα τὰ περιττὰ ἀποκρίνει. οὐκοῦν τὸ σπέρμα ἐν ταῖς κοιλάσι καὶ ταῖς ὀπαῖς αὐτῶν καὶ τοῖς σηραγγώδεσιν ἐμπίπτον καὶ ἐπαρδόμενον τοῖς ὄμβροις τοῖς ἐξ

2 θαλάττῃ] θαλάσσῃ **VH**‖ **3** ἢ εἰ] ἢ **PA** : εἴτε **V** : εἰ **H**|καὶ²] om. **VA**‖ **4** εἰλήχασι] καὶ εἰλ. ***β***‖ **9** ὄνομα] τὸ ὄνο. **VAH**‖ **10** αὐτόν] del. Her.‖ **11** ἐξοκέλλει] ἔξω κέλλει **V** ‖ **12** τῇ ὁρμῇ] τῆς ὁρμῆς **V** ‖ **15** θαλάττης] θαλάσσης **V** ‖ **17** ὀρχηστικῇ] ὀρχήσει Her. | ἀπορρήτως] ἀπορρήτῳ, Rei., Her. ‖ **18** δὲ θέλουσι] δ᾽ ἐθέλουσι Her.‖ **19** θάλατταν] θάλασσαν **V**|φίλην] φιλεῖν **A**‖ **20** ὄνομα] ὄνο. καὶ ***β***|εἰς] ἐς ***β*** ‖ **21** παιδὸς] παιδιὰ **V** | δαίμοσι] δαίμονας **V** | ὑπὸ γῆς] ἀπὸ τῆς γῆς **V** **22** ἑκατέρας] del. Her.‖ **23** προσήκων] om. **V**‖ **24** μηδὲν] μηδὲ ἓν **LA**‖ **27** ἐν] del. Her.|τοῖς] ταῖς **P**

οὐρανοῦ, εἶτα ἀναφύειν ἐκεῖνο ἐξ ὧν ἐβλάστησεν, ἀναπείθει. οὕτω τοι καὶ ἐν ἐλαίᾳ συκῆν κατανοήσεις, καὶ ἐν ἄλλῳ ἄλλο.

9.38. Φωλεύει δὲ καὶ ἐν τοῖς μυχοῖς τῆς θαλάττης διαιτᾶται τὸ πρόβατον, καὶ οἱ καλούμενοι ἥπατοι, καὶ οὕσπερ οὖν φιλοῦσιν ἁλιεῖς ὀνομάζειν πρέποντας. καὶ μέγιστοι μέν εἰσιν ἰδεῖν τὴν φύσιν, νωθεῖς δὲ τὴν νῆξιν, καὶ εἰλοῦνται περὶ τοῖς φωλεοῖς, ἔνθεν τοι οὐδὲ ἀπολείπουσι τὴν σφετέραν ὑποδρομήν. λοχῶσι δὲ τῶν ἰχθύων τῶν ἀσθενεστέρων τοὺς παρανέοντας. ἀριθμοῖτο δ' ἂν ἐν τούτοις καὶ ὁ ὄνος· δέδοικε δὲ μάλιστα ἰχθύων τὴν τοῦ Σειρίου ἐπιτολὴν οὗτος ὁ ὄνος.

9.39. Τίκτεται δὲ ἄρα ἐν τοῖς τῶν πυρῶν ληΐοις καὶ ταῖς αἰγείροις καὶ τοῖς σύκοις προσέτι τὸ τῶν κανθαρίδων φῦλον, ὥσπερ οὖν Ἀριστοτέλης λέγει [*HA* 552b1; fr. 270.28 Gig.], ἐν μὲν τοῖς ἐρεβίνθοις τὸ τῶν καμπῶν, ἐν δὲ ὀρόβῳ γεννᾶται φαλάγγια ἄττα, ἐν δὲ τοῖς πράσοις ἡ καλουμένη πρασοκουρίς. τίκτεται δὲ καὶ ἐν τῇ κράμβῃ σκωλήκων γένος, καὶ ὄνομα αὐτῷ ἐκ τῶν ἠθῶν, ἐν οἷς διαιτᾶται. καλεῖται γοῦν κραμβίς. τίκτει τι καὶ ἡ μηλέα· καὶ διαφθείρει μὲν τοῦτο πολλάκις τὸν καρπὸν τοῦ φυτοῦ τοῦδε, ταῖς δὲ ἔτι τοῦ τίκτειν ἐχούσαις ὥραν γένοιτο ἂν καὶ ἐς κύησιν ἀγαθόν. καὶ τὸν τρόπον ἐρεῖ ἄλλος.

9.40. Οἶδε δὲ ἄρα τῶν ζῴων ἕκαστον ἐν ᾧ μέρει κέκτηται τὴν ἀλκήν, καὶ τούτῳ θαρρεῖ, καὶ ἐπιβουλεῦον μὲν χρῆται ὡς ὅπλῳ, κινδυνεῦον δὲ ὡς ἀμυντηρίῳ. ὁ γοῦν ξιφίας ἀμύνει τῷ ῥύγχει ὡς ξίφει, ἔνθεν τοι καὶ κέκληται· ἡ δὲ τρυγὼν τῷ κέντρῳ, ἡ δὲ μύραινα τοῖς ὀδοῦσι, καὶ μάλα γε εἰκότως· ἔχουσι γὰρ αὐτῶν διστοιχίαν.

9.41. Οἱ μὲν οὖν μῦς οἱ κατὰ τὴν οἰκίαν, δειλὸν καὶ ἀσθενὲς ζῷόν ἐστι, καὶ φοβοῦνται κτύπον, καὶ τὴν γαλῆν πεφρίκασι κρίξασαν· δειλοὶ δὲ καὶ οἱ ἀρουραῖοι. τῶν γε μὴν οἰκετῶν

1 ἀναφύειν] ἀναφύει **L**, edd. | ἐκεῖνο] ἐκεῖνα Her. | ἀναπείθει] del. Her. : κἀμὲ πείθει Jac. in app. ‖ **3** καὶ] del. Her. | θαλάττης] θαλάσσης **V** | διαιτᾶται] del. Her. ‖ **6** περὶ] καὶ περὶ **LP** ‖ **7** λοχῶσι] ἐλλοχῶσι? Her. in app. ‖ **8** ἂν] ἂν καὶ ***β*** **12** τοῖς σύκοις] ταῖς συκαῖς Schn., Her. ‖ **13** μὲν] γε μὴν Her. ‖ **14** ὀρόβῳ] τῷ ὀρό. Her.|γεννᾶται] del. Her.‖ **16** καὶ[1]] om. **PAH**‖ **17** γοῦν] οὖν **P**|τι] om. **A** : δέ τι Her. | μηλέα] μελαία **LPH** : ἐλαία **V** ‖ **18** τοῦτο πολλάκις] πολλ. τοῦτο ***β*** **23** ἀμύνει] ἀμύνεται Her. | τῷ ῥύγχει] τῷ ῥέγχει **P** : τῇ πτέρυγι **LAH** ‖ **24** καὶ] om. **AH**‖ **25** ἔχουσι] ἔχει Ges., Her.‖ **26** οὖν] del. Her.‖ **27** ἐστι] εἰσι Her.

θρασύτεροι οἱ θαλάττιοι. μικρὸν μὲν αὐτῶν τὸ σῶμα, τόλμα δὲ ἄμαχος· καὶ θαρροῦσι δύο ὅπλοις, δορᾷ τε εὐτόνῳ καὶ ὀδόντων κράτει· μάχονται δὲ καὶ τοῖς ἰχθύσι τοῖς ἁδροτέροις καὶ τῶν ἁλιέων τοῖς μάλιστα θηρατικοῖς.

9.42. Τῆς τῶν ὡρῶν μεταβολῆς ἔχουσιν αἰσθητῶς οἱ θύννοι καὶ ἴσασι τροπὰς ἡλίου ὀξύτατα, καὶ δέονται τῶν τὰ οὐράνια εἰδέναι προσποιουμένων οὐδέν. ὅποι γὰρ ἂν αὐτοὺς χειμῶνος ἀρχὴ καταλάβῃ, ἐνταῦθα ἡσυχάζουσί τε καὶ ἀτρεμοῦσιν ἀγαπητῶς, καὶ καταμένουσιν εἰς τὴν τῆς ἐπιδημίας ἰσημερίαν. καὶ τεκμηριοῖ Ἀριστοτέλης τοῦτο [*HA* 599b9 ss.; fr. 270.29 Gig.]. ὅτι δὲ τῷ ἑτέρῳ τῶν ὀφθαλμῶν ὁρῶσι, τῷ δὲ ἄλλῳ οὐκέτι, καὶ Αἰσχύλος ὁμολογεῖ λέγων [fr. 308 R.]·

τὸ σκαιὸν ὄμμα παραβαλὼν θύννου δίκην.

παρίασί τε εἰς τὸν Πόντον, καὶ κατὰ τὴν δεξιὰν ἑαυτῶν πλευρὰν τὴν γῆν λαμβάνουσι, καθ' ἣν καὶ βλέπουσιν· ἐξιόντες τε αὖ κατὰ τὴν ἀντίπερα νέουσι τῆς γῆς ἐχόμενοι, τὴν φρουρὰν τὴν τοῦ σώματος κατὰ τὸν ὁρῶντα τῶν ὀφθαλμῶν λαμβάνοντες προμηθέστατα.

9.43. Τοῖς παγούροις τὸ πρῶτον ἔλυτρον ῥήγνυται, καὶ ὥσπερ οἱ ὄφεις τὸ γῆρας, οὕτω δὴ καὶ οὗτοι τὸ ὄστρακον ἀποδύονται. ὅταν δὲ αἴσθωνται ἀφιστάμενον τῆς σαρκὸς αὐτό, πανταχοῦ φοιτῶσιν οἰστρούμενοι καὶ μαστεύοντες τροφὴν πλείονα, ἵνα ὄγκου προσγενομένου αὐτοῖς ὑποπρησθέντες ἀπορρήξωσιν ἑαυτῶν τὸ ἔλυτρον. ὅταν δὲ διολίσθωσιν ἐξ αὐτοῦ καὶ ἐλεύθεροι γένωνται, κεῖνται παρειμένοι κατὰ τῆς ψάμμου, νεκροῖς εἰκασμένοι· δεδοίκασι δὲ ὑπὲρ τῆς φυομένης αὐτοῖς δορᾶς ὑγροτέρας τε οὔσης καὶ ἔτι ἁπαλῆς. κατὰ μικρὰ δὲ ἑαυτοὺς ἀθροίσαντες καὶ ἀναβιωσκόμενοι τρόπον τινά, πρώτης μὲν ἀπογεύονται τῆς

1 θαλάττιοι] θαλάσσιοι **V** ‖ 5 αἰσθητῶς] αἰσθητικῶς **AH**, Her. 7 προσποιουμένων] ποιουμένων ***β*** : δεινῶν Her. | ὅποι] ὅπου Jac. in com., Her. ‖ 8 καταλάβῃ] καταλάβοι **V** ‖ 9 εἰς] ἐς ***β*** | τὴν—ἰσημερίαν] τὴν ἐπιδημίαν τῆς ἰσημερίας Gro., Her. ‖ 10 Ἀριστοτέλης] ὁ ἀρι. **LP** ‖ 14 εἰς] ἐς **AH** | Πόντον] τόπον **PAH** | κατὰ] om. **V** ‖ 16 ἀντίπερα] ἀντιπέρας Her. ‖ 19 Τοῖς παγούροις] Τοὺς παγούρους **P** | ῥήγνυται] δείκνυται **PAH** ‖ 20 δὴ] δήπου **AH**, edd. | τὸ ὄστρακον] τὰ ὄστρακα **A** ‖ 21 ἀφιστάμενον] ὑφιστ. **LP** : ὑπαφιστ. **AH** 23 προσγενομένου] προσγιν. **A** | αὐτοῖς] αὐτ. καὶ ***β*** | ὑποπρησθέντες] ἀποπρ. **V**

ψάμμου. ἐς τοσοῦτον δὲ ἄτολμοί εἰσι καὶ ἥκιστα θαρραλέοι, εἰς ὅσον αὐτοῖς ὑμὴν περίκειται τὸ στέγασμα ἔξωθεν· ὅταν δὲ ἄρξηται πήγνυσθαι καὶ εἰς ὀστράκου φύσιν μεταχωρεῖν, ἀπέρριψαν ἐνταῦθα τὴν δειλίαν, ὡς ὅπλῳ θαρροῦντες τῇ τῆς περιβολῆς σκέπῃ τε ἅμα καὶ ἐς τὸν βίον ὡς ἂν εἴποις πανοπλίᾳ.

9.44. Τρωγλοδύται γένος ἀνθρώπων ὑμνεῖται, καὶ τό γε ὄνομα εἴληφεν ἐκ τῆς διαίτης καὶ τοῦ βίου δηλονότι. φοβοῦνται δὲ αὐτοὺς οἱ ὄφεις. τὸ δὲ αἴτιον, ἐσθίουσιν αὐτοὺς οἱ ἄνθρωποι. μιγνύμενοι δὲ ἀλλήλοις οἱ ὄφεις βαρυτάτην ὀσμὴν ἀφιᾶσιν.

9.45. Ἀγροῦ γειτνιῶντος θαλάττῃ καὶ φυτῶν παρεστώτων ἐγκάρπων γεωργοὶ πολλάκις καταλαμβάνουσιν ἐν ὥρᾳ θερείῳ πολύποδάς τε καὶ ὀσμύλους ἐκ τῶν κυμάτων προελθόντας καὶ διὰ τῶν πρέμνων ἀνερπύσαντας καὶ τοῖς κλάδοις περιπεσόντας καὶ ὀπωρίζοντας, καὶ τὴν δίκην ἐπέθεσαν τοῖς φωρσὶ συλλαβόντες αὐτούς. ἀνθ᾽ ὧν δὲ ἐτρύγησαν οἱ προειρημένοι, ὑπὲρ τούτων ἀντεφεστιῶσι δι᾽ ἑαυτῶν τοὺς δεσπότας τῶν σεσυλημένων καρπῶν.

9.46. Ῥυάδες ὄνομα θαλαττίου ζῴου σοφοῦ διαγνῶναι τὴν τῶν ὡρῶν διάβασιν. ὑπαρχομένου γοῦν τοῦ χειμῶνος ἡσυχάζουσι τοὺς κρυμοὺς ἀποδιδράσκουσαι, καὶ ἀσμένως ἑαυτὰς τῇ καταμονῇ θάλπουσαι ἰσομοιρίᾳ ἀδελφικῇ· εἶτα ἦρι νεῖν ὑπάρχονται ἐκεῖναί γε καὶ πορείας τῆς μακροτέρας, καὶ νέμονται τροφὴν οὐ μόνον τὴν προσπεσοῦσαν, ἀλλὰ καὶ ἣν ἂν μαστεύσασαι εἶτα ἀνιχνεύσωσιν.

9.47. Τοὺς ἐχίνους ἔτι ζῶντας καὶ ἐν τοῖς ὀστράκοις ὄντας καὶ προβεβλημένους τὰ κέντρα εἴ τις συντρίψας καὶ διαρρίψας ἐς τὴν θάλασσαν ἄλλο ἄλλῃ τρύφος καταλίποι, τὰ δὲ ἄρα συνέρχεται αὖθις καὶ ἑνοῦται καὶ τὸ συγγενὲς θρύμμα ἀνέγνω, καὶ προσπλακὲν συνέφυ. καὶ ὁλόκληροι γίνονται φύσει τινὶ θαυμαστῇ καὶ ἰδίᾳ αὖθις.

2 τὸ] del. Her. ‖ 5 ἐς—βίον] del. Her. ‖ 7 καὶ—δηλονότι] del. Her. ‖ 12 ὀσμύλους] ὀσμίλους **P** : σμύλους **LAH** | προελθόντας] προσελ. *β* ‖ 14 τὴν] del. Her. ἐπέθεσαν] ἐπέθ. ἂν *β* ‖ 16 ἀντεφεστιῶσι] ἀνθεστιῶσι **V**, Her. ‖ 21 ἰσομοιρίᾳ] ἰσημ. **VH** | ἦρι] ἦρος Her. ‖ 26 προβεβλημένους] προβεβλημένα **V** 29 προσπλακὲν] προσπλακέντα Her.

9.48. Ὑπὲρ τοῦ πλείονα τὴν ἐπιγονὴν τῶν ζῴων σφίσι γίνεσθαι, οἱ τούτων μελεδωνοὶ καὶ νομεῖς τὰ ἄρθρα τῶν θηλειῶν καὶ οἰῶν καὶ αἰγῶν καὶ ἵππων ἀνατρίβουσι κατὰ τὸν τῆς ὀχείας καιρὸν ἁλῶν καὶ νίτρου τὰς χεῖρας ἀναπλήσαντες. ἐκ τούτων ὄρεξις αὐτοῖς γίνεται περὶ τὴν ἀφροδίτην μᾶλλον. ἕτεροι δὲ πεπέριδι καὶ μέλιτι τὰ αὐτὰ χρίουσι, νίτρῳ δὲ ἄλλοι καὶ κνίδης καρπῷ· σμυρνίῳ δὲ ἤδη τινὲς ἔχρισαν καὶ νίτρῳ. ἐκ δὴ τοῦδε τοῦ ὀδαξησμοῦ ἀκράτορες ἑαυτῶν γίνονται αἱ θήλειαι ποῖμναι, καὶ ἐπιμαίνονται τοῖς ἄρρεσιν.

9.49. Τῶν κητῶν τῶν μεγίστων αἰγιαλοῖς καὶ ᾐόσι καὶ τοῖς ἐλαφροῖς καλουμένοις καὶ βραχέσι χωρίοις προσπελάζει οὐδέν, οἰκεῖ δὲ τὰ πελάγη. καὶ ἔστι μέγιστα ὅ τε λέων καὶ ἡ ζύγαινα καὶ ἡ πάρδαλις καὶ οἱ φύσαλοι καὶ ἡ πρῆστις καὶ ἡ καλουμένη μάλθη· δυσανταγώνιστον δὲ ἄρα θηρίον τοῦτο καὶ ἄμαχον. καὶ ὁ κριὸς ἰδεῖν ἐχθρὸν ζῷον καὶ κίνδυνον φέρον, εἰ καὶ πόρρωθεν φανείη, τῇ τῆς θαλάσσης ταράξει καὶ τῷ κλύδωνι ὃν αὐτὸς ἐργάζεται. καὶ ἡ ζύγαινα οὐκ αἴσιον ὁρᾷ, οὐδὲ ἐργάζεται τοῖς ναυτιλλομένοις αὕτη γε. κυνῶν δὲ περὶ διαφορᾶς καὶ ἀλκῆς ἀνωτέρω εἶπον [1.55].

9.50. Αἱ καστορίδες ζῷόν εἰσι θαλάττιον, καὶ ἐπὶ ταῖς ἀκταῖς καὶ ταῖς πέτραις ταῖς προβεβλημέναις ἀπόφημόν τινα κωκυτὸν μεθιᾶσι, καὶ ὠρύονται βαρύτατα. τούτου τοίνυν τοῦ ἤχου ὅστις ἂν ὑπακούσῃ, ἄφυκτά οἵ ἐστι, καὶ οὐ μετὰ μακρὸν ἀποθνήσκει. καὶ ἡ φάλαινα δὲ τῆς θαλάσσης πρόεισι καὶ ἀλεαίνεται τῇ ἀκτῖνι. κνεφαῖαι δὲ αἱ φῶκαι ἐξίασι μᾶλλον· ἤδη μέντοι καὶ μεσημβρίας οὔσης καὶ καθεύδουσι τῆς θαλάττης ἔξω. τοῦτό τοι καὶ Ὅμηρος ᾔδει, καὶ ἐν Ὀδυσσείᾳ [4.400] τὸν Μενέλεων πεποίηκε τῷ

2 γίνεσθαι] γενέσθαι **V** | καὶ νομεῖς] del. Her. ‖ 4 νίτρου] νίτρων **V** : λίτρου Her. 6 πεπέριδι] πεπέρι **V** : πέπερι **PH** | νίτρῳ] λίτρῳ **H**, Her. ‖ 7 νίτρῳ] λίτρῳ **VH**, Her. ‖ 11 ἐλαφροῖς] λεπροῖς Her. ‖ 12 ἡ πάρδαλις] οἱ πάρδαλοι **V** ‖ 13 ἡ πρῆστις] οἱ πρῆστες **V** ‖ 14 θηρίον] θηρίων *β* : τὸ θηρίον Her. ‖ 15 ἰδεῖν ἐχθρὸν] δεινὸν Her. ‖ 16 θαλάσσης] θαλάττης **AH** | τῷ—αὐτὸς] Ges. : τὸ κλυδώνιον αὐτὸν (αὐτὸς **P**, αὐτοὶ **H**) codd. : τῷ κλύδωνι ὃν Her. | ἡ ζύγαινα] ὕαινα Schn., Her. ‖ 17 ὁρᾷ] ὁρᾶν coni. Jac. in com. : ὅραμα Her. | οὐδὲ ἐργάζεται] del. Her. 19 θαλάττιον] θαλάσσιον **V** ‖ 22 ὑπακούσῃ] ἀκούσῃ Her. | οὐ] om. **V** | μακρὸν] μικρὸν **H** ‖ 23 φάλαινα] φάλλαινα **LPA** | θαλάσσης] θαλάττης **AH** ‖ 24 ἐξίασι] ἐξιᾶσι **V** ‖ 25 καὶ[1]] del. Her. | θαλάττης] θαλάσσης **LP** ‖ 26 Μενέλεων] μενέλαον **V**

Τηλεμάχῳ καὶ τῷ Πεισιστράτῳ περιηγούμενον τὴν κοίτην αὐτῶν τήνδε, ὅτε τὰ ἐν Φάρῳ καὶ περὶ Πρωτέως τοῦ θαλαττίου δαίμονος αὐτοῖς ὁ Μενέλεως διεξῄει καὶ τῆς μαντείας, ἣν ἐμαντεύσατό οἱ ὁ Πρωτεὺς ὃν εἶπον.

9.51. Τρίγλης πέρι ἀνωτέρω εἶπον [2.41]· ὃ δὲ οὐκ εἶπον, νῦν ἐρῶ. ἐν Ἐλευσῖνι τιμὰς ἔχει ἐκ τῶν μυουμένων, καὶ διπλοῦς ὁ λόγος τῆς αἰτίας τῆσδε. οἳ μέν φασιν, ἐπεὶ τρὶς τοῦ ἔτους τίκτει· οἳ δέ, ἐπεὶ τὸν λαγὼν ἐσθίει, ὅσπερ οὖν ἐστιν ἀνθρώπῳ θανατηφόρος. ἴσως δὲ ἐρῶ τι ὑπὲρ τῆς τρίγλης καὶ πάλιν [9.65].

9.52. Πέτονται δὲ ἰχθύες ὅταν δείσωσι καὶ ἐξάλλονται τῆς θαλάττης αἵ τε τευθίδες καὶ οἱ ἱέρακες οἱ θαλάττιοι καὶ ἡ χελιδὼν ἡ πελαγία. καὶ αἱ μὲν τευθίδες ἐπὶ μήκιστον ᾄττουσι τοῖς πτερυγίοις, καὶ ἐλαφρίζουσί γε ἑαυτὰς ὑψοῦ, καὶ κατὰ ἀγέλας ὀρνίθων δίκην φέρονται κοινῇ· αἱ δὲ χελιδόνες χθαμαλωτέραν ποιοῦνται τὴν πτῆσιν· οἵ γε μὴν ἱέρακες ὑπὲρ τὴν ἅλμην φέρονται ὀλίγον, ὡς μόλις ὅτι μὴ νήχονται ἀλλὰ πέτονται καταγνῶναι.

9.53. Ἁλῶνται δὲ ἄρα ἰχθῦς καὶ πλανῶνται οἳ μὲν ἀθρόοι, ὥσπερ οὖν ἀγέλαι θρεμμάτων ἢ τάξεις ὁπλιτῶν ἰοῦσαι κατὰ ἴλας καὶ φάλαγγας, οἳ δὲ ἐν κόσμῳ κατὰ στοῖχον ἔρχονται, οἳ δέ, φαίης ἂν αὐτοὺς εἶναι λόχους. ἠρίθμηνται δὲ εἰς δεκάδα ἄλλοι καὶ ταύτῃ συννέουσιν· ἤδη δὲ νήχονται καὶ κατὰ ζεῦγός τινες. ἄλλοι δὲ οἰκουροῦσιν ἐν τοῖς φωλεοῖς καὶ ἐνταυθοῖ καταζῶσιν.

9.54. Πυνθάνομαι δὲ ἄρα ὅτι οἱ νομευτικὴν δεινοὶ ὅταν ἐθέλωσιν ἐπὶ πιμελὴν τὰ ζῷα ἐπιδοῦναι, ἀφαιροῦσιν αὐτῶν τὰ κέρατα. καὶ τοὺς τράγους ὅταν ἐθέλωσιν εἰς μίξιν προθυμοτέρους ἐργάσασθαι, μύρῳ χρίουσιν αὐτῶν τὰς ῥῖνας, καὶ τὰ γένεια μέντοι καὶ ἐκεῖνα χρίουσι τῶν αὐτῶν. πάλιν τε τῆς ἄγαν ὀρέξεως ἀναστέλλουσιν, ἐάν τις αὐτῶν μέσας τὰς οὐρὰς ἀποδήσῃ λίνῳ. Ἀριστοτέλης δέ φησι [*HA* 604b; fr. 270.30 Gig.] τὰς ἵππους ἐκβάλλειν τὰ ἔμβρυα, ἐὰν ἐπὶ πλέον ὀσφρήσωνται θρυαλλίδα

1 περιηγούμενον] διηγ. **V** ‖ **2** θαλαττίου] θαλασσίου **V** ‖ **3** τῆς μαντείας] περὶ τῆς μαντείας malit Her. in app. ‖ **7** αἰτίας] τιμῆς Her. | ἐπεὶ] ὅτι ἐπὶ **V** ‖ **9** ὑπὲρ] περὶ **A**, Her. | τῆς] om. **A** ‖ **10** δὲ] sscr. **L** : om. **PA** | ἰχθύες] del. Her. **11** θαλάττης] θαλάσσης **V** ‖ **13** πτερυγίοις] πτερύγοις **V** ‖ **17** ἰχθῦς] ἰχθύες **P** **20** δεκάδα] δεκάδας Her. ‖ **21** δὲ[1]] δὲ οὐ **V** ‖ **22** ἐνταυθοῖ] ἐνταῦθα **PA** ‖ **23** ἄρα ὅτι] ὅτι ἄρα Her. ‖ **25** ὅταν] δὲ ὅταν ***β*** ‖ **29** τὰς] τοὺς **V** ‖ **30** ἐκβάλλειν] ἐκβαλεῖν **V** | θρυαλλίδα] θρυαλλίδος Her.

λύχνου ἐσβεσμένην. ἀκούω δὲ ὅτι πρὸς τοὺς κύνας τοὺς οἰκουροὺς ἵνα μὴ ἀποδιδράσκωσι τετέχνασται ἐκεῖνο. τὴν οὐρὰν αὐτοῦ καλάμῳ μετρήσαντες χρίουσι τὸν κάλαμον βουτύρῳ, εἶτα μέντοι διδόασιν αὐτοῖς περιλιχμήσασθαι αὐτόν. καὶ καταμένουσί φασιν ὥσπερ οὖν οἱ δεδεμένοι.

9.55. Ἴδια δὲ καὶ ἐκεῖνα κυνός. οὐχ ὑλακτοῦσιν, εἴ τις ἔχων οὐρὰν γαλῆς σὺν ἑαυτῷ εἶτα πρόσεισι, γαλῆς δ' ἣν ἐθήρασε μέν, ἀποκόψας δὲ τὴν προειρημένην οὐρὰν εἶτα ἀφῆκε ζῶσαν αὐτήν. ὄνος δὲ οὐ βρωμήσεται, ἐὰν αὐτοῦ τῆς οὐρᾶς λίθον ἀπαρτήσῃς, ὥς φασιν.

9.56. Ἐν ὥρᾳ θερείῳ, πολλοῦ πάνυ σφόδρα τοῦ ἡλίου ἐνακμάζοντος, οἱ ἐλέφαντες ἀλλήλους χρίουσιν ἰλύϊ παχείᾳ, καὶ αὐτοῖς αὕτη ψῦχός τε παρέχει καὶ οἰκίας ὑπάντρου τινὸς ἢ δένδροις καὶ κλάδοις ἀμφιλαφοῦς ἡδίων ἐστὶ τοῖς ζῴοις τοῖς προειρημένοις. οὗτοι ῥινηλατοῦσιν ἰσχυρῶς, καὶ αἴσθησιν ὀξυτάτην ἔχουσι. προΐασι γοῦν ἀλλήλοις ὁδοποιοῦντες, καὶ ὅ γε πρῶτος (ἴασι γὰρ κατὰ στοῖχον) τῆς ἐν ποσὶ πόας αἰσθόμενος καὶ ὅτι διῆλθον ἄνθρωποι ἐκ τῆς παραψαύσεως συνεὶς αὐτῶν, ἀνασπᾷ τὴν πόαν καὶ δίδωσι τῷ κατόπιν ὀσφραίνεσθαι, καὶ ἐκεῖνος τῷ μετ' αὐτόν· καὶ ἥδε ἡ ἀντίδοσις ὡς ἂν εἴποις διὰ πάντων ἔρχεται. καὶ μέντοι ἐς τὸν οὐραγοῦντα ὅταν ἀφίκηται, ὃ δὲ μέγα ἐπήχησεν, οἳ δὲ ὥσπερ οὖν σύνθημα στρατιᾶς λαβόντες εἶτα μέντοι ἐκτρέπονται εἰς τὰ τῶν ὀρῶν ἄγκη καὶ δάση ἢ τῶν ἑλῶν τὰ κοιλότερα καὶ μέντοι καὶ τῶν πεδίων ὅσα κομᾷ τοῖς θάμνοις. πάντως δὲ ᾗ καταστείβουσιν ἄνθρωποι, ταύτην ἀποδιδράσκουσιν· ὑφορῶνται γὰρ τοῦτο τὸ ζῷον ὡς ἔχθιστον. ὅταν δὲ αὐτοὺς αἱ νομαὶ καταλίπωσιν, οἳ δὲ τὰς ῥίζας ἐξορύττουσι καὶ σιτοῦνται καὶ αὐτάς· καὶ οἱ μὲν ἐσθίουσι καὶ

1 ἐσβεσμένην] ἐσβεσμένης Her. ‖ **2** αὐτοῦ] αὐτῶν edd. ‖ **5** οἱ] del. Her. **7** πρόσεισι] προσείει Cob. (1884) | ἐθήρασε] ἐθήρα **V** ‖ **9** βρωμήσεται] ex corr. **P** : βρομήσεται ***β*** (ante corr. **P**) ‖ **12** ἐνακμάζοντος] ἐπακμ. **L** ‖ **14** δένδροις] ὑπὸ δένδροις ***β*** | ἡδίων] ἥδιόν ***β*** ‖ **16** προΐασι] προσίασι **P** : προιᾶσι **H** : προσιᾶσι **V** ἀλλήλοις] ἀλλήλων Her. ‖ **17** ἴασι] ἰᾶσι **V** ‖ **18** αὐτῶν] om. **V** ‖ **21** καὶ μέντοι] καὶ μέχρι **PH** : καὶ μέντοι καὶ Her. | ἐς—οὐραγοῦντα] τοῦ οὐραγοῦντος ***β*** **22** στρατιᾶς] στρατιᾷ **V** : στρατείας **PH** : στρατιῶται Her. ‖ **25** ᾗ] ἣν Jac. in com., Her. ‖ **27** καταλίπωσιν] καταλείπ. **V** : ἐπιλίπ. Her. | δὲ[2]] μὲν Her. **28** αὐτάς—καὶ[4]] del. Her.

ταύτας, οἱ δὲ ἀπίασι ζητοῦντες χιλόν. καὶ ὅ γε ἐντυχὼν τῷ θηράματι πρῶτος αὐτῶν ὑποστρέψας καλεῖ τοὺς συννόμους καὶ ἐπί γε τὸ ἕρμαιον αὐτοὺς ἄγει.

9.57. Ἐν δὲ τῷ χειμῶνι τῷ βιαιοτάτῳ, κυμαινούσης μὲν τῆς θαλάσσης, σκληρόν γε μὴν τῶν ἀνέμων καὶ βίαιον καταπνεόντων, φρίττουσι τὴν σύντροφόν τε ἅμα καὶ φίλην οἱ ἰχθύες θάλατταν. καὶ οἱ μὲν αὐτῶν τοῖς πτερυγίοις ἐπαμῶνται τὴν ψάμμον, καὶ ἑαυτοὺς ἐπηλυγάσαντες ὑποθάλπουσιν, οἱ δὲ ὑπειλοῦνταί τινα πέτραν, ἐν σκέπῃ τε τοῦ κρύους καὶ μάλα γε ἀσμένως ἡσυχάζουσιν· οἱ δὲ ἐς τοὺς μυχοὺς τοῦ πελάγους καταθέοντες εἶτα τὴν ἄνωθεν φρίκην ἐξέκλιναν κάτω καὶ ἐν βυσσῷ· οὐχ οὕτως γάρ φασιν ὥσπερ οὖν ἄνω διοιδαίνειν τε καὶ τύπτειν τὸ κῦμα ἀγριαῖνον. ὑπαρχομένου δὲ τοῦ ἦρος καὶ τοῦ μὲν ἀέρος φαιδροῦ γενομένου, τῶν δὲ φυτῶν θάλλειν ἀρχομένων καὶ τῶν λειμώνων τὰ σύντροφα κομώντων, γαληνά τε τὰ τοῦ πελάγους καὶ ὑπεύδια αἰσθόμενοι οἱ ἰχθύες, ἀναθέουσι καὶ πηδῶσι, καὶ πλησίον τῆς γῆς νήχονται, ὥσπερ οὖν ἥκοντες ἐξ ἀποδημίας.

9.58. Τρία δὲ ἄρα ταῦτα ἐκ βραχίστων μέγιστα ζῷα γίνεται· τῶν μὲν ἐνύδρων ὁ κροκόδειλος, τῶν δὲ ὑποπτέρων ἡ στρουθὸς ἡ μεγάλη, τῶν γε μὴν τετραπόδων ὁ ἐλέφας. λέγει δὲ ὁ Ἰόβας [*FGrH* 275, fr. 49] γενέσθαι μὲν αὐτοῦ τῷ πατρὶ πολυετῆ Λίβυν ἐλέφαντα κατιόντα ἐκ τῶν ἄνω τοῦ γένους· καὶ Πτολεμαίῳ δὲ τῷ Φιλαδέλφῳ Αἰθίοπα, καὶ ἐκεῖνον ἐκ πολλοῦ βιώσαντα γενέσθαι πραότατον καὶ ἡμερώτατον τὰ μὲν ἐκ τῆς πρὸς τοὺς ἀνθρώπους συντροφίας, τὰ δὲ ἐκ τοῦ γένους πωλευθέντα· Σελεύκου τε τοῦ Νικάτορος κτῆμα ᾄδει Ἰνδὸν ἐλέφαντα, καὶ μέντοι καὶ διαβιῶναι τοῦτον μέχρι τῆς τῶν Ἀντιόχων ἐπικρατείας φησίν.

9.59. Ἰχθύες ὅσοι ποταμὸν γείτονα τῇ θαλάττῃ τῇ συντρόφῳ κέκτηνται ἢ καὶ λίμνην τινὰ ὅταν μέλλωσι τίκτειν, ἐκνήχονται τῆς ἅλμης, καὶ τῶν κυμάτων τὸ ἄκλυστον ὕδωρ προαιρούμενοι καὶ

1 ἀπίασι] ἀπιᾶσι **VPH** ‖ 2 αὐτῶν] αὐτὸν **VH** ‖ 3 ἕρμαιον] ἑρμαῖον **L** 5 θαλάσσης] θαλάττης **LH** ‖ 6 σύντροφόν] σύστρ. **P** | θάλατταν] θάλασσαν **VH** ‖ 7 πτερυγίοις] πτερύγοις **V** ‖ 8 ὑπειλοῦνταί] ἀπείλουνταί **V** : ὑποδύονταί Her. ‖ 11 βυσσῷ] ἀβύσσῳ **LH** : βυθῷ Her. ‖ 12 διοιδαίνειν] διοιδάνειν Her. 18 γίνεται] γίνονται **A** ‖ 24 τοὺς] om. **VA** ‖ 25 ἐκ—γένους] del. Her. | τε] δὲ **V** 26 Νικάτορος] **H**, Ges. in mg., Her. : νικάνορος **VLPA** ‖ 28 θαλάττῃ] θαλάσσῃ **V** ‖ 30 καὶ[1]] del. Her.

ταραττόμενον ὑπὸ τῶν πνευμάτων καὶ τυπτόμενον ἥκιστα. ἀγαθὴ γὰρ αὐτοῖς ἡ τῶν ὑδάτων εἰρήνη λοχείαν ὑποδέξασθαι καὶ φυλάξαι ἀσινῆ τε καὶ ἀνεπιβούλευτα τῶν ἰχθύων τὰ βρέφη τῇ τε ἄλλῃ καὶ μέντοι καὶ διὰ τὴν τῶν θηρῶν ἐρημίαν καὶ σπάνιν· φιλοῦσι δέ πως τήνδε τὴν ἐλευθερίαν ἔχειν αἵ τε λίμναι καὶ οἱ ποταμοί. ἔνθεν τοι καὶ πολλοῖς ἰχθύσιν εὐθηνεῖται ὁ Εὔξεινος Πόντος· θηρία γὰρ τρέφειν οὐκ ἔμαθε. φώκην δὲ εἴ που τρέφει καὶ δελφῖνας βραχίστους, τῶν δὲ ἄλλων ἁπάντων οἱ τῇδε ἰχθῦς ἐν σκέπῃ εἰσίν.

9.60. Αἱ θαλάττιαι βελόναι λεπταὶ οὖσαι, κολπώδη καὶ χωρητικὴν ἐμβρύων μήτραν οὐκ ἔχουσαι, τὴν αὔξην τῶν ἔνδον βρεφῶν οὐ φέρουσιν ἀλλὰ ῥήγνυνται, καὶ τοῦτον τὸν τρόπον οὐ τίκτουσιν ἀλλὰ ἐκβάλλουσι τὰ τέκνα.

9.61. Λέγεται δὲ τὰ ἴχνη καὶ τὰ γνωρίσματα τῶν τῆς ἀσπίδος δηγμάτων μὴ πάνυ τι εἶναι δῆλα καὶ εὐσύνοπτα. καὶ τὸ αἴτιον ἐκεῖνο εἶναι πυνθάνομαι. ὀξύτατόν ἐστι τὸ ἐξ αὐτῆς φάρμακον καὶ διαδραμεῖν ὤκιστον. οὐκοῦν ᾗ μὲν ἐνέφυ, τὸ δὲ οὐκ ἐπιπολεύει, ἀλλὰ εἰς τοὺς ἔσω πόρους κατολισθάνει, καὶ τῆς μὲν ἐπιφανείας καὶ τοῦ χρωτὸς τοῦ ὑπὸ τὴν ὄψιν ἀφανίζεται, ὠθεῖται δὲ ἔνδον. ἔνθεν τοι καὶ τῆς Κλεοπάτρας ὁ θάνατος τοῖς ἀμφὶ τὸν Σεβαστὸν οὐ πάνυ τι ῥᾳδίως ἐγνώσθη ἀλλὰ ὀψέ, δύο κεντημάτων καὶ μάλα γε δυσθεάτων καὶ δυσθηράτων ὀφθέντων, δι᾽ ὧν ἐφωράθη τὸ τοῦ θανάτου αἴνιγμα. ἄλλως τε καὶ ἴχνη τοῦ τῆς ἀσπίδος σύρματος ἐφάνη, πρόδηλα τοῖς ἔχουσι τῆς τούτων κινήσεως τῶν ζῴων τὴν ἱστορίαν ὄντα.

9.62. Πομπηΐου Ῥούφου Ῥωμαίοις ἀγορανομοῦντος ἐν Παναθηναίοις, οἷα εἴωθε τῇ Ῥωμαίων ἀγορᾷ δρᾶσθαι, φαρμακοτρίβης ἀνὴρ καὶ τῶν τοὺς ὄφεις ἐς τὰ τραύματα τρεφόντων, ἑτέρων ὁμοτέχνων περιεστώτων πολλῶν, ἀσπίδα κατὰ τοῦ βραχίονος

2 ὑδάτων] κυμάτων **V** | λοχείαν] τὴν λοχ. Her. ‖ 3 τῶν ἰχθύων] del. Her. 6 εὐθηνεῖται] εὐθενεῖται Her. ‖ 8 τῶν—ἄλλων] τῶν ἄλλων δὲ **V** : ἀλλὰ τῶν γε ἄλλων Her. ‖ 10 κολπώδη] del. Her. ‖ 11 αὔξην] αὔξιν **V** | ἔνδον] ἐνύδρων **LPA** 17 ἐπιπολεύει] ἐπιπολάζει Cob. (1884) ‖ 18 εἰς] ἐς **A** | κατολισθάνει] κατολισθαίνει **LH** ‖ 27 οἷα—δρᾶσθαι] del. Her. | Ῥωμαίων] ῥωμαίᾳ **AH** ‖ 28 ἐς] εἰς **A** | τραύματα] γράμματα **A** : τερατεύματα Jac. in app. : θαύματα Voss., Her. ‖ 29 περιεστώτων] παρεστώτων **L**, Her.

προσάγει εἰς ἔλεγχον αὐτοῦ τῆς σοφίας, ὁ δὲ παρέσχεν καὶ ἐδήχθη. εἶτα τῷ στόματι ἐξεμύζησε τὸ κακόν. ὕδωρ δὲ οὐκ ἐπιρροφήσας, οὐ γὰρ παρῆν, καίτοι παρεσκευασμένον οἱ (ἀνετέτραπτο δὲ ἐξ ἐπιβουλῆς τὸ σκεῦος), οἷα μὴ ἐκκλύσας τὸν ἰὸν μηδὲ ἀπορρυψάμενος, τὸν βίον κατέστρεψε μετὰ ἡμέραν οἶμαι δευτέραν, οὐκ ἀλγῶν οὐδὲ ἕν, τοῦ μέντοι κακοῦ ἡσυχῇ διασήψαντος αὐτοῦ τὰ οὖλα καὶ τὸ στόμα.

9.63. Τοῦ ἦρος ἐνακμάζοντος καὶ τῆς γῆς ἐξανθούσης οἴστρου τε ἀφροδισίου τὰ ζῷα ὑποπίμπλαται καὶ μνημονεύει γάμων, καὶ ἀλλήλοις συμπλέκεσθαι ὀργᾷ τά τε ὄρεια καὶ ὅσα ἐνθαλαττεύει καὶ μετεωροπορεῖ ὅσα. τῶν δὲ ἰχθύων οἳ μὲν τοῖς ψάμμοις προσαποτρίβουσι τὰ ᾠὰ πυκνὰ ὄντα καὶ ἀλλήλων ἐχόμενα, οἳ δὲ νηχόμενοι εἶτα ἐκβάλλουσι πάμπολύ τι τῶν ᾠῶν τὸ χρῆμα, καὶ οἱ κατόπιν νέοντες τὰ πολλὰ καταπίνουσιν. ἤδη μέντοι καὶ οἱ ἄρρενες προηγοῦνται καὶ τοῦ θοροῦ προσαπορραίνουσιν, αἱ δὲ θήλειαι ἑπόμεναι καὶ πάνυ γε ἀπλήστως περιχανοῦσαι ἐμπίπλανται· καὶ ἥδε ἐστὶν ἡ μίξις αὐτῶν. ὅτι δὲ ἰχθύων τινὲς καὶ συνοικοῦσιν ὡς γαμεταῖς, καὶ φυλάττουσιν αὐτάς, καὶ ζηλοτυπία τις καὶ ἐν ἰχθύων γένεσιν ἐξάπτεται, ἀνωτέρω εἶπον [1.13].

9.64. Λέγει δὲ Ἀριστοτέλης [*HA* 590a; fr. 270.31 Gig.], καὶ Δημόκριτος δὲ [68 B, fr. 155a D.-K.] πρὸ ἐκείνου, Θεόφραστός τε [*CP* 6.10.2] ἐκ τρίτων καὶ αὐτός φησι, μὴ τῷ ἁλμυρῷ ὕδατι τρέφεσθαι τοὺς ἰχθῦς, ἀλλὰ τῷ παρακειμένῳ τῇ θαλάττῃ γλυκεῖ ὕδατι. καὶ ἐπεὶ δοκεῖ πως ἄπιστον, δι' αὐτῶν τῶν ἔργων βεβαιῶσαι βουληθεὶς τὸ λεχθὲν ὁ τοῦ Νικομάχου λέγει εἶναί τι πότιμον ὕδωρ ἐν πάσῃ θαλάττῃ, καὶ ἐλέγχεσθαι τοῦτο. εἴ τις ἀγγεῖον ἐκ κηροῦ ποιήσας κοῖλον καὶ λεπτὸν καθείη κενὸν ἐς τὴν θάλατταν, ἐξάψας ποθὲν ὥστε ἀνιμήσασθαι δύνασθαι, νυκτὸς δὲ

1 εἰς] καὶ εἰς **V** | ὁ—παρέσχεν] del. Her. ‖ **4** ἐκκλύσας] ἐκλύσας **V** : ἑλκύσας **P** **5** ἀπορρυψάμενος] Ges. in mg., Jac. ex cod. **S**, Her. : ἀποδρυψάμενος **LPH** : ἀπονιψάμενος **V** : om. **A** | μετὰ—7 στόμα] om. **V** ‖ **7** διασήψαντος] κατασήψ. **A** ‖ **9** ὑποπίμπλαται] ὑποπίμπλανται **P** : ὑποπίπλανται **H** ‖ **10** ὀργᾷ] ὀρέγεται ***β*** | τε] γε **A** ‖ **11** τοῖς] ταῖς **H**, Jac. in app., Her. **15** προσαπορραίνουσιν] ἀπορραί. Her. ‖ **21** δὲ] del. edd. ‖ **23** παρακειμένῳ] παραμεμιγμένῳ Her.|θαλάττῃ] θαλάσσῃ **V**‖ **25** τὸ λεχθὲν] om. **V**‖ **26** θαλάττῃ] θαλάσσῃ **V**|τοῦτο] ταύτῃ Her.‖ **27** καθείη] ex corr. **L**, Jac., Her. : καθίῃ **V** (ante corr. **L**) **PA** : καθῇ **H**‖ **28** θάλατταν] θάλασσαν **V**|δὲ] del. Her.

διελθούσης καὶ ἡμέρας ἀρύεται πεπλησμένον γλυκέος τε καὶ ποτίμου ὕδατος μεστὸν αὐτό. καὶ Ἐμπεδοκλῆς δὲ ὁ Ἀκραγαντῖνος λέγει [31 A, fr. 66 D.-K.] τι εἶναι γλυκὺ ἐν τῇ θαλάττῃ ὕδωρ οὐ πᾶσι δῆλον, τρόφιμον δὲ τῶν ἰχθύων. καὶ τὴν αἰτίαν τοῦδε τοῦ ἐν τῇ ἅλμῃ γλυκαινομένου λέγει φυσικήν, ἣν ἐκεῖθεν εἴσεσθε.

9.65. Οἱ μυούμενοι ταῖν Θεαῖν οὐκ ἂν πάσαιντο γαλεοῦ φασιν· οὐ γὰρ αὐτὸν εἶναι καθαρὸν ὄψον, ἐπεὶ τῷ στόματι τίκτει. οὐ τίκτειν δὲ αὐτὸν ἔνιοι λέγουσιν, ἀλλὰ δείσαντά τι τῶν ἐπιβουλευόντων τὰ σκυλάκια καταπίνειν καὶ ἀποκρύπτειν, εἶτα τοῦ φοβήσαντος παραδραμόντος ζῶντα αὖθις ἀνεμεῖν. τῆς δὲ τρίγλης οὐκ ἂν γεύσαιντο οἱ αὐτοὶ μύσται, οὐδὲ μὴν ἡ τῆς Ἥρας τῆς ἐν Ἄργει ἱέρεια· καὶ τάς γε αἰτίας ἄνω που εἰπὼν οἶδα [9.51].

9.66. Ἔχεως μὲν καὶ μυραίνης γάμους καὶ ὅπως ἀλλήλοις ὁμιλοῦσιν, ἣ μὲν προϊοῦσα ἐκ τῆς θαλάττης, ὃ δὲ ἐξέρπων τοῦ φωλεοῦ, ἐν τοῖς πρόσθεν [1.50] εἰπὼν οὐκ ἐπιλέλησμαι. ὃ δὲ οὐκ εἶπον νῦν ἂν εἴποιμι. μέλλων ὁ ἔχις ὁμιλεῖν αὐτῇ, ἵνα δόξῃ πρᾶος καὶ πρέπων νυμφίῳ, τὸν ἰὸν ἀπεμεῖ καὶ ἐκβάλλει, καὶ οὕτως ὑποσυρίσας τὴν νύμφην παρακαλεῖ, οἱονεὶ προγάμιόν τινα ὑμέναιον ἀναμέλψας. ὅταν δὲ τὰ τῆς ἀφροδισίου σπουδῆς τελέσωσι μετ' ἀλλήλων ὄργια, ἣ μὲν ἐπί τε τὰ κύματα καὶ τὴν θάλατταν ὥρμησεν, ὃ δὲ ἀναρροφήσας τὸν ἰόν, αὖθις ἐς τὰ ἤθη τὰ οἰκεῖα ἐπάνεισιν.

1 ἀρύεται] ἀρύτεται Her. ‖ 2 μεστὸν] del. Her. ‖ 3 θαλάττῃ] θαλάσσῃ **V** 4 πᾶσι] πάνυ τι? Her. in app. ‖ 5 εἴσεσθε] ex corr. **P** : εἴσεσθαι (ante corr. **P**) **H** 6 ταῖν Θεαῖν] τοῖν Θεοῖν ***β***, edd. ‖ 12 εἰπὼν] εἶπον **P** ‖ 14 ἣ] οἱ **V** | ἐκ τῆς] ἐκ ***β*** : τῆς Her. ‖ 17 καὶ πρέπων] ὡς πρέπει Her. | νυμφίῳ] νυμφίον **V** ‖ 21 θάλατταν] θάλασσαν **V**|αὖθις] αὖθις, εἶτα ***β***

LIBER X

10.1. Σπανίως ἐλέφας ἐρᾷ, φασίν· ἔστι γὰρ σώφρων, ὡς ἄνω μοι λέλεκται [8.16]. ἀκούω γοῦν ἐλεφάντων πάθος ἐρωτικόν, καὶ ἄξιον θαυμάσαι αὐτό. ὃ δὲ πέπυσμαι, ἐκεῖνό ἐστιν. ἀνὴρ τῆς τούτων ἄγρας οὐκ ἄπειρος, δύναμιν λαβὼν ἐκ βασιλέως τοῦ Ῥωμαίων πάλαι, Ἀλέξανδρος ὄνομα, καὶ σταλεὶς ἐπὶ τὴν θήραν κατά τι ἔθος τοῖς Μαυρουσίοις ἐπιχώριον, φησὶν ἐν συγγραφῇ νέαν μόσχον ἐλέφαντος ὡραίαν ὡς ἐκείνοις ἰδεῖν συνελθεῖν ἐλέφαντι νέῳ καὶ καλῷ, πρεσβύτερον δὲ ἄλλον, εἴτε ἀνὴρ ἦν εἴτε ἐραστὴς τῆς προειρημένης, ὥσπερ οὖν ἀτιμασθέντα ἀγανακτῆσαι· θυμῷ γὰρ βιαίῳ ἐξαφθεὶς ὥρμησε μὲν καὶ ὀλίγου πάντας διέφθειρεν, ἐλθὼν δὲ ἐπὶ τὸν νέον καὶ καλόν, συμπεσὼν εἶτα ἐμάχετο, ὡς ὑπέρ τινος ἢ νύμφης ἢ ἐρωμένης ἀλγῶν. καὶ ἐς τοσοῦτον ἄρα ἀλλήλοις συνέρραξαν, ὡς ἀμφοτέροις ζημιωθῆναι τὰ κέρατα. ἐνίκησε δὲ οὐθέτερος, ἀλλὰ ἀπέστρεψαν ἀπ' ἀλλήλων οἱ θηραταὶ βάλλοντες, ἐπεὶ καὶ ἀχρεῖοι τὸ λοιπὸν ἦσαν τῶν ὅπλων ἀφῃρημένοι. ἐρωτικὴ μὲν δὴ μάχη ἐραστῶν ἐλεφάντων ἰσότιμος μέχρι τοῦ τέλους ἐνταῦθα ἀνεπαύσατο. εἵλκετο δὲ ὁ Πάρις ὑπὸ τοῦ Μενέλεω καὶ ἤγχετο τοῦ ἱμάντος αὐτὸν πιέζοντος τοῦ ὑπὸ τῷ κράνει [Hom., *Il.* 3.373]·

καί νύ κεν εἴρυσσέν τε καὶ ἄσπετον ἤρατο κῦδος

ὁ τοῦ Ἀτρέως, εἰ μὴ ἐρράγη μὲν ὁ ἱμάς, αὐτὸν δὲ ἐξήρπασεν ἡ Διὸς καὶ Διώνης αἰσχίστην μάχην καὶ ἄνανδρον μεμαχημένον, καὶ ἀπελθὼν ὁ δειλὸς ἐκάθευδε μετὰ τῆς μεμοιχευμένης.

10.2. Ἰχθύες δὲ ἄρα οὐ τὴν αὐτὴν ὥραν ἐς ἀφροδίτην πρόθυμοι, ἀλλὰ οἳ μὲν ἦρος ἐπιθόρνυνται, οἳ δὲ θέρειον εἰλήχασι τὴν ὁρμὴν

3 γοῦν] δ' οὖν Her. ‖ **6** πάλαι—ὄνομα] del. Her. ‖ **8** συνελθεῖν] συνεισελθεῖν **LP** ‖ **9** ἀνὴρ—ἐραστὴς] ἦν ἐραστής, εἴτε ἀνὴρ ***β*** ‖ **11** καὶ—διέφθειρεν] del. Her. **12** συμπεσὼν] καὶ συμπ. Her. ‖ **13** τοσοῦτον] τοιοῦτον ***β*** | ἀλλήλοις] ἀλλήλων **LAH** ‖ **14** συνέρραξαν] συνήραξαν Her. | ἀμφοτέροις] ἀμφοτέρους ***β*** **15** οὐθέτερος] οὐδέτερος Her. ‖ **16** τὸ λοιπὸν] τὸ λοι. συμβαλεῖν **LPH** : συλλαβεῖν τὸ λοι. **A** ‖ **17** μὲν—μάχη] μὲν δὴ μάχη **L** ‖ **19** ἤγχετο] ηὔχετο **AH** : ἤχθετο **V**‖ **21** εἴρυσσέν] edd. : εἴρυσέν codd.‖ **25** τὴν] κατὰ τὴν Her.

τήνδε, σὺν τῇ ὀπώρᾳ ἄλλοι, καὶ διὰ τοῦ χειμῶνος ὑπεξάπτονταί τινες ἐς τὴν προειρημένην σπουδήν. καὶ οἱ μὲν πλεῖστοι τοῦ ἔτους ἅπαξ ὠδίναντες εἶτα παύονται, λάβρακα δὲ ἀκούω καὶ ἐπιτίκτειν, τρίγλην δὲ καὶ τρὶς κύειν κατηγορεῖ, φασί, καὶ τὸ ὄνομα.

10.3. Ἡρόδοτος λέγει [3.103] τὰς καμήλους ἐν τοῖς ὄπισθεν σκέλεσιν ἔχειν τέτταρας μηροὺς καὶ μέντοι καὶ γόνατα τοσαῦτα, τὰ δὲ ἄρθρα διὰ τῶν σκελῶν τῶν κατόπιν ἐς τὴν οὐρὰν τετράφθαι αὐταῖς.

10.4. Τὰς οἶς τὰς Ἀραβίων ἔχειν οὐρὰς ἀήθεις ὡς πρὸς τὰς ἄλλας Ἡρόδοτος λέγει [3.113]. γένη δὲ αὐτῶν ἐστι διπλᾶ· ὁ αὐτὸς δήπου διδάσκει, καὶ τοῦτο καὶ λέγει, τὰς μὲν αὐτῶν ἔχειν οὐρὰς μηκίστας, ὡς εἶναι μετρήσαντι καὶ τριῶν πηχῶν οὐκ ἐλάττους. ἅσπερ οὖν εἰ ἐῴη τις ἐπισύρειν, ἑλκοῦσθαι ἂν αὐτὰς πάντως παρατριβομένας πρὸς τὸ δάπεδον. τοὺς νομέας δὲ εἶναι ἀγαθοὺς χειρουργεῖν οὐ πέραν τῶν ἁμαξίδων, αἳ ὑπερείδουσι τὰς οὐρὰς τῶνδε τῶν κτηνῶν, ὥστε ὑποστέγειν τὴν ἕλκωσιν αὐταῖς. τὰς δὲ οἶς τὰς ἑτέρας φησὶ πλατείας φορεῖν, πλατύνεσθαι δὲ καὶ ἐς πῆχυν αὐτάς.

10.5. Οἱ κοχλίαι ἴσασιν εἶναί σφισι πολεμίους τοὺς πέρδικας καὶ τοὺς ἐρωδιούς, καὶ αὐτοὺς ἀποδιδράσκουσιν, οὐδ᾿ ἂν ἴδοις ἔνθα οὗτοι νέμονται κοχλίας διέρποντας. οἱ δὲ καλούμενοι τῶν κοχλιῶν ἀρείονες, οὗτοι μὲν καὶ ἀπατῶσι καὶ περιέρχονταί τινι φυσικῇ σοφίᾳ τοὺς προειρημένους. τῶν γὰρ συμφυῶν ὀστράκων προελθόντες αὐτοὶ μὲν νέμονται κατὰ πολλὴν τὴν ἄδειαν, οἱ δὲ ὄρνιθες οὓς εἶπον ἐπὶ τὰ κενὰ τῶν ὀστράκων ὡς ἐπ᾿ αὐτοὺς ἐκείνους καταπέτονται, οὐδὲν δὲ εὑρόντες ἀπέρριψαν ὡς ἀχρεῖά σφισι καὶ ἀνεχώρησαν· οἳ δὲ ἐπανελθόντες εἶτα ἕκαστος ὡς ἰδίαν

1 σὺν] ἐν Her. | διὰ] δίχα ***β*** | ὑπεξάπτονταί] ἐξάπτονταί **AH** ‖ **4** κατηγορεῖ] κατηγορεῖν **V** ‖ **5** ὄπισθεν] ὀπισθίοις ***β*** ‖ **6** ἔχειν] in mg. sin. sec. m. ut vid. **L**, edd. : καθῆσθαι (post μηροὺς) in mg. dex. tert. m. **L** : om. codd. | τέτταρας μηροὺς] edd. : τετραμηροὺς **V** : τε παρὰ δ′ μηροὺς **L** : τε παρὰ μηροὺς (μήρους **P**) **PH** : τε παρὰ ὁμήρους **A** ‖ **7** ἐς] πρὸς Her. ‖ **10** ἐστι] εἶναι edd. **11** καὶ[1]—καὶ[2]] καὶ τοῦτο **A** : τοῦτο καὶ **P** : καὶ μέντοι καὶ Her. ‖ **14** πρὸς] εἰς **V** **15** οὐ πέραν] Jac. : οὗπερ ἂν ***β*** : ου (sic) περ ἂν **V** : οὐ πέρα Her. | αἳ] αἷς? Her. in app. | οὐρὰς] οὐρὰν **V** ‖ **16** ὑποστέγειν] ἀποστέγειν edd. ‖ **17** φησὶ] φασὶ **V** **21** κοχλίας] καὶ κοχ. ***β*** ‖ **22** ἀρείονες] ἀρείοντες **A** ‖ **23** σοφίᾳ] προνοίᾳ **V** **26** ἀχρεῖά] ἀχρείας **V** ‖ **27** ὡς] ἐς τὴν Her.

οἰκίαν παρῆλθε, κεκορεσμένος μὲν ἐκ τῆς νομῆς, σωθεὶς δὲ ἐξ ἧς ἠπάτησε πλάνης.

10.6. Ποντικοὶ δὲ ἄρα κολίαι τὸν Περσῶν βασιλέα μεμίμηνται θερίζοντα μὲν ἐν Σούσοις, χειμάζοντα δὲ ἐν Ἐκβατάνοις. καὶ γὰρ οὗτοι ἐν μὲν τῇ καλουμένῃ Προποντίδι χειμάζουσιν· ἀλεεινὴ γὰρ ἥδε ἡ γῆ· θέρους δὲ πρὸς τῷ Αἰγιαλῷ διαιτῶνται· παρέχει γὰρ αὐτοῖς αὔρας μαλακὰς ἡ θάλαττα ἡ προειρημένη.

10.7. Πυνθάνομαι τῶν μαγείρων τοὺς τὴν τέχνην ἀκριβοῦντας ὅταν βούλωνται τῶν τριγλῶν τὰς κοιλίας ὀπτωμένων μὴ ῥήγνυσθαι, καταφιλεῖν αὐτῶν τὰ στόματα· οὗπερ οὖν γεγενημένου ὁλόκληροι διαμένουσιν, ὥς φασιν.

10.8. Ὁ δελφὶς ὁ θῆλυς μαζοὺς ἔχει κατὰ τὰς γυναῖκας, καὶ θηλάζει τὰ βρέφη πάνυ ἀφθόνῳ καὶ πολλῷ τῷ γάλακτι. νήχονται δὲ κοινῇ μέν, καθ' ἡλικίαν δὲ διακριθέντες· καὶ τῆς μὲν πρώτης τετάχαται οἱ νέοι καὶ ἁπαλοί, ἕπονται δὲ αὐτῶν τῇ νήξει οἱ τέλειοι. φιλότεκνον γὰρ καὶ φιλόστοργον ὁ δελφὶς ζῷον, καὶ ὑπὲρ τῶν βρεφῶν ὀρρωδεῖ. καὶ φυλακῆς χάριν ὡς ἐν φάλαγγι στρατιωτικῇ οἳ μὲν τῆς πρώτης εἰσίν, οἳ δὲ τῆς δευτέρας, οἳ δὲ τῆς τρίτης· καὶ προνήχονται μὲν οἱ νέοι, ἐπινήχονται δὲ αἱ θήλειαι, καὶ οἱ ἄρρενες οὐραγοῦσιν ἐφορῶντές τε καὶ παραφυλάττοντες τὴν τῶν ἐκγόνων τε καὶ τῶν γαμετῶν νῆξιν. τί πρὸς ταῦτα ὁ Νέστωρ, ὦ καλὲ Ὅμηρε, ὅνπερ οὖν ᾄδεις τακτικώτατον τῶν ἡρώων τῶν καθ' ἑαυτὸν γεγονέναι [*Il.* 2.555; 4.293–309];

10.9. Ἔχιν ἐχίδνης οἳ μὲν τῷ γένει διαφέρειν, οὐ μέντοι τῇ φύσει φασί· τὸν μὲν γὰρ εἶναι ἄρρενα, τὴν δὲ θήλειαν. οἳ δὲ καὶ τῇ φύσει διαφέρειν οἴονται· ἀλλοῖον μὲν γὰρ τοῦτο εἶναι ζῷον, ἀλλοῖον δὲ ἐκεῖνο. ἀκούω δέ τινων λεγόντων τοὺς μὲν ὑπὸ τοῦ ἔχεως δηχθέντας σπᾶσθαι, οὐ μὴν τοὺς ὑπὸ τῆς ἐχίδνης. ἕτεροι δέ φασι τὸ μὲν τῆς ἐχίδνης δῆγμα εἶναι λευκόν, τὸ δὲ τοῦ ἔχεως οὐ τοιοῦτον, πελιδνὸν δέ. Νίκανδρος δέ φησιν [*Th.* 231] ἐκ μὲν τοῦ

1 παρῆλθε] ὑπῆλθε **V**‖ **3** κολίαι] Gro., Her. : κοχλίαι codd.|τὸν] ex corr. **L** : τῶν (ante corr. **L**) **PA** ‖ **4** θερίζοντα] χειμάζοντα Spa., Her., fort. recte | χειμάζοντα] θερίζοντα Spa., Her., fort. recte ‖ **7** θάλαττα] θάλασσα **V** ‖ **9** ὀπτωμένων] ὀπτουμένων ***β***‖ **14** τῆς] τῇ **V**|πρώτης] πρώτῃ **V**‖ **15** οἱ[1]—ἁπαλοί] τῇ νέᾳ οἱ καὶ ἁπαλοί **V**|αὐτῶν] αὐτῷ **A**‖ **21** ἐκγόνων] ἐγγόνων **PA**|τῶν[2]] om. **V**‖ **22** ᾄδεις] αἴρεις **PH**‖ **23** γεγονέναι] γενέσθαι **V**‖ **26** τοῦτο εἶναι] εἶν. τοῦτο **A**

δήγματος ὅπερ οὖν ὁ ἔχις ἐμφύει δύο ὀδόντων ἴχνη φαίνεσθαι· πλειόνων δέ, εἰ δάκοι ἡ ἔχιδνα.

10.10. Εὐθηρίας γενομένης καὶ τῶν ἐλεφάντων ἑαλωκότων, οἷα δρῶσιν εἰς τὸ πραῦναί τε αὐτοὺς καὶ ἡμερῶσαι εἰπεῖν ἄξιον. πρῶτον μὲν εἰς ὕλην τινὰ ὀλίγον ἀφεστῶσαν τῆς τάφρου ἐν ᾗ ἐθήρασαν ἄγουσιν αὐτοὺς δεδεμένους, πολὺ διαλαβόντες ταῖς σχοίνοις καὶ μήτε προθεῖν ἐπιτρέποντες μήτε αὖ πάλιν ἀφίστασθαι καὶ ἀποσπᾶν εἰς τοὐπίσω· εἶτα ἕκαστον ἐξάψαντες μεγίστου δένδρου μεμετρημένῳ διαστήματι, ὡς μήτε εἰς τὸ ἔμπροσθεν ἐπιπηδᾶν ἔχειν μήτε ἐπὶ πολὺ πάλιν ἀναχωρεῖν τοῦ σκιρτᾶν καὶ ὑβρίζειν ἐξουσίᾳ, ἀτροφίᾳ τε καὶ λιμῷ τὴν ἄγαν ἰσχὺν καὶ ῥώμην καθαιροῦσι, καὶ μέντοι καὶ τὸν θυμὸν αὐτῶν καὶ τῆς ψυχῆς τὸ ἄτρεπτον ἡσυχῇ καταμαραίνουσιν, ὡς ἐκείνους λήθην μὲν ἴσχειν τῆς τέως ἀμάχου ἀγριότητος, παραλύεσθαι δὲ τοῦ πρόσθεν θυμοῦ. προσιέναι τε τοὺς τῶν τοιούτων πωλευτὰς καὶ ἐκ χειρὸς ὀρέγειν τροφήν, τοὺς δὲ ὑπὸ τῆς χρείας ἀναγκαζομένους λαμβάνειν καὶ μὴ κακουργεῖν, βλέπειν τε ἤδη πρᾶόν τε καὶ κεκμηκός. οἱ δὲ ἄγαν αὐτῶν ἰσχυροὶ καὶ τέλειοι ἀπορρήξαντες τὰ δεσμὰ καὶ ταῖς ἀκμαῖς τῶν κεράτων καὶ ταῖς προβοσκίσιν ἀνασπῶντες τὰ δένδρα, τὰ δὲ καὶ κατεάξαντες ὑπὸ ῥύμης καὶ ἐμπεσόντες εἰς αὐτά, μόγις καὶ ὀψὲ τοῦ χρόνου τὰ μὲν λιμῷ, τὰ δὲ γλυκείᾳ τροφῇ, τὰ δὲ κέντροις ἡμερώθησαν. τροφὴ δὲ ἡμερουμένοις τοῖσδε τοῖς ζῴοις ἄρτοι τε οἱ μέγιστοι καὶ κριθαὶ καὶ ἰσχάδες καὶ ἀσταφίδες καὶ κρόμμυα καὶ σκόροδα καὶ μέλι χύδην σχίνου τε καὶ φοίνικος καὶ κιττοῦ φάκελλοι καὶ πᾶν ὅσον ἐδωδίμου ὕλης καὶ ἐκείνοις συντρόφου καὶ ἐκ τούτου τοι καὶ φίλης.

10.11. Φύσεως δὲ ἰχθύων εἰσὶν ἀμαθεῖς ὅσοιπερ οὖν τελέως ἁπάντων καταψηφίζονται σιωπὴν αὐτῶν· ἐπεὶ καὶ συρίττουσί τινες καὶ γρυλλίζουσι. λύρα μὲν γρυλλίζει καὶ χρόμις καὶ κάπρος, ὡς Ἀριστοτέλης φησί [*HA* 535b17; fr. 270.32 Gig.]· χαλκὶς δὲ

2 πλειόνων] πλέον *β* | ἡ] om. **V** ‖ **3** καὶ τῶν] del. Her. | ἑαλωκότων] del. Her. **6** ἐθήρασαν] ἐθηράθησαν **V**|πολὺ] del. Her.|ταῖς] τοῖς **V**‖ **8** ἀφίστασθαι] ὑφίστ. *β*‖ **11** ἀτροφίᾳ] ἡ ἀτρ. **VH** : ἢ ἀτρ. **PA** ‖ **13** λήθην μὲν] μὲν λήθ. **A** ‖ **14** ἀμάχου ἀγριότητος] ἀγρ. ἀμά. *β* ‖ **20** κατεάξαντες] κατάξαντες Her. ‖ **25** φάκελλοι] φάκελοι Her. ‖ **26** τοι] om. **V** ‖ **29** λύρα] Ges., Jac. in com., Her. : σαῦρα codd. **30** χαλκὶς] χαλκεὺς Ges., Her.

συρίττει, κόκκυξ δὲ ἄρα τὸν ὁμώνυμον ὄρνιν τῇ φωνῇ μεμιμημένος φθέγγεται παραπλήσια.

10.12. Ἐλέφαντος μὲν τῶν σαρκῶν ὄγκος ἐστὶν ἰδεῖν καὶ πάνυ μέγιστος· ἐδώδιμα δὲ αὐτοῦ τὰ κρέα οὐκ ἔστιν, ὅτι μὴ ἡ προβοσκὶς καὶ τὰ χείλη τοῦ στόματος καὶ τῶν κεράτων ὁ μυελός. στέαρ δὲ ἐλέφαντος ἦν ἄρα τοῖς ἰοβόλοις ἔχθιστον· εἰ γάρ τις χρίσαιτο ἢ ἐπιθυμιάσαι αὐτοῦ, τὰ δὲ ἀποδιδράσκει πορρωτάτω.

10.13. Τῶν δὲ Ἀραβίων ζῴων ἡ πολύχροιά τε καὶ τὸ πολύμορφον πάντα γραφικὸν ἐλέγξαι δεινά, καὶ ταῦτα οὐ μόνον τά τε ἄλκιμα καὶ γενναῖα, ἤδη δὲ καὶ τὰ ἀδοξότερα. αἵ τε ἀκρίδες καὶ οἱ ὄφεις, χρυσοειδῆ οὖν ἰνδάλματα καὶ ἐπ' αὐτῶν κατέστικται· οἱ δὲ ἰχθῦς ἔτι καὶ πλέον τῆς πολυκόσμου χρόας μετειληχότες εἶτα ἰδεῖν ἐκπληκτικοί εἰσι. καὶ τὰ ὄστρεα δὲ τὰ τῆς Ἐρυθρᾶς θαλάσσης ἥπερ οὖν ἐστιν ὁ Ἀράβιος, τῆς αὐτῆς ἀγλαΐας ἄμοιρα οὐκ ἔστι· ζῶναί τε γὰρ περιέρχονται φλογώδεις αὐτά, καὶ φαίης ἂν θεασάμενος τὴν ἶριν αὐτὰ μιμεῖσθαι τῇ κράσει τῶν ποικίλων χρωμάτων, γραμμαῖς παραλλήλοις ὑπὸ τῆς φύσεως καταγραφέντα. ὁ ᾀδόμενος δὲ παρὰ τοῖς ἀνοήτοις καὶ ἐν ταῖς γυναιξὶ θαυμαστὸς μαργαρίτης θρέμμα μέντοι τῆς Ἐρυθρᾶς θαλάττης καὶ οὗτός ἐστι, καὶ τίκτεσθαί γε αὐτὸν τερατολογοῦσιν ὅταν ταῖς κόγχαις ἀνεῳγμέναις ἐπιλάμψωσιν αἱ ἀστραπαί. θηρῶνται δὲ ἄρα αἵδε αἱ κόγχαι αἱ τῶν προειρημένων μητέρες εὐημερίας τε οὔσης καὶ τῆς θαλάττης λείας· οἱ δὲ θηραταὶ συλλαβόντες εἶτα ἐξεῖλον τοῦτον δὴ τὸν θέλγοντα τὰς τῶν μάχλων ψυχάς. εὑρεθείη δ' ἂν καὶ ἐν κόγχῃ μεγίστῃ μικρὸς καὶ ἐν μικρᾷ μέγας· καὶ ἣ μὲν οὐδένα ἔχει, ἣ δὲ οὐ πέρα τοῦ ἑνός, πολλαὶ δὲ καὶ πολλούς· εἰσὶ δὲ οἳ λέγουσι καὶ εἴκοσι προσπεφυκέναι μιᾷ κόγχῃ. καὶ ἡ μὲν κόγχη τὸ κρέας ἐστίν, ἐπιπέφυκε δὲ ἄρα ὡς σκόλοψ ταῦτα. πρὸ καιροῦ δὲ καὶ τῆς ὠδῖνος τῆς ἐντελοῦς εἴπερ οὖν ἀνοίξαι τις τὰς κόγχας,

3 Ἐλέφαντος] Ἐλέφας Rei., Her. | τῶν] del. Her. | τῶν σαρκῶν] post ἐστὶν transp. ***β*** ‖ **4** αὐτοῦ] post κρέα transp. ***β*** ‖ **8** Ἀραβίων] ἀρραβίων **A** ‖ **9** πάντα] καὶ πάντα ***β***‖ 10 τε[1]] om. **L**|ἀδοξότερα] ἀδοξότατα **V**|τε[2]] τε γὰρ Her.‖ **11** οὖν] del. Her.‖ **13** θαλάσσης] θαλάττης **PH**‖ **14** ἥπερ—Ἀράβιος] del. Her.|ὁ Ἀράβιος] ἡ ἀρράβιος **A**‖ **16** ποικίλων] del. Her.‖ **18** δὲ] μὲν **LPA**‖ **19** θαλάττης] θαλάσσης **V** ‖ **20** γε] τε ***β***‖ **23** θαλάττης] θαλάσσης **V** ‖ **25** μικρᾷ] μικραῖς (ex corr. **L**) **H** : μικροῖς (ante corr. **L**) **PA** | καὶ[3]] κᾆτα ***β***‖ **26** τοῦ] del. Her. ‖ **27** προσπεφυκέναι] πεφυκέναι **V**‖ **28** ὡς] ex corr. **L** : ὁ (ante corr. **L**) **P**|σκόλοψ] κόλοψ **VAH**

κρέας μὲν εὕροι, τῆς δὲ θήρας τὸ ἀγώνισμα οὐχ ἕξει. λίθῳ δὲ ἄρα ὁ μαργαρίτης ἔοικε πεπωρωμένῳ, καὶ ἔχειν ἐν ἑαυτῷ καὶ στέγειν ὑγρὸν οὐ πέφυκεν οὐδὲ ὀλίγον. δοκοῦσι δὲ ἄρα τοῖς τούτων καπήλοις καὶ τοῖς ὠνουμένοις οἱ ἄγαν λευκοὶ καὶ οἱ μεγάλοι κάλλιστοι καὶ τιμαλφέστατοι, ὥστε ἐκείνοις κρίνειν αὐτούς· καὶ πλούσιοί γε ἐξ αὐτῶν ἐγένοντο οὐ μὰ Δία ὀλίγοι οἷς ἐντεῦθέν ἐστιν ὁ βίος. οὐκ ἀγνοῶ δὲ οὐδὲ ἐκεῖνο, ὅτι ἄρα ἐξαιρεθέντων τῶν λίθων τῶνδε ἀφείθησαν αὖθις αἱ κόγχαι, οἱονεὶ λύτρα δοῦσαι τῆς ἑαυτῶν σωτηρίας τὸ σπούδασμα τὸ ἤδη προειρημένον, εἶτα ἐπανέφυσαν αὖθις αὐτό. ἐὰν δὲ τὸ ζῷον τὸ τρέφον αὐτὸν πρὶν ἢ ἐξαιρεθῆναι τὸν μαργαρίτην ἀποθάνῃ, ὥς που λέγει τις λόγος, τῇ σαρκὶ μέντοι συσσήπεται καὶ ἐκεῖνος καὶ ἀπόλλυται. φύσει δὲ ἔχει τῆς περιφερείας τὸ λεῖον καὶ εὐπερίγραφον. εἰ δὲ ἐθέλοι τις τῶν πεφυκότων ἑτέρως τινὰ σοφίας τέχνῃ περιγράψαι τε καὶ λεῖον ἀποφῆναι τὸν λίθον, ὃ δὲ ἐλέγχει τὴν ἐπιβουλήν· οὐ γὰρ πείθεται, τραχύτητας δὲ ὑπαναφύει, καὶ ὅτι ἄρα ἐπιβεβούλευται ἐς κάλλος κατηγορεῖ ταύτῃ.

10.14. Αἰγύπτιοι τὸν ἱέρακα Ἀπόλλωνι τιμᾶν ἐοίκασι, καὶ τὸν μὲν θεὸν Ὦρον καλοῦσι τῇ φωνῇ τῇ σφετέρᾳ, τοὺς δὲ ὄρνιθας λέγουσι θαυμαστούς, καὶ προσήκειν θεῷ τῷ προειρημένῳ φασίν· ὁρῶσι γὰρ ἱέρακες ὀρνίθων μόνοι ἀεὶ ἐν ταῖς ἀκτῖσι τοῦ ἡλίου ῥᾳδίως καὶ ἀβασανίστως βλέποντες καὶ δυσωπούμενοι ἥκιστα πορείαν τε τὴν ἀνωτάτω ἴασι, καὶ αὐτοὺς ἡ θεία φλὸξ λυπεῖ οὐδέν. καὶ ἀνάπαλιν μέντοι πέτεσθαι τὸν ἱέρακα οἱ ἰδόντες φασὶν ὡς ἐξ ὑπτίας νέοντα. ἔνθα τοι καὶ πρὸς τὸν οὐρανὸν ὁρᾷ καὶ πρὸς τὸν πάντα ἐφορῶντα μάλα ἐλευθέρως καὶ ἀτρέπτως ὁ αὐτός. ὄφεών τε καὶ δακέτων θηρίων ὁ αὐτός ἐστιν ἔχθιστος. οὐκ ἂν γοῦν αὐτὸν

1 εὕροι] ex corr. ut vid. **L** : εὕρῃ codd. (ante corr. **L**) : ἂν εὕροι Schn., Jac., Her. **5** ὥστε] ὡς **V**|ὥστε—αὐτούς] del. Her.‖ **6** ἐντεῦθέν ἐστιν] ἐστιν ἐντ. **A**‖ **7** ἐκεῖνο ὅτι] ἐκείνῳ ὡς **V** ‖ **8** ἀφείθησαν] ex corr. **V** : ἀφέθησαν **P** (cum lin. subduct. **A**) **H** ‖ **9** ἤδη] del. Her. ‖ **10** ἐπανέφυσαν] ὑπανέφ. Her. ‖ **11** τῇ σαρκὶ] τὴν σάρκα **V** ‖ **12** καὶ[1]] om. **V** | φύσει] φύσιν ***β*** ‖ **15** πείθεται] πείθονται **V** **16** ἐπιβεβούλευται] ἐπιβουλεύεται **A** ‖ **20** λέγουσι] ἄγουσι Jac. in com., Her. θεῷ] τῷ θεῷ edd.‖ **21** ὁρῶσι] ὀρθῶς· οἱ Her. | μόνοι] μόνον **LP** | ἀεὶ ἐν] del. Her. **22** βλέποντες] ἀντιβλέποντες Her. ‖ **23** ἴασι] εἰσί **PH** ‖ **25** ἔνθα] ἔνθεν Her. **26** μάλα] Ἥλιον μάλα Her. | τε] δὲ Her.‖ **27** δακέτων] δακετῶν ***β***, Her. in app. | ὁ αὐτός] del. Her.

διαλάθοι οὔτε ὄφις οὔτε σκορπίος οὔτε μὴν πονηρᾶς ὕλης ἄλλο τι ἔκτοκον. ἀκροδρύων μὲν οὖν καὶ σπερμάτων ἄγευστος, σαρκῶν δὲ ἥδεται βορᾷ, καὶ πίνει αἷμα, καὶ τὰ νεόττια ἐκτρέφει τοῖς αὐτοῖς, καὶ λαγνείαν ἐστὶ δριμύτατος. τὸ δὲ αὐτοῦ τῆς κνήμης ὀστέον εἰ χρυσίῳ παρατεθείη, ἕλκει τε αὐτὸ καὶ ἴυγγι ἀπορρήτῳ τινὶ πρὸς ἑαυτὸ ἄγει καὶ ἕπεσθαι θέλγει, ὥσπερ οὖν ᾄδουσι τὸν Ἡρακλεώτην λίθον καταγοητεύειν πως τὸν σίδηρον. λέγουσι δὲ Αἰγύπτιοι καὶ εἰς πεντακόσια ἔτη βίου προήκειν τὸν ἱέρακα, καὶ οὔπω με πείθουσιν· ἃ δ' οὖν ἀκούω, λέγω. ἔοικε δέ φασι καὶ Ὅμηρος ὅτι τῷ Διὸς καὶ Λητοῦς ἐστι φίλος ὑπαινίττεσθαί πως λέγων [*Il.* 15.237–8]·

> βῆ δὲ κατ' Ἰδαίων ὀρέων, ἴρηκι ἐοικώς
> ὠκέϊ φασσοφόνῳ,

ὁ Ἀπόλλων αὐτός.

10.15. Ὁ κάνθαρος ἄθηλυ ζῷόν ἐστι, σπείρει δὲ εἰς τὴν σφαῖραν ἣν κυλίει· ὀκτὼ δὲ καὶ εἴκοσιν ἡμερῶν τοῦτο δράσας καὶ θάλψας αὐτήν, εἶτα μέντοι τῇ ἐπὶ ταύταις προάγει τὸν νεοττόν. Αἰγυπτίων δὲ οἱ μάχιμοι ἐπὶ τῶν δακτυλίων εἶχον ἐγγεγλυμμένον κάνθαρον, αἰνιττομένου τοῦ νομοθέτου, δεῖν ἄρρενας εἶναι πάντας πάντῃ τοὺς μαχομένους ὑπὲρ τῆς χώρας, ἐπεὶ καὶ ὁ κάνθαρος θηλείας φύσεως οὐ μετείληχεν.

10.16. Ἡ ὗς καὶ τῶν ἰδίων τέκνων ὑπὸ τῆς λαιμαργίας ἀφειδῶς ἔχει, καὶ μέντοι καὶ ἀνθρώπου σώματι ἐντυχοῦσα οὐκ ἀπέχεται, ἀλλ' ἐσθίει. ταύτῃ τοι καὶ ἐμίσησαν Αἰγύπτιοι τὸ ζῷον ὡς μυσαρὸν καὶ πάμβορον. φιλοῦσι δὲ οἱ φρόνιμοι καὶ τῶν ἀλόγων τὰ πραότερα καὶ φειδοῦς ἅμα καὶ εὐσεβείας μετειληχότα προτιμᾶν. Αἰγύπτιοι γοῦν τοὺς πελαργοὺς καὶ προσκυνοῦσιν, ἐπεὶ τοὺς πατέρας γηρωκομοῦσι καὶ ἄγουσι διὰ τιμῆς. οἱ αὐτοὶ δὲ Αἰγύπτιοι καὶ χηναλώπεκας καὶ ἔποπας τιμῶσιν, ἐπεὶ οἳ μὲν φιλότεκνοι αὐτῶν, οἳ δὲ πρὸς τοὺς γειναμένους εὐσεβεῖς. ἀκούω δὲ καὶ Μανέθωνα τὸν Αἰγύπτιον σοφίας εἰς ἄκρον ἐληλακότα ἄνδρα

3 ἥδεται] ἥδετο **V** | νεόττια] νεώττια **V**‖ **4** λαγνείαν] ἐς λαγν. Ges., Her. | τὸ] τῷ **V** | αὐτοῦ] αὐτῷ **V**‖ **7** πως] πῶς **V**‖ **8** πεντακόσια] ἑπτακόσια ***β***‖ **12** ἴρηκι] ἵρηκι **LAH**, edd.‖ **14** ὁ—αὐτός] del. Her.‖ **16** ἣν] ἣν καὶ **V**‖ **18** δακτυλίων] δακτύλων **VPH**‖ **19** πάντας] πάντως **P**, Her.‖ **28** γηρωκομοῦσι] γηροκομοῦσι **L**, edd.

εἰπεῖν ὅτι γάλακτος ὑείου ὁ γευσάμενος ἀλφῶν ὑποπίμπλαται καὶ λέπρας· μισοῦσι δὲ ἄρα οἱ Ἀσιανοὶ πάντες τάδε τὰ πάθη. πεπιστεύκασι δὲ Αἰγύπτιοι τὴν ὗν καὶ ἡλίῳ καὶ σελήνῃ ἐχθίστην εἶναι. ὅταν δὲ Αἰγύπτιοι πανηγυρίζωσι τῇ σελήνῃ, θύουσιν αὐτῇ ἅπαξ τοῦ ἔτους ὗς, ἄλλοτε δὲ οὔτε ἐκείνῃ οὔτε ἄλλῳ τῳ τῶν θεῶν τόδε τὸ ζῷον ἐθέλουσι θύειν ὡς μυσαρόν. Ἀθηναῖοι δὲ ἐν τοῖς μυστηρίοις καταθύουσι τὰς ὗς καὶ μάλα δικαίως· λυμαίνονται γὰρ λήϊα, καὶ εἰσπηδήσασαι πολλάκις τοὺς μὲν κενοῦσι τῶν ἀσταχύων καὶ οὐδέπω ὡραίους κατακλῶσι, τοὺς δὲ ἐξορύττουσιν. Εὔδοξος δέ φησι [fr. 301 Lass.] φειδομένους τοὺς Αἰγυπτίους τῶν ὑῶν μὴ θύειν αὐτάς, ἐπεὶ τοῦ σίτου σπαρέντος ἐπάγουσι τὰς ἀγέλας αὐτῶν. αἳ δὲ πατοῦσι τοὺς πυροὺς καὶ εἰς ὑγρὰν τὴν γῆν ὠθοῦσιν, ἵνα μείνῃ ἔμβιος καὶ μὴ ὑπὸ τῶν ὀρνίθων ἀναλωθῇ.

10.17. Ἀποσπώμενοι τῆς συνήθους γῆς οἱ ἐλέφαντες, καὶ ἐὰν ἡμερωθῶσι τὰ μὲν πρῶτα τοῖς δεσμοῖς καὶ τῷ λιμῷ, τὰ δὲ ἐπὶ τούτοις ταῖς τροφαῖς καὶ τῷ ποικίλῳ αὐτῶν, ὅμως τὸ φίλτρον τῆς θρεψαμένης χώρας οὐκ ἂν αὐτοῖς ποτε ἐξίτηλον γένοιτο. οἱ πλεῖστοι γοῦν ὑπὸ τῆς λύπης διαφθείρονται, ἤδη δέ τινες καὶ κλαίοντες ἀστακτὶ καὶ ἀμέτροις τοῖς δακρύοις ἐπηρώθησαν τὴν ὄψιν. εἰσάγονται δὲ εἰς τὰς ναῦς διὰ γεφύρας, παρ' ἑκάτερα αὐτῆς κλάδων τεθηλότων καὶ κομώντων μιγνυμένων καὶ ἄλλης ὕλης χλωρᾶς διατεινομένης εἰς ἀπάτην τῶν θηρίων· εἰ γὰρ ταῦτα ὁρῷεν οἱ ἐλέφαντες, ἔτι καὶ τότε διὰ τῆς γῆς ἰέναι σφᾶς αὐτοὺς δοκοῦσιν, οὐδὲ ἐπιτρέπει ταῦτα ὁρᾶσθαι τὴν θάλατταν. βραχέα δέ ἐστι καὶ ἀγχιβαθῆ τὰ πρὸ τῆς χώρας, ἐξ ἧς ἀνάγκη πλεῖν

1 εἰπεῖν] om. **V** | ὁ] om. **A** ‖ 4 δὲ] οὖν Rei., Her. | Αἰγύπτιοι] del. Her. | τῇ σελήνῃ] τὴν σελήνην **A** ‖ 5 τῳ] τινα ut vid. **A** : τῷ **VH** ‖ 6 ὡς μυσαρόν] del. Her. 7 λυμαίνονται] λυμαίνοντα **V** ‖ 8 λήϊα] τὰ λήϊα **H**, edd. | εἰσπηδήσασαι] εἰσπηδήσασα **V** | κενοῦσι] κενοὺς **LPA** : νέους Her. | ἀσταχύων] σταχύων **LP** 11 ἐπάγουσι] ἀπάγουσι **V** ‖ 12 τοὺς πυροὺς] del. Her. ‖ 15 τοῖς] om. **V** | τῷ] om. **V** ‖ 16 ταῖς τροφαῖς] τῇ τροφῇ in mg. sec. m. **L** ‖ 19 ἀστακτὶ] ex corr. **LP** : ἀστακτεὶ (ante corr. **LP**) **A** : ἀστακτεῖ **V** | ἀμέτροις] ἀμέτρως **V** ‖ 20 αὐτῆς] αὐτοῖς **LA** ‖ 21 μιγνυμένων] πηγνυμένων Jac. in com., Her. | ἄλλης ὕλης] ὕλης ἄλλης **LA** : ὕλης ἄλλως **P** ‖ 22 διατεινομένης] διασειομένης Her. ‖ 23 ἔτι] eras. **L** (punctis del. **A**) | τότε] ex corr. **V** : τόγε **LPA** | σφᾶς αὐτοὺς] σφᾶς ἑαυτοὺς **VPAH** : del. Her. ‖ 24 θάλατταν] θάλασσαν **V** ‖ 25 ἀγχιβαθῆ] οὐκ ἀγχ. Ges. in mg., Jac., Her.

αὐτούς, καὶ αἱ ναῦς ἀφεστᾶσιν αἱ φορτίδες· καὶ διὰ ταῦτα τῆς γεφύρας δεῖ καὶ τῆς μηχανῆς τε καὶ ἐπιβουλῆς τῆς διὰ τῶν κλάδων καὶ τῆς ὕλης τῆς προειρημένης.

10.18. Ἀκούω τὸν κριὸν τὸ ζῷον ἓξ μηνῶν τῶν χειμεριωτάτων κατὰ τῆς ἀριστερᾶς πλευρᾶς κεῖσθαι καὶ καθεύδειν, ὅταν αὐτὸν αἱρῇ καὶ περιλαμβάνῃ ὕπνος, ἀπὸ δὲ τῆς ἐαρινῆς ἰσημερίας ἔμπαλιν ἀναπαύεσθαι, κατὰ δὲ τῆς δεξιᾶς κεῖσθαι. οὐκοῦν καθ' ἑκατέραν ἰσημερίαν τὴν κατάκλισιν ἀμείβει ὁ κριός.

10.19. Τοὺς ἰχθῦς τοὺς φάγρους Συηνῖται μὲν Αἰγυπτίων ἱεροὺς νομίζουσιν, οἱ δὲ οἰκοῦντες τὴν καλουμένην Ἐλεφαντίνην τοὺς μαιώτας· φῦλον δὲ ἄρα καὶ τοῦτο ἰχθύων. ἡ δὲ εἰς ἑκάτερον τὸ γένος ἐξ ἀμφοτέρων τιμὴ τὴν γένεσιν εἴληφεν ἐντεῦθεν. ἀνιέναι καὶ ἀναπλεῖν τοῦ Νείλου μέλλοντος οἳ δὲ προθέουσί τε καὶ νήχονται, οἱονεὶ τοῦ νέου ὕδατος ἄγγελοι, καὶ τὰς τῶν Αἰγυπτίων ἀνηρτημένας γνώμας προευφραίνουσι καλαῖς ἐλπίσι, τὴν ἐπιδημίαν τοῦ ῥεύματος πρῶτοι συνιέντες καὶ θαυμαστῇ τινι φύσει προμαντευόμενοι ἐκεῖνοί γε. ἤδη δὲ καὶ τοῦτο ὑπὲρ τῆς εἰς αὐτοὺς τιμῆς φιλοῦσι προστιθέναι οἱ προειρημένοι, λέγοντες αὐτοὺς διαμένειν ἀλλήλων ἀγεύστους.

10.20. Γίνονται δὲ ἄρα ἐν τῇ Ἐρυθρᾷ θαλάττῃ κόγχαι καὶ ἕτεραι, οὐ λεῖαι τὰ ὄστρακα, ἀλλὰ ἔχουσαί τινας ἐντομὰς καὶ κοιλάδας. ὀξεῖαι δὲ αὗται τὰ χείλη εἰσί, καὶ συνιοῦσαι εἰς ἀλλήλας ἐμπίπτουσι, παραλλὰξ ἐντιθεῖσαι τὰς ἐξοχάς, ὡς δοκεῖν δύο πριόνων συνιέντων τοὺς κυνόδοντας εἰς ἀλλήλους συνέρχεσθαι. οὐκοῦν τῶν ἁλιέων ὅτου ἂν νηχομένου λάβωνται καὶ δάκωσιν ὁτιοῦν μέρος, ἀποκόπτουσιν, εἰ καὶ ὀστέον ὑπείη τῷ μέρει τῷ δηχθέντι, καὶ κατὰ ἄρθρου μέντοι δακοῦσαι καὶ τοῦτο ἀπέκοψαν, καὶ εἰκότως· τομώτατον γάρ ἐστι τὸ δῆγμα.

1 αὐτούς] αὐτὰς **A** ‖ 4 τῶν] del. Her. ‖ 6 αἱρῇ] αἴρῃ **V** ‖ 7 κατὰ δὲ] καὶ κατὰ Her. ‖ 9 φάγρους] φάρους **V** | Αἰγυπτίων] del. Her. ‖ 12 εἴληφεν] εἴληχεν **LPH** 13 καὶ[1]] τε καὶ Her. ‖ 17 τῆς] ex corr. **P** : τοὺς **V** (ante corr. **P**) ‖ 20 τῇ—θαλάττῃ] τῇ θαλάσσῃ τῇ ἐρυ. **A** | θαλάττῃ] θαλάσσῃ **V** ‖ 22 αὗται] αὐταὶ **A** 23 ἐντιθεῖσαι] ἐντεθεῖσαι **V** ‖ 24 συνιέντων] συνιόντων **LAH** : del. Her. συνέρχεσθαι] ἐπέρχεσθαι **V** ‖ 25 ὅτου ἂν] ὅταν ἂν **V** | νηχομένου] νηχομένων **V** 26 ὁτιοῦν] ὅ τι οὖν **P**, Her.

10.21. Τοὺς κροκοδείλους Αἰγυπτίων οἳ μὲν σέβουσιν, ὡς Ὀμβῖται· καὶ οἷα ἡμεῖς τοὺς Ὀλυμπίους ἄγομεν θαυμαστούς, τοιαῦτα καὶ ἐκείνους ἐκεῖνοι. καὶ τῶν τέκνων γε αὐτοῖς ἐξαρπαζομένων πολλάκις οἳ δὲ ὑπερήδονται, καὶ αἵ γε μητέρες τῶν δειλαίων γάννυνται καὶ σεμναὶ περιΐασιν, οἷα δήπου τεκοῦσαι θεῷ βορὰν καὶ δεῖπνον. Ἀπολλωνοπολῖται δὲ Τεντυριτῶν μοῖραι, σαγηνεύουσι μὲν τοὺς κροκοδείλους, καὶ τῶν περσεῶν (φυτὰ δέ ἐστιν ἐπιχώρια) ἐξαρτήσαντες μετεώρους μαστιγοῦσί τε πολλαῖς, καὶ ταῖς ἐξ ἀνθρώπων ξαίνουσι κνυζομένους καὶ δακρύοντας, εἶτα μέντοι κατακόπτουσιν αὐτοὺς καὶ σιτοῦνται. κύει δὲ ἄρα τὸ ζῷον τοῦτο ἐν ἑξήκοντα ἡμέραις, καὶ τίκτει ᾠὰ ἑξήκοντα, καὶ τοσαύταις ἡμέραις θάλπει αὐτά, σφονδύλους τε ἔχει ἐπὶ τῆς ῥάχεως τοσούτους, νεύροις τε αὐτὸν τοσούτοις φασὶ διεζῶσθαι, λοχεία τε αὐτῶν ἐς τοσοῦτον πρόεισιν ἀριθμόν, καὶ ἔτη βιοῖ ἑξήκοντα (λέγω δὲ ἐγὼ ταῦτα Αἰγυπτίους φήμας τε καὶ πίστεις), πάρεστι δὲ καὶ ὀδόντας ἑξήκοντα τοῦδε τοῦ ζῴου ἀριθμεῖν, φωλεῦον δὲ ἄρα καθ' ἕκαστον ἔτος ἑξήκοντα ἡμερῶν ἀτρεμεῖ τε καὶ ἀτροφεῖ. τοῖς δὲ Ὀμβίταις καὶ συνήθεις εἰσί, καὶ μέντοι καὶ ὑπακούουσι καλούντων αὐτῶν οἱ τρεφόμενοι ἐν ταῖς λίμναις ταῖς ὑπ' αὐτῶν πεποιημέναις. κομίζουσι δὲ ἄρα αὐτοῖς κεφαλὴν τῶν ζῴων τῶν θυομένων (αὐτοὶ γὰρ οὐκ ἂν γεύσαιντο τοῦδε τοῦ μέρους) καὶ ἐμβάλλουσιν αὐτάς, οἳ δὲ περὶ ταύταις πηδῶσιν. οἵ γε μὴν Ἀπολλωνοπολῖται μισοῦσι κροκόδειλον, λέγοντες τὸν Τυφῶνα ὑποδῦναι τὴν τούτου μορφήν. οἳ δὲ οὐ ταύτην φασὶ τὴν αἰτίαν, Ψαμμύνθου δὲ βασιλέως ἀγαθοῦ καὶ δικαίου ἐς τὰ ἔσχατα ἁρπάσαι θυγατέρα κροκόδειλον, εἶτα μέντοι μνήμῃ τοῦ τότε πάθους μισεῖν τὸ φῦλον αὐτῶν πᾶν καὶ τοὺς κάτω τοῦ χρόνου γεγενημένους.

2 τοὺς Ὀλυμπίους] malit Jac. in com. : τοὺς θεοὺς τοὺς Ὀλυ. edd. | θαυμαστούς] om. **V** ‖ **5** περιΐασιν] περιάσιν **V** ‖ **7** μοῖραι] μοῖρα Hem., Her. | μὲν] del. Her. **8** φυτὰ δέ] δὲ φυτὰ **V** ‖ **9** πολλαῖς—ταῖς] πολλὰς καὶ τὰς Cob. (1858), Her. **10** κνυζομένους] κνυζωμένους Cob. (1858), Her. ‖ **14** αὐτῶν] αὐτῷ Her. **15** λέγω—ἐγὼ] ἐγὼ δὲ **V** : λέγω δὲ Her. ‖ **20** αὐτῶν] αὐτὸν **V** ‖ **21** κεφαλὴν] κεφαλὰς **LAH**, edd. ‖ **22** ἐμβάλλουσιν] ἐκβάλλ. **VA** ‖ **24** Τυφῶνα] τύφωνα **LA** **25** Ψαμμύνθου] ψαμμύθου **VPAH** : Ψαμμύντου Her. (Ψαμμηνίτου? Her. in app.) : Ψαμμιτίχου Boch. ‖ **26** ἔσχατα] ἔχοντα **A** ‖ **27** τότε] τόγε **A** **28** γεγενημένους] γεγεννημ. **A**

10.22. Βαρκαῖοι (γένος δὲ τοῦτο Ἑσπέριον) τῶν ἀποθνησκόντων νόσῳ τοὺς νεκροὺς ὑβρίζοντες ὡς ἀνάνδρως καὶ μαλακῶς τεθνεώτων θάπτουσι πυρί, τοὺς δὲ ἐν πολέμῳ τὸν βίον καταστρέψαντας ὡς καλοὺς καὶ ἀγαθοὺς καὶ ἀρετῆς μετειληχότας γυψὶ προβάλλουσιν, ἱερὸν τὸ ζῷον εἶναι πεπιστευκότες. Ῥωμύλος δὲ ἄρα ἐν τῷ Παλλαντίῳ λόφῳ δώδεκα γυψὶν οἰωνισάμενος, ὡς ἀγαθῆς τῆς μαντείας ἔτυχεν, ἀμειβόμενος τῶν ὀρνίθων τὸν ἀριθμόν, τοὺς Ῥωμαίων ἄρχοντας ἰσαρίθμους τοῖς τότε ὀφθεῖσιν ὄρνισι προπορεύειν ῥάβδους ἐνομοθέτησεν. Αἰγύπτιοι δὲ Ἥρας μὲν ἱερὸν ὄρνιν εἶναι πεπιστεύκασι τὸν γῦπα, κοσμοῦσι δὲ τὴν τῆς Ἴσιδος κεφαλὴν γυπὸς πτεροῖς, καὶ τοῖς τῶν προπυλαίων ὀρόφοις ὑπετόρευσαν γυπῶν πτέρυγας. εἶπον δὲ καὶ ἀνωτέρω [1.45; 2.46; 3.7; 4.19; 5.48; 5.50; 6.46] ὑπὲρ τοῦδε τοῦ ζῴου πολλά, ἕτερα μέντοι.

10.23. Ἐν τῇ Κοπτῷ τῇ Αἰγυπτίᾳ τὴν Ἶσιν σέβουσιν Αἰγύπτιοι ταῖς τε ἄλλαις ἱερουργίαις καὶ μέντοι καὶ τῇ παρὰ τῶν πενθουσῶν ἢ τοὺς ἄνδρας τοὺς σφετέρους ἢ τοὺς παῖδας ἢ τοὺς ἀδελφοὺς λατρείᾳ τε καὶ θεραπείᾳ. ὄντων δὴ σκορπίων ἐνταῦθα μεγέθει μὲν μεγίστων, πληγῇ δὲ ὀξυτάτων, πείρᾳ γε μὴν σφαλερωτάτων (παίσαντες γὰρ ἀναιροῦσι παραχρῆμα), καὶ μηχανὰς μυρίας εἰς τὴν ἐξ αὐτῶν φυλακὴν μηχανωμένων τῶν Αἰγυπτίων, ἀλλὰ αἵ γε πενθοῦσαι παρὰ τῇ θεῷ καὶ χαμαὶ καθεύδουσαι καὶ ἀνυπόδητοι βαδίζουσαι καὶ μόνον οὐ πατοῦσαι τοὺς προειρημένους σκορπίους εἶτα μέντοι ἀπαθεῖς διαμένουσι. σέβουσι δὲ ἄρα οἱ αὐτοὶ Κοπτῖται καὶ θηλείας δορκάδας καὶ ἐκθεοῦσιν αὐτάς, τοὺς δὲ ἄρρενας καταθύουσιν. ἄθυρμα δὲ εἶναι τὰς θηλείας τῆς Ἴσιδός φασιν.

10.24. Ὁ κροκόδειλος (καὶ μέντοι καὶ ταῦτα πρὸς τοῖς ἤδη διηνυσμένοις ὑπὲρ τοῦ ζῴου ἀκήκοα) φύσει δειλός ἐστι καὶ

1 Βαρκαῖοι] Βακκαῖοι Boch., Her. | τοῦτο] τοῦτό ἐστιν *β* | ἀποθνησκόντων] ἀποθανόντων **A** ‖ **3** τεθνεώτων] τεθνηῶτας **V** ‖ **5** προβάλλουσιν] προσβάλλουσιν **V** ‖ **6** Παλλαντίῳ] παλαντίῳ **VH** ‖ **7** ἀμειβόμενος] μιμούμενος Her. ‖ **8** τοὺς—ἄρχοντας] τοὺς ῥωμαίους ἄρχοντας **LP** : τῶν Ῥωμαίων ἀρχόντων Her. ‖ **9** προπορεύειν] προπομπεύειν Her. | ῥάβδους] ῥάβδοις **LPA** **10** γῦπα] γύπα **VPAH** ‖ **11** τοῖς] om. **LPA** ‖ **12** ὑπετόρευσαν] ἐνετόρευσαν Her. ‖ **16** παρὰ] περὶ **VH** ‖ **20** σφαλερωτάτων] φανερωτάτων **V** ‖ **26** τοὺς] τὰς **VH** ‖ **29** ἀκήκοα] προσακήκοα *β*

κακοήθης δὲ καὶ πανοῦργος δεινῶς· καὶ ἁρπάζει μὲν καὶ ἐπιβουλεύει μάλα ὀξέως, πέφρικε δὲ τοὺς κτύπους πάντας, δέδοικε δὲ καὶ ἀνθρώπου βιαιοτέραν βοήν, καὶ μέντοι καὶ τοὺς εὐθαρσέστερον ἐπιόντας ὀρρωδεῖ ἰσχυρῶς. οἱ τοίνυν καλούμενοι κατὰ τὴν Αἴγυπτον Τεντυρῖται ἴσασι καὶ ὅθεν εὐχείρωτόν ἐστι τὸ θηρίον· μάλιστα δ' ἂν τρωθείη εἰς δέον ὀφθαλμοὺς βληθεὶς ἢ μασχάλας καὶ μέντοι καὶ τὴν νηδύν. νῶτα δὲ πέφυκε καὶ τὴν οὐρὰν ἄρρηκτος· λεπίσι τε γὰρ καὶ φολίσι πέφρακται καὶ ὡς ἂν εἴποι τις ὥπλισται, καὶ ἐοίκασιν ὀστράκοις καρτεροῖς ἢ κόγχαις. οἱ τοίνυν προειρημένοι θηραταὶ οὕτως εἰσὶ φιλοπόνηροι πρὸς τὴν κατ' αὐτῶν ἔχθραν, ὡς τὸν ἐκεῖθι ποταμὸν εἰρήνην ἄγειν αὐτῶν βαθυτάτην. ἐνταῦθά τοι καὶ θαρροῦντες νήχονται, καὶ ἀθύρουσιν ἐν τῇ νήξει. ἐν Ὄμβροις δὲ ἢ Κοπτίταις ἢ Ἀρσενοΐταις οὐδ' ἀπονίψασθαι πόδας ῥᾴδιον, οὐδὲ ἀρύσασθαι ὕδωρ εὔκολον· ἀλλ' οὐδὲ ταῖς ὄχθαις τοῦ ποταμοῦ ἔστιν ἐμβαδίσαι ἐλευθέρως καὶ ἀφυλάκτως. σέβουσι δὲ οἱ Τεντυρῖται ἱέρακας. οὐκοῦν οἱ Κοπτὸν οἰκοῦντες ὡς κροκοδείλων πολεμίους λυπεῖν προῃρημένοι πολλάκις ἀνασταυροῦσιν ἱέρακας. εἰκάζουσι δὲ τὸν μὲν κροκόδειλον ἐκεῖνοι ὕδατι, ἔνθεν τοι καὶ σέβουσιν· οἳ δὲ τὸν ἱέρακα πυρί, ταύτῃ τοι καὶ προσκυνοῦσι· μαρτύριόν τε ἐπάγουσιν ἀπότομον, αὐτῶν εἶναι λέγοντες πῦρ καὶ ὕδωρ ἀμιγές. ταῦτ' οὖν τερθροῦντες Αἰγύπτιοί φασιν.

10.25. Ὄασιν τὴν Αἰγυπτίαν διελθόντι ἀπαντᾷ ἑπτὰ ἡμερῶν ὅλων ἐρημία βαθυτάτη. μετὰ δὲ ταύτην Κυνοπρόσωποι νέμονται ἄνθρωποι κατὰ τὴν ὁδὸν εἰς Αἰθιοπίαν τὴν ἄγουσαν. ζῶσι δὲ ἄρα οὗτοι θηρῶντες δορκάδας τε καὶ βουβαλίδας, ἰδεῖν γε μὴν μέλανές εἰσι, κυνὸς δὲ ἔχουσι τὴν κεφαλὴν καὶ τοὺς ὀδόντας. ἐπεὶ δὲ ἐοίκασι τῷδε τῷ ζῴῳ, καὶ μάλα γε εἰκότως αὐτῶν ἐνταυθοῖ τὴν μνήμην ἐποιησάμην. φωνῆς γοῦν ἀμοιροῦσι, τρίζουσι δὲ ὀξύ·

2 δέδοικε] ἐδεδοίκει **LPA** ‖ 6 ὀφθαλμοὺς] ὀφθαλμὸν **V** ‖ 7 νῶτα] τὰ νῶτα Schn., Her. ‖ 8 τε γὰρ] μὲν γὰρ τε ***β*** ‖ 10 θηραταὶ] θηρ. αὐτῶν ***β***: del. Her. φιλοπόνηροι] φιλόπονοι Jac. in app., Her. | κατ'] del. Her. ‖ 11 ἔχθραν] θηράν Her. | αὐτῶν βαθυτάτην] βαθ. αὐτ. **V** ‖ 13 Ὄμβροις] Ὀμβίταις Ges., Her. 21 ἀπότομον—εἶναι] loc. corrupt., Her. in app. ‖ 22 τερθροῦντες] πενθοῦντες ***β***: τερατολογοῦντες Her. ‖ 24 νέμονται ἄνθρωποι] ἀνθ. νέμ. **V** ‖ 25 εἰς—ἄγουσαν] εἰς αἰθ. ἄγου. **A** : εἰς τὴν αἰθ. τὴν ἄγου. **P** : τὴν ἄγου. εἰς αἰθ. **H** : τὴν ἐς Αἰθ. ἄγου. Jac., Her. ‖ 29 γοῦν] γὰρ **V** : δ' οὖν Her.

κάτεισι δὲ ὑπὸ τὴν ὑπήνην αὐτοῖς γένειον, ὡς εἰκάσαι τοῖς τῶν δρακόντων αὐτό. αἱ δὲ χεῖρες αὐτῶν ὄνυξιν ἰσχυροῖς καὶ ὀξυτάτοις εἰσὶ τεθηγμέναι· τὸ δὲ πᾶν σῶμα δασεῖς πεφύκασι, κατὰ τοὺς κύνας καὶ τοῦτο. ὤκιστοι δέ εἰσι καὶ ἴσασι τὰ ἐν τοῖς τόποις ὕδατα. ἐνταῦθά τοι καὶ δυσάλωτοι δοκοῦσιν.

10.26. Τῷ λύκῳ ὁ τράχηλος εἰς βραχὺ συνῆκται. οὔκουν οἷός τέ ἐστιν ἐπιστραφῆναι, ὁρᾷ δὲ ἐς τὸ πρόσω ἀεί· εἰ δὲ βούλοιτό ποτε εἰς τοὐπίσω θεάσασθαι, πᾶς ἐπιστρέφεται. ὀξυωπέστατον δέ ἐστι ζῴων, καὶ μέντοι καὶ νύκτωρ καὶ σελήνης οὐκ οὔσης ὃ δὲ ὁρᾷ. καὶ ὅτε πᾶσίν ἐστι σκότος, ἐκεῖνος βλέπει. ἔνθεν τοι καὶ λυκόφως κέκληται ὁ καιρὸς οὗτος τῆς νυκτός, ἐν ᾧ μόνος ἐκεῖνος τὸ φῶς ὑπὸ τῆς φύσεως προσλαβὼν ἔχει. δοκεῖ δέ μοι καὶ Ὅμηρος λέγειν [*Il.* 7.433] ἀμφιλύκην νύκτα καθ' ἣν ἤδη βλέποντες λύκοι βαδίζουσι. λέγουσι δὲ φίλον Ἡλίῳ εἶναι αὐτόν, καὶ διὰ ταῦτα εἰς τιμὴν τὴν τοῦ ζῴου κεκλῆσθαι καὶ τὸν ἐνιαυτὸν λυκάβαντα εἰσὶν οἳ λέγουσι. χαίρειν δὲ αὐτῷ καὶ τὸν Ἀπόλλω λόγος, καὶ ἡ αἰτία ἐκείνη διαρρέουσα καὶ εἰς ἐμὲ ἀφίκετο. τὸν γάρ τοι θεὸν τοῦτον τεχθῆναί φασι τῆς Λητοῦς μεταβαλούσης τὸ εἶδος εἰς λύκαιναν. ταύτῃ τοι λέγει καὶ Ὅμηρος εἰπὼν [*Il.* 4.101] λυκηγενέϊ κλυτοτόξῳ· ταύτῃ τοι καὶ ἐν Δελφοῖς ἀνακεῖσθαι λύκον πέπυσμαι χαλκοῦν τὴν τῆς Λητοῦς ὠδῖνα αἰνιττόμενον. οἳ δὲ οὐ διὰ τοῦτό φασιν ἀλλὰ ἐπεὶ κλαπέντα ἀναθήματα ἐκ τοῦ νεὼ καὶ κατορυχθέντα ὑπὸ τῶν ἱεροσύλων λύκος τὸ ζῷον κατεμήνυσε, παρελθὼν εἰς τὸν νεὼν καὶ τῶν προφητῶν τινα τῆς ἐσθῆτος τῆς ἱερᾶς ἑλκύσας τῷ στόματι καὶ προσαγαγὼν μέχρι τοῦ τόπου ἐν ᾧ τὰ ἀναθήματα ἐκέκρυπτο εἶτα τοῖς προσθίοις ὤρυττεν αὐτόν.

10.27. Κώμη Αἰγυπτία Χουσαὶ τὸ ὄνομα (τελεῖ δὲ ἐς τὸν Ἑρμουπολίτην νομόν, καὶ μικρὰ μὲν δοκεῖ, χαρίεσσα μήν), ἐν

1 ὑπὸ] εἰς **V** ‖ 5 ὕδατα] δύσβατα Her. | ἐνταῦθά] ἐντεῦθέν Ges., Her. δυσάλωτοι] δυσάλωτα **VP** ‖ 6 συνῆκται] συνῆπται **A** | οὔκουν] οὐκοῦν **PA** 9 ζῴων] ζῷον ***β***|νύκτωρ] νυκτός **A**|καὶ⁴—10 βλέπει] del. Her.‖ 12 προσλαβὼν] (in mg. **L**) **PH**, Jac. : προλαβὼν **LA** : λαβὼν **V** : λαχὼν Her. ‖ 13 ἤδη] δὴ Her. 14 τὴν] om. **V** ‖ 16 ἐκείνη] del. Her. ‖ 19 εἰπὼν] del. Her. ‖ 21 αἰνιττόμενον] αἰνιττόμενοι **LP** ‖ 23 τὸ ζῷον] del. Her. | παρελθὼν] παρ. γὰρ Her. | εἰς] ἐς **V** 25 προσαγαγὼν] προαγαγὼν **V**‖ 27 Κώμη] Κόμη **PA**|Χουσαὶ] χουσσαὶ **VPH** ἐς] εἰς **PH** ‖ 28 Ἑρμουπολίτην] Ἑρμοπολίτην malit Her. in app. | μήν] γε μήν Her.

ταύτῃ σέβουσιν Ἀφροδίτην Οὐρανίαν αὐτὴν καλοῦντες. τιμῶσι δὲ καὶ θήλειαν βοῦν, καὶ τὴν αἰτίαν ἐκείνην λέγουσι. πεπιστεύκασιν αὐτὰς προσήκειν τῇδε τῇ δαίμονι· ποίαν γὰρ εἰς ἀφροδίσια ἰσχυρὰν ἔχει ἐκεῖνος βοῦς θῆλυς, καὶ ὀργᾷ τοῦ ἄρρενος μᾶλλον. ἀκούσασα γοῦν τοῦ μυκήματος εἰς τὴν μίξιν θερμότατα ἐξηνέμωται καὶ ἐκπέφλεκται. καὶ οἱ ταῦτά γε συνιδεῖν δεινοὶ καὶ ἀπὸ τριάκοντα σταδίων ἀκούειν ταύρου βοῦν ἐρωτικὸν σύνθημα καὶ ἀφροδίσιον μυκωμένου φασί. καὶ αὐτὴν δὲ τὴν Ἶσιν Αἰγύπτιοι βούκερων καὶ πλάττουσι καὶ γράφουσιν.

10.28. Σάλπιγγος ἦχον βδελύττονται Βουσιρῖται καὶ Ἄβυδος ἡ Αἰγυπτία καὶ Λύκων πόλις· καὶ λέγουσι τὴν αἰτίαν, ἐπεί πως ἔοικεν ὄνῳ βρωμωμένῳ. ἀλλὰ καὶ ὅσοι περὶ τὴν θρησκείαν ἔχουσι τὴν τοῦ Σαράπιδος μισοῦσι τὸν ὄνον. τοῦτό τοι καὶ Ὦχος ὁ Πέρσης εἰδὼς ἀπέκτεινε μὲν τὸν Ἆπιν, ἐξεθέωσε δὲ τὸν ὄνον, ἐς τὰ ἔσχατα λυπῆσαι θέλων τοὺς Αἰγυπτίους. ἔδωκε δὲ ἄρα καὶ αὐτὸς δίκας τῷ ἱερῷ βοῒ οὐ μεμπτὰς οὐδὲ ἥττονας Καμβύσου τοῦ πρώτου τὴν θεοσυλίαν ταύτην τετολμηκότος. μισοῦσι δὲ οἱ αὐτοὶ θεραπευταὶ τοῦ Διὸς τοῦ προειρημένου καὶ τὸν ὄρυγα. τὸ δὲ αἴτιον, ἀποστραφεὶς πρὸς τὴν ἀνατολὴν τὴν τοῦ ἡλίου τὰ περιττὰ τῆς ἑαυτοῦ τροφῆς ἐκθλίβει φασὶν Αἰγύπτιοι. λέγουσι δὲ οἱ Πυθαγόρειοι, ὡς λόγος, ὑπὲρ τοῦ ὄνου καὶ ἐκεῖνα, μόνον τοῦτον τῶν ζῴων μὴ γεγονέναι κατὰ ἁρμονίαν· ταύτῃ τοι καὶ πρὸς τὸν ἦχον τὸν τῆς λύρας εἶναι κωφότατον. ἤδη δὲ αὐτόν τινες καὶ τῷ Τυφῶνι προσφιλῆ γενέσθαι φασί. λέγουσι δὲ καὶ ἐκείνην αἰτίαν τῷ ὄνῳ προσάπτειν πρὸς τοῖς προειρημένοις. πᾶν τὸ εὖ γενόμενον τετίμηται, ἐναντίως δὲ ἄρα πρὸς ταῦτα πέφυκε τὸ ζῷον τοῦτο. δίδυμα γοῦν ὄνον τεκοῦσαν οὐ ῥᾳδίως μέμνηταί τις λόγος.

10.29. Ἴδιον δὲ ἐν Αἰγυπτίοις λόγοις ἴβεως καὶ ἐκεῖνο προσακήκοα. ὅταν ὑποκρύψηται τὴν δέρην καὶ τὴν κεφαλὴν τοῖς ὑπὸ τῷ στέρνῳ πτεροῖς, τὸ τῆς καρδίας σχῆμα ἀπεμάξατο. ἄλλως

4 ἐκεῖνος] del. Her. ‖ 6 καὶ[1]] τε καὶ **PH** ‖ 10 Βουσιρῖται] βουσιρίται **VPA** 11 καὶ[2]—αἰτίαν] del. Her. ‖ 12 βρωμωμένῳ] βρομωμένῳ **VAH** ‖ 21 ὡς λόγος] del. Her. | ἐκεῖνα] ἐκεῖνο Her. ‖ 22 μὴ] om. **V** ‖ 24 γενέσθαι] γεγονέναι **A**, Her. ἐκείνην] ἐκείνους **LPA** ‖ 25 πρὸς] παρὰ ***β*** | προειρημένοις] εἰρημένοις **V** | εὖ γενόμενον] εὖ γεινάμενον Trill. : εὔγονον Ges. in mg. : γόνιμον Her. 27 δίδυμα] δίδυμον **V** | τις] **L**, edd. : τις ὡς **VPAH** ‖ 30 ἄλλως—246,1 καὶ[1]] καὶ ἄλλως τε **V**

τε καὶ ὅτι εἰσὶ τοῖς ἐπὶ λύμῃ καὶ ἀνθρώπων καὶ καρπῶν ζῴοις γεγενημένοις ἔχθισται ἤδη που καὶ ἄνω προεῖπον [1.38; 2.38]. μίγνυνται δὲ τοῖς στόμασι, καὶ παιδοποιοῦνται τὸν τρόπον τοῦτον. λέγουσι δὲ Αἰγύπτιοι (καὶ ἐμέ γε οὐ ῥᾳδίως ἔχουσι πειθόμενον), λέγουσι γοῦν τοὺς ταῖς ταριχείαις τῶν ζῴων, ἐφεστῶτας καὶ δεινοὺς τήνδε τὴν σοφίαν ὁμολογεῖν τὸ τῆς ἴβεως ἔντερον ἓξ εἶναι πήχεων καὶ ἐνενήκοντα. διαβαίνειν δὲ κατὰ πῆχυν αὐτὴν προσακήκοα βαδίζουσαν. σελήνης δὲ ἐκλιπούσης καταμύει, ἔστ' ἂν ἡ θεὸς αὖθις ἀναλάμψῃ. καὶ τῷ Ἑρμῇ δέ φασι τῷ πατρὶ τῶν λόγων φιλεῖται, ἐπεὶ ἔοικε τὸ εἶδος τῇ φύσει τοῦ λόγου· τὰ μὲν γὰρ μέλανα ὠκύπτερα τῷ τε σιγωμένῳ καὶ ἔνδον ἐπιστρεφομένῳ λόγῳ παραβάλλοιτο ἄν, τὰ δὲ λευκὰ τῷ προφερομένῳ τε καὶ ἀκουομένῳ ἤδη καὶ ὑπηρέτῃ τοῦ ἔνδον καὶ ἀγγέλῳ, ὡς ἂν εἴποις. ὡς μὲν οὖν μακροβιώτατόν ἐστι τὸ ζῷον καὶ δὴ εἶπον [cf. 6.58]· λέγει δὲ Ἀπίων [*FGrH* 616, fr. 12] καὶ ἐπάγεται τοὺς ἐν Ἑρμουπόλει ἱερέας μάρτυρας δεικνύντας οἱ ἶβιν ἀθάνατον. τοῦτο μὲν οὖν καὶ ἐκείνῳ δοκεῖ τῆς ἀληθείας ἀφεστάναι πάμπολυ, καὶ ἐμοὶ δὲ πάντως ἂν κατεφαίνετο ψευδές, εἰ καὶ ἐκείνῳ δοκεῖ. ἔστι δὲ τὴν φύσιν θερμότατον ἡ ἶβις, πολυβορώτατον γοῦν ὂν καὶ κακοβορώτατον, ἥγε ὄφεις σιτεῖται καὶ σκορπίους. ἀλλὰ τὰ μὲν πέττει ῥᾳδίως, τὰ δὲ εὐκολώτατα ἀποκρίνει. ἴδοι δ' ἄν τις νοσοῦσαν ἶβιν σπανιώτατα. πανταχοῦ δὲ καθιεῖσα ἶβις τὸ ῥάμφος, τῶν ῥυπαρῶν καταφρονοῦσα καὶ ἐμβαίνουσα αὐτοῖς ὑπὲρ τοῦ καὶ ἐκεῖθέν τι ἀνιχνεῦσαι, ὅμως δ' οὖν εἰς κοῖτον τρεπομένη λούει τε πρότερον αὑτὴν καὶ ἐκκαθαίρει. νεοττεύει δὲ ἐπὶ τῶν φοινίκων τοὺς αἰλούρους ἀποδιδράσκουσα· οὐ γάρ τί που ῥᾳδίως ἐκεῖνο τὸ ζῷον ἀναρριχᾶται καὶ ἀνέρπει κατὰ τοῦ φοίνικος, ἐκ τῶν ἐξοχῶν τῶν ἐπὶ τοῦ πρέμνου πολλάκις ἀντικρουόμενόν τε καὶ ἐκβαλλόμενον.

2 προεῖπον] εἶπον Her. ‖ **4** δὲ] δέ γε **LA** ‖ **5** γοῦν] δ' οὖν **H**, Her. ‖ **6** ἴβεως] ἴβιδος **LP** : ἴβιος **A** ‖ **8** ἐκλιπούσης] ἐκλειπούσης **VAH** ‖ **11** μέλανα] μέλαινα **V** **12** παραβάλλοιτο] παραβάλοιτ' **V** ‖ **16** Ἑρμουπόλει] Ἑρμοῦ πόλει edd. ‖ **18** ἂν] ἂν καὶ **LPA** | κατεφαίνετο] καταφαίνηται **VH** : καταφαίνοιτο Her. | ψευδές] ἀληθές in mg. tert. m. **L** | εἰ—δοκεῖ] del. Her. | δοκεῖ] ἐδόκει Jac. in app. (ἀληθές supplendum, Jac. in com.) ‖ **19** τὴν φύσιν] τῇ φύσει **L** ‖ **20** ἥγε] ex corr. **A** : εἴγε **P** (ante corr. **A**) **H** ‖ **23** τῶν] καὶ τῶν ***β*** ‖ **24** ἐκεῖθέν] ἐκεῖθι **V** ‖ **25** αὑτὴν] αὐτὴν **PAH** : ἑαυτὴν Her. ‖ **26** τί] τοι **A** | ἐκεῖνο—27 ζῷον] τὸ ζῷον ἐκεῖνο **V**

10.30. Καὶ ἐκεῖνα δὲ κυνοκεφάλων εἰπεῖν ἐπὶ στόμα μοι νῦν ἀφίκετο. εἰ λάβοι τινὰ ἕκαστος τρωκτὰ σὺν τοῖς ὀστράκοις (ἀμυγδάλας φημὶ καὶ τὰς τῶν δρυῶν βαλάνους ἢ κάρυα), ἐκλέπει τε καὶ καθαίρει, καταγνὺς πρότερον πάνυ συνετῶς, καὶ οἶδεν ὅτι ἄρα τὸ μὲν ἔνδον ἐδώδιμόν ἐστι, τὰ δὲ ἔξω ἐκβάλλειν χρή. πίνει δὲ οἴνου, καὶ παραθέντος ἑφθὰ κρέα καὶ ὀπτὰ ἐμπίπλαται, καὶ τοῖς μὲν ἡδυσμένοις χαίρει, τοῖς δὲ ἀσπουδάστως ἑφθοῖς πάνυ ἄχθεται. φείδεται δὲ καὶ ἐσθῆτος ἐνδὺς αὐτήν, καὶ τὰ ἄλλα δρᾷ ὅσα ἀνωτέρω εἶπον [4.47]. θηλῇ δὲ γυναικὸς εἰ προσαγάγοις ἔτι νήπιον, σπάσει τοῦ γάλακτος ὡς παιδίον.

10.31. Τὴν δὲ θέρμουθιν ἀσπίδα, ᾗ ὄνομα ἔθεντο Αἰγύπτιοι τοῦτο, ἱερὰν εἶναί φασι, καὶ σέβουσιν αὐτὴν οἱ ἐκεῖθι, καὶ τῆς Ἴσιδος τὰ ἀγάλματα ἀναδοῦσι ταύτῃ, ὥς τινι διαδήματι βασιλείῳ. λέγουσι δὲ αὐτὴν ἐπὶ δηλήσει τῶν ἀνθρώπων καὶ βλάβῃ μὴ φῦναι· ἐκεῖνο δὲ τερατεύονται, φείδεσθαι μὲν αὐτὴν τῶν ἀγαθῶν, τοὺς δὲ ἀσεβοῦντας ἀποκτιννύναι. εἰ δὲ ταῦθ᾽ οὕτως ἔχει, τοῦ παντὸς ἂν ἡ Δίκη τιμήσαιτο τήνδε τὴν ἀσπίδα, τιμωροῦσαν αὐτῇ καὶ ὁρῶσαν ὀξύτατα. οἱ δὲ ἐπιλέγουσιν ὅτι ἡ Ἶσις τοῖς τὰ μέγιστα πλημμελήσασιν ἐπιπέμπει αὐτήν. λέγουσι δὲ αὐτὴν Αἰγύπτιοι μόνην ἀσπίδων ἀθάνατον εἶναι, ἑκκαίδεκα γένη καὶ διαφορότητας τοῦδε τοῦ ζῴου καταλέγοντες. ἔν τε τοῖς ἱεροῖς, ὡς αὐτοί φασι, καθ᾽ ἑκάστην γωνίαν θαλάμας τινὰς καὶ σηκώδεις ὑποδρομὰς ἐξοικοδομοῦντες εἶτα μέντοι θερμούθεις εἰσῴκιζον, στέαρ μόσχειον βορὰν παρατιθέντες ἐκ διαστημάτων.

10.32. Ἄκανθον τὸν ὄρνιν ἐκ τῶν τρεφουσῶν ἀκανθῶν λαβεῖν τὸ ὄνομα οἱ σοφοὶ τὰ ὀρνίθων φασί [cf. Alex. Mynd., fr. 22 Well.]. φθέγγεται δὲ ἄρα ἐκμελὲς καὶ ἄμουσον δεινῶς. λέγει δὲ

2 τινὰ ἕκαστος] κυνοκέφαλος Her. | τρωκτὰ] om. **V** ‖ 3 φημὶ] ex corr. **P** : φησὶ ***β*** (ante corr. **P**) | ἢ] καὶ edd. | ἐκλέπει] ἐκλέγει ***β*** ‖ 4 καταγνὺς] καὶ καταγνοὺς ***β*** (-γνὺς **H**) | ὅτι ἄρα] ἄρα ὅτι **V** ‖ 5 ἐκβάλλειν] ἐκβαλεῖν **PA** ‖ 6 παραθέντος] παραθέντων Her. ‖ 7 ἀσπουδάστως] ἀσπουδάστοις **VH** ‖ 9 θηλῇ] in mg. sec. m. ut vid. **L** : θηλὴν **LPA** | προσαγάγοις] προσαγάγῃς **V** ‖ 10 σπάσει] σπάσῃ **V** ‖ 18 ὀξύτατα] ὀξύτατον **LH** : ὀξύτερον **A** ‖ 19 πλημμελήσασιν] πλημμελήμασιν **V** ‖ 20 Αἰγύπτιοι] καὶ αἰγ. ***β***| ἀθάνατον] ἀθάνατα **V** ‖ 22 αὐτοί] οἱ αὐτοί Her. ‖ 23 θερμούθεις] θέρμουθις (ante corr. **L**) **A** : θέρμουθιν ex corr. ut vid. **L** : θερμουθὶς **PH** ‖ 24 μόσχειον] μόσχιον **V** ‖ 27 ἐκμελὲς] εὐμελὲς Ges. in mg. : ἐμμελὲς Jac. in app., Her.| ἄμουσον] εὔμουσον Ges. in mg., Her.

Ἀριστοτέλης [*HA* 610a6; fr. 270.33 Gig.], ἐὰν τοῦδε τοῦ ἀκάνθου καὶ μέντοι τοῦ καλουμένου αἰγιθάλλου τὸ αἷμα ἐς ταὐτὸν ἀγγεῖόν τις ἀναμίξῃ καὶ κεράσαι θελήσῃ, τὰ δὲ μὴ συνιέναι μηδ' ἑνοῦσθαι εἰς μίαν κρᾶσιν. ἱερόν τε εἶναι τὸν ἄκανθον τῶν δαιμόνων τῶν κατὰ τὴν ὁδὸν πομπευόντων καὶ ἀγόντων τοὺς ἀνθρώπους φασί.

10.33. Ὅτι σώφρων ἐστὶν ἡ τρυγὼν καὶ πλὴν τοῦ συννόμου, ὅτῳ καὶ συνῆλθεν ἐξ ἀρχῆς, μὴ ἄν ποτε ὁμιλήσῃ ἀσπαζομένη λέχος ὀθνεῖόν τε καὶ ἀλλότριον, ἄνω μοι λέλεκται [3.44]. ἀκούω δὲ τῶν ἀκριβούντων τὴν ὑπὲρ τῶν τοιούτων ἱστορίαν καὶ λευκὰς τρυγόνας φανῆναι πολλάκις. λέγουσι δὲ αὐτοὶ ἱερὰς εἶναι Ἀφροδίτης τε καὶ Δήμητρος, καὶ Μοιρῶν καὶ Ἐρινύων αὐτάς.

10.34. Ὤφθησάν ποτε καὶ χελιδόνες λευκαί, ὡς Ἀλέξανδρος ὁ Μύνδιός φησιν [cf. p. 526 Well.]. ἐν δὲ τῇ Ἀλεξάνδρου τοῦ Πύρρου παιδὸς σκηνῇ χελιδὼν νεοττεύουσα εἶτα μέντοι ἀτελῆ τὴν πρᾶξιν αὐτῷ ἐφ' ἥνπερ οὖν ὡρμᾶτο ὑπεσήμηνεν οὐ πάνυ τι οὖσαν ἀγαθήν. καὶ Ἀντιόχῳ δὲ νεοττεύουσα ἐν αὐτοῦ τὰ μέλλοντά οἱ ἀπαντήσεσθαι ὑπῃνίξατο· ἀνελθὼν γὰρ εἰς τοὺς Μήδους εἶτα μέντοι οὐκ ἐπανῆλθεν εἰς τοὺς Σύρους, ἀλλ' ἑαυτὸν κατά τινα ἔωσε κρημνόν. ὥρμητο δὲ ἄρα ἐπὶ πρᾶξιν οὐ χρηστὴν καὶ οὗτος. ἡνίκα δὲ ἐξέλιπε τὴν ἀκρόπολιν τὸ πρότερον Διονύσιος, συνανήχθησάν οἱ καὶ αἱ νεοττεύουσαι χελιδόνες ἐκεῖθι, καὶ ἐμαντεύοντο τὴν ἐπάνοδον. τιμᾶται δὲ ἡ χελιδὼν θεοῖς μυχίοις καὶ Ἀφροδίτῃ, μυχίᾳ μέντοι καὶ ταύτῃ.

10.35. Οἱ πέρδικες ὅταν ἐπῳάζωσι, προβάλλονταί τινας θάμνους καὶ δάση ἕτερα ἀποκρύπτουσαι ὑπὲρ τοῦ καὶ δρόσους καὶ ὄμβρους καὶ πᾶν ὅ τι ἂν ᾖ νοτερὸν ἀποστέγειν αὐτῶν. εἰ γὰρ

2 μέντοι] μέντοι καὶ Her. | αἰγιθάλλου] αἰγιθάλου **AH** : αἰγίθου Ges., Her. **4** κρᾶσιν] κράσιν **VPA** ‖ **7** ὁμιλήσῃ] ὁμιλήσειεν Her. ‖ **10** αὐτοὶ] αὐτὰς Her. ἱερὰς] νοερᾶς **V** ‖ **11** καὶ Μοιρῶν] Μοιρῶν δὲ Her. | Ἐρινύων] ἐριννύων **VA** αὐτάς] **H** : αὗται **LPA** : ταῦτα **V** : αἱ αὐταί Jac. in com. : τὰς ἄλλας Her. **13** Ἀλεξάνδρου] ἀλεξανδρίᾳ ex corr. **V** ‖ **16** νεοττεύουσα] ante voc. lac. stat. Her. (χελιδὼν coni. Her. in app.) | ἐν αὐτοῦ] om. **P** | αὐτοῦ] ante voc. lac. stat. Her. (τῇ σκηνῇ coni. Her. in app.) ‖ **18** οὐκ] om. **A** | εἰς] ἐς **LPA** | τινα] τινος Her. ἔωσε] ἔσωσε **LA** ‖ **19** κρημνόν] κρημνοῦ Her. ‖ **21** αἱ] om. **VH** | ἐμαντεύοντο] ἐμαντεύετο **V** ‖ **23** ταύτῃ] αὐτῇ **V** ‖ **25** ἀποκρύπτουσαι] del. Her. ‖ **26** ὄμβρους] ὄμβρον *β*|ᾖ] **H**, Her. : εἴη **VLPA**|νοτερὸν] νοερὸν **V**

διάβροχά πως γένοιτο, ἐὰν μὴ πάλιν ἡ τεκοῦσα ἐπιθάλψῃ αὐτὰ ἐπελθοῦσα ταχέως, γίνεται ἄγονα. ἀθρόα δὲ καὶ πεντεκαίδεκα ᾠὰ ἀποτίκτει. Παφλαγόνων δὲ ἄρα περδίκων διπλῆν ὁρᾶσθαι καὶ καρδίαν Θεόφραστός πού φησιν [fr. 182 Wimm.]. ἄθυρμα δὲ ὁ πέρδιξ τῆς Διὸς καὶ Λητοῦς ὥς ἐστιν ἄλλοι λέγουσιν [cf. Ath. IX 390c; Alex. Mynd., p. 528 Well.].

10.36. Εἶπον μὲν καὶ ἀνωτέρω [2.32; 3.7; 5.34] περὶ τῶν κύκνων, εἰρήσεται δὲ ἄρα καὶ νῦν ὅσα οὐ πρότερον εἶπον. Ἀριστοτέλης λέγει [*HA* 615b3; fr. 270.34 Gig.] ἐν τῇ θαλάττῃ τῇ Λιβύων φανῆναί ποτε κύκνων ἀγέλην, καὶ ἀκουσθῆναί τι μέλος αὐτῶν ὡς ἐκ χοροῦ τινος ὁμοφώνου, πάνυ μὲν ἡδύ, γοερόν γε μήν, καὶ οἷον εἰς οἶκτον ἐπικλάσαι τοὺς ἀκούοντας. καί τινας ἐπὶ τῷ μέλει φησὶ φανῆναι τεθνεῶτας αὐτῶν. φίλος δὲ ἦν ἄρα ὁ κύκνος πηγαῖς τε καὶ τενάγεσι καὶ λίμναις καὶ ταῖς ὅσαι πεφύκασιν ὑδάτων ἐπίρροιαί τε καὶ ἀφθονίαι. ἐνταῦθα γοῦν καὶ τὰς ἑαυτοῦ μούσας αὐτὸν φιλοσοφεῖν οἱ σοφοὶ τούτων φασί.

10.37. Ἡ γλαὺξ ἐπί τινα πρᾶξιν σπουδῆς ἐχομένην ἀνδρὶ ὡρμημένῳ συνοῦσα καὶ ἐπιστᾶσα, οὐκ ἀγαθὸν σύμβολόν φασι. μαρτύριον δὲ καὶ ἐκεῖνο ἦν· ὁ Ἠπειρώτης Πύρρος νύκτωρ εὐθὺ τοῦ Ἄργους ᾔει, καὶ αὐτῷ ἐντυγχάνει ἥδε ἡ ὄρνις καθημένῳ μὲν ἐπὶ τοῦ ἵππου, φέροντι μὴν τὸ δόρυ ὀρθόν. εἶτα ἐπὶ τούτου ἑαυτὴν ἐκάθισεν, οὐδὲ ἀπέστη, δορυφοροῦσα οὐ χρηστὴν τὴν δορυφορίαν ἡ ὄρνις ἡ προειρημένη τήνδε. παρῆλθε γοῦν ὁ Πύρρος εἰς τὸ Ἄργος, καὶ ἀκλεέστατα ἀνθρώπων ἀπέθανεν. ἔνθεν μοι δοκεῖ καὶ Ὅμηρος [*Il.* 10.274] εἰδὼς καλῶς τῆς ὄρνιθος τὸ οὐδαμῇ εὐσύμβολον ἐρωδιὸν μὲν τὸν ἐκ τῶν ποταμῶν ἀνεῖναι τοῖς ἀμφὶ τὸν Διομήδην τὴν Ἀθηνᾶν φάναι, ὅτε ἀπῄεσαν κατασκεψόμενοι τὰ τῶν Τρώων, μὴ μέντοι τὴν γλαῦκα, εἰ καὶ δοκεῖ φίλη εἶναι αὐτῇ. ὅτι δὲ ἡ Ἰλιὰς γῆ ἔνδροσός τε καὶ κατάρρυτός ἐστιν, Ὅμηρος τεκμηριῶσαι ἱκανὸς ἐν τοῖς πρὸ τῆς τειχομαχίας [*Il.* 12.18].

1 ἐπιθάλψῃ] ὑποθάλψῃ Her. ‖ **3** καὶ] del. Rei., Her. ‖ **5** τῆς] τοῦ **A** | ἄλλοι] καὶ ἄλλοι ***β*** ‖ **9** θαλάττῃ] θαλάσσῃ **V** ‖ **11** ὁμοφώνου] ὁμοφωνίας **LPA** ‖ **13** ἦν ἄρα] ἄρα ἦν **VH** ‖ **14** ἐπίρροιαί] σύρροιαί Her. ‖ **17** πρᾶξιν—ἐχομένην] ex corr. **L** : πρᾶξιν σπουδῆς (-δῆν **A**) ἐχομένῳ (ante corr. **L**) **AH** : σπουδὴν **V**, Her. | ἀνδρὶ ὡρμημένῳ] ὡρμημένῳ ἀνδρὶ **V**, Her. ‖ **19** καὶ—ἦν] del. Her. | νύκτωρ] νυκτὸς **A** ‖ **20** ᾔει] εἴη **V** ‖ **21** φέροντι] φέροντί γε Her. ‖ **26** τῶν ποταμῶν] τοῦ ποταμοῦ **VA** ‖ **29** Ὅμηρος] ὁ μὲν ὅμη. **LA** : ὁ ὅμη. **P**

10.38. Φοβερός ἐστι καὶ ἰσχυρὸς τῷ καράβῳ πολύπους. ἐὰν γοῦν ἁλῶσί ποτε δικτύῳ ἑνί, οἱ κάραβοι τεθνήκασι παραχρῆμα. Λουσίας δὲ ποταμὸς ἐν Θουρίοις ὀνομάζεται, ὅσπερ οὖν ἔχει μὲν λευκότατον ὑδάτων αὐτὸς καὶ ῥεῖ διειδέστατα, τίκτει δὲ ἰχθῦς μέλανας ἰσχυρῶς.

10.39. Ἄμπελον ὁμώνυμον τῷ φυτῷ πάρδαλίν τινα οὕτω καλεῖσθαί φασι φύσεως ἰδίας παρὰ τὰς λοιπὰς μετειληχυῖαν, καὶ οὐρὰν οὐκ ἔχειν ἀκούω αὐτήν. ἥπερ οὖν εἰ ὀφθῇ γυναιξίν, εἰς νόσον ἐμβάλλει ἀδόκητον αὐτάς.

10.40. Ἐν τῇ Σκυθίᾳ γῇ γίνονται ὄνοι κερωφόροι, καὶ στέγει τὰ κέρατα ἐκεῖνα τὸ ὕδωρ τὸ Ἀρκαδικὸν τὸ καλούμενον τῆς Στυγός· τὰ δὲ ἄλλα ἀγγεῖα διακόπτει πάντα, κἂν ᾖ σιδήρου πεποιημένα. τούτων τοι τῶν κεράτων ὑπὸ Σωπάτρου κομισθῆναί φασιν Ἀλεξάνδρῳ τῷ Μακεδόνι, καὶ ἐκεῖνον πυνθάνομαι θαυμάσαντα εἰς Δελφοὺς ἀνάθημα ἀναθεῖναι τῷ Πυθίῳ τὸ κέρας, καὶ ὑπογράψαι ταῦτα [*App. Anth.* 3.99]·

σοὶ τόδ' Ἀλέξανδρος Μακεδὼν κέρας ἄνθετο, Παιάν,
κάνθωνος Σκυθικοῦ, σχῆμα τὸ δαιμόνιον,
ὃ Στυγὸς ἀχράντου Λουσηθίδος οὐκ ἐδαμάσθη
ῥεύματι, βάσταξεν δ' ὕδατος ἠνορέην.

Δημήτηρ δὲ ἄρα τὸ ὕδωρ ἀνῆκε τοῦτο πλησίον Φενεοῦ, τὴν δὲ αἰτίαν εἶπον ἀλλαχόθι [loc. ign.].

10.41. Εὐπόλιδι τῷ τῆς κωμῳδίας ποιητῇ [*PCG* V, test. 5] δίδωσι δῶρον Αὐγέας ὁ Ἐλευσίνιος σκύλακα ἰδεῖν ὡραῖον, Μολοττὸν τὸ γένος, καὶ καλεῖ τοῦτον ὁ Εὔπολις ὁμωνύμως τῷ δωρησαμένῳ αὐτόν. κολακευθεὶς οὖν ταῖς τροφαῖς, καὶ ἐκ τῆς συνηθείας ὑπαχθεὶς τῆς μακροτέρας, ἐφίλει τὸν δεσπότην ὁ Αὐγέας ὁ κύων. καί ποτε ὁμόδουλος αὐτῷ νεανίας, ὄνομα

1 καὶ ἰσχυρὸς] del. Her. | πολύπους] ὁ πολ. **A**, Her. ‖ **8** ὀφθῇ] ὀφθείη Schn., Her., fort. recte : ὤφθη Jac. in app. ‖ **9** ἐμβάλλει ἀδόκητον] ἀδό. ἐμβ. **V** **10** κερωφόροι] κερασφόροι edd. ‖ **13** κεράτων] κεράτων ἓν Her. ‖ **16** ταῦτα] τάδε **V** ‖ **17** τόδ'] edd. : τόδε codd. | ἄνθετο] edd. : ἀνέθετο codd. ‖ **18** σχῆμα τὸ] χρῆμά τι Kuh., Her. ‖ **19** ἀχράντου] ἀχράντῳ Bru., Her. | Λουσηθίδος] λουθησίδος **A** : Λουσιάδος Ges. : Λουσηΐδος Rein., Her. ‖ **20** δ'] δι' **V** : om. **P** **21** ἀνῆκε τοῦτο] τοῦτο ἀνῆκε **V** ‖ **25** τοῦτον] τοῦτο **V** | ὁμωνύμως] ὁμώνυμον **LPA** ‖ **27** ὑπαχθεὶς] ἀπαχθεὶς **V**

Ἐφιάλτης, ὑφαιρεῖται δράματά τινα τοῦ Εὐπόλιδος, ἃ οὐκ ἔλαθε κλέπτων, ἀλλὰ εἶδεν αὐτὸν ὁ κύων, καὶ ἐμπεσὼν ἀφειδέστατα δάκνων ἀπέκτεινε. χρόνῳ δὲ ὕστερον ἐν Αἰγίνῃ τὸν βίον ὁ Εὔπολις κατέστρεψε, καὶ ἐτάφη ἐνταῦθα· ὁ δὲ κύων ὠρυόμενός τε καὶ θρηνῶν τὸν τῶν κυνῶν θρῆνον, εἶτα μέντοι λύπῃ καὶ λιμῷ ἑαυτὸν ἐκτήξας ἀπέθανεν ἐπὶ τῷ τροφεῖ καὶ δεσπότῃ, μισήσας τὸν βίον ὁ κύων. καὶ ὅ γε τόπος καλεῖται μνήμῃ τοῦ τότε πάθους Κυνὸς Θρῆνος.

10.42. Μύρμηκος εἶδος θανατηφόρου φασὶν εἶναί τι, καὶ λαέρτην ὄνομα ἔχειν τόνδε τὸν μύρμηκα. καὶ σφῆκας δέ τινας ἐκάλουν λαέρτας. λέγει ταῦτα Τήλεφος ὁ κριτικὸς ὁ ἐκ τοῦ Μυσίου Περγάμου [*FGrH* 505, fr. 3].

10.43. Διὰ τοῦ θέρους τοῦ πυρωδεστάτου τὰ τῶν Αἰγυπτίων πεδία ὁ Νεῖλος ἐπικλύσας ὄψιν μὲν αὐτοῖς θαλάττης ἡπλωμένης καὶ λείας δίδωσι, καὶ ἁλιεύουσι κατὰ τῆς τέως ἀρουμένης Αἰγύπτιοι, καὶ πλέουσι σκάφαις ἐς ταύτην τὴν ὥραν καὶ τήνδε τὴν ἐπιδημίαν τοῦ ποταμοῦ πεποιημέναις. εἶτα ὃ μὲν ὑπονοστεῖ καὶ ἐς τὰ ἑαυτοῦ μέτρα ὑποστρέφει τὰ ἐκ τῆς φύσεώς οἱ αὐτῆς ἀεὶ νενομισμένα, ἰχθῦς δὲ ἐκεῖνοι χῆροι τοῦ πατρὸς καὶ ἔρημοι τοῦ ἀναπλεύσαντος ὕδατος ὑπαπολείπονται, ἐν ἰλύϊ βραχείᾳ τρεφόμενοι γεωργοῖς δεῖπνον. καὶ βιαιότερον μὲν εἰρήσεται, ἄμητος δ᾽ οὖν ἰχθύων οὗτός ἐστιν Αἰγύπτιος.

10.44. Γένη δὲ ἄρα καὶ τεττίγων οὐκ ὀλίγα ἦν, καὶ αὐτὰ οἱ δεινοὶ εἰδέναι ἀριθμοῦσι, καὶ ὀνόματα ᾄδουσιν αὐτῶν. ὁ μὲν γὰρ τεφρὰς ἐκ τῆς χρόας ὀνομάζεται, ὁ δὲ ἄρα μέμβραξ, τοῦτο ὁπόθεν οὐκ οἶδα, καὶ λακέτας δὲ ἦν ἄρα τέττιγος ὄνομα, καὶ κέρκωπα ἀκοῇ παρεδεξάμην καὶ ἀχέταν τινὰ καὶ ἀκανθίαν. ἐγὼ μὲν τοσαῦτα τεττίγων ἀκούσας γένη μέμνημαι· ὅτῳ δὲ καὶ πλείω τῶν προειρημένων εἰς γνῶσιν ἀφίκετο, λεγέτω ἐκεῖνος.

1 ἃ] καὶ Her. ‖ **9** τι] om. **V** ‖ **10** μύρμηκα] μύρ. τὸν προειρημένον ***β*** ‖ **11** κριτικὸς] κρὴς **LPA** ‖ **16** ἐς] εἰς **A** ‖ **18** τὰ² – ἀεὶ] in mg. iter. tert. m. **L** | αὐτῆς] ex corr. **L** : αὐτοῖς (fort. ante corr. **L**) **P** : τῆς **V** : τοῖς **AH** : del. Her. | ἀεὶ] del. Her. **19** ἐκεῖνοι] del. Her. ‖ **20** ὑπαπολείπονται] ὑπολείπονται **AH**, Her. | βραχείᾳ] παχείᾳ Her. ‖ **24** εἰδέναι] ταῦτα εἰδέναι Her. ‖ **25** τεφρὰς] τέφρας ***β*** | τοῦτο] del. Her. ‖ **26** καὶ¹ – ὄνομα] om. **V** | κέρκωπα] κέρκωπαν **L** : κερκώπαν **P** : κερκώπην Din., Her. ‖ **27** μὲν] μὲν οὖν Her.

10.45. Καὶ ταῦτα μέντοι κυνῶν προσακήκοα. τὰ σκυλάκια τυφλὰ τίκτεται, καὶ οὐχ ὁρᾷ τῆς μητρῴας ὠδῖνος προελθόντα. καὶ τρισκαίδεκα ἡμερῶν τῶν πρώτων κατείληπται τῷ πάθει τῷδε, ὅσων καὶ ἡ σελήνη οὐ φαίνει νύκτωρ, εἶτα μέντοι ζῴων ὀξυωπέστατος γίνεται ὁ κύων. τιμῶσι δὲ αὐτὸν Αἰγύπτιοι, καὶ νομόν τινα ἐκάλεσαν ἐξ αὐτοῦ, καὶ τῆς γε τιμῆς διπλῆν εἶναι τὴν αἰτίαν φασί, τὴν λέγουσαν ὅτι ἄρα τῆς Ἴσιδος ζητούσης πανταχόσε τὸν Ὄσιριν κύνες προηγούμενοι τὰ μὲν ἐπειρῶντο συνανιχνεύειν αὐτῇ τὸν παῖδα, τὰ δὲ ἀναστέλλειν τὰ θηρία· ἡ δὲ ἑτέρα, ὅτι ἄρα ἤδη μὲν ἀνατέλλει τὸ ἄστρον ὁ κύων, ὃν Ὠρίωνος ἡ φήμη γενέσθαι λέγει, συνανίσχει δὲ αὐτῷ τρόπον τινὰ καὶ ὁ Νεῖλος ἐπιὼν ἐς τὴν ἀρδείαν τῆς γῆς τῆς Αἰγυπτίας, καὶ ἀναχεῖται περὶ τὰς ἀρούρας. ὡς οὖν ἄγοντα τόδε τὸ γόνιμον ὕδωρ καὶ παρακαλοῦντα τιμῶσιν Αἰγύπτιοι.

10.46. Ὀξύρυγχος οὗτος ἰχθῦς κέκληται, καὶ ἔοικεν ἐκ τοῦ προσώπου λαβεῖν τὸ ὄνομα καὶ τοῦ σχήματος τοῦ κατ' αὐτό. τρέφει δὲ ἄρα τὸν προειρημένον ὁ Νεῖλος, καὶ μέντοι καὶ ἐξ αὐτοῦ κέκληται νομὸς ἔνθα δήπου καὶ τιμὰς ὁ ἰχθῦς ἔχει ὁ αὐτός. ἀγκίστρῳ δὲ θηραθέντα ἰχθῦν οὐκ ἄν ποτε φάγοιεν οἵδε οἱ ἄνδρες, δεδιότες μή ποτε ἄρα αὐτῷ περιπαρεὶς ἔτυχεν ὁ παρὰ σφίσιν ἱερὸς καὶ θαυμαστὸς ἰχθῦς ὃν εἶπον. ἐὰν δὲ καὶ δικτύοις ἁλῶσί ποτε ἰχθύες, ἀνιχνεύουσι καὶ ταῦτα, μὴ παραλαθὼν ἐνέπεσεν ἐκεῖνος, καὶ προτιμῶσιν ἀθηρίαν ἢ ἁλόντος ἐκείνου τὴν μάλιστα εὐθηρίαν. λέγουσι δὲ αὐτὸν οἱ περίχωροι ἐκ τῶν Ὀσίριδος τραυμάτων γεγονέναι· νοοῦσι δὲ τὸν Ὄσιριν ἄρα τὸν αὐτὸν τῷ Νείλῳ εἶναι.

10.47. Ὁ δὲ ἰχνεύμων ὁ αὐτὸς ἄρα καὶ ἄρρην καὶ θῆλυς ἦν, μετειληχὼς καὶ τῆσδε τῆς φύσεως καὶ τῆσδε, καὶ σπείρειν τε καὶ τίκτειν τοῖς αὐτοῖς ἡ φύσις δέδωκεν. ἀποκρίνονται δὲ εἰς τὸ ἀτιμότερον γένος οἱ ἡττηθέντες μετὰ τὴν μάχην· οἱ γὰρ

4 ζῴων] ζῷον **V** ‖ 6 νομόν] edd. : νόμον codd. ‖ 7 τὴν] τὴν μὲν Schn., Her. 10 ἤδη] ἡ **LPA** ‖ 11 δὲ] δὲ ἄρα **LH** : ἄρα δὲ **PA** ‖ 12 ἐς] corr. ex εἰς **P** ‖ 15 οὗτος ἰχθῦς] ἰχθ. οὕτως **H** : οὕτως ἰχθ. Schn., Her. ‖ 18 νομὸς] νόμος *β* | ὁ[1] — αὐτός] ἔχει ὁ αὐτ. ἰχθ. **A** ‖ 19 οἱ] om. **LPA** ‖ 22 ἀνιχνεύουσι — ταῦτα] ταῦτα ἀνιχ. καὶ **LPA** : ἀνιχ. ταῦτα Her. | μὴ παραλαθὼν] μὴ ἄρα λαθὼν? Her. in app. ‖ 29 τοῖς αὐτοῖς] τοὺς αὐτοὺς **P** : τῷ αὐτῷ Her.

κρατήσαντες ἀναβαίνουσι τοὺς ἡττημένους καὶ εἰς αὐτοὺς σπείρουσιν. οἱ δὲ ἆθλον τῆς ἥττης φέρονται ὠδῖνάς τε ὑπομεῖναι καὶ ὑπὲρ τοῦ τέως ἀντὶ πατέρων γενέσθαι μητέρες. τοῖς γε μὴν πολεμιωτάτοις ἀνθρώπῳ ζῴοις, ἀσπίδι καὶ κροκοδείλῳ, ἔχθιστον ὁ ἰχνεύμων, καὶ τόν γε πόλεμον αὐτῶν ἀνωτέρω εἶπον [3.22; 8.24]. λέγονται δὲ οἱ ἰχνεύμονες ἱεροὶ εἶναι Λητοῦς καὶ Εἰλειθυιῶν· σέβουσι δὲ αὐτοὺς Αἰγύπτιοι Ἡρακλεοπολῖται, ὥς φασιν.

10.48. Λυκάονι τῷ βασιλεῖ τῆς Ἠμαθίας γίνεται παῖς, ὄνομα Μακεδών, ἐξ οὗ καὶ ἡ χώρα κέκληται μετὰ ταῦτα τὸ ἀρχαῖον ὄνομα οὐκέτι φυλάξασα. τούτῳ δὲ ἄρα παῖς ἀνδρεῖος ἦν καὶ κάλλει διαπρεπής, Πίνδος ὄνομα· ἦσαν δέ οἱ καὶ ἄλλοι παῖδες, ἀνόητοι δὲ οὗτοι τὴν ψυχὴν καὶ τὸ σῶμα οὐ ῥωμαλέοι, οἵπερ οὖν χρόνῳ ὕστερον βασκήναντες τἀδελφῷ τῆς τε ἀρετῆς καὶ τῆς ἄλλης εὐδαιμονίας ἐκεῖνον μὲν διέφθειραν, ἑαυτοὺς δὲ ἐπαπώλεσαν διδόντες δίκην κατὰ τὴν Δίκην. αἰσθόμενος γὰρ ὅδε ὁ Πίνδος τὴν ἐκ τῶν ἀδελφῶν εἰς ἑαυτὸν ἐπιβουλήν, τὴν πατρῴαν ἀρχὴν ἀπέλιπεν, ᾤκει δὲ ἐν χώρῳ, καὶ ἦν τῇ τε ἄλλῃ ῥωμαλέος, καὶ οὖν καὶ κυνηγετικὸς ἦν. καί ποτε ἐθήρα νεβρούς. καὶ οἳ μὲν ἔθεον ᾗ ποδῶν εἶχον, ὃ δὲ μεταδιώκων εἶτα μέντοι τὸν ἵππον ἀνὰ κράτος ἤλαυνε, καὶ τῶν μὲν συνθηρατῶν ἀποσπᾷ πολύ, οἱ νεβροὶ δὲ εἰς φάραγγα κοίλην τε καὶ βαθυτάτην εἰσδύντες καὶ ἑαυτοὺς σώσαντες ἀπὸ τῆς ὄψεως τοῦ διώκοντος ἠφανίσθησαν. οὐκοῦν ἀποπηδήσας τοῦ ἵππου ὁ Πίνδος ἐκεῖνον μὲν τοῦ ῥυμοῦ πρός τι τῶν παρεστώτων ἐξῆψε δένδρων, αὐτὸς δὲ οἷος ἦν τὴν φάραγγα διερευνᾶν καὶ μαστεύειν τοὺς προειρημένους. εἶτα ἀκούει βοῆς, καὶ ἔλεγεν αὕτη 'τῶν νεβρῶν μὴ ἅψαι'. οὐκοῦν ἐπεὶ πολλὰ περιβλέψας οὐδὲν ἐθεάσατο, ἔδεισε τὸ φώνημα ὡς ἔκ τινος αἰτίας κρείττονος προσπεσόν. καὶ τότε μὲν ᾤχετο ἀπιὼν καὶ τὸν ἵππον ἀπάγων, τῇ δὲ ὑστεραίᾳ μόνος ἀφικνεῖται, καὶ πάρεισι μὲν εἰς τὴν φάραγγα οὐδαμῶς μνήμῃ τε τῆς φωνῆς τῆς προσπεσούσης αὐτοῦ ταῖς ἀκοαῖς καὶ δέει. στρέφοντι δ' ἐν ἑαυτῷ βουλὴν καὶ διαποροῦντι τίς ἦν ἄρα ὁ τῇ προτεραίᾳ ἀναστείλας αὐτὸν τῆς ἐπὶ

2 φέρονται] φέρουσιν **P** : φαίνονται **V** ‖ **3** ὑπὲρ—τέως] del. Her. ‖ **7** Αἰγύπτιοι] del. Her. ‖ **10** παῖς] ὁ παῖς ***β*** ‖ **24** ἦν] ἦν ταῖς χερσὶ ***β*** ‖ **25** βοῆς] φωνῆς Her. **26** ἅψαι] ἅψῃ ***β*** ‖ **29** ἀφικνεῖται] ἀφικνεῖτο **V** ‖ **31** στρέφοντι—ἐν] στρέφοντι δ' ἰδεῖν (ex corr. sec. m. **L**) **PH** : στρέφον· τίς δ' ἰδεῖν **A**

τὴν ἄγραν ὁρμῆς, καὶ περιβλέποντι, οἷα εἰκός, ἢ νομέας ὀρείους ἢ αὔλιον ἢ θηρατὰς ἑτέρους, μέγα τι χρῆμα ὁρᾶται δράκων τὸ μὲν πλεῖστον τοῦ σώματος ἐπισύρων, ὀλίγον δὲ ἀνατείνας ὡς πρὸς ἑαυτὸν τὴν δέρην αὐτήν (καὶ ἦν ἡ δέρη σὺν τῇ κεφαλῇ ὑπὲρ τέλειον ἄνδρα τὸ μέγεθος), εἶτα ὀφθεὶς ἐξέπληξεν. οὐ μὴν εἰς φυγὴν ὁ Πίνδος ἐξώρμησεν, ἀλλ' ἀθροίσας ἑαυτὸν σοφίᾳ περιέρχεται τὸν θῆρα· τῶν γὰρ ὀρνίθων ὧν θύσας ἔτυχε προσήγαγε, καὶ προύτεινέν οἱ ξένια ταῦτα καὶ ἑαυτοῦ ζωάγρια. ὁ δέ, οἷα δήπου τοῖς δώροις μειλιχθεὶς καὶ καταγοητευθείς, ὡς ἂν εἴποις, ᾤχετο ἀπιών. ταῦτα τὸν νεανίαν ἧσε, καὶ τὸ ἐντεῦθεν ἀπέφερε τῷ δράκοντι μισθὸν σωτηρίας, ὡς ἄνθρωπος ἀγαθός, ὧν εἶχε θηραμάτων ἀπαρχὰς κεχαρισμένας ἢ τῆς ἄγρας τῆς ὀρείου ἢ τῆς πτηνῆς. καὶ τῷ μὲν τὰ τῆς προειρημένης δωροφορίας ἐνεργότατα ἦν, ὑπήρχετο δὲ καὶ τὰ ἐκ τοῦ δαίμονος εὐθηνεῖσθαι τῷ Πίνδῳ, καὶ ὁσημέραι χωρεῖν εἰς τὸ σοβαρώτερον· θηρῶντι μὲν γὰρ ἀπήντων εὐθηρίαι, ὅσαι τε τῶν ἐν ταῖς ὕλαις ζῴων, τῶν τε ὀρνίθων ὅσαι. ἦν οὖν αὐτῷ καὶ περιβολή, καὶ διεῖρπε μέντοι καὶ κλέος ὡς ὁμόσε τοῖς θηρίοις ἰόντος καὶ ἀτρέπτως αἱροῦντος αὐτά· ἦν δὲ καὶ ἰδεῖν μέγας καὶ οἷος ἐκπλῆξαι τῷ τε ὄγκῳ τοῦ σώματος καὶ τῇ εὐεξίᾳ προσέτι, τῇ δὲ ὥρᾳ τὸ θῆλυ πᾶν ἀνέφλεγε καὶ εἰς ἑαυτὸν ἐξάπτων ἦν δῆλος. καὶ ἐφοίτων ἐπὶ θύρας τὰς ἐκείνου οἷα δήπου βεβακχευμέναι ὅσον μέντοι γυναικῶν ἦν χῆρον, αἵ γε μὴν συνοικοῦσαι τοῖς γεγαμηκόσι φρουρούμεναι μὲν τῷ νόμῳ, τῷ κλέει δὲ τοῦ κάλλους τοῦ κατὰ τὸν Πίνδον δεδουλωμέναι προυτίμων συνοικεῖν ἐκείνῳ ἢ θεαὶ γεγονέναι. καὶ ἐτεθήπεσάν γε αὐτὸν οἱ πολλοὶ τῶν ἀνδρῶν καὶ ἐφίλουν, ἐχθροὶ δὲ οἱ ἀδελφοὶ μόνοι ἦσαν. καί ποτε θηρῶντα ἐλλοχῶσι μόνον, καὶ ποταμοῦ γε ἦν ἡ θήρα πλησίον, εἶτα ἐρήμῳ συμμάχων οἱ τρεῖς ἐπιστάντες ἔπαιον τοῖς ξίφεσιν αὐτόν, ὃ δὲ ἐβόα. ἀκούει ταῦτα ὁ ἑταῖρος αὐτοῦ δράκων· ὀξυήκοον δὲ καὶ ὀξυωπέστατον τὸ ζῷόν ἐστιν.

1 ἢ αὔλιον] ἢ αὔλειον **V** : del. Her. ‖ **3** ὀλίγον] ὀλίγην Her. ‖ **4** ἑαυτὸν] αὐτὸ Her. | αὐτήν] del. Her. ‖ **6** ἐξώρμησεν] ἐσώρμησεν **LP** : ὥρμησεν **VH** ‖ **7** θύσας] θηράσας Jac. in app., Her. ‖ **14** εὐθηνεῖσθαι] εὐθενεῖσθαι Her. ‖ **15** εἰς] ἐς **LPA** μὲν] del. Her. ‖ **19** μέγας] μέγα **V** ‖ **20** ἀνέφλεγε] ἀναφλέγων Her. ‖ **21** ἑαυτὸν] αὐτὸν **A** ‖ **22** μέντοι] μὲν τῶν Her. | χῆρον] χεῖρον **VL** ‖ **23** τοῖς] ταῖς **V** ‖ **25** θεαὶ] θέα **PH** | ἐτεθήπεσάν] τεθήπεσάν **V** ‖ **29** αὐτόν] αὐτῶν **V** ‖ **30** αὐτοῦ] αὐτῷ **A**

οὐκοῦν πρόεισι τῆς ἑαυτοῦ κοίτης, καὶ τοῖς ἀνοσίοις περιπλακεὶς ἀπέκτεινεν αὐτοὺς ἐς πνῖγμα ἄγχων· αὐτὸς δὲ οὐ κατέλυσε τὴν φυλακήν, ἔστ' ἂν οἱ προσήκοντες τῷ νεανίᾳ ποθοῦντες αὐτὸν ἀφίκοντο, καὶ ἐνέτυχον κειμένῳ. καὶ ὠλοφύροντο μέν, προσελθεῖν δὲ ἐπὶ τῇ κηδεύσει τοῦ νεκροῦ οὐκ ἐτόλμων δέει τοῦ φρουροῦ. ὁ δὲ συνεὶς φύσει τινὶ ἀπορρήτῳ ὅτι ἀναστέλλει αὐτούς, ᾤχετο ἀπιὼν κατὰ πολλὴν τὴν σχολήν, ἀπολιπὼν ἐκεῖνον τῆς τελευταίας ἐκ τῶν προσηκόντων χάριτος τυχεῖν. οὐκοῦν καὶ ἐτάφη μεγαλοπρεπῶς καὶ ὁ γείτων τῷ φόνῳ ποταμὸς ἐκλήθη Πίνδος ἐκ τοῦ νεκροῦ καὶ τοῦ κατ' αὐτὸν τάφου. ἴδιον μὲν δὴ τῶν ζῴων ἐκτίνειν χάριτας τοῖς εὐεργέταις, ᾗπερ οὖν καὶ ἄνω λέλεκται, καὶ νῦν δὲ οὐχ ἥκιστα.

10.49. Ἰδίᾳ δὲ καὶ ἐν τῇ Κλάρῳ τὸν Διὸς καὶ Λητοῦς τιμῶσιν οἱ Κλάριοι καὶ πᾶν τὸ Ἑλληνικόν. οὐκοῦν ὁ ἐνταῦθα χῶρος τοῖς ἰοβόλοις θηρίοις ἀστιβής τε ἅμα καὶ ἔχθιστός ἐστι, τοῦτο μὲν καὶ τῇ τοῦ δαίμονος βουλῇ, πάντως δὲ καὶ πεφρικότων τῶν θηρίων αὐτὸν ἅτε καὶ σώζειν θεὸν εἰδότα καὶ μέντοι καὶ τὸν σωτῆρα καὶ νόσων ἀντίπαλον τὸν Ἀσκληπιὸν φύσαντα. ἀλλά γε καὶ Νίκανδρος οἷς λέγω μάρτυς. λέγει δὲ Νίκανδρος [fr. 31 G.-S.]·

οὐκ ἔχις οὐδὲ φάλαγγες ἀπεχθέες οὐδὲ βαθυπλήξ
ἄλσεσιν ἐνζῴοις σκορπίος ἐν Κλαρίοις,
Φοῖβος ἐπεί ῥ' αὐλῶνα βαθὺν μελίῃσι καλύψας
ποιηρὸν δάπεδον θῆκεν ἑκὰς δακέτων.

10.50. Ἀκούω λεγόντων ἐν Ἔρυκι, ἔνθα δήπου καὶ ὁ τῆς Ἀφροδίτης ὑμνούμενος νεώς ἐστιν, οὗπερ οὖν καὶ ἀνωτέρω [4.2] τὴν μνήμην ἐποιησάμην τῶν ἐκεῖθι περιστερῶν εἰπὼν τὰ ἴδια, εἶναι μὲν καὶ χρυσὸν πολὺν καὶ ἄργυρον πάμπλειστον καὶ ὅρμους καὶ δακτυλίους μέγα τιμίους, ἄσυλα δὲ εἶναι καὶ ἄψαυστα ταῦτα τῷ τῆς θεοῦ δέει, καὶ ἀεὶ τοὺς ἄνω τοῦ χρόνου δι' αἰδοῦς ἄγειν

2 πνῖγμα] πνίγμα **VPAH** ‖ **3** ἔστ' ἂν] ἔστε Her. ‖ **5** τῇ] om. **LA** : del. Her. ‖ **14** ὁ] om. **A** ‖ **17** σώζειν θεὸν] αὐτὸν σώζειν Her. ‖ **18** τὸν] del. Her. | γε] om. **H** : del. Her. ‖ **20** ἔχις] edd. : ἔχεις **VH** : ἔχεις δὲ **LPA** ‖ **21** ἐνζῴοις] εὐζῴοις vel εὐθήροις Ges. in mg. : ἐνζῴει Bernh. : ἐνδιάει Lob., Her. ‖ **22** ἐπεί] ἐπὶ ***β*** | βαθὺν] βαθὺ **LAH** | μελίῃσι] Schn. (O.), Her. : μελίαισι codd. ‖ **23** δακέτων] δακετῶν **LAH**, Her. in app. ‖ **24** Ἔρυκι] ἐρύκῃ **LA** ‖ **26** τὴν] del. Her. ‖ **27** μὲν] om. ***β***

θαυμαστῆς καὶ τὴν δαίμονα τὴν προειρημένην καὶ τὰ κειμήλια ἐκείνης. Ἀμίλκαν δὲ πυνθάνομαι τὸν Λίβυν συλήσαντα αὐτὰ καὶ ἐργασάμενον χρυσίον καὶ ἀργύριον εἶτα μέντοι διανεῖμαι τῇ στρατιᾷ πονηρὰν νομήν, καὶ ὑπὲρ τούτων αὐτὸν ἀλγεινότατα καὶ βαρύτατα αἰκισθέντα ἅμα καὶ κολασθέντα κρεμασθῆναι, πᾶν δὲ ὅσον αὐτῷ τῆς πράξεως καὶ τῆς ἐκδίκου θεοσυλίας ἐγένετο μέτοχον βιαίοις τε καὶ δεινοῖς χρήσασθαι θανάτοις, ἥ τε πατρὶς εὐδαιμονιζομένη τέως αὐτῷ καὶ ζηλωτὴ δοκοῦσα ἐν ὀλίγαις, τῶν ἱερῶν χρημάτων εἰσκομισθέντων ἢ δὲ δούλη ἦν. καὶ ταῦτα μὲν πρὸς τὴν παροῦσάν μοι χρείαν σεμνὰ ὄντα ὅμως οὐχ ὁρᾷ πω, τὸ δὲ τοῖς λόγοις συγγενὲς τοῦτο εἰρήσεται. ἀνὰ πᾶν ἔτος καὶ ἡμέραν πᾶσαν θύουσι τῇ θεῷ καὶ οἱ ἐπιχώριοι καὶ οἱ ξένοι. καὶ ὁ μὲν βωμὸς ὑπὸ τῷ οὐρανῷ ὁ μέγιστός ἐστι, πολλῶν δὲ ἐπ' αὐτὸν καθαγιζομένων θυμάτων ὃ δὴ πανημέριος καὶ εἰς νύκτα ἐξάπτεται. ἕως δὲ καὶ ὑπολάμπει, καὶ ἐκεῖνος οὐκ ἀνθρακιάν, οὐ σποδόν, οὐχ ἡμικαύστων τρύφη δᾴδων ὑποφαίνει, δρόσου δὲ ἀνάπλεώς ἐστι καὶ πόας νεαρᾶς, ἥπερ οὖν ἀναφύεται ὅσαι νύκτες. τά γε μὴν ἱερεῖα ἑκάστης ἀγέλης αὐτόματα φοιτᾷ καὶ τῷ βωμῷ παρέστηκεν, ἄγει δὲ ἄρα αὐτὰ πρώτη μὲν ἡ θεός, εἶτα ἡ δύναμίς τε καὶ ἡ τοῦ θύοντος βούλησις. εἰ γοῦν ἐθέλοις θῦσαι οἶν, ἰδού σοι τῷ βωμῷ παρέστηκεν οἶς, καὶ δεῖ χέρνιβος καὶ κατάρξασθαι εἴτε αἶγα εἴτε ἔριφον· εἰ δὲ εἴης τῶν ἁβροτέρων καὶ ἐθέλοις βοῦν θήλειαν ἢ καὶ ἔτι πλείους, εἶτα ὑπὲρ τῆς τιμῆς οὔτε ὁ νομεὺς ἐπιτιμῶν ζημιώσει οὔτε σὺ λυπήσεις ἐκεῖνον· τὸ γὰρ δίκαιον τῆς πράσεως ἡ θεὸς ἐφορᾷ. καὶ εὖ καταθεὶς ἵλεων ἕξεις αὐτήν· εἰ δὲ ἐθέλοις τοῦ δέοντος πρίασθαι λυσιτελέστερον, σὺ μὲν κατέθηκας τὸ ἀργύριον ἄλλως, τὸ δὲ ζῷον ἀπέρχεται, καὶ θῦσαι οὐκ ἔχεις. ἴδιον μὲν δὴ Ἐρυκίνων ζῴων εἰρήσθω καὶ τοῦτο ἡμῖν ἐπὶ τοῖς ἄνω [4.2].

2 δὲ] sscr. sec. m. **L** : om. **VAH** ‖ 7 πατρὶς] πατ. αὐτοῦ Her. **8** εὐδαιμονιζομένη] ὡς εὐδ. ***β*** | αὐτῷ] del. Her. ‖ **11** λόγοις] λόγοις τοῖσδε Her. συγγενὲς] συμμελὲς Her. ‖ **12** τῇ] edd. : τῷ codd. ‖ **13** αὐτὸν] αὐτοῦ Her. **14** δὴ] δὲ Her. ‖ **15** ἕως] Jac., Her. : ὡς codd. : ἠῷς Ges. in Emend. | καὶ[1]] del. Her. ‖ **16** ἡμικαύστων] ἡμικαύτων Her. | δᾴδων] δᾳδῶν **A** : δαλῶν Rei., Her. **19** πρώτη] πρῶτα **VPH** ‖ **21** χέρνιβος καὶ] χέρνιβα Her. | εἴτε[1] — **22** ἔριφον] del. Her. ‖ **22** εἴης] om. **V** | βοῦν] θῦσαι βοῦν Her. | ἢ] in mg. tert. m. ut vid. **L**, edd. : εἰ codd. ‖ **23** οὔτε[1]] οὔτε σὲ Her. ‖ **24** τὸ] καὶ **V** ‖ **26** λυσιτελέστερον] εὐτελέστερον Ges., Her. ‖ **27** δὴ] δὴ καὶ ***β*** | Ἐρυκίνων] ἐρυκηνῶν **V** ‖ **28** τοῖς] τῷ **V**

LIBER XI

11.1. Ἀνθρώπων Ὑπερβορέων γένος καὶ τιμὰς Ἀπόλλωνος τὰς ἐκεῖθι ᾄδουσι μὲν καὶ ποιηταί, ὑμνοῦσι δὲ καὶ συγγραφεῖς, ἐν δὲ τοῖς καὶ Ἑκαταῖος, ὁ Μιλήσιος οὔ, ἀλλ' ὁ Ἀβδηρίτης [*FGrH* 264, fr. 12]. ἃ δὲ λέγει πολλά τε καὶ σεμνὰ ἕτερα, οὔ μοι νῦν ἡ χρεία παρακαλεῖν δοκεῖ αὐτά, καὶ οὖν καὶ εἰς ἄλλον ὑπερθήσομαι χρόνον ἕκαστα εἰπεῖν, ἡνίκα ἐμοί τε ἥδιον καὶ τοῖς ἀκούουσι λῷον ἔσται· ἃ δέ μοι μόνα ἧδε ἡ συγγραφὴ παρακαλεῖ, εἰσὶ ταῦτα. ἱερεῖς εἰσι τῷδε τῷ δαίμονι Βορέου καὶ Χιόνης υἱεῖς, τρεῖς τὸν ἀριθμόν, ἀδελφοὶ τὴν φύσιν, ἑξαπήχεις τὸ μῆκος. ὅταν οὖν οὗτοι τὴν νενομισμένην ἱερουργίαν κατὰ τὸν συνήθη καιρὸν τὸν προειρημένον ἐπιτελῶσιν, ἐκ τῶν Ῥιπαίων οὕτω καλουμένων παρ' αὐτοῖς ὀρῶν καταπέτονται κύκνων ἀμήχανα τῷ πλήθει νέφη, καὶ περιελθόντες τὸν νεὼν καὶ οἱονεὶ καθήραντες αὐτὸν τῇ πτήσει, εἶτα μέντοι κατίασιν εἰς τὸν τοῦ νεὼ περίβολον, μέγιστόν τε τὸ μέγεθος καὶ τὸ κάλλος ὡραιότατον ὄντα. ὅταν οὖν οἵ τε ᾠδοὶ τῇ σφετέρᾳ μούσῃ τῷ θεῷ προσᾴδωσι καὶ μέντοι καὶ οἱ κιθαρισταὶ συγκρέκωσι τῷ χορῷ παναρμόνιον μέλος, ἐνταῦθά τοι καὶ οἱ κύκνοι συναναμέλπουσιν ὁμορροθοῦντες καὶ οὐδαμῶς οὐδαμῇ ἀπηχὲς καὶ ἀπῳδὸν ἐκεῖνοι μελῳδοῦντες, ἀλλὰ ὥσπερ οὖν ἐκ τοῦ χορολέκτου τὸ ἐνδόσιμον λαβόντες καὶ τοῖς σοφισταῖς τῶν ἱερῶν μελῶν τοῖς ἐπιχωρίοις συνᾴσαντες. εἶτα τοῦ ὕμνου τελεσθέντος οἳ δὲ ἀναχωροῦσι τῇ πρὸς τὸν δαίμονα τιμῇ τὰ εἰθισμένα λατρεύσαντες καὶ τὸν θεὸν ἀνὰ πᾶσαν τὴν ἡμέραν οἱ προειρημένοι ὡς εἰπεῖν χορευταὶ πτηνοὶ τέρψαντές τε ἅμα καὶ ᾄσαντες.

2 τὰς] τοὺς **V** ‖ **3** ἐκεῖθι] ἐκεῖ **V** | μὲν καὶ] καὶ **V** : μὲν Her. ‖ **4** ὁ¹ — οὔ] οὐχ ὁ Μιλήσιος **H**, Her. ‖ **6** παρακαλεῖν] ex corr. **A** : παραβαλεῖν **P** (ante corr. **A**) αὐτά] ὄντα **A** ‖ **8** μοι] με Her. | παρακαλεῖ] παραβάλλει **LPA** | εἰσὶ] καὶ δεῖ (δὴ **P**) λέγειν ***β*** : ἔστι Her. | ἱερεῖς] ἱερὰ ***β*** ‖ **9** Βορέου] βορέας **V** | Χιόνης] χιόνος **LAH** **10** μῆκος] μήκιστον **V** ‖ **11** τὸν προειρημένον] τῷ προειρημένῳ Her. **13** καταπέτονται] καταπέτανται **V** : καπέτανται **A** : καταπέτεται Her. ἀμήχανα] ἄμαχα Her. | νέφη] τὰ νέφη ***β*** ‖ **15** κατίασιν] κατιᾶσιν **PH** | τὸ] om. **LPA** : καὶ **H** ‖ **17** προσᾴδωσι] προσᾴδουσι **AH** ‖ **18** συγκρέκωσι] συγκεκράγωσι **L** : συγκεκράγασι **A** : συνκεκροτημένοι ὦσι **PH** | χορῷ] θεῷ **A** ‖ **19** οὐδαμῶς] οὐδαμᾶ **VPH** : οὐδαμὰ **L** ‖ **24** καὶ] καὶ ἀκούοντες **LAH** : om. **P** | τὸν θεὸν] τῶν θεῶν ***β*** ‖ **25** τέρψαντές] τρέψαντές **V** : μέλψαντές Her.

11.2. Θύουσί τε καὶ ἄλλως οἱ Ἠπειρῶται τῷ Ἀπόλλωνι καὶ αὐτοὶ καὶ πᾶν ὅσον τῶν ξένων ἐπίδημόν ἐστι θύουσι, καὶ τούτῳ ἤδη τὴν μεγίστην ἑορτὴν ἄγουσι μιᾶς ἡμέρας τοῦ ἔτους σεμνήν τε καὶ μεγαλοπρεπῆ. ἔστι δὲ ἄνετον τῷ θεῷ ἄλσος, καὶ ἔχει κύκλῳ περίβολον, καὶ ἔνδον εἰσὶ κύκλῳ δράκοντες, καὶ τοῦ θεοῦ ἄθυρμα οὗτοί γε. ἡ τοίνυν ἱέρεια, γυμνὴ παρθένος, πάρεισι μόνη, καὶ τροφὴν τοῖς δράκουσι κομίζει. λέγονται δὲ ἄρα ὑπὸ τῶν Ἠπειρωτῶν ἔκγονοι τοῦ ἐν Δελφοῖς Πυθῶνος εἶναι. ἐὰν μὲν οὖν οὗτοι παρελθοῦσαν τὴν ἱέρειαν προσηνῶς θεάσωνται καὶ τὰς τροφὰς προθύμως λάβωσιν, εὐθηνίαν τε ὑποδηλοῦν ὁμολογοῦνται καὶ ἔτος ἄνοσον· ἐὰν δὲ ἐκπλήξωσι μὲν αὐτήν, μὴ λάβωσι δὲ ὅσα ὀρέγει μειλίγματα, τἀναντία τῶν προειρημένων οἳ μὲν μαντεύονται, οἳ δὲ ἐλπίζουσιν.

11.3. Ἐν Αἴτνῃ δὲ ἄρα τῇ Σικελικῇ Ἡφαίστου τιμᾶται νεώς, καὶ ἔστι περίβολος καὶ δένδρα ἱερὰ καὶ πῦρ ἄσβεστόν τε καὶ ἀκοίμητον. εἰσὶ δὲ κύνες περί τε τὸν *νεὼν* καὶ τὸ ἄλσος ἱεροί [cf. *FGrH* 572, fr. 9], καὶ τοὺς μὲν σωφρόνως καὶ ὡς πρέπει τε ἅμα καὶ χρὴ παριόντας εἰς τὸν *νεὼν* καὶ τὸ ἄλσος οἵδε σαίνουσι καὶ αἰκάλλουσιν, οἷα δὴ φιλοφρονούμενοί τε καὶ γνωρίζοντες δήπου· ἐὰν δέ τις ᾖ χεῖρας ἐναγής, τοῦτον μὲν καὶ δάκνουσι καὶ ἀμύσσουσι, τοὺς δὲ ἄλλως ἔκ τινος ὁμιλίας ἥκοντας ἀκολάστου μόνον διώκουσιν.

11.4. Τὴν Δήμητρα Ἑρμιονεῖς σέβουσι, καὶ θύουσιν αὐτῇ μεγαλοπρεπῶς τε καὶ σοβαρῶς, καὶ τὴν ἑορτὴν Χθονίαν καλοῦσι. μεγίστους οὖν ἀκούω βοῦς ὑπὸ τῆς ἱερείας τῆς Δήμητρος ἄγεσθαί τε πρὸς τὸν βωμὸν ἐκ τῆς ἀγέλης καὶ θύειν ἑαυτὰς παρέχειν. καὶ οἷς λέγω μάρτυς Ἀριστοκλῆς, ὅς πού φησι [*Suppl. Hell.*, fr. 206]·

1 τε] γε **V** : δὲ Her.‖ **2** θύουσι] del. Her.|τούτῳ] τοῦτο **V** : οὕτως **H**‖ **3** ἤδη] δὴ Her. ‖ **5** κύκλῳ] del. Jac. in com., Her. | καὶ[2]] om. ***β*** ‖ **6** γυμνὴ] γυνὴ Lob., Her. **8** ἔκγονοι] ἔγγονοι **PH** ‖ **10** εὐθηνίαν] corr. ex εὐθηνείαν **V** : εὐθενίαν **LA** : εὐθένειάν Her. ‖ **14** νεώς] ναός **V** ‖ **15** περίβολος] περίβολα ***β*** ‖ **16** δὲ] δὲ καὶ **A** **18** οἵδε] οἳ δὲ Her. ‖ **19** δὴ] del. Her. | φιλοφρονούμενοί] Ges., Her. : φιλόφροσιν ἑνούμενοι codd. ‖ **20** χεῖρας] τὰς χεῖ. Her. ‖ **21** ἄλλως] ἄλλους **LPH** ‖ **22** μόνον] τοῦτον μόνον **V** ‖ **23** Δήμητρα] ex corr. **L** : δήμητραν ***β*** (ante corr. **L**) **24** Χθονίαν] Χθόνια Meu., Her. ‖ **25** μεγίστους] μεγίστας Ges., Her. | οὖν] γοῦν Her.‖ **27** ὅς πού] ὅπου **A**

Δάματερ πολύκαρπε, σὺ κὴν Σικελοῖσιν ἐναργής
καὶ παρ' Ἐρεχθείδαις. ἓν δέ τι τοῦτο μέγα
κρίνετ' ἐν Ἑρμιονεῦσι· τὸν ἐξ ἀγέλης γὰρ ἀφειδῆ
ταῦρον, ὃν οὐχ αἱροῦσ' ἀνέρες οὐδὲ δέκα,
τοῦτον γραῦς στείχουσα μόνα μόνον οὔατος ἕλκει
τόνδ' ἐπὶ βωμόν, ὃ δ' ὡς ματέρι παῖς ἕπεται.
σὸν τόδε, Δάματερ, σὸν τὸ σθένος· ἵλαος εἴης,
καὶ πάντων θάλλοι κλᾶρος ἐν Ἑρμιόνῃ.

11.5. Ἐν γῇ τῇ Δαυνίᾳ νεὼν μὲν εἶναι τῆς Ἀθηνᾶς τῆς Ἰλιάδος ᾄδουσι· τοὺς δὲ ἐνταυθοῖ κύνας τρεφομένους ὑμνοῦσι τῶν μὲν Ἑλλήνων τοὺς ἀφικνουμένους σαίνειν, ὑλακτεῖν δὲ τοὺς βαρβάρους.

11.6. Ἐν Ἀρκαδίᾳ δὲ χώρᾳ ἐστὶν ἱερὸν Πανός· Αὐλὴ τῷ χώρῳ τὸ ὄνομα. οὐκοῦν ὅσα ἂν ἐνταυθοῖ τῶν ζῴων καταφύγῃ ὥσπερ οὖν ἱκέτας ὁ θεὸς δι' αἰδοῦς ἄγων τὰ ζῷα, εἶτα μέντοι σώζει τὴν μεγίστην σωτηρίαν αὐτά· οἱ γάρ τοι λύκοι οἱ διώκοντες παρελθεῖν εἴσω πεφρίκασι καὶ ἀναστέλλονται μόνον θεασάμενοι οὗ κατέφυγεν. ἴδια δὲ καὶ τούτων τῶν ζῴων ἔφυ πρὸς σωτηρίαν ἀγαθά.

11.7. Ἐν Κουριδίῳ αἱ ἔλαφοι (πλῆθος δὲ ἄρα τούτων τῶν θηρίων ἐνταῦθά ἐστι, καὶ πολλοὶ θηραταὶ περὶ τὴν ἄγραν αὐτῶν ἠνέμωνται) ὅταν καταφύγωσιν ἐς τὸ τοῦ Ἀπόλλωνος ἱερὸν τὸ ἐνταυθοῖ τιμήσιον (ἔστι δὲ ἄλσος μέγιστον), ὑλακτοῦσι μὲν οἱ κύνες, πλησίον δὲ ἐλθεῖν οὐχ ὑπομένουσιν· αἳ δὲ ἐνστᾶσαι νέμονται ἄτρεστον καὶ ἀδεῆ τὴν νομήν, ἀπορρήτῳ τινὶ φύσει τὴν ὑπὲρ ἑαυτῶν σωτηρίαν τῷ θεῷ πιστεύουσαι αἱ ἔλαφοι.

2 τοῦτο] edd. : om. codd. ‖ **4** οὐχ αἱροῦσ'] Jac. : οὐχ αἱροῦσιν **V** (ex corr. **L**) : οὐκ αἵρουσιν (ante corr. **L**) **AH** : οὐ χαιροῦσιν **P** : οὐ χειροῦντ' Her. **5** στείχουσα] ex corr. **L** : στίχουσα (ante corr. **L**) **H** : om. **A** | μόνα] μόνη **A** ‖ **6** δ'] edd. : δὲ codd. ‖ **8** πάντων] πάντως Her. | θάλλοι κλᾶρος] θάλοι κλῆρος **V** Ἑρμιόνῃ] Ἑρμιόνᾳ Ll.-J.-Pars. ‖ **9** γῇ] τῇ γῇ Her. | Δαυνίᾳ] Gro., Her. : Δαυλίᾳ codd. ‖ **14** καταφύγῃ] καταφύγοι **LPA** ‖ **15** τὰ ζῷα] del. Her. ‖ **16** οἱ[1]] om. ***β*** **17** οὗ] οἷ Her. ‖ **18** κατέφυγεν] κατέφυγον **V** : κατέφαγεν **A** | δὲ] δὴ Schn., Her. ἔφυ] Ges. : ἔφη **L** (ante corr. **PA**) : ἔφην ex corr. **PA** : ἔοικε Her. ‖ **20** Κουριδίῳ] Κουριάδι Schn., Her. ‖ **22** ἠνέμωνται] ἠνέμωντο **V** | ἐς] εἰς **A** ‖ **23** τιμήσιον] del. Her. | ἔστι δὲ] δέ ἐστι **V** ‖ **24** ἐνστᾶσαι] συστᾶσαι Her. ‖ **25** ἄτρεστον] ἄτρεπτον Her. | ἀδεῆ] ἀδεᾶ Her.

11.8. Ἄνω που [5.17] λέλεκταί μοι τὰς μυίας τὰς ἐν Ὀλυμπίᾳ τῇ τῆς πανηγύρεως ἐπιδημίᾳ ἑκούσας ἀφίστασθαι καὶ ὡς ἂν εἴποι τις μετὰ τῶν γυναικῶν ἐπὶ τὴν ἀντιπέρας ὄχθην τοῦ Ἀλφειοῦ ἀπιέναι. ἐν δὲ τῇ Λευκάδι ἄκρα μέν ἐστιν ὑψηλή, νεὼς δὲ Ἀπόλλωνι ἵδρυται, καὶ Ἄκτιόν γε αὐτὸν οἱ τιμῶντες ὀνομάζουσιν. οὐκοῦν τῆς πανηγύρεως ἐπιδημεῖν μελλούσης, καθ' ἣν καί τι πήδημα πηδῶσι τῷ θεῷ, θύουσι βοῦν ταῖς μυίαις, αἳ δὲ ἐμπλησθεῖσαι τοῦ αἵματος ἀφανίζονται. δεκασθεῖσαι μὲν οὖν ἀπαλλάττονται αὗται, αἱ δὲ Πισαῖαι ἀδέκαστοι. κρείττους ἄρα ἐκεῖναι, αἰδοῖ τοῦ θεοῦ, ἀλλὰ μὴ μισθοῦ τὰ δέοντα πράττουσαι.

11.9. Ἴκαρός ἐστι νῆσος, καὶ τῇ γε Ἐρυθρᾷ θαλάττῃ ἔγκειται. ἐνταῦθα τοίνυν νεώς ἐστιν Ἀρτέμιδος, καὶ πλήθη αἰγῶν ἀγρίων καὶ δορκάδων εὖ μάλα εὐτραφῶν καὶ λαγῶν μέντοι. τούτων οὖν ἐάν τις αἰτήσας λαβεῖν παρὰ τῆς θεοῦ εἶτα ἐπιχειρήσῃ θηρᾶν ὅσα ἂν ἔχῃ καλῶς, οὐ διαμαρτάνει τῆς σπουδῆς, ἀλλὰ καὶ λαμβάνει καὶ τῷ δώρῳ χαίρει· ἐὰν δὲ μὴ αἰτήσῃ, οὔτε αἱρεῖ καὶ δίδωσι δίκας, ἃς ἄλλοι λέγουσιν.

11.10. Εἶτα κύκνων μὲν τῶν Ῥιπαίων τῶν ἐν τοῖς Ὑπερβορέοις, ἐπεὶ λατρεύουσι τῷ Διὸς καὶ Λητοῦς ὁσημέραι φιλοπόνως, ἐποιησάμην μνήμην [11.1], ταύρου δὲ ἱεροῦ, ὅνπερ οὖν ἐκθεοῦσιν Αἰγύπτιοι, οὐκ ἐροῦμεν τὰ ἴδια; καὶ πῶς ἡμᾶς οὐκ ἂν μέμψαιτο καὶ ἡ συγγραφὴ καὶ ἡ φύσις, ἧς καὶ τοῦτο ἔργον τε καὶ δῶρον; ἀλλὰ μήτιός γε οὐδὲ ταύτῃ ῥᾴθυμον, καὶ εἰκότως εἰρήσεται καὶ ἡ θεολογία ἥδε. θεὸς Αἰγύπτιος ἐναργέστατος ὁ Ἆπις εἶναι πιστεύεται. γίνεται δὲ ἐκ βοός, εἰς ἣν οὐράνιον σέλας ἐμπεσὸν σπορᾶς αἴτιόν ἐστι τῷ προειρημένῳ. Ἕλληνες αὐτὸν καλοῦσιν Ἔπαφον, καὶ γενεαλογοῦσίν οἱ μητέρα Ἰὼ τὴν Ἀργείαν τὴν Ἰνάχου· Αἰγύπτιοι δὲ ἐκβάλλουσι τὸν λόγον ὡς ψευδῆ, καὶ χρῶνται τῷ χρόνῳ μάρτυρι. φασὶ γὰρ Ἔπαφον μὲν ὀψὲ καὶ κάτω

2 εἴποι] εἴπῃ **A** ‖ **3** ἀντιπέρας] ἀντιπέραν **A** ‖ **6** τι] τὸ Jac. in app., Her. ‖ **9** ἄρα] ἄρα γε **A** ‖ **11** θαλάττῃ] θαλάσσῃ **V** ‖ **12** πλήθη] πλήθει **V** | ἀγρίων] ἀγρίων τε **LPH** : τε ἀγρίων Her. ‖ **13** εὖ] om. **VPH** ‖ **14** ἐπιχειρήσῃ] ἐπιχειρήσει **VP** **18** Ὑπερβορέοις] ὑπερβορείοις ***β*** ‖ **20** οὖν] om. **A** ‖ **21** μέμψαιτο] ex corr. **L** : μέμψοιτο ***β*** (ante corr. **L**) ‖ **23** μήτιός] scripsi : μήσιός **PA**, edd. (ante voc. lac. stat. Jac., Her.) : μίσιός **L** : ἀνόσιός **H** : μ σ (sic) **V** : μνήσιός Ges. in Emend. | γε] σε **V** ‖ **24** Αἰγύπτιος] Αἰγυπτίοις Ges., Her. ‖ **26** Ἕλληνες] καὶ Ἕλληνες μὲν Her.‖ **29** φασὶ] φησὶ **V**

γενέσθαι, τὸν δὲ Ἆπιν τὸν πρῶτον μυριάδας ἐτῶν παμπόλλας τὴν εἰς ἀνθρώπους ἐπιδημίαν προειληφέναι. σημεῖα δὲ αὐτοῦ καὶ γνωρίσματα λέγει μὲν καὶ Ἡρόδοτος [3.27] καὶ Ἀρισταγόρας [*FGrH* 608, fr. 4], οὐχ ὁμολογοῦσι δὲ αὐτοῖς Αἰγύπτιοι· ἐννέα καὶ εἴκοσι γὰρ αὐτὰ εἶναί φασι καὶ ἐμπρέπειν τῷδε τῷ ἱερῷ βοΐ. τίνα δὲ ταῦτά ἐστι καὶ ὅπως διέσπαρται κατὰ τοῦ σώματος τῷ ζῴῳ, καὶ ὅντινα τρόπον οἱονεὶ διήνθισται αὐτοῖς, ἀλλαχόθεν εἴσεσθε· ὅτου δὲ τῶν ἀστέρων ἕκαστον σημεῖον διὰ συμβόλων αἰνίττεται τὴν φύσιν, Αἰγύπτιοι τεκμηριῶσαι ἱκανοί. καὶ γάρ τοι καὶ τὴν ἄνοδον τὴν τοῦ Νείλου ὑποδηλοῦν σημεῖόν φασι καὶ τὸ τοῦ κόσμου σχῆμα· ἀλλ' ὄψει τι καὶ σύμβολον, ὡς ἐκεῖνοι λέγουσιν, ὅπερ οὖν αἰνίττεται τοῦ φωτὸς εἶναι τὸ σκότος πρεσβύτερον. καὶ τὸ μηνοειδὲς τῆς σελήνης κατηγορεῖ σχῆμα συνιόν τι μέρος ἄλλο, καὶ ἄλλα δὲ ἐπὶ τούτοις ἄλλων αἰνίγματα βεβήλοις τε καὶ ἀμαθέσιν ἱστορίας θεοπρεποῦς οὐκ εὐσύμβολα ταῦτα ὀφθαλμοῖς ὄντα. ὅταν δὲ διαρρεύσῃ ἡ φήμη τὸν θεὸν Αἰγυπτίοις τετέχθαι λέγουσα, τῶν γραμματέων τῶν ἱερῶν τινες, οἶσπερ οὖν μάθημα παιδὶ ἐκ πατρὸς παραδοθὲν ἀκριβοῖ τὸν ὑπὲρ τῶν σημείων ἔλεγχον, ἥκουσιν ἐνταῦθα, οὗ τῆς θεοφιλοῦς αἰγυπτίου βοὸς τὸ βρέφος ἐτέχθη, καὶ κατά γε τὴν ὑφήγησιν τὴν Ἑρμοῦ τὴν πρεσβυτάτην οἰκίαν τε ἐγείρουσιν, ἔνθα δήπου καὶ διαιτήσεται τήν γε πρώτην, εἰς ἡλίου μὲν ἀνατολὰς ὁρῶσαν, τροφὰς δὲ τὰς τοῦ βρέφους ὑποδέξασθαι καὶ μάλα γε ἱκανήν· τεττάρων γὰρ δεῖ μηνῶν ἐν γάλαξι τόνδε εἶναι τὸν μόσχον. ἐπὰν δὲ γένηται τραφείς, ἐνταῦθά τοι ὑπανισχούσης σελήνης νέας ἀπαντῶσι γραμματεῖς ἱεροὶ καὶ προφῆται, καὶ μέντοι καὶ ναῦν ἀνὰ ἔτος ἐς τοῦτο καὶ τῷδε τῷ δαίμονι ἱερὰν κοσμοῦσι, καὶ ταύτῃ πορθμεύουσιν αὐτὸν ἐς Μέμφιν, ἔνθα φίλτατα ἤθη αὐτῷ καὶ διατριβαὶ κεχαρισμέναι καὶ ἐνηβητήρια καὶ δρόμοι καὶ

6 τῷ ζῴῳ] τοῦ ζῴου **L**, Her. ‖ **10** σημεῖόν] σημεῖά Her. ‖ **12** σκότος] Ges. in mg., Jac., Her. : σκεῦος codd. ‖ **13** συνιόν τι] συνιέντι Ges. : τῷ συνιέντι Her. μέρος] σημεῖον Her. ‖ **14** ἄλλων] ἄλλων τε ***β*** ‖ **17** γραμματέων] γραμματῶν **VH** οἶσπερ] Jac. in com., Her. : ὥσπερ codd. ‖ **18** ἀκριβοῖ] ἀκριβοῦντες Ges. in mg. : ἀκριβοῦν Jac. in com., Her. ‖ **19** οὗ] om. **VPH** | θεοφιλοῦς] Her. : θεοῦ φασιν codd. : θεοφανοῦς Schn. : θεοφίλου Jac. in com. | αἰγυπτίου] del. Her. ‖ **20** τὴν[2]] τοῦ **A** | τε] del. Her. ‖ **23** δεῖ] δὴ **VLA** ‖ **24** τραφείς] ἐκτραφείς Her. ‖ **25** ἱεροὶ] ἱερεῖς **V** ‖ **26** ἐς] om. **V** | καὶ[2]] del. Her. ‖ **27** φίλτατα] φίλα τὰ ***β*** ‖ **28** διατριβαὶ] **H**, Her. : τριβαὶ **VLPA**

κονίστραι καὶ γυμνάσια καὶ θηλειῶν βοῶν ὡραίων οἶκοι, οἱονεὶ θάλαμοι, ὅτε ἐθέλοι καὶ ἣν ἐρᾷ θυμὸς ἀναβαίνειν αὐτόν, καὶ φρέαρ καὶ κρήνη ποτίμου νάματος· τοῦτο γάρ οἵ φασιν οἱ θεραπευταί τε καὶ ἱερεῖς λυσιτελεῖν ἢ τὸ ἀεὶ Νειλῴου πίνειν· κᾆτα πιαίνεσθαι γλυκέος τούτου τοῦ ῥεύματος καὶ εἰς ὄγκον σαρκῶν ὄντος ἀγαθοῦ. πομπὰς δὲ ἃς πέμπουσι, καὶ ἱερουργίας ἐπιτελοῦσι, τοῦ νέου ὕδατος καὶ δαίμονος τὰ θεοφάνια θύοντες Αἰγύπτιοι, καὶ χορείας χορεύουσι, καὶ θαλίας καὶ πανηγύρεις ἃς ἐπιτελοῦσι, καὶ ὅπως αὐτοῖς καὶ πόλις ἅπασα καὶ κώμη δι' εὐφροσύνης ἔρχεται, μακρὰ ἂν εἴη λέγειν. λέγει δὲ ἐκεῖνος, ἐν ὅτου τῇ ἀγέλῃ τόδε τὸ θεῖον ἐγένετο ζῷον, δοκεῖ τε εὐδαίμων καὶ ἔστιν, ἄγουσί τε Αἰγύπτιοι θαυμαστόν γε αὐτόν. μάντις τε ἦν ἄρα ἀγαθὸς ὁ Ἆπις, οὐ καθίζων μὰ Δία κόρας ἢ πρεσβυτέρας γυναῖκας ἐπί τινων τριπόδων, οὐδὲ μὴν πόματος ἱεροῦ ἐμπιπλάς, ἀλλ' ὃ μέν τις εὔχεται τῷ θεῷ τῷδε καὶ μαθεῖν ἐθέλει αὐτοῦ, παῖδες δὲ ἀθύροντες ἔξω καὶ πρὸς ἀλλήλους σκιρτῶντες, ἐπίπνοοι γενόμενοι σὺν τῷ ῥυθμῷ αὐτὰ ἕκαστα προλέγουσιν, ὡς εἶναι Σάγραν τὰ λεχθέντα. εἰκάζουσι δὲ ἄρα καὶ τῷ Ὥρῳ αὐτὸν Αἰγύπτιοι, ὅνπερ οὖν πεπιστεύκασι φορᾶς καρπῶν καὶ εὐετηρίας αἰτιώτατον ἁπάσης. ἔνθεν τοι καὶ ὑπὲρ τῆς πολυχροίας αὐτοῦ φιλοσοφοῦσι, τὸ ποικίλον τῶν τρόπων ὑπαινιττόμενοι διὰ συμβόλων. λέγει δέ τις προφητῶν λόγος οὐ πᾶσιν ἔκπυστος ὅτι ἄρα ὁ τῶν Αἰγυπτίων βασιλεὺς ἐπενόησε ζῷον ὥστε σέβειν ἔμψυχον, εἶτα μέντοι

1 οἱονεὶ] καὶ οἱονεὶ **P** | οἱονεὶ—2 αὐτόν] del. Her. ‖ **3** τοῦτο] οὐ Her. **4** λυσιτελεῖν] λυσιτελῶς **V** | λυσιτελεῖν—5 γλυκέος] verba vitiosa sunt, Jac. in com. | ἢ—ἀεὶ] scripsi ex gloss. (τὸ ὕδωρ ἢ τὸ πίνειν) in mg. sec. m. ut vid. **L** : ἢ (sc. μᾶλλον ἤ, Jac. in com.) Jac. in app. : ἀεὶ codd., edd. | κᾆτα πιαίνεσθαι] ex corr. **P** : καταπιαίνεσθαι **V** (ante corr. **P**) **H** : καὶ γὰρ πιαίνεσθαι Her. **5** γλυκέος] καὶ γὰρ γλυκὺ ***β*** ‖ **6** ἱερουργίας] ἱερουργίας ἃς Schn., Her. **7** ὕδατος καὶ] del. Rei., Her. ‖ **8** χορείας] χορ. ἃς Rei., Her. | θαλίας] ex corr. **L** : θαλείας **V** (ante corr. **L**) : θηλείας **A** ‖ **10** λέγει—ἐκεῖνος] λέγω δὲ ἐκεῖνο Jac. in app. : ἐκεῖνος δέ Schn., Her. ‖ **12** τε] δὲ Her. ‖ **15** καὶ—αὐτοῦ] αὐτοῦ καὶ μαθεῖν ἐθέλει ***β*** : del. Her. ‖ **16** ἀλλήλους] αὐλοὺς Her. ‖ **17** Σάγραν] ante corr. **P** : σάκραν (ex corr. **P**) **H** : ἀληθέστερα τῶν ἐπὶ Σάγρᾳ Jac. in com. (ex Suid.), Her. ‖ **18** Ὥρῳ] ὥρῳ **L** | αὐτὸν] αὐτῶν **L** ‖ **19** εὐετηρίας] εὐημερίας **L** **21** τρόπων] καρπῶν Ges., Her. : τροφῶν Jac. in app. ‖ **22** προφητῶν] τῶν προφητῶν Ges., Her.|ἄρα] ἄρα Μῆνις Her.

προείλετο ταῦρον, ἁπάντων ὡραιότατον εἶναι αὐτὸν πεπιστευκὼς καὶ τῆς γε Ὁμήρου κρίσεως τῆς ὑπὲρ τούτων κατ' ἴχνια ἰὼν ὁ Μῆνίς φασιν. εἰπεῖν γὰρ καὶ Ὅμηρον ἐν Ἰλιάδι [*Il.* 2.480]

> ἠΰτε βοῦς ἀγέληφι μέγ' ἔξοχος ἔπλετο πάντων
> ταῦρος· ὃ γάρ τε βόεσσι μεταπρέπει ἀγρομένῃσιν.

οἷα δὲ εἰς μυθολογίαν ὑπὲρ τοῦδε τοῦ ζῴου ἐκτρέπουσιν Αἰγύπτιοι τῇδε τῇ περὶ τῶν ζῴων ἀληθείᾳ καὶ ἰδιότητι, οἱ τὰ περὶ τῶν ζῴων γράψαντες, οὔ μοι δοκεῖ φίλα εἶναι.

11.11. Ἀλλ' ἄγε δὴ μετάβηθι φαίη ἂν ὁ λόγος [Hom., *Od.* 8.492], καὶ οὐχ ἵππον μὰ Δία οὐδὲ μὴν τὸν ἐν αὐτῷ λόχον ᾆδε, ἀλλὰ Μνεῦιν βοῦν. καὶ τοῦτον Αἰγύπτιοι Ἡλίου φασὶν ἱερόν, ἐπεὶ τόν γε Ἆπιν ἀνάθημα εἶναι Σελήνῃ λέγουσιν. ἴδιον δὲ ἄρα καὶ τούτῳ γνώρισμα εἰς τὸ εἶναι μήτε κίβδηλον μήτε μὴν νόθον ἀλλὰ φίλον τῷ θεῷ τῷ προειρημένῳ φασὶν Αἰγύπτιοι. καὶ ὑπὲρ τούτων δὲ ἐρεῖ ἄλλος, ὃν δὲ ἤκουσα λόγον Αἰγύπτιον ἐς βάσανον τοῦδε τοῦ ταύρου καὶ ἔλεγχον, εἴτε σπορᾶς ἐστι κρείττονος εἴτε μή, τοῦτον εἰπεῖν ἐθέλω. Βόκχορις ὁ τῶν Αἰγυπτίων βασιλεύς, κατὰ κλέος ψευδὲς καὶ φήμην οὐδὲν λέγουσαν ὑγιὲς οὐκ οἶδα ὅπως ἁρπάσας, δίκαιός τε ἐν ταῖς κρίσεσιν ἐδόκει καὶ πρὸς τὸ θεῖον τὴν ψυχὴν κεκοσμημένος· ἦν δὲ ἄρα ἔμπαλιν πεφυκὼς ἐκεῖνος. καὶ τὰ μὲν πλείω ἐῶ νῦν, τὸν δὲ Μνεῦιν, λυπῆσαι θέλων Αἰγυπτίους, οἷα ἐργάζεται γοῦν αὐτόν. ταῦρον ἄγριον ἐπάγει οἱ ἀντίπαλον. οὐκοῦν μυκᾶται μὲν ὁ Μνεῦις, ἀντεμυκήσατο δὲ ὁ ἔπηλυς. εἶτα ὑπὸ θυμοῦ φέρεται μὲν ἐμπεσεῖν τῷ ταύρῳ τῷ θεοφιλεῖ ὁ ξένος ἐθέλων, καὶ σφάλλεται, καὶ εἰς περσέας ἐμπεσὼν πρέμνον ἐπεσχέθη τὸ κέρας, ὃ δὲ κατὰ πλευρὰν ὁ Μνεῦις τιτρώσκων τῇ κεφαλῇ,

1 εἶναι αὐτὸν] αὐτ. εἶν. ***β*** ‖ **2** Ὁμήρου] ὁμηρείου **PA** ‖ **3** καὶ—Ἰλιάδι] ἐν ἰλι. καὶ ὅμη. ***β*** ‖ **5** βόεσσι] βόεσι ***β*** | ἀγρομένῃσιν] ἀγρομένῃσι Her. ‖ **6** εἰς] fort. punctis del. **P** : om. **LA** ‖ **7** τῇδε—ἰδιότητι] del. Her. | τῶν ζῴων] ζῴων **LPA** : τὸ ζῷον **H** ‖ **9** Ἀλλ' ἄγε] Ἀλλά γε **VPAH** ‖ **10** αὐτῷ] ἑαυτῷ **V** | λόχον ᾆδε] λόγον ᾆδε **LP** : λόγον εἶναι **A** ‖ **11** τοῦτον] τοῦτο **P** | Αἰγύπτιοι] ex corr. sec. m. **L** : αἰγύπτιον **V** (ante corr. **L**) **PA** ‖ **13** εἰς] ἐς ***β*** ‖ **14** τῷ[1]] om. **LPA** ‖ **15** δὲ[1]] μὲν Her. **16** σπορᾶς ἐστι] ἐστὶ σπο. ***β*** ‖ **17** κατὰ] del. Her. ‖ **19** θεῖον] ὅσιον Her. **24** θυμοῦ] τοῦ θυμ. Her. | μὲν] post θεοφιλεῖ transp. ***β*** ‖ **25** περσέας] περσαίας **LA** ‖ **26** πλευρὰν] τῆς πλευρᾶς Her. | τιτρώσκων—κεφαλῇ] τῇ κεφαλῇ τιτρώσκων **V** : τιτρώσκων Her.

ἀπέκτεινεν αὐτόν. αἰδεῖται Βόκχορις, καὶ μισοῦσιν αὐτὸν Αἰγύπτιοι. εἰ δέ τις ἔχθιστος οἴεται ἐκ τῶν φυσικῶν λόγων εἰς μύθους ἐμπεσεῖν, μωρός ἐστι. λέγω γὰρ ὅσα τε δρᾶται ἐπὶ τοῖσδε τοῖς ταύροις καὶ ὅσα ἐπράχθη καὶ ἀκούω λεγόντων Αἰγυπτίων. οὐκ ἦν δὲ ἄρα οὔ· ὡς τὸ ψεῦδος ἐκείνοις ἔχθιστόν ἐστι.

11.12. Οἱ δελφῖνες, τὸ μὲν φιλόμουσον αὐτῶν καὶ περὶ τὴν φωνὴν ᾠδικόν τε καὶ φιλόπονον κεκήρυκταί τε καὶ εἰς πολλοὺς ἐξεφοίτησε, καὶ ὡς εἰσι φιλάνθρωποι ἄλλοι τε εἶπον καὶ ἡμεῖς ἄνω που [6.15] διεξήλθομεν τῷ λόγῳ· ἐνταυθοῖ δὲ εἰπεῖν ὑπὲρ τῆς συνέσεως αὐτῶν οὐ χεῖρόν ἐστιν. ὅταν γοῦν δικτύῳ περιπέσῃ δελφίς, τὰ μὲν πρῶτα ἡσυχάζει καὶ φυγῆς οὐδέν τι μέμνηται, εὐωχεῖται δὲ τῶν συνεαλωκότων ἰχθύων, καὶ ὥσπερ ἐπὶ δαῖτα ἥκων κλητὸς εἶτα ἐμφορεῖται αὐτῶν· ὅταν δὲ αἴσθηται ἐπισυρόμενος ὅτι γίνεται τῆς γῆς πλησίον, ἐνταῦθά τοι τὸ δίκτυον διατραγὼν ἀπαλλάττεται καὶ ἔστιν ἐλεύθερος. ἐὰν δέ ποτε ἁλῷ, οἱ χαριέστεροι τῶν ἁλιέων ὁλόσχοινον αὐτοῦ διείραντες τῶν ῥινῶν ἐπαφῆκαν αὐτόν. γνώρισμα τοῦτο εἰ ἐμπέσοι ἄρα τοῦ καὶ πρόσθεν ἁλῶναι τε καὶ σεσῶσθαι αὐτὸν περιφέρει· ὃ δὲ οἷα τὸν ἔλεγχον αἰδούμενος οὐκέτι πλησιάζει σαγήνῃ τὸ ἐντεῦθεν. λέγει δὲ Ἀριστοτέλης [*HA* 631a11; fr. 270.35 Gig.] ὅτι κἂν ἁλῷ καὶ δεθῇ καὶ ἐν τῇ σκάφῃ ᾖ, πολλοὶ περινήχονται δελφῖνες τὴν ἁλιάδα, καὶ ἐς τοσοῦτον πηδῶσί τε καὶ σκιρτῶσι δίκην ἱκετῶν, ἔστε παθεῖν τι τοὺς ἁλιέας, καὶ οἰκτεῖραι μὲν τὸν δεσμώτην, εἶξαι δὲ τοῖς δεομένοις καὶ ἀπολῦσαι αὐτοῖς τὸν ᾐρημένον.

11.13. Δάφνιδος τοῦ βουκόλου τοῦ Συρακουσίου παθόντος ὑπὸ τῆς νύμφης ταῦτα δήπου τὰ ὑμνούμενα, πέντε τροφίμους κύνας, τὸν Σάνον καὶ τὸν Πόδαργον καὶ τὴν Λαμπάδα καὶ τὸν Ἄλκιμον καὶ τὸν Θέοντα, θεασαμένους τοῦ δεσπότου τὰς πάθας

2 ἔχθιστος] αἴσχιστον Her. ‖ **5** οὐκ—ἐστι] loc. corrupt., Her. in app. | ἄρα—ὡς] ἄρα οὔᵀ ὡς (sic) **V** : ἄρα· οὕτω Jac., Her. (coni. ἄρα μῦθος οὔ· τὸ γὰρ Jac. in com.) | ψεῦδος] ψευδὲς ***β*** ‖ **7** φωνὴν ᾠδικόν] ᾠδὴν σπουδαῖόν Her. | τε[2]] om. **V** **9** διεξήλθομεν] διήλθομεν **A** | ἐνταυθοῖ] ἐνταῦθα **V** ‖ **10** οὐ—ἐστιν] οὐκ ἔστι χεῖρον **V** ‖ **14** τοι] τι **V** ‖ **16** χαριέστεροι] χαριέστατοι **V** ‖ **17** ἐπαφῆκαν] ἀφῆκαν Her. | γνώρισμα—18 περιφέρει] del. Her. | ἐμπέσοι] ἐμπέσῃ **A** | τοῦ] τῷ **V** ‖ **22** ἐς] om. **V** ‖ **23** οἰκτεῖραι] οἰκτείρειν **LPH** ‖ **24** αὐτοῖς] αὐτὸν **V** ‖ **25** Συρακουσίου] συρρακουσίου **A** : Συρακοσίου Her. ‖ **27** Σάνον] Σάννον Her.

ἐπ' αὐτῷ θάνατον ἑλέσθαι φασί, καὶ πολλὰ μὲν ὀδύρασθαι πρότερον, κλαῦσαι δὲ πάμπολλα.

11.14. Διάφορα μὲν καὶ ποικίλα τῆς τῶν ἐλεφάντων ἰδιότητος ἄνω μοι λέλεκται [1.36; 1.37; 2.18; 3.46; 4.11; 5.49; 5.55; 6.21; 6.52; 6.56; 7.6, etc.]· νῦν δὲ εἰρήσεται ὅτι καὶ μνήμην ἀγαθόν ἐστι τὸ ζῷον τοῦτο, καὶ ἐντολὰς φυλάξαι οἶδε καὶ μὴ ψεύσασθαι τὴν τῶν παρακαταθεμένων ὅ τι οὖν αὐτῷ προσδοκίαν τε καὶ ἐλπίδα. ὅτε γοῦν Ἀντίγονος ἐπολιόρκει Μεγαρέας, ἑνὶ τῶν ἐλεφάντων τῶν πολεμικῶν συνετρέφετο καὶ θῆλυς, ὄνομα Νίκαια. ταύτῃ τοίνυν ἡ τοῦ τρέφοντος αὐτὸν γυνὴ παιδίον, ὃ ἔτυχε τεκοῦσα πρὸ ἡμερῶν τριάκοντα, καὶ παρακατέθετο φωνῇ τῇ Ἰνδῶν, ἧς ἀκούουσιν ἐλέφαντες. ὃ δὲ καὶ ἐφίλει τὸ παιδίον καὶ ἐφύλαττε, καὶ κειμένου πλησίον ἥδετο, καὶ κνυζομένου παρέβλεπε, καὶ καθεύδοντος τῇ προβοσκίδι τὰς μυίας ἀνεσόβει καλάμου κλαδὶ τοῦ παραβαλλομένου εἰς τροφήν· εἰ δὲ μὴ παρῆν τὸ βρέφος, τότε καὶ τροφὴν ἀνεστέλλετο. οὐκοῦν ἔδει μὲν τὴν τρέφουσαν αὐτὸ ἐμπλῆσαι μὲν τοῦ γάλακτος, παραθεῖναι δὲ τῷ κηδεμόνι, ἢ πάντως ἀγανακτῶν ἡ Νίκαια ἦν δῆλος καὶ τεθυμωμένος καί τι καὶ δρασείων τῶν δεινῶν. πολλάκις δὲ καὶ ἀνακλαύσαντος αὐτοῦ εἶτα τὴν σκάφην ᾗ ἐνέκειτο διέσεισε, παραμυθούμενος τῷ σεισμῷ τὸ βρέφος, οἷα δήπου φιλοῦσι καὶ αἱ τροφοὶ καὶ αἱ τίτθαι δρᾶν, ποιῶν, ὦ ἄνθρωποι, ὁ ἐλέφας.

11.15. Ζηλοτυπίαν ζῴων ἐνεργοτάτην διαφόρων ἐν καιρῷ οἶδα εἰπών [1.13; 3.42; 4.56; 5.28; 7.22; 8.19], πορφυρίωνος καὶ κυνὸς καὶ μέντοι καὶ πελαργοῦ νὴ Δία ἐκ τρίτου· νῦν δὲ ἔοικα λέξειν ἐλέφαντος ὀργὴν εἰς γάμον ἀδικούμενον. μοιχευομένην γὰρ τὴν τοῦ πωλεύσαντος αὐτὸν καὶ τρέφοντος γυναῖκα ἐπ' αὐτοφώρῳ καταλαβών, δι' ἀμφοτέρων θάτερον πείρας τοῖν κεράτοιν, ἀπέκτεινε καὶ τὸν μοιχὸν καὶ τὴν μοιχευομένην, καὶ εἴασε

1 ὀδύρασθαι] ὀδύρεσθαι ***β*** ‖ **10** παιδίον] παῖδα **V** | ὃ] in mg. tert. m. ut vid. **L**, Jac., Her. : om. codd. ‖ **11** καὶ] del. Jac., Her. ‖ **13** κνυζομένου] κνυζουμένου ***β*** (-ζω- in mg. sec. m. **L**) : κνυζωμένου Her. ‖ **14** ἀνεσόβει] ἀπεσόβει Schn., Her. **15** δὲ] in mg. sec. m. **L** : γε codd. ‖ **16** ἀνεστέλλετο] ἀνεστέλλοντο **V** | μὲν] del. edd. | αὐτὸ] corr. ex αὐτῷ **LP** : αὐτὴν **V** ‖ **18** ἀγανακτῶν] ἀγανακτοῦσα **A** | καὶ[2]] om. **V** ‖ **21** τροφοὶ] τροφαὶ **V** | τίτθαι] τῆθαι **V** ‖ **23** καιρῷ] καιροῖς ***β*** **26** ἀδικούμενον] ἀδικουμένου ***β*** ‖ **28** θάτερον πείρας] θατέρους πείρας **V** : θάτερον διεὶς Her.

κεῖσθαι κατὰ τῶν στρωμάτων τῶν ὑβρισμένων καὶ τῆς εὐνῆς τῆς πεπατημένης, ὡς ἐλθόντα τὸν πωλευτὴν καταγνῶναι καὶ τὸ ἀδίκημα καὶ τὸν τιμωρήσαντα αὐτῷ γνωρίσαι. καὶ τοῦτο μὲν Ἰνδικὸν τὸ ἔργον, ἐκεῖθεν δὲ ἐξεφοίτησε δεῦρο· ἀκούω δὲ καὶ ἐπὶ Τίτου Ῥωμαίων βασιλεύοντος, ἀνδρὸς καλοῦ καὶ ἀγαθοῦ, καὶ ἐν τῇ Ῥώμῃ ταὐτὸν γεγονέναι· προστιθέασι δὲ ὅτι ἄρα ὁ ἐνθάδε ἐλέφας ἀπέκτεινε μὲν ἀμφοτέρους, καὶ ἐν ἱματίῳ κατεκάλυψε, καὶ ἐλθόντι τῷ τροφεῖ ἀποβαλὼν τὸ ἱμάτιον κειμένους ἀλλήλων πλησίον ἀπέδειξε, καὶ τὸ κέρας δέ, ᾧπερ οὖν διέπειρεν αὐτούς, καὶ τοῦτο ᾑμαγμένον ἑωρᾶτο.

11.16. Ἴδιον δὲ ἦν ἄρα τῶν δρακόντων καὶ ἡ μαντική. ἐν γοῦν Λαουινίῳ τῷδε τῷ πολίσματι, ὅπερ τῆς Λατίνων χώρας ἐστί (κέκληται δὲ ἀπὸ τῆς Λατίνου θυγατρὸς Λαουινίας, ἡνίκα Λατῖνος Αἰνείᾳ συνεμάχησε κατὰ τῶν καλουμένων Ῥουτουλῶν, εἶτα ἐνίκησεν αὐτούς· ᾤκισε δὲ Αἰνείας ὁ Ἀγχίσου ὁ Τρὼς τὴν πόλιν τὴν προειρημένην, εἴη δ᾽ ἂν τῆς Ῥώμης μητρομήτωρ, ὡς ἂν εἴποι τις· ἐντεῦθεν γὰρ ὁρμηθεὶς Ἀσκάνιος ὁ Αἰνείου καὶ Κρεούσης τῆς Τρῳάδος ᾤκισε τὴν Ἄλβαν, Ἀλβανῶν δὲ ἡ Ῥώμη ἄποικος)· οὐκοῦν ἐν τῷ Λαουινίῳ ἄλσος τιμᾶται μέγα καὶ δασύ, καὶ ἔχει πλησίον νεὼν Ἥρας Ἀργολίδος. ἐν δὲ τῷ ἄλσει φωλεός ἐστι μέγας καὶ βαθύς, καὶ ἔστι κοίτη δράκοντος. παρθένοι τε ἱεραὶ νενομισμέναις ἡμέραις παρίασιν ἐς τὸ ἄλσος ἐν ταῖν χεροῖν φέρουσαι μάζαν καὶ τοὺς ὀφθαλμοὺς τελαμῶσι κατειλημμέναι· ἄγει δὲ αὐτὰς εὐθύωρον ἐπὶ τὴν κοίτην τοῦ δράκοντος πνεῦμα θεῖον, καὶ ἀπταίστως προΐασι βάδην καὶ ἡσυχῇ, ὥσπερ οὖν ἀκαλύπτοις ὁρῶσαι τοῖς ὀφθαλμοῖς. καὶ ἐὰν μὲν παρθένοι ὦσι, προσίεται τὰς τροφὰς ἁγνὰς

1 στρωμάτων] τρωσάντων **V** ‖ **2** ὡς] καὶ **V** ‖ **5** Τίτου] **H**, edd. : τόπου **VLPA** Ῥωμαίων βασιλεύοντος] τοῦ ῥωμαίων βασιλεύσαντος **H** : del. Gro., Her. | καὶ[2]] del. Her. ‖ **6** Ῥώμῃ] τῶν ῥωμαίων **V** ‖ **7** μὲν] del. Her. | ἐν] del. Her. ‖ **8** ἀλλήλων πλησίον] πλη. ἀλλήλων **A** ‖ **12** Λαουινίῳ] λαουαινίῳ **V** : λαουαινείῳ **LA** | τῷδε] del. Her. ‖ **13** Λαουινίας] Schn., Her. : λαουινείας **H** : λαουαινείας **VLPA** **15** ᾤκισε] Her. : ἐνίκησε codd. : ἔκτισε Frei., Jac. ‖ **18** ᾤκισε] ex corr. **L**, Jac., Her. : ᾤκησε **V** (ante corr. **L**) **AH** : om. **P** ‖ **19** τῷ] τῇ **V** | Λαουινίῳ] **H**, Her. : λαουινείῳ ex corr. **P** : λαουαινίῳ **V** : λαουαινείῳ **LA** ‖ **21** βαθύς] δασύς **V** **22** παρίασιν] παριᾶσιν **VH** | ἐς] εἰς **A** | ταῖν] τοῖν **L**, Her. ‖ **23** κατειλημμέναι] κατειλημέναι Cob. (1884) ‖ **25** προΐασι] προϊᾶσι **V** ‖ **26** ἁγνὰς] ὡς ἁγν. **H**, Jac. in app. : ἅτε ἁγν. Schn., Her.

ὁ δράκων καὶ πρεπούσας ζῴῳ θεοφιλεῖ· εἰ δὲ μή, ἄπαστοι μένουσι, προειδότος αὐτοῦ τὴν φθορὰν καὶ μεμαντευμένου. μύρμηκες δὲ τὴν μάζαν τὴν τῆς διακορηθείσης εἰς μικρὰ καταθρύψαντες, ὡς ἂν εὔφορα αὐτοῖς εἴη, εἶτα ἐκφέρουσιν ἔξω τοῦ ἄλσους, καθαίροντες τὸν τόπον. γνωρίζεταί τε ὑπὸ τῶν ἐπιχωρίων τὸ πραχθέν, καὶ αἱ παρελθοῦσαι ἐλέγχονται, καὶ ἥ γε τὴν παρθενίαν αἰσχύνασα ταῖς ἐκ τοῦ νόμου κολάζεται τιμωρίαις. μαντικὴν μὲν δὴ δρακόντων ἂν ἀποφήναιμι τὸν τρόπον τοῦτον.

11.17. Λέγει μὲν οὖν Ὅμηρος [*Il.* 20.131]·

χαλεποὶ δὲ θεοὶ φαίνεσθαι ἐναργεῖς.

οὐκοῦν ἔχει τι καὶ δράκων ὁ ἐν ταῖς ἁγιωτάταις τιμαῖς θειότερον, καὶ εἰδέναι οὐ λυσιτελὲς αὐτόν. καὶ ὅ γε λέγω τοιοῦτόν ἐστιν· ἐν Μετήλει τῆς Αἰγύπτου δράκων ἐστὶν ἱερὸς ἐν πύργῳ, καὶ τετίμηται καὶ ἔχει θεραπευτὰς καὶ ὑπηρέτας, καὶ κεῖταί οἱ τράπεζα καὶ κρατήρ. εἰς τοῦτον οὖν ἀνὰ πᾶσαν τὴν ἡμέραν ἄλφιτα ἀναδεύσαντες μελικράτῳ εἶτα ἀπίασι, καὶ τῇ ὑστεραίᾳ ὑποστρέψαντες κενὸν τὸν κρατῆρα εὑρίσκουσιν. οὐκοῦν ὁ πρεσβύτατος τῶνδε τῶν ὑπηρετῶν ἵμερον δριμύτατον ἔσχε θεάσασθαι τὸν δράκοντα, καὶ παρελθὼν μόνος καὶ ποιήσας τὰ εἰθισμένα ὑπαπέστη· ὃ δὲ ἀνελθὼν ἐπὶ τὴν τράπεζαν ὁ δράκων εἱστιᾶτο. καὶ τὰς θύρας ὁ πολυπράγμων ἀνοίξας (ἔτυχε γὰρ κατὰ τὰ εἰθισμένα ἐπικλείσας) ψόφον εἰργάσατο ἰσχυρόν. ὁ δράκων δὲ ἠγανάκτησε καὶ ἀνεχώρησεν, ὃ δὲ ἰδὼν ὃν ἐπόθει σὺν τῷ ἑαυτοῦ κακῷ, γίνεται μὲν ἔκφρων, εἰπὼν δὲ ὅσα εἶδε καὶ ὡς ἠσέβησεν ὁμολογήσας, ἦν ἄφωνος, εἶτα οὐ μετὰ μακρὸν πεσὼν ἀπέθανεν.

11.18. Ἴδια δὲ ἄρα τῶν ζῴων καὶ ταῦτά ἐστιν. ὁ ταὼς ὑπὲρ τοῦ μὴ βασκανθῆναι λίνου ῥίζαν οἱονεὶ περίαπτόν τι φυσικὸν ἀναζητήσας, ὑπὸ τῇ ἑτέρᾳ πτέρυγι βύσας περιφέρει. λέγεται δὲ

1 ἄπαστοι] gloss. τροφὰς ἃς οὐκ ἔφαγε ὁ δράκων in mg. tert. m. **L** : ἄπαυστοι **V** : ἄψαυστοι Her. ‖ **5** τε] malit δὲ Her. in app. ‖ **12** εἰδέναι] ἰδεῖν Schn., Her. αὐτόν] αὐτό **V** ‖ **13** Μετήλει] Wess., Her. : μελίτῃ codd. ‖ **15** τὴν] om. **H** : del. Her. ‖ **16** ἀπίασι] ἀπιᾶσι **VH** ‖ **20** ὑπαπέστη] ἀπέστη Her. ‖ **24** κακῷ] καλῷ **V** ‖ **25** μακρὸν] μικρὸν **LPH** ‖ **27** τι] om. **LA** ‖ **28** περιφέρει] περιφέρειαν **V** λέγεται] λέγονται **LPA**

καὶ ἵππου τὰ οὖρα εἰ ἐπισχεθῇ, παρθένος λύσασα ἣν φορεῖ ζώνην ἐὰν αὐτὸν παίῃ κατὰ τοῦ προσώπου τῇ ζώνῃ, παραχρῆμα ἐξουρεῖν ἀθρόως καὶ τῆς ὀδύνης παύεσθαι. θήλειαν δὲ ἵππον εἰς ἀφροδίσια λυττήσασαν πάνυ σφόδρα παῦσαι ῥᾳδίως ἐστίν, ὡς Ἀριστοτέλης λέγει [*HA* 572b7; fr. 270.36 Gig.], εἴ τις αὐτῆς ἀποκείρει τὰς κατὰ τοῦ τένοντος τρίχας· αἰδεῖται γάρ, καὶ οὐκ ἀτακτεῖ, καὶ παύεται τῆς ὕβρεως καὶ τοῦ σκιρτήματος τοῦ πολλοῦ, κατηφήσασα ἐπὶ τῇ αἰσχύνῃ. τοῦτό τοι καὶ Σοφοκλῆς αἰνίττεται ἐν τῇ Τυροῖ τῷ δράματι [fr. 659 R.]· πεποίηται δέ οἱ αὕτη λέγουσα, καὶ ἃ λέγει ταῦτά ἐστιν·

κόμης δὲ πένθος λαγχάνω πώλου δίκην,
ἥτις συναρπασθεῖσα βουκόλων ὕπο
μάνδραισιν ἱππείαισιν ἀγρίᾳ χερί
θέρος θερισθῇ ξανθὸν αὐχένων ἄπο,
σπασθεῖσα δ' ἐν λειμῶνι ποταμίων ποτῶν
ἴδῃ σκιᾶς εἴδωλον αὐγασθεῖσ' ὕπο,
κουραῖς ἀτίμως διατετιλμένης φόβης.
φεῦ, κἂν ἀνοικτίρμων τις οἰκτείρειέ νιν
πτήσσουσαν αἰσχύνῃσιν, οἷα μαίνεται
πενθοῦσα καὶ κλαίουσα τὴν πάρος φόβην.

1 ἵππου] ἵππος Jac. in com., Her. | ἐπισχεθῇ] ἐπισχεθείη Her. : ἐπεσχέθη Jac. in app. | παρθένος] παρθένον **VL** : παρθένου **P** | λύσασα] λύσασαν **VL** ‖ 2 παίῃ] παίσῃ Her. ‖ 4 ἀφροδίσια] ἀφροδίτην **V** ‖ 6 ἀποκείρει] ἀποκείρειε Her. | τὰς] τε **V** ‖ 7 ἀτακτεῖ] ἀτακτήσει **PH** : ἀγανακτήσει **LA** ‖ 9 Τυροῖ] τυρῷ ***β*** 11 λαγχάνω πώλου] **H**, Jac., Her. : λαχανοπώλου **VLP** : λαχαροπώλου **A** 12 ὕπο] ὑπὸ **LA** ‖ 13 μάνδραισιν] μάνδρασιν **A** : μανδράσιν **LP** : μάνδραις Her. | ἱππείαισιν] ἱππείασιν **A** : ἱππίασιν **LP** : ἐν ἱππείαισιν Her. | χερί] edd. : χειρὶ codd. ‖ 14 ἄπο] ὕπο **V** ‖ 15 σπασθεῖσα] πλαθεῖσα Jac. : ἀφεθεῖσα Heath : κύρσασα Bru. : σπάσουσα Herm., Her. | ἐν λειμῶνι] ἐς λειμῶνα Pear. | ποταμίων ποτῶν] ποταμίῳ ποτῷ Blaydes (apud R.) ‖ 16 ἴδῃ] εἴδει **LA** | αὐγασθεῖσ'] αὐγασθεῖσα ***β*** : αἰκισθεῖσ' Hau., Her. : ἀνταυγὲς Pear. | ὕπο] ὑπὸ Jac., Her. : τύπῳ Pear. ‖ 17 ἀτίμως] ἀτίμοις **V** | φόβης] φόβην Bru., R. ‖ 18 φεῦ κἂν] **H**, Jac., Her. : κεῦ ἂν (sic) **LA** : σκεύαν **P** : καὶ **V** | ἀνοικτίρμων] ἂν οἰκτίρμων **LA** : μὴ οἰκτίρμων **V** | οἰκτείρειέ νιν] **H**, Jac., Her. : οἰκτείρῃ ὃν **LA** : οἰκτείρῃ ον (sic) **V** : οἰκτείρει· **P** ‖ 19 πτήσσουσαν] Jac., Her. : πτήσουσαν **H** : ἐνπτήσουσαν **P** : ἱππήσουσαν **L** : ἵππης οὖσαν **V** : ἱππήσουσιν **A** ‖ 20 φόβην] χλιδήν R.

11.19. Μελλούσης δὲ οἰκίας καταφέρεσθαι αἰσθητικῶς ἔχουσιν οἵ τε ἐν αὐτῇ μύες καὶ μέντοι καὶ γαλαῖ, καὶ φθάνουσι τὴν καταφορὰν καὶ ἐξοικίζονται. τοῦτό τοί φασι καὶ ἐν Ἑλίκῃ γενέσθαι. ἐπειδὴ γὰρ ἠσέβησαν ἐς τοὺς Ἴωνας τοὺς ἀφικομένους οἱ Ἑλικήσιοι, καὶ ἐπὶ βωμοῦ ἀπέσφαξαν αὐτούς, ἐνταῦθα δήπου (τὸ Ὁμηρικὸν τοῦτο) [*Od.* 12.394], τοῖσιν δὲ θεοὶ τέραα προὔφαινον· πρὸ πέντε γὰρ ἡμερῶν τοῦ ἀφανισθῆναι τὴν Ἑλίκην, ὅσοι μῦς ἐν αὐτῇ ἦσαν καὶ γαλαῖ καὶ ὄφεις καὶ σκολόπενδραι καὶ σφονδύλαι καὶ τὰ λοιπὰ ὅσα ἦν τοιαῦτα, ἀθρόα ὑπεξῄει τῇ ὁδῷ τῇ εἰς Κερύνειαν ἐκφερούσῃ. οἱ δὲ Ἑλικήσιοι ὁρῶντες ταῦτα πραττόμενα ἐθαύμαζον μέν, οὐκ εἶχον δὲ τὴν αἰτίαν συμβαλεῖν. ἐπεὶ δὲ ἀνεχώρησε τὰ προειρημένα ζῷα, νύκτωρ γίνεται σεισμός, καὶ συνιζάνει ἡ πόλις, καὶ ἐπικλύσαντος πολλοῦ κύματος ἡ Ἑλίκη ἠφανίσθη, καὶ κατὰ τύχην Λακεδαιμονίων ὑφορμοῦσαι τῇ πόλει δέκα νῆες συναπώλοντο τῇ προειρημένῃ θαλάσσης ἐπικλύσει πολλῇ. χρῆται δὲ ἅμα εἰς τιμωρίαν τῶν ἀσεβῶν ἀνδρῶν ὑπηρέταις τοῖς ζῴοις ἡ Δίκη. καὶ τοῦδε μαρτύριον, Παντακλῆς ὁ Λακεδαιμόνιος ἀναστείλας διὰ τῆς Σπάρτης ἐλθεῖν τοὺς ἐς Κύθηρα ἀπιόντας τῶν περὶ τὸν Διόνυσον τεχνιτῶν, εἶτα καθήμενος ἐν τῷ ἐφορείῳ ὑπὸ κυνῶν διεσπάσθη.

11.20. Ἐν Σικελίᾳ Ἀδρανός ἐστι πόλις, ὡς λέγει Νυμφόδωρος [*FGrH* 572, fr. 9], καὶ ἐν τῇ πόλει ταύτῃ Ἀδρανοῦ νεώς, ἐπιχωρίου δαίμονος· πάνυ δὲ ἐναργῆ φησιν εἶναι τοῦτον. καὶ τὰ ἄλλα μὲν ὅσα ὑπὲρ αὐτοῦ λέγει, καὶ ὅπως ἐμφανής ἐστι καὶ ἐς τοὺς δεομένους πρόχειρος εὐμενής τε ἅμα καὶ ἵλεως, εἰσόμεθα· νῦν δὲ ἐκεῖνα εἰρήσεται. κύνες εἰσὶν ἱεροί, καὶ οἵδε θεραπευτῆρες αὐτοῦ καὶ λατρεύοντές οἱ, ὑπεραίροντες τὸ κάλλος τοὺς Μολοττοὺς κύνας καὶ σὺν τούτῳ καὶ τὸ μέγεθος, χιλίων οὐ μείους τὸν ἀριθμόν. οὐκοῦν οὗτοι μεθ' ἡμέραν μὲν αἰκάλλουσί τε καὶ σαίνουσι τοὺς ἐς

2 γαλαῖ] αἱ γαλαῖ Her. ‖ 4 ἐπειδὴ] ἐπεὶ **V** ‖ 6 τέραα] Jac., Her. : τεράατα **LA** : τέρατα **VPH** ‖ 7 μῦς] μύες Her. ‖ 10 Κερύνειαν] Wess., Her. : κορίαν **LPA** : καρίαν **VH** | ταῦτα] τὰ Her. ‖ 14 τῇ πόλει] del. Her. ‖ 15 θαλάσσης] θαλάσσῃ ***β*** θαλάσσης—16 πολλῇ] del. Her. ‖ 17 τοῦδε] τὸ Her. | Παντακλῆς] Her. : παντήκλας corr. ex παντάκλας **P** : παντήλας **V** : παντίλας **H** : παντεδίδας **LA** ‖ 19 Διόνυσον] διονύσιον **LPA** ‖ 23 τὰ ἄλλα] τἄλλα Her. ‖ 24 τοὺς δεομένους] τὸ τῶν δεομένων ***β*** ‖ 25 πρόχειρος] προχείρως ***β*** : del. Her. εἰσόμεθα] ἄλλοτε εἰσό. Her.

τὸν νεὼν καὶ τὸ ἄλσος παριόντας, εἴτε εἶεν ξένοι εἴτε ἐπιχώριοι· νύκτωρ δὲ τοὺς μεθύοντας ἤδη καὶ σφαλλομένους κατὰ τὴν ὁδὸν οἳ δὲ πομπῶν δίκην καὶ ἡγεμόνων μάλα εὐγενῶς ἄγουσι, προηγούμενοι ἐς τὰ οἰκεῖα ἕκαστον, καὶ τῶν μὲν παροινούντων τιμωρίαν ἀρκοῦσαν εἰσπράττονται· ἐμπηδῶσι γὰρ καὶ τὴν ἐσθῆτα αὐτοῖς καταρρηγνύουσι, καὶ σωφρονοῦσιν ἐς τοσοῦτον αὐτούς· τούς γε μὴν πειρωμένους λωποδυτεῖν διασπῶσι πικρότατα.

11.21. Κοχλίας δὲ ἄρα θαλάττιος ὁ ἐν τῇ Ἐρυθρᾷ θαλάττῃ γινόμενος ὡραιότατος ἰδεῖν ἦν καὶ μέγιστος. ἔστι μὲν γὰρ φοῖνιξ τὸ ἔλυτρον, ἔχει δὲ καὶ ἕλικα μεστὴν διηνθισμένην καὶ πεποικιλμένην ὑπὸ τῆς φύσεως. κόσμῳ δὲ περιττῷ, στέφανον ἂν εἴποις ὁρᾶν ἔκ τινος πολυχροίας ἀνθῶν ποικίλως διαπλακέντα πρασίνων τε καὶ χρυσοειδῶν καὶ κινναβαρίνων, ἐναλλὰξ τῶν χρωμάτων κατεσπαρμένων τοῖς διαστήμασιν ἴσοις.

11.22. Τὸν δελφῖνα ἡ φύσις ἀεικίνητον εἰργάσατο, ὥς φασι, καὶ πέρας τούτῳ τῆς κινήσεως τὸ καὶ τοῦ βίου τέλος. ὕπνου γοῦν δεόμενος μετεωρίσας τὸ σῶμα καὶ ἀναπλεύσας ἐπ᾽ ἄκρον τὸ ὕδωρ, ὡς ὁρᾶσθαι πᾶς, καταδαρθάνει τηνικάδε· ἄϋπνος δὲ καὶ ἄμοιρος τοῦδε τοῦ θεοῦ οὐδὲ οὗτός ἐστιν. ὅτε γοῦν καθεύδει, ὠθεῖται εἰς βυθόν, ἕως ψαύσει τῆς κάτω γῆς. ὅταν δὲ προσπελασθῇ αὐτῇ, διυπνίζεται κρουσθεὶς πρὸς τὸ δάπεδον, εἶτα ἀναδύνει. καὶ πάλιν εἰς ὕπνον ὑπαχθεὶς καὶ νικώμενος τοῦ θεοῦ κατολισθάνει, καὶ αὖθις ἀφυπνισθεὶς τῇ αὐτῇ κρούσει ἀναπλεῖ πάλιν. καὶ πολλάκις δρᾷ τοῦτο, μεταξὺ ἡσυχίας καὶ ἐνεργείας ὤν, οὐ μὴν εἰς ἀκινησίαν ἐκπίπτων παντελῆ ποτε.

11.23. Ἐν τῇ Ἐρυθρᾷ θαλάττῃ γίνεται ἰχθῦς πλατὺς τὸ σχῆμα κατὰ τὴν βούγλωττον, ὥς φασι. καὶ φολίδας μὲν οὐ σφόδρα τραχύς ἐστι προσαψαμένῳ, τὴν χρόαν δὲ ὑπόχρυσός ἐστι,

1 καὶ] om. **V** ‖ **3** μάλα] τε μάλα **LPA** | εὐγενῶς] gloss. εὐγένεια in mg. **L** : εὐμενῶς Schn., Her. ‖ **4** ἕκαστον] ἑκάστῳ Her. ‖ **6** σωφρονοῦσιν] σωφρονίζουσιν Ges. in mg., Her. ‖ **9** θαλάττιος] θαλάσσιος **V** | θαλάττῃ] θαλάσσῃ **V** ‖ **11** μεστὴν] καλλίστην Jac. in app. : del. Her. ‖ **12** κόσμῳ—περιττῷ] del. Her. ‖ **13** ποικίλως] ποικίλης ***β*** : del. Her. ‖ **15** τοῖς] del. Her. ‖ **17** τούτῳ] τοῦτο **V** | τέλος] del. Her. **19** ὡς] om. **V** ‖ **20** εἰς] καὶ εἰς **P** ‖ **21** ψαύσει] ἂν ψαύσῃ **H**, Her. | κάτω] κατὰ **V** **23** κατολισθάνει] κατολισθαίνει **AH** ‖ **27** θαλάττῃ] θαλάσσῃ **V** **28** βούγλωττον] ex corr. **L** : βούγλωτταν ***β*** (ante corr. **L**)

μελαίναις τε γραμμαῖς ἐς τὸ οὐραῖον ἀπὸ τῆς κεφαλῆς ἄκρας καταγέγραπται. εἴποι τις ἂν αὐτὰς εἶναι χορδὰς ἐντεταμένας· ἔνθεν τοι καὶ ἰχθῦς αὐτὸς κιθαρῳδὸς κέκληται. τὸ στόμα δὲ αὐτῷ συνίζει καὶ ἔστι μέλαν ἰσχυρῶς, ζώνῃ γε μὴν κροκοειδεῖ κατείληπται· πεποίκιλται δέ οἱ ἡ κορυφὴ διαφόρως τῇ τε χρυσοειδεῖ αὐγῇ καὶ μέντοι καὶ μελαίναις τισὶ περιγραφαῖς. καὶ πτερύγια χρυσοειδῆ ἔχει, μέλαινα δὲ αὐτῷ ἡ οὐρὰ πλὴν τῶν ἄκρων· ταῦτα δὲ λευκὰ ἰσχυρῶς. καὶ ἄλλοι δὲ ᾄδονται κιθαρῳδοὶ στικτοὶ τίκτεσθαι. καί εἰσι πορφυροῖ μὲν τὸ πᾶν σῶμα, γραμμὰς δὲ ἐκ διαστημάτων ἔχοντες χρυσᾶς· ζώνας δ' ἔχουσιν ἐπὶ τῇ κεφαλῇ ἴοις τοῖς ἄνθεσι παραπλησίας, τὴν μὲν πρὸ τῶν ὀφθαλμῶν μέχρι τῶν βραγχίων καθέρπουσαν, τὴν δὲ μετὰ τοὺς ὀφθαλμοὺς ἐς τὸ ἥμισυ τῆς κεφαλῆς προχωροῦσαν, τὴν δὲ περιθέουσαν κατὰ τῆς δέρης ὡς ὅρμον.

11.24. Πάρδαλις δὲ ἰχθῦς ἐν τῇ Ἐρυθρᾷ φύεται θαλάττῃ, ὡς οἱ θεασάμενοι λέγουσι, καὶ ἔοικε τὴν χροιὰν καὶ τὰ στίγματα τὰ περιφερῆ τῇ ὀρείῳ παρδάλει. ὁ δὲ ὀξύρυγχος ὁ ἐνταῦθα γινόμενος ἔχει μὲν πρόμηκες τὸ στόμα, τοὺς δὲ ὀφθαλμοὺς χρυσοειδεῖς, τὰ δὲ βλέφαρα αὐτῷ λευκά· τῷ δὲ νώτῳ οἱ σημεῖά τε ἐπέστικται ὠχρά, καὶ πτέρυγες αὐτῷ αἱ μὲν πρῶται μέλαιναι, αἱ δὲ νωτιαῖαι λευκαί· καὶ ἡ οὐρὰ προμήκης τὸ σχῆμα, τὴν δὲ χρόαν πράσινός ἐστι, μέσον δὲ αὐτὴν διείληφε χρυσοειδὴς γραμμή.

11.25. Τῷ Πτολεμαίῳ τῷ δευτέρῳ, ὃν καὶ Φιλάδελφον καλοῦσι, βρέφος ἐλάφου δῶρον ἐδόθη, καὶ τῇ φωνῇ ἀνετράφη τῇ Ἑλλάδι, καὶ λαλούντων συνίει. ἐπεπίστευτο δὲ πρὸ τοῦδε τοῦ ζῴου τῆς Ἰνδῶν μόνης φωνῆς ἐπαΐειν τοὺς ἐλάφους.

11.26. Ἔοικε δὲ ἄρα καὶ ἐν τοῖς ἀλόγοις ὑπὸ τῆς φύσεως προτιμᾶσθαι τὸ ἄρρεν. ἔχει γοῦν ὁ μὲν δράκων ὁ ἄρρην τὸν λόφον

2 ἐντεταμένας] ἐκτεταμένας **LA** : ἐκτεταμμένας corr. ex ἐντεταμμένας **P**
3 ἰχθῦς] ὁ ἰχθ. Her. ‖ **5** κατείληπται] κατείληται Cob. (1884) ‖ **6** καὶ[3]] om. *β*
9 στικτοὶ] del. Her. ‖ **10** δὲ] del. Her. ‖ **11** τοῖς ἄνθεσι] del. Cob. (1884)
15 θαλάττῃ] θαλάσσῃ **V** ‖ **16** χροιὰν] χρόαν Jac., Her. | τὰ[2]] om. **LPH** ‖ **17** ὀρείῳ] ὀρείᾳ **V** ‖ **18** ἔχει] ἐστὶ **V** | πρόμηκες] προμήκη *β* | χρυσοειδεῖς] χρυσοειδές **V**
19 ὠχρά] ὠχρῶ **P** : χλωρά **V** ‖ **20** πρῶται] παρ' ἑκάτερα Her. ‖ **21** καὶ] om. *β*
22 μέσον] μέσην **LA**, edd. ‖ **24** ἐλάφου] ἐλέφαντος Gro., Her., fort. recte
ἀνετράφη] ἐνετράφη Schn., Her. ‖ **25** ἐπεπίστευτο] ἐπεπίστευται **V**
26 ἐλάφους] ἐλέφαντας Gro., Her., fort. recte

καὶ τὴν ὑπήνην δασεῖαν, ὁ δὲ ἀλεκτρυὼν καὶ οὗτος λόφον καὶ τὰ κάλλαια, ὁ δὲ ἐλέφας τὰ κέρατα, χαίτην ὁ λέων, ὁ τέττιξ τὴν φωνήν.

11.27. Ὑπόθεσις μὲν τοῖς Ἀχαιοῖς καὶ τοῖς Τρωσὶ τοῦ πολέμου ἡ Διὸς Ἑλένη, φασί, καὶ Πέρσαις πρὸς τοὺς Ἕλληνας Ἄτοσσα ἡ Δαρείου γυνὴ ποθήσασα θεραπαίνας κτήσασθαι Ἀττικὰς καὶ Ἰάδας, καὶ τοῦ μακροῦ πολέμου τοῖς Ἕλλησι τὸ πινάκιον τὸ κατὰ τῶν Μεγαρέων. Μάγνητας δὲ καὶ Ἐφεσίους εἰς πόλεμον ἀκρὶς ἐξῆψε, περιστερὰ δὲ Χάονας καὶ Ἰλλυριούς, Θηβαῖοι δὲ ἐν Αἰγύπτῳ πρὸς Ῥωμαίους ὑπὲρ κυνὸς πολεμῆσαι λέγονται.

11.28. Λέγει τις λόγος Πυθοχάρην τὸν αὐλητὴν ἀναστεῖλαι λύκων ὁρμὴν αὐλήσαντα σύντονον καὶ γενναῖον αὔλημα. μυιῶν δὲ πλῆθος ἀνέστησε Μεγαρέας, Φασηλίτας δὲ σφῆκες, σκολόπενδραι δὲ Ῥοιτιεῖς.

11.29. Πρόβατα ἄχολα ἐν τῷ Πόντῳ φασίν, ἐν δὲ τῇ Νάξῳ τῇ νήσῳ καὶ δίχολα.

11.30. Ὁ μέροψ ὄρνις ταύτῃ τοι δοκεῖ δικαιότερος εἶναι τῶν πελαργῶν· οὐ γὰρ ἀναμένει γηράσαντας ἐκτρέφειν τοὺς πατέρας, ἀλλ' ἅμα τῷ φῦσαι τὰ ὠκύπτερα τοῦτο ἐργάζεται. καὶ ἔστι δικαιότερος καὶ εὐσεβέστερος ὀρνίθων ἁπάντων.

11.31. Ἴδιον δὲ ἄρα τῶν ζῴων καὶ ἐκεῖνο ἀγαθόν· πρόνοιαν αὐτῶν καὶ οἱ θεοὶ ποιοῦνται, καὶ οὔτε αὐτῶν καταφρονοῦσιν οὐδὲ μὴν ὀλιγώρως ἔχουσιν. εἰ γὰρ καὶ ἀμοιρεῖ λόγου, ἀλλὰ γοῦν συνέσεως καὶ τῆς καθ' ἑαυτὰ σοφίας οὐκ ἔστιν ἀτυχῆ. ὅπως δ' οὖν καὶ αὐτὰ φιλεῖται θεοῖς ἐρῶ, καὶ εἰ μὴ πολλὰ ἐκ πολλῶν, ὅσα δ' οὖν ἀποχρήσει τοσαῦτα. ἀνὴρ ἱππεὺς τὴν στρατιάν, Ληναῖος τὸ ὄνομα, ἵππον εἶχεν ἰδεῖν μὲν ὡραῖον, δραμεῖν δὲ ὤκιστον, τὸν δὲ θυμὸν ἀνδρειότατον· καὶ ἀγαθὸν μὲν ἐν ταῖς ἐπιδείξεσι τὴν ἱππείαν

1 δασεῖαν] del. Her. | λόφον] τὸν λόφ. Her. ‖ **2** κάλλαια] Rei., Her. : κάλλεα **β** : κάλα **V** | ἐλέφας] ἔλαφος Ges., Her. | χαίτην] τὴν χαί. Schn., Her. ‖ **5** Ἄτοσσα] ἄτοσα **PA** : ἄτουσα **VH** ‖ **6** καὶ Ἰάδας] del. Her. ‖ **9** δὲ[2]] δ' οἱ Her. **10** πρὸς—κυνὸς] ὑπὲρ κυν. πρὸς ῥωμ. **A** ‖ **15** Πρόβατα—φασίν] deesse vid. γίνεσθαι, Her. in app. ‖ **17** ὄρνις] ὁ ὄρνις Her. ‖ **18** ἐκτρέφειν] τρέφειν Her. **19** καὶ—**20** ἁπάντων] del. Her. ‖ **20** εὐσεβέστερος] εὐσεβέστατος **PA** ‖ **22** καὶ[1]] del. Her. | οὐδὲ] οὔτε Her. ‖ **24** ἔστιν ἀτυχῆ] ἀτυχεῖ Her. ‖ **25** δ'] del. Her. **26** τοσαῦτα] del. Her. | τὴν στρατιάν] abesse malit Jac. in com. : del. Her. **27** μὲν] om. **V**

περιδραμεῖν τὴν δεδιδαγμένην, καρτερικὸν δὲ ἐν αὐτῷ τῷ πολέμῳ, καὶ διῶξαι ἔνθα ἦν καιρὸς καὶ ἀναχωρῆσαι ὅπου αὐτὸν χρεία παρεκάλει πάνυ γεννικόν. οὐκοῦν ἐκ τούτων ἁπάντων ὃ μὲν κτῆμα ἦν ἀγαθόν, ὃ δὲ εὐκλεέστατος ἐν τοῖς ὁμοτέχνοις ἱππεῦσιν ἐδόκει. ὁ τοίνυν ἵππος ὁ τοιοῦτος τὴν ἱππικὴν ἀρετὴν θατέρῳ τοῖν ὀφθαλμοῖν τῷ δεξιῷ ὑπό τινος πληγῆς προσπεσούσης ὁρᾶν ἀδύνατος ἦν. οὐκοῦν ὁ Ληναῖος ὁρῶν ἑαυτοῦ σαλεύουσαν τὴν πᾶσαν ἐλπίδα ἐν τῷ τοῦ ἵππου τοῦ εὐγενοῦς ἐκείνου πάθει, ἐπεὶ τὰ ἄλλα καὶ ἡ ἀσπὶς ἡ ἱππικὴ τὸν λαιὸν ὀφθαλμόν οἱ ἔσκεπε τὸν μόνον ὁρῶντα, εἰς τοῦ Σαράπιδος ἔρχεται, θρέμμα ἀνάγων καὶ μάλα ἀληθές, ὥσπερ οὖν ἱερεῖον τὸν ἵππον, καὶ δεῖται τοῦ θεοῦ ὡς ὑπὲρ ἀδελφοῦ τινος ἢ υἱοῦ ὁ Ληναῖος τοῦ ἵππου οἰκτεῖραι τὸν ἱκέτην, καὶ ταῦτα ἀδικήσαντα οὐδέν. εἶναι γάρ τινας ἀνθρώπους σφίσι κακῶν αἰτίους ἢ δράσαντάς τι ἀσεβὲς ἢ εἰπόντας τι ἀπόφημον· 'ἵππου δέ' ἔλεγε 'ποία μὲν θεοσυλία, φόνος δὲ τίς, βλασφημία δὲ πῶς ἢ πόθεν;' ἐμαρτύρατο δὲ τὸν θεὸν καὶ αὐτὸς ὡς οὐδεπώποτε οὐδένα οὐδὲν ἀδικήσας, καὶ διὰ ταῦτα τὸν συστρατιώτην οἱ καὶ φίλον ἐδεῖτο τῆς ὀφθαλμίας ἀπαλλάξαι τὸν θεόν. ὃ δὲ οὐχ ὑπερορᾷ οὐδὲ ἐξεφαύλισε τὸν ἄλογόν τε καὶ ἄφωνον ἰάσασθαι, ὢν τοσοῦτος θεός, καὶ διὰ ταῦτα οἰκτείρει καὶ τὸν νοσοῦντα καὶ τὸν δεόμενον ὑπὲρ αὐτοῦ, καὶ δίδωσιν ἴασιν μὴ καταιονεῖν μὲν τὸν ὀφθαλμόν, πυριάσεσι δὲ αὐτὸν ἀλεαίνειν μεσούσης ἡμέρας ἐν τῷ τοῦ νεὼ περιβόλῳ. καὶ ταῦτα μὲν ἐπράττετο, ἐρρώσθη δὲ τῷ ἵππῳ τὸ ὄμμα. καὶ ὁ μὲν Ληναῖος χαριστήριά τε καὶ ζωάγρια ἀπέθυεν, ὁ δὲ ἵππος ἐσκίρτα τε καὶ περὶ τὸν νεὼν ἐφριμάττετο καὶ ἐδόκει μείζων τε καὶ ὡραιότερος, καὶ ἦν φαιδρὸς καὶ τῷ βωμῷ προσθέων ἐκυδροῦτο, καὶ μέντοι καὶ πρὸς τοῖς ἀναβαθμοῖς καλινδούμενος ἑωρᾶτο τῷ θεῷ τῷ σωτῆρι χαριστήρια ἐκτίνων, ᾗπερ οὖν ἔσθενεν.

2 ὅπου] ἔνθα **A** ‖ **3** χρεία] ἡ χρεία Her. | γεννικόν] γενικόν **PH** ‖ **4** εὐκλεέστατος] ἀκλεέστατα **V** ‖ **5** ὁ τοίνυν] οὐκοῦν **V** ‖ **9** τὰ ἄλλα] del. Her. | ἡ[1]] om. ***β*** **10** θρέμμα] θεράπευμα Her. ‖ **11** ἀληθές] ἄηθες Rei., Her. : κατηφές Schn., Jac. in app. | ὥσπερ—ἱερεῖον] del. Her. ‖ **13** τινας] τινων ***β*** : τοι Her. ‖ **15** ἀπόφημον] ἀπόφημα **V** ‖ **18** ἀπαλλάξαι] ἀπαλλάξειν **V** | τὸν θεόν] del. Her. ‖ **22** καταιονεῖν] καταιονᾶν ***β*** ‖ **26** περὶ—νεὼν] del. Her.

11.32. Ἐν ἀμπέλῳ δὲ γεωργὸς εἰργάζετο τάφρον, ἵνα ἐμφυτευθῇ καλὸν κλῆμά τε καὶ εὐγενές· εἶτα τὴν σμινύην καταφέρων ὑποικουροῦσαν ἀσπίδα ἱερὰν καὶ ἀνθρώπων ἥκιστα ἐχθρὰν λαθὼν διέκοψε μέσην. καὶ τὴν γῆν διαξαίνων τὸ μὲν οὐραῖον βλέπων τῇ ψάμμῳ κατειλημμένον, τὸ δὲ ἡμίτομον τὸ ἐκ τῆς γαστρὸς εἰς τὴν δέρην ἀνιόν, ἔτι ἕρπον καὶ τοῦ λύθρου τοῦ διὰ τὴν τομὴν πεπληρωμένον, ἐκπλήττεται, καὶ ἔκφρων γενόμενος εἴς τε ὀρθὴν μανίαν καὶ ὡς τὰ μάλιστα ἰσχυρὰν ἐκφοιτᾷ. καὶ μεθ' ἡμέραν ἑαυτοῦ τε καὶ τοῦ λογισμοῦ ἦν ἀκράτωρ καὶ μέντοι καὶ νυκτὸς ἦν παράφορος, καὶ ἐκ τοῦ λέχους ἀνεθόρνυτο καὶ ἔλεγε τὴν ἀσπίδα διώκειν, καὶ ὥσπερ οὖν ὁμοῦ τι τῷ δήγματι ὢν ἐκπληκτικώτατα ἐβόα καὶ ἐκάλει συμμάχους, καὶ μέντοι καὶ τῆς ἀνῃρημένης ὑπ' αὐτοῦ τὸ εἴδωλον ἔλεγεν ὁρᾶν βριμούμενόν τε καὶ ἀπειλοῦν, καὶ ὡμολόγει ποτὲ καὶ δεδῆχθαι, καὶ ὡς ὠδυνᾶτο ἐξ ὧν ᾤμωξεν ἦν δῆλος. ἐπεὶ μέντοι ἡ νόσος πόρρω τοῦ χρόνου ἦν, οἱ προσήκοντές οἱ τὸν ἄνδρα ἐς τοῦ Σαράπιδος ἄγουσιν ἱκέτην, καὶ ἐδέοντο ἀναστεῖλαι καὶ ἀφανίσαι τῆς προειρημένης τὸ φάσμα. οἰκτείρει μὲν οὖν τὸν ἄνδρα ὁ θεὸς καὶ ἰᾶται· ὡς δὲ ἀτιμώρητος οὐκ ἔμεινεν ἡ ἀσπὶς εἴρηται καὶ πάνυ γε ἀποχρώντως.

11.33. Ταὼν δὲ Ἰνδικὸν δῶρον λαβὼν ὁ τῶν Αἰγυπτίων βασιλεύς, ταώνων ἰδεῖν μέγιστόν τε καὶ ὡραιότατον, οὐκ ἀξιοῖ σὺν τοῖς ἀγελαίοις τρέφειν, ὡς οἰκίας ἄθυρμα αὐτὸν εἶναι ἢ γαστρὸς χάριν, ἀλλὰ ἀνάπτει τῷ Πολιεῖ Διΐ, κρίνας ἀνάθημα ἐπάξιον τῷ θεῷ τὸν ὄρνιν τὸν προειρημένον. ἐρᾷ τοῦτον συλλαβεῖν ἄσωτος νεανίας καὶ πάνυ γε πλούσιος καὶ ποιήσασθαι δεῖπνον· ἀεὶ γὰρ τῇ γαστρὶ ἐχαρίζετο καὶ ἐξ ἁπάσης αἰτίας ὁ ἄσωτος οὗτος, τὸ ποικίλον τῆς τροφῆς καὶ τὸ σὺν κινδύνῳ πορισθὲν καὶ τὸ ἐωνημένον πολλῶν ὤνων λαιμαργίας καὶ βδελυρίας ὑπερβολῇ κέρδος ἡγούμενος εἰς ἡδονήν. μισθὸν οὖν τῆς θεοσυλίας ἁδρὸν προτείνει τινὶ τῶν τοῦ θεοῦ θεραπευτήρων, καὶ ὑπισχνεῖται καὶ

1 ἀμπέλῳ] ἀμπελῶνι Her. ‖ 2 ἐμφυτευθῇ] ἐμφυτεύσῃ Her. | καλὸν—τε] καλ. κλῆ. τι **V** : κλῆ. καλ. τε Her. ‖ 5 κατειλημμένον] κατειλημένον Cob. (1884) 7 ἐκπλήττεται] καὶ ἐκπλ. **LPA** ‖ 10 νυκτὸς] νύκτωρ Her. | ἦν] ἡνίκα **LPA** 11 διώκειν] διώκων ***β*** ‖ 13 βριμούμενόν] βριμώμενόν **VP** ‖ 15 ᾤμωξεν] ᾤμωζεν **P**, Her. | μέντοι] μέν οἱ ***β*** ‖ 28 πολλῶν ὤνων] πολλοῦ, τρόπῳ ***β*** : πολλῶν πόνων Her. | λαιμαργίας—βδελυρίας] βδε. καὶ λαι. ***β*** ‖ 29 οὖν] αὖ **V**

ἄλλον. ὃ δὲ ἐλπίδι κουφισθεὶς ματαίᾳ, ἔνθα ᾔδει τὸν ὄρνιν αὐλιζόμενον ἐλθὼν ἐπεχείρει συλλαβεῖν καὶ τῷ πλουσίῳ κομίσαι. καὶ ἐκεῖνον μὲν οὐχ ὁρᾷ, μεγίστην δὲ ἀσπίδα ὀρθὴν εἶδε καὶ ἐπ' αὐτὸν τεθυμωμένην. καὶ τὰ μὲν πρῶτα ἔδεισε καὶ ὑπαπῆλθεν, ἐγκειμένου δὲ τοῦ ἀσώτου καὶ παρορμῶντος ὁ ὑπηρέτης ἐπὶ τὸν ταὼν ἦλθεν, ὃ δὲ ἀμφοτέρων ἀΐξας καὶ ἑαυτὸν τοῖς πτεροῖς μετεωρίσας καὶ ἀρθεὶς κοῦφος οὔτε ἐπί τι τῶν ἱερῶν δένδρων ἐκάθισεν οὔτε ἐπ' ἄλλον μετέωρόν τε καὶ ὑψηλὸν χῶρον, ἀλλὰ ἐπί τι μέσον τοῦ θεοῦ τοῦ νεώ, καὶ εἰς αὐτοὺς ἀτρέπτως ἑώρα, οἷον ὑποφαίνων ὅτι ἄρα τῆς ἐπιβουλῆς τῆς ἐκείνων κρείττων πέφυκε, καὶ οὐκ ἔστιν αὐτοῖς ἑλεῖν αὐτόν. οὐκοῦν ἐπεὶ μηδὲν ἤνυστο, ὅπερ ἦν προδοὺς ἀργύριον ὁ ἄσωτος ἀπῄτει λαβεῖν, ὃ δὲ οὐκ ἀπεδίδου λέγων ποιῆσαι μὲν τὰ ἑαυτοῦ πάντα, ἀδύνατος δὲ εἶναι θεῶν κτῆμα ὑφελέσθαι. οἷα οὖν εἰκὸς ἦν ἔρις ὑπὲρ τούτων καὶ βοὴ ἤδη, καὶ ἤκουον πολλοί· εἶτα ἄνεισιν ὁ ἐπὶ πᾶσιν ἱερεύς, καὶ ἐρωτᾷ τῆς ἐν τῷ νεῷ φιλονεικίας τὴν ὑπόθεσιν, καὶ ἐλέγχουσιν ἀλλήλους. καὶ ὁ μὲν πλούσιος ἀπειλαῖς καὶ βλασφημίαις καὶ λοιδορίαις αἰκισθεὶς ἀπαλλάττεται καὶ ὄρνιθος ἄλλου καταπιὼν ὀστέον καὶ ὀδυνώμενος τὸν βίον κατέστρεψεν ἀλγεινότατα, τὸν δὲ ὑπηρέτην τὸν κακὸν οἷα δήπου ἱερόσυλον ὁ τῆς πόλεως ἁρμοστὴς ἐκόλασε, τὸν δὲ ὄρνιν οὔτε ζῶντα οὔτε νεκρὸν ἐθεάσαντο, ἀλλὰ ἑκατὸν ὡς λόγος ἔτη διαβιώσας εἶτα ἠφανίσθη.

11.34. Καὶ ἐκεῖνο δὲ ἔοικε τούτῳ καὶ ὁμολογεῖ. Κίσσος ὄνομα θεραπεύων τὸν Σάραπιν ἰσχυρῶς, ἐπιβουλευθεὶς ὑπὸ τῆς πρότερον μὲν ἐρωμένης ὕστερον δὲ γαμετῆς, καὶ ᾠὰ ὄφεως φαγών, ὠδυνᾶτο καὶ ἑαυτοῦ κακῶς εἶχε, καὶ ἐπίδοξος τεθνήξεσθαι ἦν. δεῖται δὲ τοῦ θεοῦ, ὃ δὲ προσέταξε πρίασθαι μύραιναν ζῶσαν, καθεῖναι δὲ τὴν χεῖρα ἐς τὸ ζώγριον. καὶ ὁ Κίσσος πείθεται καὶ καθίησιν, ἣ δὲ ἐμφῦσα εἴχετο, ἀποσπωμένη δὲ καὶ τὴν νόσον τὴν

4 ὑπαπῆλθεν] ἀπῆλθεν Her. ‖ **5** ὃ] ὁ μὲν Her. ‖ **6** ἀμφοτέρων] ἀμφοτέροις Ges. in Emend. : δι' ἀμφοτέρων Abr. : ἀνωτέρω Her. | ἀΐξας] ᾄξας Her. ‖ **7** ἱερῶν] om. **V** ‖ **9** τι] τὸ Her. | τοῦ θεοῦ] del. Her. ‖ **10** ἐκείνων] ἐξ ἐκείνων Her. ‖ **23** ἐκεῖνο] ἐκείνῳ **V** | τούτῳ] τοῦτο **V** | Κίσσος] κισσὸς **V** : κισὸς **A** hic et infra ‖ **26** ἑαυτοῦ] ἑαυτῷ ***β*** ‖ **28** χεῖρα] χεῖραν **P** | ζώγριον] ζωάγριον **V** : ζωγρεῖον Her.

ἐν τῷ νεανίᾳ συνέσπασεν. ὑπηρέτις μὲν δὴ θεοῦ θεραπείας ἡ μύραινα αὕτη γενομένη, καὶ εἰς ἀκοὴν τὴν ἡμετέραν ἀφίκετο.

11.35. Χρύσερμόν τε ἐπὶ Νέρωνος αἷμα ἀνεμοῦντα καὶ τηκόμενον ἤδη, αἷμα ταύρου πιόντα ἰάσατο ὁ αὐτὸς οὗτος θεός. ἐγὼ δὲ λέγω ταῦτα, ὅτι ἐς τοσοῦτον ἄρα τὰ ζῷα θεοφιλῆ ἐστιν, ὡς καὶ ὑπὸ τῶν θεῶν σώζεσθαι, καὶ σώζειν ἐκείνων βουλομένων ἑτέρους. ἀτὰρ οὖν καὶ Βάθυλιν τὸν Κρῆτα ἐς νόσον φθίσεως ἐμπεσόντα ἐξάντη τοῦ τοσούτου κακοῦ ὅδε ὁ θεὸς εἰργάσατο ὀνείων κρεῶν γευσάμενον. καὶ προσέπεσε γενέσθαι αὐτῷ παρὰ τὸ ὄνομα τοῦ ζῴου· ἔφατο γὰρ ὀνησιφόρον οἱ ταύτην ἔσεσθαι τὴν θεραπείαν καὶ ἴασιν. καὶ ὑπὲρ μὲν τούτων ἀπόχρη καὶ ταῦτα.

11.36. Ἴδια δὲ ἄρα τῶν ζῴων καὶ ἐκεῖνα λέγεται. αἱ ἵπποι εἰς ἁρματηλασίαν ἐπιτηδειότεραι εἶναι πιστεύονται. πυνθάνομαι δὲ τοὺς ἄνδρας τοὺς πωλευτικοὺς λέγειν ὅτι ἄρα χαίρουσιν οἱ ἵπποι λουτρῷ τε καὶ ἀλοιφῇ. ὅτι δὲ καὶ μύρῳ ἐχρίοντο ἵπποι, Σημωνίδης [fr. 7.57 Adr.] ἐν τοῖς ἰάμβοις λέγει. Πέρσαι δὲ μετὰ τὴν Κύρου μάχην τὴν ἐν Λυδίᾳ καμήλους τοῖς ἵπποις συντρέφουσι, τὸ δέος τῶν ἵππων τὸ ἐκ τῶν καμήλων εἰς αὐτοὺς ἐξαπτόμενον ἐκβάλλειν πειρώμενοι τῇ συντροφίᾳ.

11.37. Καλεῖται δὲ σελάχια ὅσα οὐκ ἔχει λεπίδας· εἶεν δ᾿ ἂν μύραινα, γόγγρος, νάρκη, τρυγών, βοῦς, γαλεός, δελφίς, φάλαινα, φώκη. ταῦτα δὲ ἄρα μόνα τῶν ἐνύδρων ζῳοτοκεῖ. μαλάκια δὲ καλεῖται ὅσα τῶν ἐνύδρων ἀνόστεά εἰσι· καὶ εἴη ἂν πολύπους, σηπία, τευθίς, ἀκαλήφη. ταῦτά τοι καὶ αἵματος ἄμοιρα καὶ σπλάγχνων ἐστί. μαλακόστρακα δὲ ἀστακοί, καρίδες, καρκίνοι, πάγουροι· ἀποδύεται δὲ καὶ τὸ γῆρας ταῦτα. ὀστρακόδερμα δὲ ὄστρεα, πορφύραι, κήρυκες, στρόμβοι, ἐχῖνοι, κάραβοι. καρχαρό-

1 συνέσπασεν] συναπέσπασεν **H**, Her. ‖ **2** καὶ] del. Her. ‖ **3** τε] δὲ Her. ‖ **4** ὁ] om. ***β***|θεός] ὁ θεός ***β***‖ **5** ἄρα] om. **V**‖ **7** Βάθυλιν] corr. ex βάθυλυν **L** : βάθελιν **P** : βάθηλυν **V** : βάσιλιν Her. ‖ **9** αὐτῷ] καὶ αὐτῷ **LA** : αὐτὸ **V** | παρὰ] κατὰ Her. **12** λέγεται] del. Her. ‖ **13** ἐπιτηδειότεραι] ἐπιτηδειόταται Her. ‖ **14** οἱ] om. ***β*** **15** Σημωνίδης] Scholf. : ὁ σιμωνίδης **H** : σιμωνίδης **VLPA**, edd. ‖ **20** σελάχια] σελάχεια **A** | εἶεν] εἴη Her. ‖ **21** δελφίς] ante voc. lac. stat. Jac., Her. (κήτη δὲ exc., Jac. in app.)|φάλαινα] φάλλαινα **LAH**‖ **23** τῶν ἐνύδρων] del. Her.|εἰσι] ἐστι Jac. in app., Her. ‖ **24** τευθίς] gloss. τὸ λεγόμενον καλαμάριον in mg. ut vid. sec. m. **L** | αἵματος] αἵματα **V** ‖ **25** ἐστί] εἰσι **V** ‖ **26** δὲ^{2}] om. **V** ‖ **27** καρχαρόδοντα] καρχαρόδοντες **V**

δοντα δὲ, στρογγύλους ἔχοντα τοὺς ὀδόντας καὶ ὀξεῖς, λύκος, κύων, λέων, πάρδαλις. ταῦτα μέντοι καὶ σαρκῶν ἐσθίει. ἀμφώδοντα δὲ ἄνθρωπος, ἵππος, ὄνος, ἅπερ οὖν πιμελὴν ἔχει. συνόδοντα δὲ βοῦς, πρόβατον, αἴξ. χαυλιόδοντα δέ, τὰ ὑποφαίνοντα ἔξω τοὺς ὀδόντας, ὗς ὁ ἄγριος, σπάλαξ· τὸν γὰρ ἐλέφαντα οὔ φημι ὀδόντας ἔχειν ἀλλὰ κέρατα. ἔντομα δὲ σφήξ, μέλισσα· λέγουσι δὲ μηδὲ πνεύμονας ἔχειν ταῦτα. ἀμφίβια δὲ ἵππος ποτάμιος καὶ ἔνυδρος καὶ κάστωρ καὶ κροκόδειλος. φολιδωτὰ δὲ σαῦρος, σαλαμάνδρα, χελώνη, κροκόδειλος, ὄφις· ταῦτα δὲ καὶ τὸ γῆρας ἀποδύεται πλὴν κροκοδείλου καὶ χελώνης. μώνυχα δὲ ἵππος, ὄνος. δίχηλα δὲ βοῦς, ἔλαφος, αἴξ, οἶς, χοῖρος. πολυσχιδῆ δὲ ἄνθρωπος, κύων. στεγανόποδα καὶ πλατυώνυχα κύκνος, χήν. δερμόπτερος δὲ νυκτερίς. γαμψώνυχα δέ, οἷς καὶ τὸ ῥάμφος ἐπικαμπές, ἱέρακες, ἀετοί. τὴν δὲ ἄλλην τῶν ἄλλων ἰδιότητα ἀλλαχοῦ εἶπον.

11.38. Φιλότεκνον δὲ ἄρα ζῷον ἦν καὶ ὁ χηναλώπηξ, καὶ ταὐτὰ τοῖς πέρδιξι δρᾷ. καὶ γὰρ οὗτος πρὸ τῶν νεοττῶν ἑαυτὸν κυλίει, καὶ ἐνδίδωσιν ἐλπίδα ὡς θηράσοντι αὑτὸν τῷ ἐπιόντι· οἳ δὲ ἀποδιδράσκουσιν, οἱ νεοττοί, ἐν τῷ τέως. ὅταν δὲ πρὸ ὁδοῦ γένωνται, καὶ ἐκεῖνος ἑαυτὸν τοῖς πτεροῖς ἐλαφρίσας ἀπαλλάττεται.

11.39. Λέγουσι δὲ Αἰγύπτιοι τὸν ἱέρακα ζῶντα μὲν καὶ ἔτι περιόντα θεοφιλῆ ὄρνιν εἶναι, τοῦ βίου δὲ ἀπελθόντα καὶ μαντεύεσθαι καὶ ὀνείρατα ἐπιπέμπειν, ἀποδυσάμενον τὸ σῶμα καὶ ψυχὴν γεγενημένον γυμνήν. λέγουσι δὲ Αἰγύπτιοι καὶ τρίποδα

1 στρογγύλους—ὀξεῖς] del. Her. | ἔχοντα] ἔχοντες **V** ‖ 2 μέντοι] τοι Her. 3 ἀμφώδοντα] ἀμφώδων **P** : ἀμφόδοντα Her. | οὖν] οὖν καὶ Her. ‖ 4 τὰ—5 ὀδόντας] del. Her. ‖ 5 σπάλαξ] πάλαξ **LPA** : gloss. τὸ λεγόμενον κοινὸν σφάλακας in mg. sec. m. **L** ‖ 8 καὶ ἔνυδρος] ἐνυδρὶς Ges., Her. | καὶ²] del. Her. καὶ³] del. Her.‖ 9 δὲ] om. **LPA**‖ 11 μώνυχα] μόνυχα **V**|δίχηλα δὲ] om. ***β***|ἔλαφος] Ges., Her. : ἐλέφας codd. ‖ 12 καὶ] δὲ καὶ Her. ‖ 13 δερμόπτερος—νυκτερίς] del. Her. | οἷς—14 ἐπικαμπές] del. Her. ‖ 14 ἄλλην] del. Rei., Her. | τῶν ἄλλων] ζῴων **A** : τῶν ἄλλων ζῴων edd. ‖ 16 ζῷον] ζῴων ***β*** | ἦν] ἐστι **V** | ταὐτὰ] ταὐτὸν ***β*** 17 κυλίει] κομίζει ***β***‖ 19 οἱ νεοττοί] νεοττοὶ ***β*** : del. Her. ‖ 20 πτεροῖς] πτέρυξιν **P**‖ 25 ψυχὴν] ψυχῇ ***β***|γυμνήν] γυμνῇ ***β***|Αἰγύπτιοι] οἱ αἰγύπτιοι ***β***

ἱέρακα παρ᾽ αὐτοῖς φανῆναί ποτε, καὶ ὑγιῆ δοκοῦσι λέγειν τοῖς πεπιστευκόσιν.

11.40. Πέρδικες οἱ Παφλαγόνες δικάρδιοί εἰσιν, ὥσπερ οὖν Θεόφραστος λέγει [fr. 182 Wimm.]. καὶ Θεόπομπος λέγει [*FGrH* 115, fr. 126a] τοὺς ἐν Βισαλτίᾳ λαγὼς διπλᾶ ἥπατα ἔχειν ἕκαστον. λέγει δὲ Ἀπίων [*FGrH* 616, fr. 13], εἰ μὴ τερατεύεται, καὶ ἐλάφους νεφροὺς τέτταρας ἔχειν κατά τινας τόπους. λέγει δὲ ὁ αὐτὸς καὶ κατὰ τὸν Οἶνιδα τὸν Μήνιδος βασιλεύοντα δικέφαλον γέρανον φανῆναι, καὶ εὐθηνῆσαι τὴν Αἴγυπτον· καὶ ἐπ᾽ ἄλλου βασιλέως τετρακέφαλον ὄρνιν, καὶ πλημμυρῆσαι τὸν Νεῖλον ὡς οὔποτε, καὶ καρπῶν ἀφθονίαν γενέσθαι καὶ εὐποτμίαν ληΐων θαυμαστήν. τετράκερων δὲ ἔλαφον Νικοκρέων ὁ Κύπριος ἔσχε, καὶ ἀνέθηκε Πυθοῖ καὶ ὑπέγραψε [*App. Anth.* 3.94]·

σῆς ἕνεκεν, Λητοῦς τοξαλκέτα κοῦρ᾽, ἐπινοίας
τήνδ᾽ ἕλε Νικοκρέων τετράκερων ἔλαφον.

καὶ μέντοι καὶ τετράκερω πρόβατα ἐν τῷ τοῦ Διὸς τοῦ Πολιέως ἦν καὶ τρίκερω. ἐγὼ δὲ καὶ πεντάποδα βοῦν ἱερὸν ἐθεασάμην, ἀνάθημα τῷ θεῷ τῷδε ἐν τῇ πόλει τῇ Ἀλεξανδρέων τῇ μεγάλῃ, ἐν τῷ καλουμένῳ τοῦ θεοῦ ἄλσει, ἔνθα περσέαι σύμφυτοι σκιὰν περικαλλῆ καὶ ὄψιν ἀπεδείκνυντο. καὶ ἦν μόσχος ἐνταῦθα τὴν χρόαν κηρῷ προσεικασμένος, καὶ ἐπὶ τοῦ ὤμου πόδα ἀπηρτημένον εἶχε συνεργὸν μὲν ὅσα ἐπιβῆναι, τέλειον δὲ ὅσα εἰς πλάσιν. καὶ ταῦτα μὲν δοκεῖ τῇ φύσει ὁμολογεῖν οὐ πάντῃ, ἐγὼ δὲ ὅσα εἰς ἐμὴν ὄψιν τε καὶ ἀκοὴν ἀφίκετο εἶπον.

1 ὑγιῆ] ὑγιᾶ Her. | δοκοῦσι] δοκοῦσιν εἶναι ***β*** ‖ **4** λέγει[2]] om. **P** ‖ **5** ἕκαστον] ἕκαστόν φησι ***β*** ‖ **7** νεφροὺς] νεβροὺς **VA** ‖ **8** Οἶνιδα] οἰνείδα V : Ἀτώθιδα Bun. τὸν[2]] om. **V** | βασιλεύοντα] βασιλέα ὄντα **VPAH** : del. Her. ‖ **9** εὐθηνῆσαι] εὐθενῆσαι **LPA** | ἐπ᾽ ἄλλου] διπάλλου **VLA** : δ᾽ ἐπ᾽ ἄλλου Schn. : δὴ ἐπ᾽ ἄλλου Jac. in app. ‖ **18** Ἀλεξανδρέων] ἀλεξάνδρου ***β*** ‖ **19** καλουμένῳ] ᾀδομένῳ Her. σύμφυτοι] ἔμφυτοι **P** ‖ **20** ὄψιν] ψῦξιν Her. ‖ **21** χρόαν] θέαν **V** **22** ἀπηρτημένον] ἐπηρτημένον **LPA** | συνεργὸν] ἀσύνεργον Jac. : περίεργον Her.‖ **23** πάντῃ] fort. πάντως **A** : πάνυ τι Her.

LIBER XII

12.1. Μυρέων τῶν ἐν Λυκίᾳ κόλπος ἐστί, καὶ ἔχει πηγήν, καὶ ἐνταῦθα νεὼς Ἀπόλλωνός ἐστι, καὶ ὁ τοῦδε τοῦ θεοῦ ἱερεὺς κρέα μόσχεια διασπείρει τῶν τῷ θεῷ τεθυμένων, ὀρφοί τε οἱ ἰχθύες ἀθρόοι προσνέουσι, καὶ τῶν κρεῶν ἐσθίουσιν οἷα δήπου καλούμενοι δαιτυμόνες. καὶ χαίρουσιν οἱ θύσαντες, καὶ τὴν τούτων δαῖτα πιστεύουσιν εἶναί σφισιν ὅτταν ἀγαθήν, καὶ λέγουσιν ἵλεων εἶναι τὸν θεόν, δι' ὃν οἱ ἰχθύες ἐνεπλήσθησαν κρεῶν. εἰ δὲ ταῖς οὐραῖς αὐτὰ εἰς τὴν γῆν ἐκβάλοιεν ὥσπερ οὖν ἀτιμάσαντες καὶ μυσαρὰ κρίναντες, τοῦτο δὴ τοῦ θεοῦ μῆνις εἶναι πεπίστευται. γνωρίζουσι δὲ καὶ τὴν τοῦ ἱερέως φωνὴν οἱ ἰχθύες, καὶ ἐπακούσαντες μὲν εὐφραίνουσι τούτους δι' οὓς κέκληνται, τοὐναντίον δὲ δράσαντες λυποῦσιν.

12.2. Κατὰ τὴν πάλαι Βαμβύκην (καλεῖται δὲ νῦν Ἱεράπολις, Σελεύκου ὀνομάσαντος τοῦτο αὐτήν) ἰχθύες εἰσὶν ἱεροί, καὶ κατ' ἴλας νήχονται καὶ ἔχουσιν ἡγεμόνας, καὶ τῶν ἐμβαλλομένων αὐτοῖς τροφῶν προεσθίουσιν οὗτοί γε. φυλάττουσι δὲ καὶ τὴν πρὸς ἀλλήλους φιλίαν μάλιστα ἰχθύων, καὶ ἔστιν ἀεὶ ἔνσπονδα αὐτοῖς, ἤτοι τῆς θεοῦ τὴν ὁμόνοιαν καταπνεούσης, ἢ διότι τῶν ἐμβαλλομένων τροφῶν ἐμπιπλάμενοι οὕτως τῆς ἀλλήλων βορᾶς ἄγευστοί τε καὶ ἀμαθεῖς εἰκότως διαμένουσιν.

12.3. Λέγουσιν Αἰγύπτιοι, καὶ ἐμὲ μὲν ἥκιστα πείθουσι, λέγουσι δὲ οὖν ἄρνα καὶ ὀκτάπουν καὶ δίκερκον κατὰ τὸν Βόκχωριν τὸν ᾀδόμενον ἐκεῖνον γενέσθαι, καὶ ῥῆξαι φωνήν. καὶ δύο κεφαλὰς ᾄδουσι τῆς ἀρνός, καὶ τετράκερω γενέσθαι φασὶ τὴν αὐτήν. Ὁμήρῳ μὲν οὖν φωνὴν Ξάνθῳ τῷ ἵππῳ δόντι [*Il.* 19.404] συγγνώμην νέμειν ἄξια, ποιητὴς γάρ· καὶ Ἀλκμὰν [*PMG*, fr. 76] δὲ μιμούμενος ἐν τοῖς τοιούτοις Ὅμηρον οὐκ ἂν φέροιτο αἰτίαν, ἔχει

4 τεθυμένων] τεθυμημένων **V** | ὀρφοί] ὀρφοίω **V** : ὀρφώ Her. ‖ 7 δαῖτα] δαῖταν **VPA** ‖ 8 δι' ὃν] (corr. ex δι' ὧν **P**) **A** : δι' ὧν **VLH** : διότι Her. | κρεῶν] τῶν κρεῶν edd. ‖ 9 ἐκβάλοιεν] ἐκβάλλοιεν **PAH** ‖ 10 κρίναντες] κρίνοντες **P** 12 ἐπακούσαντες] ὑπακ. Her. | τούτους] del. Her. ‖ 14 καλεῖται—νῦν] ἣ νῦν ἐστὶν **V** ‖ 19 διότι] ὅτι **V** ‖ 20 οὕτως] οὗτοι καὶ (fort. οὕτως in mg. al. m.) **A** : οὗτοι **LPH** ‖ 21 εἰκότως] del. Her. ‖ 24 Βόκχωριν] Βόκχοριν **PAH**, edd. 25 τετράκερω] τετρακέρων **A**|τὴν αὐτήν] ταύτην **L**‖ 27 ἄξια] ἄξιον **H**, Her.

γὰρ ἀξιόχρεων εἰς αἰδῶ τὴν πρωτίστην τόλμαν· Αἰγυπτίοις δὲ τοιαῦτα κομπάζουσι προσέχειν πῶς οἷόν τε; εἴρηται γοῦν, εἰ καὶ μυθώδη, τὰ τῆσδε τῆς ἀρνὸς ἴδια.

12.4. Καὶ ἐκεῖνο δὲ ὑπὲρ τῶν ἱεράκων ἀκούσας οἶδα. πρὸ τοῦ τὸν Νεῖλον ἐπιπολάζειν τῇ Αἰγύπτῳ καὶ ἐς τὰς ἀρούρας ἀνέρχεσθαι, ἀφιᾶσι τῶν πτερύγων τὰ ἤδη γηρῶντα ὥσπερ οὖν τῶν φυτῶν οἱ κλάδοι φύλλα τὰ ξηρά, καὶ ἀναφύουσι πτίλα νεαρὰ καὶ ὡραῖα οἱ ἱέρακες ὡς τὴν ἄνθην τὰ δένδρα. γένη δὲ ἱεράκων πλείονα ἄρα ἦν, καὶ ἔοικεν ὑπαινίττεσθαι καὶ Ἀριστοφάνης τοῦτο. φησὶ γοῦν [*Av.* 1178–81]·

ἀλλ᾽ ἐπέμψαμεν
τρισχιλίους ἱέρακας ἱπποτοξότας.
χωρεῖ δὲ πᾶς τις ὄνυχας ἠγκυλωμένος·
κεγχρῇς τριόρχης γὺψ κύμινδις αἰετός.

νενέμηνται δὲ καὶ ἀπεκρίθησαν θεοῖς πολλοῖς. ὁ μὲν περδικοθήρας καὶ ὠκύπτερος Ἀπόλλωνός ἐστι θεράπων φασί, φήνην δὲ καὶ ἅρπην Ἀθηνᾷ προσνέμουσιν, Ἑρμοῦ δὲ τὸν φασσοφόντην ἄθυρμα εἶναί φασιν, Ἥρας δὲ τὸν τανυσίπτερον, καὶ τὸν τριόρχην οὕτω καλούμενον Ἀρτέμιδος. μητρὶ δὲ θεῶν τὸν μέρμνον, καὶ ἄλλον δὲ ἄλλῳ θεῷ. γένη δὲ ἱεράκων ἐστὶ πάμπολλα.

12.5. Αἰγύπτιοι μὲν οὖν σέβοντές τε καὶ ἐκθεοῦντες γένη ζῴων διάφορα γέλωτα ὀφλισκάνουσι παρά γε τοῖς πολλοῖς· καὶ Θηβαῖοι δὲ σέβουσιν Ἕλληνες ὄντες ὡς ἀκούω γαλῆν, καὶ λέγουσί γε Ἡρακλέους αὐτὴν γενέσθαι τροφόν, ἢ τροφὸν μὲν οὐδαμῶς, καθημένης δὲ ἐπ᾽ ὠδῖσι τῆς Ἀλκμήνης καὶ τεκεῖν οὐ δυναμένης, τήνδε παραδραμεῖν καὶ τοὺς τῶν ὠδίνων λῦσαι δεσμούς, καὶ

1 αἰδῶ] voc. corrupt., Her. in app.‖ **2** γοῦν] δ᾽ οὖν Her.‖ **5** Αἰγύπτῳ] αἰγυπτίῳ **V**‖ **6** πτερύγων] πτερῶν Ges., Her.‖ **7** φύλλα] τὰ φύλλα Her. | ἀναφύουσι] ἄνω φύουσι **P** ‖ **13** χωρεῖ] χωρὶς ***β*** | ἠγκυλωμένος] ἠγκυλομένος **A** : ἠγκυλημένος **LPH** ‖ **14** κεγχρῇς] κεγχρὶς **PH** : κερχνῆς **V** (fort. ex corr. **A**) : κερχνῇς Her. γὺψ κύμινδις] γυψικύμινδις (dub. L) **P** : γρὺψ κύμινδις **V** ‖ **17** φασσοφόντην] φασσοφόντα **L** ‖ **18** τριόρχην] τριόρχαν **VLP** ‖ **19** μέρμνον] post voc. lac. stat. Her. | δὲ[2]] del. Her. ‖ **20** δὲ] δὴ Her. ‖ **22** διάφορα] διάφορα καὶ διαφόρως ***β*** παρά] deleat Cob. (1884)|καὶ] del. Her.‖ **26** τήνδε] τὴν δὲ Her.

προελθεῖν τὸν Ἡρακλέα καὶ ἕρπειν ἤδη. καὶ οἱ τὴν Ἀμαξιτὸν δὲ τῆς Τρωάδος κατοικοῦντες μῦς σέβουσιν· ἔνθεν τοι καὶ τὸν Ἀπόλλω τὸν παρ᾽ αὐτοῖς τιμώμενον Σμίνθιον καλοῦσί φασιν. ἔτι γὰρ καὶ τοὺς Αἰολέας καὶ τοὺς Τρῶας τὸν μῦν προσαγορεύειν σμίνθον, ὥσπερ οὖν καὶ Αἰσχύλος ἐν τῷ Σισύφῳ [fr. 227 R.]·

ἀλλ᾽ ἀρουραῖός τίς ἐστι σμίνθος ὡδ᾽ ὑπερφυής.

καὶ τρέφονται μὲν ἐς τοὺς Σμινθίους μύες τιθασοὶ δημοσίας τροφὰς λαμβάνοντες, ὑπὸ δὲ τῷ βωμῷ καὶ φωλεύουσι λευκοί, καὶ παρὰ τῷ τρίποδι τοῦ Ἀπόλλωνος ἕστηκε μῦς. μυθολόγημα δὲ ὑπὲρ τῆσδε τῆς θρησκείας καὶ ἐκεῖνο προσακήκοα. τῶν Αἰολέων καὶ τῶν Τρώων τὰ λήϊα πολλὰς μυῶν μυριάδας ἐπελθούσας ἀώρους ὑποκείρειν καὶ ἀτελῆ τὰ θέρη τοῖς σπείρασιν ἀποφαίνειν. οὐκοῦν τὸν ἐν Δελφοῖς θεὸν πυνθανομένων εἰπεῖν ὅτι δεῖ θύειν Ἀπόλλωνι Σμινθεῖ, τοὺς δὲ πεισθέντας ἀπαλλαγῆναι τῆς ἐκ τῶν μυῶν ἐπιβουλῆς καὶ τὸν πυρὸν αὐτοῖς ἐς τόνδε τὸν νενομισμένον ἄμητον ἀφικνεῖσθαι. ἐπιλέγουσι δὲ ἄρα τούτοις καὶ ἐκεῖνα. εἰς ἀποικίαν Κρητῶν οἱ σταλέντες οἴκοθεν ἔκ τινος τύχης καταλαβούσης αὐτοὺς ἐδεήθησαν τοῦ Πυθίου φῆναί τινα αὐτοῖς χῶρον ἀγαθὸν καὶ ἐς τὸν συνοικισμὸν λυσιτελῆ. ἐκπίπτει δὴ λόγιον, ἔνθα ἂν αὐτοῖς οἱ γηγενεῖς πολεμήσωσιν, ἐνταῦθα καταμεῖναι καὶ ἀναστῆσαι πόλιν. οὐκοῦν ἥκουσι μὲν εἰς τὴν Ἀμαξιτὸν τήνδε καὶ στρατοπεδεύουσιν ὥστε ἀναπαύσασθαι, μυῶν δὲ ἄφατόν τι πλῆθος ἐφερπύσαν τά τε ὄχανα αὐτοῖς τῶν ἀσπίδων διέτραγε καὶ τὰς τῶν τόξων νευρὰς διέφαγεν· οἱ δὲ ἄρα συνέβαλον τούτους ἐκείνους εἶναι τοὺς γηγενεῖς καὶ μέντοι καὶ εἰς ἀπορίαν ἥκοντες

1 ἤδη] ἤδη. καὶ τούς τε (γε **A**) ὑμνησίους δράκοντας ἡ Ἥρα ἔπεμπεν αὐτῷ ***β*** : gloss. τοὺς ἄδοντας ἐγκώμια τὸν Ἡρακλῆ in mg. sec. m. ut vid. **L** | τὴν] τὸν **A** δὲ] del. Her. ‖ 2 μῦς] μῦν **V**, Her. | Ἀπόλλω] ἀπόλλωνα **V** ‖ 3 φασιν] φησίν **LPA** 4 σμίνθον] σμίνθιον ***β*** ‖ 6 σμίνθος] σμίνθιος **LAH** | ὡδ᾽] ὡς δ᾽ **VLA** : ὅ δ᾽ **H** ὑπερφυής] ὑπερφυής; sic dist. R. ‖ 7 ἐς—Σμινθίους] ἐν τῷ Σμινθείῳ Her. | μύες] μῦες **PA** | τιθασοὶ] τιθασσοὶ **PAH** | δημοσίας] om. **V** ‖ 8 καὶ[1]] del. Her. 10 Αἰολέων] αἰόλων **V** ‖ 11 ἀώρους] ἄωρα Ges., Her. ‖ 12 ὑποκείρειν] ὑποκεῖραι? Her. in app. | ἀποφαίνειν] ὑποφαίνειν **A** ‖ 13 πυνθανομένων] πυνθανόμενον **A** : πυνθάνομαι **V** ‖ 14 ἐκ] om. **A** ‖ 15 τόνδε] del. Her. 19 λυσιτελῆ] συντελῆ, vel συνφερῆ (sic) in mg. inf. sec. m. **A** | ἐκπίπτει] ἐκπίπτειν **LP**

τῶν ἀμυντηρίων τόνδε τὸν χῶρον οἰκίζουσι, καὶ Ἀπόλλωνος ἱδρύονται νεὼν Σμινθίου. ἡ μὲν οὖν τῶν μυῶν μνήμη προήγαγεν ἡμᾶς εἰς θεολογίαν τινά, χείρους δὲ αὐτῶν οὐ γεγόναμεν καὶ τοιαῦτα προσακούσαντες.

12.6. Ἦσαν δὲ ἄρα δελφῖνες καὶ νεκρῶν μνήμονες καὶ τῶν συννόμων καὶ ἀπελθόντων τοῦ βίου οὐδαμῶς προδόται. τὸν γοῦν ἑαυτῶν τεθνεῶτα ὑποδύντες εἶτα μέντοι κομίζουσι φοράδην ἐς τὴν γῆν τοῖς ἀνθρώποις πιστεύοντες θάψαι, καὶ Ἀριστοτέλης μαρτυρεῖ τοῦτο [*HA* 631a15 ss.; fr. 270.37 Gig.]· ἕπεται δὲ πλῆθος ἕτερον οἱονεὶ τιμῶντες ἢ καὶ νὴ Δία ὑπερμαχοῦντες, μή ποτε ἄλλο κῆτος ἐπιδράμῃ καὶ τὸν νεκρὸν ἁρπάσαν εἶτα καταδαίσηται. ὅσοι μὲν οὖν εἰσιν ἔνδικοι καὶ τῆς μουσικῆς ἐπαΐοντες, τῆς τῶν δελφίνων φιλομουσίας αἰδοῖ θάπτουσιν αὐτούς· οἱ δὲ ἀπό τε Μουσῶν, φασίν, ἀπό τε Χαρίτων ἀκηδῶς αὐτῶν ἔχουσι. καὶ δότε γε συγγνώμην, ὦ δελφῖνες φίλοι, τῇ τῶν ἀνθρώπων ἀγριότητι, εἴγε καὶ Ἀθηναῖοι Φωκίωνα τὸν χρηστὸν ἔρριψαν ἄταφον. καὶ Ὀλυμπιὰς δὲ ἔκειτο γυμνὴ ἡ τεκοῦσα τὸν τοῦ Διός, ὡς ἐκόμπαζέ τε αὐτὴ καὶ ἐκεῖνος ἔλεγε. καὶ τὸν Ῥωμαῖον Πομπήϊον τὸν Μέγαν ἐπίκλην ἀποκτείναντες Αἰγύπτιοι τοσαῦτα ἐργασάμενον καὶ νίκας νικήσαντα ἄγαν σεμνὰς καὶ θριαμβεύσαντα τρὶς καὶ τὸν τοῦ φονέως πατέρα σώσαντα καὶ εἰς τὴν Αἰγυπτίων βασιλείαν ἐπαναγαγόντα εἴασαν ἐρριμμένον, ἄμοιρον τῆς κεφαλῆς, πλησίον τῆς θαλάσσης καὶ ἐκεῖνον, ὡς ὑμᾶς πολλάκις ἐῶσιν. ἐγὼ δὲ εἶδον καὶ τέττιγας εἴραντάς τινας καὶ πιπράσκοντας ἐπὶ δεῖπνον, καὶ μάλα γε ἐδείπνει. τὸ γάρ τοι ζῷον τὸ πάμβορον τοῦτο οὐδὲ ὑμῶν φείδεται, ἀλλὰ καὶ ὑμᾶς ταρίχους ἐργάσασθαι τολμῶσι καὶ ἐσθίειν

1 τῶν] τὴν τῶν ***β***|οἰκίζουσι] εἰσοικίζουσι **A**‖ **2** ἱδρύονται] ἵδρυνται **P**‖ **3** εἰς] καὶ εἰς ***β***| αὐτῶν] ἑαυτῶν **H** : αὐτῶν **PA**‖ **6** καὶ] om. **A** : del. Her.‖ **9** τοῦτο] τούτῳ **LA**, edd. ‖ **10** μή ποτε] μήτε **A** ‖ **11** καταδαίσηται] καταδέσηται **A** : κατεδαίσηται **V** : καταδύσηται **H**‖ **13** ἀπό] **H**, Her. : ἄπο **VLPA**‖ **14** ἀπό] **H**, Her. : ἄπο **VLPA** | γε] del. Her. ‖ **17** δὲ] γε **V** | ἐκόμπαζέ τε] ἐκόμπαζεν **LA** **18** αὐτὴ] αὕτη **V** ‖ **21** φονέως πατέρα] πατρὸς φονέα **V** ‖ **22** ἐρριμμένον] ἐρριμένον **LPH** ‖ **23** θαλάσσης] θαλάττης **A** | ἐγὼ—25 ἐδείπνει] del. Her. **24** πιπράσκοντας] πιπράσκοντες **V** : πιπράσκονται **L** ‖ **25** ἐδείπνει] ἐδείπνον Ges. in Emend.‖ **26** καὶ[2]—283,1 ἔχουσι] om. **A** : del. Ges., Her.

ὑμῶν καὶ τεττίγων ἀφειδῶς ἔχουσι. καὶ σφᾶς αὐτοὺς λελήθασι ταῖς Μούσαις ταῖς Διὸς θυγατράσι ταῦτα ἀπὸ θυμοῦ δρῶντες.

12.7. Λέοντας μὲν ἐν Αἰγύπτῳ σέβουσι, καὶ ἐξ αὐτῶν κέκληται πόλις· καὶ τὰ ἴδιά γε τῶν ἐκεῖ λεόντων εἰπεῖν ἄξιον. ἔχουσι νεὼς καὶ διατριβὰς εὖ μάλα ἀφθόνους, καὶ κρέα βοῶν αὐτοῖς ἐστιν ὁσημέραι, καὶ διασπαρακτὰ κεῖται γυμνὰ ὀστέων καὶ ἰνῶν, καὶ ἐσθιόντων ἐπᾴδουσιν Αἰγυπτίᾳ φωνῇ. ἡ δὲ ὑπόθεσις τῆς ᾠδῆς, 'μή βασκήνητέ τινα τῶν ὁρώντων', καὶ ἔοικεν ὡς ἂν εἴποις ἀντὶ περιάπτων τὸ ᾆσμα. ἐκθεοῦνται δὲ ἄρα παρ' αὐτοῖς πολλοί, καὶ ἀντιπρόσωποί γε δίαιται ἀνειμέναι αὐτοῖς εἰσι. καὶ αἱ μὲν πρὸς τὴν ἕω θυρίδες, αἱ δὲ πρὸς ἑσπέραν ἀνεῳγμέναι κεχαρισμενωτέραν αὐτοῖς τὴν δίαιταν ἀποφαίνουσιν. ἔστι δὲ αὐτοῖς καὶ γυμνάσια ὑγείας χάριν, καὶ πλησίον παλαῖστραι, ὁ δὲ ἀντίπαλος τῶν εὐτραφῶν μόσχος. καὶ πρὸς τοῦτον γυμνασάμενος, ἵνα αὐτὸν καθέλῃ (δρᾷ δὲ βραδέως ὑπ' ἀργίας αὐτὸ καὶ ἀθηρίας), ἐμφορεῖταί τε καὶ ὑποστρέφει εἰς τὸ αὔλιον τὸ ἴδιον. διάπυρον δέ ἐστι τὸ ζῷον ἰσχυρῶς, καὶ ἐντεῦθεν καὶ Ἡφαίστῳ ἀνῆψαν αὐτὸ Αἰγύπτιοι· τὸ δὲ ἔξωθεν πῦρ δυσωπεῖται καὶ φεύγει πλήθει τοῦ ἔνδοθέν φασιν. ἐπειδὴ ἄγαν πυρῶδές ἐστι, καὶ αὐτὸν οἶκον Ἡλίου φασὶν εἶναι· καὶ ὅταν γε ᾖ ἑαυτοῦ θερμότατος καὶ θερειότατος ὁ ἥλιος, Λέοντι αὐτὸν πελάζειν τῷ οὐρανίῳ φασί. προσέτι γε μὴν καὶ οἱ τὴν μεγάλην οἰκοῦντες Ἡλιούπολιν ἐν τοῖς τοῦ θεοῦ προπυλαίοις τούσδε τρέφουσι τοὺς λέοντας, θειοτέρας τινὸς μοίρας ὡς Αἰγύπτιοί φασι μετειληχότας. καὶ γάρ τοι καὶ ὄναρ οἷσπερ οὖν ὁ θεός ἐστιν ἵλεως ἐπιστάντες προθεσπίζουσί τινα, καὶ τοὺς ἐπίορκον ὀμόσαντας οὐκ εἰς ἀναβολὰς ἀλλὰ ἤδη δικαιοῦσι, τοῦ θεοῦ τὴν ὀργὴν τὴν δικαίαν αὐτοῖς καταπνέοντος. λέγει δὲ

1 αὐτοὺς] ἑαυτοὺς **VPAH** ‖ **2** ἀπὸ] ἄπο **VLA** ‖ **7** Αἰγυπτίᾳ] γυναικείᾳ **V** ὑπόθεσις] ἡ ὑπόθ. **A** ‖ **8** ἀντὶ περιάπτων] ἀντιπεριάπτων **VA** ‖ **10** αὐτοῖς] παρ' αὐτοῖς **V** ‖ **11** ἑσπέραν] τὴν ἑσπ. **AH**, Her. ‖ **13** ὑγείας] ὑγιείας Schn., Her. τῶν—**14** μόσχος] μόσ. τῶν εὐτ. Jac. in app., Her. ‖ **14** ἵνα] ἣν Jac. in app., Her. **15** ἀθηρίας] fort. ἀηθείας, Her. in app. ‖ **16** εἰς] om. **V** ‖ **19** φασιν] φάους **V** ἐπειδὴ] ἐπεὶ δὴ **LH** : ἐπειδὴ δὲ Jac., Her. : ἐπεὶ δὲ Ges. | καὶ αὐτὸν] post εἶναι transp. **H** : del. Her. | οἶκον] οἶκον γε **V** ‖ **20** γε] om. **V** | θερειότατος] ex corr. **L** : θεριώτατος (ante corr. **L**) **A** ‖ **21** τῷ οὐρανίῳ] del. Her. ‖ **22** Ἡλιούπολιν] Ἡλίου πόλιν Her. ‖ **25** ὁ] om. **P** ‖ **27** ὀργὴν] ὁρμὴν **LPH** | αὐτοῖς] αὐτῶν malit Her. in app.

καὶ Ἐμπεδοκλῆς τὴν ἀρίστην εἶναι μετοίκησιν τὴν τοῦ ἀνθρώπου, εἰ μὲν εἰς ζῷον ἡ λῆξις αὐτὴν μεταγάγοι, λέοντα γίνεσθαι· εἰ δὲ εἰς φυτόν, δάφνην. ἃ δὲ Ἐμπεδοκλῆς λέγει, ταῦτά ἐστιν [31 B, fr. 127 D.-K.]·

ἐν θήρεσσι λέοντες ὀρειλεχέες χαμαιεῦναι
γίνονται, δάφναι δ' ἐνὶ δένδρεσιν ἠϋκόμοισιν.

εἰ δὲ δεῖ καὶ τῆς τῶν Αἰγυπτίων σοφίας εἰς φύσιν ἐκτρεπόντων καὶ τὰ τοιαῦτα ὤραν τίθεσθαι (δεῖ δέ), τὰ μὲν πρόσθια τοῦδε τοῦ ζῴου πυρὶ ἀποκρίνουσιν, ὕδατι μὴν τὰ κατόπιν. καὶ τὴν σφίγγα μέντοι τὴν διφυῆ Αἰγύπτιοί τε χειρουργοὶ γλύφοντες καὶ Θηβαῖοι μῦθοι κομπάζοντες δίμορφον ἡμῖν πειρῶνται δεικνύναι, σεμνύνοντες τῇ τε τοῦ παρθενωποῦ καὶ τῇ τοῦ λεοντοειδοῦς σώματος κράσει αὐτήν. τοῦτό τοι καὶ Εὐριπίδης ὑπαινίττεται λέγων [fr. 540 N.]·

οὐρὰν δ' ὑπίλλασ' ὑπὸ λεοντόπουν βάσιν
καθίζετο.

καὶ μέντοι καὶ τὸν Νεμεαῖον λέοντα τῆς σελήνης ἐκπεσεῖν φασι. λέγει οὖν καὶ τὰ Ἐπιμενίδου ἔπη [3 B, fr. 2 D.-K.]·

καὶ γὰρ ἐγὼ γένος εἰμὶ Σελήνης ἠϋκόμοιο,
ἣ δεινὸν φρίξασ' ἀπεσείσατο θῆρα λέοντα
ἐν Νεμέᾳ, ἀνάγουσ' αὐτὸν διὰ πότνιαν Ἥραν.

2 ζῷον] ζῳὴν **VA** | αὐτὴν] αὐτὸν Ges. in mg., Her. | μεταγάγοι] μεταγάγει **P** **5** θήρεσσι] Schn., Jac. in app., Her. : θηρσὶ δὲ codd. | ὀρειλεχέες] ὀριλεχέες **P** χαμαιεῦναι] χαμεῦναι **A** ‖ **6** γίνονται] γένονται **V** | δένδρεσιν] edd. : δένδροισιν codd. ‖ **8** ὤραν] edd. : ὥραν codd. | πρόσθια] προσθίδια **PA** ‖ **9** μὴν] γε μὴν Rei., Her. ‖ **12** σεμνύνοντες] σεμνοῦντες **A** ‖ **15** δ' ὑπίλλασ'] Jac., Her. : δὲ ὑπίλλασα **P** : δ' ὑπήλλασ' **V** : δὲ ὑπήλλασα **LAH** : δ' ὑπήλλασα **H**, Ges. : δ' ὑπίλασ' Jac. in app. ‖ **16** καθίζετο] καθέζετο **V** ‖ **17** Νεμεαῖον] edd. : νεμαῖον **VLPA** : νεμειαῖον **H** ‖ **18** οὖν] γοῦν Rei., Her. ‖ **20** φρίξασ'] φρίξασα ***β*** ‖ **21** Νεμέᾳ] edd. : νεμαίᾳ **V** : νεμεαίᾳ **PH** : νεμαῖαν **L** : νεμεαῖαν **A** | ἀνάγουσ'] Jac., Her. : ἄγουσ' **VL** : ἄγοις **PAH** : δ' ἄγχουσ' D.-K.

καὶ ταῦτα μὲν ἐς τοὺς μύθους ἀπεκρίναμεν, τά γε μὴν λεόντων ἴδια καὶ ἀνωτέρω [3.1; 3.21; 3.27; 3.31; 4.3; 4.35; 4.46, etc.] καὶ νῦν ἀποχρώντως εἴρηται.

12.8. Ζῷόν ἐστιν ὁ πυραύστης, ὅπερ οὖν χαίρει μὲν τῇ λαμπηδόνι τοῦ πυρὸς καὶ προσπέταται τοῖς λύχνοις, ἐνακμαζούσῃ ἔτι τῇ φλογί, καὶ δοκεῖ τι λήψεσθαι· ἐμπεσὼν δὲ ὑπὸ ῥώμης εἶτα μέντοι καταπέφλεκται. μέμνηται δὲ αὐτοῦ καὶ Αἰσχύλος ὁ τῆς τραγῳδίας ποιητὴς λέγων [fr. 288 R.]·

δέδοικα μωρὸν κάρτα πυραύστου μόρον.

12.9. Ὁ δὲ κίγκλος ζῷόν ἐστι πτηνὸν ἀσθενὲς τὸ κατόπιν, καὶ διὰ τοῦτό φασι μὴ ἰδίᾳ μηδὲ καθ' ἑαυτὸν δυνάμενον αὐτὸν νεοττιὰν συμπλέξαι, ἐν ταῖς ἄλλων δὲ τίκτειν. ἔνθεν καὶ τοὺς πτωχοὺς κίγκλους ἐκάλουν αἱ τῶν ἀγροίκων παροιμίαι. κινεῖ δέ οἱ τὰ οὐραῖα πτερά, ὥσπερ οὖν ὁ παρὰ τῷ Ἀρχιλόχῳ κήρυλος [fr. 120.2 Adr.]. μέμνηται δὲ καὶ τοῦ ὄρνιθος τοῦδε Ἀριστοφάνης ἐν τῷ Ἀμφιαράῳ λέγων [*PCG* III, fr. 29]·

ὀσφῦν δ' ἐξ ἄκρων διακίγκλισον ἠΰτε κίγκλου
ἀνδρὸς πρεσβύτου, τελέει δ' ἀγαθὴν ἐπαοιδήν.

καὶ ἐν τῷ Γήρᾳ [*PCG* III, fr. 147]·

λόρδου κιγκλοβάταν ῥυθμόν.

καὶ Αὐτοκράτης ἐν Τυμπανισταῖς [*PCG* IV, fr. 1]·

1 ἀπεκρίναμεν] ἀποκρίνωμεν Rei., Her. ‖ 2 νῦν] νῦν δὲ Her. ‖ 3 ἀποχρώντως] ἀποχρῶντα ***β*** ‖ 4 πυραύστης] πυράστης **V** ‖ 5 προσπέταται] προσπέτεται **L**, Her. : προσπέτταται **H** ‖ 6 ἐνακμαζούσῃ] ἐν ἀκμαζούσῃ **AH** : ἐνακμάζουσιν Her. | ἔτι] om. **VH** | ἔτι—λήψεσθαι] del. Her. ‖ 7 ῥώμης] ῥύμης Ges., Her. 8 Αἰσχύλος] ὁ αἰσ. **PA** ‖ 9 μωρὸν] μῶρον R. ‖ 10 τὸ] τὰ Her. ‖ 11 μὴ] μὴ δὲ ***β*** 12 νεοττιὰν] νεοττίαν **PH** : νεοττείαν **LA** | ταῖς ἄλλων] τοῖς ἄλλοις ***β*** | δὲ] om. **V** ἔνθεν] ὅθεν **V** : ἔνθεν τοι Her. ‖ 13 οἱ] del. Her. ‖ 14 κήρυλος] κήρυλλος **AH** : κηρύλος Her. ‖ 15 τῷ] om. **V** ‖ 17 ὀσφῦν] ὀσφὺν **PAH**, edd. | κίγκλου] κίγκλον **V** : κίγκλος Mei., Her. ‖ 18 τελέει δ'] Ges., Jac., Her.[1] : τελεῖ δὲ codd. : τελέειν δ' Her. | ἀγαθὴν] ἀγαθὸν **V** ‖ 20 λόρδου] λορδοῦ Her., K.-A. | κιγκλοβάταν] Jac., Her. : κιγκλιοβόταν codd. ‖ 21 Αὐτοκράτης] edd. : αὐτοκρατήσας **VLPA** : ἀποκρατήσας **H**

οἷα παίζουσιν φίλαι
παρθένοι Λυδῶν κόραι
κοῦφα πηδῶσαι κόμαν,
κἀνακρούουσαι χεροῖν,
Ἐφεσίαν παρ' Ἄρτεμιν
καλλίσταν, καὶ τοῖν ἰσχίοιν
τὸ μὲν κάτω τὸ δ' αὖ
εἰς ἄνω ἐξαίρουσαι,
οἷα κίγκλος ἅλλεται.

12.10. Οἱ μῦς ἀποθνήσκοντες καθ' ἑαυτοὺς καὶ ἐκ μηδεμιᾶς ἐπιβουλῆς ἀπορρεόντων αὐτοῖς τῶν μελῶν κατὰ μικρὰ ἀπέρχονται τοῦ βίου. ἔνθεν καὶ ἡ παροιμία λέγει κατὰ μυὸς ὄλεθρον [*CPG* II, p. 469.28]· μέμνηται δὲ αὐτῆς Μένανδρος ἐν τῇ Θαΐδι [*PCG* VI, fr. 166]. τρυγόνος δὲ λαλίστερον ἔλεγον· ἡ γάρ τοι τρυγὼν καὶ διὰ τοῦ στόματος μὲν ἀπαύστως φθέγγεται, ἤδη δὲ καὶ ἐκ τῶν κατόπιν μερῶν ὥς φασι πάμπλειστα. μέμνηται δὲ καὶ ταύτης τῆς παροιμίας ἐν τῷ Πλοκίῳ ὁ αὐτός [*PCG* VI, fr. 295]. καὶ Δημήτριος ἐν τῇ Σικελίᾳ τῷ δράματι [*PCG* V, fr. 4] μέμνηται ὅτι καὶ τῇ πυγῇ λαλοῦσιν αἱ τρυγόνες.

Λέγουσι δὲ τοὺς μῦς λαγνιστάτους εἶναι, καὶ μάρτυρά γε Κρατῖνον ἐπάγονται εἰπόντα ἐν ταῖς Δραπετίσι [*PCG* IV, fr. 58]·

φέρε νῦν σοι
ἐξ αἰθρίας καταπυγοσύνην μυὸς ἀστράψω Ξενοφῶντος.

καὶ ἔτι μᾶλλον τὸν θῆλυν ἔλεγον εἰς τὰ ἀφροδίσια εἶναι λυττητικόν. καὶ πάλιν παρὰ Ἐπικράτει ἐν τῷ Χορῷ (δρᾶμα δέ ἐστι τῷ Ἐπικράτει τοῦτο) [*PCG* V, fr. 8]·

1 παίζουσιν] Jac., Her. : παίζουσι codd. ‖ 2 Λυδῶν] αὐλῶν **VLA** ‖ 3 κόμαν] πόδας Fio. ‖ 4 κἀνακρούουσαι] καὶ ἀνακρούουσαι **A** : καὶ ἀνακρούουσαν **L** : καὶ ἀνακρούουσι **V** ‖ 6 καλλίσταν] κάλλιστ' ἂν ***β*** : κάλλιστα Lob. : πλεῖστα Blaydes (apud K.-A.) ‖ 8 ἐξαίρουσαι] ἐξαίρουσα **LA**, edd. : ἐξαίρουσιν **H** : 'ξαίρουσ' ἀεί Jac. in app. ‖ 10 μῦς] μύες Jac., Her. ‖ 11 μικρὰ] μικρὸν **V** ‖ 12 καὶ] τοι καὶ Her. ‖ 14 Θαΐδι] ἰθάδι **PH** ‖ 18 Δημήτριος] δημ. μὲν ***β*** ‖ 19 πυγῇ] ex corr. **P** : πηγῇ **V** (ante corr. **P**) ‖ 20 μῦς] μύας Her. ‖ 23 καταπυγοσύνην] κατὰ πυγοσύνην **VLAH** ‖ 24 ἔλεγον] ἔλεγεν **LA** ‖ 25 δρᾶμα—26 τοῦτο] del. Her.

τελέως δέ μ' ὑπῆλθεν ἡ κατάρατος μαστροπός,
ἐπομνύουσα τὰν Κόραν, τὰν Ἄρτεμιν,
τὰν Φερρέφατταν, ὡς δάμαλις, ὡς παρθένος,
ὡς πῶλος ἀδμής· ἣ δ' ἄρ' ἦν μυωνιά.

εἰς ὑπερβολὴν δὲ λαγνιστάτην αὐτὴν εἰπεῖν ἠθέλησε μυωνίαν ὅλην ὀνομάσας. καὶ Φιλήμων [*PCG* VII, fr. 65]·

μῦς λευκός· ὅταν αὐτήν τις -ἀλλ' αἰσχύνομαι
λέγειν-, κέκραγε τηλικοῦτον εὐθὺς ἡ
κατάρατος, ὥστ' οὐκ ἔστι πολλάκις λαθεῖν.

12.11. Σέβουσι δὲ Αἰγύπτιοι καὶ μέλανα ταῦρον, καὶ καλοῦσιν Ὄνουφιν αὐτόν. καὶ τὸ ὄνομα τοῦ χώρου ἔνθα τρέφεται Αἰγύπτιοι λεγέτωσαν ἡμῖν λόγοι· τραχὺ γάρ. ἀντίαι αὐτῷ τρίχες ἤπερ οὖν τοῖς ἄλλοις εἰσίν· ἴδια γάρ τοι καὶ τοῦδε ταῦτα. μέγιστος δὲ ἦν ἄρα βοῶν οὗτος καὶ ὑπὲρ τοὺς Χάονας, οὕσπερ οὖν καὶ λαρινοὺς καλοῦσι Θεσπρωτοί τε καὶ Ἠπειρῶται τῆς σπορᾶς τῆς τῶν Γηρυόνου βοῶν γενεαλογοῦντες αὐτούς. καὶ σιτεῖταί γε Ὄνουφις πόαν Μηδικὴν οὗτος.

12.12. Ὀξύτατος δὲ ἦν ἄρα καὶ ἁλτικώτατος ἰχθύων ὁ δελφίς, ἀλλὰ καὶ τῶν χερσαίων ἁπάντων. ὑπερπηδᾷ γοῦν καὶ ναῦν, ὡς Ἀριστοτέλης λέγει [*HA* 631a22; fr. 270.39 Gig.], καὶ τήν γε αἰτίαν πειρᾶται προστιθέναι, καὶ ἔστιν αὕτη. συνέχει τὸ πνεῦμα, ὥσπερ οὖν καὶ οἱ ὕφυδροι κολυμβηταί· καὶ γάρ τοι καὶ ἐκεῖνοι καὶ οὗτοι συντείναντες ἔνδον τὸ πνεῦμα, ὥσπερ οὖν νευράν, εἶτα τὸ σῶμα

1 τελέως] edd. : τελείως codd. | δέ μ'] corr. ex δεῦμ' dub. **A**, Jac. : δέ με **V** : δεῦμε (dub. **L**) **PH** : μ' Mei. dub., K.-A. : δὲ μ' Her. ‖ 2 τὰν[1]] τὴν ex corr. **A** 3 Φερρέφατταν] Mei., Her. : φερέφατταν **L** : φερεφάτταν **PA** : φαρέφατταν **V** : φαρεφάτταν **H** ‖ 4 μυωνιά] μυωνία **VPH**, edd. ‖ 5 αὐτὴν—ἠθέλησε] εἰπ. αὐτ. ἠθε. **V** : αὐτ. ἠθε. εἰπ. **H** ‖ 8 τηλικοῦτον] ἡλικοῦτον **A** : om. **V** ‖ 9 κατάρατος] Bent., Her. : κατάρατος μαστροπός codd. | ὥστ'] ὡς **P** ‖ 10 μέλανα] μέλαινα **V** 11 Ὄνουφιν] οὖφιν **V** ‖ 12 λόγοι] λόγον **V** | τραχὺ γάρ] om. **V** | ἀντίαι] ἀντίοι dub. ex corr. **P** : ἄν τις (ante corr. **P**) **H** : τραχεῖαι δὲ **V** : ἀντίαι δὲ Her. | ἤπερ] εἴπερ **VPH** ‖ 14 Χάονας] χοάνας **L** : χόνας **P** | οὖν] om. **LPA** ‖ 15 Θεσπρωτοί] θεσπρωταί **VA** ‖ 16 Ὄνουφις] ὀνοῦφις **V** ‖ 18 Ὀξύτατος] Ὀξύτατον **A** ἁλτικώτατος] ἁλτικώτατον **A** ‖ 21 συνέχει] δὲ add. sscr. ut vid. **P** : συνεχὲς **LAH** ‖ 22 ὕφυδροι κολυμβηταί] ἔφυδροι κολυμβῆται **V** | καὶ οὗτοι] del. Her. 23 συντείναντες] ἐντείναντες Her.

ὡς βέλος ἀφιᾶσι. τὸ δὲ θλιβόμενόν φησιν ἔνδον ὠθεῖ τε καὶ ἐξακοντίζει αὐτούς.

12.13. Ἡ δὲ φῦσά ἐστιν ἰχθῦς Αἰγύπτιος θαυμάσαι ἄξιος. οἶδε γὰρ ὥς φασιν ὁπότε ἡ σελήνη λήγει, οἶδε δὲ αὐτῆς καὶ τὴν αὔξησιν. καὶ οὖν καὶ τὸ ἧπαρ αὐτοῦ συναύξει τῇ θεῷ ἢ συμφθίνει· καὶ πῇ μὲν εὐτραφής ἐστι, πῇ δὲ λεπτότερος.

12.14. Ὁ δὲ γλάνις ἐστὶ μὲν περὶ τὸν Μαίανδρον καὶ τὸν Λύκον τοὺς Ἀσιανοὺς ποταμούς, τῆς δὲ Εὐρώπης περὶ τὸν Στρυμόνα, καὶ σιλούρῳ μὲν τὸ εἶδος ὅμοιός ἐστι. πέφυκε δὲ φιλοτεκνότατος ἰχθύων οὗτος. ὅταν γοῦν ἡ θήλεια ἀποκυήσῃ, ἣ μὲν ἀφεῖται τῆς ὑπὲρ τῶν τέκνων φροντίδος, οἷα δήπου λεχώ, ὁ δὲ ἄρρην τῇ φρουρᾷ τῇ τῶν βρεφῶν ἑαυτὸν ἐπιτάξας παραμένει, πᾶν ἀναστέλλων τὸ ἐπιβουλεῦον. ἱκανὸς δέ ἐστι καὶ ἄγκιστρον καταπιεῖν, ὡς Ἀριστοτέλης φησίν [*HA* 621b2; fr. 270.39 Gig.].

12.15. Βάτραχος ὕδρον μισεῖ καὶ δέδοικεν ἰσχυρῶς. οὐκοῦν τῇ βοῇ τῇ πολλῇ πειρᾶται ἀντεκπλήττειν αὐτὸν καὶ ἀντιφοβεῖν. κροκοδείλου δὲ κακουργία καὶ ἐκείνη εἰς ἀνθρώπου τε θήραν καὶ ζῴου ἑτέρου· τὴν ἀτραπὸν δι᾽ ἧς οἶδε κατιόντας ἐς ποταμὸν ἢ ἐφ᾽ ὑδρείαν ἢ ἵππου ἀρδείαν ἢ καμήλου ἢ καὶ νὴ Δία ὥστε ἐπιβῆναι πλοίου, ταύτῃ τοι νύκτωρ πολλῷ τῷ ὕδατι καταρραίνει, καὶ ἐμπλήσας τὸ στόμα ἐγχεῖ κατὰ τῆς ἀτραποῦ πολλάκις, ὀλισθηρὰν αὐτὴν ἐργάσασθαι θέλων καὶ εὐκολωτέραν ἑαυτῷ τὴν ἄγραν ἀποφαίνων· τὰ γάρ τοι κατολισθαίνοντα οὐ κρατεῖ τῆς ἐπιβάθρας, ἀλλ᾽ ἐκεῖνα μὲν κατηνέχθη, ὃ δὲ ὑπεπήδησεν ὑπολαβὼν καὶ δειπνεῖ. ὀλίγα δὲ κροκοδείλων πέρι ἐρῶ καὶ νῦν. οὐ πρὸς πᾶν τὸ τῶν τροχίλων γένος ἐστὶ τῷδε τῷ θηρίῳ ἔνσπονδα (πολλὰ δὲ αὐτῶν γένη καὶ ὀνόματα, τραχέα δὲ καὶ ἀκοῦσαι

1 ὠθεῖ τε] ὠθεῖται ***β*** ‖ 3 φῦσά] φύσά **VAH** ‖ 4 φασιν] φησιν **VH** ‖ 5 συναύξει] συναύξεται Her. ‖ 6 εὐτραφής] εὐτραφές Her. | λεπτότερος] λεπτόμορος **A** : λεπτότερον Her. ‖ 7 γλάνις] Ges. in mg., Schn., Her. : λάγνις codd. : gloss. σίλουρος in mg. sec. m. **L** | τὸν²] om. **V** ‖ 11 λεχώ] λεχῶσα ***β*** ‖ 12 τῇ] om. **LA** 17 καὶ ἐκείνη] del. Her. ‖ 18 ἑτέρου] post voc. lac. stat. Her. (exc. fort. οἷα ἐστί Her. in app.) | τὴν ἀτραπὸν] τινὰ τρόπον ***β*** (sscr. ἐτράπη ut vid. **A**) | ἐς] εἰς **A** 19 ἵππου] ἵππου τινὸς ***β*** ‖ 20 ταύτῃ] ταύτην Pau., Jac., Her. | πολλῷ] καὶ πολλῷ ***β***| καταρραίνει] καταρρέειν **P**| καὶ] om. **LPA** ‖ 21 ἐγχεῖ] καὶ (sscr. sec. m. **L**) ἐγχεῖ **LP** ‖ 22 εὐκολωτέραν] εὐκολώτερον **LAH** ‖ 23 κατολισθαίνοντα] κατολισθάνοντα **L**, Her.‖ 26 ἔνσπονδα] ἔνσπονδον **V**

ἀντίτυπα, καὶ διὰ τοῦτο ἑῶ αὐτά) μόνον δὲ τὸν καλούμενον κλαδαρόρυγχον ἑταῖρον καὶ φίλον ἔχει· δύναται γὰρ οὗτος ἀλύπως ἐκλέγειν αὐτῷ τὰς βδέλλας.

12.16. Λέγει Δημόκριτος [68 A, fr. 151 D.-K.] πολύγονα εἶναι ὗν καὶ κύνα, καὶ τὴν αἰτίαν προστίθησι λέγων, ὅτι πολλὰς ἔχει τὰς μήτρας καὶ τοὺς τόπους τοὺς δεκτικοὺς τοῦ σπέρματος. ὁ τοίνυν θορὸς οὐκ ἐκ μιᾶς ὁρμῆς ἁπάσας αὐτὰς ἐκπληροῖ, ἀλλὰ δίς τε καὶ τρὶς ταῦτα τὰ ζῷα ἐπιθόρνυται, ἵνα ἡ συνέχεια πληρώσῃ τὰ τοῦ γόνου δεκτικά. ἡμιόνους δὲ λέγει μὴ τίκτειν· μὴ γὰρ ἔχειν ὁμοίας μήτρας τοῖς ἄλλοις ζῴοις, ἑτερομόρφους δέ, ἥκιστα δυναμένας γονὴν δέξασθαι· μὴ γὰρ εἶναι φύσεως ποίημα τὴν ἡμίονον, ἀλλὰ ἐπινοίας ἀνθρωπίνης καὶ τόλμης ὡς ἂν εἴποις μοιχίδιον ἐπιτέχνημα τοῦτο καὶ κλέμμα. δοκεῖ δέ μοι, ἦ δ' ὅς, ὄνος ἵππον βιασάμενος κατὰ τύχην κυῆσαι, μαθητὰς δὲ ἀνθρώπους τῆς βίας ταύτης γεγενημένους εἶτα μέντοι προελθεῖν ἐπὶ τὴν τῆς γονῆς αὐτῶν συνήθειαν. καὶ μάλιστά γε τοὺς τῶν Λιβύων ὄνους μεγίστους ὄντας ἐπιβαίνειν ταῖς ἵπποις οὐ κομώσαις ἀλλὰ κεκαρμέναις· ἔχουσα γὰρ τὴν ἑαυτῆς ἀγλαΐαν τὴν διὰ τῆς κόμης οὐκ ἂν ὑπομείναι τὸν τοιόνδε γαμέτην οἱ σοφοὶ τοὺς τούτων γάμους φασίν.

12.17. Ἐν τοῖς νοτίοις μᾶλλον ἐκπίπτειν τὰ ἔμβρυα Δημόκριτος λέγει [68 A, fr. 152 D.-K.] ἢ ἐν τοῖς βορείοις, καὶ εἰκότως· χαυνοῦσθαι γὰρ ὑπὸ τοῦ νότου τὰ σώματα ταῖς κυούσαις καὶ διΐστασθαι. ἅτε τοίνυν τοῦ σκήνους διακεχυμένου καὶ οὐχ ἡρμοσμένου, πλανᾶσθαι καὶ τὰ κυούμενα καὶ θερμαινόμενα δεῦρο καὶ ἐκεῖσε διολισθάνειν καὶ ἐκπίπτειν ῥᾷον· εἰ δὲ εἴη πάγος καὶ βορρᾶς καταπνέοι, συμπέπηγε μὲν τὸ ἔμβρυον, δυσκίνητον δέ

4 πολύγονα] πολύγονον **A** ‖ **8** ἐπιθόρνυται] ἐπιθόρνυνται **P** ‖ **9** δεκτικά] δέκτρα **V** ‖ **12** μοιχίδιον] μοσχίδιον **A** : μοιχιδίου Rei., Her. ‖ **13** μοι—ὅς] μοι τοῦτο ἦ δ' ὅς **LA** : μ' ἦ δ' in mg. sec. m. **L** : μοι τοῦτο μῆδος (μῆδος ex corr.) **P** : μοι μῆδος **H** | ὄνος] in mg. sec. m. **L** : ὁ ὄνος **LA** : ὄνου D.-K. | βιασάμενος] βιασαμένου D.-K. : βιάσασθαι Her. ‖ **14** κυῆσαι] del. Her. ‖ **15** προελθεῖν] προσελθεῖν **LPA** | γονῆς] ἐπιγονῆς **VH** | αὐτῶν] αὐτῷ **LA** ‖ **16** τῶν] om. **L** **19** ὑπομείναι] ex corr. **L** : ὑπομεῖναι (ante corr. **L**) **PH** : ὑπομείνῃ **V** | γαμέτην] γαμετὸν **A** | τοὺς] sscr. κατὰ (i.e. κατὰ τοὺς) **L** ‖ **21** ἐκπίπτειν—ἔμβρυα] τὰ ἔμβ. ἐκπ. **A** ‖ **25** πλανᾶσθαι] ἀλεαίνεσθαι Her. | καὶ[1]] del. Her. | κυούμενα] κυόμενα Her.|καὶ[2]] καὶ τὰ **VP**

ἐστι καὶ οὐ ταράττεται ὡς ὑπὸ κλύδωνος, ἅτε δὲ ἄκλυστον καὶ ἐν γαλήνῃ ὄν, ἔρρωταί τε καί ἐστι σύντονον καὶ διαρκεῖ πρὸς τὸν κατὰ φύσιν χρόνον τῆς ζῳογονίας. οὐκοῦν ἐν κρυμῷ μέν φησιν ὁ Ἀβδηρίτης συμμένει, ἐν ἀλέᾳ δὲ ὡς τὰ πολλὰ ἐκπτύεται. ἀνάγκην δὲ εἶναι λέγει τῆς θέρμης πλεοναζούσης διΐστασθαι καὶ τὰς φλέβας καὶ τὰ ἄρθρα.

12.18. Αἰτίαν δὲ ὁ αὐτὸς λέγει [68 A, fr. 153 D.-K.] τοῖς ἐλάφοις τῆς τῶν κεράτων ἀναφύσεως ἐκείνην εἶναι. ἡ γαστὴρ αὐτοῖς ὥς ἐστι θερμοτάτη ὁμολογεῖ, καὶ τὰς φλέβας δὲ αὐτῶν τὰς διὰ τοῦ σώματος πεφυκυίας παντὸς ἀραιοτάτας λέγει, καὶ τὸ ὀστέον τὸ κατειληφὸς τὸν ἐγκέφαλον λεπτότατον εἶναι καὶ ὑμενῶδες καὶ ἀραιόν, φλέβας τε ἐντεῦθεν καὶ ἐς ἄκραν τὴν κεφαλὴν ὑπανίσχειν παχυτάτας. τὴν γοῦν τροφὴν καὶ ταύτης γε τὸ γονιμώτατον ὤκιστα ἀναδίδοσθαι. καὶ ἡ μὲν πιμελὴ αὐτοῖς ἔξωθέν φησι περιχεῖται, ἡ δὲ ἰσχὺς τῆς τροφῆς εἰς τὴν κεφαλὴν διὰ τῶν φλεβῶν ἀναθόρνυται. ἔνθεν οὖν τὰ κέρατα ἐκφύεσθαι διὰ πολλῆς ἐπαρδόμενα τῆς ἰκμάδος. συνεχὴς οὖν οὖσα ἐπιρρέουσά τε ἐξωθεῖ τὰ πρότερα. καὶ τὸ μὲν ὑπερίσχον ὑγρὸν ἔξω τοῦ σώματος σκληρὸν γίνεται, πηγνύντος αὐτὸ καὶ κερατοῦντος τοῦ ἀέρος, τὸ δὲ ἔνδον ἔτι μεμυκὸς ἁπαλόν ἐστι. καὶ τὸ μὲν σκληρύνεται ὑπὸ τῆς ἔξωθεν ψύξεως, τὸ δὲ ἁπαλὸν μένει ὑπὸ τῆς ἔνδον ἀλέας. οὐκοῦν ἡ ἐπίφυσις τοῦ νέου κέρατος τὸ πρεσβύτατον ὡς ἀλλότριον ἐξωθεῖ, θλίβοντος τοῦ ἔνδοθεν καὶ ἀνωθεῖν τοῦτο ἐθέλοντος καὶ ὀδυνῶντος καὶ σφύζοντος, ὥσπερ οὖν ἐπειγομένου τεχθῆναι καὶ προελθεῖν. ἡ γάρ τοι ἰκμὰς πηγνυμένη καὶ ὑπανατέλλουσα ἀτρεμεῖν ἀδύνατός ἐστι, γίνεται γὰρ καὶ αὐτὴ σκληρὰ καὶ ἐπωθεῖται τοῖς προτέροις. καὶ τὰ μὲν πλείω ἐκθλίβεται ὑπὸ τῆς ἰσχύος τῆς ἔνδον, ἤδη δέ τινα καὶ κλάδοις περισχεθέντα καὶ

2 διαρκεῖ] διαρκὲς **β** ‖ 4 συμμένει] συμμένειν **β** | ἀνάγκην] ἀνάγκη **V** ‖ 7 ἐλάφοις] sscr. ἐλέφασι sec. m. **P** ‖ 10 ἀραιοτάτας] ὡραιοτάτας **V** ‖ 13 γε] τε **LPA** : om. **H** ‖ 15 εἰς] ἐς **β** ‖ 17 συνεχὴς—οὖσα] om. **V** | ἐξωθεῖ—18 πρότερα] ἐξωθεῖται προτέρα **β** ‖ 19 αὐτὸ] om. **VH** ‖ 22 πρεσβύτατον] πρεσβύτερον Her. 23 ἔνδοθεν] ἔνδον **A** | τοῦτο ἐθέλοντος] τοῦτο θέλοντος **V** : τοῦτ' ἐθέλοντος **A** 24 ὀδυνῶντος] οἰδάνοντος Pau., Her. in app. ‖ 25 πηγνυμένη] ῥηγνυμένη Trill. ‖ 26 γίνεται] δύναται **β** | γὰρ] δὲ Her. (debebam δὲ ἄρα, Her. in app.) αὐτὴ] αὕτη **V** ‖ 27 ἐκθλίβεται] ἐκθλίβονται **LPA** ‖ 28 κλάδοις—291,1 ἐμποδίζοντα] κλάδου περισχεθέντος καὶ ἐμποδίζοντος **V**

ἐμποδίζοντα εἰς τὸν ὠκὺν δρόμον ὑπὸ ῥώμης τὸ θηρίον ὠθούμενον ἀπήραξε. καὶ τὰ μὲν ἐξώλισθε, τὰ δὲ ἕτοιμα ἐκκύπτειν ἡ φύσις προάγει.

12.19. Οἱ τομίαι βόες, Δημόκριτος λέγει [68 A, fr. 154 D.-K.], σκολιὰ καὶ λεπτὰ καὶ μακρὰ φύεται τὰ κέρατα αὐτοῖς, τοῖς δὲ ἐνόρχοις παχέα τὰ πρὸς τῇ ῥίζῃ καὶ ὀρθὰ καὶ πρὸς μῆκος προήκοντα ἧττον. καὶ πλατυμετώπους εἶναι λέγει τούτους τῶν ἑτέρων πολλῷ μᾶλλον· τῶν γὰρ φλεβῶν πολλῶν ἐνταῦθα οὐσῶν, εὐρύνεσθαι τὰ ὀστέα ὑπ' αὐτῶν. καὶ ἡ ἔκφυσις δὲ τῶν κεράτων παχυτέρα οὖσα ἐς πλάτος τὸ αὐτὸ τῷ ζῴῳ μέρος προάγει καὶ ἐκείνη· οἱ δὲ τομίαι μικρὸν ἔχοντες τὸν κύκλον τῆς ἕδρας τῆς τῶν κεράτων πλατύνονται ἧττόν φησιν.

12.20. Οἱ δὲ ἄκερῳ ταῦροι τὸ τενθρηνιῶδες, οὕτω δ' ὀνομάζει Δημόκριτος [68 A, fr. 155 D.-K.], ἐπὶ τοῦ βρέγματος οὐκ ἔχοντες (εἴη δ' ἂν τὸ σηραγγῶδες λέγων) ἀντιτύπου τοῦ παντὸς ὄντος ὀστέου καὶ τὰς συρροίας τῶν χυμῶν οὐ δεχομένου, γυμνοί τε καὶ ἄμοιροι γίνονται τῶν ἀμυντηρίων. καὶ αἱ φλέβες δὲ αἱ κατὰ τοῦ ὀστέου τοῦδε ἀτροφώτεραι οὖσαι, λεπτότεραί τε καὶ ἀσθενέστεραι γίνονται. ἀνάγκη δὲ καὶ ξηρότερον τὸν αὐχένα τῶν ἀκεράτων εἶναι· λεπτότεραι γὰρ καὶ αἱ τούτου φλέβες. ταύτῃ τοι καὶ ἐρρωμέναι ἧττον. ὅσαι δὲ Ἀράβιοι βόες θήλειαι μέν εἰσι τὸ γένος, εὐφυεῖς δὲ εἰς τὰ κέρατα, καὶ ταύταις ἥ τε πολλὴ ἐπίρροια τῶν χυμῶν φησι τροφὴ τῆς εὐγενοῦς βλάστης τοῖς κέρασίν ἐστιν. ἄκερῳ δὲ καὶ αὗται ὅσαι τὸ δεκτικὸν τῆς ἰκμάδος ὀστέον στερεώτερόν τε ἔχουσι καὶ δέχεσθαι τοὺς χυμοὺς ἥκιστα. καὶ συνελόντι εἰπεῖν αὔξης ἡ ἐπιρροὴ αἰτία τοῖς κέρασι· ταύτην δὲ ἄρα ἐποχετεύουσι φλέβες πλεῖσταί τε καὶ παχύταται καὶ ὑγρὸν κύουσαι ὅσον καὶ δύνανται στέγειν.

1 ῥώμης] ῥύμης Ges., Her. ‖ 2 ἀπήραξε] Jac., Her. : ἀπήρραξε **β** : ἐπήραξε **V** 5 καὶ[1]] om. **LPA** ‖ 6 ὀρθὰ] ὄρθια **V** | πρὸς[2]] ἐς Her. ‖ 11 τομίαι] τομεῖς **β** 13 τενθρηνιῶδες] Schn., Her. : θρηνῶδες **VPH** : θρινῶδες **LA** : κρηνῶδες Pau. 17 τῶν] τῶνδε τῶν **LA** : τῶν δὲ **H** : τῶνδε **P**‖ 20 τούτου] τούτων **β**‖ 22 εἰς] del. Her. | καὶ] del. Her. | ἥ τε] ἥ (sscr.) τε (corr. ex τῇ) **P** : τις (corr. ex τῇ ut vid. sec. m. **L**) **A** : τῇ **H** : ἥ γε Her. | πολλὴ ἐπίρροια] ἐπισύρροια πολλὴ **β** ‖ 24 ὀστέον] ὀστ. καὶ **P**‖ 25 ἥκιστα] ex corr. **V** : ἥκιστον (ante corr. **V**) **H**, edd.

12.21. Ἴδιον δὲ τῶν ζῴων καὶ ἡ φιλανθρωπία. αἰετὸς γοῦν ἔθρεψε βρέφος. καὶ εἰπεῖν τὸν πάντα λόγον ἐθέλω, ὡς ἂν γένοιτο μάρτυς ὧν προεθέμην. Βαβυλωνίων βασιλεύοντος Σευηχόρου Χαλδαῖοι λέγουσι τὸν γενόμενον ἐκ τῆς ἐκείνου θυγατρὸς τὴν βασιλείαν ἀφαιρήσεσθαι τὸν πάππον. καὶ Χαλδαίων μὲν ἦν τὸ εἰρημένον θέσπισμα. τοῦτο ἐκεῖνος πέφρικε, καὶ ἵνα εἴπω τι καὶ ὑποπαίσας, Ἀκρίσιος γίνεται εἰς τὴν παῖδα· ἐφρούρει γὰρ πικρότατα. λάθρᾳ δὲ ἡ παῖς (ἦν γὰρ τοῦ Βαβυλωνίου σοφώτερον τὸ χρεών) τίκτει ὑποπλησθεῖσα ἔκ τινος ἀνδρὸς ἀφανοῦς. τοῦτον οὖν οἱ φυλάσσοντες δέει τοῦ βασιλέως ἔρριψαν ἐκ τῆς ἀκροπόλεως· ἦν γὰρ ἐνταῦθα ἀφειργμένη ἡ προειρημένη. οὐκοῦν ὁ ἀετὸς τὴν ἔτι τοῦ παιδὸς καταφορὰν ὀξύτατα ἰδών, πρὶν ἢ τῇ γῇ προσαραχθῆναι τὸ βρέφος, ὑπῆλθεν αὐτὸ καὶ τὰ νῶτα ὑπέβαλε, καὶ κομίζει ἐς κῆπόν τινα, καὶ τίθησι πεφεισμένως εὖ μάλα. ὁ τοίνυν τοῦ χώρου μελεδωνὸς καλὸν παιδίον θεασάμενος ἐρᾷ αὐτοῦ καὶ τρέφει· καὶ καλεῖται Γίλγαμος, καὶ βασιλεύει Βαβυλωνίων. εἰ δέ τῳ δοκεῖ μῦθος τοῦτο, σύμφημι πειρώμενος εἰς ἰσχὺν κατεγνωκέναι αὐτόν· καὶ Ἀχαιμένη μὴν τὸν Πέρσην, ἀφ' οὗ καὶ κάτεισιν ἡ τῶν Περσῶν εὐγένεια, αἰετοῦ τρόφιμον ἀκούω γενέσθαι.

12.22. Ἐν δὲ Κρήτῃ Ῥοκκαίας οὕτως Ἀρτέμιδος καλεῖται νεώς. ἐνταῦθα οἱ κύνες λυττῶσιν ἰσχυρῶς. ἐς ταύτην οὖν ὅταν τὴν νόσον ἐμπέσωσιν, εἶτα μέντοι ἑαυτοὺς ἐκ τῆς ἄκρας ἐπὶ τὴν κεφαλὴν ὠθοῦσιν εἰς τὴν θάλατταν.

12.23. Ἐν τῇ Ἐλυμαίᾳ χώρᾳ νεώς ἐστιν Ἀδώνιδος, καί εἰσιν ἐνταυθοῖ τιθασοὶ λέοντες, καὶ τοὺς ἐς τὸν νεὼν παριόντας

2 ἐθέλω] ἐθέλων **A** | γένοιτο] γένηται Her. ‖ **3** Σευηχόρου] εὐηχόρου **VPH** : σευκχόρου vel σακχόρου **A** ‖ **4** Χαλδαῖοι] χαλδαιοῦ **V** | γενόμενον] γινόμενον **A**‖ **5** καὶ — **6** θέσπισμα] del. Her.‖ **6** εἰρημένον] προειρημένον **A**‖ **7** ὑποπαίσας] ὑποπταίσας **V** : ὑποπτεύσας **LAH** ‖ **9** τοῦτον] τοῦτο Her. ‖ **11** ἀφειργμένη] καθ supra ἀφ (i.e. καθειργμένη) sec. m. **V** ‖ **12** ὁ] del. Her. | ἔτι] om. **V** **13** προσαραχθῆναι] προσαρραχθῆναι **PA** ‖ **15** καλὸν] τὸ καλὸν Her. **16** Γίλγαμος] τίλγαμος **A**‖ **17** πειρώμενος] πειρώμενον ***β***‖ **18** καὶ] del. Her.|μὴν] μὲν ***β*** : γε μὴν Her.|ἀφ'] ὑφ' **A**‖ **22** οὖν] om. ***β***‖ **23** νόσον] νῆσον **V**‖ **24** εἰς] ἐς **V** θάλατταν] θάλασσαν **VH** ‖ **25** Ἀδώνιδος] Ἀναΐτιδος Vale., Her., fort. recte **26** ἐνταυθοῖ] ἐνταῦθα ***β***|τιθασοὶ] τιθασσοὶ **VPAH**

ἀσπάζονταί τε καὶ σαίνουσι. καὶ εἰ καλοίης ἐσθίων, οἳ δὲ ὡς κλητοὶ δαιτυμόνες ἔρχονται, καὶ ὅσα ἂν ὀρέξῃς λαβόντες εἶτα ἀπίασι σωφρόνως τε καὶ κεκοσμημένως.

12.24. Ἐν θαλάττῃ τῇ Ἐρυθρᾷ ἰχθῦς γίνεταί φασι, καὶ ὄνομα αὐτῷ ὑγρὸς φοῖνιξ, καὶ γραμμὰς ἔχει μελαίνας, καὶ μεταξὺ τούτων κυανέαις σταγόσι κατέστικται. τῷ δὲ σαύρῳ τῷ ἐκεῖθι τὸ μὲν μῆκος τῷ κατὰ τὴν ἡμετέραν γινομένῳ θάλατταν ἴσον ἐστί, ῥάβδοι δὲ αὐτὸν περιέρχονται χρυσῷ προσεικασμέναι ἀπὸ τῶν βραγχίων ἐς τὴν οὐρὰν καθήκουσαι, μέση δὲ αὐτὰς διατέμνει χρυσῆ ἀργύρῳ προσεικασμένη. τὸ στόμα δὲ αὐτῷ κέχηνε, καὶ ἡ κάτω γένυς ἐς τὴν ἄνω νεύειν ὑποπέφυκε· πρασίνους δὲ ἔχει τοὺς ὀφθαλμούς, βλέφαρα δὲ αὐτὸν χρυσοειδῆ περιέρχεται. ἔστι δὲ καὶ ὁ χάραξ ὁ καλούμενος τῆς αὐτῆς θαλάττης θρέμμα. ἔχει δὲ πτερύγια, καὶ χρυσῷ προσείκασται ὅσα γε ἰδεῖν τὰ παρ᾽ ἑκάτερα, καὶ νωτιαῖα ὅσα καὶ ταῦτα ἔχει χρυσοειδῆ. κατωτέρω δὲ ἄρα εἰσὶ πορφυραῖ ζῶναι τὴν χρόαν, χρυσοειδὲς δὲ καὶ τὸ οὐραῖόν μοι νόει τοῦ αὐτοῦ, πορφυραῖ δὲ ἄρα σκιαὶ τοὺς ὀφθαλμοὺς αὐτῷ μέσους εἰς κάλλος γράφουσιν. ὁ δὲ τοξότης ἐν τῇ αὐτῇ θαλάττῃ γινόμενος ἐχίνῳ ὅμοιός ἐστι τὸ εἶδος, κέντρα δὲ ἔχει στερεὰ καὶ μακρά. αἱ δὲ ὕστριχες αἱ Λιβυκαὶ κεντοῦσί γε τοὺς ἁπτομένους πικρῶς καὶ μέντοι καὶ ὀδύνας ἐνεργάζονται χαλεπὰς τὰ κέντρα. καὶ τεθνεώτων δὲ πονηρὰ τὰ ἐκ τῶν ἀκανθῶν νύγματα ἀπαντᾷ, ὥς φασιν.

12.25. Ἔστι δὲ ἐν θαλάττῃ τῇ Ἐρυθρᾷ καὶ πίθηκος, οὐκ ἰχθῦς, ἀλλὰ σελαχῶδες ζῷον οἱονεὶ ἄλεπον, οὐ μέγα δὲ οὐδὲ τοῦτο. ἔοικέ

1 ἐσθίων] ει supra ω (i.e. ἐσθίειν) sec. m. **A** ‖ 4 θαλάττῃ] θαλάσσῃ **VA** : τῇ θαλάττῃ **PH**, Her. ‖ 5 φοῖνιξ] φοίνιξ **LH**, Her. ‖ 6 κυανέαις] κυαναῖς Her. 7 θάλατταν] om. **LPA** ‖ 10 χρυσῆ] del. Her. : χυτῷ Jac. in app. | αὐτῷ] αὐτῶν **PAH** ‖ 11 ὑποπέφυκε] πέφυκε Her. ‖ 12 αὐτὸν] αὐτοῦ **VPH** : αὐτοὺς edd. χρυσοειδῆ περιέρχεται] περ. χρυσ. **L**, Her. | περιέρχεται] περιέρχονται **A** 13 ὁ[2]] om. **H** : del. Her. | θαλάττης] θαλάσσης **V** ‖ 15 ἔχει χρυσοειδῆ] χρυ. ἔχει **L** ‖ 16 πορφυραῖ] πορφυραὶ **VPAH** hic et infra ‖ 17 ἄρα] ἄρα γε ***β*** | σκιαὶ] στεγκιαὶ **V** : στιγμαὶ Her. ‖ 18 εἰς] ἐς **AH** | γράφουσιν] εἰσγράφ. **LPA** | αὐτῇ θαλάττῃ] αὐτῇ θαλάσσῃ **V** : θαλάττῃ αὐτῇ **L** | γινόμενος] γενόμενος ***β*** ‖ 19 ἔχει] ἐστι **V** ‖ 20 κεντοῦσί] κεντῶσί **LPA** | γε] τε Rei., Her. ‖ 21 τὰ κέντρα] del. Her. 22 τεθνεώτων] τεθνεῶτα **V** | ἀπαντᾷ] ἀπαντᾶν **P** ‖ 24 θαλάττῃ] θαλάσσῃ **V** : τῇ θαλάττῃ **PH**, Her. ‖ 25 οἱονεὶ ἄλεπον] om. **H** : del. Her.

γε μὴν τῷ χερσαίῳ ὁ θαλάττιος τὴν χρόαν, καὶ τὸ πρόσωπον δὲ πιθηκῶδές οἵ ἐστι. προβέβληται δὲ τοῦ λοιποῦ σώματος ἔλυτρον, οὐκ ἰχθυῶδες, ἀλλὰ ὥς γε τὸ τῆς χελώνης εἶναι. ὑπόσιμος δὲ καὶ οὗτος, οἷα δήπου καὶ ὁ χερσαῖος. τὸ δ' ἄλλο σῶμα πλατὺς κατὰ σχῆμα τὸ τῆς νάρκης, ὡς εἰπεῖν ὄρνιν εἶναι τὰς πτέρυγας ἁπλώσαντα· καὶ νηχόμενός γε ἔοικε πετομένῳ. παραλλάττει δὲ τῷ χερσαίῳ καὶ ταύτῃ. κατάστικτός ἐστι, πυρροὶ δέ εἰσιν οἱ κατὰ τοῦ ἰνίου πλατεῖς, ὡς βράγχια. τὸ δὲ στόμα οὐκ ἐπ' ἄκρῳ τῷ προσώπῳ ἔχει μακρόν, συμφυῶς δὲ τῇ τοῦ χερσαίου πλάσει καὶ κατὰ τοῦτο ὁ ἰχθῦς εἰκασμένος.

12.26. Ἡ ἀηδὼν διὰ τοῦ θέρους καὶ τὴν χρόαν ἐκτρέπει εἰς εἶδος ἕτερον, καὶ μεταβάλλει τὸ φώνημα· οὐ γὰρ ᾄδει πολυήχως καὶ ποικίλως, ἑτέρως δὲ ἤπερ οὖν διὰ τοῦ ἦρος. κόσσυφος δὲ θέρους μὲν ᾄδει, χειμῶνος δὲ παταγεῖ καὶ τεταραγμένον φθέγγεται, καὶ τὴν χρόαν ὡς στολὴν μεταμφιασάμενος ἀπὸ τοῦ πρόσθεν μέλανος ὑπόξανθός ἐστιν. ἥ γε μὴν κίχλη χειμῶνός ἐστι ψαρωτέρα ἰδεῖν, θέρους δὲ τὸν αὐχένα ποικίλον ἐπιδείκνυσι. καὶ ἰχθῦς δὲ τὴν χρόαν μεταβλητικοὶ οἵδε, κίχλαι τε καὶ κόσσυφοι καὶ φυκίδες τε καὶ μαινίδες. οἱ δὲ θῶες, ὡς Ἀριστοτέλης λέγει [*HA* 630a15; fr. 270.40 Gig.], διὰ μὲν τοῦ θέρους εἰσὶ ψιλοί, δασεῖς δὲ διὰ τοῦ χειμῶνος.

12.27. Ἐν Βουβάστῳ δὲ τῇ Αἰγυπτίᾳ λίμνη ἔστι, καὶ τρέφει σιλούρων πάμπολυ πλῆθος, καὶ χειροήθεις εἰσὶν οὗτοί γε καὶ ἰχθύων πραότατοι. καὶ ἐμβάλλουσιν αὐτοῖς ἄρτων τρύφη, οἱ δὲ ἀνασκιρτῶσι καὶ πηδῶντες ἄλλος πρὸ ἄλλου τὰς ἐμβαλλομένας τροφὰς ἐκλέγουσι. γίνεται δὲ ἄρα ὁ ἰχθῦς ὅδε καὶ ἐν ποταμοῖς, ὥσπερ οὖν ἐν τῷ Κύδνῳ τῷ Κιλικίῳ· βραχὺς δὲ οὗτός ἐστι τὸ μέγεθος. τὸ δὲ αἴτιον, οὐ τρέφει τοῦτον ἀφθόνως διειδὲς νᾶμα καὶ καθαρὸν καὶ προσέτι καὶ ψυχρόν (τοιοῦτος δὲ ὁ Κύδνος ἐστί), τεθολωμένῳ δὲ καὶ ἰλύος μεστῷ φιληδεῖ μᾶλλον καὶ ἐνταῦθα

1 θαλάττιος] θαλάσσιος **VH** ‖ **4** δ'] om. ***β*** ‖ **5** τὸ] om. **AH** | νάρκης] νάρκος **L** **7** τῷ χερσαίῳ] τοῦ χερσαίου Her. ‖ **8** οὐκ] del. Her. ‖ **9** συμφυῶς] συμοιδὲς Ges. in mg., Jac. | δὲ] del. Her. ‖ **10** ὁ] om. **VH** ‖ **11** εἰς] ἐς **P** : ὡς **V** **15** μεταμφιασάμενος] μεταμφιεσάμενος Her. | ἀπὸ] ὑπὸ **LPA** ‖ **17** ψαρωτέρα] ψαροτέρα edd. ‖ **19** τε] om. **V** ‖ **27** Κιλικίῳ] κιλίκῳ **A** ‖ **28** τοῦτον] om. ***β*** **29** τοιοῦτος] καὶ τοιοῦτος ***β*** ‖ **30** φιληδεῖ] φιλεῖ **V**

πιαίνεται. Πύραμος δὲ καὶ Σάρος τρέφουσι τούτων ἁδροτέρους, καὶ οὗτοι δὲ Κίλικές εἰσιν. εἶεν δ' ἂν οἱ αὐτοὶ τρόφιμοι καὶ Ὀρόντου τοῦ Σύρων, καὶ μέντοι καὶ Πτολεμαίων ποταμὸς μεγίστους τρέφει, καὶ λίμνη δὲ ἡ Ἀπαμεῖτις.

Χειροήθεις δὲ ἰχθῦς καὶ ὑπακούοντες τῇ κλήσει καὶ τροφὰς ἀσμένως δεχόμενοι πολλαχόθι καὶ εἰσὶ καὶ τρέφονται, ὥσπερ οὖν καὶ ἐν Ἠπείρῳ, ἐν ἑστῶτι μὲν τῇ πόλει, ἣν ἐκάλουν πάλαι Στεφανήπολιν, ἐν τῷ νεῴ τῆς Τύχης ἐν ταῖς παρ' ἑκάτερα ἀνιόντων δεξαμεναῖς, καὶ ἐν Ἑλώρῳ δὲ τῆς Σικελίας, ὅπερ ἦν πάλαι Συρακουσίων φρούριον, καὶ ἐν τῷ ἱερῷ δὲ τοῦ Λαβρανδέως Διὸς ἔστι κρήνη διειδοῦς νάματος, καὶ ἔχουσιν ὁρμίσκους χρυσοῦς καὶ ἐλλόβια, χρυσᾶ μέντοι καὶ ταῦτα. ἀφέστηκε δὲ ὁ νεὼς τοῦ Διὸς τοῦδε τῆς Μυλασέων πόλεως σταδίους ἑβδομήκοντα. εἰς τόδε ἄγαλμα ξίφος παρήρτηται, καὶ τιμᾶται καλούμενος Κάριός τε καὶ Στράτιος· πρῶτοι γὰρ οἱ Κᾶρες ἀγορὰν πολέμου ἐπενόησαν, καὶ ἐστρατεύσαντο ἀργυρίου, ὄχανά τε ταῖς ἀσπίσι προσήρτησαν, καὶ λόφους ἐνέπηξαν τοῖς κράνεσιν. ἐκλήθησαν δὲ ἄρα τὸ ὄνομα τοῦτο ἀπὸ Καρὸς τοῦ Κρήτης καὶ Διός· Ζεὺς δὲ Λαβρανδεὺς ὕσας λάβρῳ καὶ πολλῷ τὴν ἐπωνυμίαν τήνδε ἠνέγκατο ἔχειν. καὶ ἐν Χίῳ δὲ ἐν τῷ καλουμένῳ Γερόντων λιμένι τιθασῶν ἰχθύων πλῆθος ἔστιν, οὕσπερ οὖν εἰς παραμυθίαν τοῦ γήρως τοῖς πρεσβυτάτοις οἱ Χῖοι τρέφουσι. καὶ ἐν τῇ γῇ δὲ τῇ τῶν ποταμῶν τοῦ τε Εὐφράτου καὶ τοῦ Τίγρητος μέσῃ πηγὴ ὑμνεῖται καὶ εἰς βυθὸν κάτω διειδὴς εἶναι καὶ ἐκβάλλειν ὕδωρ ἰδεῖν λευκόν, καὶ γίνεται

2 Ὀρόντου] ὀρρόντου **A** ‖ 3 Πτολεμαίων] Πτολεμαῖος **P**, Her. : ὁ πτολεμαῖος **H** : Πτολεμαιέων Hem. ‖ 7 ἐν ἑστῶτι] voc. dub. : ἐνεστῶτι **LAH** : ἐ ν ἐστῶ τι (sic) **V** : ἐν Ἀστακῷ Ges. in mg. : ἐν Κασσώπῃ? Her[1]. : ante voc. lac. stat. Jac., Her., fort. recte | ἐκάλουν] ἐκάλει **V** ‖ 9 Ἑλώρῳ] Jac., Her. : ἐλώρῳ **V** : πελώρῳ ***β*** (corr. ex ἐλώρῳ dub. **A**) ‖ 10 Συρακουσίων] ex corr. **L** : συρακοσίων (ante corr. **L**) **P**, Her. : συρρακουσίων **A** | Λαβρανδέως] λαβράνδεως **L** : λαβράνδεω **PAH** 11 ἔστι κρήνη] ἐν κρήνῃ Jac. in app., Her. ‖ 13 Μυλασέων] μυλασσέων **V** : μυλασίων **A** | εἰς τόδε] εἰς τόδε δὲ (δὲ sscr. al. m.) **L** : εἰς τόδε τὸ **H** : τὸ δὲ Iahn., Her. ‖ 14 ξίφος] ου supra ο (i.e. ξίφους) sec. m. **L** | παρήρτηται] παρήρηται **V** 17 λόφους] λόφον **V** | ἐνέπηξαν] ἔπηξαν **V** | ἐκλήθησαν] ἐκάλεσαν **A** | ἄρα] παρὰ **L** : om. **A** : del. Her. ‖ 18 ἀπὸ] ὑπὸ **A** ‖ 19 ἔχειν] del. Her. ‖ 20 Χίῳ] τῷ Χίῳ **A** τιθασῶν] τιθασσῶν **PA** ‖ 23 Τίγρητος] τίγριδος **LAH** | καὶ[2]] ὡς καὶ **V** 24 κάτω] del. Her.

ποταμὸς τὸ ἐκπίπτον ὄνομα Βούρρας. ἐπᾴδουσί τε τῷ ὀνόματι οἱ ἐπιχώριοι καὶ λόγον ἱερόν, καὶ ἔστιν ὁ λόγος, ἡ Ἥρα μετὰ τοὺς γάμους τοῦ Διὸς ἐνταῦθα ἀπελούσατο, ὥς φασι οἱ Σύροι, καὶ εἰς νῦν ὁ χῶρος εὐωδίαν ἀναπνεῖ, καὶ πᾶς ὁ ἀὴρ κύκλῳ ταύτῃ κίρναται. καὶ ἐνταῦθα σκιρτῶσιν ἰχθύων πράων ἀγέλαι.

12.28. Τὰ δὲ ἴδια τῶν ζῴων εἰδέναι οὐδὲ θεοὶ ὑπερορῶσιν. ἀκούω γοῦν Εὐρυσθένην καὶ Προκλέα τοὺς Ἀριστομάχου τοῦ Κλεάδου τοῦ Ὕλλου τοῦ Ἡρακλέους παῖδας βουλομένους ἄγεσθαι γυναῖκας ἐλθόντας εἰς Δελφοὺς τὸν θεὸν ἐρέσθαι τίνι ἂν κηδεύσαντες Ἑλλήνων ἢ βαρβάρων εἶτα μέντοι καλῶς καὶ εὐβούλως γῆμαι δόξαιεν, τὸν δὲ θεὸν αὐτοῖς ἀποκρίνασθαι ἐπανιέναι μὲν εἰς Λακεδαίμονα, ὑποστρέφειν δὲ κατὰ τὴν ὁδὸν ταύτην, καθ' ἣν καὶ ἀφίκοντο. ἐν ᾗ δ' ἂν αὐτοῖς χώρᾳ τὸ ἀγριώτατον ἀπαντήσῃ ζῷον φέρον τὸ πραότατον, ἐνταῦθά τοι ἁρμόσασθαι γάμους· οὕτω γὰρ αὐτοῖς ἔσεσθαι λῷον. καὶ οἳ μὲν ἐπείθοντο, ὡς δὲ γίνονται κατὰ τὴν Κλεωναίων χώραν, ἐντυγχάνει δὲ αὐτοῖς λύκος φέρων ἄρνα ἔκ τινος ποιμένος αὐτὸν συνηρπακώς. συνέβαλον οὖν ἐκεῖνοι λέγειν ταῦτα τὰ ζῷα τὸν χρησμόν, καὶ ἡρμόσαντο τὰς Θερσάνδρου τοῦ Κλεωνύμου θυγατέρας δοκίμου ἀνδρός. εἰ δὲ οἱ θεοὶ ἴσασι τὸ ἡμερώτατον ζῷον καὶ τὸ ἀγριώτατον, οὐδὲ ἡμῖν ἐκμελὲς τὰς φύσεις αὐτῶν εἰδέναι.

12.29. Ἡ Ἰνδῶν γῆ φέρει μὲν πολλὰ καὶ ποικίλα. καὶ τὰ μὲν εὐδαίμονός ἐστι καὶ θαυμαστῆς μαρτύρια φορᾶς, τὰ δὲ οὐκ ἀξιόζηλα αὐτῆς οὐδὲ οἷα ἐπαινεῖν ἢ ποθεῖν ἄξια. καὶ ὑπὲρ μὲν τῶν λυσιτελῶν ἢ ἁβρῶν τε καὶ πολυτελῶν τὰ μὲν εἶπον, τὰ δὲ εἰρήσεται σὺν τοῖς θεοῖς· τὸ δὲ νῦν ἔχον ὅπως ὠδῖνα ὄφεων ἡ γῆ

1 Βούρρας] βούρας **V** : 'Αβύρρας Schn. : 'Αβόρρας Her. ‖ **3** οἱ] καὶ ***β*** : del. Her. **7** Προκλέα] πατροκλέα **V** | τοὺς] κατὰ τοὺς ***β*** | Ἀριστομάχου] Ἀριστοδήμου τοῦ Ἀριστομάχου Syl., Her. | Κλεάδου] κλεάδα ***β*** : Κλεοδαίου Syl., Jac. in com. : Κλεόδα Lob., Her. ‖ **8** Ἡρακλέους] Ἡρακλέος **LAH** ‖ **10** εἶτα μέντοι] om. **V** **11** Λακεδαίμονα] λακεδαιμονίαν **LPA** ‖ **13** ἀπαντήσῃ] ἀπαντήσει **V** : ἀπαντῆσαι **H** ‖ **14** ἐνταῦθά] ἐντεῦθέν ***β*** | τοι] τι **V** | οὕτω] οὕτως ***β*** **15** ὡς—γίνονται] οἳ δὲ γίν. **LAH** : γίν. δὴ **V** : γίν. δὲ Her. ‖ **16** δὲ] sscr. sec. m. **L**, Jac., Her. : οὖν **V** : om. **PAH** ‖ **17** ποιμένος] ποίμνης Ges., Her. | συνηρπακώς] ἡρπασμένον ***β*** | συνέβαλον] συνέβαλλον **VP** : συνέλαβον **A** ‖ **18** Θερσάνδρου] θεσάνδρου **LAH** : κλεάνδρου corr. ex κλεσάνδρου **P** | Κλεωνύμου] φερωνύμου **P** ‖ **20** ἐκμελὲς] fort. ante corr. (ἀμελὲς ex corr.) **L** ‖ **21** μὲν[1]] del. Her. ‖ **23** αὐτῆς] del. Her.

ἀποδείκνυται εἰπεῖν ὥρμημαι. πολλοὺς τίκτει καὶ διαφόρους, καὶ τὸ λειφθὲν τοῖς ἀπείροις ἄπειρον. οὗτοι οὖν ἄρα οἱ ὄφεις καὶ ἀνθρώπους καὶ τὰ ἄλλα ζῷα ἀδικοῦσι. τίκτει δὲ ἡ αὐτὴ γῆ καὶ πόας τῶν δηγμάτων ἀμυντηρίους, ἔχουσί τε αὐτῶν τὴν ἐμπειρίαν τε καὶ σοφίαν οἱ ἐπιχώριοι, καὶ ποῖον φάρμακον ὄφεως τίνος ἀντίπαλόν ἐστι κατεγνώκασι, καὶ ἀμύνουσιν ὡς ὅτι τάχιστα ἀλλήλοις, ἐπιτεμέσθαι πειρώμενοι τὴν τοῦ ἰοῦ κατὰ τοῦ σώματος ἐπινομὴν ὀξυτάτην τε οὖσαν καὶ ὠκίστην. καὶ ταῦτα μὲν αὐτοῖς εἰς ἐπικουρίαν τὴν ἀναγκαίαν καὶ μάλα εὐπόρως ἀνίησιν ἡ χώρα καὶ ἀφθόνως· ὄφις δὲ ὃς ἂν ἀποκτείνῃ ἄνθρωπον, ὡς Ἰνδοὶ λέγουσιν (καὶ μάρτυρας ἐπάγονται Λιβύων πολλοὺς καὶ τοὺς περὶ Θήβας οἰκοῦντας Αἰγυπτίων), οὐκέτι καταδῦναι καὶ εἰσερπύσαι εἰς τὴν ἑαυτοῦ οἰκίαν ἔχει, τῆς γῆς αὐτὸν μὴ δεχομένης, ἀλλ' ἐκβαλλούσης τῶν οἰκείων ὡς ἂν εἴποις φυγάδα κόλπων. ἀλήτης δ' ἐντεῦθεν καὶ πλάνης περιέρχεται, καὶ ταλαιπωρεῖται ὑπαίθριος καὶ διὰ τοῦ θέρους καὶ διὰ τοῦ χειμῶνος, καὶ οὔτε ἔτι σύννομος αὐτῷ πρόσεισιν, οὔτε οἱ ἐξ αὐτοῦ γεννώμενοι γνωρίζουσι πατέρα. τιμωρία μὲν δὴ καὶ τοῖς ἀλόγοις ἐπ' ἀνδροφονίᾳ παρὰ τῆς φύσεως τοιάδε ἐδείχθη, προνοίᾳ τοῦ θείου, κατά γε τὴν μνείαν τὴν ἐμήν· εἴρηται δὲ εἰς παίδευσιν τῷ συνιέντι.

12.30. Φυλάττειν δὲ ἄρα κύνες χηνῶν ἀχρειότεροι, καὶ τοῦτο κατεφώρασαν Ῥωμαῖοι. ἐπολέμουν γοῦν αὐτοῖς οἱ Κελτοὶ καὶ πάνυ καρτερῶς, καὶ ὠσάμενοί γε αὐτοὺς ἐν αὐτῇ τῇ πόλει ἦσαν, καὶ ᾕρητό γε ὑπ' αὐτῶν ἡ Ῥώμη πλὴν τοῦ λόφου τοῦ Καπετωλίου· ἦν γὰρ αὐτοῖς οὐκ ἐπιβατὸς ἐκ τοῦ ῥᾴστου. τὰ μὲν οὖν δοκοῦντα δέξασθαι οἷά τε χωρία τοὺς ἐπιόντας σὺν ἐπιβουλῇ,

1 ἀποδείκνυται] ἐπιδείκ. Her. ‖ 2 τὸ—ἄπειρον] loc. corrupt., Her. in app. λειφθὲν] ληφθὲν **VPH** | τοῖς ἀπείροις] ὡς ἐν ἀπείροις Jac. in app. | ἄρα] del. Her. 4 ἐμπειρίαν] ἐπήρειαν **L** ‖ 5 τε] om. **V** | καὶ ποῖον] ὁποῖον **P** ‖ 11 ἐπάγονται] ἐπάγουσι ***β*** ‖ 12 Αἰγυπτίων] αἰγυπτίους **VAH** ‖ 13 ἑαυτοῦ] ἑαυτῶν **VA** : αὐτοῦ **H**‖ 16 διὰ] om. **V**‖ 17 γεννώμενοι] ex corr. **L** : γενόμενοι **VP** : γεινάμενοι (ante corr. ut vid. **L**) **A** | πατέρα] τὸν πατέρα Schn., Her. ‖ 19 ἐδείχθη] (in mg. sec. m. **L**) **H** : ἐλέχθη **VLA** : ἐλέγχθη **P** ‖ 21 κύνες χηνῶν] χην. κύν. **LPA** 22 αὐτοῖς] ex corr. **L** : αὐτοὺς ***β*** (ante corr. **L**) ‖ 23 καὶ] del. Her. | γε] del. Her. 24 ᾕρητό] ex corr. **L** : ᾕρητό ex corr. **P** : ᾕρετό (ante corr. **LP**) **A** : ἥγετό **V** 25 Καπετωλίου] καπετολίου **A** : καπιτωλίου **V**|ῥᾴστου] ῥᾷστα **V**

πέφρακτο μέντοι ταῦτα. ἦν δὲ ὁ χρόνος, καθ' ὃν Μάρκος Μάλλιος ὑπατεύων τὸν λόφον τὸν προειρημένον ἐγχειρισθέντα οἱ διεφύλαττεν. οὗτός τοι καὶ τὸν υἱὸν ἀριστεύσαντα μὲν ἀνέδησε στεφάνῳ, ὅτι δὲ ἐκ τῆς ἑαυτοῦ μετῆλθε τάξεως, ἀπέκτεινεν. ἐπεὶ δὲ οἱ Κελτοὶ πανταχόθεν ἄβατα ἐθεώρουν εἶναί σφισι, τῆς νυκτὸς τὸ ἀόρατον ἔκριναν ἐλλοχήσαντες εἶτα ἐπιθέσθαι καθεύδουσι βαθύτατα, ἔσεσθαι δὲ ἐπιβατὰ ἑαυτοῖς ἤλπισαν κατά γε τὸ ἀφύλακτον καὶ ἔνθα ἠρεμία ἦν, τῶν Ῥωμαίων πεπιστευκότων μὴ ἂν ἐντεῦθεν ἐπιθήσεσθαι τοὺς Γαλάτας. καὶ μέντοι καὶ ἐκ τούτων ἀκλεέστατα ἐλήφθη ἂν καὶ αὐτὸς καὶ ἡ ἄκρα τοῦ Διός, εἰ μὴ χῆνες παρόντες ἔτυχον· οἱ μὲν γὰρ κύνες πρὸς τὴν ῥιφεῖσαν τροφὴν κατεσιώπησαν, ἴδιον δὲ ἄρα χηνῶν πρὸς τὰ ῥιπτούμενα εἰς ἐδωδήν σφισι βοᾶν καὶ μὴ ἀτρεμεῖν. οὐκοῦν ἀνέστησάν τε τὸν Μάλλιον ἀνακλάγξαντες καὶ τὴν περικειμένην φυλακήν. ταῦτά τοι τίνουσι δίκας οἱ κύνες παρὰ Ῥωμαίοις καὶ νῦν ἀνὰ πᾶν ἔτος προδοσίας ἀρχαίας μνήμῃ, τιμᾶται δὲ χὴν τεταγμέναις ἡμέραις, καὶ ἐν φορείῳ πρόεισιν εὖ μάλα πομπικῶς.

12.31. Καὶ ταῦτα μὲν ὑπὲρ ζῴων εἰπεῖν οὐκ ἔστιν ἀπὸ μούσης. Σκύθαι ξύλων ἀπορίᾳ ἅτινα ἂν καταθύσωσι τοῖς αὐτῶν ὀστέοις ἕψουσι. Φρύγες δὲ ἐὰν παρ' αὐτοῖς τις ἀροτῆρα ἀποκτείνῃ βοῦν, ἡ ζημία θάνατος αὐτῷ. Σαγαραῖοι δὲ τῇ Ἀθηνᾷ καμήλων ἀγῶνα ὅσα ἔτη σὺν αἰδοῖ τῇ τῆς θεοῦ ἐπιτελοῦσι, γίνονται δὲ ἄρα παρ' αὐτοῖς αὗται δρομικώταταί τε ἅμα καὶ ὤκισται. Σαρακόροι δὲ οὔτε ἀχθοφόρους οὔτε ἀλοῦντας ἔχουσι τοὺς ὄνους ἀλλὰ πολεμιστάς, καὶ ἐπ' αὐτῶν γε τοὺς ἐνοπλίους κινδύνους

1 πέφρακτο] ἐπέφρακτο Her. | Μάλλιος] μάλιος **V** ‖ **4** ἑαυτοῦ] αὐτοῦ **VAH** **5** ἄβατα ἐθεώρουν] ἐθε. ἄβα. **V** ‖ **6** ἀόρατον] ἄκρατον Her. ‖ **7** βαθύτατα] ταχύτατα **P** | ἐπιβατὰ ἑαυτοῖς] ἑαυ. ἐπι. **V** | γε] τε Her. ‖ **9** ἐπιθήσεσθαι] ἐπιθέσθαι Her. | Γαλάτας] κελτούς **H** : gloss. κελτούς γαλάτας τοὺς αὐτοὺς καλεῖ in mg. sec. m. **L** ‖ **10** ἀκλεέστατα—ἂν] (iter. in mg. inf. sec. m. **L** et in mg. sin. tert. m. **L**) **H** : ἄκληστα ἦν **L** : ἄκλυστα (corr. in ἄκλειστα) ἦν **P** : ἄληστα ἦν **A** : ἁλωτοὶ ἦν **V** ‖ **11** κύνες] χῆνες **V** ‖ **14** Μάλλιον] ex corr. **L** : μάλιον **V** (ante corr. **L**) **H** : κάλλιον **P** | ἀνακλάγξαντες] ἀνακλάξαντες **AH** : ἀναγκλάξαντες **P** **15** τίνουσι] ex corr. **L** : τείνουσι **V** (ante corr. **L**) | οἱ κύνες] post Ῥωμαίοις transp. **V** ‖ **18** μὲν] om. **V** : μέντοι Her. | ἀπὸ] Her. : ἄπο codd. ‖ **19** αὐτῶν] αὑτῶν **V** **20** ἀροτῆρα ἀποκτείνῃ] ἀποκ. ἀροτ. **V** ‖ **23** ὤκισται] ὤκιστοι **A** : ὤκιστοί εἰσιν **H** | Σαρακόροι] συρρακούσιοι **V**

ὑπομένουσιν, ὥσπερ οὖν οἱ Ἕλληνες ἐπὶ τῶν ἵππων. ὅστις δὲ ἄρα παρ' αὐτοῖς ὄνων ὀγκωδέστερος εἶναι δοκεῖ, τοῦτον τῷ Ἄρει προσάγουσιν ἱερόν. λέγει δὲ Κλέαρχος [fr. 103.2 Wehr.] ὁ ἐκ τοῦ περιπάτου μόνους Πελοποννησίων Ἀργείους ὄφιν μὴ ἀποκτείνειν· ἐν δὲ ταῖς ἡμέραις ἃς καλοῦσιν Ἀρνηΐδας οἱ αὐτοί, ἐὰν κύων εἰς τὴν ἀγορὰν παραβάλῃ, ἀναιροῦσιν αὐτόν. ἐν Θετταλίᾳ δὲ ὁ μέλλων γαμεῖν θύων τὰ γαμοδαίσια ἵππον εἰσάγει πολεμιστὴν τὸν χαλινὸν περικείμενον καὶ τὴν ἐνόπλιον σκευὴν καὶ ἐκείνην πᾶσαν· εἶτα ὅταν ἀπὸ τῆς ἱερουργίας γένηται καὶ σπείσῃ, τῇ νύμφῃ τὸν ἵππον ἀπὸ τοῦ ῥυτῆρος ἀγαγὼν παραδίδωσι. τί δὲ νοεῖ τοῦτο Θετταλοὶ λεγέτωσαν. Τενέδιοι δὲ τῷ πάλαι ἀναρίστην Διονύσῳ τρέφουσι κύουσαν βοῦν, τεκοῦσαν δὲ ἄρα αὐτὴν οἷα δήπου λεχὼ θεραπεύουσι. τὸ δὲ ἀρτιγενὲς βρέφος καταθύουσιν ὑποδήσαντες κοθόρνους. ὅ γε μὴν πατάξας αὐτὸ τῷ πελέκει λίθοις βάλλεται τῇ ὁσίᾳ, καὶ ἔστε ἐπὶ τὴν θάλατταν φεύγει. Ἐρετριεῖς δὲ τῇ ἐν Ἀμαρύνθῳ Ἀρτέμιδι κολοβὰ θύουσιν.

12.32. Πέπυσμαι δὲ πρὸς τοῖς ἤδη μοι προειρημένοις κύνας γενέσθαι φιλοδεσπότους Ξανθίππου τοῦ Ἀρίφρου. μετοικιζομένων γὰρ τῶν Ἀθηναίων εἰς τὰς ναῦς, ἡνίκα τοῦ χρόνου ὁ Πέρσης τὸν μέγαν πόλεμον ἐπὶ τὴν Ἑλλάδα ἐξῆψε, καὶ ἔλεγον οἱ χρησμοὶ λῷον εἶναι τοῖς Ἀθηναίοις τὴν μὲν πατρίδα ἀπολιπεῖν, ἐπιβῆναι δὲ τῶν τριήρων, οὐδὲ οἱ κύνες τοῦ προειρημένου ἀπελείφθησαν, ἀλλὰ συμμετῴκισαν τῷ Ξανθίππῳ, καὶ διανηξάμενοι εἰς τὴν Σαλαμῖνα

1 ἄρα] ἄρα τῶν Her. ‖ 2 ὄνων ὀγκωδέστερος] ὀγκ. ὄνων **L** ‖ 4 Πελοποννησίων] πελοπονη. **VL** : πελλοποννη. **P** ‖ 5 κύων] ἦν **V** | εἰς] ἐς ***β*** ‖ 6 παραβάλῃ] παραβάλλῃ **PA** : παραβάλοι **V** ‖ 7 γαμοδαίσια] γαμοδέσια **LA** 10 παραδίδωσι] δίδωσι **P** | δὲ] δαὶ **P** ‖ 11 πάλαι] πάλα **A** : del. Her. | ἀναρίστην] ἀνθρωπορραίστῃ Ung., Her. ‖ 12 τρέφουσι] τρέφουσαν (ante corr. fort. **L**) **PA** : ἔτρεφον ex corr. **L** : om. **H** | δὲ] ex corr. al. m. **LA**, edd. : μὲν codd. (fort. ante corr. **LA**) ‖ 13 ἀρτιγενὲς] ἀρτιγεννὲς **A** ‖ 14 πελέκει] πελέκυϊ **A** : πέλυκι **V** | τῇ ὁσίᾳ] δημοσίᾳ Her. ‖ 15 θάλατταν φεύγει] θάλασσαν φεύγων **V** | ἐν Ἀμαρύνθῳ] Gro., Her. : ἐν μυρίνθῳ **VLPH** : ἐμβρίνθῳ **A** ‖ 18 Ἀρίφρου] Ἀρίφρονος Schn., Her., fort. recte ‖ 19 εἰς] ἐς **LAH** ‖ 20 ἐξῆψε] ἐξῆτε **A** ‖ 22 τριήρων] τρηρῶν **V** ἀπελείφθησαν] ὑπελείφθησαν **PAH** ‖ 23 συμμετῴκισαν] συμμετῳκίσαντο Valck., Her. | εἰς] ἐς **LA**

ἀπέβησαν. λέγετον δὲ ἄρα ταῦτα Ἀριστοτέλης [fr. 270.41 Gig.] καὶ Φιλόχορος [*FGrH* 328, fr. 116].

12.33. Τὸ ὕδωρ ὁ Κρᾶθις λευκῆς χρόας ποιητικὸν μεθίησι ποταμὸς ὤν. τὰ γοῦν πρόβατα πιόντα αὐτοῦ καὶ οἱ βόες καὶ πᾶσα ἡ τετράπους ἀγέλη, καθά φησι Θεόφραστος [fr. 162 Wimm.], λευκὰ ἐκ μελάνων ἐγίνετο ἢ πυρρῶν. καὶ ἐν Εὐβοίᾳ δὲ οἱ βόες λευκοὶ τίκτονται σχεδὸν πάντες, ἔνθεν τοι καὶ ἀργίβοιον ἐκάλουν οἱ ποιηταὶ τὴν Εὔβοιαν.

12.34. Οἰνοχόου βασιλικοῦ (καὶ ἦν ὁ βασιλεὺς Νικομήδης ὁ Βιθυνῶν) ἀλεκτρυὼν ἠράσθη Κένταυρος ὄνομα, καὶ λέγει Φίλων τοῦτο [cf. *FGrH* 700, fr. 2]. ἠράσθη δὲ ἄρα καὶ κολοιὸς ὡραίου παιδός. καὶ μελίττας δέ τινας ἐρωτικὰς εἶναι πέπυσμαι, εἰ καὶ αἱ πλείους σωφρονοῦσιν.

12.35. Τὴν σφίγγα ὑπόπτερον γράφουσί τε καὶ πλάττουσι πᾶν ὅσον περὶ χειρουργίαν σπουδαῖον καὶ πεπονημένον. ἀκούω δὲ καὶ ἐν Κλαζομεναῖς σῦν γενέσθαι πτηνόν, ἥπερ οὖν ἐλυμαίνετο τὴν χώραν τὴν Κλαζομενίαν· καὶ λέγει τοῦτο Ἀρτέμων ἐν τοῖς Ὅροις τοῖς Κλαζομενίων [*FGrH* 443, fr. 1]. ἔνθεν τοι καὶ χῶρος ἐκεῖ κέκληται ὑὸς πτερωτῆς ὀνομαζόμενός τε καὶ ᾀδόμενος. τοῦτο δὲ εἴ τῳ δοκεῖ μῦθος εἶναι, δοκείτω, ἐμὲ δ' οὖν περὶ ζῴου λεχθὲν καὶ μὴ λαθὸν οὐκ ἐλύπησεν εἰρημένον.

12.36. Ἀλίᾳ τῇ Συβάρεως περιϊούσῃ εἰς ἄλσος Ἀρτέμιδος (ἦν δὲ ἐν Φρυγίᾳ τὸ ἄλσος) δράκων ἐπεφάνη θεῖος, μέγιστος τὴν ὄψιν, καὶ ὡμίλησεν αὐτῇ. καὶ ἐντεῦθεν οἱ καλούμενοι Ὀφιογενεῖς τῆς σπορᾶς τῆς πρώτης ὑπῆρξαν.

12.37. Τιμῶσι δὲ ἄρα Δελφοὶ μὲν λύκον, Σάμιοι δὲ πρόβατον, Ἀμπρακιῶταί γε μὴν τὸ ζῷον τὴν λέαιναν· τὰ δὲ αἴτια τῆς ἑκάστου τιμῆς εἰπεῖν οὐκ ἔστιν ἔξω τῆσδε τῆς σπουδῆς. Δελφοῖς μὲν χρυσίον

1 ἀπέβησαν] ἐπέβησαν **A** : ἀπέσβησαν Jac. in com., Her. | λέγετον] λέγεται **V** **2** Φιλόχορος] φιλόχωρος **LPA** ‖ **3** Κρᾶθις] κράθις **PAH** : κράθης **L** ‖ **4** ποταμὸς ὤν] del. Her. ‖ **6** ἐγίνετο] ἐγένετο **A** : γίνεται **H**, Her. ‖ **7** τοι] om. ***β*** | ἀργίβοιον] Lob. Her. : ἀργιβοίον **P** : ἀργείβοιον **V** : ἀργειβόιον **LH** : ἄργει βόειον cum lin. subduct. **A** : ἀργιβόειον Jac., *Thes.* ‖ **15** σπουδαῖον] σπουδὲς **V** ‖ **16** καὶ] om. ***β*** ‖ **17** τὴν Κλαζομενίαν] τοῖς κλαζομενίοις ***β*** ‖ **18** Ὅροις] Ὥροις Cob. (1884) τοῖς] τῶν **V** ‖ **19** ὑὸς] υἱὸς **PH** ‖ **21** λαθὸν] λαθὼν **P** ‖ **22** περιϊούσῃ] περιϊούσης **LP** : περιούσης **AH** : παριούσῃ Ges., Her. ‖ **27** αἴτια] ἴδια **PH**

ἱερὸν σεσυλημένον καὶ ἐν τῷ Παρνασσῷ κατορωρυγμένον ἀνίχνευσεν ὁ λύκος, Σαμίοις δὲ καὶ αὐτοῖς τοιοῦτο χρυσίον κλαπὲν πρόβατον ἀνεῦρε, καὶ ἐντεῦθεν Μανδρόβουλος ὁ Σάμιος [cf. *CPG* II, p. 114.50] τῇ Ἥρᾳ πρόβατον ἀνάθημα ἀνῆψε· καὶ τὸ μὲν Πολέμων λέγει τὸ πρότερον, τὸ δὲ Ἀριστοτέλης τὸ δεύτερον [fr. 270.42 Gig.]. Ἀμπρακιῶται δέ, ἐπεὶ τὸν τύραννον αὐτῶν Φάϋλον διεσπάσατο λέαινα, τιμῶσι τὸ ζῷον αἴτιον αὐτοῖς ἐλευθερίας γεγενημένον. Μιλτιάδης δὲ τὰς ἵππους τὰς τρὶς Ὀλύμπια ἀνελομένας ἔθαψεν ἐν Κεραμεικῷ, καὶ Εὐαγόρας δὲ ὁ Λάκων καὶ ἐκεῖνος Ὀλυμπιονίκας ἵππους ἔθαψε μεγαλοπρεπῶς.

12.38. Ὁ Γάγγης ὁ παρὰ τοῖς Ἰνδοῖς ῥέων ὑπαρχόμενος μὲν ἐκ τῶν πηγῶν βαθύς ἐστιν εἰς ὀργυιὰς εἴκοσι, πλατὺς δὲ εἰς ὀγδοήκοντα σταδίους· ἔτι γὰρ αὐθιγενεῖ τῷ ὕδατι πρόεισι καὶ ἀμιγεῖ πρὸς ἕτερον· προϊὼν δὲ τῶν ἄλλων εἰς αὐτὸν ἐμπιπτόντων καὶ ἀνακοινουμένων οἱ τὸ ὕδωρ εἰς βάθος μὲν ἥκει καὶ ἑξήκοντα ὀργυιῶν, πλατύνεται δὲ καὶ ὑπερεκχεῖται εἰς σταδίους τετρακοσίους. καὶ ἔχει νήσους Λέσβου τε καὶ Κύρνου μείζονας, καὶ τρέφει κήτη, καὶ ἐκ τῆς τούτων πιμελῆς ἄλειφα ἐργάζονται. εἰσὶ δὲ ἐν αὐτῷ καὶ χελῶναι, καὶ αὐταῖς τὸ χελώνιον πιθάκνης καὶ εἴκοσιν ἀμφορέας δεχομένης οὐ μεῖόν ἐστι. κροκοδείλων δὲ παιδεύει διπλᾶ γένη. καὶ τὰ μὲν αὐτῶν ἥκιστα βλάπτει, τὰ δὲ παμβορώτατα σαρκῶν ἐσθίει καὶ ἀφειδέστατα, καὶ ἔχουσιν ἐπ' ἄκρου τοῦ ῥύγχους ἐξοχὴν ὡς κέρας. τούτοις τοι καὶ πρὸς τὰς τῶν κακούργων τιμωρίας ὑπηρέταις χρῶνται· τοὺς γὰρ ἐπὶ τοῖς μεγίστοις τῶν ἀδικημάτων ἑαλωκότας ῥίπτουσιν αὐτοῖς, καὶ δημίου δέονται ἥκιστα.

12.39. Δέλεαρ δὲ καθιᾶσιν οἱ σοφοὶ τὰ θαλάττια τοῖς μὲν σκάροις, ὡς Λεωνίδης φησί, κορίαννα καὶ καρτά, καὶ ἔστιν εὔθηρα ταῦτα καὶ ἑλεῖν ῥᾷστα· προσνεῖ γὰρ αὐτοῖς ὁ σκάρος γοητευόμενος ὥσπερ ἡδύσμασι. φύλλα δὲ τευτλίων αἱρεῖ τὰς

1 τῷ Παρνασσῷ] τῷ παρνασῷ **PH**, Her. : τῇ παρνᾶ **V** (sscr. **A**) ‖ 2 ὁ] del. Her.|τοιοῦτο] τοιοῦτον **VP**‖ 3 Μανδρόβουλος] μανδράβολος **A**‖ 6 Φάϋλον] ex corr. **P** : φαῦλον **L** (ante corr. **P**) **A** : Φαῦλον Her. ‖ 8 τὰς^{1}] τοὺς **V** | τὰς^{2}] τοὺς **V** τρὶς] τρεῖς ***β*** ‖ 10 Ὀλυμπιονίκας] ὀλυμπιονίκεις ***β*** ‖ 11 Γάγγης] γάνης **V** 15 ἥκει] προήκει? Her. in app.‖ 17 τῆς] om. **V**‖ 18 ἄλειφα] ex corr. **LP** : ἄλιφα ***β*** (ante corr. **LP**) ‖ 19 χελώνιον] χελώνειον **LA** | καὶ] om. **V** ‖ 22 κέρας—τοι] κεράστου. τούτοις ***β***‖ 23 ἐπὶ] ἐν **A**‖ 24 αὐτοῖς] αὐτῷ **A**‖ 25 δημίου] δημίων **V** 29 τευτλίων] ζευτλίων **V**|αἱρεῖ] αἵρει **VH**

τρίγλας· χαίρει γὰρ τῷδε τῷ λαχάνῳ τὸ ζῷον, καὶ δι' αὐτοῦ ἁλίσκεταί τε καὶ δουλοῦται ἕκαστα.

12.40. Ἐνύδρου δὲ θήρας διαφοραὶ τέσσαρες, φασί, δικτυεία, κόντωσις καὶ κυρτεία καὶ ἀγκιστρεία προσέτι. καὶ ἡ μὲν δικτυεία πλουτοφόρος, καὶ ἔοικεν ἁλισκομένῳ στρατοπέδῳ καὶ αἱρουμένοις αἰχμαλώτοις τισί, καὶ δεῖται χορηγίας ποικίλης, οἷον σπάρτου καὶ λίνου λευκοῦ καὶ μέλανος ἄλλου καὶ κυπείρου καὶ φελλῶν μολίβδου τε καὶ πίτυος καὶ ἱμάντων καὶ ῥοῦ καὶ λίθου καὶ βύβλου καὶ κεράτων καὶ νεὼς ἐξήρους ἄξονός τε καὶ σκυταλίδων καὶ κοττάνης καὶ τυμπάνου καὶ σιδήρου καὶ ξύλων καὶ πίττης. ἐμπίπτοι δὲ γένη τε ἰχθύων διάφορα καὶ ἀγέλαι ποικίλαι τε καὶ πολλαί. ἡ δὲ διακόντωσίς ἐστι μὲν τῶν ἄλλων ἀνδρειοτάτη, καὶ δεῖται θηρατοῦ ῥωμαλεωτάτου. παρεῖναι δὲ χρὴ κάμακα ὀρθήν, ἔλαιον καὶ σχοινία σπάρτινα, πυρεῖά τε πεύκης τῆς λιπαρωτάτης, νεὼς μικρᾶς, ἐρετῶν συντόνων καὶ βραχίονας ἀγαθῶν. ἡ δὲ κυρτεία δολερωτάτη θήρα καὶ ἐπιβουλοτάτη δεινῶς ἐστι, καὶ ἐλευθέροις πρέπειν δοκεῖ ἥκιστα. δεῖται δὲ ὁλοσχοίνων τε ἀβρόχων καὶ λύγου καὶ χερμάδος καὶ εὐναίων καὶ λίθου καὶ φύκους θαλαττίου σχοίνων τε καὶ κυπαρίττου κόμης καὶ φελλῶν καὶ ξύλων καὶ δελέατος καὶ νεὼς μικρᾶς. ἡ δὲ ἀγκιστρεία σοφωτάτη ἐστὶ καὶ τοῖς ἐλευθέροις πρεπωδεστάτη. δεῖται γὰρ ἱππείων τριχῶν, τὰς χρόας καὶ λευκὰς καὶ μελαίνας καὶ πυρρὰς καὶ

1 γὰρ] δὲ **A**|| **2** ἕκαστα] ῥᾶστα Ges., Her.|| **3** τέσσαρες] δ' **LPA**|δικτυεία] Schn., Jac., Her. : δικτυῖα codd., hic et infra|| **4** κόντωσις] καὶ κόν. Her.|κυρτεία] Schn., Jac., Her. : κυρτία codd., hic et infra | ἀγκιστρεία] ἀγκιστρία **LPA** **6** αἱρουμένοις] αἱρομένοις **V** || **7** κυπείρου] κυπέρου ***β*** || **8** μολίβδου] μολίβου **LPH**, Her. | ἱμάντων] ἱμάντος **V** || **9** βύβλου] βίβλου **AH** : βήλου **VP** (sscr. dub. **A**) | ἐξήρους] ἐξ ἤρας (sscr. ἐξήρους sec. m.) **A** || **11** ἐμπίπτοι] ἐμπίπτει **PAH**, Her.|δὲ] τε **H** : om. **V**|γένη] τὰ γένη **V**|| **12** διακόντωσίς] κόντωσίς Schn., Her. : δὴ κόντωσις Jac. in app. || **13** θηρατοῦ] θηρατῶν **A** || **14** ἔλαιον] ἐλαίαν valde dub. **A** : ἐλατίνην Her.|σχοινία] σχοῖνα **L**|πυρεῖά] πυρία ***β***|| **15** νεὼς] δεῖται δὲ καὶ νεὼς Schn., Her. | ἐρετῶν] καὶ ἐρε. Jac. in com., Her. || **16** δολερωτάτη] δεινοτάτη **V**|| **17** πρέπειν δοκεῖ] πρέπει δοκεῖν **LPA**|| **18** ἀβρόχων] βρόχων **VL** εὐναίων] ex corr. **A** : εὔνεων ***β*** (ante corr. **A**) | καὶ λίθου] del. Her. **19** θαλαττίου] θαλασσίου ***β*** | κυπαρίττου] κυπαρίττων **V** || **20** ἀγκιστρεία] ἀγκιστρία ***β***|| **21** σοφωτάτη] σοφώτατόν ***β***| πρεπωδεστάτη] πρεπωδέστατον ***β***|γὰρ] δὲ ἄρα Her.|| **22** τὰς χρόας] τὴν χρόαν malit Her. in app.

μεσαιπολίους· τῶν δὲ βαπτομένων ἐγκρίνουσι τὰς λευκὰς ἢ τὰς ἁλιπορφύρους· αἱ γὰρ ἄλλαι πᾶσαι πονηραί, φασίν. χρῶνται δὲ καὶ τῶν ἀγρίων συῶν ταῖς θριξὶ ταῖς ὀρθαῖς καὶ μηρίνθῳ δέ, καὶ χαλκῷ πλείστῳ καὶ μολίβδῳ καὶ σπαρτίναις καὶ πτεροῖς, μάλιστα μὲν λευκοῖς ἢ μέλασι καὶ ποικίλοις. χρῶνταί γε μὴν οἱ ἁλιεῖς καὶ φοινικοῖς ἐρίοις καὶ ἁλουργέσι καὶ φελλοῖς καὶ ξύλοις· καὶ σιδήρου καὶ ἄλλων δέονται, ἐν δὲ τοῖς καὶ καλάμων εὐφυῶν καὶ ἀβρόχων καὶ ὁλοσχοίνων βεβρεγμένων καὶ νάρθηκος ἐξεσμένου καὶ ῥάβδου κρανείας καὶ χιμαίρας κεράτων καὶ δέρματος. ἄλλος δὲ ἄλλῳ τούτων ἰχθῦς αἱρεῖται, καὶ τάς γε θήρας ἤδη εἶπον αὐτῶν.

12.41. Λόγω δὲ ἄρα τώδε Ἰνδὸς καὶ Λίβυς τὸ γένος διαφόρω· ἐρεῖ δὲ ὁ μὲν Ἰνδὸς τὰ ἐπιχώρια, ὁ δὲ Λίβυς ὅσα οἶδε καὶ ἐκεῖνος· ἃ δ' οὖν ᾄδετον ἄμφω τὼ λόγω ἐστὶν ἐκεῖνα. ἐν Ἰνδοῖς ἂν ἁλῷ τέλειος ἐλέφας, ἡμερωθῆναι χαλεπός ἐστι, καὶ τὴν ἐλευθερίαν ποθῶν φονᾷ. ἐὰν δὲ αὐτὸν καὶ δεσμοῖς διαλάβῃς, ἔτι καὶ μᾶλλον ἐς τὸν θυμὸν ἐξάπτεται, καὶ δοῦλος εἶναι καὶ δεσπότην οὐχ ὑπομένει. ἀλλ' οἱ Ἰνδοὶ καὶ ταῖς τροφαῖς κολακεύουσιν αὐτόν, καὶ ποικίλοις καὶ ἐφολκοῖς δελέασι πραΰνειν πειρῶνται, παρατιθέντες ὡς πληροῦν τὴν γαστέρα καὶ θέλγειν τὸν θυμόν. ὃ δὲ ἄχθεται αὐτοῖς καὶ ὑπερορᾷ. τί οὖν ἐκεῖνοι κατασοφίζονται καὶ δρῶσι; μοῦσαν αὐτοῖς προσάγουσιν ἐπιχώριον, καὶ κατᾴδουσιν αὐτοὺς ὀργάνῳ τινὶ καὶ τούτῳ συνήθει· καλεῖται σκινδαψὸς τὸ ὄργανον. ὃ δὲ ὑπέχει τὰ ὦτα καὶ θέλγεται, καὶ ἡ μὲν ὀργὴ πραΰνεται, ὁ δὲ θυμὸς ὑποστέλλεταί τε καὶ στόρνυται, κατὰ μικρὰ δὲ καὶ ἐς τὴν τροφὴν ὁρᾷ. εἶτα ἀφεῖται μὲν τῶν δεσμῶν, μένει δὲ τῇ μούσῃ δεδεμένος, καὶ δειπνεῖ προθύμως ἁβρὸς δαιτυμὼν

1 λευκὰς ἢ] γλαυκὰς καὶ Her. ‖ 3 μηρίνθῳ] Ges. in mg. : τερίνθῳ **VLPH** : περίνθῳ **A** : τερμίνθῳ Schn., Her. ‖ 4 μολίβδῳ] μολίβῳ **LPH**, Her. ‖ 5 ἢ] καὶ Her. ‖ 6 ἁλουργέσι] Jac., Her. : ἁλουργοῖς **V** : ἁλουργίσι **LP** : ἀλουργίσι **AH** 7 ἀβρόχων] βρόχων **VL**‖ 9 κρανείας] κρανείου **V**|ἄλλος] ἄλλοις **A**‖ 10 αἱρεῖται] αἰρεῖται **VP** ‖ 11 Λόγω] Λέγω **V** ‖ 13 ᾄδετον] ἄφετον **V** | ἂν] ἐὰν Her. 15 διαλάβῃς] ex corr. **L** : διαλάβοις (fort. ante corr. **L**) **A** | τὸν] del. Her. 16 δοῦλος—δεσπότην] δοῦλος εἶναι καὶ δεσπότης **V** : δουλοσύνην καὶ δεσπότην **H** : δεσπότην **LA** : δοῦλος εἶναι καὶ δεσμώτης Her. ‖ 18 ὡς πληροῦν] καὶ πληροῦν **V** : ὅσα πληροῖ Her. ‖ 19 θέλγειν] θέλγει Her. ‖ 20 καὶ δρῶσι] del. Her.‖ 21 καλεῖται] καλεῖται δὲ Jac., Her.‖ 22 σκινδαψὸς] ex corr. **A** : σκορδαψὸς **L** (ante corr. **A**)‖ 23 τε καὶ] καὶ **V**|στόρνυται] θόρνυται ***β*** (σ supra θ (στόρνυται?) **A**)

καταδεδεμένος· πόθῳ γὰρ τοῦ μέλους οὐκ ἂν ἔτι ἀποσταίη. Λιβύων δὲ ἵπποι (δεῖ γὰρ ἀκοῦσαι καὶ τὸν λόγον τὸν ἕτερον), ἐς τοσοῦτον αὐτὰς αἱρεῖ ἡ αὔλησις. πραΰνονταί τε καὶ ἡμεροῦνται, καὶ ὑπολήγουσι μὲν τοῦ ὑβρίζειν τε καὶ σκιρτᾶν, ἕπονται δὲ τῷ νομεῖ ὅπῃ ἂν αὐτὰς τὸ μέλος ἐπάγῃ, ἐπιστάντος δὲ καὶ ἐκεῖναι ἐφίστανται· ἐὰν δὲ παρατείνῃ τὸ αὔλημα, λείβεται δάκρυα ὑφ' ἡδονῆς αὐταῖς. οἱ μὲν οὖν βουκόλοι τῶν ἵππων ῥοδοδάφνης κλάδον κοιλάναντες καὶ αὐλὸν ἐργασάμενοι καὶ εἰς αὐτὸν ἐμπνέοντες εἶτα οὕτω τῶν προειρημένων καταυλοῦσι. λέγει δὲ Εὐριπίδης [*Alc.* 577] καὶ ποιμνίτας τινὰς ὑμεναίους· ἔστι δὲ ἄρα τοῦτο αὔλημα, ὅπερ οὖν τὰς μὲν ἵππους τὰς θηλείας εἰς ἔρωτα ἐμβάλλει καὶ οἶστρον ἀφροδίσιον, τοὺς δὲ ἄρρενας μίγνυσθαι αὐταῖς ἐκμαίνει. τελοῦνται μὲν ἱππικοὶ γάμοι τὸν τρόπον τοῦτον, καὶ ἔοικεν ὑμέναιον ᾄδειν τὸ αὔλημα.

12.42. Τὸ τῶν δελφίνων φῦλον ὡς εἰσι φιλῳδοί τε καὶ φίλαυλοι, τεκμηριῶσαι ἱκανὸς καὶ Ἀρίων ὁ Μηθυμναῖος ἔκ τε τοῦ ἀγάλματος τοῦ ἐπὶ Ταινάρῳ καὶ τοῦ ὑπ' αὐτοῦ γραφέντος ἐπιγράμματος. ἔστι δὲ τὸ ἐπίγραμμα [Lobo Argivus, *Suppl. Hell.*, fr. *517]·

ἀθανάτων πομπαῖσιν Ἀρίονα Κυκλέος υἱόν,
ἐκ Σικελοῦ πελάγους σῶσεν ὄχημα τόδε.

ὕμνον δὲ χαριστήριον τῷ Ποσειδῶνι, καὶ μάρτυρα τῆς τῶν δελφίνων φιλομουσίας, οἱονεὶ καὶ τούτοις ζωάγρια ἐκτίνων ὁ Ἀρίων ἔγραψε. καὶ ἔστιν ὁ ὕμνος οὗτος [*PMG*, fr. 939.21]·

ὕψιστε θεῶν πόντιε,
χρυσοτρίαινε Πόσειδον,

1 καταδεδεμένος] καταᾳδόμενος vel καταυλούμενος Jac. in app. : del. Her. **5** ὅπῃ] ὅποι Her. | ἐπάγῃ] ἀπάγῃ **V**, Her. ‖ **6** παρατείνῃ] ἐπανατείνῃ Jac. in app., Her. | τὸ] (ex corr. **L**) **H** : εἰς τὸ **V** (ante corr. **L**) **PA** | δάκρυα] δάκρυ **V** | ὑφ' ἡδονῆς] ὑφηδομέναις **P** ‖ **7** κλάδον] κλάδους **LPH** ‖ **8** αὐλὸν ἐργασάμενοι] ἐργ. αὐλ. **A** | τῶν προειρημένων] Sch., Her. : προηρημένων **L** (ex corr. **P**) : προειρημένον (ante corr. **P**) **H** : προηρημένον **A** : om. **V** ‖ **11** καὶ—ἀφροδίσιον] om. **V** ‖ **12** μὲν] μὲν δὴ Her. ‖ **14** τε] om. **V** ‖ **15** καὶ] ὁ **V** ‖ **16** ὑπ' αὐτοῦ] ἐπ' αὐτῷ Her. ‖ **18** πομπαῖσιν] fort. ante corr. **P** : πομπέσσιν **A** : πομπαῖς **V** : πομπαίεσιν ex corr. **P** | Ἀρίονα] ἀρίωνα **VAH** | Κυκλέος] Sal., Her. : κύκλονος ***β*** : κύκλον **V** **20** ὕμνον] καὶ ὕμνον **V** | δὲ] τε **H** : om. **PA** | καὶ] om. **V** : del. Her. | μάρτυρα] ante corr. **L** : μαρτύρια ex corr. sec. m. **L** ‖ **24** χρυσοτρίαινε] χρυσοτρίαινα Herm.

γαιήοχε, ἔγκυμον ἅλμαν·
βράγχιοι περὶ δὲ σὲ πλωτοί
θῆρες χορεύουσι κύκλῳ,
κούφοισι ποδῶν ῥίμμασιν
ἐλάφρ᾽ ἀναπαλλόμενοι,
σιμοί, φριξαύχενες,
ὠκυδρόμοι σκύλακες,
φιλόμουσοι δελφῖνες,
ἔναλα θρέμματα κουρᾶν
Νηρεΐδων θεᾶν,
ἃς ἐγείνατο Ἀμφιτρίτα·
οἵ μ᾽ εἰς Πέλοπος γᾶν ἐπί
Ταιναρίαν ἀκτὰν ἐπορεύσατε
πλαζόμενον Σικελῷ ἐνὶ πόντῳ,
κυρτοῖσι νώτοις χορεύοντες,
ἄλοκα Νηρεΐας πλακός
τέμνοντες, ἀστιβῆ πόρον·
φῶτες δόλιοί μ᾽ ἀφ᾽ ἁλιπλόου
γλαφυρᾶς νεὼς εἰς οἶδμα
ἁλιπόρφυρον λίμνας ῥίψαν.

ἴδιον μὲν δήπου δελφίνων πρὸς τοῖς ἄνω λεχθεῖσι καὶ τὸ φιλόμουσον.

1 γαιήοχε] γαιήοχ᾽ **LA**, Her. : γεήοχε **P** : γαιάοχε Page | ἔγκυμον ἅλμαν] **H** : ἐγκυμονάλμαν **LPA** : valde dub. ἔγκυμον (reliq. non leg.) **V** : κυμονάρχα Jac. ex cod. **E** : ἐγκύμον᾽ ἀν᾽ ἅλμαν Herm., Her. ‖ **2** βράγχιοι] βράγχιε **V** : βραγχίοις Herm., Her. | περὶ δὲ] δὲ περὶ Page ‖ **3** χορεύουσι] χορεύουσιν **LP** | κύκλῳ] ἐν κύκλῳ **LPA** ‖ **5** ἐλάφρ᾽] Her., Page : ἐλαφρὰ codd. ‖ **6** σιμοί] σεισμοὶ ***β*** **7** ὠκυδρόμοι] ὠκύδρομοι **PH** ‖ **10** Νηρεΐδων] νηρηΐδων **V** ‖ **11** ἐγείνατο] ἐγείνατ᾽ Ges., Her. | Ἀμφιτρίτα] ἀμφιτρίτη **A** ‖ **12** οἵ μ᾽] ἦν **V** | εἰς] ἐς **V** | γᾶν] τὰν **VA** ‖ **13** ἐπορεύσατε] ex corr. **L** : ἐπορεύσατο **V** (ante corr. **L**) : ἐπόρευσαν Bru. ‖ **14** πλαζόμενον] πλαζομένην **V** ‖ **15** κυρτοῖσι] κυρτοῖσιν **L** | χορεύοντες] χ ex corr. ut vid. **L** : ὀχέοντες Bru., Her. : φορεῦντες Page (φορεύοντες Page in app.) ‖ **16** Νηρεΐας] Jac., Her. : νηρίας codd. ‖ **17** ἀστιβῆ] ἀστίβητον **V** **18** δόλιοί] δ᾽ ἐλιοί **P** : δ᾽ ἔλιοί **A** : δ᾽ ἔλειοί **L** : δ᾽ ἔλειοί **H** | μ᾽ ἀφ᾽] scripsi : με ἀπὸ codd. : ὥς μ᾽ ἀφ᾽ Bru., Her. : μ᾽ ὡς ἀφ᾽ Page | ἁλιπλόου] ἁλιπλοῦ **A** ‖ **19** οἶδμα] οἶδμ᾽ Her. ‖ **20** ῥίψαν] λεῖψαν **A** : ἔριψαν Herm., Her. ‖ **21** λεχθεῖσι] ῥηθεῖσι **V**

12.43. Λόγος που διαρρεῖ Τυρρηνὸς ὁ λέγων τοὺς ὗς τοὺς ἀγρίους καὶ τοὺς παρ' αὐτοῖς ἐλάφους καὶ ὑπὸ δικτύων μὲν καὶ κυνῶν ἁλίσκεσθαι, ᾗπερ οὖν θήρας νόμος, συναγωνιζομένης δὲ αὐτοῖς τῆς μουσικῆς καὶ μᾶλλον. πῶς δέ, ἤδη λέγω. τὰ μὲν δίκτυα περιβάλλουσι καὶ τὰ λοιπὰ θήρατρα, ὅσα ἐλλοχᾷ τὰ ζῷα· ἕστηκε δὲ ἀνὴρ αὐλῶν τεχνίτης, καὶ ὡς ὅτι μάλιστα πειρᾶται τοῦ μέλους ὑποχαλᾶν, καὶ ὅ τι ποτέ ἐστι τῆς μούσης σύντονον ἐᾷ, πᾶν δὲ ὅ τι γλύκιστον αὐλῳδίας τοῦτο ᾄδει· ἡσυχίᾳ τε καὶ ἠρεμίᾳ ῥᾳδίως διαπορθμεύει, καὶ εἰς τὰς ἄκρας καὶ εἰς τοὺς αὐλῶνας καὶ εἰς τὰ δάση καὶ εἰς ἁπάσας συνελόντι εἰπεῖν τὰς τῶν θηρίων κοίτας καὶ εὐνὰς τὸ μέλος εἰσρεῖ. καὶ τὰ μὲν πρῶτα παριόντος εἰς τὰ ὦτα αὐτοῖς τοῦ ἤχου ἐκπέπληγε, καὶ διὰ τὸ ἄηθες καί που καὶ δείματος ὑποπίμπλαται, εἶτα ἀκρατῶς καὶ ἀμάχως αὐτὰ ἡδονὴ τῆς μούσης περιλαμβάνει, καὶ κηλούμενα λήθην ἔχει καὶ ἐκγόνων καὶ οἰκιῶν καὶ χώρων. καίτοι φιλεῖ τὰ θηρία μὴ ἀπὸ τῶν συντρόφων χωρίων πλανᾶσθαι. τὰ δ' οὖν Τυρρηνὰ κατ' ὀλίγον ὥσπερ ὑπό τινος ἴυγγος ἀναπειθούσης ἕλκονται, καὶ καταγοητεύοντος τοῦ μέλους ἀφικνεῖται καὶ ἐμπίπτει ταῖς πάγαις τῇ μούσῃ κεχειρωμένα.

12.44. Ἀνθίαι δὲ βαλλόμενοι ὅταν ἁλῶσιν οἴκτιστόν εἰσι θεαμάτων, καὶ ἀποθνήσκοντες ἑαυτοὺς ἐοίκασι θρηνεῖν καὶ τρόπον τινὰ ἱκετεύειν, ὥσπερ οὖν ἄνθρωποι λῃσταῖς ἐντυχόντες ἀνοικτίστοις τε καὶ φονικωτάτοις. οἳ μὲν γὰρ αὐτῶν ἀποδιδράσκειν πειρώμενοι εἶτα τοῖς δικτύοις ἐμπαλάσσονται, ὑπεράλλεσθαι δὲ αὐτοὺς πειρωμένους τὸν λόχον εἶτα μέντοι καταλαμβάνει αἰχμή· οἳ δὲ ἀποδιδράσκοντες τόνδε τὸν θάνατον ἐς τὴν τέως πολεμίαν ἰχθύσι γῆν ἐξεπήδησαν, τὸ τέλος τοῦ βίου τὸ χωρὶς τοῦ ξίφους προῃρημένοι καὶ μάλα ἀσμένως.

2 τοὺς] ante corr. **LH** : τὰς (ex corr. ut vid. **LH**), Her. | καὶ[2]] om. **P** : del. Her. **4** λέγω] ἐρῶ Her.‖ **6** αὐλῶν] αὐτῶν **V**‖ **8** ἡσυχίᾳ] ἡσυχία Schn., Her. : ante voc. lac. stat. Her. | ἠρεμίᾳ] ἠρεμία Schn., Her. ‖ **12** αὐτοῖς] ante εἰς transp. **V** καὶ[1]—ἄηθες] del. Her. ‖ **13** ὑποπίμπλαται] ὑποπίμπλανται **VP** | ἀκρατῶς] ἄκρατος Her. | ἀμάχως] ἄμαχος Her.‖ **14** περιλαμβάνει] post περιλαμβάνει voc. eras. (τὰ δὲ in mg. sec. m.) **A** | ἐκγόνων] ἐγγόνων ***β*** | καὶ χώρων] del. Her. **17** ἕλκονται] ἕλκεται Rei., Her. : ἕλκοντος Jac. in app. ‖ **23** ἐμπαλάσσονται] Schn., Her. : ἐμπλάσσονται ***β*** (-πλασο- **A**) : ἐμπλάσαντες **V** ‖ **24** τὸν λόχον] τῶν λόχων **LP** | καταλαμβάνει] καταλαμβάνειν **V** ‖ **25** τόνδε] om. **LA** **27** προῃρημένοι] corr. ex προειρημένοι sec. m. **A** : προειρημένου **V**

LIBER XIII

13.1. Ἀετὸν ἀκούω Γορδίῳ τὴν τοῦ παιδὸς αὐτοῦ Μίδου βασιλείαν ὑποσημῆναι, ἡνίκα ἀροῦντι τῷ Γορδίῳ ἐπιπτάς, εἶτα μέντοι κατὰ τοῦ ζυγοῦ καθίσας συνδιημέρευσεν, οὐδὲ προαπέστη πρὶν ἢ γενομένης ἑσπέρας καὶ ἐκεῖνος κατέλυσε τὴν ἄροσιν ἐπιστάντος τοῦ βουλυτοῦ. Γέλωνος δὲ τοῦ Συρακουσίου παιδὸς ὄντος λύκος μέγιστος εἰσπηδήσας εἰς τὸ διδασκαλεῖον ἐξήρπασε τῶν χειρῶν τοῖς ὀδοῦσι τὴν δέλτον, καὶ ὁ Γέλων ἐξαναστὰς τοῦ θάκου ἐδίωκεν αὐτόν, τὸ μὲν θηρίον μὴ καταπτήξας, περιεχόμενος δὲ τῆς δέλτου ἰσχυρῶς. ἐπεὶ δὲ ἔξω τοῦ διδασκαλείου ἐγένετο, τὸ μὲν κατηνέχθη καὶ τοὺς παῖδας αὐτῷ διδασκάλῳ κατέλαβε, θείᾳ δὲ προμηθείᾳ ὁ Γέλων περιῄει μόνος. καὶ τό γε παράδοξον, οὐκ ἀπέκτεινεν ἄνθρωπον ἀλλ᾽ ἔσωσε λύκος, οὐκ ἀτιμασάντων τῶν θεῶν οὐδὲ διὰ τῶν ἀλόγων τῷ μὲν τὴν βασιλείαν προδηλῶσαι, τὸν δὲ τοῦ μέλλοντος κινδύνου σῶσαι. ἴδιον δὴ τῶν ζῴων καὶ τὸ θεοφιλές.

13.2. Οἱ Κᾶρες αἱροῦσι τοὺς σαργοὺς τὸν τρόπον τοῦτον. νότου καταπνέοντος ἡσυχῇ καὶ προσβάλλοντος αὔρας μαλακωτέρας καὶ τοῦ κύματος στορεσθέντος καὶ πράως ταῖς ψάμμοις ἐπηχοῦντος, τηνικαῦτα ὁ θηρατὴς καλάμου μὲν οὐ δεῖται οὐδέν, λαβὼν δὲ ἀρκεύθου ῥάβδον πάνυ σφόδρα ἐρρωμένης, ἐπ᾽ ἄκρας αὐτῆς ἐξάπτει σειράν, καὶ περὶ τῷ ἀγκίστρῳ λυκόστομον ὄντα ἡμιτάριχον, καὶ καθίησιν εἰς τὴν θάλατταν. καὶ κάθηται μὲν ἐπὶ τῇ πρύμνῃ τῆς πορθμίδος καὶ τὸν δόλον ὑποκινεῖ, ὑπερέττει δέ οἱ καὶ παῖς ἡσυχῇ, προμαθὼν τῆς ἐλάσεως τὸ σχολαῖον ἐπίτηδες, καὶ ὡς

2 Μίδου] H, edd. : μήδου **VLPA** ‖ 3 Γορδίῳ] γορδίᾳ **V** | ἐπιπτάς] ἐπιστάς **V** 5 πρὶν ἢ] ex corr. **A** : πρὶν ἂν ἢ ante corr. **A** ‖ 6 τοῦ[1]] om. **VPH** | δὲ] add. pr. m. **LA** : om. **PH** | Συρακουσίου] συρρακοσίου **VA** : Συρακοσίου Her. ‖ 9 θάκου] θώκου **V** ‖ 11 κατέλαβε] κατέβαλε Her. ‖ 12 περιῄει] ex corr. **L** : περιείη (dub. ante corr. **L**) **PA** : περιῆν εἷς Jac. in app. : περιῆν Abr., Her. ‖ 14 θεῶν] θεῶν ὅσων **PH** : θεῶν ὅσον **LA** ‖ 15 δὴ] δὲ *β* | τῶν ζῴων] τὸ ζῷον **V** 18 προσβάλλοντος] προσβαλόντος **VA** ‖ 21 ἐπ᾽] ἀπ᾽ Her. ‖ 22 περὶ] περιπείρει Rei., Her. | λυκόστομον] ex corr. ut vid. **L**, Ges. in mg., Her. : κυκλόστομον codd. (ante corr. **L**) ‖ 23 ἡμιτάριχον] ἡμιτάριχος **LPA** | θάλατταν] θάλασσαν **VH** ‖ 24 ὑπερέττει] dub. corr. ex ὑπηρεττεῖ **P** : ὑπηρετεῖ **AH** | καὶ[2]] del. Her. 25 τὸ] τὸν **A**

ἐπὶ τὴν γῆν προάγει τὸ σκάφος. πολλοὶ δὲ οἱ σαργοὶ περισκιρτῶσιν ἐκ τῶν συντρόφων φωλεῶν ἀναθορόντες, ἀθροίζονται δὲ ἐπὶ τὸ ἄγκιστρον· ἄγει γὰρ αὐτοὺς οἱονεὶ ἴυγγι ὁ πάλαι μὲν τεθνηκὼς εἰς τὸ ἑλεῖν δὲ διασπασθεὶς ἰχθῦς. εἶτα πλησίον τῆς γῆς γενόμενοι ῥᾳδίως ἁλίσκονται, τῇ λιχνείᾳ τῆς γαστρὸς δεδεμένοι.

13.3. Διατριβαὶ δὲ ἰχθύων πολλαί, καὶ γίνονται οἳ μὲν ἐν ταῖς πέτραις, οἳ δὲ ἐν ταῖς ψάμμοις, ἄλλοι δὲ ἐν ταῖς πόαις. καὶ γάρ τοι καὶ πόαι θαλάττιαί εἰσι, καὶ αἳ μὲν αὐτῶν καλοῦνται βρύα, αἳ δὲ ἄμπελοι, καὶ σταφυλαί τινες, καὶ φυκία ἄλλα· ἦν δὲ ἄρα θαλαττίας πόας καὶ κράμβη ὄνομα, καὶ μνία καλεῖταί τινα ἐν αὐταῖς καὶ τρίχες. τροφὴ δὲ ἄρα τούτων ἄλλῳ ἄλλο ἦν, καὶ οὐκ ἂν πάσαιτο ἑτέρας ὁ εἰθισμένος τῇ συντρόφῳ καὶ ὁμοεθνεῖ, ὡς ἂν εἴποι τις.

13.4. Ἀκούσαις δ᾽ ἂν ἁλιέων καὶ ἰχθύων τινὰ καλλιώνυμον οὕτω λεγόντων. καὶ ὑπὲρ αὐτοῦ Ἀριστοτέλης λέγει [*HA* 506b10; fr. 270.43 Gig.] ὅτι ἄρα ἐπὶ τοῦ λοβοῦ τοῦ δεξιοῦ καθημένην ἔχει χολὴν πολλήν, αὐτὸ δὲ τὸ ἧπαρ κατὰ τὴν λαιὰν φορεῖται πλευράν. καὶ μαρτυρεῖ τούτοις καὶ ὁ Μένανδρος ἐν τῇ Μεσσηνίᾳ οἶμαι λέγων [*PCG* VI, fr. 230]·

τίθημ᾽ ἔχειν χολήν σε καλλιωνύμου
πλέω,

καὶ Ἀνάξιππος ἐν Ἐπιδικαζομένῳ [*PCG* II, fr. 2]·

ἐάν με κινῇς καὶ ποιήσῃς τὴν χολὴν
ἅπασαν ὥσπερ καλλιωνύμου ζέσαι,
ὄψει διαφέροντ᾽ οὐδὲ ἓν ξιφίου κυνός.

1 δὲ] δὲ καὶ **V** | περισκιρτῶσιν] παρασκιρτῶσιν **LPH** ‖ **2** φωλεῶν] φωλῶν **V** **3** μὲν τεθνηκὼς] τεθν. μὲν **PAH** : τεθν. **L** ‖ **4** διασπασθεὶς] σκευασθεὶς Her. **5** γενόμενοι] νεμόμενοι **A** | γαστρὸς] σαρκὸς **V** ‖ **7** ταῖς¹] τοῖς **L** ‖ **9** θαλαττίας] θαλαττίου ***β*** ‖ **11** ἄλλο] ἄλλη **H**, Gro., Her. ‖ **13** Ἀκούσαις] Ἀκούσας **AH** **15** λοβοῦ] ex corr. **A** : λωβοῦ **L** (ante corr. **A**) | καθημένην] καθειμένην **VLAH** **16** αὐτὸ—ἧπαρ] αὐτῷ δὲ τὸ ἧπαρ **LA** : τὸ δὲ ἧπαρ αὐτῷ Her. ‖ **17** Μεσσηνίᾳ] edd. : Μεσηνίᾳ codd. ‖ **19** τίθημ᾽] edd. : τίθημι codd. ‖ **20** πλέω] πλείω (ex corr. **P**) **H**, Her. : πλείων **L** (ante corr. **P**) **A** ‖ **22** με] edd. : μὴ codd. | κινῇς] κινήσας Blaydes (apud K.-A.) ‖ **23** ζέσαι] σβέσαι **L** ‖ **24** ὄψει—κυνός] om. **V** διαφέροντ᾽—ξιφίου] Jac., Her. : διαφέρων τοῦ ἐνξιφίου ***β***, Ges.

εἰσὶ μὲν οὖν οἵ καί φασιν αὐτὸν ἐδώδιμον, οἱ δὲ πλείους ἀντιλέγουσιν αὐτοῖς. οὐ ῥᾳδίως δὲ αὐτοῦ μνημονεύουσιν ἐν ταῖς ὑπὲρ τῶν ἰχθύων πανθοινίαις, ὧν τι καὶ ὄφελός ἐστι, ποιητῶν θεμένων σπουδὴν εἰς μνήμην ἔνθεσμον· Ἐπίχαρμος μὲν ἐν Ἥβας Γάμῳ [*PCG* I, fr. 64 (40 R.-N.)] καὶ Γᾷ καὶ Θαλάσσᾳ [*PCG* I, fr. 29 (20 R.-N.)] καὶ προσέτι Μούσαις [*PCG* I, fr. 88 (40 R.-N.)], Μνησίμαχος δὲ ἐν τῇ Ἰσθμιονίκῃ [*PCG* VII, fr. 5].

13.5. Βάτραχος δὲ θαλάττιος τίκτει κατὰ τοὺς ὄρνιθας ᾠὸν καὶ οὗτος. οὐ ζῳογονεῖ γὰρ ἐν ἑαυτῷ· κεφαλὴν γὰρ ἔχει καὶ τὰ ἀρτιγενῆ μεγάλην τε ἅμα καὶ τραχεῖαν, καὶ διὰ ταῦτα ὑποδέξασθαι τὰ βρέφη δείσαντα ἥκιστός ἐστιν· ἑλκοῦσι γὰρ αὐτὸν καὶ κακῶς εἰσπίπτοντα τὴν αὖθις. ἀλλὰ καὶ τικτόμενα ἂν καὶ ἐξιόντα εἰργάζετο παραπλήσια. οὔτε οὖν εὐώδινες εἰς ζῴων γένεσίν εἰσιν οὔτε μὴν κρησφύγετα τοῖς ἐκγόνοις ἀγαθά. ᾠοῦ δὲ τὴν φύσιν ἢ ἰδιότητα οὐχ ὁμολογεῖ τὸ τῶν βατράχων, τραχὺ δέ ἐστι καὶ ἐκεῖνο, καὶ ἔχει φολίδας, καὶ προσαψαμένῳ φανεῖταί σοι ἀντίτυπον.

13.6. Οἱ πολύποδες καὶ αὐτοὶ χρόνῳ γίνονται μέγιστοι, καὶ εἰς κήτη προχωροῦσι, καὶ ἐναριθμοῦνται ἐν αὐτοῖς καὶ οὗτοι. ἀκούω γοῦν ἐν Δικαιαρχίᾳ τῇ Ἰταλικῇ πολύπουν εἰς ὄγκον σώματος ὑπερήφανον προελθόντα τὴν μὲν ἐν τῇ θαλάττῃ τροφὴν καὶ τὰς ἐκεῖθεν νομὰς ἀτιμάσαι καὶ ὑπερφρονῆσαι αὐτῶν. προήει δὲ ἄρα οὗτος καὶ εἰς τὴν γῆν, καὶ ἐληΐζετο καὶ τῶν χερσαίων ἔστιν ἅ. οὐκοῦν καὶ διά τινος ὑπονόμου κρυπτοῦ ἐκβάλλοντος εἰς τὴν θάλατταν τὰ ἐκ τῆς πόλεως τῆς προειρημένης ῥυπαρὰ εἰσνέων καὶ

3 ὑπὲρ—4 ἔνθεσμον] loc. corrupt., Jac. in app., Her. in app. | ποιητῶν θεμένων] ποιηταὶ θέμενοι Her. ‖ 4 ἔνθεσμον] εὔθεσμον **LH**, Ges. | Ἥβας] Cas., Jac., Her. : ἥρας codd., Ges. ‖ 5 καὶ[1]—6 Μούσαις] om. **V** | Γᾷ] edd. : γὰρ ***β*** | Θαλάσσᾳ] Jac., Her. : θαλάσσῃ **P** : θάλασσαι **LA**, Ges. : θάλασσα **H** ‖ 6 Μούσαις] Μώσαις Hem. (καὶ Μώσ. Her.) ‖ 7 τῇ] τῷ Her. ‖ 8 θαλάττιος] θαλάσσῃ **V** ‖ 9 ἑαυτῷ] **H**, Her. : αὐτῷ **VLPA** : αὑτῷ Ges., Jac., fort. recte ‖ 11 ἑλκοῦσι—12 κακῶς] ἑλκοῖ γὰρ αὐτὸν καὶ κακοῖ Her. (ἑλκώσει γὰρ αὐτὸν καὶ κακώσει Her. in app.) ἑλκοῦσι] ἕλκουσι **PAH** : ἑλκοῖ Her. ‖ 12 εἰσπίπτοντα] εἰσπέπτονται **V** 14 ἐκγόνοις] ἐγγόνοις **LP** : ἐγγονίοις **A** | ἀγαθά] ἀγαθοί ***β*** ‖ 16 σοι] σου **L** 21 θαλάττῃ] θαλάσσῃ **VH** ‖ 22 ἐκεῖθεν] ἐκεῖθι **V** | αὐτῶν] αὐτῷ **L** ‖ 23 εἰς] ἐς ***β*** ἐληΐζετο] ἐλείζετο **V** ‖ 24 καὶ] del. Her. | ἐκβάλλοντος] εἰσβάλλοντος **P** 25 θάλατταν] ex corr. **P** : θάλασσαν **V** (ante corr. **P**)

ἀνιὼν εἰς οἶκόν τινα πάραλον, ἔνθα ἦν ἐμπόρων Ἰβηρικῶν φόρτος καὶ ταρίχη τὰ ἐκεῖθεν ἐν σκεύεσιν ἁδροῖς, εἶτα τὰς πλεκτάνας περιχέων καὶ σφίγγων τὸν κέραμον ἐρρήγνυ τὰ ἀγγεῖα καὶ κατεδαίνυτο τὰ ταρίχη. οἱ δὲ εἰσιόντες ὡς ἑώρων τὰ ὄστρακα, πολὺν δὲ τοῦ φόρτου ἀριθμὸν ἀφανῆ κατελάμβανον, ἐξεπλήττοντο καὶ τίς ἦν ὁ κεραΐζων αὐτοὺς συμβαλεῖν οὐκ εἶχον, τῶν μὲν θυρῶν ἀνεπιβουλεύτων βλεπομένων, τοῦ δὲ ὀρόφου ὄντος ἀσινοῦς καὶ τῶν τοίχων μὴ διεσκαμμένων· ἑωρᾶτο δὲ καὶ τῶν ἰχθύων τῶν ταρίχων λείψανα ἀπολειφθέντα ὑπὸ τοῦ ἀκλήτου δαιτυμόνος. ἔκριναν δή τινα τῶν οἰκείων τὸν μάλιστα εὐτολμότατον ἔνδον ὡπλισμένον καταλιπεῖν ἐλλοχῶντα. νύκτωρ οὖν ἐπὶ τὴν συνήθη δαῖτα ὁ πολύπους ἀνέρπει, καὶ περιχυθεὶς τοῖς σκεύεσιν ὥσπερ εἰς πνῖγμα ἀθλητὴς συλλαβὼν τὸν ἀντίπαλον ἐγκρατῶς τε καὶ μάλα εὐλαβῶς, εἶτα συνέτριβε τὸν κέραμον ληστὴς ὡς εἰπεῖν ὁ πολύπους ῥᾷστα. ἦν δὲ διχόμηνος, καὶ κατελάμπετο ὁ οἶκος, καὶ πάντα ἦν εὐσύνοπτα. ὃ δὲ οὐκ ἐπεχείρει μόνος, δείσας τὸν θῆρα (καὶ γὰρ μόνου μείζων ὁ ἐχθρὸς ἦν), περιηγεῖται δὲ ἕωθεν τοῖς ἐμπόροις τὰ πεπραγμένα· ἀκούοντες δὲ ἠπίστουν. εἶτα οἳ μὲν τῆς ζημίας τῆς τοσαύτης τὸν κίνδυνον μνήμῃ ἀνερρίπτουν, καὶ συνεισελθεῖν τῷ ἐχθρῷ συνέσπευδον, οἳ δὲ τῆς καινῆς καὶ ἀπίστου θέας διψῶντες συναπεκλείοντο αὐθαίρετοι σύμμαχοι. εἶτα ἑσπέρας ὁ φὼρ ἐπιφοιτᾷ, καὶ ὁρμᾷ ἐπὶ τὴν συνήθη τράπεζαν. ἐνταῦθα οἳ μὲν ἀπέφραττον τὸν ὀχετόν, οἳ δὲ ὡπλίζοντο ἐπὶ τὸν πόλεμον, καὶ κοπίσι καὶ ξυροῖς τεθηγμένοις αὐτοῦ διέκοπτον τὰς πλεκτάνας, ὡς δρυὸς κλάδους ἁδροτάτους ἀμπελουργοί τε καὶ δρυοτόμοι. καὶ τὴν ἀλκὴν αὐτοῦ περικόψαντες καθεῖλον ὀψὲ καὶ μόγις οὐκ ὀλίγα πονήσαντες, καὶ τὸ καινότατον, ἐν τῇ γῇ τὸν ἰχθῦν ἐθηράσαντο ἔμποροι. καὶ τὸ

1 Ἰβηρικῶν] ἰβηρικὸς ***β*** ‖ **9** ἀπολειφθέντα] ὑπολειφ. Her. ‖ **10** δή] δέ ***β***
19 τὸν—μνήμῃ] τὸν κίνδυνον μνήμην **LPA** : μνήμῃ τὸν κίνδυνον **H**, Her.
20 συνεισελθεῖν] ex corr. **P** : συνελθεῖν (ante corr. **P**) **H**, Schn., Jac. in app., Her. συνέσπευδον] ἔσπευδον Her.‖ **22** εἶτα] voc. corrupt., Her. in app.‖ **24** πόλεμον] πολέμιον Ges., Her. ‖ **25** ἁδροτάτους] ἀκροτάτους Her. ‖ **26** δρυοτόμοι] δρυτόμοι **V** ‖ **27** περικόψαντες] παρακόψ. **L** ‖ **28** ἐν—γῇ] post ἰχθῦν transp. **V** τὸν] τὴν **V**|καὶ] om. **H** : del. Her.

κακοῦργον δὴ τοῦδε τοῦ ζῴου καὶ τὸ δολερὸν ἀναπέφηνεν ἡμῖν ἴδιον ὄν.

13.7. Τῶν τεθηραμένων ἐλεφάντων ἰῶνται τὰ τραύματα οἱ Ἰνδοὶ τὸν τρόπον τοῦτον. καταιονοῦσι μὲν αὐτὰ ὕδατι χλιαρῷ, ὥσπερ οὖν τὸ τοῦ Εὐρυπύλου παρὰ τῷ καλῷ Ὁμήρῳ ὁ Πάτροκλος [*Il.* 11.829]· εἶτα μέντοι διαχρίουσι τῷ βουτύρῳ αὐτά· ἐὰν δὲ ᾖ βαθέα, τὴν φλεγμονὴν πραΰνουσιν ὕεια κρέα θερμὰ μὲν ἔναιμα δὲ ἔτι προσφέροντες καὶ ἐντιθέντες. τὰς δὲ ὀφθαλμίας θεραπεύουσιν αὐτῶν βόειον γάλα ἀλεαίνοντες εἶτα αὐτοῖς ἐγχέοντες, οἳ δὲ ἀνοίγουσι τὰ βλέφαρα, καὶ ὠφελούμενοι ἥδονταί τε καὶ αἰσθάνονται, ὥσπερ ἄνθρωποι. καὶ εἰς τοσοῦτον ἐπικλύζουσιν, εἰς ὅσον ἂν ἀποπαύσωνται λημῶντες. μαρτύριον δὲ τοῦ παύσασθαι τὴν ὀφθαλμίαν τοῦτό ἐστι. τὰ δὲ νοσήματα ὅσα αὐτοῖς προσπίπτει ἄλλως, ὁ μέλας οἶνός ἐστιν αὐτοῖς ἄκος. εἰ δὲ μὴ γένοιτο ἐξάντης τοῦ κακοῦ τῷ φαρμάκῳ τῷδε, ἄσωστά οἱ ἐστίν.

13.8. Ἐλέφαντι ἀγελαίῳ μέν, εἰθισμένῳ γε μήν, ὕδωρ πόμα ἐστί, τῷ δὲ εἰς πόλεμον ἀθλοῦντι οἶνος μέν, οὐ μὴν ὁ τῶν ἀμπέλων, ἐπεὶ τὸν μὲν ἐξ ὀρύζης χειρουργοῦσι, τὸν δὲ ἐκ καλάμου. προΐασι δὲ καὶ ἄνθη σφίσιν ἀθροίσοντες· εἰσὶ γὰρ ἐρασταὶ εὐωδίας, καὶ ἄγονταί γε ἐπὶ τοὺς λειμῶνας, ὀσμῇ πωλευθησόμενοι τῇ ἡδίστῃ. καὶ ὃ μὲν ἐκλέγει κρίνας τῇ ὀσφρήσει τὸ ἄνθος, τάλαρον δὲ ἔχων ὁ πωλευτὴς τρυγῶντος καὶ ἐμβάλλοντος ὑπέχει. εἶτα ὅταν ἐμπλήσῃ τοῦτον, ὥσπερ οὖν ὀπώραν δρεπόμενος λοῦται, καὶ ἥδεται τῷ λουτρῷ κατὰ τοὺς τῶν ἀνθρώπων ἁβροτέρους. εἶτα ἐπανελθὼν τὰ ἄνθη ποθεῖ, καὶ βοᾷ βραδύνοντος, καὶ οὐχ αἱρεῖται τροφὴν πρὶν ἢ κομίσει τίς οἱ ὅσα ἐτρύγησεν. εἶτα μέντοι τῇ προβοσκίδι ἀναιρούμενος ἐκ τοῦ ταλάρου τῆς φάτνης καταπάττει τὰ χείλη, ἥδυσμα τοῦτό γε τῇ τροφῇ διὰ τῆς εὐοσμίας ἐπινοῶν, ὡς εἰπεῖν. κατασπείρει δὲ καὶ τοῦ χώρου ἔνθα αὐλίζεται τῶν ἀνθέων πολλά,

1 ἀναπέφηνεν] ἀπέφηνα **V** : ἀναπέφανται malit Her. in app. ‖ **4** τὸν—τοῦτον] τοῦτον τὸν τρό. **V** ‖ **6** τῷ] del. Her. ‖ **8** προσφέροντες] προφέροντες **AH** **10** ἐγχέοντες] ἐκχ. **L** ‖ **12** εἰς] ἐς **V** | ἀποπαύσωνται] ὑποπαύσωνται ***β*** **17** Ἐλέφαντι] Ἐλέ. δὲ ***β*** | εἰθισμένῳ] τετιθασευμένῳ Rei., Her. ‖ **18** δὲ] δὲ τὰ Her. ‖ **19** προΐασι] προϊᾶσι **VPH** ‖ **20** ἀθροίσοντες] ἀθροίσαντες ***β*** ‖ **21** ὀσμῇ] καὶ ὀσμῇ ***β*** ‖ **24** οὖν] om. **V** | λοῦται] λούεται **VA** ‖ **27** κομίσει] κομίσῃ Her. **28** καταπάττει] καταπλάττει ***β*** | τὰ χείλη] τῷ χείλει **V**

ἡδυσμένον αἱρεῖσθαι γλιχόμενος ὕπνον. Ἰνδοὶ δὲ ἐλέφαντες ἦσαν ἄρα πηχῶν ἐννέα τὸ ὕψος, πέντε δὲ τὸ εὖρος. μέγιστοι δὲ ἄρα τῶν ἐκεῖθι ἐλεφάντων οἱ καλούμενοι Πραίσιοι, δεύτεροι δ' ἂν τῶνδε τάττοιντο οἱ Ταξίλαι.

13.9. Ἵππον δὲ ἄρα Ἰνδὸν κατασχεῖν καὶ ἀνακροῦσαι προπηδῶντα καὶ ἐκθέοντα οὐ παντὸς ἦν, ἀλλὰ τῶν ἐκ παιδὸς ἱππείαν πεπαιδευμένων. τοῦτο γὰρ αὐτοῖς ἐστιν ἐν ἔθει χαλινῷ ἄρχειν αὐτῶν καὶ ῥυθμίζειν αὐτοὺς καὶ ἰθύνειν, κημοῖς δὲ ἄρα κεντρωτοῖς· ἀκόλαστόν τε ἔχουσι τὴν γλῶτταν καὶ τὴν ὑπερῴαν ἀβασάνιστον· ἀναγκάζουσι δὲ αὐτοὺς ὅμως οἵδε οἱ τὴν ἱππείαν σοφισταὶ περικυκλεῖν καὶ περιδινεῖσθαι ἐς ταὐτὸν στρεφομένους καὶ ᾗπερ εἶδον ἀστόμους. δεῖ δὲ ἄρα τῷ τοῦτο δράσοντι καὶ ῥώμης χειρῶν καὶ ἐπιστήμης εὖ μάλα ἱππικῆς. πειρῶνται δὲ οἱ προήκοντες εἰς ἄκρον τῆσδε τῆς σοφίας καὶ ἅρμα οὕτως περικυκλεῖν καὶ περιάγειν· εἴη δ' ἂν ἆθλος οὐκ εὐκαταφρόνητος ἀδηφάγων ἵππων τέτρωρον περιστρέφειν ῥᾳδίως· φέρει δὲ τὸ ἅρμα παραβάτας καὶ δύο. ὁ δὲ στρατιώτης ἐλέφας ἐπὶ τοῦ καλουμένου θωρακίου ἢ καὶ νὴ Δία τοῦ νώτου γυμνοῦ καὶ ἐλευθέρου, πολεμιστὰς μὲν τρεῖς, παρ' ἑκάτερα βάλλοντας καὶ τὸν τρίτον κατόπιν· τέταρτον δὲ τὸν τὴν ἅρπην κατέχοντα διὰ χειρῶν καὶ ἐκείνῃ τὸν θῆρα ἰθύνοντα, ὡς οἴακι ναῦν κυβερνητικὸν ἄνδρα καὶ ἐπιστάτην τῆς νεώς.

13.10. Θήρα δὲ παρδάλεων Μαυρουσία εἴη ἄν. καὶ ἔστιν αὐτοῖς οἰκοδομία λίθων πεποιημένη, καὶ ἔοικε ζωαγρίᾳ τινί, καὶ ἔστι μὲν ὁ λόχος ὅδε ὁ πρῶτος· ὅ γε μὴν δεύτερος, ἐνδοτέρω σαπροῦ κρέως καὶ ὀδωδότος μοῖραν μηρίνθου τινὸς μακροτέρας

2 ἄρα[1]] om. **V** ‖ **3** Πραίσιοι] Πράσιοι Ges., Her., fort. recte | τῶνδε τάττοιντο] τάττ. τῶνδε **A** ‖ **4** Ταξίλαι] ταξῖται **V** : Ταξιλαῖοι? Warm. ‖ **7** τοῦτο] οὐ Her. ἐστιν] οὐκ ἔστιν Jac. in app., fort. recte ‖ **9** τε] γὰρ Jac. in app., Her. | γλῶτταν] γλῶσσαν **V** | ὑπερῴαν] ὑπερῷαν ***β*** ‖ **11** περικυκλεῖν καὶ] spuria vid., Her. in app. | στρεφομένους] φερομένους **V** : τρεφομένους **H** ‖ **12** καὶ[1]—ἀστόμους] del. Her. | εἶδον] ante corr. **A** : ᾖδον **V** (ex corr. ut vid. **A**) : εἶπον Jac. in app. | τῷ] om. **LA** ‖ **16** ἀδηφάγων] ἀδδη. **VA** | περιστρέφειν] περιτρέφειν **A** | ῥᾳδίως] ἰδίως **P** **17** καὶ] del. Her. ‖ **19** ἐλευθέρου] ἐλευθέρου φέρει **V**, Her. | τρεῖς παρ'] τρεῖς, δύο παρ' Rei. : ante παρ' lac. stat. Her. ‖ **20** κατέχοντα] ἔχοντα Her. ‖ **21** ἰθύνοντα] ἰθύνοντες **V** ‖ **24** αὐτοῖς] ante corr. **V** : αὐτῆς ex corr. **V** : αὐτοῦ **A** | ζωαγρίᾳ] ζωγρείῳ Schn., Her.

ἐξαρτῶσι, θύραν δὲ ἐκ ῥιπίδων καί τινων καλάμων ἀραιὰν ἐπέστησαν, καὶ μέντοι καὶ δι᾽ αὐτῶν ἐκπνεῖται ἡ τοῦ κρέως τοῦ προειρημένου ὀσμὴ διαρρέουσα. αἴσθονται δὲ αἱ θῆρες, καὶ γάρ πως τοῖς κακόσμοις φιληδοῦσι· προσβάλλει γὰρ αὐταῖς ὁ τῶν προειρημένων ἀήρ, ἐάν τε ἐν ἀγρίοις τοῖς ὄρεσιν ἐάν τε ἐν φάραγγι, καὶ μέντοι καὶ ἐν αὐλῶνι. εἶτα ἀνεφλέχθη τῇ ὀσμῇ ἐντυχοῦσα, καὶ ὑπὸ τῆς ἄγαν ὁρμῆς ἐς τὴν θοίνην τὴν φίλην ᾄττει φερομένη· ἕλκεται δὲ ὑπ᾽ αὐτῆς ὡς ὑπό τινος ἴυγγος. εἶτα ἐμπίπτει τῇ θύρᾳ καὶ ἀνατρέπει αὐτὴν καὶ ἔχεται τοῦ δυστυχοῦς δείπνου. τῇ γάρ τοι μηρίνθῳ τῇ προειρημένῃ συνυφάνθη ἡ πάγη καὶ μάλα σοφή, ἥπερ οὖν ἐσθιομένου τοῦ κρέως κινεῖται, καὶ περιλαμβάνει τὴν λίχνον πάρδαλιν. καὶ ἑάλω, γαστρὸς ἀδηφάγου καὶ μυσαρᾶς ἑστιάσεως δίκας ἐκτίνουσα ἡ δυστυχής.

13.11. Αἱροῦνται δὲ οἱ λαγῴ ὑπὸ ἀλωπέκων ἐνίοτε οὐχ ἧττον δρόμῳ, ἀλλὰ καὶ μᾶλλον τέχνῃ· σοφὸν γὰρ ἀπατᾶν ἀλώπηξ, καὶ δόλους οἶδεν. ὅταν γοῦν νύκτωρ εἰς ἴχνος ἐμπέσῃ τοῦ λαγὼ καὶ αἴσθηται τοῦ θηρίου, σιγῇ τε ἐπιβαίνει καὶ ποδὶ ἀψόφῳ, καὶ ἀναστέλλει τὸ ἆσθμα, καὶ καταλαβοῦσα ἐν τῇ κοίτῃ πειρᾶται αἱρεῖν ὡς ἀδεᾶ καὶ ἄφροντιν. ὃ δὲ οὐ τρυφῶν οὐδὲ ῥᾳθύμως καθεύδει, ἀλλ᾽ ἅμα τε ᾔσθετο τοῦ ζῴου τοῦ προσιόντος καὶ τῆς εὐνῆς ἐξεπήδησε καὶ θεῖ· καὶ ὃ μὲν ἀνύει τὸν δρόμον καὶ μάλα ὠκέως, ἡ δὲ ἀλώπηξ καὶ αὐτὴ κατ᾽ ἴχνος ἐστὶ καὶ τοῦ δρόμου ἔχεται. καὶ ὃ μὲν πολλὴν ὁδὸν διανύσας, ὡς ἤδη κρείττων καὶ οὐκ ἂν ἁλούς, ἐμπεσὼν εἰς λόχμην ἀσμένως ἀναπαύεται· ἡ δὲ ἀλώπηξ ἐφίσταται, καὶ ἀτρεμεῖν οὐκ ἐπιτρέπει, πάλιν τε αὐτὸν ἐγείρει, καὶ εἰς δρόμον ἐξηνέμωσεν ἕτερον. εἶτα οὐχ ἧττων τῆς προτέρας ὁδὸς καὶ δὴ διηνύσθη, καὶ ὃ μὲν ἀναπαύσασθαι διψᾷ πάλιν, ἣ δὲ

1 ῥιπίδων] κρηπίδων ***β***‖ **3** αἴσθονται] αἰσθάνονται Schn., Her.‖ **4** προσβάλλει] προβάλλει **V** | αὐταῖς] αὐτὰς Her. | τῶν] ἐκ τῶν malit Her. in app. ‖ **5** ἀγρίοις] ἄκροις Rei., Her.‖ **6** τῇ] καὶ ἡ τῇ ***β***‖ **9** θύρᾳ] ex corr. ut vid. **V** : θήρᾳ (ante corr. **V**) **LPA** ‖ **10** συνυφάνθη] συνυφανθεῖση **V** | ἡ πάγη] ἐπάγη **V** : πάγη Her. **11** σοφή] σοφῇ **V**‖ **12** ἀδηφάγου] ἀδδηφάγου **A** : ἀδηφαγούσης **V**‖ **14** λαγῴ] λαγῷ Her. in app. | ἐνίοτε] del. Her.‖ **15** δρόμῳ] del. Her. | ἀπατᾶν] ἀπαντᾶν **A** **19** ἄφροντιν] ἄφροντα **V** | οὐ] οὐκ ἂν ***β***‖ **20** ἀλλ᾽—τε] ἀλλά τε ἅμα ***β***‖ **21** ἀνύει] ἀνύτει Her. ‖ **22** ἐστὶ] εἶσι Schn. : ἵεται Her. ‖ **23** διανύσας] ἀνύσας **V** **27** ἀναπαύσασθαι] ἀναπαύσας **L**

ἐφίσταται, καὶ σείουσα τὸν θάμνον ἀγρυπνίαν ἐνεργάζεται αὐτῷ. ὃ δὲ πάλιν ἐκθεῖ, καὶ ἡ ἀλώπηξ οὐχ ὑστερεῖ. συνεχέστερον δὲ ὅταν αὐτὸν δρόμος ἐκ δρόμου διαλάβῃ καὶ ἀγρυπνία διαδέξηται, ὃ μὲν ἀπεῖπε καὶ μένει, ἣ δὲ ἐπελθοῦσα κατέσχεν αὐτόν, οὐ μὰ Δία δρόμῳ ἀλλὰ τῷ χρόνῳ καὶ τῷ δόλῳ καθελοῦσα. ταῦτα μὲν οὖν ἄλλως προεκθέων ὁ λόγος ὑπὲρ τοῦ δρόμου τοῦ λαγὼ ἀναβέβληται, τὰ δὲ λοιπὰ ἐν τοῖς ἑπομένοις λέγειν ἐγκαιρότερον· ὅθεν δὲ ἐξετραπόμην καὶ δὴ ἐπάνειμι αὖθις. ἦν δὲ ἄρα τοῦ διασπείρειν τὰ ἔκγονα καὶ ἄλλο ἄλλῃ τρέφειν αἰτία ἥδε. ἔστι μὲν ὁ λαγὼς φιλότεκνον δεινῶς, δέδοικε δὲ καὶ τὰς ἐκ τῶν θηρώντων ἐπιβουλὰς καὶ τὰς ἐκ τῶν ἀλωπέκων ἐπιδρομάς, πέφρικέ γε μὴν καὶ τὰς ἐκ τῶν ὀρνίθων οὐχ ἧττον, φωνὴν δὲ κοράκων καὶ ἀετῶν μᾶλλον· πρὸς γὰρ δὴ ταῦτα τῶν πτηνῶν οὐκ ἔστιν αὐτῷ ἔνσπονδα. ὑποκρύπτει δὲ ἑαυτὸν ἢ θάμνῳ κομῶντι ἢ γηδίῳ δασεῖ, ἤ τινα ἄλλην ἑαυτοῦ προβάλλεται ἀναγκαίαν καὶ ἀμήχανον τὴν σκέπην.

13.12. Θηρατοῦ δὲ ἀνδρὸς καὶ τὰ ἕτερα ἀγαθοῦ, οἵου μὴ ἂν ψεύσασθαι, λόγον ἤκουσα, καὶ αὐτῷ πεπίστευκα, καὶ δὴ διὰ ταῦτα εἰρήσεται. τίκτειν γὰρ δὴ καὶ ἄρρενας λαγὼς ἔλεγε καὶ παιδοποιεῖσθαί τε ἅμα καὶ ὠδίνειν καὶ τῆς φύσεως μὴ ἀμοιρεῖν ἑκατέρας. καὶ ὡς ἐκτρέφει τεκὼν ἔλεγε, καὶ ὡς ἀποτίκτει καὶ δύο που καὶ τρία, καὶ τοῦτο ἐμαρτύρει, καὶ δὴ καὶ τὸν κολοφῶνα ἐπῆγε τῷδε τῷ λόγῳ παντὶ ἐκεῖνον. θηραθῆναι γὰρ λαγὼ ἄρρενα ἡμιθνῆτα, ἐξωγκῶσθαι δὲ αὐτοῦ τὴν γαστέρα ἅτε ἔγκαρπον. ἀνατμηθῆναί τε οὖν αὐτὸν ὡμολόγει καὶ μήτραν πεφωρᾶσθαι καὶ τρεῖς λαγώς. τούτους οὖν ἀκινήτους τέως εἶναι ἐξαιρεθέντας καὶ κεῖσθαι οἱονεὶ κρέα ἄλλως· ἐπεὶ δὲ ὑπὸ τοῦ ἡλίου ἀλεαινόμενοι καὶ

1 ἐνεργάζεται] ex corr. **P** : ἐργάζεται **V** (ante corr. **P**) ‖ **4** καὶ μένει] del. Her. **5** ἀλλὰ] ἀλλὰ γὰρ ***β***‖ **7** ἐγκαιρότερον] ἐγκαιρότατον **V**‖ **8** δὴ] μὴν ***β***‖ **9** ἔκγονα] ἔγγονα ***β***|ἥδε] om. **V**‖ 10 λαγὼς] λαγῶς Her. in app.‖ **11** ἐκ] om. **V**‖ **12** φωνὴν] φωνὴ **V** ‖ **14** ἔνσπονδα] ἔνσπονδον **V** | γηδίῳ δασεῖ] ληίῳ βαθεῖ Her. **15** ἑαυτοῦ] ἑαυτῷ ***β***|ἀμήχανον] ἄμαχον Her.‖ **16** τὴν] del. Her.‖ **18** ψεύσασθαι] ψεύδεσθαι **V** | δὴ] δὴ καὶ ***β*** : del. Her. ‖ **19** ἄρρενας λαγὼς] ἄρρενα λαγὼν Her. καὶ[2]] καὶ ἔχειν ***β*** : om. **V**‖ 20 καὶ[2]] ὡς ***β***‖ **21** ἐκτρέφει] τρέφει **V**‖ **23** παντὶ] πάντῃ ***β*** | λαγὼ] λαγῶ Her. ‖ **24** ἐξωγκῶσθαι] ἐξογκωθῆναι ***β*** ‖ **25** οὖν] om. **LPA** **26** λαγώς] λαγιδεῖς Her.‖ **27** κεῖσθαι] κινεῖσθαι **VLP**

δὴ κατὰ μικρὰ ὑποθαλπόμενοι ἐξέτριψαν, ἀναφέροντες ἑαυτοὺς ἀνεβιώσκοντο, καί πού τις αὐτῶν καὶ ἐκινήθη καὶ μετὰ ταῦτα ἀνέβλεψε, τάχα δὲ καὶ γλῶτταν ἐπὶ τούτοις προύβαλε, καὶ στόμα ἀνέῳξε τροφῆς πόθῳ. προσενεχθῆναι οὖν αὐτοῖς ἦν εἰκὸς τοῖς τηλικούτοις γάλα καὶ κατ' ὀλίγον ἐκτραφῆναι αὐτούς, δεῖγμα ἐμοὶ δοκεῖν εἰς θαῦμα τοῦ τεκόντος τούτους. μὴ πιστεύειν οὖν τῷ λόγῳ πεῖσαι ἐμαυτὸν οὐ δύναμαι· τὸ δὲ αἴτιον, ἡ τοῦ ἀνδρὸς γλῶττα οὔτε ψεῦδος οὔτε κόμπον ἠπίστατο.

13.13. Ἦν δὲ ἄρα ὁ λαγὼς καὶ ἀνέμων τε καὶ ὡρῶν ἐπιστήμων· σοφὸν γάρ τι χρῆμα αὐτοῦ, ἀλλ' οὐκ εὔχαρι ὄν. χειμῶνος οὖν κοῖτον ἐν τοῖς προσηλίοις τίθεται· δῆλα γὰρ δὴ ὅτι θάλπεται μὲν ἀσμένως, κρύει δὲ ἐχθρῶς ἔχει· θέρους δὲ πρὸς ἄρκτον ἀποκλίνει πόθῳ ψύχους. τῆς δὲ τῶν ὡρῶν διαφορᾶς αἱ ῥῖνες αὐτῷ γνώμων. οὐ μὴν ἐπιμύει καθεύδων ὁ λαγώς, καὶ τοῦτο αὐτῷ ζῴων μόνῳ περίεστιν, οὐδὲ νικᾶται τῷ ὕπνῳ τὰ βλέφαρα· φασὶ δὲ αὐτὸν καθεύδειν μὲν τὸ σῶμα, τοῖς δὲ ὀφθαλμοῖς τηνικάδε ὁρᾶν. γράφω δὲ ἅπερ οὖν οἱ σοφοὶ τῶν θηρατῶν λέγουσιν. εἰσὶ δὲ αὐτῶν νύκτωρ αἱ νομαί, τοῦτο μὲν καὶ τροφῆς ξένης ἐπιθυμίᾳ ἴσως, ἐγὼ δ' ἂν φαίην ὅτι γυμνασίας ἕνεκα, ἵνα καὶ τηνικάδε ἐπὰν ἀπὸ τοῦ ὕπνου καρτερῇ ἐνεργὸς ὢν κρατύνηται τὸ τάχος. τῆς δὲ ὁδοῦ τῆς ὀπίσω ἐρᾷ δεινῶς, καὶ συντρόφου παντὸς χωρίου ἡττᾶται· ἔνθεν τοι καὶ ἁλίσκεται τὰ πολλά, ἤθη τὰ οἰκεῖα ἐκλιπεῖν οὐχ ὑπομένων.

13.14. Θεῖ δὲ ὁ λαγὼς ὑπό τε κυνῶν καὶ ἱππέων διωκόμενος, εἰ μὲν ἐκ πεδιάδος γῆς εἴη, ὠκύτερον τῶν ὀρείων λαγῶν, ἅτε μικρὸς τὸ σῶμα καὶ λεπτός· ἔνθεν τοι καὶ κοῦφον αὐτὸν εἶναι οὐκ ἀπεικός. σκιρτᾷ γοῦν τὰ πρῶτα ἀπὸ τῆς γῆς καὶ πηδᾷ, διαδύεται δὲ καὶ

1 ἐξέτριψαν] διέτριψαν Gro., Her. | ἀναφέροντες] ἅμα φέροντες **VPH** **3** γλῶτταν] γλῶσσαν **V** ‖ **4** αὐτοῖς ἦν] οἷα Her. ‖ **5** γάλα] add. sscr. sec. m. **L**, edd. : om. codd. | δεῖγμα] καὶ δεῖγμα ***β*** ‖ **6** οὖν] om. **VPAH** ‖ **7** γλῶττα] fort. τέχνη **V** ‖ **9** λαγὼς] corrige λαγῶς hic et infra, Her. in app. ‖ **10** αὐτοῦ] αὐ$^{\tau}$ (sic) **V**|ἀλλ'—ὄν] loc. corrupt., Her. in app.|ἀλλ'] αγ (sic) ante lac. **V** : καὶ τἄλλ' Jac. in app. | εὔχαρι] ἄχαρι Jac. in app. | χειμῶνος] ἐν χειμῶνος **LPA** : ἐν χειμῶνι **H** **11** κοῖτον] κοιτῶν **LPA** : κοίτωνι **H** : τὸν κοῖτον Her. | προσηλίοις] προσείλοις Cob. (1884)‖ **13** αὐτῷ] αὐτοῦ **A**‖ **15** φασὶ] φησὶ **VP**‖ **16** τὸ σῶμα] τοῦ σώματος **V** : τῷ σώματι Her. ‖ **18** μὲν] πόρρω μὲν ***β*** ‖ **19** ὅτι] om. **V** | ἕνεκα] ἕνεκεν **V** ἵνα—τηνικάδε] om. **V** ‖ **22** ἤθη] τὰ ἤθη Jac. in app., Her. ‖ **23** εἰ] ante voc. sscr. καὶ sec. m. **L**

διὰ θάμνων ὀλισθηρῶς καὶ εὐκόλως καὶ διὰ παντὸς ἑλώδους τόπου· καὶ εἴ που πόαι βαθεῖαι, καὶ διὰ τούτων διεκπίπτει ῥᾳδίως. καὶ ὅπερ τοῖς λέουσί φασι τὴν ἀλκαίαν δύνασθαι πρὸς τὸ ἐγείρειν αὐτοὺς καὶ ἐποτρύνειν, τοῦτό τοι καὶ ἐκείνῳ τὰ ὦτά ἐστι, ῥώμης συνθήματα καὶ ἐγερτήρια δρόμου. ἀνακλίνει γοῦν κατὰ τῶν νώτων αὐτά, κέχρηται δὲ αὐτοῖς πρὸς τὸ μὴ ἐλινύειν μηδὲ ὀκνεῖν οἷον μύωψι. δρόμον δὲ ἕνα καὶ ἰθὺν οὐ θεῖ, δεῦρο δὲ καὶ ἐκεῖσε παρακλίνει, καὶ ἐξελίττει τῇ καὶ τῇ, ἐκπλήττων τοὺς κύνας καὶ ἀπατῶν. ὅποι ποτὲ δ᾽ ἂν ὁρμήσῃ καὶ ἀπονεῦσαι θελήσῃ, κατ᾽ ἐκείνην τὴν ἐκτροπὴν κλίνει τῶν ὤτων τὸ ἕτερον, οἷον ἰθύνων ἑαυτῷ διὰ τούτου τὸν δρόμον. οὐ μὴν ἀναλίσκει τὴν ἑαυτοῦ δύναμιν ἀταμιεύτως, τηρεῖ δὲ τοῦ διώκοντος τὴν ὁρμήν, καὶ ἐὰν μὲν ᾖ νωθής, οὐ πᾶν ἀνῆκε τὸ ἑαυτοῦ τάχος, ἀλλὰ καί τι καὶ ἀνέστειλεν, ὡς προεκθεῖν μὲν τοῦ κυνός, οὐ μὴν ἀπαγορεῦσαι ὑπὸ συντόνου τοῦ δρόμου αὐτός. οἶδε γὰρ ἀμείνων ὤν, καὶ ὁρᾷ εἰς τὸ μὴ ὑπερπονεῖσθαί οἱ τὸν καιρὸν ὄντα. ἐὰν δὲ καὶ ὁ κύων ᾖ ὤκιστος, τηνικαῦτα ὁ λαγὼς φέρεται θέων ᾗ ποδῶν ἔχει. ἤδη γοῦν καὶ πολὺ τῆς ὁδοῦ προλαβών, καὶ ἀπολιπὼν ἐκ πολλοῦ θηρατὰς καὶ κύνας καὶ ἵππους, ἐπί τινα λόφον ὑψηλὸν ἀναθορὼν καὶ ἑαυτὸν ἀναστήσας ἐπὶ τῶν κατόπιν ποδῶν, οἷον ἀπὸ σκοπιᾶς ὁρᾷ τὴν τῶν διωκόντων ἅμιλλαν, καί μοι δοκεῖ ὡς ἀσθενεστέρων καταγελᾶν αὐτῶν. εἶτα ἐκ τούτου θαρρήσας ὡς πλέον ἔχων, οἷον εἰρήνης καὶ γαλήνης λαβόμενος ἀσμένως ἡσυχάζει καὶ κεῖται καθεύδων. λαγὼς δὲ ὄρειος οὐχ οὕτως ταχύς, ὥσπερ οὖν οἱ τοῖς πεδίοις ἐνοικοῦντες, εἰ μή ποτε ἄρα κἀκεῖνοι πεδίον ἔχοιεν ὑποκείμενον, ἐν ᾧ κατιόντες διαθέουσι· καὶ τὸ μὲν ὄρος κατοικοῦσι, γυμνάζονται δὲ ἐνταῦθα, συνθέοντες τοῖς ἐκ τῶν

4 αὐτοὺς] αὑτοὺς Her. ‖ **5** ῥώμης] ὁρμῆς Jac. in app. : ῥύμης Her. ‖ **6** τῶν νώτων] τὸν νῶτον **LA** | ἐλινύειν] ante corr. **L** : ἐλιννύειν **V** (ex corr. **L**) ‖ **7** ἰθὺν] εὐθὺν Her. | δὲ^2] δὴ **A** ‖ **8** ἐκπλήττων] ἐκπλήττει **V** ‖ **9** ἀπατῶν] ἀπατᾷ **V** | ὅποι ποτὲ] ὁπήποτε **A** ‖ **11** ἑαυτῷ] ἑαυτοῦ **LA** : ἑαυτὸν **PH** | δρόμον] χρόνον **PH** **13** πᾶν] πάνυ **LA** | καί] del. Her. ‖ **14** ἀνέστειλεν] ex corr. sec. m. **L** : ἀνέστησεν codd. (ante corr. **L**) ‖ **15** συντόνου—δρόμου] τοῦ συν. τοῦ δρό. edd. : τοῦ συν. δρό. malit Her. in app. | εἰς] ὑπὲρ **P** ‖ **17** ποδῶν ἔχει] ἔχει ποδ. **V** ‖ **22** θαρρήσας] θαρσήσας **LAH** : θηράσας **P** ‖ **24** οὕτως] οὕτω Her. | ταχύς] fort. ταχεῖς **A** **27** συνθέοντες] Jac. in app., Her. : ἔνθέν τοι codd.

πεδίων πολλάκις. φιλεῖ γοῦν ἐν μὲν τοῖς πεδίοις αὐτοὺς διώκεσθαι, καὶ τὰ μὲν ὑποκινεῖν, τὰ δὲ ὑπολανθάνειν, εἶτα ἐκ τῆς συνήθους διώξεως ἀνισταμένους ὑπεκφυγεῖν οὐδείς. ἐπὰν δὲ ὦσιν ὁμοῦ τῷ ἁλίσκεσθαι, τῆς πεδιάδος ὁδοῦ βραχὺ ἀποκλίναντες εἰς τὰ ἀνάντη καὶ τὰ ὄρεια ἀνέθορον, ἅτε εἰς οἰκεῖα ἤθη καὶ ἔννομά σφισι σπεύδοντες, καὶ τοῦτον τὸν τρόπον ἀπιόντες οἴχονται, καὶ ἀδοκήτου σωτηρίας τυχόντες· ὀρειβασίαι γὰρ καὶ ἵπποις καὶ κυσὶν ἐχθραὶ πεφύκασιν, ἀπαγορευόντων αὐτοῖς τῶν ποδῶν καὶ ἐκτριβομένων ῥᾷστα. κυνῶν δὲ ἔτι καὶ μᾶλλον ἅπτεται τὸ πάθος· σαρκώδεις γὰρ αὐτῶν εἰσιν οἱ πόδες, καὶ ἔχουσιν οὐδὲν πρὸς τὴν πέτραν ἀντίτυπον, ὡς ἵπποι τὴν ὁπλήν. ὁ δὲ λαγὼς τοὐναντίον, πέφυκε γὰρ δασὺς τοὺς πόδας, καὶ δὴ καὶ τῶν τραχέων ἀνέχεται. ὅτῳ δέ εἰσι λαγῷ αἵ τε ἐν τοῖς δάσεσι καὶ ἐν τοῖς θάμνοις διατριβαί, νωθεῖς μὲν οὗτοι εἰς τὸν δρόμον, βραδεῖς δὲ εἰς τὴν φυγήν· πεπιασμένοι γὰρ οἱ τοιοίδε εἰσὶ καὶ ὑπὸ τῆς ἀργίας οὐκ ἠθάδες τοῦ δρόμου, ἥκιστοί τε ὡς ὅτι πορρωτάτω τῶν θάμνων ἀποφοιτᾶν. θῆραι δὲ καὶ τούτων τοιαίδε. τὰ μὲν πρῶτα διαδύονται διὰ τῶν θάμνων τῶν μικρῶν, ὅσοις μὴ συνεχὴς ἡ λόχμη, τούς γε μὴν δασυτέρους αὐτῶν, ἅτε μὴ οἷοί τε ὄντες ὑπελθεῖν, εἰκότως ὑπερπηδῶσι. πεφύκασι δὲ οὗτοι συνεχεῖς καὶ δι' ἀλλήλων. ὅπου τοιοῦτοι, ἅτε οὖν πολλάκις ἀναγκαζόμενος τοῦτο δρᾶν ὁ λαγώς, καὶ διὰ τὴν βαρύτητα τὴν τοῦ σώματος οὐκ ὢν ἁλτικός, κάμνει ῥᾷστα καὶ ἀπαγορεύει. αἵ γε μὴν κύνες τὰ πρῶτα σφάλλονταί τε αὐτοῦ καὶ ἁμαρτάνουσιν· οὐ γὰρ ὁρῶσιν αὐτὸν διὰ τὴν τῆς ὕλης πυκνότητα, πηδῶσι δὲ καὶ αὗται κατὰ τῶν θάμνων ὑπὸ τῆς ὀσμῆς ἀγόμεναι· τελευτῶσαί γε μὴν εἶδον καὶ διώκουσι καὶ ἐνδιδόασιν οὐδέν, ὃ δὲ ἐκ τῆς τοῦ πηδᾶν συνεχείας κάμνει τε καὶ ἀπαγορεύει καὶ ἐντεῦθεν ἑάλωκε. τὰ δὲ ἀνάντη μὲν

1 πολλάκις] post voc. lac. stat. edd., fort. recte. ‖ **4** ἀποκλίναντες] ἀποκλίνοντες **LPA** | εἰς τὰ] εἶτα **L** : ὑπὲρ τὰ **P** | ἀνάντη] ἐναντία **V** ‖ **5** τὰ] om. **H** : del. Her. ἀνέθορον] ἀνέθορεν **VP** | ἔννομά] ἐννόμια ***β*** : ἔννομά Her. ‖ **6** καὶ[2]] del. Her. **7** καὶ[1]] om. **VH** ‖ **9** ἔτι] edd. : ὅτι codd. ‖ **13** λαγῷ] λαγῶον **V** | αἵ τε] del. Her. **15** πεπιασμένοι] πεπιεσμένοι codd. | οὐκ ἠθάδες] **V** (ex corr. **P**) : οὐχ ἠθάδες **L** (ante corr. **P**) : οὐχὶ ἠθάδες **A**, edd. : οὐκ ἐθάδες **H** ‖ **17** καὶ] del. Her. **18** διαδύονται] ἀναδύονται **V** ‖ **20** οὗτοι] ἄλλοι Her. ‖ **21** ἀλλήλων] ἀλλήλων συνυφασμένοι Her. | οὖν] post ὅπου transp. Her. ‖ **22** τὴν[2]] om. **VH** **27** διώκουσι] διώκησαν **V**

καὶ ὑψηλὰ οἱ λαγῷ ἀναθέουσι ῥᾷστα· τὰ γάρ τοι κατόπιν κῶλα μακρότερα ἔχουσι τῶν ἔμπροσθεν· καταθέουσι δ' οὐχ ὁμοίως· λυπεῖ γὰρ αὐτοὺς τῶν ποδῶν τὸ ἐναντίον.

13.15. Πέφυκε δὲ καὶ λαγὼς ἕτερος μικρὸς τὴν φύσιν, οὐδὲ αὔξεταί ποτε· κόνικλος ὄνομα αὐτῷ. οὔκ εἰμι δὲ ποιητὴς ὀνομάτων, ὅθεν καὶ ἐν τῇ συγγραφῇ φυλάττω τὴν ἐπωνυμίαν τὴν ἐξ ἀρχῆς, ἥνπερ οὖν Ἴβηρες Ἑσπέριοι ἔθεντό οἱ, παρ' οἷς καὶ γίνεταί τε καὶ ἔστι πάμπολυς. τούτῳ τοίνυν ἡ μὲν χρόα παρὰ τοὺς ἑτέρους μέλαινα, καὶ ὀλίγην ἔχει τὴν οὐράν, τά γε μὴν λοιπὰ τοῖς προειρημένοις ἰδεῖν ἐμφερής ἐστι. διαλλάττει δὲ ἔτι καὶ τὸ τῆς κεφαλῆς μέγεθος· λεπτοτέρα γὰρ ἡ τούτου καὶ δεινῶς ἄσαρκος καὶ βραχυτέρα, δηλονότι κατὰ τὸ πᾶν σῶμα. λευκότερος δὲ τῶν λοιπῶν· λασαρὰ διετησίους φύσει, ὑφ' ὧν οἰστρᾶταί τε καὶ ἐκμαίνεται, ὅταν ἐπὶ τὰς θηλείας ᾄττῃ. ἔστι δὲ καὶ ἐλέφαντι ὀστέον ἐν τῇ καρδίᾳ αὐτῇ, ὅπερ οὖν τίνος ἀγαθὸν εἰδέναι μελήσει ἄλλῳ.

13.16. Τὴν τῶν θύννων θήραν Ἰταλοί τε καὶ Σικελοὶ κητείαν φιλοῦσιν ὀνομάζειν· τά τε χωρία, ἔνθα αὐτοῖς εἴωθε θησαυρίζεσθαι τά τε δίκτυα τὰ μεγάλα καὶ ἡ λοιπὴ παρασκευὴ ἡ θηρατική, καλεῖται μέντοι κητοθηρεῖα, τοῦ θύννου τὸ μέγεθος ἐς τὰ κήτη βουλομένων τὸ λοιπὸν ἀποκρίνειν. ἀκούω δὲ Κελτοὺς καὶ Μασσαλιώτας καὶ τὸ Λιγυστικὸν πᾶν ἀγκίστροις τοὺς θύννους θηρᾶν· εἴη δ' ἂν ταῦτα ἐκ σιδήρου μὲν πεποιημένα, μέγιστα δὲ καὶ

2 καταθέουσι δ'] καὶ καταθέουσι *β* ‖ **5** κόνικλος] κόνιλος **LA** ‖ **6** τῇ] τῇδε τῇ Her. | φυλάττω] φυλάττων **A** : φυλάσσει **V** ‖ **7** Ἴβηρες] ἰβηρίοις **LPH** : ἰβηρίας **A** | Ἑσπέριοι] οἱ Ἑσπ. Jac., Her. | παρ' οἷς] Schn., Her. : πάρος codd. **8** πάμπολυς] πάμπολυ **PAH** ‖ **9** ἑτέρους] ἄλλους **V** | οὐράν] οὐρὰν τῶν ἄλλων ὅτι καὶ πλέον *β* ‖ **12** βραχυτέρα] βραχυτάτη **A** | δηλονότι—σῶμα] del. Her. λευκότερος] λαγνότερος Jac. in app., fort. recte ‖ **13** λασαρὰ διετησίους] verba corrupta, edd. : καὶ λαγνίστατος **F** : λάχανα διεκζητεῖ Jac. in com. : λαίσθα διετήσιος Post (apud Scholf.) | λασαρὰ] dub. **P** : λασαρα (sic) **LA** : λα ρα (sic) **V** διετησίους] δὲ ἐτησίους **PH** : διέψησι dub. **V** | ὑφ'] ἀφ' **A** : ἐφ' **P** | οἰστρᾶταί τε] οἰστρᾶ τε **LA**, Jac., Ges. : οἰστρεῖταί τε dub. **P**, Her. ‖ **14** ἔστι—**15** ἄλλῳ] ex alio cap. susp. Jac. in com. | καὶ ἐλέφαντι] **ε**[c] : καὶ ἐλάφῳ codd. : del. Her. ‖ **16** κητείαν] Ges., Jac. in app., Her. : κητίαν codd. ‖ **18** ἡ[2]] om. *β* ‖ **19** κητοθηρεῖα] Jac. in app., Her. : κητοθηρία **VLAH** : κητωθηρία **P** ‖ **21** Μασσαλιώτας] Μασαλ. **A** Λιγυστικὸν] λιβυστικὸν **LP**

παχέα ἰδεῖν. καὶ τά γε ὑπὲρ τῶν θύννων νῦν πρὸς τοῖς ἤδη προειρημένοις τοσαῦτα ἔστω μοι.

13.17. Περὶ τὰς καλουμένας νήσους Τυρρηνικὰς θηρῶσιν οἱ κατὰ τὴν ἁλείαν ἔχοντες τὴν ἐκεῖθι κητώδη ἰχθῦν, καὶ καλοῦσιν αὐτὸν αὐλωπίαν, καὶ περιηγήσασθαί γε τούτου τὰ ἴδια οὐ χεῖρόν ἐστι. μέγεθος μὲν ἡττᾶται τῶν μεγίστων θύννων ὁ μέγιστος αὐλωπίας, ῥώμην τε καὶ ἀλκὴν τὰ πρῶτα φέροιτο ἂν πρὸς ἐκείνους ἀντικρινόμενος. ἄλκιμον μὲν γὰρ ἰχθύων φῦλόν ἐστι καὶ οἱ θύννοι, ἀλλὰ τῷ παραταξαμένῳ καὶ προθύμως ἀνταγωνισαμένῳ μετὰ τὴν πρώτην ὁρμὴν ἀφίσταται τοῦ κράτους τοῦ αἵματος αὐτῷ πηγνυμένου, οὗ παριέμενος ὤκιστα εἶτα ἑάλω. διακαρτερεῖταί γε μὴν ὁ αὐλωπίας ἐπὶ μακρόν, ὅταν ἐπίθηταί οἱ κατὰ τὸ καρτερόν, καὶ ὡς πρὸς ἀντίπαλον ἵσταται τὸν ἁλιέα, καὶ κρατεῖ τὰ πλεῖστα, καὶ ἔτι μᾶλλον ἑαυτὸν πιέσας καὶ κάτω νεύσας τὴν κεφαλὴν καὶ ὠθήσας κατὰ τοῦ βυθοῦ· πέφυκέ τε τὴν γένυν ἰσχυρὸς καὶ τὸν αὐχένα καρτερός, καὶ ῥώμης ἔχει κάλλιστα. ὅταν δὲ αἱρεθῇ, ἰδεῖν ὡραιότατός ἐστι, τοὺς μὲν ὀφθαλμοὺς ἔχων ἀνεῳγότας καὶ περιφερεῖς καὶ μεγάλους, οἵους Ὅμηρος τοὺς τῶν βοῶν ᾄδει [cf. *Il.* 1.551, etc.]· ἡ δὲ γένυς, ὥσπερ οὖν εἶπον, καρτερὰ οὖσα, ὅμως καὶ ἐς ὥραν οἱ συμμάχεται. καὶ τὰ μὲν νῶτα αὐτοῦ κυανοῦ μεμίμηται χρόαν τὴν βαθυτάτην, ὑπέζωσται μὲν λευκὴν τὴν νηδύν· ἄρχεται δὲ ἀπὸ τῆς κεφαλῆς αὐτῷ γραμμὴ χρυσῖτις τὴν χρόαν, κατιοῦσα δὲ εἰς τὸ οὐραῖον μέρος ἀπολήγει εἰς κύκλον. εἰπεῖν δὲ καὶ τὴν δολερὰν ἐπ' αὐτοῖς θήραν, ἥνπερ οὖν ἀκούσας οἶδα, ἐθέλω. προελόμενοι χώρους ἐκ πολλοῦ, εἰς οὓς ἀθροίζεσθαι

2 προειρημένοις] προῃρημένοις **P** : εἰρημένοις **V** ‖ **3** Τυρρηνικὰς] τυρσηνικὰς **V** : τυραννικὰς **H** ‖ **4** ἁλείαν] ἁλιείαν edd. | τὴν[2]] ante corr. **P** : τὸν (ex corr. **P**) **H**, Her. ‖ **5** αὐτὸν] αὐτὴν **V** | αὐλωπίαν] αὐλώπην **V** | περιηγήσασθαί] δι supra περι (i.e. διηγήσασθαί) sec. m. **A** ‖ **7** ῥώμην] ῥώμῃ **V** | τε] δὲ **L**, Her. | ἀλκὴν] ἀλκῇ **V** **10** μετὰ τὴν] om. **LPA** ‖ **11** οὗ] οὗπερ (περ punctis del.) **P** : καὶ Her. παριέμενος] om. **V** : παρειμένος Her. ‖ **12** διακαρτερεῖταί] διακαρτερεῖ τέ **LA** : διακαρτερεῖ Her. ‖ **13** ἵσταται] ἀνθίσταται Her. ‖ **14** καὶ[1]] del. Rei., Her. | ἔτι] ἐπὶ Her. ‖ **15** τὴν[2]] om. ***β*** ‖ **16** ἰσχυρὸς] ἰσχυρῶς **LH** | καρτερός] κρατερός **V** : καρτερόν, ὥσπερ οὖν καὶ συντύφοντά οἱ, ***β*** ‖ **18** οἵους] οἷος **L** ‖ **19** καρτερὰ οὖσα] κρατερὰ οὖσα **V** : καρτερὰν οὖσαν **P** ‖ **20** αὐτοῦ] αὐτῷ Her. ‖ **21** τὴν βαθυτάτην] τοῦ βαθυτάτου Her. | μὲν] γε μὴν Her. ‖ **22** αὐτῷ] αὐτῆς ***β*** ‖ **23** εἰς[1]] ἐς ***β***

τοὺς αὐλωπίας ὑπολαμβάνουσιν, εἶτα μέντοι κορακίνους ταῖς ὑποχαῖς πολλοὺς συλλαβόντες, τὴν ἑαυτῶν ἄκατον ἐπ' ἀγκυρῶν ὁρμίσαντες καὶ συνεχῶς κτύπον τινὰ ὑποδρῶντες διατείνουσι τοὺς κορακίνους ἅμα σφηκοῦντες. οἱ δὲ ἀκούοντες τοῦ κτύπου καὶ τὸ δέλεαρ ὁρῶντες ἄλλος ἀλλαχόθεν ἀνανεύουσι καὶ ἀθροίζονται καὶ περιέρχονται τὴν ἁλιάδα, πραΰνονταί τε ἐς τοσοῦτον τῷ κρότῳ καὶ πλήθει τῆς τροφῆς, ὡς καὶ προτεινόντων τὰς χεῖρας παραμένειν. ἀνέχονται δὲ καὶ ἀνθρωπίνης ἐπιψαύσεως, ὡς μὲν κρίνειν ἐμέ, τῇ βορᾷ δεδουλωμένοι, ἤδη δέ, ὡς οἱ θηρατικοί φασι, καὶ τῷ πλήθει τῆς ἀλκῆς. εἰσὶ δὲ ἐν αὐτοῖς καὶ χειροήθεις, οὕσπερ οὖν οἱ ἁλιεῖς ὡς εὐεργέτας καὶ ἑταίρους γνωρίζουσιν, εἶτα μέντοι τὰ πρὸς αὐτοὺς ἔχουσιν ἔνσπονδα. ἕπονται δὲ τούτοις οἷον ἡγεμόσι καὶ ἄλλοι ξένοι, καὶ τούτους μὲν ὡς ἂν εἴποι τις ἐπήλυδας καὶ θηρῶσι καὶ ἀποκτείνουσι, πρός γε μὴν τοὺς τιθασούς, οἵ γε μὴν ἐοίκασι ταῖς παλευτρίαις πελειάσιν, ἀθηρία τε αὐτοῖς ἐστι καὶ ἐκεχειρία. οὐδ' ἂν ἁλιέα σοφὸν τοσαύτη ποτὲ καταλάβοι ἀπορία, ὡς ἐξ ἐπιβουλῆς ἑλεῖν αὐλωπίαν ἥμερον· ἐκ γάρ τινων αἰτιῶν αἱρεθεὶς κατὰ τύχην καὶ λυπεῖ. ἁλίσκεται δὲ ἢ τῷ ἀγκίστρῳ περιπαρεὶς ἢ τρωθεὶς εἰς θάνατον. ὁρῶμεν δὲ καὶ τοὺς ὀρνιθοθήρας μὴ ἂν τῶν ἐλλοχώντων ὀρνίθων ἀποκτείναντάς τινας ἢ ἐπὶ πράσει ἢ ἐπὶ δείπνῳ. καὶ ἄλλαι δὲ θῆραι τῶνδε τῶν ἰχθύων εἰσίν.

13.18. Ἐν δὲ τοῖς βασιλείοις τοῖς Ἰνδικοῖς, ἔνθα ὁ μέγιστος τῶν βασιλέων διαιτᾶται τῶν ἐκεῖθι, πολλὰ μὲν καὶ ἄλλα ἐστὶ θαυμάσαι ἄξια, ὡς μὴ αὐτοῖς ἀντικρίνειν μήτε τὰ Μεμνόνια Σοῦσα καὶ τὴν ἐν αὐτοῖς πολυτέλειαν μήτε τὴν ἐν τοῖς Ἐκβατάνοις μεγαλουργίαν· ἐοίκασι γὰρ κόμπος εἶναι Περσικὸς ἐκεῖνα, εἰ πρὸς ταῦτα

3 ὁρμίσαντες] ex corr. **P** : ὁρμήσ. **V** : ὁρμήσ. ante corr. **P** ‖ **4** ἅμα] ἅμμασι Her. **5** ἀνανεύουσι] ἀνανέουσι Schn., Her. ‖ **6** καὶ] τε καὶ **LPA** ‖ **7** πλήθει] τῷ πλή. Her.‖ **8** καὶ] om. ***β*** : del. edd.‖ **9** θηρατικοί] θηραταί **V**‖ **10** τῷ πλήθει] del. Her. τῆς ἀλκῆς] τῆς ὁλκῆς **H** : τῆς ἀλκῆς θαρροῦντες Schn. : τῇ ἀλκῇ θαρροῦντες Her.|δὲ] δὲ καὶ **P**‖ **11** ὡς] καὶ **V**|εὐεργέτας] τοὺς εὐερ. ***β***|ἑταίρους] τοὺς ἄλλους **LPA** ‖ **13** μὲν] om. **V** ‖ **14** τιθασούς] τιθασσούς **LPA** | οἵ—15 μὴν] οἵπερ οὖν Her.‖ **15** πελειάσιν] πελιάσιν **LPA**‖ **17** αἰτιῶν] αὐτῶν **V**‖ **18** τύχην] ψυχὴν **PA** τῷ] del. Her. ‖ **20** ὀρνίθων] ὀρν. ἑτέρους ***β*** | ἀποκτείναντάς] ἀποκτείνοντάς **V** **23** ἐστὶ] ante καὶ transp. **V** | θαυμάσαι] θαύματα **V** ‖ **24** Μεμνόνια] ante corr. **L** : μεμνόνεια ex corr. **L**, Her.‖ **26** ἐοίκασι] ἔοικε Her.|ἐκεῖνα] ἐκεῖνος **LAH**

ἐξετάζοιτο. καὶ τὰ λοιπὰ μὲν περιελθεῖν τῷ λόγῳ οὐ τῆσδε τῆς συγγραφῆς ἐστιν, ἐν δὲ τοῖς παραδείσοις τρέφονται μὲν καὶ ταὼς ἥμεροι καὶ χειροήθεις φασιανοί, ἔχουσι δὲ ἐν τοῖς φυτοῖς τοῖς ἠσκημένοις, ἅπερ οὖν οἱ μελεδωνοὶ οἱ βασίλειοι τῆς δεούσης ἀξιοῦσι κομιδῆς. καὶ γάρ εἰσιν ἄλση σκιερὰ καὶ νομὴ σύμφυτος καὶ κλάδοι δι᾽ ἀλλήλων συνυφασμένοι σοφίᾳ τινὶ δενδροκομικῇ. καὶ τὸ σεμνότερον τῆς ὥρας τῆς ἐκεῖθι, τὰ δένδρα αὐτὰ τῶν ἀειθαλῶν ἐστι, καὶ οὔποτε γηρᾷ καὶ ἀπορρεῖ τὰ φύλλα· καὶ τὰ μὲν ἐπιχώριά ἐστι, τὰ δὲ ἀλλαχόθεν σὺν πολλῇ κομισθέντα τῇ φροντίδι, ἅπερ οὖν κοσμεῖ τὸν χῶρον καὶ ἀγλαΐαν δίδωσι, πλὴν ἐλαίας· οὐ γὰρ αὐτὴν ἡ Ἰνδῶν φέρει, οὔτε αὐτή, οὔτε ἤκουσαν ἀλλαχόθεν τρέφει. ὄρνιθες οὖν καὶ ἕτεροι ἐλεύθεροι καὶ ἀδούλωτοι, καὶ ἐλθόντες αὐτομάτως ἔχουσι κατ᾽ αὐτῶν κοίτας καὶ εὐνάς· ἐνταῦθά τοι καὶ οἱ ψιττακοὶ τρέφονται καὶ εἰλοῦνται περὶ τῷ βασιλεῖ. σιτεῖται δὲ Ἰνδῶν οὐδὲ εἷς ψιττακόν, καίτοι παμπόλλων ὄντων τὸ πλῆθος· αἴτιον δέ, ἱεροὺς αὐτοὺς εἶναι πεπιστεύκασιν οἱ Βραχμᾶνες, καὶ μέντοι καὶ τῶν ὀρνίθων ἁπάντων προτιμῶσι. καὶ ἐπιλέγουσι δρᾶν τοῦτο εἰκότως· μόνον γὰρ τὸν ψιττακὸν ἀνθρώπου στόμα εὐστομώτατα ὑποκρίνεσθαι. εἰσὶ δὲ ἄρα ἐν τοῖσδε τοῖς βασιλείοις καὶ λίμναι χειροποίητοι ὡραῖαι, καὶ ἰχθύας ἔχουσι μεγέθει μεγίστους καὶ πραεῖς· καὶ θηρᾷ αὐτῶν οὐδεὶς ὅτι μὴ οἱ τοῦ βασιλέως υἱεῖς παῖδες ἔτι ὄντες, ἐν ἀκλύστῳ καὶ ἥκιστα ἐπικινδύνῳ τῷ ὕδατι ἁλιεύοντές τε καὶ παίζοντες καὶ ἅμα καὶ πλεῖν μανθάνοντες.

13.19. Ἐν τῷ Ἰονίῳ πελάγει κατὰ τὸν Λευκάτην καὶ τὴν πρὸς τῷ Ἀκτίῳ θάλατταν, ἔνθα τοι καὶ τὸν χῶρον καλοῦσιν Ἤπειρον,

1 τῆσδε] διὰ τῆσδε ***β*** ‖ 2 ταὼς] ταῶς **A** ‖ 3 φασιανοί] φασί **V** | δὲ] post voc. lac. stat. Schn., Her. (deest τὰ ἤθη vel τὰς διατριβάς, Her. in app., δίαιταν Schn.) 6 κλάδοι] ex corr. **L** : κλάδη (ante corr. **L**) **PA** : κλαδή **V** | συνυφασμένοι] ex corr. **L** : συνυφασμένα (dub. ante corr. **L**) **PA** ‖ 9 ἀλλαχόθεν] ἀλλαχόθι **V** 11 ἤκουσαν] ἤκουσα **A** (-σαν **H**) | τρέφει] τρέφειν **PA** ‖ 13 κατ᾽ αὐτῶν] κατὰ ταὐτὸν **A** ‖ 14 ψιττακοὶ] σιττακοὶ **P** ‖ 15 οὐδὲ εἷς] οὐδεὶς **LPA** | ψιττακόν] σιττακόν **P** ‖ 16 αἴτιον δέ] τὸ δὲ αἴτιον Her. | οἱ] καὶ οἱ ***β*** | Βραχμᾶνες] βραχμᾶναι **A** : βραγχμᾶναι **H** ‖ 18 τοῦτο] τοῦτο μόνον ***β*** ‖ 21 αὐτῶν] αὐτοὺς Her. ‖ 22 ἐν] καὶ ἐν ***β*** ‖ 23 ἁλιεύοντές] καὶ ἁλιεύοντές ***β*** ‖ 24 πλεῖν] πλέειν **PA** : νεῖν Cob. (1884) ‖ 25 τὸν—καὶ] om. **VH** | Λευκάτην] λευκάντην (dub. corr. ex λευκάκτην) **P** : om. **VH** ‖ 26 θάλατταν] θάλασσαν **V**

κεφάλων εἰσὶ κατὰ ἴλας ὡς ἂν εἴποι τις ἄφθονοι νήξεις καὶ πλήθη πάμπολλα. οὐκοῦν θηρῶνται καὶ μάλα ἐκπληκτικῶς· ὁ δὲ τρόπος τῆς θήρας οὗτός ἐστι. νύκτα ἀσέληνον οἱ ἐκεῖθι ἁλιεῖς παραφυλάξαντες, ἀπὸ δείπνου γενόμενοι κατὰ δύο ἐπῆραν σκάφος, οὐκ ὄντος κύματος ἀλλὰ ἀκλύστου καὶ γαληναίας τῆς θαλάττης, εἶτα ἡσυχῇ καὶ κατὰ μικρὰ προσερέττουσι· καὶ ὃ μὲν αὐτὴν ὑποκινεῖ τῷ κωπίῳ, προάγων τὴν πορθμίδα βάδην ὡς ἂν εἴποις· ἅτερος δὲ κατακλινεὶς ἐπ᾿ ἀγκῶνος τὸ καθ᾿ ἑαυτὸν μέρος ἐπιβρίθει τῆς πορθμίδος, καὶ εἰς τοσοῦτον ἐπικλίνει εἰς ἄκρον, ὅσον τὸ χεῖλος αὐτῆς προσπελάζει τῷ ὕδατι. οἱ κέφαλοι δὲ καὶ οἱ τούτοις ὁμοειδεῖς κεστρέες, ἤτοι τῇ νυκτὶ τερπόμενοι ἢ χαίροντες τῇ γαλήνῃ, τοὺς μὲν χηραμοὺς τοὺς ἑαυτῶν καὶ τοὺς φωλεοὺς ἀπολείπουσιν, ἀνανέουσι δέ, καὶ τὰ ἄκρα γε τοῦ προσώπου ὑπὲρ τὸ ὕδωρ φαίνουσι, καὶ τοσοῦτον ἐς τὸ ἄνω τῆς νήξεως ἐπιλαμβάνουσι, καὶ γίνονται τῆς ᾐόνος πλησίον. θεασάμενοι δὲ οἱ θηραταὶ πλέουσι, καὶ τὸ ῥόθιόν γε τῆς πορθμίδος ἡσυχῇ ὅπως ὑποκυμαίνειν ἄρχεται. φεύγοντες οὖν τὴν γῆν καὶ ὑποστρέφοντες, ἄνευ δικτύων εἰς τὸ ἐπικλινὲς τῆς ἀκάτου σφᾶς αὐτοὺς ὑπὸ πλήθους ὠθοῦσι, καὶ εἴσω παρελθόντες ἑαλώκασιν.

13.20. Τῶν δὲ κητῶν τὰ ὑπέρογκα ἄγαν καὶ τὸ μέγεθος ὑπερήφανα νήχεται μὲν ἐν τοῖς πελάγεσι μέσοις, ἤδη γε μὴν καὶ σκηπτοῖς βάλλεται. πρὸς τούτοις μὲν οὖν καὶ ὅσα ἕτερα σπάνια τοιαῦτα, καὶ ὄνομα τροχὸς αὐτοῖς. καὶ ἔνι κατ᾿ ἀγέλας ταῦτα,

1 κεφάλων] κέφαλοι **P** | νήξεις] νήξει ***β*** | πλήθη πάμπολλα] πλήθει πάμπολλοι ***β*** **4** ἐπῆραν] ἀπῆραν Ges., Her. ‖ **5** ἀλλὰ] ἀλλὰ καὶ **V** | γαληναίας] σεληναίας **A** **6** θαλάττης] θαλάσσης **VH** | μικρὰ] μικρὸν **A** | προσερέττουσι] προερέττουσι Rei., Her. ‖ **7** προάγων] προσάγων **LAH** | τὴν] τῆς **V** ‖ **9** εἰς[1]] ἐς **P** | ἐπικλίνει] ἐπικλίνεις **L** | ἄκρον] del. Her. ‖ **10** ὅσον] εἰς ὅσον Her. | αὐτῆς] αὐτοῦ **V** προσπελάζει] προσπελάζειν ***β*** ‖ **11** κεστρέες] ex corr. **L** : κεστρεῖς dub. ante corr. **L**, Ges., Her. | τερπόμενοι] σκεπόμενοι **V** ‖ **13** ἀπολείπουσιν] ὑπολείπ. **V** **14** ἐς—τῆς] τῆς ἐς τὸ ἄνω Her. ‖ **15** γίνονται] γίνεται **V** | οἱ] om. **LPA** ‖ **16** ὅπως] πως Ges., Her. ‖ **17** οὖν] om. ***β*** | ὑποστρέφοντες] ὑποτρέφοντες **P** ‖ **18** ἄνευ δικτύων] del. Her. | εἰς] ἐς **V** | σφᾶς αὐτοὺς] Jac. in app., Her. : ἑαυτοὺς **H** : σφᾶς ἑαυτοὺς **VLPA** | ὑπὸ—19 ὠθοῦσι] Rei., Her. in app. : ὑποπλήθουσι codd., Jac. : ὑπωθοῦσι Ges. in mg., Her. ‖ **22** σκηπτοῖς] σκηπτῷ **V** | πρὸς] καὶ πρὸς **V** καὶ—σπάνια] ἔστι καὶ ἕτερα ἐπάκτια Jac. in com. ‖ **23** ἔνι] νεῖ edd. : ἔνι ἰδεῖν Jac. in app.

μάλιστα μὲν ἐν δεξιᾷ τοῦ Ἄθω τοῦ Θρᾳκίου, ἔν γε τοῖς κόλποις τοῦ ἀπὸ Σιγείου πλέοντα, ἐντυχεῖν δέ ἐστιν αὐτοῖς καὶ κατὰ τὴν ἀντιπέραν ἤπειρον παρά τε τὸν Ἀρταχαίου καλούμενον τάφον καὶ τὸν Ἀκάνθιον ἰσθμόν, ἔνθα τοι καὶ ἡ τοῦ Πέρσου φαίνεται διατομή, ᾗ διέτεμε τὸν Ἄθων. τὰ κήτη δὲ ταῦτα, ἃ καλοῦσι τροχούς, ἄλκιμα μὲν οὔ φασιν εἶναι, λοφιὰν δὲ ὑποφαίνει καὶ ἀκάνθας ὑπερμήκεις, ὡς καὶ πολλάκις ὁρᾶσθαι ἐξάλους αὐτάς. ἀκούσαντα δὲ εἰρεσίας κτύπου περιστρέφεταί τε καὶ κατειλεῖται ὡς ὅτι κατωτάτω ἑαυτὰ ὠθοῦντα· ἔνθεν τοι καὶ τοῦδε τοῦ ὀνόματος μετείληχεν. ἀναπλεῖ δὲ ἀνελιχθέντα καὶ κυλιόμενα ἔμπαλιν.

13.21. Τριτώνων πέρι σαφῆ μὲν λόγον καὶ ἀπόδειξιν ἰσχυρὰν οὐ μάλα τί φασιν εἰπεῖν ἔχειν τοὺς ἁλιέας· ἔχει δ' οὖν φήμη διαρρέουσα ναὶ μὰ Δία πολλῶν, γίνεσθαί τινα ἐν τῇ θαλάττῃ κήτη ἀνθρωπόμορφα τὰ ἀπὸ κεφαλῆς ὅσα εἰς ἰξὺν λήγει. λέγει δὲ Δημόστρατος ἐν λόγοις ἁλιευτικοῖς ἐν Τανάγρᾳ θεάσασθαι τάριχον Τρίτωνα. καὶ τὰ μὲν ἄλλα ἦν, φησί, καὶ τοῖς πλαττομένοις ὅμοιος καὶ τοῖς γραφομένοις, τὴν δέ οἱ κεφαλὴν ὑπὸ χρόνου διεφθαρμένην οὐ πάντῃ σαφῆ ἔφατο εἶναι, οὐδὲ οἵαν ἐντυχεῖν τε καὶ γνωρίσαι ῥᾷστα· προσαψαμένου δέ μου φολίδες ἀπέπιπτον τραχεῖαι καὶ μέντοι καὶ ἀντίτυποι εὖ μάλα. τῶν δέ τις τῶν ἐκ βουλῆς ἁρμοζόντων κλήρῳ τὴν Ἑλλάδα καὶ πεπιστευμένων τὴν ἀρχὴν ἑνὸς ἔτους, βασανίζων οἷα δὴ καὶ ἐλέγχων τοῦ βλεπομένου τὴν φύσιν, εἶτα τοῦ δέρματος παρελὼν ὀλίγον καθήγισεν ἐπὶ

1 τοῦ[1]—Θρᾳκίου] om. **V** ‖ **2** τοῦ] τοῖς **VPH** : καὶ τοὺς Jac. in app. | Σιγείου] σηγείου **L** : σιτίου **V** : σημείου **P** | πλέοντα] πλέοντας **PH** | δέ] om. ***β*** | καὶ] om. ***β*** **3** ἀντιπέραν] ἀντίπεραν **VA** : ἀντιπέρας Her. | Ἀρταχαίου] Voss., Her. : Ἀρτακαίου codd. ‖ **4** Ἀκάνθιον] Voss., Her. : Ἀκανθαῖον codd. | Πέρσου] ex corr. **P** : παρίου **V** (ante corr. **P**) : παραίου **LA** ‖ **5** ᾗ διέτεμε] ᾗ διέταμε **P** : ἡ δίαιτα μὲν **LA** | Ἄθων] Ἄθω **LAH**, edd. | τροχούς] τραχούς **V** ‖ **6** λοφιὰν] λοφίαν ***β*** **7** ἐξάλους] ἐξάλλους **PH** | ἀκούσαντα] ἀκούσαντες **V** ‖ **8** ἑαυτὰ] ἑαυτὰς **V** **11** Τριτώνων] Τριτ. μὲν **V** ‖ **12** ἔχει] λέγει Her. | φήμη] ἡ φήμη malit Her. in app. **13** πολλῶν] πολλὴ Her. | θαλάττῃ] θαλάσσῃ **V** ‖ **14** τὰ] τε ut vid. **V** **15** Δημόστρατος] δημόκρατος **L** | Τανάγρᾳ] τανάγρῳ **P** : τανάγραις **A** ‖ **17** οἱ] om. **V** ‖ **18** πάντῃ] πάνυ **V** : πάνυ τι Her. | ἐντυχεῖν] συνιδεῖν Her. **19** ἀπέπιπτον] ἔπιπτον **V** : προσέπιπτον **H** ‖ **20** τῶν[2]] del. Jac., Her. **21** βουλῆς] τῆς βουλῆς Jac., Her. | πεπιστευμένων] πεπιστευμένην **V** **22** βασανίζων—δὴ] οἷα δὴ βασανιῶν Her. | ἐλέγχων] ἐλέγξων Her. | τοῦ] τὴν **P** **23** εἶτα] del. Her.

πυρός, καὶ ὀσμὴ μὲν βαρεῖα καιομένου τοῦ ἐμβληθέντος προσέβαλε τῶν παρόντων τὰς ῥῖνας. οὐ μὴν συμβαλεῖν φησιν εἴτε χερσαῖον τὸ ζῷον εἴτε θαλάσσιον εἴη τὴν φύσιν εἴχομεν. ἀλλ' ἥ γε πεῖρα οὐ χρηστόν οἱ τὸν μισθὸν ἀπέδωκεν. οὗτος γὰρ μετὰ μικρὸν τὸν βίον κατέστρεψε, περαιούμενος ὀλίγον καὶ στενὸν πορθμὸν ἐξήρει πορθμείῳ καὶ βραχεῖ. καὶ ἔλεγόν γε, ὡς ἐκεῖνος λέγει, Ταναγραῖοι παθεῖν αὐτὸν ταῦτα ἀνθ' ὧν εἰς τὸν Τρίτωνα ἠσέβησε, τεκμηριοῦντες ὅτι ἀποψύχων μὲν ἐξῃρέθη τῆς θαλάττης, ἰχῶρα δὲ ἠφίει παραπλήσιον τὴν ὀσμὴν τῇ τοῦ Τρίτωνος δορᾷ, ὅτε αὐτὴν ἐκεῖνος ἔκαιε καὶ ἐνεπίμπρα. ὁπόθεν δὲ ἄρα ὁ Τρίτων οὗτος ἐπλανήθη, καὶ ὅπως δεῦρο ἐξεβράσθη, Ταναγραῖοί τε λεγέτωσαν καὶ Δημόστρατος. ἐπὶ τούτοις δὲ αἰδοῦμαι τὸν θεόν, καὶ ἄξιον πείθεσθαι τῷ μάρτυρι τῷ τοσῷδε· εἴη δ' ἂν ὁ ἐν Διδύμοις Ἀπόλλων τεκμηριῶσαι ἱκανὸς παντί, ὅτῳ νοῦς τε ὑγιαίνει καὶ ἔρρωται ἡ φρήν. Τρίτωνα γοῦν θρέμμα θαλάττιόν φησιν εἶναι, καὶ ἃ λέγει ταῦτά ἐστι·

θρέμμα Ποσειδάωνος, ὑγρὸν τέρας, ἠπύτα Τρίτων,
νηχόμενος γλαφυροῖς ὁρμήμασι σύντυχε νηός.

εἰ τοίνυν ὁ πάντα εἰδὼς καὶ Τρίτωνας εἶναί φησιν, ἡμᾶς ὑπὲρ τούτου διαπορεῖν οὐ χρή.

13.22. Τὸν Ἰνδῶν βασιλέα προϊόντα ἐπὶ δίκαις προσκυνεῖ ὁ ἐλέφας πρῶτος, δεδιδαγμένος τοῦτο, καὶ μάλα γε δρῶν μνημόνως τε καὶ εὐπειθῶς αὐτό (παρέστηκε δὲ καὶ ἐκεῖνος, ὅσπερ οὖν ἐνδίδωσίν οἱ τοῦ παιδεύματος τὴν ὑπόμνησιν τῇ ἐκ τῆς ἅρπης κρούσει καὶ φωνῇ τινι ἐπιχωρίῳ, ἥσπερ οὖν ἐλέφαντες ἐπαΐειν εἰλήχασι φύσει τινὶ ἀπορρήτῳ καὶ μάλα γε ἰδίᾳ τοῦ ζῴου τοῦδε)· καὶ μέντοι καὶ κίνησίν τινα ὑποκινεῖται πολεμικήν, οἷον

2 προσέβαλε] προσέβαλλε **PA** | συμβαλεῖν] συμβάλλειν **LPA** ‖ 4 πεῖρα] σπεῖρα **V** | ἀπέδωκεν] ἐπέδωκεν **L** | οὗτος] οὐ Her. | μικρὸν] μακρὸν Her. ‖ 6 ἐξήρει] ἐξῄρει **PH** : ἐξῄει **LA** | πορθμείῳ] πορθμίῳ **VH** ‖ 7 τὸν] om. **V** ‖ 8 τεκμηριοῦντες] τεκμηριῶντες **LH** | ἀποψύχων] ἀπὸ ψυχῶν **AH** | ἐξῃρέθη] ex corr. **L** : ἐξηράνθη codd. (dub. ante corr. **L**) | θαλάττης] θαλάσσης **V** ‖ 9 ὅτε] ὅτι **β** ‖ 15 ἔρρωται] ἔρρωτο **V** | θαλάττιόν] θαλάσσιόν **V** ‖ 16 ταῦτά] ex corr. **L** : καὶ ταῦτά (ante corr. **L**) **PA** ‖ 17 Ποσειδάωνος] edd. : ποσειδάονος **VPLA** : ποσειδῶνος **H** 18 γλαφυροῖς] γλαφυρᾶς Jac. in app. : γλαφυρῆς Her. ‖ 27 μέντοι] μέντοι γε **β**

ἐνδεικνύμενος ὅτι καὶ τοῦτο τὸ μάθημα ἀποσώζει. τέσσαρες δὲ καὶ εἴκοσι τῷ βασιλεῖ φρουροὶ παραμένουσιν ἐλέφαντες ἐκ διαδοχῆς, ὥσπερ οὖν οἱ φύλακες οἱ λοιποί, καὶ αὐτοῖς παίδευμα τὴν φρουρὰν οὐ κατανυστάζουσι· διδάσκονται γάρ τοι σοφίᾳ τινὶ Ἰνδικῇ καὶ τοῦτο. καὶ λέγει μὲν Ἑκαταῖος ὁ Μιλήσιος [*FGrH* 1, fr. 33] Ἀμφιάρεων τὸν Οἰκλέους κατακοιμίσαι τὴν φυλακὴν καὶ ὀλίγου παθεῖν ὅσα λέγει. οὗτοι δὲ ἄρα ἄγρυπνοι καὶ ὕπνῳ μὴ ἡττώμενοι, πιστότατοι τῶν ἐκεῖθι φυλάκων μετά γε τοὺς ἀνθρώπους εἰσίν.

13.23. Ἐγὼ δὲ ἄρα ὡς εἶχον ὁρμῆς ἐπὶ μακρότατον ταῦτά τε καὶ τὰ ὑπὲρ τούτων ἀνασκοπούμενός τε καὶ ἀνιχνεύων πέπυσμαι καὶ σκολόπενδραν εἶναί τι θαλάττιον κῆτος, μέγιστον κητῶν καὶ τοῦτο, καὶ ἐκβρασθεῖσαν μὲν θεάσασθαι οὐκ ἄν τις θρασύνοιτο. λέγουσι δὲ οἱ ἀκριβοῦντες ἄνθρωποι τὰ θαλάττια ὁρᾶσθαι αὐτὰς πλωτάς, καὶ πᾶν μὲν ὅσον ἐστὶ κεφαλή, τοῦτο ὑπερτείνειν ἔξαλον, καὶ μέντοι καὶ μυκτήρων τρίχας ἐξεχούσας καὶ μάλα γε ὑψηλὰς ἀποδεικνύναι, πλατεῖαν δὲ τὴν οὐρὰν καὶ οἵαν δοκεῖν καράβου. ἤδη δὲ ἄρα αὐτῆς καὶ τὸ λοιπὸν σῶμα ἐπιπολάζον τοῖς κύμασιν ὁρᾶται, ὅσον ἀντικρῖναι τριήρους τελείας αὐτὸ μεγέθει. νήχονται δὲ ἄρα πολλοῖς τοῖς ποσί, καὶ κατὰ στοῖχον αὐτοῖς καὶ ἐντεῦθεν καὶ ἐκεῖθεν οἱονεὶ σκαλμοῖς παρηρτημένοις (εἰ καὶ τραχύτερον ἀκοῦσαι) ἑαυτοῖς ἐρέττουσαι. λέγουσιν οὖν οἱ δεινοὶ ταῦτα καὶ ὑπηχεῖν τὸ ῥόθιον ἡσυχῇ, καὶ πείθουσι λέγοντες.

13.24. Ξενοφῶν δὲ ὑπὲρ κυνῶν λέγει καὶ ταῦτα [*Cyn.* 4.9]. δεῖν εἰς τὰ ὄρη πολλάκις ἄγειν αὐτάς, τὰ δὲ ἔργα ἧττον· τοὺς γάρ τοι τριμμοὺς τοὺς ἐκ τῶν ἐνεργῶν χωρίων λυπεῖν τε αὐτὰς καὶ

1 τέσσαρες] τέτταρες **AH**, Her. ‖ 2 ἐλέφαντες—διαδοχῆς] ἐκ δια. ἐλέ. **V** 4 φρουρὰν] φρου. ἔχειν Her. | κατανυστάζουσι] κατανυστάξασι ***β*** ‖ 5 Ἑκαταῖος] ὁ ἑκα. **LAH** ‖ 6 Οἰκλέους] ἰκλέους **L** : ἰοκλέους **H** : ὀμικλέους **A** ‖ 7 ὀλίγου] del. Her. | ὕπνῳ] ὕπνου Rei., Her. ‖ 8 ἐκεῖθι] ἐκεῖ **V** ‖ 14 ἄνθρωποι] gloss. esse vid., Her. in app. | θαλάττια] θαλάσσια **V** ‖ 15 κεφαλή] κεφαλῇ **LP** ‖ 17 ἀποδεικνύναι] ἐπιδεικ. Her. | οἵαν δοκεῖν] οἵαν δοκεῖ **LPA** : οἷον δοκεῖ **H** ‖ 20 αὐτοῖς καὶ] del. Her. ‖ 21 σκαλμοῖς] σταλμοῖς Her. | εἰ] om. **P** ‖ 22 ἑαυτοῖς] αὐτοῖς **V** : ἑαυτὰς Rei., Her. | ταῦτα] τὰ τοιαῦτα conieci ‖ 23 ὑπηχεῖν] corr. ex ὑφηχεῖν **P** : ὑφ' ἠχεῖν **L** 25 τὰ[2]—ἔργα] ex corr. sec. m. **A**, edd. : τὰς δὲ ὀργᾶν codd. (ante corr. **A**) : ἐς δὲ τὰ ἔργα malit Her. in app. (hic et apud Xenophontem) ‖ 26 τοὺς] om. ***β***

σφάλλειν. λῷον δὲ εἶναι ὁ αὐτός φησιν [*Cyn.* 5.1] εἰς τὰ τραχέα ἄγειν, καὶ κέρδος γε ἐκεῖνο πρὸς τοῦτο διδάσκει, εὔποδάς τε αὐτὰς γίνεσθαι καὶ ἀλτικωτέρας ἐκπονούσας τὸ σῶμα. ἴχνη δὲ ἄρα λαγὼ τοῦ μὲν χειμῶνος μακρὰ ὁρᾶσθαι λέγει, καί, φησί, τοὐναντίον τούτου· διὰ τὸ μῆκος τῶν νυκτῶν, τοῦ θέρους οὐκέτι. καὶ σαφὲς ἐκ τοῦ προειρημένου τί βούλεται τὸ ἐναντίον.

13.25. Ἵππους καὶ ἐλέφαντας ἅτε ζῷα καὶ ἐν ὅπλοις καὶ πολέμοις λυσιτελῆ τιμῶσιν Ἰνδοί, καὶ μάλα γε ἰσχυρῶς. τῷ γοῦν βασιλεῖ κομίζουσι καὶ κώμυθας, ἃς ἐμβάλλουσι ταῖς φάτναις, καὶ χιλόν, καὶ ἐπιδεικνύουσι νεαρόν τε καὶ ἀσινῆ. καὶ ἐὰν μὲν εἴη τοιοῦτος, ἐπαινεῖ ὁ βασιλεύς· εἰ δὲ μή, κολάζει τούς τε τῶν ἐλεφάντων μελεδωνοὺς καὶ τοὺς ἱπποκόμους πικρότατα. οὐκ ἀτιμάζει δὲ οὐδὲ τὰ ἄλλα τὰ μικρότατα ζῷα, ἀλλὰ καὶ ἐκεῖνα προσίεται δῶρά οἱ κομιζόμενα. Ἰνδοὶ γὰρ οὐκ ἐκφαυλίζουσι ζῷον οὔτε μὴν ἥμερον οὐδὲ ἄγριον οὐδέν. αὐτίκα γοῦν δωροφοροῦσι τῶν ὑπηκόων οἱ διὰ τιμῆς ἰόντες γεράνους τε καὶ χῆνας ἀλεκτορίδας τε καὶ νήττας καὶ τρυγόνας τε καὶ ἀτταγᾶς, προσέτι πέρδικάς τε καὶ σπινδάλους (ἔστι δὲ ἐμφερὲς τῷ ἀτταγᾷ τοῦτό γε) καὶ τὰ ἐπὶ τούτοις τῶν προειρημένων βραχύτερα, βωκκαλίδας καὶ συκαλλίδας καὶ τὰς καλουμένας κεγχρίδας. ἐπιδεικνύουσι δὲ αὐτὰ ἀναπτύξαντες, τὸν εἰς βάθος αὐτῶν ἐλέγχοντες πιασμόν. καὶ τούτων πεπιασμένων, ἐλεφάντων τε καὶ βουβαλίδων καὶ δορκάδων καὶ ὀρύγων καὶ τῶν ὄνων τῶν ἐχόντων ἓν κέρας, ὧν καὶ

1 εἶναι] om. **V**‖ 2 τοῦτο] τούτῳ **PH**, Rei., Her.‖ 4 λέγει] λέγων **V**|καί φησί] del. Ges., Her. ‖ 5 τοὐναντίον τούτου] διὰ τοὐναντίον post οὐκέτι transp. Her. τούτου] τούτους **P** | διὰ—νυκτῶν] edd. : τὰς νύκτας διὰ τι μὴν (vel τιμὴν, voc. corrupt.) codd. | τοῦ] τοῦ δὲ Her. ‖ 6 τὸ] om. **V** ‖ 8 πολέμοις] ἐν πολ. Her. 10 εἴη] ᾖ Jac. in app., Her. ‖ 11 εἰ] ἐὰν **V** ‖ 12 οὐκ] καὶ οὐκ **P** ‖ 13 τὰ μικρότατα] del. Her. ‖ 15 μὴν] ante ἄγριον transp. Her. | οὐδὲ] οὔτε Her. ‖ 17 καὶ^{2}—τε^{2}] om. **V** | ἀτταγᾶς] ex corr. **P** : ἀτταγάς codd. (ante corr. **P**) ‖ 18 σπινδάλους] πινδάλους **VPAH** ‖ 19 τὰ] del. Her. | τούτοις] τούτῳ **LPA** | βραχύτερα] βραχύτερά τε **P** : βραχυτέρας τε **L** : βραχυτέρας τε καὶ **A** | καὶ^{2}] τε καὶ **L** 20 συκαλλίδας] συκαλίδας Her. | κεγχρίδας] κεγχρῆδας Her. ‖ 21 ἐλέγχοντες] ἐλέγξαντες **V** ‖ 22 τούτων] που τῶν Jac. in app. : πλοῦτον Her. | ἐλεφάντων] ἐλάφων Ges., Her., fort. recte ‖ 23 καὶ^{2}] ex corr. **P** : τε καὶ ***β*** (ante corr. **P**) | ὄνων] ὄντων **VA**

ἀνωτέρω που τὴν μνήμην ἐποιησάμην [10.40], καὶ ἰχθύων δὲ γένη διάφορα κομίζουσι καὶ ταῦτα.

13.26. Ἔστι δὲ ἄρα καὶ τέττιξ ἐνάλιος. καὶ ὁ μὲν μέγιστος αὐτῶν ἔοικε καράβῳ σμικρῷ, κέρατα δὲ οὐκ ἔχει μεγάλα κατ' ἐκείνους οὐδὲ κέντρα. ἰδεῖν δέ ἐστι τοῦ καράβου ὁ τέττιξ ζοφωδέστερος, καὶ ἐπὰν αἱρεθῇ, προσέοικε τετριγότι. πτέρυγες δὲ ὀλίγαι τὸ μέγεθος ὑπὸ τοῖς ὀφθαλμοῖς αὐτοῦ ἐκπεφύκασι, καὶ εἶεν ἂν κατὰ τὰς τῶν χερσαίων καὶ αὗται. οὐ σιτοῦνται δὲ αὐτὸν οἱ πολλοί, νομίζοντες ἱερόν. Σεριφίους δὲ ἀκούω καὶ θάπτειν νεκρὸν ἑαλωκότα· ζῶντα δὲ εἰς δίκτυον ἐμπεσόντα οὐ κατέχουσιν, ἀλλὰ ἀποδιδόασι τῇ θαλάττῃ αὖθις. θρηνοῦσι δὲ ἄρα τοὺς ἀποθανόντας, καὶ λέγουσι Περσέως τοῦ Διὸς ἄθυρμα αὐτοὺς εἶναι.

13.27. Ὕαινα ἰχθῦς ὁμώνυμος τῇ χερσαίᾳ ὑαίνῃ ἐστί. ταύτης οὖν τὴν δεξιὰν πτέρυγα εἰ ὑποθήσεις ἀνθρώπῳ καθεύδοντι, εὖ μάλα ἐκταράξεις αὐτόν· δέα γάρ τινα καὶ ἰνδάλματα καὶ φάσματα ὄψεται, καὶ ἐνύπνια ἕτερα οὐδαμῶς εὐμενῆ καὶ φίλα. τραχούρου γε μὴν ζῶντος ἐὰν ἀποκόψῃς τὴν οὐράν, καὶ τὸν τράχουρον αὖθις ἐλεύθερον ἀπολύσῃς εἰς τὴν θάλατταν, τήν γε μὴν προειρημένην οὐρὰν ἐξαρτήσῃς ἵππου κυούσης, οὐ μετὰ μικρὸν ἐκπεσεῖται τὸ ἔμβρυον, καὶ ἐξαμβλώσει ἡ ἵππος. μειρακίου γε μὴν δεομένου ἐπὶ μήκιστον τριχῶν ἀπορίας τῶν ἐπὶ τοῦ γενείου, αἷμα ἐπιχρισθὲν θύννου ἀωρόλειον τὸ μειράκιον ἐνεργάζεται. δρᾷ δὲ ἄρα καὶ νάρκη καὶ πνεύμων τὸ αὐτό· ἐν ὄξει γὰρ διασαπεῖσαι αἱ τούτων σάρκες καὶ ἐπιχρισθεῖσαι τοῖς γενείοις, φυγὴν τριχῶν ἐργάζονταί φησι. τί πρὸς ταῦτα Ταραντῖνοί τε καὶ Τυρρηνοὶ σοφισταὶ κακῶν δαιδάλων ἐκεῖνό γε ἀνιχνεύσαντές τε καὶ πειράσαντες τὴν πίτταν, ὡς ἐξ ἀνδρῶν εἰς γυναῖκας ἀποκρίνειν;

1 τὴν] del. Her. | δὲ] om. **LPA** ‖ 2 κομίζουσι] καὶ κομίζ. **β** ‖ 4 σμικρῷ] μικρῷ **A** 11 θαλάττῃ] θαλάσσῃ **VA** | τοὺς] αὐτοὺς Her. ‖ 14 δεξιὰν πτέρυγα] πτέ. δεξ. **LPA** | ὑποθήσεις] ὑποθείης Her. ‖ 17 αὖθις] ἄρα **LPA** ‖ 18 εἰς] ἐς **β** | θάλατταν] θάλασσαν **VA** ‖ 19 ἐξαρτήσῃς] ἐξαρτήσας **LA** | μικρὸν] μακρὸν Rei., Her. 20 ἐξαμβλώσει] ἐξαμβλώσῃ **VL** ‖ 21 αἷμα] αἵματι **LAH** : αἷμά τι (sic) **P** 22 ἐνεργάζεται] ἐργάζεται **V** : ἀπεργάζεται Rei., Her. ‖ 24 ἐργάζονταί] ἐργάζεταί **VAH** : ἐνεργάζεταί **L** : ἐνεργάζονταί edd. ‖ 25 φησι] φασι Schn., Her., fort. recte ‖ 26 δαιδάλων] δαίδαλον Her. | γε] om. **LPA** | τε] om. **V**

13.28. Ὁ χρύσοφρυς ἄρα ἰχθύων ἁπάντων δειλότατος ἦν. ἐν δὴ ταῖς παλιρροίαις τῆς θαλάττης, ὅταν ᾖ ὥρα Ἀρκτούρου σύνδρομος, ἡ μὲν ὑπονοστεῖ μάλιστα ἡ θάλαττα περὶ τὸ ἄκτιον, ψιλὴ δὲ ἡ ψάμμος ὑπολείπεται, καὶ αἱ ναῦς πολλάκις ἐπὶ τῆς γῆς ἑστήκασιν ὕδατος χῆραι. οὐκοῦν οἱ ἐπιχώριοι ὅρπηκας αἰγείρων χλωροὺς καὶ κομῶντας ὀξύναντες δίκην σκολόπων καὶ ἐμπήξαντες τῇ ψάμμῳ ὑπαναχωροῦσιν, εἶτα ὑποστρέψαν τὸ κῦμα ἐπισύρει ἰχθύων τῶν προειρημένων πλῆθος ἄμαχον, ὑπονοστεῖ δὲ αὖθις, καὶ ὑπολείπονται πολλοὶ χρυσόφρυες ἐν ὀλίγῳ ὕδατι, ἔνθα καθειμένον εὑρεθῇ καὶ κοῖλον, εἶτα ὑπὸ τοῖς κλάδοις πτήξαντες ἡσυχάζουσι· διασειομένους γὰρ αὐτοὺς καὶ διακινουμένους ὑπὸ τοῦ προσπίπτοντος πνεύματος ὀρρωδοῦσι, καὶ οὔτε σπαίρουσιν οὔτε ἀναπάλλονται. πάρεστι δὴ συλλαβεῖν ὡς αἰχμαλώτους καὶ παίειν παντὶ τῷ προσπεσόντι δειλῶν ἰχθύων δῆμον εἴποι τις ἄν. αἱροῦσι γοῦν αὐτοὺς οὐ τεχνῖται μόνοι, ἀλλὰ κἂν ἰδιώτης παρατυχὼν ᾖ, καὶ παῖδες καὶ γυναῖκες.

1 Ὁ] Ὁ δὲ Her. ‖ 2 θαλάττης] θαλάσσης **V** | Ἀρκτούρου] Ἀρκτούρῳ Abr., Her. 3 ἡ[1]—μάλιστα] ὑπον. μάλιστα **V** : ὑπον. μὲν μάλιστα malit Jac. in com. : ὑπονοστεῖ μὲν Her. | θάλαττα] θάλασσα **V** | ἄκτιον] ἀκτίον **LPA** ‖ 7 ἐπισύρει] ὑποσύρει ***β*** ‖ 8 δὲ] τε **H** : om. **VLA** ‖ 9 ὑπολείπονται] ἀπολείπονται ***β*** χρυσόφρυες] χρύσοφροι ***β*** | ἔνθα] ἔνθ' ἂν Jac. in app., Her. ‖ 10 καθειμένον] καθήμενον **V** : καθήμενα Her. | κοῖλον] κοῖλα Her. ‖ 13 ὡς] καὶ **V** ‖ 14 δειλῶν] δειλὸν **A** ‖ 15 οὐ] οἱ **V** ‖ 16 ᾖ] εἴη **V**

LIBER XIV

14.1. Ἐν δὲ τῷ Ἰονίῳ πελάγει πλησίον Ἐπιδάμνου, ὅπου καὶ Ταυλάντιοι παροικοῦσι, νῆσός ἐστι καὶ Ἀθηνᾶς κέκληται, καὶ οἰκοῦσιν ἐνταῦθα ἁλιεῖς. ἔστι δὲ καὶ λίμνη αὐτόθι, καὶ σκόμβρων ἠθάδων καὶ ἡμέρων ἀγέλαι τρέφονται. καὶ τούτοις μὲν τροφὰς ἐμβάλλουσιν οἱ ἁλιεῖς, καὶ ἔστιν αὐτοῖς πρὸς αὐτοὺς ἔνσπονδα, καί εἰσιν ἐλεύθεροι, καὶ ἀθηρίαν εἰλήχασι, καὶ προΐασιν εἰς χρόνου πλῆθος, καὶ ζῶσιν αὐτόθι σκόμβροι καὶ γέροντες. οὐ μὴν ἀργοὶ σιτοῦνται, οὐδὲ μὴν ὑπὲρ ὧν τρέφονταί εἰσιν ἀχάριστοι, λαβόντες δὲ καὶ ἐκ τῶν ἁλιέων τροφὰς τὰς ἑωθινὰς εἶτα μέντοι καὶ αὐτοὶ ἐπὶ τὴν θήραν ἴασιν, ὥσπερ οὖν τροφεῖα ἐκτίνοντες. καὶ τοῦ λιμένος προελθόντες ἐπὶ τοὺς ξένους στέλλονται σκόμβρους, καὶ ἐντυχόντες ὡς ἴλῃ τινὶ ἢ φάλαγγι, ἅτε ὁμοφύλοις καὶ τῆς αὐτῆς φύσεως οὖσι προσνέουσι, καὶ οὔτε τούτους ἐκεῖνοι φεύγουσιν οὔτε οὗτοι ἐκκλίνουσιν αὐτούς, ἀλλὰ συνίασιν. εἶτα οἱ τιθασοὶ τοὺς ἐπήλυδας περιελθόντες καὶ κυκλόσε γενόμενοι καὶ ἑαυτοὺς συμφράξαντες ἀπειλήφασι μέσους πολύ τι πλῆθος, καὶ οὐκ ἐῶσι διαδιδράσκειν, ἀναμένουσι δὲ τοὺς τροφέας, καὶ ἀνθ' ὧν ἐκορέσθησαν ἀνθεστιῶσι τοὺς ἁλιέας· ἐπελθόντες γὰρ αἱροῦσιν αὐτοὺς καὶ πολὺν ἐργάζονται φόνον. οἱ δὲ τιθασοὶ ἐπανίασι σπεύδοντες εἰς τὸν λιμένα, καὶ τοὺς ἑαυτῶν χηραμοὺς ὑπελθόντες ἀναμένουσι τὸ δειλινὸν δεῖπνον. οἳ δὲ ἥκουσι κομίζοντες, εἰ βούλονται συνθήρους ἔχειν καὶ φίλους πιστούς. ὁσημέραι μέντοι πράττεται ταῦτα καὶ δεινῶς, φασίν.

2 Ἰονίῳ] ex corr. **L** : ἰωνίῳ (ante corr. **L**) **A** ‖ 3 Ταυλάντιοι] Steph., Ges. in mg., Jac., Her. : ταλάντιοι **VPH** : ταλάντειοι **LA** ‖ 5 ἀγέλαι] om. **V** ‖ 7 προΐασιν] προιᾶσιν **V** ‖ 8 οὐ—ἀργοὶ] οὐδὲ μὴν ἄρτον **V** ‖ 9 μὴν] om. **V** : del. Her. ‖ 10 καὶ[1]] del. Rei., Her. ‖ 11 ἴασιν] ἰᾶσιν **V** | ἐκτίνοντες] ex corr. **L** : ἐκτείνοντες **V** (ante corr. **L**) ‖ 12 τοὺς ξένους] τοὺς ξένους καὶ τοὺς ξενίους ***β*** ‖ 13 ἴλῃ] ὕλῃ **V** 14 οὖσι] ex corr. **P** : οὔσης **L** (ante corr. **P**) **A** | φεύγουσιν] φεύγοντες **P** 15 αὐτούς] ἐκείνους Her. | συνίασιν] συνιᾶσιν **V** | τιθασοὶ] τιθασσοὶ **PA** 16 κυκλόσε] κυκλώσει **P** | γενόμενοι] γεγενόμενοι **L** | ἑαυτοὺς] αὐτοὺς **A** 19 ἀνθεστιῶσι] ἀντεφεστιῶσι ***β*** ‖ 20 τιθασοὶ] τιθασσοὶ **PA** | ἐπανίασι] ἐπανιᾶσι **V** ‖ 24 καὶ—φασίν] om. **P** : del. Her.

14.2. Σκάρου διαχυθείσης τῆς χολῆς περὶ πᾶν τὸ σῶμα, ἐὰν δῷς ἐμφαγεῖν ἀνθρώπῳ νοσοῦντι τὸ ἧπαρ καὶ ἴκτερον ἔχοντι, σωθήσεται, ὡς οἱ σοφοὶ τῶν ἁλιέων διδάσκουσιν.

14.3. Ἁλίσκεται δὲ ἄρα ἰχθῦς καὶ ἄνευ κύρτων καὶ ἀγκίστρων καὶ δικτύων τὸν τρόπον τοῦτον. κόλποι θαλάττης πολλοὶ τελευτῶσιν εἰς τενάγη τινά, καὶ ἔστι ταῦτα ἐπιβατά. ὅταν οὖν ᾖ γαλήνη καὶ εἰρήνη πνευμάτων, οἱ τεχνῖται τῶν ἁλιέων ἄγουσι πολλοὺς ἐνταῦθα, εἶτα αὐτοὺς προστάττουσι βαδίζειν καὶ πατεῖν τὴν ψάμμον, ὡς ὅτι μάλιστα ἐπερείδοντας τὸ πέλμα ἰσχυρῶς. εἶτα ἴχνη καταλείπεται βαθέα, ἅπερ οὖν ἐὰν φυλαχθῇ, καὶ μή ποτε συμπεσοῦσα ἡ ψάμμος συγχέῃ αὐτά, μηδὲ ἐνταραχθῇ ὑπὸ πνεύματος τὸ ὕδωρ, ὀλίγον διαλείπουσιν οἱ ἁλιεῖς, καὶ ἐμβάντες καταλαμβάνουσιν ἐν τοῖς κοιλώμασι τῶν βημάτων καὶ τοῖς ἴχνεσι τοὺς ἰχθῦς τοὺς πλατεῖς εὐναζομένους, ψήττας τε καὶ ῥόμβους καὶ στρουθοὺς καὶ νάρκας καὶ τὰ τοιαῦτα.

14.4. Ἐχίνου θαλαττίου πέρι εἶπον ἀνωτέρω [7.33; 9.47] καὶ νῦν δὲ εἰρήσεται ὅσα προσακήκοα. ἔστι γὰρ καὶ στομάχῳ ἀγαθόν· τὸν τέως γὰρ κακόσιτον ὄντα καὶ πᾶν ὁτιοῦν βδελυττόμενον ὃ δὲ ἀναρρώννυσιν. ἔστι δὲ καὶ κύστεως κενωτικός, ὡς οἱ τούτων λέγουσι σοφοί. εἰ δὲ αὐτοῦ καὶ ἐπιχρίσαις σώματα ψωριῶντα, ὃ δὲ σῶν ἐργάζεται τὸν τέως νοσοῦντα τὴν νόσον τὴν προειρημένην. καυθεὶς δὲ ἄρα ὀστράκοις αὐτοῖς ἐκκαθαίρει τὰ ῥυποῦντα τῶν τραυμάτων. χερσαίου δὲ ἐχίνου καυθέντος ἡ σποδιὰ πίττῃ προσανακραθεῖσα εἶτα μέντοι καταχρίεται τῶν λειψοτρίχων μερῶν, καὶ αἱ τέως φυγάδες (ἵνα τι καὶ παίξω) ὑπαναφύονται. πινομένη δὲ οἴνῳ νεφροῖς ἀγαθόν ἐστι, σῴζει δὲ ἄρα καὶ ὑδεριῶντας ποθεῖσα, ὥσπερ δὴ καὶ προεῖπον. τὸ δὲ ἧπαρ

1 Σκάρου—σῶμα] om. **P** : Σκάρου τὴν (τὴν add. Her.) χολὴν Jac. in app., Her. ‖ 5 θαλάττης] θαλάσσιοι **V** : θαλάττιοι Her. ‖ 6 εἰς] ἐς ***β*** ‖ 9 ἐπερείδοντας] ὑπερείδοντας **V** : ἀπερείδοντας Her. | πέλμα] τέλμα **AH** ‖ 10 ἅπερ] ὥσπερ **P** 11 ἐνταραχθῇ] ἐκταραχθῇ Her. ‖ 12 ἐμβάντες] ἐκβάντες **A** ‖ 14 εὐναζομένους] ἀναζομένους (eras. sec. m. **L**) **A** ‖ 16 ἀνωτέρω] καὶ ἀνωτ. Her. ‖ 18 ὁτιοῦν] ὅ τι οὖν Her. ‖ 20 ὡς] καὶ **V** | καὶ] om. **H** : del. Her. | ἐπιχρίσαις] ἐπιχρίσας **A** : ἐπιχρίσεις **H** | σώματα ψωριῶντα] σώματι ψωριῶντι ***β***, Her. ‖ 22 ἐκκαθαίρει] ἐκκ. τε ***β*** | τὰ] τὸν **V** ‖ 23 ῥυποῦντα] ῥυπῶντα **PH**, Her. ‖ 25 παίξω] παίσω Her.‖ 26 ἀγαθόν] ἀγαθή **P**‖ 27 ὑδεριῶντας] ὑδεριῶντα **A**

ἄρα τοῦ ἐχίνου τούτου ἰᾶται ὑφ' ἡλίου γενόμενον αὖον τοὺς τῇ νόσῳ τῇ τοῦ καλουμένου ἐλέφαντος κατειλημμένους.

14.5. Ἐλέφας ὁ θῆλυς, τιμιώτερα εἶναι τὰ τούτου κέρατα οἱ σοφοὶ ταῦτα ὑμνοῦσι, καὶ ἐκεῖνά γε ἡμᾶς διδάσκουσιν. ἐν τῇ Μαυρουσίᾳ γῇ οἱ ἐλέφαντες, δεκάτῳ ἔτει πάντως αὐτοῖς τὰ κέρατα ἐκπεσεῖν δεῖ, ὥσπερ οὖν καὶ τῶν ἐλάφων, ἀλλὰ τούτων ἀνὰ πᾶν ἔτος. οἱ τοίνυν ἐλέφαντες οἵδε γῆν πεδιάδα καὶ ἔνδροσον προαιροῦνται τῆς ἄλλης, καὶ ἐπερείδουσιν εἰς αὐτήν, ὀκλὰξ ἐπικύψαντες, ἐκδῦναι αὐτὰ δεινῶς σφριγῶντες. τοσοῦτον δὲ ἄρα ἐπωθοῦσιν, ὡς καὶ τέως αὐτὰ ἀποκρύψαι· εἶτα μέντοι ὑποψήσαντες τοῖς ποσὶ λεῖον τὸν χῶρον ἀπέφηναν τὸν φρουροῦντα τὸ θησαύρισμα αὐτοῖς. γονιμωτάτη δὲ ἄρα ἡ γῆ οὖσα εἶτα ὤκιστα τὴν πόαν ἀναφύει, καὶ ἀφανίζει τὴν ὄψιν τοῦ γεγενημένου τοῖς ὁδῷ χρωμένοις. οἱ δὲ καὶ ταῦτα ἀνιχνεύοντες τὰ φώρια καί τινα σοφίαν τῆς ἐκείνων ἐπιβουλῆς ἔχοντες ἐν ἀσκοῖς αἰγείοις ὕδωρ κομίζουσιν, εἶτα αὐτοὺς διασπείρουσι πεπληρωμένους ἄλλους ἀλλαχόσε, καὶ αὐτοὶ καταμένουσι. καὶ καθεύδει τις, καὶ ἄλλος ὑποπίνει, καί πού τις καὶ μεταξὺ ἐπιρροφῶν τῆς κύλικος ὑπαναμέλπει καὶ μέμνηται διὰ τοῦ μέλους ἧς ἐρᾷ· εἰ δὲ καὶ νέον ὡρικὸν ὑποπειρᾷ παρόντα τις καὶ αὐτὸν τῆς ἰχνεύσεως κοινωνόν, οὐκ ἂν θαυμάσαιμι· εἰσὶ γὰρ Μαυρούσιοι καὶ καλοὶ καὶ μεγάλοι, καὶ ἀνδρικὸν ὁρῶσι, καὶ ἔργων ἔχονται θηρατικῶν, καὶ μέντοι καὶ πολλοὶ ἀναφλέγουσι μειράκια ἔτι καὶ τηλικοίδε ὄντες. οὐκοῦν εἰ τὰ κέρατα εἴη κατορωρυγμένα πλησίον ἐκεῖνα, τὰ δὲ ἴυγγί τινι ἀπορρήτῳ καὶ θαυμαστῇ τὸ ὕδωρ ἐκεῖνο ἐκ τῶν ἀσκῶν ἕλκει, καὶ ἀποδείκνυσι κενοὺς αὐτούς. ἐνταῦθα τοίνυν σμινύαις τε καὶ μακέλλαις διασκάπτουσι τὸν χῶρον, καὶ

1 τῇ] μέντοι ***β***‖ 4 καὶ—γε] γε καὶ ἐκεῖνα **A**‖ 6 δεῖ] σπεύδει ***β*** : φιλεῖ Her.|ὥσπερ οὖν] οὖν ὥσπερ **LPA** | τῶν] τὰ τῶν Her. ‖ 8 ἐπερείδουσιν] ὑπερείδουσιν **V** : ἀπερείδουσιν Her.|αὐτήν] αὐτὴν τὰ κέρατα Her.‖ 9 αὐτὰ] αὐτῶν ***β***‖ 10 τέως] τελέως Rei., Her. ‖ 13 ὤκιστα] ex corr. **P**, Gill., Jac., Her. : ἥκιστα codd. (ante corr. **P**) | τὴν[1]] om. **V** : del. Her. ‖ 14 καὶ] del. Her. ‖ 15 ἐκείνων] ἐξ ἐκείνων Her. 16 αὐτοὺς] αὐτοὶ ***β*** ‖ 17 ἄλλους] ante corr. **H** : ἄλλος **P** (ex corr. **H**) καταμένουσι] καταμένονται **A**‖ 20 αὐτὸν] αὐτὸς **LPA**‖ 21 κοινωνόν] κοινωνῶν **LA**‖ 23 πολλοὶ] πολλὰ **LPA** : πολλοὺς Jac. in app., Her.|ἀναφλέγουσι] λέγουσι **A** ‖ 24 εἰ] οἷ **A** : οἶ **L** : οἷ **V** : οἱ **H** | κατορωρυγμένα] κατωρυγμένα **LPA** 25 θαυμαστῇ] θαυ. δὲ ***β***‖ 26 ἕλκει] ἕλκειν **LAH** : om. **P**‖ 27 τοίνυν] τοι Her.

ἔχουσι τὸ θήραμα ῥινηλατήσαντες ἄνευ κυνῶν· ἐὰν δὲ ἔμπλεῳ μείνωσιν οἱ ἀσκοὶ οὗπερ οὖν καὶ κατέθεσαν αὐτοὺς οἱ τῶν κεράτων τῶνδε θηραταί, οἳ δὲ ἀπίασιν ἐπ' ἄλλην θήραν, καὶ μέντοι καὶ ἀσκοὺς καὶ ὕδωρ ἐπάγονται πάλιν, τὰ θήρατρα τῆς ἄγρας τῆς προειρημένης.

14.6. Λέγεται δὲ καὶ ἐλέφας διπλῆν ἔχειν καρδίαν καὶ διπλᾶ νοεῖν, καὶ τῇ μὲν θυμοῦσθαι, πραΰνεσθαί γε μὴν τῇ ἑτέρᾳ· Μαυρουσίοις δὲ ἄρα ἕπομαι λόγοις λέγων ταῦτα. ἐπεί τοι καὶ ἐκεῖνα οἱ αὐτοὶ ὑμνοῦσι, λύγγας εἶναι. φασὶ δὲ αὐτὰς παρδάλεως μὲν ἔτι καὶ πλέον σιμάς, ἄκρα μὴν τὰ ὦτα λασίους. θηρίον τοῦτο ἁλτικὸν δεινῶς, καὶ κατασχεῖν βιαιότατά τε καὶ ἐγκρατέστατα καρτερόν. ἔοικε δὲ ἄρα τῷ θηρίῳ τούτῳ μαρτυρεῖν καὶ Εὐριπίδης τὸ ἀπρόσωπον, ὅταν που λέγῃ [fr. 863 N.]·

ἥκει δ' ἐπ' ὤμοις ἢ συὸς φέρων βάρος
ἢ τὴν ἄμορφον λύγγα, δύστοκον δάκος.

ὑπὲρ ὅτου δὲ λέγει δύστοκον τοὺς κριτικοὺς ἐρέσθαι λῷον.

14.7. Περὶ στρουθοῦ δὲ τῆς μεγάλης εἴποι τις ἂν καὶ ἐκεῖνα. ἡ γαστὴρ αὐτῆς ἀνῃρημένης εὑρίσκεται καθαιρομένη λίθους ἔχουσα, οὕσπερ οὖν καταπιοῦσα ἡ στρουθὸς ἐν τῷ ἐχίνῳ φυλάττει καὶ πέττει τῷ χρόνῳ. εἶεν δ' ἂν οὗτοι καὶ ἀνθρώπων ὄψεως ἀγαθόν, νεῦρα δὲ τὰ ταύτης καὶ λίπος ἀνθρωπείων νεύρων ἀγαθά εἰσιν. ἁλίσκεται μὲν οὖν αὕτη ὑπὸ ἵππων ἀπειποῦσα τῷ δρόμῳ· θεῖ μὲν γὰρ εἰς κύκλον, ἀλλ' ἐξωτέρω περιθέουσα· οἱ δὲ ἱππεῖς τῷ ἐνδοτέρῳ ὑποτέμνονται κύκλῳ, καὶ ἔλαττον περιϊόντες ἀπειποῦσαν τῷ δρόμῳ ἀγρεύουσιν αὐτὴν χρόνῳ. λαμβάνεται δὲ καὶ τοῦτον τὸν τρόπον. καλιὰν ἐργάζεται ταπεινὴν ἐν τῷ

2 οὖν] οὗ **P** ‖ 3 ἀπίασιν] ἀπιᾶσιν **V** : ἐπανιᾶσιν **H** ‖ 4 πάλιν] μᾶλλον **A** 7 θυμοῦσθαι] θυμ. καὶ *β* | γε μὴν] δὲ **V** ‖ 8 λόγοις] om. **V** ‖ 9 λύγγας] λύγκας Her. ‖ 10 μὴν] γε μὴν **H**, Her. | θηρίον] θηρ. δὲ Her. ‖ 11 τε] om. **V** ἐγκρατέστατα] ἀκρατέστατα **A** ‖ 13 ἀπρόσωπον] ἀπρ. οὖν *β* ‖ 14 ἥκει δ'] ἥκειν **P** ‖ 15 λύγγα] λύγκα Her. | δάκος] ἄκος **V** ‖ 16 κριτικοὺς] κρητικοὺς **VPAH** 18 καθαιρομένη] καὶ καθ. **A** : καθαιρομένης **V** | λίθους] λίθ. τε *β* ‖ 19 οὕσπερ] ὥσπερ **PH** ‖ 20 πέττει] ex corr. (scr. supra παράγει) al. m. **P** : πέτεται **V** ὄψεως] πέψεως Her. ‖ 21 εἰσιν] ἐστιν Her. ‖ 22 αὕτη] αὐτὴ **L** ἀπειποῦσα—δρόμῳ] del. Her. ‖ 24 ἐνδοτέρῳ] ἐνδοτέρω Her.

δαπέδῳ, τὴν ψάμμον διαγλύψασα τοῖς ποσί. καὶ τὸ μὲν μεσαίτατον αὐτῆς κοῖλόν ἐστι, τὰ χείλη δὲ τὰ κύκλῳ ὑψηλὰ ἐργάζεται, ἀποτειχίζουσα τρόπον τινά, ἵνα τὸ ἐκ Διὸς ὕδωρ ἀποστέγῃ τὰ χείλη, καὶ μὴ εἰσρέῃ τῇ καλιᾷ, καὶ ἐπικλύζῃ τῆς στρουθοῦ τοὺς νεοττοὺς ὄντας ἁπαλούς. τίκτει δὲ καὶ ὑπὲρ τὰ ὀγδοήκοντα, οὐ μὴν ἀθρόα ἐκγλύφει, οὐδὲ ἐν ταὐτῷ χρόνῳ παρίασιν ἐς τὸ φῶς πάντα, ἀλλὰ τὰ μὲν ἤδη τέτεκται, ἄλλα δὲ ἔτι ἐν τοῖς ᾠοῖς ὑποπήγνυται, τὰ δὲ ὑποθάλπεται. ὅταν οὖν ἐν τούτοις ᾖ ἐκείνη, θεασάμενος ἀνήρ τις οὐκ ἄφρων ἀλλὰ τῆς τοιαύτης θήρας πεπειραμένος, αἰχμὰς περὶ τὴν καλιὰν πήγνυσι τεθηγμένας, ὀρθὰς δὲ ἄρα κατὰ τοῦ σαυρωτῆρος πήγνυσι, καὶ ὁ σίδηρος ἐκλάμπει, καὶ ἀναχωρήσας ἐλλοχᾷ τὸ πραττόμενον. ἐπάνεισιν οὖν ἐκ τῆς νομῆς ἡ στρουθὸς ἐρῶσα τῶν νεοττῶν ἰσχυρῶς καὶ διψῶσα αὐτῶν τῆς συνουσίας. καὶ τὰ μὲν πρῶτα περιβλέπει δεῦρο καὶ ἐκεῖσε καὶ ἑλίττει τὸ ὄμμα, δεδοικυῖα μή τις αὐτὴν θεάσηται· εἶτα μέντοι νικωμένη ὑπὸ τοῦ ἱμέρου καὶ οἰστρουμένη, τὰς πτέρυγας ἁπλώσασα ὡς ἱστίον, δρόμῳ φερομένη συντόνῳ καὶ ῥοίζῳ, εἶτα εἰσήλατο εἰς τὴν ἑαυτῆς καλιάν, καὶ οἴκτιστα ταῖς αἰχμαῖς ἐμπλεχθεῖσα καὶ περιπαρεῖσα ἀποθνήσκει. ἐπίσταται οὖν ὁ θηρατὴς καὶ ᾕρηκε σὺν τῇ μητρὶ τοὺς ἐκγόνους.

14.8. Πόλις ἐστὶν ἐν τοῖς ὑπὸ τὴν ἑσπέραν χωρίοις Ἰταλική. ὄνομα αὐτῇ Πατάβιον. Ἀντήνορος ἔργον εἶναι λέγουσι τοῦ Τρωὸς τὴν πόλιν. ταύτην δὲ ᾤκησεν ἄρα οἴκοθεν σωθείς, ὅτε ἀπηλλάγη τῆς πατρίδος ἁλούσης τῆς Ἰλίου, αὐτὸν αἰδεσθέντων τῶν

1 διαγλύψασα] διαγλύψασαν **V** ‖ 2 μεσαίτατον] μεσώτατον **P** ‖ 4 ἀποστέγῃ] ἀποστέξῃ **PAH** : ἀποστάξῃ **L** | ἐπικλύζῃ] ἐπικλύζει **P** ‖ 7 παρίασιν] παριᾶσιν **VH** : πάρεισιν Her. ‖ 8 ὑποπήγνυται] **H**, Her. : ὑποπήγνυται μὲν **LPA** : ἀποπήγνυται **V** ‖ 9 τις] τε **LP** ‖ 18 φερομένη συντόνῳ] συντόνῳ φερ. ***β*** | εἶτα] del. Her. ‖ 19 καὶ[1]] om. **VA** | οἴκτιστα ταῖς] corr. ex οἰκτιστάταις **L** : οἰκιστάταις **A** : οἰκτιστάτως δὲ ταῖς **V** | αἰχμαῖς] γὰρ αἰχμαῖς ***β*** | ἐμπλεχθεῖσα] ἐμπλαχθεῖσα ex corr. **L** : ἐμπαλαχθεῖσα (ante corr. **L**) **PA** (ε supra α secundum scr. **A**), Her. 20 ἐπίσταται] ante corr. **L** : ἐφίσταται ex corr. **L**, Jac., Her. ‖ 21 ἐκγόνους] ἐγγόνους **P** : ἐγγόνοις **A** ‖ 22 Ἰταλική] ἰταλικόν **V** ‖ 23 Πατάβιον] ποτάμιον **V** 24 ᾤκησεν] ᾤκισεν **P**, Her. | ἄρα] ἄρα τὴν **PAH** : την (sic) **L** : γῆν Ges., Jac. 25 αὐτὸν αἰδεσθέντων] αἰδ. αὐτ. **H**, Her.

Ἑλλήνων, ἐπεὶ πρεσβεύοντα τὸν Μενέλεων σὺν τῷ Ὀδυσσεῖ ὑπὲρ τῆς Ἑλένης ἔσωσεν, Ἀντιμάχου συμβουλεύσαντος ἀποκτεῖναι αὐτούς. ἔλεγε δὲ ἄρα οὗτος ταῦτα,

χρυσὸν Ἀλεξάνδροιο δεδεγμένος, ἀγλαὰ δῶρα,

ὡς Ὅμηρός φησιν [*Il.* 11.124]. οὐκοῦν τῷδε τῷ Παταβίῳ πόλις γειτνιᾷ ἑτέρα, καὶ Βιγετίαν καλοῦσιν αὐτήν, καὶ παραρρεῖ ποταμὸς αὐτῇ Ἠρέταινος ὄνομα, καὶ παραμείβεται οὗτος γῆν οὐκ ὀλίγην εἶτα ἐς τὸν Ἠριδανὸν ἐμβάλλει, καὶ ἀνακοινοῦται τὸ ὕδωρ. ἐν δὴ τῷ Ἠρεταίνῳ ἐγχέλυς γίνονται μέγισταί τε καὶ τῶν ἀλλαχόθεν πιόταται μακρῷ. ἁλίσκονται δὲ ἄρα τὸν τρόπον τοῦτον· ἐπὶ πέτρας προβλῆτος κάθηται ὁ θηρατὴς ἔν τινι κολποειδεῖ χωρίῳ, ὅπου καὶ πλατύνεται τὸ ῥεῦμα ἔτι μᾶλλον, ἢ καὶ ἐπί τινος δένδρου κάθηται προρρίζου πλησίον τῆς ὄχθης ῥιφέντος ὑπὸ πνεύματος σκληροῦ, ὅπερ οὖν ὑποσήπεται μέν, ἀχρεῖον δέ ἐστι κατακῆναί τε καὶ ἐκκαῦσαι αὐτό. οὐκοῦν ἑαυτὸν ἐγκαθίσας ὁ τῶν ἐγχελύων τῶνδε ἁλιεύς, καὶ λαβὼν ἔντερον νεοσφαγοῦς ἀρνὸς τριῶν μὲν ἢ τεττάρων πηχῶν, πεπιεσμένον δὲ ἰσχυρῶς, τὴν μὲν ἀρχὴν αὐτοῦ καθίησιν εἰς τὸ ὕδωρ, καὶ εἱλεῖται ἐν ταῖς δίναις στρεφόμενον, τό γε μὴν τέλος διὰ χειρῶν ἔχει, ἐμβέβληται δὲ εἰς αὐτὸ καλάμου τρύφος, ὅσον κώπην εἶναι τὸ μῆκος ξίφους. οὐ μὴν λανθάνει τὰς ἐγχέλυς ἡ τροφή· χαίρουσι γὰρ τῷδε τῷ ἐντέρῳ. καὶ ἥ γε πρώτη προσελθοῦσα, οἰστρουμένη ὑπὸ τοῦ λιμοῦ καὶ περιχανοῦσα, ἐμφύει τοὺς ὀδόντας γυρούς τε καὶ

1 Μενέλεων] μενέλαον **V** | Ὀδυσσεῖ] ὀδυσεῖ **P** ‖ 2 συμβουλεύσαντος] συμβουλεύοντος **β** ‖ 3 οὗτος] καὶ οὗτος **LA** ‖ 5 φησιν] om. **V** | τῷ] del. Her. Παταβίῳ] ποταμίῳ **V** ‖ 6 Βιγετίαν] βιγητίαν **L** (ut vid. **P**) **H** : βιτητίαν **A** : Βικετίαν Her. ‖ 7 Ἠρέταινος] **H**, Her. : ἠρέτενος **VP** : ἠρετενός **LA** ‖ 8 ἐς] εἰς **A** ἀνακοινοῦται] ἀνακοινοῦταί οἱ Rei., Her. ‖ 9 δὴ τῷ] δὲ τῇ **P** | Ἠρεταίνῳ] **H**, Her. : ἠρετένῳ **VLP** : ἠρετενῷ **A** | ἐγχέλυς] ἐγχέλεις **LPA**, edd. ‖ 10 πιόταται] πιότεραι Her. ‖ 12 ὅπου καὶ] καὶ ὅπου **V** | ἔτι] ἐπὶ Rei., Her. ‖ 15 κατακῆναί] κατακτεῖναί **PH** : κατακοπῆναί Lob., Her. ‖ 16 ἐγκαθίσας] καθίσας **β** ἐγχελύων] ἐγχέλεων Her. | τῶνδε ἁλιεύς] ἁλι. τῶνδε **L**, Her. ‖ 17 πεπιεσμένον] ex corr. **A** : πεπιασμένον (ante corr. **A**.), edd. ‖ 18 εἰς] ἐς **β** | εἱλεῖται] **H**, Jac., Her. : εἰλεῖται **VLPA** ‖ 21 λανθάνει] λανθάνειν **V** | ἐγχέλυς] ex corr. **P** : ἐγχέλεις ante corr. **P**, Jac., Her. | γὰρ] δὲ **V**

ἀγκιστρώδεις καὶ δυσεξελίκτους ὄντας, καὶ συνεχῶς ἐπισκαίρει τε καὶ πειρᾶται καθέλκειν τὸ δέλεαρ. ὃ δὲ κραδαινομένου τοῦ ἐντέρου συνεὶς ἔχεσθαι τὴν ἔγχελυν, τὸν κάλαμον ᾧ τὸ ἔντερον προσήρτηται ἐνθεὶς τῷ ἑαυτοῦ στόματι καὶ οἷον σθένει καταπνέων, φυσᾷ τὸ ἔντερον καὶ μάλα γε ἰσχυρῶς, τὸ δὲ ἐκ τοῦ καταρρέοντος πνεύματος πίμπραται καὶ οἰδαίνει. ὁ τοίνυν ἄνεμος κατολισθάνει εἰς τὴν ἔγχελυν, καὶ πληροῖ μὲν τοῦ πνεύματος αὐτῆς τὴν κεφαλήν, πληροῖ δὲ τὴν φάρυγγα, καὶ ἐμφράττει τῷ θηρίῳ τὸ ἆσθμα. καὶ ἀναπνεῦσαι μὴ δυναμένη μηδὲ μὴν ἐξελεῖν τοῦ σπλάγχνου τοὺς ἐμπεφυκότας ὀδόντας ἀποπνίγεται, καὶ ἀνασπᾶται ἁλοῦσα ὑπὸ τοῦ ἐντέρου καὶ τοῦ πνεύματος καὶ τοῦ καλάμου τρίτου. καθ' ἑκάστην μὲν οὖν δρᾶται τοῦτο, ἁλίσκονται δὲ ὑπὸ πολλῶν πολλαί. ἔστω δέ μοι καὶ ταῦτα τῶνδε τῶν ἰχθύων λεχθέντα ἴδια.

14.9. Λέοντα θαλάττιον ἐοικέναι καράβῳ ἀμηγέπη καὶ ἡμεῖς ἴσμεν, λεπτότερον δὲ τὴν ἕξιν τοῦ σώματος ὁρῶμεν αὐτὸν καὶ ὑπό τι καὶ κυανοῦ μέρη τῶν ὀστράκων προσβάλλοντα, νωθῆ δὲ καὶ ἔχοντα χηλὰς μεγίστας καὶ ταῖς τῶν καρκίνων προσεοικυίας κατὰ σχῆμα. λέγεται δὲ ὑπὸ τῶν σοφωτέρων ἁλιέων ἔχειν τινὰς ὑμένας προσηρτημένους τοῖς ὀστράκοις, ὑφ' οἷς ὑμέσιν εἶναι σαρκία ἁπαλά, καὶ καλεῖσθαι ἐκείνου τοῦ λέοντος στέαρ ταῦτα. ὀνίνασθαι δὲ τοὺς ἀνθρώπους ἐξ αὐτοῦ ἐκεῖνα. προσώπου καθαίρουσι χρῶτα θολερόν, καὶ ἐλαίῳ ῥόδοις ἀνακραθέντι ἐμβληθέντα καὶ γενόμενα χρίσμα εἰς ὥραν καὶ ἀγλαΐαν συμμάχεσθαι. προσακήκοα δὲ καὶ ἐκεῖνο, τὸν ἐπὶ τῆς γῆς λέοντα δεδιέναι ἰσχυρῶς τοῦ

1 δυσεξελίκτους] δυσελίκτους **LA** : δυσενκίτους (punctum supra ν) **P** ‖ 3 ᾧ—4 προσήρτηται] post στόματι transp. **V** ‖ 4 οἷον] ὅσον Schn., Her. ‖ 5 καταπνέων] καὶ καταπνέων Her. ‖ 6 πίμπραται] ex corr. **A** : πίμπλαται **V** (ante corr. **A**) οἰδαίνει] διοιδάνει **H** : οἰδάνει Her. ‖ 7 κατολισθάνει] κατολισθαίνει **β** ‖ 10 τοῦ σπλάγχνου] om. **V** ‖ 11 τοῦ ἐντέρου] τῶν ἐντέρων **V** ‖ 13 ἔστω—μοι] ἔστω μοι (ἔστω δέ μοι in mg. al. m.) post ἴδια transp. **A** | δέ] δή Her. ‖ 15 θαλάττιον] θαλάσσιον **V** | ἀμηγέπη] ἀμιγήπη **A** : ἀμη. **H**, Her. ‖ 17 κυανοῦ] κυανᾶ **V** μέρη—ὀστράκων] del. Her. ‖ 18 ταῖς] τὰς **V** | προσεοικυίας] προσεοικυίαις **AH** ‖ 20 προσηρτημένους] προσηρτημένοις **P** ‖ 22 αὐτοῦ] αὐτῶν Her. καθαίρουσι] καθαίρει Her. ‖ 23 θολερόν] θολεράν **A** | ἐμβληθέντα] βληθέντα **A** : ἀμβληθέντα **P** ‖ 24 χρίσμα] χρῖμα Her. | συμμάχεσθαι] συμμάχεται Jac. in com., Her.

θαλαττίου τῆς ὄψεως τὸ ἐκτράπελον, καὶ μὴ φέρειν αὐτοῦ τὴν ὀσμήν· ὡς δέδοικε δὲ καὶ ἀλεκτρυόνα ὁ λέων αὐτός, ἀνωτέρω μοι λέλεκται [3.31; 6.22]. λέγουσι δὲ καὶ συντριβέντων αὐτοῦ τῶν ὀστράκων καὶ ἐμβληθείσης τῆς κόνεως εἰς ὕδωρ, πιόντα τὸν χερσαῖον λέοντα ἔξω ἂν γίνεσθαι νόσου λυπούσης αὐτοῦ τὴν κοιλίαν. εἰρήσθω δέ μοι καὶ ταῦτα τοῦ θαλαττίου λέοντος ἴδια.

14.10. Ὄνοι δὲ Μαυρούσιοι, ὤκιστοι δραμεῖν, παρά γε τὴν πρώτην ὁρμήν εἰσιν ὀξύτατοι. ἢ καὶ νὴ Δία αὔρας τινὸς ἐμβολὴν εἶναι ἢ πτερὸν αὐτόχρημα ὄρνιθος. ταχέως δὲ κάμνουσι, καὶ αὐτοῖς οἱ πόδες ἀπαγορεύουσι, καὶ τὸ πνεῦμα ἐπιλείπει, καὶ τῆς τε ὠκύτητος εἰλήφασι λήθην καὶ ἑστᾶσι νωθεῖς πεπεδημένοι, καὶ ἀφιᾶσι δάκρυα θαλερά, οὔ μοι δοκεῖ ἐπὶ τῷ μέλλοντι θανάτῳ τοσοῦτον, ὅσον ἐπὶ τῇ τῶν ποδῶν ἀσθενείᾳ. τῶν μὲν οὖν ἵππων ἀποπηδήσαντες εἶτα μέντοι περιβάλλουσιν αὐτοῖς βρόχους περὶ τὴν δέρην, καὶ τῷ ἵππῳ προσαρτήσας ἕκαστος ἄγει ὡς αἰχμάλωτον ἑαλωκότα. ὅτι δὲ μικροὶ μὲν ἰδεῖν εἰσιν οἱ Λίβυες ἵπποι, δραμεῖν τε ὤκιστοι, ἀνωτέρω εἶπον [3.2].

14.11. Βοῶν δὲ Λιβύων πλῆθος ἦν ἄρα καὶ πλέον ἀριθμοῦ, καί εἰσιν ὤκιστοι οἱ ἄγριοί τε καὶ ἐλεύθεροι. καὶ οἵ γε θηραταὶ πολλάκις σφάλλονται ἕνα διώκοντες, καὶ ἐμπίπτουσιν εἰς ἑτέρους ἀκμῆτας· καὶ ὃ μὲν εἰσδὺς εἰς θάμνον ἢ νάπην ἠφανίσθη, ἕτεροι δὲ ἀναφαίνονται ὅμοιοι καὶ ἀπατῶσι τὴν ὄψιν. καὶ εἴ γέ τις ὑπάρξαιτο τούτων διώκειν τινά, προαπαίρει αὐτῷ ἵππῳ· τὸν μὲν γὰρ ἤδη καμόντα αἱρήσει τις τῷ χρόνῳ, τοὺς δὲ αὐτῶν ἀρχομένους δρόμου προπονήσαντός οἱ τοῦ ἵππου οὐχ αἱρήσει. ἁλίσκονται δὲ ἀνὰ πᾶν ἔτος πολλοὶ καὶ ἀποθνήσκουσιν, ἥ γε μὴν ἐπιγονὴ αὐτῶν διαδέχεται καὶ μάλα ἀφθόνως. ἁλῶνται δὲ σὺν

1 θαλαττίου] θαλασσίου **V** ‖ **2** λέων] del. Her. ‖ **3** αὐτοῦ] αὐτῶν **V** ‖ **5** ἔξω ἂν] ἐξάντη Jac. in app., Her. ‖ **6** δέ] δή Her. | θαλαττίου] θαλασσίου **V** ‖ **7** παρά γε] παρὰ δὲ **V** : καὶ παρά γε **L** ‖ **8** ὀξύτατοι] ex corr. **L** : ὀξύτατα ***β*** (ante corr. **L**) ἢ—9 ἢ] ὡς αὔρας τινὰ ἐμβολὴν δοκεῖν εἶναι ἢ καὶ νὴ Δία Rei., Her. **10** ἀπαγορεύουσι] ὑπαγορεύουσι **A** ‖ **11** τε] del. Her. | νωθεῖς] del. Her. **12** δοκεῖ] δοκεῖν Schn., Her. ‖ **14** ἀποπηδήσαντες] ἀποδήσαντες **P** ‖ **15** δέρην] δέριν **A** ‖ **16** ἑαλωκότα] τὸν ἑαλ. Schn., Her. ‖ **17** ἵπποι] ἵπποι καὶ ὄνοι ***β*** | τε] δὲ **AH**, Her. ‖ **23** ὑπάρξαιτο] ὑπάρξοιτο **A** | προαπαίρει] προσαπαίρειν (ut vid. **L**) **A** : προσαπορεῖν **P** : προαπερεῖ **H**, Abr., Her. ‖ **24** τις] del. Her. | αὐτῶν] αὐτῷ **PA** : om. **VH** ‖ **25** δρόμου] τοῦ δρό. **V** ‖ **26** ἁλίσκονται] ἀναλίσκονται **L**

τοῖς μόσχοις καὶ οἱ ταῦροι κοινῇ καὶ αἱ θήλειαι, αἳ μὲν κύουσαι, αἳ δὲ ἄτοκοι. εἰ δὲ ἕλοι τις μόσχον ἔτι νεαρόν, καὶ μὴ παραχρῆμα ἀποκτείνῃ, διπλοῦν κέρδος ἕξει· συνῄρηκε γὰρ καὶ τὴν τεκοῦσαν αὐτόν, δράσας ἐκεῖνα ἅπερ εἰπεῖν οὐκ ἔστιν ἄτοπον. τὸν μὲν καταδήσας σχοίνῳ ἀπολέλοιπε καὶ ἀναχωρεῖ αὐτός, ἣ δὲ τῷ πόθῳ τοῦ τέκνου τηρεῖται καὶ φλεγομένη οἰστρᾶται, καὶ βουλομένη λύσασα ἀπάγειν ἐμβάλλει τὰ κέρατα, ἵνα διαξάνῃ τε καὶ διαστήσῃ τὰ δεσμά. ὅτῳ δ' ἂν τῶν κεράτων ἐς τὴν τῆς σχοίνου συμπλοκὴν διείρῃ, κατέχεται καὶ πεδηθεῖσα σὺν τῷ μόσχῳ καταμένει, ἐκεῖνον μὲν οὐκ ἀπολύσασα, ἑαυτήν γε μὴν ἀφύκτῳ τῷ δεσμῷ περιβάλλουσα. ταύτης οὖν ὁ θηρατὴς ἐξελὼν τὸ ἧπαρ αὐτὸ καὶ τὰ οὔθατα σφριγῶντα ἔτι ἐκτεμὼν καὶ τὴν δορὰν δείρας τὰ κρέα ἀφῆκεν ὄρνισι καὶ θηρίοις δαῖτα. τὸν δὲ μόσχον οἴκαδε κομίζει πάντα· ἔστι γὰρ καὶ ἐδωδὴν ἥδιστος, καὶ πῆξαι γάλα παρέξει ὀπὸν δούς.

14.12. Ὁ δράκων θαλάσσιός ἐστι μὲν παραπλήσιος τοῖς ἰχθύσι τοῖς ἄλλοις ὅσα ἐς τὸ λοιπὸν σῶμα, τήν γε μὴν κεφαλὴν ἔοικε τῷ χερσαίῳ δράκοντι καὶ τῶν ὀφθαλμῶν τὸ μέγεθος· εἰσὶ γὰρ μεγάλοι καὶ καλοί. καὶ τοῦτο μέντοι καὶ αἱ γένυς μὲν τοῖς χερσαίοις προσβάλλουσι τὴν ἑαυτῶν ἀμωσγέπως μορφήν. ἔχει δὲ καὶ φολίδας, καὶ τραχεῖαί εἰσι, καὶ τῆς δορᾶς τῆς δρακοντείου οὐ πόρρω δοκοῦσιν, εἴ τις προσάψαιτο· ἐκπέφυκε δὲ καὶ κέντρα χαλεπὰ αὐτοῦ, καὶ ἰὸν φέρει τὰ κέντρα, καὶ ἔστι τῷ θιγόντι οὐ χρηστά.

14.13. Ζῴων δ' ἂν εἴη με εἰπεῖν καὶ τὸ ἴδιον αὐτῶν. ὁ τῶν Ἰνδῶν βασιλεὺς ἐπιδόρπια σιτεῖται ταῦτα, οἷα δήπου Ἕλληνες ἐντραγεῖν

1 καὶ[2]] δὲ καὶ **A** ‖ **2** ἄτοκοι] ἀρτιτόκοι Her. ‖ **3** ἀποκτείνῃ] ἀποκτείνει ex corr. **P** : ἀποκτείνειε Her. ‖ **4** δράσας] δρά. δὲ **LA** : δρά. γε edd. ‖ **5** σχοίνῳ] σχοινίῳ **LPA** ‖ **6** τηρεῖται] τείρεται Ges. in mg., Jac., Her., fort. recte | οἰστρᾶται] οἰστρεῖται Her. ‖ **7** διαξάνῃ] διαξ νῃ (sic) **P** : διαξήνῃ Her. ‖ **8** ὅτῳ] ὅ τι Her. **11** περιβάλλουσα] Jac. : περιβαλλοῦσα **VL** : περιβαλοῦσα **PAH**, Her. **12** αὐτὸ] αὐτῷ **P** : αὐτῷ Jac. in app., Her. ‖ **13** ἀφῆκεν] ἀφεῖκεν **L** : ἀφῆκαν **P** **16** Ὁ] om. ***β*** | θαλάσσιός] non leg. **V** : ὁ θαλάττιός **H**, Her. ‖ **18** μέγεθος—19 μέντοι] μέγεθος (εἰσὶ γὰρ μεγάλοι καὶ τούτῳ), καὶ μέντοι Her. ‖ **19** καὶ[2]] om. **V** μὲν] μὴν vel δὲ in mg. **A** : om. **VH** : del. Her. ‖ **20** ἀμωσγέπως] ἀμω. **H**, Her. : ἄλλως γέ πως **A** ‖ **23** θιγόντι] edd. : θίγοντι **VPAH** : θήγοντι **L** ‖ **26** Ἕλληνες] οἱ ἑλλ. ***β***|ἐντραγεῖν] ὅσα ἐντρ. ***β***

αἰτοῦσι, φοινίκων τῶν χαμαιζήλων· ἐκεῖνος σκώληκά τινα ἐν τῷ φυτῷ τικτόμενον σταθευτὸν ἐπιδειπνεῖ γλύκιστον, ὡς Ἰνδῶν λέγουσι λόγοι, καί φασιν οἱ τὴν ἡδονὴν τὴν τοσαύτην ἐκ τοῦ σιτεῖσθαι —καὶ ἐμέ γε αἱροῦσι λέγοντες. ἔπαικλα δέ οἱ καὶ ἐκεῖνά ἐστι, κύκνων τε ᾠὰ καὶ τὰ τῶν χερσαίων στρουθῶν καὶ χηνῶν. τὰ μὲν οὖν ἄλλα οὐ μέμφομαί πω, κύκνων γε μὴν Ἀπόλλωνι μὲν λατρευόντων ᾠδικωτάτων δέ, ὡς ἡ φήμη διαρρεῖ λέγουσα, ἐπιβουλεύειν ἐκγόνοις καὶ διαφθείρειν τὰ ᾠά, ὦ Ἰνδοὶ φίλοι, οὐκέτι.

14.14. Λιβυστίνων γε μὴν περὶ δορκάδων καὶ κεμάδων τῶν ἐκεῖθι εἰπεῖν αἱρεῖ με θυμὸς τὰ νῦν ταῦτα. ὤκισται μὲν οὖν εἰσιν αἱ δορκάδες, καὶ ὅμως τοὺς ἵππους τοὺς Λίβυας οὐ διαδιδράσκουσι. λαμβάνονται δὲ καὶ ἄρκυσι. φαιαὶ δ' εἰσὶ τὴν γαστέρα, καὶ αὐταῖς ἧδε ἡ χρόα εἰς τὰς λαπάρας ἄνεισι· παρ' ἑκάτερα δὲ τῆς νηδύος μέλαιναι ταινίαι καθέρπουσιν αὐταῖς. ξανθαί γε μὴν τὸ λοιπὸν σῶμά εἰσι, μακραὶ τοὺς πόδας, μέλαιναι τὸ ὄμμα, τὴν κεφαλὴν κέρασι κεκοσμημέναι, τὰ ὦτα αὐταῖς εἰσι μήκιστα. ἥ γε μὴν καλουμένη καὶ ὑπὸ τῶν ποιητῶν κεμὰς δραμεῖν μὲν ὠκίστη θυέλλης δίκην, ἰδεῖν δὲ ἄρα πυρρόθριξ καὶ λασιωτάτη· τὴν δὲ οὐρὰν λευκὴν ἔχει. εἴκασται δὲ τοὺς ὀφθαλμοὺς κυανοῦ βαφῇ. τὰ δὲ ὦτα τριχῶν ἀνάπλεως βαθυτάτων. τὰ κέρατά τε αὐτῆς ἀντία καὶ ὡραῖα, ὡς ἐπιέναι μὲν τὴν θήραν, ἐν ταὐτῷ δὲ καὶ φοβεῖν ἅμα καὶ βλάπτεσθαι καλήν. αὕτη δὲ ἄρα ἡ κεμὰς οὐκ ἐπὶ γῆς μόνης τὴν τῶν ποδῶν ὠκύτητα ἐπιδείκνυται, ἀλλὰ ἐμπεσοῦσα καὶ εἰς ῥεῦμα ποταμοῦ ταῖς χηλαῖς τῶν ποδῶν ὡς εἰπεῖν ἐρέττουσα εἶτα μέντοι διακόπτει τὸ ῥεῦμα. χαίρει δὲ καὶ ἐν λίμνῃ νήξασθαι, καὶ ἐνταῦθά τοι καὶ τροφὴν ἔχει, τεθηλός τε ἀεὶ θρύον καὶ κύπειρον δειπνεῖ. οὐκοῦν καὶ τὴν γαστέρα ἦρος ἀρχομένου πεπληρωμένην

2 Ἰνδῶν] ἰνδοὶ **β** ‖ **4** σιτεῖσθαι] post voc. lac. stat. edd. | ἔπαικλα] Schn., Her. : ἔπεκλα **LAH** : ἐπέκλα (fort. corr. ex ἐπεκάλα) **P** : δεῖπνα **V** ‖ **6** πω] αὐτῷ Her. κύκνων] καὶ κύκ. **β** ‖ **7** διαρρεῖ λέγουσα] διαρρέουσα λέγει Her. ‖ **8** ἐκγόνοις] ἐγγόνοις **β**|ὦ] Her. : οἱ **V** : om. **β**|φίλοι] fort. φιλῶ, Her. in app.‖ **11** οὖν] om. **V** : del. Her.‖ **13** φαιαὶ—εἰσὶ] καὶ οἷς μὲν οὖν καὶ **β**‖ **14** εἰς] ἐς **LPA**‖ **16** ὄμμα] ἆσθμα **V** ‖ **17** τὰ] τὰ δὲ Her. | εἰσι] ἐστι Her. ‖ **18** καὶ] del. Rei., Her. | μὲν] om. **β**
21 ἀνάπλεως βαθυτάτων] ἀνάπλεω δασυτάτων Her. ‖ **22** ταὐτῷ] αὐτῷ **β**
23 γῆς] τῆς γῆς **β**‖ **24** ἐπιδείκνυται] ἀποδείκνυται **β**‖ **27** ἔχει] ἴσχει **L** (corr. ex ἐνίσχει ut vid. **P**) **H**, Her.|κύπειρον] κύπερον **β**

ὑπολαπάττει, καὶ ταῦθ' ὅταν καθῆκε καὶ μέντοι καὶ ἐξέθρεψε τὰ ἑαυτῆς βρέφη ἡ κεμάς.

14.15. Μῦρος δὲ ἄρα καὶ ἰχθῦς πυνθάνομαί ἐστιν. ἐξ ὅτου μὲν οὖν ἐσπάσατο τὴν ἐπωνυμίαν ἐκείνην, εἰπεῖν οὐκ οἶδα· κέκληται γοῦν ταύτῃ. λέγουσι δὲ αὐτὸν εἶναι θαλάττιον ὄφιν. ὀφθαλμὸς δὲ ἄρα ὁ τούτου ὁπότερος οὖν ἐξαιρεθεὶς καὶ περίαπτον γενόμενος ἀπαλλάττει ξηρᾶς ἄνθρωπον ὀφθαλμίας· τῷ δὲ ἄρα μύρῳ τῷδε ἀναφύεται, φασίν, ὀφθαλμὸς ἕτερος. δεῖ δὲ αὐτὸν ἀπολῦσαι τὸν ἰχθῦν ζῶντα, ἢ μάτην τὸν ὀφθαλμὸν ἔχων φυλάττεις.

14.16. Αἶγες ἄγριοι τὰς Λιβύων ἄκρας ἐπιστείβοντές εἰσι κατὰ τοὺς βοῦς τὸ μέγεθος ἰδεῖν, τούς γε μὴν μηροὺς καὶ τὰ στέρνα καὶ τοὺς τραχήλους κομῶσι θριξὶ δασυτάταις, καὶ σὺν τούτοις καὶ τὴν γένυν. τὰ μέτωπα μὴν ἀγκύλοι καὶ περιφερεῖς, καὶ τὰ ὄμματα χαροποί, σκέλη δὲ αὐτοῖς ἐστι κολοβά. κέρατα μετὰ τὴν πρώτην συμφυὴν ἀλλήλων ἀπηρτημένα καὶ πλάγια· οὐ γάρ τί που κατὰ τοὺς ὀρειβάτας αἶγας τοὺς ἄλλους ὀρθά ἐστι, κάτεισι δὲ ἐγκάρσια καὶ εἰς τοὺς ὤμους προήκοντα. οὕτως ἄρα μήκιστά ἐστιν. ἐκ δὲ τῶν λόφων τῶν ὑπεράκρων, οὓς ἐρίπνας οἵ τε νομευτικοὶ φιλοῦσιν ὀνομάζειν καὶ ποιητῶν παῖδες, ῥᾳδίως εἰς ἕτερον πάγον πηδῶσιν· ἁλτικώτατοι γὰρ αἰγῶν ἁπάντων οἵδε εἰσίν. εἴ γε μὴν καὶ πέσοι τις πορρωτέρω τοῦ ὑποδεξομένου ὄντος αὐτὸν ἢ ὡς ἐκείνου ἐφικέσθαι, τῷ δὲ ἄρα μελῶν περίεστι τοσοῦτον κράτος, ὡς ἀσινῆ μένειν κατενεχθέντα αὐτόν. θραύει γοῦν οὐδὲ ἕν, εἰ καὶ πέσοι κατὰ

1 ταῦθ' ὅταν] ταῦθ' ὅτι **A** : τὰ οὔθατα Bernh., Her. ‖ 3 Μῦρος] Ges., Her. : Μῦρον **VH** : Μύρων **LPA** | καὶ] eras. **L** : del. Jac., Her. ‖ 4 οὖν ἐσπάσατο] σπάσαντος ***β*** | ἐκείνην] ἐκείνου ***β*** ‖ 5 γοῦν] δ' οὖν Rehd., Her. | θαλάττιον] θαλάσσιον **V** ‖ 6 ἄρα—τούτου] ὁ τούτου ἄρα **LPH** ‖ 7 τῷ δὲ] ἔστι δέ φασι τῷ δὲ ***β*** | μύρῳ] μύρωνι ut vid. **L** | τῷδε] τόδε (distinct. post voc.) **LA** ‖ 8 φασίν] ante τῷ transp. ***β*** (cf. supra) ‖ 10 ἄγριοι] ἄγριαι **A** | τὰς] οἱ τὰς Jac. in app., Her. 13 μὴν] μὲν **H**, edd. ‖ 14 χαροποί] χαρωποί **V** ‖ 15 συμφυὴν] σύμφυσιν Her. ἀπηρτημένα] ἀπηρτεμένω **L** : ἐπηρτημένω **A** | τί] τοι **V** ‖ 17 εἰς] ἐς **VH** 18 ἐρίπνας] Boch., Her. : ἐπιπλὰς **A** : ἐπίπλας **LP** : αἰγίλιπας ἐπιπλὰς **H** : ἐπιπλοὺς **V** | τε νομευτικοὶ] τε νομευταὶ **V** ‖ 19 καὶ] om. ***β*** ‖ 20 πέσοι] πέσῃ **V** 21 ὑποδεξομένου] ὑποδεξαμένου ***β*** | αὐτὸν] aut delendum aut scribendum πορρωτέρω ὄντος τοῦ ὑποδεξομένου αὐτόν, Her. in app. | ἐκείνου] ἐκεῖνον **PA** 22 ἐφικέσθαι] ἀφικέσθαι **V** | τῷ] τὸ **PA** ‖ 23 γοῦν] δὲ **A** | οὐδὲ ἕν] οὐδέν **V**

ῥωγάδος, οὐ κέρας, οὐ βρέγμα· ἔστι δὲ καρτερὰ καὶ προσόμοια τῇ τῆς πέτρας ἀντιτυπίᾳ. οἱ πλεῖστοι μὲν οὖν τούτων ἐν ταῖς ἀκρωρείαις αὐταῖς ἄρκυσι καὶ ἀκοντίοις καὶ ποδάγραις αἱροῦνται, σοφίᾳ δὲ ἄρα τῇ τε ἄλλῃ κυνηγέταις ἀνδράσι καὶ γοῦν καὶ αἰγοθήραις· θηρῶνται δὲ καὶ ἐν πεδίοις, καὶ φυγεῖν ἐνταῦθα ἀσθενεῖς εἰσιν. αἱρήσει γοῦν αὐτοὺς καὶ ὅστις ἐστὶ βραδὺς τοὺς πόδας. ἦν δὲ ἄρα ἀγαθὸν καὶ δορά τε καὶ κέρατα· ἡ μὲν δορὰ ἐν χειμῶσι τοῖς σφοδροτάτοις τὸν κρυμὸν οὐ πελάζειν ἐᾷ νομευτικοῖς καὶ ὑλουργοῖς ἀνδράσι· κέρατα δὲ ἐκεῖνα ἀρύσασθαι καὶ πιεῖν ἐκ ποταμοῦ παραρρέοντος ἢ πηγῆς τινος ἀνατελλούσης ἐν ὥρᾳ θερείῳ χρηστὰ καὶ δίψος ἀκέσασθαι λυσιτελῆ· παρέχει γὰρ ἀμυστὶ πιεῖν τῶν ἁδρῶν κυλίκων μεῖον οὐδέν, ἕως ἂν ἀνάξῃ τὸ ἆσθμα, καὶ σβέσαι τὸ ὑπεκκαῖόν τε πᾶν καὶ τὸ ἀναφλέγον. οὐκοῦν εἰ τὰ ἔνδον καθαρθείη ὑπό τινος ξέειν κέρατα δεινοῦ, καὶ τρία μέτρα ῥᾳδίως αὐτοῖν δέξαιτο τὸ ἕτερον ἄν.

14.17. Εἰσὶ δὲ ἄρα καὶ χελῶναι θρέμμα Λιβύης, οὐλόταται ὅσα ἰδεῖν, ὄρειοι δὲ αὗται, καὶ ἔχουσι τὸ χελώνιον εἰς τὸ βάρβιτον ἀγαθόν.

14.18. Ἵππος ὅταν τέκῃ, τοῦ βρέφους ἐκπεφυκυῖαν σάρκα οὐ πολλὴν ἀλλὰ ὀλίγην ἀπηρτῆσθαι οἳ μὲν κατὰ τοῦ μετώπου φασίν, οἳ δὲ κατὰ τῆς ὀσφύος, ἄλλοι γε μὴν κατὰ τοῦ αἰδοίου. ταύτην οὖν ἀποτραγοῦσα ἀφανίζει, καλεῖται δὲ τὸ σαρκίον τοῦτο ἱππομανές. οἴκτῳ δὲ ἄρα τῆς φύσεως καὶ ἐλέῳ ἐς τοὺς ἵππους

1 ῥωγάδος] ῥωγάδας **P** | προσόμοια] πρὸς ὁμοίαν (dub. **P**) **H** | τῇ—2 πέτρας] ταῖς πέτρας **L** : ἡ ταῖς πέτραις **A** : ἢ (punctis del. **P**, om. **H**) ταῖς πέτραις **PH** **3** ποδάγραις] πεδάγραις **P** ‖ **4** ἄρα] om. **V** | κυνηγέταις] ἐν κυν. Jac. in app., Her. | γοῦν] οὖν Her. ‖ **5** αἰγοθήραις] αἰγοθήριασιν **A** : αἰγοθηρίασιν **L** : αἰγοθηρίας ἦν **PH** : αἰγοθηρικῇ Her. | δὲ] γοῦν **V** ‖ **6** γοῦν] οὖν Her. ‖ **7** δὲ] ὡς **P** καὶ[1]] om. **V** : del. Her. | μὲν] μὲν γὰρ Her. ‖ **8** οὐ—ἐᾷ] Jac. in app. : οὐ πελάζει καὶ ***β*** (καὶ ex corr. **L**) : οὐ πελαγίζει καὶ **V** : πελάζειν οὐκ ἐᾷ Her. ‖ **12** ἂν ἀνάξῃ] scripsi : ἀνάξῃ **V** : κἂν αὔξῃ **H** : καὶ αὔξειν **LPA** : ἂν ψύξῃς Her. ‖ **13** σβέσαι] σβέσῃ **V** : σβέσῃς Her. | ὑπεκκαῖόν] ὑπερκαῖον **P** | τὸ[2]] om. **H** : del. Her. ‖ **14** εἰ] om. **PH** | τὰ] τὸ **A** | ξέειν] ξένου ex corr. **L** | κέρατα δεινοῦ] Jac. in com., Her. : κέρατα νοῦ (sic) **V** : κερατοφόρου (ex corr. **L**) **PH** : εἰδότος κερατοφόρον **A** **15** αὐτοῖν] αὐτὴν **P** | δέξαιτο] δέξεται **PA** ‖ **17** χελώνιον] χελώνειον **LPA** | τὸ[2]] om. ***β*** : del. edd. | βάρβιτον] βάρβιτα **L**, Her. ‖ **20** ὀλίγην] ὀλίγον ***β*** | ἀπηρτῆσθαι] ἀπηρτημένην **V** ‖ **22** οὖν] om. **VH**

δρᾶται τοῦτο. εἰ γὰρ ἀεί, φασί, καὶ διὰ τέλους προσήρτητο ἐκεῖνο, εἰς οἶστρον ἂν ἀκατασχέτου μίξεως ἐξέπιπτον οἵ τε ἄρρενες καὶ αἱ θήλειαι αὐτῶν. ἔστω δέ, εἰ δοκεῖ, Ἱππείου Ποσειδῶνος ἢ Ἀθηνᾶς Ἱππείας τοῦτο δῶρον ἵπποις δοθέν, ἵνα αὐτοῖς τὸ γένος διαμένῃ, μηδὲ ἀφροδισίων λύττῃ διαφθείρηται. ἴσασι δὲ ἄρα ἱπποφορβοὶ τοῦτο εὖ καὶ καλῶς, καὶ ἐάν ποτε δεηθῶσι τοῦ προειρημένου σαρκίου εἰς ἐπιβουλήν τινος, ὡς ἐξάψαι οἱ ἔρωτα, τὴν ἵππον κύουσαν παραφυλάττουσι, καὶ ὅταν τέκῃ παραχρῆμα ἁρπάζουσι τὸ πωλίον, καὶ ἀποκόπτουσι τὴν προειρημένην σάρκα, καὶ εἰς ὁπλὴν ἐμβάλλουσιν ἵππου θηλείας· ἐνταυθοῖ γὰρ καὶ μόνως ἂν φυλαχθείη καλῶς καὶ ἀποθησαυρισθείη. τὸν δὲ πῶλον ἀνίσχοντι τῷ ἡλίῳ καταθύουσιν· οὐ γὰρ ἔτι θηλάζει ἡ μήτηρ αὐτὸν τὸ γνώρισμα ἀφῃρημένον καὶ τῆς εὐνοίας οὐκ ἔχοντα τὴν ὑπόθεσιν· ἐκ γάρ τοι τοῦ κατατραγεῖν τὴν σάρκα φιλεῖν τὸ βρέφος ἡ μήτηρ ἰσχυρῶς ἄρχεται. ὅστις δ' ἂν κατά τινα ἐπιβουλὴν ἀνὴρ ἐκείνου γεύσηται τοῦ σαρκίου ἔρωτι καὶ μάλα γε ἀκρατεῖ συνέχεται καὶ ἐκφρύγεται καὶ βοᾷ, καὶ ἀκατασχέτως ὁρμᾷ καὶ ἐπὶ παιδικὰ αἴσχιστα καὶ ἐπὶ γυναῖκα ἀφήλικα καὶ ἀπρόσωπον, καὶ μαρτύρεται τὴν νόσον, καὶ τοῖς ἐντυχοῦσιν ὅπως ἐξοιστρᾶται λέγει. καὶ λείβεται μὲν τὸ σῶμα καὶ φθίνει, ἐλαύνεται δὲ τὴν ψυχὴν ἐρωτικῇ μανίᾳ. ἀκούω τοίνυν καὶ ἐν Ὀλυμπίᾳ τὴν ἵππον τὴν χαλκῆν, ἧς ἐρῶσιν ἵπποι καὶ ἐπιμαίνονται καὶ ἐγχρίμπτεσθαι ἐθέλουσι καὶ χρεμετίζουσι θεασάμενοι χρεμέτισμα ἐρωτικόν, ἔχειν τὴν ἐκ τοῦδε τοῦ ἱππομανοῦς ἐπιβουλήν, τὴν ἐν τῷ χαλκῷ γεγοητευμένῳ λανθάνουσαν, καὶ κρυφίῳ τινὶ μηχανῇ τοῦ τεχνίτου ἐπιβουλεύειν τὸν χαλκὸν τοῖς ζῶσι· μὴ γὰρ εἶναι τοσαύτην ἀκρίβειαν, ὡς οὕτως ἐξ αὐτῆς ἀπατᾶσθαί τε καὶ

2 ἐξέπιπτον] ἐξήπτοντο **LA**, edd. ‖ 3 δέ] δὲ καὶ ***β*** | Ἱππείου] ἱππίου **PAH** 4 Ἱππείας] ἱππίας **PA** | διαμένῃ] διαμείνῃ **H**, Her. ‖ 5 λύττῃ] λύττα **V** : λύγῃ **L** διαφθείρηται] διαφθείρεται **PH** ‖ 8 ἁρπάζουσι] ἁρπάζωσι **V** ‖ 9 πωλίον] πῶλον **V** | ἀποκόπτουσι] ὑποκό. **L** ‖ 11 ἀποθησαυρισθείη] ἀποθησαυρισθῇ **L** 14 φιλεῖν—μήτηρ] ἡ μήτ. φιλ. τὸ βρέ. **A** ‖ 16 ἀκρατεῖ] ἀκρατῶς **V** 17 ἐκφρύγεται] ἐμφρύγεται **PAH** : ἐμφρύεται **L** ‖ 19 ἐξοιστρᾶται] restituit Her. in app. : ἐξοίστρηται ***β*** : ἐξοιστρεῖται Jac., Her. ‖ 22 ἐπιμαίνονται] ἐπιβαίνονται **A** | ἐγχρίμπτεσθαι] ἐγχρίπτεσθαι **PAH** : ἐκχρίπτεσθαι **L** ‖ 24 τὴν²] del. Her. 26 τὸν χαλκὸν] ἐν τῷ χαλκῷ **A** ‖ 27 τε] om. **LA**

ἐξοιστρᾶσθαι τοὺς ἵππους τοὺς ὁρῶντας. καὶ ἴσως λέγουσί τι οἱ λέγοντες, ἴσως δὲ οὐδὲν λέγουσιν· ἃ δ' οὖν ἤκουσα καὶ ὑπὲρ τούτων εἶπον.

14.19. Λέγεται δὲ ἐν τῇ Λιβύῃ λίμνη εἶναι ζέοντος ὕδατος, καὶ ἐν τῷδε τῷ ὕδατί φασιν ἰχθύας ζῆν καὶ νήχεσθαι καὶ τροφῆς ἐμβληθείσης ἀναπάλλεσθαι πρὸς τὴν τροφήν. εἰ δέ τις αὐτοὺς εἰς ὕδωρ ἐμβάλοι ψυχρόν, ὅτι ἀποθνήσκουσι, καὶ τοῦτο προσακήκοα.

14.20. Λέγουσι δὲ ἄρα ἄνδρες ἁλιεῖς ἐπιστήμονες, τὴν τοῦ ἱπποκάμπου γαστέρα εἴ τις ἐν οἴνῳ κατατήξει ἕψων καὶ τοῦτο δοίη τινὶ πιεῖν, φάρμακον εἶναι τὸν οἶνον ἄηθες ὡς πρὸς τὰ ἄλλα φάρμακα ἀντικρινόμενον· τὸν γάρ τοι πιόντα αὐτοῦ πρῶτον μὲν καταλαμβάνεσθαι λυγγὶ σφοδροτάτῃ, εἶτα βήττειν ξηρὰν βῆχα, καὶ στρεβλοῦσθαι μέν, ἀναπλεῖν δὲ αὐτῷ οὐδέν, διογκοῦσθαι δὲ καὶ διοιδαίνειν τὴν ἄνω γαστέρα, θερμά τε τῇ κεφαλῇ ἐπιπολάζειν ῥεύματα καὶ διὰ τῆς ῥινὸς κατιέναι λεπτά, καὶ ἰχθυηρᾶς ὀσμῆς προσβάλλειν· τοὺς δὲ ὀφθαλμοὺς ὑφαίμους αὐτῷ γίνεσθαι καὶ πυρώδεις, τὰ βλέφαρα δὲ διογκοῦσθαι. ἐμέτων δὲ ἐπιθυμίαι ἐξάπτονταί φασιν, ἀναπλεῖ δὲ οὐδέν. εἰ δὲ ἐκνικήσει ἡ φύσις, τὸν μὲν εἰς θάνατον σφαλερὸν παριέναι, εἰς λήθην δὲ ὑπολισθαίνειν καὶ παράνοιαν. ἐὰν δὲ εἰς τὴν κάτω γαστέρα διολίσθῃ, μηδὲν ἔτι εἶναι, πάντως δὲ ἀποθνήσκειν τὸν ἑαλωκότα. οἱ δὲ περιγενόμενοι, εἰς παράνοιαν δὲ ἐξοκείλαντες, ὕδατος ἱμέρῳ πολλῷ καταλαμβάνονται, καὶ ὁρᾶν διψῶσιν ὕδωρ καὶ ἀκούειν λειβομένου· καὶ τοῦτό γε αὐτοὺς καταβαυκαλᾷ καὶ κατανυστάζει. καὶ διατρίβειν φιλοῦσιν ἢ

1 ἐξοιστρᾶσθαι] ἐξοιστρεῖσθαι **V**, Her. | ἴσως] ἴσως μὲν Her. ‖ **5** ἰχθύας] ἰχθύες **LP** ‖ **7** ἐμβάλοι] ἐμβάλῃ **PAH** : ἐμβάλλῃ **L** ‖ **9** ἄρα] om. ***β*** : del. edd. | ἁλιεῖς] ἁλιείας Her. ‖ **10** κατατήξει] κατατήξειεν Her. | τοῦτο] τοῦτον **H**, Her. **12** πρῶτον] πρῶτα **V** ‖ **13** καταλαμβάνεσθαι] καταλαμβάνει **A** : καταλαμβάνειν **L** | σφοδροτάτῃ] σφοδροτάτῳ **A** ‖ **14** ἀναπλεῖν] ἀναπνεῖν **V** αὐτῷ] om. **V** | οὐδέν] οὐδὲ ἕν ***β*** ‖ **15** διοιδαίνειν] διοιδάνειν Her. | τῇ κεφαλῇ] κεφαλῆς ***β*** ‖ **16** λεπτά] φλέγμα Her. ‖ **17** γίνεσθαι] γίγνεσθαι **LA** ‖ **18** πυρώδεις] πυρῶδες **L** | ἐπιθυμίαι] ἐπιθυμίαν ***β*** (-*ν* del. ut vid. **P**) ‖ **19** ἐξάπτονταί] ἐξάπτεσθαι **A** | ἐκνικήσει] ἐκνικήσεται **LA** : ἐκνικήσειεν Her. ‖ **20** μὲν] μὲν τὸ Jac., Her. | ὑπολισθαίνειν] ὑπολισθάνειν **H**, Her. ‖ **21** διολίσθῃ] Her. : διολισθῇ codd. ‖ **23** δὲ] om. **A** : del. Her. ‖ **24** ὕδωρ καὶ] om. ***β*** | ἀκούειν] ἀκούειν αὐτοὺς καὶ ἀκούειν ***β*** ‖ **25** καταβαυκαλᾷ] κατακηλεῖ **V** | κατανυστάζει] κατευνάζει Her.

παρὰ τοῖς ἀεννάοις ποταμοῖς ἢ αἰγιαλῶν πλησίον ἢ παρὰ κρήναις ἢ λίμναις τισί, καὶ πιεῖν μὲν οὐ πάνυ γλίχονται, ἐρῶσι δὲ νήχεσθαι καὶ τέγγειν τὼ πόδε ἢ ἀπονίπτειν τὼ χεῖρε. οἳ δὲ οὐκ αὐτὴν τοῦ ἱπποκάμπου τὴν γαστέρα τούτων αἰτίαν εἶναί φασιν, ἀλλὰ νέμεσθαί τι φυκίον τὸ ζῷον πικρὸν δεινῶς, ἐξ οὗ τὴν ποιότητα εἰς ἐκείνην μεταχωρεῖν. εὑρέθη δὲ ἄρα καὶ εἰς σωτηρίαν ἱππόκαμπος ἐπιτήδειον ἀγχινοίᾳ παλαιοῦ μὲν ἁλιέως, σοφοῦ δὲ τὰ θαλάττια. ἦν Κρὴς ἁλιεὺς γέρων, καὶ παῖδας νεανίας εἶχε καὶ τούτους ἁλιέας. οὐκοῦν συνηνέχθη τὸν μὲν πρεσβύτην ἱπποκάμπους θηρᾶσαι μετὰ καὶ ἄλλων ἰχθύων, τοὺς δὲ νεανίας δηχθῆναι ὑπὸ κυνὸς λυττώσης, τῷ πρώτῳ δηχθέντι τῶν ἄλλων ἀμυνόντων καὶ τῷ αὐτῷ πάθει περιπεσόντων. οἳ μὲν οὖν ἔκειντο Μηθύμνης τῆς Κρητικῆς πρὸς ταῖς ᾐόσιν (ἔστι δὲ αὕτη κώμη, ὥς φασιν), οἱ δὴ θεώμενοι συνήλγουν τῷ πάθει, καὶ τὴν κύνα ἀποκτεῖναι προσέταττον καὶ τὸ ἧπαρ δοῦναι τοῖς νεανίαις ὡς φάρμακον τοῦ κακοῦ καταφαγεῖν, οἳ δὲ ἐς τῆς Ῥοκκαίας οὕτω καλουμένης Ἀρτέμιδος ἄγειν καὶ αἰτεῖν ἴασιν παρὰ τῆς θεοῦ. ὁ δὲ γέρων, καὶ μάλα ἀδεῶς τε καὶ ἀτρέπτως, ταῦτα μὲν ἐπαινῶν τοὺς συμβουλεύσαντας εἴα, τῶν δὲ ἱπποκάμπων τὰς γαστέρας ἐκκαθάρας καὶ ἐκβαλών, τοὺς μὲν ὤπτησε καὶ ἔδωκεν αὐτοῖς προσενέγκασθαι, τοὺς δὲ συντρίψας εἰς ὄξος καὶ μέλι, καὶ τὰ ἕλκη περιπλάσας τούτοις τὰ τοῦ δήγματος, εἶτα τῆς τῶν νεανιῶν ἐκράτησε λύττης τῷ πόθῳ τοῦ ὕδατος, ὅνπερ οὖν οἱ ἱππόκαμποι αὐτοῖς ὑπεξῆπτον. καὶ τόνδε τὸν τρόπον τοὺς παῖδας ἰάσατο, ὀψὲ μέντοι.

14.21. Ὑπὲρ οὖν θαλαττίων μὲν κυνῶν εἴρηται ἡμῖν καὶ πολλά [1.15; 1.55]· κύνες δὲ οἱ ποτάμιοι ἰδεῖν μέν εἰσι κατὰ τοὺς κύνας

1 ἀεννάοις] ante corr. **L** : ἀενάοις ex corr. **L**, Her. | αἰγιαλῶν] αἰγιαλοῦ **V** **2** πάνυ] πάνυ τι Her. ‖ **3** τέγγειν] τείνειν **V** | αὐτὴν τοῦ] αὐτὴν τὴν (τὴν punctis del.) **P** : αὐτὴν τὴν τοῦ **LA**, edd. ‖ **4** τὴν] del. Her. ‖ **5** ἐξ] del. Her. | ποιότητα] edd. : πιότητα codd. ‖ **7** ἐπιτήδειον] ἐπιτήδειος Her. | θαλάττια] θαλάσσια **V** **8** Κρὴς] Gill., Her. : κράης **VLPA** : κράος **H** ‖ **11** ἀμυνόντων] ἀμυνάντων Her. **12** περιπεσόντων] περιπεσόντες **V** | Μηθύμνης] μιθύμνης **P** : Ῥιθύμνης Her., fort. recte ‖ **13** δὴ] δὲ **H**, Her. ‖ **14** τὴν] τὸν **V** ‖ **15** νεανίαις] ἐναντίοις **V** ‖ **16** ἐς] ἐκ ***β*** ‖ **18** ἐπαινῶν] ἐπαινεῖν **H**, Her. ‖ **19** εἴα] ex corr. **A** : οἷα ***β*** (ante corr. **A**) **20** καὶ ἐκβαλών] del. Her. | τοὺς] τὰς Jac., Her. ‖ **21** τοὺς] τὰς Jac., Her. | ὄξος] ὄξη **V** ‖ **24** ὑπεξῆπτον] ἐξῆπτον **P** ‖ **26** οὖν] om. **V** : del. Her.

τοὺς χερσαίους τοὺς μικρούς, λάσιοι δέ εἰσι καὶ τὴν οὐράν. λέγονται δὲ τῷ μὲν αἵματι νεῦρα ἀνθρώπων διοιδαίνοντα πραΰνειν, εἰ ἐγχεῖς ὕδατι καὶ ὄξει ἀναμιχθέντι· ἡ δορὰ δὲ ὑποδήματα δίδωσιν ἀγαθά, καὶ ταῦτα νεύρων χρηστά, ὥς φασιν.

14.22. Θύμαλλον δὲ ἰχθῦν οὕτω καλούμενον τρέφει Τέκηνος (ποταμοῦ δὲ ὄνομα τοῦτο Ἰταλοῦ), καὶ μέγεθος μὲν ὅσον καὶ ἐπὶ πῆχυν προήκει, ἰδεῖν δὲ μεταξὺ λάβρακός ἐστι καὶ κεφάλου. ἄξιον δὲ αὐτοῦ ἑαλωκότος θαυμάσαι τὴν ὀσμήν· οὐ γάρ τί που προσβάλλει ἰχθυηρὸν ἀέρα κατὰ τοὺς λοιπούς, ἀλλὰ εἴποις ἂν διὰ χειρῶν κατέχειν θύμαλλον νεωστὶ τῆς γῆς τρυγηθέντα, καὶ οὖν καὶ εὔοσμός ἐστι, καί τις οὐκ ἰδὼν τὸ ζῷον οἰήσεται πόαν ἔνδον εἶναι, τὴν μάλιστα μελιττῶν τροφὸν τὴν προειρημένην, ἔνθεν τοι καὶ κέκληται. λίνῳ μὲν οὖν αἱρεθείη ἂν ῥᾷστα· δελέατι δὲ καὶ ἀγκίστρῳ οὐχ αἱρήσεις αὐτὸν ῥᾷστα, οὐχ ὑὸς πιμελῇ, οὐ σέρφῳ, οὐ χήμῃ, οὐκ ἰχθύος ἑτέρου ἐντέρῳ, οὐ στρόμβου τένοντι. κώνωπι δὲ αἱρεῖται μόνῳ, πονηρῷ μὲν ζῴῳ καὶ μεθ' ἡμέραν καὶ νύκτωρ ἀνθρώποις ἐχθρῷ καὶ δακεῖν καὶ βοῆσαι, αἱρεῖ δὲ τὸν θύμαλλον τὸν προειρημένον· φιληδεῖ γὰρ αὐτῷ μόνῳ.

14.23. Ὑπὸ τῷ ποδὶ δὲ τῶν Ἀλπείων ὀρῶν πρὸς ἄνεμον βορρᾶν ὑπὸ τῇ Ἄρκτῳ ** οὕτω κέκληται. γένος δὲ τοιοῦτον ἱππικοὶ ἄνδρες. ἐντεῦθέν τοι πρόεισιν ὁ τῶν Εὐρωπαίων ποταμῶν μέγιστος Ἴστρος, ἐκ πηγῶν μὲν οὐ πολλῶν, ταῖς δὲ τοῦ ἡλίου προσβολαῖς ταῖς πρώταις ἀντίος. εἶτα οἱονεὶ δορυφοροῦντες αὐτὸν ἅτε τῶν ἐπιχωρίων ῥευμάτων βασιλέα συνανίσχουσίν οἱ πολλοί, καὶ ἀένναον τὸ ῥεῦμα αὐτῶν ἐστι, καὶ ἴσασι μὲν ἑκάστου τὸ ὄνομα οἱ περιοικοῦντες αὐτούς. ὅταν δὲ εἰς τὸν Ἴστρον

2 διοιδαίνοντα] διοιδάνοντα Her. ‖ **3** εἰ] Her. : εἰ δὲ **V** : ἢ ***β***| ἐγχεῖς] ἐγχεῖν **LPH** : ἔχειν **A** : ἐγχέοις Her. ‖ **5** Θύμαλλον] Θύμαλον Her. | οὕτω] τὸν **A** | Τέκηνος] Τέκινος Her. ‖ **6** τοῦτο] τοῦ (ex corr. **L**) **A** | καί²] om. **V** ‖ **8** αὐτοῦ] ἑαυτοῦ **L** **10** θύμαλλον] θύμαλον **LP**, Her. | τῆς γῆς] del. Her. ‖ **12** τροφὸν] τροφὴ **V** | τὴν προειρημένην] del. Her. ‖ **13** οὖν] sscr. sec. m. **L** : om. **PA** | ἂν] δ' ἂν **V** **14** ῥᾷστα] del. Jac. in app., Her. | οὐ σέρφῳ] eras. ut vid. **L** ‖ **16** αἱρεῖται] edd. : αἶρεται **VP** : αἴρεται **AH** : om. **L** ‖ **17** θύμαλλον] θύμαλον ***β***, Her. ‖ **19** Ἀλπείων] (corr. ex ἀλπέων **L**) **H** : ἀλπαίων **VA** : ἄλπεων **P** : Ἀλπίων Her. ‖ **20** Ἄρκτῳ] post voc. spatium vac. **V** (lac. stat. edd.) | κέκληται] κέκληνται Rei., Her. τοιοῦτον] οὗτοι Her. ‖ **21** τοι] τοι καὶ Her. ‖ **22** πηγῶν—πολλῶν] πηγῆς μὲν οὐ πολλῆς ***β*** ‖ **25** ἀένναον] ἀέναον Her. | ἴσασι μὲν] ἴσασιν Her.

ἐμβάλωσι, τοῖς μὲν ἡ ἀπὸ γενεᾶς ἐπωνυμία πέπαυται, ἀφίσταταί γε μὴν ἐκείνῳ τοῦ ὀνόματος, καὶ ἐξ αὐτοῦ καλοῦνται πάντες, καὶ συνεκβάλλουσιν εἰς τὸν Εὔξεινον. γίνεται δὲ ἐνταῦθα ἰχθύων γένη διάφορα, κορακῖνοί τε καὶ μύλλοι καὶ ἀντακαῖοι καὶ κυπρῖνοι, μέλανες οὗτοι, καὶ χοῖροί τε καὶ ἥσυχοι ἰδεῖν λευκοί, πέρκαι τε ἐπὶ τούτοις καὶ ξιφίαι. πρέπουσι δὲ τῷ ὀνόματι οἱ ἰχθύες οἵδε, καὶ τὸ μαρτύριον, τὸ μὲν ἄλλο πᾶν σῶμα ἁπαλοί τε εἰσὶ καὶ ἄλυποι προσαπτομένῳ, καὶ ὀδόντές οἱ οὐ πάντῃ σκολιοὶ οὐδὲ ἀπηνεῖς ἰδεῖν, οὐκ ἄκανθα ἐπὶ τῷ νώτῳ ὀρθή, ὡς τῶν δελφίνων, ἐκπέφυκεν, οὐ κατὰ τὸ οὐραῖον· ὃ δέ ἐστι θαῦμα καὶ ἀκούσαντι καὶ ἰδόντι, ὑπ' αὐτὴν τὴν ῥῖνα, ἐξ ἧς καὶ ἀναπνεῖ καὶ τὸ ῥεῦμα αὐτῷ διαρρεῖ εἰς τὰ βράγχια καὶ ἐκπίπτει, εἰς ὀξύ οἱ προήκει ἡ γένυς, καὶ εὐθεῖά ἐστι καὶ αὐξάνεται κατ' ὀλίγον εἰς μῆκός τε καὶ πάχος, καὶ κητουμένῳ τῷ ἰχθύϊ συνεπείγεται καὶ ἐκείνη, καὶ ἔοικε τριήρους ἐμβόλῳ. καὶ διὰ πορείας ἐμπίπτων ὁ ξιφίας ἰχθύσι καὶ ἀποκτείνας εἶτα θοινᾶται, καὶ ἀμύνεται δὲ τῷ αὐτῷ τὰ μέγιστα τῶν κητῶν. καὶ ἀχάλκευτόν γε τοῦτο τὸ ὅπλον προσπέφυκέν οἱ, καὶ τέθηκται φύσει. οὐκοῦν οἵδε οἱ ξιφίαι εἰς μέγεθος προήκοντες ἔρχονται καὶ νεὼς ἀντίον. καὶ νεανιεύονταί γέ τινες λέγοντες ναῦν Βιθυνίδα ἰδεῖν ἀνασπωμένην, ἵνα αὐτῇ πονήσασα ὑπὸ γήρως ἡ τρόπις τύχῃ τῆς δεούσης κομιδῆς. οὐκοῦν προσηλωμένην θεάσασθαι τὴν τοῦ ξιφίου κεφαλήν, αὐτοῦ τοῦ θηρὸς ἐμπήξαντος μὲν τῷ σκάφει τὴν αἰχμὴν τὴν συμφυῆ, ἀποσπάσαι τε αὐτὴν πειρωμένον, ὑπὸ τῆς ῥώμης τῆς πολλῆς ἐνσχεθῆναι μὲν ἀπὸ τοῦ τένοντος τὸ πᾶν σῶμα,

1 ἀφίσταταί] ἀφίστανταί **H**, Rei., Her. ‖ 2 ἐκείνῳ] ἐκείνου ***β*** ‖ 3 γίνεται] γίνονται ***β*** ‖ 4 κορακῖνοί] καρκῖνοι **V** | μύλλοι] Her. (μυλλοὶ Ges. in mg.) : μυάλοι **VH** : μυαλοὶ **LPA** | ἀντακαῖοι] ἀττακαῖοι **V** ‖ 5 καὶ[1]—λευκοί] om. **V** | ἥσυχοι] κόσσυφοι Her. ‖ 6 οἱ] om. **V** ‖ 8 οὐ πάντῃ] πάνυ **V** : οὐ πάνυ τι Her. ‖ 9 τῷ νώτῳ] τῶν νώτων Her. | ὡς] τὸ **LP** : τῷ **A** | ὡς—δελφίνων] del. Her. ‖ 11 ἐξ] δι' Her. | αὐτῷ] αὐτὸ **L** | εἰς] ἐς **LPA** ‖ 12 βράγχια] βραγχία **P** | προήκει] προῆκε **L** 13 καὶ[3]] om. **V** ‖ 14 συνεπείγεται] συνεπείγοντο **V** : συναύξεται Her. ‖ 15 διὰ πορείας] δι' ἀπορίας **P** : διὰ εὐθείας Her. ‖ 16 εἶτα] om. **V** | τῷ] om. **V** 19 ἀντίον] ἀντίοι Her. ‖ 20 αὐτῇ] αὐτὴ **AH** ‖ 21 τὴν τοῦ] del. Her. ‖ 22 αὐτοῦ τοῦ] τοῦ γὰρ Her. ‖ 23 ἀποσπάσαι] ἀποσπᾶσα **V** | τε] δὲ Ges. in Emend., Her. αὐτὴν] αὐτὸν ***β*** : αὔτὸν edd. | πειρωμένον] πειρωμένου Ges. in Emend., Her. 24 ῥώμης] ῥύμης Schn., Her. | ἐνσχεθῆναι] σχισθῆναι Jac. in app., Her. | ἀπὸ] ὑπὸ ***β***

τὴν δὲ ἀπομεῖναι πεπηγμένην, ὡς ἐνέπεσεν ἐξ ἀρχῆς. θηρᾶται δὲ οὗτος ἄρα καὶ ἐν τῇ θαλάττῃ καὶ ἐν τῷ Ἴστρῳ, χαίρει δὲ καὶ πικρῷ ὕδατι καὶ γλυκεῖ ῥεύματι.

14.24. Θέρους ἐνακμάζοντος τοῦ σφοδροτάτου οἱ θαλάττιοι κύνες καὶ τὰ ἄλλα ζῷα, οἷσπερ οὖν ἐστι συμφυὴς ἡ τόλμα, ἔς τε τοὺς αἰγιαλοὺς παραβάλλει καὶ εὐθὺ τῶν κρημνῶν ἔρχεται, καὶ τὰς ῥοώδεις ἄκρας ὑποτρέχει, καὶ ἐς τοὺς στενοὺς καὶ βαθεῖς εἰσνήχονται πορθμούς. φεύγουσι δὲ τὰ πελάγια ἤθη, καὶ τῆς ἐκεῖ νομῆς τηνικάδε τῆς ὥρας ὑπερορῶσι. γίνεται δὲ ἄρα τι φῦκος ἐν τοῖς ἕρμασι τοῖς βαθέσι, καὶ τὸ μέγεθος αὐτῷ κατὰ τὴν μυρίκην ἐστί, φέρει δὲ καρπὸν τῇ μήκωνι προσεμφερῆ. καὶ τῶν μὲν ἄλλων ὡρῶν τοῦ ἔτους μέμυκε, καὶ ἔστιν ἀντίτυπος καὶ στερεὸς φύσει ὀστρέου· ἁπλοῦταί γε μὴν μετὰ τὰς τροπὰς τὰς θερινάς, ὥσπερ οὖν αἱ ἐν ῥοδωνιαῖς κάλυκες. καὶ τὸ μὲν περικείμενον ἔλυτρον φρουρεῖ τὸ ἔνδον, καὶ δίκην ἕρκους ὀστρακῶδες ὂν περιέρχεται, ἰδεῖν γε μὴν ξανθότατόν ἐστι. τὸ δὲ ὑπὸ τούτῳ τῷ χιτῶνι κυάνεόν ἐστι χρόᾳ καὶ χαῦνον, ὥσπερ οὖν πεπρημένη κύστις διαυγὴς ἄγαν, λείβεταί τε ἐξ αὐτῆς πονηρὸν φάρμακον. καὶ νύκτωρ μὲν ἐκπέμπει τοῦτο αὐγὴν πυρὶ ἐοικυῖαν, καί τινας ἀφίησι μαρμαρυγάς· ὑπανατέλλοντος δὲ τοῦ Σειρίου ἔτι καὶ μᾶλλον κατισχύει ἡ τοῦ φαρμάκου κακία. καὶ ἐντεῦθεν ὅσον ἐστὶν ὑδροθηρικὸν παγκύνιόν οἱ ὄνομα θέμενοι εἶτα οἴονται τὴν τοῦ ἄστρου ἐπιτολὴν τίκτειν αὐτό. οἱ θαλάττιοι δ' οὖν κύνες πρὸς τὴν νύκτωρ τοῦ ἄνθους φαντασίαν τὴν φλογώδη εἶτα ἐμπεσόντες, ὥσπερ οὖν εἰς ἕρμα, τὴν ἔναλον μυρίκην τήνδε, τοῦ φαρμάκου τοῦ μὲν καταλούσαντος αὐτούς, τοῦ δὲ καταποθέντος, καὶ ἑτέρου διὰ τῶν βραγχίων αὐτοῖς εἰσθορόντος, εἶτα μέντοι τεθνήκασι καὶ παραχρῆμα ἀναπλέουσιν. οἱ τοίνυν δεινότατοι τὰ τοιαῦτα ἀνιχνεύειν τοῦδε τοῦ φαρμάκου ἐκ τῶν κητῶν τῶν προειρημένων τὸ μὲν ἐκ τῶν μελῶν τῶν λοιπῶν, τὸ δὲ ἐκ τοῦ στόματος τοῦ θηρὸς

1 ἀπομεῖναι] ἐναπομεῖναι Her. ‖ 2 θαλάττῃ] θαλάσσῃ **V** ‖ 5 ἔς τε] ἔστε *β* 6 παραβάλλει] παραβάλλειν **V** ‖ 8 εἰσνήχονται] ἐσνήχεται Her. ‖ 12 στερεὸς] Ges. in mg., Her. : στερεὰ codd. ‖ 15 ὀστρακῶδες ὂν] del. Her. ‖ 16 κυάνεόν] κυανοῦν Her. ‖ 17 πεπρημένη] ante corr. **P** : πεπρησμένη (ex corr. **P**) **H** διαυγὴς] καὶ διαυγὲς Her. ‖ 18 αὐτῆς] αὐτοῦ Her. ‖ 22 παγκύνιόν] παγκύνικόν **A** ‖ 23 δ'] om. **PH** : del. Her. ‖ 24 εἶτα] del. Her. ‖ 26 καταλούσαντος] καταδεύσαντος Her. ‖ 28 δεινότατοι] δεινοὶ Her.

φάρμακον ἀθροίζουσι. δεύτερον καὶ κακὸν τοῦτο τῆς καλουμένης χερσαίας ἀγλαοφώτιδος. ὄνομα δὲ αὐτῇ ἄρα ἔθεντο καὶ κυνόσπαστον· καὶ τίς ἡ αἰτία, ἐὰν ὑπομνησθῶ εἰπεῖν [14.27], εἴσεσθε αὐτήν.

14.25. Μυσοὶ δέ, οὐχ οἱ τοῦ Τηλέφου τὸ Πέργαμον κατοικοῦντες Μυσοί, ἀλλὰ ἐκείνους τοὺς πρὸς τῷ Πόντῳ μοι νόει τοὺς κάτω, οἵπερ οὖν καὶ τῇ γῇ τῇ Σκυθίδι προσοικοῦσι τὰς ἐκείνων ἐπιδρομὰς ἀνείργοντες καὶ τῇ Ῥώμῃ τὸν χῶρον τὸν προειρημένον φρουροῦντες πάντα· Ἡρακλείας πλησίον φημί, καὶ τῶν Ἀξίου ῥευμάτων, τοῦ καλουμένου Τομέως πλησίον. ἐνταῦθά τοι καὶ τὴν Αἰήτου Μήδειαν οἱ ἐπιχώριοι ὑμνοῦσι τὸ ἔργον ἐκεῖνο τὸ εἰς τὸν Ἄψυρτον τὸν ἀδελφὸν χερσὶ κακαῖς τολμῆσαι, ναὶ μὰ Δία, δυστυχῆ φήμην ἐπὶ τῇ Κόλχῳ φαρμακείας, πρὸς τοῖς ἄλλοις τοῖς Ἕλλησι τήνδε ᾄδοντες οἱ Μυσοί. ἀλλὰ οὗτοί γε θήραν ἰχθύων ἐκείνην θηρῶσιν. ἀνὴρ Ἰστριανὸς γένος, τὴν τέχνην ἁλιεύς, τῆς τοῦ Ἴστρου ὄχθης πλησίον ἐλαύνει βοῶν ζεῦγος, οὔ τι που δεόμενος ἀροῦν οὗτος· ὥσπερ γάρ φησιν ὁ λόγος, μηδὲν εἶναι βοῒ κοινὸν ἅμα καὶ δελφῖνι, οὕτω τοι φιλία χερσὶν ἁλιέων καὶ ἀρότρῳ πόθεν ἂν γένοιτο; εἰ γοῦν οἱ καὶ ἵππων παρείη ζεῦγος, τοῖς ἵπποις χρῆται. καὶ τὸν μὲν ζυγὸν ὁ ἀνὴρ φέρει κατὰ τῶν ὤμων, ἔρχεται δὲ ἔνθα οἱ δοκεῖ καλῶς ἔχειν ἑαυτὸν καθίσαι καὶ ἐν καλῷ τῆς ἄγρας εἶναι πεπίστευκε. τῆς οὖν μηρίνθου στερεᾶς οὔσης καὶ ἄγαν ἐκτικῆς τὴν μὲν ἀρχὴν ἐξῆψε μέσου τῶν ζῴων τοῦ ζυγοῦ, ἄδην δὲ τροφῆς παρατίθησιν ἢ τοῖς βουσὶν ἢ τοῖς ἵπποις, οἳ δὲ ἐμπίπλανται. καὶ ἐκεῖνος τῇ μηρίνθῳ κατὰ θάτερα προσῆψεν ἄγκιστρον ἰσχυρὸν καὶ μέντοι καὶ τεθηγμένον δεινῶς, περιείρας δὲ

1 φάρμακον] del. (malit Jac. in com.), Her., fort. recte | καὶ] δὲ Jac. in app. : δὲ τὸ Her. ‖ 4 εἴσεσθε] εἴσεσθαι **P** : ἔσεσθαι **V** : εἴσεσθ' οὐ **A** | αὐτήν] αὐτῶν **LA** 6 Μυσοί] del. Her. ‖ 9 Ἡρακλείας] τοὺς Ἡρα. Her. ‖ 10 Ἀξίου] ναξίου **LA** τοῦ—πλησίον] del. Her. | Τομέως] τόμεως ***β*** ‖ 12 τὸ εἰς] ταῖς ***β*** (ἐς sscr. al. m. **P**) τὸν[1]—ἀδελφὸν] ex corr. al. m. **P** : τῶν ἀψύρτων τῶν ἀδελφῶν ***β*** (ante corr. **P**) 13 φαρμακείας] φαρμακείαις **PAH** : φαρμακίαις **L** : φαρμακῷ Her. | τοῖς—14 Ἕλλησι] ταῖς ἄλλαις ταῖς ἐν Ἑλλ. Her. ‖ 18 ἅμα] del. Her. | ἀρότρῳ] ἀρότρων **VPH** ‖ 19 γοῦν] οὖν Her. ‖ 20 χρῆται] χρᾶται **V** ‖ 23 ἐκτικῆς] ἀκτικῆς ***β*** : ἑλκτικῆς Valck., Her., fort. recte | τῶν ζῴων] del. Her. ‖ 25 ἐμπίπλανται] ἐμπίπλωνται **V** ‖ 26 καὶ τεθηγμένον] καὶ κατεθηγμένον **A** | περιείρας] περιπείρας Her.

ἄρα αὐτῷ πνεύμονα ταύρου τεθηραμένου, αὐτὸ μεθῆκε τροφὴν Ἰστριανῷ σιλούρῳ καὶ μάλα γε ἡδίστην, ὑπὲρ τοῦ συνδέοντος τὸ ἄγκιστρον λίνου ἐξάψας τὸν ἀρκοῦντα μόλιβδον, οἷον ἐς τὴν ἕλξιν εἶναι ἕρμα αὐτόν. ὁ τοίνυν ἰχθῦς ὁπόταν αἴσθηται τῆς ταυρείου βορᾶς, παραχρῆμα κατὰ τὴν ἄγραν ὁρμᾷ· εἶτα ὧν ἱμείρει τούτοις ἐντυχὼν ἀθρόως καὶ περιχανὼν ἄδην καὶ ἀταμιεύτως τὴν ἐμπεσοῦσάν οἱ κακὴν δαῖτα εἰς ἑαυτὸν σπᾷ. εἶτα ὑφ' ἡδονῆς ἑλιττόμενος ὅδε ὁ γάστρις ἑαυτὸν διαλέληθε τῷ προειρημένῳ περιπαρεὶς ἀγκίστρῳ, καὶ ἀποδρᾶναι τὸ ἐμπεσὸν κακὸν διψῶν τὴν μήρινθον ὡς ἔχει δυνάμεως ὑποταράττει τε καὶ κινεῖ. συνίησιν οὖν ὁ θηρατὴς καὶ ἡδονῆς ὑπερεμπίπλαται, εἶτα τῆς ἕδρας ἀνέθορε, καὶ μεθῆκεν ἑαυτὸν ποταμίων τε ἔργων καὶ κυνηγεσίων ἐνύδρων, ὥσπερ δὲ ἐν δράματι ὑποκριτὴς ἀμείψας προσωπεῖον ὃ δὲ τὼ βόε ἐλαύνει ἢ τὼ ἵππω, ἀλκὴ δὲ ἄρα καὶ ἡ τοῦ κήτους καὶ ἡ τῶν ὑποζυγίων ἀντίπαλός ἐστιν. ὁ μὲν γὰρ θὴρ ὁ τοῦ Ἴστρου τρόφιμος ἕλκει κάτω ὅσον ποτὲ ἄρα τῆς ἐν αὐτῷ ῥώμης ἔχει, τὸ μέντοι ζεῦγος τὸ ἀνθέλκον ἐκτείνει τὴν μήρινθον. ἀλλά οἱ πλέον οὐδέν· τῆς γοῦν ἐπ' ἀμφοῖν ἕλξεως ὁ ἰχθῦς ἡττᾶται, καὶ ἀπειπὼν ἕλκεται κατὰ τῆς ἠόνος. εἴποι ἂν Ὁμηρίδης δρυῶν στελέχη ἕλκειν ἡμιόνους τινάς, ὡς ἐπὶ τῇ Πατρόκλου ταφῇ Ὅμηρος [*Il.* 23.111] ᾄδει ταῦτα δήπου τὰ ὑμνούμενα.

14.26. Ἔστι δὲ ἄρα τῷ Ἴστρῳ καὶ κόλπος οἷος βαθύτατος, καὶ ἔοικε τῇ θαλάττῃ τὴν πολλὴν περίοδον. καὶ μέντοι βάθους εὖ ἥκει ὅδε ὁ κόλπος, καὶ ἐκεῖνο τεκμηριῶσαι ἱκανόν. αἱ ναῦς αἱ φορτίδες αἱ τὴν θάλασσαν περῶσαι καὶ ἐνταῦθα κατακολπίζουσι, χρείᾳ τῶν περιοικούντων δηλονότι. πεφρίκασι δὲ καὶ τοῦτον ὡς θάλατταν, ὅταν ἀγριαίνηται ὑπὸ τῶν καταπνεόντων ἀνέμων εἰς κύματα ἐξαπτόντων τε αὐτὸν καὶ ἐκμαινόντων. πεφύκασι δὲ ἄρα

1 τεθηραμένου] del. Her. | αὐτὸ] om. **V** : del. Her. ‖ **3** μόλιβδον] μόλιβον **V**, Her. ‖ **8** ἑλιττόμενος] ἑλκόμενος Cob. (1884), Scholf. ‖ **11** οὖν] δὲ **VH** ὑπερεμπίπλαται] ὑπερεμπίπλανται **L** : ὑπερπίμπλαται **V** : ὑποπίμπλαται **H** ‖ **12** ποταμίων—**13** ἐνύδρων] ποταμίῳ τε ἔργῳ καὶ κυνηγεσίῳ ἐνύδρῳ **V** ἔργων] om. **A** ‖ **16** αὐτῷ] αὑτῷ **H**, Her. | τὸ] καὶ ***β*** ‖ **18** ἐπ'—ἕλξεως] ἀπ' ἀμφ. λέξεως **V** | ὁ] om. **PAH** ‖ **21** δήπου] δὴ **V** ‖ **23** θαλάττῃ] θαλάσσῃ **V** | μέντοι] μέντοι καὶ Her. | βάθους] βάθ. ὅτι Her. | εὖ] om. **V** ‖ **25** κατακολπίζουσι] μετακολπίζ. **V**|χρείᾳ—**26** δηλονότι] del. Her.‖ **27** θάλατταν] θάλασσαν **V**|τῶν] om. **V**

ἐν αὐτῷ καὶ νῆσοι καί τινες μέντοι καὶ τῆς ὄχθης ὑποδρομαὶ εἰς ἃς ἔστι καταφυγεῖν. ἀλλὰ καὶ ἀκταὶ καὶ ἄκραι προήκουσι, καὶ προσρήγνυται αὐταῖς καὶ περισχίζεται κλύδων ἄγριος, ἡνίκα δὲ ἂν ἑαυτοῦ μάλιστα ὑποπλησθεὶς εἶτα ἐς τὴν θάλασσαν οἱονεὶ στενοχωρούμενος ὠθῆται. φιλεῖ δὲ ἄρα δρᾶν τοῦτο ἤδη τετάρτης ὥρας φθινοπωρινῆς παραδραμούσης, ὑπαρχομένης δὲ τῆς χειμερίου, καὶ ἀκμάσας αὐτὸς πρόεισι πλημμυρῶν. πληθύοντα δὲ ἄρα βορρᾶς ἐπωθεῖ αὐτόν, καὶ ἐξάπτει κατιέναι ἄγριον. καὶ ὃ μὲν καταφέρει μάλα γε κρυμῶδες καὶ σκληρόν, ὡς εἰς πλοῦν ἀγώγιμον, τὸν καθ' ἑαυτοῦ κρύσταλλον, ὃ δὲ ἀντιπίπτει ὁ βορρᾶς αὐτῷ καταπνέων σκληρόν· οὔκουν αὐτὸν ἐκβάλλειν ἐς τὸ πέλαγος ὠδῖνα ὡς ἂν εἴποις ἐπιτρέπει, ἀλλ' ἀναχέων καὶ ἀνωθούμενος ἵησιν. ὁ κρύσταλλος οὖν ἐπινηχόμενός τε καὶ ἀναστελλόμενος εἰς βάθος χωρεῖ καὶ ἁδρύνεται ἐς πολύ· καὶ ἐντεῦθεν ὑπορρεῖ μὲν ὁ Ἴστρος τὸ γνήσιον ὕδωρ ὁδοῖς ὡς ἂν εἴποις κρυπταῖς, τὸ δὲ ἐπίκτητόν οἱ καὶ νόθον ἐπίκειται πεδίου δίκην, καὶ κατὰ τούτου τηνικάδε τῆς ὥρας ὁδοιποροῦσιν οἱ τῇδε ἄνθρωποι κατὰ ζεύγη καὶ μόνιπποι. ὁπόσα μὲν οὖν ἐλέγχει τε καὶ βασανίζει τὴν πῆξιν τοῦ ποταμοῦ καὶ τοῦδε καὶ τοῦ Θρᾳκίου Στρυμόνος τὸ πονηρόν τε καὶ δολερὸν θηρίον ἡ ἀλώπηξ, ἀνωτέρω εἶπον [6.24]· ὁ δ' οὖν κρύσταλλος ὁ ἐν τῷ Ἴστρῳ καὶ νηῒ φορτηγῷ κατὰ ῥοῦν φερομένῃ περιτραφεὶς εἶτα ἐπέδησεν αὐτήν, καὶ οὔτε ἱστίων ἡπλωμένων ἔτι δεῖ, οὔτε πρῴρα εἰς τὸ πρόσω βλέπει, οὔτε ὁ τῆς νεὼς ἄρχων ἐπιστρέφει τοὺς οἴακας· πεπήγασι γάρ, ἐπεὶ καὶ τὸ πᾶν σκάφος

1 καί – καὶ[2]] καὶ μέντοι καί τινες Her. | τῆς ὄχθης] τοῖς ὄχθοις **V** 3 προσρήγνυται] προσρήγνυνται **A** : προσήγνυνται **L** | δὲ ἂν] δὲ ἐὰν **V** : ἂν Her.‖ 4 ἑαυτοῦ] αὐτοῦ **V**|ἐς] εἰς **A**‖ 5 ὠθῆται] ὠθεῖται ***β***|ἤδη] om. **V**|τετάρτης] del. Her. ‖ 9 μάλα – καὶ] καὶ μάλα γε κρυ. ante οὔκουν αὐτὸν (cf. infra) transp. Her.|σκληρόν] del. Her.‖ 10 ἑαυτοῦ] ἑαυτὸν **V**|αὐτῷ] καὶ αὐτῷ **V**‖ 11 αὐτὸν] αὐτῷ Her. | ἐς] εἰς **AH** ‖ 12 ὠδῖνα] τὴν ὠδῖ. Her. | ἀναχέων] ἀνακωχεύων Her. 13 ἵησιν] ἵησιν **VP** : ἵστησιν Rei., Her. | ἐπινηχόμενός] ἀνειργόμενός Her. ‖ 14 ὁ Ἴστρος] τοῦ Ἴστρου Her. ‖ 17 τηνικάδε – ὥρας] τῆς ὥρας τηνικάδε ***β*** (ἡνικάδε **H**) | κατὰ] καὶ τὰ **V** ‖ 18 μόνιπποι] Jac. in app., Her. : ἵπποι **VH** : μονίππους **LPA** | ὁπόσα] ὁπόσον **V** : ὅπως Jac in app., Her. ‖ 19 καὶ[1]] del. Jac., Her. | καὶ[2]] om. ***β***‖ 22 περιτραφεὶς] Ges. in mg., Jac., Her. : περιστραφεὶς codd.|ἔτι δεῖ] ἔστι δὴ **A** ‖ 23 πρῴρα – τὸ] πρῳρατὴς (πρῳράτης **A**) τὰ ***β*** : ὁ πρῳράτης τὰ Her. βλέπει] βλέπειν **VP**‖ 24 τὸ] αὐτὸ **P**

τῷ περικειμένῳ κατείληπται δεσμῷ, καὶ ἔοικεν οὐ μὰ Δία νήσῳ, οὐ γὰρ ἔτι τοῖς κύμασι τύπτεται, ἀλλὰ ἐν πολλῷ πεδίῳ λόφῳ τινὶ ἀνεστῶτι ἢ καὶ νὴ Δία σκοπιᾷ ἢ ἄκρᾳ. ἐνταῦθά τοι καὶ οἱ περίνεῳ καὶ οἱ ναῦται ἐκπηδῶσι καὶ κατὰ τοῦ ποταμοῦ θέουσι, καὶ ἁμάξας ἄγουσι καὶ τὸν φόρτον μετῆραν ἐπὶ τοῦ τέως ὕδατος. καὶ πάλιν μετὰ τὴν χειμέριον ὥραν τοῦ αὐτοῦ φερομένου σφοδρῶς παραφέρουσί τε καὶ ἄγουσι τὰ ἄχθη, καὶ τὸν Ἴστρον πατοῦσι βόες. μένει δὲ ἡ ναῦς ἔστ᾽ ἂν ὑπανῇ μὲν τὰ τοῦ κρυμοῦ, κάμῃ δὲ ὁ κρύσταλλος καὶ λυθῇ, ἐλευθέρα δὲ τοῦ παραδόξου πείσματος ἡ ὁλκὰς ἀπολυθῇ. ἐνταῦθά τοι τοῦ καιροῦ καὶ οἱ ἁλιεῖς μακέλλας λαβόντες, ἔνθα αὐτοὺς ἄγει θυμὸς διασκάπτουσι τὴν πῆξιν τοῦ ὕδατος, καὶ τάφρον κυκλοτερῆ ἐργάζονται κατιόντες ἐς τὸ ὕδωρ· εἴποις ἂν ἢ φρέατος εἶναι στόμα ἢ μεγίστου πίθου καὶ πάνυ γάστριδος. οὐκοῦν ἰχθύες πολλοὶ τὸν κρυμὸν διαδρᾶναι θέλοντες οἱονεὶ στέγην ἐπικειμένην καὶ ποθοῦντες τὸ φῶς ἀσμένως εἰς τὸ ἀνεῳγμένον στόμιον εἰσνέουσι, καὶ γίνονται πλῆθος ἄμαχοι, καὶ ἐπωθοῦνται ἀλλήλοις, αἱροῦνται δὲ ἅτε ἐν βόθρῳ στενῷ ῥᾳδίως. καὶ πάρεστι λαβεῖν κυπρίνους τε καὶ κορακίνους ἅδην καὶ πέρκας καὶ ξιφίαν, ἀλλ᾽ οὔπω μέγαν καὶ ἔτι τοῦ κέντρου τοῦ προμετωπιδίου ἄμοιρον· καὶ ἀντακαῖον, καὶ τοῦτον ἁπαλόν, ἐπεὶ οἵ γε μεγάλοι καὶ προήκοντες τὴν ἡλικίαν γένοιντο ἂν καὶ κατὰ τὸν θύννον τὸν μέγιστον. οὗτός τοι καὶ πιότατός ἐστι τὰς λαπάρας καὶ τὴν γαστέρα, καὶ φαίης ἂν ὑὸς οὖθαρ εἶναι θηλαζούσης βρέφη. δορὰν δὲ ἔχει τραχεῖαν, καὶ μέντοι καὶ τὰ δόρατα λεαίνουσι ταύτῃ δορυξόοι. ὑπὸ δὲ τῷ μυελῷ τοῦδε τοῦ ζῴου ἀρξάμενος ἐκ μέσης τῆς κεφαλῆς καὶ μέχρι τῆς οὐρᾶς καθήκων ὑμὴν ὑγρὸς καὶ στενὸς ἔρχεται. τοῦτον οὖν πρὸς τὴν

1 περικειμένῳ] παρακειμένῳ **VH** | νήσῳ] νηΐ Gill., Her. ‖ 2 πεδίῳ] τῷ πεδ. Her. ‖ 3 νὴ] ναὶ μὰ **LAH** | τοι] om. **V** ‖ 5 μετῆραν] ex corr. **L** : μετήρασαν (ante corr. **L**, ex corr. **P**) **A** : μετήρας (ante corr. **P**) **H** | ἐπὶ] καὶ ἐπὶ **PAH** ‖ 6 χειμέριον] χειμερίαν **A** ‖ 7 παραφέρουσί] φέρουσί Her. | καὶ[2] — 8 βόες] del. Her. ‖ 8 κάμῃ] κάῃ **V** : τακῇ Her., fort. recte | δὲ[2]] del. Her. ‖ 10 ἐνταῦθά] ἐντεῦθέν ***β*** 11 διασκάπτουσι] διακόπτουσι **LA**, edd. ‖ 12 κατιόντες] κατιοῦσαν Her. 14 κρυμὸν] κρύσταλλον Her. ‖ 15 ἐπικειμένην] ἐπικείμενον Her. ‖ 18 κυπρίνους] κυπρίους **A** | ἅδην] corr. in ἄδδην **L** ‖ 20 ἀντακαῖον] edd. : ἀττακαῖον **VLPA** : ἀστακαῖον **H** | καὶ[2]] om. **V** ‖ 23 οὖθαρ] οὔθατα Her. ‖ 24 βρέφη] βρέφος **LPA** καὶ[1]] om. **V** ‖ 25 τῷ μυελῷ] τὸν μυελὸν **V** ‖ 26 καὶ] del. Rei., Her.

εἴλην αὖον ἐργασάμενος ἕξεις, εἰ θέλεις, καὶ μάστιγα ὡς ἐλαύνειν ζεῦγος ἵππων· ζεῦγος γὰρ ἤ τινι ἢ οὐδὲν διαφέρει. εἰς μέγεθος δὲ ἤδη προήκων, οὐκ ἂν αὐτὸν θεάσοιτό τις ὑπεκδυόμενον τοῦ κρυστάλλου καὶ ἐμπίπτοντα εἰς τὸν βόθρον, ἀλλὰ ἢ πέτραν ὑπελθὼν πολυσκεπῆ εὗρεν ἢ ἐν ἄμμῳ βαθείᾳ ἑαυτὸν ἐγκρύψας εἶτα ὑποθάλπει καὶ μάλα ἀγαπητῶς. δεῖται δὲ οὔτε πόας τηνικάδε οὔτε ἰχθύος εἰς βορὰν ἑτέρου, κρυμοῦ δὲ ὄντος ἀργὸς εἶναι ἐθέλει, καὶ τρέφεται τῇ σχολῇ, καὶ τὴν ἑαυτοῦ πιμελὴν ἐσθίει· ὥσπερ οὖν καὶ οἱ πολύποδες ἐν ἀθηρίᾳ τῶν πλεκτανῶν τῶν ἰδίων παρατραγόντες ἑαυτοὺς καὶ ἐκεῖνοι βόσκουσι. χειμῶνος δὲ λήγοντος καὶ ὑπαρχομένου ἦρος καὶ ἐλευθέρου τοῦ Ἴστρου ῥέοντος μισεῖ τὴν ἀργίαν καὶ ἀναπλεύσας ἐμφορεῖται τοῦ κατὰ τὸ ὕδωρ ἀφροῦ· πολὺς δὲ οὗτός ἐστι· μορμύροντος δὲ τοῦ ῥεύματος καὶ ὠθουμένου σφοδρότατα. ἐνταῦθά τοι καὶ ἁλίσκεται ῥᾳδίως, ἐλλοχώντων αὐτὸν τῶν ἁλιέων καὶ τὸ ἄγκιστρον εἰς τὸν ἀφρὸν καθιέντων σὺν τῇ ὁρμιᾷ. καὶ τὸ μὲν κρύπτεται ὑπὸ τῇ λευκότητι, καὶ αἴγλῃ τοῦ χαλκοῦ εὐσύνοπτον οἷον οὐκ ἔστι, καὶ διὰ ταῦτά τοι περιχανὼν καὶ λάβρως σπῶν τοῦ προειρημένου σιτίου καταπίνει τὸν δόλον, καὶ ἀπόλωλεν ἐντεῦθεν ὅθεν τὰ πρῶτα ἐτρέφετο.

14.27. Ὄνομα φυτοῦ κυνόσπαστος (καλεῖται δὲ ἄρα καὶ ἀγλαοφῶτις ἡ αὐτή· βούλομαι γὰρ ἐκτῖσαι χρέος ὑπομνησθεὶς [cf. 14.24]) ὃ μεθ' ἡμέραν μὲν ἐν τοῖς ἄλλοις διαλέληθε καὶ οὐκ ἔστι πάντῃ σύνοπτον, νύκτωρ δὲ ἐκφαίνεται καὶ διαπρέπει, ὡς ἀστήρ· φλογώδης γάρ ἐστι καὶ ἔοικε πυρί. οὐκοῦν σημεῖόν τι ταῖς ῥίζαις παραπήξαντες αὐτῆς ἀπαλλάττονται, οὔτε τὴν χρόαν ἔχοντες μεθ' ἡμέραν εἰ μὴ τοῦτο δράσαιεν μνημονεῦσαι οὔτε μὴν τὸ εἶδος.

1 θέλεις] ἐθέλεις Her. | καὶ] del. Rei., Her. | μάστιγα] μάστιγας **LPA** ‖ **2** ζεῦγος[2]] ζεύγει **V** : σκύτους Jac. in app., Her. | τινι] τι Oud., Her. | εἰς] ἐς **V** ‖ **3** θεάσοιτό] θεάσαιτό Jac., Her. ‖ **4** κρυστάλλου] κρυστάλου **A** ‖ **5** εὗρεν ἢ] εὗρε καὶ **LPA** : εὗρεν ἢ καὶ **H** : ἢ Her. ‖ **8** τρέφεται] τέρπεται Gill., Her. | σχολῇ] χολῇ **V** | ἐσθίει] ἐσθίειν **P** ‖ **9** ὥσπερ—καὶ] καὶ ὥσπερ οὖν Her. ‖ **12** τὸ] τοῦ **V** ‖ **13** δὲ[2]] del. Her. ‖ **15** ἐλλοχώντων] καὶ ἐλλ. **V** ‖ **16** κρύπτεται] κρύπτει **V** ‖ **17** αἴγλῃ] τῇ αἴγλῃ **H** : ἡ αἴγλη Jac. in app., Her. | εὐσύνοπτον] εὐσύνοπτός Rei., Her. | οἷον] οἱ Jac. in app., Her. ‖ **18** σπῶν] ἔσθων **A** ‖ **22** ἀγλαοφῶτις] ἀγλαοφωτὶς **VPH** : ἀγλαόφωτις Her. ‖ **24** πάντῃ] πάνυ τι Her. ‖ **27** δράσαιεν μνημονεῦσαι] δράσαι ἐμνημόνευσαν ***β***

παρελθούσης δὲ τῆς νυκτὸς ἥκουσι, καὶ θεασάμενοι τὸ σημεῖον ὅπερ οὖν κατέλιπον καὶ γνωρίσαντες ἔχουσι συμβαλεῖν ὅτι ἄρα τοῦτο ἐκεῖνό ἐστιν οὗ καὶ δέονται, ἐπεί τοί γε ἄλλως ὅμοιόν ἐστι τοῖς παρεστῶσι καὶ οὐδὲ ὀλίγον διαλλάττει αὐτῶν. οὐκ ἀνασπῶσι δὲ αὐτοὶ τὸ φυτὸν τόδε, ἢ οὐ χαιρήσουσι πάντως. οὔκουν οὔτε περισκάπτει τις οὔτε ἀνασπᾷ, ἐπεὶ καί, φασί, τὸν πρώτιστον ὑπ᾽ ἀπειρίας τῆς κατ᾽ αὐτὸ φύσεως προσαψάμενον οὐκ εἰς μακρὰν ἀπώλεσεν. ἄγουσιν οὖν κύνα νεανίαν ἡμερῶν ἀτροφήσαντα καὶ λιμώττοντα ἰσχυρῶς, καὶ τούτου σπάρτον ἐξάψαντες εὖ μάλα στερεὸν καὶ τῆς ἀγλαοφώτιδος τῷ κάτω στελέχει βρόχον τινὰ δύσλυτον προσαρτήσαντες ὡς οἷοί τέ εἰσι μακρόθεν, εἶτα τῷ κυνὶ προτιθέασι κρέα πάμπολλα ὀπτὰ κνίσσης προσβάλλοντα· ὃ δὲ ὑπὸ τοῦ λιμοῦ φλεγόμενος καὶ στρεβλούμενος ὑπὸ τῆς κνίσσης ἐπὶ τὰ προκείμενα ἔναντι κρέα, καὶ ὑπ᾽ ὀδύνης αὐτόρριζον ἀνασπᾷ τὸ φυτόν. ἐπὰν δὲ ὁ ἥλιος ἴδῃ τὰς ῥίζας, ὁ κύων ἀποθνήσκει παραχρῆμα. θάπτουσι δὲ ἐν αὐτῷ τῷ χώρῳ αὐτόν, καί τινας δράσαντες ἀπορρήτους ἱερουργίας καὶ τιμήσαντες τοῦ κυνὸς τὸν νεκρὸν ὡς ὑπὲρ αὐτῶν τεθνεῶτα εἶτα μέντοι προσάψασθαι τολμῶσι τοῦ φυτοῦ τοῦ προειρημένου, καὶ κομίζουσιν οἴκαδε. καὶ καταχρῶνταί φασιν εἰς πολλὰ καὶ λυσιτελῆ· ἐν δὲ τοῖς καὶ τὴν ἐκ τῆς σελήνης νόσον ἐνσκήπτειν τοῖς ἀνθρώποις λεγομένην ἰᾶσθαί φασιν αὐτήν, καὶ τῶν ὀφθαλμῶν τὸ πάθος, ὅπερ οὖν ὑγροῦ ἐπικλύσαντος καὶ ῥαγέντος ἀφαιρεῖ τὴν ὄψιν αὐτοῖς.

14.28. Κόχλος ἐστὶ θαλάττιος, μικρὸς μὲν τὸ μέγεθος, ἰδεῖν δὲ ὡραιότατος, καὶ ἐν θαλάττῃ τίκτεται τῇ καθαρωτάτῃ καὶ ἐν ταῖς ὑφάλοις πέτραις καὶ ἐν ταῖς καλουμέναις χοιράσιν. ὄνομα δὲ νηρίτης ἐστὶν αὐτῷ, καὶ διαρρεῖ λόγος διπλοῦς ὑπὲρ τοῦδε τοῦ

3 τοί—ἄλλως] τοι τελέως Her. ‖ 5 ἀνασπῶσι] ἀνασπάσουσι *β* ‖ 6 οὔκουν] οὐκοῦν *β* ‖ 7 αὐτὸ] αὐτοῦ *β* | προσαψάμενον] ὑφαψαμένον **V** ‖ 8 μακρὰν] μακρὸν **V** ‖ 10 ἀγλαοφώτιδος] ἀγλαοφωτίδος **VP** ‖ 12 κρέα] κρέατα **A** | κνίσσης] κνίσης **P** : κνίσσαν **V** ‖ 13 προσβάλλοντα] προβάλλοντα **V** ‖ 14 κνίσσης] κνίσης **P** | ἔναντι] ᾄττει Rei., Her. | καὶ—ὀδύνης] καὶ ὑπ᾽ ὀδύνῃσι **A** : ὑποδὺς **V** : καὶ ὑπὸ ῥύμης Rei., Her. ‖ 15 ἐπὰν] ἐὰν *β* | ἴδῃ] ἴδοι **V** ‖ 16 χώρῳ] χωρίῳ *β* ‖ 17 καὶ] τε καὶ **A** ‖ 18 τεθνεῶτα] τεθνεῶτος **LPH**, edd. ‖ 23 ῥαγέντος] παγέντος Her. ἀφαιρεῖ] ἀφαιρεῖται **LPA** ‖ 24 αὐτοῖς] αὐτούς Schn., Her. ‖ 26 θαλάττῃ] θαλάσσῃ **VH**

ζῴου, καὶ εἰς ἐμέ γε ἀφικέσθην ἄμφω τὼ λόγω, καὶ μέντοι καὶ διαμυθολογῆσαι μικρὰ ἄττα ἐν μακρᾷ τῇ συγγραφῇ οὐδὲν ἀλλ' ἢ διαναπαῦσαί τε τὴν ἀκοὴν καὶ ἐφηδῦναι τὸν λόγον. τῷ Νηρεῖ τῷ θαλαττίῳ, ὅνπερ οὖν ἀληθῆ τε καὶ ἀψευδῆ ἀκούομεν δεῦρο ἀεί, πεντήκοντα μὲν τεκεῖν θυγατέρας τὴν Ὠκεανοῦ Δωρίδα Ἡσίοδος ᾄδει [*Th.* 233; 240–264]· μέμνηται δὲ αὐτῶν καὶ Ὅμηρος ἐν τοῖς ἑαυτοῦ μέτροις [*Il.* 18.38 ss.]. ἕνα δέ οἱ γενέσθαι παῖδα ἐπὶ ταῖς τοσαύταις θυγατράσιν ἐκεῖνοι μὲν οὔ φασι, λόγοι δὲ θαλάττιοι ὑμνοῦσι. καὶ Νηρίτην αὐτὸν κληθῆναι λέγουσι καὶ ὡραιότατον γενέσθαι καὶ ἀνθρώπων καὶ θεῶν, Ἀφροδίτην δὲ συνδιαιτωμένην ἐν τῇ θαλάττῃ ἥσθῆναί τε τῷ Νηρίτῃ τῷδε καὶ ἔχειν αὐτὸν φίλον. ἐπεὶ δὲ ἀφίκετο χρόνος εἱμαρμένος, ἔδει τοῖς Ὀλυμπίοις ἐγγραφῆναι καὶ τήνδε τὴν δαίμονα τοῦ πατρὸς παρακαλοῦντος. ἀνιοῦσαν οὖν αὐτὴν ἀκούω καὶ τὸν ἑταῖρόν τε καὶ συμπαίστην τὸν αὐτὸν ἐθέλειν ἄγειν. τὸν δὲ οὐχ ὑπακοῦσαι λόγος ἔχει τοῦ Ὀλύμπου προτιμῶντα τὴν σὺν ταῖς ἀδελφαῖς καὶ τοῖς γειναμένοις διατριβήν. παρῆν δὲ ἄρα αὐτῷ καὶ ἀναφῦσαι πτερά, καὶ τοῦτο ἐγῷμαι δῶρον τῆς Ἀφροδίτης δωρουμένης· ὃ δὲ καὶ ταύτην παρ' οὐδὲν ποιεῖται τὴν χάριν. ὀργίζεται τοίνυν ἡ Διὸς παῖς, καὶ ἐκείνῳ μὲν εἰς τὸν κόχλον τόνδε ἐκτρέπει τὴν μορφήν, αὐτὴ δὲ αἱρεῖται ὀπαδόν τε καὶ θεράποντα ἀντ' ἐκείνου τὸν Ἔρωτα, νέον καὶ τοῦτον καὶ καλόν, καί οἱ τὰ πτερὰ τὰ ἐκείνου δίδωσιν. ὁ δὲ ἄλλος λόγος ἐρασθῆναι βοᾷ Νηρίτου Ποσειδῶνα, ἀντερᾶν δὲ τοῦ Ποσειδῶνος, καὶ τοῦ γε ὑμνουμένου Ἀντέρωτος ἐντεῦθεν τὴν γένεσιν ὑπάρξασθαι. συνδιατρίβειν οὖν τά τε ἄλλα τῷ ἐραστῇ τὸν ἐρώμενον ἀκούω καὶ μέντοι καὶ αὐτοῦ ἐλαύνοντος κατὰ τῶν κυμάτων τὸ ἅρμα τὰ μὲν κήτη τἄλλα καὶ τοὺς δελφῖνας καὶ προσέτι καὶ τοὺς Τρίτωνας ἀναπηδᾶν ἐκ τῶν μυχῶν καὶ περισκιρτᾶν τὸ ἅρμα καὶ περιχορεύειν, ὃ καὶ Ὅμηρος ἐν Ἰλιάδι [*Il.*

2 διαμυθολογῆσαι] fort. διαμυθολογῆσθαι **A** : διαμυθολογοῦσι ut vid. **V** **4** θαλαττίῳ] θαλασσίῳ **V** ‖ **5** τεκεῖν] post ᾄδει transp. **V**, Her. ‖ **7** μέτροις] (sscr. L) **H** : μεγάροις **VLPA** ‖ **8** οὔ] **H**, Her. : οὖν **VLP** : οὖν οὔ **A** ‖ **11** ἐν] καὶ ἐν **A** θαλάττῃ] θαλάσσῃ **V** ‖ **12** εἱμαρμένος] ὁ εἱμ. Her. ‖ **14** οὖν] om. ***β*** (sscr. sec. m. L) ‖ **16** ταῖς ἀδελφαῖς] τοῖς ἀδελφοῖς **A** ‖ **17** παρῆν] πάρεστι **V** | πτερά] πτερόν **V** ‖ **19** ὀργίζεται] ὠργίζετο **V** ‖ **24** Ἀντέρωτος] ἀντέρωντος ***β*** ‖ **25** γένεσιν] γέννησιν **P** | ὑπάρξασθαι] ὑπάρξαντος **V** ‖ **27** τἄλλα] τάλλα **AH**, Her. **29** ὃ—354,1 ἡμῖν] del. Her.

13.27 ss.] λέγει ἡμῖν, ἀπολείπεσθαι γοῦν τοῦ τάχους τῶν ἵππων πάντας καὶ πάντα· μόνα δὲ ἄρα τὰ παιδικά οἱ παρομαρτεῖν καὶ μάλα πλησίον, στόρνυσθαι δ' ἄρα αὐτοῖς καὶ τὸ κῦμα, καὶ διΐστασθαι καὶ τὴν θάλασσαν αἰδοῖ Ποσειδῶνος· βούλεσθαι γὰρ τῇ τε ἄλλῃ τὸν θεὸν εὐδοκιμεῖν τὸν καλὸν ἐρώμενον, καὶ οὖν καὶ τὴν ἕξιν διαπρέπειν. τὸν δὲ Ἥλιον νεμεσῆσαι τῷ τάχει τοῦ παιδὸς ὁ μῦθος λέγει, καὶ ἀμεῖψαί οἱ τὸ σῶμα εἰς τὸν κόχλον· τὸν νοῦν οὐκ οἶδα εἰπεῖν ὁπόθεν ἀγριάναντα, οὐδὲ γὰρ ὁ μῦθος λέγει. εἰ δέ τι χρὴ συμβαλεῖν ὑπὲρ τῶν ἀτεκμάρτων, λέγονται ἀντερᾶν Ποσειδῶν καὶ Ἥλιος. καὶ ἠγανάκτει μὲν ἴσως ὁ Ἥλιος, ὡς ἐν θαλάττῃ φερόμενος, ἐβούλετό τε αὐτὸν οὐκ ἐν τοῖς κήτεσιν ἀριθμεῖσθαι, ἀλλ' ἐν ἄστροις φέρεσθαι. καὶ τὼ μὲν μύθω ἐς τοσόνδε ἐληξάτην· ἐμοὶ δὲ ἐκ τῶν θεῶν ἵλεα ἔστω, καὶ τά γε παρ' ἐμοῦ ἔστω πρὸς αὐτοὺς σύντομα. εἰ δέ τι θρασύτερον εἴρηται τοῖς μύθοις, ἐκείνων τὸ ἔγκλημα.

14.29. Ἔνθα ὁ Τάναρος ποταμὸς καὶ ὁ Ἠριδανὸς συμβάλλετον (οὗτος μὲν καὶ διὰ δόξης ἰὼν καὶ κλέους, ἐκεῖνος δὲ οὐ πάντῃ γνώριμος) ἐνταῦθά τοι θῆραι ναὶ μὰ Δία ἰχθύων ἴδιαι καὶ εἰς ἐμὲ ἧκουσαι μέτροις Μιτυληναίου ἀνδρός, ὃν ᾔδειν καὶ αὐτός, μηδὲ ἐξ ἡμῶν ἀγέραστοι γενέσθωσαν τῷ λόγῳ τῷδε. πεπεδημένων αὐτοῖς ὑπὸ κρυστάλλου τῶν ῥευμάτων ὅσοι περιοικοῦσιν αὐτοὺς τῇ μὲν ὥρᾳ τῇ χειμερίῳ ἀροῦσί τε καὶ σπείρουσι· καὶ γάρ πως καὶ εὔγεων χῶρον κεκλήρωνται. εἶτα ὑπαρχομένου τοῦ ἦρος, τῶν ῥευμάτων τῶν προειρημένων δι' ἣν αἰτίαν εἶπον ἔτι ἑστώτων, κολπώδη τινὰ τόπον προαιροῦνται οἱ γεωργοὶ τέως, νῦν δὲ ἁλιεῖς, καὶ περιτέμνουσι τοῦτον εὖ μάλα τεθηγμένοις πελέκεσι, καὶ τὸ ὕδωρ ἀναφαίνεται περιφερὲς κατὰ τέλμα· οὐ μὴν πλησίον ἔτι

1 γοῦν] δ' οὖν Her. ‖ 2 πάντας—πάντα] πάντως καὶ πάντη Her. ‖ 3 δ' ἄρα] δὲ Her. | καὶ[1]] deleat Her. in app. ‖ 4 καὶ] om. **VH** : del. Her. | θάλασσαν] θάλατταν **H** ‖ 5 οὖν] εἶναι **V** ‖ 6 τὴν ἕξιν] τὴν νήξιν Schn. in app. : τῇ νήξει Her. | τῷ—τοῦ] τῆς **V** ‖ 7 νοῦν] οὐν **VA** : νῦν Her. ‖ 9 λέγονται] λέγοιντ' ἂν Jac. in app., Her. 11 θαλάττῃ] θαλάσσῃ **V** | φερόμενος] φερομένῳ Her. | τε] δὲ Her. ‖ 12 τοσόνδε] τοσοῦτον Her. ‖ 13 ἐκ] τὰ (sscr. **L**) ἐκ **L**, Jac., Her. | ἵλεα] ἵλεω **A** ‖ 14 σύντομα] εὔστομα **LAH**, edd. ‖ 16 Τάναρος] Jac. in app., Her. : ταίναρος **LAH** : τέναρος **VP** | Ἠριδανὸς] ἠριδανοὶ **A** ‖ 17 πάντῃ] πάνυ τι Her. ‖ 19 Μιτυληναίου] μυτυλ. **L** : μυτηλ. **A** : Μυτιλ. Her. ‖ 22 πως] πω **V** ‖ 23 εὔγεων] εὔγεω ***β*** 27 ἀναφαίνεται] ἀναφέρεται **A**

τῆς ὄχθης κόπτουσιν, ἀλλὰ ἐῶσι τὸν κρύσταλλον ὡς ἐξ ἀρχῆς ἐνετράφη. περιβάλλουσιν οὖν τῷ χώρῳ τῷ γεγυμνωμένῳ πλατὺ δίκτυον, καὶ μέντοι καὶ περιβάλλουσιν αὐτῷ κάλων ἁδρότερον. καὶ τοῦτό γε τὸ δίκτυον ἐπισπῶσιν ἄνδρες ἐπὶ τῆς ὄχθης ἑστῶτες, καὶ ἁλιεῖς καὶ ἄλλοι· καὶ μέντοι τὴν τῶν ἰχθύων ἅλωσιν θεῶνται πολλοὶ τῆς τέχνης οὐκ ἐπαΐοντες, ψυχαγωγία δέ τις ὕπεισιν αὐτούς. ὅταν γε μὴν ἀγόμενοι τῆς ὄχθης πλησίον ἀφίκωνται, τηνικαῦτα καὶ τὸν ἐνταῦθα τέμνουσι κρύσταλλον οἱ ἔξωθεν ὑδροθῆραι· τῇ γάρ τοι θήρᾳ ἐνέχονται, καὶ ἀναστέλλονται τοῖς ἰχθύσι τὸν ἔξω πόρον. τούτου δὲ οὕτω γενομένου πλῆρες ἰχθύων τὸ δίκτυον ἐκεῖνο τὴν περιτμηθεῖσαν ἐπωθεῖ τοῦ κρυστάλλου πέτραν καὶ συνεπάγει, καὶ οἵ γε ἐφεστῶτες ἁλιεῖς αὐτῇ ἐοίκασιν ἐπὶ νήσου φέρεσθαι πλωτῆς. ἴδια μὲν δὴ καὶ ταῦτα ἰχθύων τῶν ἐκεῖσε καὶ θήραις ἑτέραις οὐκ ἂν εἰκασμένα. δώσει δὲ Ὅμηρος [cf. *Od.* 10.84] εἰπεῖν μοι ὅτι καὶ διπλοῦν αἱροῦνται μισθὸν οἵδε οἱ ἄνδρες, τὸν μὲν ἐκ τοῦ ποταμοῦ, τὸν δὲ ἐκ τῆς γῆς, ὡς τοὺς αὐτοὺς εἶναι καὶ ναύτας καὶ γεωργούς.

1 κρύσταλλον] κρύσταλον **A** ‖ **3** αὐτῷ] **H**, Oud., Her. : αὐτὸ **VLA** : om. **P** κάλων] κάλον **L** ‖ **5** μέντοι] μέντοι καὶ Her. ‖ **8** ἐνταῦθα] ἐντεῦθεν **LPA** **9** ἀναστέλλονται] ἀναστέλλουσι Rei., Her. ‖ **10** γενομένου] γινομένου **V** **12** συνεπάγει] ex corr. **P** : συνεπάγη codd. (ante corr. **P**) ‖ **13** νήσου] νήσῳ **V** **14** ἂν εἰκασμένα] ἐνασκημένα **V** : ἂν ἠσκημένα dub. **P**

LIBER XV

15.1. Θήραν ἰχθύων Μακέτιν ἀκούσας οἶδα, καὶ ἥδε ἡ θήρα ἐστί. Βεροίας τε καὶ Θεσσαλονίκης μέσος ῥεῖ ποταμὸς ὄνομα Ἀστραῖος. εἰσὶν οὖν ἐνταῦθα ἰχθύες τὴν χρόαν κατάστικτοι· τίνας αὐτοὺς οἱ ἐπιχώριοι καλοῦσι, Μακεδόνας ἔρεσθαι λῷόν ἐστιν. οὐκοῦν οὗτοι ποιοῦνται τροφὴν μυίας ἐπιχωρίους ἐν τῷ ποταμῷ πετομένας οὐδέν τι ταῖς ἀλλαχόθι μυίαις προσεικασμένας οὐδὲ μὴν σφηκῶν ὄψει παραπλησίας, οὐδ' ἂν εἴποι τις ταῖς καλουμέναις μονημέροις τὴν μορφὴν εἰκότως ἂν ἀντικρίνεσθαι τοῦτο τὸ ζῷον οὐδὲ ταῖς μελίσσαις αὐταῖς· ἔχουσι δέ τινα τῶν προειρημένων ἑκάστου μοῖραν ἰδίαν. ἐοίκασιν οὖν τὸ μὲν θάρσος μυίᾳ, τὸ δὲ μέγεθος εἴποις ἂν ἀνθηδόνα, σφηκὸς δὲ τὴν χρόαν ἀπεμάξατο, βομβεῖ δὲ ὡς αἱ μέλιτται. καλοῦσι δὲ ἵππουρον αὐτὸν πᾶν ὅσον εἰσὶν ἐπιχώριοι. ἐκζητοῦσιν οὖν ἐπικείμενοι τῷ ῥεύματι τροφὴν τὴν ἑαυτοῖς φίλην, οὐ μὴν οὐ δύνανται τοὺς ἐπινηχομένους λαθεῖν ἰχθύας. ὅταν γοῦν αὐτοῦ ἐπιπολάζουσαν τὴν μυῖαν θεάσηταί τις, ἡσυχῇ καὶ ὕφυδρος νέων ἔρχεται, κινῆσαι τὸ ἄνω δεδοικὼς ὕδωρ, ἵνα μὴ σοβήσῃ τὸ θήραμα. εἶτα ἐλθὼν πλησίον κατὰ τὴν σκιὰν αὐτῆς, ὑποχανὼν κατέπιε τὴν μυῖαν, ὡς οἶν ἐξ ἀγελῶν λύκος ἁρπάσας ἢ χῆνα ἐξ αὐλῆς ἀετός· καὶ τοῦτο δράσας ὑπεισῆλθε τὴν φρίκην. ἴσασιν οὖν οἱ ἁλιεῖς τὰ πραττόμενα, καὶ ταῖσδε μὲν ταῖς μυίαις εἰς δέλεαρ τῶν ἰχθύων χρῶνται οὐδέν· ἐὰν γὰρ αὐτῶν προσάψηται χεὶρ ἀνθρωπίνη, ἀφῄρηνται μὲν τὴν χρόαν τὴν

2 ἀκούσας οἶδα] οἶδ. ἀκού. **A** ‖ **3** Βεροίας] ante corr. **L** : βερροίας **V** (ex corr. **L**) ‖ **4** Ἀστραῖος] ἀστυραῖος **V** | τίνας] τίνας δὲ Her. ‖ **5** ἔρεσθαι] ἐρέσθαι Her. **6** οὐκοῦν] οἵ γε οὖν **A** ‖ **9** μονημέροις] (vel ἐφημέροις) Schn. : ἡμερόσι **V** : ἡμέρεσι ***β*** (-εσι eras. et -αις scr. **L**) : ἀνθηδόσι Ges. in mg., Her. ‖ **10** μελίσσαις] μελίτταις **H** | ἔχουσι] ἔχει Her. | τινα] om. **A** ‖ **11** ἐοίκασιν] ἔοικεν Her. | θάρσος] θράσος ***β***, edd. | μυίᾳ] **H**, Ges., Her. : μυῖαι **V** (ante corr. **L**) **PA** : μυίαις ex corr. **L** ‖ **13** αὐτὸν] ante corr. **L** : αὐτὴν (ex corr. **L**) **H**, Her. ‖ **14** εἰσὶν ἐπιχώριοι] εἰσὶν ἐπιχώριον **AH** : ἐστὶν ἐπιχώριον Schn., Her. | ἐκζητοῦσιν] Jac. in com., Her. : ἐκδαιτοῦσιν **VLH** : ἐκδετοῦσιν **P** : ἐκδιαιτοῦσιν **A** | ἐπικείμενοι] ἐπικείμεναι Her. ‖ **15** ἑαυτοῖς] ἑαυταῖς Her. | οὐ²] om. **V** : del. Her. | ἐπινηχομένους] ὑπονηχομένους Abr., Her. ‖ **16** γοῦν] οὖν **V**, Her. | αὐτοῦ] αὐτῶν Her. **17** ὕφυδρος] ἔφυδρος **VH** ‖ **19** ἀγελῶν] ἀγέλης Her. ‖ **20** αὐλῆς] **H**, edd. : αὐτῆς **VLPA** ‖ **21** φρίκην] φρίκα **LAH** | καὶ] ἐν **V**

συμφυῆ, μαραίνεται δὲ αὐταῖς τὰ πτερὰ καὶ ἄβρωτοι γίνονται τοῖς ἰχθύσι, καὶ διὰ ταῦτα οὐ προσίασιν αὐταῖς, ἀπορρήτῳ φύσει τὰς ᾐρημένας μεμισηκότες· σοφίᾳ δ' οὖν περιέρχονται τοὺς ἰχθῦς ὑδροθηρικῇ, δόλον αὐτοῖς ἐπινοήσαντες οἷον. τῷ ἀγκίστρῳ περιβάλλουσιν ἔριον φοινικοῦν, ἥρμοσταί τε τῷ ἐρίῳ δύο πτερὰ ἀλεκτρυόνος ὑπὸ τοῖς καλλαίοις πεφυκότα καὶ κηρῷ τὴν χρόαν παρεικασμένα· ὀργυιᾶς δὲ ὁ κάλαμός ἐστι, καὶ ἡ ὁρμιὰ δὲ τοσοῦτον ἔχει τὸ μῆκος. καθιᾶσιν οὖν τὸν δόλον, ἑλκόμενος δὲ ὑπὸ τῆς χρόας ὁ ἰχθῦς καὶ οἰστρούμενος ἀντίος ἔρχεται, καὶ θοίνην ὑπολαμβάνων ἐκ τοῦ κάλλους τῆς ὄψεως ἕξειν θαυμαστήν, εἶτα μέντοι περιχανὼν ἐμπαλάσσεται τῷ ἀγκίστρῳ, καὶ πικρᾶς τῆς ἑστιάσεως ἀπολέλαυκεν ᾐρημένος.

15.2. Οἱ θαλάττιοι κριοί, ὧνπερ οὖν ὄνομα μὲν ἐς τοὺς πολλοὺς διαρρεῖ, ἱστορία δὲ οὐ πάντῃ σαφής, ἢ ὅσον γραφῇ χειρουργία καὶ πλάσματι δείκνυται, χειμάζουσι μὲν περὶ τὸν Κύρνειόν τε καὶ Σαρδῷον πορθμόν, καὶ φαίνονταί γε καὶ ἔξαλοι. περινήχονται δὲ ἄρα αὐτοὺς καὶ δελφῖνες μεγέθει μέγιστοι. ὁ τοίνυν ἄρρην κριός, λευκὴν τὸ μέτωπον ταινίαν ἔχει περιθέουσαν (εἴποις ἂν Λυσιμάχου τοῦτο διάδημα ἢ Ἀντιγόνου ἤ τινος τῶν ἐν Μακεδονίᾳ βασιλέων ἄλλου)· κριὸς δὲ θῆλυς, ὡς οἱ ἀλεκτρυόνες τὰ κάλλαια, οὕτω τοι καὶ οὗτος ὑπὸ τῇ δέρῃ ἠρτημένους πλοκάμους ἔχει. ἁρπάζει δὲ ἄρα τοῖνδε τοῖν κριοῖν ἑκάτερος καὶ νεκρὰ σώματα, καὶ ποιεῖται τροφὴν αὐτά, καὶ ζῶντας ἁρπάζει· ἀλλὰ καὶ τῷ τῆς νήξεως κλύδωνι, πολὺς ὢν καὶ ὑπέρογκος, καὶ ναῦς περιτρέπει, χειμῶνα αὐταῖς ἐξ ἑαυτοῦ τοῦτον ἐργασάμενος. ἁρπάζει δὲ καὶ

1 αὐταῖς] αὐτῆς ***β*** (dub. **P**) | ἄβρωτοι] ἄβρωτα **V** ‖ **2** προσίασιν] προσίασί τι ***β*** αὐταῖς] αὐτοῖς **A** ‖ **3** ᾐρημένας] ex corr. **L**, Jac., Her. : εἰρημένας codd. (ante corr. **L**) | σοφίᾳ – οὖν] ἅδ' οὖν **A** | τοὺς ἰχθῦς] τοὺς ἰχθύας **V** : om. **A** ‖ **6** καλλαίοις] Rei., Her. : καλλέοις codd. ‖ **7** παρεικασμένα] προσεικασμένα Her. | ἡ] om. ***β*** ‖ **8** τὸ] om. **V** | καθιᾶσιν] καθίησιν ***β*** (fort. corr. ex καθίασιν **P**) ‖ **9** χρόας] θέας **V** οἰστρούμενος] οἰστρώμενος Her. ‖ **11** ἐμπαλάσσεται] ἐμπλάσσεται **VPH** **14** πάντῃ] πάνυ τι Her. | ἢ] εἰ μὴ Her. | γραφῇ] del. Her. | χειρουργία] χειρουργίας ***β*** : χειρουργίᾳ Her. | καὶ πλάσματι] καὶ πλάσματα **V** : del. Her. **17** μεγέθει μέγιστοι] μέγιστοι **H** : μεγάλοι **V** ‖ **19** διάδημα] διήγημα **V** **20** κάλλαια] Schn., Jac. in com., Her. : κάλλεα codd. ‖ **22** καὶ[1]] del. Her. **23** καὶ[1] – ἀλλὰ] ἀλλὰ καὶ ζῶντας ἁρπάζει Rei., Her. ‖ **25** αὐταῖς] αὐτοῖς **P** ἑαυτοῦ] αὐτοῦ **V** | τοῦτον] τοσοῦτον Jac. in app., Her.

ἀπὸ γῆς ἑστῶτας τῆς πλησίον. λέγουσι δὲ οἱ τὴν Κύρνον κατοικοῦντες, νεὼς διεφθαρμένης ἐν χειμῶνι ἄνδρα εὖ μάλα νηκτικὸν πολλὴν θάλατταν διανύσαντα λαβέσθαι τινὸς ἄκρας σφίσιν ἐπιχωρίου, καὶ ἀνελθόντα ἑστάναι καὶ μάλα ἀδεῶς, ἤδη κινδύνων ἁπάντων ἐλεύθερον γενόμενον, καὶ ἐν ἀδείᾳ τοῦ ζῆν καὶ ἐξουσίᾳ ὄντα. κριὸν οὖν παρανηχόμενον θεάσασθαι τὸν ἑστῶτα, καὶ ἀναφλεχθέντα ὑπὸ τοῦ λιμοῦ ἑλίξαι τε ἑαυτὸν καὶ κυρτῶσαι καὶ τῷ οὐραίῳ μέρει πολλὴν ἐλάσαι θάλατταν, εἶτα ἑαυτὸν μετεωρίσαι ἀρθέντα ὑπὸ τοῦ οἰδήσαντος κύματος, καὶ ἐπὶ τὴν ἄκραν φθάσαι ἀναταθέντα καὶ δίκην καταιγίδος ἢ στροβίλου ἁρπάσαι τὸν ἄνθρωπον. καὶ τὸ μὲν Κύρνειον ἅρπαγμά τε καὶ θήραμα τοῦ κριοῦ ἐς τοσοῦτον·

Μυθοποιοῦσι δὲ οἱ τὸν Ὠκεανὸν οἰκοῦντες τοὺς πάλαι τῆς Ἀτλαντίδος βασιλέας τοὺς ἐκ τῆς Ποσειδῶνος σπορᾶς ἐπιφέρειν ἐπὶ τὰς κεφαλὰς τὰς τῶν κριῶν τῶν ἀρρένων ταινίας, γνώρισμα τῆς ἀρχῆς τοῦτο· καὶ τὰς ἐκείνων γαμετὰς τὰς βασιλίδας τοὺς πλοκάμους τῶν ἑτέρων καὶ ἐκείνας φορεῖν τῆς ἀρχῆς ἔλεγχον. ἔστι δὲ ἄρα τοὺς μυκτῆρας τὸ ζῷον τοῦτο καρτερὸν δεινῶς, καὶ πολὺ πνεῦμα εἰσπνεῖ, καὶ ἕλκει ἀέρα ἐφ᾿ ἑαυτὸν πάμπολυν, θηρᾷ δὲ καὶ τὰς φώκας τὸν τρόπον τοῦτον. αἳ μὲν συνεῖσαι πλησίον που κριὸν εἶναι καὶ φέρειν σφίσιν ὄλεθρον, ὡς ὅτι τάχιστα ἐκνήχονται καὶ παρελθοῦσαι εἰς τὴν γῆν καὶ τὰς ὑπάντρους πέτρας ὑπελθοῦσαι καταδύονται, οἳ δὲ αἰσθόμενοι τὴν φυγὴν μεταθέουσι καὶ ἀντίοι στάντες τοῦ ἄντρου κατὰ τὴν τοῦ χρωτὸς ὀσμὴν ἔνδον εἶναι σφίσι τὴν ἄγραν συνιᾶσι, καὶ ὡς ἴυγγί τινι βιαιοτάτῃ ἕλκουσι ταῖς ῥισὶ τὸν μεταξὺ ἑαυτῶν καὶ τῆς φώκης ἀέρα. ἣ δὲ ὡς βέλος ἢ δόρατος αἰχμὴν ἐκκλίνει τὴν τοῦ πνεύματος προσβολήν, καὶ τὰ μὲν πρῶτα ὑπαναχωρεῖ, τελευτῶσα δὲ ὑπὸ τῆς βιαιοτάτης ἕλξεως ἐκσπᾶται τοῦ ἄντρου, καὶ ἄκουσα ἀκολουθεῖ, ὥσπερ οὖν ἱμᾶσί τισιν ἢ

1 ἀπὸ] τοὺς ἀπὸ Her. | ἑστῶτας] ἑστῶτες **V** ‖ **3** θάλατταν] θάλασσαν **V** **4** ἀδεῶς] ἀδεῶς ὡς Jac. in app., Her., fort. recte. ‖ **7** τοῦ] om. ***β*** ‖ **8** θάλατταν] θάλασσαν **VA** ‖ **10** φθάσαι] φθάσας **V** | ἀναταθέντα] **H**, edd. : ἀνατεθέντα **VL** (dub. **P**) **A** | στροβίλου] ἀστροβόλου **PH** ‖ **11** Κύρνειον] κύρνιον **V** : κρίνειν **L** **13** οἰκοῦντες] περιοικοῦντες Her. | τῆς] τοῦς **P** ‖ **14** ἐπιφέρειν] φέρειν Her. **15** τὰς κεφαλὰς] τῆς κεφαλῆς Her. | ἀρρένων] ἀρσένων **V** ‖ **19** ἀέρα] om. **V** | ἐφ᾿ ἑαυτὸν] ὑφ᾿ ἑαυτῶν **A** | πάμπολυν] πάμπολυ **LP** : πάμπολλα **V** ‖ **21** ὄλεθρον] ἐλεύθερον **V**‖ **22** εἰς] ἐς ***β***‖ **26** ἑαυτῶν] ἑαυτοῦ **V**‖ **28** τελευτῶσα] τελευτῶσαι **V**

σχοίνοις κατατεινομένη, καὶ τέτριγε καὶ γίνεται τῷ κριῷ δεῖπνον. τάς γε μὴν ἐκπεφυκυίας τῶν μυκτήρων τοῦ κριοῦ τρίχας οἱ ταῦτα ἐξετάζειν δεινοὶ λέγουσιν εἰς πολλὰ ἀγαθάς.

15.3. Ἐν δὲ τῷ ῥίῳ τῷ Βιβωνικῷ θύννων ἔθνη μυρία. καὶ οἳ μὲν αὐτῶν κατὰ τοὺς σῦς εἰσι μονίαι καὶ καθ' ἑαυτοὺς νήχονται μέγιστοι ὄντες, οἳ δὲ συνδυασθέντες καὶ εἰς τὸν κατὰ τοὺς λύκους σύννομον, ἄλλοι δὲ κατ' ἀγέλας, ὥσπερ οὖν τὰ αἰπόλια, πλατείας νομὰς νενεμημένοι. ἐπιτέλλοντος δὲ τοῦ Σειρίου καὶ τῆς ἀκτῖνος ἐνακμαζούσης ὀξύτατα, ἐπὶ τὸν Εὔξεινον στέλλονται· καὶ τοῦ κύματος αὐτοῖς ἐμπύρου δοκοῦντος, ἀλλήλοις συνυφασμένοι νήχονται, καὶ τῇ τῶν σωμάτων συναφῇ σκιᾶς τινος ἀμωσγέπως μεταλαγχάνουσι.

15.4. Λέγει δὲ Δημόστρατος, ἀνὴρ ἁλιευτικῆς σοφίας ἐπιστήμων ναὶ μὰ Δία καὶ ἑρμηνεῦσαι χρηστός, εἶναί τινα ἰχθῦν ὡραῖον τὸ εἶδος, καὶ καλεῖσθαι σελήνην τοῦτον, τὸ μέγεθος βραχύν, κυανοῦν τὸ εἶδος, πλατὺν τὸ σχῆμα. τὰ νῶτα δέ οἱ λοφιὰς ἔχειν καὶ τάσδε ἀνατείνειν ὁ αὐτός φησι· μαλακὰς δὲ εἶναι αὐτὰς καὶ οὔτε ἀντιτύπους οὔτε τραχείας. ταύτας οὖν, ὅταν ὁ ἰχθῦς οὗτος ὑπονήχηται, διαιρεῖσθαι καὶ ἀποδεικνύναι κύκλου ἡμίτομον, καὶ εἶναι σελήνης τῆς διῃρημένης σχῆμα. καὶ ταῦτα μέν, ὅσα ἰδεῖν, Κύπριοι δὴ ἁλιεῖς φασιν· Δημοστράτου δὲ καὶ οὗτος ὁ λόγος. πληρουμένης μὲν τῆς σελήνης τὸν ἰχθῦν τόνδε ᾑρημένον πεπληρῶσθαί τε αὐτὸν καὶ πληροῦν καὶ τὰ δένδρα, ἐὰν τούτοις προσαρτήσῃς φέρων αὐτόν· ληγούσης δὲ ἄρα ὑποτετῆχθαι καὶ ἐκλείπειν, καὶ φυτοῖς προσαχθέντα αὐαίνειν αὐτά. ὀρυττομένων τε φρεάτων, ἐὰν μὲν τοῦ μηνὸς ὑποφαινομένου εἰς τὸ εὑρεθὲν ὕδωρ ἐμβάλλῃ τις τὸν ἰχθῦν τοῦτον, ἀένναον ἔσται τὸ ὕδωρ καὶ οὐκ ἐπιλείψει ποτέ· εἰ δὲ ὑπολήγοντος, οὐχ ἕξει τὸ ὕδωρ. καὶ μέντοι

1 σχοίνοις] σχοινίοις **L** ‖ **4** Βιβωνικῷ] βιβωνιῶ **A** ‖ **6** εἰς—**7** σύννομον] ἔστον κατὰ τοὺς λύκους συννόμω Lor., Her. ‖ **7** ἀγέλας] ἀγέλαν **V** ‖ **10** αὐτοῖς] αὐτὰ **L** : αὐτοῦ **A** ‖ **11** ἀμωσγέπως] ἀμω. **H**, edd. ‖ **15** τοῦτον] τοῦτο **LA** : τούτου (distinct. post σελήνην) **PH** ‖ **16** τὰ νῶτα] τὸν νῶτον ***β*** ‖ **19** ὑπονήχηται] ὑπονήχεται **AH** ‖ **21** ὅσα ἰδεῖν] post εἶναι σελήνης (cf. supra) transp. Her. | δὴ] Jac., Her. : δὲ codd. ‖ **24** προσαρτήσῃς] παραρτήσῃς **A** ‖ **27** ἐμβάλλῃ] ἐμβάλῃ **PAH**, Her.|ἀένναον] ἀέναον **L**, Her.‖ **28** οὐχ ἕξει] λήξει Her.

καὶ εἰς πηγὴν ὑπανατέλλουσαν εἰ τὸν αὐτὸν ἐμβάλοις ἰχθῦν, ἕξεις ἢ πεπληρωμένην αὐτὴν ἢ κενὸν τὸν χῶρον τὸ ἐντεῦθεν.

15.5. Ὅπως μὲν οὖν εἰσνέουσί τε εἰς τὴν Προποντίδα, καὶ ὅπως ἐκνέουσιν ἄρα οἱ θύννοι, οἶδα εἰπὼν ἄνω που τῶν λόγων τῶνδε [9.42]· νοείτω δέ μοί τις ἐνταῦθα Ἡράκλειαν καὶ Τίον καὶ Ἄμαστριν, πόλεις Ποντικάς. οὐκοῦν οἱ τόνδε τὸν χῶρον πάντα οἰκοῦντες τὴν τῶν θύννων ἐπιδημίαν ἴσασι κάλλιστα, καὶ μέντοι καὶ ἀφικνοῦνται τοῦ ἔτους τηνίκα, καὶ ὅπλα κατ᾽ αὐτῶν εὐτρέπισται πολλά, ναῦς καὶ δίκτυα καὶ σκοπιὰ ὑψηλή. σκοπιὰ δὲ ἄρα αὕτη ἐπί τινος αἰγιαλοῦ παγεῖσα ἀνέστηκεν ἐν περιωπῇ σφόδρα ἐλευθέρᾳ· καὶ αὐτῆς τὸ ποίημα περιηγήσασθαι ἐμοὶ μὲν οὐκ ἔστι μόχθος, σοὶ δὲ τῷ ἀκούοντι τῆς τῶν ὤτων τρυφῆς †τῶν ἐκείνου, φεῦ†. δύο πρέμνα ἐλάτης ὑψηλὰ δοκίσι πλατείαις διειλημμένα ἕστηκε, πυκναῖς ταύταις διυφασμέναις, ἀνελθεῖν τῷ σκοπῷ καὶ ἐπιβῆναι μάλα ἀγαθαῖς. αἱ δὲ ναῦς ἐρέτας ἑκάστη καὶ ἓξ ἔχει παρ᾽ ἑκάτερα νεανίας εὖ μάλα ἐρέττοντας· δίκτυα δὲ προμήκη, οὐ κοῦφα λίαν καὶ ἀνεχόμενα τοῖς φελλοῖς, μολίβῳ γε μὴν βριθόμενα μᾶλλον. ἀθρόαι δὲ ἄρα αἱ τῶνδε τῶν ἰχθύων ἀγέλαι εἰσνέουσιν. ἦρος δὲ ὑπολάμποντος καὶ τῶν ἀνέμων εἰρηναῖον ἤδη καταπνεόντων καὶ τοῦ ἀέρος φαιδροῦ τε ὄντος καὶ οἱονεὶ μειδιῶντος καὶ τοῦ κύματος κειμένου καὶ λείας οὔσης τῆς θαλάττης ὁ σκοπὸς ἰδὼν σοφίᾳ τινὶ ἀπορρήτῳ καὶ φύσει ὄψεως ὀξυωπεστάτῃ λέγει μὲν τοῖς θηραταῖς ὁπόθεν ἀφικνοῦνται· εἰ δέοι γε μὴν πρὸς τὴν ἀκτὴν παρατείνειν τὰ δίκτυα, καὶ τοῦτο ἐκδιδάσκει· εἰ δὲ ἐνδοτέρω, δίδωσιν ὥσπερ οὖν στρατηγὸς τὸ σύνθημα, καὶ χορολέκτης τὸ ἐνδόσιμον· αἱρεῖ γε μὴν πολλάκις καὶ τὸν πάντα ἀριθμόν, καὶ οὐχ ἁμαρτήσεται τοῦ σκοποῦ. ἐκεῖνα δὲ

1 εἰ] εἰς **VH** | αὐτὸν] αὐτόν τε ***β*** | ἐμβάλοις] ἐμβάλῃς **LP** : ἐμβάλλεις **A** ‖ **2** ἢ] οὐ **A** τὸ] τὸν **PH** ‖ **3** οὖν] om. **VH** : del. Her. | τε] γε **V** ‖ **4** τῶν—τῶνδε] τὸν λόγον τόνδε **L** ‖ **5** Τίον] τῖον **PA** ‖ **6** Ἄμαστριν] Her. : ἀμάστρειαν **VLA** : ἀμάστριαν **PH** | πόλεις] πόλιν **V** | τόνδε—χῶρον] τὸν χῶρον τόνδε **V** ‖ **8** τοῦ—τηνίκα] τοῦ ἔτους πηνίκα **VH** : τηνικάδε τοῦ ἔτους Her. ‖ **9** ὑψηλή σκοπιὰ] σκοπιά· ὑψηλὴ **A** ‖ **10** ἄρα] om. **LPA** ‖ **11** καὶ] καὶ γὰρ **LA** ‖ **12** τῶν² — **13** φεῦ] τέκειν vel τ᾽ ἐκειν **V** : τ ἐκειν (sic) et post ἐκειν lac. stat. Her. ‖ **14** ἀνελθεῖν] καὶ ἀνε. Her. **15** ἑκάστη] ἑκάστου **V** ‖ **21** θαλάττης] θαλάσσης **V** ‖ **23** εἰ δέοι] Jac., Her. : εἰ δὲ οἵ **V** : οἵδε οἱ ***β*** ‖ **24** ἀκτὴν] φωνὴν ***β*** | παρατείνειν] παρατεῖναι ***β***, edd. ‖ **26** καὶ¹] ἢ Her. | αἱρεῖ] ἐρεῖ Jac. in app., Her. | πολλάκις] πολλ. γε **LP**

ὁποῖα. ὅταν ἑαυτοὺς ὠθήσωσιν εἰς τὸ πέλαγος ἡ τῶν θύννων ἴλη, ὁ τὴν σκοπιὰν φυλάττων καὶ ἀκριβῶν τὴν τῶν προειρημένων ἱστορίαν καὶ μάλα ὀξὺ ἐκβοήσας λέγει διώκειν ἐκεῖθι καὶ τοῦ πελάγους ἐρέττειν ἰθύ. οἳ δὲ ἐξαρτήσαντες ἐλάτης τῶν τὸν σκοπὸν ἀνεχουσῶν τῆς ἑτέρας σχοῖνον εὖ μάλα μακρὰν τῶν δικτύων ἐχομένην, εἶτα ἐπ' ἀλλήλαις ταῖς ναυσὶν ἐρέττουσι κατὰ στοῖχον, ἔχονταί τε ἀλλήλων, ἐπεί τοι καὶ τὸ δίκτυον ἐφ' ἑκάστῃ διῄρηται. καὶ ἥ γε πρώτη τὴν ἑαυτῆς ἐκβαλοῦσα μοῖραν τοῦ δικτύου ἀναχωρεῖ, εἶτα ἡ δευτέρα δρᾷ τοῦτο καὶ ἡ τρίτη, καὶ δεῖ καθεῖναι τὴν τετάρτην· οἱ δὲ τὴν πέμπτην ἐρέττοντες ἔτι μέλλουσι, τοὺς δὲ ἐπὶ ταύτῃ οὐ χρὴ καθεῖναί πω· εἶτα ἔτι ἐρέττουσιν ἄλλοι ἄλλῃ καὶ ἄγουσι τοῦ δικτύου τὴν μοῖραν, εἶτα ἡσυχάζουσι. νωθεῖς δὲ ἄρα ὄντες οἱ θύννοι καὶ ἔργον τι τόλμης ἐχόμενον ἀδυνατοῦντες δρᾶσαι, πεπιεσμένοι μένουσί τε καὶ ἀτρεμοῦσιν· οἱ δὲ ἐρέται, ὡς ἁλούσης πόλεως, αἱροῦσιν ἰχθύων, ποιητὴς ἂν εἶπε, δῆμον. οὐκοῦν, ὦ φίλοι Ἕλληνες, καὶ Ἐρετριεῖς ἴσασι ταῦτα καὶ Νάξιοι κατὰ κλέος, τῆς θήρας τῆς τοιαύτης παθόντες ὅσα Ἡρόδοτός [1.61–63] τε καὶ ἄλλοι λέγουσι. τὰ δὲ ἔτι λοιπὰ τῆς θήρας ἀκούσεσθε ἄλλων.

15.6. Θύννων δὲ ἄρα ᾑρημένων τῇ θήρᾳ τῇ Ποντικῇ (ἐγὼ δ' ἂν φαίην ὅτι καὶ Σικελικῇ· τί καὶ βουλόμενος ἂν τὸν ἡδὺν Θυννοθήραν ὁ Σώφρων [*PCG* I, test. p. 213] ἔγραψε; πάντως δὲ καὶ ἀλλαχόθι ἄγραι τῶνδε τῶν θύννων εἰσί) τῷ δικτύῳ ἤδη περιπλακέντων αὐτῶν Ποσειδῶνι πάντες εὔχονται πάντως ἀλεξικάκῳ τηνικάδε. καὶ ὁπόθεν καὶ τοῦδε τοῦ δαίμονος ἀξιῶ τὸ ὄνομα εἰπεῖν· ἐμαυτὸν καὶ μάλα γε ἀπαιτῶν τε καὶ βουλόμενος ἐπεφήμισα τοῦτό οἱ.

1 εἰς] ἐς **LP** ‖ **3** ἐκβοήσας] ἐμβοήσας **A** ‖ **4** πελάγους] πελάγου **V** | ἰθύ] εὐθύ Her. ‖ **6** ἐπ' ἀλλήλαις] ἐπαλλήλαις **PA** : ἐπαλλήλοις Jac. in com., Lob., Her. **10** μέλλουσι] βάλλουσι **V**‖ **11** ἔτι] om. **LPA**, edd.‖ **14** πεπιεσμένοι] πεπιασμένοι **V** ‖ **15** εἶπε] εἴποι **H**, Jac. in app., Her. ‖ **17** παθόντες] μαθόντες Her. **19** ἀκούσεσθε] ἀκούσεσθαι **P** ‖ **21** τί] ἢ τί Jac. in app., Her. ‖ **23** τῷ] τῷ οὖν Her. | περιπλακέντων] περιπλακέντες **V** ‖ **24** αὐτῶν] αὐτῷ **A** | Ποσειδῶνι] ποσειδῶνα **V**|πάντως] del. Her.|ἀλεξικάκῳ] ἀλεξικακόν **V**‖ **25** ὁπόθεν—τοῦδε] ὁ πόθος ὁ τοῦδε **V** ‖ **26** ἐπεφήμισα] scripsi : ἐπεφήμισαν Schn., Jac. in app. : ἐπεφήμησα **LP** : ἐπεφίμησα **V** : ἐπιφημίσαι **H** : ἐπευφήμησα **A**, edd. | τοῦτό οἱ] Jac., Her. : τοῦτο· οἳ codd.

δέονται τοῦ Διὸς ἀδελφοῦ τοῦ θαλάττης κρατοῦντος μήτε τὸν ἰχθῦν τὸν ξιφίαν τῇδε τῇ ἴλῃ συνέμπορον ἀφικέσθαι μήτε μὴν δελφῖνα. ὁ γοῦν γενναῖος ξιφίας πολλάκις τὸ δίκτυον διέκειρε, καὶ ἀφῆκεν ἐλεύθερον διεκπαῖσαι τὴν ἀγέλην. καὶ δελφίς γε ἐπίβουλον δικτύῳ ζῷον· διατραγεῖν γάρ τοι δεινός ἐστιν.

15.7. Ὕεται ἡ Ἰνδῶν γῆ διὰ τοῦ ἦρος μέλιτι ὑγρῷ, καὶ ἔτι πλέον ἡ Πραισίων χώρα, ὅπερ οὖν ἐμπίπτον ταῖς πόαις καὶ ταῖς τῶν ἑλείων καλάμων κόμαις, νομὰς τοῖς βουσὶ καὶ τοῖς προβάτοις παρέχει θαυμαστάς, καὶ τὰ μὲν ζῷα ἑστιᾶται τήνδε τὴν ἡδίστην (μάλιστα γὰρ ἐνταῦθα οἱ νομεῖς ἄγουσιν αὐτά, ἔνθα καὶ μᾶλλον ἡ δρόσος ἡ γλυκεῖα κάθηται πεσοῦσα), ἀντεφεστιᾷ δὲ καὶ τὰ ζῷα τοὺς νομέας· ἀμέλγουσι γὰρ περιγλύκιστον γάλα, καὶ οὐ δέονται ἀναμίξαι αὐτῷ μέλι, ὅπερ οὖν δρῶσιν Ἕλληνες.

15.8. Ὁ δὲ Ἰνδὸς μάργαρος (ἄνω [10.13] γὰρ εἶπον περὶ τοῦ Ἐρυθραίου) λαμβάνεται τρόπῳ τοιῷδε. πόλις ἐστὶν ἧς ἦρχε Σώρας ὄνομα, ἀνὴρ γένους βασιλικοῦ, ὅτε καὶ Βάκτρων ἦρχεν Εὐκρατίδης· ὄνομα δὲ τῇ πόλει Περίμουλα, κατοικοῦσι δὲ αὐτὴν ἄνδρες Ἰχθυοφάγοι. ὅθεν ὁρμωμένους σὺν τοῖς δικτύοις φασὶ τούσδε τοὺς προειρημένους περιλαμβάνειν ἀγκῶσι μεγάλοις αἰγιαλοῦ κύκλον εὐμεγέθη· γίνεσθαι δὲ τὸν προειρημένον λίθον ἐκ κόγχης στρόμβῳ ἐμφεροῦς μεγάλῳ, νήχεσθαί τε κατὰ ἀγέλας τοὺς μαργάρους, καὶ ἔχειν ἡγεμόνας, ὡς ἐν τοῖς σμήνεσιν αἱ μέλιτται τοὺς καλουμένους βασιλέας· ἀκούω δὲ εἶναι καὶ τοῦτον διαπρεπῆ καὶ τὴν χρόαν καὶ τὸ μέγεθος. ἀγώνισμα δὲ ἄρα ποιοῦνται συλλαβεῖν αὐτὸν οἱ κολυμβηταὶ οἱ ὕφυδροι· τούτου γὰρ ᾑρημένου

1 θαλάττης] θαλάσσης **V** | τὸν—2 ξιφίαν] τὸν (τὴν **H**) ξιφ. τὸν ἰχθῦν ***β*** **2** συνέμπορον] ξυνέμπορον **V** | ἀφικέσθαι] ἐφικέσθαι **P** : ἀφικνεῖσθαι **A** **3** πολλάκις] ὕπο (sic), λλ sscr. **V** ‖ **4** διεκπαῖσαι] **H**, Jac. in app., Her. : διεκπέσαι **VLP** : διεκπεσῆν (vel fort. -σεῖν) **A** | δελφίς γε] δελφίς τε **PH** : δελφίς (-φὶς **A**) του (sic) **LA** : δελφὶς δὲ Her. ‖ **6** ἡ] om. **LPA** | ἔτι] εἴ τι καὶ **LA** (εἴ τι in ἔτι corr. ut vid. **A**) ‖ **7** πλέον] πλεόνι **V** | Πραισίων] πλαισίων **V** : Πρασίων Her., fort. recte | ὅπερ] ὥσπερ **A** ‖ **9** παρέχει] παρέχων **V** | θαυμαστάς] θαυμαστῶς **L** | τήνδε—ἡδίστην] ἡδίστην τήνδε ἑστίασιν Her. : τὴν δαίτην ἡδίστην Rad., Scholf. ‖ **10** γὰρ] ὡς **V** ‖ **11** ἀντεφεστιᾷ] ἀνθεστιᾷ Her. ‖ **14** εἶπον] εἰπὼν **A** ‖ **16** Σώρας] fort. σωρὸς **V** ‖ **17** Περίμουλα] Her. : περίμουδα **VPH** : περιμούδα (π supra μ **L**) **LA** **19** τούσδε] del. Her. | ἀγκῶσι μεγάλοις] ἀγῶσιν **P** ‖ **21** στρόμβῳ] στρόμβου **P** μεγάλῳ] μεγάλου ***β***

καὶ τὴν ἀγέλην αἱροῦσι πᾶσαν ἐρήμην ὡς ἂν εἴποι τις καὶ ἀπροστάτευτον οὖσαν· ἀτρεμεῖ γὰρ καὶ οὐκέτι πρόεισιν, οἷα δήπου ποίμνη τὸν νομέα ἀφῃρημένη κατά τινα τύχην ἐχθράν· ὃ δὲ διαφεύγει καὶ μάλα γε σοφῶς ἐξελίττει, καὶ προηγεῖται καὶ σώζει τὸ ὑπήκοον. τοὺς δὲ ληφθέντας ἐν πιθάκναις λέγονται ταριχεύειν· ὅταν δὲ ἡ σὰρξ μυδήσῃ καὶ περιρρυῇ, καταλείπεται ἡ ψῆφος. ὁ ἄριστος δὲ ἄρα ὁ Ἰνδικὸς γίνεται καὶ ὁ τῆς θαλάττης τῆς Ἐρυθρᾶς. γίνεται δὲ καὶ κατὰ τὸν Ἑσπέριον Ὠκεανόν, ἔνθα ἡ Βρεττανικὴ νῆσός ἐστι· δοκεῖ δέ πως χρυσωπότερος ἰδεῖν εἶναι, τάς τε αὐγὰς ἀμβλυτέρας ἔχων καὶ σκοτωδεστέρας. γίνεσθαι δέ φησιν Ἰόβας [*FGrH* 275, fr. 70] καὶ ἐν τῷ κατὰ Βόσπορον πορθμῷ, καὶ τοῦ Βρεττανικοῦ ἡττᾶσθαι αὐτόν, τῷ δὲ Ἰνδῷ καὶ τῷ Ἐρυθραίῳ μηδὲ τὴν ἀρχὴν ἀντικρίνεσθαι. ὁ δὲ ἐν Ἰνδίᾳ χερσαῖος οὐ λέγεται φύσιν ἔχειν ἰδίαν, ἀλλὰ ἀπογέννημα εἶναι κρυστάλλου, οὐ τοῦ ἐκ τῶν παγετῶν συνισταμένου, ἀλλὰ τοῦ ὀρυκτοῦ.

15.9. Γεράνων μὲν οὖν πέρι τῶν πτηνῶν ἐν τοῖς πρεσβυτέροις λόγοις εἰπεῖν ἐμαυτὸν [1.44; 2.1; 3.13; 3.14; 7.7] καλῶς οἶδα, θαλάττιον δὲ γέρανον ἰχθῦν Κορινθίῳ πελάγει ἔντροφον ἀκοῦσαί φημι. ἀπέκλινε δὲ ἄρα τοῦτο τὸ πέλαγος, ἔνθα ὁ γέρανος ἀνιχνεύθη οὗτος, ἐν τῷ πρὸς τὰς Ἀθήνας πελάγει τοῦ ἰσθμοῦ κατὰ τὴν πλευρὰν τὴν εἰς αὐτὰς ὁρῶσαν. μῆκος μὲν οὖν ἦν προήκων εἰς πεντεκαίδεκά που πόδας μεμετρημένους δικαίῳ μέτρῳ, ἐγχέλυος δὲ εἶχεν, ὡς ἀκούω, οὐ μέντοι τῆς μεγίστης πάχος. κεφαλὴ δὲ ἄρα ἐκείνῃ καὶ στόμα γεράνου ἐστὶ τοῦ πτηνοῦ· λεπίδες δὲ αὐτῷ, γεράνου πτερὰ καὶ ταῦτα εἴπες ἄν. ἔρχεται δὲ οὐχ ἑλικτὴν τὴν νῆξιν, ὥσπερ οὖν οἱ τῶν ἰχθύων κατὰ τὰς ἐγχέλυς

2 πρόεισιν] ex corr. **L** : πρόσεισιν (ante corr. **L**) **PA** ‖ **3** νομέα] νόμον **V** | ὃ] ἕως ***β*** ‖ **6** ὁ] eras. **L** : om. **P** : del. edd. ‖ **7** θαλάττης] θαλάσσης **V** ‖ **8** Βρεττανικὴ] βρετανικὴ **VP** ‖ **9** χρυσωπότερος] Ges. in mg., Jac., Her. : χρυσῷ ὁπότερος codd. ‖ **10** ἔχων] ἔχειν Her. ‖ **12** Βρεττανικοῦ] βρετανικοῦ **VLP** **16** πρεσβυτέροις] προτέροις Jac. in app., Her., fort. recte ‖ **17** λόγοις] λόγον ***β*** **19** ἀπέκλινε] ἀπέκλινα **P** : ἐπικλίνει Her. ‖ **20** ἐν] del. Her. ‖ **21** οὖν ἦν] ἦν οὖν **L** : οὖν **H** ‖ **23** ἐγχέλυος] ἐγχέλεως Her. | εἶχεν—ἀκούω] ὡς ἀκου. εἶχ. **LPA** **24** πάχος] τὸ πάχος Ges., Her. | ἐκείνῃ] ἐκείνῳ Her. | τοῦ πτηνοῦ] τῆς πτηνῆς Her. ‖ **25** λεπίδες] fort. λεπίδας **V** | καὶ—ἄν] εἴπ. ἂν καὶ ταῦτα **A** | ταῦτα] ταύτας Schn., Jac. in app., Her. | εἴπες ἄν] ἐστὶν **P** : εἴποις ἄν edd. | ἔρχεται] ἄρχεται **PH** **26** τῶν ἰχθύων] om. **V** | ἐγχέλυς] ἀγέλας **P** : ἐγχέλεις Her.

στενοὶ καὶ μακροί. ἔχει δὲ ῥώμην καὶ μάλα ἁλτικήν· πηδᾷ γοῦν ὥσπερ ἀπὸ νευρᾶς οἰστὸς ἀφεθείς.

Λέγουσιν οὖν οἱ λόγοι οἱ μὲν Ἐπιδαύριοι τοῦτο τὸ ζῷον οὐδενὸς ἰχθύος ἔκγονον, ἀλλὰ τὰς πτηνὰς γεράνους φευγούσας τὸν Θρᾴκιον κρυμὸν καὶ τὸν ἑσπέριον τὸν ἄλλον ἐμπίπτειν μὲν τῷ πνεύματι, τάς γε μὴν θηλείας εἰς μίξιν οἰστρᾶσθαι, τοὺς δὲ ἄρρενας αὐταῖς ἐπιθέλγεσθαι, καὶ μέντοι καὶ ἐς τὴν πρὸς αὐτὰς ὁμιλίαν κυμαίνειν, καὶ διὰ ταῦτά τοι καὶ διαβαίνειν αὐτὰς ἐθέλειν, τὰς δὲ οὐχ ὑπομένειν· μὴ γὰρ οἷόν τε εἶναι μετέωρον μίξιν φέρειν, οὐδὲ ἑτέραν· τοὺς δὲ ἐγκρατεῖς οὐκ ἔχοντας γενέσθαι τοῦ πόθου, ἐκβάλλειν τὴν γονήν. καὶ εἰ μὲν τύχοιεν ὑπὲρ γῆς φερόμενοι, τὴν δὲ ἐκπίπτειν εἰς οὐδὲ ἕν, ἀλλ' ἀπόλλυσθαι ἄλλως· εἰ δὲ ὑπὲρ τοῦ πελάγους πέτοιντο, ἐνταῦθά τοι τὴν θάλατταν ὥσπερ οὖν θησαύρισμα παραλαβοῦσαν φυλάττειν ἔμβρυον, καὶ γεννᾶν τὸ ζῷον τοῦτο, ἀλλ' οὐ διαφθείρειν ὥσπερ εἴς τινα ἄγονον καὶ στερίφην γαστέρα ἐμπεσόν. καὶ τούτων μὲν τῶν λόγων ἅτερος καὶ δὴ διηνύσθη ὁ Ἐπιδαύριος. λέγει δὲ ἄλλος, οὗ τὸ γένος οὐκ οἶδα, ἑτέραν ὁδὸν τραπόμενος, εἶτα μέντοι οὐ ταὐτὰ ὁμολογεῖ, ὡς ἂν μὴ δοκοῖμι ἀμαθὴς εἶναι αὐτοῦ, λελέξεται μέντοι καὶ ἐκεῖνος. Δημόστρατος, οὗπερ οὖν καὶ ἀνωτέρω μνήμην ἐποιησάμην [13.21; 15.4], εἶδον τὸν ἰχθῦν ἦ δ' ὅς, καί μ' εἰσῆλθεν αὐτοῦ θαῦμα, καὶ ἐβουλήθην αὐτὸν ποιῆσαι τάριχον, ἵνα ᾖ καὶ ἄλλῳ βλέπειν. οὐκοῦν ἐνεργῶν ὄντων καὶ ἀνοιγνύντων τῶν μαγείρων αὐτόν, καὶ τεμνόντων τὴν γαστέρα, ἐπεσκόπουν τὰ σπλάγχνα αὐτός. ἀκάνθας τε εἶδον ἐξ ἑκατέρας τῆς πλευρᾶς συνιούσας τε καὶ ἐγκλινούσας τὰ πέρατα εἰς ἀλλήλας, τρίγωνοι δέ φησιν ἦσαν ὥσπερ οὖν καὶ αἱ κύρβεις, ἧπάρ τε ἐνέκειτό οἱ προῆκον εἰς μῆκος,

1 πηδᾷ] πηδᾶν **LP** ‖ **3** Λέγουσιν] ante voc. lac. stat. Jac., Her. ‖ **4** ἔκγονον] ἔγγονον **LPA** | τὰς—γεράνους] καὶ τὰς γεράνους πτηνὰς ***β*** ‖ **7** ἐπιθέλγεσθαι] ἐπιφλέγεσθαι ***β***, edd. ‖ **8** διαβαίνειν] ἀναβαίνειν Jac. in app., Her. ‖ **9** μὴ] om. ***β*** οἷόν τε] οἵας τε Her. | οὐδὲ ἑτέραν] del. Her. ‖ **13** θάλατταν] θάλασσαν **V** **18** τραπόμενος] τρεπόμενος **LPA** | ταὐτὰ] ταῦτα **V** | ὡς ἂν] ὡς ἂν δὲ **V** : ὡς δ' ἂν Schn., Her. | μὴ δοκοῖμι] μὴ δοκῇ (δοκεῖ **H**) μὴ ***β*** : μὴ δοκοίην Jac. in com., Her. **19** εἶναι αὐτοῦ] αὐτ. εἶν. **V** | λελέξεται] λελέξηται **A** : λέξεται **H** ‖ **21** μ'] μοι **A** **22** ᾖ] ἦν **P** : εἴη Jac. in com., Her. ‖ **23** καὶ^{2}—**24** γαστέρα] del. Her. **24** ἐπεσκόπουν] ἐσκόπουν **L** ‖ **25** τε^{1}] om. ***β*** ‖ **26** ἐγκλινούσας] ἐκκλινούσας ***β*** **27** καὶ] om. ***β*** | ἐνέκειτό οἱ] οἱ ἐνέ. **V**

ὑπέκειτο δὲ αὐτῷ καὶ χολὴ μακρὰν ἔχουσα τὴν φῦσαν κατὰ τὰ φασκώλια· εἶπες δ' ἂν ἰδὼν τὴν χολὴν κύαμον ὑγρὸν εἶναι. ἐξαιρεθέντα οὖν ἄμφω, καὶ ἡ χολὴ καὶ τὸ ἧπαρ, οὐ μεθύστερον μέντοι διωγκώθη καὶ ἐῴκει ἰχθύος ἥπατι μεγίστου, διατήξασα δὲ ἡ χολὴ τὸν λίθον (καὶ γάρ πως ἔτυχε τεθεῖσα ἐπὶ λίθου) εἶτα ἠφανίσθη. ἄμφω δὲ τὼ λόγω τώδε ἐνταῦθα ὁρίζομεν.

15.10. Θήραν δὲ πηλαμύδων εἰπεῖν, μὴ πάντῃ οὖν συνειθισμένην, οὐκ ἔστιν ἔξω τῆσδε τῆς σπουδῆς. δέκα νεανίαι τὸ ἀκμαιότατον ἀνθοῦντες ἀναβαίνουσι ναῦν ἐλαφρὰν καὶ διὰ ταῦτα μέντοι καὶ ταχυτάτην· διανέμοντες δὲ ἑαυτοὺς εἰς ἑκατέραν ἴσους τὴν πλευρὰν καὶ κορεσθέντες εὖ μάλα τροφῆς, εἶτα μέντοι τοῖς ἐρετμοῖς ἕκαστος ἐπιχειροῦσι, πλανώμενοι δεῦρο καὶ ἐκεῖσε. κάθηται δὲ εἷς ἐπὶ τῆς πρύμνης, καὶ ἐντεῦθέν τε καὶ ἐκεῖθεν παρασείρους καθίησιν ὁρμιάς· ἤρτηνται δὲ τούτων καὶ ἄλλαι, καὶ συνῆπται πάσαις τὰ ἄγκιστρα, καὶ ἕκαστον ἄγκιστρον δέλεαρ φέρει Λακαίνης πορφύρας μαλλῷ κατειλημμένον, καὶ πτερὸν μέντοι λάρου ἑκάστῳ ἀγκίστρῳ προσήρτηται ἡσυχῇ, ὥστε διασείεσθαι ὑπὸ τοῦ προσπίπτοντος ὕδατος. τούτων οὖν ἱμέρῳ προσνέουσιν αἱ πηλαμύδες· μία δὲ ἡ προτένθης ὅταν τὸ στόμα ἐναπερείσῃ, προσίασι καὶ αἱ λοιπαί, καὶ δονεῖται τὰ ἄγκιστρα ὑπὸ τὸν αὐτὸν καιρὸν περιπαρέντα τοῖς ἰχθύσιν. οἱ ἄνδρες οὖν τοῦ μὲν ἐρέττειν ἔτι ἀπέστησαν, παρῆκαν δὲ τὰς κώπας, ἐξαναστάντες δὲ ἀνασπῶσι τὰς μηρίνθους εὐαγρούσας καὶ μέντοι καὶ βριθομένας τοῖς ἰχθύσιν· ὅταν δὲ εἰς τὴν ναῦν ἐμπέσωσι, διαφαίνεται τῆς εὐθηρίας τὸ μαρτύριον ἐκ τοῦ πλήθους τῶν ἰχθύων τῶν ἑαλωκότων.

1 φῦσαν] **H**, Her. : φύσαν **VLP** : φύσᾶν (sic) **A**‖ **3** οὐ μεθύστερον] τὸ μὲν ἕτερον Rei., Her.‖ **4** μέντοι] del. Schn., Her.|διωγκώθη] διογκωθῆναι **LPH**|διατήξασα] διαπήξ. **P** ‖ **6** τώδε] om. **V** : del. Her. ‖ **7** πάντῃ οὖν] πάνυ τι Her. **8** συνειθισμένην] εἰθισμένην **VPH** ‖ **10** μέντοι] τοι Her. | ἑαυτοὺς] αὐτοὺς ***β*** **12** ἕκαστος] καὶ ἕκα. **LPA** | ἐκεῖσε] ἐκεῖ **V** ‖ **16** Λακαίνης πορφύρας] codd. : restitue manuscriptorum lectionem (sic) Λάκαιναν πορφύραν, Her. in app. μαλλῷ] Ges. in mg., Jac., Her. : μαλῷ **V** : μᾶλλον ***β*** | κατειλημμένον] ex corr. **L** : κατειλημένον ante corr. **L**, Schn., Her. ‖ **17** ἡσυχῇ ὥστε] ὥστε ἡσυχῇ Her. **19** προτένθης] μάλιστα προ. Her. ‖ **20** προσίασι] προιᾶσι **V** : προσείασι **L** | αἱ λοιπαί] οἱ λοιποί **V**‖ **24** εἰς] ἐς ***β***

15.11. Ἡ χερσαία γαλῆ ὅτι ἦν ἄνθρωπος ἤκουσα· καὶ ὅτι τοῦτο ἐκαλεῖτο, καὶ ὅτι ἦν γόης καὶ φαρμακίς, καὶ ὅτι δεινῶς ἀκόλαστος ἦν καὶ ἀφροδίτην παράνομον ἐνόσει, καὶ ταῦτα εἰς ἀκοὴν τὴν ἐμὴν ἀφίκετο καὶ ὡς εἰς τοῦτο τὸ ζῷον τὸ κακὸν ἔτρεψεν αὐτὴν Ἑκάτης τῆς θεοῦ μῆνις οὐδὲ τοῦτό με λέληθεν. ἡ μὲν οὖν θεὸς ἵλεως ἔστω· μύθους δὲ ἐῶ καὶ μυθολογίαν ἄλλοις. ὅτι δέ ἐστι θηρίον ἐπιβουλότατον, καὶ νεκροῖς ἀνθρώποις ἐπιτίθενται γαλαῖ, καὶ μὴ φυλαττόμεναι ἐπιπηδῶσι, καὶ συλῶσι τοὺς ὀφθαλμοὺς καὶ ἐκροφοῦσι, δῆλόν ἐστι. φασὶ δὲ καὶ ὄρχεις γαλῆς γυναικὶ κατ᾽ ἐπιβουλὴν ἢ ἑκούσῃ περιαφθέντας ἐπίσχειν τὸ ἔτι μητέρας γίνεσθαι, καὶ ἀναστέλλειν αὐτῶν. σπλάγχνα δὲ γαλῆς, σκευασίαν τινὰ προσλαβόντα, ἣν ἴστωσαν οἱ σοφοί, καὶ ταῦτα εἰς οἶνον ἐμβληθέντα κατ᾽ ἐπιβουλήν, φιλίαν ὡς λόγος διΐστησι, καὶ ἡνωμένην τέως εὔνοιαν διακόπτει. καὶ ὑπὲρ μὲν τούτων τοὺς γόητάς τε καὶ φαρμακέας Ἄρει φίλῳ κολάζειν καὶ διακαίειν καταλείπωμεν. εἴη δ᾽ ἂν καὶ ἰχθῦς γαλῆ, σμικρὸς οὗτος, καὶ οὐδέν τι κοινὸν πρὸς τοὺς καλουμένους γαλεοὺς ἔχων. οἱ μὲν γάρ εἰσι σελάχη καὶ πελάγιοι καὶ μέγεθος προήκοντες, εἶτα μέντοι καὶ κυνὶ ἐοίκασιν· ἡ γαλῆ δέ, φαίην ἂν αὐτὴν εἶναι τὸν καλούμενον ἧπατον. ἰχθῦς δέ ἐστιν αὕτη βραχύς, καὶ τὼ ὀφθαλμὼ ἐπιμέμυκε· κόρας δὲ ἔχει κυανοῦ χρόᾳ προσεικασμένας. καὶ τὸ μὲν γένειον ἔχει τοῦ ἡπάτου μεῖζον, ἡττᾶται δὲ αὖ πάλιν τοῦ χρέμητος κατά γε τοῦτο. πετραίαν δὲ οὖσαν τὴν γαλῆν καὶ νεμομένην φυκία ἀκούω πάντων σωμάτων οἷς ἂν νεκροῖς ἐντύχῃ τοὺς ὀφθαλμοὺς καὶ ταύτην ὡς τὴν χερσαίαν ἐσθίειν. χρῶνται δὲ αὐτῇ ἐς τὰ ὅμοια ἁλιεῖς ὅσοι κατὰ τοὺς Ἠπειρώτας φαρμακεύουσι πονηροὶ καὶ οὗτοι σοφισταὶ

4 ὡς εἰς] ὡς **V** : εἰς **P** ‖ **5** τοῦτό] αὐτό ***β*** ‖ **6** ἔστω] ἔσται **V** ‖ **8** φυλαττόμεναι] φυλαττομένοις Her. | ἐπιπηδῶσι] ἐπιτιθῶσι ***β*** ‖ **9** ἐκροφοῦσι] ἐκροφῶσι **PAH** : ἐκκροφῶσι **L** ‖ **10** ἢ ἑκούσῃ] τεκούσῃ **P** | ἐπίσχειν] ἐπισχεῖν ***β*** | τὸ] τοῦ Her. **11** μητέρας] μητέρα Her. | αὐτῶν] μίξεως Her. ‖ **12** σκευασίαν] σκευ. δὲ **LPA** | καὶ ταῦτα] τὰ κατὰ ταῦτα **P** : τὰ κατὰ ταῦτα· καὶ **LA** : ταῦτα, καὶ Her. **15** διακαίειν] δικαιοῦν Abr., Her., fort. recte ‖ **16** γαλῆ σμικρὸς] Her. : γαλῆ μικρὸς **V** : γαλῆς μικρὸς ***β*** ‖ **18** σελάχη] σελάχιοι ***β*** | μέγεθος] ἐς μέγ. Schn., Her. καὶ[3]] om. **V** : del. Her. ‖ **19** φαίην] φαίης Her. | ἧπατον] ὕπατον **PAH** : ὑπάτον **L** ‖ **20** τὼ ὀφθαλμὼ] τῷ ὀφθαλμῷ **LAH** ‖ **22** ἡπάτου] ὑπάτου ***β*** | αὖ πάλιν] αὖθις **V** ‖ **24** ἐντύχῃ] τύχῃ **L** (dub. **P**) **A** ‖ **25** αὐτῇ] αὐτῆς ***β***

κακῶν. ἐπεὶ δὲ ὠμοβόρον ἐστὶ τὸ τῶν ἰχθύων φῦλον πᾶν τὸ ταῖς ὑδροθηρίαις γένος συμβιοῦν καὶ τὰς ἀποδύσεις τὰς κατωτάτω μετιὸν μελαίνουσι τὰς ἑαυτῶν βάσεις καὶ τὰ κοῖλα τῶν χειρῶν, ἀφανίζειν πειρώμενοι τὴν ἐξ αὐτῶν αὐγήν· τὰ γάρ τοι τῶν ἀνθρωπίνων μελῶν, ὡς ὅτι μάλιστα ἐκλάμποντα ἐν τῷ ὕδατι, καὶ ἐφολκὰ τῶν ἰχθύων ταῦτά ἐστι.

15.12. Χῆμαι δὲ θαλάττιαι ζῷόν εἰσι καὶ αὗται διάφορον· αἳ μὲν γὰρ αὐτῶν τραχεῖαι πεφύκασιν, αἳ δὲ λεῖαι πάνυ· καὶ τὰς μὲν τοῖς δακτύλοις πιέσας συνθλάσεις, τὰς δὲ συντρίψεις λίθῳ, καὶ μόγις· καὶ αἳ μὲν αὐτῶν μελάνταται τὴν χρόαν εἰσίν, αἳ δέ, ἀργύρῳ φαίης ἂν αὐτὰς προσεοικέναι, αἳ δὲ ἀνακραθεῖσαι περίκεινται τὰς χρόας ἁπάσας τὰς προειρημένας. γένη δὲ αὐταῖς διάφορα καὶ εὐναὶ πάνυ ποικίλαι· αἳ μὲν γὰρ ἐν ταῖς ψάμμοις κεῖνται διεσπαρμέναι ταῖς τῶν αἰγιαλῶν, διαναπαύονταί τε κατὰ τῆς ἰλύος, αἳ δὲ ὑπόκεινται τῷ βρύῳ, αἳ δὲ εἰλημμέναι τῶν σπιλάδων εἶτα αὐταῖς προσέχονται μάλα ἐγκρατῶς. ἐν δὲ τῇ καλουμένῃ Ἰστριάδι θαλάττῃ αἵδε αἱ χῆμαι κατὰ τὴν ὥραν τὴν θέρειον, ὑπαρχομένου τοῦ ἀμήτου, δίκην ἀγέλης ἀλλήλαις συμφέρονται, καὶ ἀναπλέουσι κούφως· τά γε πρῶτα ἑαυταῖς βαρεῖαί τε καὶ ἐπαχθεῖς οὖσαι καὶ οὐκ ἀναπλεύσασαι, ἀλλὰ τηνικάδε οὐκέτι τοιαῦται. ἀποδιδράσκουσι δὲ τὸν νότον, καὶ φεύγουσι τὸν βορρᾶν, καὶ τὸν εὖρον οὐδὲ ἀνέχονται. χαίρουσι δὲ ἀκύμονι θαλάττῃ, καὶ ζεφύρου καταπνεούσαις αὔραις ἡδείαις τε καὶ μαλακαῖς. ὑπὸ ταύταις οὖν τοὺς ἑαυτῶν εἰλεοὺς ἐκλιποῦσαι, μεμυκυῖαί τε καὶ κατάκλειστοι ἔτι, ἀνίασιν ἐκ τῶν μυχῶν, καὶ ἀκύμονος οὔσης τῆς θαλάττης νέουσι· καὶ τότε ἀνοίξασαι τὰς ἑαυτῶν πλεκτάνας ἐκκύπτουσιν,

1 ἰχθύων] ἰχθ. τῶνδε Her. ‖ **2** ἀποδύσεις] ὑποδύσεις Abr., Her. ‖ **5** ἀνθρωπίνων μελῶν] ἀνθρώπων μέλη Her. | καὶ] om. **V** : del. Her. ‖ **6** ταῦτά] τούτων Her. **9** καὶ μόγις] καὶ μόλις **V** : del. Her. ‖ **11** προσεοικέναι — **12** προειρημένας] προσεικασμένας καὶ τὰ προειρημένας **A** | ἀνακραθεῖσαι] ἀνακραθείσας Her. **12** ἁπάσας] del. Ges., Her. | αὐταῖς] αὐτῶν Her. ‖ **13** ταῖς[1]] τοῖς **L** ‖ **15** τῷ] om. ***β*** ‖ **16** προσέχονται] προσέρχονται **VA** | ἐν] καὶ ἐν **V** ‖ **18** ἀμήτου] ἀμητοῦ **PH** **19** ἑαυταῖς] ἑαυτὰς **A** : del. Her. ‖ **20** ἀλλὰ τηνικάδε] **H**, Jac. in app., Her. : ἀλλ' αἱ τηνικάδε **LPA** : τηνικάδε **V** ‖ **21** τὸν[3] — **22** οὐδὲ] οὐδὲ τὸν εὖρ. Her. **22** ἀκύμονι θαλάττῃ] ἀκύμοσι θαλάσσαις **V** ‖ **24** εἰλεοὺς] εἰλυοὺς Her. **25** ἀνίασιν] ἀνιᾶσιν **VPA** | τῶν μυχῶν] τοῦ βυθοῦ **V** | θαλάττης] θαλάσσης **V** **26** πλεκτάνας] στέγας **LA**, edd.

ὡς ἐκ τῶν ἰδίων θαλάμων αἱ νύμφαι ἢ τὰ ῥόδα πρὸς τὴν εἵλην ὑπαλεανθέντα καὶ ἐκκύψαντα τῶν καλύκων. οὐκοῦν καὶ αἱ κόγχαι κατὰ μικρὰ ὑποθαρσοῦσαι, μάλα γε ἀσμένως ἡσυχάζουσι καὶ ἀτρεμοῦσι τὸν ἑταῖρον ἄνεμον προσδεχόμεναι, καὶ τὸν μὲν ὑπεστόρεσαν χιτῶνα, τὸν δὲ ὤρθωσαν, καὶ πλέουσι τῷ μὲν ἱστίῳ αἱ χῆμαι, τῷ δὲ σκάφει χρώμεναι. καὶ προΐασι μὲν τὸν τρόπον τοῦτον, ἡσυχίας οὔσης καὶ εὐδίας (οὐδὲν φαίης ἂν μακρόθεν ἰδὼν ἢ νηΐτην στόλον εἶναι)· ἐὰν δὲ αἴσθωνται νεὼς ἐπίπλουν ἢ ἔφοδον θηρίου ἢ νῆξιν ἰχθύος ἁδροῦ, ἑαυτὰς ὑφ᾽ ἑνὶ κρότῳ τῶν ὀστράκων πτύξασαι, κατώλισθόν τε ἀθρόαι καὶ ἠφανίσθησαν.

15.13. Ὁ δὲ αἱμόρρους (εἴη δ᾽ ἂν γένος ἔχεως οὗτος) μάλιστα ἐν τοῖς πετρώδεσι χηραμοῖς ἤθη τε ἔχει καὶ διατριβάς. μῆκός τε σώματος εἴληχε πόδα, πλάτος δὲ ἐξ εὐρείας τῆς κεφαλῆς μείουρος κάτεισιν ἔστε ἐπὶ τὴν οὐράν· καὶ πῇ μὲν φλογώδης ἰδεῖν ἐστι, πῇ δὲ δεινῶς μέλας· φρίττει δὲ τὴν κεφαλὴν οἱονεὶ κέρασί τισιν. ἕρπει δὲ ἥσυχος ἐπιθλίβων τὰς τῆς νηδύος φολίδας, λοξὸν δὲ οἶμον πρόεισιν. ἠρέμα γοῦν ὑπηχεῖ, ὡς καταγνῶναι νωθείαν αὐτοῦ καὶ οὐδένειαν. δακὼν δὲ νύγμα ἐργάζεται, καὶ τοῦτό γε ἰδεῖν ἐστι παραχρῆμα κυανοῦν, καρδιώττει γε μὴν ὁ πληγείς, ἀλλὰ ὤκιστα· ἐκκρίνει δὲ ἡ γαστὴρ ὀχετούς. νὺξ δὲ ἀφίκετο ἡ πρώτη, καὶ αἷμα ἐκρεῖ διά τε ῥινῶν καὶ αὐχένος καὶ μέντοι καὶ δι᾽ ὤτων σὺν ἰῷ χολώδει, οὖρα δὲ ἀφίησιν ὕφαιμα ἡ κύστις. εἰ δὲ καὶ ὠτειλαί εἰσί τινες παλαιαὶ περὶ τὸ σῶμα, ῥήγνυνται καὶ αὗται. εἰ δὲ θῆλυς αἱμόρρους κρούσει τινί, μεθίησιν ἐκ τῶν ὀνύχων ἄκρων καὶ εἰς τὰ οὖλα ὁ ἰὸς ἀναθεῖ, καὶ αἷμα ἐκχεῖται πάμπολυ, καὶ ἐκθλίβονται τῶν οὔλων οἱ ὀδόντες. τούτῳ φασὶ τῷ θηρίῳ περιπεσεῖν ἐν Αἰγύπτῳ τὸν τοῦ Μενέλεω κυβερνήτην Κάνωβον Θώνιδος βασιλεύοντος, καὶ συνεῖσαν τὴν Ἑλένην τοῦ δακέτου τὴν ἰσχὺν κατάξαι μὲν

2 ὑπαλεανθέντα] ὑπαλεαθέντα **P** : ὑπαλεσθέντα **LA** | καὶ[2]—κόγχαι] del. Her. **3** μάλα] καὶ μάλα Her. ‖ **4** ἑταῖρον] ἕτερον ***β*** ‖ **6** αἱ] om. ***β*** | προΐασι] προιᾶσι **V** : προσίασι **P** ‖ **8** εἶναι] ἰέναι ***β*** ‖ **10** πτύξασαι] πήξασαι **V** ‖ **11** αἱμόρρους] αἱμόρους **P** | οὗτος μάλιστα] οὐ μάλιστα **P** ‖ **17** γοῦν] οὖν Her. ‖ **19** ἀλλὰ] μάλα Her. | ὤκιστα] οἴκτιστα Jac. in com., Her. ‖ **21** ἐκρεῖ] εἰσρεῖ **P** ‖ **23** εἰ] αἱ ***β*** **24** αἱμόρρους] ex corr. **P** : αἱμόρους (ante corr. **P**) **H** | κρούσει] post voc. lac. stat. Jac., Her. | μεθίησιν] μεθιεῖσιν **H** : μεθίασιν **LA** | εἰς] ὑπὲρ **P** ‖ **26** περιπεσεῖν] παραπ. **A** ‖ **27** Μενέλεω] μενελάου **V** ‖ **28** δακέτου] δακετοῦ Her. in app.

αὐτοῦ τὴν ῥάχιν, ἐξελεῖν δὲ τὸ φάρμακον. ἐς τίνα δὲ ἄρα χρείαν ἔσπευσε λαβεῖν τὸ θησαύρισμα τοῦτο, οὐκ οἶδα.

15.14. Κομίζουσι δὲ ἄρα τῷ σφετέρῳ βασιλεῖ οἱ Ἰνδοὶ τίγρεις πεπωλευμένους καὶ τιθασοὺς πάνθηρας καὶ ὄρυγας τετράκερως, βοῶν δὲ γένη δύο, δρομικούς τε καὶ ἄλλους ἀγρίους δεινῶς. ἐκ τούτων γε τῶν βοῶν καὶ τὰς μυοσόβας ποιοῦνται, καὶ τὸ μὲν σῶμα παμμέλανές εἰσιν οἵδε, τὰς δὲ οὐρὰς ἔχουσι λευκὰς ἰσχυρῶς. καὶ περιστερὰς ὠχρὰς κομίζουσιν, οἵασπερ οὖν καὶ λέγουσι μήτε ἡμεροῦσθαι μήτε ποτὲ πραΰνεσθαι, καὶ ὄρνιθας δέ, οὓς κερκορώνους φιλοῦσιν ὀνομάζειν, καὶ κύνας γενναίους, ὑπὲρ ὧν ἄνω μοι λέλεκται [4.20; 8.1], καὶ πιθήκους λευκοὺς καὶ μελαντάτους ἄλλους καὶ τούτους πιθήκους· τοὺς γάρ τοι πυρροὺς ὡς γυναιμανεῖς εἰς τὰς πόλεις οὐκ ἄγουσιν, ἀλλὰ καί ποθεν ἐπιπηδήσαντες ἀναιροῦσιν, ὡς μοιχοὺς μεμισηκότες.

15.15. Ἰνδῶν δὲ ὁ μέγας βασιλεὺς μιᾶς ἡμέρας ἀνὰ πᾶν ἔτος ἀγωνίας προτίθησι τοῖς τε ἄλλοις ὅσοις εἶπον ἑτέρωθι [15.24], ἐν δὲ δὴ τοῖς καὶ ζῴοις ἀλόγοις, ἀλλὰ ἐκείνοις ὧν ἐκπέφυκε κέρατα. κυρίττει δὲ ταῦτα ἄλληλα, καὶ φύσει τινὶ θαυμαστῇ μέχρι νίκης ἁμιλλᾶται, ὥσπερ οὖν ἀθληταὶ ἢ ὑπὲρ ἄθλων μεγίστων ἰσχυριζόμενοι ἢ ὑπὲρ κλέους σεμνοῦ καὶ φήμης τινὸς ἀγαθῆς. εἰσὶ δὲ οἱ ἀγωνισταὶ οἵδε οἱ ἄλογοι ταῦροί τε ἄγριοι καὶ κριοὶ ἥμεροι καὶ οἱ καλούμενοι μέσοι καὶ ὄνοι μονόκερῳ καὶ ὕαιναι. φασὶ δὲ εἶναι τοῦτο τὸ ζῷον δορκάδος μὲν ἧττον, ἐλάφου δὲ πολλῷ θρασύτερον καὶ θυμούμενον εἰς κέρας. εἶτα ἐπὶ πᾶσιν οἱ ἐλέφαντες ἀγωνισταὶ παρίασι· προχωροῦσι δὲ οὗτοι καὶ μέχρι θανάτου τιτρώσκοντες ἀλλήλους τοῖς κέρασι, καὶ πολλάκις μὲν ὁ ἕτερος

1 αὐτοῦ] αὐτῷ **V** ‖ **3** τίγρεις] τίγρις **VLA** ‖ **4** τιθασοὺς] τιθασσοὺς **P** ‖ **6** τὰς] τοὺς **V** | μυοσόβας] **H** : μυοσόβους **VLPA** : μυιοσόβας edd. ‖ **7** σῶμα] ἄλλο σῶμα Her. ‖ **8** οἵασπερ] οἱ· ἅπερ **H** : ἅσπερ Her. ‖ **12** καὶ—πιθήκους] del. Her., fort. recte | τούτους] τοὺς **P** | πυρροὺς] πυροὺς **P** : πυρσοὺς **LA** **14** ἐπιπηδήσαντες] ἐπιπηδήσαντας **L** : ἐπιδήσαντας **A** ‖ **16** προτίθησι] **H**, edd. : προστίθησι **VLPA** ‖ **17** δὴ] del. Her. | ἐκείνοις] ἐκείνοις γε Her. ‖ **19** ἀθληταὶ] ἀθλητὴς **V** | ἄθλων] ἄλλων **V** ‖ **21** οἵδε] οἵ γε **P** ‖ **22** μέσοι] susp. : ante voc. lac. stat. Her. : μαίσωλοι Ges. in mg. | ὕαιναι] susp. : voc. corrupt., Her. in app. : ante voc. lac. stat. Jac. ‖ **23** εἶναι—ζῷον] τοῦτο τὸ ζῷον εἶναι **V** ‖ **24** εἰς] ἐς **V** **25** παρίασι] παριᾶσι **VA**

κρατεῖ καὶ ἀποκτείνει τὸν ἀντίπαλον, πολλάκις δὲ καὶ συναποθνήσκουσιν.

15.16. Θεόφραστος οὔ φησι τοῦ ἔχεως τὰ βρέφη διεσθίειν τῆς μητρὸς τὴν γαστέρα, ὥσπερ οὖν θυροκοποῦντα, ἵνα τι καὶ παίξω, καὶ ἐξαράττοντα πεφραγμένην ἔξοδον, ἀλλὰ τὸν θῆλυν, θλιβόμενον αὐτόν, καὶ τῆς γαστρός οἱ στεινομένης (Ὁμηρείως δὲ εἶπον [*Il.* 14.34; 21.220; *Od.* 9.445]), τὴν δὲ οὐκ ἀντέχειν ἀλλὰ διαρρήγνυσθαι. καί με πείθει λέγων, ἐπεί τοι καὶ θαλάττιαι βελόναι ἄκολποί τε οὖσαι καὶ λεπταὶ ὅτι τὰ αὐτὰ πάσχουσιν ὑπὸ τῶν σφετέρων βρεφῶν καὶ ἐκεῖναι, ἄνω που τῶν λόγων εἶπον [9.60]. Ἡρόδοτον δὲ ἀξιῶ μή μοι μηνίειν, εἰ μύθοις ἐγγράφω ὅσα ὑπὲρ τῆς τῶν ἔχεων ὠδῖνος ᾄδει [cf. Hdt. 3.109].

15.17. Φυσικὴ δὲ ἄρα ἦν κοινωνία τις καὶ συγγένεια λέοντι καὶ δελφῖνι ἀπόρρητος· οὐ γὰρ ὅτι βασιλεύουσιν ὃ μὲν τῶν χερσαίων ὃ δὲ τῶν ἁλίων, τοῦτο ἀπόχρη, ἀλλὰ γάρ τοι καὶ τήκονται προϊόντες εἰς γῆρας καὶ ἄλλως νοσήσαντες, ὃ μὲν τὸν χερσαῖον πίθηκον ἔχει φάρμακον, ὃ δὲ ἀναζητεῖ τὸν συμφυῆ. ὡς γάρ ἐστι καὶ ἐν θαλάττῃ πίθηκος, εἶπόν που [12.25]· καὶ ἔστι καὶ τῷδε οὗτος ἀγαθόν, ὡς ἐκείνῳ ἐκεῖνος.

15.18. Ἔστι δὲ ἄρα ἐν τοῖς ἀδιηγήτοις καὶ ἀριθμοῦ περιττοτέροις καὶ σηπεδών, κακὸν ἑρπετόν· ὁμόχρουν τε εἶναι τῷ αἱμόρρῳ καὶ τήνδε φησὶ Νίκανδρος [*Th.* 320–333] καὶ ἀδελφὴν κατὰ σχῆμα. καὶ τοῦτο ἐκεῖνος λέγει· ὠκυτέρα τε εἶναι δοκεῖ, ἀφίησι δὲ καί τινα σμικρὰν φαντασίαν· γυρὸν γὰρ καὶ πέριξ καὶ ἑλικτὸν πρόεισι τὸν οἶμον, καὶ μάλιστα ἐν τούτῳ διαψεύδεται τοὺς ὁρῶντας ὅση τὸ μέγεθός ἐστιν. δεινὸν δὲ ἄρα τὸ ἐξ αὐτῆς τραῦμα· πρόεισι γοῦν καὶ ὑποσήπει, καὶ τήν γε θῆρα τὴν

3 οὔ] om. **V** ‖ **4** καὶ] om. **V** | παίξω] παίσω Her. ‖ **5** τὸν — **6** αὐτόν] τοῦ θήλεος θλιβομένου Her. ‖ **6** γαστρός] γαστέρος **V** : μητρός **H** ‖ **10** ἐκεῖναι] ἐκεῖνα **LPA** τῶν λόγων] τὸν λόγον **L** ‖ **11** μύθοις] μύθους ***β*** ‖ **12** ᾄδει] λέγει **A** ‖ **13** κοινωνία τις] τις κοι. **V**, Her. ‖ **15** ἁλίων] ἐναλίων Rehd., Schn., Her. | καὶ τήκονται] κἂν τήκωνται Her. ‖ **16** καὶ — νοσήσαντες] del. Her. ‖ **17** συμφυῆ] συμφυᾶ malit Her. in app. ‖ **18** θαλάττῃ] θαλάσσῃ **V** | καὶ[3]] om. **V** ‖ **22** τήνδε] τῇδε ***β*** ‖ **23** ὠκυτέρα] ὠκυτέραν **LA** : ὠκυτέρη **P** : ὠκύτερός **H** ‖ **24** ἀφίησι] παρίστησι Her. | τινα σμικρὰν] τινος μικρὰν ***β*** : τινα σμικρότητος Her. | καὶ πέριξ] del. Her. **25** ἑλικτὸν] ἑλιττὸν **PAH** ‖ **26** αὐτῆς] αὐτοῦ **V** ‖ **27** θῆρα] edd. : θήραν ***β*** : om. **V**

προειρημένην ἀποδείκνυσι φερώνυμον. ὁ γοῦν ἰὸς ἐπὶ πᾶν ὠθεῖται τὸ σῶμα τάχει ἀμάχῳ, καὶ μέντοι καὶ ἡ θρὶξ καὶ ἐκείνη μυδῶσα ἀφανίζεται, λείβονται δὲ αἱ ὀφρῦς καὶ αἱ βλεφαρίδες, καὶ τοὺς ὀφθαλμοὺς ἀχλὺς κατέχει, καὶ ἔφηλοι γίνονται.

15.19. Χερσαία χελώνη ζῷον λαγνίστατον, ἀλλὰ ὅ γε ἄρρην· ὁμιλεῖ δὲ ἡ θήλεια ἄκουσα. καὶ λέγει Δημόστρατος, ἀνήρ, ὡς λέγει καὶ τοῦτο, τῶν ἐκ τῆς Ῥωμαίων βουλῆς γενόμενος (καὶ οὔ τί που διὰ τοῦτο ἤδη τεκμηριῶσαι ἱκανός, δοκεῖ δέ μοι ἐπιστήμης τῆς ἁλιευτικῆς ἐς ἄκρον ἐλάσαι καὶ ὅσα ἔγνω εἰπεῖν κάλλιστα· εἰ δέ τί οἱ καὶ ἄλλο ἐσπούδασται τοῦδε σοβαρώτερον, καὶ σοφίας τῆς περὶ τὴν ψυχὴν προσέψαυσε, θαυμάσια αὐτοῦ) λέγει δὲ ὅδε ὁ ἀνήρ, ὑπὲρ ὅτου μὲν καὶ ἑτέρου τὴν ὁμιλίαν ἀναίνεται ἡ θήλεια οὐκ ἔχειν σαφῶς εἰδέναι, τεκμαίρεσθαι δὲ ἐκεῖνό φησιν. ἡ θήλεια οὐκ ἄλλως ὁμιλεῖ ἢ πρὸς τὸν ἄρρενα ὁρῶσα· καὶ ὁ μὲν ἐξέπλησε τὴν ἐπιθυμίαν κᾆτα ἀπηλλάγη, ἣ δὲ ἑαυτὴν ἐπιστρέψαι ἡκίστη ἐστὶ τῷ τε ὄγκῳ τοῦ χελωνίου καὶ ἐρεισθεῖσα εἰς τὴν γῆν. δεῖπνον οὖν ἕτοιμον ὑπὸ τοῦ γαμέτου καταλέλειπται τοῖς τε ἄλλοις ζῴοις καὶ οὖν καὶ τοῖς ἀετοῖς. αἱ μὲν οὖν ταῦτα ὀρρωδοῦσιν, ὡς ἐκεῖνος λέγει, οἵ γε μὴν ἄρρενες οἵδε σωφρονούσας αὐτὰς καὶ τιθεμένας πρὸ τοῦ ἡδέος τὸ σωτήριον οὐκ ἔχουσιν ἀναπείθειν. οἳ δὲ φύσει τινὶ ἀμάχῳ ἴυγγα ἀπορρήτως προϊᾶσιν ἐρωτικὴν καὶ δέους ἐπίληθον παντός. ἦσαν δὲ ἄρα ἐρωτικῶς ἐχούσης χελώνης ἴυγγες οὐκ ᾠδαὶ μὰ Δία, ὁποίας Θεόκριτος ὁ τῶν νομευτικῶν παιγνίων συνθέτης ληρεῖ, ἀλλ' ἀπόρρητος πόα, ἥσπερ οὖν οὔτε ἐκεῖνος ὄνομα εἰδέναι φησίν, οὔτε ἄλλον ἐγνωκέναι ὁμολογεῖ· ἐοίκασι δὲ

1 ἀποδείκνυσι] γοῦν δείκνυσι **A** ‖ **2** τάχει] τῷ τάχει ***β*** ‖ **6** ὡς] ὃς **LA** | λέγει[2]—7 τοῦτο] καὶ τοῦτο λέγει **A** : λέγω καὶ τοῦτο Jac., Her. ‖ **7** Ῥωμαίων βουλῆς] ῥώμης τῆς (τῆς om. **H**) βου. **LAH** : ῥωμαίας τῆς βου. **P** | που] πω **V** ‖ **9** ἐς] ἐπ' **V** | τί] om. **V** ‖ **11** περὶ] παρὰ **A** | θαυμάσια αὐτοῦ] οὐκ ἂν θαυμάσαιμι Her. | ὁ] om. **LPA** ‖ **12** καὶ] del. Her. ‖ **14** ἄρρενα] ἄρσενα **PA** ‖ **15** κᾆτα—ἣ] κατὰ ἀπαλλαγὴν ***β*** ‖ **18** ὀρρωδοῦσιν] ὀρρωδοῦσαι corr. ex ὀρρωδοῦσι **V** ‖ **19** οἵδε] del. Her. ‖ **20** ἀναπείθειν] ἀναπεῖσαι Her. ‖ **21** ἀμάχῳ—ἀπορρήτως] ἀπορρήτῳ ἴυγγα Her. | προϊᾶσιν] προσείουσιν Schn., Her. ‖ **22** παντός] ἅπαντος Jac. in app., Her. ‖ **23** οὐκ ᾠδαὶ] οὐχ ὧδε **L** : οὐχ' αἳ δὲ (sic) **V** ‖ **24** οὔτε] οὕτως **A** **25** οὔτε] οὐκ **A**

τῇ πόᾳ καλλωπίζεσθαι καί τινας ἀπορρήτους †παλιώρας†. εἰ γοῦν ἐκείνην διὰ στόματος ἔχοιεν, ἔμπαλιν γίνεται τὰ τῶν προειρημένων· θρύπτεται μὲν γὰρ ὁ ἄρρην ἐρῶν ὡς οὐκ ἐρῶν, μεταθεῖ δὲ ἡ θήλεια ἡ τέως φεύγουσα νῦν φλεγομένη, καὶ ἐξοιστρᾶται καὶ ἱμείρει τῆς συνόδου· δέος δὲ ἐκεῖνο φροῦδόν ἐστι, καὶ ὑπὲρ ἑαυτῶν ὀρρωδοῦσιν ἥκιστα.

15.20. Θεσσαλονίκῃ τῇ Μακεδονίτιδι χῶρός ἐστι γειτνιῶν καὶ καλεῖται Νίβας. οὐκοῦν οἱ ἐνταῦθα ἀλεκτρυόνες ᾠδῆς τῆς συμφυοῦς ἀμοιροῦσι καὶ σιωπῶσι πάντα πάντῃ. καὶ διαρρεῖ λόγος παροιμιώδης ἐπὶ τῶν ἀδυνάτων, ὃς λέγει 'τότε ἂν ἔχητε τόδε τι, ὅταν Νίβας κοκκύσῃ' [*CPG* II, p. 573.13].

15.21. Ὅτε Ἀλέξανδρος τὰ μὲν ἐδόνει τῆς Ἰνδῶν γῆς τὰ δὲ ᾕρει, πολλοῖς μὲν καὶ ἄλλοις ζῴοις ἐνέτυχεν, ἐν δὲ τοῖς καὶ δράκοντι, ὅνπερ οὖν ἐν ἄντρῳ τινὶ νομίζοντες ἱερὸν Ἰνδοὶ μετὰ πολλοῦ τοῦ θειασμοῦ προσετρέποντο. οὐκοῦν παντοῖοι ἐγένοντο οἱ Ἰνδοὶ δεόμενοι τοῦ Ἀλεξάνδρου μηδένα ἐπιθέσθαι τῷ ζῴῳ· ὃ δὲ κατένευσε. παριούσης οὖν τὸ ἄντρον τῆς στρατιᾶς καὶ κτύπου γενομένου, εἶτα ὁ δράκων ᾔσθετο· ὀξυηκοώτατον δὲ ἄρα ζῴων ἐστὶ καὶ ὀξυωπέστατον. συριγμὸν μὲν οὖν ἀφῆκε μέγιστον καὶ φύσημα, ὡς ἐκπλῆξαί τε πάντας καὶ ἐκταράξαι. ἐλέγετο δὲ ἄρα πηχῶν ἑβδομήκοντα εἶναι, καὶ ἐφάνη μὲν οὐ πᾶς· μόνην γὰρ ἐξέκυψε τὴν κεφαλήν. καὶ οἵ γε ὀφθαλμοὶ ᾄδονται αὐτοῦ τὸ μέγεθος ἔχειν Μακεδονικῆς περιφεροῦς μεγάλης ἀσπίδος.

15.22. Ταῖς κορώναις ἔργον τοὺς ἀετοὺς ἐρεσχελεῖν ἐστιν. οἳ δὲ ὑπερφρονοῦσιν αὐτῶν, καὶ ἐκείνας μὲν ἀπολείπουσι τὴν κάτω

1 καί—ἀπορρήτους] καὶ τινὰς καὶ ἀπορρήτους **L** : καὶ τινος καὶ ἀπορρήτου **H** | παλιώρας] πάλιν (νυ supra -λιν, i.e. πάνυ) ὥρας **P** : σπᾶν ὥρας **H** : ante voc. lac. stat. Jac., Her. : παλιώξεις Her. in app. ‖ 2 τὰ] ante ἔμπαλιν transp. Schn., Her. ‖ 3 μὲν] om. **LA** | ἐρῶν[1]—ἐρῶν[2]] del. Her. ‖ 5 ἐκεῖνο] ἐκείναις Her. ‖ 10 ἔχητε] εἴη τε **H** : ἔχοιτε Bernh., Her. ‖ 11 Νίβας] Rehd., edd. : νίβος codd. 15 προσετρέποντο] Ges. in mg., Jac., Her. : προετρέποντο codd. (προστρέπονται in mg. inf. adscr. rec. m. **A**) ‖ 20 ὡς—τε] ἐκπλῆξαι **V** 21 πηχῶν] πήχεων **H** | καὶ—μὲν] ἐφάνη γε μὴν Her. | μόνην—22 κεφαλὴν] μόνη γὰρ ἐξέ. ἡ κεφαλή Her. ‖ 23 περιφεροῦς—ἀσπίδος] περ. ἀσπ. μεγ. **A** : ἀσπίδος Her. ‖ 24 ἀετοὺς] αἰετοὺς **V** ‖ 25 ἐκείνας] ἐκείναις Ges., Her.

φέρεσθαι πτῆσιν, αὐτοὶ δὲ τὸν αἰθέρα ὑψηλότερον ὄντα τοῖς ὠκίστοις τέμνουσιν αὐτὸν πτεροῖς, οὐ δήπου δεδιότες (πῶς γὰρ ἂν τοῦτο εἴποι τις, τὴν τῶν αἰετῶν ἀλκὴν καλῶς ἐπιστάμενος;) ἀλλὰ ἰδίᾳ τινὶ μεγαλονοίᾳ ἐῶσιν ἔρρειν ἐκείνας κάτω.

15.23. Τὸν ἰχθῦν τὸν πομπίλον οὐ μόνον Ποσειδῶνος λέγουσιν ἱερὸν εἶναι, ἀλλὰ καὶ τῶν ἐν Σαμοθρᾴκῃ θεῶν φίλον. ἁλιέα γοῦν τινα ἐν τοῖς ἄνω τοῦ χρόνου τιμωρίαν ὑποσχεῖν τῷδε τῷ ἰχθύϊ. καὶ τὸ μὲν ὄνομα ἦν ὡς λόγος τοῦ ἁλιέως Ὀπωπεύς, ἦν δὲ ἐξ Ἰκάρου τῆς νήσου, καὶ υἱὸς αὐτῷ ἦν. ἀθηρίας οὖν ποτε γενομένης ἰχθύων, ἀνήγαγε τὸν βόλον μόνους θηράσαντα τοὺς πομπίλους, οὕσπερ οὖν καὶ δεῖπνον σὺν τῷ παιδὶ ὁ Ὀπωπεὺς ἔθετο. οὐκ εἰς μακρὰν δὲ δίκη τιμωρὸς αὐτῶν μετῆλθεν αὐτόν· τῇ γὰρ ἁλιάδι αὐτοῦ κῆτος ἐπελθὸν ἐπ' ὄψει τοῦ παιδὸς τὸν Ὀπωπέα κατέπιε. λέγουσι δὲ καὶ τοὺς δελφῖνας πολεμίους τῷ πομπίλῳ εἶναι, οὐ μὴν οὐδὲ ἐκείνους καλῶς ἀπαλλάττειν ὅταν αὐτοῦ γεύσωνται· σφαδάζουσι γὰρ παραχρῆμα καὶ ἐκμαίνονται, καὶ ἀτρεμεῖν ἀδυνατοῦντες ἐπὶ τοὺς αἰγιαλοὺς ἐκφέρονται, καὶ ἅπαξ ἐκβρασθέντες ὑπὸ τοῦ κύματος κορώναις τε ἐναλίαις καὶ λάροις δεῖπνόν εἰσι. λέγει δὲ Ἀπολλώνιος ὁ Ῥόδιος ἢ Ναυκρατίτης [*Coll. Alex.*, fr. 7] ὅτι καὶ ἄνθρωπός ποτε οὗτος ἦν, καὶ ἐπόρθμευεν. ὁ δὲ Ἀπόλλων ἠράσθη κόρης, καὶ ἐπειρᾶτο αὐτῇ ὁμιλῆσαι· ἣ δὲ ἀποδιδράσκουσα ἦλθεν εἰς Μίλητον καὶ ἐδεήθη Πομπίλου τινὸς θαλαττουργοῦ, ἵνα αὐτὴν διαγάγῃ τὸν πορθμόν· ὃ δὲ ὑπήκουσεν. ἐπιφανεὶς δὲ ὁ Ἀπόλλων τὴν μὲν κόρην ἁρπάζει, τὴν δὲ ναῦν λίθον ἐργάζεται, τὸν δὲ Πομπίλον εἰς τὸν ἰχθῦν τοῦτον μετέβαλεν.

15.24. Ἰνδοὶ δὲ ἄρα καὶ περὶ τοὺς βοῦς τοὺς δρομικοὺς τίθενται σπουδήν. καὶ ὑπὲρ τῆς ὠκύτητος τῆς ἐκείνων ἁμιλλῶνται

1 ὑψηλότερον] ὑψηλότατον **V** | ὑψηλότερον ὄντα] gloss. speciem refert, Her. in app. | τοῖς] del. Her. ‖ **2** αὐτὸν] αὐτῶν **A** : om. **V** : del. Her. ‖ **3** αἰετῶν] ἀετῶν **AH** ‖ **5** Ποσειδῶνος] τοῦ ποσ. **V** ‖ **6** ἱερὸν εἶναι] εἶναι ἱερόν **A** ‖ **7** τοῦ χρόνου] τῶν χρόνων **P** ‖ **8** Ὀπωπεύς] ὀπωπεύς **P** : Ἐπωπεύς **H**, Gill., Her., fort. recte **10** τοὺς] del. Her. ‖ **11** Ὀπωπεὺς] ὀπωπεὺς **P** : Ἐπωπεὺς Gill., Her., fort. recte ‖ **12** τιμωρὸς] τιμωροὺς **A** | αὐτῶν] ex corr. **P** : αὐτὸν (ante corr. **P**) **H** : om. **A** : del. Her. | μετῆλθεν] ἐπῆλθεν **V** ‖ **13** ἐπ'] ἐν Her. | Ὀπωπέα] ὀπωπέα **P** : Ἐπωπέα Gill., Her., fort. recte ‖ **18** τε] τε καὶ **P** | ἐναλίαις] εἰναλίαις Her. **20** ἐπόρθμευεν] ἐπόρθμευσεν **A** ‖ **23** διαγάγῃ] διαγάγοι Her. ‖ **25** τοῦτον] τόνδε **A** | μετέβαλεν] μετέβαλλεν **P** ‖ **27** ὑπὲρ] ὑπὸ **A**

βασιλεύς τε αὐτὸς καὶ τῶν ἀρίστων πολλοί, καὶ ποιοῦνται ῥήτρας ἐπὶ χρυσίῳ παμπόλλῳ καὶ ἀργυρίῳ, καὶ οὐχ ἡγοῦνται αἰσχρὸν εἶναι ἐρίζεσθαι ὑπὲρ τῶνδε τῶν ζῴων, συνωρίζουσι δὲ αὐτοὺς ἄρα καὶ ὑπὲρ τῆς νίκης κυβεύουσιν. οἱ μὲν οὖν ἵπποι ζύγιοι θέουσιν, οἱ δὲ βοῦς παράσειροι, καὶ ἐγχρίμπτει τῇ νύσσῃ ὁ ἕτερος, καὶ δεῖ δραμεῖν σταδίους τριάκοντα. ἴσοι δὲ τοῖς ἵπποις οἱ βόες συνθέουσι, καὶ οὐκ ἂν ἀποκρίναις τὸν ὠκύτερον οὔτε βοῦν οὔτε ἵππον. ἐὰν δέ ποτε ὁ βασιλεὺς πρός τινα ὑπὲρ τῶν ἑαυτοῦ βοῶν σύνθηται, εἱς τοσαύτην προχωρεῖ φιλονεικίαν, ὡς αὐτὸς ἐφ' ἅρματος ἕπεσθαι, καὶ παρορμᾶν τὸν ἡνίοχον. ὃ δὲ ἄρα τοὺς μὲν ἵππους ἐξαιμάττει τῷ κέντρῳ, τῶν δὲ βοῶν τὴν χεῖρα ἀνέχει· ἀκέντητοι γὰρ θέουσι. τοσαύτη δέ ἐστι περὶ τὴν βοεικὴν ἅμιλλαν ἡ φιλοτιμία, ὡς μὴ μόνους τοὺς πλουσίους ὑπὲρ αὐτῶν ἐπὶ πολλῷ φιλονεικεῖν μηδὲ τοὺς δεσπότας ἀλλὰ καὶ τοὺς θεωμένους, οἷα δήπου καὶ ὁ Ἰδομενεὺς ὁ Κρὴς καὶ ὁ Λοκρὸς Αἴας παρὰ τῷ Ὁμήρῳ [*Il.* 23.473–497] φιλονεικοῦντες ἀποδείκνυσθον. εἰσὶ δὲ καὶ ἕτεροι παρ' αὐτοῖς βόες, ἰδεῖν κατὰ τοὺς μεγίστους τράγους· αὐτοὶ δὲ καθ' ἑαυτοὺς ζεύγνυνται, καὶ τρέχουσιν ὤκιστα, καὶ τῶν ἵππων γε τῶν Γετικῶν οὐκ εἰσὶ νωθέστεροι.

15.25. Λόγος ἔχει τοὺς ἵππους τοὺς πίνοντας ἐκ τοῦ Κοσσινίτου ποταμοῦ (ἔστι δὲ οὗτος ἐν Θρᾴκῃ) δεινῶς ἐκθηριοῦσθαι· ἐκδίδωσι δὲ ὁ ποταμὸς οὗτος εἰς τὴν Ἀβδηριτῶν, καὶ ἀναλίσκεται εἰς τὴν Βιστονικὴν λίμνην. ἐνταῦθά τοι καὶ τὰ βασίλεια γενέσθαι ποτὲ Διομήδους τοῦ Θρᾳκός, ᾧ καὶ αἱ ἀνήμεροι ἐκεῖναι ἵπποι κτῆμα ἦσαν ὁ Ἡράκλειος ἆθλος. τὸ δὲ αὐτό φασι πάσχειν καὶ τοὺς ἵππους τοὺς ἐκ τῆς Ποτνιάδος κρήνης πίνοντας. αἱ δὲ Πότνιαι τὸ χωρίον, ἔνθα ἡ κρήνη, οὐ μακρὰν ἀπὸ Θηβῶν ἐστιν. Ὠρείτας δὲ λέγουσι καὶ Γαδρωσίους ἰχθῦς παραβάλλειν τοῖς

2 χρυσίῳ] χρυσῷ **V** ‖ 3 ἐρίζεσθαι] ἐρείδεσθαι **PAH** : ἐρίδος **L** | τῶνδε] τούτων **A** ‖ 4 ἵπποι ζύγιοι] ὑποζύγιοι **LPH** ‖ 5 ἐγχρίμπτει] ἐγχρίπτει **LP** : om. **H** 9 σύνθηται] συνθῆται **P** | εἱς] ἐς ***β*** ‖ 14 καὶ] om. **V** ‖ 15 Κρὴς] κρῆς **V** | παρὰ τῷ] παρ' Her. ‖ 16 φιλονεικοῦντες] φιλονεικοῦντε Her. ‖ 17 αὐτοὶ] καὶ αὐτ. **A**, Her. 19 γε] τε **PA** : om. **V** ‖ 22 εἰς] ἐς **V** ‖ 23 Βιστονικὴν] κιστονίκην **PAH** ‖ 24 αἱ] αὗται αἱ ***β*** ‖ 25 ὁ] om. **A** | φασι] φησι **A** ‖ 27 Πότνιαι] ποτνιαὶ Jac., Her. 28 Ὠρείτας] Jac. in com., Her. : ὡρώτας (ex corr. **V**) **AH** : ὡρώτας (fort. ante corr. **VL**) **P** : ὡρωείτας ex corr. **L** | Γαδρωσίους] scripsi : ἀδρουσίους **VP** : ἀδρουσίους **LH** : ἀδρασίους **A** : Γεδρωσίους Gill., Her.

ἵπποις χόρτον. Κελτοὺς δὲ ἀκούω καὶ τοῖς βουσὶ καὶ τοῖς ἵπποις ἰχθῦς διδόναι δεῖπνον. ἐνταῦθά τοι λέγουσι καὶ τοὺς ἵππους τὴν ἀποπνοὴν τὴν ἐκ τῶν ἀνθρώπων φεύγοντας εἰς τὰ νοτιώτερα μέρη τῆς Εὐρώπης φέρεσθαι, μάλιστα ὅταν οἱ νότοι καταπνέωσι. καὶ Μακεδόνας δὲ καὶ Λυδοὺς ὁμολογοῦσί τινες καὶ αὐτοὺς ἰχθύσι τοὺς ἑαυτῶν ἵππους τρέφειν, καὶ τὰ πρόβατα δὲ τὰ Λύδια καὶ τὰ Μακεδονικὰ ἐκ τῶν αὐτῶν πιαίνεσθαι λέγουσιν. ἐν Μυσοῖς δὲ τῶν θηλειῶν ἵππων ἀναβαινομένων ἐπηύλουν τινές, οἷον ὑμέναιόν τινα τοῦτον τοῖς τῶν ἵππων γάμοις ἐπᾴδοντες· τάς τε ἵππους ὑπὸ τοῦ μέλους θελγομένας τάχιστα ἐγκύμονας γίνεσθαι, καὶ οὖν καὶ καλοὺς τοὺς πώλους ἀποτίκτειν. καὶ ἐκεῖνο δὲ περὶ ἵππων ἤκουσα. τοὺς πρεσβυτέρους ἤδη φασὶ καὶ προήκοντας τὴν ἡλικίαν ἀσθενῆ γεννᾶν τὰ ἐξ αὐτῶν ἔκγονα· τά τε γὰρ ἄλλα καὶ τοὺς πόδας ἀγεννεῖς ἔχειν. βίον δὲ ἵππων καὶ χρόνον ἀριθμοῦσιν εἰς τοσάδε ἔτη· τῶν μὲν γὰρ ἀρρένων εἰς πέντε καὶ τριάκοντα, Ἀριστοτέλης δ' ὁ Νικομάχου λέγει [*HA* 545b; fr. 270.44 Gig.] πέντε καὶ ἑβδομήκοντα ἔτη διαβιῶναι ἵππον.

15.26. Ἐκ Σούσων τῶν Περσικῶν εἰς Μήδειαν ἀπιόντων, ἐν τῷ δευτέρῳ σταθμῷ πάμπολύ τι λέγεται σκορπίων πλῆθος γίνεσθαι, ὥστε τὸν τῶν Περσῶν βασιλέα, ὁπότε διίοι, πρὸ τριῶν ἡμερῶν προστάττειν πᾶσι θηρεύειν αὐτούς, καὶ τῷ πλείστους θηράσαντι δῶρα διδόναι. εἰ γὰρ τοῦτο μὴ γένοιτο, ὁ χῶρος ἄβατός ἐστιν· ὑπὸ παντὶ γὰρ λίθῳ καὶ βώλῳ πάσῃ σκορπίος ἐστί. λέγουσι δὲ καὶ ὑπὸ σκολοπενδρῶν ἐξαναστῆναι Ῥοιτιεῖς· τοσοῦτο πλῆθος αὐτοῖς ἐπεφοίτησε τούτων. φασὶ δὲ καὶ ἐν Κυρήνῃ μυῶν διάφορα γενέσθαι γένη οὐ μόνον ταῖς χρόαις, ἀλλὰ καὶ ταῖς μορφαῖς· ἐνίους γὰρ αὐτῶν πλατυπροσώπους εἶναι καθάπερ τὰς γαλᾶς, καὶ αὖ

3 νοτιώτερα] νότια *β* ‖ 4 μέρη] del. Jac., Her. ‖ 11 πώλους] πόλους **A** 13 ἔκγονα] ἔγγονα **PA** ‖ 14 καὶ χρόνον] del. Her. (revocavit Her. in app.) ἀριθμοῦσιν] ἀριθμοὺς **L** : ἀριθμοῦ **P** ‖ 15 γὰρ] del. Her. | τριάκοντα—17 ἑβδομήκοντα] om. **A** | τριάκοντα] desunt fort. hunc nonnulla de aetate equarum, Jac. in com. (τῶν δὲ θηλειῶν ὑπὲρ τὰ τετταράκοντα, vel simile quid, Her. in app.) ‖ 18 Μήδειαν] Μηδίαν **PH**, Her. | ἀπιόντων] ἀπιόντι Schn., Her. 19 γίνεσθαι] γενέσθαι *β* ‖ 20 τῶν] om. *β* | διίοι] Schn., Jac., Her. : δὴ ἴοι **V** : δή οἱ **PH** : δέοι **LA** ‖ 24 σκολοπενδρῶν] σκολοπένδρων **LP** | Ῥοιτιεῖς] ῥυτιεῖς **LPA** 25 ἐπεφοίτησε] ἐπεφοίτα *β* | καὶ] οἱ καὶ **VH** ‖ 26 γενέσθαι] γίνεσθαι **H**, Her. 27 γὰρ] γοῦν **VH**

πάλιν ἄλλους ἐχινώδεις, ὀξείας ἀκάνθας ἔχοντας, οὕσπερ οὖν καὶ οἱ ἐπιχώριοι καλοῦσιν ἐχινέας. ἐν Αἰγύπτῳ δὲ ἀκούω δίποδας εἶναι μῦς, καὶ μεγίστους μεγέθει φύεσθαι, τοῖς γε μὴν ἐμπροσθίοις ποσὶν ὡς χερσὶ χρῆσθαι· εἶναι γὰρ αὐτοὺς τῶν ὄπισθεν βραχυτέρους. βαδίζουσι δὲ ὀρθοὶ ἐπὶ τοῖν δυοῖν ποδοῖν· ὅταν δὲ διώκωνται, πηδῶσι. Θεόφραστος λέγει ταῦτα [fr. 174.8 Wimm.].

15.27. Λόγος τις λέγει τοὺς ὄρνιθας τοὺς ἀτταγᾶς μετακομισθέντας εἰς Αἴγυπτον ἐκ Λυδίας καὶ ἀφεθέντας εἰς τὰς ὕλας τὰ μὲν πρῶτα ὄρτυγος φωνὴν ἀφιέναι· χρόνῳ δὲ ὕστερον τοῦ ποταμοῦ κοίλου ῥυέντος λιμὸς ἐγένετο, καὶ πολλοὶ τῶν κατὰ τὴν χώραν ἀπώλλυντο. οὐ διέλιπον οὖν οἱ ὄρνιθες οὗτοι, πολλῷ σαφέστερον καὶ ἐναρθρότερον παιδίου, μεῖζον φθέγμα ἀφιέντες καὶ λέγοντες ‘τρὶς τοῖς κακοῖς τὰ κακά’ [*CPG* II, p. 683.89]. λέγει δὲ ὁ αὐτὸς λόγος ὅτι συλληφθέντες καὶ ἀγρευθέντες οὐ μόνον οὐ τιθασεύονται, ἀλλὰ οὐδὲ φωνὴν ἔτι ἀφιᾶσιν ἣν πρότερον ἠφίεσαν· ἡ δουλεία δὲ αὐτῶν καὶ ἡ κάθειρξις καταψηφίζεται σιωπήν. ἐὰν δὲ ἀφεθῶσι καὶ ἐλεύθερον ἁπλώσωσι τὸ πτερόν, καὶ εἰς ἤθη τὰ ἑαυτῶν ἀφίκωνται πάλιν γίνονται ἔμφωνοι, ὁμοῦ καὶ τὸ φθέγμα καὶ τὴν παρρησίαν ἀναλαβόντες.

15.28. Λέγουσι δὲ καὶ τοὺς σκῶπας (ὧν καὶ Ὅμηρος ἐν Ὀδυσσείᾳ [*Od.* 5.66] μέμνηται λέγων πολλοὺς αὐτοὺς περὶ τὸ ἄντρον τὸ τῆς Καλυψοῦς εὐνάζεσθαι) καὶ ἐκείνους ἁλίσκεσθαι ὀρχήσει. ἄνδρες ὀρχηστικοί φασι καὶ ὀρχήσεως εἶδός τι ἐξ αὐτῶν κεκλῆσθαι, καὶ εἴ γε αὐτοῖς χρὴ πιστεύειν, ἡ ὄρχησις αὕτη σκὼψ κέκληται. καὶ τὸ μιμεῖσθαι δέ τινας ἐπὶ τὸ γελοιότερον καὶ διαπαίζειν ἥδιστον δοκεῖ τοῖσδε τοῖς ὄρνισιν· ἔνθεν τοι ἐτράπη ὁ λόγος, καὶ ἡμεῖς τὸ σκώπτειν οὕτω καλοῦμεν. λέγεται δὲ ὁ σκὼψ οὗτος μικρότερος εἶναι γλαυκὸς καὶ τὴν χρόαν ἔχειν μολίβῳ

1 ἐχινώδεις] Ges. in mg., Her. : ἐχεώδεις codd. | ὀξείας—ἔχοντας] del. Her. **2** ἐχινέας] Ges., Her. : ἐχενάτας ***β*** : ἐχενήτας **V** | ἀκούω] ἀκούων **P** ‖ **3** μεγίστους μεγέθει] μεγέθ. μεγίσ. **H**, malit Her. in app. ‖ **5** βραχυτέρους] post voc. gloss. εἶδον τούτους· Λιβυκοί εἰσιν codd. (del. Jac. in app., Her.) ‖ **7** Λόγος—λέγει] Λέγει τις λόγος Her. | τοὺς[2]] τὰς **A** ‖ **10** ῥυέντος] ῥέοντος **LP** | λιμὸς] Jac., Her. : λοιμὸς codd. ‖ **11** οὐ διέλιπον] οὐδὲ ἔλιπον **V** ‖ **12** μεῖζον] del. Jac. in com., Her. **15** τιθασεύονται] τιθασσεύονται **VA** ‖ **16** δὲ[1]] ante corr. **L** : γὰρ ex corr. **L**, Her. | καὶ—κάθειρξις] del. Her. ‖ **23** ἄνδρες] ἄνδ. δὲ Jac. in app., Her. ‖ **25** τινας] τινα Her.‖ **26** τοι] τοι καὶ Her.‖ **28** εἶναι] ἀεὶ εἶναι **LA**|ἔχειν] ἔχει **LPA**

προσεοικυῖαν βαθύτατα· ἔχειν δὲ τὰ πτερὰ αὐτοῦ φασι καὶ στίγματα ὑπόλευκα. ἀναφέρει τε δύο ἀπὸ τῶν ὀφρύων παρ᾽ ἑκάτερον τὸν κρόταφον πτερά [cf. Alex. Mynd., fr. 11, Well.]. Καλλίμαχος [fr. 418 Pf.] δὲ δύο φησὶν εἶναι γένη σκωπῶν, καὶ τοὺς μὲν φθέγγεσθαι, τοὺς δὲ συγκεκληρῶσθαι σιωπῇ· καὶ τοὺς μὲν αὐτῶν λέγεσθαι σκῶπας, τοὺς δὲ ἀείσκωπας. λέγει δὲ Ἀριστοτέλης [fr. 270.45 Gig.] τοὺς παρ᾽ Ὁμήρῳ διὰ τοῦ σίγμα μὴ λέγεσθαι, ἀλλὰ ἁπλῶς ὀνομάζεσθαι κῶπας [cf. Alex. Mynd., fr. 12, Well.]. τοὺς οὖν τιθέντας τὸ σίγμα ἁμαρτάνειν τῆς κατὰ τὸ ὄνομα ἀληθείας καὶ τῆς Ὁμήρου περὶ τὸν ὄρνιν κρίσεώς τε καὶ γνώσεως. καὶ ταῖς μὲν ἄλλαις ὥραις τοῦ ἔτους μὴ ἐσθίεσθαι αὐτούς, ἐν δὲ τῷ μετοπώρῳ δύο ἡμέραις ἢ μιᾷ τοὺς θηρωμένους, ἀλλὰ τούτους γε ἐδωδίμους εἶναι. τῶν δὲ ἀεισκώπων διαφέρουσιν οἱ σκῶπες τῷ πάχει, παραπλήσιοι δέ εἰσι τὴν ἰδέαν τρυγόνι τε καὶ φάττῃ.

15.29. Ἀλλὰ τό γε τῶν Πυγμαίων ἔθνος ἀκούω καὶ ἐκεῖνο καθ᾽ ἑαυτὸ βασιλεύεσθαι, καὶ οὖν καὶ γενέσθαι παρ᾽ αὐτοῖς ἐκλείποντος ἄρρενος βασιλέως βασιλίδα τινὰ καὶ κρατῆσαι τῶν Πυγμαίων, Γεράναν ὄνομα, ἥνπερ οὖν ἐκθεοῦντες οἱ Πυγμαῖοι σεμνοτέραις ἢ κατ᾽ ἄνθρωπον ἐτίμων ταῖς τιμαῖς. ἐκ τούτων οὖν ἐκείνη φασὶ τὴν διάνοιαν ἐξηνεμώθη, καὶ τὰς θεὰς παρ᾽ οὐδὲν ἐτίθετο. μάλιστα δὲ τὴν Ἥραν καὶ τὴν Ἀθηνᾶν καὶ τὴν Ἄρτεμιν καὶ τὴν Ἀφροδίτην οὐδὲ ἴκταρ ἔλεγε βάλλειν πρὸς τὸ αὐτῆς κάλλος. οὔκουν ἔμελλεν ἁμαρτήσεσθαι κακοῦ νοσοῦσα τοιαῦτα· κατὰ γὰρ τὸν τῆς Ἥρας χόλον εἰς ὄρνιν αἰσχίστην τὸ εἶδος τὸ ἐξ ἀρχῆς ἤμειψε, καὶ ἔστιν ἡ νῦν γέρανος, καὶ πολεμεῖ τοῖς Πυγμαίοις, ὅτι αὐτὴν ἐξέμηναν τῇ πέρα τιμῇ καὶ ἀπώλεσαν.

1 βαθύτατα] τῷ βαθυτάτῳ Her. | καὶ] del. Her. ‖ 2 ἀναφέρει] ἀναφαίνει Her. 8 κῶπας] σκῶπας **V** ‖ 9 τιθέντας τὸ] ἀντιθέντας τὸ **V** : ἐντιθέντας τὸ **H** : om. **P** ‖ 13 σκῶπες] κῶπες **LA** ‖ 14 παραπλήσιοι] παραπλήσιαι **L** : παραπλησίαι **P** τὴν ἰδέαν] τῇ Ἰνδίᾳ **V** ‖ 16 γενέσθαι—αὐτοῖς] γίνεσθαι πρὸς αὐτ. **V** ἐκλείποντος] ἐκλείποντες **P** ‖ 17 ἄρρενος] τοῦ γένους τοῦ τῶν (τούτων **P**) ἀρρένων ***β*** | βασιλέως] βασιλέων **P** ‖ 19 ταῖς] del. Her. ‖ 22 ἴκταρ] gloss. ἢ ἐγγὺς ἤτοι παχέως in mg. sec. m. **L** ‖ 23 γὰρ] δὲ **V**

LIBER XVI

16.1. Ἀνὴρ πορφυρεὺς ὅταν θηράσῃ πορφύραν, οὐκ εἰς ἀνθρώπων τροφήν, ἀλλ' εἰς ἐρίων βαφήν, εἰ μέλλοι μένειν ἡ ἐκ τοῦ ζῴου χρόα δευσοποιὸς καὶ δυσέκνιπτος καὶ οἵα τὴν βαφὴν ἐργάσασθαι γνησίαν ἀλλ' οὐ δεδολωμένην, μιᾷ λίθου καταφορᾷ διαφθείρει τὴν πορφύραν αὐτοῖς ὀστράκοις. ἐὰν δὲ κουφοτέρα ἡ πληγὴ γένηται, καταλειφθῇ δὲ τὸ ζῷον ἔτι ἔμπνουν, ἀχρεῖός ἐστιν εἰς τὴν βαφὴν ἡ δεύτερον βληθεῖσα τῷ λίθῳ πορφύρα· ὑπὸ γὰρ τῆς ὀδύνης ἐξανάλωσε τὴν βαφὴν ἀναποθεῖσαν εἰς τὸν τῆς σαρκὸς ὄγκον ἢ ἄλλως ἐκρυεῖσαν. τοῦτό τοι καὶ Ὅμηρος οἶδε, φασί· καὶ τοὺς ἀποθνήσκοντας ἀθρόως μιᾷ πληγῇ τῷ τῆς πορφύρας θανάτῳ καταλαμβάνεσθαί φησι, τὸ ᾀδόμενον ἐν τοῖς ἑαυτοῦ μέτροις ἀναμέλπων ἐκεῖνος [*Il.* 5.83]·

ἔλλαβε πορφύρεος θάνατος καὶ μοῖρα κραταιή.

16.2. Ἐν Ἰνδοῖς μανθάνω σιττακοὺς ὄρνις γίνεσθαι, ὧνπερ οὖν καὶ ἀνωτέρω [13.18] μνήμην ἐποιησάμην· ἃ δὴ πρότερον ὑπὲρ αὐτῶν οὐκ εἶπον, ταῦτά μοι λεχθῆναι νῦν δοκεῖ πρεπωδέστατα. γένη τρία αὐτῶν ἀκούω· οἱ πάντες δὲ οὗτοι μαθόντες ὡς παῖδες, οὕτως καὶ αὐτοὶ γίνονται λάλοι καὶ φθέγγονται φθέγμα ἀνθρωπικόν. ἐν δὲ ταῖς ὕλαις ὀρνίθων μὲν ἀφιᾶσιν ἦχον, φωνὴν δὲ εὔσημόν τε καὶ εὔστομον οὐ προΐενται, ἀλλ' εἰσὶν ἀμαθεῖς καὶ οὔπω λάλοι. γίνονται δὲ καὶ ταὼς ἐν Ἰνδοῖς τῶν πανταχόθεν μέγιστοι, καὶ πελειάδες χλωρόπτιλοι· φαίη τις ἂν πρῶτον θεασάμενος καὶ οὐκ ἔχων ἐπιστήμην ὀρνιθογνώμονα, σιττακὸν εἶναι καὶ οὐ πελειάδα. χείλη δὲ ἔχουσι καὶ σκέλη τοῖς ἐν Ἕλλησι πέρδιξι τὴν χρόαν προσεοικότα. ἀλεκτρυόνες δὲ γίνονται μεγέθει μέγιστοι, καὶ ἔχουσι λόφον οὐκ ἐρυθρὸν κατά γε τοὺς ἡμεδαπούς,

3 μέλλοι] μέλλει ***β*** ‖ **4** οἵα] οἷά (οἵα **A**) τε ἔσται ***β*** ‖ **8** δεύτερον] δεύτερα **V** ‖ **9** εἰς] ἐς **V** ‖ **11** μιᾷ πληγῇ] del. Her. ‖ **13** ἐκεῖνος] ἐκεῖνο **V** ‖ **14** ἔλλαβε] ἔλαβε **VLPH** **15** ὄρνις] ὄρνεις Her. | γίνεσθαι] γενέσθαι **P** ‖ **16** δὴ] δὲ **AH**, edd. **17** πρεπωδέστατα] πρεπωδέστατον? Her. in app. ‖ **20** ἀφιᾶσιν] ἀφίησιν ***β*** ἦχον] φθόγγον **V** ‖ **21** προΐενται] προσίενται **A** ‖ **22** ταὼς] ταῶς **PH** πανταχόθεν] ἀπανταχόθεν (sic) **V** : πανταχόθι **PA** ‖ **24** οὐκ] οὐ γὰρ **P** ‖ **25** ἐν] om. ***β*** ‖ **26** τὴν χρόαν] om. **V** ‖ **27** γε] τε **V**

ἀλλὰ ποικίλον κατὰ τοὺς ἀνθίνους στεφάνους. τὰ δὲ πτερὰ τὰ πυγαῖα ἔχουσιν οὐ κυρτὰ οὐδὲ εἰς ἕλικα ἐπικαμφθέντα ἀλλὰ πλατέα, καὶ ἐπισύρουσιν αὐτά, ὥσπερ οὖν καὶ οἱ ταώς, ὅταν μὴ ὀρθώσωσί τε καὶ ἀναστήσωσιν αὐτά. χρόαν δὲ ἔχει τὰ πτερὰ τῶν Ἰνδῶν ἀλεκτρυόνων χρυσωπόν τε καὶ κυαναυγῆ κατὰ τὴν σμάραγδον λίθον [cf. Ctes., fr. 45bβ* Lenf.].

16.3. Γίνεται δὲ ἐν Ἰνδοῖς καὶ ἄλλο ὄρνεον, καὶ ἔχει τὸ μέγεθος κατὰ τοὺς ψᾶρας, καὶ ἔστι ποικίλον, καὶ μουσωθὲν ἀνθρώπου φωνὴν εἶτα μέντοι τῶν σιττακῶν ἐστι λαλίστερόν τε καὶ θυμοσοφώτερον. οὐ μὴν τὴν ἐξ ἀνθρώπων τροφὴν ἡδέως ὑπομένει, ἀλλὰ ἐλευθερίας πόθῳ καὶ παρρησίας τῆς κατὰ τὴν συντροφίαν ἐπιθυμίᾳ ἀσπάζεται λιμὸν μᾶλλον ἢ δουλείαν μετὰ τρυφῆς. καλοῦσι δὲ αὐτὸ οἱ Μακεδόνων Ἰνδοῖς ἐποικήσαντες ἔν τε Βουκεφάλοις πόλει καὶ τῇ περὶ ταύτην καὶ τῇ καλουμένῃ Κυροπόλει καὶ ταῖς ἄλλαις, ἃς ἀνέστησεν Ἀλέξανδρος ὁ Φιλίππου, κερκίωνα· ἔσχε δὲ ἄρα τὸ ὄνομα τήνδε τὴν γένεσιν, ἐπειδὴ καὶ αὐτὸ διασείει τὸν ὄρρον, ὥσπερ οὖν καὶ οἱ κίγκλοι.

16.4. Γίνεσθαι δὲ ἐν Ἰνδοῖς καὶ κήλαν ἀκούω ὄρνιν· καὶ τὸ μέγεθος τριπλασίων ὠτίδος ἐστί, καὶ στόμα ἔχει γενναῖον δεινῶς καὶ μακρὰ τὰ σκέλη· φέρει δὲ καὶ πρηγορεῶνα καὶ ἐκεῖνον μέγιστον προσεμφερῆ κωρύκῳ, φθέγμα δὲ ἔχει καὶ μάλα ἀπηχές. καὶ τὴν μὲν ἄλλην πτίλωσίν ἐστι τεφρός, τὰς δὲ πτέρυγας ἄκρας ὠχρός ἐστιν.

16.5. Ἀκούω δὲ ἔγωγε καὶ Ἰνδὸν ἔποπα διπλασίονα τοῦ παρ' ἡμῖν καὶ ὡραιότερον ἰδεῖν. καὶ Ὅμηρος μὲν λέγει [*Il.* 4.144] βασιλεῖ κεῖσθαι ἄγαλμα Ἕλληνι χαλινὸν καὶ κόσμον ἵππου, ὁ δὲ ἔποψ

1 ἀνθίνους] ἀνθινοὺς **H**, edd. ‖ 5 χρυσωπόν] χρυσωπούς ***β*** | κυαναυγῆ] κυαναυγεῖς **LPA** : χρυσαυγεῖς **H** ‖ 8 ψᾶρας] ψάρας **V** : ψάρους **LPH** ‖ 9 ἐστι λαλίστερόν] εὐλαλίστερόν **V** ‖ 10 ὑπομένει] ὑπομένοι **LPA** ‖ 12 ἐπιθυμίᾳ] dub. ex corr. **A** : ἐπιθυμίας **VLP** | τρυφῆς] τροφῆς Gill. ‖ 13 Μακεδόνων] μακεδόνες **V** ἐποικήσαντες] ἐποικίσαντες **L** (corr. ex ἐποικίσαντι **P**) **A** ‖ 15 Κυροπόλει] Κύρου πόλει Her. ‖ 16 κερκίωνα] κερκίονα **VPA** | γένεσιν] γέννησιν **P** | ἐπειδὴ] ἐπεὶ **V** ‖ 17 ὄρρον] ὄρον **VL** : ὅρον **A** ‖ 18 ἐν Ἰνδοῖς] post κήλαν (σκήλαν **H**) transp. ***β*** | καὶ κήλαν] κέκηλαν vel κέχηλαν ex corr. **V** ‖ 19 τριπλασίων] ante corr. **P**, valde dub. **V**, Her. : τριπλάσιον ***β*** (ex corr. **P**) | στόμα] τὸ στόμα **PAH**, Her. 20 πρηγορεῶνα] προηγ. **LP** ‖ 24 διπλασίονα] διπλάσιον **A**

οὗτος Ἰνδῶν βασιλεῖ ἄθυρμά ἐστι, καὶ διὰ χειρῶν αὐτὸν φέρει, καὶ ἥδεται αὐτῷ, καὶ συνεχὲς ἐνορᾷ τὴν ἀγλαΐαν τεθηπὼς τοῦ ὄρνιθος καὶ τὸ κάλλος τὸ αὐτοφυές. ἐπᾴδουσι δὲ ἄρα τῷδε τῷ ὀρνέῳ καὶ μῦθον Βραχμᾶνες, καὶ ὅ γε μῦθος ὁ ᾀδόμενος οὗτός ἐστι. βασιλεῖ παῖς ἐγένετο Ἰνδῶν, καὶ ἀδελφοὺς εἶχεν, οἵπερ οὖν ἀνδρωθέντες ἐκδικώτατοί τε γίνονται καὶ λεωργότατοι. καὶ τούτου μὲν ὡς νεωτάτου καταφρονοῦσι, τὸν δὲ πατέρα ἐκερτόμουν καὶ τὴν μητέρα, τὸ γῆρας αὐτῶν ἐκφαυλίσαντες. ἀναίνονται οὖν ἐκεῖνοι τὴν σὺν τούτοις διατριβήν, καὶ ᾤχοντο φεύγοντες ὅ τε παῖς καὶ οἱ γέροντες. συντόνου δὲ ἄρα αὐτοὺς πορείας διαδεξαμένης, οἱ μὲν ἀπεῖπον καὶ ἀποθνήσκουσιν, ὁ δὲ παῖς οὐκ ὠλιγώρησεν αὐτῶν, ἀλλ' ἔθαψεν αὐτοὺς ἐν ἑαυτῷ, ξίφει τὴν κεφαλὴν διατεμών. ἀγασθέντα δὲ τὸν πάντ' ἐφορῶντα Ἥλιον οἱ αὐτοί φασι τῆς εὐσεβείας τὴν ὑπερβολήν, ὄρνιν αὐτὸν ἀποφῆναι, κάλλιστον μὲν ὄψει, μακραίωνα δὲ τὸν βίον· ὑπανέστηκε δέ οἱ καὶ λόφος ἐκ τῆς κορυφῆς, οἱονεὶ μνημεῖον τοῦτο τῶν πεπραγμένων ὅτε ἔφυγεν. τοιαῦτα ἄττα καὶ Ἀθηναῖοι ὑπὲρ τοῦ κορύδου τερατευόμενοι προσεῖχον μύθῳ τινί, ᾧπερ οὖν ἀκολουθῆσαί μοι δοκεῖ καὶ Ἀριστοφάνης ὁ τῆς κωμῳδίας ποιητὴς ἐν Ὄρνισι λέγων [*Av.* 471–475]·

ἀμαθὴς γὰρ ἔφυς κοὐ πολυπράγμων, οὐδ' Αἴσωπον πεπάτηκας,
ὃς ἔφασκε λέγων κόρυδον πάντων πρώτην ὄρνιθα γενέσθαι,
προτέραν τῆς γῆς, κἄπειτα νόσῳ τὸν πατέρ' αὐτῆς ἀποθνήσκειν·
γῆν δ' οὐκ εἶναι, τὸν δὲ προκεῖσθαι πεμπταῖον. τὴν δ' ἀποροῦσαν
ὑπ' ἀμηχανίας τὸν πατέρ' αὐτῆς ἐν τῇ κεφαλῇ κατορύξαι.

ἔοικεν οὖν ἐξ Ἰνδῶν τὸ μυθολόγημα ἐπ' ἄλλου μὲν ὄρνιθος, ἐπιρρεῦσαι δ' οὖν καὶ τοῖς Ἕλλησιν. Ὠγύγιον γάρ τι μῆκος χρόνου λέγουσι Βραχμᾶνες, ἐξ οὗ ταῦτα τῷ ἔποπι τῷ Ἰνδῷ ἔτι

1 βασιλεῖ] βασιλέων **V** ‖ **4** βασιλεῖ] post Ἰνδῶν transp. Rehd., Apost., Her. **10** διαδεξαμένης] δεξαμένης **PA** ‖ **13** φασι] φησὶ **P** ‖ **16** κορυφῆς] κεφαλῆς **V** ἔφυγεν] ἔφευγεν **A**, edd. ‖ **17** ἄττα] ἅττα **VH** | Ἀθηναῖοι] οἱ Ἀθη. **L** τερατευόμενοι] τερατευομένῳ **VLP** ‖ **22** κόρυδον] κορυδὸν edd. ‖ **24** γῆν δ'] τὴν δὲ ***β*** | δ'²] δὲ ***β*** ‖ **28** τῷ Ἰνδῷ] valde dub. ex corr. **L**, Rehd., Apost., Jac., Her. : τῶν ἰνδῶν codd. (ante corr. **L**)

ἀνθρώπῳ ὄντι καὶ παιδὶ τήν γε ἡλικίαν ἐς τοὺς γειναμένους πέπρακται.

16.6. Ἐν Ἰνδοῖς γίνεται ζῷον κροκοδείλῳ χερσαίῳ παραπλήσιον ἰδεῖν· μέγεθος δὲ αὐτῷ κυνιδίου Μελιταίου εἴη ἄν. περίκειται δὲ φολίδα τραχεῖαν ἄρα οὕτω καὶ πυκνήν, ὥστε ὅταν δαρῇ ῥίνης αὐτοῖς ἔργα παρέχει. διατέμνει δὲ καὶ χαλκόν, καὶ τὸν σίδηρον διεσθίει. καλοῦσι δὲ φαττάγην αὐτό.

16.7. Συροπέρδιξ γίνεται περὶ τὴν Ἀντιόχειαν τὴν Πισιδίαν, καὶ σιτεῖται καὶ λίθους· μικρότερος δέ ἐστι τοῦ πέρδικος καὶ μέλας τὴν χρόαν, πυρρὸς τὸ ῥάμφος. οὐχ ἡμεροῦται δὲ κατὰ τὸν ἄλλον, οὐδὲ γίνεται τιθασός, ἀλλ᾽ ἄγριος εἰς τὸ ἀεὶ διαμένει. ἔστι δὲ οὐ μέγας, βρωθῆναί τε ἡδίων τοῦ ἑτέρου, καὶ τὴν σάρκα πως δοκεῖ πυκνότερος.

16.8. Ἡ δὲ Ἰνδῶν θάλαττα ὕδρους θαλαττίους τίκτει πλατεῖς τὰς οὐράς· τίκτουσι δὲ καὶ λίμναι μεγίστους ὕδρους. οἱ δὲ θαλάττιοι ὄφεις οἵδε κάρχαρον ἐοίκασι μᾶλλον ἔχειν τὸ δῆγμα ἤπερ οὖν ἰῶδες.

16.9. Ἐν Ἰνδοῖς ἵππων τε ἀγρίων καὶ ὄνων τοιούτων εἰσὶν ἀγέλαι. οὐκοῦν ἀναβαινόντων ὄνων τὰς ἵππους, ὑπομένειν ἐκείνας λέγουσι, καὶ ἥδεσθαι τῇ μίξει, καὶ τίκτειν ἡμιόνους πυρσοὺς τὴν χρόαν καὶ ἄγαν δρομικούς, δυσλόφους δὲ καὶ γαργαλεῖς ἄλλως. ποδάγραις δὲ τούτους αἱροῦσιν, εἶτα ἀνάγεσθαι τῷ τῶν Πραισίων βασιλεῖ φασι· καὶ διετεῖς μὲν ἑαλωκότας μὴ ἀναίνεσθαι τὴν πώλευσιν, πρεσβυτέρους δὲ μὴ διαφέρειν τῶν καρχάρων θηρίων καὶ σαρκοφάγων μηδὲ ἕν.

4 Μελιταίου] μελιτταίου **V** : μελίτου **A** | εἴη ἄν] ἂν εἴη **LPA** ‖ 5 περίκειται] παράκειται **L** | φολίδα—ἄρα] ἄρα φολ. τρα. Her. ‖ 6 αὐτοῖς] αὐτοῦ **V** : αὐτῆς **P** ‖ 7 διεσθίει] ἐσθίει **LPA** ‖ 8 τὴν Πισιδίαν] τὴν πισιδίου **H** : τῆς Πισιδίας Apost. : τὴν Πισιδίας edd., fort. recte ‖ 10 πυρρὸς] πυρρ. δὲ Her. ‖ 11 τιθασός] τιθασσός **VPA** ‖ 12 πως] πῶς **LPA** ‖ 14 θαλαττίους] θαλασσίους **V** 16 θαλάττιοι] θαλάσσιοι **V** ‖ 17 ἤπερ] εἴπερ **PH** ‖ 19 ὄνων] τῶν ὄνων Jac. in com., Her. | τὰς] τοὺς **VP** ‖ 21 γαργαλεῖς] δυσγαργάλεις Toup., Her. 22 ποδάγραις] edd. : πεδάγραις **VLPA** : πελάγραις **H** | αἱροῦσιν] αἱρ. **L** 23 Πραισίων] Πρασίων Ges. in mg., Her., fort. recte ‖ 24 πρεσβυτέρους] πρεσβυτάτους ***β*** ‖ 25 μηδὲ ἕν] μηδέν **V**

16.10. Ἐν Πραισίοις δὲ τοῖς Ἰνδικοῖς εἶναι γένος πιθήκων φασὶν ἀνθρωπόνουν, καὶ ἰδεῖν δέ εἰσι κατὰ τοὺς Ὑρκανοὺς κύνας τὸ μέγεθος, προκομία τε αὐτῶν ὁρᾶται συμφυής· εἴποι δ' ἂν ὁ μὴ τὸ ἀληθὲς εἰδὼς ἀσκητὰς εἶναι αὐτάς. γένειον δὲ αὐτοῖς ὑποπέφυκε σατυρῶδες, ἡ δὲ οὐρὰ κατὰ τὴν τῶν λεόντων ἀλκαίαν ἐστί. καὶ τὸ μὲν ἄλλο πᾶν σῶμα πεφύκασι λευκοί, τὴν δὲ κεφαλὴν καὶ τὴν οὐρὰν ἄκραν εἰσὶ πυρσοί. σώφρονες δὲ καὶ φύσει τιθασοί· εἰσὶ δὲ ὑλαῖοι τὴν δίαιταν καὶ τὸ γένος, καὶ σιτοῦνται τῶν ὀρέων τὰ ἄγρια. φοιτῶσι δὲ ἀθρόοι εἰς τὰ τῆς Λατάγης προάστεια (πόλις δέ ἐστιν Ἰνδῶν ἡ Λατάγη), καὶ τὴν προτεθειμένην αὐτοῖς ἐκ βασιλέως ἑφθὴν ὄρυζαν σιτοῦνται· ἀνὰ πᾶσαν δὲ ἡμέραν ἥδε ἡ δαὶς αὐτοῖς εὐτρεπὴς πρόκειται. ἐμφορηθέντας δὲ ἄρα αὐτοὺς ἀναχωρεῖν αὖθις ἐς ἤθη τὰ ὑλαῖά φασι σὺν κόσμῳ, καὶ σίνεσθαι τῶν ἐν ποσὶν οὐδὲ ἕν.

16.11. Ποηφάγον ἐν Ἰνδοῖς ζῷόν ἐστι, καὶ πέφυκέ γε διπλάσιον ἵππου τὸ μέγεθος. οὐρὰν δὲ ἔχει δασυτάτην καὶ μελαίνης ἀκράτως χρόας, καί εἰσιν αὗται αἱ τρίχες καὶ τῶν ἀνθρωπείων λεπτότεραι, καὶ ἐν μεγάλῳ τίθενται ταύτας ἔχειν Ἰνδῶν αἱ γυναῖκες· καὶ γάρ τοι παραπλέκονται ἐξ αὐτῶν καὶ κοσμοῦνται μάλα ὡραίως, ταῖς πλοκαμίσι ταῖς συμφύτοις καὶ ταύτας ὑποδέουσαι. προήκει δὲ καὶ εἰς δύο πήχεις ἑκάστης τὸ μῆκος τριχός, ἐκ μιᾶς δὲ ῥίζης ὁμοῦ τι καὶ τριάκοντα θυσανηδὸν ἐκπεφύκασι. ζῴων δὲ ἄρα ἁπάντων τοῦτο δειλότατον ἦν· ἐὰν γὰρ ὑπό τινος ὀφθῇ καὶ αἴσθηται βλεπόμενον, ᾗ ποδῶν ἔχει φεύγει καὶ πρόεισι, καὶ κέχρηται προθυμίᾳ μᾶλλον ἢ σκελῶν ὠκύτητι. καὶ διώκεται μὲν ὑπὸ ἱππέων καὶ κυνῶν ἀγαθῶν δραμεῖν· ἐὰν μέντοι συνίδῃ ὅτι ἄρα

1 Πραισίοις] ἐν πρασίοις τῆς ἰνδικῆς in mg. inf. rec. m. **A** : Πρασίοις Ges in mg., Her., fort. recte ‖ 2 καὶ] del. Her. ‖ 6 λευκοί] πάλλευκοι **V** : πάνλευκοι **H** 7 τιθασοί] τιθασσοὶ **VPA** ‖ 8 καὶ[1] — γένος] del. Schn., Her. | ὀρέων] ὀρνέων **A** : ὀρίων **H** : ὡραίων Ber., Her. ‖ 9 τὰ] τὸ ***β*** | προάστεια] προάστειον ***β*** ‖ 11 ἑφθὴν] ἐφθὴν **VL** | σιτοῦνται] αἰτοῦνται **V** | ἥδε] om. ***β*** | δαὶς] δαῖς **VH** ‖ 13 ἤθη] τὰ ἤθη Her. | σίνεσθαι] ex corr. **A** : γίνεσθαι **V** (ante corr. **A**) : φείδεσθαι **H** ‖ 14 οὐδὲ ἕν] οὐδέν **VH** ‖ 15 Ποηφάγον] ποιηφάγον **LP** | ἐν] om. **LPA** ‖ 16 ἀκράτως] ἀκροτάτως **A** ‖ 17 εἰσιν] εἶεν Jac. in app., Her. | λεπτότεραι] scripsi : λεπτότεραι ἂν codd. (ἂν ex corr. **P**), edd. ‖ 18 Ἰνδῶν] τῶν Ἰνδῶν? Her. in app. 20 πλοκαμίσι] πλοκαμῖσι Jac., Her. ‖ 21 τριχός] τριχῶν **V** | τι] om. **V** ‖ 22 ζῴων] ζῷον **V** ‖ 24 καὶ πρόεισι] del. Her.

ἁλίσκεσθαι μέλλει, τὴν οὐρὰν ἀπέκρυψεν ἔν τινι δάσει, αὐτὸ δὲ ἀντιπρόσωπον ἕστηκε, καὶ δοκεύει τοὺς θηρατάς, καὶ ὑποθαρρεῖ πως, καὶ οἴεται μηκέτι φανεῖσθαι περισπούδαστον, τῆς οὐρᾶς μὴ βλεπομένης· ἐκείνην γὰρ οἶδεν εἶναι τὸ κάλλος. κενὴν δὲ ἄρα ἴσχει τὴν ὑπὲρ τοῦδε φαντασίαν· βάλλει γάρ τις αὐτὸ βέλει πεφαρμαγμένῳ, καὶ ἀποκτείνας ἀποκόψει τὴν οὐράν, τὸ ἆθλον τῆς ἄγρας. καὶ δείρας τὸ πᾶν σῶμα (ἀγαθὸν γὰρ καὶ ἡ δορά) ἀφῆκε τὸν νεκρόν· σαρκῶν γὰρ τῶν ἐκείνου δέονται Ἰνδοὶ οὐδὲ ἕν.

16.12. Κήτη δὲ ἦν ἄρα ἐν τῇ τῶν Ἰνδῶν θαλάττῃ πενταπλασίονα μέγεθος ἐλέφαντος τοῦ μεγίστου. πλευρὰ γοῦν μία κήτους καὶ ἐς τοὺς εἴκοσι πήχεις πρόεισι, χελύνην δὲ πηχῶν πεντεκαίδεκα ἔχει, τὸ δὲ πτέρωμα βραγχίου ἑκατέρου πηχῶν τὸ εὖρος καὶ ἑπτά. κήρυκες δὲ καὶ πορφύραι, ὡς καὶ χοῦν ῥᾷστα δέξασθαι· καὶ μέντοι καὶ τῶν ἐχίνων τὰ χελώνια δύναιτο ἂν τοσοῦτον στέγειν. μεγέθη δ' ἰχθύων ἄπειρα, λαβράκων μάλιστα, καὶ ἀμίαι καὶ χρυσόφρυες. ἀκούω δὲ τούτους κατὰ τὴν ὥραν, ὅταν ἐπιρρέωσιν οἱ ποταμοὶ καὶ λάβροι κατιόντες ἐκ τῆς πλημμύρας καὶ ἐς τὴν γῆν ἀναχέωνται, καὶ αὐτοὺς ὑπερχεῖσθαι κατὰ τὰς ἀρούρας καὶ ἐν ὕδατι λεπτῷ φέρεσθαί τε καὶ ἀλᾶσθαι. παυσαμένων δὲ τῶν ὑπερπιμπλάντων τοὺς ποταμοὺς ὑετῶν καὶ ἀναχωρούντων ὀπίσω τῶν ῥευμάτων καὶ εἰς τὰς ὁδοὺς τὰς κατὰ φύσιν ὑποστρεφόντων, ἐν τοῖς καθημένοις χωρίοις καὶ τοῖς τεναγώδεσι καὶ ἀπέδοις, ἔνθα δήπου φιλοῦσι καὶ αἱ νεαὶ καλούμεναι κόλπους τινὰς ἔχειν, ἰχθῦς ἀπονέμουσι καὶ ὀκτὼ πηχῶν. καὶ αἱροῦσιν οἱ γεωργοῦντες αὐτοὺς ἀσθενεῖ τῇ νήξει χρωμένους, ἅτε μὴ ἐν βυθῷ

1 ἀπέκρυψεν] ὑπέκρυψεν **P** ‖ 4 οἶδεν] οἶδέν οἱ Jac. in app., Her. | ἄρα ἴσχει] περιΐσχει **A** ‖ 5 αὐτὸ] αὐτὸν **V** ‖ 6 πεφαρμαγμένῳ] πεφραγμένῳ **PH** | ἀποκόψει] ἀποκόπτει **V** ‖ 7 ἀγαθὸν] ἀγαθὴ ***β*** ‖ 8 τὸν] τὸ **LA** | οὐδὲ ἕν] οὐδέν **VH** 9 θαλάττῃ] θαλάσσῃ **V** ‖ 10 μέγεθος] τὸ μέγ. Her. ‖ 11 χελύνην] χελώνην **L** 12 βραγχίου ἑκατέρου] ἑκα. τοῦ βρα. malit Her. in app. ‖ 13 καὶ[1]] om. **P** πορφύραι] post voc. lac. indicanda erat, Her. in app. ‖ 16 χρυσόφρυες] χρυσόφοι **L** : χρύσοφοι ante corr. **P** : χρύσοφροι (dub. ex corr. **P**) **AH** ‖ 17 καὶ[1]] del. Her. 18 κατὰ] καὶ κατὰ ***β*** ‖ 21 εἰς] ἐς ***β*** ‖ 22 ὑποστρεφόντων] ὑποστραφέντων **P** καθημένοις] ante corr. **P** : καθειμένοις ***β*** (ex corr. ut vid. **P**) | τεναγώδεσι] στεγανώδεσι **VH** ‖ 23 αἱ νεαὶ] Schn., Her. : αἱ ἐννέαι **V** : αἱ ἐννάιαι (fort. corr. ex ἐννέαι) **H** : αἰννέαι (sic) **L** : ἐννέαι **A** : om. **P** ‖ 24 ἀπονέμουσι] ἀπομένουσι **LAH** : om. **P** : ὑπομένουσι Schn., Her. | αἱροῦσιν] αἵρ. **LAH** : om. **P**

φερομένους ἀλλὰ ἐπιπολῆς, καὶ ἐκ τοῦ ὀλίγου ὕδατος ἀγαπητῶς καὶ μόλις ἀποζῶντας.

16.13. Ἰνδῶν δὲ ἰχθύων ἴδια καὶ ἐκεῖνα. βατίδες γίνονται παρ' αὐτοῖς οὐδέν τι μείους Ἀργολικῆς ἀσπίδος ἑκάστη, καρίδες τε καὶ μείζους καράβων αἱ Ἰνδῶν εἰσίν. αἱ μὲν οὖν ἐκ τῆς θαλάττης ἀναθέουσαι διὰ τοῦ ποταμοῦ τοῦ Γάγγου χηλὰς μεγίστας ἔχουσι καὶ τραχείας θιγεῖν αὐτῶν, τάς γε μὴν ἐκ τῆς Ἐρυθρᾶς ἐκπιπτούσας εἰς τὸν Ἰνδὸν λείας ἔχειν πέπυσμαι τὰς ἀκάνθας, προμήκεις γε μὴν καὶ βοστρυχώδεις τὰς ἀπηρτημένας ἕλικας. χηλὰς δὲ οὐκ ἔχειν ταύτας.

16.14. Χελώνη δὲ ἐν Ἰνδοῖς ποταμία, μεγίστη τε αὕτη καὶ τὸ χελώνιον ἔχει σκάφης οὐ μεῖον τελείας. χωρεῖ γοῦν ἕκαστον μεδίμνους δέκα ὀσπρίων. γίνονται δὲ καὶ χερσαῖαι χελῶναι, καὶ εἶεν ἂν τὸ μέγεθος κατὰ τὰς βώλους τὰς μεγίστας, αἵπερ οὖν ἐπανίστανται ἐν τοῖς βαθέσιν ἀρόμασιν, εὐπειθοῦς μὲν οὔσης τῆς γῆς, εἰς πολὺ δὲ κατιόντος τοῦ ἀρότρου καὶ τὴν αὔλακα σχίζοντος ῥᾷστα καὶ ἐγείροντος τὰς βώλους ὑψοῦ. ταύτας δὲ καὶ ἀποδύεσθαι τὸ ἔλυτρόν φασιν. οἱ τοίνυν ἀρόται καὶ πᾶν τὸ περὶ τοὺς ἀγροὺς ἐργατικὸν ταῖς μακέλλαις ἀνασπῶσιν αὐτάς, καὶ ἐξαιροῦσιν ὥσπερ οὖν ἐκ τῶν θριπηδέστων φυτῶν τὰς εὐλάς. εἰσὶ δὲ γλυκεῖαι τὴν σάρκα καὶ πίονες, οὐ μὴν κατὰ τὰς θαλαττίας πικραὶ καὶ αὗται.

16.15. Θυμόσοφα δὲ καὶ παρ' ἡμῖν ζῷά ἐστιν, οὐ μὴν ὅσα ἐν Ἰνδοῖς ἐστιν ἀλλὰ ὀλίγα. ἐκεῖ δὲ ὅ τε ἐλέφας τοιοῦτός ἐστι καὶ ὁ σιττακὸς καὶ αἱ σφίγγες καὶ οἱ καλούμενοι σάτυροι· σοφὸν δὲ ἄρα ἦν καὶ ὁ μύρμηξ ὁ Ἰνδός. οἱ μὲν οὖν ἡμεδαποὶ τὰς ἑαυτῶν χειὰς καὶ ὑποδρομὰς ὑπὸ τὴν γῆν ὀρύττουσι, καὶ φωλεούς τινας κρυπτοὺς ἀποφαίνουσι γεωρυχοῦντες, καὶ μεταλλείαις ὡς εἰπεῖν τισιν ἀπορρήτοις καὶ λανθανούσαις καταξαίνονται· ἀλλὰ οἵ γε Ἰνδοὶ μύρμηκες οἰκίσκους τινὰς συμφορητοὺς ἐργάζονται, καὶ τούτους

4 Ἀργολικῆς] καὶ ἀργ. **V** | τε] δὲ Her. ‖ 5 θαλάττης] θαλάσσης **V** ‖ 6 τοῦ[1]] om. **A** ‖ 7 θιγεῖν] Jac., Her. : θίγειν codd. | αὐτῶν] del. Her. ‖ 11 μεγίστη—καὶ] del. Her. ‖ 12 χελώνιον] χελώνειον **A** ‖ 14 μεγίστας] ex corr. **P** : μεγίστους **L** (ante corr. **P**) **H** ‖ 15 ἀρόμασιν] ἀρώμασιν **LA** ‖ 16 δὲ] om. **V** ‖ 17 ῥᾷστα] καὶ ῥᾷσ. **V** 20 ἐξαιροῦσιν] ἐξαίρουσιν Her. | θριπηδέστων] θριπηδεστῶν **L** : θριπηδεστάτων **AH** ‖ 24 ἐστιν] εἰσὶν **V** : del. (malit Jac. in com.), Her. 30 τούτους] τούς **LP**

γε οὐκ ἐν χωρίοις ὑπτίοις καὶ λείοις καὶ ἐπικλυζομένοις ῥᾷστα, ἀλλὰ μετεώροις καὶ ὑψηλοῖς. ἐν αὐτοῖς δὲ περιόδους τινὰς καὶ ὡς εἰπεῖν σύριγγας Αἰγυπτίας ἢ λαβυρίνθους Κρητικοὺς σοφίᾳ τινὶ ἀπορρήτῳ διατρήσαντες οἰκία ἑαυτοῖς ἀπέφηναν, οὐκ εὐθυτενῆ καὶ ῥᾴδια παρελθεῖν ἢ εἰσρεῦσαί τι, ἀλλ' ἑλιγμοῖς καὶ διατρήσεσι λοξά· καὶ ἀπολείπουσί γε ἐπιπολῆς μίαν ὀπήν, δι' ἧς εἰσίασί τε αὐτοὶ καὶ τὰ σπέρματα ὅσα ἐκλέγονται, εἶτα ἐς τοὺς ἑαυτῶν θησαυροὺς εἰσκομίζουσι. παλαμῶνται δὲ ἄρα τὰς ἐν ὕψει φωλεύσεις ὑπὲρ τοῦ τὰς ἐκ τῶν ποταμῶν ἀναχύσεις τε καὶ ἐπικλύσεις διαδιδράσκειν. καὶ αὐτοῖς ὑπὲρ τῆσδε τῆς σοφίας περιγίνεται ὥσπερ ἐν σκοπιαῖς τισιν ἢ νήσοις κατοικεῖν, ὅταν τῶν λοφιδίων ἐκείνων τὰ κύκλῳ περιλιμνάσῃ. τὰ δ' οὖν χώματα ἐκεῖνα, καίτοι συμπεφορημένα, τοσοῦτον ἀποδεῖ τοῦ λύεσθαί τε καὶ διαξαίνεσθαι ὑπὸ τῆς περικλύσεως, ὡς καὶ κρατύνεσθαι αὐτά, πρῶτον μὲν ὑπὸ τῆς ἑῴας δρόσου· ὑπαμφιέννυται γὰρ ὡς εἰπεῖν ἐκ ταύτης πάγου τινὰ χιτῶνα ὑπόλεπτον, πλὴν καρτερόν· εἶτα μέντοι δεσμεύεται κάτω βρυώδει τῆς ποταμίας ἰλύος φλοιῷ. καὶ μυρμήκων μὲν Ἰνδῶν πέρι Ἰόβᾳ πάλαι, ἐμοὶ δὲ νῦν ἐς τοσοῦτον λελέχθω.

16.16. Παρὰ τοῖς Ἀριανοῖς τοῖς Ἰνδικοῖς χάσμα Πλούτωνός ἐστι, καὶ κάτω τινὲς ἀπόρρητοι σύριγγες καὶ ὁδοὶ κρυπταὶ καὶ διαδρομαὶ ἀνθρώποις ἀθέατοι· βαθεῖαι δ' οὖν καὶ ἐπὶ μήκιστον προήκουσι· γενόμεναι δὲ πῶς καὶ ὀρωρυγμέναι τρόπῳ τῷ, οὔτε Ἰνδοὶ λέγουσιν, οὔτε ἐγὼ μαθεῖν πολυπραγμονῶ. ἄγουσι γοῦν Ἰνδοὶ καὶ ὑπὲρ τὰ τρισμύρια ἐνταῦθα κτήνη διάφορα, προβάτων

1 γε] γε αὐτοὺς **β** ‖ **3** σύριγγας] σήραγγας **A** | Αἰγυπτίας] **H**, Gro., Jac., Her. : αἰγυπτίους **VLPA** ‖ **4** οἰκία] οἰκεῖα **β**, Her. ‖ **5** ἢ—τι] del. Her. ‖ **6** εἰσίασί] εἰσιᾶσι **V** ‖ **7** ἐκλέγονται] ἐκλέγουσι Her. ‖ **11** περιγίνεται] παραγίνεται **LP** : ἐπιγίνεται **A** ‖ **12** περιλιμνάσῃ] περιλιμνάζηται Her. ‖ **15** ὑπὸ] ἀπὸ **V** ὑπαμφιέννυται] ἐπαμφ. Her. ‖ **16** πάγου] πάτου **β** ‖ **17** κάτω βρυώδει] κάτωθεν τῷ βρυ. malit Her. in app. ‖ **18** πέρι Ἰόβᾳ] πέρι ἰοβαι (-ο- valde dub.) **L** : περὶ, ἵεμαι **H** : πέριΐεμαι (sic) **P** : περιΐεμαι **A** | πάλαι] πάλιν **P**, Ges. in mg. **20** Ἀριανοῖς] Her. ex cod. **S** : ἀρειανοῖς **VPAH** : ἀρριανοῖς **L** | Ἰνδικοῖς] Ἰνδοῖς Ges. in mg. ‖ **21** σύριγγες] σήραγγες Ges. in mg. ‖ **22** ἀνθρώποις] ἀνθ. μὲν Her. ‖ **23** προήκουσι] προήκουσαι **A**, Her. | πῶς] πως **β** ‖ **24** ἄγουσι γοῦν] ἄγουσιν οὖν Her. ‖ **25** διάφορα] del. Her.

τε καὶ αἰγῶν καὶ βοῶν καὶ ἵππων· καὶ ἕκαστος τῶν ἢ δεισάντων ἐνύπνιον ἢ ὅτταν τινὰ ἢ φήμην ἢ ὄρνιν οὐκ εὔεδρον ὑφορωμένων ἀντὶ τῆς ἑαυτοῦ ζωῆς ἐμβάλλει κατὰ τὴν οἴκοθεν αὐτοῦ δύναμιν, ἑαυτὸν λυτρούμενος καὶ διδοὺς ὑπὲρ τῆς ἑαυτοῦ ψυχῆς τὴν τοῦ ζῴου. τὰ δὲ ἄγεται οὔτε δεσμοῖς ἐπαγόμενα οὔτε ἐλαυνόμενα ἄλλως, ἑκόντα δὲ τὴν ὁδὸν τήνδε ἀνύτει ἕλξει τινὶ καὶ ἴυγγι ἀπορρήτῳ. εἶτα ἐπιστάντα τῷ στομίῳ ἑκόντα ἐμπηδᾷ, καὶ ὄψει μὲν ἀνθρωπίνῃ οὐκ ἔστιν οὐκέτι σύνοπτα εἰς γῆς χάσμα ἀπόρρητόν τε καὶ ἀχανὲς ἐμπεσόντα, ἀκούονται γοῦν ἄνω βοῶν μὲν μυκηθμοί, τῶν δὲ οἰῶν βληχή, χρεμετισμὸς δὲ τῶν ἵππων καὶ μηκὴ τῶν αἰγῶν. καὶ εἴ τις ἐπιπολῆς βαδίζοι καὶ προσχωροῖ τὸ οὖς παραβάλλων, ἀκούσεται ἐπὶ μήκιστον τῶν προειρημένων. οὐδὲ ἐκλείπει ποτὲ ὁ συμμιγὴς ἦχος, ἐπιπεμπόντων ὁσημέραι τὰ ὑπὲρ ἑαυτῶν ζῷα. εἰ μὲν οὖν τὰ πρόσφατα ἐξακούεται μόνα ἢ καὶ τῶν πρώτων τινά, οὐκ οἶδα, ἀκούεται δ' οὖν. καὶ εἴρηταί μοι ζῴων τῶν ἐκεῖ καὶ τοῦτο ἴδιον.

16.17. Ἐν δὲ τῇ καλουμένῃ Μεγάλῃ θαλάττῃ καὶ νῆσον ᾄδουσι μεγίστην, καὶ ὄνομα αὐτῆς ἀκούω Ταπροβάνην· πάνυ δὲ δολιχὴν πυνθάνομαι καὶ ὑψηλὴν τὴν νῆσον εἶναι, καὶ μῆκος μὲν ἔχειν σταδίων ἑπτακισχιλίων, πλάτος δὲ πεντακισχιλίων, καὶ ἔχειν οὐ πόλεις, ἀλλὰ κώμας πεντήκοντα καὶ ἑπτακοσίας· στέγας δὲ ἔχουσιν ὅθεν κατάγονται οἱ ἐπιχώριοι ἐκ ξύλων πεποιημένας, ἤδη δὲ καὶ δονάκων. τίκτονται δὲ ἄρα ἐν ταύτῃ τῇ θαλάττῃ καὶ χελῶναι μέγισται, ὧνπερ οὖν τὰ ἔλυτρα ὄροφοι γίνονται· καὶ γάρ ἐστι καὶ πεντεκαίδεκα πηχῶν ἓν χελώνιον, ὡς ὑποικεῖν οὐκ ὀλί-

1 αἰγῶν—βοῶν] βοῶν καὶ αἰγῶν **V** | δεισάντων] del. Her. ‖ 2 ὅτταν] ὅταν **LPH** : τῶν **V** | ἢ^2—ἢ^3] ἐφημένην **V** : ἐφειμένην **LP** ‖ 3 ἐμβάλλει] ἐμβάλλειν **LPA** | αὐτοῦ] del. Her. ‖ 4 τὴν—5 ζῴου] τὴν ζῴου **PAH** : τὸ (corr. ex τὴν) ζῷον **L** ‖ 6 ἀνύτει] ἀνύει **β** ‖ 7 ἐπιστάντα] corr. ex ἐπίσταντες **P** : ἐπιστάντι ut vid. **V** ‖ 9 ἀχανὲς] ἀφανὲς **β** | γοῦν] δ' οὖν Her. ‖ 11 μηκὴ] μήκη **LP** : μηκασμὸς **A** | βαδίζοι] ex corr. **V** : βαδίζει (ante corr. **V**) **H** | προσχωροῖ] προσχωρεῖ **H** : προχωροίη Her. 12 παραβάλλων] παραβαλὼν **β** ‖ 14 ὑπὲρ] om. **V** | ἑαυτῶν] ἑαυτοῦ **V** 15 πρώτων] προτέρων? Her. in app. ‖ 17 θαλάττῃ] θαλάσσῃ **V** 18 Ταπροβάνην] ταπροβάνη **A** : τὰ προβάνη **P** ‖ 20 σταδίων] σταδίους **V** 22 ὅθεν] ἔνθα Her. : ὅπου Schn. ‖ 23 θαλάττῃ] θαλάσσῃ **V** ‖ 25 χελώνιον] χελώνειον **LA**

γους· καὶ ἡλίους πυρωδεστάτους ἀποστέγει, καὶ σκιὰν ἀσμένοις παρέχει, πρός γε μὴν τῶν ὄμβρων τὰς καταφορὰς ἀντίτυπόν ἐστι, καὶ κεράμου παντὸς καρτερώτερον, τάς τε ἐμβολὰς τῶν ὑετῶν ἀποσείεται, καὶ κροτούμενον ἀκούουσιν οἱ ὑποικοῦντες, ὡς εἴς τι τέγος ἐμπιπτόντων τῶν ὑδάτων. οὐ δέονταί γε μὴν ὡς κέραμον ῥαγέντα ἀμεῖψαι· σκληρὸν γὰρ τὸ χελώνιον, καὶ ἔοικεν ὑπορωρυγμένῃ πέτρᾳ καὶ ὑπάντρῳ τε καὶ αὐτορόφῳ στέγῃ.

16.18. Ἡ τοίνυν νῆσος ἡ ἐν τῇ Μεγάλῃ θαλάττῃ, ἣν καλοῦσι Ταπροβάνην, ἔχει φοινικῶνας μὲν θαυμαστῶς πεφυτευμένους εἰς στοῖχον, ὥσπερ οὖν ἐν τοῖς ἁβροῖς τῶν παραδείσων οἱ τούτων μελεδωνοὶ φυτεύουσι τὰ δένδρα τὰ σκιαδηφόρα, ἔχει δὲ καὶ νομὰς ἐλεφάντων πολλῶν καὶ μεγίστων. καὶ οἵ γε νησιῶται ἐλέφαντες τῶν ἠπειρωτῶν ἀλκιμώτεροί τε τὴν ῥώμην καὶ μείζους ἰδεῖν εἰσι, καὶ θυμοσοφώτεροι δὲ πάντα πάντῃ κρίνοιντο ἄν. κομίζουσί τε αὐτοὺς εἰς τὴν ἀντίπερα ἤπειρον ναῦς μεγάλας τεκτηνάμενοι (ἔχει γὰρ δήπου καὶ δάση ἡ νῆσος), πιπράσκουσί τε διαπλεύσαντες τῷ βασιλεῖ τῷ ἐν Καλίγγαις. διὰ μέγεθος δὲ ἄρα τῆς νήσου οὐδὲ ἴσασιν οἱ τὰ μέσα αὐτῆς οἰκοῦντες τὴν θάλασσαν, ἀλλὰ ἠπειρώτην μὲν βίον τρίβουσι, τὴν περιερχομένην δὲ αὐτοὺς καὶ κυκλουμένην πυνθάνονται θάλατταν. οἱ δὲ τῇ θαλάττῃ πρόσοικοι τῆς μὲν ἄγρας τῆς τῶν ἐλεφάντων ἀμαθῶς ἔχουσιν, ἀκοῇ δὲ αὐτὴν ἴσασι μόνῃ· περί γε μὴν τὰς τῶν ἰχθύων καὶ τὰς τῶν κητῶν ἄγρας τίθενται τὴν σπουδήν. τὴν γάρ τοι θάλατταν τὴν περιερχομένην τὸν τῆς νήσου κύκλον ἄμαχόν τι πλῆθος καὶ ἰχθύων καὶ κητῶν

1 ἡλίους] τοὺς ἡλί. ***β***| πυρωδεστάτους] πυρρωδ. **LPA** | ἀποστέγει] ἀποστέγειν **VH** | ἀσμένοις] ἀσμένως **P** ‖ 2 παρέχει] παρέχειν **VH** ‖ 3 παντὸς] πάντως **P** καρτερώτερον] καρτερώτατον **VH** : κρατερώτατον Ges., Jac. ‖ 5 τέγος] στέγος **AH** : στέγην **V** ‖ 6 χελώνιον] χελώνειον **LA** ‖ 7 καὶ[1]] ἢ καὶ Jac. in app. 8 θαλάττῃ] θαλάσσῃ **V** ‖ 9 πεφυτευμένους] πεφυτευμένας **V** ‖ 10 στοῖχον] τοῖχον **PA**‖ 11 σκιαδηφόρα] σκιαδαφ. **A**‖ 12 καὶ[2]] om. **P** | οἵ γε] οἱ δέ γε **LP** : οἳ δέ γε **A** : οἷδε γε **H**‖ 14 δὲ] καὶ **P** | τε] τε οὖν **AH**, edd.‖ 15 ἀντίπερα] ἀντίπεραν ***β*** : ἀντιπέραν Ges., Jac. : ἀντιπέρας Her. ‖ 17 Καλίγγαις] ante corr. **P**, Ges. in mg., Her. : κωλίγγαις ***β*** (ex corr. **P**) : κωλύγγαις **V** | δὲ] om. **A**‖ 19 τὴν] del. Her. περιερχομένην] περιεχομ. ***β*** | δὲ] τε **P** ‖ 20 θάλατταν] θάλασσαν **V** | θαλάττῃ] θαλάσσῃ **V** | πρόσοικοι] πρόσηκοι **V** ‖ 22 τὰς[2]] deleat Her. in app. | τῶν[2]] κατὰ τῶν **V**‖ 23 θάλατταν] θάλασσαν **VAH**|περιερχομένην] περιεχομ. ***β***

ἐκτρέφειν φασί, καὶ ταῦτα μὲν καὶ λεόντων ἔχειν κεφαλὰς καὶ παρδάλεων καὶ ἄλλων καὶ κριῶν δέ, καὶ τὸ ἔτι θαῦμα σατύρων μορφὰς κήτη ἔστιν ἃ περιφέρει καὶ γυναικῶν αἷσπερ ἀντὶ πλοκάμων ἄκανθαι προσήρτηνται. ἔχειν δὲ καὶ ἄλλας τινὰς ὑμνοῦσιν ἐκτόπους μορφάς, ὧν τὰ εἴδη μηδ' ἂν τοὺς ἐνταῦθα δεινοὺς γράφειν καὶ κράσεις σωμάτων συμπλέκειν ἐς τερατείαν ὄψεων ἀκριβῶσαί ποτε καὶ σοφίᾳ γραφικῇ παραστῆσαι δύνασθαι ἄν· προμήκη δὲ ἔχει τὰ οὐραῖα καὶ ἑλικτά, πόδας γε μὴν χηλὰς ἢ πτερύγια. πυνθάνομαι δὲ αὐτὰ καὶ ἀμφίβια εἶναι, καὶ νύκτωρ μὲν ἐπινέμεσθαι τὰς ἀρούρας· πόαν μὲν γὰρ οὖν ἐσθίειν τῶν ἀγελαίων τε καὶ σπερμολόγων δίκην, χαίρειν δὲ καὶ τῷ φοίνικι τῷ δρυπεπεῖ, διασείειν τε ἐκ τούτου τὰ δένδρα ταῖς σπείραις περιβάλλοντα αὐτὰς ὑγρὰς οὔσας καὶ οἵας περιπλέκεσθαι. τοῦτον οὖν τὸν φοίνικα ἐκ τοῦ σεισμοῦ τοῦ βιαίου καταρρέοντα ἐπινέμεσθαι. ὑπολήγει δὲ ἄρα ἡ νύξ, καὶ σαφὴς οὔπω ἡμέρα, καὶ ἐκεῖνα ἠφανίσθη καταδύντα εἰς τὸ πέλαγος, ἑῴου μέλλοντος ὑπολάμπειν αὐτό. εἶναι δὲ καὶ φαλαίνας φασὶ πολλάς, οὐ μὴν εἰς τὴν γῆν προϊέναι αὐτάς, τοὺς θύννους ἐλλοχώσας. καὶ δελφίνων δὲ γένη δύο φασὶν εἶναι, τῶν μὲν ἀγρίων καὶ καρχάρων καὶ ἀφειδεστάτων εἰς τοὺς ἁλιέας καὶ σφόδρα ἀνοίκτων, τὸ δὲ πρᾶόν τε καὶ τιθασὸν φύσει. περισκιρτᾷ γοῦν καὶ περινήχεται, καὶ ἔοικε κυνιδίῳ

1 ἐκτρέφειν] τρέφειν Her. | μὲν] corr. ex μέντοι (τοι punctis del.) **A** : μέντοι edd. 2 ἄλλων] λύκων Her. ‖ 3 γυναικῶν] post voc., ὄψιν ἔχουσιν sscr. sec. m. **L**, Ges., Jac. : γυναικῶν ὄψιν Her. ‖ 5 ἐνταῦθα] om. **V** : del. Her. ‖ 6 κράσεις] κράσιν **P** : κράσει **A** | σωμάτων] χρωμάτων **V** ‖ 7 παραστῆσαι] παραστήσεσθαι **V** δύνασθαι] om. **V** ‖ 8 χηλὰς] καὶ χηλ. **P** ‖ 9 καὶ[2]] om. **PAH** ‖ 10 μὲν—οὖν] γὰρ οὖν **V** : οὖν μὲν γὰρ **P** : μὲν γὰρ **H**, Her. ‖ 13 αὐτὰς] αὐτὰ **PAH** | ὑγρὰς—οἵας] ὑγραῖς οὔσαις καὶ οἵαις **A** ‖ 15 ἡ] del. Her. | οὔπω] οὕτω **V** | ἡμέρα] ἡ ἡμέ. **A** 16 καταδύντα] καταδύναντα **LPH** | εἰς] ἐς **LP** | ἑῴου] ἑωσφόρου? Her. in app. : ἑῴου ἀστέρος Jac. in com. ‖ 17 αὐτό] αὐτὴν **VH** : ἄρτι Jac. in app. : αὖ πάλιν vel αὖθις conieci : del. Her. | εἶναι] εἰδέναι **L** | φαλαίνας] φαλλαίνας **LH** | φασὶ] φησὶ **V** | εἰς] ἐς **VH** ‖ 19 τῶν—ἀγρίων] τὸ μὲν ἀγρίων Jac. in app., fort. recte : τὸ μὲν ἄγριον Schn., Her. | καρχάρων—ἀφειδεστάτων] κάρχαρον καὶ ἀφειδέστατον Schn., Her. ‖ 20 εἰς] ἐς ***β*** | ἀνοίκτων] ἄνοικτον Schn., Her. | τὸ—πρᾶόν] τῶν δὲ πραῶν **A** | τιθασὸν] ante corr. **L** : τιθασσὸν (ex corr. **L**) **P** : τιθασσῶν **A**

αἰκάλλοντι, καὶ ψηλαφήσεις, ὃ δὲ ὑπομένει· κἂν τροφὴν ἐμβάλῃς, ἀσμένως λήψεται.

16.19. Λαγὼς θαλάττιος (τῆς μέντοι Μεγάλης· τὸν γὰρ ἕτερον εἶπον [9.51; cf. 2.45] τὸν ἐκ τῆς ἑτέρας) ἀλλ' οὗτός γε ἔοικε τῷ χερσαίῳ πάντα πάντῃ πλὴν τῶν τριχῶν. τοῦ μὲν γὰρ ἠπειρώτου ἡ λάχνη ἔοικεν ἁπαλή τε εἶναι καὶ ἐπαφωμένη μὴ ἀντίτυπος· ἔχει δὲ οὗτος ἀκανθώδεις τὰς τρίχας καὶ ὀρθάς, καὶ εἴ τις προσάψεται, ἀμύσσεται. φασὶ δὲ αὐτὸν ἐπ' ἄκρᾳ τῇ φρίκῃ τῆς θαλάττης νήχεσθαι καὶ μὴ καταδύνειν εἰς βάθος, ὠκιστον δὲ εἶναι τὴν νῆξιν· ζῶν δὲ οὐκ ἂν ἁλῴη ῥᾳδίως. τὸ δὲ αἴτιον, οὐκ ἐμπίπτει ποτὲ εἰς δίκτυον, οὐ μὴν οὐδὲ καλάμου πρόσεισιν ὁρμιᾷ καὶ δελέατι. ὅταν δὲ ἄρα νοσήσας ὅδε ὁ λαγὼς εἶτα ἥκιστος ὢν νήχεσθαι ἐκβρασθῇ, πᾶς ὅστις ἂν αὐτοῦ προσάψηται τῇ χειρὶ ἀπόλλυται ἀμεληθείς. ἀλλὰ καὶ τῇ βακτηρίᾳ ἐὰν θίγῃ τοῦ λαγὼ τοῦδε, καὶ δι' αὐτῆς πάσχει τὸ αὐτό, ὥσπερ οὖν καὶ οἱ τοῦ βασιλίσκου προσαψάμενοι. ῥίζαν δὲ ἐν τῇ νήσῳ τῇ κατὰ τὴν Μεγάλην θάλατταν φύεσθαί φασι καὶ εἶναι πᾶσιν εὔγνωστον, ἥπερ οὖν τῇ λειποθυμίᾳ ἀντίπαλός ἐστι. προσενεχθεῖσα γοῦν τῇ τοῦ λειποψυχοῦντος ῥινὶ ἀναβιώσκεται τὸν ἄνθρωπον. ἐὰν δὲ ἀμεληθῇ, καὶ μέχρι θανάτου πρόεισι τῷ ἀνθρώπῳ τὸ πάθος· τοσαύτην ἄρα ἐς τὸ κακὸν ὅδε ὁ λαγὼς ἔχει τὴν ἰσχύν.

16.20. Ἐν τοῖς χωρίοις τοῖς ἐν Ἰνδίᾳ (λέγω δὴ τοῖς ἐνδοτάτω) ὄρη φασὶν εἶναι δύσβατά τε καὶ ἔνθηρα, καὶ ἔχειν ζῷα ὅσα καὶ ἡ καθ' ἡμᾶς τρέφει γῆ, ἄγρια δέ· καὶ γάρ τοι καὶ τὰς οἶς τὰς ἐκεῖ φασιν εἶναι καὶ ταύτας θηρία, καὶ κύνας καὶ αἶγας καὶ βοῦς, αὐτόνομά τε ἀλᾶσθαι καὶ ἐλεύθερα, ἀφειμένα νομευτικῆς ἀρχῆς. πλήθη δὲ αὐτῶν καὶ ἀριθμοῦ πλείω φασὶν οἱ τούτων συγγραφεῖς

1 καὶ ψηλαφήσεις] κἂν ψηλαφήσῃς Her. (1876), Cob. (1884) | ὃ] om. **VPH** ὑπομένει] ὑπομενεῖ Her. | κἂν] καὶ ***β*** | ἐμβάλῃς] ἐμβαλεῖς ***β*** ‖ **2** ἀσμένως] καὶ ἀσμ. ***β*** ‖ **6** ἐπαφωμένη] ἐπαφωμένῳ Rei., Her. ‖ **7** προσάψεται] προσάψαιτο **H**, Her. ‖ **8** ἄκρᾳ] ἄκρων ut vid. **P** | θαλάττης] ex corr. **P** : θαλάσσης **V** (ante corr. **P**) **A** ‖ **10** ἐμπίπτει] ἐκπίπτει **A** ‖ **12** ἐκβρασθῇ] ἐκβρασθεὶς **V** ‖ **13** αὐτοῦ] αὐτῇ **V** τῇ χειρὶ] τὴν χεῖρα **P** ‖ **16** θάλατταν] θάλασσαν **VH** ‖ **17** λειποθυμίᾳ] λιποθ. **P**, Her. ‖ **18** λειποψυχοῦντος] λιποψ. Her. ‖ **20** τοσαύτην] τοσαῦτα **V** **22** χωρίοις] χώροις **V** | δὴ] δὲ Her. ‖ **25** ταύτας] ταῦτα **LPA** ‖ **27** ἀριθμοῦ] ἀριθμηθῆναι **V** | οἱ—390,1 καὶ[1]] del. Her. | τούτων] τούτου **V**

καὶ οἱ τῶν Ἰνδῶν λόγιοι. ἐν δὴ τοῖς καὶ τοὺς Βραχμᾶνας ἀριθμεῖν ἄξιον· καὶ γάρ τοι καὶ ἐκεῖνοι ὑπὲρ τῶνδε ὁμολογοῦσι τὰ αὐτά. λέγεται δὲ καὶ ζῷον ἐν τούτοις εἶναι μονόκερων, καὶ ὑπ' αὐτῶν ὀνομάζεσθαι καρτάζωνον. καὶ μέγεθος μὲν ἔχειν ἵππου τοῦ τελείου καὶ λόφον, καὶ λάχνην ἔχειν ξανθήν, ποδῶν δὲ ἄριστα εἰληχέναι καὶ εἶναι ὤκιστον. καὶ τοὺς μὲν πόδας ἀδιαρθρώτους τε καὶ ἐμφερεῖς ἐλέφαντι συμπεφυκέναι, τὴν δὲ οὐρὰν συός· μέσον δὲ τῶν ὀφρύων ἔχειν ἐκπεφυκὸς κέρας οὐ λεῖον ἀλλὰ ἑλιγμοὺς ἔχον τινὰς καὶ μάλα αὐτοφυεῖς, καὶ εἶναι μέλαν τὴν χρόαν· λέγεται δὲ καὶ ὀξύτατον εἶναι τὸ κέρας ἐκεῖνο. φωνὴν δὲ ἔχειν τὸ θηρίον ἀκούω τοῦτο πάντων ἀπηχεστάτην τε καὶ γεγωνοτάτην. καὶ τῶν μὲν ἄλλων αὐτῷ ζῴων προσιόντων φέρειν καὶ πρᾶον εἶναι, λέγουσι δὲ ἄρα πρὸς τὸ ὁμόφυλον δύσεριν εἶναί πως. καὶ οὐ μόνον φασὶ τοῖς ἄρρεσιν εἶναί τινα συμφυῆ κύριξίν τε πρὸς ἀλλήλους καὶ μάχην, ἀλλὰ καὶ πρὸς τὰς θηλείας ἔχουσι θυμὸν τὸν αὐτόν, καὶ προάγειν τε τὴν φιλονεικίαν καὶ μέχρι θανάτου ἡττηθέντα ἐξάγουσαν. ἔστι μὲν οὖν καὶ διὰ παντὸς τοῦ σώματος ῥωμαλέον, ἀλκὴ δέ οἱ τοῦ κέρατος ἄμαχός ἐστι. νομὰς δὲ ἐρήμους ἀσπάζεται, καὶ πλανᾶται μόνον· ὥρᾳ δὲ ἀφροδίτης τῆς σφετέρας συνδυασθεὶς πρὸς τὴν θήλειαν πεπράϋνται, καὶ μέντοι καὶ συννόμω ἐστόν. εἶτα ταύτης παραδραμούσης καὶ τῆς θηλείας κυούσης, ἐκθηριοῦται αὖθις, καὶ μονίας ἐστὶν ὅδε ὁ Ἰνδὸς καρτάζωνος. τούτων οὖν πώλους πάνυ νεαροὺς κομίζεσθαί φασι τῷ τῶν Πραισίων βασιλεῖ, καὶ τὴν ἀλκὴν ἐν ἀλλήλοις ἀποδείκνυσθαι κατὰ τὰς θέας τὰς πανηγυρικάς. τέλειον δὲ ἁλῶναί ποτε οὐδεὶς μέμνηται.

1 δὴ] δὲ Jac. in com., Her. | Βραχμᾶνας] βραχμάνας **H** : βρεχμᾶνας (-μά- **A**) **LPA** ‖ **3** ὑπ'] ἀπ' **LPA** ‖ **5** καὶ³ — 6 ὤκιστον] del. Her. ‖ **7** συμπεφυκέναι] πεφυκέναι Her. | οὐρὰν] οὐρ. ἔχειν Her. ‖ **8** ἐκπεφυκὸς] ἐκπεφυκὼς **V** **10** τὸ² — ἀκούω] ἀκούω τὸ θηρ. **A** ‖ **13** τὸ] τὸν **V** ‖ **15** ἔχουσι] ἔχειν Ges. in mg. καὶ²] ὡς Jac. in app. | προάγειν τε] προάγειν γε **V** : προάγοντες Jac. in com., Her. ‖ **16** ἡττηθέντα] ἡττηθέντες **V** : τὸν ἡττηθέντα Ges. in mg. : τοῦ ἡττηθέντος Her. | ἐξάγουσαν] ἐξάγουσιν **V**, Her. ‖ **20** ἐστόν] edd. : ἔστον **LPA** : ἔστιν dub. **H** : ἐστὶ **V** ‖ **22** πώλους] post νεαροὺς transp. **A** ‖ **23** Πραισίων] sscr. sec. m. **A** : Πρασίων **A**, Ges. in mg., Her., fort. recte ‖ **24** ἐν] om. **A** ἀποδείκνυσθαι] ἐπιδείκ. Rehd., Her. ‖ **25** τέλειον] τούτων **A**

16.21. Ὑπερελθόντι τὰ ὄρη τὰ γειτνιῶντα τοῖς Ἰνδοῖς κατὰ τὴν ἐνδοτάτην πλευρὰν φανοῦνταί φασιν αὐλῶνες δασύτατοι, καὶ καλεῖταί γε ὑπ' Ἰνδῶν ὁ χῶρος Κόλουνδα. ἁλῶνται δὲ ἄρα φασὶν ἐν τοῖσδε τοῖς αὐλῶσι ζῷα σατύροις ἐμφερῆ τὰς μορφάς, τὸ πᾶν σῶμα λάσια, καὶ ἔχει κατὰ τῆς ἰξύος ἵππουριν. καὶ καθ' ἑαυτὰ μὲν μὴ ἐνοχλούμενα διατρίβειν ἐν τοῖς δρυμοῖς ὑλοτραγοῦντα· ὅταν δὲ αἴσθωνται κυνηγετῶν κτύπου, καὶ ἀκούσωσι κυνῶν ὑλακῆς, ἀναθέουσιν εἰς τὰς ἀκρωρείας αὐτὰς ἀμηχάνῳ τῷ τάχει· καὶ γάρ εἰσι ταῖς ὀρειβασίαις ἐντριβεῖς. καὶ ἀπομάχονται πέτρας τινὰς κυλινδοῦντες κατὰ τῶν ἐπιόντων, καὶ καταλαμβανόμενοί γε πολλοὶ διαφθείρονται. καὶ ἐκ τούτων εἰσὶν ἐκεῖνοι δυσάλωτοι, καὶ μόλις ποτὲ καὶ διὰ μακροῦ τινας αὐτῶν εἰς Πραισίους κομίζεσθαι λέγουσι. καὶ τούτων μέντοι ἢ τὰ νοσοῦντα ἐκομίσθη ἢ θήλεά τινα καὶ κύοντα· καὶ συνέβη γε θηραθῆναι τοῖς μὲν διὰ τὴν νωθείαν, ταῖς δὲ διὰ τὸν τῆς γαστρὸς ὄγκον.

16.22. Ἔστι δὲ καὶ Σκιρᾶται πέραν Ἰνδῶν ἔθνος καὶ τοῦτο, καὶ εἰσὶ μὲν σιμοὶ τὰς ῥῖνας, εἴτε οὕτως ἐκ βρεφῶν ἁπαλῶν ἐνθλάσει τῇ τῆς ῥινὸς διαμείναντες, εἴτε καὶ τοῦτον τὸν τρόπον τίκτονται. γίνονται δὲ ὄφεις παρ' αὐτοῖς μεγέθει μέγιστοι, ὧν οἳ μὲν ἁρπάζουσι τὰς ποίμνας καὶ σιτοῦνται, οἳ δὲ ἐκθηλάζουσι τὸ αἷμα, ὥσπερ οὖν παρὰ τοῖς Ἕλλησιν οἱ αἰγιθῆλαι, ὧνπερ οὖν καὶ ἀνωτέρω [3.39] οἶδα ποιησάμενος μνήμην εὐκαιροτάτην.

16.23. Ἵππου δὲ ἄρα καὶ τὸ εὐμαθὲς ἴδιον ἦν, καὶ τούτου μαρτύριον ἐκεῖνο. Συβαρίτας τοὺς ἐν Ἰταλίᾳ τρυφῆς ἀκούω ποιήσασθαι φροντίδα ὑπερβάλλουσαν, καὶ τῶν μὲν ἄλλων ἔργων τε καὶ σπουδασμάτων ἀμαθῶς ἔχειν, πάντα δὲ τὸν ἑαυτῶν βίον

1 Ὑπερελθόντι] Ὑπελθόντι **A** (corr. ex Ὑπελθόντα ut vid. **H**) ‖ 2 ἐνδοτάτην] ἐνδοτάτω dub. **V**, Her. | φασιν] φησιν **A** ‖ 3 Κόλουνδα] κόρουδα *β* | ἁλῶνται] Ges., Jac. : ἀλῶνται **VLAH** : om. **P** : ἀλᾶται Her. ‖ 4 σατύροις] σατ. μὲν **V** 6 διατρίβειν] διατρίβει Her. ‖ 8 ἀμηχάνῳ] ἀμάχῳ Her. ‖ 11 καὶ[1]] om. (lac. rel.) **V** ‖ 12 αὐτῶν] αὐτοὺς **LPA** | Πραισίους] Πρασίους **A**, Ges. in mg., Her., fort. recte ‖ 14 καὶ[1]] del. Her. | κύοντα] κυοῦντα *β* | καὶ[2]] καὶ (κ punctis del.) **L** : om. **V** 17 μὲν] om. **A** : del. Her. | εἴτε] οὔτε **V** | ἐνθλάσει] dub. ex corr. **LP** : ἐνθαλάσσει ante corr. **L** : ἐν θαλάσσῃ (ante corr. **P**) **A** : θλάσει? Her. in app. ‖ 18 τὸν] om. **L** ‖ 19 αὐτοῖς] αὐτὰ **L** : αὐτῷ **A** ‖ 21 αἰγιθῆλαι] ex corr. **P** : αἰγοθῆλαι (ante corr. **P**) **H** | ὧνπερ] οὗπερ **L** (ante corr. **P**) **A** : ὥσπερ ex corr. **P** : ὧν **H** 26 πάντα] ταῦτα **A**

διάγειν ῥᾳστωνεύοντας ἐν ἀργίᾳ καὶ πολυτελείᾳ. περιηγεῖσθαι μὲν οὖν ἕκαστα τῶν ἐν Συβάρει μακρὸν ἂν εἴη νῦν, ἐκεῖνο δ' οὖν ὁμολογεῖ τρυφὴν ἄμαχον. δεδιδαγμένοι ἦσαν αὐτοῖς ἵπποι παρὰ τὸν τῆς εὐωχίας καιρὸν ὀρχεῖσθαι πρὸς αὐλόν τῷ ῥυθμῷ. τοῦτο οὖν εἰδότες οἱ Κροτωνιᾶται (ἐπολέμουν δὲ αὐτοῖς) σάλπιγγα μὲν καὶ ἦχον σύντονον καὶ παρακλητικὸν εἰς ὅπλα κατεσίγασαν, αὐλοὺς δὲ καὶ αὐλητὰς παραλαβόντες, ἐπεὶ ὁμοῦ ἦσαν καὶ τόξευμα ἐξικνεῖτο ἤδη, ἐνέδοσαν ἐκεῖνοι τὸ μέλος τὸ ὀρχηστικόν, ὅπερ οὖν ἀκούσαντες οἱ τῶν Συβαριτῶν ἵπποι, κατὰ τὴν οἴκοι μνήμην, ὡς ἐν μέσοις ὄντες τοῖς συμποσίοις, ἀπεσείσαντο μὲν τοὺς ἀναβάτας, ἐσκίρτων δὲ καὶ ἐχόρευον. καὶ τῇ τε ἄλλῃ τὴν τάξιν συνέχεαν καὶ τὸν πόλεμον ἐξωρχήσαντο.

16.24. Ὑπὲρ τῶν ἵππων τῶν καλουμένων λυκοσπάδων εἶπον καὶ ἀνωτέρω [loc. ign.; cf. 11.36], καὶ νῦν δὲ εἰρήσεται ὅσα προσακήκοα ἴδια. τὴν ὄψιν ἔχουσι συνεστραμμένην καὶ βραχεῖαν, ἔτι δὲ σιμήν. λέγουσι δὲ αὐτὰς εἶναι καὶ φιλέλληνας, καὶ ἔχειν τοῦ γένους τοῦδε σύνεσίν τινα ἀπόρρητον, καὶ συμφυῆ πρὸς αὐτοὺς ἀποσώζειν φιλίαν, καὶ προσιόντων τε καὶ ἐπαφωμένων καὶ κοίλῃ τῇ χειρί πως ἐπικροτούντων μὴ ἄχθεσθαι μηδὲ ἀποσκιρτᾶν, καὶ συνδιημερεύειν μὲν αὐτοῖς ὥσπερ οὖν δεδεμένους, καθευδόντων δὲ καθεύδειν πλησίον. ἐὰν δὲ προσέλθῃ βάρβαρος, ὥσπερ οὖν αἱ ῥινηλατοῦσαι κύνες ἐκ τῶν ἰχνῶν συνιᾶσι τὰ θηρία ἐκεῖνα, οὕτω τοι καὶ αἱ ἵπποι γινώσκουσι τὸ γένος, καὶ χρεμετίζουσι καὶ φεύγουσιν οἷα δήπου δεδοικυῖαι θηρίον. τοῖς μὲν οὖν συνήθεσι καὶ χιλὸν ἐμβάλλουσι καὶ τὴν ἄλλην κομιδὴν προσφέρουσι πάνυ

3 δεδιδαγμένοι] ἐκδιδαγμ. corr. ex ἐκδεδαγμ. **P** | ἦσαν] δὲ ἦσαν **LPA** | ἵπποι] οἱ ἵππ. **H**, Rehd., Her. | παρὰ] dub. ex corr. **P** : περὶ **V** (ante corr. **P**) ‖ **4** εὐωχίας] εὐωχείας (fort. corr. in εὐωχέας) **L** | ὀρχεῖσθαι] ὀρχεῖσασθαι corr. ex ὀρχήσασθαι **P**|τῷ ῥυθμῷ] ἐν ῥυθμῷ Schn. : del. Her.‖ **5** εἰδότες] ἰδόντες Ges. in mg. | δὲ] om. **LPA** : γὰρ **H** ‖ **8** ἐξικνεῖτο] ἐξικνεῖται **V** ‖ **9** κατὰ—μνήμην] del. Her.‖ **11** τῇ—ἄλλῃ] τῇ γε ἄλλῃ ***β*** : ταύτῃ Her.|συνέχεαν] καὶ τὴν συνέχεαν -vel συνέχειαν- ex corr. sec. m. **L** (συνέχει ante corr. **L**)‖ **14** δὲ] om. ***β***‖ **16** ἔτι] ἐστὶ **V** αὐτὰς] αὐτοὺς **V** | καὶ[2]] om. **V** | τοῦ—17 τοῦδε] τοῦδε τοῦ γέν. **V** **18** προσιόντων] προσιόντας **V** | ἐπαφωμένων] ἐπαφομένους **V** ‖ **20** μὲν] om. **L** αὐτοῖς] Rei., Her. : αὐτοὺς codd. ‖ **22** συνιᾶσι] συνίασι **LP** | ἐκεῖνα] om. **H** : del. Her. : ἐκεῖναι (sc. κύνες) Jac. in com. ‖ **23** αἱ] οἱ **VH** : om. **P** | ἵπποι] ἵππ. ἐκεῖναι Her.|γινώσκουσι] γινώσκουσαι **V**‖ **24** μὲν οὖν] γε μὴν **VH**

ἥδονται, καὶ βούλονται ὡραῖαι φαίνεσθαι, καὶ ἔτι καὶ μᾶλλον τοῖς ἑαυτῶν ἡνιόχοις. καὶ τὸ μαρτύριον, ὅταν νήχωνται, ἐνδοτέρω προχωροῦσιν ἢ τῆς λίμνης ἢ τῆς θαλάττης ἢ τῆς κρήνης, τὸ πρόσωπον φαιδρύνειν βουλόμεναι, ἵνα μή τι ἄμορφον ἢ ἀκαλλὲς ἐκ τῆς φάτνης ἢ ἐκ τῆς ὁδοῦ προσπεσὸν εἶτα ἐπιθολώσῃ τὸ κάλλος. λυκοσπάδι δὲ ἄρα ἵππῳ καὶ ἀλοιφαὶ εὐώδεις ὡς νύμφῃ φίλαι καὶ μύρων ὀσμή. καὶ Ὅμηρος δὲ τὸ φιληδεῖν ἵππους χρίσμασι φύσει πάντας ὁμολογεῖ λέγων [*Il.* 23.280–282]·

τοίου γὰρ σθένος ἐσθλὸν ἀπώλεσαν ἡνιόχοιο
ἠπίου, ὃς σφῶϊν μάλα πολλάκις ὑγρὸν ἔλαιον
χαιτάων κατέχευε, λοέσσας ὕδατι λευκῷ.

καὶ Σημωνίδης δὲ ἐκ παντοδαπῶν θηρίων λέγων τὰς γυναῖκας γενέσθαι τε καὶ διαπλασθῆναί φησιν ἐνίαις ἐκ τῶν ἵππων τό τε φιλόκοσμον καὶ φιλόμυρον συντεχθῆναι κατ᾽ ἐκείνους φύσαις. ἃ δὲ λέγει [fr. 7.57–70 Adr.], ταῦτά ἐστι·

τὴν δ᾽ ἵππος ἁβρὴ χαιτάεσσ᾽ ἐγείνατο,
ἣ δούλι᾽ ἔργα καὶ ἄτην περιτρέπει·
κοὔτ᾽ ἂν μύλης ψαύσειεν, οὔτε κόσκινον
ἄρειεν, οὔτε κόπρον ἐξ οἴκου βάλοι,
οὔτε πρὸς ἰπνὸν ἀσβόλην ἀλευμένη

1 ὡραῖαι] ὡραῖα **VP** | καὶ[3]] om. **V** : del. Her. ‖ **3** θαλάττης] θαλάσσης **V** ἢ[3]—κρήνης] deleta malit Her. in app. | τὸ] καὶ τὸ ***β*** ‖ **4** ἵνα] καὶ ἵνα **P** **5** ἐπιθολώσῃ] ἐπιθολώμενον **V** ‖ **6** ἄρα] om. **V** ‖ **8** ὁμολογεῖ λέγων] ὁμολογεῖν λέγει (λέγει corr. ex λέγω ut vid.) **L** ‖ **10** ὃς σφῶϊν] ὃ σφῶϊν **V** : ὃ σφῶϊ **A** **11** λοέσσας] λοέσας **VPA** : λεέσσας **H** ‖ **12** Σημωνίδης] Scholf. : Σιμωνίδης **VPAH**, edd. : ὁ (ex corr.) σιμωνίδης **L** ‖ **13** τε[1]] om. **A** ‖ **14** κατ᾽ ἐκείνους] καὶ κατ᾽ ἐκείνους **L** : καὶ κατεκείνους **P** : καὶ ἐκείναις Her. | φύσαις] corr. ex φυούσαις (ου punctis del.) **P** : φῦσαι **L** : φύσει edd. : fort. ἐμφῦναι Jac. in app. ‖ **16** ἁβρὴ] ἁβρὰ **V** | χαιτάεσσ᾽] χαιτάεσσα **PH** : χαιτέεσσ᾽ Mei., Her. | ἐγείνατο] γείνατο **P** **17** ἣ] ἡ **LP** | δούλι᾽] edd. : δούλια **PH** : δούλει᾽ **L** : δόλι᾽ **A** : δ᾽ οὔλι᾽ **V** | ἄτην] αὐτὴν **H** : δύην Stob., Ges. in mg., Her. ‖ **18** κοὔτ᾽] κοὐκ **V** | οὔτε] εἴτε **A** κόσκινον] Stob., edd. : κοσκίνου codd. ‖ **19** ἄρειεν] Stob., Ges., Her. : ὄναρ εἶδεν ex corr. **L** : ὄναρ εἶεν ***β*** (ante corr. **L**) : ὄναρις **V** : ὄναρ οἶδεν Jac. ‖ **20** ἰπνὸν] Stob., Jac., Her. : ἴπνον Ges. : ἵππον codd. | ἀσβόλην] ἄσβολον ***β*** | ἀλευμένη ἵζοιτ᾽] Stob., edd. : ἀδευμ. ἵζοιτ᾽ **V** : ἀδευμ. ἵζοιτο **H** : ἀδευμενηίζοιτο (corr. in ἀδ᾽ εὐμένη ἵζοιτο **L**) **P** : ἅδ᾽ εὐμενῆ· ἵζοιτ᾽ **A**

ἵζοιτ'. ἀνάγκῃ δ' ἄνδρα ποιεῖται φίλον.
λοῦται δὲ πάσης ἡμέρας ἄπο ῥύπον
δίς, ἄλλοτε τρίς, καὶ μύροις ἀλείφεται.
ἀεὶ δὲ χαίτην ἐκτενισμένην φορεῖ
βαθεῖαν, ἀνθέμοισιν ἐσκιασμένην.
καλὸν μὲν οὖν θέημα τοιαύτη γυνή
ἄλλοισι, τῷ δ' ἔχοντι γίνεται κακόν,
ἢν μή τις ἢ τύραννος ἢ σκηπτοῦχος ᾖ,
ὅστις τοιούτοις θυμὸν ἀγλαΐζεται.

16.25. Ἴδια δὲ ἵππων καὶ ἐκεῖνα δήπου. οἱ Πέρσαι, ἵνα μὴ ὦσιν αὐτοῖς οἱ ἵπποι καταπλῆγες, ψόφοις αὐτοὺς καὶ ἤχοις χαλκοῖς προσεθίζουσι, καὶ κωδωνοῦσιν, ὡς μή ποτε ἐν τῷ πολέμῳ δείσωσι τοὺς τῶν πανοπλιῶν ἀραγμοὺς καὶ τῶν ξιφῶν τὸν πρὸς τὰς ἀσπίδας δοῦπον. εἴδωλά τε νεκρῶν δὴ σεσαγμένα ἀχύροις ὑποβάλλουσιν αὐτοῖς, ἵνα προσεθισθῶσι νεκροὺς ἐν τῷ πολέμῳ πατεῖν, καὶ μὴ δεδιότες ὥς τι ἐκπληκτικὸν εἶτα μέντοι δυσωπούμενοι ἐν τοῖς ἔργοις τοῖς ὁπλιτικοῖς ἀχρεῖοι ὦσιν. οὐκ ἐλελήθει δὲ Ὅμηρον [*Il.* 10.487 ss.] οὐδὲ τοῦτο, ὡς αὐτὰ δείκνυσιν. ὅτι γοῦν ἀνῃρέθη μὲν ὁ Θρᾴξ Ῥῆσος, σὺν αὐτῷ δὲ καὶ οἱ ἑταῖροι, οὓς ἀκούομεν ἐν Ἰλιάδι ἐκ παίδων· ἃ δὲ ἀκούομεν, ταῦτά ἐστιν. ἀποσφάττει μὲν ὁ τοῦ Τυδέως τοὺς Θρᾷκας, ὁ δὲ τοῦ Λαέρτου τοὺς ἀνῃρημένους ὑπάγει τῶν ποδῶν, ἵνα μή ποτε ἄρα νεήλυδες

1 δ'] δὲ **LPH** ‖ 2 ἄπο ῥύπον] Stob., edd. (ἀπὸ Ges.) : ἀπὸ ῥύπων ***β*** : ἀπορρύπων **V** ‖ 3 ἄλλοτε] πολλάκις **A** ‖ 4 ἀεὶ] αἰεὶ Berg., Her. | χαίτην ἐκτενισμένην] ἐκτ. χαί. **A** ‖ 5 ἀνθέμοισιν] ἀνέμοισιν **V** (ante corr. **L**) : ἀθέμοισιν (sic) ex corr. **L** ‖ 6 θέημα] θέαμα **V** ‖ 7 ἄλλοισι] ἄλλοισιν **L** | γίνεται] γίγνεται Her. ‖ 8 ἢ[1]] om. **VLPH** | ᾖ] ἡ **PH** ‖ 9 ὅστις] ὃς τοῖς Her. | τοιούτοις] Stob., edd. : τοιοῦτον codd. ‖ 11 χαλκοῖς] χαλκοῦ Rei. ‖ 12 κωδωνοῦσιν] ex corr. **L** : κωμωδοῦσιν ***β*** (ante corr. **L**) : κωδωνίζουσιν Schn., Her., fort. recte ‖ 13 τῶν[2]] τὸν τῶν **V**, Her. | τὸν πρὸς] τῶν πρὸς **P** : τ(ὸν) πρὸ ut vid. **V** : πρὸς Her. | τὰς] om. **V** ‖ 14 ἀσπίδας] ἀσπίδων **V** | ἀχύροις] ἀχύρων? Her. in app. 15 προσεθισθῶσι] προσεθισθῶ lac. post voc. (-σιν et infra -ντες scr. in lac., i.e. προσεθισθῶσιν vel προσεθισθῶντες) **L** : προσεθίσωσι **H** : προεθισθῶ (sic) **V** 16 καὶ μὴ] μηδὲ malit Her. in app. | δεδιότες] δεδιότας **V** | δυσωπούμενοι] del. Her. ‖ 17 ὁπλιτικοῖς] ὁπλιστικοῖς **LA** ‖ 18 αὐτὰ] αὐτὸν **A** : αὐτὸς Ges., Her. 19 Θρᾴξ] Θρᾷξ Her. | οὓς] ὡς conieci : del. Jac., Her. ‖ 21 Θρᾷκας] θρᾴκας **PH** 22 ἄρα] corr. ex παρὰ **L** : om. **A** | νεήλυδες] οἱ νεή. **V**

ὄντες οἱ Θρᾷκες ἵπποι εἶτα μέντοι ἐκπλήττωνται τοῖς νεκροῖς ἐμπαλαττόμενοι, καὶ ἀήθως κατ' αὐτῶν ὥς τινων φοβερῶν βαίνοντες ἀποσκιρτῶσιν. οἳ δὲ ἅπαξ μαθόντες, οὐκ ἂν αὐτοὺς λάβοι τοῦ μαθήματος λήθη· οὕτως εἰσὶν ἀγαθοὶ μαθεῖν ὅ τι οὖν τῶν λυσιτελῶν οἱ ἵπποι. φιλεῖν δὲ οἷοί ποτέ εἰσι καὶ εἰς ὅσον, ἐμοὶ μὲν εἴρηται ἐν λόγοις τοῖς ἄνω [6.44].

16.26. Ἐν τοῖς κρυμώδεσι τόποις τὰ πρόβατα τῆς χιόνος ἐπιρρεούσης καὶ τοῦ κρύους ἐνακμάζοντος ἄχολά ἐστι (καθειργμένα δὲ ἄρα καὶ τοῦ χιλοῦ τοῦ νέου μὴ μεταλαμβάνοντα εἶτα μέντοι τοιαῦτα εὑρίσκεται), ὑπαρχομένου δὲ τοῦ ἦρος καὶ προϊόντα ἐπὶ τὰς νομὰς τῆς χολῆς ὑποπίμπλαται. τοῦτο δὲ ἄρα ἔτι καὶ μᾶλλον φιλεῖ παρακολουθεῖν τοῖς Σκυθικοῖς προβάτοις φασίν.

16.27. Ἀγαθαρχίδης [*FGrH* 86, fr. 21b] φησὶν εἶναι γένος ἐν τῇ Λιβύῃ τινῶν ἀνθρώπων, καὶ μέντοι καὶ καλεῖσθαι αὐτοὺς Ψύλλους, καὶ ὅσα μὲν κατὰ τὸν ἄλλον βίον τῶν λοιπῶν ἀνθρώπων διαφέρειν οὐδὲ ἕν, τὸ δὲ σῶμα ἔχειν ξένον τε καὶ παράδοξον ὡς πρὸς τοὺς ἑτεροφύλους ἀντικρινόμενον· τὰ γάρ τοι ζῷα τὰ δάκετα καὶ τὰ ἐγχρίμπτοντα πάμπολλα ὄντα μηδὲν αὐτοὺς μόνους ἀδικεῖν. οὔτε γοῦν ὄφεως δακόντος ἐπαΐουσιν οὔτε φαλαγγίου νύξαντος ὡς τοὺς ἄλλους εἰς θάνατον οὔτε μὴν σκορπίου κέντρον ἀπερείσαντος. ἐπὰν δὲ ἄρα τούτων προσπελάσῃ τι καὶ παραψαύσῃ τοῦ σώματος καὶ ἅμα τι καὶ ὀσμῆς τῆς ἐκείνων ψαύσῃ ἢ σπάσῃ, ὥσπερ οὖν φαρμάκου γευσάμενον ὑπνοποιοῦ κάρωσίν τινα ἑλκτικὴν εἰς ἀναισθησίαν ἐμποιοῦντος, ἐξασθενεῖ καὶ παρεῖται, ἔστ' ἂν παραδράμῃ ὁ ἄνθρωπος. ὅπως δὲ ἐλέγχουσι τὰ ἑαυτῶν βρέφη εἴτε

1 ἐκπλήττωνται] **H**, edd. : ἐκπλήττονται **VLPA** ‖ 2 ἐμπαλαττόμενοι] ἐμπλαττ. **VH** : ἐμπαλασσ. Her. ‖ 8 ἐνακμάζοντος] ἀκμάζοντος **V** ‖ 9 καθειργμένα] καθειμένα **V** ‖ 10 μέντοι] ex corr. **L** : μὲν (ante corr. **L**) **PA** | καὶ] del. Jac. in com., Her. ‖ 11 ὑποπίμπλαται] καὶ ὑποπίμπλαται **V** : ὑποπίμπλανται **PA** ‖ 12 φιλεῖ] om. **V** ‖ 13 φασίν] πεφύκασιν **V** ‖ 16 διαφέρειν] edd. : διαφέρει codd. ‖ 17 οὐδὲ ἕν] οὐδέν **VH** | τε] τι **H**, Jac. in app. ‖ 18 δάκετα] δακετὰ **A**, Her. ‖ 19 ἐγχρίμπτοντα] ἐγχρίπτοντα ***β*** ‖ 20 γοῦν] οὖν **A** | νύξαντος] νήξαντος **V** | ὡς] del. Her. 21 κέντρον] τὸ κέν. Her. ‖ 22 τι] τε ἅμα ***β*** | καὶ²] om. **A** ‖ 23 τι] om. **A** : del. Her. ὀσμῆς] τῆς ὀσμ. Her. | τῆς ἐκείνων] τῆς ἐξ ἐκείνων? Her. in app. | ψαύσῃ ἢ] ἢ **A** : om. **H** : del. Jac. in com., Her. ‖ 24 ὑπνοποιοῦ] del. Her. ‖ 26 ὁ] add. dub. **L** : om. **PAH** | ἐλέγχουσι] ἐλέγχωσι **L**

ἐστὶ γνήσια εἴτε καὶ νόθα, ἐν τοῖς ἑρπετοῖς βασανίζοντες ὡς ἐν τῷ πυρὶ τὸν χρυσὸν οἱ βάναυσοι χρυσουργοί, ἀνωτέρω εἶπον [1.57].

16.28. Καλλίας ἐν τῷ δεκάτῳ τῶν περὶ τὸν Συρακούσιον Ἀγαθοκλέα λόγων [*FGrH* 564, fr. 3] φησὶ τοὺς κεράστας ὄφεις δεινοὺς εἶναι τὸ δῆγμα· ἀναιρεῖν γὰρ καὶ ζῷα ἄλογα καὶ ἀνθρώπους, εἰ μὴ παρείη Λίβυς ἀνήρ, Ψύλλος ὢν τὸ γένος. οὗτος γοῦν ἐάν τε κλητὸς ἀφίκηται ἐάν τε καὶ παρῇ κατὰ τύχην καὶ θεάσηται πράως ἔτι ἀλγοῦντα τὴν πληγὴν ἢ τὸ δῆγμα, μόνον προσπτύσας εἶτα μέντοι τὴν ὀδύνην ἐπράϋνε, καὶ κατεγοήτευσε τὸ δεινὸν τῷ σιάλῳ. ἐὰν δὲ εὕρῃ δυσανασχετοῦντα καὶ ἀτλήτως φέροντα, ὕδωρ ἀθρόον σπάσας εἴσω τῶν ὀδόντων καὶ χρησάμενος αὐτῷ τοῦ στόματος κλύσματι, εἶτα τοῦτο εἰς κύλικα ἐμβαλὼν δίδωσι ῥοφῆσαι τῷ τρωθέντι. ἐὰν δὲ περαιτέρω καὶ τοῦδε τοῦ φαρμάκου κατισχύῃ τὸ κακόν, ὃ δὲ τῷ νοσοῦντι παρακλίνεται γυμνῷ γυμνός, καὶ τοῦ χρωτός οἱ τοῦ ἰδίου προσανατρίψας τὴν ἰσχὺν τὴν συμφυῆ, εἶτα μέντοι τοῦ κακοῦ πεποίηκε τὸν ἄνθρωπον ἐξάντη. ἀποχρῶν δὲ ἄρα ὑπὲρ τούτου εἴη ἂν μάρτυς καὶ Νίκανδρος ὁ Κολοφώνιος λέγων [fr. 32 G.-S.]·

ἔκλυον ὡς Λίβυες Ψύλλων γένος οὔτε τι θηρῶν
  αὐτοὶ κάμνουσιν μυδαλέαισι τυπαῖς,
οὓς Σύρτις βόσκει θινοτρόφος, εὖ δὲ καὶ ἄλλοις
  ἀνδράσιν ἤμυναν τύμμασιν ἀχθομένοις,
οὐ ῥίζαις ἔρδοντες, ἑῶν δ' ἀπὸ σύγχροα γυίων

καὶ τὰ ἐπὶ τούτοις.

1 καὶ] om. **V** ‖ 2 χρυσουργοί] del. Her. ‖ 3 τῷ δεκάτῳ] τῇ δεκάτῃ ***β*** Συρακούσιον] (ex corr. **L**, fort. ante corr. **P**) **H**, Ges., Jac. : συρρακούσιον **VA** : συρακόσσιον (ante corr. ut vid. **L**, ex corr. **P**) : Συρακόσιον Her. 6 Λίβυς—Ψύλλος] ψύλλος ἀνὴρ **V** ‖ 8 ἀλγοῦντα—δῆγμα] ἀλγοῦντα, τῇ πληγῇ Her. ‖ 10 καὶ—11 φέροντα] gloss. speciem referunt, Her. in app. ‖ 13 ἐὰν] ἂν **LPH** ‖ 14 κακόν] δεινόν **A** ‖ 17 ἐξάντη] ἐξάντην **LAH** | ἀποχρῶν] ἀπόχρη ***β*** 19 Λίβυες] Λιβύης Schn. (O.), Her. | θηρῶν] **H**, edd. : θηρίων **LPA** : θηρίον **V** 20 κάμνουσιν] κάμνουσι **P** | μυδαλέαισι] μυγδαλέαισι **V** : μυδαλέῃσι Schn. (O.), Her. ‖ 21 βόσκει] βοσκεῖ Her. | θινοτρόφος] θυννοτρ. corr. ex θεινοτρ. **L** : θηροτρ. **A** ‖ 23 ῥίζαις] ῥίζας Her. | ἔρδοντες] ἐρδ. **VAH** : ἄρδοντες Her. σύγχροα] συγχρόα **V** (dub. **H**)

16.29. Ἐμπεδοκλῆς ὁ φυσικός φησι, περὶ ζῴων ἰδιότητος λέγων καὶ ἐκεῖνος δήπου, γίνεσθαί τινα συμφυῆ καὶ κράσει μορφῆς μὲν διάφορα, ἑνώσει δὲ σώματος συμπλακέντα. ἃ δὲ λέγει [31 B, fr. 61 D.-K.], ταῦτά ἐστι·

πολλὰ μὲν ἀμφιπρόσωπα καὶ ἀμφίστερνα φύεσθαι,
βουγενῆ ἀνδρόπρῳρα, τὰ δ' ἔμπαλιν ἐξανατέλλειν
ἀνδροφυῆ βούκρανα μεμιγμένα τῇ μὲν ἀπ' ἀνδρῶν,
τῇ δὲ γυναικοφυῆ σκιεροῖς ἠσκημένα γυίοις.

16.30. Ἐν Λυκίᾳ λέγει Καλλισθένης ὁ Ὀλύνθιος [*FGrH* 124, fr. 41] κείρεσθαι καὶ τὰς αἶγας ὥσπερ οὖν πανταχῇ τὰ πρόβατα· γίνεσθαι γὰρ δασυτάτας καὶ εὔτριχας δεινῶς τὰς αἶγας, ὡς εἰπεῖν βοστρύχους ἤ τινας ἕλικας κόμης ἐξηρτῆσθαι αὐτῶν, καὶ μέντοι καὶ τοὺς τεχνίτας τῆς τῶν νεῶν ἐργασίας καταχρῆσθαι αὐταῖς τὰς σειρὰς συμπλέκοντας ὡς καὶ τοὺς κάλως ἄλλοι.

16.31. Λέγει δὲ ἄρα Κτησίας ἐν λόγοις Ἰνδικοῖς [fr. 46a Lenf.] τοὺς καλουμένους Κυναμολγοὺς τρέφειν κύνας πολλοὺς κατὰ τοὺς Ὑρκανοὺς τὸ μέγεθος, καὶ εἶναί γε ἰσχυρῶς κυνοτρόφους. καὶ τὰς αἰτίας ὁ Κνίδιος ἐκείνας λέγει. ἀπὸ τῶν θερινῶν τροπῶν εἰς μεσοῦντα χειμῶνα ἐπιφοιτῶσιν αὐτοῖς ἀγέλαι βοῶν, οἱονεὶ μελιττῶν σμῆνος ἢ σφηκιὰ κεκινημένη, πλῆθος ἀριθμοῦ κρείττους οἱ βόες· εἰσὶ δὲ ἄγριοι καὶ ὑβρισταί, καὶ εἰς κέρας θυμοῦνται δεινῶς. οὔκουν ἔχοντες αὐτοὺς ἀναστέλλειν ἑτέρως οἵδε, τοὺς τροφίμους αὐτῶν κύνας ἐπ' αὐτοὺς ἀφιᾶσιν ἐς τοῦτο ἀεὶ τρεφομένους, οἵπερ οὖν καταγωνίζονταί τε καὶ διαφθείρουσιν αὐτοὺς ῥᾷστα. εἶτα τῶν κρεῶν τὰ μὲν δοκοῦντά σφισιν εἰς ἐδωδὴν ἐπιτήδεια ἐξαιροῦσι, τὰ δὲ λοιπὰ τοῖς κυσὶν ἀποκρίνουσι, καὶ μάλα γε ἀσμένως κοινωνοῦντες αὐτοῖς, ὥσπερ οὖν εὐεργέταις ἀπαρχόμενοι. κατὰ

1 ἰδιότητος] ἰδιοτήτων **V** ‖ 2 γίνεσθαί] γενέσθαι **P** ‖ 6 ἀνδρόπρῳρα] Her. : ἀνδρόπρωρα **VLPA** : ἀνδράπο vel ἀνδράπρο dub. **H** : ἀνδρόπρωνα Ges. in mg.|δ'] δὲ **PH**|ἐξανατέλλειν] ἐξανατείνειν **A**‖ 7 ἀπ'] ὑπ' **A**‖ 8 σκιεροῖς] θιμβροῖς Her. ‖ 9 ὁ Ὀλύνθιος] ὀλύνθιος **V** ‖ 11 τὰς αἶγας] del. Her. ‖ 12 ἤ] ὥς ***β*** 14 ὡς—ἄλλοι] del. Her.|καὶ] om. **VPH**|κάλως] κάλους **LH** : κάλλους **P** : καλοὺς **A** ‖ 18 ἐκείνας] ἐκεῖνος **P** ‖ 19 ἐπιφοιτῶσιν] ἐπιφοιτῶσαι **V** ‖ 20 σφηκιὰ] Jac., Her. : σφηκία codd. | κεκινημένη] κεκινημένα ut vid. **V** : κεκινημένοι **LPH** 22 οὔκουν] οὐκοῦν **PA** ‖ 23 αὐτῶν] αὑτῶν Her. ‖ 24 τῶν—25 μὲν] τῶν μὲν κρεῶν τὰ ***β***‖ 27 εὐεργέταις] εὐεργέτας **P**

τὴν ὥραν δὲ καθ' ἣν οὐκέτι φοιτῶσιν οἱ βόες, συνθήρους αὐτοὺς ἐπὶ τοῖς ζῴοις τοῖς ἄλλοις ἔχουσι. καὶ τῶν θηλειῶν ἀμέλγουσι τὸ γάλα, καὶ ἐκ τούτου κέκληνται· πίνουσι γὰρ αὐτό, ὥσπερ οὖν ἡμεῖς τὸ τῶν οἰῶν τε καὶ τῶν αἰγῶν.

16.32. Αἰσχυλίδης ἐν τοῖς περὶ γεωργίας κατὰ τὴν Κίων γῆν πρόβατα γίνεσθαι ὀλίγα ἑκάστῳ τῶν γεωργῶν φησι. τὸ δὲ αἴτιον, λεπτόγεών τε εἶναι τὴν Κίον ἰσχυρῶς καὶ νομὰς οὐκ ἔχειν· κύτισον δὲ καὶ θρία ἐμβάλλειν, καὶ τῆς ἐλαίας τὰ ῥεύσαντα φύλλα· καὶ μέντοι καὶ τῶν ὀσπρίων ἄχυρα ποικίλα τε καὶ ἐκείνοις ἀγαθὰ εἶναι ταῦτα δεῖπνον· παρασπείρειν δὲ καὶ ἀκάνθας. γίνεσθαι δὲ ἐξ αὐτῶν γάλα, καὶ τοῦτο τρεφόμενον τυρὸν ἐργάζεσθαι κάλλιστον· καλεῖσθαι δὲ αὐτὸν Κύνθιον ὁ αὐτὸς λέγει, καὶ μέντοι καὶ τὸ τάλαντον αὐτοῦ πιπράσκεσθαι δραχμῶν καὶ ἐνενήκοντα. γίνεσθαι δὲ καὶ ἄρνας τὴν ὥραν διαπρεπεῖς, καὶ πιπράσκεσθαι οὐ κατὰ τοὺς ἑτέρους, ἀλλὰ καὶ σοβαρωτέρᾳ τῇ τιμῇ.

16.33. Φοίνικες λέγουσι λόγοι τὰς βοῦς τὰς ἐπιχωρίους τοσαύτας εἶναι τὸ μέγεθος, ὡς ἑστάναι τοὺς ἀμέλγοντας ὄντας μεγίστους ἢ δεῖσθαι θρανίου, ἵνα ἀναβάντες ἐφίκωνται τῶν μαζῶν. Λιβύων δὲ ἄρα τῶν γειτνιώντων Ἰνδοῖς ὀπισθονόμων βοῶν ἀγέλας εἶναί τινας ἀκούω. τὸ δὲ αἴτιον, ἡ φύσις ὡς ἐξήμαρτε τὸ πρῶτον ἢ ὠλιγώρησεν, ἐπεὶ πρὸ τῶν ὀφθαλμῶν αὐτοῖς ἐστι τὰ κέρατα, καὶ ὁρᾶν οὐκ ἐᾷ τὰ πρὸ ποδῶν, ἣ δὲ εἰς οὐρὰν ἐπανάγει τὴν βάδισιν αὐτοῖς, εἶτα ἐπικύπτοντες κείρουσι τὴν πόαν. Ἀριστοτέλης γε μὴν φησι [cf. *HA* 517a28; fr. 270.46 Gig.] τῶν βοῶν τῶν ἐν Λεύκτροις ἐκπεφυκέναι τὰ κέρατα καὶ τὰ ὦτα ἔκφυσιν τὴν αὐτήν, καὶ εἶναι συνυφασμένα. ὁ δὲ αὐτὸς ἐν χώρῳ τινὶ Λιβύων τὰς αἶγας τοῦ στήθους φησὶ τοὺς μαζοὺς ἔχειν ἀπηρτημένους. εἴη δ' ἂν τοῦ παιδὸς τοῦ Νικομάχου [Arist., fr. 270.46 Gig.] καὶ ταῦτα·

5 Κίων] κίον **AH** : κῖον **V** : Κείων Her. ‖ 7 Κίον] Κέω Her. ‖ 9 τῶν] del. Her. ποικίλα—ἐκείνοις] ποικίλα τε καὶ ποικίλων (ποικίλον **L**) ἐκείνοις ***β*** : ποικίλων, παρασπείρειν δὲ καὶ ἀκάνθας, καὶ ἐκείνοις Her. | ἀγαθὰ] ἀγαθὸν Her. 10 ταῦτα] om. **A** | παρασπείρειν—ἀκάνθας] ante καὶ ἐκείνοις transp. Her. 12 αὐτὸν] αὐτὸ **VLA** | Κύνθιον] Κύθνιον Boch., Her., fort. recte ‖ 13 καὶ] om. (lac. rel. **P**) **H** ‖ 15 καὶ] om. **V** | σοβαρωτέρᾳ—τιμῇ] σοβαρωτέρα ἡ τιμή **P** 22 ποδῶν] τῶν ποδ. **A**|ἣ] ὁ **P**|εἰς] ἐς **V**‖ 25 Λεύκτροις] Νευροῖς Ros., Her.

ἐν τοῖς περὶ τὸν Καρίσκον Βουδιανοῖς οἰκοῦσιν οὐ γίνεσθαί φησι πρόβατον λευκόν, ἀλλὰ μέλανα πάντα.

16.34. Νυμφόδωρος [*FGrH* 572, fr. 10] λέγει τὴν Σαρδὼ εἶναι θρεμμάτων μητέρα ἀγαθήν. θαυμάσαι δὲ ἄξιον τίκτει ζῷον τὰς αἶγας αὕτη. τὰς γάρ τοι δορὰς τοῖς ἐπιχωρίοις ἠσκῆσθαι, καὶ εἶναι ταῦτα σκέπην· καὶ διὰ χειμῶνος μὲν ἀλεαίνειν, ψύχειν δὲ ἐν τῷ θέρει φύσει τινὶ ἀπορρήτῳ· συμπεφυκέναι δὲ ἄρα ταῖς δοραῖς καὶ πήχεως τὴν τρίχα. τοῦ φορήματος δὲ ἄρα τούτου ἔοικε χρῆναι διὰ μὲν τοῦ κρυμοῦ τὰς τρίχας ἐς τὸν χρῶτα ἀποστρέφειν διὰ δὲ τοῦ θέρους ἔξω, εἰ μέλλοι ὁ ἠσθημένος διὰ μὲν τοῦ κρυμοῦ θάλπεσθαι, διὰ δὲ τοῦ θέρους μὴ ἀποπνίγεσθαι.

16.35. Τί δαί; Ὀρθαγόραν μνήμης ἄμοιρον ἐάσομεν; ὅσπερ οὖν ἐν Ἰνδοῖς λόγοις [*FGrH* 713, fr. 3] φησὶ Κώϋθα μὲν οὕτως εἶναι κώμην τόδε ὄνομα λαχοῦσαν, ταῖς δὲ αἰξὶ ταῖς ἐπιχωρίοις ἔνδον ἐν τοῖς σηκοῖς παραβάλλειν τοὺς νομέας ἰχθῦς ξηροὺς χιλόν.

16.36. Ὅτι δέδοικεν ὗν ἐλέφας ἀνωτέρω εἶπον [1.37; 8.27]· τὸ δὲ ἐν Μεγάροις γενόμενον Μεγαρέων ὑπ' Ἀντιπάτρου πολιορκουμένων ἐθέλω εἰπεῖν, καὶ μέντοι τὸ εἰρησόμενον τοῦτό ἐστι. τῶν Μακεδόνων βιαίως ἐγκειμένων, ὗς πίττῃ χρίσαντες ψυχρᾷ καὶ ὑποπρήσαντες αὐτὰς ἀφῆκαν ἐς τοὺς πολεμίους. ἐμπεσοῦσαι δὲ ἄρα ἐκεῖναι οἰστρημέναι ταῖς τῶν ἐλεφάντων ἴλαις καὶ βοῶσαι, ἅτε ἐμπιπράμεναι, ἐξέμαινον τοὺς θῆρας καὶ ἐτάραττον δεινῶς. οὔτε γοῦν ἔμενον ἐν τάξει, οὔτε ἦσαν ἔτι πρᾶοι, καίτοι καὶ ἐκ νηπίων πεπωλευμένοι, εἴτε φύσει τινὶ οἱ ἐλέφαντες ἰδίᾳ μισοῦντες τὰς ὗς καὶ μυσαττόμενοι, εἴτε καὶ τῆς φωνῆς αὐτῶν τὸ ὀξὺ καὶ ἀπηχὲς πεφρικότες ἐκεῖνοι. συνειδότες οὖν ἐκ τούτων οἱ πωλοτρόφοι τῶν

1 Καρίσκον] καρίση **V** : σκαρίσκον **A** | Βουδιανοῖς] βουδίαν **H** : βουδίνοις Din. (L.) in *Thes.* (s.v. Σκαρίσκος), Her., fort. recte ‖ **3** Σαρδὼ] σαρδὸν ex corr. **L** : σάρδον ***β*** (ante corr. **L**) ‖ **5** γάρ] δή **V** | τοῖς ἐπιχωρίοις] τοὺς ἐπιχωρίους Schn., Her. | ἠσκῆσθαι] ἠσθῆσθαι ***β***, edd. ‖ **8** φορήματος] φορέματος ***β*** | ἄρα] del. Her. **9** ἀποστρέφειν] ἀποστρέφει **V** : ἀποτρέφειν **H** : ἐπιστρέφειν Her. | δὲ] post θέρους transp. ***β*** ‖ **12** δαί] δὲ **VAH** ‖ **13** εἶναι] εἶναί φησι ***β*** ‖ **14** τόδε] τὸ δὲ **LPH** : τὸ Her. | λαχοῦσαν] λαβοῦσαν Her. ‖ **16** ὗν ἐλέφας] ἐλέ. ὗν ***β*** (ὖν **H**) **17** Ἀντιπάτρου] Ἀντιγόνου Scholf., fort. recte (cf. 11.14) ‖ **18** μέντοι] μέντοι καὶ Her. : μὴν Jac. in app. | τὸ] om. **LPA** ‖ **19** ψυχρᾷ] ὑγρᾷ Ges. in mg., Her., fort. recte ‖ **23** γοῦν] οὖν Her. | καίτοι] καίτοι ἔτι ex corr. **L** : καὶ ἔτι (ante corr. **L**) **H** **26** συνειδότες] συνιδόντες Her.|τούτων] τούτου Her.

ἐλεφάντων ὗς παρατρέφουσιν αὐτοῖς, ὥς φασιν, ἵνα γε ἐκ τῆς συνηθείας ἧττον ὀρρωδῶσιν αὐτάς.

16.37. Παρά γε τοῖς Ψύλλοις καλουμένοις τῶν Ἰνδῶν (εἰσὶ γὰρ καὶ Λιβύων ἕτεροι) ἵπποι γίνονται τῶν κριῶν οὐ μείζους, καὶ τὰ πρόβατα ἰδεῖν μικρὰ κατὰ τοὺς ἄρνας, καὶ οἱ ὄνοι δὲ τοσοῦτοι γίνονται τὸ μέγεθος καὶ οἱ ἡμίονοι καὶ οἱ βοῦς καὶ πᾶν κτῆνος ἕτερον ὁτιοῦν [cf. Ctes., fr. fγ* Lenf.]. ὗν δὲ ἐν Ἰνδοῖς οὔ φασι γίνεσθαι οὔτε ἥμερον οὔτε ἄγριον· μυσάττονται δὲ καὶ ἐσθίειν τοῦδε τοῦ ζῴου Ἰνδοί, καὶ οὐκ ἂν γεύσαιντό ποτε ὑείων, ὥσπερ οὖν οὐδὲ ἀνθρωπείων οἱ αὐτοί [cf. Ctes., fr. kδ* Lenf.].

16.38. Ἐν Μητροπόλει ἀκούω τῇ Ἐφεσίᾳ λίμνην εἶναι καὶ πρὸς αὐτῇ σπήλαιον· ἔχει δὲ ἄρα τὸ ἄντρον ὄφεων πλῆθος ἄμαχον, καὶ εἶναι τούτους μεγίστους φασὶ καὶ δεινοὺς τὸ δῆγμα. προϊέναι μὲν οὖν αὐτοὺς τοῦ ἄντρου λόγος ἔχει, ὅσον ἐς τὴν λίμνην ἐξερπύσαι τὴν παρακειμένην καὶ νήχεσθαι, πειρωμένους δὲ περαιτέρω τοῦ ὕδατος προελθεῖν οὐ δύνασθαι· μέλλοντας γὰρ ἐπιβαίνειν τῆς γῆς ἐλλοχᾶν καρκίνους μεγάλους, οἵπερ οὖν ἀνατείναντες τὰς χηλὰς συλλαμβάνουσιν ἐς πνῖγμα αὐτοὺς καὶ ἀναιροῦσι. δεδοικότες οὖν οἱ ὄφεις τοὺς ἐχθροὺς ἡσυχάζουσι, καὶ ἐς τὴν γῆν αὐτοῖς ἄβατά ἐστι· πεφρίκασι γὰρ τὴν ἐκ τῶν καρκίνων φρουρὰν καὶ κόλασιν. ἢ πάντως ἂν ἀπολώλεσαν οἱ περὶ τὸν χῶρον ἐκ πολλοῦ, εἰ μὴ φύσει τινὶ ἀπορρήτῳ περιειληφότες οἱ προειρημένοι καρκίνοι τῆς λίμνης τὰ χείλη καὶ ἀνείργοντες εἶτα εἰρηναῖα ἀπέφαινον τὰ ἐν τῷ τόπῳ πάντα.

16.39. Ὀνησίκριτος ὁ Ἀστυπαλαιεὺς [*FGrH* 134, fr. 16b] λέγει ἐν Ἰνδοῖς κατὰ τὴν Ἀλεξάνδρου τοῦ παιδὸς Φιλίππου γενέσθαι δράκοντας δύο, οὓς Ἀβισάρης ὁ Ἰνδὸς ἔτρεφεν, ὧν ὃ μὲν ἦν πηχῶν

1 αὐτοῖς] αὐτοὺς **P** | γε] καὶ ***β*** ‖ 2 ὀρρωδῶσιν] ὀρρωδοῦσιν **LPA** | αὐτάς] αὐτούς **P** ‖ 3 εἰσὶ – 4 ἕτεροι] verba susp., Her. in app. ‖ 4 ἵπποι] οἱ ἵππ. Her. ‖ 6 ἡμίονοι] ἡμίονες ***β*** ‖ 7 ὁτιοῦν] ὅ τι οὖν **L**, Her. ‖ 9 γεύσαιντό] γεύσωνται **LPA** 12 ὄφεων] ὄφεως **LAH** ‖ 16 προελθεῖν] προσελθεῖν **P** ‖ 18 πνῖγμα] πνίγμα **AH** : σπνίγμα (sic) ex corr. **P** ‖ 20 ἢ] καὶ Her. ‖ 21 ἀπολώλεσαν] Her. : ἀπωλώλεσαν (sic) **H** : ἀπολώλασιν **VLPA** | περὶ] παρὰ **LP** ‖ 22 περιειληφότες] εἰληφότες **P** 23 ἀνείργοντες] ἀπείργοντες Her. ‖ 25 ὁ Ἀστυπαλαιεὺς] Jac., Her. : ὀστυπαλαιεὺς **V** : ὁ ἀστυπαλαῖος ***β*** ‖ 26 παιδὸς] susp., Her. in app. | Φιλίππου] Φιλ. ἀνάβασιν Ges. in mg., Her. ‖ 27 Ἀβισάρης] Rein., Her. : ἀπεισάρης **V** : ἀποσεισάρης **LP** (corr. ex ἀπὸ σεισάρης **A**) : ἀποσισάρης **H**

τετταράκοντα καὶ ἑκατόν, ὃ δὲ ὀγδοήκοντα· καί φησιν ἐπιθυμῆσαι δεινῶς Ἀλέξανδρον θεάσασθαι αὐτούς. λέγουσι δὲ Αἰγυπτίων λόγοι καὶ ἐπὶ τοῦ Φιλαδέλφου ἐξ Αἰθιοπίας εἰς τὴν Ἀλεξάνδρου πόλιν κομισθῆναι δράκοντας δύο ζῶντας, καὶ τὸν μὲν αὐτῶν πηχῶν τεσσαρεσκαίδεκα τὸν δὲ τρισκαίδεκα· ἐπί γε μὴν τοῦ Εὐεργέτου τρεῖς κομισθῆναι, καὶ τὸν μὲν εἶναι πηχῶν ἐννέα, τὸν δὲ ἑπτά, τὸν δὲ τρίτον ἑνὶ ἀπολείπεσθαι· καὶ τρέφεσθαί γε ἐν Ἀσκληπιοῦ σὺν πολλῇ τῇ κομιδῇ αὐτοὺς οἱ Αἰγύπτιοί φασι. καὶ ἀσπίδας δὲ τετραπήχεις γίνεσθαι πολλάκις οἱ αὐτοὶ λέγουσι. μνήμην δὲ ἄρα τούτων ἐποιησάμην, τὸ ἴδιον τῶν ζῴων ἐπεξελθὼν καὶ εἰς ὅσον πέφυκε μῆκος προϊέναι δεῖξαι βουληθείς. λέγουσι γοῦν καὶ οἱ τὰς ὑπὲρ τῆς Χίου συγγράψαντες ἱστορίας γενέσθαι ἐν τῇ νήσῳ παρὰ τὸ ὄρος τὸ καλούμενον Πελινναῖον ἐν αὐλῶνί τινι δασεῖ καὶ δένδρων ὑψηλῶν πεπληρωμένῳ δράκοντα μεγέθει μέγιστον, οὗπερ οὖν καὶ τὸν συριγμὸν ἐπεφρίκεσαν οἱ τὴν Χίον κατοικοῦντες. οὔκουν οὐδὲ ἐτόλμων τινὲς ἢ τῶν γεωργούντων ἢ τῶν νεμόντων πλησίον γενόμενοι καταγνῶναι τὸ μέγεθος, ἀλλὰ ἐκ μόνης τῆς σύριγγος πελώριόν τι καὶ ἐκπληκτικὸν τὸ θηρίον εἶναι ἐπίστευον· ἐγνώσθη δ' οὖν ὅσος ποτὲ τὸ μέγεθος ἦν δαιμονίᾳ τινὶ καὶ θαυμαστῇ μηχανῇ ναὶ μὰ Δία. σφοδροῦ γὰρ ἀνέμου καὶ σκληροῦ προσπεσόντος ἐτρίφθη πρὸς ἄλληλα τὰ ἐν τῷ αὐλῶνι δένδρα, καὶ οἱ κλάδοι βιαίως ἀραττόμενοι τίκτουσι πῦρ, καὶ αἴρεται μεγίστη φλόξ, καὶ περιλαμβάνει τὸν πάντα χῶρον καὶ κυκλοῦται τὸν θῆρα· ὃ δὲ ἀποληφθεὶς καὶ ἐξερπύσαι μὴ δυνάμενος

1 τετταράκοντα—ἑκατόν] **H**, Jac., Her. : μ' καὶ ρ' **VPA** : μεγάλων ἑκατὸν **L** **2** Αἰγυπτίων] Αἰγύπτιοι Her. ‖ **3** εἰς] ἐς **PAH** : ἐπὶ **L** ‖ **4** αὐτῶν] αὐτ. εἶναι Her. ‖ **5** πηχῶν] πήχεων **V** | τεσσαρεσκαίδεκα] **H** : ιδ' **VLPA** : δεκατεττάρων Jac., Her. | τρισκαίδεκα] **H** : ιγ' **VLPA** : δεκατριῶν Jac., Her. ‖ **7** ἑπτά] ζ' **LA** : μ' **V** | ἑνὶ ἀπολείπεσθαι] ἐναπολείπεσθαί ***β*** (fort. ἐναπολείπ. **A**) | καὶ] γε καὶ **LPA** γε] om. **LPA** ‖ **8** Ἀσκληπιοῦ] ἀσκληπιαδοῦ **A** | αὐτοὺς] αὐτὸν Ges. in mg. | οἱ Αἰγύπτιοί] αἰγύπτῳ **V** : Αἰγύπτιοί Her. ‖ **11** γοῦν] δ' οὖν **H** : οὖν Her. **13** παρὰ] dub. **P** : περὶ **VAH** | Πελινναῖον] πεληναῖον **V** : πελιναῖον **H** **15** ἐπεφρίκεσαν] ἐπιπεφρίκεσαν **H** : ἐπιπεφρίκασιν **L** (corr. ex ἐπιπεφρύκασιν **P**) **A** | Χίον] ex corr. **P** : χῖον **V** (ante corr. **P**) **A** ‖ **16** οὔκουν] οὐκοῦν **VAH** ‖ **18** τι] corr. ex τε ut vid. **P** : τε Her. ‖ **21** ἐτρίφθη] ἐρρίφθη (corr. ex ἐρίφθη) **L** : ἐρρίφη Her. ‖ **23** περιλαμβάνει] παραλ. **PA** ‖ **24** κυκλοῦται] κυκλοῦνται **P** | ἐξερπύσαι] ἐξερπύσας **V**

καταπίμπραται. οὐκοῦν γυμνωθέντος τοῦ τόπου γίνεται κάτοπτα πάντα· καὶ οἱ Χῖοι ἐλευθερωθέντες τοῦ δέους ἧκον ἐπὶ θέαν, καὶ καταλαμβάνουσι τὰ ὀστᾶ μεγέθει μέγιστα καὶ κεφαλὴν ἐκπληκτικήν, ὡς ἐκ τούτων ἔχειν συμβαλεῖν ὅσος τε ἐκεῖνος ἦν καὶ ὁποῖος ἔτι περιών.

16.40. Ὄφεως ὄνομα σήψ, καὶ ἔχει θαυμάσαι ἄξιον ἐκεῖνο· τὴν χρόαν ἐκτρέπει τὴν ἑαυτοῦ, καὶ ἔοικε τοῖς τόποις καθ' οὓς ἔρχεται. ὀδόντας δὲ ἄρα τέτταρας τοὺς κάτω φέρει κοίλους, ἐφ' ὧν ὑμενώδεις ἐπίκεινται χιτῶνες, καλύπτοντες τὰ κοιλώματα. ἐκ τούτων οὖν πατάξαν τὸ θηρίον εἶτα ἀφίησι τὸν ἰόν· σήπει δὲ παραχρῆμα καὶ ἀναιρεῖ τάχιστα.

16.41. Μεγασθένης φησὶ [*FGrH* 715, fr. 21c] κατὰ τὴν Ἰνδικὴν σκορπίους γίνεσθαι πτερωτοὺς μεγέθει μεγίστους, τὸ κέντρον δὲ ἐγχρίμπτειν τοῖς Εὐρωπαίοις παραπλησίως. γίνεσθαι δὲ καὶ ὄφεις αὐτόθι καὶ τούτους πτηνούς· ἐπιφοιτᾶν δὲ οὐ μεθ' ἡμέραν ἀλλὰ νύκτωρ, καὶ ἀφιέναι ἐξ αὐτῶν οὖρον, ὅπερ οὖν ἐὰν κατά τινος ἐπιστάξῃ σώματος, σῆψιν ἐργάζεται παραχρῆμα. καὶ τὰ μὲν τοῦ Μεγασθένους ταῦτα. Πολύκλειτός γε μήν φησιν [*FGrH* 128, fr. 9] ἐν τῇ αὐτῇ γῇ σαύρους γίνεσθαι μεγίστους καὶ πολυχρόους, καὶ βαφαῖς τισιν εὐανθέσι τὰς δορὰς πεποικίλθαι δεινῶς, εἶναι δὲ καὶ ἅψασθαι ταύτας ἁπαλωτάτας. σαύρους δὲ Ἀριστοτέλης [*HA* 606b5; fr. 270.47 Gig.] ἐν τῇ τῶν Ἀράβων γῇ τίκτεσθαί φησι, καὶ δύο πήχεις ἔχειν αὐτούς.

16.42. Παμμένης ἐν τῷ περὶ θηρίων σκορπίους λέγει γίνεσθαι πτερωτοὺς καὶ δικέντρους ἐν Αἰγύπτῳ (καὶ οὔ φησιν ἀκοὴν λέγειν, ἀλλὰ ἑαυτοῦ τήνδε τὴν ἱστορίαν ὁμολογεῖ) καὶ ὄφεις δικεφάλους, καὶ ἔχειν δύο πόδας κατὰ τὸ οὐραῖον τούτους. Κτησίας γε μὴν ὁ Κνίδιός [fr. 35 Lenf.] φησι περὶ τὴν Περσικὴν Σιττάκην ποταμὸν εἶναι Ἀργάδην ὄνομα. ὄφεις δὲ ἄρα ἐν αὐτῷ γίνεσθαι πολλούς, μέλανας τὸ σῶμα πλήν γε τῆς κεφαλῆς· εἶναι δὲ αὐτοῖς λευκὴν ταύτην. προϊέναι δὲ εἰς ὀργυιὰν τὸ μῆκος τοὺς ὄφεις

3 κεφαλὴν] τὴν κεφ. Schn., Her. ‖ 4 ἐκπληκτικήν] ἐμπληκ. **P** | ὡς] καὶ **V** ‖ 8 φέρει] φέροι **V** ‖ 10 πατάξαν] παρατάξαν **P** ‖ 14 ἐγχρίμπτειν] ἐγχρίπτειν ***β*** | ὄφεις] ὄφις ut vid. **V** ‖ 16 αὐτῶν] αὑτῶν edd. ‖ 17 ἐπιστάξῃ] ἀποστάξῃ ***β*** ‖ 25 ἀκοὴν] ἀκοῇ **P** ‖ 26 λέγειν] λέγει **L** | ὁμολογεῖ] ὁμολογεῖν **V** ‖ 29 ἄρα] ἔτι **A** ‖ 31 λευκὴν] λευκὸν **P** | ὀργυιὰν] edd. : ὀργυίαν **VA** : ὀργυῖαν **LPH**

τούσδε· τοὺς οὖν ὑπὸ τούτων δηχθέντας ἀποθνῄσκειν. καὶ μεθ' ἡμέραν μὲν μὴ ὁρᾶσθαι, ὑφύδρους δὲ νήχεσθαι, νύκτωρ δὲ ἢ τοὺς ὑδρευομένους ἢ τοὺς τὴν ἐσθῆτα φαιδρύνοντας διαφθείρειν. πολλοὺς δὲ ἄρα πάσχειν τοῦτο ἢ χρείᾳ ὕδατος ἐπιλείποντος ἢ μεθ' ἡμέραν ἀσχοληθέντας καὶ ἀποπλῦναι τὴν ἐσθῆτα μὴ δεδυνημένους.

1 τοὺς—ἀποθνῄσκειν] del. Her. ‖ 5 καὶ] del. Her. ‖ 6 δεδυνημένους] δυναμένους P

LIBER XVII

17.1. Ἀλέξανδρος ἐν τῷ περίπλῳ τῆς Ἐρυθρᾶς θαλάττης [*FGrH* 25, fr. 3; cf. Well. (1891), p. 565] λέγει οὕτως· ὄφεις ἑωρακέναι τετταράκοντα πηχῶν μῆκος, πλάτος καὶ πάχος κατὰ τὸ μῆκος δηλονότι, καὶ γένος καρκίνων, οἷς τὸ μὲν ὄστρακον τὴν περιφέρειαν εἶχε πανταχόθεν πόδα, καὶ χηλαὶ δὲ ἠρτημέναι μέγισται προείχοντο, ἐπιβουλεύεσθαι δὲ ὑπ' οὐδενὸς αὐτούς. τὸ δὲ αἴτιον, ἱεροὶ λέγονται Ποσειδῶνος. καὶ ἀφιέρωνται τῷ θεῷ, οἷον ἀναθήματα εἶναι ἐκείνου ἀσινῆ τε καὶ ἀνεπιβούλευτα οἱ καρκίνοι.

17.2. Κλείταρχος ἐν τῇ περὶ τὴν Ἰνδικήν [*FGrH* 137, fr. 18] φησι γίνεσθαι ὄφιν πηχῶν ἑκκαίδεκα. γίνεσθαι δὲ καὶ ἄλλο τι γένος ὄφεων ὑμνεῖ, οὐ κατὰ τοὺς ἑτέρους τὸ εἶδος· βραχυτέρους μὲν γὰρ εἶναι τῷ μεγέθει πολλῷ, ποικίλους γε μὴν τὴν χρόαν ὁρᾶσθαι, ὥσπερ οὖν φαρμάκοις καταγραφέντας· τοὺς μὲν γὰρ χαλκοειδεῖς ταινίας ἔχειν ἀπὸ κεφαλῆς ἐς τὴν οὐρὰν καθερπούσας, τοὺς δὲ ἀργυρίῳ προσεικασμένας, πεφοινιγμένας ἄλλους, καὶ μέντοι καὶ χρυσοφαεῖς τινας. δακεῖν δὲ ἄρα καὶ ἀποκτεῖναι ὤκιστα δεινοὺς αὐτοὺς λέγει οὗτος.

17.3. Ἐν τῷ ἐννάτῳ τῶν περὶ Πτολεμαίων λόγων λέγει Νύμφις [*FGrH* 432, fr. 17] ἐν γῇ τῇ Τρωγλοδύτιδι γίνεσθαι ἔχεις ἄμαχόν τι μέγεθος, εἰ πρὸς τοὺς ἄλλους ἔχεις ἀντικρίνοιντο· εἶναι γὰρ πηχῶν

2 θαλάττης] θαλάσσης **V** ‖ 3 οὕτως] del. Her. | ἑωρακέναι] ἑορ. Her. 4 τετταράκοντα] **H**, Jac., Her. : μ' **VLPA** | μῆκος] τὸ μῆκ. **V**, Her. | πλάτος — 5 δηλονότι] del. Her. | πλάτος] πλά. δὲ (δὲ sscr. al. m.) **L** ‖ 6 καὶ] del. Her. 7 προείχοντο] προείχοντο (corr. ex προεῖχοντο **L**) ἐπηρτημένον **LPH** : προεῖχον τὸ ἐπηρτημένον **A** : προεῖχον Her. ‖ 11 ἐν τῇ] eras. **L** : aut libri numerus exc. aut corrigendum ἐν τοῖς, Her. in app. ‖ 12 ὄφιν] ὄφεις **V**, Her. ἑκκαίδεκα] ex corr. **L** : ἑκκ. (ante corr. **L**) **PH** : ἑξκαίδεκα **A** : ις' **V** ‖ 14 τῷ μεγέθει] del. Her. ‖ 16 κεφαλῆς] τῆς κεφ. Ges., Her. ‖ 17 ἀργυρίῳ] ἀργύρῳ Her. προσεικασμένας] προσεικασμένους **A** | πεφοινιγμένας] πεφοινιγμένους **A** 18 χρυσοφαεῖς] χρυσοφανεῖς **LAH** : χρυφανεῖς **P** ‖ 19 λέγει οὗτος] ὁ αὐτὸς λέγει malit Her. in app. ‖ 20 ἐννάτῳ] θ' **LPA** : ἐνάτῳ **H** | τῶν] τῷ **A** | Πτολεμαίων] dub. (-ίων vel -ίω) **L** : πτολομαίων **P** : Πτολεμαῖον **A**, Her. | λόγων] λόγῳ **VPAH** 21 γῇ] τῇ γῇ Her. ‖ 22 ἀντικρίνοιντο] ἀντικρίνοιτο **V**

καὶ πεντεκαίδεκα· τάς γε μὴν χελώνας εἶναι τοσαύτας τὸ χελώνιον, ὡς χωρεῖν μεδίμνους Ἀττικοὺς καὶ ἓξ αὐτό.

17.4. Ἔστι δὲ καὶ πρηστὴρ ὄφεων γένος, ὅσπερ οὖν εἰ δάκοι, τὰ μὲν πρῶτα νωθεῖς ἀπεργάζεται καὶ ἥκιστα κινητικούς, εἶτα μέντοι κατ᾽ ὀλίγον ἀγνώστους καὶ ἀναπνεῖν ἀδυνάτους· καὶ μέντοι καὶ λήθην καταχεῖ τῇ γνώμῃ τὸ δῆγμα, καὶ τὴν κύστιν ἐπέχει, καὶ λειπότριχας ἀποφαίνει, εἶτα ἕπεται πνιγμός, καὶ σπᾶσθαι ποιεῖ, καὶ τὸ τέλος τοῦ βίου ἀλγεινότατον.

17.5. Φύλαρχος ἐν τῇ δωδεκάτῃ ὑπὲρ τῶν Αἰγυπτίων ἀσπίδων ᾄδει τοιαῦτα [*FGrH* 81, fr. 27]. τιμᾶσθαί φησιν αὐτὰς ἰσχυρῶς, καὶ ἐκ ταύτης γε τῆς τιμῆς ἡμερωτάτας τε καὶ χειροήθεις γίνεσθαι τὰς ἐκ τῆς τροφῆς πεπωλευμένας. τοῖς παιδίοις οὖν συντρεφομένας μηδὲν ἀδικεῖν, καὶ καλουμένας δὲ ἐξέρπειν τῶν φωλεῶν καὶ ἀφικνεῖσθαι. κλῆσις δὲ αὐταῖς ὁ τῶν δακτύλων ἐστὶ κρότος. προτείνουσι δὲ ἄρα οἱ Αἰγύπτιοι καὶ ξένια αὐταῖς. ἐπὰν γὰρ ἀπὸ δείπνου γένωνται, ἄλφιτα οἴνῳ καὶ μέλιτι ἀναδεύσαντες κατὰ τῆς τραπέζης τιθέασιν, ἐφ᾽ ἧς ἔτυχον δεδειπνηκότες· εἶτα μέντοι κροτήσαντες οἱονεὶ δαιτυμόνας καλοῦσι. καὶ ἐκεῖναι ὥσπερ οὖν ὑπὸ συνθήματι παραγίνονται, καὶ ἄλλη ἀλλαχόθεν ἐξέρπει, καὶ περιστᾶσαι τὴν τράπεζαν τὴν μὲν λοιπὴν σπεῖραν ἐῶσι κατὰ τοῦ δαπέδου, ἄρασαι δὲ τὴν κεφαλὴν περιλιχμῶνται, καὶ ἡσυχῇ καὶ κατ᾽ ὀλίγον ἐμπίπλανται τῶν ἀλφίτων, καὶ καταναλίσκουσιν αὐτά. νύκτωρ δὲ ἐὰν ἐπείγῃ τι τοὺς Αἰγυπτίους, κροτοῦσι πάλιν· ὑποσημαίνει δὲ ἄρα ὅδε ὁ ψόφος ἐξίστασθαί τε αὐτὰς καὶ ἀναχωρεῖν. οὐκοῦν συνιᾶσι καὶ ἐκεῖναι τὴν τοῦ κτύπου διαφορὰν καὶ ἐφ᾽ ὅτῳ τοῦτο δρᾶται, καὶ παραχρῆμα ἀναστέλλονται καὶ ἀφανίζονται, εἰς τοὺς χηραμούς τε καὶ φωλεοὺς ἕρπουσαι. ὁ γοῦν ἀνιστάμενος οὔτε ἐμβαίνει τινὶ αὐτῶν οὔτε περιπίπτει.

1 χελώνιον] χελώνειον **LA** ‖ **5** ἀγνώστους] ἀνώστους Ges. in mg. : voc. susp., Schn., Jac. : ἀρρώστους Her. ‖ **6** τῇ γνώμῃ] τῆς γνώμης Her. | κύστιν] corr. ex κύστην **LP** : καῦστιν **A** ‖ **7** λειπότριχας] λιπότρ. Ges., Her. ‖ **11** γε] om. **AH** τιμῆς] om. **A** ‖ **12** τὰς] om. **V** | τὰς—πεπωλευμένας] del. Her. ‖ **13** καὶ] del. Her. **14** αὐταῖς] αὐτῶν ***β*** ‖ **16** ἀπὸ] ἐπὶ **A** ‖ **20** περιστᾶσαι] παραστ. **P** | σπεῖραν] σπείραν **V** ‖ **23** τι] om. **V** ‖ **24** ὅδε] om. **V** | αὐτὰς] post ἄρα transp. Her. **25** συνιᾶσι] συνίασι **LPA** | καὶ] del. Her. ‖ **27** γοῦν] οὖν Her. ‖ **28** περιπίπτει] παραπ. **P**

17.6. Ὁ κροκόδειλος γίνεται μήκιστος πολλάκις. ἐπὶ γοῦν Ψαμμιτίχου τοῦ Αἰγυπτίων βασιλέως πέντε καὶ εἴκοσι πηχῶν κροκόδειλον φανῆναί φασιν, ἐπὶ δὲ Ἀμάσιδος παλαιστῶν τεττάρων καὶ πηχῶν ἓξ καὶ εἴκοσι. κήτη δὲ περὶ τὴν Λάκαιναν θάλατταν ἀκούω γίνεσθαι μεγέθει μέγιστα, καί τινές γε τῶν κριτικῶν τὸν Ὅμηρον ἐντεῦθέν φασιν εἰπεῖν Λακεδαίμονα κητώεσσαν [*Il.* 2.581; *Od.* 4.1]. περὶ τὰ Κύθηρα δὲ ἔτι καὶ μείζω τὰ κήτη ὑμνοῦσι γίνεσθαι. ἔοικε δὲ αὐτῶν καὶ τὰ νεῦρα λυσιτελῆ εἶναι εἰς τὰς τῶν ψαλτηρίων καὶ τῶν ἄλλων ὀργάνων χορδοστροφίας· καὶ μέντοι καὶ ἐς τὰ πολεμικὰ ὄργανα καὶ αἱ τούτων νευραὶ δοκοῦσι λυσιτελέσταται. ἐν δὲ τῇ Ἐρυθρᾷ θαλάττῃ πρὸς τοῖς ἤδη προειρημένοις γίνονται καὶ σκορπίοι καὶ κωβιοὶ δύο πηχῶν καὶ μέντοι καὶ τριῶν. Ἀμώμητος [fr. 3 Müll.] δέ φησιν ἐν τῇ Λιβύῃ πόλιν εἶναί τινα, ἐν ᾗ τοὺς ἱερέας ἔκ τινος λίμνης ἐπαοιδαῖς καταγοητεύοντας εὖ μάλα ἑλκτικαῖς ἐξάγειν κροκοδείλους πηχῶν ἑκκαίδεκα. Θεοκλῆς δὲ ἐν τῇ τετάρτῃ περὶ τὴν Σύρτιν λέγει γίνεσθαι κήτη τριήρων μείζονα. περὶ δὲ τὴν Γεδρωσίαν χώραν (ἔστι δὲ μοῖρα τῆς γῆς τῆς Ἰνδικῆς οὐκ ἄδοξος) Ὀνησίκριτος λέγει [*FGrH* 134, fr. 31] καὶ Ὀρθαγόρας [*FGrH* 713, fr. 4] γίνεσθαι κήτη ἥμισυ ἔχοντα σταδίου τὸ μῆκος, πλάτος δὲ κατὰ λόγον τοῦ μήκους καὶ τοῦτο δηλονότι. τοσαύτην δέ φασιν ἔχειν δύναμιν αὐτά, ὡς πολλάκις, ὅταν ἀναφυσήσῃ τοῖς μυκτῆρσιν, ἐς τοσοῦτον ἀναρρίπτειν τῆς θαλάττης τὸ κλυδώνιον, ὡς δοκεῖν τοῖς ἀμαθέσι καὶ ἀπείροις πρηστῆρας εἶναι ταῦτα.

2 Ψαμμιτίχου] ψαμμιτείχου **LPA** | πηχῶν—4 τεττάρων] post ἀκούω transp. **L** **3** φανῆναί] φανῆται **A** | φασιν] φησιν **LPA** ‖ **4** τεττάρων] **H**, Jac., Her. : δ′ **VLPA** καὶ πηχῶν] πηχ. καὶ **L** | τὴν] om. **LA** | Λάκαιναν] λακεδαιμονίαν **P** : λακεδαιμονίων **H** ‖ **5** θάλατταν] θάλασσαν **V** | γίνεσθαι] post voc. dist. **L** **6** κριτικῶν] κρητικῶν **PAH** | τὸν] del. Her. | φασιν εἰπεῖν] εἰπεῖν φασι ***β*** **7** κητώεσσαν] κητώεσαν **V** ‖ **8** αὐτῶν] αὐτῷ **L** ‖ **10** καὶ[3]] om. **AH** | καὶ[3]—11 λυσιτελέσταται] del. Her. ‖ **11** θαλάττῃ] θαλάσσῃ **VA** ‖ **16** ἑκκαίδεκα] **H**, Jac., Her. : ις′ **VLPA** ‖ **17** τὴν] om. **V** | Γεδρωσίαν] Ges., Jac. : γετρωσίαν **LPA** : γερωσίαν **H** : γεδρῶ ut vid. (γεδρ cum ῶ supra ρ) **V** : Γεδρωσίων Her. **20** πλάτος—21 δηλονότι] del. Her. ‖ **22** ἀναφυσήσῃ] ἀναφυσσήσῃ **A** **23** ἀναρρίπτειν] ἀναρριπτεῖν **P** | θαλάττης] θαλάσσης **V** ‖ **24** ταῦτα] ταύτας **VP** : om. **H**

17.7. Ἀριστοτέλης ἐν τῷ ὀγδόῳ περὶ ζῴων [*HA* 596a3–9; fr. 270.48 Gig.] φησὶ τοὺς ἐλέφαντας ἐσθίειν κριθῶν μεδίμνους Μακεδονικοὺς ἐννέα, ἀλφίτων δὲ ἐπὶ τούτοις ἕξ, εἰ δὲ δοίης, καὶ ἑπτά, καὶ χιλὸν φύλλα καὶ κλάδους ἁπαλούς· πίνειν δὲ αὐτοὺς ὁ αὐτὸς λέγει μετρητὰς Μακεδονικοὺς τεσσαρεσκαίδεκα, καὶ πάλιν τῆς δείλης ἐπιπίνειν ὀκτώ. βιοῦν δὲ ἐλέφαντα ἔτη διακόσιά φησι, προϊέναι δὲ ἔστιν οὓς καὶ εἰς τρεῖς ἑκατοντάδας.

Διειδὲς δὲ ὕδωρ καὶ ἀκραιφνὲς καμήλῳ πιεῖν ἔχθιστόν ἐστι, τεθολωμένον δὲ καὶ ῥυπαρὸν ἥδιστον πομάτων ἡγεῖται. καὶ μέντοι ἐς ποταμὸν ἐὰν ἀφίκηται ἢ λίμνην, οὐ πρότερον ἐπικύπτει πιεῖν, πρὶν ἢ τοῖς ποσὶν ἀναταράξῃ τὴν ἰλὺν καὶ ἀφανίσῃ τὸ κάλλος τοῦ ὕδατος. ἄποτος δὲ ἐὰν μείνῃ, διακαρτερεῖ καὶ ὀκτὼ ἡμέρας.

17.8. Πυθαγόρας ἐν τοῖς περὶ τῆς Ἐρυθρᾶς θαλάττης [cf. p. 172.10–11 Thesl.] λέγει ζῷόν τι γίνεσθαι χερσαῖον περὶ τὸ πέλαγος ἐκεῖνο, τὸ καλούμενον κῆπον. φερώνυμον δὲ εἶναι καὶ εἰκότως· ἔχειν γὰρ χρόας πολλάς. καὶ μέγεθος μὲν εἰληχέναι τὸν τέλειον κατὰ τοὺς κύνας τοὺς Ἐρετρικούς. περιελθεῖν δὲ αὐτοῦ τὸ ποικίλον ἐθέλω καὶ δεῖξαι τῷ λόγῳ, ὡς ἐκεῖνος γράφει. τὰ μὲν δὴ περὶ τὴν κεφαλὴν αὐτῷ καὶ τὸν νῶτον καὶ τὴν ῥάχιν ἐς τὴν οὐρὰν τελευτῶντα ἀκράτως πυρσά ἐστι, θεάσαιο δ᾽ ἂν καὶ τρίχας χρυσοειδεῖς τινας διεσπαρμένας· λευκὸν δὲ τὸ πρόσωπόν οἱ μέχρι τῶν παρειῶν αὐτῶν, ἐντεῦθέν γε μὴν ταινίαι χρυσοειδεῖς κατίασιν εἰς τὴν δέρην. ταύτης δὲ τὰ κάτω μέχρι τῶν στέρνων καὶ οἱ πόδες

4 καὶ[1]—ἁπαλούς] del. Her. | χιλὸν] Schn., Jac. : χίλον **V** : χείλων **P** : χειλῶν **LAH** ‖ 5 Μακεδονικοὺς] λακεδαιμονικοὺς ***β*** | τεσσαρεσκαίδεκα] **H** : ιδʹ **VLPA** : τετταρεσκαίδεκα Jac., Her. ‖ 6 ἐλέφαντα] ἐλέφαντας edd. | φησι] φασι **V** 8 καμήλῳ] ἐλέφαντι **LA** ‖ 9 ἡγεῖται] ἡγεῖσθαι **A** ‖ 10 μέντοι] μέντοι καὶ **A**, edd. ποταμὸν] ποταμοὺς **V** ‖ 11 ἢ] om. **V** | ἀναταράξῃ] ἀναταράξει **VLH** : ἐπιταράσσει **A** : ἐπιταράξῃ Ges., Jac. | ἀφανίσῃ] ἀφανίσει **VLAH** 12 ἄποτος—ἐὰν] ἐὰν δὲ ἄποτος **LPA** | ὀκτὼ] edd. : ηʹ **VPA** : ὀκτωκαίδεκα **H** : om. **L** ‖ 13 ἡμέρας] ἡμέραν **L** ‖ 14 τοῖς] τῇ **P** | θαλάττης] θαλάσσης **V** ‖ 15 λέγει] φησὶ **V** | γίνεσθαι] corr. ex γενέσθαι **P** | γίνεσθαι χερσαῖον] χερσ. γενέσθαι **V** 16 τὸ] τὸν Her. | καὶ εἰκότως] del. Her. ‖ 17 ἔχειν] ἔχει **A** ‖ 19 ὡς] καὶ del. (ὡς in mg. al. m.) **V** ‖ 20 τὸν] τὸ Her. ‖ 21 ἀκράτως] ἀκρατῶς **V** | θεάσαιο] θεάσαι **V** 23 αὐτῶν] del. Her. | κατίασιν] κατιᾶσιν **V** ‖ 24 εἰς] ἐς **LPA** | τὰ—στέρνων] τὰ στέρνα μέχρι τῶν κάτω (in mg. al. m. V) **A**

δὲ οἱ πρόσθιοι λευκανθίζει πάντα. μαζοὶ δὲ χειροπληθεῖς δύο κυανοῖ, γαστὴρ δὲ λευκὴ πᾶσα, πόδες δὲ οἱ κατόπιν μέλανές εἰσι. προσώπου δὲ μορφὴν ἐκείνου, κυνοκεφάλῳ παραβαλὼν αὐτὴν ἀληθεύσεις, εὖ ἴσθι.

17.9. Ὀνοκενταύραν καλοῦσι ζῷόν τι, καὶ ταύτην ὅστις εἶδεν, οὐκ ἂν ἠπίστησεν, ὡς λόγος, ὅτι καὶ Κενταύρων φῦλα ἦν, καὶ οὐ κατεψεύσαντο οἱ χειρουργοὶ περὶ πλαστικήν τε καὶ γραφικὴν τῆς φύσεως, ἀλλὰ καὶ ἐκείνους ἤνεγκεν ὁ χρόνος κράσει σωμάτων οὐχ ὁμοίων ἑνωθέντας. καταλείπωμεν δὴ αὐτούς, εἴτε ἐγένοντο ὄντως ἐπιδημίᾳ πάντες μιᾷ καὶ τῇ αὐτῇ, εἴτε ἡ φήμη κηροῦ παντὸς οὖσα εὐπλαστοτέρα τε καὶ εὐπειθεστέρα διέπλασεν αὐτούς, καὶ ἀνέμιξεν ἵππου καὶ ἀνθρώπου δαιμονίᾳ τινὶ συναφῇ ἡμίτομα, καὶ ἔδωκε μίαν ψυχήν. αὕτη δὲ ὑπὲρ ἧς ὥρμηται λέγειν ὅδε ὁ λόγος, εἰς ἀκοὴν τὴν ἐμὴν τοιάδε ἀφίκετο. ἀνθρώπῳ τὸ πρόσωπον εἴκασται, περιέρχονται δὲ αὐτὰ βαθεῖαι τρίχες. τράχηλός τε ὑπὸ τῷ προσώπῳ καὶ στέρνα, καὶ ταῦτα ἀνθρωπικά· μαζοὶ δὲ ἠρμένοι καὶ κατὰ τοῦ στήθους ἐφεστῶτες, ὦμοι δὲ καὶ βραχίονες καὶ πήχεις, ἔτι δὲ χεῖρες καὶ στέρνα εἰς ἰξύν, καὶ ταῦτα ἀνθρωπικά· ῥάχις δὲ καὶ πλευραὶ καὶ γαστὴρ καὶ πόδες οἱ κατόπιν ὄνῳ καὶ μάλα ἐμφερῆ, καὶ τεφρώδης κατ' ἐκείνους ἡ χρόα, τὰ δὲ ὑπὸ ταῖς λαπάραις ἡσυχῇ λευκανθίζει. αἱ χεῖρες τῷδε τῷ ζῴῳ διπλῆν παρέχουσι χρείαν· ἔνθα μὲν γὰρ τάχους δεῖ, προθέουσι τῶν ὀπίσω σκελῶν, καὶ τῶν λοιπῶν τετραπόδων οὐχ ἡττᾶται τὸν δρόμον· δεῖ δὲ πάλιν τροφῆς ἢ ἀφελεῖν τι ἢ καταθέσθαι ἢ συλλαβεῖν καὶ σφίγξαι, καὶ οἱ πόδες οἱ τέως χεῖρες ἐγένοντο, καὶ οὐ βαδίζει, κάθηται δέ. βαρύθυμον δὲ ἰσχυρῶς τὸ ζῷόν ἐστιν. ἐὰν γοῦν ἁλῷ, δουλείαν μὴ φέρον καὶ τῆς τέως ἐλευθερίας γλιχόμενον

1 δὲ[1]] γε **VH** ‖ **2** κυανοῖ] κυανοί **β** | πᾶσα] om. **β** ‖ **3** μορφὴν ἐκείνου] μορφή Her. ‖ **5** ταύτην] ταῦτα **V** | εἶδεν] οἶδεν **VH** ‖ **6** ὡς λόγος] del. Her. | καὶ[1]] om. **V** **7** περὶ—γραφικὴν] del. Her. ‖ **9** καταλείπωμεν] καταλίπωμεν **VH** : καταλείπομεν **P** | δὴ] δὲ Her. | ὄντως] om. **A** ‖ **10** πάντες] del. Her. | κηροῦ] μικροῦ **A** ‖ **11** τε] om. **V** ‖ **12** δαιμονίᾳ] δαιμόνια **P** ‖ **13** ἔδωκε] ἔδωκαν **V** **15** περιέρχονται] περιέχονται Jac. in com. | αὐτὰ] αὐτοῦ **β** : αὐτὸ Schn., Her. **16** ἠρμένοι] ᾑρμενοι edd. ‖ **17** καὶ[1]] om. **V** | ἐφεστῶτες] ἀφεστῶτες **PH** **18** στέρνα] vitiosum cens. (coni. ἕτερα) Pau. : ante voc. lac. stat. Jac., Her. **20** ἐκείνους] ἐκεῖνον Her. | ταῖς λαπάραις] τὰς λαπάρας Her. ‖ **21** χεῖρες] δὲ sscr. **L** : χεῖρες δὲ Jac., Her. ‖ **24** τροφῆς] del. Her.

τροφὴν ἀπέστραπται πᾶσαν, καὶ ἀποθνήσκει λιμῷ. Πυθαγόρας [cf. p. 172.10–11 Thesl.] λέγει καὶ ταῦτα, ὥσπερ οὖν τεκμηριοῖ Κράτης ὁ ἐκ τοῦ Μυσίου Περγάμου [fr. 10.5, p. 69 Wachs.].

17.10. Ἡ Βοιωτῶν γῆ ἀσπαλάκων ἀφεῖται, καὶ αὐτὴν οὐ διορύττει τὸ ζῷον τοῦτο κατὰ Λεβάδειαν· ἐὰν δέ πως καὶ ἀλλαχόθεν εἰσκομισθῶσιν, ἀποθνήσκουσι. περὶ μὲν οὖν τὴν Ὀρχομενίων γίνονται καὶ πολλοί. ἐν δὲ Λιβύῃ συῶν ἀγρίων ἀπορία ἐστὶ καὶ ἐλάφων. ἐν δὲ τῷ Πόντῳ οὔτε μαλάκια οὔτε ὀστρακόδερμα γίνεται, εἰ μὴ σπανίως καὶ ὀλίγα. λέγει δὲ Δείνων [*FGrH* 690, fr. 22] ἐν Αἰθιοπίᾳ γίνεσθαι τοὺς ὄρνιθας τοὺς μονόκερως καὶ ὗς τετράκερως καὶ πρόβατα ἐρίων μὲν ψιλά, τρίχας δὲ καμήλων ἔχοντα.

17.11. Ἐν Ζακύνθῳ λέγουσιν οἱ δεινοὶ τὰ τοιαῦτα βασανίσαι τε καὶ ἀνιχνεῦσαι τοῖς ὑπὸ τῶν φαλαγγίων δακνομένοις μὴ μόνον ταῦτα ἀπαντᾶν, ὅσα καὶ τοῖς ἀλλαχόθι δηχθεῖσιν, ἀλλὰ ἐκεῖνα πάντα πλείω. ὅλα γὰρ αὐτοῖς τὰ σώματα γίνεται νάρκης ἀνάπλεω καὶ μεστά, καί πως ὑπότρομα καὶ ψυχρὰ ἰσχυρῶς, καὶ ἔμετοι σπασμὸν ἀναφύοντες, καὶ ὀρθοῦται τὸ σκεῦος αὐτοῖς· ἀλγοῦσι δὲ καὶ τὰ ὦτα ἰσχυρῶς, καὶ τοῦ ποδὸς ἑκατέρου τὸ θέναρ καὶ τοῦτο ὀδυνῶνται. ἐνδείκνυνται δὲ ἄρα ταῦτα καὶ ἀλγοῦντες, ὅσα εἶπον, ἕκαστος τὰς χεῖρας ἐπιβάλλοντες αὐτῶν. ὃ δέ ἐστι καὶ ἀκοῦσαι ἐκπληκτικὸν καὶ μέντοι καὶ θαυμασιώτερον ἰδεῖν, ὅταν τινὲς τῶν ἀδήκτων ἢ ἐμβῶσι τοῖς ἀπολούτροις τῶν δηχθέντων ἢ καὶ νὴ Δία ἀπονίψωνται τοὺς πόδας (οἷα δήπου γίνεσθαι φιλεῖ πολλά· ἤδη δὲ ἄρα ἀπαντᾷ τὰ τοιαῦτα καὶ κατά τινας ἐπιβουλὰς

5 Λεβάδειαν] λιβαδίαν ***β*** ‖ **6** περὶ—7 πολλοί] a glossatore profecta vid., Her. in app. | μὲν] om. **V** ‖ **9** γίνεται] γίνονται **V** | Δείνων] δίνων **LPA** ‖ **10** γίνεσθαι] γενέσθαι **P** | τοὺς[1]—11 μονόκερως] ὄρνιθας μονόκερως malit Her. in app. **11** μονόκερως] μονόκερω **V** | τρίχας] τρίχα **V** ‖ **12** ἔχοντα] μὴ ἔχο. **V** ‖ **15** ταῦτα] τοῦτο **A** : τοσαῦτα Her. | ἐκεῖνα πάντα] ἐκεῖνα **VH** : ἐκείνων Her. **17** ἀνάπλεω] ἀνάπλεα **LA** : ἀνάπλα **P** | καὶ μεστά] om. **V** : del. Her. ‖ **18** ἔμετοι] post voc. lac. stat. Her. (fort. ἕπονται vel παρακολουθοῦσι, Her. in app.) **20** ἐνδείκνυνται] ἐνδείκνυται **PA** | ταῦτα—ἀλγοῦντες] αὐτὰ Her. ‖ **21** ἕκαστος] ἕκαστα καὶ οἱ Her. | αὐτῶν] αὐτοῖς Her. ‖ **22** θαυμασιώτερον] θαυμασιώτατον? Her. in app. ‖ **23** ἀπολούτροις] ut vid. **V**, Her. : ἀπολουτρίοις ***β*** ‖ **24** Δία] δία καὶ **LPA** | γίνεσθαι] γίνονται **A** | φιλεῖ] φιλεῖν **L** : om. **A** ‖ **25** πολλά] πολλάκις Her. | ἀπαντᾷ] ἅπαντα (corr. ex ἀπαντα (sic) **P**) **H**

ἐχθρῶν), πάντα καὶ ἐκείνοις γίνεται τὰ ἀλγήματα, ὅσα καὶ τοῖς δηχθεῖσι δήπου.

17.12. Γένος τι φρύνης ἀκούω καὶ πιεῖν δεινὸν καὶ πικρὸν ἰδεῖν. πιεῖν μέν, εἴ τις αὐτὴν συντρίψας εἶτα μέντοι τὸ αἷμα δοίη τῳ πιεῖν, κατ᾽ ἐπιβουλὴν ἐμβαλὼν εἴτε εἰς οἶνον εἴτε εἰς ἄλλο πόμα τι, ὧνπερ οἱ τούτων κατάρατοι σοφισταὶ τὴν πονηρὰν ἀκριβοῦντες σοφίαν ἐπιτήδειον ἥγηνται τὴν πρὸς ἐκεῖνο τὸ αἷμα κρᾶσιν. καὶ ποθὲν ἀπέκτεινεν οὐκ εἰς ἀναβολὰς ἀλλὰ παραχρῆμα. ἰδεῖν δὲ ἡ φρύνη κακόν ἐστι τοιοῦτον. ἐάν τις θεάσηται τὴν θῆρα, εἶτα αὐτῇ ἀντίος ὁρῶν προσβλέψῃ δριμύ, καὶ ἐκείνη κατὰ τὴν ἑαυτῆς φύσιν ἰταμὸν ἀντιβλέψῃ, καί τι καὶ φύσημα ἐμπνεύσῃ ἑαυτῇ μὲν συμφυές, χρωτὶ δὲ ἐχθρὸν ἀνθρωπίνῳ, ὠχροὺς ἐργάζεται, ὡς εἰπεῖν τὸν οὐκ εἰδότα ἀλλὰ ἐντυχόντα πρῶτον ὅτι νοσήσαντα εἶδεν ἄνθρωπον. μένει τε ἡ ὠχρότης ἡμερῶν οὐ πολλῶν, εἶτα ἀφανίζεται.

17.13. Χαραδριοῦ δὲ ἦν ἄρα δῶρον τοῦτο, ὃ οὐ μὰ Δία ἀτιμάζειν ἄξιον. ἣν γοῦν ὑπαναπλησθεὶς τὸ σῶμα ἰκτέρου τις, εἶτά οἱ δριμὺ ἐνορῶν, ὃ δὲ ἀντιβλέπει καὶ μάλα γε ἀτρέπτως, ὥσπερ οὖν ἀντιθυμούμενος, καὶ ἡ τοιάδε ἀνάβλεψις ἰᾶται τὸ προειρημένον πάθος τῷ ἀνθρώπῳ.

17.14. Ἐγὼ μὲν οὐ πεπίστευκα, εἰ δὲ ἕτερος Εὐδόξῳ πείθεται, πιστευέτω ὅ φησιν Εὔδοξος [*FGrH* 79, fr. 3], ὑπερβαλὼν τὰς Ἡρακλείους στήλας ἐν λίμναις ἑωρακέναι ὄρνιθάς τινας καὶ μείζους βοῶν. καὶ ὅτι μὲν οὐ πείθει με ὁ λέγων, ἤδη εἶπον· ἃ δ᾽ οὖν ἤκουσα, οὐκ ἐσίγησα.

17.15. Ἀριστοτέλης λέγει [*HA* 541a27; 560b14; fr. 270.49 Gig.] πέρδικα θῆλυν, ὅταν κατὰ νώτου γένηται τοῦ ἄρρενος, ἐγκύμονα

4 δοίη] ex corr. L : δοίοι *β* (ante corr. L) | τῳ] edd. : τῷ V (ex corr. L) : τὸ *β* (ante corr. L) ‖ 5 ἄλλο—τι] ἄλλο πόμα H : ἄλλα πώματα Her. ‖ 6 ὧνπερ] ὥσπερ A τούτων] τῶν τοιούτων? Her. in app. | τὴν] οἱ τὴν Jac. in app. | τὴν—7 σοφίαν] del. Her. ‖ 7 πρὸς] πρὸς τὸ LH | κρᾶσιν] Jac., Her. : κράσιν codd. ‖ 8 ποθὲν] ποθὲν δὲ V ‖ 9 θῆρα] ex corr. L, Ges. in mg., Her. : θήραν codd. (ante corr. L) 11 καί] δή V | καὶ] om. A | ἐμπνεύσῃ] ἐκπνεύσῃ VH ‖ 12 ὠχροὺς] ὠχρὸν edd. 13 εἰδότα] ἰδόντα Her. | εἶδεν] ἴδεν P ‖ 16 ἣν] ἢν VH : εἰ Her. ‖ 17 ἐνορῶν] ἐνορῴη H, Ges. in mg., Her. | γε] τε LPA ‖ 18 ἀντιθυμούμενος] ἀντιφιλοτιμούμενος Her. | καὶ] om. V | ἀνάβλεψις] ἀντίβλεψις Gro., Her. | τὸ—19 πάθος] τοῦ προειρημένου πάθους LA ‖ 19 τῷ ἀνθρώπῳ] τὸν ἄνθρωπον *β* 21 ὅ] om. V ‖ 22 ἑωρακέναι] ἑορ. Her. ‖ 26 νώτου] νῶτον H : ἄνεμον Schn., Her.

γίνεσθαι φύσει τινὶ ἀρρήτῳ. διαπλέκει δὲ ἄρα ὁ ὄρνις οὗτος ἐν ἡμέραις τὴν νεοττιὰν ἑπτά, καὶ ἐν ἑπτὰ μέντοι τίκτει, ἐν δὲ ταῖς τοσαύταις καὶ ἐκτρέφει τὰ νεόττια.

Τίμαιος δὲ [*FGrH* 566, fr. 160] καὶ Ἡρακλείδης καὶ Νεοκλῆς ὁ ἰατρὸς λέγουσι τοὺς φρύνους δύο ἤπατα ἔχειν, καὶ τὸ μὲν ἀποκτείνειν, τὸ δὲ ἐκείνου πεφυκέναι ἀντίπαλον· σώζειν γάρ.

17.16. Θεόπομπος λέγει [*FGrH* 115, fr. 274] τοὺς περὶ τὸν Ἀδρίαν οἰκοῦντας Ἐνετούς, ὅταν περὶ τὸν ἄροτον τρίτον καὶ σπόρου ἡ ὥρα ᾖ, τοῖς κολοιοῖς ἀποστέλλειν δῶρα· εἴη δ' ἂν τὰ δῶρα ψαιστὰ ἅττα καὶ μεμαγμέναι μάζαι καλῶς τε καὶ εὖ. βεβούλευται δὲ ἄρα ἡ τῶνδε τῶν δώρων πρόθεσις μειλίγματα τοῖς κολοιοῖς εἶναι καὶ σπονδῶν ὁμολογίαι, ὡς ἐκείνους τὸν καρπὸν τὸν Δημήτρειον μὴ ἀνορύττειν καταβληθέντα εἰς τὴν γῆν μηδὲ παρεκλέγειν. Λύκος δὲ ἄρα καὶ ταῦτα μὲν ὁμολογεῖ [*FGrH* 570, fr. 4], καὶ ἐκεῖνα δὲ ἐπὶ τούτοις προστίθησι, ** καὶ φοινικοῦς ἱμάντας τὴν χρόαν, καὶ τοὺς μὲν προθέντας ταῦτα εἶτα ἀναχωρεῖν. καὶ τὰ μὲν τῶν κολοιῶν νέφη τῶν ὅρων ἔξω καταμένειν, δύο δὲ ἄρα ἢ τρεῖς προῃρημένους κατὰ τοὺς πρέσβεις τοὺς ἐκ τῶν πόλεων πέμπεσθαι κατασκεψομένους τῶν ξενίων τὸ πλῆθος· οἵπερ οὖν ἐπανίασι θεασάμενοι, καὶ καλοῦσιν αὐτούς, ᾗ πεφύκασιν οἳ μὲν καλεῖν, οἳ δὲ ὑπακούειν. ἔρχονται μὲν κατὰ νέφη, ἐὰν δὲ γεύσωνται τῶν προειρημένων, ἴσασιν οἱ Ἐνετοὶ ὅτι ἄρα αὐτοῖς πρὸς τοὺς ὄρνιθας τοὺς προειρημένους ἔνσπονδά ἐστιν, ἐὰν δὲ ὑπερίδωσι καὶ

1 ἀρρήτῳ] ἀπορρήτῳ **H**, Her., fort. recte | οὗτος] corr. ex οὕτω ut vid. **A** 2 νεοττιὰν] Her. : νεοττίαν **P** : νεοττείαν **LAH** : νοττιὰν **V** ‖ 3 καὶ] om. **VH** | τὰ] καὶ τὰ **V** ‖ 4 δὲ] om. **A** | καὶ[1] om. **AH** | Ἡρακλείδης] Gro., Her. : ἡρακλῆς (-κλῆς **P**) **VLP** : om. **AH** | Νεοκλῆς] Διοκλῆς Well., Scholf., fort. recte ‖ 5 φρύνους] φρύνας **L** ‖ 6 σώζειν] σώζει **A** ‖ 8 Ἐνετούς] αἰνετούς **LPH** : Ἑνετούς Jac., Her. περὶ—τρίτον] Ges., Jac. : περὶ τὸν ἀρότρου τρί. **VLPH** : περὶ τὸν ἄρτον τρί. **A** : ἀρότου Her. ‖ 9 σπόρου] σπόρον **AH** | ἡ—ᾖ] ᾗ ὥρα **V**, Her. | δ'] om. **LPA** 10 ἅττα] ἄττα **AH** ‖ 11 βεβούλευται] βούλεται Apost., Her. ‖ 13 Δημήτρειον] δημήτριον **LPH** | εἰς] ἐς **PA** ‖ 15 προστίθησι] post voc. lac. stat. Jac., Her. φοινικοῦς] φοινικοὺς **LPH** ‖ 16 τὴν] πρὸς (vel πρὸ) τὴν **V** | καὶ[1]—μὲν] verba corrupta, Her. in app. | ταῦτα] αὐτὰ **P** ‖ 17 ὅρων] ὄρων **LP** ‖ 19 ξενίων] Rehd., Apost., Her. : ξένων codd. | τὸ πλῆθος] τῷ πλήθει (post κατασκεψομένους transp.) **L** ‖ 20 ἐπανίασι] ἐπανιᾶσι **V** | αὐτούς] τοὺς ἄλλους? Her. in app. | ᾗ] ᾗ **P** : ἧ **A** ‖ 21 μὲν] μὲν οὖν Jac. in app., Her. ‖ 22 Ἐνετοὶ] ex corr. al. m. **L** : αἰνετοὶ (ante corr. **L**) **PH** : Ἑνετοὶ Jac., Her.

ἀτιμάσαντες ὡς εὐτελῆ μὴ γεύσωνται, πεπιστεύκασιν οἱ ἐπιχώριοι ὅτι τῆς ἐκείνων ὑπεροψίας ἐστὶν αὐτοῖς λιμὸς τὸ τίμημα. ἄγευστοι γὰρ ὄντες οἱ προειρημένοι καὶ ἀδέκαστοί γε ὡς εἰπεῖν ἐπιπέτονταί τε ταῖς ἀρούραις καὶ τό γε πλεῖστον τῶν κατεσπαρμένων συλῶσι πικρότατά γε ἐκεῖνοι, σὺν τῷ θυμῷ καὶ ἀνορύττοντες καὶ ἀνιχνεύοντες.

17.17. Ἀμύντας ἐν τοῖς ἐπιγραφομένοις [*FGrH* 122, fr. 3] οὕτως ὑπ' αὐτοῦ Σταθμοῖς κατὰ τὴν γῆν τὴν Κασπίαν καὶ βοῶν ἀγέλας λέγει πολλὰς καὶ κρείττονας ἀριθμοῦ εἶναι καὶ ἵππων. ἐπιλέγει δὲ ἄρα καὶ ἐκεῖνα, ἐν ὡρῶν τισι περιτροπαῖς μυῶν ἐπιδημίας γίνεσθαι πλῆθος ἄμαχον, καὶ τὸ μαρτύριον ἐπάγει λέγων, τῶν ποταμῶν τῶν ἀεννάων σὺν πολλῷ τῷ ῥοίζῳ φερομένων, τοὺς δὲ καὶ μάλα ἀτρέπτως ἐπινήχεσθαί τε αὐτοῖς καὶ τὰς οὐρὰς ἀλλήλων ἐνδακόντας ἕρμα τοῦτο ἴσχειν, καὶ τοῦ διαβάλλειν τὸν πόρον σύνδεσμόν φησιν ἰσχυρότατον ἀποφαίνειν τόνδε. ἐς τὰς ἀρούρας δὲ ἀπονηξάμενοί φησι καὶ τὰ λήϊα ὑποκείρουσι, καὶ διὰ τῶν δένδρων ἀνέρπουσι, καὶ τὰ ὡραῖα δεῖπνον ἔχουσι, καὶ τοὺς κλάδους δὲ διακόπτουσιν, οὐδὲ ἐκείνους κατατραγεῖν ἀδυνατοῦντες. οὐκοῦν ἀμυνόμενοι οἱ Κάσπιοι τὴν ἐκ τῶν μυῶν ἐπιδρομήν τε ἅμα καὶ λύμην φείδονται τῶν γαμψωνύχων, οἵπερ οὖν καὶ αὐτοὶ κατὰ νέφη πετόμενοι εἶτα αὐτοὺς ἀνασπῶσι, καὶ ἰδίᾳ τινὶ φύσει τοῖς Κασπίοις ἀναστέλλουσι τὸν λιμόν.

Ἀλώπεκες δὲ αἱ Κάσπιαι, τὸ πλῆθος αὐτῶν τοσοῦτόν ἐστιν ὡς καὶ ἐπιφοιτᾶν οὐ μόνον τοῖς αὐλίοις τοῖς κατὰ τοὺς ἀγρούς, ἤδη γε μὴν καὶ ἐς τὰς πόλεις παριέναι. καὶ ἐν οἰκίᾳ ἀλώπηξ φανεῖται οὐ μὰ Δία ἐπὶ λύμῃ οὐδὲ ἁρπαγῇ, ἀλλὰ οἷα τιθασός· καὶ ὑποσαίνουσί γε οἱ Κάσπιοι καὶ ὑπαικάλλουσι ** τῶν παρ' ἡμῖν κυνιδίων. οἱ δὲ

3 ὄντες] μένοντες Her. | καὶ—γε] ἀδεκατεύτοις Her. ‖ **4** τε] Apost., Her. : γε codd. | ταῖς] ἐκεῖνοι ταῖς **P** ‖ **6** ἀνορύττοντες] ἐνορύττοντες **A** ‖ **7** ἐν τοῖς] om. **VAH** ‖ **9** καὶ ἵππων] post πολλὰς transp. Her. ‖ **10** ἐκεῖνα] ἐκεῖνο Her. **12** ἀεννάων] ἀενάων Her. | τοὺς δὲ] τούσδε Ges., Jac. ‖ **13** μάλα ἀτρέπτως] μάλα γε ἀτρέπτως? Her. in app. ‖ **15** φησιν] σφισιν Wytt., Her., fort. recte ‖ **16** δὲ] om. **V** | ὑποκείρουσι] ἀποκείρουσι **AH** ‖ **17** δεῖπνον] δεῖπνα **V** | ἔχουσι] ἴσχουσι **LAH** ‖ **18** οὐδὲ] οἱ δὲ **A** ‖ **19** ἀμυνόμενοι] ἀμυνούμενοι Her. | οἱ] οἵδε ***β*** **21** ἀνασπῶσι] voc. corrupt., Her. in app. ‖ **24** αὐλίοις] αὐλείοις **V** ‖ **26** τιθασός] τιθασσός **VPA** ‖ **27** γε—Κάσπιοι] τε Her. | ὑπαικάλλουσι] post voc. lac. stat. Her. : ὑπαικ. δίκην Ber. : ὑπαικ. τρόπον Jac. in app.

μῦς οἱ τοῖς Κασπίοις ἐπίδημοι ὄντες κακόν, μέγεθος αὐτῶν ὅσον κατά γε τοὺς Αἰγυπτίων ἰχνεύμονας ὁρᾶσθαι· ἄγριοι δὲ καὶ δεινοὶ καὶ καρτεροὶ τοὺς ὀδόντας, καὶ διακόψαι τε καὶ διατραγεῖν οἷοί τε εἰσὶ καὶ σίδηρον. τοιοῦτοι δὲ ἄρα καὶ οἱ μῦς οἱ ἐν τῇ Τερηδόνι τῆς Βαβυλωνίας εἰσίν, ὧνπερ οὖν καὶ τὰς δορὰς ἴσασιν οἱ τούτων κάπηλοι καὶ εἰς Πέρσας ἄγουσι φόρτον. εἰσὶ δὲ ἁπαλαί, καὶ συνερραμμέναι χιτῶνές τε ἅμα γίνονται καὶ ἀλεαίνουσιν αὐτούς. καλοῦνται δὲ ἄρα οὗτοι κανδύτανες, ὡς ἐκείνοις φίλον. θαυμάσαι δὲ τῶν μυῶν τῶνδε ἄξιον ἄρα καὶ τοῦτο. ἐὰν ἁλῷ μῦς κύουσα, κᾆτα ἐξαιρεθῇ τὸ ἔμβρυον, αὐτῆς δὲ διατμηθείσης ἐκείνης εἶτα μέντοι καὶ αὐτὸ διανοιχθῇ, καὶ ἐκεῖνο ἔχει βρέφος.

17.18. Τῆς θαλαττίας τρυγόνος ἴδιον καὶ τοῦτο προσακήκοα. ἐπὶ τῆς ἁλιάδος νεὼς ὀρχεῖταί τις, ὅταν αὐτὴν ὑπονέουσαν θεάσηται, καὶ μέντοι καὶ ἀπέσκωψέ τι κέρτομον, καὶ πρὸς ἐπὶ τούτοις, ἐάνπερ αὐλητικὸς ᾖ, καὶ τὸν αὐλὸν ὡς δέλεαρ φέρει καὶ ὑπαυλεῖ· ἣ δὲ ὑπερήδεται (καὶ γάρ τοι καὶ ὦτα ἔχει μουσικῆς ἐπαΐοντα, ὥς φασι, καὶ ὄμματα συνιέντα ὀρχηστικῆς) εἶτα κηλουμένη ἡσυχῇ πως ἀναπλεῖ. καὶ ὃ μὲν τὰς ἴυγγας τὰς προειρημένας ἐνεργότατός ἐστιν, ἔθηκε δὲ τὸ φερνίον τις ἕτερος, καὶ τὸν ἰχθῦν ἀνάγει· καὶ (τοῦτο δήπου τὸ καινότατον) κηλουμένη εἶτα ἑαυτὴν διαλέληθεν ᾑρημένη.

17.19. Γαλάτας Εὔδοξος τοὺς ἑῴους λέγει [*FGrH* 79, fr. 3] δρᾶν τοιαῦτα, καὶ εἰ φανεῖταί τῳ πιστά, πιστευέτω, εἰ δὲ ἧττον τοιαῦτα, μὴ προσεχέτω. ὅταν αὐτῶν τῇ γῇ νέφη παρνόπων ἐπιφοιτήσαντα εἶτα λυπήσῃ τοὺς καρπούς, οἵδε οἱ Γαλάται εὐχάς

1 μῦς] μύες Her. | ἐπίδημοι] ἐπίδημον Jac. in app., Her. | κακόν] κακῶν **LPA** **2** Αἰγυπτίων] αἰγυπτίους **V** ‖ **3** καρτεροὶ] κρατεροὶ **V** ‖ **4** εἰσὶ] εἶναι **A** : om. **H** τοιοῦτοι] τοιοῦτον **P** | μῦς] μύες Her. ‖ **5** ἴσασιν] om. **V** : del. Her. ‖ **6** καὶ[1]] om. **L** : del. Her. ‖ **8** κανδύτανες] Scholf. : καναύτανες **V** : καναυτάνες **LP** : καναυτᾶνες **A** : κανατάνες **H** : κανδυτᾶνες Din., Her. ‖ **9** ἄρα] om. **L** ‖ **10** δὲ] om. **A** **12** θαλαττίας] fort. θαλάσσης **V** ‖ **13** νεὼς] del. Rei., Her. ‖ **14** ἐπὶ] om. **V** : aut πρὸς aut ἐπὶ delendum, Jac. in app. ‖ **15** ἐάνπερ] ἐάν πως ***β*** | αὐλητικὸς] αὐλητικῶς **PH** | ᾖ] om. ***β*** ‖ **18** πως ἀναπλεῖ] προσαναπλεῖ **LA** ‖ **19** ἐνεργότατός ἐστιν] ἐνεργότατά ἐστιν **VH** : ἐνεργότατα προσείει Her. | φερνίον] φορτίον **H** : φέρνιόν Her. ‖ **22** τοὺς ἑῴους] τοὺς ἑῴας **L** : τῆς ἑῴας **P** : τοὺς τῆς ἑῴας Jac. **24** τῇ—νέφη] νέφη τῇ γῇ **L** ‖ **25** οἵδε—Γαλάται] οἳ δὲ Her.

τινας εὔχονται, καὶ ἱερουργίας καταθύουσιν ὀρνίθων κατακηλητικάς· οἳ δὲ ὑπακούουσι, καὶ ἔρχονται στόλῳ κοινῷ, καὶ τοὺς πάρνοπας ἀφανίζουσιν. ἐὰν δὲ τούτων τις θηράσηται Γαλάτης, τίμημά οἱ ἐκ τῶν νόμων τῶν ἐπιχωρίων θάνατός ἐστιν. ἐὰν δὲ συγγνώμης τύχῃ τινὸς καὶ ἀφεθῇ, εἶς μῆνιν ἐμβάλλει τοὺς ὄρνιθας, καὶ τιμωροῦντες τῷ ἑαλωκότι οὐκ ἀξιοῦσιν ὑπακοῦσαι, ἐάν γε καλῶνται αὖθις.

17.20. Ἀριστοτέλης λέγει [fr. 270.50 Gig.; cf. p. 567, 10.31 Gig.] γίνεσθαι ἐν Σάμῳ λευκὴν χελιδόνα· ταύτης γε μὴν ἐάν τις κεντήσῃ τοὺς ὀφθαλμούς, γίνεσθαι μὲν αὐτὴν παραχρῆμα τυφλήν, μετὰ ταῦτα δὲ ἐξομματοῦται καὶ τὰς κόρας λελάμπρυται [cf. S., fr. 710 R.; Ar., *Pl.* 635] καὶ ἐξ ὑπαρχῆς ὁρᾷ, ὡς ἐκεῖνός φησι.

17.21. Τὸν κιννάμωμον ὄρνιν ἀκούω εἶναι, καὶ μέντοι καὶ κομίζειν κάρφη φυτοῦ τοῦ ὁμωνύμου ἐκ τῶν τῆς γῆς τερμάτων, καὶ καλιὰς ὑποπλέκειν ἔνθα Ἡρόδοτοί [3.111] τε ᾄδουσι καὶ ἄλλοι [cf. Arist., *HA* 616a10], φιλοῦσι δέ πως οἵδε οἱ ὄρνιθες τὰς ἑαυτῶν εὐνάς τε καὶ καταγωγὰς ὑφαίνειν. οὐκοῦν οἵσπερ μέλει τῶνδε τῶν καρφῶν, οἰστοὺς βαρεῖς ῥοίζῳ βιαιοτάτῳ καὶ νευρᾶς ἐντάσει σφοδρᾷ ἰσχυρῶς κατὰ τῶν κλάδων ἀφιᾶσιν· αἳ δὲ ῥήγνυνται, καὶ κατολισθαίνει τὰ κάρφη, καὶ μέντοι καὶ τὸ ᾀδόμενον δήπου κιννάμωμον ταῦτά ἐστιν.

17.22. Καὶ Κλειτάρχῳ χῶρον δῶμεν. λέγει δὲ Κλείταρχος [*FGrH* 137, fr. 22] ἐν Ἰνδοῖς γίνεσθαι ὄρνιν, καὶ εἶναι σφόδρα ἐρωτικόν, καὶ τὸ ὄνομα αὐτοῦ λέγει ὡρίωνα οἶμαι. φέρε δὲ καὶ

1 ὀρνίθων] ὀρν. ἐστὶν ὡς **LA** : ὀρν. ὡς **P** : ὀρν. ἐστὶν ἃς **H** ‖ 2 κατακηλητικάς] κατακλητικὰς ***β***| οἳ δὲ] οἵδε **V** : οἶδε **L** ‖ 3 τις] τινὰ Rei., Her. ‖ 5 τινὸς] del. Her. 6 τιμωροῦντες] τιμῶντες ***β*** ‖ 7 ἐάν γε] ἐὰν **V** ‖ 9 κεντήσῃ] ἐκκεντήσῃ Valck., Her. ‖ 10 παραχρῆμα τυφλήν] τυφ. παρ. **VH** ‖ 11 ἐξομματοῦται] corr. ex ἐξοματοῦται **L** : ἐξ ὀμματοῦται **H** : ἐξωμμάτωται Her. | τὰς—λελάμπρυται] λελάμπρυνται κόρας Her. | λελάμπρυται] καὶ λελάμπρυται **V** : λελάμπρυνται edd. ‖ 14 τοῦ] om. **V** | ὁμωνύμου] ὁμονύμως **V** | τερμάτων] τελμάτων **LPA** 17 οἵσπερ] οἷς **LAH** : οἷς **P** ‖ 18 οἰστοὺς] ὀϊστοὺς **VPAH** | βιαιοτάτῳ] βιαιοτάτῃ ***β*** (dub. **A**) | ἐντάσει] ἐνστάσει **P** ‖ 19 ἰσχυρῶς] ἰσχυρὰς ***β*** : ἰσχυρᾶς Ges., Jac. : del. Her. | κλάδων] καλιῶν Rei., Her. ‖ 20 κατολισθαίνει] ex corr. **V** : κατολισθάνει ante corr. **V**, Her. : κατολισθάνῃ **H** ‖ 21 ταῦτά] τοῦτό **V** ‖ 22 δὲ] δὲ καὶ **V** ‖ 23 γίνεσθαι] γενέσθαι ***β*** ‖ 24 οἶμαι] ante corr. **V** : εἶναι valde dub. ex corr. **V**, Mei., Her.

γράψωμεν αὐτὸν τῷ λόγῳ, ὡς ἐκεῖνος διδάσκει. τοῖς μὲν καλοῦσιν ἐρωδιὸν ὅμοιος τὸ μέγεθος ὅδε ὁ ὡρίων ἐστίν, ἔστι δὲ καὶ τὰ σκέλη ὡς ἐκεῖνοι φοῖνιξ, ὀφθαλμοὺς δὲ κυανοῦς ἔχει (τοῦτο μὲν οὐχ ὡς ἐκεῖνοι), μέλος δὲ μουσουργεῖν ὑπὸ τῆς φύσεως πεπαίδευται, οἷα δήπου μέλη ταῦτα ὑμνεῖται γλυκέα, καὶ πρὸς ᾀδόμενον ὑμέναιον βλέπει, θέλγοντα γονὴν ὕμνῳ τινὶ γαμικῷ, προσείοντα σειρῆνας.

17.23. Κατρέα ὄνομα, Ἰνδὸν γένος, τῇ φύσει ὄρνιν λέγει Κλείταρχος [*FGrH* 137, fr. 21] εἶναί τι κάλλος ὑπερήφανον· τὸ μέγεθος γὰρ εἴη ἂν πρὸς τὸν ταών, τὰ δὲ ἄκρα τῶν πτερῶν ἔοικε σμαράγδῳ. καὶ ὁρῶν μὲν ἄλλους, οὐκ οἶδας οἵους ὀφθαλμοὺς ἔχει· εἰ δὲ εἰς σὲ ἀπίδοι, ἐρεῖς κιννάβαριν εἶναι τὸ ὄμμα πλὴν τῆς κόρης· ἐκείνη δὲ μήλῳ τὴν χρόαν παρείκασται καὶ βλέπει ὀξύ. τό γε μὴν τοῖς ἁπάντων ὀφθαλμοῖς λευκόν, ἀλλὰ τοῖς τοῦ κατρέως τοῦδε ὠχρόν ἐστι. τὰ τῆς κεφαλῆς πτίλα γλαυκωπά, καὶ ἔχει ῥανίδας οἱονεὶ κρόκῳ παρεικασμένας εἶτα ἄλλην ἄλλῃ διεσπαρμένας. πόδες δὲ αὐτῷ σανδαράκινοι. ἔχει δὲ καὶ φώνημα εὔμουσον καὶ κατὰ τὴν ἀηδόνα τορόν. Ἰνδοὶ δὲ ἄρα καὶ τὴν ἐξ ὀρνίθων τροφὴν εἶχον, ἵνα καὶ οἱ ὁρῶντες ἑστιᾶν τὴν ὄψιν δύνωνται. ἰδεῖν γοῦν αὐτοῖς πάρεστι καὶ ὅλους πορφυροῦς καὶ τῇ καθαρωτάτῃ φλογὶ προσεοικότας· καὶ τούτων αἱ πτήσεις κατὰ πλῆθός εἰσιν, ὡς

1 γράψωμεν] διαγράψωμεν Her. | τοῖς—2 ἐρωδιὸν] τοῖς μὲν καλουμένοις ἐρωδιοῖς Ges. in mg., Her. : τοῖς μεγάλοις τῶν ἐρωδιῶν Jac. in com. ‖ **2** ὁ] om. ***β*** καὶ] om. **P** ‖ **3** φοῖνιξ] φοίνιξ Her. | κυανοῦς] κυανοὺς **LPH** | τοῦτο] καὶ τοῦτο **V** **4** μουσουργεῖν] μουσικὸν **A** ‖ **5** ταῦτα ὑμνεῖται] ὑμεναιοῦται Her. | γλυκέα] ταῦτα γλυ. **L** | καὶ] ἃ Jac. in app. | καὶ—6 σειρῆνας] καὶ προσείοντα σειρῆνας Her. | πρὸς ᾀδόμενον] προσᾳδόμενον **VPH** : πρὸς τὸν ᾀδό. Ges., Jac. ‖ **6** ὕμνῳ] Trill., Oud., Toup. : ὕπνῳ codd. | προσείοντα] Jac., Her. : προσιόντα codd. 7 Κατρέα] κρατέα **V** (in mg. **A**) **H** | ὄνομα] τὸ ὀνο. Her. | γένος] τὸ γέν. Her. **8** τι] τὸ Ges., Her. ‖ **9** εἴη ἂν] εἶεν ***β*** | πρὸς] κατὰ Her. ‖ **10** ὁρῶν—ἄλλους] ὁρώμενον ἄλλως ut vid. **A** : ὁρῶντος μὲν ἄλλοσε Her. | οἶδας] οἶσθα Her. **11** κιννάβαριν] κινάβαριν **L** : κιννάβαρι **P** : κινναβάρινον Her. ‖ **12** μήλῳ] μηλιάδι Her. | τὴν χρόαν] τῇ χρόᾳ ***β*** | παρείκασται] προσείκασται Her. **13** τοῖς[2]] τοῖς γε malit Her. in app. | κατρέως] κράτεως **VH** ‖ **14** τὰ] τὰ δὲ Her. **15** παρεικασμένας] προσεικασμένας Her. ‖ **17** καὶ] del. Her. | τροφὴν] post voc. lac. stat. Her. (deest fort. ἀπόρρητον, Her. in app.) : τρυφὴν Trill., Ber. **18** αὐτοῖς] ex corr. **P** : αὐτοὺς (ante corr. **P**) **AH**

νομίζειν νέφη. καὶ ἄλλα μὴν ποικίλα καὶ οὐ πάντῃ τὸ εἶδος εὔρητα, μελῳδίαν δὲ καὶ εὐστομίαν καὶ εὐγλωττίαν ἄμαχα, ὡς εἶναι, εἰ μή πῃ καὶ παχύτερόν ἐστιν εἰπεῖν, Σειρῆνάς τινας, ἢ καὶ τοῦτό γε ἐγγύθεν. κατάπτεροι γὰρ ὡς ἦσαν καὶ αἱ τοῦ μύθου κόραι, καὶ τοὺς πόδας ὄρνιθες ἐδόκουν, ποιηταί τε ᾄδουσι καὶ ζωγράφοι δεικνύουσιν.

17.24. Κύκνου δὲ ἤθη καὶ διατριβαὶ λίμναι τε καὶ ἕλη καὶ τενάγη καὶ ἀένναοι ποταμοὶ πράως καὶ ἡσυχῇ ῥέοντες. εἰρηναῖοι δέ εἰσι καὶ εἰς γῆρας προΐασιν ἑαυτοῖς κοῦφον. εἰσὶ δὲ καὶ πρὸς ῥώμην ἄλκιμοι, καὶ θαρροῦσιν αὐτῇ, οὐ μὴν ὥστε ἄρχειν ἀδίκων ἀλλ' ἀμύνεσθαι τὸν ἄρξαντα. ῥᾳδίως οὖν καὶ τῶν ἀετῶν περιγίνονται, ὅταν ἐκεῖνοι τολμήσωσιν ἐπιθέσθαι αὐτοῖς. καὶ εἶπον ἀνωτέρω [5.34] τῆς μάχης τὸν τρόπον.

17.25. Λέγει δὲ Κλείταρχος [*FGrH* 137, fr. 19] πιθήκων ἐν Ἰνδοῖς εἶναι γένη ποικίλα τὴν χρόαν, μεγέθει δὲ μέγιστα. ἐν δὲ τοῖς χωρίοις τοῖς ὀρείοις τοσοῦτον αὐτῶν τὸ μέγεθος εἶναι, ὡς Ἀλέξανδρόν φησι τὸν Φιλίππου καὶ πάνυ καταπλαγῆναι σὺν καὶ τῇ οἰκείᾳ δυνάμει, οἰόμενον ἀθρόους ἰδόντα στρατιὰν ὁρᾶν συνειλεγμένην καὶ ἐλλοχῶσαν αὐτόν. ὀρθοὶ δὲ ἄρα ἦσαν οἱ πίθηκοι κατὰ τύχην ἡνίκα ἐφάνησαν. θηρῶνται δὲ οὗτοι οὔτε δικτύοις οὔτε κυνῶν ῥινηλατούντων σοφίᾳ καὶ μάλα ἀγρευτικῇ. ἔστι δὲ τὸ ζῷον ὀρχηστικόν, εἰ θεῷτο ὀρχούμενον· καὶ θέλει γε αὐλεῖν, εἰ καταπνεῖν μάθοι εἰδέναι. πρὸς τούτοις εἰ θεάσαιτό τινα ὑποδήματα τοῖς ποσὶ περιτιθέντα, μιμεῖται τὴν ὑπόδεσιν· καὶ

1 καὶ[1]—ποικίλα] ἄλλοι γε μὴν ποικίλοι Her. | πάντῃ] πάνυ τι Her. | εὔρητα] εὐρητά **P** : εὔρητα **L** : εὐρήτα **V** : εὐρητά **H** : εὔρητοι Her. ‖ 2 δὲ] τε **LPA** ἄμαχα] ἄμαχοι Her. | εἰ] add. Schn., Her. : om. codd. ‖ 3 παχύτερόν] τραχύτερόν Her. | ἢ—4 ἐγγύθεν] del. Her. | τοῦτό] τούτων Ges. : τούτου conieci ‖ 4 καὶ αἱ] Abr., Jac. in app. : καὶ codd. : αἱ Her. | καὶ[2]—5 ἐδόκουν] del. Her. ‖ 8 ἀένναοι] ἔναοι **P** : ἀέναοι Her. ‖ 9 προΐασιν] προιᾶσιν ut vid. **V** : προσίασιν **H** | κοῦφον] κούφως **L** | πρὸς] ἐς Her. ‖ 11 ἀμύνεσθαι] ἀμύνασθαι ***β*** | οὖν] γοῦν ***β*** | ἀετῶν] αἰετῶν **V** ‖ 12 περιγίνονται] corr. ex παραγίνονται **P** : περιγίνεται **V** ‖ 13 τὸν] om. **A** ‖ 15 δὲ[1]] om. **VH** | μέγιστα] μάλιστα **L** ‖ 16 τοῖς ὀρείοις] τοῖς ἑτέροις ὀρε. **L** | τὸ] om. **P** | τὸ μέγεθος] τὸ πλῆθος Jac. in app., Her. : τὸ πλῆθος καὶ τὸ μέγεθος Jac. in com. ‖ 17 καὶ[2]] om. **V** ‖ 18 ἀθρόους] ἀθρόως **LA** | ἰδόντα] εἰδότα **LPH** στρατιὰν] τινα στρ. **A** ‖ 20 ἡνίκα] ὅτε **VH** ‖ 23 εἰδέναι] εἰδότα Jac. in app. : del. Her.

ὑπογράφοντα τὼ ὀφθαλμὼ μίλτῳ, καὶ τοῦτο δρᾶσαι θέλει. οὐκοῦν ὑπὲρ τῶν εἰρημένων μολίβου πεποιημένα κοῖλα καὶ βαρέα ὑποδήματα προτιθέασι, καὶ βρόχους αὐτοῖς ὑποβαλόντες, ὡς εἰσβαλεῖν μὲν τὼ πόδε, ἔχεσθαι δὲ τῇ πάγῃ καὶ μάλα ἀφύκτῳ· δέλεαρ δὲ αὐτοῖς ὀφθαλμῶν πρόκειται ὑπὲρ μίλτου ἰξός. κατόπτρῳ δὲ χρησάμενος ὁ Ἰνδὸς ὁρώντων ἐκείνων, οὐκ εἰσὶ δ' ἔτι τὰ κάτοπτρα, ἀλλὰ ἕτερα προτιθέντες· εἶτα καὶ τούτοις ἕρματα ἰσχυρὰ ὑποπλέκουσι· καὶ μέντοι καὶ τοιαῦτά ἐστιν. οἳ μὲν ἔρχονται, καὶ ἀτενῶς ὁρῶσι κατὰ τὴν μίμησιν ἣν εἶδον· ἐκπηδᾷ δὲ ἰσχύς τις κολλητικὴ βλεφάρων ἐκ τῆς πρὸς τὴν αὐγὴν ἀντιτυπίας, ὅταν ἴδωσιν ἀτενές· εἶτα οὐχ ὁρῶντες αἱροῦνται ῥᾷστα· φυγεῖν γὰρ ἔτι εἰσὶν ἥκιστοι. εἴρηται μὲν ὑπὲρ πιθήκων καὶ ἄλλα, Ἰνδῶν τε καὶ οὐκ Ἰνδῶν [5.7; 5.26; cf. 6.10; 7.19; 16.10; cf. 17.37]· καὶ ταῦτα δὲ ἔχει τινὰ τῷ συνιέντι οὐκ ἀσπούδαστα, οὐ μὰ Δία.

17.26. Λέοντας ἐν Ἰνδοῖς γίνεσθαι μεγίστους οὐ διαπορῶ· τὸ δὲ αἴτιον, τῶν ζῴων τῶν ἑτέρων ἥδε ἡ γῆ μήτηρ ἐστὶν ἀγαθή. ὅσα δὲ ἐντυχεῖν κατὰ πρόσωπόν εἰσιν οἵδε ἀγριώτατοι καὶ θηριωδέστατοι. δέρη ἐκείνων λεόντων μέλαινά τε ἰδεῖν, καὶ φρίξασα ὀρθή τε ἀνίσταται καὶ συνεκπέμπει δέος οἷον ἐκπληκτικόν. εἰ δὲ ἁλῶναι δυνηθεῖεν, πραΰνονταί γε, ἀλλ' οὐχ οἱ

1 ὑπογράφοντα] ὑπογράφοντι **V** : ὑπογράφοντος Her. | μίλτῳ] μέλος τι **V** : μέλιτι **H**, Diod. : μέλανι Her. | δρᾶσαι] Jac., Her. : δράσαι codd. ‖ 3 προτιθέασι] πρὸ (vel πρὸς) τιθέασι ut vid. **V** : προστιθέασι **PH** | καὶ] del. Her. | ὑποβαλόντες] ὑποβαλλόντες **L** : ὑποβάλλοντες **P** ‖ 4 τὼ πόδε] τῷ ποδὶ **LPH** ‖ 5 δὲ] om. (lac. rel.) **V** | ὀφθαλμῶν] ὀφθαλμοῖς **VH** | μίλτου] Jac. in app. : τούτου **A** : τοῦ (lac. rel. post voc.) **L** : τοῦ (ἣν valde dub. sscr.) **P** : τοῦ μέλλοντος **VH** : τοῦ μέλανος Her. : τοῦ μέλιτος Diod. ‖ 6 κατόπτρῳ] loc. corrupt., Her. in app. | ἐκείνων] ἐκείνων προτίθησιν· Jac. in app. | οὐκ] ante voc. lac. stat. Scholf. | ἔτι τὰ] ἔτυμα Jac. in app. ‖ 7 προτιθέντες] dub. corr. ex προτιθέντας **P**, Schn., Jac. in com. : προστιθέντες **VLAH**, edd. ‖ 8 καὶ[1]—ἐστιν] mutila vid. (coni. καὶ μὴν τὰ σκεύη τοιαῦτά ἐστιν) Jac. in com. | μὲν] μὲν οὖν Jac. in app., Her. ‖ 9 ἀτενῶς] **H**, Gro. : ἀγεννῶς **VLPA** : γενναίως Her. | ὁρῶσι] δρῶσι Jac. in app., Her. | τὴν] del. Her. ἣν] ὧν Jac. in app., Her. | δὲ] om. **V** ‖ 10 ἰσχύς] ἡ ἰσχύς **V** ‖ 11 ἴδωσιν] εἴδωσιν **L** 14 ἔχει] ἔχειν **PA** : ἔχων **L** | ἀσπούδαστα] ἀσπούδαστον ***β*** ‖ 15 γίνεσθαι] οὐ γίν. **LA** ‖ 16 ὅσα—17 πρόσωπόν] del. Her. | δὲ] γε **V** ‖ 17 εἴσιν οἵδε] εἰσὶ δὲ οἵδε **H** : εἰσὶ δὲ **V**, Her. ‖ 18 δέρη] δέρη δὲ Her. | λεόντων] τῶν λεό. Rei., Her. | μέλαινά] μέλανα **P** ‖ 20 γε] τε **V** : del. Her. | οὐχ οἱ] οὐχὶ **LH**

μέγιστοι· καὶ ἡμεροῦνταί γε καὶ γίνονται ῥᾷστα τιθασοί, ὡς ἄγειν τε ἀπὸ ῥυτῆρος, καὶ κατὰ κυναγωγοὺς ἐπὶ θήραν κεμάδων καὶ ἐλάφων καὶ συῶν καὶ ταύρων καὶ ἀγρίων ὄνων. εἰσὶ γὰρ καὶ ῥινηλατῆσαι ὡς ἀκούω δεινοί.

17.27. Ἐν τῇ Λιβύων χώρᾳ ἔθνος ἦν φασι τὸ καλούμενον Νόμαιον. καὶ τὰ μὲν ἄλλα διευτυχοῦντες εὐνόμου μάλα καὶ εὐδαίμονος ναὶ μὰ Δία λήξεως εἶτα ἠφανίσθη τελέως, λεόντων αὐτοῖς ἐπελθόντων πλήθει τε παμπόλλων καὶ μεγέθει μεγίστων καὶ τὴν τόλμαν ἀμάχων, ὑφ' ὧν πανδημεί τε καὶ παγγενῆ διαφθαρέντες εἶτα ἐς τὸ παντελὲς ἀπώλοντο τὸ ἔθνος. λεόντων γὰρ ἀθρόων ἐπιδημία χρῆμα ἀπρόσμαχον.

17.28. Εὐφορίων δὲ ἐν τοῖς Ὑπομνήμασι [fr. 172 van Gron.] λέγει τὴν Σάμον ἐν τοῖς παλαιτάτοις τοῦ χρόνου ἐρήμην, γενέσθαι τε ἐν αὐτῇ θηρία μεγέθει μὲν μέγιστα, ἄγρια δέ, καὶ προσπελάσαι τῳ δεινά, καλεῖσθαι δὲ μὴν νηάδας. ἅπερ οὖν καὶ μόνῃ τῇ βοῇ ῥηγνύναι τὴν γῆν. παροιμίαν οὖν ἐν τῇ Σάμῳ διαρρεῖν τὴν λέγουσαν 'μεῖζον βοᾷ τῶν νηάδων' [cf. *CPG* II, p. 473.51]. ὀστᾶ δὲ ἔτι καὶ νῦν αὐτῶν δείκνυσθαι μεγάλα ὁ αὐτός φησι.

17.29. Τοῦ Ἰνδῶν βασιλέως ἐλαύνοντος ἐπὶ τοὺς πολεμίους δέκα μυριάδες ἐλεφάντων προηγοῦνται μαχίμων. ἑτέρους δὲ ἀκούω τρισχιλίους τοὺς μεγίστους τε καὶ ἰσχυροτάτους ἕπεσθαι, οἵπερ οὖν εἰσι πεπαιδευμένοι τὰ τείχη τῶν πολεμίων ἀνατρέπειν, ἐμπεσόντες ὅταν κελεύσῃ βασιλεύς· ἀνατρέπουσι δὲ τοῖς στήθεσι. καὶ λέγει μὲν ταῦτα καὶ Κτησίας [fr. 45b Lenf.], ἀκοῦσαι γράφων. ἰδεῖν δὲ ἐν Βαβυλῶνι ὁ αὐτὸς λέγει τοὺς φοίνικας αὐτορρίζους ἀνατρεπομένους ὑπὸ τῶν ἐλεφάντων τὸν αὐτὸν τρόπον,

1 γε] τε Her. | γίνονται] γίνονταί γε **A** | τιθασοί] τιθασσοί **VPA** ‖ **2** τε] γε Her. ἀπὸ] ὑπὸ **A** | καὶ[1]—κυναγωγοὺς] del. Her. ‖ **6** διευτυχοῦντες] διευτύχουν τῆς **VPAH** | εὐνόμου] εὐδαίμου **A** ‖ **7** ἠφανίσθη] ἠφανίσθησαν Her. ‖ **9** πανδημεί] πανδημεῖ **VLP** | παγγενῆ] πανγενῆ **L** : παγγενεῖ **P** : παγγενεὶ **AH**, Her. ‖ **10** τὸ ἔθνος] ἔθνος **H** : del. Her. ‖ **13** τοῖς παλαιτάτοις] ταῖς παλαιτάταις ***β*** | τοῦ χρόνου] χρόνοις Apost., Her. | ἐρήμην—**14** τε] ἐρήμην γενέσθαι· φανῆναι γὰρ Apost., Her. ‖ **15** δὲ] γε Mei., Her. ‖ **16** ῥηγνύναι] ῥήγνυται **LH** : ῥήγνυνται **P** **17** μεῖζον] μείζων **PH** | βοᾷ] βία **PAH** : μία **L** ‖ **23** βασιλεύς] ὁ βασ. Her. ἀνατρέπουσι] ἀνατρέπ (sic) **A** : ἀνατρέπειν Ges., Jac. ‖ **24** καὶ[2]] del. Her. **25** αὐτορρίζους] αὐτορί. **LP**

ἐμπιπτόντων τῶν θηρίων αὐτοῖς βιαιότατα· δρῶσι δὲ ἂν ἄρα ὁ Ἰνδὸς ὁ πωλεύων αὐτοὺς κελεύσῃ δρᾶσαι τοῦτο αὐτοῖς.

17.30. Ζηνόθεμις [*Suppl. Hell.*, fr. 858] λέγει τὴν Παιονίδα λίμνην τινὰς φέρειν ἰχθῦς, οὕσπερ οὖν εἰ παραβάλοι τις ἀσπαίροντας τοῖς βουσίν, οἳ δὲ ἐμφοροῦνται αὐτῶν μάλα ἀσμένως, ὡς οἱ λοιποὶ τοῦ χόρτου. νεκρῶν δὲ τῶν ἰχθύων οὐκ ἂν πάσαιντο ἔτι οἱ βόες, ἐκεῖνος λέγει.

17.31. Παρὰ Ἀρμενίοις ἀκούω πέτραν εἶναι ὑψηλήν, εἶτα ταύτην ὕδωρ ἐκβάλλειν πάμπολυ. ὑποκεῖσθαι δὲ τῇ πέτρᾳ πυνθάνομαι κρήνην τετράγωνον πάντῃ, καὶ ἑκάστην πλευρὰν σταδίου ἥμισυ ἔχειν, βάθος δὲ τριῶν ὀργυιῶν εἶναι. συνεκπίπτειν δὲ τῷ ὕδατι προσακούω τῷ προειρημένῳ καὶ ἰχθύας πολλάκις ἔχοντας τὸ μῆκος καὶ πήχεως καὶ ἔτι μείζους καὶ μέντοι καὶ ἐλάττονας, ἀλλ' οὐ κατὰ πολύ. καὶ τοὺς μὲν αὐτῶν κατολισθαίνειν ἡμιθνῆτας, τοὺς δὲ ἀσπαίροντας καὶ μάλα γε ἰσχυρῶς ἀποθνήσκειν. εἶναι δὲ αὐτοὺς ἡ φήμη λέγει πάνυ σφόδρα μέλανας καὶ ἰδεῖν ἀειδεῖς. ἂν δέ τι τούτων γεύσηται ἢ ἄνθρωπος ἢ θηρίον, παραχρῆμα ἀπόλλυται. τοὺς μὲν οὖν Ἀρμενίους διὰ τὸ ἔνθηρον αὐτοῖς εἶναι καὶ πολύθηρον τὴν γῆν ἀθροίζειν αὐτοὺς καὶ αὐαίνειν ὑπὸ τῇ εἵλῃ τοῦ ἡλίου, εἶτα κόπτειν ὑποδήσαντάς τι κάτω ταῖς ῥισὶ καὶ τῷ στόματι, ἵνα μὴ τῷ ἄσθματι ἐκσπάσαντες τὸν ἐκ τῶν πτισσομένων ἀέρα, ἢ τὴν ἐγειρομένην ἐκ λεπτῶν τινων κόνιν ἀλφίτων, εἶτα ἀποθάνωσι. ποιήσαντες οὖν ἄλευρα τοὺς ἰχθῦς ἐν τοῖς μάλιστα θηριωτάτοις χωρίοις κατασπείρουσιν αὐτά, ὧν γευσάμενα τὰ ζῷα ἀποθνήσκει. καὶ σῦκα μὴν παραμιγνύναι τοῖς

1 τῶν] om. **LAH** | θηρίων αὐτοῖς] αὐτ. θηρ. **A** | ἂν ἄρα] ἄρα ἂν Jac. in com., Her. ‖ **2** αὐτοὺς] αὐτοῖς **LA** ‖ **3** τὴν] περὶ ***β*** : del. Jac., Her. ‖ **5** αὐτῶν] αὐτὸν **V** **13** πήχεως] ε´ πήχεας ut vid. in mg. al. m. **A** ‖ **14** κατολισθαίνειν] κατολισθάνειν Her. ‖ **17** ἀειδεῖς] οὐκ ἀϊδεῖς **L** : οὐκ ἀηδεῖς **PAH** | ἂν] κἂν **V** : ἐὰν **L** | τι] del. Her. **18** μὲν] om. **V** ‖ **19** αὐαίνειν] ἀναβαίνειν **PH** ‖ **20** εἵλῃ] εἴλῃ **VLAH** ὑποδήσαντάς] ὑποδήσοντάς **V** : ὑποδείσαντάς **L** : ἐπιδήσαντάς Her. | κάτω] del. Her. ‖ **21** ἐκσπάσαντες] σπάσαντες Jac. in app., Her. | τὸν—22 πτισσομένων] **H**, Jac. in app., Her. : τὸν ἐκπτισσόμενον (-ισό- **L**) **VLPA** **22** ἢ—23 ἀλφίτων] del. Her. | ἐκ] ὡς ἐκ **H**, Jac. in com. ‖ **23** ἀποθάνωσι] οὖν θάνωσι **A** ‖ **24** θηριωτάτοις] θηριωδεστάτοις Gro., Her., fort. recte : ἐνθηροτάτοις Ges. in mg. | αὐτά] om. **V** | ὧν—25 καὶ] del. Her. ‖ **25** μὴν] δὲ ***β*** : γε μὴν Her. | παραμιγνύναι] παραμίγνυται **LPA**

ἀλεύροις ἔθος ἔχουσιν. οὕτω μὲν οὖν διαφθείρονται οἵ τε σῦς οἱ ἄγριοι καὶ αἱ δορκάδες καὶ οἱ ἔλαφοι καὶ οἱ ἄρκτοι καὶ οἱ ὄνοι οἱ ἄγριοι καὶ αἶγες, ἄγριοι μέντοι καὶ οὗτοι· συκοτράγα γὰρ ταῦτα καὶ ἀλφιτοφάγα τὰ ζῷά ἐστιν· ἀναιρεῖται δὲ τὸν τρόπον τοῦτον διὰ τὸ πλῆθος. λέοντας δὲ καὶ παρδάλεις καὶ λύκους σαρκοφάγα ὄντα ἑτέρως ἀναιροῦσι. τῶν γὰρ οἰῶν τῶν ἡμέρων καὶ τῶν αἰγῶν παρασχίσαντες τὴν πλευρὰν εἰς ὅσον καθεῖναι τὴν χεῖρα, ἐμπλάττουσι τῶν αὐτῶν κρέων, προκεῖσθαι κακὸν ναὶ μὰ Δία δέλεαρ τοῖς προειρημένοις. ὅταν οὖν ἢ λέων ἢ πάρδαλις ἢ λύκος ἢ ἄλλο τι τοιοῦτον ἐντύχῃ καὶ γεύσηται, τέθνηκε παραχρῆμα. καὶ πᾶσα μὲν οὖν ἡ Ἀρμενία θηρίων ἀγρίων τροφός τε ἅμα καὶ μήτηρ ἐστίν, ἡ δὲ πεδιὰς ἔτι καὶ μᾶλλον ἡ πρὸς τῷ ποταμῷ.

17.32. Ἐν τῇ Κασπίᾳ γῇ λίμνην ἀκούω μεγίστην εἶναι, καὶ ἰχθῦς ἐν αὐτῇ γίνεσθαι μεγάλους, καὶ ὀξύρυγχοι καλοῦνται, κατὰ τὸ σχῆμα τοῦ προσώπου δηλονότι· καὶ προϊέναι μὲν εἰς μῆκος καὶ ὀκτὼ πηχῶν. οὐκοῦν οἱ Κάσπιοι θηρῶσιν αὐτούς, καὶ διαπάσαντες ἁλσὶ καὶ ταρίχους ἐργασάμενοί τε καὶ ἀποφήναντες αὔους, ἐπισάξαντες καμήλοις κομίζουσιν εἰς Ἐκβάτανα. καὶ ποιοῦσιν ἄλειφα ἐκ τῶνδε τῶν ἰχθύων ἀφελόντες τὴν πιμελήν· καὶ τοῦ μὲν ταρίχου πιπράσκουσι, τῷ δὲ ἰχθυΐνῳ ἐλαίῳ χρίονται λιπαρῷ σφόδρα καὶ οὐ δυσώδει, τὰ δὲ ἔντερα ἐξέλκουσιν αὐτῶν καὶ ἕψουσι, καὶ ἐξ αὐτῶν ποιοῦσι κόλλαν καὶ μάλα γε ἐν χρείᾳ γίνεσθαι δυναμένην· συνέχει γὰρ πάντα ἐγκρατῶς, καὶ προσέχεται οἷς ἂν προσπλακῇ, καὶ ἰδεῖν ἐστι λαμπροτάτη. οὕτω δὲ συνέχει πᾶν ὅ τι ἂν συνδήσῃ τε καὶ συνάψῃ, ὡς καὶ δέκα ἡμερῶν αὐτὴν βρεχομένην μήτε λύεσθαι μήτε μὴν ἀφίστασθαι.

1 ἔθος] οὕτως **LPA** ‖ 3 αἶγες] οἱ αἶγ. Her. | συκοτράγα] συκότραγα **V** 4 ἀναιρεῖται—5 πλῆθος] del. Her. ‖ 7 καθεῖναι] καταθεῖναι **V** ‖ 8 ἐμπλάττουσι] ἐμπάττουσι Her. | κρέων] κρεῶν **PAH** : κόνεων Jac. in app. : ἀλεύρων Her. 14 κατὰ—16 πηχῶν] del. Her. ‖ 15 εἰς] ἐς **LPA** ‖ 17 διαπάσαντες] διαπλάσαντες **V** : διασπάσαντες **P** | τε] om. **V** ‖ 18 αὔους] αὐτοὺς **V** | καμήλοις] καμήλους **VH** 19 ἄλειφα] ἄλιφα **LH** : ἄλφιτα **PA** | καὶ—20 πιπράσκουσι] del. Her. 20 τοῦ—ταρίχου] τοὺς μὲν ταρίχους Oud. | τῷ—ἰχθυΐνῳ] τῶν δὲ ἰχθύων **P** 21 ἐξέλκουσιν] ἐξελοῦσιν **VP** : ἐξαιροῦσιν **A** : ἐξαίρουσιν **H** ‖ 22 ἕψουσι] ἑψοῦσι **VP** ‖ 23 γίνεσθαι δυναμένην] γενέσθαι δυν. **L** : δυν. γενέσθαι **V** ‖ 25 τε] om. **L**

ἀλλὰ καὶ τοὺς τὸν ἐλέφαντα χειροῦντας χρῆσθαί τε αὐτῇ καὶ τὰ ἔργα ἐκπονεῖν κάλλιστα.

17.33. Λέγει τις λόγος ἐν Κασπίοις ὄρνεον γίνεσθαι τὸ μὲν μέγεθος κατὰ τοὺς ἀλεκτρυόνας τοὺς μεγίστους, ποικίλον γε μὴν τοῖς πτεροῖς καὶ πολυχροίᾳ διηνθισμένον. καὶ πέταταί γε ὕπτιον ὡς ἀκούω ὑποτεῖναν τῷ τραχήλῳ τὰ σκέλη καὶ οἷον ἀνέχον αὐτοῖς αὐτόν. κλαγγὴν δὲ προΐεσθαι σκυλακίου. ποιεῖσθαι δὲ τὴν πτῆσιν οὐκ ἐν ἀέρι βαθεῖαν ἀλλὰ περὶ τὴν γῆν, ἐλαφρίζειν εἰς ὕψος ἑαυτὸν μὴ δυνάμενον.

17.34. Κάσπιος δὲ ἄρα καὶ οὗτος ὄρνις ἢ Ἰνδὸς μᾶλλον (λέγεται γὰρ καὶ ἐκείνῃ τὸ γένος οἱ καὶ ταύτῃ), καὶ εἴη τὸ μέγεθος κατὰ χῆνα ἄν. καὶ ἔχει κεφαλὴν πλατεῖαν μὲν λεπτὴν δέ, καὶ τὰ σκέλη οἱ μακρά. καὶ κεκραμένη χρόα οἱ καὶ μικτή· τὸ μὲν γὰρ νῶτον αὐτῷ πορφυροῖς ἠγλάϊσται, τὸ δὲ ὑπὸ τῇ γαστρὶ κόκκῳ γνησιωτάτῳ καὶ καλλίστῳ προσείκασται, κεφαλὴ δὲ καὶ δέρη λευκὰ ἄμφω. φθέγγεται δὲ κατὰ τὴν αἶγα.

17.35. Αἶγες δὲ Κάσπιαι γίνονται λευκαὶ ἰσχυρῶς, καὶ κεράτων δὲ ἄγονοι, μικραὶ τὸ μέγεθος καὶ σιμαί. κάμηλοι δ' ἀριθμοῦνται πλείους, αἱ μέγισται κατὰ τοὺς ἵππους τοὺς μεγίστους, εὔτριχες ἄγαν. ἁπαλαὶ γάρ εἰσι σφόδρα αἱ τούτων τρίχες, ὡς καὶ τοῖς Μιλησίοις ἐρίοις ἀντικρίνεσθαι τὴν μαλακότητα. οὐκοῦν ἐκ τούτων οἱ ἱερεῖς ἐσθῆτα ἀμφιέννυνται καὶ οἱ τῶν Κασπίων πλουσιώτατοί τε καὶ δυνατώτατοι.

17.36. Ἐν θαλάττῃ τῆς Κασπίας εἰσὶ νῆσοί φασι, καὶ γίνονται ἐν αὐταῖς ὄρνιθες διάφοροι μὲν καὶ ἄλλοι, εἷς δὲ εἰληχὼς τοιαύτην

1 χειροῦντας] χειρουργοῦντας Ges. in mg., Her. | αὐτῇ] αὐτὴν **L** ‖ **5** τοῖς πτεροῖς] del. Her. | πολυχροίᾳ] πολ. γε μὴν **V** | διηνθισμένον] διηνθισμένην **P** πέταταί] πέτεταί Her. | ὕπτιον] ὕπτια Her. ‖ **6** ὑποτεῖναν] ὑποτείναν **L** : ὑποτιμᾶν **V** | ἀνέχον] ἀνέχων **L**, Ges., Jac. ‖ **7** αὐτόν] αὑτόν Ges., Jac. **8** βαθεῖαν] βαθεῖ Her. ‖ **9** ἑαυτὸν] ἑαυτὸ Her. ‖ **11** ἐκείνῃ] ἐκεῖνο **V** ‖ **12** χῆνα] χῆνον **V** ‖ **13** μακρά] μικρά **LA** | κεκραμένη] κεκραμμένη **V** | αὐτῷ] αὐτῶν **P** : αὐτὸν **L** ‖ **14** πορφυροῖς] πορφύρᾳ Ges. in mg. | τὸ] τὰ Her. | τῇ γαστρὶ] τὴν γαστέρα Her. ‖ **15** δέρη] δέρμα **PAH** ‖ **16** αἶγα] αἶγαν **P** ‖ **17** καὶ] del. Her. **18** μικραὶ] καὶ μικ. Her. | σιμαί] Ges. in mg., Jac., Her. : οἶμαι codd. | ἀριθμοῦνται] ἀριθμοῦ Jac. in app., Her. ‖ **20** τούτων] τούτου **V** ‖ **22** ἐσθῆτα] ἐσθῆτας Her. **24** θαλάττῃ] θαλάσσῃ **VA**[V] | τῆς Κασπίας] τῇ Κασπίᾳ Rei., Her. ‖ **25** αὐταῖς] dub. **L** : αὐτοῖς **VA**[V]**H** | τοιαύτην ἰδιότητα] τοιαύτης ἰδιότητος **VA**[V]

ἰδιότητα. εἶναι μὲν γὰρ κατὰ τοὺς χῆνας τὸ μέγεθός φασιν αὐτόν, ἀλλὰ καὶ τὸν εὐγενῆ χῆνα καὶ τοὺς ἄλλους ἰδεῖν ὑπερέχοντα, πόδας δὲ ἔχει ἐμφερεῖς γεράνῳ· καὶ τὰ μὲν νῶτα κοκκοβαφῆ καὶ σφόδρα ἀκράτως, τὰ δὲ ὑπὸ τὴν γαστέρα πράσινα, τὴν δέρην δὲ λευκὸν εἶναι, καί τινας καὶ ῥανίδας οἱονεὶ διασπαρείσας κροκοειδεῖς ἔχειν. μῆκος δὲ εἰληχέναι οὐ μεῖον πηχῶν δύο, κεφαλὴν δὲ ἄρα λεπτήν τε ἅμα καὶ μακράν, τὸ ῥάμφος μέλαν· φωνήν τε ἀφιέναι ἐμφερῆ τοῖς βατράχοις.

17.37. Ἐν τῇ Πρασιακῇ χώρᾳ (Ἰνδῶν δὲ αὕτη ἐστί) Μεγασθένης φησὶ [*FGrH* 715, fr. 21b] πιθήκους εἶναι τῶν μεγίστων κυνῶν οὐ μείους, ἔχειν δὲ οὐρὰς πηχῶν πέντε· προσπεφυκέναι δὲ ἄρα αὐτοῖς καὶ προκόμια καὶ πώγωνας καθειμένους καὶ βαθεῖς· καὶ τὸ μὲν πρόσωπον πᾶν εἶναι λευκούς, τὸ σῶμα δὲ μέλανας ἰδεῖν, ἡμέρους δὲ καὶ φιλανθρωποτάτους, καὶ τὸ τοῖς ἀλλαχόθι πιθήκοις συμφυὲς οὐκ ἔχειν τὸ κακόηθες.

17.38. Ἐν Ἰνδοῖς ἐστι χώρα παρὰ τὸν Ἀσταβάραν ποταμὸν ἐν τοῖς καλουμένοις Ῥιζοφάγοις. κατὰ τὴν τοῦ Σειρίου τοίνυν ἐπιτολὴν κωνώπων νέφη τινὰ ἐκπληκτικὰ καὶ οἷά τινα τὸν ἀέρα καταλαβεῖν ἐπιφανέντα εἶτα μέντοι ἐλύπησέ τινα πολλά. κατὰ μέντοι τὴν λίμνην τὴν καλουμένην Ἀορατίαν (Ἰνδῶν δὲ ἄρα καὶ αὕτη πλησίον ἐστὶ τοῦ προειρημένου ποταμοῦ) καὶ τοῦτο μὲν τὸ θηρίον τὸν κώνωπα ἐπιπολάζειν· ἔρημον δὲ καὶ εἶναι τὸν χῶρον καὶ καλεῖσθαι. τὴν δὲ αἰτίαν ἐκείνην Ἰνδοί φασιν οἱ κύκλῳ περιοικοῦντες, τὸν χῶρον τὸν προειρημένον οὐκ ἄνωθεν οὐδὲ ἐξ

1 τὸ—φασιν] φασι τὸ μέγ. **L** | αὐτόν] αὐτῶν ut vid. **L** ‖ **2** ἀλλὰ—ὑπερέχοντα] del. Her. | καὶ[1]] om. **VA**^{V} | ὑπερέχοντα] ὑπερέχει dub. **V** : ὑπερέχεται **A**^{V} ‖ **3** ἔχει] ἔχειν Her. ‖ **4** ἀκράτως] ἀκρατῶς **VA**^{V} | δέρην δὲ] δὲ δέρην **A**^{V} ‖ **5** λευκὸν] λευκὴν **PA**^{V}**H** ‖ **7** ἄρα] om. **VA**^{V}**H** ‖ **9** Πρασιακῇ] ut vid. ex corr. **A**^{V}, Schn., Her. : πραξιακῇ **VLP** (ante corr. **A**^{V}) : πραξειακῇ **H** : Πρασιανῇ Ges. in mg. ‖ **11** δὲ] δὲ καὶ **L** ‖ **13** καθειμένους] καθιεμένους **VA**^{V} : καθημένους **P** | καὶ[1]] om. **VA**^{V} πᾶν—λευκούς] εἶναι πᾶν λευκούς **LP** : εἶναι παλλεύθους **H** ‖ **16** παρὰ] περὶ dub. **L**, edd. | Ἀσταβάραν] Jac. : ἐσταβάραν (ut vid. **L**) **PH** : ἐσταβάρον dub. **VA**^{V} : Ἀσταβόραν Gro. : Ἀσταβόρραν Her. ‖ **18** νέφη] om. **VA**^{V} | οἷά τινα] οἷα Jac. in app., Her., fort. recte ‖ **19** τινα] del. Her. ‖ **20** Ἀορατίαν] ἀοράταν **VA**^{V} : ἀηρατίαν **H** ‖ **21** πλησίον] πλη. δὲ Her. | ἐστὶ] fort. φησὶ corr. ex ἐστὶ **V** | καὶ] del. Her. ‖ **22** ἐπιπολάζειν] post voc. add. φασὶν Ges. in mg. | καὶ] om. **LP**

ἀρχῆς ἄγονον ἀνθρώπων γενέσθαι, σκορπίους δὲ ἐπιπολάσαι πλῆθος ἄμαχον, καὶ φαλαγγίων τινὰ ἐπιφοιτῆσαι φοράν, φαλαγγίων δὲ ἃ καλοῦσι τετράγναθα. τεκεῖν δὲ ἄρα τὰ κακὰ ταῦτά φασιν ὄμβρων πονηρίαν. καὶ τέως μὲν ἐγκαρτερεῖν τοὺς ἐκεῖθι τλημόνως τοῦ κακοῦ τὴν προσβολὴν καὶ φιλοπόνως ὑπομείναντας· ἐπεὶ δὲ ἦν παντελῶς ἄμαχον, καὶ διεφθείροντο ἡλικία πᾶσα, εἶτα μέντοι τελευτῶντες ὑπ' ἀπορίας τοῦ ἀμύνασθαι τὴν καταβολὴν τῆς ἐπιμελείας τῆς προειρημένης ἐξέλιπον τὴν χώραν, καὶ ἐρήμην εἴασαν τὴν φίλην πρότερον καὶ πατρίδα ἀρίστην· οὐχ ἁμαρτήσομαι δὲ ἴσως οὐδὲ μητρίδα εἰπὼν τὴν αὐτήν.

17.39. Μυῶν ἀρουραίων ἐπιφοίτησις καὶ στόλος οὐ μὰ τοὺς θεοὺς χρηστὸς τῶν ἐν Ἰταλίᾳ τινὰς ἐξήλασαν τῆς πατρῴας γῆς, καὶ φυγάδας ἀπέφηναν, λυμαινόμενοι καὶ λήϊα καὶ φυτά, δίκην αὐχμῶν ἢ κρυμῶν ἤ τινος ἀκαιρίας ὡρῶν ἑτέρας, τὰ μὲν διακείροντες, διακόπτοντες δὲ τὰς ῥίζας. τῇ Μηδικῇ δὲ ἐπιφοιτήσαντες στρουθῶν φορά, ἐξήλασαν καὶ ἐκεῖνοι τοὺς κατοικοῦντας, διαφθείροντες τὰ σπέρματα καὶ ἀφανίζοντες αὐτά. βάτραχοι δὲ ἡμιτελεῖς πεσόντες ἐξ ἀέρος πολλοὶ Αὐταριάτας Ἰνδῶν μετῴκισαν εἰς χῶρον ἕτερον. καὶ γένος μέντοι Λιβυστινόν, οὗ καὶ ἀνωτέρω [17.27] μνήμην ἐποιησάμην, ἐπιφοιτησάντων αὐτοῖς λεόντων, εἶτα αὐτοὺς ἀναστῆναι τῆς πατρῴας γῆς ἐξενίκησαν.

1 ἄγονον] ἀγλαὸν **VA^{V}H** ‖ **3** τετράγναθα] ante corr. **A^V** : τετράγγαθα **V** (ex corr. **A^V**) : τετραγνάθω **L** | ἄρα] παρὰ **L** ‖ **4** ὄμβρων] ἀέρων Rei., Her. | τέως] Jac. in app., Her. : πῶς **VA^V** : πως **LPH** | ἐγκαρτερεῖν] ἐγκρατεῖν **P** ‖ **7** ἡλικία πᾶσα] ἡλικίαι πᾶσαι Ges., Jac. | ἀμύνασθαι] ἀμύνεσθαι **A^V** ‖ **8** ἐπιμελείας] ἐπιδημίας Jac. in app., Her., fort. recte ‖ **11** αὐτήν] αὐτῶν **LH** ‖ **14** λυμαινόμενοι – φυτά] del. Her. ‖ **15** τὰ – **16** διακείροντες] δίκην διακρίνοντες **VA^V** : διακρίνοντες **H** : τὰ μὲν λήια κείροντες Her. ‖ **17** στρουθῶν] Jac., Her. : τύθων **VA^V** : τούτων **H** : om. **LP** | φορά] **H**, Jac., Her. : φορᾷ (dub. corr. ex φορὰ **V**) **LP** : φοράν ut vid. **A^V** ‖ **19** Αὐταριάτας] Schn., Her. : αὐτωριάτας **PH** : αὐθωριατὰς **L** : αὐτωριάτα ut vid. **V** : αὐτωρια (sic, lac. post voc.) **A^V** ‖ **20** Ἰνδῶν] Ἰλλυρίων Rein. : ἐκ τῶν ἰδίων Wess. : del. Cas., Her. | Λιβυστινόν] λιβυστῖνον **PH** : λιγυστίνων **VA^V** ‖ **21** ἀνωτέρω] ἀνώτερον **VA^V** ‖ **22** αὐτοὺς] τούτους Ges., Jac.

17.40. Ἐν τῇ Βαβυλωνίᾳ γῇ γίνονται μύρμηκες, καὶ ἔχουσι τὸ παιδοποιὸν σῶμα ἐς τοὐπίσω μετεστραμμένον, ἀντίως τοῖς ἄλλοις καὶ ἔμπαλιν.

17.41. Πάρδαλις Καρικὴ καὶ Λυκιακὴ οὐκ ἔστι μὲν θυμική, οὐδὲ οἵα σφόδρα ἁλτικὴ εἶναι, τὸ σῶμα δὲ μακρά· τιτρωσκομένη δὲ καὶ δόρασι καὶ αἰχμαῖς ἀντίτυπός ἐστι, καὶ οὐ ῥᾳδίως τῷ σιδήρῳ εἴκει, τοῦτο δὴ τὸ Ὁμηρικὸν [*Il.* 21.577] δρῶσα·

ἤ ῥά τε καὶ περὶ δουρὶ πεπαρμένη οὐκ ἀπολήγει.

17.42. Ῥινοκέρωτος δὲ εἶδος γράφειν τρισέωλόν ἐστιν· ἴσασι γὰρ καὶ Ἑλλήνων πολλοὶ καὶ Ῥωμαίων οἱ τεθεαμένοι· τὰ δὲ ἴδια αὐτοῦ κατὰ τὸν βίον εἰπεῖν οὐ χεῖρόν ἐστιν. ἐπ' ἄκρας τῆς ῥινὸς τὸ κέρας φέρει, ἔνθεν τοι κέκληται· καὶ ἔστι μὲν ὀξύτατον ἐπ' ἄκρου, σιδήρῳ δὲ τὸ καρτερὸν αὐτοῦ προσείκασται. ταῖς πέτραις γε μὴν αὐτὸ παρατρίβων εἶτα ἐπιθήσει ἐλέφαντι ὁμόσε ἰών, τὰ δὲ ἄλλα οὐκ ὢν ἀξιόμαχος, διά τε τὸ ἐκείνου ὕψος καὶ τὴν ῥώμην τὴν τοῦ θηρὸς τὴν τοσαύτην. ὕπεισιν οὖν αὐτοῦ τὰ σκέλη, καὶ τὴν νηδὺν ὑποτέμνει τε καὶ ὑποσχίζει τῷ κέρατι· ὃ δὲ οὐ μετὰ μικρὸν ἐκρυέντος οἱ τοῦ αἵματος κατολισθάνει. μάχη δὲ ῥινοκέρωτος πρὸς ἐλέφαντα ὑπὲρ τῆς νομῆς ἐστι, καὶ πολλοῖς γε, φασίν, ἐντυχεῖν ἔστι τεθνεῶσι τὸν τρόπον τοῦτον. ἐὰν δὲ μὴ φθάσῃ ὁ ῥινόκερως δράσας τοῦτο, ἀλλὰ ὑποτρέχων πως ὑποπεσόντος πιεσθῇ, περιβαλλόμενος τὴν προβοσκίδα καὶ κατέχει καὶ πρὸς ἑαυτὸν ἕλκει, ἐμπίπτων δὲ τοῖς κέρασι κατακόπτει ὡς πελέκεσιν. εἰ γὰρ

1 Ἐν] cap. 40–44 vac. **A**[V] ‖ 2 ἀντίως] ἀνθ' ὧν **V** ‖ 4 μὲν] deleat Her. in app. ‖ 5 οἵα] edd. : οἷα **VLPH** ‖ 7 δὴ] δὲ **LP** ‖ 8 ἤ] ἢ **VH** : ἧ **P** | ἀπολήγει] ἀπόλεγει vel ἀπόλλυει valde dub. **V** ‖ 9 δὲ] om. **L** | γράφειν] γράφει **V** | τρισέωλόν] τρὶς ἕωλον **L** : τρὶς ἑωλόν **PH** ‖ 10 Ῥωμαίων] ῥωμαῖοι **V** | οἱ] del. Ges., Her. ‖ 11 κατὰ] τὰ κατὰ Her. ‖ 12 τοι] τοι καὶ Her. ‖ 13 πέτραις—μὴν] γε μὴν πέτ. Her. ‖ 14 αὐτὸ] αὐτὰ **V** : αὐτῷ **H** | παρατρίβων] περιτρίβων **V** | ἐπιθήσει] ἐπιθήγει **V** | ἐλέφαντι] ἐλέ. δὲ **V** | ἰών] ἰῶν **V** ‖ 15 ἀξιόμαχος] ἀξιόμαχοι **V** | τὴν[2]] om. **V** ‖ 17 ὃ δὲ] διὸ **V** μικρὸν] μακρὸν Ges. in mg., Jac., Her., fort. recte ‖ 18 κατολισθάνει] κατολισθαίνει **LP** ‖ 19 πολλοῖς—φασίν] πολλοῖς τε φασιν **PH**: πολλοὶ στεφασι ut vid. **L** : πολλοῖς γ' ἐλέφασιν (πολλοῖς ἐλέφασιν Gro), Her. ‖ 20 ἐὰν] ἂν **LPH** 21 πως] πῶς **LPH** ‖ 22 καὶ[1]] om. **V** : del. Her. ‖ 23 πελέκεσιν] **H**, Jac., Her. : πελέκυσιν **VLP**

καὶ φορίνην ὁ ῥινόκερως ἔχει στερεὰν καὶ δυσδιακόντιστον, ἀλλ' ἡ βία τοῦ ἐμπίπτοντος μάλα καρτερά.

17.43. Ἀγριώτατον δὲ ἄρα ἦσαν τῶν ζῴων οἱ τῶν Αἰθιόπων ταῦροι καὶ καλούμενοι σαρκοφάγοι. καί εἰσι μὲν τὸ μέγεθος τῶν παρὰ τοῖς Ἕλλησι διπλασίους· ὤκιστοι δὲ τὸ τάχος εἰσί, πυρρότριχες, γλαυκοὶ τοὺς ὀφθαλμοὺς καὶ ὑπὲρ τοὺς λέοντας οὗτοι. τὰ κέρατα δὲ τὸν μὲν ἄλλον χρόνον κινοῦσιν ὡς καὶ τὰ ὦτα, ἐν δὲ ταῖς μάχαις σπείρουσιν αὐτὰ καὶ ἀναστήσαντες ἰσχυρῶς, εἶτα οὕτω μάχονται· τὰ δὲ οὐ κλίνονται ὑπὸ τοῦ θυμοῦ ἀνεστῶτα, φύσει ναὶ μὰ Δία θαυμαστῇ. ἄτρωτοι δέ εἰσι καὶ λόγχαις καὶ βέλει παντί· ὁ γάρ τοι σίδηρος οὐκ εἰσδύεται· φρίξας γὰρ ὁ ταῦρος ἐκβάλλει αὐτὸν μάτην προσπεσόντα. ἐπιτίθεται δὲ καὶ ἵππων ἀγέλαις καὶ ποίμναις καὶ θηρίων ἄλλων. οἱ τοίνυν νομεῖς ἐπαρκεῖν ταῖς ἑαυτῶν ἀγέλαις βουλόμενοι τάφρους αὐτοῖς κρυπτὰς ἐργάζονται βαθείας, καὶ ταύταις αὐτοὺς ἐλλοχῶσιν· οἳ δὲ ὅταν ἐμπέσωσιν, ὑπὸ τοῦ θυμοῦ ἀποπνίγονται. κέκριται δὲ παρὰ τοῖς Τρωγλοδύταις τοῦτο τὸ ζῷον δικαίως ἄριστον· ἔχει μὲν γὰρ λέοντος τὴν ἀλκήν, τὴν δὲ ὠκύτητα ἵππου, ῥώμην δὲ ταύρου, σιδήρου δὲ κρεῖττόν ἐστι.

17.44. Λέγει Μνασέας [fr. 11 Müll.] ἐν τῇ Εὐρώπῃ τοῦ Διὸς Ἡρακλέους ἱερὸν εἶναι καὶ τῆς τούτου γαμετῆς, ἣν ᾄδουσιν οἱ ποιηταὶ τῆς Ἥρας θυγατέρα [cf. Hom., *Od.* 11.603]. οὐκοῦν ἐν τῷ τοῦ νεὼ περιβόλῳ τιθασοὺς ὄρνιθας τρέφεσθαι πολλούς φησι, καὶ τοῦτο δέ, εἶναι ἀλεκτρυόνας τε καὶ ἀλεκτορίδας τούσδε τοὺς ὄρνις. νέμονται δὲ καὶ συναγελάζονταί σφισι κατὰ γένος, καὶ δημοσίας

2 τοῦ] τοῦ ἐλέφαντος **VH** ‖ **3** Ἀγριώτατον] ἀγριώτατοι **H**, malit Her. in app. **4** καὶ] καὶ οἱ **PH** : om. **V** : οἱ καὶ Jac. in app. : οἱ Her. | τῶν] τοῖς **LP** ‖ **5** τάχος—**6** πυρρότριχες] dist. **PH**, Jac. in com. : τάχος. εἰσὶ δὲ πυρρότ. Her. ‖ **7** οὗτοι] οὕτως **LPH** ‖ **8** σπείρουσιν] **H** : σπειροῦσιν **V** : σπείρου (sic) **L** : πείρουσιν **P** : ἐγείρουσιν Wess., Jac., Her. : τείνουσιν Ges. in mg. | ἀναστήσαντες] ἀναστ. αὐτοὺς **L** | ἰσχυρῶς] susp., Her. in app. ‖ **9** οὕτω] οὐ **L** | κλίνονται] κλίνεται Her. **11** φρίξας—**12** ταῦρος] ὁ γὰρ ταῦ. φρί. **L** : ὁ γὰρ φρί. ταῦ. **H** : καὶ γὰρ φρίξας (dub. corr. ex φραίξας) ὁ ταῦ. **P** ‖ **13** καὶ ποίμναις] del. Her. ‖ **14** αὐτοῖς] Jac. in com. : αὐταῖς **VLH** : αὐτοὺς (fort. corr. ex αὐτοὶς) **P** : del. Her. ‖ **16** παρὰ] ut vid. **V** : περὶ **P** ‖ **17** τοῦτο—ζῷον] post ἄριστον transp. **LPH** ‖ **20** τοῦ Διὸς] Schn. : διὸς **VLPH** : del. Her. : δίου conieci ‖ **21** Ἡρακλέους] ἡρακλέος **V** : ἱερακλέους **L** ‖ **23** τιθασοὺς] τιθασσοὺς **VP** | φησι] φασι **V** ‖ **24** ὄρνις] ὄρνεις Her.

ἔχουσι τροφάς, καὶ τῶν θεῶν ἀναθήματά εἰσι τῶν προειρημένων. αἱ μὲν οὖν ἀλεκτορίδες ἐν τῷ τῆς Ἥβης νέμονται νεῷ, οἳ δὲ ἐν Ἡρακλέους οἱ τῶνδε γαμέται. ὀχετὸς δὲ ἄρα ἀεννάου τε καὶ καθαροῦ ὕδατος διαρρεῖ μέσος. θῆλυς μὲν οὖν οὐδὲ εἷς εἰς Ἡρακλέους πάρεισιν· οἱ δὲ ἄρρενες, ὅταν ᾖ καιρὸς ἐπιθόρνυσθαι, ὑπερπέτονται τὸν ὀχετόν, εἶτα ὁμιλήσαντες ταῖς θηλείαις ἐπανίασιν εἰς τὰ σφέτερα αὖθις περὶ τὸν θεὸν ᾧ λατρεύουσι, καθηράμενοι τῷ διείργοντι τὰ γένη τῶν ὀρνίθων ὕδατι. τίκτεται οὖν, οἷα εἰκός, πρῶτα ἐκ τῆς ὁμιλίας ᾠά· εἶτα ὅταν αὐτὰ θάλπωσι καὶ ἐκλέψωσι τοὺς νεοττοὺς αἱ μητέρες, τοὺς υἱεῖς οἱ ἄρρενες παρ' ἑαυτοὺς ἄγουσι καὶ ἐκτρέφουσιν. αἱ δὲ ὄρνις, κἀκείναις ἔργον ἐστὶ τρέφειν τὰς θυγατέρας.

17.45. Ἐν λόγοις Κρητικοῖς Ἀντήνωρ λέγει [*FGrH* 463, fr. 1] τῇ τῶν καλουμένων Ῥαυκίων πόλει ἔκ τινος δαιμονίου προσβολῆς ἐπιφοιτῆσαι μελιττῶν σμῆνος, αἵπερ οὖν καλοῦνται χαλκοειδεῖς, ἐγχριπτούσας δὲ ἄρα αὐτοῖς τὰ κέντρα εἶτα μέντοι πικρότατα λυπεῖν. ὧνπερ οὖν ἐκείνους τὴν προσβολὴν οὐ φέροντας ἀναστῆναι τῆς πατρίδος καὶ μέντοι καὶ εἰς χῶρον ἐλθεῖν ἄλλον, καὶ οἰκίσαι φιλίᾳ τῆς μητρίδος, ἵνα Κρητικῶς εἴπω, Ῥαῦκον ἐν αὐτῇ τῇ Κρήτῃ, εἰ καὶ τοῦ χώρου ὁ δαίμων ἤλαυνεν αὐτούς, ἀλλὰ γοῦν τελείως ἀποσπασθῆναι τοῦ ὀνόματος οὐχ ὑπομείναντες. λέγει δὲ ὁ Ἀντήνωρ καὶ ἔτι κατὰ τὴν Ἴδην τὴν Κρῆσσαν ἐκείνου τοῦ γένους τῶν μελιττῶν εἶναι ἰνδάλματα, οὐ πολλὰ μέν, εἶναι δ' οὖν, καὶ πικρὰς ἐντυχεῖν, ὡς ἐκεῖναι ἦσαν.

2 Ἥβης] edd. : ἥρας **VLP** : ἥρης **H**‖ 3 Ἡρακλέους] ἡρακλέος **V**|ἀεννάου] ἀενάου Her. ‖ 4 θῆλυς] θελειῶν **V** | εἰς] ἐς **V** : om. **L** ‖ 5 ἐπιθόρνυσθαι] ὑποθόρν. **LPH** 6 τὸν] om. **V** ‖ 7 ἐπανίασιν] ἐπανιᾶσιν **VH** | εἰς] ἐς **V** | περὶ] παρὰ Abr., Her. 9 πρῶτα] πρῶτος **V** : πρῶτον μὲν Her. | θάλπωσι] θάλψωσι edd. ‖ 11 ὄρνις] ὄρνεις Her. | κἀκείναις] ἐκείναις Her. ‖ 14 Ῥαυκίων] ῥακίων **A** : δραυκίων **V** 15 καλοῦνται] ᾄδονται Her. ‖ 16 ἐγχριπτούσας] ἐγχρίπτουσαι **LP** : ἐγχρίμπτουσαι **A** : ἐγχρίπτουσι **H** : ἐγχριμπτούσας Her. | αὐτοῖς] αὐταῖς **VH**‖ 17 ὧνπερ] οὔσπερ **LPA** : ὥσπερ **H**‖ 19 οἰκίσαι] οἰκῆσαι **VPAH**|Ῥαῦκον] Ges. in mg., Her. : ῥακον (sic) **V** (valde dub. **L**) : ῥάκον **PAH** | ἐν—20 Κρήτῃ] del. Her.‖ 20 χώρου] χωρίου **PA**, edd.‖ 21 τελείως] τελέως Her.‖ 22 Κρῆσσαν] ante corr. **H**, edd. : κρῆσαν codd. (ex corr. **H**) | τοῦ] τε **L** ‖ 23 πολλὰ] πολλὰς **P** 24 πικρὰς] πικρὰ **H**, Her.

17.46. Καμήλου κρέας ἥδεται λέων ἐσθίων. καὶ τὸ μαρτύριον, Ἡρόδοτος λέγει [7.125] ταῖς Ξέρξου καμήλοις ταῖς τὸν σῖτον φερούσαις ἐπιθέσθαι λέοντας. τὰ δὲ ἄλλα οὐκ ἐσίνοντο, οὐχ ὑποζύγιον, οὐκ ἄνθρωπον, ἦ δ' ὅς. ὀλίγα δὲ Ἡρόδοτος ᾔδει ἐξετάζων τροφὴν τήνδε καὶ τήνδε κατὰ τὴν ἡδονὴν λεόντων Θρᾳκίων· ἴσασι δὲ καὶ Ἄραβες ταῦτα, καὶ ὅσοι λεόντων καὶ καμήλων μητέρα τε ἅμα καὶ τροφὸν γῆν ἔχουσιν. οὐκ ἂν γοῦν θαυμάσαιμι εἰ φύσει τινὶ ἀπορρήτῳ λέων ἥδεται καμήλου κρέας καὶ μὴ θεασάμενος φαγεῖν, εἴ ποτε ἐντύχῃ καὶ πρῶτον· ἡ γὰρ φυσικὴ ἐπιθυμία καὶ τοὺς οὐκ εἰδότας εἰς τὴν τῆς τροφῆς ἐπιθυμίαν ἀναφλέγει.

17.47. Ἀλοῶντες ἄνθρωποι, τοῦ ἡλίου καταφλέγοντος, δίψῃ πιεζόμενοι, τὸν ἀριθμὸν ἑκκαίδεκα, ἕνα ἑαυτῶν ἀπέστειλαν ἐκ πηγῆς γειτνιώσης κομίσαι ὕδωρ. οὐκοῦν ὁ ἀπιὼν τὸ μὲν δρέπανον τὸ ἀμητικὸν διὰ χειρὸς εἶχε, τὸ δὲ ἀρυστικὸν ἀγγεῖον κατὰ τοῦ ὤμου ἔφερεν. ἐλθὼν δὲ καταλαμβάνει ἀετὸν ὑπό τινος ὄφεως ἐγκρατῶς τε καὶ εὐλαβῶς περιπλακέντος ἀποπνιγόμενον ἤδη. ἔτυχε δὲ ἄρα καταπτὰς μὲν ἐπ' αὐτὸν ὁ ἀετός, οὐ μὴν κρείττων γενόμενος, οὐδὲ τῆς ἐπιβουλῆς ἐγκρατὴς ἐγένετο, οὐδὲ (τοῦτο δὴ τὸ Ὁμηρικόν [*Il.* 12.219–222]) τοῖς ἑαυτοῦ τέκνοις τὴν δαῖτα ἐκόμισεν, ἀλλὰ ταῖς ἐκείνου σπείραις περιπεσὼν ἕρμασιν ἔμελλεν οὐ μὰ Δί' ἀπολεῖν ἀλλ' ἀπολεῖσθαι. εἰδὼς οὖν ὁ γεωργὸς ἢ ἀκούων, τὸν μὲν εἶναι Διὸς ἄγγελον καὶ ὑπηρέτην, εἰδώς γε μὴν κακὸν θηρίον τὸν ὄφιν, τῷ δρεπάνῳ τῷ προειρημένῳ διακόπτει τὸν θῆρα, καὶ μέντοι καὶ τῶν ἀφύκτων ἐκείνων εἱργμῶν τε καὶ

1 ἐσθίων] ἐσθίειν **β** ‖ 2 ταῖς[1]] τοῦ **V** ‖ 4 ὑποζύγιον] ὑποζύγια **β** | ᾔδει] ᾔδεν **V** 5 τήνδε[1]—ἡδονὴν] del. Her. ‖ 6 ταῦτα] ταῦτα λεόντων θρακίων **V** : ταῦτα λεόντων **H** | λεόντων] in mg. al. m. **A** : λῴον **β** ‖ 7 τε] om. **L** | γῆν] om. **V** 9 ἐντύχῃ] ἐντύχοι dub. **V**, Jac. in app., Her. | καὶ πρῶτον] del. Her. ‖ 10 φυσικὴ] φύσεως ut vid. **V** | εἰδότας] ἰδόντας Ges. in mg., Her. | εἰς] ἐς **β** ‖ 12 Ἀλοῶντες] Ἀμῶντες Rei., Her. | δίψῃ] δίψει **AH**, Her. ‖ 13 τὸν—ἑκκαίδεκα] post ἄνθρωποι (cf. supra) transp. Her. | ἑαυτῶν] αὑτῶν **A** ‖ 16 ἀετὸν] αἰετὸν **V** 17 περιπλακέντος] περιπλακέντα dub. **V**, Her. | ἀποπνιγόμενον ἤδη] del. Her. ‖ 19 κρείττων—οὐδὲ[1]] del. Her. | οὐδὲ[1]] οὐ μὴν οὐδὲ (dub. **V**) **H** | ἐπιβουλῆς] ἐπιβολῆς Schn. ‖ 21 ταῖς—σπείραις] τοῖς ἐκείνου Her. ‖ 22 ἀπολεῖσθαι] ἀπολέσθαι **VA** | ἢ ἀκούων] del. Her. ‖ 25 εἱργμῶν] εἰργμῶν **P**, Jac. : ειργμῶν (sic) **L**

δεσμῶν τὸν ἀετὸν ἀπολύει. ὁδοῦ μέντοι πάρεργον τῷ ἀνδρὶ ταῦτα καὶ δὴ πέπρακτο, ἀρυσάμενος δὲ τὸ ὕδωρ ἧκε, καὶ πρὸς τὸν οἶνον κεράσας ὤρεξε πᾶσιν, οἳ δὲ ἄρα ἐξέπιον καὶ ἀμυστὶ καὶ πολλὰς ἐπὶ τῷ ἀρίστῳ. ἔμελλε δὲ καὶ αὐτὸς ἐπ' ἐκείνοις πίεσθαι· ἔτυχε γὰρ ὑπηρέτης κατ' ἐκεῖνό πως τοῦ καιροῦ ἀλλ' οὐ συμπότης ὤν. ἐπεὶ δὲ τοῖς χείλεσι τὴν κύλικα προσῆγεν, ὁ σωθεὶς ἀετὸς ζωάγρια ἐκτίνων οἱ καὶ κατὰ τύχην ἀγαθὴν ἐκείνου ἔτι διατρίβων περὶ τὸν χῶρον ἐμπίπτει τῇ κύλικι, καὶ ἐκταράττει αὐτήν, καὶ ἐκχεῖ τὸ ποτόν. ὃ δὲ ἠγανάκτησεν (καὶ γὰρ ἔτυχε διψῶν) καὶ λέγει 'εἶτα μέντοι σὺ ἐκεῖνος ὤν' (καὶ γὰρ καὶ τὸν ὄρνιν ἐγνώρισε) 'τοιαύτας ἀποδίδως τοῖς σωτῆρσι τὰς χάριτας; ἀλλὰ πῶς ἔτι ταῦτα καλά; πῶς δ' ἂν καὶ ἄλλος σπουδὴν καταθέσθαι θελήσει εἴς τινα αἰδοῖ Διὸς χαρίτων ἐφόρου τε καὶ ἐπόπτου;' καὶ τῷ μὲν ταῦτα εἴρητο, καὶ ἐφρύγετο· ὁρᾷ δὲ ἐπιστραφεὶς τοὺς πιόντας ἀσπαίροντάς τε καὶ ἀποθνήσκοντας. ἦν δὲ ἄρα ὡς συμβαλεῖν ἐμημεκὼς ἐς τὴν πηγὴν ὁ ὄφις καὶ κεράσας αὐτὴν τῷ ἰῷ. ὁ μὲν οὖν ἀετὸς τῷ σώσαντι ἀμοιβὴν τῆς ἰσοτίμου σωτηρίας ἀπέδωκε τὸν μισθόν. λέγει δὲ Κράτης ὁ Περγαμηνὸς [fr. 10.6, pp. 69–71 Wachs.] ὑπὲρ τούτων καὶ Στησίχορον ᾄδειν [*PMG*, fr. 280] ἔν τινι ποιήματι οὐκ ἐκφοιτήσαντί που εἰς πολλούς, σεμνόν τε καὶ ἀρχαῖον ὥς γε κρίνειν ἐμὲ τὸν μάρτυρα εἰσάγων.

2 πέπρακτο] διεπέπ. (sic) in mg. al. m. **A** : διεπέπρακτο edd. ‖ **3** οἳ δὲ] οἵδε δὲ ***β***|ἐξέπιον] ἑξῆς ἔπιον Jac. in app. : ἔπιον Her.|καὶ²] κύλικας Ges. in mg.‖ **5** πως] post γὰρ transp. Her.‖ **6** ἀετὸς] αἰετὸς **V**‖ **7** ζωάγρια] ζώγρια **P**‖ **9** λέγει] ἔλεγε **V** ‖ **10** σὺ] σὺ μὲν **LPA** : σὺ καὶ **H** | καὶ²] del. Her. ‖ **12** θελήσει] θελήσῃ **AH** : θελήσοι **V** : μελήσῃ **P** : θελήσειεν Bernh., Her. ‖ **16** ἐμημεκὼς] ἠμημεκὼς (ut vid. **L**) **AH** : ἠμεμηκὼς **P** | οὖν] om. ***β*** ‖ **17** ἀετὸς] αἰετὸς **VP** | τῷ σώσαντι] τοῦ σώσαντος **V** : τῷ σώματι **A**|ἀμοιβὴν—ἰσοτίμου] ἀμοιβῆς (ἀμειβῆς dub. **H**) τῆς ἰσο. **LPH** : ἀμιγὴς τῆς ἰσο. **A** : ἰσότιμον τῆς Her. ‖ **19** Στησίχορον] τὸν Στη. **A**, edd. ‖ **20** ἐκφοιτήσαντί] (ut vid. ex corr. **A**) **H**, Ges. in mg., Her. : εἰσφοιτήσαντι **VLP** (ante corr. **A**)

EPILOGVS

Ὅσα μὲν οὖν σπουδή τε ἐμὴ καὶ φροντὶς καὶ πόνος καὶ ἐς τὸ πλεῖον μαθεῖν καὶ ἐν τοῖσδε ἡ γνώμη προχωροῦσα ἀνίχνευσέ τε καὶ ἀνεῦρε, δοκίμων τε ἀνδρῶν καὶ φιλοσόφων ἀγώνισμα θεμένων τὴν ἐπ' αὐτοῖς ἐμπειρίαν, καὶ δὴ λέλεκταί μοι, ὡς οἷόν τε ἦν εἰπεῖν, μὴ παραλείποντι ἅπερ ἔγνων μηδὲ βλακεύοντι, ὡς ἀλόγου τε καὶ ἀφώνου ἀγέλης ὑπεριδόντι καὶ ἀτιμάσαντι, ἀλλὰ κἀνταῦθα ἔρως με σοφίας ὁ σύνοικός τε καὶ ὁ συμφυὴς ἐξέκαυσεν. οὐκ ἀγνοῶ δὲ ἄρα ὅτι καὶ τῶν εἰς χρήματα ὁρώντων ὀξὺ καὶ τεθηγμένων ἐς τιμάς τε καὶ δυνάμεις τινὲς καὶ πᾶν τὸ φιλόδοξον δι' αἰτίας ἕξουσιν, εἰ τὴν ἐμαυτοῦ σχολὴν κατεθέμην καὶ εἰς ταῦτα, ἐξὸν καὶ ὠφρυῶσθαι καὶ ἐν ταῖς αὐλαῖς ἐξετάζεσθαι καὶ ἐπὶ μέγα προήκειν πλούτου. ἐγὼ δὲ ὑπέρ τε ἀλωπέκων καὶ σαυρῶν καὶ κανθάρων καὶ ὄφεων καὶ λεόντων καὶ τί δρᾷ πάρδαλις καὶ ὅπως πελαργὸς φιλόστοργον καὶ ὅτι ἀηδὼν εὔστομον καὶ πῶς φιλόσοφον ἐλέφας καὶ εἴδη ἰχθύων καὶ γεράνων ἀποδημίας καὶ δρακόντων φύσεις καὶ τὰ λοιπὰ ὅσα ἥδε ἡ συγγραφὴ πεπονημένως ἔχει καὶ φυλάττει, περιέρχομαι· ἀλλὰ οὔ μοι φίλον σὺν τοῖσδε τοῖς πλουσίοις ἀριθμεῖσθαι καὶ πρὸς ἐκείνους ἐξετάζεσθαι, εἰ δὲ ὧν καὶ ποιηταὶ σοφοὶ καὶ ἄνδρες φύσεως ἀπόρρητα ἰδεῖν τε ἅμα καὶ κατασκέψασθαι δεινοὶ καὶ συγγραφεῖς ἐκ πείρας εἰς τὸ μήκιστον προελθόντες ἑαυτοὺς ἠξίωσαν, τούτων τοι καὶ ἐμαυτὸν ἀμωσγέπως ἕνα πειρῶμαι ἀριθμεῖν καὶ ἐθέλω, δῆλον ὡς ἀμείνων ἐμαυτῷ σύμβουλός εἰμι τῆς ἐξ ἐκείνων κρίσεως. βουλοίμην γὰρ ἂν μάθημα ἓν γοῦν πεπαιδευμένον περιγενέσθαι μοι ἢ τὰ ᾀδόμενα τῶν πάνυ πλουσίων χρήματά τε ἅμα καὶ κτήματα. καὶ ὑπὲρ μὲν τούτων ἱκανὰ

1 EPILOGVS] dimidia fere parte Epilogi (ab initio usque ad πάνυ πλουσίων) vac. **A**$^{\mathbf{V}}$‖ **3** πλεῖον] πλέον Her.‖ **4** τε] δὲ **LP**‖ **5** τὴν] τοῖς **LPH**‖ **6** παραλείποντι] παραλιπόντα **LPH** | μηδὲ] μὴ **L** | βλακεύοντι] βλακεύοντα **LPH** ‖ **7** ὑπεριδόντι] ὑπεριδόντα **LPH** | ἀτιμάσαντι] ἀτιμάσαντα **LPH** ‖ **8** ἐξέκαυσεν] ἐξέκαυσαν **V** **9** ἄρα ὅτι] ὅτι ἄρα Her. ‖ **11** ἐμαυτοῦ] ἑαυτοῦ **P** : αὐτοῦ **V** | καὶ[1]] del. Her. ὠφρυῶσθαι] ex corr. **P** : ὀφρυοῦσθαι **L** (ante corr. **P**) **H** ‖ **12** ταῖς] ταῖς αὐταῖς **VH** | πλούτου] τοῦ πλού. **LPH**‖ **15** ὅτι] τί **LPH** | φιλόσοφον] θυμόσοφον Ges. in mg. ‖ **18** σὺν] corr. ex ἐν **P** : ἐν? Her. in app. ‖ **21** ἐκ] τῆς Schn., Her. | εἰς] ἐς **LH** **22** ἀμωσγέπως] ἀμω. **H**, Ges., Her. ‖ **23** ἐμαυτῷ] ante corr. **V** (ex corr. **P**) : ἐμαυτοῦ ex corr. **V** (ante corr. **P**)‖ **26** τούτων] τούτου **V**

νῦν. οἶδα δὲ ὅτι καὶ ἐκεῖνα οὐκ ἐπαινέσονταί τινες, εἰ μὴ καθ' ἕκαστον τῶν ζῴων ἀπέκρινά μοι τὸν λόγον, μηδὲ ἰδίᾳ τὰ ἑκάστου εἶπον ἀθρόα, ἀνέμιξα δὲ καὶ τὰ ποικίλα ποικίλως, καὶ ὑπὲρ πολλῶν διεξῆλθον, καὶ πῇ μὲν ἀπέλιπον τὸν περὶ τῶνδε λόγον τῶν ζῴων, πῇ δὲ ὑπέστρεψα ὑπὲρ τῆς αὐτῶν φύσεως ἕτερα εἴρων. ἐγὼ δὲ πρῶτον μὲν τὸ ἐμὸν ἴδιον οὔκ εἰμι τῆς ἄλλου κρίσεώς τε καὶ βουλήσεως δοῦλος, οὐδέ φημι δεῖν ἕπεσθαι ἑτέρῳ, ὅποι μ' ἂν ἀπάγῃ· δεύτερον δὲ τῷ ποικίλῳ τῆς ἀναγνώσεως τὸ ἐφολκὸν θηρῶν καὶ τὴν ἐκ τῶν ὁμοίων βδελυγμίαν ἀποδιδράσκων, οἱονεὶ λειμῶνά τινα ἢ στέφανον ὡραῖον ἐκ τῆς πολυχροίας, ὡς ἀνθεσφόρων τῶν ζῴων τῶν πολλῶν, ᾠήθην δεῖν τήνδε ὑφᾶναί τε καὶ διαπλέξαι τὴν συγγραφήν. εἰ δὲ τοῖς θηρατικοῖς καὶ ἓν ζῷον εὑρεῖν δοκεῖ πως εὐερμία, ἀλλὰ τό γε τῶν τοσούτων οὐ τὰ ἴχνη, οὐδὲ τὰ μέλη συλλαβεῖν ἐγώ φημι γενναῖον, ἀλλ' ὁπόσα ἡ φύσις ἔδωκέ τε αὐτοῖς καὶ ὅσων ἠξίωσεν ἀνιχνεῦσαι. τί πρὸς ταῦτα Κέφαλοί τε καὶ Ἱππόλυτοι καὶ εἴ τις ἐν ὄρεσιν ἀγρίοις θηρία μετελθεῖν δεινὸς ἕτερος ἢ αὖ πάλιν τῶν ἐν ὑδροθηρίᾳ οἶδεν, ὡς ἢ Μητρόδωρος ὁ Βυζάντιος ἢ Λεωνίδης ὁ τούτου παῖς ἢ Δημόστρατος ἢ ἄλλοι τινὲς θηραταὶ ἰχθύων οἱ δεινότατοι, πολλοὶ ναὶ μὰ Δία; καὶ γραφικοὶ δὲ ἄνδρες, μέγα αὐτοὺς φρονεῖν ἀνέπειθεν ἢ ἵππος γραφεὶς κάλλιστα, ὡς Ἀγλαοφῶντα, ἢ νεβρός, ὡς Ἀπελλῆν, ἢ τὸ πλασθὲν βοΐδιον, ὡς Μύρωνα, ἢ ἄλλο τι. εἰ δὲ εἷς τὰ τῶν τοσούτων ἐκδεικνύει καὶ ὑπ' αὐγὰς ἄγει καὶ ἤθη καὶ πλάσεις καὶ σοφίαν καὶ ἀγχίνοιαν καὶ δικαιοσύνην καὶ σωφροσύνην καὶ ἀνδρείαν καὶ στοργὴν καὶ εὐσέβειαν θηράσας, πῶς οὐκ ἤδη καὶ θαυμάσαι ἄξιος; ἥκων δὲ ἐνταυθοῖ τοῦ λόγου καὶ πάνυ ἄχθομαι, εἰ

2 μοι] μου Her. | ἑκάστου] ἑκάστῳ **LPH** ‖ **3** ποικίλα ποικίλως] ποικίλως ποικίλα **LP** | καὶ²] add. sscr. **V** : om. **LPH** ‖ **7** ὅποι] ὅπῃ **LPH** ‖ **8** ἀπάγῃ] ἀπάγοι **VPA^V** ‖ **9** τὴν—τῶν] τὴν τῶν ἐκ τῶν **VA^V** ‖ **11** ἀνθεσφόρων] dub. **V**, Her. : ἀνθεοφόρων **L** (dub. corr. ex ἀνθεοφόρος **P**, ante corr. **A^V**) : ἀνθεοφόρον ex corr. **A^V** : ἀνθηφόρων **H** | ὑφᾶναί] ὑφάναι **VLH** : ὑφῆναι malit Her. in app. **14** ἀλλ'] in mg. add. al. m. **A^V**, Jac., Her. : om. codd. ‖ **16** ὄρεσιν ἀγρίοις] corr. ex ὀρείαις ἀγρίαις **P** : ὀρείαις ἄγραις **LH** ‖ **17** ἐν—οἶδεν] ἐν ὑδροθηρίᾳ ᾖδεν **PH** : ἐνυδροθηρίων ᾖδεν **L** : ἐν ὑδροθηρίαις δεινῶν Her. | ὡς ἢ] ὅση **V** : del. Her. **21** γραφεὶς κάλλιστα] γραφὴν κάλλιστος **LPH** ‖ **22** ἢ¹] valde dub. corr. ex τὸ **P** : om. **LH** | τὸ] del. Her. ‖ **23** ἐκδεικνύει] ἐνδεικνύοι **LP** | ἄγει] ἄγοι **L** : ἄγειν **P** **25** ἀνδρείαν] ἀνδρίαν **LP**

ζῴων μὲν εὐσέβειαν ἀλόγων ᾄδομεν, ἀνθρώπων δὲ εὐσέβειαν ἐλέγχομεν. καὶ τοῦτο μὲν οὐκ ἐνταῦθα ἀποδείξομεν, ἐκεῖνο δὲ προσέτι εἰπεῖν δικαιότατον, ὅπερ οὖν καὶ ἐναρχόμενος τῶνδε τῶν λόγων μνήμην ἐποιησάμην, εἰ ταῦτα εἶπον, ὅσα πάντες, ἢ οἵ γε πλεῖστοι, οὔπω δίκαιον αἰτιᾶσθαι· ζῷα γὰρ αὐτὸς ἄλλα πλάσαι οὐκ ἐδυνάμην, ὅτι δὲ ἔγνων πολλὰ ἐπεδειξάμην. ἤδη μέντοι καὶ εἶπόν τινα, ὧν οὐκ ἄλλος εἶπε διά γε τῆς πείρας τῆσδε αὐτὸς ἐλθών· φίλη δὲ ἡ ἀλήθειά μοι τῇ τε ἄλλῃ καὶ ἐνταῦθα οὐχ ἥκιστα. ὅπως δὲ αὐτὰ εἶπον καὶ σὺν ὅσῳ πόνῳ, τό τε εὐγενὲς τῆς λέξεως ὁποῖον καὶ τῆς συνθήκης, τῶν τε ὀνομάτων καὶ τῶν ῥημάτων τὸ κάλλος, ὁπόσοις ἂν μὴ χρήσωμαι πονηροῖς κριταῖς, ἐκεῖνοι εἴσονται.

1 εὐσέβειαν[2]] ἀσέβειαν Ges. in mg., Jac., Her., fort. recte ‖ 3 ὅπερ] οὗπερ edd., fort. recte ‖ 6 ἐδυνάμην] ἠδυνάμην **VA**^{V}, Jac., Her. | ἐπεδειξάμην] ante corr. **P** : ἀπεδειξάμην ex corr. **P** : ἀπεδείξαμην **A**^{V} ‖ 7 αὐτὸς] ὁ αὐτὸς **VPA**^{V} : om. **H** 8 ἐλθών] add. sscr. **V** : om. **LH** | μοι] om. **VA**^{V} ‖ 9 ὅσῳ πόνῳ] ὅσῳ (corr. ex ὅσου **L**) πόνου **LH**

APPENDIX

ERRATA IN EDITIONE HERCHERIANA (1864)

(Capitulorum numeri editionis nostrae sunt. Siglum "p." paginas lineasque Hercheri editionis in serie Teubneriana notat)

LIBER I

1.8 μελισσῶν] μελισσῶν p. 8.3–4; corr. (–ττ–) in app.

1.11 θαλάσσης] θαλάσσης p. 9.27; corr. (–ττ–) in app.

1.17 τῇ] τήν p. 13.22; corr. (τὴν) in app.

1.22 θαλάσσης] θαλάσσης p. 15.19; corr. (–ττ–) in app.

1.33 ὄψιν ὁ] ὄψινὸ p. 20.3

1.38 οἵ] οἱ p. 22.10; corr. in app.

1.45 καὶ κατ' αὐτοῦ τίθησιν] exc. p. 25.1; corr. in app.

1.49 ἄγει] ἄττει p. 26.15; corr. (ᾄττει) in app.

1.53 εἰσροήν] εἰσροήν p. 27.15; corr. (ἐσροήν) in app.

1.55 πηλαῖοι μὲν] πηλαῖομὲν p. 28.2–3

LIBER II

2.12 κατηγορεῖ] κάτηγορεῖ p. 41.12–13

2.16 τάρανδος] ταρανδὸς p. 43.7; corr. in app.

2.24 ἐπὶ τούτων] τούτων p. 46.18; corr. (τούτου) in app.

2.31 ἀντιπρᾶττόν σφισιν] ἀντιπρᾶττον σφίσιν p. 49.13; corr. in app.

2.35 δέ σφισι] δὲ σφίσι p. 50.12; corr. in app.

2.38 ἣ] ἡ p. 51.8; corr. in app.

2.46 φυλάσσει] φυλάσσει p. 55.13; corr. (–ττ–) in app.

2.53 ὀθνεῖόν σφισιν] ὀθνεῖον σφίσιν p. 58.5; corr. in app.

LIBER III

3.16 ἡττηθεὶς] ἥττηθεὶς p. 66.10

3.25 κερδᾶναι] κερδῆναι p. 70.32; corr. in app.

3.41 ἡ] exc. p. 76.25; corr. in app.

LIBER IV

4.22 διείληπται] διείληεπται p. 88.8–9; corr. in app.

4.22 ἐκέντησε] ἐκέντησ– p. 88.9; corr. in app.

LIBER V

5.9 ἔνσπονδόν ἐστιν] ἔνσπονδόν ἔστιν p. 113.6

5.42 Θρᾴκῃ] Θράκῃ p. 129.19

LIBER VI

6.12 ἑκατέρου] ἐκατέρου p. 143.24
6.20 τινὰ] τινά p. 148.10
6.26 ἒμφράττεται] ἑμφράττεται p. 151.25
6.50 μύρμηκες] μήρμηκες p. 161.30; corr. in app.
6.51 στρεβλούμενον] σπρεβλούμενον p. 163.7–8; corr. in app.

LIBER VII

7.2 τῶν τῇδε] τῶντῇ δε p. 170.25
7.10 ἅμα] θάμα p. 177.26; corr. (θαμά) in app.

LIBER VIII

8.18 προσελθόντες] προσανελθόντες p. 212.24–25; corr. in app.

LIBER IX

9.17 κατέδησεν] κατέδησαν p. 224.6; corr. in app.

LIBER X

10.24 ἔχθραν] θηράν p. 254.21; corr. (θήραν) in app.
10.44 ἀκανθίαν] ἀκανθίαν p. 263.22; corr. (ἀκάνθιον) in app.

LIBER XI

11.10 γάρ τοι] γὰρ τοι p. 273.26
11.21 διηνθισμένην] διηθισμένην p. 282.18
11.33 διαβιώσας] διαβώσας p. 288.12

LIBER XII

12.7 δέ ἐστι] δέ ἔστι p. 295.26
12.10 λαγνιστάτους] λαγιστάτους p. 298.12
12. 18 ὀδυνῶντος] οἰδάναντος p. 302.8; corr. in app.
12. 27 τὸ] τ ̀ (sic) p. 307.11
12.32 ἀπέβησαν] ἀπέσβησαν p. 311.8; ἀπέβησαν (pro ἀπέσβησαν Jac. in com.) in app.

LIBER XIII

13.14 ὅπου] ὅτου p. 328.21; corr. in app.
13.15 αὐτῇ] αὐτοῦ p. 329.16; αυτῷ (sic) pro αὐτῇ in app.
13.18 δι'] δ' p. 331.31
13.19 εἰς²] εἰς p. 333.4; corr. (ἐς) in app.

LIBER XIV

14.4 οἱ τούτων] οἱτούτων p. 340.25
14.18 τοῦτο] τοῦτα p. 350.19
14.18 ὅπως] ὃπως p. 351.11; corr. in app.
14.20 διατρίβειν] διαρίβειν p. 352.18

LIBER XV

15.9 οὐκ] εὐκ p. 374.1

LIBER XVI

16.8 τὰς] τὰ p. 391.6
16.21 τινας] τινὰς p. 400.21
16.24 ὅστις] ὅς τοῖς p. 403.4; corr. (ὃς τοῖς) in app.

LIBER XVII

17.5 αὐτὰς] αὐτὰς p. 413.21–22; αὐταῖς in app.

17.16 ᾗ] ᾗ p. 419.6

17.17 οὗτοι] οὗτοι p. 420.20

17.25 εἰσὶν] εἰσίν p. 424.3

17.37 ἐστί)] ἐστ ί (sic) p. 430.12

EPILOGVS

ἀπέκρινά] ἀπέκρινα p. 435.5

πλασθὲν] βλασθὲν p. 435.30; corr. in app.

TABVLA COMPARATIONIS

HERCHER (1864)	NOSTRA
PROOEMIVM	PROOEMIVM
LIBER I	
1–6	1–6
7–8	7
9	8
10	9
11	10
12	11
13	12
14	13
15	14
16	15
17	16
18	17
19	18
20	19
21	20
22	21
23	22
24	23
25	24
26	25
27	26
28	27
29	28
30	29
31	30
32	31
33	32
34	33
35	34
36	35
37	36
38	37–38
39–60	39–60
LIBER II	
1–57	1–57
LIBER III	
1–47	1–47
LIBER IV	
1–4	1–4
5	5–6
6	7
7	8
8	9
9	10
10	11
11	12
12	13
13	14
14	15
15	16
16	17
17	18
18	19
19	20
20	21
21	22
22	23
23	24
24	25
25	26
26	27
27	28
28	30

29	29
30	31
31	32
32	33
33	34
34	35
35	36
36	37
37	38
38	39
39	40
40	41
41	42
42	43
43	44
44	45
45	46
46	47
47	48
48	49
49	50
50	51
[51]	52
52	53
53	54
54	56
55	57
56	58
57	59
58	55
59	60
60	61

LIBER V

1–56	1–56

LIBER VI

1–65	1–65

LIBER VII

1–18	1–18
19–22	19
23	20
24	21
25	22
26	23
27	24
28	25
29	26
30	27
31–32	28
33	29
34	30
35	31
36	32
37	33
38	34
39	35
40	36
41	37
42	38
43	39
44	40
45	41
46	42
47	43
48	44

LIBER VIII

1–6	1–6
7–8	7
9	8
10	9
11	10
12	11
13	12
14	13
15	14
16	15

17	16
18	17
19	18
20	19
21	20
22	21
23	23
24	22
25	24
26	25
27	26
28	27

LIBER IX

1–66	1–66

LIBER X

1–50	1–50

LIBER XI

1–40	1–40

LIBER XII

1–23	1–23
24–26	24
27	25
28	26
29–30	27
31	28
32	29
33	30
34	31
35	32
36	33
37	34
38	35
39	36
40	37
41	38
42	39
43	40
44	41
45	42
46	43
47	44

LIBER XIII

1–28	1–28

LIBER XIV

1–29	1–29

LIBER XV

1–29	1–29

LIBER XVI

1–42	1–42

LIBER XVII

1–32	1–32
33	33–34
34	35
35	45
36	46
37	47
38	36
39	37
40	38
41	39
42	40
43	41
44	42
45	43
46	44

EPILOGVS **EPILOGVS**

INDEX NOMINVM

INDEX ANIMALIVM PLANTARVM LAPIDVM METALLORVM

Bei Fragen zur Produktsicherheit wenden Sie sich bitte an:
If you have any questions regarding product safety,
please contact:

Walter de Gruyter GmbH
Genthiner Straße 13
10785 Berlin
productsafety@degruyterbrill.com